PRINCIPAL UNITS USED IN MECHANICS

Quantity	International System (SI)			U.S. Customary System (USCS)		
	Unit	Symbol	Formula	Unit	Symbol	Formula
Acceleration (angular)	radian per second squared		rad/s^2	radian per second squared		rad/s^2
Acceleration (linear)	meter per second squared		m/s^2	foot per second squared		ft/s^2
Area	square meter		m^2	square foot		ft^2
Density (mass) (Specific mass)	kilogram per cubic meter		kg/m^3	slug per cubic foot		$slug/ft^3$
Density (weight) (Specific weight)	newton per cubic meter		N/m^3	pound per cubic foot	pcf	lb/ft^3
Energy; work	joule	J	N·m	foot-pound		ft-lb
Force	newton	N	$kg \cdot m/s^2$	pound	lb	(base unit)
Force per unit length (Intensity of force)	newton per meter		N/m	pound per foot		lb/ft
Frequency	hertz	Hz	s^{-1}	hertz	Hz	s^{-1}
Length	meter	m	(base unit)	foot	ft	(base unit)
Mass	kilogram	kg	(base unit)	slug		$lb\text{-}s^2/ft$
Moment of a force; torque	newton meter		N·m	pound-foot		lb-ft
Moment of inertia (area)	meter to fourth power		m^4	inch to fourth power		$in.^4$
Moment of inertia (mass)	kilogram meter squared		$kg \cdot m^2$	slug foot squared		$slug\text{-}ft^2$
Power	watt	W	J/s (N·m/s)	foot-pound per second		ft-lb/s
Pressure	pascal	Pa	N/m^2	pound per square foot	psf	lb/ft^2
Section modulus	meter to third power		m^3	inch to third power		$in.^3$
Stress	pascal	Pa	N/m^2	pound per square inch	psi	$lb/in.^2$
Time	second	s	(base unit)	second	s	(base unit)
Velocity (angular)	radian per second		rad/s	radian per second		rad/s
Velocity (linear)	meter per second		m/s	foot per second	fps	ft/s
Volume (liquids)	liter	L	10^{-3} m^3	gallon	gal.	231 $in.^3$
Volume (solids)	cubic meter		m^3	cubic foot	cf	ft^3

SELECTED PHYSICAL PROPERTIES

Property	SI	USCS
Water (fresh) weight density mass density	 9.81 kN/m^3 1000 kg/m^3	 62.4 lb/ft^3 1.94 $slugs/ft^3$
Sea water weight density mass density	 10.0 kN/m^3 1020 kg/m^3	 63.8 lb/ft^3 1.98 $slugs/ft^3$
Aluminum (structural alloys) weight density mass density	 28 kN/m^3 2800 kg/m^3	 175 lb/ft^3 5.4 $slugs/ft^3$
Steel weight density mass density	 77.0 kN/m^3 7850 kg/m^3	 490 lb/ft^3 15.2 $slugs/ft^3$
Reinforced concrete weight density mass density	 24 kN/m^3 2400 kg/m^3	 150 lb/ft^3 4.7 $slugs/ft^3$
Atmospheric pressure (sea level) Recommended value Standard international value	 101 kPa 101.325 kPa	 14.7 psi 14.6959 psi
Acceleration of gravity (sea level, approx. 45° latitude) Recommended value Standard international value	 9.81 m/s^2 9.80665 m/s^2	 32.2 ft/s^2 32.1740 ft/s^2

SI PREFIXES

Prefix	Symbol	Multiplication factor
tera	T	10^{12} = 1 000 000 000 000
giga	G	10^{9} = 1 000 000 000
mega	M	10^{6} = 1 000 000
kilo	k	10^{3} = 1 000
hecto	h	10^{2} = 100
deka	da	10^{1} = 10
deci	d	10^{-1} = 0.1
centi	c	10^{-2} = 0.01
milli	m	10^{-3} = 0.001
micro	μ	10^{-6} = 0.000 001
nano	n	10^{-9} = 0.000 000 001
pico	p	10^{-12} = 0.000 000 000 001

Note: The use of the prefixes hecto, deka, deci, and centi is not recommended in SI.

열역학

박설현 · 황철홍 · 최재혁 · 김창오

Thermodynamics for Engineers

Kenneth A. Kroos

Villanova University

Merle C. Potter

Michigan State University

SI Edition Adapted by

Shaligram Tiwari

Indian Institute of Technology Madras

CENGAGE Learning™

도서출판 동화기술

Andover • Melbourne • Mexico City • Stamford, CT • Toronto • Hong Kong • New Delhi • Seoul • Singapore • Tokyo

CENGAGE Learning®

SI Thermodynamics for Engineers

1st Edition

Kenneth A. Kroos
Merle C. Potter

Original edition © 2015 Cengage Engineering, a part of Cengage Learning.
Thermodynamics for Engineers, SI Edition,1st Edition by Kenneth A. Kroos, Merle C. Potter
ISBN: 9781133112877

This edition is translated by license from Cengage Engineering, a part of Cengage Learning, for sale in Korea only.

ISBN-13: 978-89-425-9015-5

Cengage Learning Korea Ltd.
14F, YTN Newsquare
76 Sangamsan-Ro, Mapo-Gu
Seoul 121-904 Korea
Tel: (82) 2 330 7000
Fax: (82) 2 330 7001

Printed in Korea
1 2 3 4 18 17 16 15

차례

저자서문

열역학에 입문하는 학생들이 초기에 수많은 열역학 교과서의 종류와 다소 모호한 주제를 다루는 교과서로 인해 겪을 수 혼란으로부터 보다 명확하고 중요한 열역학적 개념을 전달하기 위해서 이 책을 집필하게 되었다. 이제 막 열역학에 입문한 학생들에게 중요한 열역학적 개념을 이해시키기란 그리 쉬운 일은 아닐 것이다. 따라서 이 교재에서는 일상생활에서 공학도로써 접할 수 있은 현상에 열역학을 접목해 봄으로서 현상에 대한 열역학적 직관력을 배양할 수 있도록 관련된 주제를 해석하고 집중하고자 하였다.

에너지 변화, 전달, 저장을 다루는 열역학은 공학을 접하는 학생들이 처음으로 수강하게 될 '열과학'의 입문과정이다. 열역학은 상급과정에서 배우게 될 열전달, 열 · 유체시스템설계 등의 과목에서 필요로 하는 공학적 기본개념과 문제를 풀기 위해 필요한 기술의 기초가 되는 교과목이다. 이 교재는 한 학기 동안에 열역학의 현상을 이해하고 관련된 문제를 풀기 위해 필요한 기술을 익힐 수 있도록 구성되어 있을 뿐만 아니라, 경우에 따라 두 학기 동안 열역학을 가르치고 배울 수 있도록 충분한 내용과 문제를 수록하고 있다. 이를 위해서 이 교재에는 열역학의 용어 및 원리에 대한 이해와 응용방법에 대한 구체적인 설명이 제시되어 있다.

특히 이 교재에서는 보다 쉽고 빠르게 주어진 문제의 개념을 이해하고 풀 수 있도록 열역학이라는 언어를 통해 실제 현장에서 쉽게 접할 수 있는 문제를 설명하는 데 중점을 두었으며 다양한 예제문제의 풀이를 통해 자연스럽게 이러한 앞서 기술한 열역학적 해결 기술들이 배양되도록 하였다. 또한 난이도가 높은 예제문제들을 통해 보다 어려운 문제를 풀 수 있도록 하였다.

이 교재는 한 학기만 열역학을 배우는 학생들이 열역학의 기본 개념을 이해하고 숙지할 수 있도록 전반부에 열역학의 기본적인 내용을 담고 있으며 두 학기동안 열역학을 배우게 될 학생들이 심도 있게 열역학을 활용할 수 있도록 후반부에 열역학의 응용에 관한 내용을 수록하고 있다. 전반부 Part I에는 열역학에서 사용되는 용어, 개념 및 기본법칙이 설명되어 있으며, 후반부 Part II에서는 혼합물, 공기-기체 혼합물, 연소이론 기초를 바탕으로 동력/냉동 사이클을 해석하였다. Part III에는 열역학의 기초이론을 대체 에너지와 생체대사 에너지해석에 적용해 봄으로써 보다 실용적이고 현대적인 열역학적 해석방법을 제시하였다.

Part I에서는 물질의 열역학적 상태량을 설명하고 이들 상태량이 열역학 문제 해결에 어떻게 사용될 수 있는가가 기술되어 있다. 특히 물과 공기 이외에도 산업계에서 보편적으로 사용되는 작동유체들에 중점을 두어 설명하였다. 또한 문제를 이해하고 주어진 정보를 조합하여 정확한 해를 도출하기 위해 문제 풀이절차에도 초점을 맞추어 집필하였다. 제시된 문제풀이 절차에 맞추어 교과서 예제들을 풀다보면 문제 해결능력이 배양될 것으로 기대된다. 이 교재 Part I을 통해 다루게 될 내용은 물질의 상태량, 열역학 제1법칙, 일의 적분, 열역학 장치, 열역학 제2법칙, 비이상기체의 거동 등이다.

Part II에서는 Part I에서 배운 열역학 기본원리 및 개념을 열역학적 공학장치와 사이클에 적용해 볼 것이다. 필요한 경우 Part II 내용 중 일부는 Part I과 병행하여 사용할 수 있다. Part II를 통해 해석하게 될 발전소, 열기관, 냉동시스템은 에너지 변화장치, 기관, 공기조화장치의 설계에 있어 기초가 된다.

Part III는 대체에너지를 다루게 될 것이다. 화석연료는 앞으로 다가올 미래의 지속가능한 에너지지원으로 보기 힘들며 대체에너지원의 발굴이 필요하다. 이러한 측면에서 대체에너지에 대해 살펴보고 아울러 생물체에 적용될 수 있는 에너지 해석방법에 대해서도 알아볼 것이다.

부록에는 여러 가지 물질의 상태량이 표에 정리되어 있다. 시간의 변화에 관련된 과정을 해석하기 위해서는 해당 상태량을 결정하기 위한 보간법이 필요하게 된다. 이 교재에서는 보간법을 간편하게 사용할 수 있도록 2장에서 IRC 상태량 계산기를 소개하고 있다. 위스콘신 대학 컨소시엄에 의해서 유지 · 보수되고 있는 인터넷 도구인 IRC 상태량 계산기를 사용하면 열역학 문제에서 마주치게 될 여러 가지 물질의 상태량을 보다 쉽게 결정할 수 있다.

열역학은 기계공학이나 화학공학의 교과과정에서 학생들이 접하게 될 대표적인 문제 해결과정과 연관되어 있는 과목 중 하나이며 '열과학'의 기초가 되는 과목이기도 하다. 열역학을 통해서 학생들은 에너지가 물질로 전달되거나 빠져나는 과정에서 물질의 상태량이 어떻게 변하게 되는지를 배우게 된다. 이와 관련 있는 문제의 해결과정에서 물리적인 현상을 이해하고 설명할 수 있는 기술을 습득하는 것 역시도 학생들에게 중요하다.

열역학을 공부하는 학생들에게 대수학이 문제를 푸는 데 기본이 되는 수학적 도구이지만 미적분 역시도 사용할 수 있어야 한다. 이는 일부 방정식의 유도과정이 미적분학에 기반을 두고 있기 때문이다.

이 교재에서는 기사나 기술사 등의 국가 자격시험을 준비하는 학생들을 위해서 각 장의 마지막에는 4지 선다형 형식의 연습문제를 제공하고 있다. 이러한 형태의 문제는 각 장 전체의 내용과 관련되어 있으므로 각 장을 모두 학습한 다음 푸는 것이 적절할 것이다. 그리고 정답이 여러 개 존재하는 문제도 연습문제에 수록되어 있으며 이러한 형태의 문제 역시 국가 자격시험을 준비하는 학생들에게 큰 도움이 될 것이다.

Part I에 소개된 1장에서 7장까지에는 열역학의 기본이 되는 내용들이 수록되어 있지만 열역학에 입문한 학생들이 각 장의 모든 내용을 반드시 숙지해야만 하는 것은 아니다. 각 장의 마지막 2절 정도는 강의내용을 감안하여 생략하여도 열역학의 기본 개념을 이해하는 데는 큰 지장이 없을 것이다. 8장에서 14장에서는 Part I에 다루지 않았거나 다루어졌더라도 심화내용이 수록되어 있다.

앞서 언급한 것처럼 이 교재에는 열역학의 중요한 개념을 이해시키기 위해 다양한 예제문제와 연습문제가 수록되어 있다. 다양한 난이도의 예제와 연습문제를 풀어봄으로써 숙련도를 향상시킬 수 있을 것으로 기대한다. 교재의 내용을 학습하고, 제공된 예제문제와 연습문제를 풀이하는 과정을 통해 실제 현장에서 마주칠 수 있는 문제의 공학적 해결능력이 배양될 수 있을 것이다. 물론, 숙련된 엔지니어들에게도 풀기 어려운 문제가 있을 수 있고 이를 해결하기 위해서는 기초 과정을 통해 제공된 정보보다 더 고급 정보가 필요할 수 있다. 하지만 대다수의 문제들은 이 교재에서 제공된 자료와 개념을 적용하면 성공적으로 해결할 수 있는 수준일 것이다.

끝으로 이 교재가 출판될 수 있도록 도움을 준 전임 교수님들과 현직 교수님들께 감사를 표하는 바이다. Rickey Caldwell이 교재의 전체적인 편집과 검토를 담당했으며, 본문의 탈고를 위해 노고를 아끼지 않으신 아래 교수님들께도 감사의 뜻을 전달한다.

Mahesh Chand Aggarwal, *Gannon University*
William Bathie, Iowa State University
Carlos F. M. Coimbra, University of California, San Diego
S. Mostafa, Ghiaasian, Georgia Institute of Technology
Pei-feng Hsu, Florida Institute of Technology
Melina Keller, California Polytechnic University, San Luis Obispo
John Kramlich, University of Washington
Edward Lumsdaine, Michigan Technological University
Sameer Naik, Purdue University, West Lafayette
Than Ke Nguyen, California State University, Pomona
Steven G. Penoncello, University of Idaho
Laura Schaefer, University of Pittsburgh
Elisa Toulson, Michigan State University

Kenneth Kroos
Merle C. Potter

이 교재에서 사용된 단위의 미터법화를 위해 IIT(Indian Institute of Technology, Madras)의 Shaligram Tiwari가 수고해 주었다.

저자소개

저자인 Kenneth A. Kroos는 University of Toledo에서 물리를 전공하였으며, 동 대학 대학원에서 기계공학 석사, 생화학 전달을 주제로 박사학위를 취득하였다. 주요 경력사상은 다음과 같다.

- Christian Brothers College와 Villanova University에서 강의
- 미국기계공학회 중남부지회 학생부분 자문과 Memphis 의장 역임
- 열역학, 유체역학회 다수 과목 강의
- 유체역학, 열전달, 공학교육, 가시화를 위한 컴퓨터 그래픽 분야 등에서 다수의 저서 출간
- 미국기계공학회 회원, 미국 공학교육학회 회원을 역임, 미국기계공학회 공헌상 수상
- 2001년 미국기계공학회 부회장 역임

공저자인 Merle C. Potter는 Michigan Technological University에서 기계공학을 전공하였으며, 동 대학 대학원에서 기계공학 석사학위를 University of Michigan에서 항공우주공학 석사 및 기계공학 박사학위를 취득하였다. 주요 경력사항은 다음과 같다.

- Michigan Tech, The U of Michigan, and Michigan State U에서 강의
- 미국기계공학회 중남부지회 학생부분 자문
- 35권의 관련 교과서 (공동)저술
- 유체역학과 에너지 변환에 관련된 연구 수행
- 수상경력 : 학술상/미국기계공학회 100주년 상, Michigan Tech 기계공학 아카데미 회원 James Harry Potter 금메달 (열역학 부분-미국기계공학회)
- 역학, 열과학, 응용수학 과목 강의

역자서문

열역학은 기계공학을 전공하는 학생들이 반드시 수강해야 하는 필수과목 중 한 과목이다. 이는 에너지의 전달과 변환이 이루어지는 모든 기계적 장치의 해석에 기초가 되는 과목이기 때문일 것이다. 하지만 다른 과목과는 달리 열역학은 눈에 보이지 않는 열과 에너지를 다루고 엔트로피와 같은 추상적인 개념을 사용하여 현상을 설명하기 때문에 이제 막 입문한 학생들이 어렵게 느끼는 과목 중 하나이기도 하다. 더구나 열역학은 상급과정에서 배우게 될 열전달, 내연기관, 열 · 유체시스템설계, 공기조화 등의 과목에서 필요로 하는 공학적 기본개념과 문제풀이를 위해 필요한 선행 학습의 성격이 강한 학문이다. 때문에 수강하는 학생이 포기하지 않도록 흥미를 유발할 수 있게 집필된 교재의 필요성이 절실하다. 그러나 이 책의 저자가 언급한 것처럼 수많은 열역학 교과서 중에서 이제 막 열역학에 입문한 학생들에게 중요한 열역학적 개념을 명쾌히 전달하고 열역학적 직관력을 배양할 수 있도록 관련된 주제를 심도 있게 다룬 교과서를 찾아보기란 그리 쉽지 않은 것 같다.

이 교재는 에너지에 관련된 문제의 개념을 보다 수월하게 이해할 수 있도록 기존 교과서에 비해 열역학적 현상에 대한 자세한 설명을 수록하고 있으며 주어진 문제를 쉽고 빠르게 해결할 수 있도록 "열역학"이라는 언어를 통해 실제 현장에서 쉽게 접할 수 있는 예를 들어 설명하는 데 중점을 두고 있다. 또한 많은 열역학적 문제를 경제성과 에너지의 지속성의 관점에서 사회적 문제와 결부하여 공학도가 기본적으로 생각해 보아야 할 다양한 요인들에 대해서 충분히 다루고 있다. 특히 이 교재는 한 학기만을 열역학을 수강하는 학생들을 위해 반드시 숙지해야 할 열역학 개념과 법칙을 전반부 Part I에서 다루고 있으며, 후반부 Part II에서는 전반부에서 배운 개념과 법칙을 여러 가지 열역학적 사이클에 적용해 볼 수 있도록 하여 두 학기에 걸쳐 학습할 수 있도록 구성되어 있다.

열역학은 기계공학뿐만 아니라 화학공학, 금속공학, 재료공학에서도 필수 혹은 선택과목으로 강의되는 과목으로 앞서 설명한 바와 같이 보이지 않는 에너지에 관련된 문제를 다루고 있어 현상에 대한 이해도를 높이기 위해서는 반복 학습이 중요하다. 이 교재의 내용 숙지하고 주어진 예제문제와 연습문제를 반복해서 풀어본다면 보다 쉽게 "열"에 관련된 학문에 관심을 갖게 되고 친숙해질 수 있을 것이다. 아무쪼록, 이 교재가 열역학을 배우려는 학생들에게 좋을 길잡이가 되길 바란다.

역자 일동

기호 설명

a	상수
a	가속도
a	헬름홀츠 함수
A_0	상수
AF	공기-연료비
B	체적 탄성률
BDC	하사점
BWR	역동력비
C	비열
C	상수
c	빛의 속도
COP_{HP}	히트펌프 성능계수
COP_R	냉동기 성능계수
C_p	정압비열
C_v	정적비열
$dE_{c.v.}/dt$	단위시간당 에너지 변화
ds	미소 거리
f	대표함수
F	힘
$\mathbf{F}$	힘벡터
FA	연료-공기비
F_n	힘의 법선 성분
G	깁스 함수
g	중력
g	깁스 함수
g_c	중력상수
h	비엔탈피
h	높이
h	플랑크 상수
$\bar{h}^\circ$	기준상태 엔탈피
$\bar{h}_f^\circ$	생성 엔탈피
$\bar{h}_{fg}$	증발 엔탈피
h_c	대류 열전달 계수
H	엔탈피
$\overline{H}_P$, H_P	물질의 엔탈피
$\overline{H}_R$, H_R	반응물의 엔탈피
HHV	고위 발열량
i	전류
i	단위질량당 비가격성
I	비가역성
k	비열비
k	열전도율
kg_a	공기의 질량
kg_w	수분의 질량
kg_v	수증기의 질량
K	스프링 상수
K_p	평형 상수
KE	운동에너지
L	두께
LHV	저위 발열량
m	질량
m_a	건공기의 질량
m_f	액체의 질량
m_f	최종 질량
m_g	증기의 질량
m_i	초기 질량
m_v	공기에 포함된 수증기의 질량
$\dot{m}$	질량유량(또는 질량유속)
M	일반 함수
M	분자량
M_i	물질의 몰질량
M_i	물질 성분 i의 몰질량
MEP	평균 유효압력
n	상수
N	일반 함수
N	몰수
N_i	성분 i의 몰수
P	압력
P_a	건공기의 분압
P_{cr}	임계압력
P_f	최종 압력
P_i	성분 i의 분압
P_i	초기 압력
P_r	상대압력
P_R	환산 압력
P_v	수증기의 분압
PE	위치에너지
q	단위질량당 열전달

Q	열전달
Q_H	고온 저장소에서의 열전달
Q_L	저온 저장소에서의 열전달
$\dot{Q}$	열전달률
$\dot{Q}_B$	보일러 열전달률
$\dot{Q}_C$, $\dot{Q}_{\text{Cond}}$	응축기 열전달률
$\dot{Q}_{\text{Evap}}$	증발기 열전달률
r	압축비
r	반경
r_c	차단비
r_p	압력비
R	기체상수
R	전기저항
R	R인자
R_u	일반 기체상수
s	비엔트로피
$\bar{s}$	단위몰당 비엔트로피
s°	엔트로피 함수
S	엔트로피
SG	비중
S_{gen}	생성된 엔트로피
S_{surr}	주위의 엔트로피
$\dot{S}_{\text{prod}}$	엔트로피 생성
t	시간
T	온도, 토크
T_0	정지상태의 온도
T_{cr}	임계온도
T_{db}	건구온도
T_{dp}	이슬점 온도
T_f	최종 온도
T_H	고온 저장소의 온도
T_i	초기 온도
T_L	저온 저장소의 온도
T_R	환산온도
T_{wb}	습구온도
TDC	상사점
u	비내부에너지
U	내부에너지
$\overline{U}_P$, U_P	물질 내부에너지
$\overline{U}_R$, U_R	반응물 내부에너지
v	비체적
$\bar{v}$	몰 비체적
v_f	액체의 체적
v_g	증기의 체적
v_r	상대비체적
v_R	유사환산 비체적
V	속도
V	체적
V	전압
$\dot{V}$	체적유량(혹은 유량)
w	단위질량당 일
w_s	단위질량당 축 일
W	일
$\dot{W}$	일률
$\dot{W}_C$	압축기 일량
$\dot{W}_{\text{Comp}}$	압축기 일량
$\dot{W}_T$	터빈 일량
W_S	축 일량
W_a	실제 일
x	건도
x_i	성분의 질량 분율
y_i	몰 분율
z	높이차
Z	압축성 인자
ΔS_{gen}	생성된 엔트로피의 변화
ΔS_{net}	순엔트로피의 변화
ΔS_{univ}	엔트로피의 변화
α_T	열팽창계수
β	특성상수
β	체적 팽창률
δ	불완전 미분
ε	방사율
ε	이용률
η	효율
η_{II}	2법칙 효율
μ_J	줄-톰슨 계수
ν	화학량론 계수
ν	빛 주파수
ρ	밀도
ρ_x	알려지지 않은 물질의 밀도
σ	스테판-볼츠만 상수
τ	전단응력
φ	당량비
φ	상대습도
ψ	특성
ψ	단위질량당 엑서지
ω	비습도 또는 습도

Part I

개념 및 기본 법칙

Concepts and Basic Laws

Part I에서는 열역학에서 사용될 용어, 개념, 기본 법칙에 대해서 배우게 될 것이다. 소개될 개념의 원활한 적용을 위해서 예제 문제를 통해 연습하게 될 것이며, 각 장의 마지막에 제공된 연습문제를 통해 학습효과를 증대시킬 것이다. Part I에서 배우게 될 개념과 기본 법칙은 엔지니어의 관심대상인 장치에 적용될 것이며, 몇 가지 단순한 동력사이클과 냉동사이클로 제시되어 기본 법칙들을 배우게 될 것이다. Part II에서는 응용에 활용될 수 있도록 동력사이클과 냉동사이클을 더 많은 정보를 가지고 해석하게 될 것이다. Part III에서는 최신 주제를 다룰 수 있는 대체에너지와 생명체에서의 열역학에 대해 소개하고자 한다.

CHAPTER

1

기본 개념과 단위계

Basic Concepts and Systems of Units

Outline

기호 설명

본 장에서 소개된 변수들은 다음과 같다.

a	가속도	SG	비중
f	대표함수	T	온도
F	힘	U	내부에너지
F_n	힘의 법선 성분	V	체적
g	중력	$\vec{V}$	속도
g_c	중력상수	v	비체적
h	높이	z	높이차
KE	운동에너지	α_T	열팽창계수
m	질량	β	특성상수
P	압력	δ	불완전 미분
PE	위치에너지	ρ	밀도
R	전기저항	ρ_x	알려지지 않은 물질의 밀도

학습목표

- ❑ 열역학의 기본개념을 이해한다.
- ❑ 기본 열역학적 양을 이해한다.
- ❑ SI단위계와 영국단위계의 단위 변환을 수행할 수 있다.
- ❑ 기본 열역학적 상태량을 이해한다.

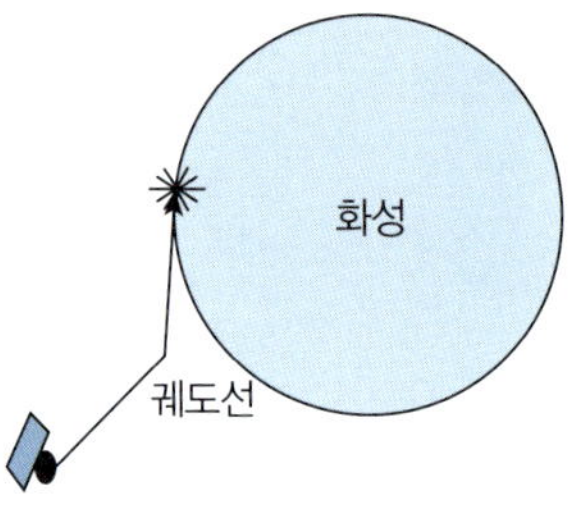

학습예제: 궤도위성의 실종

1999년 9월 23일 NASA는 화성으로 발사된 위성을 궤도에 진입시키 위해 추력기를 작동시켰다. 이 위성의 발사 목적은 화성 궤도에 장시간 머무르면서 화성 대기를 모니터링 하는 것이었다. 매일 화성 대기의 온도분포, 수증기, 먼지 함량 등을 측정하고자 발사 되었다. 하지만, 추력기의 작동명령이 내려진 직후, NASA와 위성간의 교신이 두절되었다. 나중에 추력기의 추력 측정오차로 인해 추락한 것으로 밝혀졌다. 위성을 화성궤도로 진입시키기 위해서 장착된 추력기의 설계과정에서 추력의 단위로 Newton과 Pound를 혼용되어 잘못된 궤도로 진입되었던 것이다. 단위의 정확한 사용을 위해서는 이에 대한 이해가 반드시 필요하다.

1.1 서론

1.1.1 열역학이란 무엇인가?

열역학은 대다수의 사람들이 쉽게 이해할 수 없는 용어이다. 엔탈피와 엑서지와 같이 낯선 물성치를 사용해서 그렇지만 열역학은 아주 간단한 물리법칙에 기초를 두고 있는 학문이기도 하다. 이 교재에서는 이러한 용어들이 전달하고자 하는 의미와 실제로 엔지니어들이 어떤 방식으로 이런 용어들을 사용하고 있는가를 알아보는 방식으로 열역학 용어의 중요성을 정의하고자 한다.

열역학: 에너지의 저장, 전달 및 변환.

열역학(Thermodynamics)은 에너지의 저장, 전달, 변환과 관련되어 있는 학문이다. 에너지는 질량에 더해지거나 질량으로부터 빠져 나갈 수 있다. 이 교재에서는 물리적 과정을 통해 어떻게 이런 현상들이 일어나게 되는지 심도 있게 배울 것이다. 가령, 자동차 엔진에서 공기/휘발유 혼합기의 연소를 통해 발생된 열은 실린더 안쪽의 압력과 온도를 급격하게 상승시키며, 높은 압력은 실린더 안에 있는 피스톤을 아래쪽으로 이동시켜 궁극적으로 동력을 발생시킨다. 이 예를 통해서 우리는 두 가지의 열역학적 과정에 대해 배울 수 있게 된다. 첫 번째는 휘발유에 포함되어 있는 화학적 에너지는 연소를 통해 열로 방출된다는 점이다. 두 번째는 발생된 높은 압력은 피스톤을 이동시켜 결국 일을 하게 된다는 사실이다. 이 교재 3장에서 다루어지게 될 열전달과 일은 에너지가 전달되는 두 가지 중요한 방법이다.

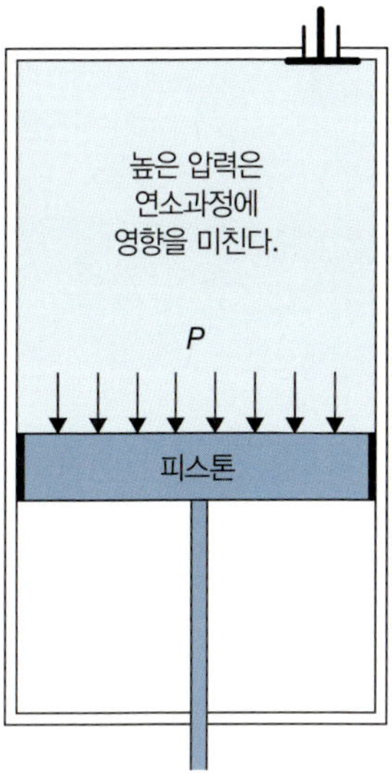

식물의 광합성 과정은 이 교재 14장에 자세히 기술되어 있는 바와 같이 에너지의 변환으로 설명이 가능하다. 태양으로부터 생성된 빛 에너지는 식물 잎에 존재하는 엽록소에 의해 흡수되어 식물을 자라게 하는데 필요한 당을 생성시킨다. 13장에서 소개될 태양 전지판 역시 태양 빛 에너지를 전기에너지로 변환시키는 장치로 에너지 변환의 유사한 예이다.

소개된 예들에서 에너지는 목적에 걸맞는 결과를 달성하기 위해 사용되고 있다. 하지만 에너지가 반드시 온도를 상승시키기 위해서만 사용되는 것은 아니며 오히려 냉동고에서처럼 온도를 낮추기 위해서 사용되기도 한다. 결국 열역학을 이야기할 때에는 에너지가 중요한 관심사가 된다. 열역학은 열에 관련된 과학의 기초가 되는 학문으로 일반적으로 유체역학, 열전달과 병행하여 배우게 되며, 이들 세과목은 융합 과정인 열-유체 시스템 종합 설계의 기초가 된다. 열역학과 관련된 선택과목으로 에너지변환공학, 엔진 설계, 발전소 설계, 추진공학 등이 있다.

Comment

열역학은 전통적인 발전소 설계의 기초가 되는 과목이다.

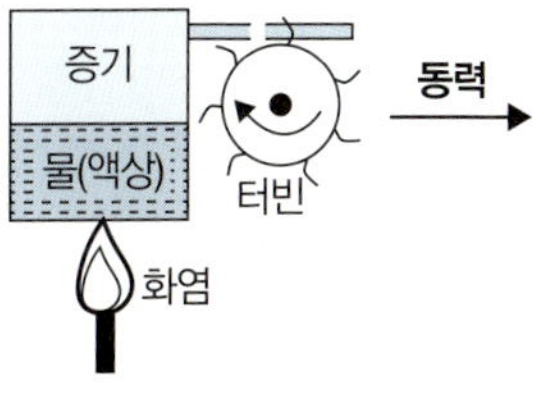

1.1.2 열역학을 어떻게 사용할 수 있는가?

앞으로 우리는 에너지의 저장, 전달, 변환과정의 해석에 열역학을 적용하게 될 것이다. 열역학은 대규모이든 소규모이든 전통적인 발전소의 설계에 기초가 되는 과목이다. 대체로 발전소에서는 화석연료를 태우거나 핵에너지를 사용하더라도, 열 형태의 에너지가 일 형태의 에너지로 변환되는데, 액체상태의 물이 증기로 변환되고 이 과정에서 터빈이 발생시키는 기계적 에너지는 발전기에서 전기적 에너지로 변환된다. 전기 엔지니어는 증기가 터빈을 통과해 발전기에서 발생되는 전기 동력을 책임지는 중요한 역할을 하게 된다.

열역학은 소형 비행기나 자동차 엔진과 같은 소규모 엔진의 설계에서부터 제트엔진이나 대형선박 엔진의 설계에 이르기까지 다양한 분야에 적용될 수 있다. 또한 수력 발전소, 풍력 기계, 태양 에너지 발전기로부터 발생되는 에너지의 해석에도 열역학은 활용될 수 있다. 아울러 열역학은 다양한 종류의 화학제품, 의약품, 음식을 제조하는 공정의 해석에서도 찾아볼 수 있다. 열역학은 음식에 포함되어 있는 에너지가 동물이 필요로 하는 에너지로 어떻게 변환되는가 하는 문제는 물론 태양으로부터 전달되는 에너지가 식물에서 어떤 식으로 영양분으로 전환될 수 있는 가에 대한 개괄적인 지식을 제공할 수 있다.

1.1.3 엔지니어는 열역학을 어떻게 사용할 수 있는가?

열역학은 다양한 분야, 특히 기계공학과 화학공학에 종사하는 엔지니어들에게는 꼭 필요한 학문이다. 기계공학 엔지니어는 주요 발전소의 설계, 건설, 운전에 참여하거나, 자동차, 보트, 비행기는 물론 대형선박을 설계하기도 한다. 기계공학과 화화공학을 전공한 엔지니어들은 약품, 음식과 같은 소비제품 등을 생산하는 공정에 열역학적 지식을 적용하게 된다. 또한 대기오염의 주범인 화석연료를 대체할 수 있는 에너지원(풍력, 수력, 바이오에너지, 수소에너지, 태양에너지 등)을 개발하는 과정에서도 열역학적 지식이 활용될 수 있다.

1.1.4 열역학의 역사는?

법칙: 엄격한 (과학적) 제한 요소들을 만족하는 규칙으로 관찰에 의해서 성립된다.

인류가 음식을 조리하거나 따뜻하게 위해 불을 사용하기 시작하면서부터 열역학과 친숙해졌다고 해도 과언이 아니다. 기원전 3000년부터 5000년 사이 고대 이집트, 그리스 과학자들은 열에너지는 필로지스톤(열소, 熱素)이라고 하는 일종의 유체라고 생각했었다. 그들에게 불은 대지, 바람, 물과 함께 자연의 기본적인 요소로 받아들여졌었다. 기원전 500년쯤 그리스의 과학자들은 진공상태가 존재할 수 있는가와 생성될 수 있는가를 를 논의하기 시작하였으며 이후 수백년 후인 17세와 18세기에는 연금술을 바탕으로 열화학의 토대가 갖추어졌다. 이 시기에 기체의 거동 특성을 예측하고자 과학적 지식이 뒷받침된 법칙들이 발달하게 되었다. *법칙*(Law)이란 직관적인 관찰에서 비롯되어 엄격한 (과학적) 제한 요소들을 만족하는 규칙을 의미한다. 예를 들면, 1662년에 이상기체 법칙의 특수한 경우인 보일의 법칙이 발표되었으며 1802년에는 이상기체와 관련이 있는 샤를의 법칙과 게이뤼삭의 법칙이 발표되었다.

최초의 기관인 증기기관은 1797년에 제임스 와트가 특허를 등록하였고 이어 1824년에 카르노가 일과 열의 등가성에 관한 논문을 발표하였다. 이 논문을 통해 카르노는 열역학의 아버지로 알려지게 되었다. 산업혁명은 공학계는 물론 사회 전반에 걸쳐 큰 변화를 가져왔다. 예를 들면 대장간과 같이 전통적인 가내 수공업으로 만들어지던 제품들은 이제 대량 생산이 가능한 공장에서 만들어지고 있다. 이러한 산업 고도화의 부작용중 하나가 공장을 가동하는 데 필요한 발전소를 운전하고 설계할 수 있는 기계공학 엔지니어를 육성해야 한다는 점이였다.

1.1.5 열역학의 특징은 무엇인가?

오늘날 우리가 직면한 중대한 문제 중 하나는 아마도 가용할 수 있는 에너지가 줄어들고 있다는 점일 것 이다. 1800년대와 1900년대 초에는 에너지 자원은 값싸고 풍부하여 쉽게 가용할 수 있었다. 이 당시 산업계는 풍부한 에너지 공급을 바탕으로 성장할 수 있었다. 하지만 오늘날 이런한 상황은 급변하여 언젠가는 석탄, 석유, 천연가스와 같은 화석연료가 고갈될 것으로 예상되고 있다. 그래서 태양에너지, 풍력에너지, 수소에너지와 같은 대체 에너지원이 개발되고 있지만 화석에너지를 완전히 대체할 수 있기는 힘들 것으로 전망된다. 핵발전 역시도 대체 에너지원으로 각광받고 있기는 하지만, 방사능 유출과 사용된 핵연료봉의 폐기에 관련된 사회적 우려로 인해 지난 몇 십년간 관련 산업의 발전이 정체기에 있다. 또한 체르노빌, 스리마일, 일본의 핵방사능 유출사고로 인해 핵발전소의 안전에 관한 대중의 관심이 높아지고 있다. 그럼에도 불구하고 미국에서는 이산화탄소 배출량이 거의 없고 핵 안전에 관한 문제가 크게 대두되고 있지 않기 때문에 핵발전에 대한 관심이 다시 증가되고 있는 추세이다. 특히 지진과 다른 자연 재해로 발생할 수 있는 사고의 가능성 때문에 핵발전에 의한 전력생산은 감소하고 있음에도 불구하고 프랑스와 일본은 전세계적으로 핵발전을 통해 생산되는 전력량의 50%가 넘는 양을 생산하고 있다. 더욱 효율적인 원전건설과 운영에 관한 안전장치가 필요한 대목이다.

질문: 핵발전이 우리 미래을 위해서 필요한 것일까? 과연 안전한 것일까? 2011년 일본의 원전사고가 안전한 동력원으로써의 핵발전의 미래를 어둡게 하는 것은 아닐까?

생활 패턴과 (제품의) 생산 공정이 우리의 일상생활과 생산활동을 유지하는데 필요한 천연자원의 장기 가용성에 어떻게 영향을 주는가에 관한 문제는 결국 자원 에너지의 *지속성*(sustainability)과 관련이 있다. 즉 에너지, 물, 음식, 광물 자원을 이야기할 때 이러한 자원의 장기적인 소비에 대한 문제를 고려해야만 할 것 이며, 미래에는 천연자원의 소비량을 고려한 대책이 필요하다. 이미 오늘날에도 세계 일부 지역에서는 물, 땔감 등의 천연자원 부족에 직면해 있으며 천연자원의 지속성에 대한 문제가 대두되고 있다.이 교재는 여려 장에 걸쳐서 이러한 (천연자원의) 지속성에 대해 언급하게 될 것이다.

지속성: 에너지의 소비량을 감당할 수 있는 능력.

1.1.6 열역학적 해석에 필요한 기본적인 개념과 가정은 어떠한 것들이 있는가?

열역학(Thermodynamics)이라는 단어에는 움직임(이동)과 관련된 용어인 dynamics가 포함되어 있지만 실제로는 이러한 움직임과는 거의 관련이 없는 학문이다. 어떤 물질에 에너지를 공급하거나 제거하는 과정 자체는 움직임과 관련이 있는 현상이지만, 열역학에서는 초기상태에서 마지막 상태까지 변화하는 과정을 설명하기 위해 필요한 순간적인 현상을 중요하게 취급하지 않는다. 대신 과정이 발생된 직후의 계의 상태를 정지된 그림에 비유하여 해석하게 될 것이다. 즉 계의 상태량 해석을 위해서 과정이 시작되기 직전의 상태와 과정이 끝난 직후의 상태를 살펴보게 될 것이다. 이런 연습을 통해서 계의 변화 직후의 그림을 만들어내겠지만 에너지가 전달되는 과정에서 어떤 현상이 순간순간 일어나는지에 대해서는 관심을 두지 않을 것이다. 열역학 문제를 푸는 목적은 계의 마지막 상태와 초기 상태를 결정하는 것이다. 어떤 계의 초기 상태를 결정하고 일어나는 과정올 설명하게 될 것이며, 이 정보로부터 계의 마지막 상태를 결정할 것이다. 또 경우

계: 특정 공간을 차지하는 물질의 질량

주위: 계의 바깥쪽의 모든 것

고립계: 주위와 에너지를 교환하지 않는 계

검사체적(개방계): 질량의 출입이 가능한 계 (고정된 체적)

검사표면: 검사체적을 둘러싼 면

에 따라 반대의 과정을 통해 계의 초기 상태를 알아보게 될 것이다.

계(System)는 특정 공간을 차지하는 일정한 (물질의) 질량으로 정의할 수 있으며, 여기서 공간은 체적이나 형상이 변화할 수 있지만 그렇지 않은 경우도 있다. 일반적으로 계의 질량은 헬륨 풍선 속의 헬륨처럼 변하지 않는다. 열역학에서는 에너지가 특정한 계로 유입되거나 빠져나가게 될 때, 계가 어떻게 변하는 지를 다루게 된다. 열역학에서 *주위*(surrounding)는 계 바깥의 모든 것을 의미한다. 특히 주위와 에너지를 교환하지 않은 계를 *고립계*(isolated system)라고 한다.

그러나 계의 질량이 변하지 않고 일정하게 유지된다고 가정하는 것이 항상 문제해결에 적합하지 않을 수 있으며, 오히려 정해진 체적에 유체가 흘러 들어가는 펌프나 터빈처럼 어떤 계를 체적으로 고려하는 것이 문제해결에 도움이 될 수도 있다. 이 경우 계의 체적을 *검사체적*(control volume)이라고 정의하며, 검사체적을 에워싸는 표면을 *검사표면*(control surface)이라고 정의한다. 이 경우 역시도 검사체적을 제외한 나머지 모두를 주위라고 할 수 있다. 일반적으로 계의 열역학 기본 방정식의 형태는 검사체적의 방정식과는 다르기 때문에, 해석 대상이 무엇인지 결정하는 것이 매우 중요하다.

연속체: 해석이 필요한 지점의 공간을 연속적으로 채우는 물질.

Note: 공기 1 mm^3 안에는 3×10^{16}개 이상의 분자가 존재하며 결국, 연속체 가정은 공기와 같은 물질을 해석하는데 있어 타당하다.

통상, 열역학의 해석 방법에 크게 두가지 방식이 있다. 열역학적 문제해결을 위해 계 내부의 물질을 해석이 필요한 지점에서 *연속체*(continuum)라고 가정하는 거시적인 접근방법이 있으며, 이를 **고전열역학**이라고 한다. 가령, 해수면에 존재하는 공기는 1 mm^3 안에 대략 3×10^{16}개 이상의 분자를 포함하고 있어, 주어진 체적(1 mm^3) 안에서 어느 지점이라도 공기가 연속적으로 채워져 있다라고 가정해도 합당할 것이다. 어떤 물질의 유한한 양, 즉 계의 상태량은 공간적으로 균일하게 분포하는 평균값으로 취급할 수 있다. 예를 들면, 어떤 방안의 온도나 압력을 이야기할 때, 여러 지점에서 측정된 온도나 압력과 대비되는 개념으로 방 전체의 평균 온도나 압력을 이야기할 수 있다.

발전소

다른 열역학적 접근방법으로는 **통계열역학**이 있는데, 이 접근방법은 입자집단의 움직임을 물질의 에너지 증감과 연관지어 통계적으로 해석하는 기법이다. 즉, 통계역학을 이용해서 분자의 움직임을 거시적인 열역학적 양과 연관지어 설명하는 기법이다. 하지만 통계열역학은 학부과정의 일부과정과 대학원과정에서 주로 다루어지기되며, 개별적인 분자들의 움직임 역시 이 교재에서의 주된 관심사는 아니다. 따라서 이 교재에서는 대부분의 공학적 문제를 고전열역학의 관점에서 접근하게 될 것이다. 열역학적 계의 해석에 있어 문제의 단순화를 위해 여러 가지 가정들이 적용되겠지만, 고전열역학적 접근방법은 엔진, 발전소, 냉장고 등과 같이 에너지의 생산에 관련되어 있는 다양한 장치들을 설계하고 이해하는 데 매우 중요한 도구이다.

1.1.7 물질의 상이란 무엇인가?

열역학을 통해서, 고상 액상, 기상으로 분류되는 세가지의 물질의 상 (혹은 물질의 상태)에 대해 학습하게 될 것이다. *고체*(Solid)는 용기의 형상대로 채워지지도 흐르지도 않고 어떤 공간을 메우려 팽창하지도 않는다. 고체 분자들은 외부로부터 전단응력이 가해지면 인접한 분자들의 위치에서 상대적으로 이동할 수 있으나, 연속적 혹은 독립적으로 이동(변형)할 수 없다. *액체*(Liquid)의 경우 용기의 형상에 따라 모양이 변할 수 있지만 고체와 마찬가지로 용기의 전체 형상을 채우기 위해 팽창할 수 없다. 반면 *기체*(gas)의 경우 용기 전체의 체적을 채울 수 있도록 팽창할 수도 있다. 결국 액체와 기체는 외부에서 전단응력이 가해질 경우 독립적인 움직임(변형)이 가능한 물질이다. 특히 물은 열역학적인 관점에서 각각 고체(얼음), 액체 및 기체(증기)의 상으로 존재 할 수 있는 대표적인 물질이다. 전단응력에 대한 변형은 유체역학에서 액체와 기체의 동역학적인 해석을 통해 다루게 된다.

고체: 용기의 형상대로 채워지지도 흐르지도 않는다.

액체: 용기의 형상에 따라 모양이 변할 수 있지만 용기의 전체 형상을 채우기 위해 팽창할 수 없다.

기체: 용기 전체의 체적을 채울 수 있도록 팽창할 수도 있으며 분자간의 거리가 상대적으로 멀다.

☑ 학습목표 확인 (1)

1.2 차원과 단위

Key Concept: 단위는 차원을 측정하기 위해서 사용된다. 질량은 차원이고 kg은 단위이다.

어떤 양(quantity)의 차원과 그 차원을 측정하게 위해서 사용되는 단위는 종종 혼동되기 쉽다. 차원은 양을 기술하기 위해서 사용되는 반면, 단위는 해당 차원의 크기를 나타낸다. 차원은 크게 2가지로 구분되는데, 질량, 길이, 시간, 온도와 같은 *기본차원* (primary dimensions)과 전기나 자기의 물성치를 표시하기 위해서 기본차원으로 조합으로 구성되어 있는 *유도차원*(derived dimensions)이 있다. 열역학에서는 상대적으로 기본차원이 유도차원에 비해 중요한 비중을 차지한다.

기본차원: 질량, 길이, 시간, 온도.

유도차원: 기본차원의 조합.

뉴턴의 제2법칙에서 힘은 질량과 가속도의 곱으로 표현될 수 있다.

$$F = ma \tag{1.1}$$

여기서 질량(m)은 기본차원이며, 가속도(a)는 길이를 시간의 제곱으로 나눈 유도차원이다. 힘(F)의 차원은 식 (1.1)을 표현하기 위해서 사용된 길이, 시간, 질량의 조합으로 구성된다.

오늘날 널리 사용되는 단위계는 크게 2가지로 구분될 수 있는데, 미국에서 주로 사용되는 미국단위계(영국단위계)와 다른 주요국가에서 통용되는 미터단위계인 SI단위계이다. 이 교재에서는 주로 SI단위계를 사용하게 될 것이다.

차원에서 중요한 개념은 *차원적 동일성*(dimensional homogeneity)이다. 즉 방정식내의 모든 항들은 동일한 차원을 가져야 한다. 어떤 방정식의 유효성을 빠르게 체크해 볼 수 있는 방법은 모든 항들의 차원이 동일한지를 확인해 보는 것이다. 가령 어떤 방정식내의 한 항의 차원이 힘인 경우, 나머지 모든 항의 차원은 힘과 동일한 차원을 가져야 하는 것이다. 그 다음 차원의 양에 해당하는 단위를 방정식에 적용할 수 있어야 하며, 각 항의 단위가 동일한 지를 살펴보아야 한다. 즉, 방정식에서 한 항의 단위가 kN이라 한다면, 나머지 항들의 단위는 N이 될 수는 없다.

차원적 동일성: 방정식내의 모든 항들은 동일한 차원을 가져야 한다.

모든 계산문제에 있어, 물질의 상태량을 표시하거나, 측정의 결과를 표시할 때 유효숫자에 관한 내용을 숙지하여야 한다. 일반적으로 물질의 상태량은 유효숫자 네자리 이상을 사용하지 않으며, 측정결과도 유효숫자가 3자리 혹은 4자리 이내이다. 따라서 계산결과에서 유효숫자 5자리나 6자리를 사용하는 것은 바람직하지 않고 계산결과는 최소의 유효숫자 자릿수로 정확히 표현하는 것이 중요하다. 가령 중력가속도는 유효숫자 3자리로 9.81 m/s^2으로 나타낼 수 있고, 직경이 2 cm인 경우는 2.00 혹은 2.000으로 표기하는 것이 바람직하다. 공학용 계산기가 일반적으로 유효숫자 8자리까지 처리할 수 있지만, 엔니지어는 일반적으로 결과를 표시할 때 유효숫자 5~6자리 이상 사용하지 않는다.

Comment

계산결과는 최소의 유효숫자 자릿수로 정확히 표현하는 것이 중요하다.

1.2.1 SI단위계

SI단위계는 1793년 프랑스 정부가 영국단위계를 대체하기 위해 십진법을 기반으로 제정하였으며 유럽이 나폴레옹의 군사 식민 지배를 받으며서 확산되었다. SI단위계의 기본차원과 단위는 표 1.1에 정리해 두었다. SI단위계에서 힘의 단위는 뉴턴(Newton)이다. 뉴턴 단위로 힘 F를 표시하기 위해서는, kg 단위의 질량 m과 m/s^2 단위의 가속도 a를 곱해야 한다. 즉, 수평 마찰력을 무시한다면 그림 1.1에서 처럼 1 N의 힘으로 질량이 1 kg인 물체를 1 m/s^2로 가속시킬 수 있고, 이 경우 식 (1.1)을 다음과 나타낼 수 있다.

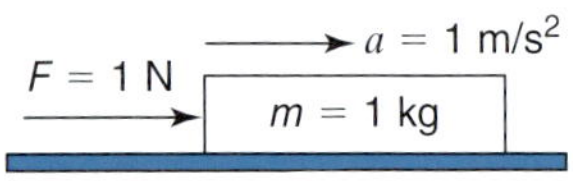

그림 1.1

마찰이 없는 수평면에서 질량이 있는 물체를 가속시키는 힘

$$1\ \text{N} = 1\ \text{kg} \times 1\ \text{m/s}^2 \tag{1.2}$$

이 식에서 1 N은 1 kg · m/s^2과 동일하다는 것을 알 수 있다.

SI단위계에서 양을 표기할 때, 표 1.2에 정리되어 있는 특정 접두어를 사용하게 되는데, 10의 지수와 곱으로 표기하는 대신 사용하게 된다. 예를 들면, 30000 N 혹은 30 × 10^3 N을 표기할 때 단순하게 30 kN으로 표기할 수 있다.

Comment

SI단위계에는 단위기술에 관한 상세한 규칙이 있다. 가령, 미국표준과학기술원(NIST)이 정한 규칙에 따라 (대문자를 사용하여) 10 Newtons이라 적지 않고 10 newtons으로 표기한다.

SI단위계는 미국과 일부 국가를 제외하고는 전세계에 걸쳐 통용되고 있다. 미국에서 생산된 제품에 표기된 미국단위계(영국단위계)는 SI단위계를 기준으로 설계된 제품의 단위와는 바로 호환되지 않기 때문에 엔지니어는 두 단위계를 모두 충분히 이해하여야 한다. 하지만 이제 지구촌에서는 전 세계적인 무역이 불가피하고 이에 따라 통일된 단위체계가 필요하며, 이런 측면에서 SI단위계로의 전환이 시급한 시점이다. 일, 열에너지, 동력과 같은 유도 단위는 이후의 각 장을 통해서 더 자세히 공부하게 될 것이다.

Comment

학습예제를 통해서 살펴보았던 것처럼 나사 위성은 단위환산의 오류로 인해 실종되었다.

표 1.1 SI단위계의 기본차원과 단위

차원	단위	약자
길이	meter	m
시간	second	s
질량	kilogram	kg
온도	degree	K or °C

표 1.2 SI단위계의 접두어

증배율	접두어	기호
10^{12}	tera	T
10^{9}	giga	G
10^{6}	mega	M
10^{3}	kilo	k
10^{-2}	centi	c
10^{-3}	milli	m
10^{-6}	micro	μ
10^{-9}	nano	n
10^{-12}	pico	p

1.2.2 영국단위계

미국단위계(The U.S. customary system of units)는 전통적인 영국단위계(English system of units)에 기반을 두고 있으며, 이 장 이후 부터는 영국단위계로 통일하여 칭하게 될 것이다. 영국단위계의 기본차원은 표 1.3에 정리해 두었다.

영국단위계에서 전형적인 질량의 단위는 슬러그(slug)이며 힘의 단위는 파운드(pound)이다. 힘 1파운드는 1슬러그의 질량을 마찰이 없는 수평면에서 1 ft/s^{2}의 가속도로 가속시킬 수 있는 힘이며, 뉴턴의 제2법칙을 이용하여 다음과 같이 표현할 수 있다.

$$1 \text{ lbf} = 1 \text{ slug} \times 1 \text{ ft/s}^2 \tag{1.3}$$

따라서 영국단위계에서 질량은 위 식의 상관관계로부터 slug = lbf-s^2/ft 단위를 갖게됨을 알 수 있다.

어떤 물체의 무게(힘)를 측정했을 때 1파운드이고 이때 중력가속도, g가 32.2 ft/s^{2}이면 그 물체의 질량이 1파운드인 것 이다. 여기서 알 수 있는 것처럼, 질량과 힘은 서로 다른 양이지만, 1파운드의 무게가 나가는 물체의 질량을 이야기할 때 파운드는 두 가지의 단위를 갖게 된다. 즉, 무게(힘)의 단위인 lbf와 질량의 단위인 lbm로 구분될 수 있다. 1 lbm의 질량을 갖는 물체에 작용된 중력가속도가 32.2 ft/s^{2}일 경우 무게를 측정하게 되면 1 lbf가 되는 것이다. 만약 중력가속도가 32.2 ft/s^{2}가 아닐 경우 다른 문제이기

영국단위계 질량 단위환산:

$$\text{slug} = \frac{\text{lbf-s}^2}{\text{ft}}$$

Comment

10 lbf의 단위를 N으로 환산하기 해보기 위해서 단순히 구글링해보면 10 pounds force=44.4822162라는 결과를 얻을 수 있다. (부록 A에 있는 환산인자를 이용하여 환산도 가능하다). 구글은 엔지니어가 아니므로 9자리의 유효숫자를 사용하였다.

표 1.3 영국단위계의 기본차원

차원	단위	약자
길이	foot	ft
시간	second	s
질량	slug or pound	slug or lbm
온도	degree	°R or °F

$$g_c = 32.2 \frac{\text{lbm-ft}}{\text{lbf-s}^2}$$

Comment

열역학은 lbm과 lbf의 단위가 통용되는 몇 안되는 과목이지만, SI단위계의 사용이 점차 확대됨에 따라 이런 단위는 점차 혼용되어 사용되지 않을 것이다.

는 하지만 일반적으로 영국단위계에서 중력가속도는 32.2 ft/s^2임을 명심하자.

$$F = \frac{32.2 \text{ lbm}}{32.2 \text{ lbm-ft/lbf-s}^2} \times 1\frac{\text{ft}}{\text{s}^2} = 1 \text{ lbf} \tag{1.4}$$

$$F = \frac{m}{g_c} a \tag{1.5}$$

예제 1.1 차량을 가속시키기 위해서 필요한 힘

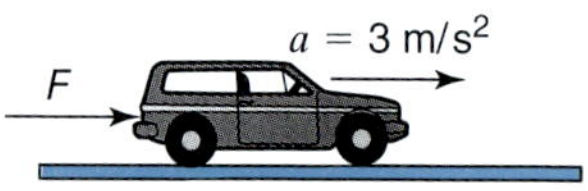

그림 1.2

Comment

중력가속도 g는 지표면 어디에서나 일정하다. 고산 지대의 꼭대기와 해저에서 측정된 중력가속도의 차이는 1%에 지나지 않는다. 따라서 지표면에 어디에서나 일정한 값인 $g = 9.81\ m/s^2$을 사용하는 것은 공학적으로 타당하다.

그림 1.2에서처럼 평평한 길에서 차량을 가속시키는 경우에 필요한 힘을 계산해보자. 무게가 9000 N인 차량을 3 m/s^2으로 가속시키기 위해 필요한 힘은 얼마인가?

풀이

중력가속도가 9.81 m/s^2일 때, 차량이 무게가 9000 N이라면, 차량의 질량은 917.4 kg이며, 뉴턴의 제2법칙을 적용하여 다음과 같이 계산가능하다.

$$F = ma = \frac{W}{g} a = \frac{9000 \text{ N}}{9.81 \text{ m/s}^2} \times 3 \text{ m/s}^2 = \underline{2752 \text{ N}}$$

☑ 학습목표 확인 (2)

1.3 상태량, 과정, 평형

1.3.1 계의 상태량 및 상태

상태량: 직접 측정하거나 계산을 통해서 알 수 있는 물질의 특성이다

상태: 물질의 상태량의 값에 따라 정의될 수 있다.

상태량(Properties)은 직접 측정하거나 계산을 통해서 알 수 있는 물질의 특성이다. 크기, 체적, 온도, 압력과 같은 일반적인 상태량은 우리들의 일상생활에서도 흔히 사용되며, 쉽게 계산하거나 측정할 수 있다. 하지만, 질량에 포함되어 있는 에너지 양이라든가 공기 중의 습기 양, 가속도와 같은 상태량은 측정하기가 쉽지 않다. 상태량은 일반적으로 물질의 상태와 관련되어 있는 물리량이다. 다시 말하자면, *상태*(state)는 물질의 상태량의 값에 따라 정의될 수 있다. 예를 들어, 직육면체 얼음덩어리는 크기와 모양, 온도 등으로 정의할 수 있다. 얼음덩어리가 얼음상태로 존재하기 위해서는 온도가 물의 어는점 이하로 유지되어야만 한다. 물질의 상태량이 바뀌면, 물질의 상태도 바뀌는 것이다. 얼음덩어리의 온도가 증가하게 되면, 고체 상태인 얼음은 액체 상태로 변하게 된다. 결

과적으로는 온도도 바뀌게 되지만, 형상 역시도 액체로 변하게 되는 것이다.

이번 장에서는 바로 측정할 수 있거나 측정된 상태량에서 계산할 수 있는 열역학적 상태량에 대해서 이야기해 볼 것이다. 크기, 압력, 온도와 같은 상태량은 다양한 장치들을 이용하면 직접 측정이 가능하지만, 부피, 밀도와 같은 상태량은 이미 측정되어 있는 상태량을 이용하면 쉽게 계산해 낼 수 있다. 다음 장에서 측정된 상태량으로부터 열역학적 상태량을 계산해 내는 방법을 배우게 될 것이다.

어떤 물질의 상태량은 그 계의 상태에 의해 결정되고 계의 상태는 물질의 상태량 값에 의해 결정되기 때문에, 이해하기 힘들 경우가 종종 발생한다. 결국 상태와 상태량은 별개의 개념이 아니고 서로 연관되어 있다. 열역학은 어떤 물질에 에너지를 더하거나 에너지를 빼앗음으로써 발생되는 현상을 다루는 학문인 까닭에 물질의 상태량 변화, 즉 상태의 변화로써 이러한 영향을 평가하고 해석하게 된다. 결국 계의 상태량을 알게되면, 그 계의 상태를 설명할 수 있다.

상태량은 어떤 계가 특정한 상태에 있을 때, 이에 상응하는 값을 갖게 된다. 이 값은 진행 중인 계의 상태와는 무관하고 따라서 경로의 함수가 아니다. 이것을 수학적으로 표현하면 식 (1.6)와 같다.

$$\int_{f_1}^{f_2} df = f_2 - f_1 \tag{1.6}$$

여기서 df는 함수 f의 완전미분을 의미한다. 양, $f_2 - f_1$은 계가 상태 1에서 상태 2로 변화할 때 상태량의 변화량을 의미한다.

Key Concept: 상태량이 완전미분이 가능한 경우 df로 표기하는 반면, 경로에 의존하여 불완전미분인 경우 δf로 표기한다.

일, W과 같은 양은 경로의 함수로 불완전미분으로 표현된다. 상태 1에서 상태 2로 변화할때 일의 적분값은 식 (1.7)과 같이 나타낸다.

$$\int_{\text{state 1}}^{\text{state 2}} \delta W = W_{1\text{-}2} \tag{1.7}$$

δW는 불완전미분으로, δW와 같이 경로에 의존하는 양은 상태량을 이용하여 특정 상태에 해당하는 값을 예측할 수 없으므로 계의 상태를 나타내기 위해 W_1혹은 W_2 같이 사용할 수 없다.

상태량은 *종량적 상태량*(extensive property)과 *강성적 상태량*(intensive property)으로 구분된다. 종량적 상태량은 체적이나 무게와 같이 상태량의 값이 계의 질량과 연계되어 있는 반면 강성적 상태량은 계의 질량과는 무관하다. 물질의 온도는 계에 얼마나 많은 물질이 포함되어 있느냐와는 상관이 없으므로 강성적 상태량이다. 어떤 계의 상태량이 강성적인지 혹은 종량적인지를 쉽게 알아볼 수 있는 방법은 어떤 계를 반으로 나누거나 반을 없앴을 경우 상태량이 반으로 줄어드는지를 확인하는 것이다. 만약 상태량의 값이 반으로 줄어든다면 종량적이고 그렇지 않다면 강성적이다.

종량적 상태량: 계의 질량과 연계되어 있는 상태량

강성적 상태량: 계의 질량과 연계이 없는 상태량

방안의 공기를 생각해보자. 방을 둘로 나누면 공간은 더 좁아질 것이고, 방안 공기의 체적과 질량은 줄어들 것이다. 결국 체적과 질량은 종량적인 상태량이다. 하지만 방안 공기의 밀도, 압력, 온도는 공간의 변화에 상관없이 일정하게 유지될 것이고 따라서 강성적 상태량이다.

1.3.2 밀도와 비체적

어떤 물체나 혹은 빈 공간의 체적을 계산할 때, 직각, 실린더, 구형 좌표계를 고려하게 되며, 열역학에서 체적, V는 주로 변수로 취급된다. 압축될 때 기체의 체적은 줄어들고 팽창할 때 늘어나게 된다. 이제 엔진 실린더안의 공기를 생각해보자. 과정이 진행되는 동안 공기-연료 혼합물은 피스톤으로 압축되고 체적은 줄어들게 된다. 그 결과 혼합물의 압력과 온도는 상승하게 될 것이다. 폭발(동력)행정에서, 피스톤이 연소 직후 실린더 내부의 높은 압력으로 인해 아래로 움직이게 되면, 연소 혼합물의 체적은 늘어나게 된다.

밀도: 질량을(질량이 차지하고 있는) 체적으로 나눈 값

물질의 *밀도*(density), ρ는 물질의 질량을 질량이 차지하고 있는 체적을 나눈 값으로 식 (1.8)와 같이 표현할 수 있다.

$$\rho = \frac{m}{V} \tag{1.8}$$

질량의 단위는 kg이고 밀도의 단위는 kg/m^3이다. 밀도가 높을수록 무거운 물질이다. 가령, 기체는 고체와 액체에 비해 상대적으로 낮은 밀도를 갖고 있다. 열역학에서 기체의 밀도는 과정 중 변할 수 있는 변수로 취급될 수 있다. 특히 기체의 밀도의 경우 물질의 온도와 압력의 변화에 따라 변하게 된다. 이에 반해, 액체와 고체의 밀도는 주로 상수로 취급된다.

비체적: 물질이 차지하는 체적을 질량으로 나눈 값

비체적(Specific volume), v는 물질이 차지하는 체적을 질량으로 나눈 값으로 식 (1.9)와 같이 표현할 수 있다.

$$v = \frac{V}{m} \tag{1.9}$$

비체적은 밀도의 역수와 동일하며, 단위는 m^3/kg이다.

비체적: 비(Specific)라는 단어는 "단위질량당"이라는 의미를 갖고 종량적 상태량을 계의 질량으로 나눈 값이다.

주의: 열역학에서, 비(specific)이라는 단어는 "단위질량당"이라는 특별한 의미를 갖는다. 그러므로 비체적은 단위질량당 체적을 의미한다. 일반적으로 열역학에서 영문 대문자는 일반 상태량을, 영문 소문자는 비상태량을 나타내지만, 질량 m은 예외임을 명심하자.

대부분의 공학문제에 있어 밀도가 일반적으로 사용되지만, 열역학 문제에 있어서는 밀도의 역수인 비체적을 주로 사용하게 된다. 따라서 비체적 개념을 문제에 적용할 수 있도록 익숙해 질 필요가 있다. 액상의 물과 같이 큰 밀도를 갖는 물질의 비체적은 훨씬 작다. 하지만 표 1.4에 정리되어 있는 것 처럼 해수면의 공기의 밀도와 비체적은 공학적으로 유효숫자 자릿수가 같다.

Comment

열역학 문제에서는 밀도보다는 비체적이 더 자주 사용된다.

열역학에 또 유념해야 할 용어가 비중이다. *비중*(Specific gravity) SG는 표준상태의 물의 밀도와 대상 물질의 밀도 비로 식 (1.10)과 같이 정의된다.

비중: SG는 표준상태의 물의 밀도와 대상 물질의 밀도 비

$$SG = \frac{\rho_x}{\rho_{water}} \tag{1.10}$$

비중이 1보다 큰 물질은 물보다 무겁고 1보다 작은면 물보다 가볍다. 상당수의 교과서에서는 액체의 밀도나 비체적 대신 비중을 사용하기도 한다.

표 1.4 표준상태(15°C, 101 kPa)에서 공기와 물의 밀도와 비체적

물질	밀도	비체적
물	1000 kg/m^3	0.001 m^3/kg
	62.4 lbm/ft^3	0.0160 ft^3/lbm
공기	1.22 kg/m^3	0.820 m^3/kg
	0.0765 lbm/ft^3	13.1 ft^3/lbm

예제 1.2 **체적과 관련있는 상태량**

50 cm^{3}의 체적을 차지하고 있는 물질의 질량이 0.1 kg이다. 이 때 이 물질의 밀도, 비체적, 비중을 구하여라.

풀이

밀도는 질량을 체적으로 나눈 값이므로

$$\rho = \frac{m}{V} = \frac{0.1\ \text{kg}}{50\ \text{cm}^3 \times 10^{-6}\ \text{m}^3/\text{cm}^3} = \underline{2000\ \text{kg/m}^3}$$

비체적은 체적을 질량으로 나누거나 밀도의 역수이므로

$$v = \frac{V}{m} = \frac{50 \times 10^{-6}\ \text{m}^3}{0.1\ \text{kg}} = \underline{0.0005\ \text{m}^3/\text{kg}}$$

또는

$$v = \frac{1}{\rho} = \frac{1}{2000} = \underline{0.0005\ \text{m}^3/\text{kg}}$$

비중은 식 (1.10)을 이용하여 구하면 다음과 같다.

$$SG = \frac{\rho_x}{\rho_{\text{water}}} = \frac{2000\ \text{kg/m}^3}{1000\ \text{kg/m}^3} = \underline{2.00}$$

주의: 비중은 무차원임을 명심하자.

1.3.3 과정과 평형

열역학 문제를 풀 때, 물질의 초기상태는 (물질의) 상태량 값이 주어지면 결정될 수 있다. 계에 에너지가 추가되거나 제거되면 상태의 변화가 일어나게 된다. 이 때, 초기상태에 해당하는 상태량과 물질이 변화하는 *과정*(process)을 통해 마지막 물질의 상태를 결정할 수 있다. 초기 상태에서 어떤 계가 2개 이상의 과정을 거쳐 다시 초기 상태로 돌아가면 *사이클*(cycle)을 마치게 된다.

고전 열역학에서는 계가 열적평형, 기계적 평형, 상평형, 화학적 평형에 도달했을 때 최종적으로 "계는 *열역학적 평형*(thermodynamic equilibrium)이다"라고 가정하

과정: 초기상태에서 마지막 상태로 진행하는 동안 물질의 상태량이 변화하는 상태

사이클: 초기 상태에서 어떤 계가 2개 이상의 과정을 거쳐 다시 초기 상태로 돌아가는 과정

열역학적 평형: 열적평형, 기계적 평형, 상평형, 화학적 평형에 모두 도달했을 때 계의 상태

게 된다. 즉 계나 검사체적 모든 지점의 온도가 일정하게 유지되고, 호수나 대기처럼 체적이 비교적 큰 경우 높이 차에도 불구하고 압력이 시간에 따라 변화하지 않으며, 질량이 항상 일정하게 유지되고, 화화적 조성이 시간에 따라 변하지 않을 때 그 계는 평형에 도달했다라고 이야기할 수 있다. 설사 적은 변화로 인해 열역학적 평형상태에 있는 계가 영향을 받더라도 큰 변화없이 전 상태로 복귀할 수 있다면 평형상태에 있다라고 말할 수 있다. 반면 반구를 구르는 구슬은 초기에는 움직임이 적지만 점차 움직임이 커져 반구의 꼭대기에 도달하게 된다. 이와 같이 평형상태에 있는 계에 작은 변화가 더해져 큰 변화가 일어나고 다시 초기에 도달는 계를 준안정 평형(metastable equilibrium)상태에 있다라고 말할 수 있지만, 통상 고전 열역학에서 관심을 두는 상태는 아니다.

준평형과정: 평형상태에서 다른 평형상태로 계가 이동할 때 상태량의 변화가 평형상태에서 크게 벗어나지 않을 경우, 두 과정사이의 변화를 평형상태로 가정할 수 있다.

열역학에서 중요시 하는 또 다른 평형개념은 *준평형과정*(qusai-equilibrium process)이다. 평형상태에서 다른 평형상태로 계가 이동할 때 상태량의 변화가 평형상태에서 크게 벗어나지 않을 경우, 두 과정사이의 변화를 평형상태로 가정할 수 있다. 실린더 안에서 피스톤으로 압축되는 공기의 경우 계의 상태량인 압력이 변한다면, 실린더가 움직이는 동안 다른 모든 지점의 상태량도 동시에 변할 것이다. 이 때 피스톤이 3000 rpm으로 작동하지만 열역학적으로 아주 천천히 작동한다고 가정하면, 여기서 일어나는 과정은 준평형상태로 가정할 수 있다. 하지만, 압력변화가 연소반응이 일어난 직후처럼 급격하게 일어난다면, 이러한 과정은 그림 1.3의 점선으로 표시된 상태 2~상태 3의 과정과 같이 평형상태로 가정하기 힘들 것이다. 반면 실선으로 표시된 과정(상태 1~상태 2)은 준평형상태로 이야기 할 수 있다.

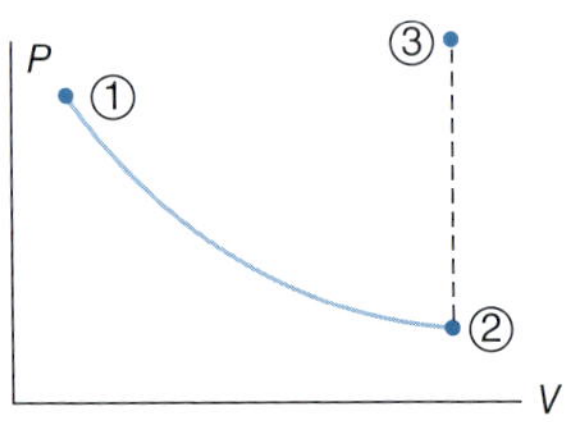

그림 1.3
준평형과정(상태 1~상태 2)과 비평형과정(상태 2~상태 3)

마지막으로 단순 압축성계의 평형상태를 이야기할 때 *상태대응의 원리*(state postulate)를 이해하고 있어야 한다. 상태를 결정하기 위해서는 두 개의 강성적 상태량을 알아야 하며 서로 독립적이여야 한다. 하나의 상태량이 변화할 때 나머지 상태량이 일정하게 유지된다면 두 상태량은 서로 독립적이다. 또 단순 압축계는 전기, 자기, 중력, 표면장력, 운동으로 인한 효과를 무시할 수 있는 계를 의미한다.

예제 1.3 준평형과정

그림 1.4에서처럼 공기가 들어 있는 실린더에 벽과 마찰이 작용하지 않는 피스톤이 장착되어 있으며, 그 위에 무게가 W인 추가 올려져 있다고 가정하자. 피스톤이 움직일 때 이 과정은 준평형상태일까 아니면 비평형상태일까? 각각의 상태에 대해 설명해 보시오.

풀이

준평형상태가 되기 위해서는 그림 1.4*a*에서 처럼 전체 무게가 W인 추를 여러 개로 나누어 한번에 하나씩 올려가며 마지막에 전체 무게가 W가 되게 하면 될 것이다.

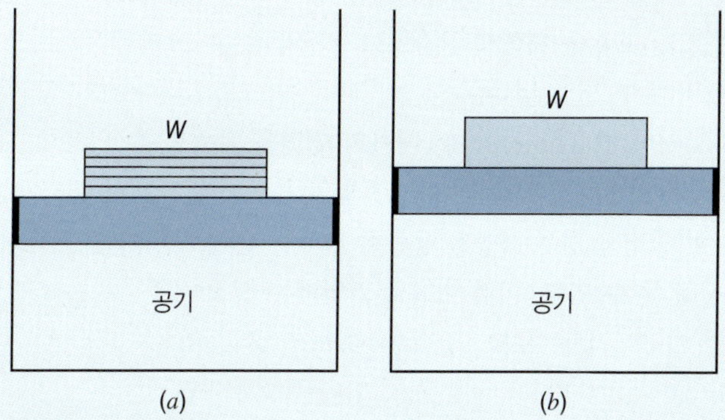

그림 1.4

하지만, 그림 1.4*b*에서처럼 무게가 *W*인 무게추를 단 한번에 피스톤 위에 올려 놓으면 피스톤이 급속히 아래로 내려오고, 피스톤의 초기 위치의 상태와 과정이 진행 뒤의 상태는 에너지 차이로 인해 서로 평형상태에 있지 않을 것이다.

☑ 학습목표 확인 (3)

1.4 압력

1.4.1 압력이란 무엇인가?

압력은 유체와 기체의 열역학적 상태량이다. 방안의 공기 분자들이 불규적인 운동을 하게 되고, 방 표면을 강타하게 되면 표면에 대해 수직 방향의 충격이 발생하게 된다. 이렇듯 충격에 의해 발생한 압력 힘은 표면위에서 발생한 운동의 크기와 연관이 있다. 통상 *압력*(pressure) P는 표면적에 작용하는 힘 F 중에서도 법선(수직인 방향)의 힘 성분 F_n으로 규정할 수 있다. 그림 1.5와 같이 F_n을 표면적 A로 나누면 압력을 정의할 수 있다.

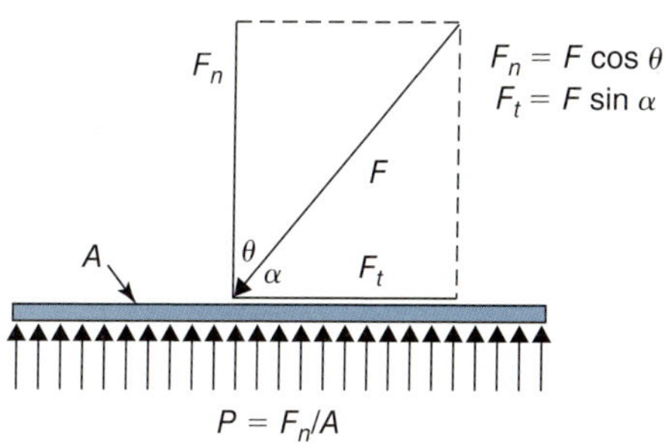

그림 1.5
압력과 힘의 상관관계

$$P = \frac{F_n}{A} \tag{1.11}$$

단, 접선방향의 힘인 F_t는 압력에 영향을 미치지 않는다.

압력: (표면적에 작용하는) 힘의 법선 성분을 표면적으로 나눈 값

우리의 일상생활에서 대기압으로 인해 우리 몸에 작용하는 힘을 압력으로 생각해 볼 수 있다. 대기의 압력은 지표면에서의 높이에 따라 달라지고, 대기권 밖 우주에서는 압력을 생성시킬 수 있는 공기 분자가 존재하지 않기 때문에 압력이 있을 수 없다. 반면, 지구상에서는 대기권에서 지표상으로 가까이 이동할수록 공기의 무게로 인하여 압력이 증가하게 될 것이다. 즉, 지표면 한 지점의 압력은 측정 표면 위에 있는 공기의 무게로

발생된다. 고산지대를 오르는 등반가들에게는 정상에 가까워 질 수록 공기의 압력이 낮아기 때문에 원활한 호흡을 위해서 산소탱크가 필수적이다. (에베레스트산 정상의 대기압은 해수면에 비해 약 25% 낮다.)

기압계: 대기 압력을 측정하는 장치

기압계(바로미터, Barometer)는 대기의 압력을 측정할 수 있도록 고안된 장치이다. 대기압은 거의 일정하지 않고 기후나 지형의 높낮이에 의해서 변하게 된다. 일상생활에서 대기압이 감소할 경우 폭풍을 동반한 날씨를 반대로 대기압이 상승할 경우 쾌청한 날씨를 예상해 볼 수 있다. 이런 이유로 기압계는 선장에게 날씨 변화를 예측해 보기 위해 꼭 필요한 기구이기도 하다.

1.4.2 절대압력과 게이지압력

절대압력: 절대 영압력을 기준으로 측정된 압력

공학에서 주로 사용하는 압력의 종류에는 두 가지가 대표적이다. *절대압력*(Absolute pressure)은 절대 영압력(절대 진공)을 기준으로 측정하는 방식으로 분자운동이 존재하지 않기 때문에 압력에 의한 힘이 작용하지 않는다. 대표적으로 대기권 밖 우주의 경우 공기 분자가 없기 때문에 절대 영압력의 좋은 예라 할 수 있다. 실제 상당 수의 공학문제에 있어 절대압력을 사용하게 되며, 절대압력은 0보다 작을 수 없다.

게이지압력: 대기압을 기준으로 측정되는 압력

진공: 음의 값을 갖는 게이지 압력

다음으로 대기압을 기준으로 측정되는 *게이지압력*(gage pressure)을 들 수 있다. 대기압이상의 압력은 양을 값을 갖고, 그 이하는 음의 값을 갖는 방식이다. 여기서 음의 값을 갖는 게이지압력을 *진공*(vacuum)이라고 부른다. 자동차 엔진에서 흡입행정은 게이지 압력이 음의 값인 흡입 압력을 발생시키고 이를 측정하기 위해 진공게이지를 사용하게 된다.

Comment

압력 관련문제에서 게이지라는 용어가 언급되지 않은 경우, 항상 절대압력이라고 가정한다.

절대압력은 식 (1.12)와 같이 게이지압력에 대기압을 더하면 구할 수 있다.

$$P_{\text{absolute}} = P_{\text{gage}} + P_{\text{atmospheric}} \tag{1.12}$$

통상 우리는 해수면에서 대기압이 100 kPa이라는 것을 알고 있지만, 정확한 대기의 절대압력을 계산하고 싶을 경우, 대기압력을 정확히 측정할 수 있는 기압계가 필요하다. 게이지압력과 절대압력의 관계는 그림 1.6에 잘 표현되어 있다. A지점에서 게이지압력은 양의 값을 갖게 되는 반면, B지점에서의 게이지압력은 음에 값을 갖게 되고 진공상태에 있을 것이다. C지점에서의 게이지압력은 "0"으로 해수면에서의 대기압을 의미한다.

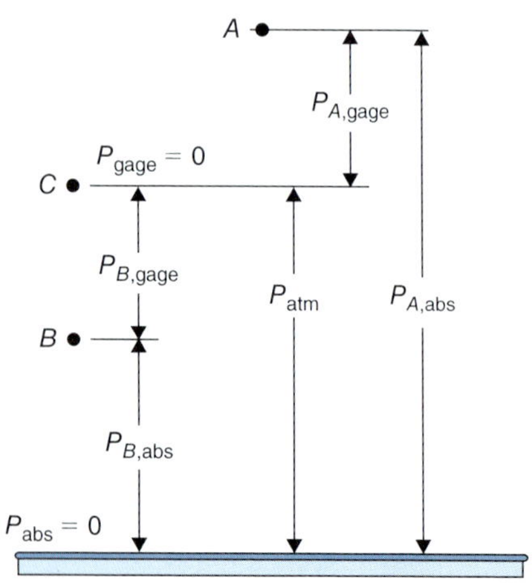

그림 1.6

절대압력과 게이지압력

따라서 열역학 문제를 풀 때, 어떤 압력이 주어져 있는지를 이해하고 있어야 하며, 기압계 등으로 측정된 압력은 게이지압력을 의미한다. 열역학 문제에서 게이지라는 단어 없이 사용되면, 절대압력을 의미한다는 것을 명심하여야 한다.

1.4.3 압력의 단위

압력은 힘을 면적으로 나눈 단위를 가지고 있다. SI단위계에서 압력의 기본단위는 뉴턴 단위의 힘을 제곱미터의 면적으로 나눈 것(N/m^2)으로,

이것을 1 Pa이라고 한다. 여기서 Pa는 파스칼로 읽는다. 1 파스칼의 압력은 아주 작은 값이기 때문에, 통상 kilopascal이나 kPa을 사용하며, 이 교재에도 대부분 압력은 kPa로 표기되어 있지만, 큰 압력 값의 경우 MPa로 표기할 것이다.

자연과학에서 압력은 여러 가지 단위로 표현되고 있으며, 그 중 널리 쓰이는 단위가 atm(기압, Atmosphere)이다. 1기압(1 atm)은 온도가 15°C일 때 해수면을 기준으로 습기가 없는 건조한 공기를 기준으로 측정한 압력이다. 또 *표준 대기압*(standard atmosphere)이라고도 하며, SI단위로 101.3 kPa로 표기한다.

표준 대기압:
15°C
101.3 kPa
760 mm Hg
760 Torr
1.013 bar

1.4.4 압력 측정도구

수은 기압계

대기압을 측정하기 위해서 처음 사용된 장치는 토리첼리에 의해 고안된 기압계로, 그림 1.7에서 살펴 볼 수 있는 바와 같이 유리관이 뒤집어진 형태이다. 유리관 한쪽은 트여져 있으며 다른 한쪽은 막혀있고 안쪽에 수은이 채워져 있다. 트여진 쪽을 수은이 채워져 있는 접시에 유리관이 막혀진 쪽을 위로 향하여 뒤집어 담그면 (유리관 안의) 수은이 무게로 인해 아래로 내려가게 되고, 내려간 부분 만큼 진공이 형성된다. 이 때, 수은 기둥 높이 H는 접시에 담긴 수은에 작용하는 대기압에 영향을 받는다. 식 (1.13)을 이용하면 수은 기둥의 높이 H를 대기압을 계산할 수 있다.

$$P_{atm} = \rho g H \tag{1.13}$$

여기서 ρ는 수은의 밀도이며 g는 중력가속도이다.

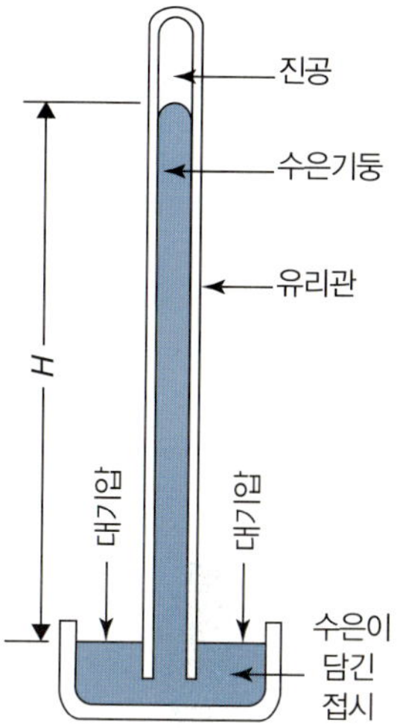

그림 1.7
토리첼리 기압계

수은 기동높이의 압력(kPa) 변환 예제 1.4

폭풍우를 동반한 날씨에 대기압을 측정하기 위해 수은 기압계를 사용하였고 수은 기둥의 높이가 70 cm였다. 이 때 대기의 압력을 kPa로 환산하여라. 단 수은 비중, SG_{Hg} = 13.6이다.

풀이

수은의 밀도는 식 (1.10)을 이용하여 계산하면,

$$\rho_{Hg} = SG \times \rho_{water} = 13.6 \times 1000\ \text{kg/m}^3 = 13\,600\ \text{kg/m}^3$$

중력가속도 및 높이를 식 (1.13)에 적용해서 압력을 구하면,

$$\begin{aligned} P_{atm} &= \rho g H \\ &= 13\,600\,\frac{\text{kg}}{\text{m}^3} \times 9.81\frac{\text{m}}{\text{s}^2} \times 0.70\ \text{m} = 93\,400\ \text{Pa} \end{aligned}$$

$$P_{atm}(\text{kPa}) = \frac{93\,400\ \text{Pa}}{1000\ \text{Pa/kPa}} = \underline{93.4\ \text{kPa}}$$

여기서 압력은 지표면 위에서의 수은 기둥 70 cm에 해당하는 압력이므로 절대압력이다.

Comment
해는 유효자릿수가 다섯자리 이상이 아닌 세자리나 네자리가 되도록 표시한다.

예제 1.4에서 처럼 압력은 수은 기둥의 높이로 측정될 수 있다. 기상캐스터가 대기압을 수은 높이 76 cm로 이야기 한다면, 이것은 기압계에 의한 압력측정 방식이다. 대다수의 기상캐스터가 이런한 방식으로 기압을 이야기하거나 수은기둥의 높이가 증가 혹은 감소,변하지 않을 것이라 이야기 하곤한다. 곧 쾌청한 날씨, 폭풍우를 동반한 날씨, 안정적인 날씨을 예상하는데 활용된다. 하지만 오늘날 많은 국가에서 수은 기압계의 사용은 수은과 수은 증기의 독성으로 인해 엄격히 금지되어 있다. 또한 수은 기압계는 물론 수은 온도계의 판매 역시 많은 나라에서 불법이다.

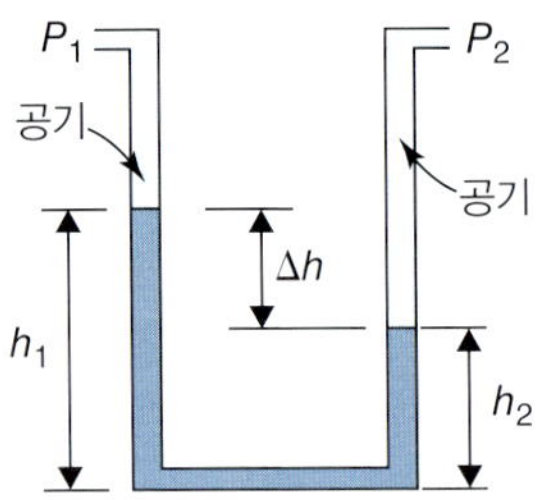

그림 1.8
액주식 차압계

액주식 차압계

액주식 차압계는 토리첼리 기압계의 유리관을 응용한 장치로 그림 1.8에 개략도가 도시되어 있다. 그림에서 볼 수 있는 것처럼 2개의 수직관이 바닥에 면에 위치한 관에 연결되어 있는 형태이다. 따라서 수직관 바닥에서의 압력은 동일선 상의 높이이므로 양쪽 모두 같을 것이다. 하지만 수직관의 개방된 입구는 서로 다른 압력 P_1과 P_2에 노출되어 있다. 통상 왼쪽 개방된 입구의 압력이 대기압에 노출되어 게이지 압력으로 0인 쪽이며, 반대 쪽은 높은 압력(그림에서 P_2)으로 인해 관 안쪽의 유체가 아래 쪽으로 이동하게 되고, 결국 왼쪽의 유체의 높이가 상승하게 된다. 이렇듯 양 쪽의 압력차로 인하여 그림 1.8에서처럼 관에 담겨 있는 액체의 높이차가 발생하게 된다. 이 높이차 Δh로부터 양단의 압력차를 구할 수 있다.

$$P_2 - P_1 = \rho g \Delta h \tag{1.14}$$

Note: 동일한 높이 지점에서 압력은 항상 일정한 값을 갖지만, 높이에 따라 압력의 크기는 변한다.

액주식 차압계의 민감도는 관안에 사용된 액체의 밀도와 관련이 있다. 밀도가 높은 액체를 사용할수록 관 양단의 큰 압력차가 대해서도 액주의 높이차가 그리 크지 않아 민감도가 작을 것이다. 반대로 물이나 알코올처럼 밀도가 작은 유체는 같은 압력차에 대해서도 높이차가 커질 것이다.

액주식 차압계는 가격이 싸고 만들기가 간단하기 때문에 실험실에서 유용하게 사용될 수 있다. 하지만 압력을 알기 위해서는 먼저 높이차를 정확히 읽어야 하고 계산이 필요하다는 단점이 있다. 이에 반해 다음에 소개될 다른 압력 측정 장비들은 압력 값을 바로 읽을 수 있으며 디지털 장치의 경우 원격 압력 데이터 수집도 가능하다.

예제 1.5 액주식 차압계를 이용하여 압력 측정하기

물이 채워져 있는 액주식 차압계의 양쪽 관의 높이차, Δh가 58 cm이고 왼쪽 관이 대기압에 노출되어 있다. 이 때 그림 1.9에서 오른쪽 관 입구의 절대압력 P는 얼마인가?

풀이

물의 밀도는 별 다른 언급이 없으면 항상 1000 kg/m^{3}이고, Δh = 58 cm = 0.58 m이므로 식 (1.14)를 이용하면 양단의 압력차를 구할 수 있다.

$$\Delta P = \rho g \Delta h$$
$$= 1000\ \text{kg/m}^3 \times 9.81\ \text{m/s}^2 \times 0.58\ \text{m} = 5690\ \text{kg/m}\cdot\text{s}^2$$
$$= 5690\ (\text{N}\cdot\text{s}^2/\text{m})/\text{m}\cdot\text{s}^2 = 5690\ \text{N/m}^2 \text{ 또는 } 5.69\ \text{kPa}$$

여기서 $P_1 = 0$이므로 $\Delta P = P$

절대압력 P를 계산하기 위해서는 게이지압력에 대기압(100 kPa)을 더해야 하므로,

$$P = P_{gage} + P_{atm} = 5.69\ \text{kPa} + 100\ \text{kPa} = \underline{105.7\ \text{kPa}}$$

유효자릿수는 네자리로 고정하자.

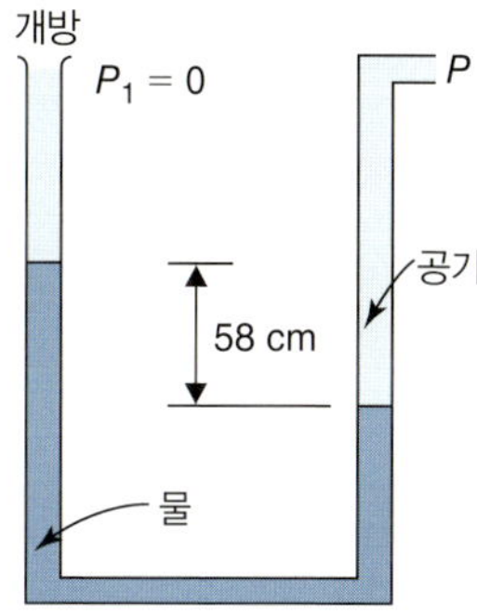

그림 1.9

Bourdon 압력계

Bourdon 압력계는 압력을 측정하기 위해 고안된 기계식 장치이며 그림 1.10에 개략도가 도시되어 있다. 바닥면의 압력 측정부는 나선형 모양의 내부 관과 연결되어 있고 관 내부의 압력이 대기압보다 크면 압력에 의한 힘이 관을 펼치면서 연결된 링크와 기어를 돌려 지시바늘을 움직이는 원리이다. 내부의 압력이 대기압 보다 작은 경우 관이 말리면서 지시바늘이 반대 방향으로 움직이게 된다. Bourdon 압력계는 견고하고 압력을 읽어내기 편한 구조이지만, 사람이 눈금을 보고 압력을 측정해야 하는 불편함이 있으며, 원격으로 압력 데이터를 수집할 수 없는 단점이 있다.

Note: 다른 언급이 없는 경우 대기압은 100 kPa를 사용한다.

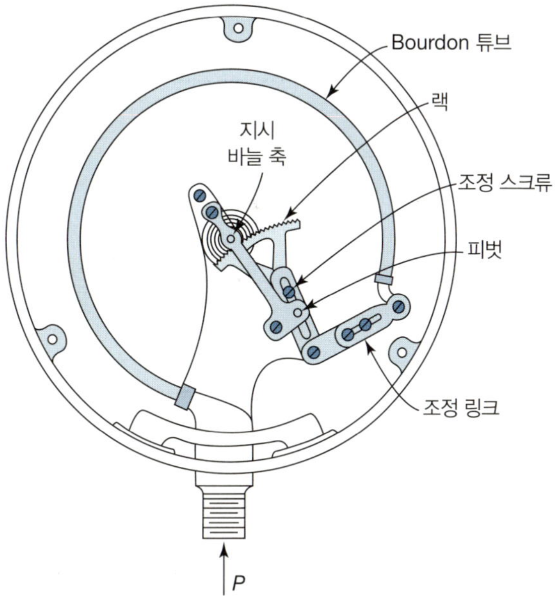

그림 1.10

Bourdon 압력계

압력 트랜스듀서

압력 *트랜스듀서*(transducer)는 물리적 신호를 다른 형식으로 변환시키는 장치이다. 압력 트랜스듀서는 압력을 아날로그 전기 출력신호로 전환하는 다양한 장치의 한 종류이다.

압력 트랜스듀서는 여러 종류가 있는데, 일부는 압력을 측정하기 위해 스트레인게이지가 장착된 얇은 금속 다이어프램을 이용한다. 압력을 받아 다이어프램이 구부러지면 스트레인게이지를 변형시킨다. 하지만, 이때 발생되는 전기 저항의 변화량이 아주 작기 때문에 측정하기가 쉽지 않다. 그래서 저항의 변화량을 측정 가능한 전압 신호로 전환시키기 위해 휘트스톤브리지(Wheatstone bridge)를 사용한다.

압력 트랜스듀서는 아날로그 전기신호를 발생시키기 때문에 아날로그-디지털 컨버터가 장착되어 있고 전기신호가 디지털 수로 전환된다. 이런 특성 때문에 압력 트랜스듀서는 원격 압력 데이터 수집에 유용하게 사용될 수 있다.

트랜스듀서: 물리적 신호를 다른 형식으로 변환시키는 측정 장치

1.5 온도

1.5.1 온도란 무엇인가?

온도는 우리 일상생활에서 흔히 접할 수 있는 열역학적 상태량이다. 온도는 촉감을 통해 쉽게 감지될 수 있다. 하지만 감각을 통해 얻어진 정보는 정확지 않을 수 있다. 가령, 한 손에는 나무를 다른 한 손에는 금속을 쥐고 있다면, 금속이 더 차갑게 느껴질 것이다. 하지만 나무와 금속은 상온에서 동일한 온도를 갖고 있을 것이다. 결국 손가락을 통해서 감지하는 것은 온도가 아니라 열의 흐름이다. 어떤 물건이 뜨겁게 느껴진다면 열에너지가 물체로부터 손가락으로 전달되는 것이다. 이와 반대로 물건이 차갑게 느껴진다면 열에너지가 손가락에서 물체로 전달되는 것이다.

온도: 물질이 포함하고 있는 열에너지 양에 비례하는 정도를 나타내는 물성치

분자의 운동에너지 관점에서 볼 때, *온도*(temperature)는 물질에 포함되어 있는 열에너지의 양과 비례하는 물성치이다. 일반적으로 분자의 열에너지가 높을수록 빠른 속도로 이동할 수 있다. 특히 기체분자의 경우 더 빠른 속도로 움직일 수 있다. 이에 반해 고체는 상대적으로 에너지 준위가 낮고, 구조상 분자 서로 결속되어, 움직임이 제한된다. 온도는 분자 단위의 움직임으로 결정되지만, 온도 변화의 영향은 쉽게 감지할 수 있으며 측정할 수 있다. 따라서 열역학에서 온도는 기본적인 상태량으로 사용될 수 있고 다른 상태량을 계산하는데 유용하게 사용될 수 있다.

열역학 제0법칙: 어떤 미지의 두 물체가 제3의 물체와 열평형 상태에 있다면 두 물체 역시도 열평형 상태에 있다는 것을 의미한다.

열역학 제 0법칙(zeroth law of thermodynamics)은 어떤 미지의 두 물체가 제3의 물체와 열평형 상태에 있다면 두 물체 역시도 열평형 상태에 있다는 것을 의미한다. "이 세 물체 모두가 열평형 상태에 있다" 라는 사실은 곧 세 물체의 온도가 동일하다는 것을 의미한다. 따라서 제 3의 물체를 온도계의 접점이라고 가정하고 열역학 제0법칙을 적용해 보면, A물체의 온도와 B물체의 온도가 같고 A물체와 온도계의 접점이 서로 열평형상태이면 B물체와 온도계의 접점을 서로 접촉시켜 보지 않더라도 온도가 서로 같을 것이라고 유추해 볼 수 있다.

1.5.2 온도 눈금: 절대 눈금 및 상대 눈금

최초로 사용된 온도 눈금은 물의 어는점과 끓는점의 차이를 기준으로 정해졌다. 압력이 101 kPa일 경우, 물의 어는점과 끓는점의 온도는 아주 정확한 편이다. SI단위계에서는 온도 눈금으로 스웨덴의 기상학자인 Anders Celsius의 이름을 따서 섭씨(Celsius, °C)를 사용한다. 섭씨온도 눈금은 압력이 101 kPa일 때 물의 어는점을 0°C로 정하고 물의 끓는점을 100°C로 정해 놓고 있다. 이 때 눈금이 없는 온도계로 어는점과 끓는점을 측정하고 이 점을 기준으로 0°C와 100°C를 각각 표시하며 그 사이의 온도를 측정하기 위해 사용되는 눈금을 *상대온도 눈금*(relative temperature scale)이라고 한다.

상대온도 눈금: 대기압에서 어는점과 끓는점을 측정하고 이 점을 기준으로 온도를 측정하기 위해 구분된 눈금

영국단위계에서는 상대온도 눈금으로 독일의 발명가 Daniel Fahrenheit의 이름을 따서 화씨(°F, Fahrenheit)를 사용한다. 화씨온도 눈금도 섭씨와 마찬가지로, 압력이 14.7 psia일 때, 물의 어는점 32°F와 끓는점 212°F를 기준으로 눈금을 나눈다. 섭씨온도를 화씨온도로 바꾸거나 화씨온도를 섭씨온도로 바꾸기 위해서는 식 (1.15)와 식

(1.16)을 활용할 수 있다.

$$T(°F) = 32 + \frac{9}{5}T(°C) \tag{1.15}$$

$$T(°C) = \frac{5}{9}[T(°F) - 32] \tag{1.16}$$

화씨온도와 섭씨온도의 환산 예제 1.6

정상적인 체온은 98.6°F이다. 섭씨온도로 환산하면 얼마인가?

풀이

환산을 위해 식 (1.16)을 적용하면,

$$T(°C) = \frac{5}{9}(98.6 - 32) = \underline{37.0°C}$$

상대온도 눈금은 공학적으로 응용분야가 넓어서, 부록에 첨부된 상태량표도 역시 이를 근간으로 하고 있다. 하지만, 물질이 열에너지를 갖지 않는 기준온도를 바탕으로 해석이 필요한 응용분야도 쉽게 찾아볼 수 있다. 이 기준온도를 *절대영도*(absolute zero temperature)라고 한다. 이 온도에서는 물질이 고체상태로 존재하고 움직임이 없어진다. 수소조차도 이 온도에서는 고체로 존재하게 된다. SI단위계에서 절대온도의 눈금은 Lord Kelvin의 이름을 따서 켈빈(Kelvin)으로 읽고 단위는 K을 사용한다. 절대 0 K은 섭씨온도 −273.15°C에 해당한다. 공학 분야에서는 소수점 이하 자리를 무시하고 −273°C를 사용하기도 한다. 영국단위계에서 절대온도의 눈금은 William Rankine의 이름을 딴 Rankine °F를 사용하며 절대 0 K은 −459.67°F 해당하며, 마찬가지로 소수점 자리 이하를 무시하고 −460°F를 사용한다.

절대영도: 열에너지가 존재하지 않을 경우의 온도

Comment

SI단위계에서 절대온도를 나타낼 때 °(도)를 사용하지 않는다.

$$T(K) = T(°C) + 273 \tag{1.17}$$

$$T(°R) = T(°F) + 460 \tag{1.18}$$

절대온도 눈금은 2장에서 배우게 될 이상기체 법칙에서 사용되며 올바른 상태량 값을 계산하기 위해서는 절대온도값을 사용하여야 한다. 따라서 온도 단위로 Rankine이나 Kelvin을 사용함을 명심해야 한다.

온도 단위 환산 예제 1.7

방 안의 온도가 22°C를 °F, K, °R로 환산하시오.

풀이

식 (1.15)에서 (1.18)까지 이용해서 풀면,

$$T(°F) = 32 + \frac{9}{5} \times 22°C = \underline{71.6°F}$$

(*계속*)

예제 1.7 (계속)

$$T(\text{K}) = 22°\text{C} + 273 = \underline{295\ \text{K}}$$

$$T(°\text{R}) = 71.6°\text{F} + 460 = \underline{531.6°\text{R}}$$

주의: SI단위계에서 295 K를 쓸 때 온도를 나타내는 8(도)를 사용하지 않는다. 또 전기 단위에서 10 Ohms라고 쓰는 것이 아니라 10 ohms로 쓰는 것처럼, 소문자를 사용하여 295 kelvins로 쓴다. 이 방식은 미국국립표준기술원(The National Institute of Standards and Technology, NIST)에서 정한 규칙이다.

Comment
미국국립표준기술원의 전신은 1901부터 1988년까지 존재했던 국립표준국(NBS)이다.

1.5.3 온도 측정

온도 측정을 위해서 쓰이는 다양한 장치들의 온도 측정범위, 내구성, 온도 수집장치를 이용해서 원격으로 측정할 수 있는 능력 등의 여부를 바탕으로 특성을 평가해 볼 수 있다.

액체 팽창식 온도계

통상 우리들에게 익숙한 온도계가 액체 팽창식 온도계로 물질의 온도가 1°C 상승할 때 체적의 변화를 나타내는 *열팽창계수*, α_T를 이용하고 식으로 표현하면 다음과 같다.

열팽창계수 α_T: 물질의 온도가 1°C 상승할 때 체적의 변화 정도를 나타내는 상수

$$\Delta V = \alpha_T V \Delta T \tag{1.19}$$

어떤 물질의 열팽창계수가 양을 값을 갖을 때는 온도가 상승하면 그 물질은 팽창한다. 반대로 열평창계수가 음이면 온도가 상승해도 그 물질은 수축하게 된다. 어떤 물질의 열팽창계수가 0일 경우는 온도가 변해도 형상이나 크기의 변화가 없다. 이러한 물질은 자동차 엔진블럭과 같이 작동 시 온도 변화가 큰 장치에서 유용하게 사용될 수 있다. 전신주 사이의 전선 형상을 관찰해 보면 열팽창계수의 특성을 쉽게 이해할 수 있다. 가령 여름철에는 높은 온도인해 전선 안쪽 구리가 팽창해서 전선이 아래쪽으로 늘어지게 되지만 겨울철에는 차가운 날씨로 인해 전선이 수축해서 팽팽하게 유지된다.

Note: 물을 제외한 대부분의 물질은 얼 때 수축한다. 물은 얼 때 체적이 팽창하므로 얼음덩어리들이 물에 뜰 수 있다.

액체 팽창식 온도계는 그림 1.11에서처럼 아래쪽에 액체가 채워져 있으며 수직으로 모세관이 부착되어 있다. 액체의 온도가 올라가게 되면 액체는 팽창하게 된다. 온도계 아래쪽에 채워져 있는 액체의 체적은 일정하기 때문에 온도가 상승하면 액체는 모세관을 따라 팽창할 수 있다. 결국, 이런 원리로 모세관안쪽의 액체 수위가 온도 지시계 역할을 할 수 있는 것이다.

열팽창계수가 큰 물질을 사용하면 온도변화 더 민감한 온도계를 제작할 수 있으며 주요 액체의 열팽창계수의 값은 표 1.5에 정리되어 있다. 상온에서 액체 상태로 존재하는 금속을 사용할 경우 측정범위가 넓은 온도계 제작이 가능하다. 하지만 온도계에 사용되는 수은은 독성으로 인해 사용이 금지되어 있다.

액체 팽창식 온도계는 상당히 정확하지만, 사용자가 직접 읽어야 하기 때문에 온도를 주기적으로 수집하려는 경우 적합하지 않고, 깨지기 쉬어서 산업적으로 활용하기에

표 1.5 주요 액체의 열팽창계수

물질	열팽창계수
물	0.0002 $°C^{-1}$
알코올	0.0011 $°C^{-1}$
수은	0.00018 $°C^{-1}$

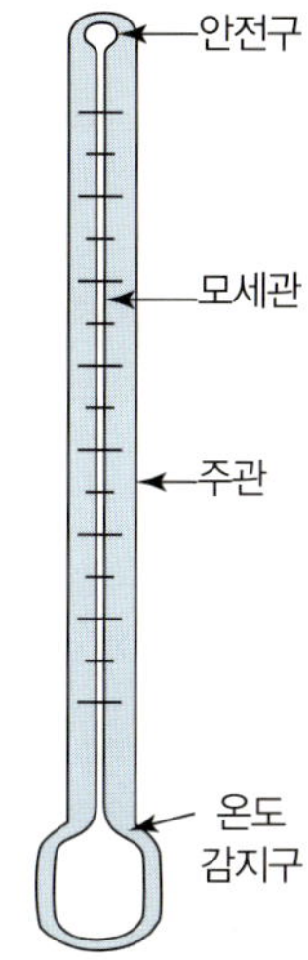

그림 1.11
액체 팽창식 온도계

는 적합하지 않다.

바이메탈식 온도계

바이메탈식 온도계 역시 물질의 열팽창 원리를 이용한 온도측정 장치이다. 그림 1.12에 도시되어 있는 바이메탈은 서로 다른 두 가지 금속이 접합되어 있는 일종의 띠이다. 상온에서 바이메탈은 수평을 유지하고 있지만, 온도가 상승하게 되면 각 금속의 열팽창계수에 따라 평창하는 정도가 달라지게 되어 바이메탈이 구부러지게 된다.

일반적으로 정확한 온도측정이 필요한 분야에 바이메탈을 사용하지 않지만, 금속 고체의 특성상 강한 내구력을 지니고 있다. 바이메탈식 온도계는 냉난방장치의 온도제어장치에 주로 사용되며, 이 장치를 *온도조절기*(thermosat)라고 부른다. 온도가 내려가서 바이메탈이 한 방향으로 구부려지면, 전기 접촉이 이루어지게 되고, 히터의 전원이 켜질 수 있다. 반대로 온도가 상승해서 반대 방향으로 구부려지면, 반대쪽 접점에 결속되어 에어컨을 작동시킬 수 있다. 하지만 요즘은 바이메탈 방식의 써모스텟 대신에 서미스터를 이용해서 온도를 측정하고 전자적으로 제어하는 방식의 써모스텟이 주로 사용되고 있다.

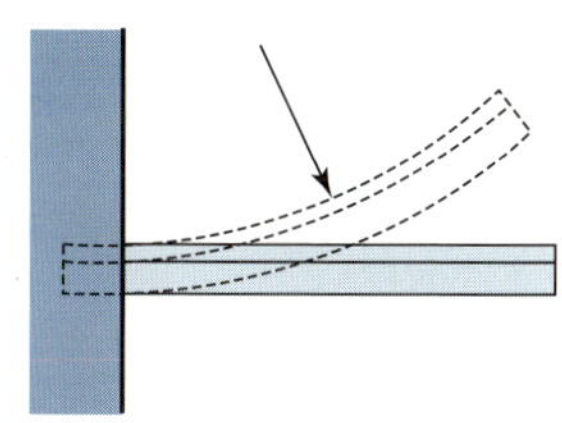

그림 1.12
바이메탈식 온도계

Bourdon 온도계

체적이 일정한 기체의 경우, 압력은 온도에 비례해서 증가할 것이다. Bourdon 온도계에는 일정한 양(체적)의 공기가 압력 측정장치에 채워져 있고, 공기의 온도가 올라가거나 내려가면 압력도 동시에 상승하거나 하강하게 될 것이다. 따라서 그림 1.10에서 보았던 Bourdon 압력계의 원리를 그대로 적용하여, 게이지의 앞면에 표시된 압력단위를 온도 단위로 바꾸면 Bourdon 온도계의 원리를 쉽게 이해할 수 있다. 결국 Bourdon 온도계는 Bourdon 압력계와 유사한 장단점을 갖고 있으며 그림 1.13에서 볼 수 있는 바와 같이 압력와 온도를 동시에 측정할 수 있는 Bourdon 게이지도 있다.

그림 1.13
Bourdon 압력/온도 게이지

열전쌍

열전쌍(Thermocouple)은 온도를 아날로그 전압신호로 전환하는 일종의 센서이다. 금속의 특징 중 하나가 전기가 통할 수 있도록 해주는 자유전자를 가지고 있다는 것인데, 자유전자의 수는 금속의 종류에 따라 달라진다. 구리와 철로 된 선이 서로 연결되어 있으면, 전자 수가 많은 구리 쪽에서 진자 수가 적은 철 쪽으로 전자의 이동방향이 결정될 것이다. 전자의 이동으로 인해 전압이 발생되고, 선을 따라 전류가 흐를 수 있게 된다. 두 선의 접합부의 온도가 높을수록, 발생되는 전압도 커지는데 이것이 열전쌍의 기본

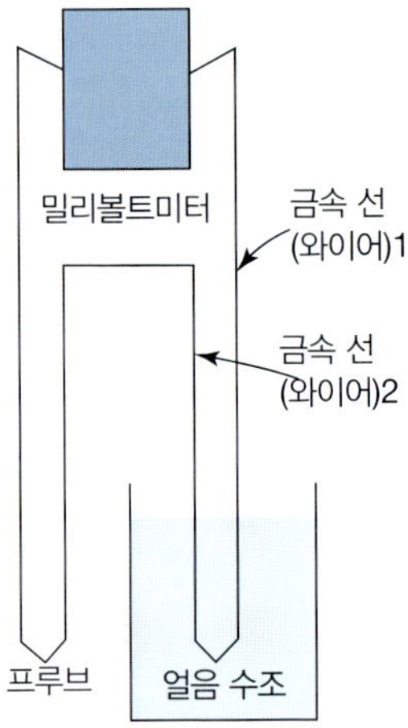

그림 1.14
열전쌍의 실험구성

표 1.6 금속 종류에 따른 열전쌍의 구분

ANSI코드	선(와이어)1	선(와이어)2
J	Iron	Copper-Nickel Alloy
K	Nickel-Chromium Alloy	Nickel-Aluminum Alloy
T	Copper	Copper-Nickel Alloy
N	Nickel-Chromium-Silicon Alloy	Nickel-Silicon-Magnesium Alloy
R	Platinum-10%Rhodium Alloy	Platinum

원리이다. 열전쌍에서 발생되는 전압은 온도에 비례하며, 이것을 제베크효과(Seebeck effect)라고 한다. 하지만 두 선 접합부에 온도변화로 발생된 전압의 크기는 매우 작기 때문에, 작은 전압을 읽을 수 있는 멀티미터가 필요하다.

열전쌍은 접합된 금속 종류에 따라 여러 가지 종류로 구분이 된다. 금속 특성에 따라 열전쌍은 부식해서는 안 되고, 측정온도에서 녹거나 변형이 있어서도 안 될 것이다. 표 1.6에 미국표준협회(American National Standard Institute, ANSI)에서 규정한 열전쌍의 종류와 사용되는 금속의 종류가 정리되어 있다.

열전쌍은 한 쌍 단독으로 사용될 수 없고 반드시 두 쌍으로 구성되어야 한다. 한 쪽 쌍은 측정점 역할을 하고 다른 쌍은 얼음 물에 담겨 0°C에 해당하는 기준전압을 출력하게 된다. 그리고 나서 측정점 온도에 해당하는 전압과 얼음 물에 담겨 있는 쌍에서 측정된 기준전압의 차를 이용하여 온도를 계산하게 된다. 이 때 멀티미터는 두 쌍의 열전쌍 접점에 연결되어 전압 차를 읽게 된다. 그리고 나서 열전쌍 종류별로 측정된 전압 차에 해당하는 온도 값을 읽으면 된다. 열전쌍을 이용해서 온도측정을 할 수 있는 실험 장치는 그림 1.14에 나와 있는 것처럼, 멀티미터와 얼음수조, 열전쌍으로 구성되어 있다. 그림에서 기준전압을 측정하기 위해 사용된 얼음수조는 얼음 물의 온도에 해당하는 전압을 발생시켜 주는 전기장치로 대체할 수 있다. 요즘에는 열전쌍의 온도를 읽어내는 장치에 모두 이런 전기 얼음수조(기준전압 발생장치)가 포함되어 있다.

열전쌍은 정확하고 쉽게 부서지지 않기 때문에 온도를 측정하기 위해서 산업현장에서 가장 널리 쓰이는 장치이다. 열전쌍은 두 금속이 전기적으로 접촉되어 있는 한 작동하며 응답시간(유효 측정시간)은 두 금속 선의 전기접점 크기에 따라 달라지게 된다. 단순히 두 금속을 꼬와서 접점을 만들 수도 있지만 이럴 경우 접점크기가 커져서 측정시간이 길이지게 된다. 따라서 정확한 열전쌍을 만들기 위해서는 얇은 선을 사용하고 접점 크기를 작게 만들어야 한다.

서미스터

서미스터(Thermistor)는 온도에 따라 변하는 전기저항을 측정하는 장치이다. 일반적으로 서미스터는 전극과 납선에 연결된 반도체 소재로 구성되어 있다. 서미스터의 형상과 크기는 아주 다양하지만, 반도체 소재의 경우 물이나 다른 액체와 접촉될 경우 오염될 수 있기 때문에 주로 사용되는 것은 구 모양에 유리 보호막이 입혀져 있는 종류이다. 서미스터 전기저항과 온도와의 상관관계는 식 (1.20)으로 나타낼 수 있다.

$$R = R_0 e^{\beta(T_0 - T)/T_0 T} \tag{1.20}$$

여기서 R은 측정온도 T에서 전기저항이다. R_0은 기준온도 T_0에서의 전기저항이며, β는 반도체 소재의 특성상수이다.

서미스터의 전기저항은 상당히 크고 측정이 용이할 뿐만 아니라 온도변화에 따라 저항변화가 크기 때문에 온도 측정분야에서 유용하게 사용될 수 있다. 하지만 서미스터는 열전쌍에 비해 쉽게 손상될 수 있고 견고한 서미스터의 경우 응답시간이 긴 단점이 있다.

1.6 에너지

에너지의 종류에는 운동, 위치, 내부, 자기, 전기, 핵, 화학에너지 등 여러 가지 종류가 있다. 그러나 열역학에서는 운동, 위치, 내부에너지가 해석대상이지만, 대다수의 문제에서 운동에너지와 위치에너지를 무시하기도 한다. 따라서, 계의 내부에너지가 열역학에서는 주요 관심사이다. 그럼에도 불구하고 노즐과 수력발전소의 열역학 해석을 위해서는 운동에너지와 위치에너지를 고려하기도 한다. 운동에너지(Kinetic energy) KE와 위치에너지(potential energy) PE는 물리학에서도 중요한 물리량이며, 다음과 같이 나타낼 수 있다.

$$KE = \frac{1}{2}mV^2 \text{ 그리고 } PE = mgz \tag{1.21}$$

여기서 각각 m은 질량, V는 속도, g는 중력가속도, z는 선택된 지점과의 높이 차를 의미한다. *내부에너지*(Internal energy)는 고전 물리학에서 중요한 물리량은 아니였지만, 열역학에서는 계안에 들어 있는 물질의 분자구조와 활동과 관련되어 있는 에너지의 총합이 내부에너지이기 때문에 매우 중요한 개념이다. 가령 연소과정에서 에너지는 화학결합이 붕괴되거나 재결합되는 과정에서 발생이 되고, 핵 반응과정에서는 원자 입자보다 작은 입자들과의 반응을 통해 에너지가 방출된다. 열역학에서는 온도(분자들의 움직임)가 내부에너지에 어떤 영향을 미치는가가 중요한 관심사이다. 이 교재에서는 내부에너지는 대문자 U로 표기하며 비내부에너지는 소문자 u로 표기할 것이다. 자세한 내용은 다음 장에서 다시 다루기로 한다. 계의 전체 에너지는 내부에너지를 포함하여 식 (1.22)와 같이 표현할 수 있다.

> **내부에너지:** 분자구조나 분자 활동과 관련 있는 에너지

> **Comment**
> 열역학의 주된 관심사는 내부 에너지에 대한 온도의 영향이다.

$$\begin{aligned} E &= KE + PE + U \\ &= \frac{1}{2}mV^2 + mgz + U \end{aligned} \tag{1.22}$$

열역학에서 중요한 법칙 중 하나인 *에너지 보존*법칙은 고립계의 전체 에너지는 시간에 무관하게 일정하다는 것이다. 즉, 시간에 따라 에너지가 소모되거나 발생하지도 않으며, 다른 형태의 에너지로 변할 수는 있으나 주위와 열교환을 통해 에너지가 사라지지 않는다. 따라서 고립계의 에너지 보존은 다음 식으로 나타낼 수 있다.

> **에너지 보존:** 고립계의 전체 에너지는 시간에 상관없이 일정하다.

$$\frac{1}{2}mV_1^2 + mgz_1 + U_1 = \frac{1}{2}mV_2^2 + mgz_2 + U_2 \tag{1.23}$$

실제 현상에서 고립계는 거의 드물지만, 에너지 보존 법칙은 에너지의 근사 해를 얻는데 유용하게 사용될 수 있다.

예제 1.8 자유낙하는 물체의 속도

지상으로부터 높이가 h인 곳에 멈춰있던 물체가 지상으로부터 높이가 z인 지점까지 자유낙하할 때 물체의 속도를 구할 수 있는 식을 구하시오(그림 1.15 참조).

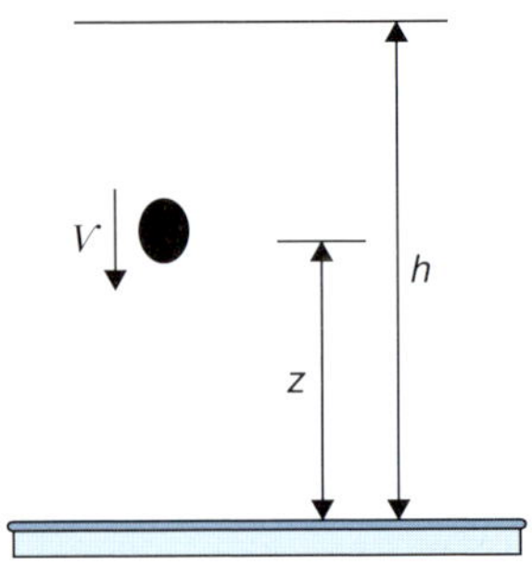

그림 1.15

풀이

에너지 보존식으로 부터

$$\frac{1}{2}mV_1^2 + mgz_1 + U_1 = \frac{1}{2}mV_2^2 + mgz_2 + U_2$$

몰체의 온도가 변하지 않는다고 가정하면, 내부에너지가 변하지 않으로 $U_2 = U_1$이고 $V_1 = 0$, $z_1 = h$, $z_2 = z$를 적용하면,

$$\frac{1}{2}m\cancel{V_1^2} + mgh + \cancel{U_1} = \frac{1}{2}mV_2^2 + mgz + \cancel{U_2}$$

위 식으로부터 다음 관계식을 얻을 수 있다.

$$V_2 = \sqrt{2g(h - z)}$$

☑ 학습목표 확인 (4)

1.7 요약

1장을 통해, 열역학에서 다루고자 하는 주제, 즉 에너지에 대해 살펴보았다. 그리고 밀도, 비체적과 같은 상태량에 대해 알아보고, 그것들의 단위와 차원에 대해서 공부하였다. 아울러 SI단위계와 영국 단위계에 대해 살펴보았고 온도와 압력이라는 대표적인 열역학적 상태량 및 그 측정방법에 대해서도 공부하였다. 마지막으로 에너지의 보존에 대해 간략하게 살펴보았다.

이 장에서 정의된 용어를 살펴보면 다음과 같다.

열팽창계수: 단위 온도 상승당 물질의 체적 변화율
검사체적: 질량의 출입이 가능한 계 (고정된 체적)
밀도: 질량을 (질량이 차지하는) 체적으로 나눈 값
종량적 상태량: 계의 질량에 의존하는 상태량

강성적 상태량: 계의 질량과 무관한 상태량

독립적 상태량: 계 내부 하나의 상태량이 변할 때 나머지 상태량들이 일정하게 유지된다면 계 내부의 두 상태량은 서로 독립

내부에너지: 계 내부의 분자의 구조와 분자활동과 관련있는 에너지

법칙: 엄격한 (과학적) 제한 요소들을 만족하는 규칙으로 관찰에 의해서 성립

압력: 표면적에 작용하는 수직성분의 힘을 표면적으로 나눈 값

과정: 초기상태에서 마지막 상태로 진행하는 동안 물질의 상태량이 변화하는 상태

상태량: 측정되거나 계산된 물질의 특성

준평형과정: 평형상태에서 다른 평형상태로 계가 이동할 때 상태량의 변화가 평형상태에서 크게 벗어나지 않을 경우, 두 과정사이의 변화를 평형상태로 가정

상태: 물질의 상태량의 값에 따라 정의된 물리량

상태대응: 상태를 결정하기 위해서 두 개의 독립인 강성적 상태량이 정의된 평형상태

주위: 계의 바깥쪽의 모든 것

지속성: 에너지의 소비량을 감당할 수 있는 능력

계: 질량의 정의된 고정된 물리량

온도: 물질에 포함된 열에너지에 비례하는 척도

이 장에서 소개된 중요한 방정식을 요약해보면 다음과 같다.

밀도와 비체적: $\rho = \dfrac{m}{V}$ 그리고 $v = \dfrac{V}{m}$

뉴턴의 제2법칙: $F = ma$

압력: $P = \dfrac{F_n}{A}$

절대압력: $P_{\text{absolute}} = P_{\text{gage}} + P_{\text{atmospheric}}$

온도: $T(°\text{F}) = 32 + \dfrac{9}{5}T(°\text{C})$

물질의 팽창: $\Delta V = \alpha_T V \Delta T$

서미스터 저항: $R = R_0 e^{\beta(T_0 - T)/T_0 T}$

에너지 보존: $\dfrac{1}{2}mV_1^2 + mgz_1 + U_1 = \dfrac{1}{2}mV_2^2 + mgz_2 + U_2$

연습문제

1.1 Which of the following is not of interest in our study of thermodynamics?
- **(A)** The transmission of energy
- **(B)** The utilization of energy
- **(C)** The storage of energy
- **(D)** The transformation of energy

1.2 During a quasi-equilibrium process, the temperature:
- **(A)** Would remain constant
- **(B)** Could vary slowly from point to point
- **(C)** Is assumed to be the same at all points in the system
- **(D)** Must be substantially above absolute zero

1.3 The father of thermodynamics is:
- **(A)** Jacques Charles
- **(B)** Robert Boyle
- **(C)** Joseph Guy-Lussac
- **(D)** Sadi Carnot

1.4 Which of the following would utilize a control volume rather than a system?
- **(A)** The gas in a cylinder during compression
- **(B)** The gas in a cylinder during exhaust
- **(C)** The melting of ice cubes in a container
- **(D)** A global analysis of the atmosphere

1.5 Which of the following is not an extensive property?
- **(A)** Mass
- **(B)** Volume
- **(C)** Temperature
- **(D)** Weight

1.6 Which of the following cannot be modeled as a quasi-equilibrium process?
- **(A)** The air escaping from a pressurized balloon being let free
- **(B)** The expansion of the air in a piston operating at 4000 rpm
- **(C)** A bike tire being pumped up
- **(D)** The ignition process when the piston is at top-dead center

1.7 Which of the following is not a unit used to measure a primary dimension in our study of thermodynamics?
- **(A)** Kilogram
- **(B)** Newton
- **(C)** Second
- **(D)** Meter

1.8 A unit of power is the watt, W. An equivalent set of units is:
- **(A)** $N \cdot m/s^2$
- **(B)** $N \cdot m^2/s$
- **(C)** $kg \cdot m/s^2$
- **(D)** $kg \cdot m^2/s^3$

1.9 We could write 34 000 000 000 newtons as:
- **(A)** 34 GN
- **(B)** 340 MN
- **(C)** 3400×10^6 N
- **(D)** 3400 MN

1.10 Ten kg of a liquid occupies 8000 cm^3. Its density, specific volume, and specific gravity are (ρ, v, SG):
- **(A)** (1250 kg/m^3, 0.0008 m^3/kg, 1.25)
- **(B)** (0.0008 kg/m^3, 1250 m^3/kg, 0.8)
- **(C)** (1250 kg/m^3, 0.0008 m^3/kg, 0.8)
- **(D)** (0.0008 kg/m^3, 1250 m^3/kg, 1.25)

1.11 A force of 100 N acts on the 10-kg mass of Fig. 1.16. The mass accelerates at:
- **(A)** 10 m/s^2
- **(B)** 1 m/s^2
- **(C)** 0.1 m/s^2
- **(D)** Can't tell

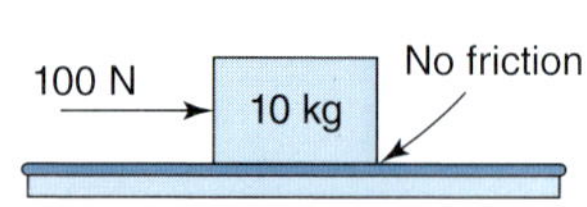

그림 1.16

1.12 A resultant force of 36 000 N acts on a 200 cm^2 area at an angle of 30° with respect to a normal to the area due to a pressure and friction. The pressure on the area is nearest:

(A) 900 kPa
(B) 1200 kPa
(C) 1560 kPa
(D) 1800 kPa

1.13 An atmospheric pressure on a mountain is measured as 420 mm of mercury. Using $SG_{HG} = 13.6$, the pressure in SI units is nearest:

(A) 56 kPa
(B) 62 kPa
(C) 68 kPa
(D) 72 kPa

1.14 A spring with spring constant 400 N/m is attached to a 40-kg-frictionless piston and is stretched a distance of 20 cm, as shown in Fig. 1.17. The pressure in the cylinder is nearest:

(A) 30 kPa gage
(B) 35 kPa gage
(C) 40 kPa gage
(D) 45 kPa gage

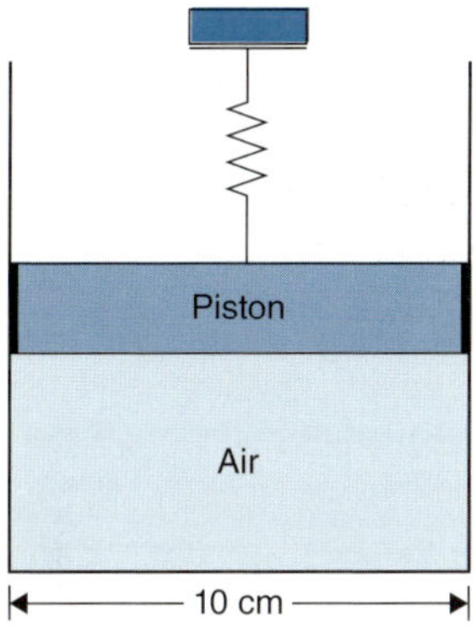

그림 1.17

1.15 As we take a shower, the water feels cooler than when we first entered the shower, so we turn up the temperature. Why is that?

(A) It takes time for the water to heat up due to the pipes.
(B) Our body heats up, so the water feels cooler.
(C) We have to get used to the feel of the hot water.
(D) The water in the pipes cools down with time, so a hotter water is needed.

1.16 A 2000-kg vehicle is to be crashed into a rigid barrier supported by a very stiff spring (see Fig. 1.18) that simulates a crash into a smaller 1400-kg vehicle. What should be the spring constant K if the spring is to compress a maximum distance of 10 cm when the vehicle is traveling at 80 kph? The potential energy stored in a spring is $Kx^2/2$.

(A) 140 MN/m
(B) 100 MN/m
(C) 60 MN/m
(D) 20 MN/m

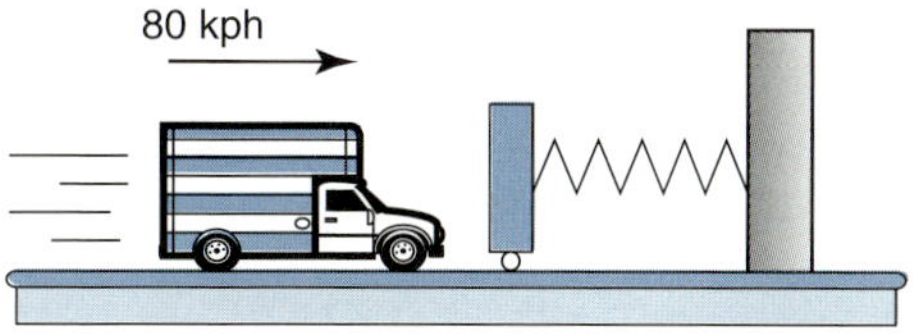

그림 1.18

Introduction

1.17 Use the Internet to find the top five countries that supply the most oil.

1.18 Use the Internet to deterrmine if any companies are currently building nuclear power plants in the United States. In the rest of the world.

Tomas1111/Shutterstock.com

1.19 Use the Internet to find out the different ways in which water can be purified.

1.20 In thermodynamics, we really are not interested in how energy is used. True or false? Comment.

1.21 Select the energy source that is not sustainable.

i) Hydropower from dams
ii) Energy from wind turbines
iii) Electricity from solar photovoltaic panels
iv) Power plants powered by wood
v) Power plants powered by coal

Instructor: It is intended that students respond to all parts of problems listed as i), ii), iii), etc.

1.22 Hydrogen is considered a sustainable energy source for engines and home furnaces in the future. Use the Internet and describe how hydrogen can be manufactured and delivered to customers.

1.23 Select the general time period when the need was felt for engineers in large numbers:

i) When fire was discovered to heat caves
ii) As aqueducts were built to distribute water
iii) When the industrial revolution occurred
iv) When automobiles, trucks, tractors, harvesting machines, and industrial machines were introduced in the late 1800s

1.24 Select a major responsibility of mechanical engineers in the mid-1800s:

i) To design power plants
ii) To oversee the operation of trains
iii) To design mining equipment used to mine coal
iv) To design automobiles

1.25 What is dry ice? Why was it invented? What is its primary use today? What is its lowest temperature if used commercially?

1.26 Identify if a system or a control volume should be selected for each of the following:

i) A shock absorber (see Fig. 1.19)
ii) The turbine in a dam
iii) Heating the water in a pressure cooker from cool water to just before boiling
iv) A piston/cylinder arrangement during the power stroke

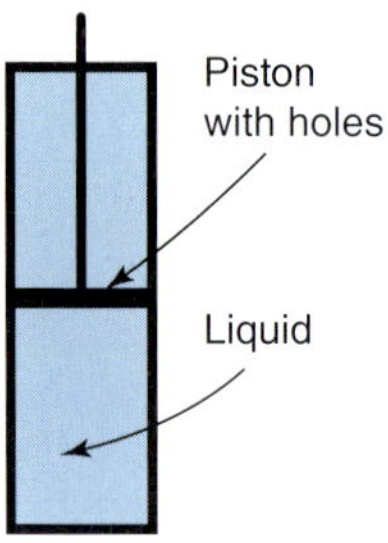

그림 1.19

1.27 A balloon, the control volume, is pressurized with air, the system, and held fixed immediately after the air is let free to go. Sketch the system and the control volume at $t = 0$ and a moment (more than a nanosecond) after the air is released.

1.28 How large would a sphere have to be at sea level to hold one trillion molecules of air at standard conditions?

1.29 Is ketchup, or catsup, a fluid or a solid? What is it? Check with Mr. Google.

Shake and shake the ketchup bottle, it won't come and then a lot'll!

Dimensions and Units

1.30 In England, weight used to be measured in "stones." How many kilograms are equivalent to 6.3 stones?

Hint: Google "6.3 stone = kg?" if you can't find "stone" in Appendix A.

1.31 What is the advantage of using slugs as the unit of mass in the English system?

A slug!

Properties, Processes, and Equilibrium

1.32 Select the extensive property from the following:

i) Temperature
ii) Pressure
iii) Density
iv) Volume

1.33 If the density of water changes from 992 kg/m^3 to 1002 kg/m^3, what is the percent change in its specific volume?

1.34 The specific volume of ice at 0°C is 1.09×10^{-3} m^3/kg. What is its density? Will it float in water? If it didn't float, what would be the consequences?

A hint!

1.35 Calculate the specific gravity of mercury if ρ_{HG} = 13 600 kg/m^3. How much would 2 m^3 of mercury weigh?

1.36 Determine the entries in the following table if g = 9.81 m/s^2 and V = 2 m^3.

	v (m^3/kg)	ρ (kg/m^3)	m (kg)	W (N)
a)	5			
b)		2		
c)			1000	
d)				1000

Instructor: It is intended that each part with a lower-case italic letter be assigned as a separate problem.

1.37 Determine the entries in the following table if g = 9.81 m/s^2 and V = 0.54 m^3.

	v (m^3/kg)	ρ (kg/m^3)	m (kg)	W (N)
(*a*)	3.0			
(*b*)		3.35		
(*c*)			450	
(*d*)				2000

1.38 A substance occupies 8 m^3 and has a specific volume of 4 m^3/kg. Determine its density, specific gravity, mass, and weight.

1.39 A substance, with a density of 3.35 kg/m^3, occupies 0.54 m^3. Calculate its specific volume, specific gravity, mass, and weight.

1.40 Select the process from the following that can be considered a quasi-equilibrium process:

i) A baseboard heater in a room of a house
ii) The compression of air by the piston in the cylinder of a diesel engine
iii) The removal of a membrane that separates a high-pressure region from a low-pressure region

1.41 Calculate the specific gravity of air at i) standard conditions, ii) 5000 m altitude, and iii) 10 000 m altitude. Refer to Table B-1.

Pressure

1.42 If a tire gage reads 2.1 kg/cm^2 (a former European measure), determine the absolute pressure in the tire in kPa at i) sea level, ii) 1000 m elevation, and iii) 5000 m elevation. Refer to Table B-1.

Comment

Some companies continue to use kg/cm^2 as a measure of pressure since the kg is considered a force as well as a mass, which is unacceptable in the SI system. (It is similar to using the pound as both force and mass.)

1.43 A tire gage measures a pressure of 3.4 kg/cm^2 (a former European measure). If a differential manometer using mercury were used to measure this pressure, what would its reading be in millimeters? Refer to Fig. 1.8.

Observation: Strange combinations of units remain in various corporations. We will conform to SI units. You may have used metric units that were not accepted SI units in your chemistry and/or physics classes.

1.44 How tall would an alcohol barometer have to be to measure atmospheric pressure? Use the density of alcohol as 786 kg/m^3.

Note: If the atmospheric pressure is not given, we assume standard pressure to be P_{atm} = 100 kPa.

1.45 The air in the container of Fig. 1.20 has a pressure intended to be 10 atmospheres. Calculate this pressure in kPa gage and kPa.

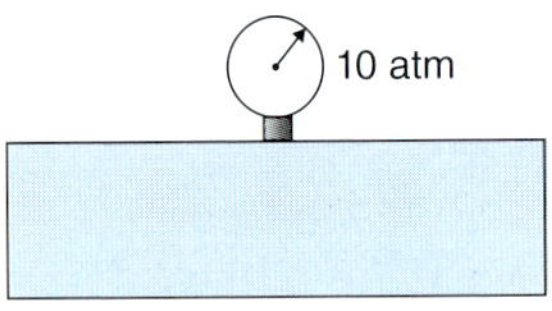

그림 1.20

1.46 A differential water manometer (see Fig. 1.8) shows a Δh of 25 cm. Air is above the water on both sides. What is the difference in pressure between the two sides in kPa gage? In inches of Hg?

1.47 A mercury differential manometer (see Fig. 1.8) has a Δh of *a*) 10 cm and *b*) 28 cm. If air is above the mercury on both sides, what is the difference in pressure in kPa?

Note: Each part with a lower-case italic letter is independent of the other parts and can be assigned separately.

1.48 The pressure in a container on a mountain at an elevation of 7500 m is measured to be *a*) 35 kPa and *b*) 140 kPa. What is the absolute pressure in kPa? In bar?

1.49 Use the Internet to find the postal addresses and URL addresses of five companies that sell pressure transducers.

1.50 Use the Internet to find five companies that sell Bourdon type pressure gages. Compare the prices for pressure gages that measure pressures from −70 kPa gage to 700 kPa gage.

Temperature

1.51 The air temperature in Phoenix, Arizona is 49°C. Convert this temperature to K.

1.52 The satellite in Fig. 1.21 has an internal temperature of 3 K. What is this temperature in °C?

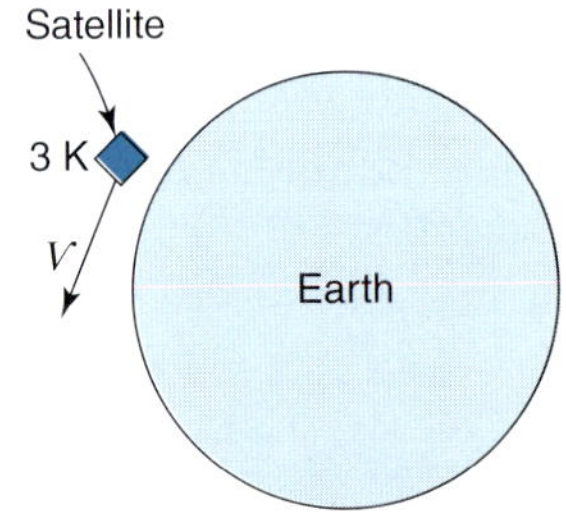

그림 1.21

1.53 A pipe supplies steam at 204°C. What is the steam temperature in K?

1.54 Normal human body temperature is 37°C. What is this temperature in K?

1.55 A thermistor has a resistance of 3000 Ω at 25°C. If β = 4220 K, determine its resistance at *a*) 60°C, *b*) 120°C, and *c*) 180°C.

1.56 The mercury thermometer of Fig. 1.22 has a 6-mm-diameter rigid sphere that holds the mercury. If the temperature increases by *a*) 20°C, *b*) 40°C, and *c*) 60°C, estimate the height the mercury will rise in a 0.18-mm-diameter open tube attached to the sphere. Ignore the expansion of the small amount of mercury in the tube compared to the amount in the sphere.

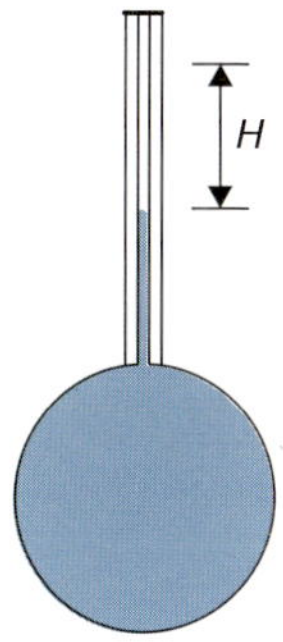

그림 1.22

Energy

1.57 An automobile with a mass of 1100 kg is traveling at 90 km/h. What is the kinetic energy of the car?

1.58 An airplane with a mass of 5000 kg is flying at an altitude of 1000 m with a speed of 80 m/s. What energy does this airplane possess with respect to the ground?

1.59 A good approximation to gravity above the surface of the Earth is $g = 9.81 - 3.32 \times 10^{-6}h$ m/s^2, where h is the distance above the Earth's surface in meters. The commercial airplane in Fig. 1.23, with a mass of 140 000 kg, flies at a height of 10 km above the Earth's surface. Calculate its weight on the Earth's surface and at 10 km. Also calculate its potential energy at 10 km.

그림 1.23

CHAPTER

2

순수물질의 상태량

Properties of Pure Substances

Hinode JAXA/NASA

Outline

기호 설명

본 장에서 소개된 변수들은 다음과 같다.

기호	설명	기호	설명
A_0, B_0, a, b, c, d	상수	R	기체상수
C_p	정압비열	R_u	일반 기체상수
C_v	정적비열	T_{cr}	임계온도
H	엔탈피	T_R	환산온도
h	비엔탈피	u	비내부에너지
k	비열비	v_f	액체의 체적
M	분자량	v_g	증기의 체적
m_f	액체의 질량	$\overline{v}$	몰 비체적
m_g	증기의 질량	x	건도
N	몰수	v_R	유사환산 비체적
P_{cr}	임계압력	Z	압축성 인자
P_R	환산압력		

학습목표

- ❑ 물질의 상을 이해한다.
- ❑ 여러가지 형태(상)로 존재하는 물의 상태량을 계산할 수 있다.
- ❑ IRC 상태량 계산기를 이용할 수 있다.
- ❑ 상선도를 이해한다.
- ❑ 내부에너지와 엔탈피를 이해한다.
- ❑ 냉매에 대해 이해한다.
- ❑ 기체 상태방정식을 적용할 수 있다.
- ❑ 비열을 이용하여 내부에너지와 엔탈피의 변화량을 계산할 수 있다.

균일: 두가지 의미로 사용될 수 있다. 순수물질처럼 화학적으로 균일함을 나타내기 위해서 사용되거나 주어진 체적 내에서 위치에 상관없이 상태량이 일정한 물질처럼 기계적으로 균일함을 나타내기 위해서 사용된다.

이번 장에서는 순수물질의 여러 가지 형태의 상(相)에 대해 알아보고, 열역학 문제에서 각 상의 상태량을 찾는 방법에 대해 배우게 될 것이다. 특히, 발전소나 냉동시스템에 사용되는 물질을 주로 다루게 된다. 내부에너지나 엔탈피와 같은 열역학적 상태량을 정의하고 사용하게 될 것이다. 이들 상태량은 다양한 상태로 존재하는 물질의 계산을 위해 적용하게 될 것이며, 실제 계산 예를 접해봄으로써 좀 더 이들 용어에 친숙해지고 어떻게 이들 상태량을 결정할 수 있는지에 대해 배우게 될 것이다. 이 장에서 우리가 관심 있는 물질은 순수물질이다. 즉 화학적으로 균일한 화학조성을 갖고 있는 물질이다. 물은 대표적인 순수물질의 예이며, 물과 얼음이 섞여있는 경우도 순수물질로 취급할 수 있다. 하지만, 물과 기름이 섞여있는 경우, 기름은 물에 용해되지 않으므로 순수물질로 취급할 수 없다. 또한 이 장에서 취급하게 될 물질은 표면장력, 자기력, 전기력, 중력에 영향을 받지 않는 단순물질이다.

학습예제: Eddystone 발전소

그림 2.1의 Eddystone 발전소는 필라델피아 공항 인근 펜실베니아 Eddystone에 위치하고 있다. 이 발전소는 1960년 2월 준공된 이후 325MW의 전력을 공급하고 있다. 이 발전소는 초임계상태의 증기를 생산하여 발전에 이용하고 있다. 초임계상태의 증기는 고온, 고압상태에서 존재하며 기체와 액체상태로 구분할 수 없는 특징을 가지고 있다. 고압 터빈에 들어가는 증기는 34500 kPa, 620°C로 이는 대기압에 비해 약 345배 높은 압력이다. 따라서 터빈에 들어가는 증기의 압력은 아주 높아서 증기배관은 15cm 두께의 스테인리스관이 사용된다. 이런 이유로 고온고압의 증기상태에 관련된 수많은 연구들이 진행되어왔다. 이 발전소에서 생산되는 증기의 밀도는 액체상태의 물의 밀도에 약 2/3 정도이다. 이런 고온, 고압환경에서는 스테인리스관에서도 크리프현상이 일어날 수 있다. 크리프현상이란 금속의 용융점 근처에서 천천히 일어나는 금속의 변형 현상이다.

그림 2.1
펜실베니아주 필라델피아 Eddystone 발전소

그렇다면 왜 발전소에서는 이렇듯 위험한 고온, 고압의 환경을 이용하는 것일까? 이 교재 8장에서 자세히 다루겠지만, 발전소의 효율은 터빈를 지나가는 증기의 온도와 압력이 높아질수록 증가하기 때문이다. 통상 발전소에서 생산할 수 있는 전력량은 보일러에서 발생시키는 증기의 최고온도와 밀접한 관련이 있다. 따라서 발전소의 효율을 높이기 위해 기계공학 엔지니어는 8장에서 소개될 다양한 기술을 적용하게 된다. Eddystone 발전소는 발전효율을 높일 수 있는 방법들을 개발하고자 하는 기계공학 엔지니어들에게 좋은 예라고 할 수 있다. 보다 적은 양의 석탄, 기름, 나무로 보다 높은 효율을 추구하는 것이 자원의 지속성에 있어 매우 중요하며 이렇듯 전력 생산에 있어 효율 증대시킬 수 있는 방향으로 기술 발전을 이루어 나가야 한다.

Comment
발전효율을 높임으로써 자원의 지속성을 향상시킬 수 있다.

2.1 물질의 상

1장에서 물질은 고체, 액체, 기체의 세 가지 다른 형태의 상(phase)로 존재할 수 있다는 것을 배웠다. *증기*(vapor)는 액체로 응축되기 바로 직전의 기체를 이르는 용어로 사용되지만 열역학에서는 기상(gas phase)을 지칭하는 용어로써도 사용되기도 한다. 열역학에서 일반적으로 관심을 두는 물질 중 하나가 바로 물이다. 물은 독성이 없으며 일상생활에서 쉽게 구할수 있기 때문이다. 가정에서 수도꼭지를 통해 흘러나오는 액체상태의 물은 뜨겁든 차갑든간에 물이라고 통칭할 수 있다. 하지만 사우나에서 처럼 기체상태인 물은 일반적으로 증기라고 칭하게 된다. 증기는 습기의 형태로 대기에 존재하게 됨을

증기: 응축되기 직전의 기체 상태의 물질

유체: 아주 작은 전단응력이라도 전단응력이 가해질 경우 흐르는 물질.

작동유체: 과정이 진행되는 도중 유체에 에너지가 가해지거나 유체로부터 빠져나갈 수 있는 물질.

상평형: 두가지 상이 동시에 존재하는 경우.

명심하자. 열역학에서는 주로 액상과 기상의 물질을 공부하게 된다. *유체*(Fluid)는 액체와 기체로 존재하는 물질을 이르는 용어로 전단응력이 가해질 경우 흐르는 물질을 지칭한다. *작동유체*(working fluid)는 과정이 진행되는 도중 유체에 에너지가 가해지거나 유체로부터 빠져나갈 수 있는 물질을 의미한다. 대표적인 작동유체의 예로는 발전소의 증기와 자동차의 엔진 실린더안에 주입된 연료/공기 혼합기가 있다.

물질은 동시에 하나 이상의 상 형태로 존재할 수 있다. 예를들면, 식당에서 흔히 볼 수 있는 얼음물이 담긴 컵을 생각해보자. 컵 안에는 액체상태의 물과 고체상태의 물이 동시에 존재하게 된다. 일반적으로 물질이 동시에 두가지 상으로 존재할 때, *상평형*(phase equilibrium)상태에 있다고 이야기할 수 있다. 또, 주전자 안에 끓는 물을 생각해 보면, 액상의 물과 기상의 물(증기)가 동시에 존재하게 된다. 다음에 다시 논의하겠지만, 상평형에 있는 물질의 상태를 해석하기 위해서는 각 상(기상과 액상)의 질량 평균 상태량을 알아야 한다.

2.1.1 상변화 과정

응고: 액체가 고체로 되는 과정.

의존성 상태량: 두 번째 상태량이 일정하게 유지되는 동안 변하지 않는 상태량.

일단 고체가 가열되면 일부 분자들은 고체의 격자를 이탈할 수 있는 충분한 에너지를 갖게 된다. 이것이 바로 고체에서 액체로 상변화를 시작하는 포인트이다. 상변화 과정 동안 어떤 물질은 녹게 되면 팽창할 수도 있지만, 어떤 물질은 수축하기도 한다. 얼음형태의 물은 녹는 동안에 수축하는 드문 물질 중 하나이다. 반대로 물은 얼음으로 *응고*하는 동안 약간 팽창하게 된다.

상변화 과정의 또 다른 특징적 현상 중 하나로 온도와 압력이 상호 의존적인 상태량이 된다는 것이다. 하나의 *의존적인 상태량*이 일정하게 유지되면, 나머지 상태량도 일정하게 유지된다. 이와 반대로 두 상태량이 서로 독립적인 경우, 한 상태량이 일정하게 유지되더라도 나머지 상태량이 변하게 된다. 순수고체와 액체에 있어서 온도와 압력은 서로 독립적인 상태량이다. 예들 들면, 대기압이 일정한 경우 주전자 안의 액체상태의 물이나 구리 덩어리와 같은 고체는 가열됨에 따라 온도가 상승하게 된다.

하지만 얼음의 용융과 같은 상변화 과정에서는 얼음으로 전달되는 모든 에너지가 물 분자의 운동에너지 증가시키기 위해 사용되고 일부 물 분자들의 결합이 깨지면서 액체 상태의 물이 된다. 이렇듯 상변화 과정 동안에 모든 에너지는 물질의 상을 변화시키는 데 사용될 뿐, 온도변화에는 관여하지 않는다.

비등: 버블이 존재하면서 액체가 기체로 변하는 상변화.

기화: 버블없이 액체가 기체로 변하는 상변화.

응축: 기체가 액체로 변하는 상변화.

승화: 고체가 바로 기체로 변하는 상변화.

또 액체상태에서 분자들이 충분한 운동에너지를 갖게 되는 경우 기체상태로 상변화가 진행되게 된다. 액체에서 기체로 상변화하는 현상을 *비등*(boiling)이라고 하고 버블을 동반하게 된다. *기화*(vaporization) 또는 증발(evaporation) 역시 액체에서 기체로 상변화하는 현상이지만, 상변화 과정 중 버블이 생겨나지 않는다. 가령 땀이 피부에서 증발할 때 비등현상이 발생하거나 버블이 발생하지 않는다.

반대로 기체가 액체로 상변화할 경우 *응축*(condensation)이라고 한다. 증기가 응축되면 물이 된다. 고체가 바로 기체가 되는 경우를 *승화*(sublimation)라고 하는데 겨울철에 빨랫줄에 걸려 있는 젖은 옷을 생각해 보면 쉽게 이해할 수 있다. 옷에 흡수되어 있는 물은 일단 얼면 고체가 되었다가 다음날 물이 승화하면서 옷이 마른 것을 관찰할

표 2.1 압력변화에 따른 물의 포화온도

압력 (kPa)	포화온도 (°C)
1	7
10	46
47	80
100	100
400	144
1000	180
5000	264
10 000	311

수 있다.

대기압에서 물은 100°C에서 비등(끓는다)한다. 앞서 기술했던 바와 같이 상변화과정에 압력과 온도는 상호 의존적이기 때문에 어떤 물질이 주어진 온도에서 상변화를 시작하면, 상변화를 시작하는 압력이 바로 *포화압력*(saturation pressure)이 된다. 비슷한 맥락에서 어떤 물질이 주어진 압력에서 상변화를 시작하면 상변화를 시작하는 온도가 바로 *포화온도*(saturation temperature)가 된다.

포화압력과 포화온도: 기화 또는 응축과정 동안의 압력과 온도.

Observation: 높은 산에서 물은 100℃ 이하에서 끓는다.

표 2.1에는 물의 포화압력에 상응하는 포화온도 값이 정리되어 있다. 더 자세한 내용은 부록 C-2를 참조하기 바란다. 예를들면, 100 kPa의 압력에서 끓는 물의 온도는 해당 압력에서의 포화온도인 100°C이다. 콜로라도의 Pike's Peak 꼭대기의 대기압은 약 47 kPa이고 이곳에서 물은 약 80°C이면 끓게 되므로 감자를 주전자에 넣고 뚜껑을 열어 놓은 채로 조리하게 되면 익는데 훨씬 오랜 시간이 걸리게 된다.

만약 물이 담겨있는 압력조리기구의 압력이 400 kPa로 일정하게 유지되면서 열이 가해지게 되면, 물은 144°C에서 끓게 될 것이다. 이 상태에서 물은 증기가 거의 발생하지 않고 조리기구 밖으로 빠져 나가지 않기 때문에 압력은 400 kPa을 유지하다가 조리기구 안쪽의 온도가 144°C 이상이 되면 증기상태로 상변화하게 될 것이다. 유사하게 물의 압력이 10 MPa에 도달하게 되면 물은 311°C에 끓을 것이라는 것을 표 2-1을 통해 쉽게 알 수 있다(이 때 물의 상도 동시에 변화하게 될 것이다).

표 2.2는 온도에 따라 포화압력이 어떻게 변화하는 지에 관한 정보를 수록하고 있으며, 더 자세한 내용은 부록 C-1에 정리되어 있다. 표에서 알 수 있듯이 물이 40°C에서 끓기 위해서는 물이 담겨 있는 용기의 압력이 대기압의 1/13의 수준인 7.4 kPa이어야 한다. 또 물이 200°C에서 끓기 위해서 1555 kPa의 압력이 필요하다. 물의 온도와 압력이 200°C와 1555 kPa 이상인 경우는 물이 액상인 상태로 존재하지만, 압력이 1555 kPa 이하로 떨어지는 경우 물은 증기상태로 존재하게 될 것이다.

Comment

vapor와 steam은 동의어이며, 증기는 가끔 이상기체로 취급되기도 한다.

상변화와 관련된 용어와 개념들이 혼란스럽기 때문에 상변화 과정을 바로 이해하기는 힘들 것이다. 그렇지만, 이런 개념들이 열역학적 상태량을 결정할 수 있는 기초가 됨을 명심할 필요가 있다. 이런 개념을 바탕으로 나중에 배우게 될 사이클 과정을 분석하는데 필요한 기본 정보를 얻게 된다. 가령 일정한 압력 하에서 가열되고 있는 물은 증기

표 2.2 온도 변화에 따른 물의 포화압력

압력 (kPa)	포화온도 (°C)
10	1.2
40	7.4
80	47
100	101
140	362
200	1555
300	8588

로 변하게 될 것이고 이 과정을 생각해보자.

압축액: 기체 분자를 생성시킬 수 있을 만큼 충분한 내부에너지를 가지고 있지 않은 액체

액상인 상태의 물은 1°C와 99°C 사이의 표준 대기압상태에서 *압축액*(compressed liquid)으로 존재하게 된다. 압축액을 기체 분자를 생성시킬 수 있을 만큼 충분한 내부에너지를 가지고 있지 않은 액체라는 의미에서 과냉액(subcooled liquid)으로 부르기도 한다. 즉, 액체를 비등시킬 만큼 온도가 충분하지 않다는 것을 의미하는 것이다. 따라서 수도꼭지를 통해서 나오는 물이 온수이든 냉수이든 간에 액체 상태로 흐를 수 있는 것이다.

포화액: 기체 분자가 생성되기 시작할 때 물질의 상태.

포화 혼합물: 액체와 증기가 공존하는 혼합물로 습증기, 포화, 건도 등의 용어와 관련이 있다.

이제 그림 2.2와 같이 마찰이 없는 피스톤으로 막혀 있는 실린더 안에 있는 물을 가열하는 실험을 상상해보자. 이 때 실런더 안의 압력은 일정하게 유지된다. 이 과정을 온도와 비체적의 관점에서 그래프로 그려보면 그림 2.3과 같다. 그림 2.2*a*의 조건의 압축수(compressed water)는 그림 2.3의 상태 1에 상응한다. 물이 가열되어 상태의 2의 포화온도에 이르게 되면, 물은 100% 순수하게 액체상태로 존재하지만 증기를 발생시킬 수 있는 내부에너지를 갖게 된다. 바로 이 상태의 물을 *포화액*(saturated liquid)이라고 하고 그림 2.2*a*와 그림 2.3의 온도와 비체적은 상태 2에 변화하게 된다. 이 상태의 물은 여전히 액상이지만, 에너지가 더 가해가지게 되면 바로 증발할 수 있게 된다. 액상인 물이 포화온도(saturated temperature)까지 가열되고, 증발하게 될 때, 그림 2.2*b*의 *포화 혼합물*(saturated mixture)로 변하게 되며 그림 2.3의 상태 3에 이르게 된다. 포화 혼합물에는 액체와 증기 모두 공존하게 된다. 이 상태에서 혼합물에 더 많은 열이

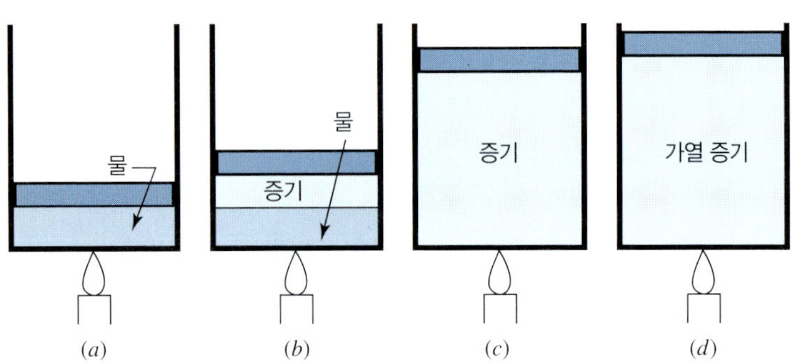

그림 2.2

마찰이 없는 피스톤으로 결합된 실린더에서 가열되고 있는 물

유입되면 액상의 물은 증기로 변하게 된다. 이 때 혼합물의 압력은 일정하게 유지되기 때문에 온도 역시 일정하게 유지된다. 앞서 기술한 것처럼, 상변화 과정 중 압력과 온도는 상호 의존적인 상태량임을 명심하자. 그림 2.2*c*와 같이 혼합물에서 액상의 물이 완전히 증발하여 기체상태로 변한 경우 *포화증기*(saturated vapor)라고 부르며, 그림 2.3의 상태 4에 도달하게 된다. 이 상태는 압력이 일정하게 유지되고 있어 열이 더 유입되게 되면 증기는 그림 2.2*d*와 그림 2.3의 상태 5처럼 *과열*(superheated)되게 된다. 상변화 과정 중에는 압력이 일정하게 유지되고 있기 때문에 포화액이 혼합물, 포화증기, 과열증기 상태로 변화하는 동안 비체적은 증가하게 된다.

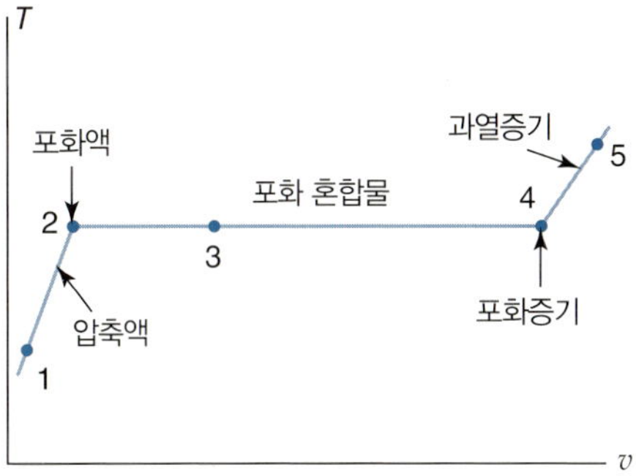

그림 2.3

일정한 압력 하에서 가열되는 물의 온도와 비체적과 온도 변화 그래프

만약 실험을 반대방향(냉각실험)으로 진행하게 되면, 증기는 물로 응축되고 이어 얼어 고체로 변하게 된다. 그림 2.3에 고체상태는 표시되어 있지 않다.

혼합물의 상태를 분석하기 위해서는 건도라고 하는 상태량을 정의해야 하며, 주로 x로 표시한다. *건도*(Quality)는 혼합물의 전체 질량 m에 대해서 혼합물에서 증기가 차지하는 질량 m_g의 비로 정의된다.

포화증기: 혼합물이 완전히 증발한 상태.

과열증기: 증기가 열을 빼앗겨도 응축되지 않는 상태.

응고: 액체가 고체로 변하는 상변화.

건도: 전체 혼합물의 질량과 습증기 질량의 비포화액과 포화증기 사이 영역에만 사용 됨.

$$x = \frac{m_g}{m} \tag{2.1}$$

건도는 그림 2.3의 상태 3 구간에서 0과 1사이의 값을 갖게 된다. $x = 0$인 경우는 혼합물안에 포함된 증기의 질량이 0인 경우로 그림 2.3의 상태 2에서처럼 순수한 액체로 존재한다. 증기가 발생되면 건도는 0 이상으로 증가하게 된다. 건도가 0.5라면 혼합물의 전체 질량에서 액체의 질량과 증기의 질량이 각각 절반씩 차지한다는 것을 의미한다. $x = 1$일 때는 그림 2.4의 상태 4에서처럼 증기가 혼합물의 전체 질량을 차지하고 있다는 것으로 해석할 수 있다. 하지만 혼합물의 질량을 다룰 때 질량과 체적을 혼동해선 안 된다. 혼합물의 전체 질량 m과 전체 체적 V는 액체와 증기의 양에 의해 다음 식으로 표현할 수 있다.

$$m = m_f + m_g \qquad V = V_f + V_g \tag{2.2}$$

여기서 m_f와 V_f는 액체상태의 성분을 의미하며, m_g와 V_g는 기체상태의 성분을 의미한다. 전체 체적 $V = m_v$은 비체적과의 관계를 이용하여 식 (2.3)과 같이 표현할 수 있다.

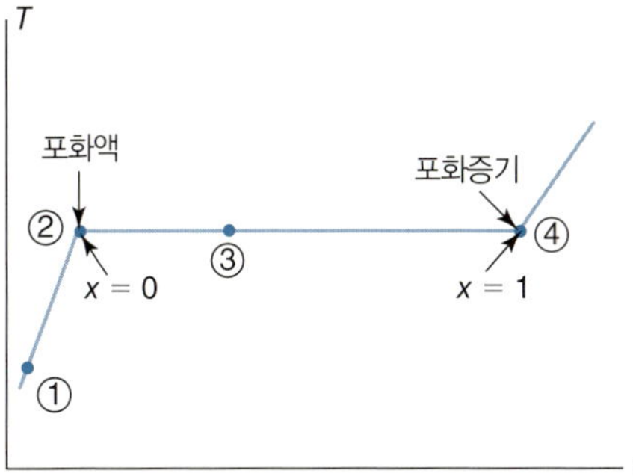

그림 2.4

상태 2와 4 지점 사이에서만 건도가 정의된다.

$$mv = m_f v_f + m_g v_g \tag{2.3}$$

여기서, v는 혼합물의 전체 질량에 해당하는 비체적의 평균값이다. 식 (2.1)을 이용하여 $m_g = xm$로 치환하고 식 (2.2)로부터 얻어진 관계식 $m_f = m - m_g$를 이용하면 다음 식을 유도할 수 있다.

Note: 하첨자 f는 액체를, g는 기체(증기)를 의미한다.

$$mv = (m - m_g)v_f + xmv_g \tag{2.4}$$

이 식의 양변을 m으로 나누면 다음의 식을 얻을 수 있다.

$$v = (1 - x)v_f + xv_g$$

Comment

혼합물의 상태를 나타내기 위해 사용되는 변수인 v는 혼합물을 구성하는 성분의 평균 값이다. 다른 교과서에서는 v_{av}나 v로 사용되기도 한다.

주어진 식을 건도를 묶어 다시 정리하면 식 (2.5)와 같이 표현할 수 있다.

$$v = v_f + x(v_g - v_f) \tag{2.5}$$

기상과 액상의 상태량의 차를 아래 첨자 fg를 이용하여 표현하며 다음과 같이 나타낼 수 있다.

$$v_{fg} = v_g - v_f \tag{2.6}$$

대다수의 열역학 상태량표에서 주어진 방식으로 기상과 액상의 차이값을 표현하고 있고 이를 통해서 상태량 계산을 빠르게 수행할 수 있다. 결국 식 (2.5)는 식 (2.7)로 간략하게 표현할 수 있다.

$$v = v_f + xv_{fg} \tag{2.7}$$

주어진 식을 이용하면 곱셈 한번과 덧셈 한번만으로 계산이 완료될 수 있기 때문에 실수를 줄일 수 있고 계산을 좀 더 빠르게 수행 할 수 있다.

Note: 건도 0.25는 건도 25%로 표기될 수도 있다.

건도 값은 종종 퍼센트로 표기되는 경우도 있으며, 이 경우 건도 0%는 건도 0과 동일하며, 건도 100%는 건도 1과 동일하다. 하지만 이 경우에도 질량의 비로 정의되어야 함을 명심해야 한다. 일부 열역학 문제에서 증기와 액체의 체적으로 주어질 경우, 체적의 비는 건도가 될 수 없음을 기억하자(예제 문제 참조).

☑ 학습목표 확인 (1)

2.1.2 건도와 압축액의 계산

혼합물의 건도, x는 혼합믈의 다른 상태량을 계산하기 위해 사용된다. 포화혼합물은 체적은 같지만 완전히 혼합되지 않은 액체와 기체를 각각 포함하고 있다. 액체의 경우 용기의 바닥에 기체는 액체의 위에 분리되어 담겨있을 것이다. 통상 포화혼합물의 상태량을 계산할 때, 액체와 증기가 들어 있은 용기 안에서 비체적과 같은 평균 상태량을 가정하게 된다. 따라서 평균 상태량은 그 계의 상태의 건도가 0이나 1에 근접하지 않은 이상, 액체나 기체의 상태량과는 아주 다른 특성을 갖게 된다.

Remember: 압축액의 비체적은 해당온도에서(압력에 상관 없이) v_f와 거의 유사하다.

압축액의 비체적은 부록 표 C-4에 나타나 있는 바와 같이 압력에 의해 거의 영향을 받지 않지만, 온도에는 영향을 받는다. 240°C로 온도가 일정할 때 압력이 5 MPa에서 30 MPa사이에서 변하더라도 비체적의 변화는 대략 3%에 불과하다. 결국, 일정한 온도에서 비체적 v_f(포화액의 비체적)을 사용하여 무방하다.

어떻게 체적을 계산할 수 있을까? 예제 2.1

그림 2.5에서처럼 5 kg의 포화수를 담고 있는 용기안의 온도가 120°C이고 건도 0.6일 때, 액체 상태의 물의 체적 체적, 증기 상태의 물의 체적, 전체 체적, 압력을 각각 구하시오.

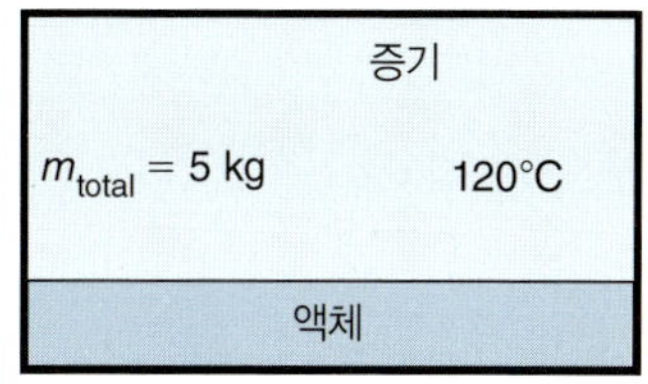

그림 2.5

풀이

건도가 0.6인 경우는 용기 안의 물은 혼합물 상태로 존재할 것이고, 건도의 정의에 따라 혼합물의 전체 질량에서 증기가 차지하는 질량의 비를 알고 있는 셈이다. 따라서 각 상의 잘량을 다음과 같이 구할 수 있다.

$$m_g = x \cdot m = 0.6 \times 5\ \text{kg} = 3\ \text{kg}$$

$$m_f = m - m_g = 5 - 3 = 2\ \text{kg}$$

각 상의 체적을 결정하기 위해서는 액상과 기상의 비체적을 각각 계산할 필요가 있다. 액상일 경우 물의 비체적은 120°C에서 포화수의 상태량으로 기상일 경우 물의 비체적은 120°C에서 포화증기의 상태량으로 각각 정의할 수 있으며 해당 값은 부룩 표 C-1에서 찾을 수 있다. 120°C에서 포화수의 비체적은 0.001060 m^3/kg이고 포화증기의 비체적은 0.8919 m^3/kg이다. 따라서 각 상의 체적은 다음과 같이 계산할 수 있다.

$$V_f = m_f v_f = 2\ \text{kg} \times 0.001060\ \frac{\text{m}^3}{\text{kg}} = \underline{0.00212\ \text{m}^3}$$

$$V_g = m_g v_g = 3\ \text{kg} \times 0.8919\ \frac{\text{m}^3}{\text{kg}} = \underline{2.676\ \text{m}^3}$$

결국 용기의 전체 체적은 다음과 같다.

$$V = 0.00213\ \text{m}^3 + 2.676\ \text{m}^3 = \underline{2.678\ \text{m}^3}$$

이 때, 용기의 압력은 120°C에서의 포화온도인 198.5 kPa일 것이다. 전체 질량의 40%를 차지 하는 액체상태의 물은 체적으로 환산하면 전체 체적의 0.08%에 불과하다. 이것은 액체상태의 물의 밀도가 증기에 비해 약 840배 크기 때문이다. 이 결과로부터 짐작컨대 그림 2.3과 2.4는 이 스케일에 맞게 그려지지 않는다는 것을 알 수 있다.

Comment

만약 그림 2.3과 2.4가 체적의 원래 크기에 맞추어 그려졌다면, 액상영역은 그림 내에 표시될 수 없었을 것이다.

용기안 혼합물의 체적 예제 2.2

5 kg의 포화수를 담고 있는 용기안의 온도가 120°C이고 건도 0.6일 때, 용기의 안의 물의 전체 체적을 구하여라. 예제 2.1에서 구했던 체적과 동일하지만, 이 번 예제를 통해서는 평균 비체적, v를 이용해서 계산할 것이다.

풀이

포화 혼합물의 평균 비체적은 식 (2.5)를 이용하여 다음과 같이 계산할 수 있다.

$$\begin{aligned} v &= v_f + x(v_g - v_f) \\ &= 0.001060 + 0.6 \times (0.8919 - 0.001060) = 0.5356\ \text{m}^3/\text{kg} \end{aligned}$$

Note: 물의 비체적 v는 액상과 기상 모두를 지칭할 수 있다.

(계속)

예제 2.2 (계속)

평균 비체적과 전체 질량과의 상관관계를 통해 전체 체적을 다음과 같이 계산할 수 있다.

$$V = m \cdot v = 5 \times 0.5356 = \underline{2.678 \text{ m}^3}$$

예제 2.3 혼합물의 압력과 건도

체적이 2000 cm^3인 용기에 0.4 kg의 물이 들어 있고 이때 온도는 300°C이다. 그림 2.6에 표시된 상태 1에서의 혼합물의 압력과 건도를 구하여라.

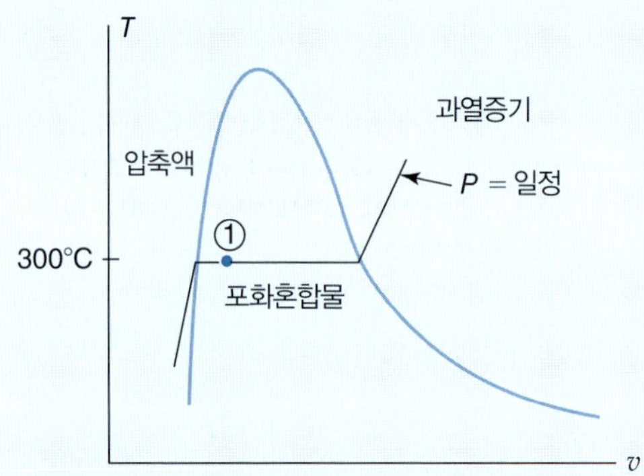

그림 2.6

풀이

혼합물의 압력과 온도는 서로 연관되어 있으므로 압력은 부록 표 C-1에서 온도 바로 옆 해당하는 압력을 읽음으로써 해결할 수 있다.

$$P_1 = \underline{8.58 \text{ MPa}}$$

2000 cm^3는 2×10^{-6} m^3이므로 포화혼합물의 비체적은 다음과 같이 계산할 수 있다.

$$v_1 = \frac{V}{m} = \frac{2000 \times 10^{-6}}{0.4} = 0.005 \text{ m}^3/\text{kg}$$

계산된 값은 v_g보다는 작고 v_f보다는 크므로 액체와 증기의 혼합물이라고 말할 수 있다. 이제 식 (2.5)를 이용해서 건도를 계산할 수 있다.

$$v_1 = v_f + x(v_g - v_f)$$

$$0.005 = 0.001404 + x_1(0.02168 - 0.001404) \quad \therefore x_1 = \underline{0.1774}$$

상태 1은 상대적으로 포화액의 상태와 유사하고 건도는 17.74%이다.

Comment

$P > 8.58$ MPa인 경우 물은 쉽게 압축액으로 변할 수 있는 반면 $P < 8.58$ MPa인 경우 물은 쉽게 과열증기로 변할 수 있다.

예제 2.4 압축수의 체적 변화

200 kg의 물이 담겨 있는 실린더 안의 온도가 120°C이고 압력이 120 MPa이다. 이때 그림 2.7과 같이 압력은 일정하게 유지되면서 온도가 340°C로 상승한다고 하자. 양쪽 온도(120°C와 340°C)에서 물의 체적과 체적변화율(퍼센트)을 구하여라.

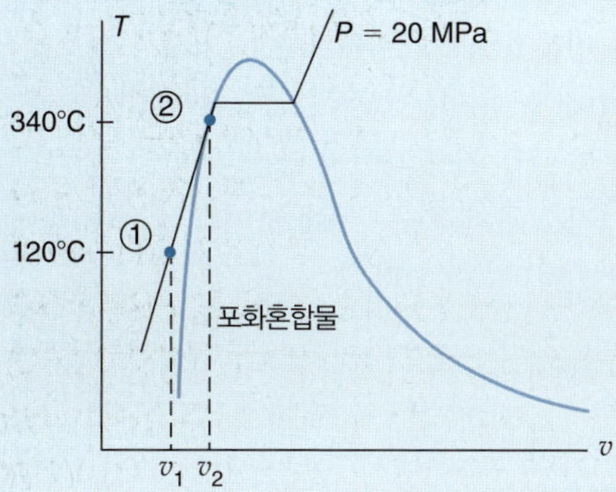

그림 2.7

풀이

i) 압력이 일정하므로 비체적이 온도에 따라서만 변화한다고 가정하면 물의 체적은 표 C-1을 이용하여 계산할 수 있다.

$$V_1 = mv_1 = 200 \times 0.00106 = \underline{0.212\ \text{m}^3}$$
$$V_2 = mv_2 = 200 \times 0.001638 = \underline{0.3276\ \text{m}^3}$$

따라서, 체적의 변화율은 다음과 같다.

$$\%\text{change} = \frac{0.3276 - 0.212}{0.212} \times 100 = \underline{54.5\%}$$

ii) 주어진 조건에서 압축수 표 C-4를 이용하면 다음 같이 체적을 구할 수 있다.

$$V_1 = mv_1 = 200 \times 0.0010496 = \underline{0.2099\ \text{m}^3}$$
$$V_2 = mv_2 = 200 \times 0.001633 = \underline{0.3266\ \text{m}^3}$$

i)과 유사한 방법으로 체적의 변화율은 다음이 계산할 수 있다.

$$\%\text{change} = \frac{0.3266 - 0.2099}{0.2099} \times 100 = \underline{55.6\%}$$

결국, 표 C-1을 이용해서 구한 체적이나 체적 변화율도 공학적으로 유용하게 쓰일 수 있음을 기억하자.

2.1.3 과열증기

포화 혼합물에서 최후의 액체 한방울 마저 증발하게 되면, 건도가 1인 포화증기 상태가 된다. 이 때 포화증기에 계속해서 열이 가해지게 되면, 과열증기가 생성되고 건도의 개념은 무의미하게 된다. 이 상태에서는 계안의 물질이 모두 기체 상태로 존재하게 되며, 온도와 압력은 상호 독립적인 상태량이 된다. 일반적으로 터빈을 가동시키기 위해 증기를 사용하는 발전소를 방문했다고 가정해보자. 증기생성기(보일러) 과열증기라고 적혀 있는 쪽에 내부를 들여다 볼 수 있는 창을 보일러에서 찾아볼 수 있다. 이 창을 통해 보일러 안쪽을 들여다 보면 아무 것도 보이지 않을 것이다. 화창한 날에 대기 중에 포함되어 있는 증기와 마찬가지로 과열증기는 눈에 보이지 않는다. 물이 상변화한 과열증기의 상태량은 부록 표 C-3에 정리되어 있다.

Remember: 증기와 기체는 종종 같은 의미로 사용된다.

예제 2.5 비체적을 구하기 위한 보간법

온도와 압력이 각각 323°C와 2 MPa일 때 과열증기(물)의 비체적을 구하시오. 단, 온도와 비체적에는 선형적인 비례관계가 있다고 가정한다.

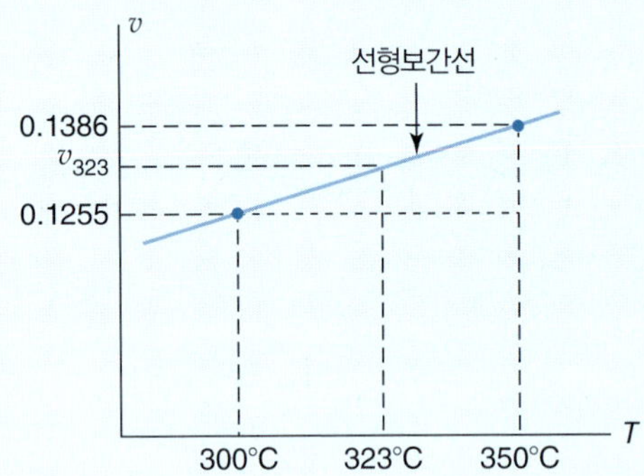

그림 2.8

풀이

앞서 기술한 것처럼 온도가 300°C일 때와 350°C일 때의 비체적은 표 C-3에서 찾아 볼 수 있으며, 보간법으로 문제해결을 위해 해당 상태량을 표 2.3에 다시 정리해 두었다. 온도 323°C일 경우에는 그림 2.8에서 나타나 있는 바와 같이 선형보간법을 이용하면 비체적을 구할 수 있다.

$$\frac{v_{323} - 0.1255}{0.1386 - 0.1255} = \frac{323 - 300}{350 - 300} \qquad \therefore v_{323} = \underline{0.1315\ \text{m}^3/\text{kg}}$$

물론, 온도와 압력에 해당하는 상태량을 알려주는 컴퓨터 프로그램도 있긴 하지만 표에 정리되어 있는 값만을 가지고 보간 해내는 능력을 배양해야만 한다. 컴퓨터 프로그램을 언제나 사용할 수 있는 것은 아니기 때문에 주어진 값을 가지고 내삽이나 외삽을 통해 값을 계산해내는 능력은 공학문제 해결에 있어 매우 중요하다. 익숙해질 때까지 연습을 통해 숙지하여야 하며 시험문제를 풀 때나 다양한 주제의 문제를 해결할 때 역시 보간법은 유용하게 사용될 수 있다.

표 2.3 $P = 2$ MPa	
T (°C)	v (m^3/kg)
300	0.1255
350	0.1386

예제 2.6 (물) 증기 상태량의 이중 보간법

압력이 1120 kPa이고 온도가 470°C일 때 과열증기의 비체적을 구하시오.

풀이

(물의) 과열증기에 대한 상태량은 부록 C-3에 정리되어 있다. 하지만 표에는 1.0 MPa과 1.2 MPa에 대한 값만이 정리되어 있다. 따라서 1.12 MPa에 상응하는 상태량은 보간을 통해 얻어져야 한다. 마찬가지로 증기의 온도가 400°C와 500°C일 때의 상태량만 찾아 볼 수 있으므로 470°C에 대한 상태량은 보간을 통해 구해야 한다. 이런 방식의 해법을 이중 보간법이라고 한다. 표 C-3에 정리되어 있는 비체적 값은 다음과 같다.

	$P = 1.0$ MPa	$P = 1.2$ MPa
$T = 400$°C:	$v = 0.3066$ m^3/kg	$v = 0.2548$ m^3/kg
$T = 500$°C:	$v = 0.3541$ m^3/kg	$v = 0.2946$ m^3/kg

우선 압력이 1.12 MPa이고 온도가 400°C일 때의 비체적을 v_1이라고 하고 보간법을 적용할 수 있으며 400°C에서 다음과 같은 관계가 성립한다.

$$\frac{1.2 - 1.12}{1.2 - 1.0} = \frac{0.2548 - v_1}{0.2548 - 0.3066} \qquad \therefore v_1 = 0.2755 \text{ m}^3/\text{kg}$$

유사한 방법으로 압력이 1.12 MPa이고 온도가 500°C일 때 비체적 v_2를 보간법으로 계산하면 다음과 같다.

$$\frac{1.2 - 1.12}{1.2 - 1.0} = \frac{0.2946 - v_2}{0.2946 - 0.3541} \qquad \therefore v_2 = 0.3184 \text{ m}^3/\text{kg}$$

그 다음으로 온도 400°C와 500°C 사이에서 보간법을 적용하여 온도가 470°C이고 압력이 1.12 MPa일 때 비체적, v를 구하면 다음과 같다.

$$\frac{470 - 400}{500 - 400} = \frac{v - 0.2755}{0.3184 - 0.2755} \qquad \therefore v = \underline{0.306 \text{ m}^3/\text{kg}}$$

Note: 선형내삽법에 의한 보간법을 사용하면 적어도 (소수점) 유효숫자 한자리 정도의 오차가 발생될 수 있기 때문에 3째자리나 4째자리까지만 나타내는 것이 바람직하다.

☑ 학습목표 확인 (2)

2.1.4 IRC 상태량 계산기를 이용한 상태량 결정

Note: 구글을 이용하면 쉽게 IRC 상태량 계산기를 찾을 수 있다.

지금까지의 예제 문제는 부록 C에 수록되어 있는 표를 사용하여 상태량을 결정하였다. 물 이외에 다른 물질도 열역학에서 있어서 비중있게 다루어지기 때문에 부록에 수록된 상태량 표에 의존해서 모든 문제를 해결할 수는 없다. Wisconsin 대학교와 IRC (Industrial Refrigeration Consortium) 공동 개발한 IRC 상태량 계산기(그림 2.9)는 물 이외에 다른 물질의 상태량도 쉽게 계산할 수 있도록 설계되어 있으며 http://www.irc.wisc.edu/properties에서 직접 사용할 수 있다. 부록에 수록되어 있는 상태량 표를 이용할 수 없는 경우나 특별한 보간법이 필요한 예제의 경우 이 사이트를 이용하여 문제를 해결 해 볼 것이다. 다만 IRC 상태량 계산기를 이용할 경우 비체적 대신 다음의 관계식을 통해 밀도 값을 입력한다는 점을 유의하여야 한다.

$$\rho = \frac{1}{v} \tag{2.8}$$

그리고 IRC 상태량 계산기에서 체적(volume)은 이 교재에서 비체적으로 사용되는 용어이다.

부록 표에 제시된 상태량은 측정 값이 아니고 커브 fit으로 보정하여 계산해 낸 값

Comment

웹상에서 IRC 상태량 계산기는 영국단위계로 자동 설정되어 있다. SI단위계를 사용할 경우 해당 단추를 클릭하여 활성화 시켜야 한다.

해석하고자 하는 유체를 고른다.

2개의 상태량을 입력한다.

상태량 계산 버튼을 클릭한다.

필요한 상태량 값을 읽는다. IRC 상태량 계산기에 표시된 (계산된) 상태량 중 일부만 우리가 열역학 문제를 해석할 때 사용하는 값이다.

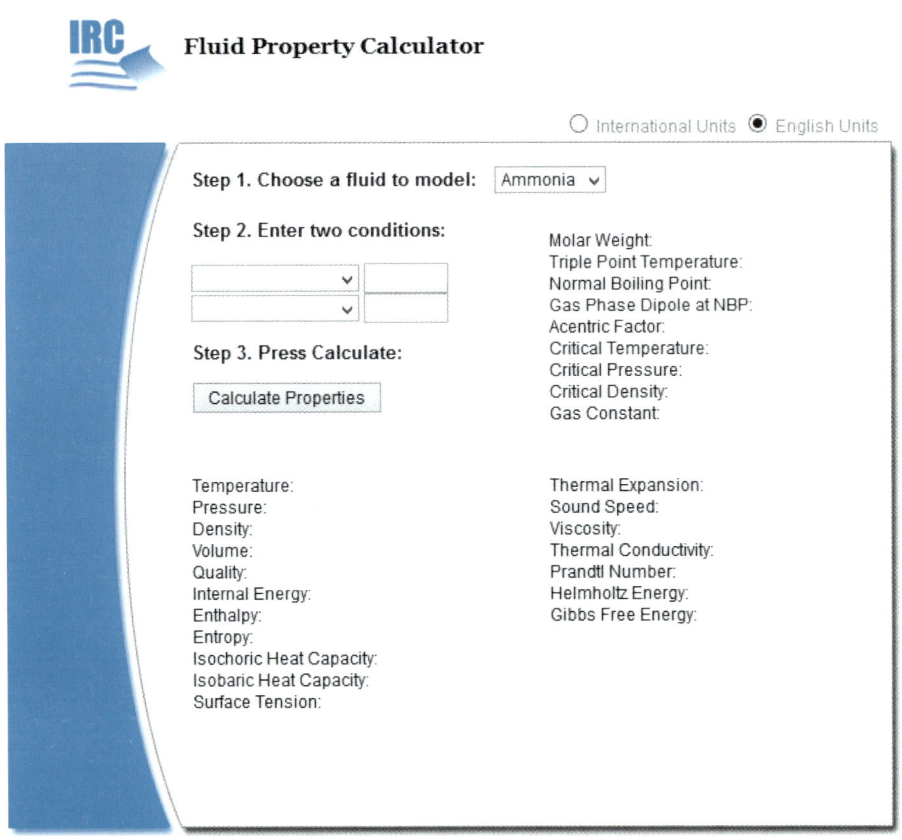

그림 2.9

IRC 상태 계산기의 예시 화면.

이어서 유효자리숫자가 꽤 많다. 이는 궁극적으로 공학을 배우는 학생들에게 바람직하지 않고 정확성에 있어 잠재적인 오차 원인을 안고 있다. 게다가 커브 fit의 사용방식에 따라 같은 상태량표일지라도 다른 유효자릿수를 갖게 된다. 부록 상태량표에 제시된 값은 IRC 상태량 계산기를 통해 계산되는 값과 비교해 볼 때 약간 다른지만, 공학적 허용차 3% 이내에서 서로 같은 값을 갖는다. 따라서 IRC 상태량 계산기에서 표시되는 유효자릿수 세자리가 더 현실적인 방식이다. 아래 제시된 예제 문제(앞서 풀어본 예제와 동일한 문제)를 통해 IRC 상태량 계산기 사용법을 익혀 보도록 한다.

IRC를 사용하여 상태량 결정하기 예제 2.7

i) x = 0.6, 온도가 120°C일 때 물의 5 kg의 체적을 구하라.

ii) 2000 cm^3의 용기에 0.4 kg의 물이 들어 있고 온도 300°C일 때 건도를 구하시오.

iii) 온도가 340°C이고 압력이 20 MPa일 때 물 200 kg의 체적을 구하시오.

iv) 온도가 470°C이고 압력이 1120 kPa일 때 과열증기의 비체적을 구하시오.

풀이

i) IRC(http://www.irc.wisc.edu/properties/) 계산기에서 단위 설정을 International Unit으로 설정한 뒤 물질로 물을 설정한다. 온도를 120°C로 설정하고 건도에 0.6을 입력한 뒤 "계산하기" 버튼을 클릭한다. 버튼 아래 체적(volume)에서 비체적 값을 v = 0.535 m^3/kg을 읽고 체적은 다음 식을 이용하여 환산한다.

$$V = mv = 5\text{ kg} \times 0.535\text{ m}^3/\text{kg} = \underline{2.68\text{ m}^3}$$

예제 2.2를 통해 계산한 값과 비교해 보면 IRC 상태량 계산기를 통해 얻은 값과 유사함을 알 수 있다.

ii) IRC 상태량 계산기에 비체적은 입력할 수 있는 변수가 아니기 때문에, 입력할 수 있는 밀도 값을 계산하여 한다.

$$\rho = \frac{m}{V} = \frac{0.4\text{ kg}}{2000\text{ cm}^3 \times 10^{-6}\text{ m}^3/\text{cm}^3} = 200\text{ kg/m}^3$$

그리고 계산된 밀도와 온도 300°C을 입력하면, 건도 x = <u>0.178</u>을 얻을 수 있고 이 값은 예제 2.3을 통해 계산한 값(0.1774)과 흡사하다.

iii) 340°C, 20,000 kPa의 값을 앞서 제시된 방법에 따라 IRC 상태량 계산기에 입력해보면, v =0.00157 m^3/kg이 계산되고, 따라서

$$V = mv = 200\text{ kg} \times 0.00157\text{ m}^3/\text{kg} = \underline{0.314\text{ m}^3}$$

이 값은 예제 2.4에서 선형보간법으로 계산한 0.328 m^3과 4% 이내에서 유사한 값이다. v_2를 계산할 때 정확한 보간법을 사용하면 두 값의 차를 더 줄일 수 있다. IRC 상태량 계산기를 통해 계산된 값이 더 정확한 값이다.

iv) 470°C, 1120 kPa의 값을 앞서 제시된 방법에 따라 IRC 상태량 계산기에 입력해보면, v = <u>0.303 m^3/kg</u>이 계산되고 이 값은 예제 2.6에서 계산된 0.306 m^3/kg와 거의 같다.

☑ 학습목표 확인 (3)

2.1.5 상선도

상선도는 순수물질의 온도, 압력, 체적이 변할 때 상태가 어떻게 변화하는 가를 보여주는 2차원 혹은 3차원 그래프이다. 그림 2.3에 도시된 *T-v*선도와 같은 결과를 얻을 수 있는 실험을 여러 번 반복하고 포화액 상태와 포화증기 상태의 결과를 한 그래프에 그리면 그림 2.10과 같은 *T-v* 상선도를 얻을 수 있다. *P-v* 상선도도 그림 2.4에 도시된 결과를 같은 방법으로 반복하여 얻을 수 있으며 그림 2.11에 표시되어 있다.

포화액선: 압축액과 포화혼합물을 구분해주는 실선.

포화증기선: 과열증기와 포화혼합물을 구분해주는 선.

Note: 포화혼합물 영역을 습증기 영역 또는 건도 영역이라고도 한다.

포화액선의 좌측 영역에서 온도와 압력이 변화할 때 물질은 압축액의 특성을 갖게 된다. 그림에서 실선 안쪽 영역은 액체와 증기의 포화 혼합물의 특성을 갖게 된다. 결국 포화 혼합물과 압축액를 구분해 주는 실선이 *포화액선*(saturated liquid line)이다. 액체에서 증기로 상변화는 바로 이 실선 상에서부터 시작된다. 이 실선의 왼쪽에서 유체는 압축액 상태로 존재하며 오른쪽에서 유체는 포화혼합물 상태로 존재하게 된다. 이 실선 상에서 유체는 건도가 0인 포화액으로 존재하게 된다. 반면 이 실선의 훨씬 오른쪽의 온도와 압력에서 유체는 과열증기상태로 존재하게 된다. 과열증기와 포화혼합물을 구분해 주는 이 선을 *포화증기선*(saturated vapor line)이라고 부른다. 이 선상에서 유체는 건도 1인 포화증기로 존재한다. 포화혼합물영역은 포화액선과 포화증기선 사이에서 돔 형태로 표시되며, 습포화증기영역 또는 건도영역이라고 부른다. 순수물질의 상선도는 그림 2.10과 2.11에 표시된 것과 같이 도시될 수 있다.

임계점: 포화액선과 포화증기선을 가르는 지점

초임계영역: 임계점 이상의 온도와 압력에서 유체가 증기와 구별이 되지 않는 영역.

포화액선과 포화증기선은 높은 압력의 한 점, 즉 *임계점*(critical point)에서 양쪽으로 구분된다. 물의 경우, 임계점에서의 압력과 온도는 각각 P_{cr}=22.09 MPa, T_{cr}=374.1°C이다. 보편적인 물질의 임계압력과 임계온도는 부록 B-3에 정리되어 있다. 임계점 이상의 압력과 온도에 해당하는 영역을 주로 *초임계영역*(supercritical region)이라고 칭한다. 이 영역에서는 증기와 액체의 구분이 없어진다.

발전소를 제외하면 공학적으로 과열증기영역에서 운전되는 시스템은 드물다. 작동유체인 증기를 과열증기영역에서 안전하게 운전시키기 위해서는 많은 비용이 소요되기 때문이다. 이 장의 도입부에서 살펴본 Eddystone의 발전소는 미국의 다른 150개의 발

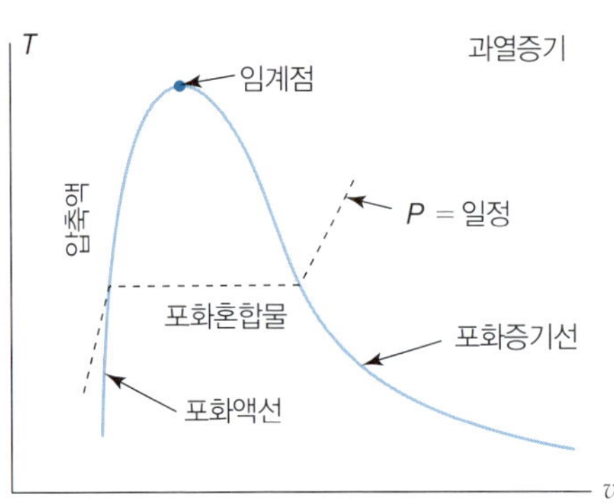

그림 2.10

순수물질의 $T-v$ 상선도.

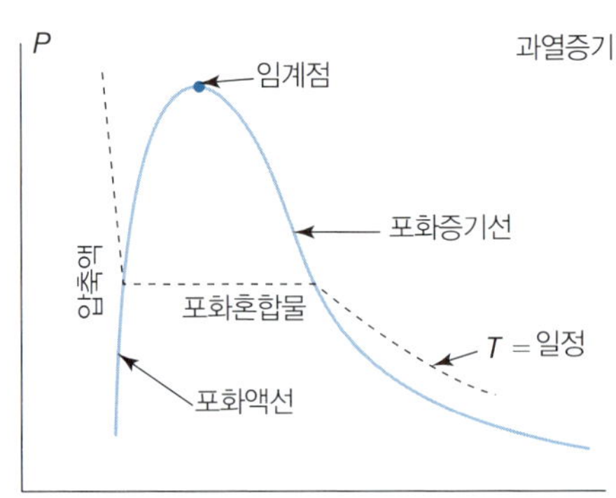

그림 2.11

순수물질의 $P-v$ 상선도.

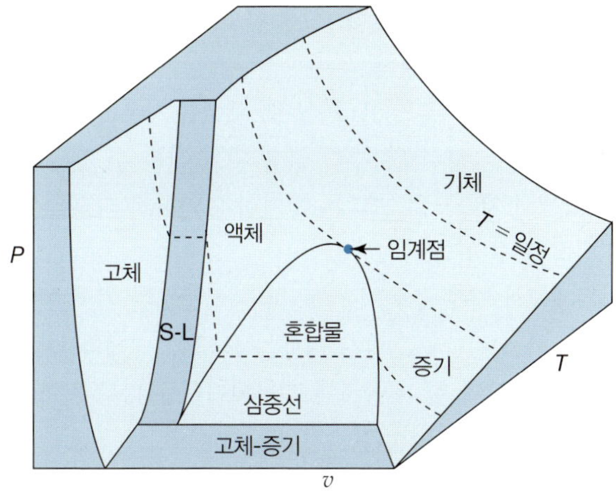

그림 2.12
얼 때 수축하는 물질의 $P-v-T$ 선도.

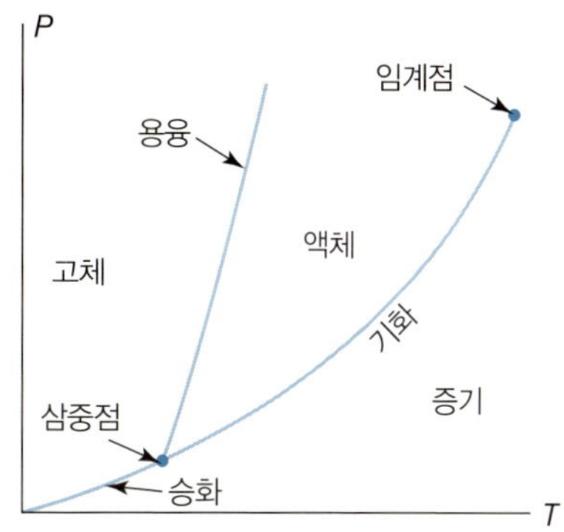

그림 2.13
$P-T$ 상선도.

전소와 마찬가지로 과열증기영역에서 운전되고 있다.

앞서 살펴본 *P-v* 상선도와 *T-v* 상선도를 한 그래프에 그리고 고상 영역까지 포함해서 다시 그리면 그림 2.12에 제시된 3차원 그래프를 얻을 수 있다. 이 그래프는 얼 때 수축하는 물질의 상선도이다. 이 그래프에선 점선은 등온선이다.

다른 상선도는 그림 2.13에 도시된 압력-온도 그래프로 물질의 압력이 온도의 함수로 표시되어 있다. 그래프에서 실선 3개에 의해 물질의 상이 3개로 구분되며 상변화는 각 선을 넘어서는 순간 일어나게 된다. 이런 현상들은 그림 2.12의 *P-v-T*선도의 오른쪽을 살펴보면 쉽게 알 수 있다. 그림 2.13의 포화증기선이 액상과 기상을 구분해 주듯 그림 2.12에서 포화혼합물 돔으로 통해 상변화 현상을 인지할 수 있다. *T-v*선도와 *P-v*선도는 특히 예제나 다른 문제 풀이에 자주 사용될 것이다.

용융선(응고선)은 고체와 액체를 구분하는 선이고 기화선은 액체와 증기를 구분하는 선이며 승화선은 고체와 증기를 구분하는 선이다. 이 세 선이 만나는 점이 *삼중점*(Tripple point)이고 여기서는 물질의 세가지 상 모두가 존재하게 된다(그림 2.10과 2.11에서 고체-증기 영역은 표시되어 있지 않다).

삼중점: 물질이 세가지 상이 모두 존재하는 지점.

승화: 고체가 액체 상태로의 상변화를 거치지 않고 바로 기체로 되는 현상.

일반적으로 액체에서 기체로 변하고 있는 상태를 기화(또는 비등/증발)이라고 부르며 증기에서 액체로 변화가 있는 상태를 응축이라고 부른다. 용융이나 응고는 고체와 액체 사이에서 일어나는 상변화현상이다. *승화*(sublimation)는 고체가 액체 상태로의 상변화를 거치지 않고 곧 바로 기체로 되는 현상으로 열역학에서는 크게 비중을 두어 다루지 않는다. 증기의 온도가 급격히 감소할 경우 바로 고체로 되는 현상(서리)도 승화현상이다. 다만 승화과정에서 동력을 발생시키 쉽지 않기 때문에 열역학에서는 비중을 두어 다루지 않는다.

앞서도 언급한 것처럼 그림에 제시된 상선도는 실제 척도에 맞추어 그려지지 않았다는 것을 명심해야 한다. 물질의 여러 상을 한번에 그리기 위해서 선도는 오른쪽으로 치우쳐 그려져 있다. 실제로는 그림 2.10과 그림 2.11의 포화액선은 압력축에 더 가까이 있어야하고 그림 2.13의 삼중점은 원점에 훨씬 더 가깝다. 실제 척도로 물의 T-v선도나 P-v선도를 그리려면 연습문제 2.46을 참고하기 바란다.

물질의 열역학적 상태량을 결정하기 위해 부록의 표나 소프트웨어를 사용하기 전에 여러 가지 상태량을 그림으로 도시하고 있는 상선도로부터 값을 읽고 찾을 수 있는 능력이 필요하다. 이러한 능력은 정역학에서 자유도를 그리는 것처럼 열역학적 과정을 가시화하고 문제를 푸는데 유용하게 사용될 수 있다.

Comment

상선도는 다양한 상영역을 보여주기 위해 척도에 맞게 그려져 있지 않다.

국가자격시험이나 다른 공학 문제에서 자주 주어지는 또 다른 상선도는 압력-엔탈피 선도이다(엔탈피는 다음 장에서 다루게 된다). 그림 2.14에는 R134a 냉매의 압력-엔탈피 선도가 도시되어 있다. 보는 바와 같이 한 페이지에 수록되기에는 너무 작아서 값을 정확히 읽기 힘들며, 유효숫자 3자리까지 읽어내기는 거의 불가능하다.

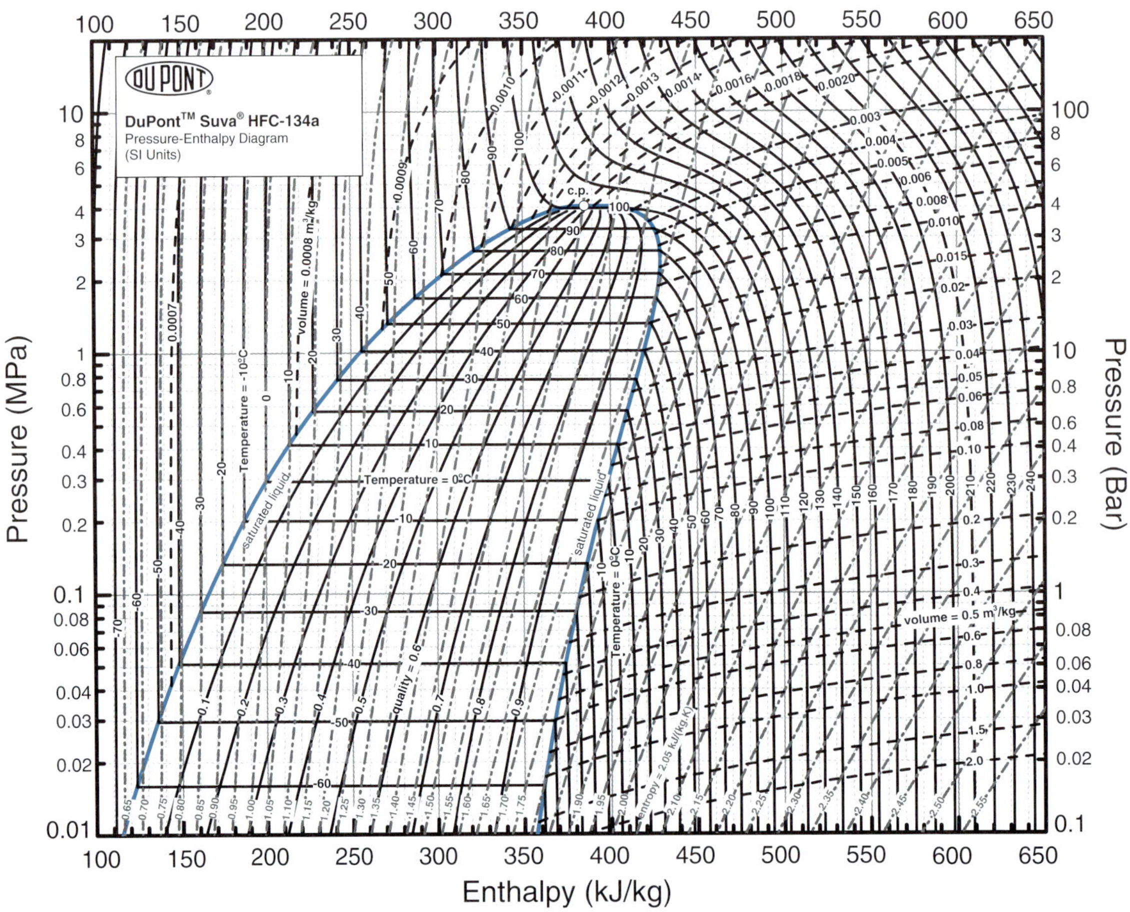

그림 2.14

냉매 R134a의 압력-엔탈피선도.

상선도 예제 2.8

세 지점에서의 상태가 각각의 (T, P, v)의 함수로 그림 2.15와 같이 주어질 때, 결정되지 않은 상태량을 구하시오.

① (340°C, 2000 kPa, v)

② (140°C, P, 0.5 m^3/kg)

③ (T, 5000 kPa, 0.00108 m^3/kg)

풀이

T-v선도는 그림 2.15에 주어져 있고 부록에 표 C를 참조하면 상태 1은 압력이 2 MPa, 온도가 대략 300°C와 350°C 사이 340°C 정도이므로 과열증기상태이다. 340°C는 350°C의 80%이므로 보간법을 이용하면

$$v_1 = (0.13857 - 0.12547) \times 0.8 + 0.12547 = \underline{0.136\ m^3/kg}$$

상태 2는 포화증기선에 가까우면서 포화혼합물 영역에 존재한다. 표 C-1에서 주어진 온도와 가까운 압력은 찾으면 P_2 = 0.3613 MPa 또는 361.3 kPa.

5 MPa의 주어진 압력을 이용하여 표 C-2에서 상태 3의 v_3를 찾아보면 v_f보다 작다는 것을 알 수 있다. 이는 상태 3이 압축액 영역에 있기 때문이다. 이 때 온도는 표 C-1이나 표 C-4에서 찾아 볼 수 있으며 표 C-1 온도는 140°C이다. 표 C-4에도 역시 동일한 결과를 찾아 볼 수 있다.

Observation: 유리잔에 담겨있는 물, 차 등은 비등점보다 온도가 낮은 압축액이다.

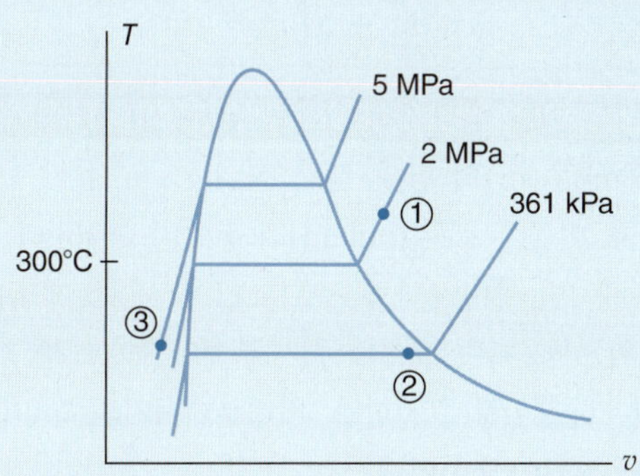

그림 2.15

☑ 학습목표 확인 (1)

2.2 내부에너지와 엔탈피

2.2.1 내부에너지

1장에서 밀도, 비체적, 압력, 온도와 같은 물질의 기초 상태량에 대해서 살펴보았다. 이번 절에서는 물질의 에너지 준위에 대한 정보를 제공해 줄 수 있는 새로운 상태량에 대해 공부해 보게 될 것이다. 열역학에서 주어진 문제를 해결하기 위해서는 첫 번째로 물질의 다양한 상태량에 대해서 알고 있어야 한다. 1장에서 우리는 물질의 열에너지 양은 온도와 비례한다는 것을 배웠다. 연소공학의 열역학적 해석을 제외하면 물질에 포함된 열에너지는 곧 *내부에너지*(Internal energy)이다. 내부에너지는 주로 온도라고 하는 기초 상태량으로터 도출되는 상태량이다. 내부에너지의 개념은 그것이 변화하는 과정을 살펴보면 더 쉽게 이해할 수 있다. 일반적으로 분자의 활동은 물질에 포함되어 있는 열에너지량과 관련이 있다. 온도가 상승하면 분자의 활동이 증가하고 내부에너지도 더불어 증가하게 된다. 이런 관점에서 *절대영온도*(absolute zero temperature)는 분자활동이 없는 상태로 정의할 수 있다. 이런 이유 때문에 에너지 준위는 음의 값을 가질 수 없다.

내부에너지: 물질에 포함되어 있는 열에너지의 양.

절대영온도: 분자활동이 없는 상태.

습증기영역(포화혼합물영역)에서 비내부에너지(단순히 내부에너지라고도 칭함)는 비체적을 구하는 방법과 동일한 방법으로 계산할 수 있다.

$$u = u_f + x(u_g - u_f) \tag{2.9}$$

Comment

종종 "비"라는 단어는 생략하고 사용하기도 하여 부록에서도 단순히 "에너지"로 표기되어 있다.

내부에너지의 단위는 일반 에너지의 단위와 같다. SI단위계에서 위치에너지 mgz를 고려해보면, (kg)/(m^2/s)(m)의 단위 갖고, N=kg · m^2/s(식 1.2 참조)를 이용하면 N · m의 단위를 갖는다. 이들은 모두 joule(J)과 동일한 단위이다. 에너지의 크기가 작은 경우에는 J을 사용하지만, 일반적으로으로는 kJ을 사용하게 된다. SI단위계에서는 에너지는 모두 이 단위를 사용하여 표현한다. 내부에너지의 표준 기호는 U이며 비내부에너지는 소문자를 이용하여 u로 표시한다. 비내부에너지의 단위는 SI단위계에서 kJ/kg이며 영국단위계에서는 Btu/lbm이다.

예제 2.9 내부에너지의 변화량

그림 2.16과 같이 0.03 m^3 체적에 0.3 kg의 물이 담겨 있고 물의 온도가 100°C에서 300°C까지 상승한다. 이때 압력은 일정하게 유지된다. i) 관련 식과 ii) IRC 상태량 계산기를 이용하여 각각 내부에너지의 변화량을 계산하시오.

풀이

i) 주어진 상태량을 바탕으로 물의 초기상태를 결정해 보면 비체적, v_1은

$$v_1 = \frac{V_1}{m} = \frac{0.03\ \text{m}^3}{0.9\ \text{kg}} = 0.0333\ \text{m}^3/\text{kg}$$

비체적 v_1이 $0.0010 < 0.0333 < 1.6730$ (표 C-1)이므로 100°C에서 상태 1은 습증기 영역(포화혼합물영역)에 있다. 따라서 상태 1에서의 내부에너지를 계산하기 위해서는 건도를 알아야 하며 다음과 같이 계산할 수 있다.

$$v_1 = v_f + x_1(v_g - v_f)$$
$$0.0333 = 0.0010 + x_1(1.670 - 0.0010) \qquad \therefore x_1 = 0.0193$$

결국 비내부에너지는 다음과 같이 계산된다.

$$\begin{aligned} u_1 &= u_f + x_1 u_{fg} \\ &= 418.9 + 0.0193(2507 - 418.9) = 459.2\ \text{kJ/kg} \end{aligned}$$

상태 1에서의 압력은 표 C-1에서 (상태 1의) 온도를 찾아 해당 압력을 읽으면 101.3 kPa이다. 상태 2에서 압력과 온도는 각각 P_2 = 101.3 kPa과 T_2 = 300°C이므로 상태 2는 과열증기영역임을 알 수 있다. 따라서 표 C-3에서 비내부에너지, u_2 = 2810 kJ/kg를 결정할 수 있다. 최종적으로 내부에너지는 다음과 같이 결정된다.

$$\begin{aligned} \Delta U &= m(u_2 - u_1) \\ &= 0.9\ \text{kg}(2810 - 459.2)\ \text{kJ/kg} = \underline{2116\ \text{kJ}} \end{aligned}$$

ii) 예제 2.7에서 제시된 순서를 따라서 IRC 상태량 계산기를 이용하여 계산하면, T_1 = 100°C, $\rho_1 = 1/v_1 = 1/0.0333 = 30\ \text{kg/m}^3$을 입력해서 u_1을 찾을 수 있고 T_2 = 300°C와 101.3 kPa를 이용하면 u_2를 결정할 수 있다. 따라서,

$$\begin{aligned} \Delta U &= m(u_2 - u_1) \\ &= 0.9(2810 - 459) = \underline{2120\ \text{kJ}} \end{aligned}$$

두 값사이의 차이는 무시할 만하다.

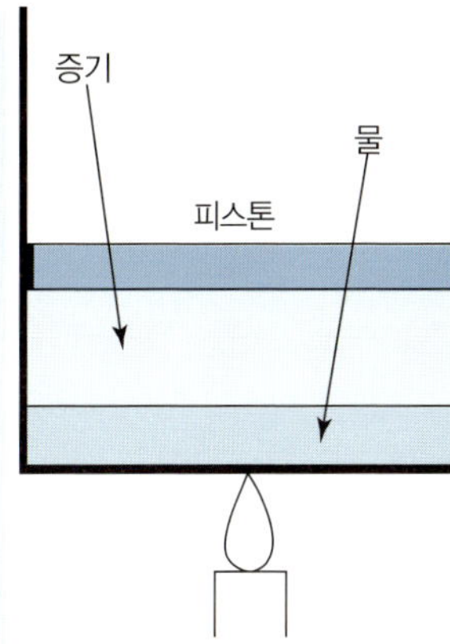

그림 2.16

Comment
포화혼합물 영역은 습증기영역이라고도 부른다.

Remember: IRC 상태량 계산기는 밀도를 입력값으로 사용한다.

2.2.2 엔탈피

열역학에서 $u + Pv$로 표시되는 조합 상태량이 종종 쓰이는데, 특히 터빈을 통과하는 증기와 같이 흐르는 작동유체를 포함하는 장치를 해석할 때 주로 사용된다. 이 상태량을 *엔탈피*(enthalpy), H라고 부르고 다음과 같이 정의한다.

$$H = U + PV \tag{2.10}$$

엔탈피: $U + PV$로 표시되는 조합상태량. 흐르는 작동유체를 포함하는 장치를 해석할 때 유용하게 사용된다.

때로는 엔탈피와 구분없이 사용되기도 하지만 비엔탈피는 단위질량당 엔탈피로 다음과 같이 정의된다.

$$h = u + Pv \tag{2.11}$$

Unit: Pv의 단위는 $(kN/m^2)(m^3/kg)$으로 kJ/kg와 동일하며, 내부에너지의 단위와도 같다.

엔탈피는 3가지의 상태량이 하나로 조합되어 있기 때문에 이 개념을 공학문제에 적용하면 계산이 간단해진다. 이런 이유로 내부에너지 보다는 엔탈피가 더 유용하게 사용될 수 있고 실제 표에서도 비내부에너지보다는 비엔탈피 값을 주어는 경우가 많다.

엔탈피는 주로 흐르는 유체의 에너지양을 기술하는 척도로 사용된다. 만약 고압의 증기나 공기가 터빈 블레이드를 지나 흘러간다면, 터빈 블레이드는 회전하게 될 것이고 일이 발생될 것이다. 즉, 이런 현상은 엔탈피의 변화로 설명될 수 있다. 다시 말하자면, 엔탈피는 물질에 포함되어 있는 열에너지양에 그 물질이 일을 할 수 있도록 하는 에너지를 더한 물리량이다. SI단위계에서 엔탈피는 내부에너지와 동일한 단위인 kJ을 사용한다. 또 비엔탈피의 단위는 kJ/kg이다.

상태대응의 원리: 순수물질의 독립적인 강성적 상태량 2개를 알면 나머지 상태량도 결정될 수 있다.

열역학에 주어진 문제를 해결하는 방법은 미지의 문제를 푸는 것과 유사하다. 일단 어떤 현상이 어떤 순서로 진행되는 가에 대한 단서로부터 문제를 풀기 시작하는 것이 일반적인 접근 방법이다. 상태대응의 원리는 순수물질의 독립적인 강성적 상태량 2개를 알고 있다면 나머지 상태량도 알 수 있다라는 것이다. 즉 특정 상태의 2가지 단서가 주어지면 그 상태의 나머지 상태량도 결정할 수 있다. 이 교과서에는 문제해결을 위해서 완전한 정보를 제시하지만, 실생활의 문제에서 있어서는 정보가 부족하거나 필요한 것보다 더 많을 수도 있다. 따라서 문제해결을 위해서 적절한 가정이 필요하며 연습을 통해서 이런 과정을 숙지해야 한다.

예제 2.10 엔탈피의 변화

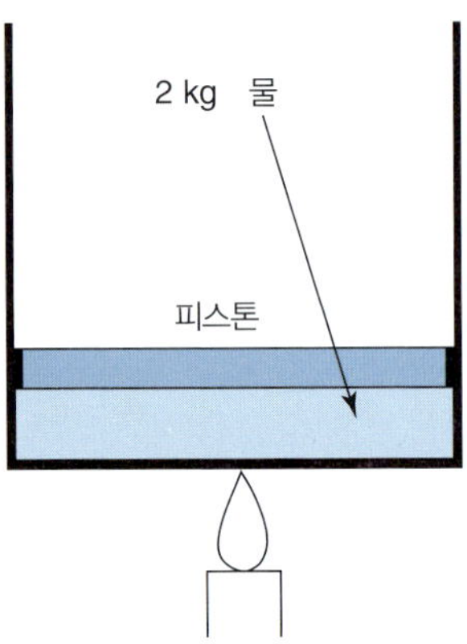

그림 2.17

9000 cm^3의 체적 안에 포화수 2 kg이 채워져 있고 온도가 60°C에서 600°C까지 상승한다. 이 때 압력은 그림 2.17과 같이 일정하게 유지된다. 이 때 엔탈피의 변화량은 얼마인가?

풀이

포화수 초기 엔탈피는 부록 표 C-1에서 찾아볼 수 있다. T_1 = 60°C일 때 $h_1 = h_f = 251.1$ kJ/kg이다. 이 때 압력 P_1은 20 kPa에 가까운 19.94 kPa이다. 600°C에서는 표에 0.02 MPa은 나와 있지 않기 때문에 h_2를 찾기 위해서는 보간법이 필요하다.

$$h_2 = \frac{0.02 - 0.01}{0.05 - 0.01}(3705.1 - 3705.4) + 3705.1 = 3705 \text{ kJ/kg}$$

과열증기 영역에서는 엔탈피는 압력에 거의 영향을 받지 않기 때문에 보간을 하지 않아도 3705 kJ/kg임을 쉽게 알 수 있다. 따라서 엔탈피의 변화량은

$$\Delta H = m(h_2 - h_1) = 2 \text{ kg} \times (3705 - 251.1) \text{ kJ/kg} = \underline{6908 \text{ kJ}}$$

2.2.3 액체와 고체의 내부에너지와 엔탈피

대부분 발전소에서 처럼, 액체상태의 물이 펌프에 의해 압축되었을 때, 물의 상태를 결정하는 것은 중요하다. 앞서 언급한 바와 같이, 표 C-4는 압축수의 상태량을 제공한다. 이 표에 있는 항목들을 살펴보면, 엔탈피를 제외하고 온도가 일정하게 유지될 때 압력

변화에 따른 다른 상태량의 변화는 무시할 만하다. 예를 들어, 80°C에서 5 MPa과 50 MPa 사이에서 v, u 그리고 s(s는 6장에서 소개)의 변화율(%)은 최대 2.8%이고, 이는 비교적 작은 변화율로 공학적 오차범위 이내에 속한다. 다만, 엔탈피 h는 이러한 두 압력 사이에서 큰 변화가 발생되는데, 이는 h는 직접적으로 압력에 의존($h = u + Pv$)하기 때문이다. 따라서 엔탈피 h를 제외하고, 온도에만 의존하는 상태량을 가정할 수 있고, 이러한 가정에 의해 액체의 경우, $v = vf$, $u = uf$ 그리고 $s = sf$ 될 수 있으며, 여기서 하첨자 f는 표 C-1~C-1E에서 압축수를 의미한다. 통상 엔탈피는 $h = u + Pv$식을 사용하여 계산할 수도 있다. 사실, 압축액 표는 필요하지 않기 때문에, 상변화 물질의 상태량은 표에서 종종 생략된다.

Comment

엔탈피를 제외하고는 액체의 상태량(u, v)은 압력의 변화에 거의 영향을 받지 않는다.

포화고체와 포화증기 사이에서 물의 상변화를 분석하기 위해 필요한 상태량은 표 C-5에서 찾을 수 있다. 이 경우, 얼음이 곧바로 증기로 상이 변화하는 것과 유사한 경우이며, 예를 들면 눈이 녹지않고 바로 증기로 상이 변하는 것을 나타낸다. 온도가 영하 이하일 때, 겨울에 빨래줄에 걸린 옷이 어떻게 마르는가? 먼저 물이 얼고나서 얼음은 증기로 상이 변하게 되고 다음날 옷은 마를 것이다. 이때, 얼음은 녹지 않고 증기로 상이 변하는데 이것을 승화라고 한다.

다음 예제에서는 액체와 고체의 경우 내부에너지와 엔탈피를 표를 이용하여 설명할 것이며, 작동유체로 물을 사용할 것이다.

액체의 물성치 — 예제 2.11

그림 2.18에서, 60°C, 10 MPa인 물의 내부에너지 u와 엔탈피 h를 i) 표 C-4를 이용, ii) 표 C-1로부터 포화액 값을 이용, 그리고 iii) IRC 상태량 계산기를 사용하여 구하시오.

풀이

i) 60°C, 10 MPa에서, 물은 압축액이므로 표 C-4에서 원하는 물성치를 찾아서 사용한다. 4자리 유효숫자를 사용해서 내부에너지와 엔탈피를 찾으면 다음과 같다.

$$u = \underline{249.4 \text{ kJ/kg}} \quad \text{and} \quad h = \underline{259.5 \text{ kJ/kg}}$$

ii) 표 C-1로부터 포화액 값을 사용하면, 다음과 같은 상태량을 찾을 수 있다.

$$u \cong u_f = \underline{251.1 \text{ kJ/kg}} \quad \text{and} \quad h \cong h_f = 251.1 \text{ kJ/kg}$$

보다 더 정확한 엔탈피 값은 Pv항을 포함해야만 구할 수 있고, 다음과 같다.

$$\begin{aligned} h &\cong u_f + Pv_f \\ &= 251.1 \frac{\text{kJ}}{\text{kg}} + 10\,000 \frac{\text{kN}}{\text{m}^2} \times 0.001017 \frac{\text{m}^3}{\text{kg}} = \underline{261.3 \text{ kJ/kg}} \end{aligned}$$

iii) IRC 계산기 결과는 $u = \underline{249 \text{ kJ/kg}}$과 $h = \underline{260 \text{ kJ/kg}}$와 같다.

압축액의 경우 u 값과 h 값을 구할 때, 사용된 3가지 방법 중 어떠한 것을 선택하더라도 모두 허용할 수 있는 결과값이 나오지만, 표 C-1을 사용하여 h를 계산할 경우, 특히, 압력이 비교적 높은 경우라면 압력 항 Pv를 포함시켜야만 한다.

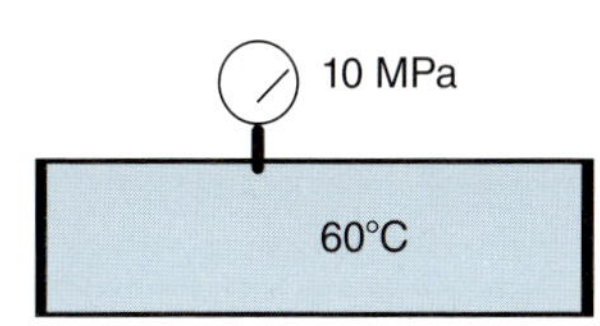

그림 2.18

Note: 만일, P = 5 MPa이라면, 엔탈피 h의 계산에서 Pv항을 포함시켜야만 한다.

Unit: kPa = kN/m^2

예제 2.12 고체의 물성치 변화 찾기

−17°C의 0.9 kg 물이 포화증기와 얼음 사이에서 내부에너지 변화를 구하시오.

풀이

포화 얼음-증기 표 C-5는 압력에는 무관하고, 단지 온도만을 알면 된다. 표에는 −17°C에 해당하는 상태량이 없기 때문에, −17°C에서의 값은 보간법을 사용하여 구한다. 또한, 얼음과 포화증기 사이의 내부에너지 변화 u_{ig}는 표에 주어져 있으므로, 이를 이용하여 구하면 다음과 같다.

$$u_g - u_i = u_{ig}$$
$$= \frac{17 - 16}{20 - 16}(2722 + 2719) + 2719 = 2719.75\ \text{kJ/kg}$$

실제로, u_{ig}는 온도에 그렇게 민감하지 않고, 2,720 kJ/kg의 결과값은 표에서 찾을 수 있다. 이 값은 공학 계산에서 충분한 정확도를 갖으며, 결국, 내부에너지 변화는 다음과 같다.

$$\Delta U = m\Delta u = 0.9\ \text{kg} \times 2720\ \text{kJ/kg} = \underline{2448\ \text{kJ}}$$

2.2.4 잠열

잠열: 상변화 동안 엔탈피의 변화

증발열: 포화액의 단위질량을 증발시키기 위해 필요한 에너지

융해열: 물질의 단위질량을 융해 또는 응고시키기 위해 필요한 에너지

승화열: 고체 물질의 단위질량을 완전히 승화시키기 위해 필요한 에너지

압력이 일정한 상태에서 물질의 상변화 과정 동안, 포화상태에서 각각의 상에 해당하는 엔탈피의 변화를 *잠열*(latent heat)이라 부른다. *증발열*(heat of vaporization)은 포화액의 단위질량이 완전히 증발할 때까지 또는 포화증기의 단위질량이 완전히 응축될 때까지 필요한 에너지이며, 이것은 $h_{fg} = h_g - h_f$와 같다. 압력이 일정한 상태에서 물질의 단위질량을 융해시키거나 응고시키기 위해 필요한 에너지를 *융해열*(heat of fusion)이라 하고, $h_f - h_i$와 같으며, 여기서 h_f는 포화액의 엔탈피, h_i는 포화고체의 엔탈피를 의미한다. 고체의 상이 바로 증기 상으로 변화했을 때 승화했다고 하고, *승화열*(heat of sublimation)은 $h_{ig} = h_g - h_i$와 같다.

융해열과 승화열은 압력 또는 온도변화에 비교적 영향을 받지 않는다. 얼음의 경우, 융해열은 대략 330 kJ/kg이고, 승화열은 약 2,840 kJ/kg이다. 물의 증발열은 온도에 매우 민감하고, 물의 증발열은 h_{fg}로써 표 C-1과 C-2에 제시되어 있다.

예제 2.13 아이스큐브(사각얼음)를 용해시키기 위해 필요한 에너지는 얼마인가?

그림 2.19에서 보는 바와 같이, 가로, 세로, 높이가 각각 25 mm인 아이스큐브가 있다. 만약, 얼음의 초기 온도가 0°C라고 한다면, 아이스큐브를 용해시키기 위해 필요한 에너지는 얼마인가?

풀이

첫 번째로, 아이스큐브의 질량을 구해보자. 표 C-5에서, 0°C일 때 v_i를 사용하여 다음과 같이 구할 수 있다.

$$m = \frac{V}{v_i} = \frac{(25 \times 25 \times 25 \times 10^{-9})\ \text{m}^3}{1.091 \times 10^{-3}/\text{kg}} = 0.0156\ \text{kg}$$

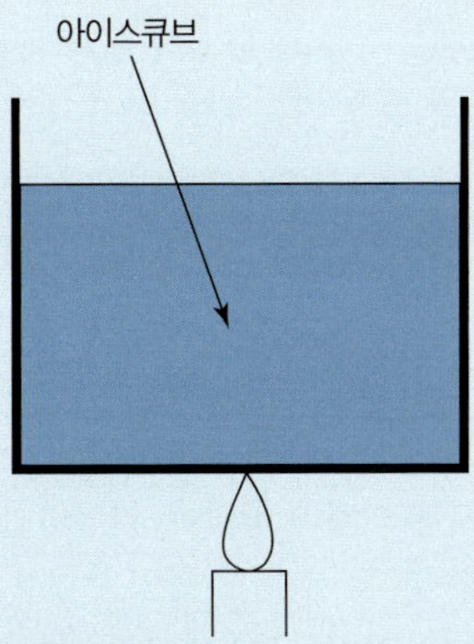

그림 2.19
아이스큐브(사각얼음)

여기서, 얼음의 융해열 즉, 얼음을 융해시키기 위한 에너지는 얼마인가? 이것은 0°C 물의 엔탈피 h_f와 0°C 얼음의 엔탈피 h_i의 차를 의미한다. 물의 엔탈피 h_f는 표 C-1에서 0.0 kJ/kg으로 찾을 수 있고, 얼음의 엔탈피 h_i는 표 C-5에서 −333.4 kJ/kg으로 찾을 수 있다. 이 두 엔탈피의 차이는 다음과 같다.

$$h_f - h_i = 0.0 - (-333.4) = 333.4 \text{ kJ/kg}$$

따라서, 얼음을 융해시키기 위해 필요한 에너지는 다음과 같이 구할 수 있다.

$$m(h_f - h_i) = 0.0156 \text{ kg} \times 333.4 \text{ kJ/kg} = \underline{5.20 \text{ kJ}}$$

Suggestion: 본 교재에서 언급한 얼음의 융해열 330 kJ/kg은 2% 오차 이내의 오차를 포함하고 있다.

☑ 학습목표 확인 (5)

2.3 냉매

앞의 두 절에서는 작동유체로 물을 사용하였다. 냉동기는 다른 종류의 상변화 물질을 작동유체로 사용하는데, 이 작동유체는 고체 상태를 갖지 않고 액체와 증기 상태를 갖는다. 냉매 R134a는 자동차 공기조화 장치, 가정용 냉장고와 에어컨 용으로 사용되는 일반적인 냉매이다. 이 냉매는 R134a. HFC-134a, Genetron134a 그리고 Suva134a로 명명되어 상업용으로 쓰이며, 테트라플루오로에탄(Tetrafluoroethane) 화합물로서 CH_2FCF_3의 화학 조성을 갖는다. R134a는 대기중의 오존층에 유해한 영향을 미치는 것으로 알려진 프레온(Freon), 냉매 R12(CCl_2F_2)를 대체할 수 있는 보다 더 환경 친화적인 물질이다. R12를 사용하는 장치를 설계하거나 이를 사용하는 것은 현재 미국내에서는 불법이다. R134a에 대한 물성치 표는 부록 D에 있고, 압축액 표와 고체-증기 표를 제외하고는 증기 표와 같은 방식으로 구성되어 있다.

Note: 프레온은 수년동안 에어컨과 냉동기에서 사용되어 왔으나, R134a에 의해 1990년대 초부터 대체되었다.

R134a 또한 환경에 좋지 않은 영향을 미치는 것으로 확인되면서, 몇 년내에 HFO-1234yf(테트라플루오로프로판, Tetrafluoropropene)가 자동차 공기조화 장치

에서 R134a를 대체하는 냉매로 사용될 것으로 전망된다. HFO-1234yf의 사용으로 얻는 이점은 자동차사고가 발생했을 경우에 화재가 쉽게 확산되지는 않는다는 점이다. 유럽은 2011년 이후 이 물질의 사용을 요구하고 있다. GM(General Motors) 자동차는 공기조화장치 관련 산업체들이 HFO-1234yf의 사용에 대해 상당한 반대가 있음에도 불구하고, 2013년부터 HFO-1234yf의 사용을 고려하고 있다. 이 냉매의 성능은 R134a의 성능과 유사하며, 보다 더 높은 증기 밀도와 더 낮은 포화증기 엔탈피를 갖기가 쉽다.

Comment

암모니아는 건강상 유해성이 제기되고 있어, 주택과 자동차에 사용하지 않는다.

초기 냉동시스템은 냉매로 암모니아를 사용하였다. 이 시스템은 플로리다 주 애팔라치콜라의 John Gorrie 박사에 의해 발명되어, 지역병원에서 황열병을 치료받는 환자들에게 도움을 주었다. 암모니아는 주로 대형 상업용 응용분야에서 발전소의 폐열을 사용하여 냉기가 발생시키는 흡수식 냉동 시스템에서 냉매로써 사용되었다. 이런 방식은 자가발전소를 갖고 있는 대학 캠퍼스에서 인기가 있었다. 부록 E는 냉매로 암모니아를 사용할 경우 문제를 해결하기 위해 필요한 상태량을 제공하고 있다. 과열된 상태의 상태량은 다른 상태량 표에 제시된 형태와는 다르므로 다양한 형태의 표들을 찾아보고 익숙해지는 것이 필요하다.

Observation: 엔지니어는 열을 방출하여 냉기를 만들 수 있다! Google에서 "흡수식 냉동기"에 대해 조사해보자.

예제 2.14 R134a의 엔탈피 변화

그림 2.20에서 보는 바와 같이, 500 kPa의 일정한 압력으로 작동하는 피스톤이 있다. 2 kg의 포화액 R134a를 완전히 증발시키기 위해 필요한 온도와 엔탈피 변화를 i) 표를 이용, ii) IRC 상태량 계산기를 사용하여 구하시오.

풀이

i) 표 D-2로부터, 500 kPa에서 온도는 <u>15.47°C</u>이고, 증발이 완료될 때까지 일정하게 유지된다. 500 kPa에서 R134a 1 kg을 완전하기 증발(비등)시키기 위해 필요한 엔탈피 변화는 h_{fg} = 184.74 kJ/kg이다. 2 kg의 경우, 엔탈피 변화는 2 × 184.74 = <u>369 kJ</u>이다.

ii) IRC 상태량 계산기 사용: 국제단위인 SI단위, R134a, 압력 그리고 건도를 선택. 500 kPa, 건도 $x = 0$, 온도는 <u>15.7°C</u> 그리고 $h_f = 73.4$ kJ/kg이다. 500 kPa, 건도 $x = 1$, $h_g = 259$ kJ/kg이다. 2 kg의 경우, 완전히 기화되는 동안 엔탈피 변화는 다음과 같다.

$$\Delta H = m\Delta h$$
$$= 2\text{ kg} \times (259 - 73.4)\text{ kJ/kg} = \underline{371\text{ kJ}}$$

Remember: 표에서 값들은 curve fit을 이용한 것이고, 3자리 유효숫자까지 결과값을 이용하여 표시한다.

Note: 엔지니어에게, (ii)의 결과는 (i)에서의 결과와 근본적으로 같다고 볼 수 있다.

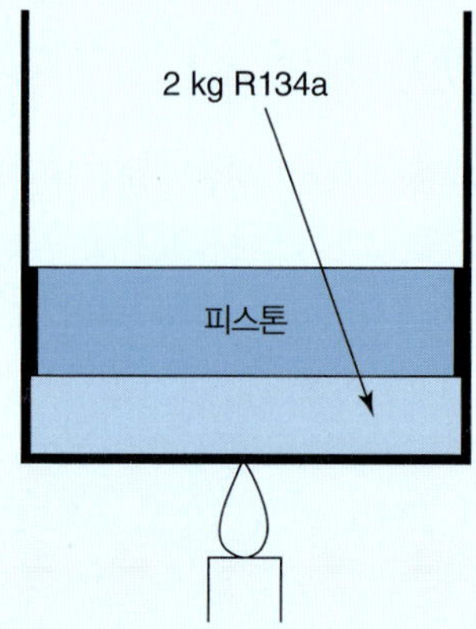

그림 2.20

예제 2.15 암모니아의 엔탈피 변화

그림 2.21에서 보는 바와 같이, 2 kg의 포화액 암모니아를 완전히 증발시키기 위해 필요한 온도와 엔탈피 변화를 i) 표를 이용, ii) IRC 상태량 계산기를 사용하여 구하시오. 이 문제는 예제 2.14와 동일한 조건에서 풀이한다.

풀이

i) 표 E-1로부터, 500 kPa에서 온도는 4°C이고, 증발이 완료될 때까지 일정하게 유지된다.

500 kPa (4°C)에서 암모니아 1 kg을 완전하기 증발시키기 위해 필요한 엔탈피 변화는 h_{fg} = 1248 kJ/kg이다. 2 kg의 경우, 엔탈피 변화는 2 × 184.74 = 2,500 kJ이다.

ii) IRC 상태량 계산기 사용: 국제단위인 SI단위, 암모니아, 압력 그리고 건도를 선택. 500 kPa, 건도 x = 0, 온도는 4.14°C 그리고 h_f = 200 kJ/kg이다. 500 kPa, 건도 x = 1, h_g = 1450 kJ/kg. 2 kg의 경우, 완전히 기화되는 동안 엔탈피 변화는 다음과 같다.

$$\Delta H = m\Delta h$$
$$= 2\text{ kg} \times (1450 - 200)\text{ kJ/kg} = \underline{2500\text{ kJ}}$$

Comment

4°C에서 압력은 거의 500 kPa에 가깝다.

Comment

4°C에서 h_g를 사용하였는데, 이는 압력이 500 kPa에 가깝기 때문이다.

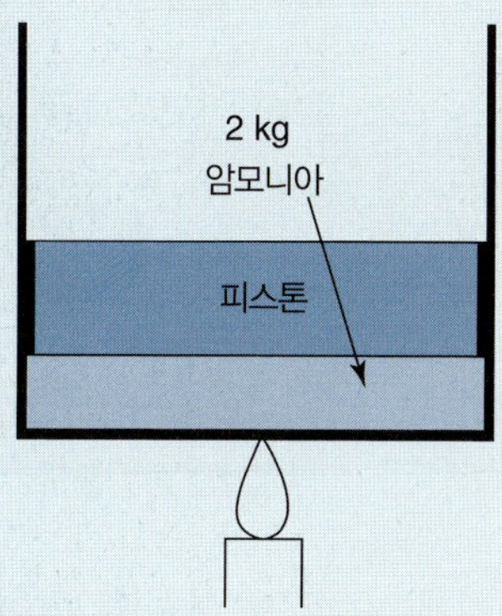

그림 2.21

예제 2.16 R134a의 물성치의 이중 보간법

530 kPa, 75°C의 냉매 R134a가 있다. 표를 사용하여 비체적과 비엔탈피를 구하시오.

풀이

부록 D-3은 과열된 냉매 R134a에 대한 상태량을 나타내고 있다. 표에서 압력이 500 kPa과 600 kPa의 경우에서 찾을 수 있고, 530 kPa에 대한 보간법 사용이 필요하다. 또한, 표는 온도가 70°C와 80°C에서 냉매 R134a의 상태량을 제시하고 있어, 75°C에 대한 보간법 사용이 필요하기 때문에, 이중 보간법을 이용 다음의 결과를 얻을 수 있다.

부록 D-3으로부터 4가지 상태에서의 상태량 값들을 찾을 수 있다.

	P = 500 kPa	P = 600 kPa
T = 70°C	v = 0.05240 m³/kg	v = 0.04304 m³/kg
	h = 309.92 kJ/kg	h = 308.48 kJ/kg
T = 80°C:	v = 0.05432 m³/kg	v = 0.04469 m³/kg
	h = 319.96 kJ/kg	h = 318.67 kJ/kg

(계속)

예제 2.16 (계속)

첫 번째로, 온도 $T = 70°C$일 때, 압력이 530 kPa인 경우 보간법을 사용하여 v_1과 h_1을 다음과 같이 구할 수 있다.

Unit: 왼쪽 항의 단위는 모두 m^3/kg이고, 오른쪽 항의 단위는 모두 kPa이다.

$$\frac{v_1 - 0.05240}{0.04304 - 0.05240} = \frac{530 - 500}{600 - 500} \qquad \therefore v_1 = 0.04960 m^3/kg$$

$$\frac{h_1 - 309.92}{308.48 - 309.92} = \frac{530 - 500}{600 - 500} \qquad \therefore h_1 = 309.48 \text{ kJ/kg}$$

그리고, 온도 $T = 80°C$일 때, 압력이 530 kPa인 경우 보간법을 사용하여 v_2와 h_2를 다음과 같이 구할 수 있다.

$$\frac{v_2 - 0.05432}{0.04469 - 0.05432} = \frac{530 - 500}{600 - 500} \qquad \therefore v_2 = 0.05143 \ m^3/kg$$

$$\frac{h_2 - 319.96}{318.67 - 319.96} = \frac{530 - 500}{600 - 500} \qquad \therefore h_2 = 319.57 \text{ kJ/kg}$$

다음에, 온도 $T = 75°C$일 때, 보간법을 사용하여 v와 h를 다음과 같이 구할 수 있다.

$$\frac{v - 0.04960}{0.05143 - 0.04960} = \frac{75 - 70}{80 - 70} \qquad \therefore v = \underline{0.0505 \ m^3/kg}$$

$$\frac{h - 309.48}{319.57 - 309.48} = \frac{75 - 70}{80 - 70} \qquad \therefore h = \underline{315 \text{ kJ/kg}}$$

이 방법은 상당히 재미없는 풀이과정이다. 공학 설계는 수 많은 표의 사용을 필요로하고, 종종 보간법의 사용을 필요로 한다. 이중 보간법은 본 교재에서 주요 문제를 풀이하는데 자주 볼수 있는 방법은 아니지만, 국가자격 시험이나 전문 엔지니어가 되기 위해 필요한 시험에서 문제를 해결할 때 필요할 수도 있다.

2.1.4절에서 언급된 IRC 상태량 계산기는 보다 더 빠르게 물성치를 구할 수 있는 방법의 하나이다. 소프트웨어는 모든 형태의 보간을 할 수 있도록 되어 있어, 이중 보간법보다 더 정확한 결과값인 $v = 0.052 \ m^3/kg$, $h = 316$ kJ/kg을 제시한다. 그러나, 이중 보간법에 의한 결과와 IRC 상태량 계산기에 의한 결과 모두 공학 계산을 위해 허용할 수 있는 결과이다.

☑ 학습목표 확인 (6)

2.4 이상기체 법칙

이상기체 법칙(ideal-gas law)은 물리, 화학 과정에서 자주 등장하는 법칙이다. 이 법칙은 비교적 낮은 압력에서 기체의 거동을 실험적 관찰에 입각하여 성립된 경험적 상태식이다. 이 상태 방정식은 대수 방정식으로, 두 가지 또는 그 이상의 열역학적 상태량과 관

련이 있다. 이상기체는 매우 간단한 대수 방정식으로 압력, 온도 그리고 비체적으로 표현된다. 가장 일반적인 이상기체 법칙의 형식은 다음과 같다.

$$Pv = RT \tag{2.12}$$

여기서, P는 기체의 절대압력이어야만 하고, v는 비체적, R은 기체상수 그리고 T는 절대온도이다. 이상기체 법칙은 이상기체 상태방정식 또는 이상기체 방정식으로도 불리운다.

기체상수는 각각의 기체마다 다르므로, 모든 기체에서 동일한 일반기체상수 R_u 적용하면, 기체상수는 다음과 같은 식으로 표현된다.

$$R = \frac{R_u}{M} \tag{2.13}$$

여기서, M은 기체의 몰질량으로, 부록의 표 B-2에 표로 제시되어 있다. 산소의 몰질량은 32인데 이것은 1킬로몰(kmol)에서 32 kg이 포함되어 있음을 의미한다.

다른 형태의 이상기체 법칙은 다음과 같이 사용된다.

$$PV = mRT \qquad P = \rho RT \qquad PV = NR_uT \tag{2.14}$$

여기서, N은 몰수(또는 킬로몰수)이다.

Comment

이상기체 법칙은 수학적으로 유도된 것이 아닌 실험적 관찰에 기초한 법칙이다.

공기: $R = 0.287$ kJ/kg·K
$= 53.34$ ft-lbf/lbm

질소: $R = 0.297$ kJ/kg·K
$R = 55.15$ ft-lbf/lbm-°R

$R_u = 8.314$ kJ/kmol·K
$= 1545$ ft-lbf/lbmol-°R
$= 1.986$ Btu/lbmol-°R
$= 10.73$ psia-ft^3/lbmol-°R

예제 2.17 이상기체 압력

그림 2.22의 체적이 1.2 m^{3}인 용기내에 20°C의 산소 10 kg이 들어있다. 용기내의 압력을 구하시오.

풀이

압력과 온도는 주어져 있고, 식 (2.14)의 첫 번째 이상기체 법칙으로부터

$$P = \frac{mRT}{V}$$
$$= \frac{10\text{ kg} \times 0.260\text{ kN}\cdot\text{m/kg}\cdot\text{K} \times (20 + 273)\text{ K}}{1.2\text{ m}^3} = \underline{635\text{ kPa}}$$

온도는 절대온도, 압력 또한 절대압력으로 구해야만 한다. 만약 R이 260 J/kg·K로 사용되었다면, 압력은 kPa보다 Pa이 될 것이다.

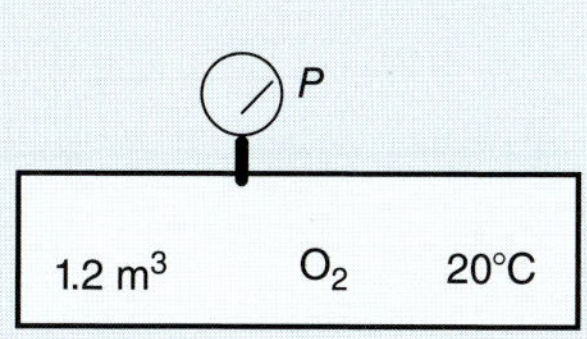

그림 2.22

Note: 열역학에서, 압력은 별도로 표시되지 않는 한 절대압력이다.

Unit: 기체상수 R에 대한 단위를 쓸 때, kJ = kN · m

예제 2.18 이상기체 체적

용기 내에 800 kPa, 16°C의 헬륨 4 kg이 들어있다. 용기의 체적을 구하시오.

풀이

헬륨에 대한 기체상수는 표 B-2에서 2.077 kJ/kg·K로 주어져 있다. 식 (2.14)의 이상기체 법칙을 사용하여 체적을 구하면 다음과 같다.

$$V = \frac{mRT}{P}$$

$$= \frac{4\,\text{kg} \times 2.077\,\dfrac{\text{kJ}}{\text{kg}\cdot\text{K}} \times (273 + 16)\,\text{K}}{800\,\text{kPa}} = \underline{3\,\text{m}^3}$$

2.5 실제 기체상태 방정식

압축성 인자: 압축성 인자 Z는 실제 기체 거동을 설명하고 있다.

일반화된 압축률 표: 대부분 기체의 경우에 압축성 인자 Z를 제공한다.

Observation: 환산 상태량은 무차원 상태량이다.

이상기체 법칙은 압축성 인자의 사용에 의해 더 유용한 실제 기체 모델로 수정할 수 있다. *압축성 인자*(compressibility factor)의 표준 기호는 Z로 표기하고 다음과 같이 정의된다.

$$Z = \frac{Pv}{RT} \tag{2.15}$$

이상기체의 경우, $Z = 1$이다. 그림 2.23은 압력과 온도의 함수로써 질소의 경우에 압축성 인자 그래프를 보여주고 있다. *일반화된 압축률 표*(generalized compressibility chart)는 부록에 있는 그림 H-1과 H-2와 같이 모든 기체의 경우에 있어서 압축성 인자 Z를 제공한다. 일반화된 표는 *환산온도*(reduced temperature) T_R, *환산압력*(reduced pressure) P_R 그리고 *유사-환산비체적*(pseudo-reduced specific volume) v_R을 사용하고 다음과 같이 정의한다.

$$P_R = \frac{P}{P_{cr}} \qquad T_R = \frac{T}{T_{cr}} \qquad v_R = \frac{v}{RT_{cr}/P_{cr}} \tag{2.16}$$

여기서, 임계점 상수 P_{cr}과 T_{cr}은 표 B-3에서 찾을 수 있다. 상태량 v_R은 유사-환원 비체적이라 부르는데, 이는 v/v_{cr}로써 정의되지 않기 때문이다.

van der Waals 방정식: 실제 기체의 거동을 설명하는 상태방정식

압력, 온도, 비체적으로 표현되면서 더 복잡한 실제 기체 방정식이 있다. 보통 이들 방정식은 대수방정식에 하나 이상의 상수를 포함하고 있다. 비교적 간단한 방정식에는 *van der Waals 방정식*이 있다.

$$P = \frac{RT}{v - b} - \frac{a}{v^2} \tag{2.17}$$

여기서, 상수 a와 b는 표 B-3에서 제시되어 있는 임계점 값들과 관련되어 있다.

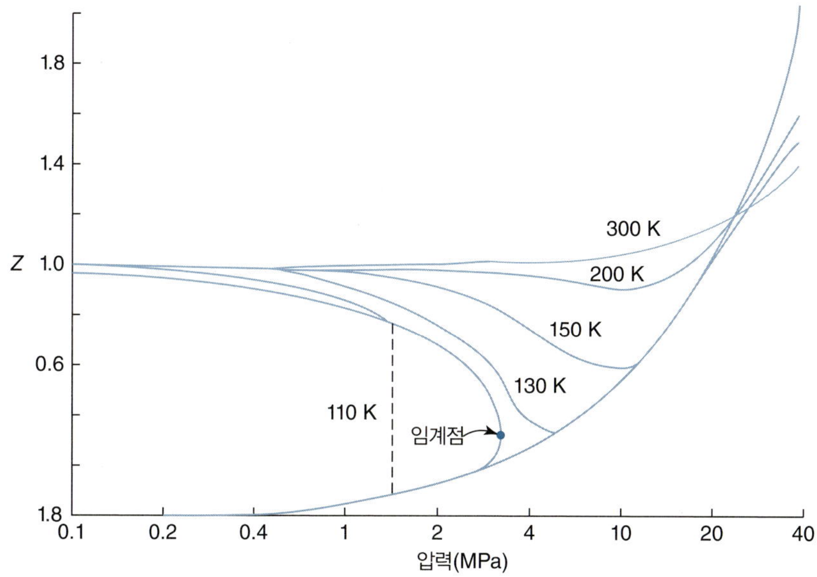

그림 2.23

질소의 압축성 인자

$$a = \frac{27R^2T_{cr}^2}{64P_{cr}} \qquad b = \frac{RT_{cr}}{8P_{cr}} \tag{2.18}$$

상수 a와 b의 수치는 표 B-10에 제시되어 있다.

> **Unit:** 상수 a에 대한 단위는 $Pa \cdot m^6/kg^2$이고, b에 대한 단위는 m^3/kg이다.

다른 실제 기체상태방정식에는 Beattie-Bridgeman 방정식이 있으며, 보다 정밀한 기체의 모델링을 제공한다.

$$P = \frac{R_uT}{\bar{v}^2}\left(1 - \frac{c}{\bar{v}T^3}\right)\left[\bar{v} + B_0\left(1 - \frac{b}{\bar{v}}\right)\right] - \frac{A_0}{\bar{v}^2}\left(1 - \frac{a}{\bar{v}}\right) \tag{2.19}$$

여기서, $\bar{v}$는 $\bar{v} = vM$에 의해 정의된 *몰비체적*(molar specific volume)이다. (변수 위의 바는 몰단위(mole basis)당을 의미한다.) 4가지 기체상수 A_0, B_0, a, b, c는 표 2.4에 정리되어 있다.

> **몰비체적:** 이것은 $\bar{v} = vM$ 관계에 의해 정의되고, 여기서 M은 몰질량(표 B-3 참조)이다.

일반적으로, 기체상수가 더 많을수록, 상태방정식과 실제 상태량 사이의 관계는 보다 더 잘 들어맞는다.

또 다른 실제 기체상태방정식은 virial 상태방정식이 있다. 이 방정식은 연속식으로 써 다음과 같이 표현될 수 있다.

$$P = \frac{RT}{v} + \frac{a(T)}{v^2} + \frac{b(T)}{v^3} + \cdots \tag{2.20}$$

virial 상태방정식이 사용된 경우, 상수 $a(T)$, $b(T)$ 등은 주어져야만 하는 상수이다.

> **Note:** 표 2.4의 상수는 압력 P인 경우 kPa, 몰비체적 $\bar{v}$인 경우 m^3/kmol, 온도 T는 K 그리고 일반 기체상수 R_u인 경우 kJ/kmol · K의 단위를 갖는다.

표 2.4 Beattie-Bridgeman 방정식에서 상수들

기체	A_0	B_0	a	b	c
공기	131.84	0.04611	0.01931	0.00110	4.34×10^4
질소	136.23	0.05046	0.02617	0.00691	4.20×10^4
산소	151.09	0.04624	0.02562	0.00421	4.80×10^4
이산화탄소	507.28	0.10476	0.07132	0.07235	6.60×10^5

다음 예제를 통해 이상기체 법칙을 적용하여 구한 압력과 van der Waals와 Beattie-Bridgeman에 의해 구해진 압력을 비교해 볼 것이다.

예제 2.19 3가지 상태방정식을 사용한 압력

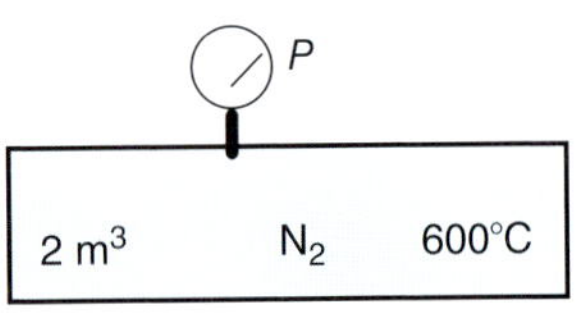

그림 2.24

그림 2.24의 체적이 2 m^3인 용기 내에 600°C의 질소 40 kg이 들어있다. i) 이상기체 법칙, ii) van der Waals 방정식, iii) Beattie-Bridgeman 방정식을 각각 사용하여 용기내의 압력을 구하시오.

풀이

i) 질소에 대한 기체상수는 표 B-2에서 0.297 kJ/kg·K로 주어져 있다. 식 (2.14)의 이상기체 법칙을 사용하여 압력을 구하면 다음과 같다.

$$P = \frac{mRT}{V} = \frac{40\ \text{kg} \times 0.297\ \text{kJ/kg·K} \times (600 + 273)\ °\text{R}}{2\ \text{m}^3} = \underline{5190\ \text{kPa}}$$

ii) van der Waals 방정식에서 두 개의 상수는 다음과 같이 계산에 의해 구할 수 있다. (또는 표 B-10에서 찾을 수 있음)

$$a = \frac{27R^2T_{cr}^2}{64P_{cr}} = \frac{27 \times 297^2 \times 126.2^2}{64 \times 3.39 \times 10^6} = 174.8\ \text{Pa·m}^6/\text{kg}^2$$

$$b = \frac{RT_{cr}}{8P_{cr}} = \frac{297 \times 126.2}{8 \times 3.39 \times 10^6} = 0.001382\ \text{m}^3/\text{kg}$$

$v = 2/40 = 0.05\ \text{m}^3/\text{kg}$이고, 이를 주어진 van der Waals 방정식에 대입하여 계산하면,

$$P = \frac{RT}{v - b} - \frac{a}{v^2} = \frac{297 \times 873}{0.05 - 0.001382} - \frac{174.8}{0.05^2} = 5.26 \times 10^6\ \text{Pa or } \underline{5260\ \text{kPa}}$$

iii) 표 2.4로부터 Beattie-Bridgeman 방정식에 사용되는 상수들은 다음과 같다.

$$A_0 = 136.23,\ B_0 = 0.05046,\ a = 0.2617,\ b = -0.00691,\ c = 4.2 \times 10^4$$

$\bar{v} = Mv = 28 \times 0.05 = 1.4\ \text{m}^3/\text{kmol}$이고, 이를 주어진 Beattie-Bridgeman 방정식에 대입하여 계산하면,

> **Observation:** 부록 내 그림 H-2에서 압축성 인자 Z는 1보다 크다. 즉, 도표로부터 Z의 정확한 값을 읽는 것은 쉽지 않은 일이다.

$$P = \frac{R_u T}{\bar{v}^2}\left(1 - \frac{c}{\bar{v}T^3}\right)\left[\bar{v} + B_0\left(1 - \frac{b}{\bar{v}}\right)\right] - \frac{A_0}{\bar{v}^2}\left(1 - \frac{a}{\bar{v}}\right)$$

$$= \frac{8.314 \times 873}{1.4^2}\left(1 - \frac{4.2 \times 10^4}{1.4 \times 873^3}\right)\left[1.4 + 0.05046\left(1 + \frac{0.00691}{1.4}\right)\right]$$

$$- \frac{136.23}{1.4^2}\left(1 - \frac{0.2617}{1.4}\right) = \underline{5316\ \text{kPa}}$$

가장 정확한 결과를 얻을 수 있는 Beattie-Bridgeman 방정식 결과와 비교해 보면, 이상기체 법칙은 −2.4%의 오차를 갖고 있다. 이상기체 가정은 비교적 낮은 압력, 5 MPa에서 주로 사용된다. 왜냐하면, 5 MPa 이상의 압력은 열역학적 문제에서 잘 다루지 않기 때문에, 이상기체 법칙을 대부분 사용한다.

결과:
이상기체 방정식:
$P = 5.19$ MPa
Van der Waals:
$P = 5.26$ MPa
Beattie-Bridgeman:
$P = 5.32$ MPa

☑ 학습목표 확인 (7)

2.6 이상기체의 내부에너지와 엔탈피

이상기체의 내부에너지와 엔탈피는 비열을 사용하여 계산할 수 있다. 물질의 *비열*(specific heat)은 단위질량당 물질의 온도를 1°C 올리는데 필요한 에너지의 양(열량)이다. 다른 교재에서는 비열이라는 용어보다 열용량(heat capacity)이라는 용어를 사용하기도 한다.

비열: 단위질량당 물질의 온도를 1°C 올리는데 필요한 에너지의 양

단순 압축성 계의 경우, 계의 상태를 규명하기 위해서 두 개의 독립된 변수가 필요하다. 따라서, 비내부에너지, $u = u(T, v)$는 온도와 비체적만의 함수라고 가정할 수 있다. 미분학으로부터 연쇄 법칙을 사용하여, 편도함수 항에서 미분방정식을 표현하면 다음과 같다.

$$du = \left(\frac{\partial u}{\partial T}\right)_v dT + \left(\frac{\partial u}{\partial v}\right)_T dv \tag{2.21}$$

u, v 그리고 T는 모두 상태량이기 때문에, 각 편도함수 또한 상태량이고, 식 (2.21)의 우측에 있는 첫 번째 항은 *정적비열*(constant-volume specific heat)로써 정의된다.

정적비열: $C_v = (\partial u/\partial T)_v$

$$C_v = \left(\frac{\partial u}{\partial T}\right)_v \tag{2.22}$$

1843년 줄(Joule)에 의해 수행되었던 실험을 그림 2.25에 나타내었다. 그림에서 보는 바와 같이, 이상기체로 채워진 고압의 영역은 속이 텅빈 영역과 연결되어 있고, 평형상태를 이룬 후 밸브를 연다. 이상기체의 압력과 체적은 크게 변하는 것에 반해, 물의 온도는 변하지 않는다. 만약 물의 온도가 변하지 않는다고 하면, 물로의 에너지 흐름은 없다는 것이고, 공기의 내부에너지는 변화가 없어야만 한다. 공기의 압력과 비체적은 분명하

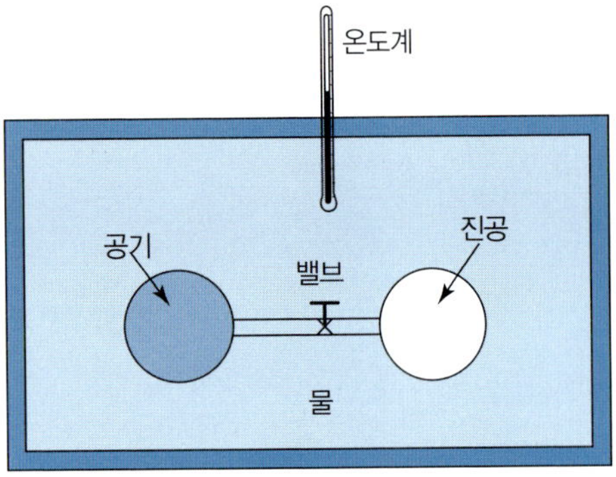

그림 2.25
줄(Joule)에 의해 사용된 실험장치 개략도

게 변화했기 때문에, 줄(Joule)은 이상기체의 내부에너지는 압력 또는 체적에 의존하지 않는다는 결론을 얻었고, 따라서 이상기체의 경우 다음과 같이 성립될 수 있다.

$$\left(\frac{\partial u}{\partial v}\right)_T = 0 \tag{2.23}$$

이상기체와 같은 기체의 거동에 있어서, 식 (2.21)과 (2.22)는 다음과 같이 쓸 수 있다.

$$du = C_v dT \tag{2.24}$$

유사하게, 만약 엔탈피가 두 가지 상태량 온도 T와 압력 P에 의존, 즉 $h = h(T, P)$라고 하면, 엔탈피의 미소변화는 다음과 같이 표현될 수 있으며,

$$dh = \left(\frac{\partial h}{\partial T}\right)_P dT + \left(\frac{\partial h}{\partial P}\right)_T dP \tag{2.25}$$

정압비열:
$C_p = (\partial h/\partial T)_p$

정압비열(constant-pressure specific heat)은 다음과 같이 정의된다.

$$C_p = \left(\frac{\partial h}{\partial T}\right)_P \tag{2.26}$$

그리고, 이상기체로 가정하면 $h = u + Pv = u + RT$이기 때문에, 엔탈피 h 또한 온도만의 함수임을 알 수 있다. 따라서, $\partial h/\partial P|_T = 0$ 이다. 정압비열 C_p의 정의로부터,

$$dh = C_p dT \tag{2.27}$$

내부에너지와 엔탈피의 변화는 상태 1에서 상태 2로의 변화를 필요로 하며, 식 (2.24)와 (2.27)의 적분에 의해 이상기체의 내부에너지 변화와 엔탈피 변화를 구할 수 있다.

$$\begin{aligned} \Delta u &= u_2 - u_1 = \int_{T_1}^{T_2} C_v dT \\ \Delta h &= h_2 - h_1 = \int_{T_1}^{T_2} C_p dT \end{aligned} \tag{2.28}$$

Comment
Δu와 Δh를 구하기 위해 사용할 수 있는 5가지 방법이 있다.

대부분의 물성치와 같이, C_v와 C_p는 물질의 온도에 따라 달라진다. 그러나, 만약 과정이 진행되는 동안 온도변화가 크지 않다면, C_v와 C_p는 일정하게 된다고 가정할 수 있다. 300 K 정도의 온도에서 C_v와 C_p의 상수값은 표 B-2에 단위별로 모두 제시되어 있다.

온도에 큰 변화가 생긴다거나 온도가 비교적 높다면, 이상기체의 경우에 Δu와 Δh를 구할 수 있는 방법은 5가지가 있다.

1. 부록 F의 이상기체 표에 각각 나열된 $u(T)$와 $h(T)$를 이용한다. 이 방법은 비교적 간단하고, 가장 정확하다.

2. 표 B-2로부터 비열이 일정하다고 가정하고, 식 (2.28)에서 적분을 수행한 후 다음과 같이 얻을 수 있다.

$$u_2 - u_1 = C_v(T_2 - T_1)$$
$$h_2 - h_1 = C_p(T_2 - T_1) \tag{2.29}$$

이 방법을 사용할 때, 온도는 대략 500°C를 넘지 않아야 하는데, 많은 문제들이 이 경우에 해당된다. 이 방법은 더 높은 온도로 작동되는 엔진에서 동력사이클의 성능을 해석할 때 성능을 비교할 목적으로 사용된다.

3. 표 B-6에는 폭 넓은 온도범위에서 C_v와 C_p의 값이 정리되어 있다. 이 표를 사용하는 방법은 과정이 진행되는 동안 평균 온도를 계산하고, 계산된 평균 온도에서의 비열을 이용한다. 그리하여 식 (2.29)를 사용해 원하는 상태량을 찾는다.

4. 직접적인 온도함수인 비열 C_p에 대한 방정식을 사용한다. 표 2.5에는 온도의 삼차 함수인 비열 C_p에 대한 방정식 계수들이 나열되어 있다.

$$C_p = a + bT + cT^2 + dT^3 \tag{2.30}$$

여기서, C_p 의 단위는 kJ/kg·K이고, 온도 T는 K이다. 상수 a, b, c 그리고 d는 식 (2.30)을 동차원적으로 만들기 위해 필요한 차원을 갖는다. 다른 기체들의 $\overline{C}_p$를 계산하기 위해 사용될 수 있는 몰(molar)값은 표 B-5에 정리되어 있다.

5. 예제 2.7에 설명된 것처럼, 공기의 경우에 대해 IRC 상태량 계산기를 사용한다.

이상기체의 경우에 존재하는 C_v, C_p 그리고 기체상수 R 사이에 관계를 이용할 수도 있다. 식 (2.11)의 $h = u + Pv$ 정의로 돌아가서, 다른 형태로 정리해 보면 다음과 같다.

$$dh = du + RdT \tag{2.31}$$

R은 일정하기 때문에, $d(Pv) = d(RT) = RdT$를 사용한다. 식 (2.31)에서 식 (2.27)의 dh와 식 (2.24)의 du를 각각 적용하고 dT로 나눈 후, 다시 정리하면 다음과 같다.

$$C_p = C_v + R \tag{2.32}$$

만약 C_p가 주어진다면, C_v는 쉽게 식 (2.32)에 의해 구할 수 있다. 따라서, C_p가 주로 사용되는 것이며, C_p값만 표에 정리되어 있는 이유가 여기에 있다.

만약, 몰당에 대한 $\overline{h}$의 정의를 사용한다면, 아래와 같은 식을 사용할 수 있다.

Comment

C_p의 단위는 종종 kJ/kg · K로 쓰여지기도 하고, kJ/kg · °C로 쓰여지기도 한다. 이것은 1°C 크기가 1 K에서의 크기와 같기 때문에 동등한 것이다.

표 2.5 절대온도 함수로써 비열 C_p(kJ/kg · K)

기체	a	b	c	d
공기	0.9703	6.8×10^{-5}	1.66×10^{-7}	-6.8×10^{-11}
산소	0.7965	4.74×10^{-4}	-2.24×10^{-7}	4.1×10^{-11}
질소	1.0317	-5.6×10^{-5}	2.88×10^{-7}	-1.02×10^{-10}

$$\overline{C}_p = \overline{C}_v + R_u \tag{2.33}$$

식 (2.30)과 유사한 형태이지만 몰단위에 대한 값을 갖게 되고 $\overline{C}_p$의 단위는 kJ/kmol · K이다.

비열비: $k = C_p/C_v$

본 절을 마무리하기 전에, 비열과 관련이 있는 다른 상태량 하나를 정의해 보도록 하자. 그것은 바로 *비열비*(ratio of specific heat) k이다.

$$k = \frac{C_p}{C_v} \tag{2.34}$$

비열비는 이상기체가 계에 적용된 경우 상당히 자주 사용되고 표에 일반적으로 제시되어 있다. 식 (2.34)를 이용하여 식 (2.32)의 C_p와 C_v를 다음과 같이 표현하여 나타낼 수도 있다.

$$C_v = \frac{R}{k-1} \quad \text{and} \quad C_p = \frac{kR}{k-1} \tag{2.35}$$

이 식을 사용하면 다른 식도 간략화할 수 있다.

예제 2.20 증기의 C_p 추정

6 MPa, 600°C에서 증기의 C_p를 다음에 주어진 세가지 방법을 이용하여 계산하시오. i) 전향차분(forward-difference) 방법, ii) 후방차분(backward-difference) 방법, iii) 중심차분(central-difference) 방법

풀이

i) 전향차분 방법은 전방 상태와 원하는 상태에서 값을 기초로 한 방법으로, 식 (2.26)에서처럼 압력이 일정하다라고 가정하면 다음과 같이 구할 수 있다.

$$C_p \cong \left.\frac{\Delta h}{\Delta T}\right|_{P=6\,\text{MPa}} = \frac{(3894.2 - 3658.4)\ \text{kJ/kg}}{(700 - 600)\ {}^\circ\text{C}} = \underline{2.358\ \text{kJ/kg}\cdot{}^\circ\text{C}}$$

ii) 후방차분 방법은 원하는 상태와 후방 상태에서 값을 기초로 한 것으로, 다음과 같이 구할 수 있다.

$$C_p \cong \left.\frac{\Delta h}{\Delta T}\right|_{P=6\,\text{MPa}} = \frac{3658.4 - 3540.6}{600 - 550} = \underline{2.356\ \text{kJ/kg}\cdot{}^\circ\text{C}}$$

iii) 중심차분 방법은 동일한 온도차를 각각의 전방과 후방 상태에 적용하여 계산하는 방식으로 다음과 같이 구할 수 있다.

$$C_p \cong \left.\frac{\Delta h}{\Delta T}\right|_{P=6\,\text{MPa}} = \frac{3894.2 - 3422.2}{700 - 500} = \underline{2.36\ \text{kJ/kg}\cdot{}^\circ\text{C}}$$

유효숫자를 3자리로 제한하면, 각 방법으로 구한 해는 $C_p = 2.36$ kJ/kg · °C이다. 만약, C_p가 그림 2.26에서와 같이 온도변화에 보다 더 민감하다고 하면, 편차는 상당히 커질 것이고, 중심차분 방법은 명백하게 가장 정확한 방법이 될 것이다. 원하는 C_p는 600°C에서 곡선의 기울기이다.

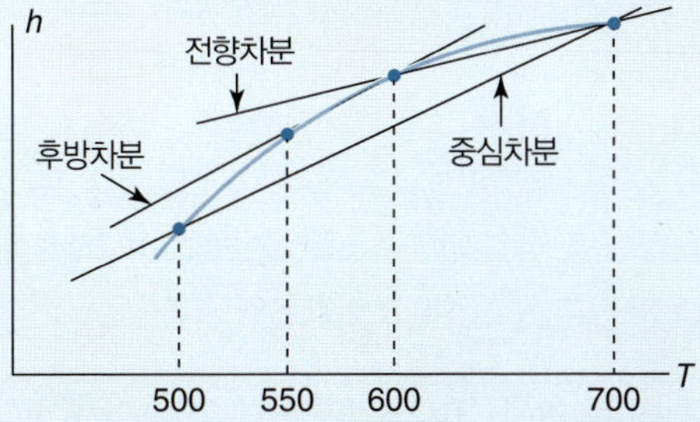

그림 2.26

5가지 방법을 사용한 공기의 ΔH 구하기 예제 2.21

만약, 온도가 27°C에서 400°C로 변할 경우, 5 kg 공기의 엔탈피 변화를 다음의 방법을 사용하여 계산하시오.

i) 표 F-1의 공기 표 사용
ii) 표 B-2로부터 비열이 일정하다고 가정
iii) 표 B-6에서 찾은 평균 비열을 사용
iv) 식 (2.30)을 사용
v) IRC 상태량 계산기를 사용

풀이

온도 27°C는 절대온도 300 K와 같고, 400°C는 673 K와 같다. 엔탈피는 이상기체의 경우 압력에 의존하지 않음을 명심하자.

i) 표 F-1에서, 공기의 경우, 300 K일 때 $h_1 = 300$ kJ/kg임을 직접적으로 찾을 수 있고, 673 K일 경우는 보간법으로 $h_2 = 684$ kJ/kg임을 구할 수 있다. 그 결과로부터, 다음과 같이 구할 수 있다.

$$\Delta H = m(h_2 - h_1) = 5\text{ kg} \times (684 - 300)\text{ kJ/kg} = \underline{1920\text{ kJ}}$$

ii) 표 B-2에서, $C_p = 1.003$ kJ/kg·K를 찾을 수 있다. 이것으로부터 다음과 같이 구할 수 있다.

$$\begin{aligned}\Delta H &= mC_p(T_2 - T_1)\\ &= 5\text{ kg} \times 1.003\frac{\text{kJ}}{\text{kg}\cdot\text{K}} \times (673 - 300)\text{ K} \cong \underline{1870\text{ kJ}}\end{aligned}$$

(계속)

Suggestion: 보간법 사용을 위해, 660 K부터 680 K까지를 보면, $\Delta h = 21.4$ kJ/kg이고, 1°C당 1 kJ/kg보다 약간 더 많다. 따라서, 14 kJ/kg에 670.47을 더하면 $h_2 = 684$ kJ/kg이다. 아주 정확한 값을 필요로 하지 않으며, 3자리 유효숫자 정도만 구하면 된다.

예제 2.21 (계속)

iii) 평균온도 (673 + 300)/2 = 486 K에서 비열은 표 B-6에서 1.026 kJ/kg·K임을 찾을 수 있으며 엔탈피의 변화는 다음과 같이 구할 수 있다.

$$\Delta H = mC_p(T_2 - T_1)$$
$$= 5\text{ kg} \times 1.026\frac{\text{kJ}}{\text{kg}\cdot\text{K}} \times (673 - 300)\text{ K} \cong \underline{1910\text{ kJ}}$$

iv) 삼차방정식에서 C_p를 추정하기 위해 사용된 계수들은 표 2.4에서 찾을 수 있다. 이 계수들은 식 (2.30)에 적용하고 식 (2.28)을 사용하여 적분하면

$$\Delta H = m\int_{T_1}^{T_2} C_p dT = m\int_{T_1}^{T_2}(a + bT + cT^2 + dT^3)dT$$

$$= 5\text{ kg}\left[0.9703(673 - 300) + 6.8 \times 10^{-5}\frac{673^2 - 300^2}{2} + 1.66 \times 10^{-7}\frac{673^3 - 300^3}{3} - 6.8 \times 10^{-11}\frac{673^4 - 300^4}{4}\right]\frac{\text{kJ}}{\text{kg}}$$
$$\cong \underline{1950\text{ kJ}}$$

v) 27°C(P_1 = 100 kPa, 이것은 중요하지 않음)에서 "건공기(dry air)"를 선택하고, h_1 = 300 kJ/kg, 400°C에서, IRC 계산기를 사용하여, h_2 = 685 kJ/kg임을 구할 수 있다. 따라서,

$$\Delta H = m(h_2 - h_1) = 5\text{ kg} \times (685 - 300)\text{ kJ/kg} = \underline{1925\text{ kJ}}$$

(i)에서 부록의 표로부터 얻은 결과는 가장 정확한 결과이다. 다른 방법에 의해 얻어진 결과와의 오차는 (ii) −2.6%, (iii) −0.5%, (iv) 1.6% 그리고 (v) 0.26%로 모든 결과들은 공학적 허용오차 범위 내에 있다. (ii)에서 결과는 $\Delta T < \approx 500$ K이고, T_1 또는 T_2가 거의 표준온도일 경우 가장 많이 사용되는 방법일 것이다.

2.7 액체와 고체의 비열

온도와 압력 변화에 따른 액체 또는 고체의 체적변화는 거의 없을 만큼 미소하다. 이번 장 말미에서, 과정이 진행되는 동안 비체적이 변하지 않는 경우 즉, 비압축성 물질의 경우 $C_p = C_v$임을 보여줄 것이다. 일반적으로, 액체와 고체의 경우 $C_p \cong C_v$라고 가정한다. 즉, 첨자를 생략하고, 액체와 고체의 비열은 C로 표현한다. 대부분의 열역학 문제에서는 C_p를 사용할 것이다. 물의 경우에 C_p = 4.18 kJ/kg · K이고, 얼음의 경우에 °C로 측정된 온도를 적용하여 $C_p = 2.1 + 0.0069T$ kJ/kg · °C로 계산할 수 있다. 비열은 매우 특별한 상태를 제외하고는 압력에 따라 뚜렷하게 변화하지 않는다. 일반적인 액체와 고체의 비열값은 부록의 표 B-4에 정리되어 있다.

액체와 고체의 경우 식 (2.29)를 이용하여 내부에너지의 변화를 다음과 같이 나타낼 수 있다.

$$u_2 - u_1 = h_2 - h_1 = C(T_2 - T_1) \tag{2.36}$$

액체에 큰 압력 변화가 없다면 Pv항은 포함되어야만 한다.

예제 2.22 얼음의 ΔU 구하기

그림 2.27의 개방된 용기 내에 −18°C의 얼음 2 kg이 들어있다. 만약, 온도가 −18°C에서 82°C로 변한다면, 얼음의 내부에너지 변화를 추정하시오.

풀이

−18°C와 0°C사이에서 얼음의 내부에너지 변화를 구하기 위해 $C_p = 2.1 + 0.0069T$를 적분하고, $C_p \cong C_v$로 가정하면,

$$\Delta U = m\Delta u$$

$$= 2\int_{-18}^{0} (2.1 + 0.0069T)dT = 2\left(2.1 \times 18 - \frac{0.0069}{2} \times 18^2\right) = 73.36 \text{ kJ}$$

얼음은 0°C이고, 이 상태에서 얼음이 녹는 동안 330 kJ/kg의 융해열을 필요로 한다.

$$\Delta U_{\text{melt}} = m \times (\text{heat of fusion}) = 2 \text{ kg} \times 330 \frac{\text{kJ}}{\text{kg}} = 660 \text{ kJ}$$

만일, 물의 온도가 0°C에서 82°C까지 상승한다면, 내부에너지 변화는

$$\Delta U = m \times C_{\text{water}}\Delta T = 2 \text{ kg} \times 4.18 \frac{\text{kJ}}{\text{kg}\cdot\text{K}} \times (82 - 0) \text{ K} = 685.5 \text{ kJ}$$

전체 내부에너지 변화량은

$$\Delta U = 73.36 + 660 + 685.5 = \underline{1419 \text{ kJ}}$$

이 문제의 경우 $\Delta H = \Delta U$인데, 이는 압력이 일정하게 유지되고 체적의 변화도 중요하지 않다고 고려되었기 때문이다. 일반적으로 고체나 액체의 경우 $\Delta(Pv) \cong 0$이다.

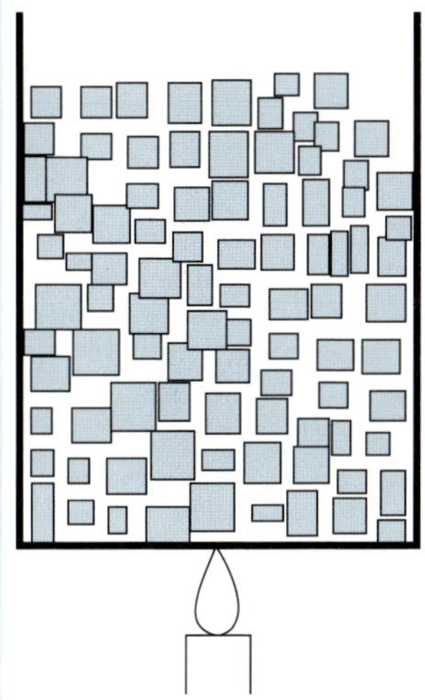

그림 2.27

☑ 학습목표 확인 (8)

2.8 요약

이번 장에서는 계 안에 순수물질이 존재하는 경우에 발전소나 냉동시스템에서처럼 서로 다른 상으로 존재하는 경우를 고려해보고 유체의 특성을 소개하였다. 이상기체 상태방정식과 실제 기체 상태방정식도 살펴보았다. 이상기체, 고체 그리고 액체의 경우에 엔탈피와 내부에너지는 부록에 제시된 표나 비열을 사용하여 구할 수 있다. 이 장에서 배운 주요 용어들을 정리하면 다음과 같다.

압축액: 온도가 비등점 아래에 있다.
압축성 인자: 압축성 인자는 실제 기체 거동을 설명한다.
의존성: 하나의 상태량이 일정하게 유지된다면 다른 하나도 변하지 않는다.
유체: 작은 응력이 작용하더라도 전단응력이 발생했을 때 흐르는 물질
융해: 고체가 액체로 되는 과정
융해열: 물질의 단위질량을 융해시키기 위해 필요한 에너지
승화열: 고체의 단위질량을 완전히 기화시키기 위해 필요한 에너지
증발열: 포화액의 단위질량을 완전히 기화시키기 위해 필요한 에너지
건도: 혼합물의 총 질량으로 증기의 질량을 나눈 값
포화액: 물질이 막 증발(비등)을 시작하는 상태
포화혼합물: 액체와 증기로 구성된 혼합물
비열: 단위질량당 물질의 온도를 1°C 올리는데 필요한 에너지의 양
상태대응: 만일 하나의 단순한 순수 물질 중에 두 가지 강성적, 독립상태량이 주어진다면, 모든 다른 상태량들을 구할 수 있다.
승화: 고체에서 바로 기체로의 상변화
증기: 보통 물질이 거의 응축되었을 때의 기체 상태의 물질
기화: 액체로부터 기체로의 상변화
작동유체: 사이클에서 변화를 겪는 동안 에너지를 얻거나 잃는 유체

이 장에서 소개된 중요한 방정식을 요약해보면 다음과 같다.

건도: $x = \dfrac{m_g}{m}$

혼합물의 비체적: $v = v_f + x(v_g - v_f)$

엔탈피: $h = u + Pv$

엔탈피 변화: $h_2 - h_1 = C_p(T_2 - T_1)$

이상기체 법칙: $Pv = RT$

내부에너지 변화: $u_2 - u_1 = C_v(T_2 - T_1)$

기체상수: $R = \dfrac{R_u}{M}$

압축성 인자: $Z = \dfrac{Pv}{RT}$

환산 물성치: $P_R = \dfrac{P}{P_{cr}}, \quad T_R = \dfrac{T}{T_{cr}}, \quad v_R = \dfrac{v}{RT_{cr}/P_{cr}}$

van der Waals 방정식: $P = \dfrac{RT}{v - b} - \dfrac{a}{v^2}$

정적비열: $C_v = \left(\dfrac{\partial u}{\partial T}\right)_v$

정압비열: $C_p = \left(\dfrac{\partial h}{\partial T}\right)_p$

비열관계: $C_p = C_v + R$

비열비: $k = \dfrac{C_p}{C_v}$

연습문제

2.1 What two properties are dependent during the phase-change process?

(A) Pressure and specific volume
(B) Temperature and specific volume
(C) Specific volume and enthalpy
(D) Temperature and pressure

2.2 When molecules break away from a solid and become a vapor, the process is referred to as:

(A) Melting
(B) Sublimation
(C) Vaporization
(D) Evaporation

2.3 The height of Mount Everest is nearly 9000 m. Water would boil at that height at a temperature nearest:

(A) 65°C
(B) 70°C
(C) 75°C
(D) 80°C

2.4 When you take a very hot shower, the water is:

(A) Subcooled
(B) A mixture
(C) Saturated water
(D) Superheated

2.5 Water is maintained at a constant temperature of 200°C, while the specific volume changes from 0.002 m^3/kg to 0.2 m^3/kg. Select the diagram that best represents this process.

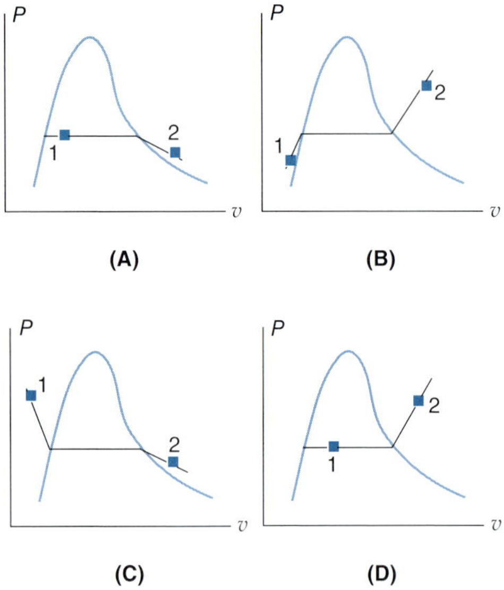

2.6 Two kilograms of water occupy 80 000 cm^3 at 200°C. Its quality is nearest:

(A) 0.175
(B) 0.211
(C) 0.287
(D) 0.314

2.7 The volume occupied by 20 kg of water at 300°C and 10 MPa is nearest:

(A) 0.028 m^3
(B) 0.088 m^3
(C) 0.22 m^3
(D) 0.36 m^3

2.8 Superheated steam is contained in a rigid volume at 400°C and 4 MPa. Energy is released from the steam, resulting in a decreased pressure. The pressure that will cause the steam to just begin to condense is nearest:

(A) 2.4 MPa
(B) 2.6 MPa
(C) 2.8 MPa
(D) 3.0 MPa

2.9 A 3-L cylinder holds 2 L of steam and 1 L of liquid at 200°C. The quality is nearest:

(A) 1.8%
(B) 2.2%
(C) 2.6%
(D) 3.2%

2.10 Superheated steam exists at 6.5 MPa and 675°C. The enthalpy is nearest:

(A) 3828 kJ/kg
(B) 3832 kJ/kg
(C) 3836 kJ/kg
(D) 3840 kJ/kg

2.11 A 1-m-diameter bike tire is pumped up to 500 kPa. It is assumed to have a circular cross section with a diameter of 2 cm. The mass of 20°C air in the tire is nearest:

(A) 0.0059 kg
(B) 0.0082 kg
(C) 0.018 kg
(D) 0.028 kg

2.12 The cylinder shown in Fig. 2.28 contains 0.02 kg of air. The weight of the frictionless piston is nearest:

(A) 8000 N
(B) 6000 N
(C) 4000 N
(D) 3000 N

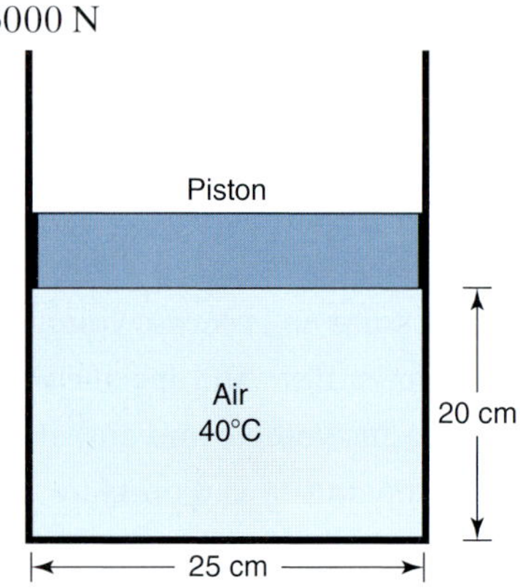

그림 2.28

2.13 The mass of air contained in a rigid 20-L volume at 3 MPa with a temperature of 130 K is nearest:

(A) 2.7 kg

(B) 2.1 kg

(C) 1.8 kg

(D) 1.5 kg

2.14 Infiltration in a house in the winter where $T = -25°C$ occurs even when there is no wind due to the difference in the air density between the inside and outside of a house. For an inside temperature of 22°C, the density difference is nearest:

(A) 0.207 kg/m^3

(B) 0.224 kg/m^3

(C) 0.241 kg/m^3

(D) 0.288 kg/m^3

2.15 Estimate the value of the C_p of steam at 400°C and 4 MPa:

(A) 2.6 kg

(B) 2.4 kg

(C) 2.2 kg

(D) 2.0 kg

2.16 Estimate the percent error if the C_p value is used from Table B-2 to find the change in enthalpy of steam that has a temperature change from 200°C to 600°C at 200 kPa:

(A) −4%

(B) −6%

(C) −8%

(D) −10%

2.17 The enthalpy change of 10 kg of ice initially at −20°C when heated to 200°C at atmospheric pressure is nearest:

(A) 9900 kJ

(B) 9100 kJ

(C) 8300 kJ

(D) 6400 kJ

Phases of a Substance

2.18 What is the pressure in kPa inside a container if it holds water that is just beginning to boil at *a*) 140°C, *b*) 200°C, and *c*) 320°C?

> **Instructor:** This isn't multiple choice. Each part with a lower-case italic letter should be assigned as a separate problem.

2.19 Estimate the temperature of the water in a container if the water is on the verge of boiling at a pressure of *a*) 85 kPa, *b*) 200 kPa, and *c*) 350 kPa.

2.20 A group of engineers wish to know their elevation when they reach the apex on their mountain climb. They forgot their elevation-measuring device, but they have a thermometer and their thermo book. They build a campfire and boil a pot of water. The water is noted to boil at 90°C. What is their elevation?

2.21 A mountain climber reaches an elevation of *a*) 3600 m, *b*) 6000 m, and *c*) 9600 m on the mountain of Fig. 2.29. At what temperature will water just boil at the selected elevation?

그림 2.29

2.22 A container holds 10 kg of liquid water and 7 kg of water vapor at 140°C. Calculate the quality of this saturated mixture.

2.23 A container holds 0.03 m^3 of liquid water and 0.15 m^3 of water vapor at 90°C. Calculate the quality of this saturated mixture.

2.24 The 4 kg of saturated liquid water in Fig. 2.30 are completely vaporized at a constant pressure of 200 kPa. Determine the volume of the water at state 1 and at state 2.

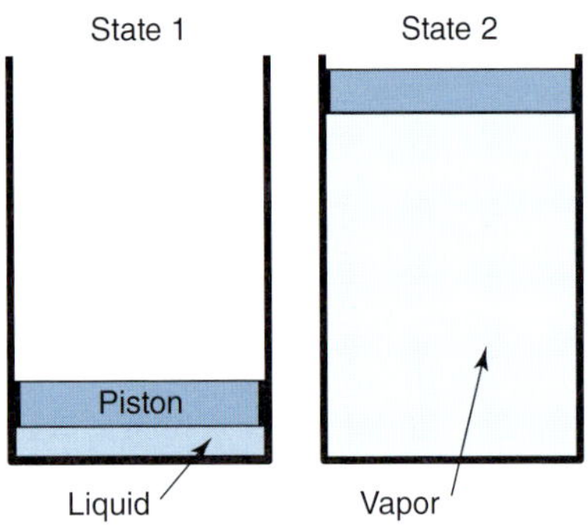

그림 2.30

2.25 Saturated liquid water is contained in a volume of 400 cm^3. Heat is added at a constant pressure of 400 kPa until the water is completely vaporized. What is the final volume?

2.26 A vessel contains 10 kg of water with a quality of 0.85 at a pressure of *a*) 140 kPa, *b*) 200 kPa, and *c*) 2 MPa. Determine the volume of liquid and the volume of vapor. What is the temperature of the mixture?

2.27 Ten kilograms of saturated mixture are held in the container of Fig. 2.31 at 40°C and a quality of 0.6. What is the volume of liquid, the volume of vapor, and the pressure of the mixture?

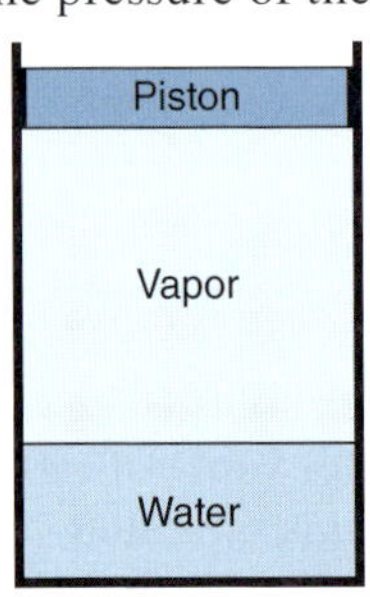

그림 2.31

2.28 We want to boil water in a cylinder that maintains a constant pressure of *a*) 500 kPa, *b*) 1 MPa, and *c*) 3 MPa. To what temperature do we need to heat the water to make this happen?

2.29 The atmospheric pressure on the surface of Mars is 0.0003 atmospheres. At what temperature would water boil on Mars?

Pressure cooker

2.30 Use the Internet to find three brands of kitchen pressure cookers. What is the maximum rated pressure for each of these? What would be the temperature at which water would boil at these pressures?

2.31 A 5-m^3 container holds water that has a quality of 0.7 at *a*) 120°C, *b*) 240°C, and *c*) 370°C. What are the pressure and the mass of water in the container?

2.32 A constant-pressure, piston-cylinder device contains 0.5 kg of saturated liquid water at 50°C. Heat is added to the water until it becomes a saturated vapor. What is the initial volume of the water? What is the final volume of the water?

2.33 A rigid container holds water at the critical point. The container is cooled until the pressure reaches *a*) 2 MPa, *b*) 1200 kPa, and *c*) 400 kPa. Determine the final quality of the water.

2.34 Water with a quality of 0.1 is contained in the rigid volume of Fig. 2.32 at 200 kPa. It is heated until the temperature reaches *a*) 140°C, *b*) 180°C, and *c*) 210°C. Calculate the quality of the water and the pressure at the final state.

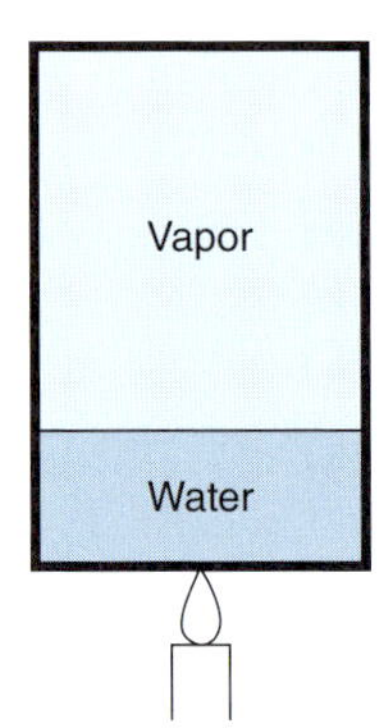

그림 2.32

2.35 Four kilograms of water at 25°C are heated at constant pressure, as in Fig. 2.31, until it is saturated liquid at 120°C. Approximate its change in volume.

2.36 Two kilograms of water are contained in a piston-cylinder arrangement at 20°C and 5 MPa. It is heated at constant pressure until the temperature reaches 200°C. Calculate its change in volume using i) Table C-4 and ii) Table C-1. What do you conclude?

> **Instructor:** All parts with choices (i, ii, etc.) are intended to be solved.

2.37 Two kilograms of saturated liquid water at 200 kPa are heated until the pressure and temperature reach 2 MPa and 400°C, respectively. Calculate the change in volume.

2.38 A container holds 10 kg of water at 130°C with a quality of 0.4. What is the pressure in the container? What is the volume of the container? What is the volume of the liquid phase?

2.39 A 1.9 m^3 container holds 4.6 kg of water at i) 350 kPa, ii) 450 kPa, and iii) 700 kPa. What is the state of the water?

> **Note:** It is assumed that the IRC Calculator has been introduced and is now available to be used for property determination. Your instructor may, however, require that the tables in the Appendix be used.

2.40 Saturated water vapor is held in a container at 200°C. What is the pressure in the container? If the volume of the container is increased by *a*) 50%, *b*) 100%, and *c*) 200%, holding the temperature constant, estimate the final pressure.

2.41 A 0.27 m^3 container holds water at 300 kPa and 200°C. How much water is in the container?

2.42 A container holds 8 kg of water at a pressure of 5 MPa. Calculate the volume of the container if the temperature is *a*) −5°C, *b*) 20°C, *c*) 400°C, and *d*) 800°C.

2.43 A mass of 0.02 kg of saturated water vapor is contained in the cylinder of Fig. 2.33. The spring with spring constant $K = 60$ kN/m just touches the top of the frictionless 160-kg piston. Heat is added until the spring compresses *a*) 6 cm, *b*) 10 cm, and *c*) 15 cm. Estimate the final temperature of the steam. (Don't forget the atmospheric pressure acting on the top of the piston.)

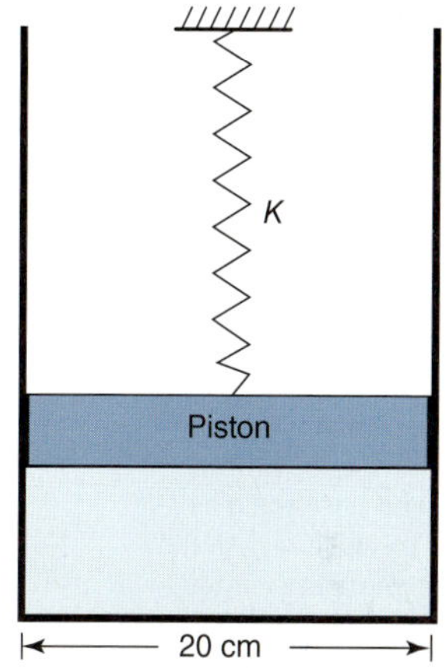

그림 2.33

2.44 A mass of 0.02 kg of steam with $x_1 = 0.8$ is contained in the cylinder of Fig. 2.33. The spring with spring constant $K = 60$ kN/m just touches the top of the frictionless 160-kg piston. Heat is added until the temperature reaches 800°C. Estimate the final pressure of the steam. A trial-and-error procedure may be necessary.

2.45 The spring of Problem 2.43 is 2 cm above the top of the piston. All other quantities are the same as stated in the problem. Calculate the final temperature for part (*a*).

2.46 Use the steam tables in the Appendix and make a plot to scale of *a*) a *T-v* diagram showing a constant-pressure line at 400 kPa, and *b*) a *P-v* diagram showing a constant-temperature line at 200°C. Include a point in the subcooled region and a point in the superheated region. Observe the distortions of the various diagrams in this text. The distortions are necessary to show the various regions, as the diagrams of parts (*a*) and (*b*) should show.

Internal Energy and Enthalpy

2.47 Water at a pressure of 1600 kPa has a quality of 0.4. Determine the temperature, the average internal energy, and the average enthalpy for this mixture. Use the steam tables.

2.48 Superheated water exists at 1.86 MPa and 420°C. Determine its specific enthalpy using:

i) The steam tables in the appendix (a double interpolation is needed)

ii) The IRC Calculator

iii) The equation $h = u + Pv$ by using u and v from the IRC Calculator

Are all the answers acceptable?

Comment

The word "specific" is often omitted when it is obvious that the specific property is desired since the mass is not given. In fact, in the tables, the specific internal energy may be referred to simply as "energy" and the specific enthalpy as "enthalpy."

2.49 5 kg of saturated water vapor at 150°C are cooled at constant temperature to a saturated liquid. What is the change in pressure? The change in the total internal energy? The change in total enthalpy? Does $\Delta H = \Delta U + \Delta(PV)$? *a*) Use the steam tables and *b*) the IRC Calculator.

2.50 Saturated water vapor is compressed from 200°C to 2 MPa and 600°C. Determine the change in specific volume and enthalpy. *a*) Use the steam tables and *b*) the IRC Calculator.

2.51 Four kilograms of water at 20°C are heated at constant pressure of 200 kPa to 400°C. Determine the change in density, internal energy, and enthalpy. *a*) Use the steam tables and *b*) the IRC Calculator.

2.52 Twenty kilograms of water are heated at constant pressure from 300°C and 0.6 MPa to 400°C. Calculate the change in enthalpy. *a*) Use the steam tables and *b*) the IRC Calculator.

2.53 Determine the change in internal energy and enthalpy of water at 40°C and 3500 kPa if the temperature increases to 260°C while the pressure in Fig. 2.34 is held constant. Use *a*) the steam tables and *b*) the IRC Calculator.

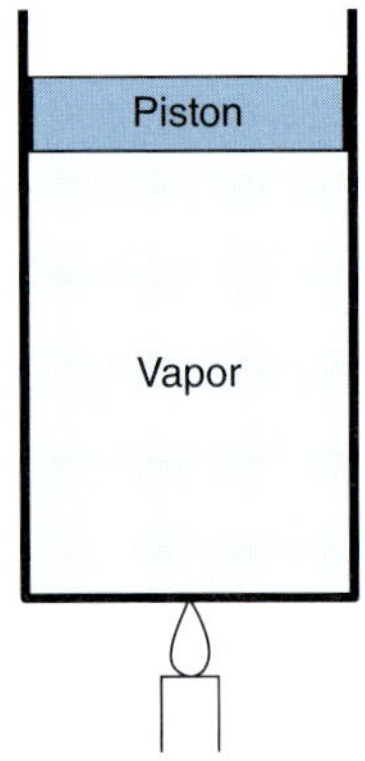

그림 2.34

2.54 How much energy is needed to increase the temperature of 10 kg of ice from −20°C to 20°C at atmospheric pressure?

2.55 Estimate the amount of energy required to sublimate the 4 kg of water contained in the frozen clothes in a northern state which are at −20°C. See Fig. 2.35.

그림 2.35

Refrigerants

2.56 A 0.05-m^3 container contains 50 kg of R134a. If the pressure is *a*) 2.5 MPa and *b*) 240 kPa, what is the state of the refrigerant?

2.57 A 0.27 m^3 container contains 45 kg of R134a at −30°C. What is the state of the refrigerant?

2.58 A constant-pressure, piston-cylinder device contains 100 kg R134a at −12°C and 200 kPa. If the refrigerant is heated at constant pressure until the temperature reaches 60°C, determine:

i) The change in volume

ii) The change in total internal energy

iii) The change in total enthalpy

2.59 A flow of saturated liquid R134a at 30°C passes through a throttle where the pressure drops to 70 kPa. If the enthalpy remains constant as the refrigerant passes through the throttle of Fig. 2.36, determine the temperature and the quality of the flow exiting the valve.

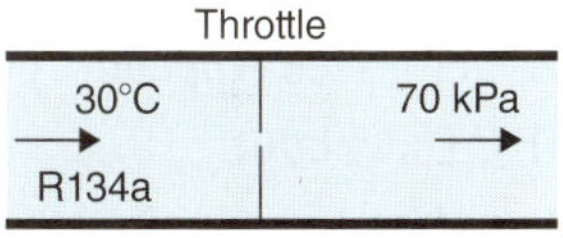

그림 2.36

2.60 Ammonia is compressed from −40°C and a quality of 0.95 to 400 kPa and 40°C. Calculate the change in specific enthalpy of the refrigerant.

Ideal-Gas Law

2.61 A spherical balloon contains 0.1 kg of air at 120 kPa and 20°C. If the temperature of the air is increased to 35°C and the pressure remains the same, determine the initial and final volume of the sphere.

2.62 A spherical 0.6 m-diameter balloon contains helium at 22°C. What is the mass of helium in the balloon assuming the pressure is approximately 100 kPa? Approximate the diameter of the balloon at an elevation of 1500 m, as shown in Fig. 2.37. (Assume the pressure difference across the balloon surface is negligible.)

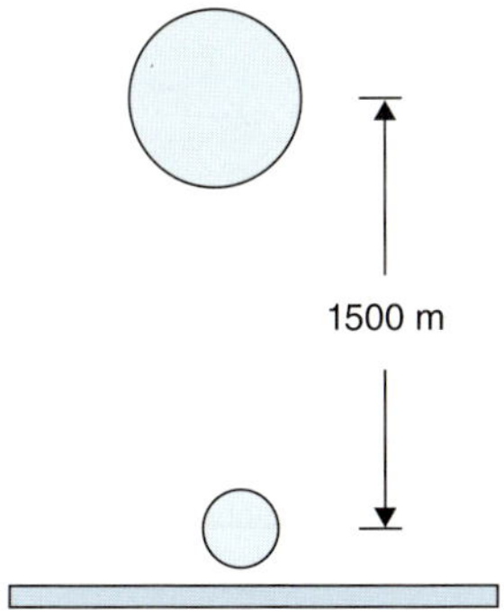

그림 2.37

2.63 The atmosphere of Mars is composed of carbon dioxide at 1 kPa and −60°C. Determine the specific volume of the atmosphere.

2.64 A 5-m^3-rigid container holds 0.2 kg of air at 300 K. How much air at 300 K must be added to the container to bring the pressure to 500 kPa?

2.65 5 kg of air at 100 kPa and 27°C are compressed so that the final volume is one-fourth the initial volume and the pressure is 280 kPa. Determine the final temperature of the air.

2.66 A 4-m^3 volume contains 2 kg of an unknown gas at 400 kPa and 112°C. What gas do you think occupies the volume?

2.67 An enclosed football stadium is maintained at 100 kPa and 20°C. If its volume is 2×10^6 m^3, estimate the weight of the air.

2.68 Fill in the missing properties in the following table if the air occupies a 10-m^3 volume.

	P **(kPa)**	***T*** **(°C)**	***v*** **(m^3/kg)**	***ρ*** **(kg/m^3)**	***W*** **(N)**
i)	200	200			
ii)		400	0.08		
iii)	600				40
iv)		−40		20	

2.69 Fill in the missing properties in the following table if the air occupies a 0.8 m^3 volume.

	P **(kPa)**	***T*** **(°C)**	***v*** **(m^3/kg)**	***ρ*** **(kg/m^3)**	***W*** **(N)**
i)	140	207			
ii)		317	0.07		
iii)	700				24
iv)		−50		26	

2.70 The air in a house is maintained at 22°C. The air outside the house is at −28°C. What is the difference in the density of the air between the inside and the outside of the house? There are always small passages where air can infiltrate into or from a house even if extreme care is taken to seal all those passages. Explain what the air particles do even if the outside air is perfectly motionless. See Fig. 2.38.

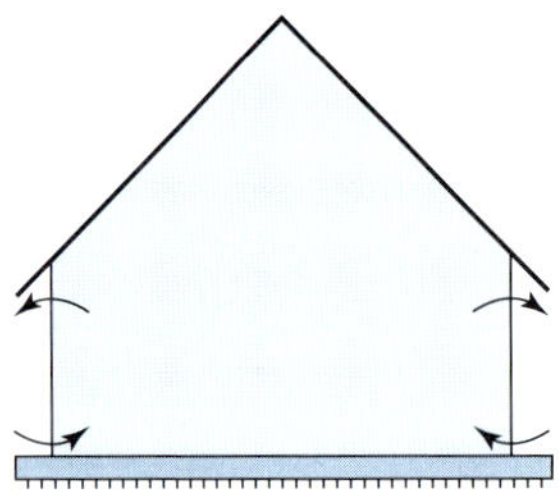

그림 2.38

2.71 The tires on an automobile are inflated to 250 kPa gage in New York, where the temperature is −23°C. The auto is driven to Arizona, where the temperature on the blacktop is 70°C. Estimate the gage pressure in the tires assuming the volume does not change.

2.72 The golfer in Fig. 2.39 on a very humid day states that the ball doesn't travel as far because of the heavy air. If the air were less humid at the same pressure and location, would the ball have traveled further? Explain, referring to the ideal-gas law and the fact that the drag F_D on the golf ball is proportional to the density of the air: $F_D = \rho A V^2/2$.

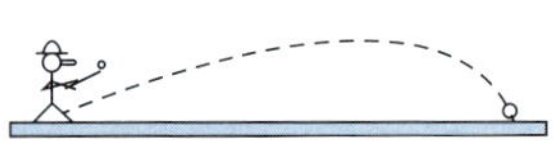

그림 2.39

Real-Gas Equations of State

2.73 Nitrogen exists at 4 MPa and 130 K. Approximate the specific volume using i) the ideal-gas law and ii) the compressibility factor from Fig. 2.23.

2.74 Ten kilograms of air occupies 1 m^3 of space at −40°C. Calculate and compare the pressure using the:

i) Ideal-gas law
ii) Van der Waals equation
iii) Beattie–Bridgeman equation
iv) Z-factor (see Appendix H)
v) IRC Calculator

2.75 Estimate the pressure of nitrogen at −60°C and $v = 0.036\ m^3/kg$ using the:

i) Ideal-gas law
ii) Van der Waals equation
iii) Z-factor (see Appendix H)

2.76 The pressure and temperature are measured in a tank containing air to be 60 kPa and −80°C, respectively. Determine the specific volume using the:

i) Ideal-gas law
ii) Van der Waals equation
iii) Z-factor (see Appendix H)
iv) IRC Calculator

Internal Energy and Enthalpy of Ideal Gasses

2.77 Calculate the internal energy change and the enthalpy change if the temperature changes from 20°C to 450°C for each of the following, assumed to an ideal gas with constant specific heats:

a) Air
b) Nitrogen
c) Hydrogen
d) Propane
e) Steam

Note: Use specific heat values from Table B-2 unless otherwise stated.

2.78 Steam is assumed to be an ideal gas. Determine the enthalpy change if state 1 is saturated vapor at 30°C and state 2 is at 150°C and 200 kPa.

i) Assume constant specific heats.
ii) Use the steam tables.
iii) Use the IRC Calculator.

2.79 Nitrogen is heated from 20°C to 500°C. Calculate the change in the internal energy and enthalpy. Use:

i) Constant specific heats from Table B-2
ii) The ideal-gas table in Appendix F
iii) The average specific heat from Table B-5
iv) Equation 2.30

2.80 Ten kg of air at −4°C is heated to 536°C. Determine the change in internal energy and enthalpy. Use:

i) Constant specific heats from Table B-2
ii) The ideal-gas table in Appendix F
iii) The specific heat at the average temperature from Table B-6
iv) Equation 2.30
v) The IRC Calculator

2.81 Estimate the specific heat C_p of steam at 1.6 MPa and 400°C using i) backward differences, ii) forward differences, iii) central differences, and iv) Table B-2. Which is the most accurate?

2.82 Estimate the specific heat C_p of steam at:

a) 0.2 MPa and 400°C
b) 1.8 MPa and 400°C
c) 7 MPa and 400°C

2.83 Estimate the specific heat C_p of steam at:

a) 300 kPa and 300°C
b) 1 MPa and 300°C
c) 4 MPa and 300°C

Specific Heats of Liquids and Solids

2.84 Forty kg of water at atmospheric pressure are heated from 16°C to 92°C. What is the enthalpy change? The internal energy change? Why is the difference between the internal energy change and the enthalpy change so small?

2.85 If the enthalpy of 5 kg of mercury at 25°C is raised 200 kJ, determine the final temperature of the mercury.

2.86 The temperature of 10 kg of ice at −20°C is raised to 50°C, displayed by Fig. 2.40. Determine the enthalpy change.

a) Assume $C_{p,\text{ice}} = 2.1$ kJ/kg·°C.
b) Use $C_{p,\text{ice}} = 2.1 + 0.0069T$ kJ/kg·°C.

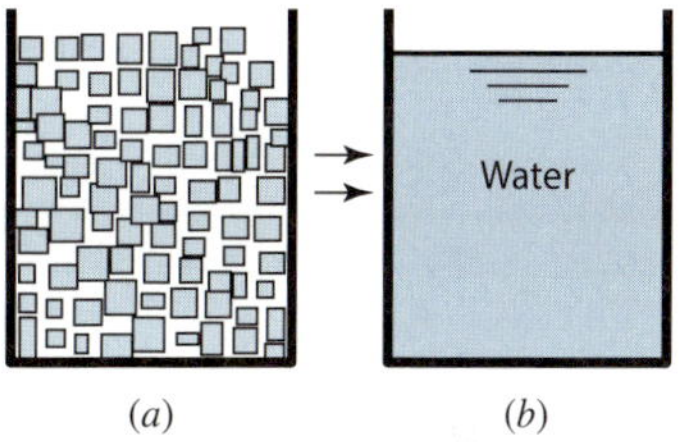

그림 2.40

CHAPTER

3

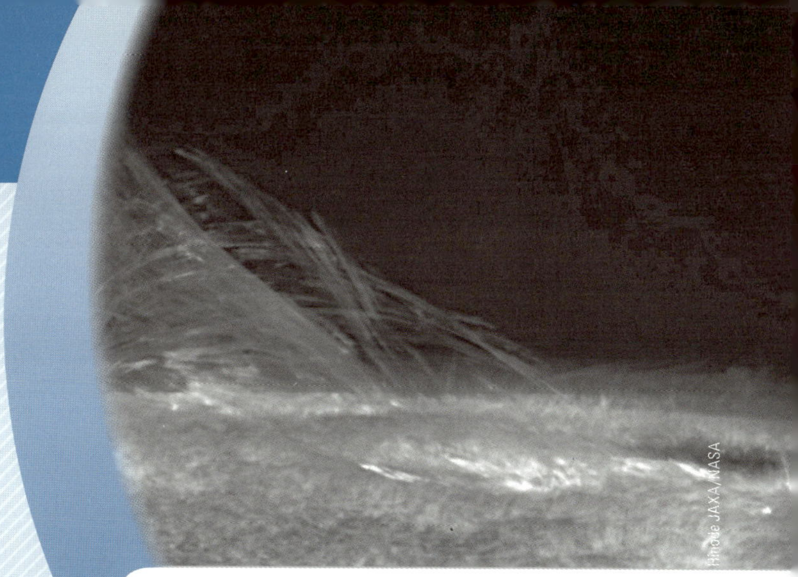

밀폐계에 대한 제1법칙

The First Law for Systems

Outline

기호 설명

본 장에서 소개된 변수들은 다음과 같다.

C	상수	R	전기저항, R인자
ds	미소 거리	r	반경
$\mathbf{F}$	힘벡터	s	엔트로피
h_c	대류 열전달 계수	T	토크
i	전류	t	시간
K	스프링 상수	V	전압
k	열전도율	W	일
L	두께	$\dot{W}$	일률
n	상수	w	단위질량당 일
Q	열전달	ε	방사율
$\dot{Q}$	열전달률	σ	스테판-볼츠만 상수
q	단위질량당 열전달	ψ	특성
		τ	전단응력

학습목표

- ❑ **일 적분을 수행할 수 있다.**
- ❑ **열전달 메커니즘을 구분할 수 있다.**
- ❑ **밀폐계에 열역학 제1법칙을 적용할 수 있다.**
- ❑ **일반적인 열역학 과정을 구분하고 분석할 수 있다.**

Comment

열역학 문제 해결시 질량보존의 법칙과 열역학 제1법칙은 주요 관심사이다.

열역학 제1법칙: 계를 출입하는 에너지와 그 축적에 대한 설명.

밀폐계: 고정된 질량이 가지고 있는 체적. 실린더 안의 공기가 피스톤에 의해 압축될 때처럼, 체적은 변화할 수 있다.

우리가 공학적으로 해결해야 할 많은 문제들은 질량보존의 법칙, 뉴턴의 제2법칙 및 열역학 제1법칙 중 하나를 적용하게 된다. 이 장에서는 질량보존과 열역학 제1법칙에 초점을 맞추고 있으며, 뉴턴의 제2법칙도 살펴보겠다. *열역학 제1법칙*(first law of thermodynamics)은 계를 출입하는 에너지와 그 축적에 대한 설명이다. 질량보존과 열역학 제1법칙을 적용하여 문제들을 해결하기 위한 일반적인 방법은 다음과 같이 요약할 수 있다.

$$\text{입력} - \text{출력} = \text{축적} \tag{3.1}$$

다만 분석하고자 하는 계는 신중하게 정의해야 한다. 이 장에서 분석하고자 하는 *계*(system)의 경우 체적내 물질의 질량은 고정되어 있으며 체적을 통해 출입하지 않는다. 계의 질량이 고정되어 있더라도 피스톤으로 공기를 압축하면 피스톤의 체적이 감소하는 것처럼, 그 질량을 포함하는 체적의 형상은 변화할 수 있다. 이 장에서 우리가 분석하고자 하는 계의 경계는 질량의 경계에 의해서 정의된다. 반면 4장에서의 물질은 체적을 통해 출입이 가능하고 이 경우 검사체적이라고 칭할 수 있다.

학습예제: 자동차 엔진에서의 피스톤-실린더 과정

열역학적 계의 좋은 예는 실린더 내의 공기가 자동차 엔진의 피스톤에 의해 압축되고 있는 현상이다. 엔진 사이클은 각각 5개의 과정으로 구성된다. 첫째로, 그림 3.1에서 보여주는 바와 같이, 피스톤을 하강시켜 흡입밸브를 통해 실린더 내부로 공기가 흡입되는 과정이다. 다음으로, 흡입밸브가 닫히고 피스톤을 상승시켜, 압축행정 동안 공기를 압축하여 압력과 온도를 증가시킨다. 피스톤이 실린더 내에서 최대 압축지점에 도달하면, 점화 플러그는 분사된 연료를 점화시켜, 결과적으로 공기의 압력과 온도를 크게 증가시킨다. 다음으로 고압 공기는 폭발(동력)행정 시 피스톤에 큰 힘을 가하게 된다. 사이클이 계속 진행됨에 따라, 흡기밸브가 열리고 피스톤은 실린더 연소 생성물을 강제로 위로 이동시킨다. 이렇듯, 계의 순환을 통해 비로소 일련의 과정이 완성된다. 압축행정, 점화 및 폭발(동력)행정은 고정된 질량의 계(밀폐계)를 포함하는 과정으로 밸브가 닫히면, 실린더 내의 공기의 질량은 고정된다. 다만, 흡기 및 배출 행정 동안, 계는 밀폐계로 구분되지 않는다.

피스톤엔진에서의 5가지 행정: 흡입 압축 점화/연소 폭발(동력) 배출

Note: 분사된 연료의 질량은 공기의 질량과 비교하여 볼 때 무시해도 될 만큼 적다.

TDC: 상사점

BDC: 하사점

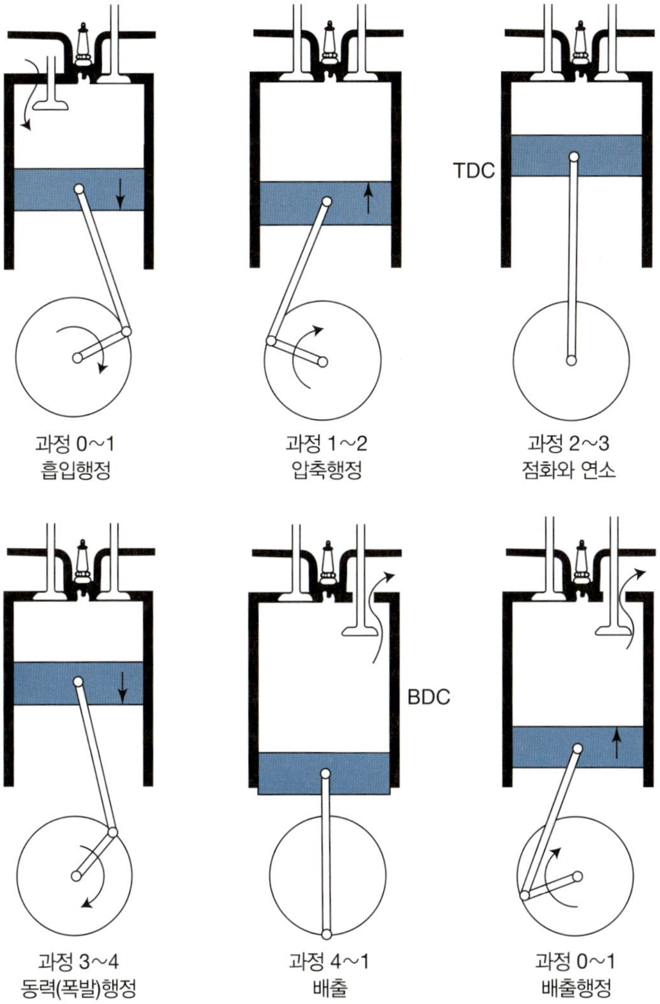

그림 3.1

피스톤-엔진 과정

Comment

피스톤-엔진 과정은 다음의 인터넷 사이트에서 볼 수 있다. howstuffworks.com/engine1.htm

3.1 일

3.1.1 정의 및 단위

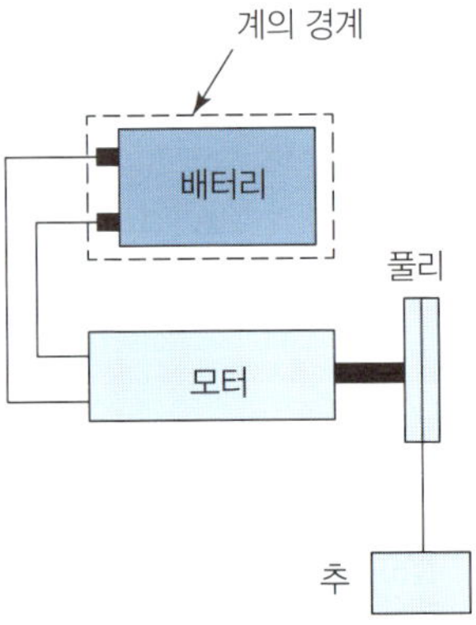

그림 3.2
배터리에 의해서 행해진 일

일: 추를 들어 올리는 것만이 주위와 계의 유일한 상호작용일 경우 일은 계에 의해서 수행된다.

열역학적 과정에서, 에너지는 두 가지의 주요 방법에 의해 계로 혹은 계 밖으로 전달된다. 에너지 해석을 위해서 고려해야 할 첫 번째는 일이고, 두 번째는 3.2절에서 다루게 될 열전달이다.

W로 표현하는 일은 역학에서 힘과 힘의 방향으로 이동한 거리의 곱으로 정의된다. 보다 일반적인 일(work)의 정의는 열역학에서 다음과 같이 사용된다. 그림 3.2에서와 같이 추를 들어 올리는 것만이 계와 주위의 유일한 상호작용이라면, 계가 한 일은 바로 주위와 계의 상호작용에 소요된 에너지와 같다. 즉, 일의 크기는 추의 무게와 그것을 들어 올린 거리의 곱이다. 따라서 그림 3.2에서 제시된 바와 같이, 배터리에 의해 생성된 에너지로 인해 추가 들어 올려지기 때문에 결국 배터리는 일을 수행한 근원이라고 할 수 있다. 일의 단위는 N·m = J이다. 단위질량당 일 또는 *specific work*의 단위는 J/kg이고, 다음과 같이 나타낼 수 있다.

$$w = \frac{W}{m} \tag{3.2}$$

그림 3.2의 계를 다시 정리해 보면 다음과 같다. 계의 경계가 배터리, 모터, 풀리, 무게 추를 포함하는 전체 장치 주위에 그려진다면, 일이 수행된 경우 어떠한 에너지도 계의 경계를 넘지 않을 것이며, 그래서 어떤 일도 계 밖으로 행해지지 않을 것이다. 일에 관한 문제가 주어진 경우 계의 선택은 중요하다. 그것은 정역학과 동역학에서 자유 물체도의 선택과 비슷하다. 계의 경계가 분명하지 않다면, 계의 경계를 나타내기 위해서 점선을 그려 넣는 것이 도움이 될 것이다.

3.1.2 압력에 의한 일

Comment

일은 상태량이 아니며 W_1이나 W_2로 쓰지 않는다.

압력에 의해 일로 전달되는 에너지 양은 다음의 적분을 이용해 구할 수 있다.

$$W_{1\text{-}2} = \int_{s_1}^{s_2} \mathbf{F} \cdot d\mathbf{s} \tag{3.3}$$

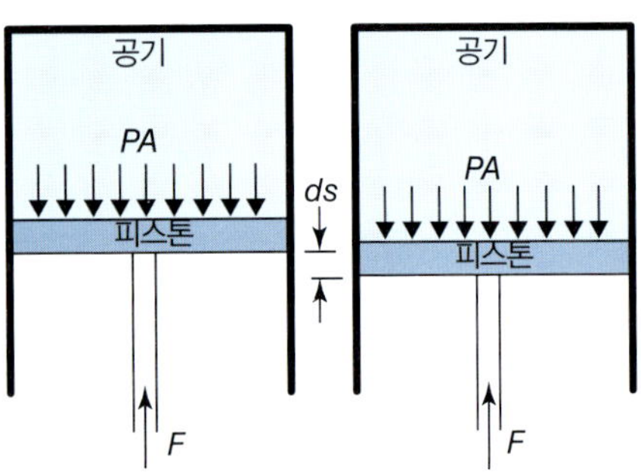

그림 3.3
움직이는 경계에서 일을 발생시키는 압력–일

이것은 힘 벡터와 경로 접선 벡터(a vector tangential to the path)인 미분 경로 요소(differential path element) $d\mathbf{s}$의 스칼라 곱 적분 형태이다. 여기서 $d\mathbf{s}$는 초기상태에서부터 최종상태의 경로(path) 적분을 통해 얻어진다. 수행된 일은 경로 함수이다. 따라서, W의 첨자는 상태 1에서 상태 2까지의 과정을 나타낸다. 일은 경로에 의해 달라지기 때문에 일의 미분은 불완전하여 δW로 구분한다. 일은 상태량이 아니기 때문에 절대 W_1이나 W_2로 쓰지 않고, 항상 $W_{1\text{-}2}$나 W로 표현한다. 열역학에서 일을 하는데 사용되는 일차 힘은 압력에 의한 힘이다. 압력은 항상 유체와 접촉하는 표면에 수직으로 작용한다. 예를 들면, 그림 3.3

에서 압력은 피스톤을 미소변위 ds만큼 이동시킨다. 얻어진 변위는 표면에 수직인, $F = PA$를 사용하여 다음과 같이 나타낼 수 있다

$$W_{1\text{-}2} = \int_{s_1}^{s_2} PA\,ds \tag{3.4}$$

변위 ds 증가로 인한 체적의 증가는 $A\,ds = dV$이다. 경계에 작용하는 압력으로 인한 일은 미분이나 적분식으로 주어질 수 있으며 중요하고 자주 사용된다.

Comment

힘 $F = PA$는 ds 방향이므로, 미분 일은 $Fds = PAds = PdV$ 이다.

$$\delta W = PdV \qquad W_{1\text{-}2} = \int_{V_1}^{V_2} PdV \qquad w_{1\text{-}2} = \int_{v_1}^{v_2} Pdv \tag{3.5}$$

그림 3.4에서, 압력이 각 경계의 위치에 대해 알려진 함수인 경우, 적분을 수행하면 일을 구할 수 있다. 이제 상태 1과 상태 2 사이의 경로가 달라짐에 따라 그림 3.4*a*의 일(곡선 아래의 면적)이 그림 3.4*b*의 일보다 어떻게 작아지는지를 알아보자.

만약 압력이 상태 1과 상태 2 사이에서 일정하면, 일은 다음과 같이 나타낼 수 있다.

$$w_{1\text{-}2} = P(v_2 - v_1) \qquad P = \text{일정} \tag{3.6}$$

부호협약: 계에 의해 주위로 수행된 일은 양으로 간주하고, 주위에 의해 계로 수행된 일을 음으로 간주한다.

Remember: 계로 주어진 일은 음수이다.

식 (3.5)의 적분을 수행할 때 한가지 더 고려해야 할 사항은 압력과 체적은 초기와 최종 상태에서 알려져 있어야 한다는 것이다. 즉, 그림 3.4의 상태 1과 상태 2 사이의 각 상태는 준평형 상태이어야 한다. 그래서 식 (3.5)는 준평형 일 모드를 나타낸다. 평형 상태가 아닐 경우는 마찰 또는 전기 저항 히터와 같은 에너지가 관여하게 된다. 평형 상태에 있지 않을 경우, 상태 1에서 상태 2까지 일은 식 (3.5)에 의해 구해지지 않는다. 주어진 정보로 과정 유형을 결정할 수 없는 경우, 준평형 과정으로 가정하는 것이 일반적이다.

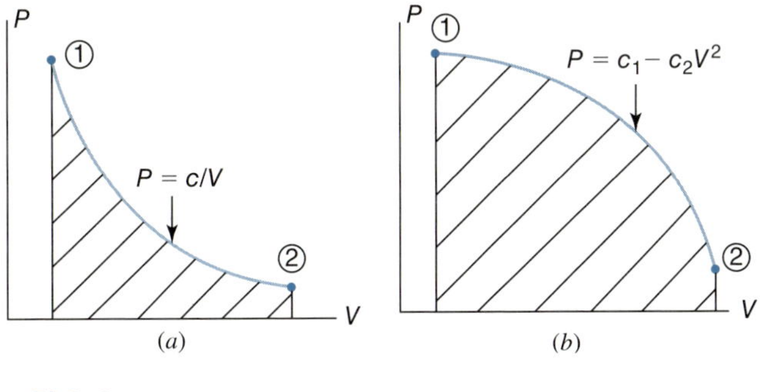

그림 3.4

일은 상태 1에서 상태 2까지 해칭한 면적이다.

예제 3.1 증기를 응축하는데 필요한 일

그림 3.5

200 kPa, 400°C의 증기 10 kg이 그림 3.5의 실린더에서 등압상태로 증기의 양이 50%가 될 때까지 응축된다. 두 상태 사이에 필요한 일을 결정하라.

풀이

상태 1과 상태 2에서 비체적은 부록의 표 C-2와 C-3에서 찾을 수 있다.

$$v_1 = 1.5493\ \mathrm{m^3/kg}$$

$$v_2 = v_f + x(v_g - v_f)$$
$$= 0.00106 + 0.5 \times (0.8857 - 0.00106) = 0.4434\ \mathrm{m^3/kg}$$

준평형 과정으로 가정된 응축 과정 동안의 일은 식 (3.6)을 이용하면 다음과 같다.

$$W_{1\text{-}2} = Pm(v_2 - v_1)$$
$$= 200\ \mathrm{kN/m^2} \times 10\ \mathrm{kg} \times (0.4434 - 1.5493)\ \mathrm{m^3/kg} = \underline{-2212\ \mathrm{kJ}}$$

kN·m = kJ이다. 일은 체적이 감소하기 때문에 음수이다. 음의 일은 일이 주위에서 계로 작용하고 있다는 것을 의미한다.

예제 3.2 피스톤 상승을 위해 필요한 일

그림 3.6에서 보여주는 바와 같이, 50°C의 물 100 g이 상태 1에서 직경이 200 mm인 실린더에 담겨있다. 상태 2에서 온도가 150°C인 증기에 도달할 때까지 에너지를 가한다. 마찰을 발생시키지 않는 피스톤의 질량이 387 kg이라면, 피스톤에 작용하는 증기에 의한 일을 구하라.

풀이

피스톤 때문에, 실린더 내부에 전달된 압력은 다음과 같다.

$$P = \frac{mg}{A} = \frac{387\ \mathrm{kg} \times 9.81\ \mathrm{m/s^2}}{\pi \times 0.11^2\ \mathrm{m^2}} = 99\ 870\ \mathrm{Pa\ gage}\ \text{또는} \approx 200\ \mathrm{kPa\ abs}$$

압력: 절대압력은 특별한 언급이 없는 한 99.9 + 100 = 199.9 ≈ 200 kPa 이다.

준평형 과정으로 가정된 응축 과정 동안의 일은 식 (3.6)을 이용하면 구할 수 있다.

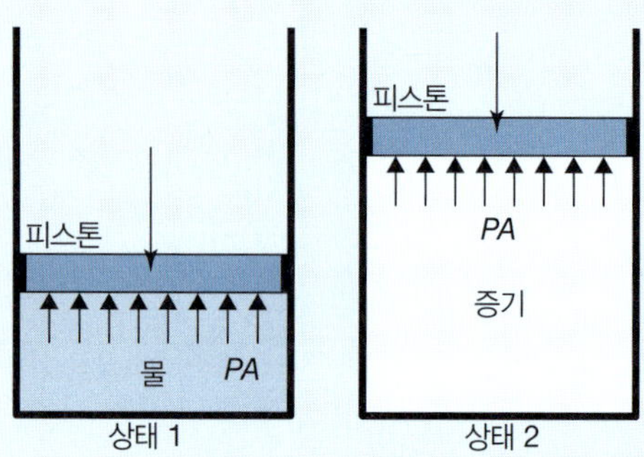

그림 3.6

Comment

피스톤에 작용하는 대기압은 쉽게 상상해 볼 수 있다. 필요에 따라 절대압력 기준으로 100 kPa을 더해보자.

피스톤을 들어올리는데에 증기가 한 일은 힘 PA 때문이고 $mP\Delta v$ (식 3.6)로 구할 수 있다. 상태 1은 압축액 상태이다. 50°C에서 표 C-1을 이용하면 $v_1 = 0.0102\ m^3/kg$임을 알 수 있다. 상태 2는 과열증기이다. 0.20 MPa, 150°C에서 표 C-3을 이용하면 $v_2 = 0.9596\ m^3/kg$임을 쉽게 알 수 있다. 일은 다음과 같다.

$$W_{1\text{-}2} = Pm(v_2 - v_1)$$
$$= 200\frac{\text{kN}}{\text{m}^2} \times \left(\frac{100}{1000}\right)\text{kg} \times (0.9596 - 0.01012)\frac{\text{m}^3}{\text{kg}}$$
$$= \underline{18.99\ \text{kJ}}$$

압력의 단위로 kPa이 사용되었기 때문에 일의 단위는 kJ이다.

Observation: 증기에 의해 피스톤에 가해지는 일을 보여주는 예제이다. 반면 피스톤 위의 공기는 대기압으로 인해 피스톤에 대해 음의 일을 수행하게 된다.

체적 증가를 위해 필요한 일 예제 3.3

그림 3.7에서 보이는 바와 같이, 상태 1에서 5 MPa의 공기가 실린더 내에 채워져 있다. 피스톤은 $PV = 10^5$에 따라 체적을 변화하면서 이동하고, P단위는 Pa, V의 단위는 m^3이다. 이때 피스톤은 체적이 2배가 될 때까지 이동한다. 공기에 의해 피스톤으로 전달된 일을 구하라.

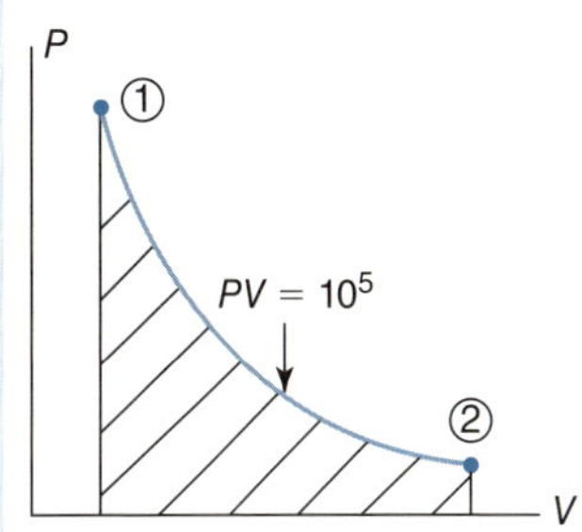

그림 3.7

풀이

피스톤의 움직임에 의해 수행된 일은 식 (3.5)의 적분에 의해 구할 수 있고, 체적은 다음의 정보로부터 구할 수 있다.

$$V_1 = \frac{10^5}{P_1} = \frac{10^5\ \text{N}\cdot\text{m}}{50 \times 10^5\ \text{N/m}^2} = 0.02\ \text{m}^3 \text{ 그리고 } V_2 = 0.04\ \text{m}^3$$

10^5은 PV의 단위인 N·m의 상수이다.

$$W_{1\text{-}2} = \int_{V_1}^{V_2} PdV = \int_{0.02}^{0.04} \frac{10^5}{V}dV = 10^5 \ln 2 = 69\,300\ \text{J} = \underline{69.3\ \text{kJ}}$$

일은 양수이다. 예상대로 체적이 증가하기 때문에 주위, 즉 피스톤으로 전달되는 일이다.

3.1.3 일의 다른 형태

열역학에서 일은 일반적으로 네 가지 형태가 있는데, 선형 스프링을 늘리는데 필요한 일, 축을 회전시키는데 필요한 일, 외차(paddle wheel)를 돌리는데 필요한 일 그리고 전류가 저항을 통해 흐르도록 하기 위해 필요한 일이 그것들이다. 일의 또 다른 형태는 전기와 자기장에 관련 된 일과 액체 필름을 늘리기 위해 필요한 일 등이 있지만 일반적으로 열역학적 일의 네 가지 형태에 포함되지 않는다. 이제 네 가지의 경우를 각각 분석해 보자.

Comment

변위에 x를 사용하며 (스프링에 의한) 일은 양의 값을 갖지만 스프링이 피스톤에 작용되는 경우, 상황에 따라 적절한 기호를 사용한다.

선형 스프링: 그림 3.8에서 보이는 바와 같이, 선형 스프링을 더이상 연신되지 않은 위치까지 연신시키기 위해 필요한 힘은 다음과 같다. 여기서 K는 N/m의 단위를 갖는 스프링 상수이다.

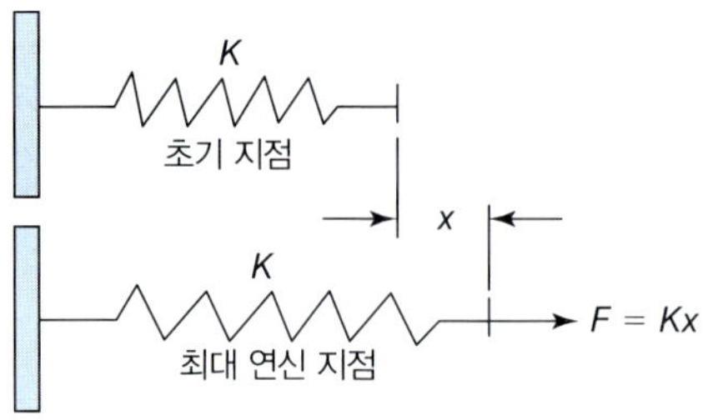

그림 3.8

선형 스프링의 연신

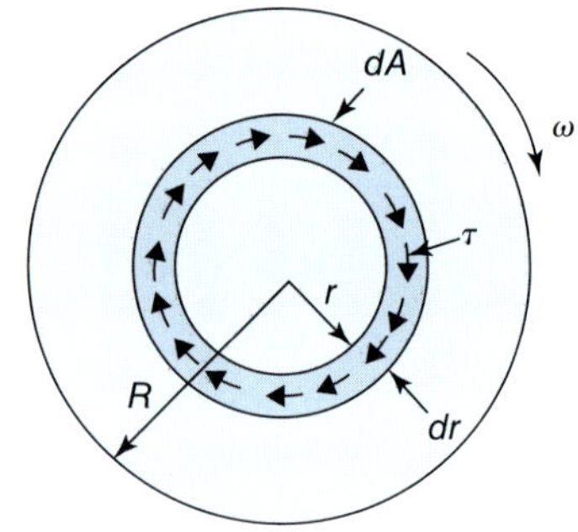

그림 3.9

회전축의 요소 면적에 작용하는 응력

$$F = Kx \tag{3.7}$$

$$W = \int_{x_1}^{x_2} F dx = K \int_{x_1}^{x_2} x dx = \frac{1}{2} K \left(x_2^2 - x_1^2\right) \tag{3.8}$$

스프링을 x_1 지점에서 x_2 지점으로 연신하기 위해 필요한 일은 $W_{1\text{-}2}$ 보다는 W로 나타낸다. 스프링 계인 경우, 스프링으로 전달된 일은 스프링의 경계를 넘고 에너지는 스프링에 저장된다.

회전축: 다음으로, 회전축에 의해 전달되는 동력(power)이라는 일률을 생각해보자. 그림 3.9에 표시된 것처럼, 요소 면적 dA에서 작용하는 전단응력 τ에 대한 전단력(shear force)은 $dF = \tau dA$이다. 이 힘 τdA에 의해 이동하는 속도는 $r\omega$이며, 이 힘과 속도의 곱은 동력이며 $\dot{W}$로 나타낸다.

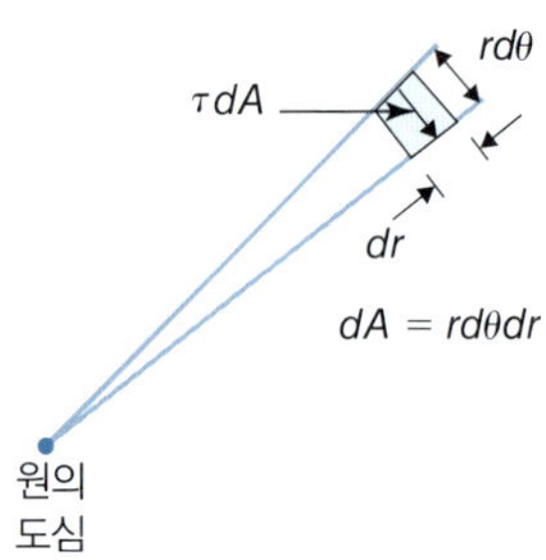

그림 3.10

$$\dot{W} = \int_A r\omega\tau dA = \int_0^R r\omega\tau(2\pi r dr) = 2\pi\omega \int_0^R \tau r^2 dr \tag{3.9}$$

실제로, 그림 3.10에서 보여주는 것처럼 이중적분은 요소 면적(area element)을 이용하여 수행할 수 있다. 먼저, $\theta = 0$에서 $\theta = 2\pi$까지 적분하고, 다음으로 $r = 0$에서 $r = R$까지 적분한다.

축에 의해 전달된 토크 T는 미소 토크 $rdF = r\tau dA$를 면적에 대해 적분함으로써 구해진다.

$$T = \int_A r\tau dA = \int_0^R r\tau(2\pi r dr) = 2\pi \int_0^R \tau r^2 dr \tag{3.10}$$

식 (3.9)와 (3.10)을 통해서 축에 의해 전달된 동력은 다음과 같이 표현할 수 있다.

$$\dot{W} = \omega T \tag{3.11}$$

Unit: $[\omega T]$ = (rad/s)(N · m) = N · m/s = J/s = W

시간의 증분 Δt 동안 일이 전달되는 경우, 동력에 아래와 같이 시간을 곱하면 된다.

$$W = \omega T \Delta t \tag{3.12}$$

이제 축에 의해 전달되는 동력 또는 일은 이제 계산할 수 있게 되었다.

외차(paddle wheel): 외차는 그림 3.11에서와 같이 유체를 휘저을 때 회전축이 열역학적 계에 삽입되는 경우이다. 식 (3.12)를 사용하거나 무게 추의 무게와 떨어지는 거리를

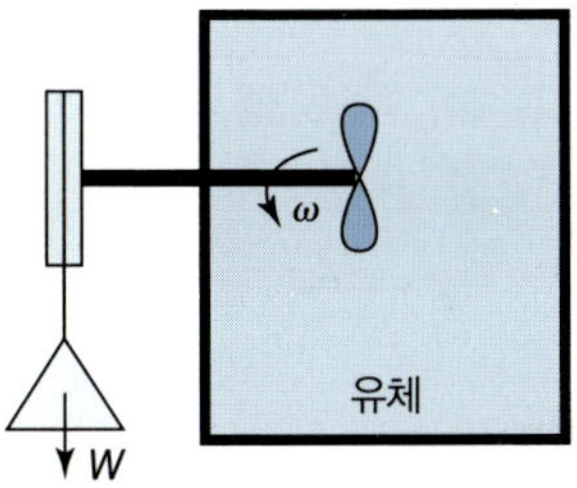

그림 3.11
유체에 일을 전달하는 외차 (paddle wheel)

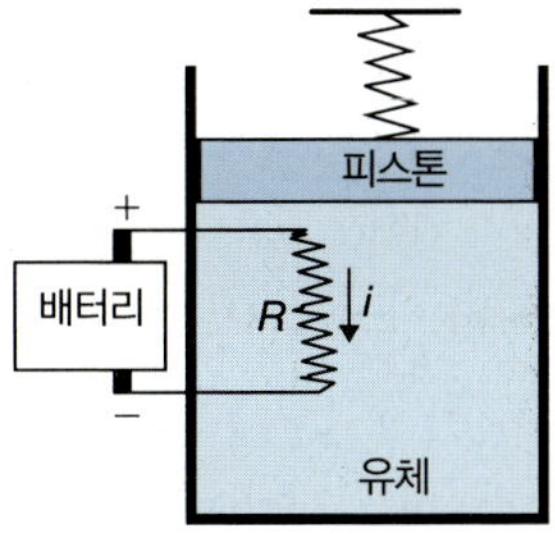

그림 3.12
유체를 가열하는 전기 저항

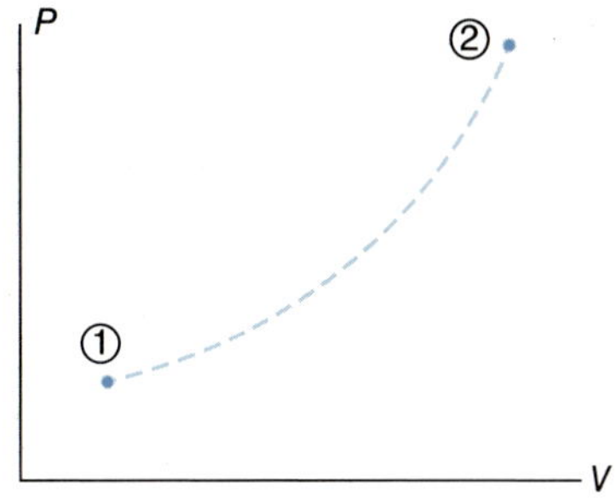

그림 3.13
비평형 과정

곱하여 일을 구할 수 있다. 이 일은 비평형[1] 일 모드의 전형적인 예이다. 외차가 회전하는 동안 유체의 점성으로 인해 온도가 상승하게 되고 이로 인해 유체에 축적된 에너지가 음의 일을 발생시킨다.

전기 저항 히터: 그림 3.12에서 보여주는 바와 같이 비평형 일 모드의 또 다른 예는 유체의 체적 내에 장착된 전기 저항 히터이다. 이것은 외차(paddle wheel)와 유사한 기능을 한다. 즉 유체의 온도 상승을 초래하여 유체의 경계 밖으로 전달되는 에너지로 인해 음의 일을 전달하게 된다. 저항 R에 의해 유체에 전달된 동력은 다음과 같다.

$$\text{Power} = Vi = \frac{V^2}{R} \qquad (3.13)$$

Note: 전압의 V와 체적의 V를 혼동하지 말 것. 문맥상은 의미 차이가 분명하다.

여기서, V는 전압, i는 전류, R은 저항이다. 동력 Vi는 와트(W)로 측정된다. 저항에 의해 전달된 일로 발생된 동력에 시간을 곱하여 $i^2R\Delta t$로도 나타낼 수 있다.

그림 3.12의 실험장치를 이용해 계 내부의 압력과 체적을 일정 시간이 지난뒤 그려보면 상태 1에서 상태 2까지의 실제 과정의 경로는 정확히 알 수 없다. 따라서 그림 3.13에서와 같이, 경로는 점선으로 표시할 수 있다.

예제 3.4 스프링에서 일

150 kPa의 공기가 마찰 없이 움직이는 피스톤 아래 수용되어 있고 이때 실린더 직경은 80 cm이며 초기 피스톤의 위치는 실린더 바닥으로부터 60 cm 떨어져 있다. 그림 3.14에서 보는 바와 같이 K = 80 kN/m인 스프링이 피스톤에 연결되어 피스톤에는 힘이 전달되지 않는다. 만약 피스톤 아래 공기의 체적이 2배가 될 때까지 에너지가 공급된다면 공기에 의해 피스톤으로 전달된 일을 계산하여라.

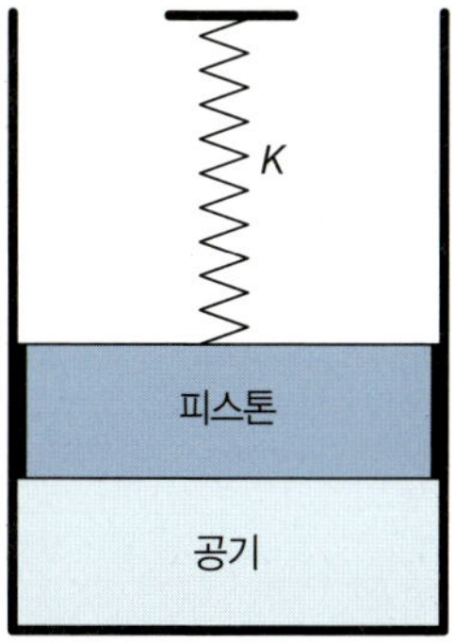

그림 3.14

풀이

V_2는 V_1의 2배이므로, 실린더 내부 공기의 높이가 2배가 되어야 한다. 그래서 피스톤은 60 cm 상승하고, 그것으로 인해 스프링은 60 cm 압축된다. 따라서 일은 두 개의 부분으로

(계속)

[1] 평형과정이라 함은 가역과정으로 에너지가 원상복구 될 수 있어야 한다. 외차의 경우 추를 들어올려 반대로 작동시켰을 경우 회전하는 외차에 의해 온도를 낮출 수 없으므로 비가역이고 비평형모드의 일이다.

예제 3.4 (계속)

나누어 질 수 있다. 일 W_P는 일정한 압력에서 피스톤을 60 cm 높이기 위해서 필요하고, 일 W_S는 스프링을 60 cm 압축하기 위해서 필요하다. 전체적으로 다음과 같다.

Unit: 식에서 거리의 단위는 cm, 면적에 대한 단위는 cm^2를 사용하지 말 것. 압력의 단위는 Pa과 kPa 모두 사용할 수 있지만, 식에서는 같은 단위를 사용할 것.

$$W = W_P + W_S = PAh + \frac{1}{2}Kx^2$$

$$= 150\frac{\text{kN}}{\text{m}^2} \times (\pi \times 0.4^2)\ \text{m}^2 \times 0.6\ \text{m} + \frac{1}{2} \times 80\frac{\text{kN}}{\text{m}} \times 0.6^2\ \text{m}^2 = \underline{59.6\ \text{kJ}}$$

피스톤의 상승에 대한 일을 구하기 위해 식 (3.6)을 사용하는 것보다, 관계식 $W = F \times$ 거리를 사용했다. 압력과 스프링 상수 모두 kPa을 사용하여 표현되었기 때문에 일은 kJ을 사용하였다.

예제 3.5 외차에 의해 제공되는 일

그림 3.15에서와 같이, 풀리를 통해 외차에 부착된 200 kg의 질량이 2 m 낙하한다. 탱크 내에 물에 첨가된 에너지를 구하여라.

Comment

지구에서 중력은 9.80 m/s^2 (가장 높은 산에서)과 9.79 m/s^2 (가장 낮은 해구에서) 사이에서 변화한다. 그래서 모든 문제에서 해수면의 중력으로 가정한다.

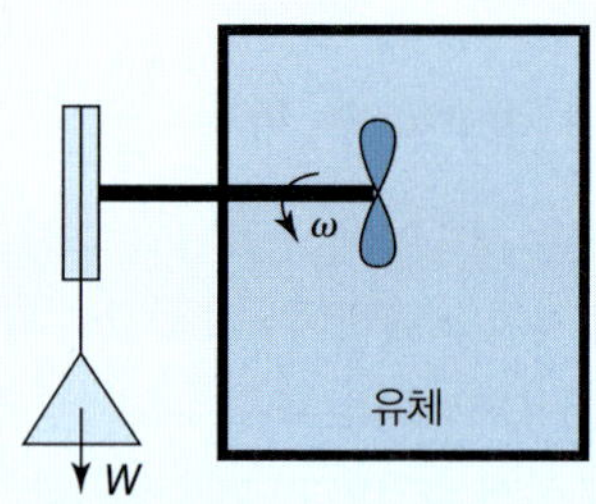

그림 3.15

풀이

외차(paddle wheel)의 회전에 의한 물에 축적된 에너지는 다음과 같다.

$$W = F \times h = 200\ \text{kg} \times 9.81\frac{\text{N}}{\text{kg}} \times 2\ \text{m} = 3920\ \text{N}\cdot\text{m}$$

일은 일반적으로 J 또는 kJ의 단위로 측정된다. 외차에 의한 물에 축적된 에너지는 다음과 같다.

$$W = 3920\ \text{J} = \underline{3.92\ \text{kJ}}$$

유체에 축적된 에너지를 나타내기 때문에 유체에 대하여 음의 비평형 일 모드이다.

☑ 학습목표 확인 (1)

3.2 열전달

열전달은 에너지를 계로부터 또는 계까지 전달하는 데 이용될 수 있는 또 다른 메커니즘이다. Q로 나타내는 *열전달*(heat transfer)은 계와 계 주위 사이에서 온도차로 인한 에너지의 전달이다. 열전달률은 $\dot{Q}$로 나타낸다. 과정이 진행되는 동안 열전달이 0이라면, *단열 과정*(adiabatic process)이라고 할 수 있다. 단열된 용기는 열전달이 0이다.

열전달은 세 가지 중 하나 또는 그 이상의 물리적 메커니즘에 의해 이루어진다. 열전달 메커니즘은 열전달 과목을 통해 한학기 동안 다시 배우게 되므로 자세히 다루지는 않고 간략하게 살펴보기로 한다.

전도(cinduction) 열전달은 분자간의 동작에 의한 열에너지의 전달이다. 주위의 경계에서 분자활동이 더욱 활발해지고 계의 경계를 구성하는 분자보다 더 높은 운동에너지를 가질 경우, 더 빠른 분자에서 더 느린 분자로 에너지의 전달이 발생한다. 온도가 분자의 속도와 관련이 있으므로 결과적으로, 에너지가 주위에서 시스템으로 전달되기 위해서는 주위 경계의 온도가 계 경계의 온도 보다 높아야 한다. 그림 3.16은 일차원 평면 벽을 통해 전달되는 열전도의 푸리에 법칙을 설명하고 있고 다음과 같이 표현할 수 있다.

$$\dot{Q} = kA\frac{\Delta T}{L} = A\frac{\Delta T}{R} \tag{3.14}$$

k는 열전도율이고 단위는 W/m·K, A는 열이 유동하는 벽의 면적, ΔT는 벽면의 온도차, L은 벽의 두께이다. 식 (3.14)의 열 저항력 R-factor는 $R = L/k$로 표현할 수 있으며 여러층에 각각 추가할 수 있음에 유의해야 한다.

대류(convection) 열전달은 전도에 의한 열에너지 전달과 *이류*(advection)라고 불리는 유체의 유동에 의한 열 에너지의 이동현상이다. 즉 유체의 움직임이 매우 느릴 경우 주로 전도에 의해 에너지를 전달하고, 유체의 움직임이 비교적 높은 경우에 주로 이류에 의해 열 에너지를 전달한다. 가열된 평판위의 공기는 전도에 의해(평판으로부터) 열을 흡수한다. 공기는 열 에너지를 흡수함으로써, 팽창하고 부력이 생기게 된다. 평판에서 열 에너지를 흡수한 공기는 떠오르게 되고 차가운 공기가 그 자리를 채우게 된다. 이와 같이 열에 의한 유체의 대류를 자연대류라고 하며, 이 과정을 반복하면서 평판의 온도가 더 가열되면 공기의 떠오르는 속도는 더 빨라지게 된다. 이 외에 다른 방법에 의해 공기가 평판으로부터 이송되는 경우를 *강제대류*(forced convection)라고 한다. 강제대류가 아니라면 자연대류이다. *뉴턴의 냉각 법칙*(Newton's law of cooling)을 이용하면 면적 A로부터의 대류 열전달을 계산할 수 있으며 그 식은 다음과 같다.

$$\dot{Q} = h_c A(T_s - T_\infty) \tag{3.15}$$

h_c는 대류 열전달 계수이고, 단위는 W/m^2·K이고, T_s 는 표면온도, T_∞ 는 주위 유체의 온도이다. 대류는 열전달과 유체의 움직임의 조합으로 모델링하기 어려울 수 있다. 대류에서 R-factor는 $R = 1/h_c$가 된다.

열전달: 시스템과 시스템 주변 사이의 온도차로 인한 에너지의 전달.

단열 과정: 열전달 과정이 0이다.

전도: 분자의 운동에 의한 열에너지의 전달

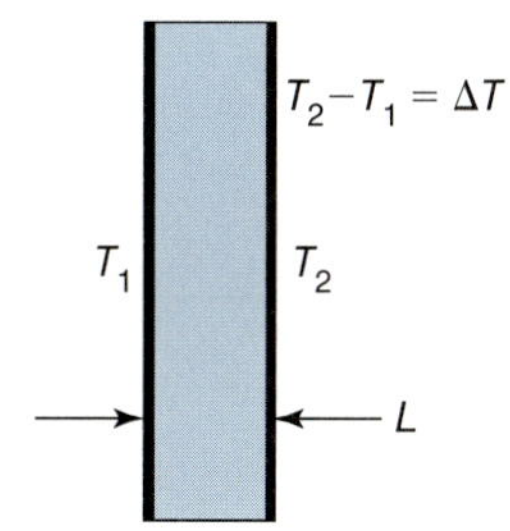

그림 3.16
평면벽

Note: R-factor는 다층면에 대해 추가될 수 있다. $R = R_1 + R_2 + \cdots + R_n$

대류: 열 에너지의 전달은 주로 유체의 움직임 때문이다.

Note: 첫째로 대류는 주로 전도 때문에 발생하고, 다음으로 공기의 상승과 같은 이류 때문에 발생한다.

강제대류: 공기가 표면에서 다른 힘에 의해 강제로 움직이는 경우.

뉴턴의 냉각 법칙: 대류 열전달을 계산할 수 있는 식.

복사: 전자기 복사에 의한 열 에너지의 전달.

스테판-볼츠만의 법칙: 복사 열전달을 계산하기 위해 사용되는 식.

복사(radiation) 열전달은 전자기 복사에 의한 열 에너지의 전달이다. 절대영도보다 높은 온도에서는 어떠한 물질이라도 전자기 에너지를 방출한다. 방출된 복사의 주파수는 물질의 온도에 대한 함수이다. 진공 뿐만 아니라 기체를 통해 전달될 수 있다는 점에서 복사는 특별하다. 인체는 보통 310 K이고 이 온도에서, 적외선 야간 투시경이 사람을 찾아내는데 효과적인 이유는 복사 주파수가 주로 적외선 영역이기 때문이다. 복사는 에너지 출력이 절대온도의 4승에 따라 변화한다는 점에서 매우 독특하다. 이런 전달 현상은 자연상태에는 찾아보기 힘든 것 중 하나이다. 고체 표면으로부터 주위로의 열전달을 계산하기 위해 *스테판-볼츠만 법칙*(Stefan-Boltzmann law)을 사용한다.

$$\dot{Q} = \varepsilon\sigma A\left(T_s^4 - T_{\text{surr}}^4\right) \tag{3.16}$$

여기서, ε은 방사율이고, σ는 스테판-볼츠만 상수(5.67×10^{-8} J/s · m^2 · K^4)이다. T_s는 표면의 온도이고, T_{surr}은 주위의 온도이다. 온도는 절대온도를 사용해야 한다. 방사율은 0에서 1사이이고, 여기서 $\varepsilon = 1$이면 복사의 최대량을 흡수하거나 방출하는 *흑체*(black body)이다. 높은 온도에 도달할 때까지 복사로 인한 열의 전달은 그리 크지 않다. 1940년대에 로켓과 제트 엔진을 개발하기 전까지, 복사는 주로 별의 천문학적인 모델링을 위한 과목이였다.

흑체: 복사의 최대량을 방출하고 흡수하는 물체

이 교과서에서는 열전달의 세부 과정에 대해서는 다루지 않을 것이다. 열량은 단순히 그것이 어떠한 방식으로 전달되는가에 관계없이 계로 전달되거나 계로부터 빠져나간다고 가정하게 될 것이다. 그렇지만, 위에서 나열한 단순한 열전달 방정식을 설명하기 위해서 몇 가지 간단한 예제와 문제를 풀어볼 것이다.

부호 규칙은 과정의 분석에 있어 매우 중요하다. 계에 전달된 열은 양수이고, 계로부터 제거된 열은 음수이다. SI단위계에서 열전달의 단위는 J(joule)이다. 이 교과서에서는 J이 매우 작기 때문에 주로 kJ을 사용하게 될 것이다.

열전달과 일은 몇 가지 공통적인 특징을 가지고 있다.

Comment

계로 전달된 열은 양수이며, 계로부터 제거된 열은 음수이다.

1. 일과 열전달은 모두 경계현상이다. 일과 열은 계의 경계를 통해 입력되거나 출력되는 에너지를 의미한다.
2. 열전달과 일은 모두 경로 함수이다. 전달된 에너지의 양은 단지 초기나 최종 상태의 함수가 아니라 하나의 상태에서 다른 상태로 도달하는 과정의 경로 함수이다. 따라서, 열전달의 미분은 불완전하고 δQ로 쓰인다.
3. 열전달과 일 모두 시간에 의존적인 현상이다. 과정은 시간의 진행과정 중 발생하지만, 순간적인 것이 아니다.
4. 열전달과 일 모두 상태함수가 아닌 과정이다. 열전달과 일은 상태의 변화를 일으킨다. 열전달은 $Q_{1\text{-}2}$로 쓰이고, 절대 Q_1 또는 Q_2로 쓰이지 않는다. 과정이 분명할 때 열전달은 간단하게 Q로 나타낸다.

열전달에 의해 전달된 에너지의 양은 계의 질량으로 나누어 정의할 수 있다. 단위질량당 열전달 q는 다음과 같이 정의된다.

$$q = \frac{Q}{m} \tag{3.17}$$

SI단위계에서 일반적으로 q는 kJ/kg, w는 kN · m/kg의 단위를 사용한다.

예제 3.6 전도 열전달

그림 3.17에 제시된 가로 2.4 m, 세로 3.6 m의 나무층과 단열층으로 구성된 벽을 통한 열전달률을 구하라. 나무층은 R = 0.1 m·K/W이고, 단열층은 R = 0.8 m·K/W이다. 내부 온도는 22°C이고, 외부 온도는 −16°C이다.

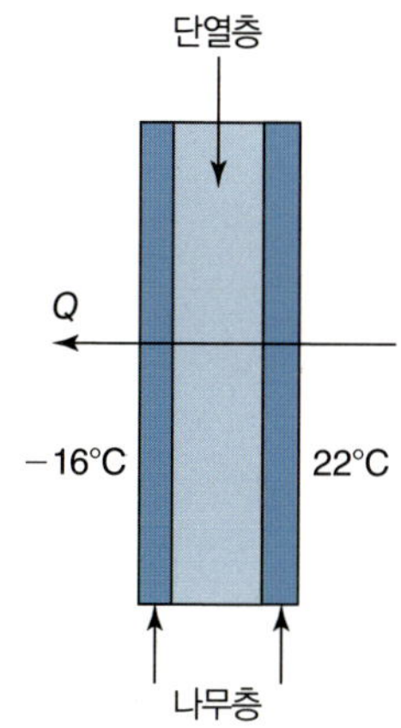

그림 3.17

풀이

식 (3.14)에서 벽을 통한 열전달을 구할 수 있다. k (R-factor를 추가할 수 있다) 대신 주어진 R을 사용하면 다음과 같다.

$$\dot{Q} = \frac{A\Delta T}{R_{\text{total}}} = \frac{A\Delta T}{2R_{\text{wood}} + R_{\text{ins}}}$$

$$= \frac{(2.4 \times 3.6)\ \text{m}^2 \times (22 + 16)\ ^\circ\text{C}}{(2 \times 0.1 + 0.8)\ \text{m}\cdot\text{K/W}} = \underline{328\ \text{W}}$$

예제 3.7 복사 열전달

그림 3.18의 전기 오븐의 벽은 2000°C이고, 오븐의 중심에 직경이 10 cm, 온도가 20°C인 유리구를 넣었다. 유리구의 초기 최대 열전달률을 구하여라.

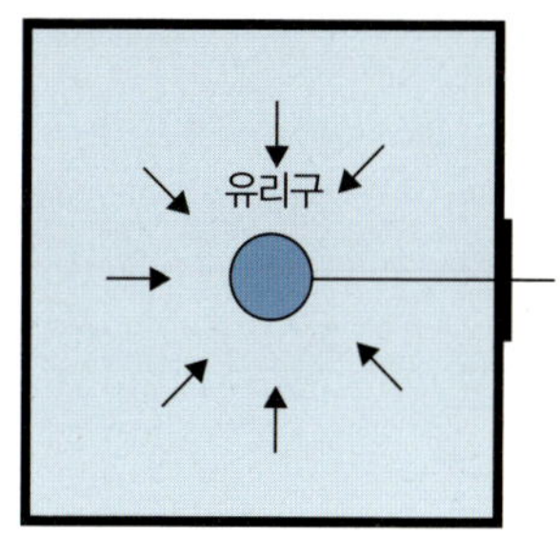

그림 3.18

풀이

복사에 의한 열전달률은 식 (3.16)을 통해 구할 수 있다. 최대 열전달률은 ε = 1인 흑체에서 발생하고, 다음과 같다.

$$\dot{Q} = \varepsilon\sigma A\left(T_s^4 - T_{\text{surr}}^4\right)$$

$$= 1 \times 5.67 \times 10^{-8}\ \frac{\text{J/s}}{\text{m}^2\cdot\text{K}^4} \times (4\pi \times 0.05^2)\ \text{m}^2 \times (2273^4 - 293^4)\ \text{K}^4$$

$$= 47\ 500\ \text{J/s or } \underline{47.5\ \text{kJ/s}}$$

구의 표면적은 $4\pi r^2$이고, 온도의 단위는 K, 면적의 단위는 m^2이다.

☑ 학습목표 확인 (2)

3.3 문제 해결 방법

열역학은 자연현상에 관한 문제를 해결하는 과목이다. 앞으로 열역학과 관련 있는 실용적 문제를 해결하는데 필요한 기술을 배우게 될 것이다. 문제의 해결 과정에서 필요한 정보를 추출하고 답변을 얻을 수 있도록 해(solution)를 구하는 것은 여러분에게 달려있다.

이 교과서에서 주안점은 공학적 문제를 해결하는데 있다. 열역학이라는 고유한 언어를 이용하여 문제를 해결하기 위해서는 특별한 주의가 요구된다. 문제를 신중하게 읽으면 필요한 충분한 정보로 얻을 수 있다. 필요한 정보 중 일부는 바로 주어지거나 부록에서 찾을 수 있다. 그 외의 정보는 사용된 과정의 설명으로부터 얻을 수 있다. 문제를 설정하고 해결하기 위해 체계적인 절차는 매우 중요하다. 문제를 해결하기 위한 여덟 단계가 아래 정리되어 있고, 예제 문제 풀이 과정을 통해 숙지하게 될 것이다.

Note: 대부분 g = 9.81 m/s^2, P_{atm} = 100 kPa로 가정한다.

1. 문제를 신중하게 읽고, 문제에서 주어진 모든 정보를 확인하라. 문제를 설명하는 모든 단어에 문제를 해결하는데 도움이 될 수 있는 실마리가 포함되어 있다.
2. 계 또는 검사 체적을 보여주는 그림을 스케치하라. 엔지니어들에게 있어 시각적 관점에서 생각해보는 것은 중요하며 문제를 보고 그려보는 것이 물리적 문제를 이해하고 해결하는데 필요한 통찰력을 키워줄 것이다.
3. 각 상태에 대한 정보를 기입하라. 그런 다음 분석하고자 하는 물질의 종류를 알아야 한다. 모든 데이터를 유용한 단위로 변환하라.
4. 특별한 과정에 대한 문제를 확인하라.
5. 문제에 대해 적절한 가정을 하여라. 가정은 단순화 하는 것이 중요하다. 하지만 문제를 너무 단순화하면, 최종적으로 해결할 문제가 원래 주어진 문제와 달라질 수 있다.
6. 필요한 상태와 상태량을 결정하라.
7. 적절한 방정식을 적용하라. 열역학에서는 에너지 방정식과 열역학 제1법칙이 주로 사용된다. 방정식의 각 항에 정확한 기호 규칙을 사용하고, 단위는 동일해야 한다는 것에 유의하라.
8. 답을 철저히 확인하라. 답이 너무 크거나 너무 작지 않은지 확인하여야 한다. 또 답의 단위가 적절한지 확인하여야 한다. 단위가 올바르지 않다면, 어딘가에서 실수한 것이다.

항상, 이 절차를 문자 그대로 따라 하지 않아도 무방하지만, 문제를 푸는 동안 이 과정을 염두에 두는 것이 좋을 것이다. 이 과정을 반복하다 보면 공학적 사고방식이 길러 질 수 있다.

3.4 밀폐계에 적용된 열역학 제1법칙

일반적으로 제1법칙 또는 에너지 방정식이라고 불리는 열역학 제1법칙은 주로 열역학에서 사용된다. 이것은 순차적인 과정으로 이루어진 열역학적 과정과 열역학적 사이클을 분석하는데 사용된다. 이 장에서 제1법칙은 물질과 질량이 고정된 계(밀폐계)에 적용될 것이다. 계의 에너지 준위 변화는 열전달 또는 일에 의해 발생한다. 과정을 진행하는 동안 계에 적용될 제1법칙의 표준 형식은 다음과 같다.

$$Q - W = \Delta E \tag{3.18}$$

Remember: 주위로부터 계로 전달된 열이 양수이고, 반면 계에 의해 주위로 행해진 일이 음수이므로 식 (3.19)에 음의 부호가 존재하는 이유이다. 다른 연구 분야에서는 양의 부호로도 사용하지만 열역학에서는 주로 음의 부호로 사용된다.

위 식의 좌변은 계의 경계를 넘어 전달된 에너지를 나타낸다. 즉 계로 전달된 열 Q와 시스템에 의해 주위로 행해진 일 W이다. 이 식은 에너지가 계 안과 밖으로 전달되는 두 가지 방법을 나타낸다. 또한, 에너지는 흐르는 유체에 의해 계의 체적의 안과 밖으로 이동될 수 있으나, 그것은 다음 장에서 다루게 될 것이다. 이 장에서 유체는 계의 경계를 넘지 않는다.

계의 경계를 넘는 일과 열전달은 계 내부의 에너지 변화를 발생시킬 수 있으며 계의 에너지 변화 ΔE는 세 가지 항의 합으로 표현될 수 있다.

$$Q - W = \Delta U + \Delta KE + \Delta PE \tag{3.19}$$

ΔU는 계의 내부에너지 변화, ΔKE는 계의 운동에너지 변화, ΔPE는 계의 위치에너지 변화이다. 계의 경계를 넘어 전달된 에너지 Q와 W는 계에 저장되거나 방출된 양의 에너지를 나타낸다. 이 장에서 해석하고자 하는 계는 움직이지 않으므로, 위치에너지와 운동에너지의 변화가 0이다. 따라서 식 (3.19)는 다음과 같이 간단히 표현될 수 있다.

$$Q - W = \Delta U \tag{3.20}$$

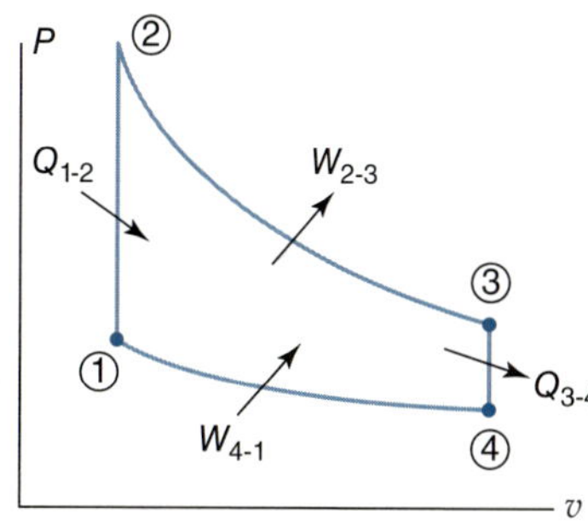

그림 3.19
네 개의 과정으로 구성된 사이클

그림 3.19에 그려진 사이클과 같이, 네 개의 과정으로 구성된 계가 한 사이클을 완료하게 되면 그 계는 초기상태로 돌아가고, 사이클 동안에 내부에너지 변화가 0인 경우 식 (3.20)은 다음과 같이 나타낼 수 있다.

$$Q_{\text{net}} = W_{\text{net}} \tag{3.21}$$

한 사이클 동안의 제1법칙: $Q_{\text{net}} = W_{\text{net}}$

Q_{net}은 전체 사이클 동안에 순수 열전달이고, W_{net}은 순수 일이다. 사이클을 고려할 때 제1법칙의 이 형태는 자주 사용된다. 과정이 진행되는 계에 있어서, 식 (3.20)을 주어진 계의 질량으로 나눔으로써, 제1법칙을 다시 쓸 수 있다.

$$q - w = \Delta u \tag{3.22}$$

여기서 q는 단위질량당 열전달이고, w는 단위질량당 수행된 일이다. 이 방정식의 모든 항은 kJ/kg의 단위를 갖는다. 제1법칙은 또한 다음과 같은 미분의 형태로 표현될 수 있다.

$$\delta q - \delta w = du \tag{3.23}$$

q와 w의 미분은 불완전하지만, u는 상태량이기 때문에 u의 미분은 완전하다고 할 수 있다. q와 w는 상태량이 아니다.

예제 3.8 제1법칙의 밀폐계에 대한 적용

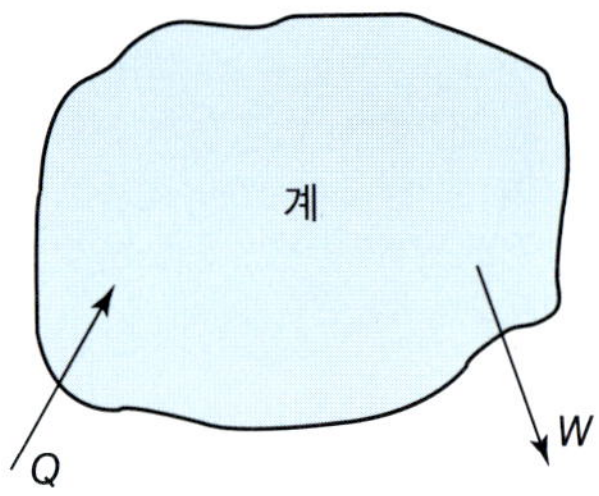

그림 3.20

계가 주위에 200 kJ의 일을 하는 동안 100 kJ의 열이 계로 전달된다. 이 과정 동안 계에 의해 계의 에너지 변화를 계산하라. 그림 3.20에 제시된 것처럼, 계의 질량은 고정되어 있다.

풀이

열이 계로 가해지기 때문에 $Q = 100$ kJ이다. 일은 계에 의해 주위로 행해지므로 $W = 200$ kJ이다. 식 (3.20)을 적용하면, 시스템의 에너지 변화는 다음과 같다.

$$Q - W = \Delta E$$
$$100\text{ kJ} - (+200\text{ kJ}) = \Delta E \qquad \therefore \Delta E = \underline{-100\text{ kJ}}$$

계는 100 kJ의 에너지를 잃는다.

예제 3.9 제1법칙 문제

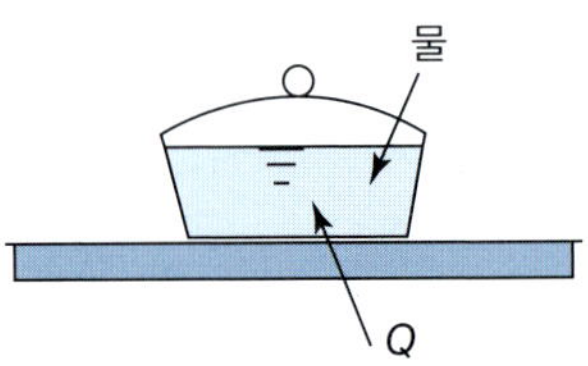

그림 3.21

그림 3.21에서 처럼 뚜껑이 덮인 냄비에 20°C의 물 2 kg이 담겨져 있다. 50°C로 물을 가열하기 위해 스토브가 얼마나 많은 열을 물로 전달해야 하는가? 한가지 이상의 방법을 사용하여 Q를 구하시오.

풀이

대기압에서 20°C와 50°C의 물은 과냉각액이므로, 압력을 무시하고 온도를 사용한다. 표 C-1에서 다음의 특성을 얻을 수 있다.

$$T_1 = 20°\text{C}: \ u_1 = 83.9\text{ kJ/kg}$$
$$T_2 = 50°\text{C}: \ u_2 = 209.3\text{ kJ/kg}$$

냄비 위에는 뚜껑이 덮여 있으므로 물의 표면에서 열손실은 무시한다. $W = 0$으로, 제1법칙은 다음과 같이 간소화된다.

Comment
열역학 입문과정에서는 주로 위치에너지와 운동에너지는 무시한다.

$$Q = \Delta U = m(u_2 - u_1)$$
$$= 2\text{ kg} \times (209.3 - 83.9)\text{ kJ/kg} = \underline{250.8\text{ kJ}}$$

양수 Q는 열이 실제로 물로 전달되었다는 것을 나타낸다.

또는, IRC 상태량 계산기를 이용하면 20°C에서 $u_1 = 83.9$ kJ/kg이고, 50°C에서 $u_2 = 209$ kJ/kg이므로 주어진 값에 의해

$$Q = \Delta U = m(u_2 - u_1)$$
$$= 2\text{ kg} \times (209 - 83.9)\text{ kJ/kg} = \underline{250\text{ kJ}}$$

또는, 표 B-4로부터 물의 비열 C_p 는 4.18 kJ/kg이므로, 식 (2.36)을 이용해 구할 수 있다.

Remember: 고체나 액체에서 $C_p \cong C_v$이다.

$$Q = \Delta U = mC_p(T_2 - T_1)$$
$$= 2\text{ kg} \times 4.18\frac{\text{kJ}}{\text{kg·°C}} \times (50 - 20)\text{ °C} = \underline{251\text{ kJ}}$$

세 가지 방법 모두 답은 동일하다. $\Delta U = mC_p\Delta T$는 고체 또는 액체에 적용할 수 있고, 자주 선택되는 방법이다.

☑ 학습목표 확인 (3)

3.5 다양한 과정에 적용된 열역학 제1법칙

이제부터는 일반적인 열역학적인 과정에 제1법칙을 적용해 볼 것이다. 과정 동안 수행된 일을 구하기 위해서는 과정의 유형을 먼저 알아야 한다. 열역학에서는 다음과 같은 5가지의 과정이 주로 사용된다. 다만 이번 장에서 다루게 될 과정은 체적 내의 질량이 일정하게 유지되는 것으로 가정한다. 즉, 이러한 계를 밀폐계라고 한다. 질량은 체적에 가감되지 않지만, 일반적으로 체적은 실린더 내에서 움직이는 피스톤과 같이, 그 형상 및 크기가 변할 수 있다. 첫 번째로 살펴볼 과정은 등적 과정이다.

3.5.1 등적 과정

등적 과정은 계의 체적이 일정하게 유지되고 계의 경계는 이동하지 않는 과정이다. 경계가 고정되어 있다면, $P\Delta V$에 의한 일이 없고, 식 (3.20)은 다음과 같이 표현될 수 있다.

$$Q = \Delta U \tag{3.24}$$

Comment
경계는 등적 과정 동안 고정된 것으로 가정한다.

상태량표(table of properties)를 사용하면 물질의 비내부에너지를 찾을 수 있을 것이다. 기체의 경우, ΔU를 구하기 위해 식 (2.24)를 적분하면, 열전달은 다음과 같다.

$$Q = m\int_{T_1}^{T_2} C_v dT \tag{3.25}$$

Note: 외차나 전기히터에 의해 생성된 일은 평형상태를 깨뜨리게 되므로 우측항에 추가 되어야 한다.

C_v 값이 일정하다고 가정할 경우, 다음과 같다.

$$Q = mC_v(T_2 - T_1) \tag{3.26}$$

Comment
특별한 언급이 없는 경우 비열은 일정하다고 가정한다. 하지만 이러한 가정은 높은 온도에서 오차를 유발할 수 있다.

외차(paddle wheel)와 같은 비평형 일이 문제가 있으면, 그것은 위의 식에 포함되어야 한다.

등적 과정(constant-volume process)은 *isometric process*라고도 한다. 고정된 용기나 고정된 체적과 같은 조건은 등적 과정으로 나타낸다. 만약 계의 체적이 일정하게 유지되면, 비체적도 일정하게 유지될 것이다.

Isometric process: 등적 과정

등적 과정 예제 3.10

그림 3.22의 단단한 용기에 −30°C의 질소 7 kg이 들어있고, 430 kPa의 압력이 작용하고 있다. 최종 압력과 질소를 90°C로 가열하기 위한 열량을 결정하라.

풀이

질소를 이상기체로 가정하고, 이상기체 법칙을 적용하면, 초기상태에서 $R = 297$ J/kg·K $m = 7$ kg, $T_1 = -30$ °C $= 243$ K, $P_1 = 430$ kPa이므로

(계속)

예제 3.10 (계속)

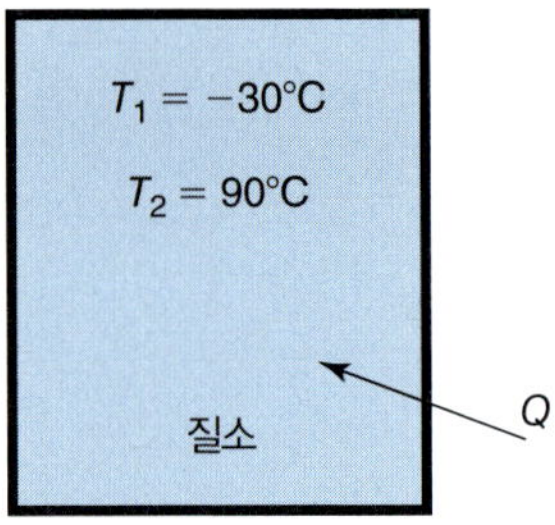

그림 3.22

$$v_1 = \frac{RT_1}{P_1} = \frac{297 \text{ J/kg·K} \times 243 \text{ K}}{430 \times 1000 \text{ Pa}} = 0.168 \text{ m}^3/\text{kg}$$

이 용기는 단단한 용기이기 때문에, 체적이 일정하게 유지되고, 따라서 v_2 = 0.168 m^3/kg 이다. T_2 = 90 °C = 363 K이며, 최종 압력은

$$P_2 = \frac{RT_2}{v_2} = \frac{297 \times 363}{0.168} = 642000 \text{ Pa} = \underline{642 \text{ kPa}}$$

열량은 식 (3.26)에 의해 구할 수 있다.

$$Q = mC_v(T_2 - T_1)$$
$$= 7 \text{ kg} \times 0.742 \text{ kJ/kg·K} \times (363-243)\text{K} = \underline{623 \text{ kJ}}$$

3.5.2 등압 과정

등압 과정은 과정이 진행되는 동안 계의 압력이 일정하게 유지되는 과정이다. 등압 과정으로 가정하면, 식 (3.6)은 다음과 같이 준평형 상태로 표현할 수 있다.

$$W = P(V_2 - V_1) \tag{3.27}$$

등압 과정(constsnt-pressure process)은 *isobaric process*라고도 표현한다. 등압 과정을 설명하는 장치는 실린더 내부에서 마찰이 없이 이동하는 피스톤이다. 그림 3.23은 간단한 피스톤-실린더 장치로 피스톤은 실린더 내부를 마찰 없이 위 아래로 이동한다.

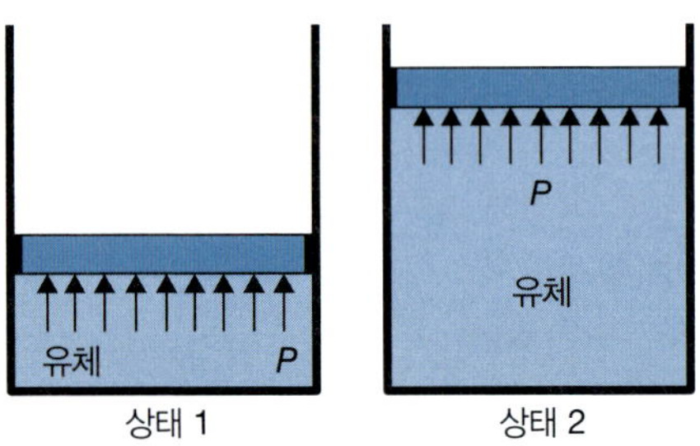

그림 3.23
등압 과정

피스톤 아래의 유체압력은 아래로 움직이는 피스톤의 중량에 의해 결정된다. 피스톤 아래의 물질이 가열되면, 물질은 팽창하게 된다. 이때 피스톤은 실린더 내의 압력을 일정하게 유지하기 위해 필요한 만큼 이동하게 된다. 다만 물질은 피스톤의 가장 자리로 빠져나가지 않는다.

운동에너지 변화를 무시하면, 준평형 등압 과정의 제1법칙은 식 (3.27)을 사용하여, 다음과 같이 나타낼 수 있다.

$$Q - P(V_2 - V_1) = U_2 - U_1 \tag{3.28}$$

또는

$$Q = (PV + U)_2 - (PV + U)_1 \tag{3.29}$$

Comment
등압 과정을 고려할 때 엔탈피를 사용하면 유용하다.

아울러 엔탈피를 이용해 다음과 같이 표현할 수 있다.

$$Q = H_2 - H_1 \tag{3.30}$$

또는

$$q = h_2 - h_1 \tag{3.31}$$

이상기체의 경우, 다음의 식을 사용할 수 있다.

$$q = \Delta h = \int_{T_1}^{T_2} C_p dT \tag{3.32}$$

$$= C_p(T_2 - T_1) \qquad (C_p = \text{일정}) \tag{3.33}$$

높은 온도의 경우, 정확도가 단순 비교보다 중요하다면 부록 F 내의 이상기체 표 또는 표 B-6의 평균 C_p 값을 사용하는 편이 낫다.

전기저항 히터와 같은 비평형 일이 존재한다면, 그 일은 위의 에너지 방정식에 추가되어야 한다.

Remember: 2.6절에서 제시한 5가지 방법 중의 어떤 방법이라도 Δh를 찾기 위해 사용할 수 있다. 500°C 이상으로, 온도가 비교적 클 경우, 이상기체 표, 표 B-6의 평균 C_p를 사용하는 것이 가장 좋다. (공기의 경우는IRC 상태량 계산기를 사용할 수 있다)

예제 3.11 등압 과정

피스톤-실린더 장치에 포화액체인 물 20 kg이 들어 있다. 피스톤의 중량으로 200 kPa의 일정한 압력이 실린더 내에 유지되도록 한다. 그림 3.24의 상태 2에서 보이는 바와 같이, 건도가 0.3이 될 때까지 전기저항 히터에 의해 물이 가열된다. 12 V의 배터리가 200분 동안 2A의 전류를 공급할 때, 실린더 내의 물에 초기 체적과 최종 체적을 결정하고, 수행된 일과 필요한 열량을 결정하라.

풀이

상태 1: 상태 1에서 알려진 상태량은 $m = 20$ kg, $P_1 = 200$ kPa이고, 둘 다 일정하게 유지된다. 물은 200 kPa의 포화액체이기 때문에 $x_1 = 0$이고, 200 kPa에서 온도는 표 C-2로부터 120.2°C로 포화온도이다. 상태 1에서 비체적은 200 kPa에서 v_f이며, 표 C-2에서 $v_f = 0.001061\ \text{m}^3/\text{kg}$이다. 계의 질량을 알고 있으므로, 초기 체적은 다음과 같이 구할 수 있다.

$$V_1 = mv_1 = 20\ \text{kg} \times 0.001061\ \text{m}^3/\text{kg} = \underline{0.02122\ \text{m}^3}$$

상태 2: 질량과 압력은 상태 1에서부터 일정하게 유지된다. 상태 2는 습증기($x_2 = 0.3$)이기 때문에, 온도 역시 포화온도인 120.2°C로 일정하게 유지된다. v_2를 구하기 위해 건도를 이용하면 다음과 같다.

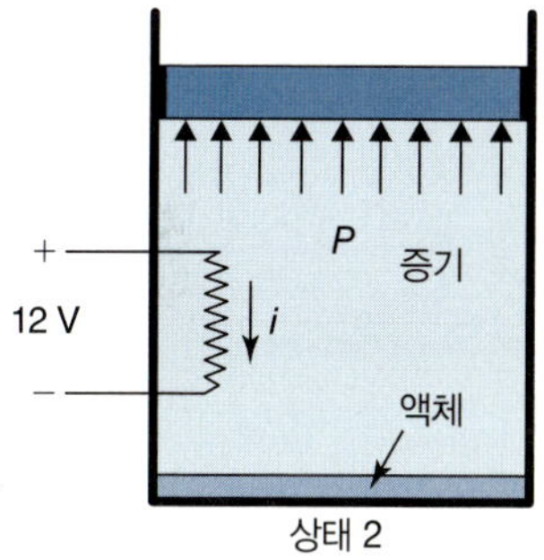

그림 3.24

$$v_2 = v_f + x_2(v_g - v_f)$$
$$= 0.001061 + 0.3(0.8857 - 0.001061) = 0.2665\ \text{m}^3/\text{kg}$$

상태 2의 체적:

$$V_2 = mv_2 = 20 \times 0.2665 = \underline{5.329\ \text{m}^3}$$

이 과정 동안의 일은 다음과 같이 계산할 수 있다.

$$W_{1\text{-}2} = P(V_2 - V_1) - (Vi)_{\text{elect}}\Delta t$$
$$= 200\ 000\ \text{Pa} \times (5.329 - 0.2122)\ \text{m}^3 - (12 \times 2)\frac{\text{J}}{\text{s}} \times (200 \times 60)\ \text{s}$$
$$= 735\ 400\ \text{J} \quad \text{or} \quad \underline{735\ \text{kJ}}$$

Note: $(vi)_{\text{elect}}$의 단위가 와트(watt)이므로, 줄(joule)을 얻기 위해서 시간(second)을 곱하면 된다.

음의 값을 갖는 비평형 전기 일(The negative electrical nonequilibrium work)은 줄(joule)의 단위를 갖고, $Vi\Delta t$로 계산할 수 있다. (식 3.13 참조) 계가 주위로 행한 일은 궁극적으로 양의 값을 갖고 결국 끓는 혼합물은 피스톤을 위로 밀고 있다.

(계속)

예제 3.11 (계속)

필요한 열량은 식 (3.29)의 제1법칙에 의해 구할 수 있다.

$$Q - W_{\text{elect}} = m(h_2 - h_1)$$

Note: 전기저항 히터 때문에, 필요한 열량은 히터가 장착되지 않은 경우의 열량보다 적다.

사용된 $h_2 = h_f + xh_{fg} = 504.7 + 0.3 \times 2201.9 = 1165$ kJ/kg, $h_1 = 504.7$ kJ/kg이고, 필요한 열량은 다음과 같이 구할 수 있다.

$$\begin{aligned} Q &= m(h_2 - h_1) + (-Vi)_{\text{elect}}\Delta t \\ &= 20\text{ kg} \times (1165 - 504.7)\text{ kJ/kg} \times 1000\text{ J/kJ} - 12 \times 2 \times (200 \times 60)\text{ J} \\ &= 12.92 \times 10^6\text{ J 또는 } \underline{12.92\text{ MJ}} \end{aligned}$$

엔탈피의 단위가 kJ/kg이기 때문에 "1000"을 곱해 kJ을 J로 변환한다.

3.5.3 등온 과정

Isothermal process: 등온 과정.

온도가 일정하게 유지되는 *등온 과정*(isothermal process)의 경우, 문제 해결 시 상태량을 결정하기 위해 다양한 방정식과 표가 사용될 수 있다. 온도가 일정하게 유지될 때 상태량은 압력에 대체로 민감하지 않다. 하지만 더러 압력 변화 시 상태량의 변화를 고려해야 하는 경우도 있다. 운동에너지와 위치에너지의 변화를 무시하면 (밀폐)계에 대한 제1법칙은 다음과 같이 표현할 수 있다.

Note: 증기와 같은 물질은 Δu를 찾기 위해 표를 사용하라.

$$Q - W = m(u_2 - u_1) \tag{3.34}$$

계 내부의 물질이 이상기체에 가까워질 수 있다면, 내부에너지는 온도만의 함수이기 때문에 $u_2 - u_1 = 0$이 되고, 제1법칙은 다음과 같이 표현할 수 있다.

$$Q = W \qquad \text{(이상기체인 경우)} \tag{3.35}$$

이상기체 법칙 $PV = mRT$를 사용하고, 등온 과정이므로 mRT가 일정하다고 하면,

Note: 이상기체의 경우만

$$W = \int_{V_1}^{V_2} PdV = mRT\int_{V_1}^{V_2} \frac{dV}{V} = mRT\ln\frac{V_2}{V_1} \tag{3.36}$$

등온 과정 $P_1V_1 = P_2V_2$이기 때문에 압력비를 이용하여 $V_2/V_1 = P_1/P_2$로 나타낼 수 있다. 이런 경우 일은 다음과 같이 표현 될 수 있다.

Note: 이상기체의 경우만

$$W = mRT\ln\frac{P_1}{P_2} \tag{3.37}$$

이것은 준평형 상태에 대한 일의 설명이다. 비평형 상태의 일(nonequilibrium work)이 포함되어 있는 경우 적절한 고려가 필요하다.

등온 과정 예제 3.12

그림 3.25에서 보는 바와 같이, 2 m^3의 체적에 100°C의 온도와 120 kPa의 압력을 받는 프로판 가스가 600 kPa의 압력이 될 때까지 등온 과정에서 압축된다. 이 과정에서 수행된 일과 필요한 열을 결정하라.

풀이

프로판은 기체상수가 $R = 0.1886$ kJ/kg·K인 이상기체이다.

주어진 **상태 1**: $T_1 = 100°C = 373$ K, $P_1 = 120$ kPa, $V_1 = 2\ m^3$

상태 2: $T_2 = T_1 = 373$ K(등온 과정), $P_2 = 600$ kPa

계의 질량은 일정하고 상태 1로부터 구할 수 있다.

$$m = \frac{PV}{RT} = \frac{120 \times 2}{0.1886 \times 373} = 3.412 \text{ kg}$$

압력의 변화를 알고 있기 때문에, 식 (3.37)을 이용하여 일을 구할 수 있다.

$$W = mRT \ln\frac{P_1}{P_2}$$

$$= 3.412 \text{ kg} \times 0.1886 \frac{\text{kJ}}{\text{kg·K}} \times 373 \text{ K} \times \ln\frac{120}{600} = \underline{-386.3 \text{ kJ}}$$

이 예제에서 일은 음의 값이다. 이것은 일이 주위로 수행되었음을 나타낸다.

열량은 제1법칙을 적용하여 구할 수 있고, 다음과 같다.

$$Q = W = \underline{-386.3 \text{ kJ}}$$

비평형 상태에서의 일(nonequilibrium work)이 아니기 때문에 $\Delta u = 0$이다. 음의 기호는 열이 계를 빠져나간 것을 의미한다.

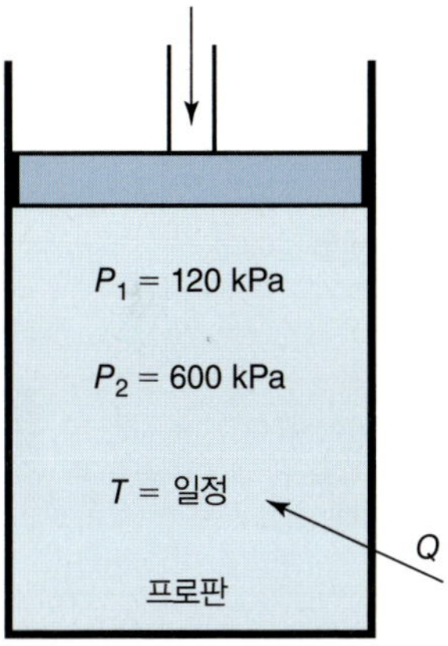

그림 3.25

3.5.4 단열 과정

열의 전달이 없는 *단열 과정*(adiabatic process)은 여러 가지 상황에 적용이 가능하다. 기관의 실린더 내에서 가스의 압축과 팽창 과정이 전형적인 단열과정의 예이다. 가령 3000 rpm으로 작동하고 있는 엔진의 경우, 각 과정이 빠르게 진행되기 때문에 열 전달이 일어나기에 시간적으로 충분하지 않거나 해석상 실린더 체적으로 부터의 열 손실을 고려하지 않는다. 제1법칙(식 3.23 참조)의 미분 형태는 단열 과정($\delta q = 0$)인 동안 다음과 같이 나타낼 수 있다.

단열 과정: 열전달이 허용되지 않는 과정.

$$-\delta w = du \tag{3.38}$$

$\delta w = Pdv$일 때 준평형 과정에서(예: 외차나 전기 저항 등이 없는 경우), 제1법칙의 미분형태는 다음과 같다.

$$du + Pdv = 0 \tag{3.39}$$

계 안의 기체가 이상기체라면, 이상기체 법칙 $P = RT/v$와 $du = C_v dT$ (식 2.24 참조)를 통해 식 (3.39)를 다음과 같이 나타낼 수 있다.

$$C_v dT + \frac{RT}{v} dv = 0 \tag{3.40}$$

또는 다음과 같이 나타낼 수 있다.

$$\frac{C_v}{R}\frac{dT}{T} = -\frac{dv}{v} \tag{3.41}$$

Comment

C_v 값은 상당한 오차를 발생시킬 수 있지만 대부분의 경우 일정하다고 가정한다. 더 정확한 결과가 요구되는 경우에는 이상기체 표 B-5 또는 B-6을 이용할 수 있다. 이 문제에 대해서는 6장에서 상세히 다룰 것이다. 이 장에서는 비열이 일정한 경우만을 다루게 될 것이다.

대부분의 과정에서 C_v 값이 일정하다고 가정 할 수 있으며, 엔진 실린더의 팽창 과정에서 조차도 비교 목적이나 근사값을 구하기 위해 일정하다고 가정할 수 있다. 따라서, C_v가 일정하다고 가정한다면, 식 (3.41)은 상태 1과 2사이에서 다음과 같이 적분될 수 있다.

$$\frac{C_v}{R}\int_{T_1}^{T_2}\frac{dT}{T} = -\int_{v_1}^{v_2}\frac{dv}{v} \tag{3.42}$$

$$\frac{C_v}{R}\ln\frac{T_2}{T_1} = -\ln\frac{v_2}{v_1} \tag{3.43}$$

Note: R, C_v, k 값은 부록의 표 B-2에서 찾을 수 있다.

이 방정식은 다음과 같이 나타낼 수 있다.

$$\frac{T_2}{T_1} = \left(\frac{v_1}{v_2}\right)^{k-1} \text{ 또는 } Tv^{k-1} = \text{일정} \tag{3.44}$$

Note: 일정 비열인 이상기체인 경우.

식 (3.44)에는 식 (2.35)로부터 $R/C_v = k - 1$를 적용하였다. 이상기체 법칙을 사용하면, 식 (3.44)를 다음과 같이 나타낼 수 있다.

$$\frac{T_2}{T_1} = \left(\frac{P_2}{P_1}\right)^{(k-1)/k} \text{ 또는 } T/P^{(k-1)/k} = \text{일정} \tag{3.45}$$

$$\frac{P_2}{P_1} = \left(\frac{v_1}{v_2}\right)^{k} \text{ 또는 } Pv^k = \text{일정} \tag{3.46}$$

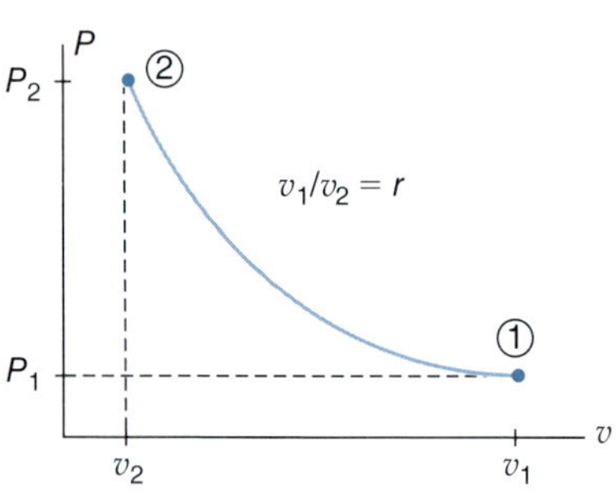

그림 3.26

준평형 단열 압축 과정을 위한 압력-체적 선도(P-v선도)

식 (3.44), (3.45), (3.46)은 단열($q = 0$), 준평형 과정에 있는 이상기체를 위한 식이다. 비평형 상태에서는 사용할 수 없음을 유념하라.

대부분의 엔진 문제에 있어 그림 3.26에서 보는 바와 같이 실린더 내에 가스의 최대 용적을 최소 용적으로 나눈 값으로 정의된 압축비 r을 사용한다.

$$r = \frac{v_1}{v_2} \tag{3.47}$$

작동 유체가 이상기체가 아닌 경우, 식 (3.39)에서 두 미분 값의 합이 $d\psi$로 정의되는 세 번째 미분 값으로 표현될 수 있으며 이것은 식 (2.11) 엔탈피의 정의와 유사한 방법으로 다음과 같이 쓸 수 있다.

$$d\psi = du + Pdv \tag{3.48}$$

$d\psi = 0$이기 때문에 $\psi_2 = \psi_1$이다. 기호 ψ(psi)에 정식 명칭을 부여하지 않았지만, s로 표시되는 엔트로피가 일정할 때, ψ도 일정하게 유지된다는 것을 알게 될 것이다. s는 6장에서 다루게 될 것이며 부록의 표에 그 값들이 잘 정리되어 있기 때문에 새로운 함수를 만들 필요는 없다. 따라서, 이번 장에서는 준평형 단열 과정은 $\psi_2 = \psi_1$ 또는 $s_2 = s_1$이라는 사실만을 이해하고 더 자세한 내용은 6장에서 배우도록 한다.

Note: 준평형형 단열 과정인 경우 ψ = 일정이다.

Note: 엔트로피는 6장에서 정의한다.

공기의 단열(Q = 0) 과정 예제 3.13

그림 3.27에서 보여주는 바와 같이 400 cm^{3}의 단열된 실린더에 20°C, 100 kPa의 공기가 압축되어있다. 압축비가 8이 되기 위해서 필요한 일을 구하시오. 일정한 비열과 준평형 과정으로 가정한다.

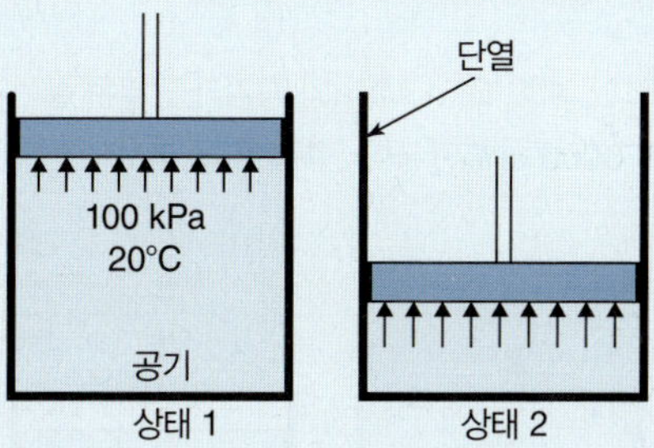

그림 3.27

풀이

공기는 기체 상수 R = 0.287 kJ/kg·K인 이상기체이다.

주어진 **상태 1:** T_1 = 20°C = 293 K, P_1 = 100 kPa, V_1 = 400 cm^3

상태 2: $V_2 = V_1/8$ (압축비는 체적비와 동일하다.)

제1법칙에서

$$-W = m(u_2 - u_1) = mC_v(T_2 - T_1)$$

m과 T_2를 결정해야 한다. 계의 질량은 상태 1로부터 구할 수 있다.

$$m = \frac{P_1V_1}{RT_1} = \frac{100 \times (400 \times 10^{-6})}{0.287 \times 293} = 4.757 \times 10^{-4}\ \text{kg}$$

최종온도는 식 (3.44)를 이용하여 구할 수 있다.

$$T_2 = T_1\left(\frac{v_1}{v_2}\right)^{k-1} = 293 \times 8^{1.4-1} = 673\ \text{K}$$

(계속)

Comment

실린더내 이상기체의 압축에서 변수 r은 압축비로 사용된다. 압축비 $r = V_{max}/V_{min}$이다.

예제 3.13 (계속)

절대온도를 사용하여야 하며, 부록의 표 B-2에서 $k = 1.4$를 구할 수 있다. 일을 계산하면 다음과 같다.

$$W = mC_v(T_2 - T_1)$$
$$= 4.757 \times 10^{-4}\,\text{kg} \times 717\,\frac{\text{J}}{\text{kg}\cdot\text{K}}(673 - 293)\,\text{K} = \underline{129.6\,\text{J}}$$

비열 C_v는 표 B-2에서 717 J/kg·K라는 것을 찾을 수 있다. 만약 비열을 0.717 kJ/kg·K로 계산하면, 답은 0.1296 kJ이 될 것이다.

예제 3.14 증기의 단열과정

그림 3.28에서 보는 바와 같이, 400°C, 4 MPa의 증기가 단열된 실린더에서 600 kPa로 팽창되었다. 실린더의 초기 체적이 8000 cm^{3}인 경우, 출력 일을 구하시오. 앞의 예제에서와 마찬가지로 준평형 과정으로 가정한다.

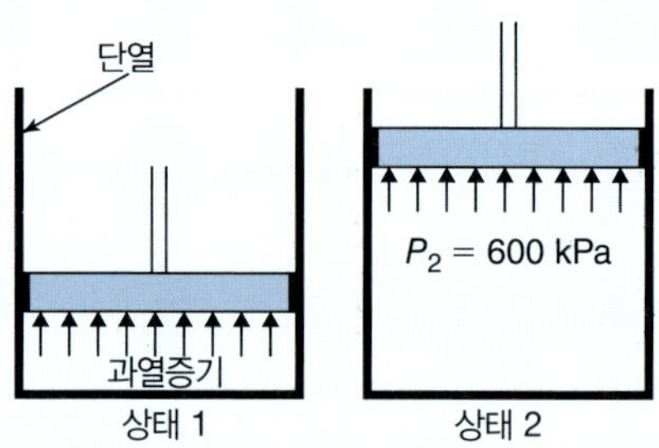

그림 3.28

풀이

상태 1은 과열 영역이므로 표 C-3을 사용한다.

주어진 **상태 1:** $T_1 = 400°\text{C}$, $P_1 = 4$ MPa, $V_1 = 8000\ \text{cm}^3$

상태 2: $P_2 = 600$ kPa

실린더는 단열되었기 때문에 단열과정이다. $Q = 0$이고, 준평형 과정에서 출력일은 다음과 같이 구할 수 있다.

$$W = m(u_1 - u_2)$$

일을 구하기 위해 m, u_1, u_2를 알아야 한다. 표 C-3으로부터 $v_1 = 0.07341\ \text{m}^3/\text{kg}$을 찾아서 질량을 구할 수 있다.

$$m = \frac{V_1}{v_1} = \frac{8000 \times 10^{-6}\,\text{m}^3}{0.07341\,\text{m}^3/\text{kg}} = 0.109\,\text{kg}$$

또한, 표 C-3으로부터 u_1 = 2919.9 kJ/kg이라는 것을 찾을 수 있다. u_2를 구하기 위해서 $\psi_2 = \psi_1$(식 3.48 아래의 설명 참조)이거나 $s_1 = s_2$ = 6.769 kJ/kg·K이어야 한다. s_2 = 6.769 경우를 찾으면, P_2 = 600 kPa = 0.6 MPa 이다. 표 C-3의 P_2 = 0.6 MPa(600 kPa)에서 첫 번째 항목에 매우 가깝다. 그래서, u_2 = 2567.4 kJ/kg 사용한다. 일을 구하면 다음과 같다.

$$W = m(u_1 - u_2)$$
$$= 0.109\ \text{kg}(2919.9 - 2567.4)\ \text{kJ/kg} = \underline{38.4\ \text{kJ}}$$

3.5.5 폴리트로픽 과정

폴리트로픽 과정(polytropic process)에서 압력과 체적은 아래의 관계에 따라서 변한다.

폴리트로픽 과정: 압력과 체적이 $Pv^n = C$ 에 따라서 변화하는 과정, C는 상수.

$$Pv^n = C \tag{3.49}$$

n과 C는 상수이다. 이 과정은 $P_1v_1^k = P_2v_2^k$ 또는 $Pv^k = C$로 표현되는 이상기체 단열 과정 식 (3.46)과 유사하다. 온도, 압력, 비체적 사이의 관계를 구하기 위해, 단순히 식 (3.44), (3.45), (3.46)에서 k와 n을 교체해주면 된다. 준평형 상태에서의 일은 아래와 같이 적분을 수행함으로써 구할 수 있다.

$$w = \int_{v_1}^{v_2} Pdv = C\int_{v_1}^{v_2} v^{-n}dv = \frac{C}{-n+1}\left(v_2^{-n+1} - v_1^{-n+1}\right) \tag{3.50}$$

$C = Pv^n = P_1v_1^n = P_2v_2^n$이다. 이것을 식 (3.49)에 대입하면, 다음과 같다.

Note: 비열이 일정한 이상기체의 경우.

$$w = \frac{P_2v_2 - P_1v_1}{1-n} \quad \text{또는} \quad W = \frac{P_2V_2 - P_1V_1}{1-n} \tag{3.51}$$

이상기체의 경우, 이상기체 법칙을 적용하여 다음과 같이 표현할 수 있다.

$$w = \frac{R(T_2 - T_1)}{1-n} \tag{3.52}$$

폴리트로픽 과정의 압력 및 체적 변화나 이상기체의 온도 변화를 알고 있는 경우, 폴리트로픽 과정에 대한 일 적분(work intergral)은 결과를 쉽게 검산해 볼 수 있다. 그러나, 이것은 준평형 과정에서만 유효하다라는 사실을 상기해야 한다.

이상기체가 작동 유체라고 가정하면, 준평형 폴리트로픽 과정은 n의 값에 따라 다음과 같이 설명할 수 있다.

$n = 0$	등압 과정
$n = \infty$	등적 과정
$n = 1$	등온 과정
$n = k$	단열 과정

n이 이 숫자들 중 하나가 아니라면, 단순히 폴리트로픽 과정이다. 또한, 등온 과정 즉 $n = 1$인 경우 일을 구하기 위해 주어진 식을 사용할 수 없다(분모 = 0). 등온 과정의 경우 일은 식 (3.36), (3.37)에서 구할 수 있다.

예제 3.15 $n = 1.5$인 경우 폴리트로픽 과정

그림 3.29에서 보여준 바와 같이, 200 kPa의 압력과 2 m^3의 체적의 공기가 폴리트로픽 과정에서 기체의 체적이 5 m^3이 될 때까지 팽창되었다. $Pv^{1.5} = C$ 인 경우, 이 과정 동안 수행된 일과 열량을 구하시오.

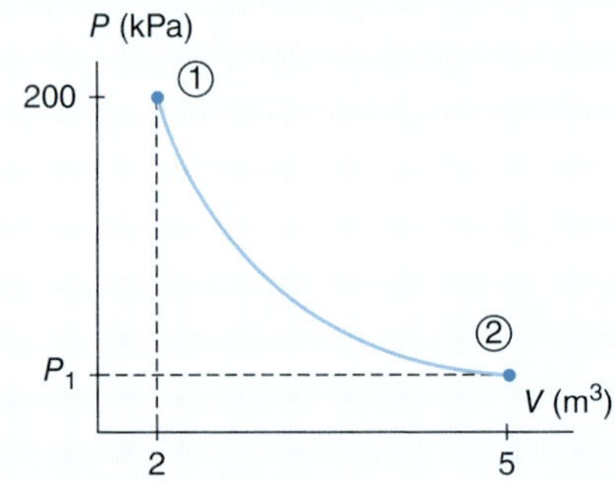

그림 3.29

Note: $Pv^{1.5} = C$이라면, 이 과정에서 m은 일정하기 때문에 $PV^{1.5} = C$이고, $V = mv$이다.

풀이

주어진 **상태 1:** $P_1 = 200$ kPa, $V_1 = 2$ m^3, $C = P_1V_1^{1.5} = 200 \times 2^{1.5} = 565.7$

상태 2: $V_2 = 5$ m^3

상태 2에서 압력은 폴리트로픽 방정식을 사용하면 다음과 같다.

$$P_2 = \frac{565.7}{V_2^{1.5}} = \frac{565.7}{5^{1.5}} = 50.6 \text{ kPa}$$

식 (3.51)을 이용하여 다음과 같이 계산할 수 있다.

$$W = \frac{P_2V_2 - P_1V_1}{1 - n} = \frac{50.6 \times 5 - 200 \times 2}{1 - 1.5} = \underline{294 \text{ kJ}}$$

양의 일은 계가 주위 기체에 일을 수행하였다는 것을 의미한다.

제1법칙에 의해 열량을 계산하면 다음과 같다.

Note: 비열이 일정한 이상기체인 경우

$$\begin{aligned} Q &= \Delta U + W \\ &= mC_v(T_2 - T_1) + W = \frac{C_v}{R}(P_2V_2 - P_1V_1) + W \\ &= \frac{0.717}{0.287}(50.6 \times 5 - 200 \times 2) + 294 \\ &= \underline{-73.2 \text{ kJ}} \end{aligned}$$

이상기체 법칙에 따라, $mT = PV/R$은 동일하다. $n = 1.4$였다면, 열량은 0이 될 것이다.

☑ 학습목표 확인 (4)

3.6 사이클

3.5절에서 소개한 준평형 과정은 전력 생산, 냉동기, 가스 압축기 등의 사이클 해석에서 유용하게 사용될 수 있다. 자동차 엔진에 의해 생성된 동력(power)은 주로 두 개의 단열 과정과 두 개의 등적 과정으로 이루어진 오토 사이클을 이용하여 설명할 수 있다. 대부분의 대형 트럭 엔진은 두 개의 단열 과정, 각 하나씩의 등압 과정과 등적 과정으로 이루어진 디젤 사이클에 기반을 두고 있다. 스터링 사이클(Stirling cycle)과 에릭슨 사이클(Ericsson cycle)은 아주 한정적으로 사용되긴 하지만, 스터링 사이클은 두 개의 등온 과정과 두 개의 등적 과정으로 작동하고, 에릭슨 사이클은 두 개의 등온 과정과 두 개의 등압 과정으로 구성된다. 가장 효율이 높은 카르노 사이클(Carnot cycle)도 두 개의 단열 과정과 두 개의 등온 과정, 총 4개의 가역 과정으로 이루어진다. 카르노 사이클은 효율이 가장 좋은 사이클이고, 이론적으로 가장 높은 열효율을 나타내는 이상적인 사이클이다. 이런 사이클에 대해서는 9장에서 자세히 공부하게 될 것이다.

3.7 요약

열역학 제1법칙은 단순히 계에 에너지 보존을 적용한 것이다. 공학 문제를 해결하기 위해서 질량보존의 법칙, 에너지보존의 법칙, 뉴턴의 제2법칙 중 한개 이상의 법칙이 적용되기도 한다. 이 장에서는 에너지보존법칙 즉 열역학 제1법칙이 계에 주로 적용되었다. 질량의 유입과 유출이 있는 계에 대해서는 4장에서 공부할 것이다. 열역학 제1법칙을 적용하기 위해서 일과 열전달을 정의할 필요가 있고, 그것은 등적($\Delta V = 0$), 등압($\Delta P = 0$), 등온($\Delta T = 0$), 단열($\Delta Q = 0$) 및 폴리트로픽 과정을 통해 해석되어야 한다. 다양한 과정에 열역학 제1법칙을 적용하는 동안, 이번 장에서 다음의 용어를 정의하였다.

단열 과정: 과정에서 열전달은 0이다.
전도: 분자간의 작용에 의한 열에너지의 이동
대류: 유체의 움직임에 의한 열에너지의 이동
열전달: 온도차에 의한 에너지의 전달
정압 과정: 등압 과정
정적 과정: 등적 과정
정온 과정: 등온 과정
폴리트로픽 과정: $Pv^n = C$인 과정
동력: 일이 전달되는 비율
복사: 전자기 복사에 의한 에너지의 전달
일: 힘과 힘의 방향으로 이동한 거리의 곱

이 장에서 소개된 중요한 방정식을 요약해보면 다음과 같다.

일: $W_{1\text{-}2} = \int_{V_1}^{V_2} PdV$

스프링의 일: $W_{1\text{-}2} = \frac{1}{2}K\left(x_2^2 - x_1^2\right)$

축에 의해 전달된 동력: $\dot{W} = \omega T$

저항에 의한 동력: $\dot{W} = Vi = i^2R$

저항에 의한 일: $W = i^2R\Delta t$

전도: $\dot{Q} = kA\frac{\Delta T}{L}$

대류: $\dot{Q} = h_c A(T_s - T_\infty)$

복사: $\dot{Q} = \varepsilon\sigma A\left(T_s^4 - T_{\text{surr}}^4\right)$

등적 과정: $Q = mC_v(T_2 - T_1),\ W = 0$

사이클의 제1법칙: $Q_{\text{net}} = W_{\text{net}}$

등압 과정: $Q = m(h_2 - h_1),\ W = P(V_2 - V_1)$

등온 과정: $Q = W = mRT\ln\frac{V_2}{V_1}$

단열 과정: $w = C_v(T_1 - T_2), \quad \frac{T_2}{T_1} = \left(\frac{v_1}{v_2}\right)^{k-1} = \left(\frac{P_2}{P_1}\right)^{(k-1)/k}$

폴리트로픽 과정: $w = \frac{P_2v_2 - P_1v_1}{1 - n}, \quad Pv^n =$ 일정

연습문제

3.1 A person carries a 50-N weight moving 30 m vertically up a hill and down the other side dropping a distance of 30 m. The work done is nearest:

(A) 1500 N·m

(B) 3000 N·m

(C) 0 N·m

(D) −1500 N·m

3.2 Select the only correct statement about a quasi-equilibrium work mode:

(A) It can always be written as PdV.

(B) The differential work is written as dw.

(C) The work at state 1 can be identified as W_1.

(D) It can be reversed with no losses.

3.3 Which work mode is not a quasi-equilibrium work mode?

(A) A rotating drive shaft in an automobile

(B) A rotating stirrer in a container of paint

(C) A parabolic spring being stretched

(D) A piston compressing air in a cylinder of a car

3.4 Which is not an acceptable SI unit of work?

(A) N·m

(B) N·m/s

(C) J

(D) MJ

3.5 Air is expanding in a piston/cylinder arrangement such that $PV^2 = 2$, with P in kPa and V in m^3. The work when the volume changes from 0.04 m^3 to 0.2 m^3 is nearest:

(A) 20 kJ

(B) 25 kJ

(C) 40 kJ

(D) 55 kJ

3.6 Two kilograms of saturated liquid water are heated at constant pressure until the temperature and pressure are 400°C and 2 MPa. The work is nearest:

(A) 700 kJ

(B) 650 kJ

(C) 600 kJ

(D) 550 kJ

3.7 The paddle wheel in Fig. 3.30 does work on a contained fluid with a 40 N·m torque rotating a shaft at 400 rpm for 10 minutes. The work transferred by the paddle wheel to the fluid is nearest:

(A) 800 kJ

(B) 1000 kJ

(C) 1670 kJ

(D) 16 700 kJ

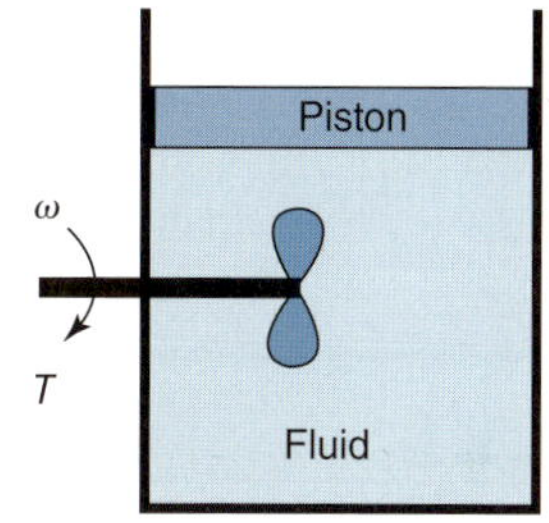

그림 3.30

3.8 The electric heater in Fig. 3.31 operates on 12 V and requires 10 A. After 10 minutes, the work transferred to the fluid is about:

(A) 72 kJ

(B) 1200 kJ

(C) 1200 kJ

(D) 72 000 kJ

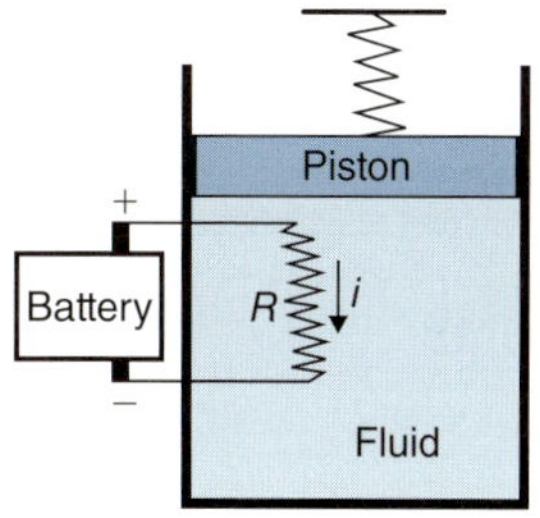

그림 3.31

3.9 Saturated steam holds the 80-kg, 10-cm-diameter piston such that it just touches the spring in Fig. 3.32. The spring constant is 8000 N/m. The work required to raise the frictionless piston 20 cm is nearest:

(A) 510 J
(B) 470 J
(C) 320 J
(D) 250 J

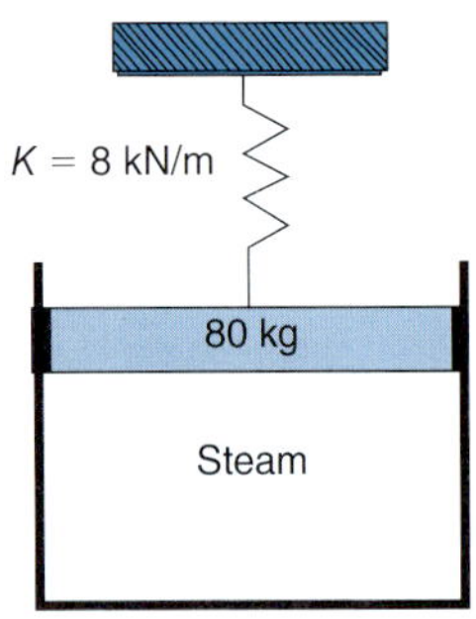

그림 3.32

3.10 You are standing near the bonfire in Fig. 3.33 on a cool evening and feel very warm. You are heated primarily by:

(A) Radiation
(B) Conduction
(C) Convection
(D) A combination of the three

그림 3.33

3.11 Approximate the heat transfer rate through a 0.8-m by 2-m double-pane window if a convective layer on a vertical pane of glass can be approximated as having an R-factor of 1 $m^2 \cdot °C/W$. The resistivity of the air layer between the panes can be approximated as $R = 0.4\ m^2 \cdot °C/W$. The temperature difference across the window is 30°C.

(A) 60 J/s
(B) 40 J/s
(C) 20 J/s
(D) 10 J/s

3.12 Two kilograms of water at 20°C are heated at a constant pressure of 100 kPa until the water is saturated steam. The work is nearest:

(A) 190 kJ
(B) 280 kJ
(C) 320 kJ
(D) 340 kJ

3.13 A conference room with dimensions 4 m by 10 m by 20 m is filled with 100 conference attendees. The air-conditioning system fails, resulting in an increasing temperature. There are 50 100-watt light bulbs, and each person emits approximately 0.117 kJ/s. Assuming a constant pressure, in 15 minutes the temperature will rise approximately:

(A) 10°C
(B) 14°C
(C) 18°C
(D) 22°C

3.14 The air in a rigid 8-m^3 container is at 200 kPa and 60°C. It is heated to 400°C. The heat transfer is nearest:

(A) 4100 kJ
(B) 2410 kJ
(C) 1660 kJ
(D) 260 kJ

3.15 The 4 kg of air, shown in Fig. 3.34, are heated at constant temperature from 200°C and 600 kPa until the pressure is 4 MPa. The heat transfer demanded by this process is nearest:

(A) −830 kJ
(B) −930 kJ
(C) −1030 kJ
(D) −1130 kJ

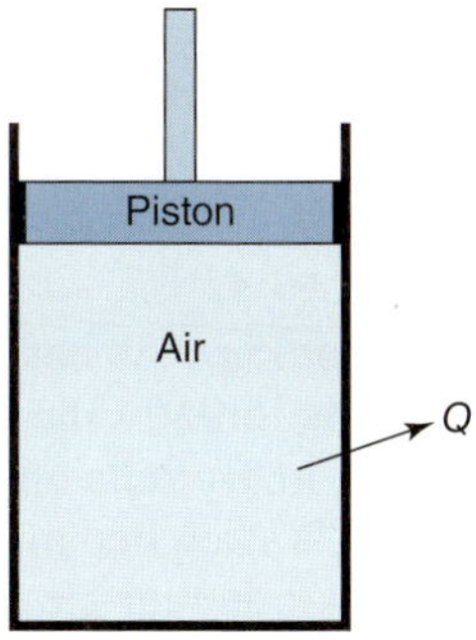

그림 3.34

3.16 A piston compresses air in the automobile cylinder of Fig. 3.35 from 100 kPa and 20°C such that $v_2/v_1 = 0.1$. The temperature at state 2 is nearest:

(A) 360°C
(B) 460°C
(C) 560°C
(D) 660°C

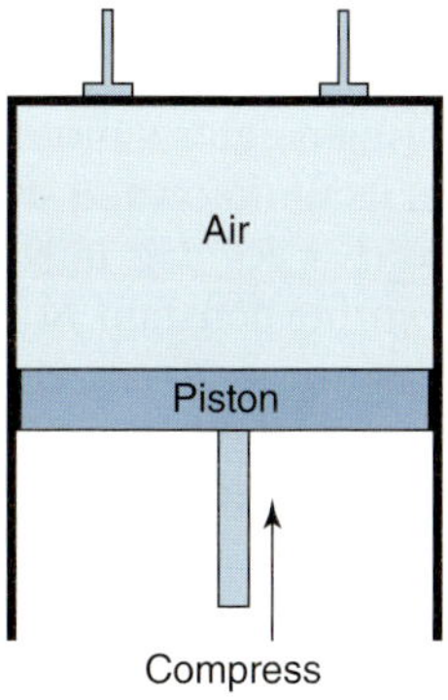

그림 3.35

Work

3.17 If 200 kJ of work is done on a surface moving it 2 m by a force acting at an angle of 30° to a normal to the area, what is the applied force? The force moves in the direction of the normal.

3.18 A force of 450 N is applied normal to a surface that is 3 m by 3 m. If the surface is moved 0.9 m in the direction of the force, how much work is done?

3.19 The hydraulic lift of Fig. 3.36 needs to raise a 2000 kg car and lift assembly 2 m above the floor. If the cylinder has a diameter of 15 cm, what minimum hydraulic pressure (a gage pressure) is needed to raise the car? How much work is required over the 2 m distance?

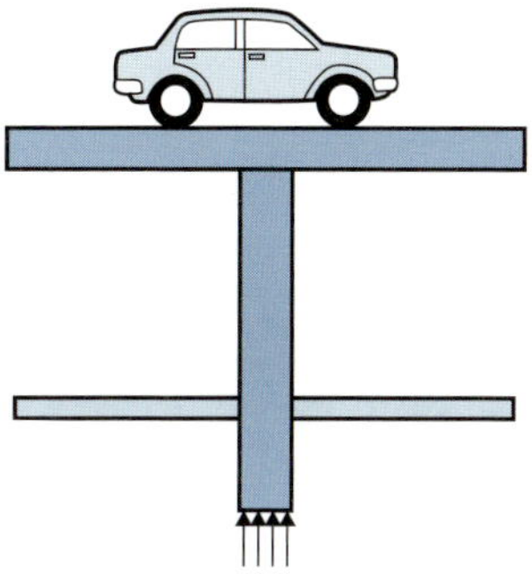

그림 3.36

3.20 A constant pressure of 200 kPa is applied to a 1-m-diameter vertical cylinder in a frictionless piston-cylinder device that is open at the top. Calculate the mass of the piston and the work needed to move the piston 5 m in the vertical direction.

3.21 A force varies linearly with position according to $F = 2500x$ N, where x is the displacement in m. Calculate the work done as this force moves an object horizontally from $x = 0$ m to $x = 15$ m.

3.22 A force varies according to the equation $F = 10e^{x/5}$ N. Calculate the work done as this force pushes an object horizontally from $x = 0$ m to $x = 8$ m.

3.23 Pressure is related to volume by the relationship $PV^{1.2} = \text{Const}$, where P is in kPa and V is in m^3. Determine the work required to compress an ideal gas from 0.8 m^3 to 4000 cm^3 if the initial pressure is 140 kPa.

3.24 Five kilograms of oxygen are compressed from 140 kP and 10°C in a process governed by the equation PV^n = const, where the pressure is in kPa and the volume is in m^3. The final temperature in this process is 37°C. Calculate the work done if *a*) $n = 1.4$, *b*) $n = 1.8$, and *c*) $n = 2$.

Instructor: This isn't multiple choice. Each part with a lower-case italic letter should be assigned as a separate problem.

3.25 Air is compressed in the cylinder of Fig. 3.37 such that PV = const, where the pressure is in kPa and the volume is in m^3. The initial pressure and temperature are 280 kPa and 90°C, respectively. If the volume changes from 0.015 m^3 to 0.0015 m^3, calculate the work required.

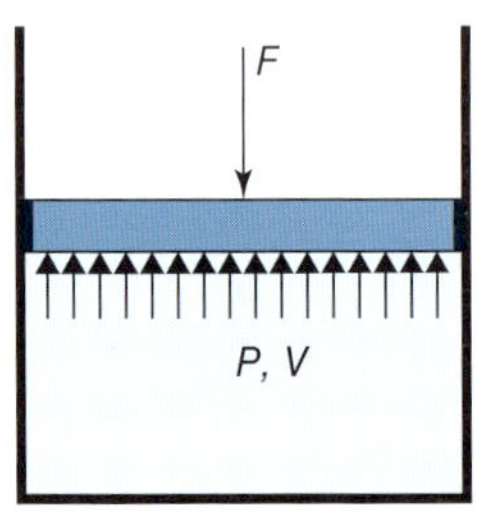

그림 3.37

3.26 A balloon is filled with air from an initial radius of 1.2 m until it reaches a radius of 4 m. The pressure is related to the radius by $P(r) = 120 - 2(r - 1.2)^2$ kPa. Calculate the work. (The surface area of a sphere is $4\pi r^2$.)

3.27 Argon is contained in a piston-cylinder device with a volume of 1 m^3. The argon is compressed according to the equation $P = 5V^{-2}$ (P is in kPa and V is in m^3 until the volume is 0.2 m^3.) Calculate the work done during this process.

3.28 A gas is allowed to expand in an experimental process where the pressure is measured and the volume is determined. The data is listed below. Estimate the work done during this process.

P (kPa)	50	100	150	150	150	100
V (m^3)	10	15	20	25	30	35

3.29 Pressure is measured at several positions in an experiment. The volume at each position is determined. The results of the experiment are presented in the list that follows. Estimate the work performed by the process.

P (kPa)	700	870	950	980	980	950	900	830
V (m^3)	0.003	0.006	0.009	0.012	0.015	0.018	0.021	0.024

Other Forms of Work

3.30 A linear spring has a spring constant of 25 N/m. From its unstretched length it is compressed 10 cm. Calculate the work done on the spring.

3.31 The linear spring of Fig. 3.38 has a spring constant of 4 kN/m. Initially, the spring has been stretched 0.1 m. from its unstretched length. The spring is stretched another 0.125 m. Calculate the work done on the spring during this process.

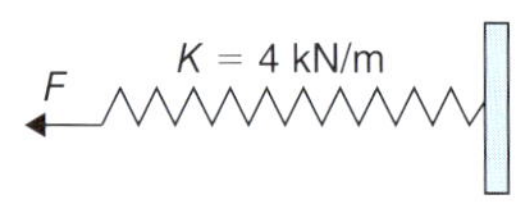

그림 3.38

3.32 A nonlinear spring creates a force that varies with the amount of stretching according to the equation $F = Kx^2$, where $K = 100$ N/m^2, F is in newtons, and x is in meters. If the spring is stretched 15 cm from its unstretched length, calculate the work done on the spring.

3.33 A torsional spring creates a moment when it is twisted from its undeformed state according to the equation $T = K\theta$. T is in N·m and θ is in radians. If the spring constant $K = 10$ N·m/rad and the moment arm is 20 cm, calculate the work done twisting this spring from its undeformed position of 0° to an angle of 180°.

3.34 The air in the cylinder of Fig. 3.39 is initially at 300 kPa. Heat is added until the pressure increases to 900 kPa. Determine the work done by the air on the frictionless piston.

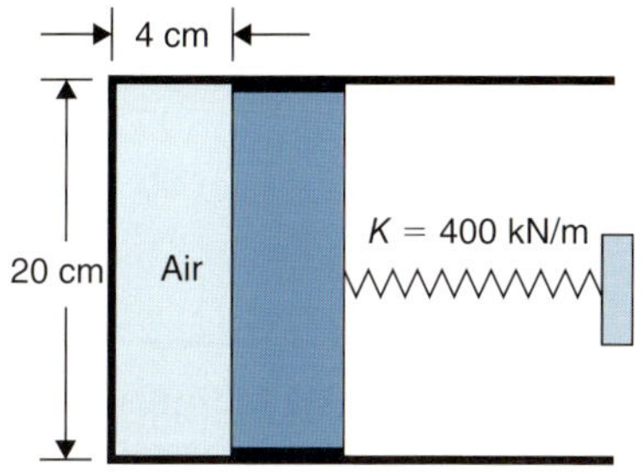

그림 3.39

3.35 A paddle wheel rotates at 200 rpm in a substance. Determine the power transmitted by the shaft and the work it inputs into the substance in 20 minutes if it requires 4 N·m to rotate the wheel.

3.36 The 400-N weight in Fig. 3.40 is falling at the constant rate of 40 mm/s. The shaft transmits a torque of 2 N·m. How much work does the paddle wheel do on the fluid in 20 seconds? What is the rotational speed, in rpm, of the shaft during that time period?

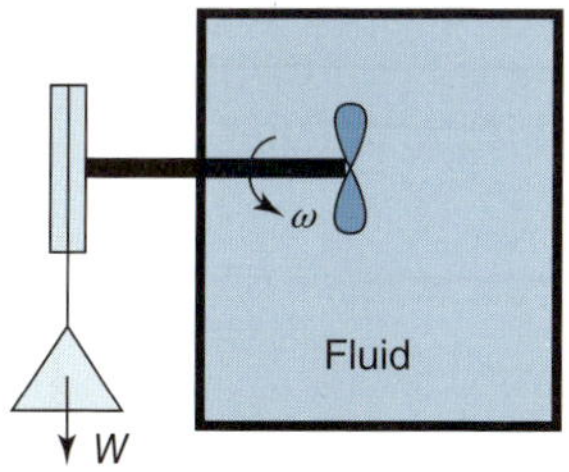

그림 3.40

3.37 The 12-V battery of Fig. 3.41 powers the 10-ohm resistance for 3 minutes. The work from the battery inputs energy into the air. How much erengy is added to the air?

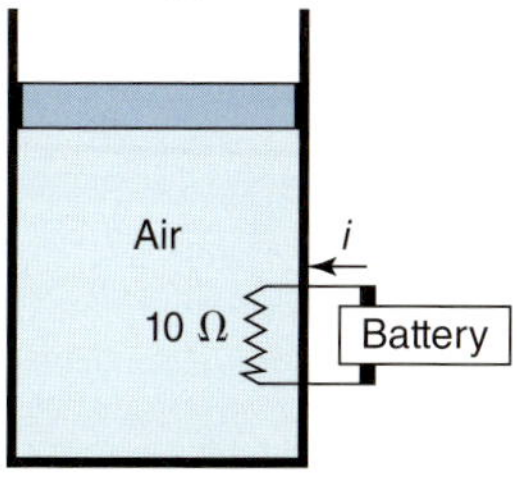

그림 3.41

Heat Transfer

3.38 A steel wall is 2 cm thick. One side of the wall is at 80°C, and the other side is at 20°C. If the steel has a thermal conductivity $k = 45$ W/m·°C, calculate the amount of heat transferred through the wall per unit area.

3.39 A 1.2 m by 2.4 m window has an R-factor of 2 m^2·K/W. If the average outside and inside temperatures are −20°C and 22°C, respectively, how much heat is lost in one day? Estimate how much energy would be lost if there were 20 such windows in a house.

3.40 A pan with a diameter of 0.2 m. holds water at 77°C in a room at 27°C. If the heat transfer coefficient at the surface of the water is 633 kW/m^2-K, calculate the rate of heat transfer from the surface.

3.41 The horizontal flat plate of Fig. 3.42 has a surface area of 1 m^2. The plate is at 60°C, and the surrounding air is at 20°C. If the plate is losing 10 kW of heat by convection, calculate the surface heat transfer coefficient.

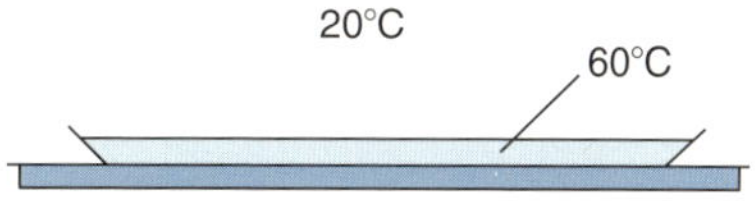

그림 3.42

3.42 The average temperature of the human body is 37°C. Calculate the maximum rate of heat transfer per unit area by radiation from the human body in a room that is at 10°C. What is the percent increase in the heat transfer rate if you are running a fever with a temperature of 39°C?

3.43 A 1-m-diameter spherical satellite is traveling in intergalactic space where the surrounding temperature is 0 K. If the satellite has a surface temperature of −50°C, estimate the rate of heat loss by radiation from the satellite.

Problem-Solving Method

3.44 As a junior engineer, you have been assigned the task of finding a way to mount a 0.6 m by 0.6 m ceramic tile mosaic on a vertical concrete wall. The mosaic weighs 130 N. Using the steps listed in the problem-solving method, devise a way to mount this mosaic.

3.45 Your boss has asked you to devise a method to develop a safety device that will prevent a kerosene space heater from starting fires in the home. Use the problem-solving method to develop this "safety device."

The First Law Applied to Systems

3.46 A rigid container holds 4 kg of water at 20°C. If 200 kJ of heat is added to this system, what will be the final temperature? How much work is done in this process?

3.47 The radiator on a car engine removes 20 kW of heat from the engine. If the temperature of the radiator remains constant and no work is done on the coolant, how much heat is being developed by the engine?

3.48 A power plant generates 100 MW of heat in the boiler and rejects 75 MW of heat to the surroundings, as sketched in Fig. 3.43. How much work is being produced?

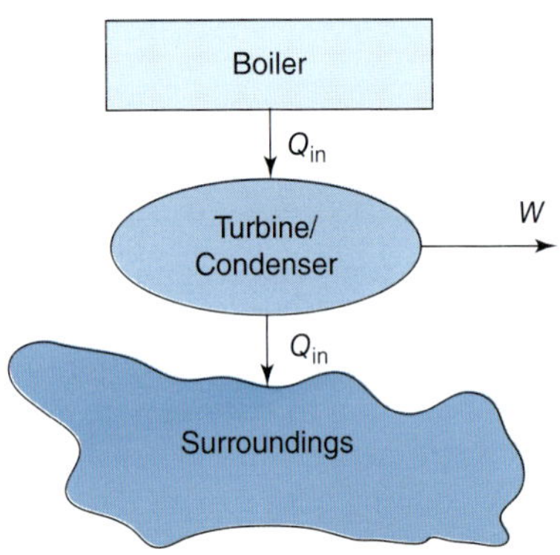

그림 3.43

Note: It is assumed that kinetic and potential energy changes are insignificant when information to include such changes is not given.

3.49 A system produces 5000 kJ of work while at the same time 8000 kJ of heat is added to the system and 4000 kJ of heat leaves the system. What is the net change of total internal energy for this system?

3.50 A system undergoes a four-process cycle. Several quantities for the various processes are listed in the following table. Determine the missing entries. All quantities are in kJ.

Process	Q	W	ΔU
$1 \to 2$	$Q_{1\text{-}2}$	-200	0
$2 \to 3$	$Q_{2\text{-}3}$	600	$U_3 - U_2$
$3 \to 4$	600	$W_{1\text{-}2}$	200
$4 \to 1$	$Q_{4\text{-}1}$	0	-600

3.51 A system undergoes a four-process cycle. Several quantities for the various processes are listed in the following table. Determine the missing entries. All quantities are in kJ.

Process	Q	W	ΔU
$1 \to 2$	400	$W_{1\text{-}2}$	200
$2 \to 3$	$Q_{2\text{-}3}$	600	400
$3 \to 4$	$Q_{3\text{-}4}$	100	$U_4 - U_3$
$4 \to 1$	-800	$W_{4\text{-}1}$	0

3.52 Ice cubes at −20°C, each occupying a volume of 10 mL, are added to the insulated container of Fig. 3.44 that contains one liter of water at 20°C. Estimate the final temperature, or the mass of ice that melts, after equilibrium is reached if the number of ice cubes is *a*) 10, *b*) 25, and *c*) 100.

그림 3.44

Note: The parts of problems with lower-case italic letters are intended to be assigned as separate problems.

3.53 Ice cubes at $-7°C$, each occupying a volume of 7 cm^3, are added to an insulated container holding 1.0 kg of water at 21°C. Estimate the equilibrium temperature, or the mass of ice that melts, if the number of ice cubes is *a*) 10, *b*) 40, and *c*) 200.

3.54 A block of aluminum at 38°C is brought into contact with a 40 kg block of copper at 93°C in an insulated container. What is the final equilibrium temperature if the mass of the aluminum block is *a*) 20 kg, *b*) 40 kg, and *c*) 60 kg?

The First Law Applied to Various Processes

3.55 One hundred kilograms of water are held in a rigid tank at 15°C. Determine the final temperature of the water if *a*) 3000 kJ, *b*) 5000 kJ, or *c*) 8000 kJ of heat are added to the tank.

3.56 A 10-m^3-rigid tank contains R134a at 200 kPa and 20°C. Heat is added to this tank until the pressure reaches 300 kPa. How much heat has been added? What is the final temperature of the refrigerant?

3.57 A 10-m^3-rigid tank contains 50 kg of nitrogen at 20°C. A fan inside the tank does 2500 kJ of work on the nitrogen. During this process, 1500 kJ of heat are lost from the system. What are the initial and final pressures and the final temperature of the nitrogen?

Comment

Specific heats are assumed constant unless otherwise stated.

3.58 A rigid container is separated into two parts by a partition, as shown in Fig. 3.45. The container is insulated so that no heat can be transferred in or out. If the partition is suddenly removed, determine the final pressure, temperature, and volume of the container if one part contains 10 kg of air at 560 kPa and 93°C, while the other part holds 15 kg of air at 770 kPa and 67°C. Assume constant specific heats.

3.59 The container of Fig. 3.45 is separated into two parts by a partition. The container is insulated so that no heat can be transferred in or out. If the partition is suddenly removed, determine the final pressure, temperature, and volume of the container if one part contains 10 kg of air at 500 kPa and 100°C, while the other part holds 15 kg of air at 800 kPa and 80°C. Assume constant specific heats.

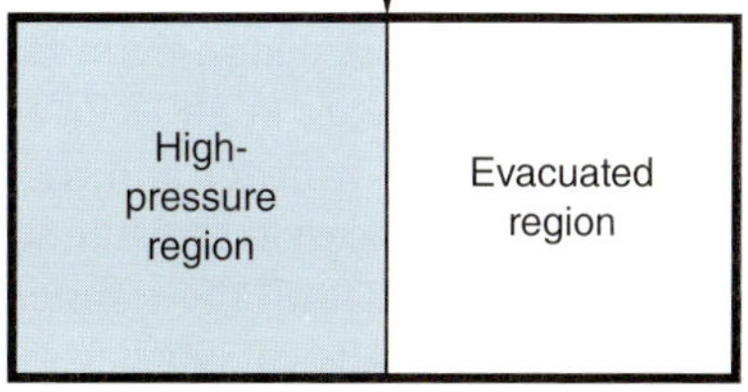

그림 3.45

3.60 The steam in the circular cylinder of Fig. 3.46 has an initial quality of 10%. Heat is added until the temperature of the steam reaches 500°C. The frictionless piston rises 50 mm before it hits the stops. Determine, using *a*) the steam tables and *b*) the IRC Calculator:

i) The initial pressure of the steam
ii) The mass of the steam
iii) The temperature when the piston hits the stops
iv) The final pressure of the steam
v) The work of the steam on the piston

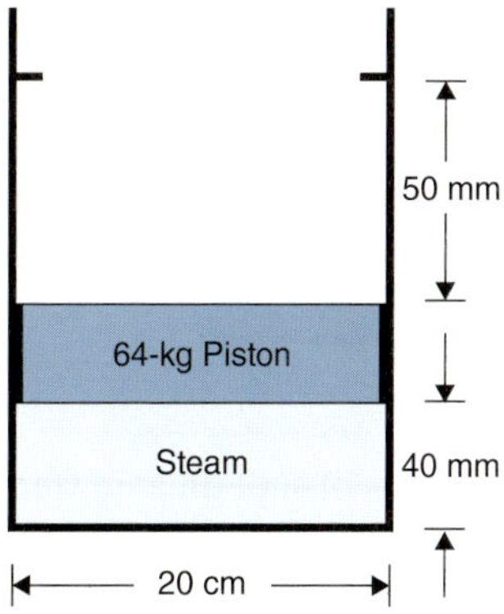

그림 3.46

3.61 A spring with constant K = 500 kN/m just touches the top of the circular piston of Fig. 3.46 (see Fig. 3.14 also). The cylinder contains steam initially at a quality of 40%. Estimate the distance the spring will be compressed when the temperature reaches *a*) 300°C, *b*) 400°C, and *c*) 500°C. The stops have been removed.

3.62 A 0.04-m^3 open pan of water at 20°C is sitting on the burner of a stove. How much heat is needed to completely vaporize the water?

3.63 A vertical frictionless piston-cylinder device contains 50 kg of steam at 200 kPa and 300°C. Determine the heat transfer and the work done during the process if the steam is cooled at constant pressure until the temperature is *a*) 180°C, *b*) 125°C, and *c*) 80°C.

3.64 A frictionless piston maintains a constant pressure of 120 kPa as 0.6 kg of air is being heated in a cylinder. Estimate the work and the heat transfer required if the initial temperature of the air is 25°C and *a*) the volume is doubled, and *b*) the volume is quadrupled. Assume constant specific heats.

3.65 Two kilograms of water with a quality of 50% and a pressure of 1000 kPa are contained in the cylinder of Fig. 3.47 by a frictionless piston. The water is heated at constant pressure until the temperature reaches 600°C. Determine the heat transfer and the work done by the water using i) the steam tables and ii) the IRC Calculator. Show the area representing the work on a P-v diagram.

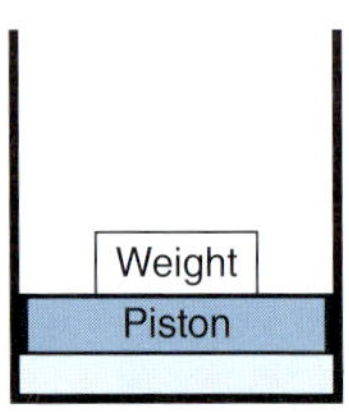

그림 3..47

3.66 Three kilograms of superheated steam at 4 MPa and 600°C are compressed in a cylinder at constant pressure. Determine the heat transfer required and the work required by this process if the final volume is *a*) 0.08 m^3, *b*) 0.04 m^3, and *c*) 0.02 m^3.

3.67 Air is contained in the cylinder of Fig. 3.48. The air is heated until the frictionless piston is raised 40 cm above the stops. At what temperature does the piston just leave the stops? Determine the final temperature, the heat transfer, and the work done by the air on the piston. Assume constant specific heats.

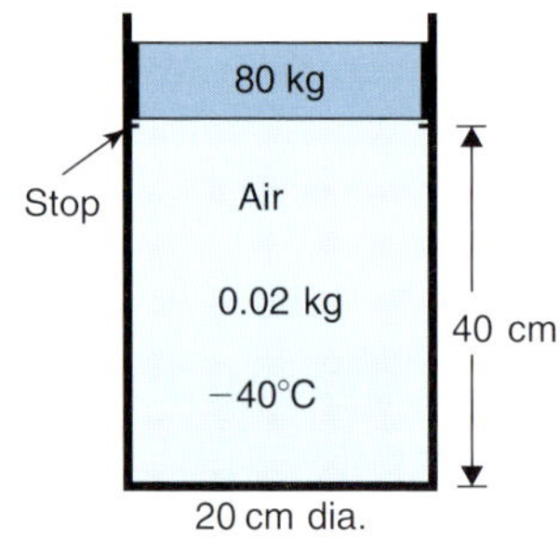

그림 3.48

3.68 Four kilograms of solid copper at 200°C are immersed with 20 kg of water at 40°C in an insulated container. What is the final equilibrium temperature?

3.69 Calculate the heat transfer needed to heat 20 kg of argon from 10°C to 100°C i) at constant pressure and ii) at constant volume. Assume constant specific heats.

3.70 Ten kilograms of nitrogen are compressed from 500 kPa in an isothermal process at 240°C. Calculate the heat transfer and the work if the final pressure is *a*) 1500 kPa, *b*) 2500 kPa, and *c*) 4000 kPa. Assume constant specific heats.

3.71 Steam is compressed in a cylinder such that the temperature remains constant. The initial pressure, temperature, and volume are 400 kPa, 200°C, and 0.08 m^3, respectively. If the final state has a quality of 0.5, estimate the work required. (This requires a graphical solution since there is no P-V relationship.)

3.72 A mass of 0.02 kg of saturated water vapor is contained in the cylinder of Fig. 3.49. The spring with spring constant $K = 60$ kN/m just touches the top of the frictionless 160-kg piston. Heat is added until the spring compresses 10 cm. Estimate the final temperature of the steam, the work done, and the heat transfer required.

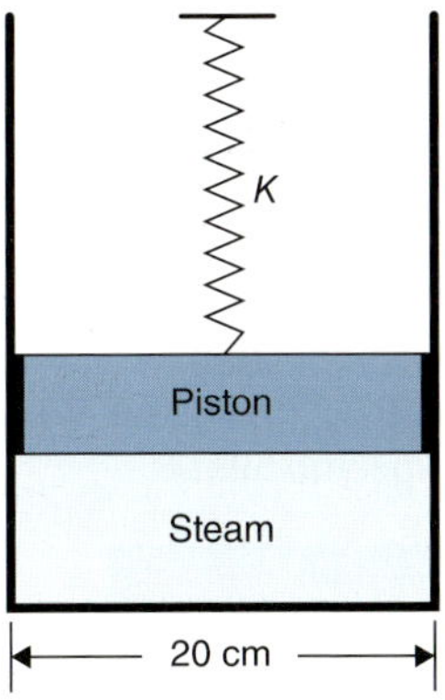

그림 3.49

3.73 The paddle wheel in Fig. 3.50 requires 0.8 N·m of torque to rotate at 200 rpm. If it rotates for 40 minutes, determine the final temperature of the 10 kg of nitrogen contained in the insulated rigid volume, initially at 25°C and 200 kPa. Assume constant specific heats.

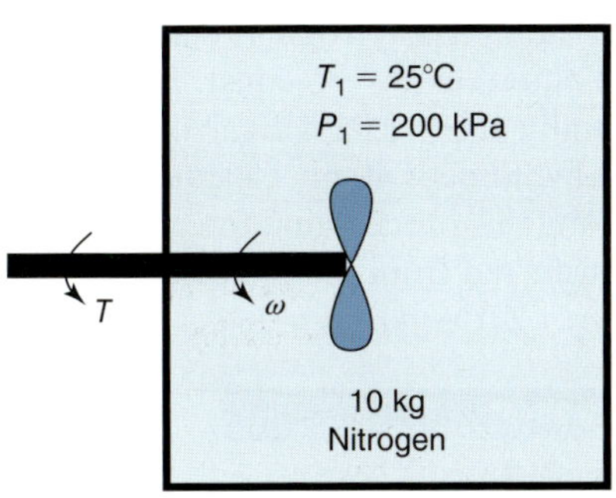

그림 3.50

3.74 If the paddle wheel is removed from the volume of Problem 3.73 and 4800 kJ of heat is added to the volume with a resistance heater, determine the final temperature of the nitrogen.

3.75 Determine the heat transfer needed to increase the pressure of 2 kg of 50%-quality steam confined in a rigid container from 140 kPa to 1200 kPa. Also state the final temperature. *a*) Use the steam tables, and *b*) use the IRC Calculator. Sketch the process on a *T*-*v* diagram.

3.76 Water at 400 kPa with a quality of 0.2 is heated in a rigid container until the temperature is 200°C. Calculate the final quality, the heat transfer, and the work done using *a*) the steam tables and *b*) the IRC Calculator. Show the process on a *P*-*v* diagram.

3.77 Determine the heat transfer needed to increase the temperature of 2 kg of 50%-quality steam confined in a rigid container from 140°C to 1000°C. Also state the final pressure. *a*) Use the steam tables, and *b*) use the IRC Calculator. Sketch the process on a *T*-*v* diagram.

3.78 A frictionless piston allows a constant pressure in a cylinder containing 4 kg of saturated water vapor originally at 180°C. If 4000 kJ of heat is added to the vapor, estimate the final temperature i) without the use of enthalpy and ii) with the use of enthalpy.

3.79 The paddle wheel in Fig. 3.51 requires 0.8 N·m of torque to rotate at 200 rpm. If it rotates for 40 minutes, determine the final temperature of the 0.4 kg of nitrogen contained in the insulated volume, initially at 25°C and 200 kPa. The frictionless piston maintains a constant pressure. Assume constant specific heats.

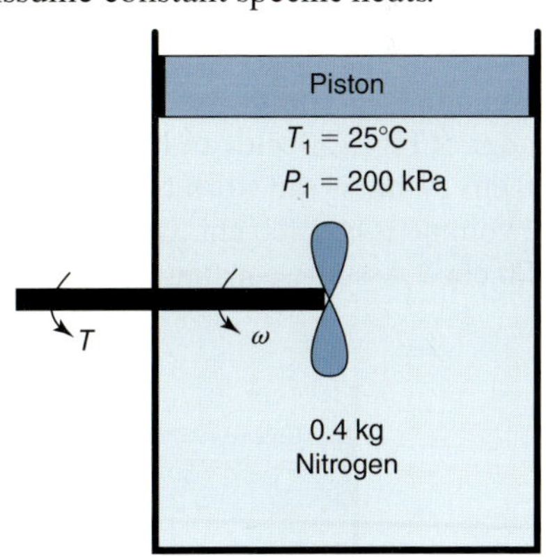

그림 3.51

Comment

Constant specific heats are assumed unless otherwise stated.

3.80 Nitrogen at 100°C is compressed in the cylinder of Fig. 3.52 such that the temperature remains constant. If the pressure changes from 600 kPa to 1200 kPa, determine how much heat must be transferred from the 0.4 kg of nitrogen. Assume constant specific heats.

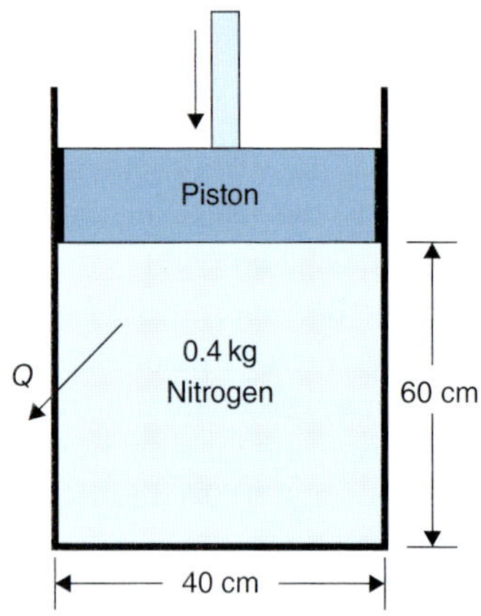

그림 3.52

3.81 Air at 107°C and 5 L expands in a cylinder such that the temperature remains constant. If the pressure changes from 2.8 MPa to 300 kPa, determine how much heat must be transferred to the air. Assume constant specific heats.

3.82 Air enters an insulated cylinder at 20°C and 100 kPa. It is compressed so that its volume decreases by a factor of 8. What is the final temperature? How much work is required to compress the 0.2 kg of air? Assume constant specific heats.

3.83 Air at 200 kPa is compressed in the insulated cylinder of Fig. 3.53 with an initial volume of 4000 cm^3. What is the work required if the final volume is *a*) 1000 cm^3, *b*) 600 cm^3, and *c*) 400 cm^3? Assume constant specific heats.

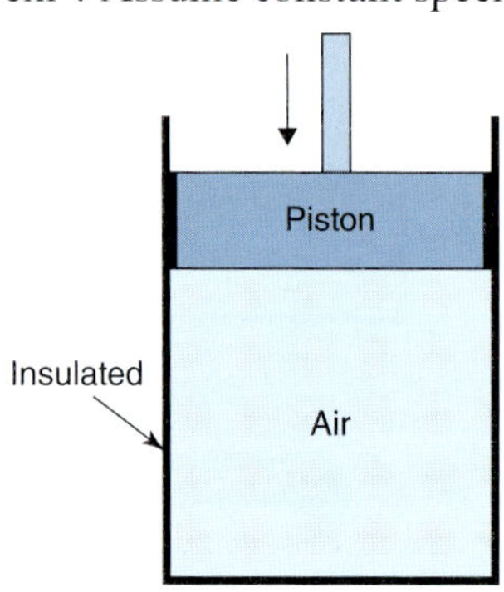

그림 3.53

3.84 Air is allowed to expand in a cylinder from 700 kPa and 10°C to 100 kPa. Calculate the change in specific volume and specific internal energy for this process if the process is *a*) isothermal, *b*) adiabatic quasi-equilibrium, and *c*) polytropic with $n = 2.5$. Assume constant specific heats.

3.85 The air–fuel mixture enters an automobile engine cylinder at 120°C and 100 kPa. The engine has a compression ratio of 8, which means the air–fuel mixture is compressed to one-eighth the original volume. This process is a polytropic process that follows the equation $Pv^n = \text{const}$. Calculate the specific work and the specific heat transfer for this process if *a*) $n = 1.3$, *b*) $n = 1.4$, and *c*) $n = 1.5$. Assume constant specific heats.

Comment

Variable specific heats will be considered in a later chapter.

3.86 Air at 700°C is expanded in an insulated cylinder such that the volume increases by a factor of 8. Estimate the final temperature, assuming a quasi-equilibrium process. Also, calculate the work provided by the 0.2 kg of air. Assume constant specific heats.

3.87 Twenty kilograms of nitrogen are allowed to expand in a polytropic process according to the equation $PV^n = \text{const}$. The nitrogen is initially at 500 kPa with a volume of 10 m^3. The final volume is 40 m^3. Calculate the work done during this process and the amount of heat transferred from the system if *a*) $n = 2.5$, *b*) $n = 2.0$, and *c*) $n = 1.4$.

Comment

Constant specific heats are assumed unless otherwise stated.

3.88 One kilogram of air is compressed in a cylinder for each of the quasi-equilibrium processes listed in the following table. Fill in the missing quantities for the selected process.

	Process	Q (kJ)	W (kJ)	ΔU (kJ)	ΔH (kJ)	P_1 (kPa)	P_2 (kPa)	T_1 (°C)	T_2 (°C)	v_1 (m³/kg)	v_2 (m³/kg)
a)	$V = C$			200			200		200		
b)	$P = C$					400		200	400		
c)	$T = C$		80			200		60			
d)	$Q = 0$								600	0.2	0.02

3.89 Nitrogen at 420 kPa and 150°C with a volume of 0.27 m^3 is allowed to expand in a polytropic process such that $Pv^n = C$,where C is a constant. Determine the work done and the heat transfer during this process if the final volume is 1.35 m^3 and *a*) $n = 1.2$, *b*) $n = 1.4$, and *c*) $n = 1.6$.

3.90 Air undergoes a cycle that is composed of three processes, as shown in Fig. 3.54, with $T_{high} = 2400$ K and $v_{max}/v_{min} = 6$. Assuming quasi-equilibrium processes with constant specific heats, calculate the work for each process and the net heat transfer for the cycle for this piston-cylinder arrangement if P_{high} is *a*) 1000 kPa, *b*) 750 kPa, and *c*) 500 kPa.

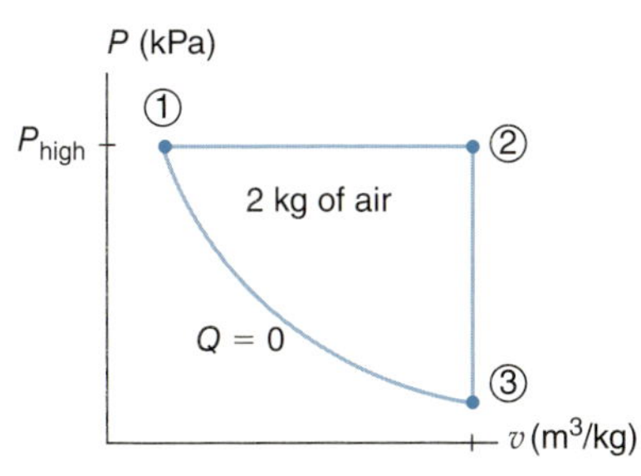

그림 3.54

3.91 Air undergoes a cycle that is composed of three processes, as shown in Fig. 3.55. Assuming quasi-equilibrium processes and constant specific heats with $T_{high} = 427$°C, calculate the work for each process and the net heat transfer for the cycle for this piston-cylinder arrangement if P_{high} is *a*) 1000 kPa, *b*) 750 kPa, and *c*) 600 kPa.

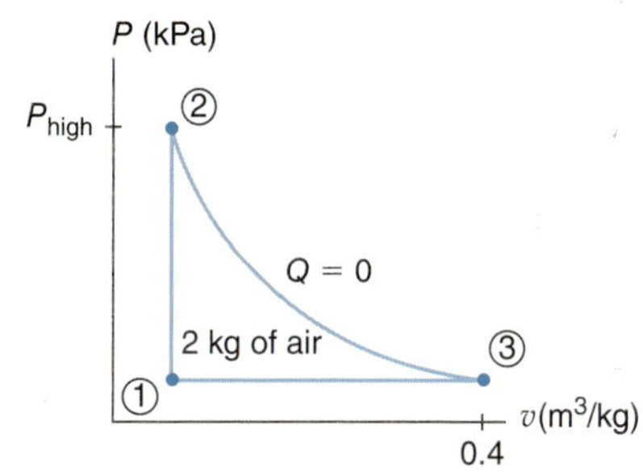

그림 3.55

3.92 Two kilograms of air undergo a cycle that is composed of three processes, as shown in Fig. 3.56. Assuming quasi-equilibrium processes and constant specific heats, calculate the work for each process and the net heat transfer for the cycle for this piston-cylinder arrangement if P_{high} is *a*) 1000 kPa, *b*) 750 kPa, and *c*) 500 kPa.

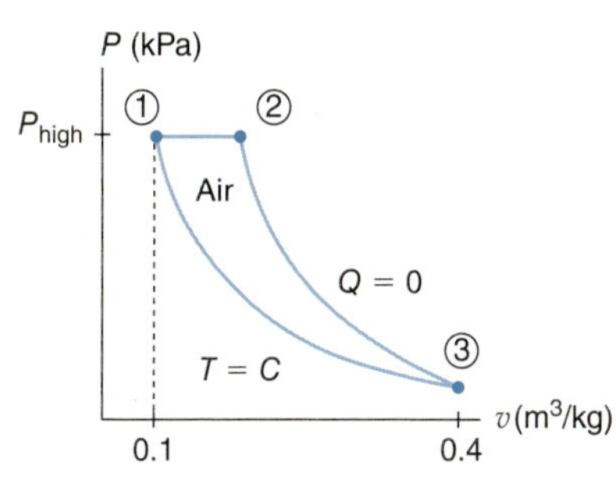

그림 3.56

3.93 States 2 and 3 are saturated states as the steam undergoes the cycle shown in Fig. 3.57. Assuming quasi-equilibrium processes, determine the net work produced and the heat transfer required if 4 kg of steam make up the working fluid and P_{low} is *a*) 14 kPa, *b*) 40 kPa, and *c*) 80 kPa.

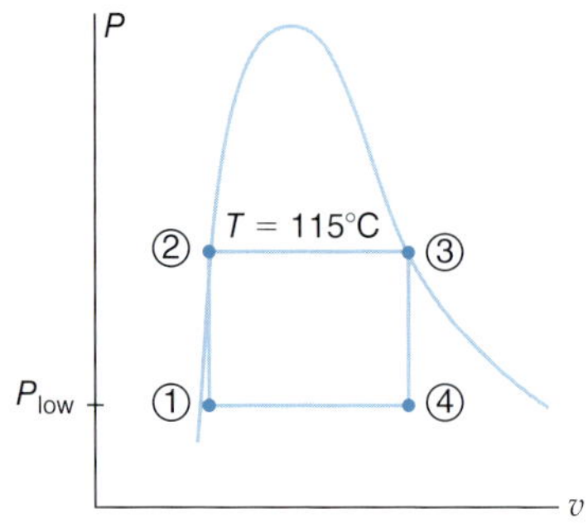

그림 3.57

CHAPTER

4

검사체적에 대한 제1법칙

The First Law Applied to Control Volumes

Outline

기호 설명

본 장에서 소개된 변수들은 다음과 같다.

BWR	역동력비	$\dot{Q}_{\text{Evap}}$	증발기 열전달률
COP_{HP}	히트펌프 성능계수	P_f	최종 압력
COP_R	냉동기 성능계수	P_i	초기 압력
$dE_{\text{c.v.}}/dt$	단위시간당 에너지 변화	T_f	최종 온도
m_f	최종 질량	T_i	초기 온도
m_i	초기 질량	V	속도
$\dot{m}$	질량유량(또는 질량유속)	$\dot{V}$	체적유량(혹은 유량)
Q	열전달	$\dot{W}_C$	압축기 일량
$\dot{Q}$	열전달률	$\dot{W}_{\text{Comp}}$	압축기 일량
$\dot{Q}_B$	보일러 열전달률	$\dot{W}_S$	축 일량
$\dot{Q}_C$	응축기 열전달률	w_S	단위질량당 축 일
$\dot{Q}_{\text{Cond}}$	응축기 열전달률	$\dot{W}_T$	터빈 일량
		η	효율

학습목표

- ❑ 계산하고자 하는 물리량을 위해서 적절한 검사체적을 선택할 수 있다.
- ❑ 검사체적에 질량보존의 법칙을 적용할 수 있다.
- ❑ 검사체적에 열역학 제1법칙을 적용할 수 있다.
- ❑ 일반적인 공학용 장치의 성능 계산을 수행할 수 있다.
- ❑ 질량의 유입과 방출 이해할 수 있다.
- ❑ 동력사이클과 냉동 사이클에 적용되는 공학용 장치의 조합이 가능하다.

검사체적: 유체가 출입하는 체적

검사면: 검사체적 주위의 면

앞 장에서, 우리는 질량이 계 경계내에 완전하게 포함되어 있는 경우 열역학 제1법칙을 적용하는 방법에 대해 공부하였다. 이번 장에서 열역학 제1법칙은 유체가 체적내에 유입되고 방출되는 움직임을 갖는 장치에 적용될 것이며, 이 때의 체적은 *검사체적*(control volume)으로써 언급될 것이다. 일반적으로 밀폐계에서 계의 질량은 경계로 쉽게 구분되지만 터빈과 같은 장치에서 유체는 장치를 통과해 흐르기 때문에 이를 확인하는 것은 매우 어렵다. 따라서, 이와 같이 유체의 출입이 있는 체적을 검사체적[1]이라고 정의한다. 이때 검사체적 주위의 면은 *검사면*(control surface)이다. 검사체적은 펌프, 터빈, 보일러, 응축기 그리고 증발기와 같이 폭넓은 공학용 장치에 적용이 가능하며 열역학 사이클에서 사용될 것이다. 그림 4.1은 일반적인 형태의 검사체적과 같은 장치를 통해 유체가 흐를 때 질량보존과 열역학 제1법칙을 적용하여 질량과 에너지 변

[1]검사체적은 다른 오래된 서적에서 개방계(open system)라고도 불리운다.

화를 모두 설명할 수 있음을 보여준다. 집의 난로 배관과 같이 작동 유체가 두 곳 이상에서 장치로 출입하여 흐를 수도 있다. 검사체적의 확인은 역학에서 자유물체도를 확인하는 것과 유사하다.

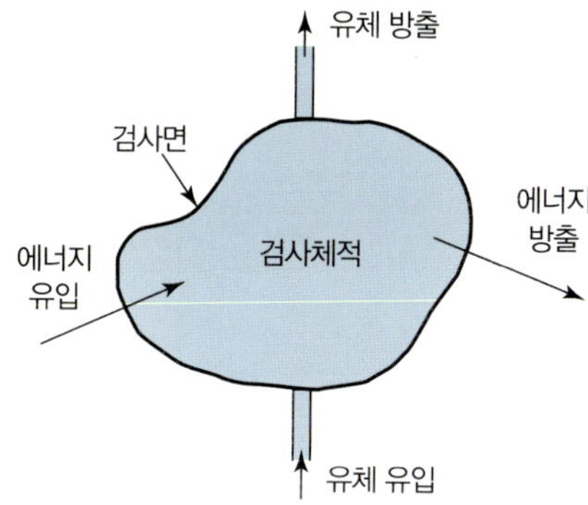

그림 4.1

유체와 에너지는 터빈, 노즐, 라디에이터와 같은 검사체적의 검사면을 통과할 수 있다.

학습예제: 공기조화장치

공기조화장치는 시원한 내부에서 더운 외부로 열이 강제적으로 배출되도록 하는 장치이다. 열은 일반적으로 고온에서 저온으로 흐른다. 그림 4.2*a*와 4.2*b*는 일반적인 창문형 공기조화장치 사진과 작동원리를 개략적으로 나타낸 것이다. 공기조화장치는 시원하게 유지되고 있는 집 안의 열을 더 더운 집 밖으로 방출한다. 이것을 실행하기 위해서는, 이번 장에서 제시하게 될 몇 가지 장치들을 사용하며, 그림 4.2*c*에서 처럼 압축기, 스로틀, 증발기 그리고 응축기가 그 대표적인 예이다.

그림 4.2*a*

창문형 공기조화장치

압축기는 냉매의 압력과 온도를 증가시키며 전기모터에 의해 작동되는 장치이다. 일반적으로 압축기는 증기를 압축하고 펌프는 액체를 압축하는데 사용되지만 펌프와 기능은 유사하다. 압축기를 빠져나온 후, 냉매는 응축기를 통해 이동하는데, 이 때 뜨거운 냉매로부터 냉매보다 더 낮은 온도에 있는 대기로 열이 전달된다. 이 정압 과정 동안, 냉매는 과열증기에서 포화액체로 응축되며, 이러한 이유로 "응축기"라고 명명되었다. 그런 다음 냉매는 수축된 관 형태인 스로틀을 통해 이동한다. 스로틀은 큰 압력 강하를 야기하고, 큰 압력 강하는 냉매를 부분적으로 증발시켜 훨씬 더 차가워진다. 이 과정은 분무기의 분사와 비슷하다. 액체가 더 낮은 온도로 팽창함에 따라 액체는 증발하고 차가워지는데 이는 상변화 동안의 잠열 때문이다.

낮은 온도에서 포화 혼합물 상태인 차가운 냉매는 증발기를 통해 지나간다. 그림 4.3에서 볼 수 있듯이 집안의 열은 차가운 냉매로 전달된다. 집안의 열이 흡수될 때, 냉매 안에 남아있는 액체는 증발되며, 이런 이유로 "증발기"라고 명명되었다. 증발기의 작동으로 집안에 공기조화가 이루어지면서 제거된 열이 냉방부하이다. 증발기를 지난 냉매는 사이클을 다시 시작하기 위해 압축기에 들어간다.

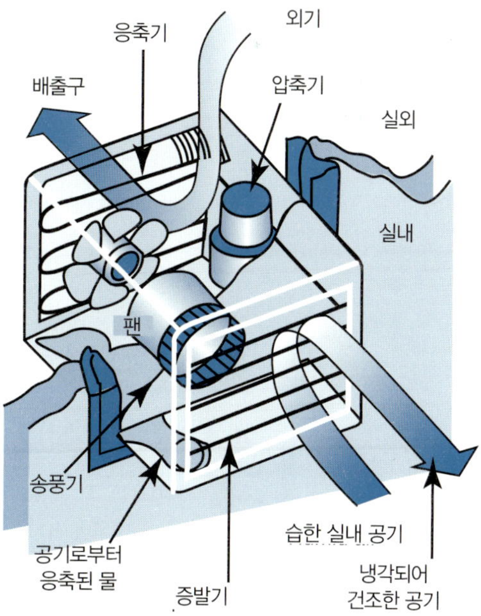

그림 4.2*b*

공기조화장치의 개략도

(계속)

학습예제 (계속)

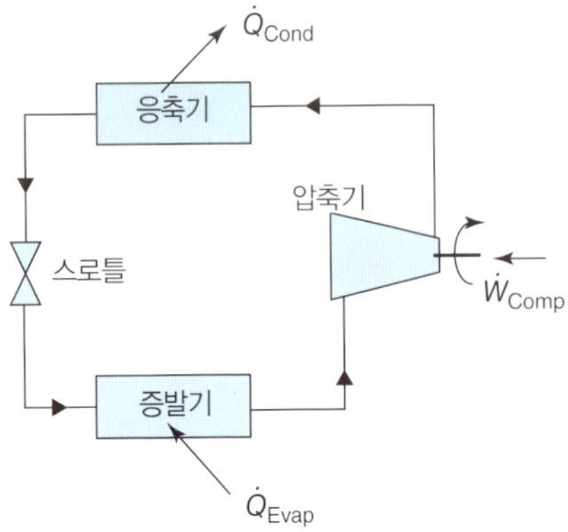

그림 4.2c

공기조화장치 구성품을 보여주는 공기조화장치 사이클

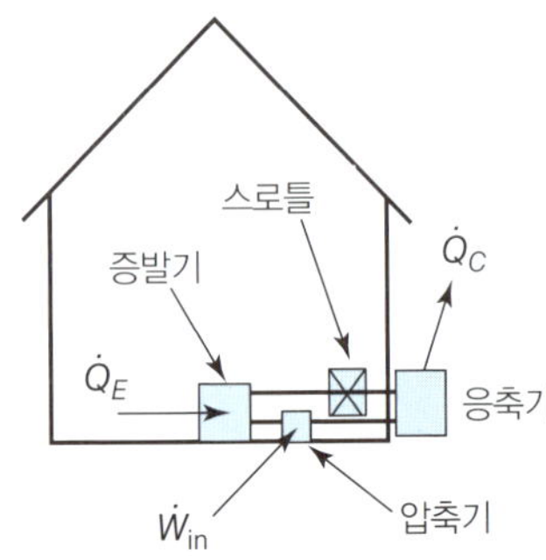

그림 4.3

실내외 공기조화장치

공기조화장치의 효율을 양으로 나타낸 성능파라미터는 성능계수(COP)이다. 이 파라미터는 냉동부하(설정하고자 하는 냉방효과를 구현하는 데 필요한 에너지)와 압축기에 주어진 기계적 동력(입력에너지)의 비와 같다. 효율 η와 성능계수 정의는 같으며 다음과 같다.

$$\eta_{\text{engine}} = \frac{\text{냉동부하}}{\text{입력에너지}} \qquad \text{COP} = \frac{\text{냉동부하}}{\text{입력에너지}}$$

Comment

입력에너지는 보통 비용이 지출되는 에너지이다.

공학적으로 효율은 1을 넘을 수 없다. 그러나 성능계수 COP는 1 이상이기 때문에, 공기조화장치에서 효율이라는 용어를 잘 사용하지 않는다. COP는 경제 시장에서 사용되는 에너지 효율 비(energy efficiency ratio, EER)라는 용어와 관련이 있다. EER은 분자에 영국식 단위의 Btu/hr를 갖고 분모에 SI 단위의 W(watt)를 갖는다. COP와 EER사이의 관계는 EER = 3.412 COP이다. 이러한 양들은 나중에 본 장의 4.42절에서 자세하게 다루어질 것이다.

4.1 검사체적에서 질량보존

4.1.1 기본 정보

Note: 일반적으로 검사체적은 열기구나 심장과 달리 체적의 형상이 변하지 않고 고정되어 있다.

이번 장에서는 문제들의 해석을 위해, 하나 또는 그 이상의 유체가 고정된 검사체적 내로 유입되고, 방출된다. 그림 4.4에 나타낸 바와 같이, 대다수 장치들은 하나의 입구와 하나의 출구를 갖고 있다. 검사체적에 적용된 질량보존은 다음과 같이 요약할 수 있다:

$$\text{체적내로 유입되는 유동의 질량} - \text{체적에서 방출되는 유동의 질량} = \text{체적내 유동의 질량 변화} \tag{4.1}$$

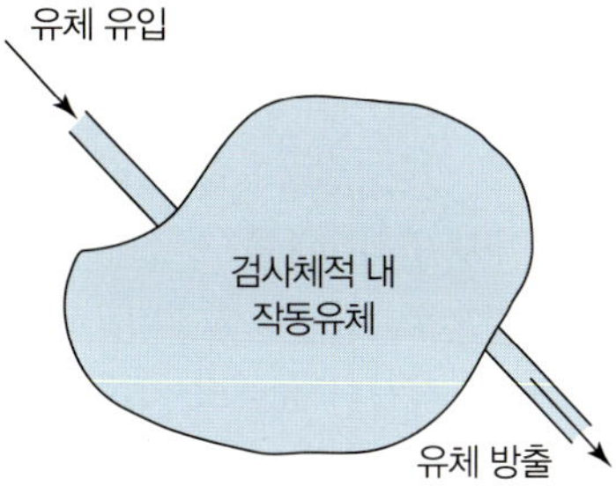

그림 4.4

질량은 일반적으로 고정된 검사체적으로 유입되고 방출된다. 검사체적 내의 유동과 질량은 시간에 따라 변한다.

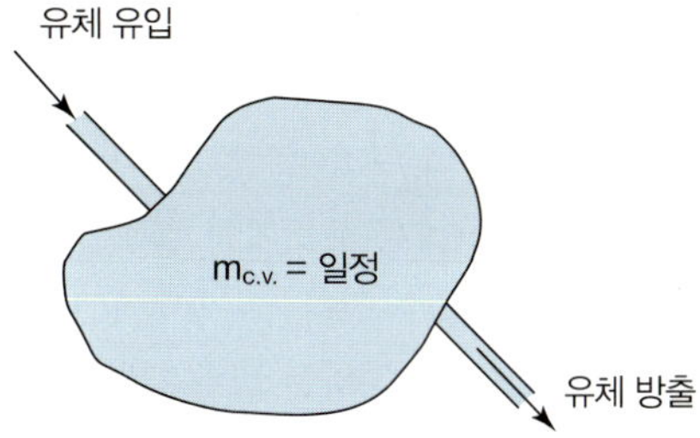

그림 4.5

정상유동 해석에서, 모든 유동은 시간에 따라 변하지 않는다.

만약, 유체가 방출되는 것보다 더 많이 유입된다면, 이것은 고정된 검사체적이 가득차 있거나 혹은 유체의 밀도가 증가하고 있음을 의미한다. 만약, 이러한 상황이 모두 존재한다면, 이는 비정상유동이다. 이번 장에서 풀이하고자 하는 문제들은, 4.3절에 있는 문제들을 제외하고, 그림 4.5에서 보는 바와 같이, 모두 *정상유동*(steady flow)으로 가정하며 이것은 유체의 물성치가 시간에 따라 변하지 않음을 의미한다. 유동과 같은 경우, 검사체적 내에 유체의 축적은 없고, 이는 다음과 같은 의미이다.

정상유동: 유체의 물성치는 시간에 따라 변하지 않는다.

$$\text{유입된 유동의 질량} = \text{방출된 유동의 질량} \tag{4.2}$$

이와 같은 접근법으로부터, 물성치는 검사체적의 경계에서 정의되고, 시간에 따라 변하지 않는다. 이러한 접근법은 다양한 장치들의 해석에 매우 간단하게 적용될 수 있지만, 정상상태로 작동되는 장치들에만 응용할 수 있다. 이는 열역학적 계의 해석에서도 유효하지만, 검사체적을 확인하는 것이 중요하고, 문제를 해결할 때 유입과 방출을 확인하여야 한다.

☑ 학습목표 확인 (1)

4.1.2 연속방정식

이번 장에서 질량은 모든 장치의 표면적을 가로질러 흐르게 된다. 질량이 면적을 가로질러 흐를 때 속도는 질량유량 또는 체적유량에 의해 측정된다. *질량유량*(mass flow rate)은 대개 파이프와 같은 도관의 단면적을 통과하는 질량의 양으로써 정의된다. SI 단위계에서 단위는 kg/s이고, 영국단위계에서 단위는 lbm/s이다. 질량유량은 질량보존

질량유량: 단위시간당 도관의 단면을 지나는 질량의 양으로 *질량유속*(mass flux)이라고도 불리운다.

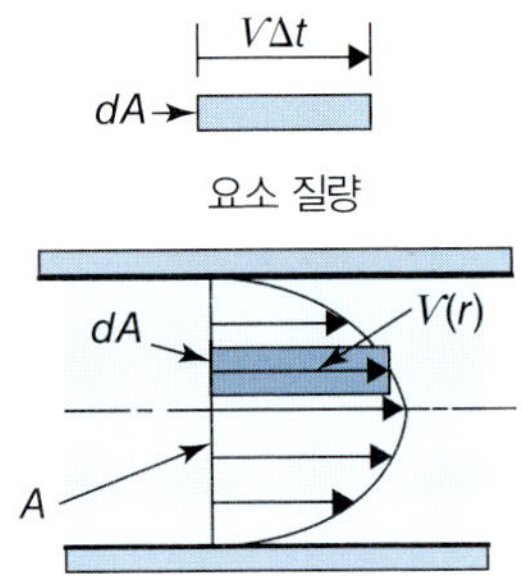

그림 4.6

관 내에서 일반적인 속도 분포

의 방정식과 에너지보존의 방정식에서 모두 사용된다. 또한, *질량유속*(mass flux)이라고도 말할 수 있는 질량유량에 대한 표준 표기 방법은 $\dot{m}$이다. 일반적으로, 속도는 그림 4.6에서 보는 바와 같이 관 내에서 반지름의 함수라고 할 수 있다. 질량유량은 면적 A 상에서 적분하여 구할 수 있고, 이때 단위시간당 질량은 미소 면적 dA를 지나면서 흐른다. 그림 4.6에서 요소내의 질량은 밀도와 체적을 곱한 것으로, $\Delta m = \rho \times (dA \times V\Delta t)$로 나타낼 수 있다. 여기서, $V\Delta t$는 변하는 시간 Δt 상에 형성된 요소의 길이이다. 이때 요소 면적을 지나는 질량유량은 $\Delta m/\Delta t = \rho dA \times V$이다. 전체 면적 A 상의 질량유량을 적분하면 질량유량은 다음과 같이 표현된다.

$$\dot{m} = \int_A \rho V dA \tag{4.3}$$

Comment

대부분의 관내에서 유동은 난류이고, 본질적으로 균일한 속도 분포를 갖고 있다.

여기서, 속도 V는 요소 면적 dA에 수직한 성분이다. 만일 속도 벡터가 요소 면적에 수직하지 않는다면, 접선 성분 속도만으로는 질량의 움직임에 관여할 수 없다. 즉 단면적에 수직인 속도 성분만이 유체를 이동시킬 수 있다. 열역학 입문 과정에서 문제들의 대부분은 속도 벡터가 단면에 수직하고 균일한 경우를 가정하고 있으며 이 경우 식 (4.3)의 적분식은 다음과 같이 표현할 수 있다.

질량유속: $\dot{m} = \rho AV$

$$\dot{m} = \rho AV = \frac{AV}{v} \tag{4.4}$$

여기서, ρ는 면적 A상에서 균일하다고 가정한 유체의 밀도, v는 비체적, V는 단면에 수직한 도관내의 속도이다. 이 교재에서는, 속도는 항상 단면에 수직하고 균일하다고 가정될 것이다. 난류[1] 유동의 속도에 대해서도 균일한 유동분포를 가정하는 것도 가능하다. 시간이 Δt만큼 증가하는 동안 그림 4.5의 검사체적에 유입되면 방출되는 유체의 질량은 그림 4.7을 참조하여 다음과 같이 쓸 수 있다:

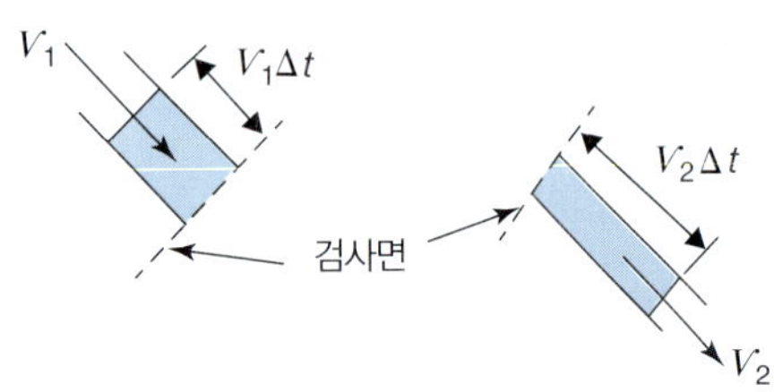

그림 4.7

유체는 그림 4.5의 검사체적에 유입되고 방출된다. 속도성분은 각각의 단면에 수직하다고 가정한다.

$$(\Delta m)_1 = [\ 밀도 \times 체적\ ]_1 = [\ 밀도 \times 면적 \times 길이\ ]_1$$
$$= \rho_1 A_1 V_1 \Delta t \tag{4.5}$$

$$(\Delta m)_2 = [\ 밀도 \times 체적\ ]_2 = [\ 밀도 \times 면적 \times 길이\ ]_2$$
$$= \rho_2 A_2 V_2 \Delta t \tag{4.6}$$

만약, 유동이 비정상이라면, 검사체적 내의 질량은 변하며, 이 경우 식 (4.2)에 의해 표현된 질량보존은 다음과 같이 나타낼 수 있다.

$$\rho_1 A_1 V_1 \Delta t - \rho_2 A_2 V_2 \Delta t = \Delta m_{\text{c.v.}} \tag{4.7}$$

[1] 공학에서 중요한 대부분의 유동은 난류이다. 만약, 관의 직경이 2.5 cm이고, 20°C의 물이 관 속을 0.1 m/s 이상의 속도로 흐르고 있다면, 유동은 난류가 될 것이다. 만약 공기가 흐르고 있다면, 속도가 1 m/s 이상일 때 난류유동일 것이다. 식수대로부터 나오는 물을 마실 때마다 나오는 물의 유동은 난류이다.

Δt에 의해 양변을 나누고, Δt가 0에 가까워진다고 하면 위의 방정식은 다음과 같은 형식으로 표현될 수 있다.

$$\rho_1 A_1 V_1 - \rho_2 A_2 V_2 = \frac{dm_{\text{c.v.}}}{dt} \tag{4.8}$$

Remember:

$$\lim_{\Delta t \to 0} \frac{\Delta m_{\text{c.v.}}}{\Delta t} = \frac{dm_{\text{c.v.}}}{dt}$$

열역학에서 다루는 장치들은 대부분 정상유동이라고 가정한다. 즉, 유입되는 질량과 방출되는 질량은 항상 같고, $dm_{\text{C.V.}}/dt = 0$이다. 따라서, 식 (4.8)은 다음과 같이 간략히 표현될 수 있다.

$$\rho_1 A_1 V_1 = \rho_2 A_2 V_2 \tag{4.9}$$

연속방정식의 가정

1. 도관내에서 정상유동
2. 균일유동(속도와 밀도는 전 영역에서 일정하다.)
3. 속도는 각각의 단면에 수직
4. 하나의 유입구와 하나의 방출구

위 식은 종종 *연속방정식*(continuity equaation)으로써 언급된다. 이 방정식은 대부분 장치들을 해석할 때 자주 사용될 수 있다.

만약, 그림 4.8에 나타낸 것처럼 하나의 체적이 두 개의 유입구와 방출구를 갖고 있다면, 연속방정식은 다음과 같은 형식으로 표현할 수 있다.

$$\rho_1 A_1 V_1 + \rho_2 A_2 V_2 = \rho_3 A_3 V_3 + \rho_4 A_4 V_4 \tag{4.10}$$

또는, 여러 개의 유입구와 방출구를 갖는 경우 더 일반적인 비정상유동에 대한 질량보존은 다음과 같이 표현된다.

$$\sum \rho_i A_i V_i - \sum \rho_e A_e V_e = \frac{dm_{\text{c.v.}}}{dt} \tag{4.11}$$

여기서 i는 유입, e는 방출을 의미한다.

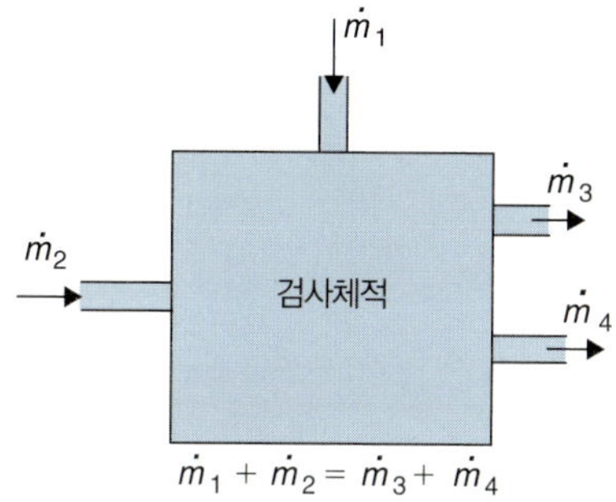

그림 4.8
두 개의 유입과 두 개의 방출을 갖는 하나의 검사체적

때로는, 단위시간당 도관의 단면적을 지나는 유체의 체적량을 의미하는 체적유량이 사용된다. 체적유량은 단위시간당 체적으로 m^3/s의 단위를 갖는다. 체적유량을 나타내는 기호는 $\dot{V}$이며, $\dot{V}$는 간략하게 *유량*(flow rate)이라고도 부른다. 유량은 유속과 유동방향에 수직한 단면적의 곱과 같다.

$$\dot{V} = AV \tag{4.12}$$

만약, 유체가 비압축성이라면, 즉 $\rho_1 = \rho_2$이면, 식 (4.9)에서 밀도값을 나누어 없애고, 하나의 유입구와 방출구를 갖는 매우 일반적인 비압축성 유동을 갖는 연속방정식은 다음과 같이 표현할 수 있다.

유량: 단위시간당 단면적을 통과하는 유체의 체적량으로 $\dot{V}$ 으로 표현한다.

$$A_1 V_1 = A_2 V_2 \tag{4.13}$$

질량유속과 유량사이의 관계는 다음과 같다.

$$\dot{m} = \rho \dot{V} \tag{4.14}$$

예제를 통해 연속방정식에 의해 표현된 질량보존에 대해 살펴보자.

예제 4.1 장치를 통과하여 흐르는 물

그림 4.9에서 보는 바와 같이 물은 직경이 2 cm인 관을 통과하여 장치내로 유입되고, 직경이 4 cm인 관을 통하여 방출된다. 정상유동, 비압축성 유동이라 가정하고, 물의 유입속도가 10 m/s일 때 물의 방출속도를 구하시오.

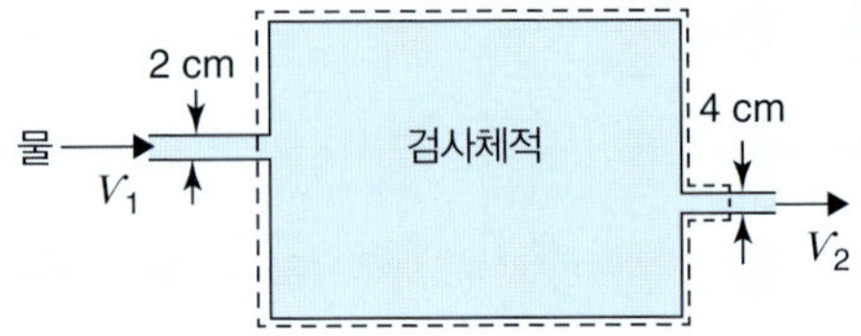

그림 4.9

풀이

검사체적은 장치를 둘러싸고 있고, 장치의 상부에 있는 유입관으로 검사체적 경계가 지나고 있다. 장치의 하부에 있는 방출관은 방출관에서 약간 떨어진 지점까지 연장하여 검사체적을 선정하였다. (방출관 하부의 유선이 벽면과 평행이 되도록 검사체적을 약간 연장하여 균일한 속도 V_2가 존재하도록 한 것이다.)

물은 본래 비압축성(밀도 일정)이기 때문에, 다음과 같이 식 (4.13)을 사용할 수 있다.

$$A_1V_1 = A_2V_2$$

$$(\pi \times 0.01^2) \times 10\ \text{m/s} = (\pi \times 0.02^2) \times V_2 \qquad \therefore V_2 = \underline{2.5\ \text{m/s}}$$

단위는 방정식 양쪽 모두 같기 때문에, V_2는 V_1과 같은 단위를 갖는다.

예제 4.2 밀도가 변하면서 장치를 통과하여 흐르는 물

물이 10°C, 3.5 MPa 상태로 직경이 0.1 m인 관을 통과하여 장치내로 유입되고, 직경이 0.2 m인 방출관을 통해 200°C, 3.5 MPa상태로 방출된다. 정상유동으로 가정하고, 만약 물의 유입속도가 3 m/s일 경우, 방출되는 물의 속도를 구하시오(그림 4.10 참조). 물은 비압축성으로 가정하지 않는다.

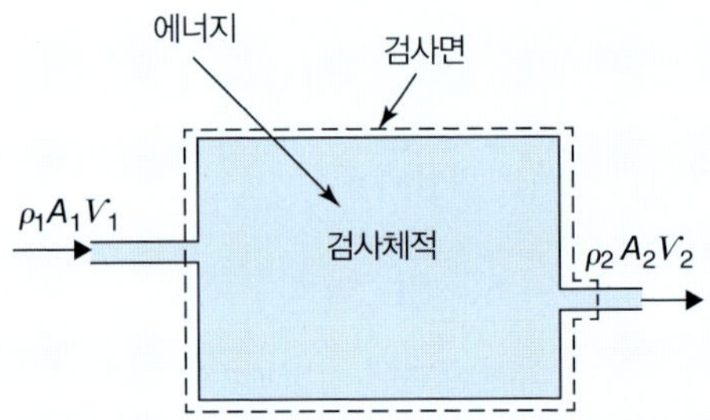

그림 4.10

풀이

조건:

상태 1	**상태 2**
$P_1 = 3.5$ MPa	$P_2 = 3.5$ MPa
$T_1 = 10°C$	$T_2 = 200°C$
$D_1 = 0.1$ m	$D_2 = 0.2$ m
$V_1 = 3$ m/s	

(모든 상태는 과냉각수이다.)

> **Note:** 과냉각수, 압축수 또는 일반적인 액체라고 언급된 경우 모두 동의어로 간주해도 무방하다.

만약 관 내에서 유선이 벽면과 평행하다면 하부 영역에서 압력 P_2는 일정하다.

과냉상태이므로 표 C-1으로도 충분히 정확한 계산을 할 수 있으나, 비체적을 찾기 위해 증기표 C-4를 사용한다.

$$v_1 = 0.001 \text{ m}^3/\text{kg} \qquad v_2 = 0.00115 \text{ m}^3/\text{kg}$$

주어진 식 (4.6)의 연속방정식으로부터,

$$\rho_1 A_1 V_1 = \rho_2 A_2 V_2$$

$$\frac{1}{0.0010 \text{ m}^3/\text{kg}} \times \pi(0.05)^2 \text{ m}^2 \times 3 \text{ m/s} = \frac{1}{0.00115 \text{ m}^3/\text{kg}} \times \pi(0.1) \text{ m} \times V_2$$

$$\therefore V_2 = \underline{0.86 \text{ m/s}}$$

여기서, 밀도는 $\rho = 1/v$로 계산할 수 있다. 단위는 방정식의 좌, 우항 모두 같아야만 하며, 따라서 속도는 m/s가 되어야 한다. 만약 밀도가 일정하다고 하면 $V_2 = 0.75$ m/s가 된다. 액체에서 큰 온도변화는 연속방정식에 포함되어 있는 밀도항에 영향을 미칠 수 있다..

예제 4.3 실내를 통과하는 공기의 흐름

그림 4.11에서 보는 바와 같이, 공기는 두 곳의 유입구를 통해 실내로 들어오고, 한 곳의 방출구를 통해 나간다. 정상유동 상태에서 V_3를 구하시오. 모든 위치에서 공기의 온도와 압력은 대략적으로 20°C와 100 kPa이다.

풀이

만약, 정상유동이라면 검사체적내로 유입된 질량유량은 검사체적으로부터 방출된 질량유량과 같아야만 하며, 검사체적에서 공기의 질량은 증가하지도 감소하지도 않는다. 식 (4.7)에서 언급한 연속방적식은 다음과 같은 형태를 갖는다.

$$\rho_1 A_1 V_1 + \rho_2 A_2 V_2 = \rho_3 A_3 V_3$$

이는 식 (4.3)과 (4.8)를 이용하여 다음과 같이 쓸 수 있다.

$$\dot{m}_1 + \rho_2 \dot{V}_2 = \rho_3 A_3 V_3$$

(계속)

예제 4.3 (계속)

그림 4.10에서 제시된 변수 $\rho_2 = \rho_3 = P/RT$를 사용하여, 다시 정리하면 다음과 같다.

$$0.002\frac{\text{kg}}{\text{s}} + \frac{100}{0.287 \times 293}\frac{\text{kg}}{\text{m}^3} \times 0.002\frac{\text{m}^3}{s} = \frac{100}{0.287 \times 293} \times \pi \times 0.1^2 \times V_3$$

$$\therefore V_3 = \underline{0.1172\ \text{m/s}}$$

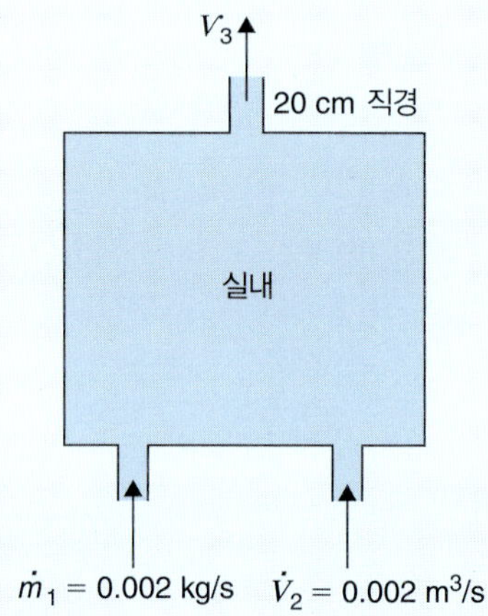

그림 4.11

Note: 열역학 문제는 등온, 등압, 단열 또는 폴리트로픽 과정과 관련이 있을 수 있다.

앞의 3가지 예제문제에서 유체의 흐름은 모두 정상유동이었다. 예제 4.1에서 밀도는 일정하였고, 예제 4.2에서 문제를 풀기 위한 조건들은 증기표에 의해 결정되었으며, 입구 밀도와 출구 밀도는 달랐다. 예제 4.3은 비압축성으로 가정된 공기를 포함하고 있다. 만약, 노즐을 통과하는 유동과 같이 유체의 흐름이 압축성 물질을 포함하고 있다면, 과정 해석이 필요할 수 있다. 또한, 4.2절에서 설명하겠지만 과정을 설명하기 위해 열역학 제1법칙이 필요할 수 있다.

☑ 학습목표 확인 (2)

4.2 검사체적에 적용된 열역학 제1법칙

Comment

검사체적을 이용한 해석시 검사체적의 경계를 가로 질러 전달되는 열전달률과 일률에 대한 고려가 필요하다.

열역학 제1법칙을 검사체적에 적용하는 것과 (밀폐)계에 적용하는 것 사이에 중요한 차이점은 방정식이 시간과 연관있는 전달률로 표현된다는 점이다. 일률과 열전달률과 같은 전달률로 표현되지만 여전히 에너지보존을 의미하며, 방정식내의 모든 항은 단위시간당 에너지의 단위 kJ/s 또는 kW를 갖게 된다. 그림 4.12의 검사체적을 고려해보자.

에너지방정식을 세우기 위해, 열전달률 $\dot{Q}$, 일률 $\dot{W}$ 그리고 운동에너지의 변화율을 식 (1.22)에 적용하여 재검토하고, 내부에너지 그리고 위치에너지까지를 고려해 보자. 일률 $\dot{W}$는 두 가지 방식으로 고려해야 한다: 일률은 압력으로 인해 작용하는 힘에 의해 검사체적내로 유체가 유입되고 방출되는 움직임에 관여하고(유동일), 일률 $\dot{W}_S$는 계의 경계면을 통과하는 축일(에너지)과 관련이 있다. 유입구와 방출구가 각각 하나이고 정상유동인 경우, 에너지보존은 다음과 같이 정리할 수 있다.

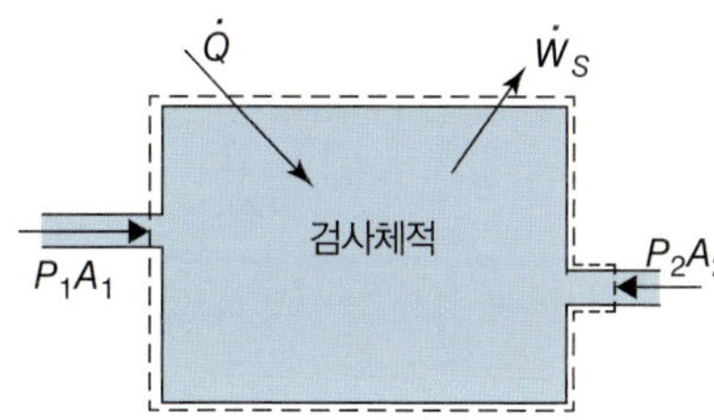

그림 4.12

검사체적은 에너지방정식을 유도하기 위해 사용된다.

검사면을 통과하는 에너지 + 검사체적에 유입되는 에너지
= 검차체적에서 방출된 에너지

$$\dot{Q} - \dot{W} + \dot{m}_1\left(\frac{1}{2}V_1^2 + u_1 + gz_1\right) = \dot{m}_2\left(\frac{1}{2}V_2^2 + u_2 + gz_2\right) \qquad (4.15)$$

여기서, 유입되는 질량유속, 방출되는 질량유속 그리고 일률(힘 × 속도)은 각각 다음과 같이 표현할 수 있다.

> **일률** = 힘 × 속도, 이 일은 압력 때문이고 종종 *유동 일*(flow work)이라 부른다.

$$\begin{aligned} \dot{m}_1 &= \rho_1 A_1 V_1 \\ \dot{m}_2 &= \rho_2 A_2 V_2 \\ \dot{W} &= P_2A_2V_2 - P_1A_1V_1 + \dot{W}_S \end{aligned} \qquad (4.16)$$

또한, $\dot{W}_S$는 축 일(공업 일)이고, 주로 회전하는 축을 통해서 계의 경계면을 통과한다. 식 (4.16)을 식 (4.15)에 대입하여 정리하면,

$$\begin{aligned} \dot{Q} - P_2A_2V_2 + P_1A_1V_1 - \dot{W}_S + \rho_1A_1V_1\left(\frac{1}{2}V_1^2 + u_1 + gz_1\right) \\ = \rho_2A_2V_2\left(\frac{1}{2}V_2^2 + u_2 + gz_2\right) \end{aligned} \qquad (4.17)$$

> **Comment**
>
> 만약 정상유동이 아니라면, $dE_{\text{C.V.}}/dt$ 항은 식 (4.17)의 오른쪽 항에 더할 수 있고, 검사체적내에서 에너지의 변화를 설명할 수 있다. 에너지 $E_{\text{C.V.}}$는 내부에너지 U, 운동에너지 KE, 위치에너지 PE를 포함하고 있다.

검사체적에 유체의 유입 및 방출이 추가 될 경우 적절한 항이 더해져야 할 것이다. 일반적인 경우 정상유동에서 유입과 방출이 각각 하나씩 존재하기 때문에, 연속 방정식 $\dot{m} = \rho_1A_1V_1 = \rho_2A_2V_2$ 에 의해, 식 (4.17)은 다음과 같은 형태로 변형된다.

$$\dot{Q} - \dot{W}_S = \dot{m}\left[\frac{V_2^2 - V_1^2}{2} + u_2 - u_1 + \frac{P_2}{\rho_2} - \frac{P_1}{\rho_1} + g(z_2 - z_1)\right] \qquad (4.18)$$

여기서, 엔탈피($h = u + P/\rho$)를 이용하여 다시 정리하면,

$$\dot{Q} - \dot{W}_S = \dot{m}\left[h_2 - h_1 + \frac{1}{2}\left(V_2^2 - V_1^2\right) + g(z_2 - z_1)\right] \qquad (4.19)$$

> **에너지방정식의 가정:**
>
> 1. 정상유동
> 2. 하나의 유입구와 방출구
> 3. 유입구와 방출구에서 균일한 유동(속도, 압력 그리고 엔탈피는 균일하다.)
> 4. 검사체적에 유입된 열과 방출된 일(유동일)은 양(+)의 값을 갖는다.

이 방정식을 *에너지 방정식*(energy equation) 또는 열역학 제1법칙이라고 한다.

식 (4.19)의 좌측항은 검사체적 내로 전달되는 열전달률의 총합에서 대부분 축의 회전에 의해 검사체적에서 밖으로 전달되는 최종 일량으로 뺀 것이다. 제3장에서 살펴보았던 에너지 문제와 마찬가지로 경계를 통해 검사체적 내부로 전달된 열전달률과 검

검사면: 유체가 검사체적에 유입되고 방출되는 영역들을 포함한다.

사체적 밖으로 빠져나가는 일률의 차는 *검사면*(control surface)을 통해 검사체적 내부로 유입되는 총 에너지의 변화율과 동일하다.

제1법칙이 적용되는 대부분의 문제 해석에서 있어서는 다음의 몇가지 요소들을 고려해야만 한다. 첫 번째로, 선택된 검사체적을 확인하는 것이 매우 중요하다. 유체가 검사체적의 어느 부분으로 유입되고 방출되는지 검사면의 여러 부분들을 확인해야만 한다. 검사면은 갑작스런 면적의 변화(입구, 출구, 밸브 또는 갑작스런 수축)로부터 충분하게 멀리 떨어진 곳을 검사면으로 선정해야만, 속도와 압력이 균일하다라는 전제하에서 계산될 수 있다.

또한, 유입구부터 방출구까지의 유동변화로 인해 영향을 받을 수 있는 과정을 고려해볼 필요가 있다. 가령 유체가 일정한 비열을 갖는 이상기체로 취급된다면, 에너지 방정식은 간략한 형태로 사용될 수 있지만, 그렇지 않다면, 2.6절에서 언급했던 방법중의 하나를 적용해야만 한다. 만약 유체가 저속의 기체 또는 유체라면, 밀도가 일정한 과정이라고 가정해도 무방하다.

Note: 축(공업)일 항은 검사체적에서 저항히터 또는 외차를 포함할 수 있고, 이 경우 항은 음(−)의 값이 된다.

열역학에서 대부분의 장치들은, 운동에너지와 위치에너지의 변화는 무시해도 될 정도로 작다. 따라서 그림 4.13에 나타낸 장치와 같은 경우, 정상유동 에너지 방정식은 다음과 같은 간단한 형식으로 표현 가능하다.

$$\dot{Q} - \dot{W}_S = \dot{m}(h_2 - h_1) \tag{4.20}$$

터빈, 압축기, 열교환기와 같이 유체가 압축성인 경우 식 (4.20)을 적용하면 쉽게 문제를 해결할 수 있다. 다만 노즐과 디퓨저에서는 운동에너지 항이 추가되어야만 한다. 중력항은 대개의 경우 무시할 수 있지만, 댐의 해석과 같이 위치에너지가 동력의 발생에 관련이 있는 경우 중력항은 무시할 수 없다. 다만 이러한 문제는 유체역학 과정에서 다루어진다.

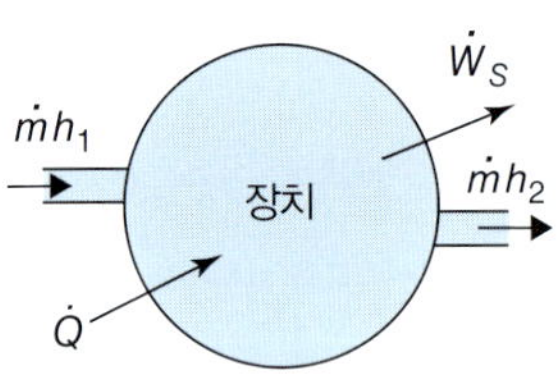

그림 4.13

장치에 유입되고 방출되는 정상유동 에너지

만약 장치에 운동에너지와 위치에너지의 변화를 무시해도 될 정도로 작고 비압축성 유체(밀도 일정)가 사용되고, $u_1 = u_2$ (온도변화를 무시한다고 가정)라면, 식 (4.18)로부터 다음과 같이 간략화된 형태의 에너지방정식을 유도할 수 있다.

$$\dot{Q} - \dot{W}_S = \dot{m}\left(\frac{P_2 - P_1}{\rho}\right) \tag{4.21}$$

이 식은 물 펌프, 전기 발전소에 사용되는 장치의 운전 중 요구되는 최소 동력을 찾기 위해 사용될 수 있으며, 또는 수력터빈에 의해 발생되는 최대동력을 결정하기 위해서 사용될 수 있다. 이러한 장치들에서 열전달 항은 전형적으로 무시할 수 있다.

아래 예제를 통해 열역학에서 검사체적의 모델로서 접하게 되는 일반적인 장치들을 제시하고자 한다.

☑ 학습목표 확인 (3)

4.2.1 터빈, 압축기, 펌프

펌프(pump)는 유체의 압력을 증가시키면서 에너지를 유체에 전달하는 장치이다. 이때 동력은 모터에 의해 펌프로 공급된다. *압축기*(compressors)와 *송풍기*(blowers)가 이 범주에 속하고 기체의 압력을 증가시키고자 하는 기본적인 목적을 갖고 있다. 반면에, *터빈*(turbine)은 유체에 의해 날개가 회전하여 일을 하는 장치이다. 그 결과로써, 입구에서 출구로 진행할수록 압력은 떨어지고 기계동력은 터빈을 빠져나간다. 이 과정에서, 열은 장치에서 주변으로 전달될 수 도 있지만, 열전달은 대부분 무시할 정도로 적다. 게다가, 운동에너지와 위치에너지 변화도 역시 무시할 정도로 적다. 운동에너지와 위치에너지의 변화가 거의 무시될 수 있는 정상상태 모드에서 작동되는 단열장치($\dot{Q} = 0$)의 경우, 식 (4.20)을 이용하여 에너지 방정식을 다음과 같이 나타낼 수 있다.

펌프, 압축기, 송풍기: 유체의 압력을 증가시키는 장치들

터빈: 회전하는 날개를 사용하여 유체로부터 에너지를 추출하여 일을 행하는 장치

Note: 운동에너지와 위치에너지의 변화는 펌프, 터빈, 그리고 압축기 내에서는 전형적으로 무시된다.

$$-\dot{W}_S = \dot{m}(h_2 - h_1) \qquad \text{or} \qquad -w_S = h_2 - h_1 \tag{4.22}$$

동력 $\dot{W}_S$ 와 단위질량당 일 w_S는 터빈의 경우 양(+)이고, 압축기의 경우 음(−)이다.

만약 상용화된 항공기 엔진 내의 압축기 또는 터빈에서 공기와 같은 이상기체가 작동유체로 사용된다면, 입구에서 출구로의 과정은 단열 준평형상태(열전달과 손실이 없는)라고 가정할 수 있다. 따라서, 비열이 일정하다고 가정하면, 미지의 온도값은 근사적으로 다음의 식을 이용하여 구할 수 있다.

$$T_2 = T_1\left(\frac{P_2}{P_1}\right)^{(k-1)/k} \tag{4.23}$$

기체의 압축 또는 팽창은 열역학적 장치들에서 일반적인 과정이기 때문에 식 (4.23)은 매우 중요한 방정식이다.

정확한 비열은 온도를 고려해 부록의 표 B-6(온도가 주어지지 않은 문제를 위해 평균온도로 가정)을 사용하여 찾을 수 있지만, 일반적으로는 부록의 표 B-2를 이용해서 비열을 찾을 것이다. 보다 더 정확한 계산을 하기 위해 이상기체의 비열을 찾는 방법은 6장에서 설명할 것이다. 이번 장에서는 비열은 일정한 값을 사용하고 다양한 장치에 적용하여 빠르게 비교하도록 하였다.

펌프를 통과하여 흐르는 물과 같이 비압축성 유체는 열전달과 손실은 없고 이때 펌프에 의해 요구되는 동력은 $\dot{W}_P = -\dot{W}_S$이므로, 식 (4.21)은 다음과 같이 된다.

$$\dot{W}_P = \dot{m}\left(\frac{P_2 - P_1}{\rho}\right) \tag{4.24}$$

동일한 가정을 적용하면 수력터빈의 경우, 동력은 $\dot{W}_T = \dot{W}_S$이 되고, 따라서, 다음과 같다.

$$\dot{W}_T = \dot{m}\left(\frac{P_1 - P_2}{\rho}\right) \tag{4.25}$$

예제 4.4 공기 압축

공기는 100 kPa에서 500 kPa로 압축된다. 만약 그림 4.14에 나타낸 바와 같이 입구 온도가 20°C이고, 질량유속이 0.4 kg/s이면서 입구에서 출구까지 준평형 단열 과정이 유지되는 경우 압축기의 동력을 구하시오.

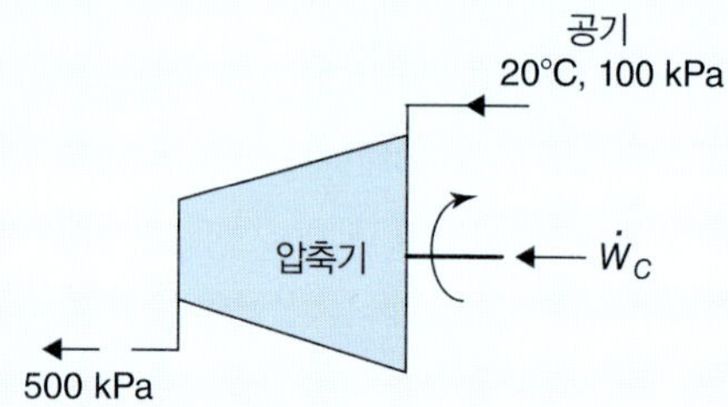

그림 4.14

Remember: 일정한 비열값을 갖는 이상기체로 가정하고 표 B-2에서 비열값을 선택할 수 있다.

Note: 압축기일은 음의 축일이기 때문에 $\dot{W}_C = -\dot{W}_S$ 즉, 압축기를 구동하기 위해서 소모되는 동력은 양의 값이다.

풀이

조건:

	상태 1	상태 2
	$P_1 = 100$ kPa	$P_2 = 500$ kPa
	$T_1 = 20$°C	

압축기를 통과하는 과정은 준평형 단열 과정이고, 따라서 식 (4.23)으로부터

$$T_2 = T_1\left(\frac{P_2}{P_1}\right)^{(k-1)/k} = (20 + 273) \times 5^{0.4/1.4} = 464 \text{ K}$$

$\dot{W}_C = -\dot{W}_S$를 사용하여 요구되는 동력은,

$$\dot{W}_C = -\dot{W}_S = \dot{m}(h_2 - h_1) = \dot{m}C_p(T_2 - T_1)$$

$$= 0.4\frac{\text{kg}}{\text{s}} \times 1.0\frac{\text{kJ}}{\text{kg}\cdot\text{K}} \times (464 - 293)\text{ K} = \underline{68.4 \text{ kW}}$$

이상적인 과정으로 가정되었기 때문에 최소한으로 요구되는 동력을 나타낸다. 압축기로부터 열전달 형태의 손실과 블레이드와 공기간의 상호작용으로 인한 마찰과 분리손실은 장치의 효율을 통해 반영될 수 있다. 손실은 필요로 하는 동력을 증가시킬 수 있다. 효율은 6장에서 다시 다루기로 한다.

예제 4.5 증기터빈에 의한 동력 발생

그림 4.15에서와 같이 4,000 kPa, 500°C의 증기는 터빈으로 들어오고, 80 kPa의 압력으로 포화증기가 되어 빠져나간다. 200 m/s의 속도로 유입될 경우, 터빈의 출력 동력을 구하시오. 어떠한 열전달과 운동에너지 변화는 무시한다. (이 과정은 이상기체가 아니기 때문에 식 (4.23)을 적용하지 않는다. 또한, 터빈 블레이드 주변에서 중요한 손실이 있을 것이다.)

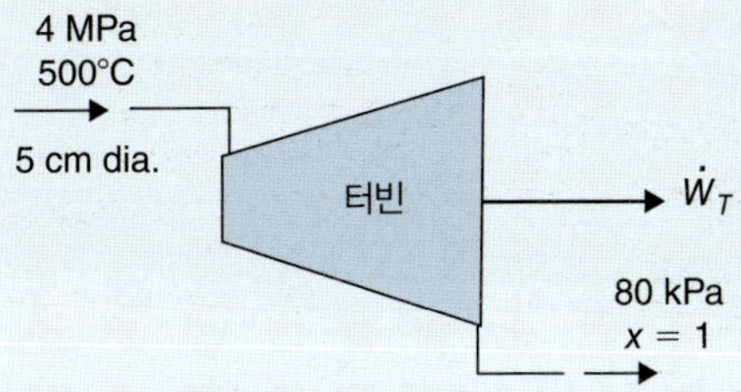

그림 4.15

풀이

조건:	**상태 1**	**상태 2**
	$P_1 = 4000$ kPa	$P_2 = 80$ kPa
	$T_1 = 500°C$	$x = 1$
증기표:	$h_1 = 3445$ kJ/kg	$h_2 = 2666$ kJ/kg

식 (4.22)에서 에너지 방정식은,

$$-\dot{W}_T = \dot{m}(h_2 - h_1)$$

질량유속 $\dot{m}$은 다음과 같이 구할 수 있다:

$$\dot{m} = \rho_1 A_1 V_1 = \frac{1}{v_1} A_1 V_1 = \frac{1}{0.08643} \times \pi \times 0.025^2 \times 200 = 4.544 \text{ kg/s}$$

따라서, 최대 출력 동력은,

$$\dot{W}_T = -4.544 \frac{\text{kg}}{\text{s}} \times (2666 - 3445) \frac{\text{kJ}}{\text{kg}} = 3540 \text{ kJ/s} \quad \text{or} \quad \underline{3540 \text{ kW}}$$

Unit: 항상 kg, m, s를 사용하여 단위를 계산할 것. 모든 문제에서 단위를 확인할 필요는 없고, 흔치 않은 단위를 갖는 항은 확인할 것.

예제 4.6 수압을 증가시키는 펌프

10 hp을 요구하는 펌프에 의해 제공되는 최대 압력 증가를 구하시오. 그림 4.16에서와 같이 6 cm의 직경을 갖는 유입구에 4 m/s의 속도로 물이 들어가고, 직경이 10 cm인 출구를 통해 빠져나온다. 운동에너지의 변화를 무시하지 말 것.

Note: 만일 운동에너지의 변화를 무시한다면, 속도 V_2는 고려될 수 없고, 연속방정식은 사용될 수 없다.

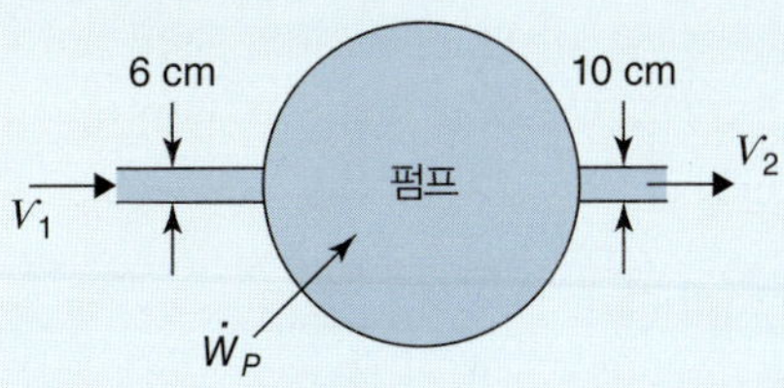

그림 4.16

풀이

식 (4.18)의 에너지 방정식을 사용한다. 열전달은 무시하고, 내부에너지(100% 효율)의 증가도 없다는 가정에 의해, 최대압력 증가를 밝히고자 한다. 위치에너지 변화는 무시하지만

(계속)

Note: 예제 4.2에서와 같이 온도가 100°C를 넘지 않는 한 물의 밀도를 1,000 kg/m^{3}로 사용하는 것은 허용 가능하다.

예제 4.6 (계속)

운동에너지의 변화는 갖고 있어, 에너지 방정식은 다음과 같은 형태로 표현될 수 있다..

$$-\dot{W}_S = \dot{m}\left(\frac{P_2 - P_1}{\rho} + \frac{V_2^2 - V_1^2}{2}\right)$$

속도 V_1은 주어졌고, 속도 V_2는 다음과 같은 연속방정식으로부터 구할 수 있다:

$$A_1V_1 = A_2V_2 \quad \pi \times 0.03^2 \times 4 = \pi \times 0.05^2 \times V_2 \quad \therefore V_2 = 1.44\ \text{m/s}$$

밀도 $\rho = 1000\ \text{kg/m}^3$을 사용하여, 에너지 방정식에서 필요한 질량유량은 다음과 같이 구한다.

$$\dot{m} = \rho A_1 V_1 = 1000\frac{\text{kg}}{\text{m}^3} \times (\pi \times 0.03^2)\ \text{m}^3 \times 4\frac{\text{m}}{\text{s}} = 11.31\ \text{kg/s}$$

상기해야 할 것은 펌프일은 음(−)이고, 에너지 방정식에서 최대 압력 증가량을 찾을 수 있다.

$$-(-10)\ \text{hp} \times 746\frac{\text{W}}{\text{hp}} = 11.31\frac{\text{kg}}{\text{s}}\left[\frac{\Delta P}{1000} + \frac{1.44^2 - 4^2}{2}\right]\frac{\text{J}}{\text{kg}}.$$

$$\therefore \Delta P = 667\,000\ \text{Pa}$$

6장에서 소개될 펌프 효율을 고려하면 이 압력은 감소될 것이다. 이제 문제에서 단위를 검토해보자. 만약 ΔP가 kPa이면, $\dot{W}_P$는 kW가 될 것이고, 운동에너지 항 분모에서 J/kg을 kJ/kg으로 변환하기 위해 1,000이 필요하게 될 것이다.

주의: 이 예제에서 운동에너지 항은 약 1%의 에너지 전달을 책임지고 있다. 이것은 유입면적과 방출면적이 주어지지 않은 일반적인 문제에서 전형적인 수치이다. 그러나, 이 예제에서와 같이 입구, 출구 면적이 주어진다면, 운동에너지의 변화는 펌프나 터빈 내에서 대개 무시할 수 있다.

$\Delta P/\rho$에 대한 Unit: 이 단위는 자주 접하게 될 것이고 다음과 같이 확실하게 이해하도록 한다.

$$\frac{\text{N/m}^2}{\text{kg/m}^3} = \frac{\text{N·m}}{\text{kg}} = \frac{\text{J}}{\text{kg}}$$

$V^2/2$에 대한 Unit:

$$\frac{\text{m}^2}{\text{s}^2} = \frac{\text{N·m}}{\text{s}^2}\cdot\frac{\text{m}}{\text{N}}\frac{\text{J}}{\text{N·s}^2/\text{m}} = \frac{\text{J}}{\text{kg}}$$

Comment

일반적으로 공학에서, 정확도는 3% 이내의 오차를 허용하고 있다. 대부분의 문제에서 치수 또는 물성치는 넷째 자리까지의 유효숫자를 사용하지 않고, 대개 둘째자리 또는 셋째자리까지 유효숫자로 사용한다.

예제 4.7 냉매 압축

그림 4.17에서와 같이 냉매-134a는 100 kPa, −7°C 상태로 단열된 압축기에 들어가고, 1 MPa, 65°C의 상태로 압축기를 빠져나온다. 만약 냉매의 질량유량이 1 kg/s이라면, 필요한 압축기의 동력을 구하시오. 열전달과 운동에너지의 변화는 무시한다. (손실이 발생할 수 있으므로, 준평형 상태라고 가정하지 않는다.)

냉매-134a	**상태 1 (입구)**	**상태 2 (출구)**
	$P_1 = 100$ kPa	$P_2 = 1$ MPa
	$T_1 = -7$°C	$T_2 = 65$°C
	과열증기	과열증기

IRC 상태량 계산기를 사용하여,

$h_1 = 251$ kJ/kg $h_2 = 300$ kJ/kg

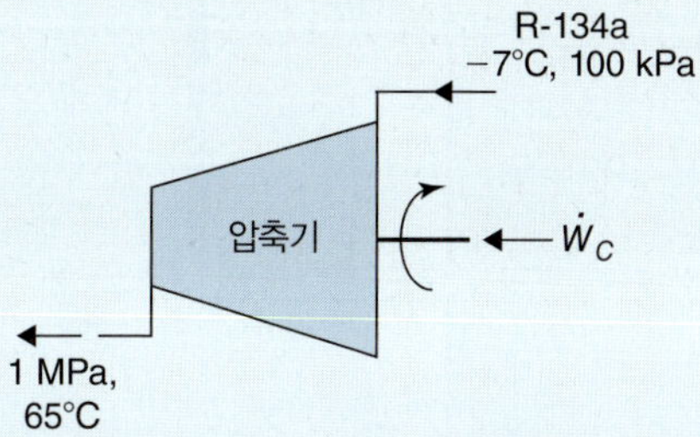

그림 4.17

풀이

압축기에 의해 필요한 일량을 계산하기 위해 제1법칙을 사용하면,

$$\dot{W}_C = -\dot{W}_S = \dot{m}(h_2 - h_1) = 1\frac{\text{kg}}{\text{s}} \times (300 - 251)\frac{\text{kJ}}{\text{kg}} = 49\text{ kW}$$

$$\text{또는 } \frac{49\text{ kW}}{0.746\text{ kW/hp}} = \underline{65.7\text{ hp}}$$

계속 언급하였듯이, 운동에너지와 위치에너지의 변화는 무시되었다.

4.2.2 교축장치

교축장치(throttling device) 또는 스로틀(throttle)은 정상유동의 범주에 포함될 수 있으며, 위치에너지, 운동에너지, 열전달이나 일, 모두 큰 변화 없이 비교적 큰 압력강하를 제공할 수 있다. 그림 4.18에 대표적인 두 가지 교축장치를 나타내었고, 식 (4.20)에서 이 과정(교축과정) 동안은,

교축장치: 갑작스런 압력 강하를 제공하는 단열장치의 일종

$$h_2 = h_1 \tag{4.26}$$

여기서, 첨자 1은 상부흐름, 첨자 2는 하부흐름이다. 대부분의 밸브는 교축장치이고, 이 경우에 에너지 방정식은 식 (4.26)의 형태를 갖는다. 또한, 이러한 형태의 밸브는 냉동기에서 주로 사용되는데, 이는 냉매의 상변화를 발생시켜 급작스런 압력 강하를 야기하고 그 결과로 인해 온도를 강하시키기 위해서이다. 예제 4.9에서는 냉매가 스로틀을 통과한 이후, 온도가 25°C 이상 강하되는 예를 보여주고 있다.

그림 4.19에 나타낸 스로틀 열량계는 건도가 $x < 1$이면서 관속을 흐르는 증기의 건도(the quality of the steam)를 결정하기 위해 사용되는 장치이다. 밸브는 관의 길이 방향에 위치하고 있어, 관으로부터 증기를 배출할 수 있도록 설계되어 있다. 오리피스는 완전히 개방된 밸브의 출구쪽에 부착되어 있고, 그림에서 보는 바와 같이 오리피스 하류에서 증기의 온도를 온도계로 측정한다. 대기중으로 배출되는 증기의 압력과 온도를 알고 있다면, 방출되는 증기의 엔탈피는 구할 수 있다. 엔탈피는 오리피스를 통과하면서 변화하지 않기 때문에, 관 내에서 포화증기 엔탈피는 배출되는 증기와 같을 것이며, 이러한 과정을 등엔탈피 과정이라고 한다. 관 내에서 증기의 엔탈피와 압력을 알고 있다면, 습증기 영역(wet zone)에서 증기의 다른 상태량도 구할 수 있다.

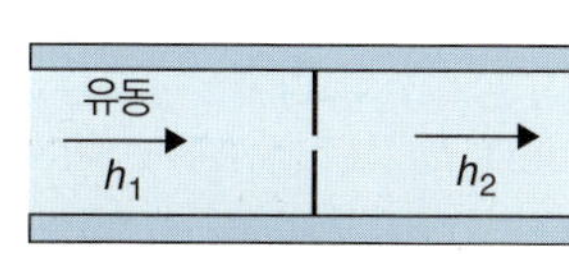

(*a*) 오리피스 판

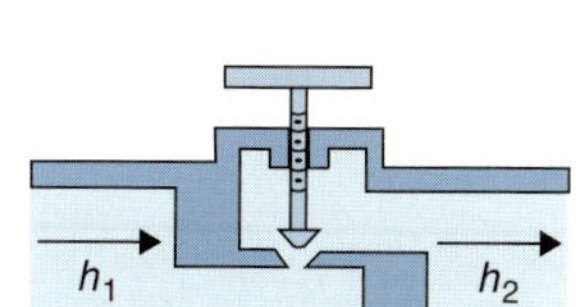

(*b*) 밸브

그림 4.18

교축장치

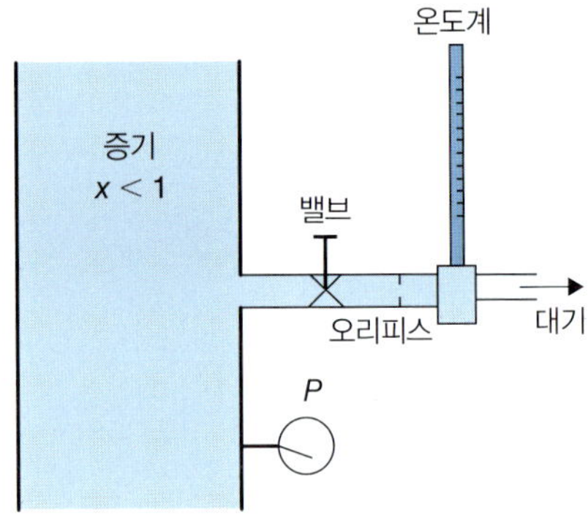

그림 4.19

스로틀 열량계

스로틀 열량계는 매우 복잡하고, 증기의 건도를 결정하는데 있어 주의를 기울여야만 한다. 실제로는 다음 예제에서 설명한 것보다 훨씬 더 복잡한 과정을 포함하고 있지만, 예제에서는 기본적인 개념만을 포함해서 설명하고자 한다.

예제 4.8 스로틀 열량계

관 내에 600 kPa의 습증기($x < 1$)가 흐르고 있다. 그림 4.19에서 보여진 것과 유사한 스로틀 열량계는 관에 고정되어 있고, 열량계 위의 온도계의 온도가 120°C일 때, 관 내의 증기의 건도를 구하시오.

풀이

열량계로부터 측정된 증기의 온도는 120°C이고, 대기중으로 배출된다. 100 kPa에서, IRC 상태량 계산기를 이용하면 이 증기가 2,720,000 J/kg의 비엔탈피를 갖는 과열증기임을 알 수 있다. 따라서, 관 속의 증기 또한 600 kPa의 압력을 갖고 2,720,000 J/kg의 비엔탈피를 갖게 될 것이다. $h = 2{,}720{,}000$ J/kg이고, 압력 600 kPa인 조건을 IRC 상태량 계산기에 입력하여 건도를 계산해보면 다음과 같다.

$$x = \underline{0.983}$$

Note: 만일 대기압력이 주어지지 않는다면, 표준압력을 100 kPa로 가정하면 된다.

예제 4.9 교축 판을 통과한 R134a

냉매-134a는 900 kPa, 34°C에서 공기조화 시스템의 응축기를 빠져나가고, 그림 4.20에서 처럼 스로틀을 통과하여 지나가며, 여기서 압력은 140 kPa로 감소된다. 냉매가 스로틀을 빠져나간 후의 온도와 건도(quality)를 구하시오.

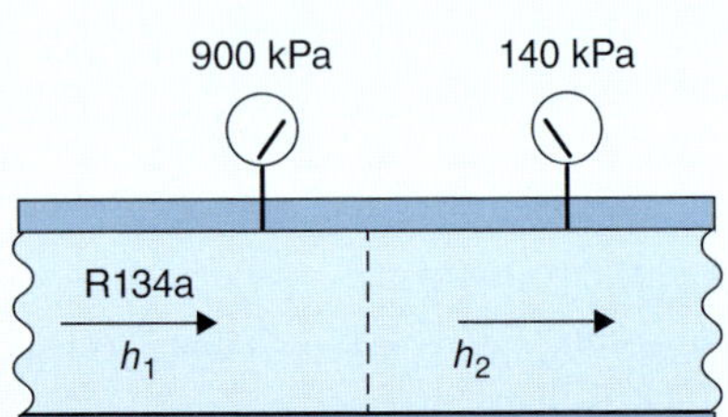

그림 4.20

풀이

냉매는 90 kPa, 34°C에서 과냉각액으로 스로틀에 들어간다. 냉매의 비엔탈피는 표 D-1로부터,

$$h_1 = h_{f@34°C} = 97.31 \text{ kJ/kg}$$

스로틀을 통과한 엔탈피는 일정하기 때문에, 출구 비엔탈피 또한 97.31 kJ/kg이고 출구 압력은 140 kPa이다.

압력이 140 kPa일 경우 $h_f = 25.77$ kJ/kg이고 $h_g = 236$ kJ/kg이다. 따라서, $h_2 = h_1 = 97.31$ kJ/kg이기 때문에, 출구 상태는 건도영역 내에 있다. 이에 해당하는 포화온도는

$$T_{exit} = T_{sat} = \underline{-18.8°C}$$

출구측 건도는 다음과 같이 계산될 수 있다.

$$x_{exit} = \frac{97.31 - 25.77}{236 - 25.77} = \underline{0.340}$$

$h = 97{,}300$ J/kg이고 $P = 140$ kPa일 때 IRC 상태량 계산기를 사용하여 계산된 출구 온도 $T_{exit} = \underline{-18.8°C}$이고, 출구 건도 $x_{exit} = \underline{0.283}$이다.

Observation:: 냉매는 냉매로써 분류되기 위해서 스로틀을 통과하여 나온 후 상대적으로 저온상태가 되어야만 한다.

Comment

IRC 상태량 계산기는 직선보간법보다도 더 정확하다.

4.2.3 혼합실

혼합실(mixing chamber)은 최소 두 개의 입구 유동이 조합되어 하나의 출구 유동을 형성하는 장치이다. 혼합실에 의해 행해지는 일은 없으며, 혼합실로부터의 열전달은 무시한다. 질량은 정상유동이기 때문에, 혼합실 내에서 질량유량의 합은 혼합실을 빠져나간 질량유량의 합과 같을 것이다. 정상유동을 하도록 하기 위해서, 입구와 출구의 압력은 같게 할 것이다. 그림 4.21에 나타낸 바와 같이, 에너지는 단지 혼합된 출구 유동을 형성하기 위해 입구 유동의 물리적 혼합에만 사용된다. 식 (4.19)와 비슷하게 일이나 열전달이 없고 운동에너지와 위치에너지의 변화를 무시할 수 있으므로, 에너지 방정식으로부터 입구 엔탈피와 출구 엔탈피가 서로 같음을 알 수 있으며, 이는 다음과 같이 나타낼 수 있다.

$$\dot{m}_1 h_1 + \dot{m}_2 h_2 = \dot{m}_3 h_3 \tag{4.27}$$

혼합실: 최소 두 개의 입구 유동이 조합되어 하나의 출구 유동을 형성하는 장치

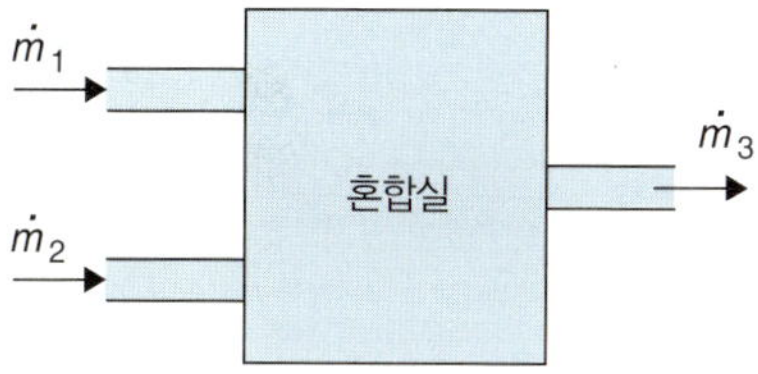

그림 4.21
두 개의 유체가 물리적으로 혼합되는 혼합실

혼합실이 사이클에 적용이 되면, 두 개의 입구와 한 개의 출구를 갖는 형태로 자주 나타나게 되며, 다음의 두 가지 예제를 통해 설명해 보기로 한다.

예제 4.10 물과 증기의 혼합, SI단위계

그림 4.22에서와 같이, 2,000 kPa, 400°C의 증기는 5 kg/s의 유량으로 혼합실로 들어간다. 2,000 kPa, 20°C의 물은 2 kg/s의 유량으로 혼합실로 들어간다. 만일, 이때 혼합실의 상태가 습증기 영역이라고 한다면 건도와 혼합실 출구에서의 온도를 구하시오.

(계속)

예제 4.10 (계속)

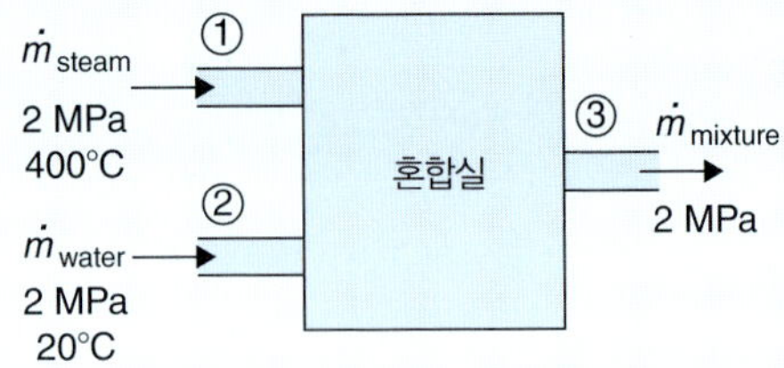

그림 4.22

풀이

상태 1 (증기)	**상태 2** (물)	**상태 3** (혼합)
$P_1 = 2$ MPa	$P_2 = 2$ MPa	$P_3 = 2$ MPa
$T_1 = 400°C$	$T_2 = 20°C$	
과열	과냉	
$h_1 = 3247.6$ kJ/kg	$h_2 = 83.96$ kJ/kg	

질량보존 법칙을 적용하면 다음과 같다.

$$\dot{m}_1 + \dot{m}_2 = \dot{m}_3 = 7 \text{ kg/s}$$

혼합실 경계면을 통과하는 열전달 또는 일은 없고, 운동에너지나 위치에너지의 변화 또한 없으므로, 식 (4.27)을 사용하여,

$$\dot{m}_1 h_1 + \dot{m}_2 h_2 = \dot{m}_3 h_3$$

$$5 \times 3247.6 + 2 \times 83.96 = 7 \times h_3. \qquad \therefore h_3 = 2344 \text{ kJ/kg}$$

$h_3 = 2{,}344$k J/kg, $P_3 = 2$ MPa을 적용하면, 상태 3이 습증기 영역에 있음이 확인할 수 있다.

$$T_3 = T_{sat} = \underline{212.4°C} \quad \text{and} \quad x_3 = \frac{2344 - h_f}{h_{fg}} = \frac{2344 - 908.8}{1890.7} = \underline{0.759}$$

만약, IRC 상태량 계산기를 사용한다면, $h_3 = 2{,}344{,}000$ J/kg과 $P_3 = 2{,}000$ kPa을 입력한다.

$$T_3 = \underline{212°C} \quad \text{그리고} \quad x_3 = \underline{0.76}.$$

예제 4.11 물과 증기의 혼합, SI단위계

그림 4.23에서와 같이, 1.4 MPa, 30°C에서 물의 유동은 2.7 m^3/min의 유량으로 혼합실에 들어간다. 1.4 MPa, 5°C의 두 번째 물의 유동은 2 m^3/min의 유량이 혼합실로 들어간다. 이때 출구 유동의 온도와 질량유량을 구하시오.

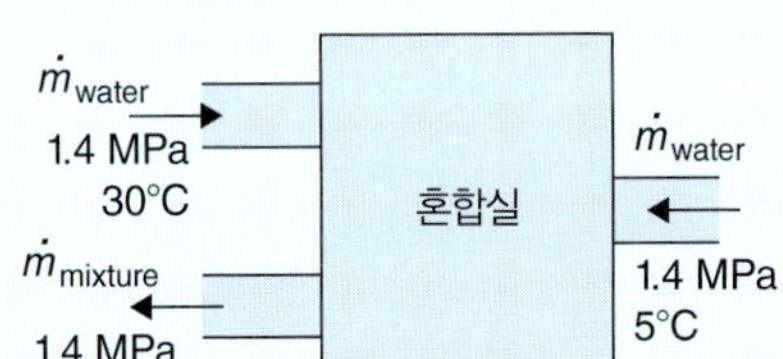

그림 4.23

풀이

상태 1	**상태 2**	**상태 3**
$P_1 = 1.4$ MPa	$P_2 = 1.4$ MPa	$P_3 = 1.4$ MPa
$T_1 = 30°C$	$T_2 = 5°C$	
$v_1 = 9.541 \times 10^{-4}$ m^3/kg	$v_2 = 9.548 \times 10^{-4}$ m^3/kg	
$h_1 = 135.2$ kJ/kg	$h_2 = 18.7$ kJ/kg	

물의 밀도를 찾기 위해 증기표를 사용하고(밀도 $\rho = 1/v$), 식 (4.14)를 이용하여 상태 1에서 유동을 해석하면,

$$\dot{m}_1 = \frac{\dot{V}_1}{v_1} = \frac{(2.7/60)\ \text{m}^3/\text{s}}{9.541 \times 10^{-4}\ \text{m}^3/\text{kg}} = 47.16\ \text{kg/s}$$

상태 2에서 유동해석은

$$\dot{m}_2 = \frac{\dot{V}_2}{v_2} = \frac{(2/60)\ \text{m}^3/\text{s}}{9.548 \times 10^{-4}\ \text{m}^3/\text{kg}} = 34.91\ \text{kg/s}$$

상태 3을 알아보기 위해서 식 (4.27)의 에너지 방정식과 질량보존을 적용하면,

$$\dot{m}_3 = \dot{m}_1 + \dot{m}_2 = 47.16 + 34.91 = \underline{82.07\ \text{kg/s}}$$

$$\dot{m}_1 h_1 + \dot{m}_2 h_2 = \dot{m}_3 h_3 \qquad 47.16 \times 135.2 + 34.91 \times 18.7 = 82.07 \times h_3$$

출구에서 엔탈피는 계산에 의해 $h_3 = 85.64$ kJ/kg이 된다. 이 엔탈피와 $P_3 = 1.4$ MPa에서 온도는 보간법으로 계산할 수 있다.

$$T_3 = 18 + \frac{85.64 - 77.6}{86.8 - 77.6}(20 - 18) = \underline{19.7°C}$$

만약, 출구의 온도를 구하기 위해 IRC 상태량 계산기를 사용한다면, $P_3 = 1{,}400$ kPa과 $h_3 = 85{,}640$ J/kg을 입력하면:

$$T_3 = \underline{20.1°C}$$

4.2.4 열교환기

열교환기(Heat exchangers)는 점점 고온이 되는 유체로부터 점점 저온이 되는 유체로 또는 고온의 유체에서 저온의 주위로 열에너지를 전달하기 위해 사용된다. 발전소에서, 에너지는 연소 과정 후 발생된 뜨거운 가스로부터 보일러 관 내의 물로 전달된다. 자동차 엔진을 빠져나온 뜨거운 냉각수는 라디에이터에 의해 대기중으로 열을 방출한다. 열역학 해석에서는 일반적으로 열교환기를 통과한 유체가 흐르는 동안 압력은 항상 일정한 것으로 가정한다. 또한 마찰에 의한 작은 압력 강하가 있다 하더라도, 양적으로 계산된 값이 결과에 중대한 영향을 미치지 않기에 무시한다.

열교환기: 점차 뜨거워지는 유체로부터 점차 차가워지는 유체로 열에너지를 전달하기 위해 사용되는 장치

가장 간단한 형태의 열교환기는 투관형 열교환기 또는 쉘 앤드 튜브 열교환기(shell-and-tube heat exchanger)이다. 그림 4.24에서 보는 바와 같이, 유체가 쉘 외벽을 통해 흐르고, 다른 유체는 쉘의 중앙부를 통하여 지나가는 관(튜브)를 통해 흐른

Comment

열교환기를 통과한 유체가 흐르는 동안 압력은 일정하다고 가정한다.

다. 만약 쉘 내의 유체와 튜브 내의 유체가 같은 방향으로 흐른다고 하면, 이는 평행흐름(parallel-flow) 또는 병렬흐름 열교환기라고 부른다. 만약, 서로 다른 방향으로 흐른다면, 이는 역류(counter-flow) 또는 대향류 열교환기라고 부르며, 이 열교환기는 일반적으로 평행흐름 열교환기보다 훨씬 더 효율적이다. 열교환기의 특정 지점에서 두 유체사이 온도차이가 크다면, 두 유체 사이에서 단위면적당 열 교환량이 더 많아진다.

최적의 열교환기를 선택하는데 있어서 엔지니어들은 많은 설계 옵션들을 이용할 수 있다. 가령 튜브를 돌려 쉘을 다시 통과하도록 설계할 수 있는데, 이것을 이중관형 열교환기(one shell-two tube heat exchanger)라고 한다. 다른 옵션으로는 4중관형 열교환기(one shell-four tube heat exchanger) 또는 6중관형 열교환기(two shell-six tube heat exchanger)가 있을 수도 있다. 기계공학과 화학공학 엔지니어들은 산업용으로 사용하기 위한 열교환기의 설계방법과 해석방법을 숙지하여야 한다. 열전달 과목을 통해 구체적인 열교환기 해석방법을 배우게 될 것이다.

다른 형태의 열교환기는 직교류형 열교환기(cross-flow heat exchanger)가 있다. 이 형태는 일반적으로 하나의 유체가 액체이고 다른 유체는 기체일 때 사용되는 것으로, 가장 일반적인 예로 자동차 라디에이터가 이에 속한다. 엔진을 빠져 나온 고온의 냉각수는 십자형(criss-crossing) 형태의 튜브를 통해 흐른다. 그림 4.25에 나타낸 바와 같이, 튜브에는 판형 핀들이 부착되어 냉각수의 열을 이동시킨다. 공기는 튜브와 핀을 가로질로 냉각수 흐름에 수직으로 흐르고, 공기와 고온의 튜브가 순간적인 접촉을 통해 열을 교환하게 된다. 또 다른 좋은 예는 공기조화장치에서 사용되는 열교환기이다. 이 열교환기는 공기조화장치에서 사용하는 냉매와 주위공기 사이에서 열을 전달한다.

본 절에서는 기본적인 열교환기의 해석을 어떻게 수행하는지 알아보고, 두 개의 유체에 미치는 영향에 대해 알아보기로 한다. 혼합실과는 다르게, 열교환기 내의 두 개의 유체는 절대 접촉하지 않고, 따라서 두 유체의 유동 속도는 모두 정상적으로 변하지 않는다. 통로를 통한 압력 강하는 일반적으로 무시한다. 만약 압력 강하나 속도의 변화가 발생된 경우 유량을 일정하게 유지하기 위해 펌프 에너지가 추가적으로 필요하게 될 것이다.

Comment

각 통로내에서 압력은 일정하고, 행한 일은 없으며, 운동에너지와 위치에너지 변화는 무시해도 될 정도로 작다.

이러한 이유로, 열교환기 내에서 쉘과 튜브 시스템은 최소한의 유동 저항과 압력강하가 이루어지도록 설계된다. 열교환기는 일반적으로 작고 소형이기 때문에, 위치에너

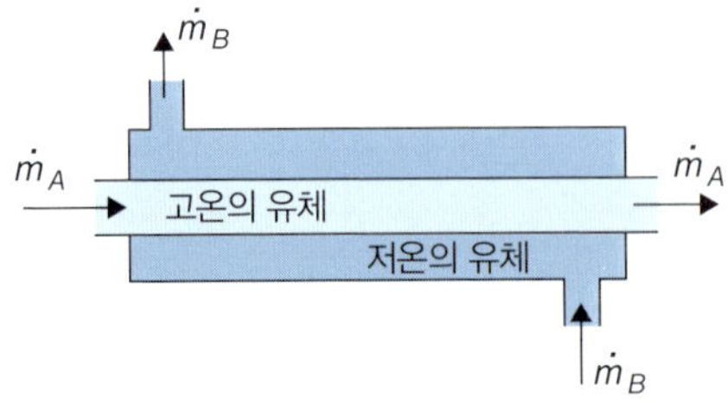

그림 4.24
투관형 열교환기

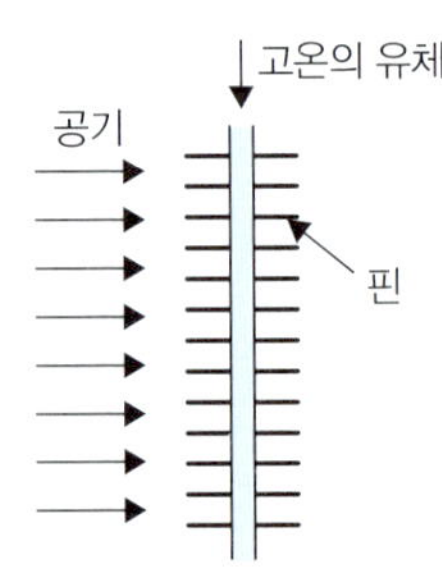

그림 4.25
고온의 유체가 흘러 통과하는 핀이 부착된 튜브

지 변화는 0으로 가정한다.

열교환기에서 이 해석을 위해 적용된 열역학 제1법칙은, 열교환기내에서 고온의 유체로부터 발생된 열의 양은 저온의 유체가 열을 흡수하는 양과 동일하다는 것을 의미한다. 따라서, 적절한 해석을 수행하기 위해 제1법칙은 각 유체에 따로 적용되어야 한다. 즉, 고온의 유체로부터 제거되는 열의 양과 저온의 유체에 가해지는 열의 양이 같아야 한다. 두 유체에 모두 적용되는 제1법칙은 다음과 같다.

Key Concept: 열교환기 내에서 고온 유체로부터 발생된 열의 양은 저온의 유체가 흡수한 열의 양과 같다.

$$\dot{Q} = \dot{m}(h_2 - h_1) \tag{4.28}$$

그림 4.24의 열교환기 외부는 단열된 것으로 가정하고, 유체 A로부터 발생된 열에너지는 유체 B로 전달되며, 이를 다음과 같은 식으로 표현할 수 있다.

$$0 = \dot{m}_A(h_{A2} - h_{A1}) + \dot{m}_B(h_{B2} - h_{B1}) \tag{4.29}$$

그림 4.26*a*와 *b*에 나타낸 검사체적의 경우, 열전달률은 다음과 같다.

$$\dot{Q} = \dot{m}_A(h_{A2} - h_{A1}) \qquad -\dot{Q} = \dot{m}_B(h_{B2} - h_{B1}) \tag{4.30}$$

유입구와 방출구의 정보가 주어진 열교환기 문제를 풀이하는데 있어, 우선 더 많은 정보가 주어진 유체를 가지고 문제를 풀기 시작한다. 그 다음 두 가지 유체 사이에서 열전달률을 구하기 위해 유체에 제1법칙을 적용한다. 마지막으로 다른 유체의 상태량을 결정하기 위해 주어진 정보를 사용한다.

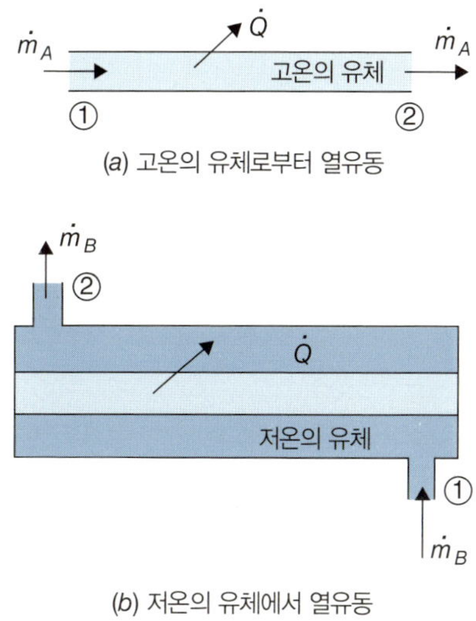

그림 4.26
그림 4.24의 두 가지 유동

라디에이터를 통한 부동액의 유동 예제 4.12

라디에이터는 공기를 이용하여 직교류(cross-flow) 열교환기 내에서 에틸렌글리콜(부동액)을 냉각한다. 그림 4.27에 나타낸 바와 같이, 에틸렌글리콜(C_p = 2.85 kJ/kg·K)은 65°C로, 2.2 kg/s의 유량으로 라디에이터로 들어가고, 26°C로 라디에이터를 빠져나온다. 20°C에서 270 m³/min의 풍량으로 공기를 라디에이터 위로 불어 넣는다면 이때 공기의 평균 출구 온도 T_4를 구하시오.

풀이.

에틸렌글리콜:	**상태 1** (입구)	**상태 2** (출구)
	T_1 = 65°C	T_2 = 26°C
	$\dot{m}_1$ = 2.2 kg/s	$\dot{m}_2$ = 2.2 kg/s

부동액으로부터 열전달률은

$$\dot{Q} = \dot{m}_{eg}C_p(T_2 - T_1)$$

$$= 2.2\frac{\text{kg}}{\text{s}}\left(2.85\frac{\text{kJ}}{\text{kg}\cdot\text{K}}\right)(26 - 65)°\text{K} = -244.5\ \text{kW}$$

공기로의 열전달률은 +244.5 kW가 될 것이다.

(계속)

예제 4.12 (계속)

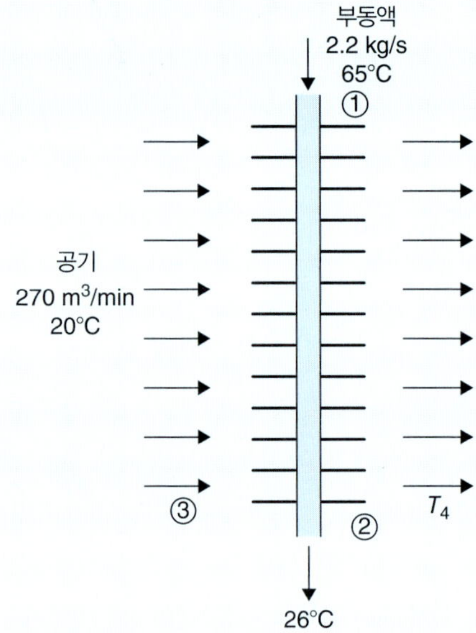

그림 4.27

입구 온도 T_3 = 20°C를 사용하여 공기의 출구 조건을 해결할 수 있다. 비체적은

$$v_3 = \frac{RT_3}{P_3} = \frac{\left(0.287\frac{\text{kJ}}{\text{kg}\cdot\text{K}}\right)(293\text{ K})}{101.3\text{ kPa}} = 0.829\text{ m}^3/\text{kg}$$

공기의 질량유속과 열전달률은

$$\dot{m} = \frac{\dot{V}}{v} = \frac{(270/60)\text{ m}^3/\text{s}}{0.829\text{ m}^3/\text{kg}} = 5.43\text{ kg/s}$$

$$\dot{Q} = \dot{m}C_p\Delta T$$

$$244.5\text{ kW} = 5.43\frac{\text{kg}}{\text{s}} \times 1.004\frac{\text{kJ}}{\text{kg}\cdot\text{K}} \times (\text{T}_4 - 20)°\text{K}$$

공기의 출구 온도를 계산한 결과는 다음과 같다.

$$\underline{T_4 = 64.8°\text{C}}$$

예제 4.13 급속 증식형 원자로(fast breeder reactor)에서 열교환기

급속 증식형 원자로는 터빈에 동력을 공급하기 위해서 반응으로부터 열을 증기로 전달하고 이를 위해 액상 나트륨(sodium)을 사용한다. 100 kg/s로 흐르는 액상 나트륨은 그림 4.28에서와 같이 450°C로 열교환기에 유입되고 350°C로 방출된다. 액상 나트륨 C_p는 1.25 kJ/kg·°C이다. 5,000 kPa, 20°C의 물이 열교환기에 들어가고, 출구에서 물의 온도가 400°C일 때, 물의 열전달률과 최소 질량유량을 구하시오.

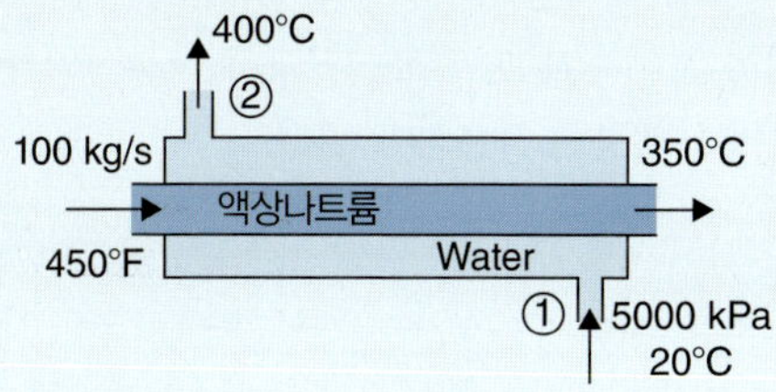

그림 4.28

> **Remember:** C_p에 온도차(ΔT)를 곱할 때, C_p 단위는 kJ/kg · K 또는 kJ/kg · °C로 쓰여지는데, 온도차는 절대온도 또는 섭씨온도가 서로 같기 때문이다.

풀이

이 정압 과정 동안에, 액상 나트륨으로부터 열전달은 다음과 같이 계산할 수 있다.

$$\dot{Q} = \dot{m}C_p\Delta T = 100\frac{\text{kg}}{\text{s}} \times 1.25\frac{\text{kJ}}{\text{kg}\cdot{}^\circ\text{C}} \times (350 - 450)\,{}^\circ\text{C} = \underline{-12\,500\ \text{kJ/s}}$$

계산된 값에서, 음(−)의 표시는 액상 나트륨에서 열이 빠져나간 것을 의미한다.

5 MPa, 20°C에서 과냉각액으로써 물이 유입된다. 물은 5 MPa, 400°C에서 과열증기로 열교환기를 떠날 것으로 예상되며, 물의 상태량은 부록의 표 C에서 찾을 수 있다.

> **Note:** 열교환기를 통한 유체의 유동은 항상 압력이 일정하다고 가정한다.

물:	**상태 1**	**상태 2**
	$P_1 = 5$ MPa	$P_2 = 5$ MPa
	$T_1 = 20$°C	$T_1 = 400$°C
	$h_1 = h_{fat\ 20°C} = 83.92$ kJ/kg	$h_2 = 3196$ kJ/kg

물에서의 열전달을 통해 질량유속을 구하는 것이 가능하다.

$$\dot{Q} = \dot{m}\Delta h$$

$$12\,500 = \dot{m} \times (3196 - 83.92) \qquad \therefore \dot{m} = \underline{4.02\ \text{kg/s}}$$

4.2.5 노즐과 디퓨저

노즐(nozzle)은 유체 흐름 속도를 증가시키기 위해 사용되는 장치이다. 노즐은 아음속(subsonic) 또는 비압축성 유동에서 유동면적을 줄이거나 또는 초음속(supersonic) 유동에서 유동면적을 증가시킴으로써 유체의 흐름속도를 증가시킨다. *디퓨저*(diffuser)는 유체 흐름 속도를 감소시키는 장치이다. 장치내에 주어지는 일은 없고, 일반적으로 열전달은 무시할 정도로 작아서 대부분의 단열장치에서 사용한다. 위치에너지 변화를 무시하면, 식 (4.15)의 에너지 방정식으로부터 다음과 같은 형태로 나타낼 수 있다.

> **노즐:** 유체의 흐름 속도를 증가시키는 장치
>
> **디퓨저:** 유체의 흐름 속도를 감소시키는 장치

$$0 = \frac{V_2^2 - V_1^2}{2} + h_2 - h_1 \tag{4.31}$$

식 (4.31)을 사용할 때, 단위를 조심해야 한다. SI단위의 경우 비엔탈피는 kJ/kg단위를 갖는다. 비운동에너지(specific kinetic energy) $V^2/2$는 J/kg의 단위를 갖는다. 즉, 단위가 일치되도록 만들기 위해 비운동에너지 항이 1,000 J/kJ에 의해 나누어져야만 한다는 것을 의미한다.

노즐 또는 디퓨저를 통해 흐르는 이상기체의 중요 과정은 식 (3.45)에서 적용되어

가정되었던 준평형 단열 과정이다. 예를 들어, 만일 작동유체가 증기라면, 식 (3.47) 이후의 논의에서 유입구에서 출구까지 $\psi_2 = \psi_1$ (또는 $s_2 = s_1$)임을 증명하였고, 증기표에서 "엔트로피"라 불리우는 상태량을 사용하게 된다.

예제 4.14 디퓨저를 통한 공기 흐름

그림 4.29에서와 같이 공기는 디퓨저를 통해 흐른다. 입구 조건은 10 kPa, 200°C이다. 유입 속도가 160 m/s일 때 출구 속도가 20 m/s가 되도록 디퓨저 출구 직경을 설계하였다. 이때 i) 출구 온도, ii) 질량유량, iii) 출구직경을 계산하시오. 단열 준평형 유동으로 가정하고, 공기는 일정한 비열을 갖는 이상기체로서 취급한다.

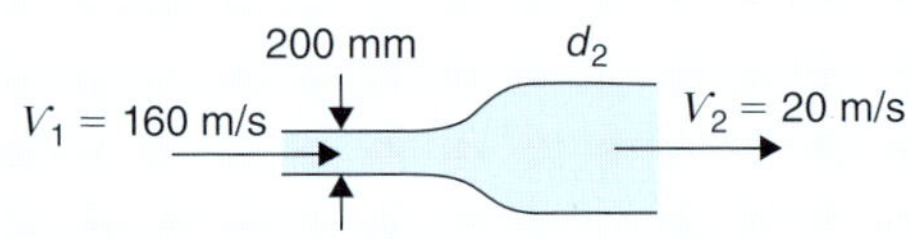

그림 4.29

풀이

조건:

	상태 1	**상태 2**
	$P_1 = 10$ kPa	$V_2 = 20$ m/s
	$T_1 = 200°C$	
	$V_1 = 160$ m/s	
	$D_1 = 200$ mm	

i) 출구 온도를 구하기 위해, 식 (4.31)의 에너지 방정식을 사용한다. $\Delta h = C_p \Delta T$를 이용하여,

$$0 = \frac{V_2^2 - V_1^2}{2} + C_p(T_2 - T_1)$$

$C_P = 1000$ J/kg·K (or 1000 J/kg·°C)를 적용하면

$$T_2 = \frac{V_1^2 - V_2^2}{2C_p} + T_1 = \frac{(160^2 - 20^2)\ \text{m}^2/\text{s}^2}{2 \times 1000\ \text{J/kg}\cdot°\text{C}} + 200°\text{C} = \underline{213°\text{C}}$$

주의: 만약 T_1 이 절대온도로 표현된다면, 답은 절대온도 K로 나타낸다.

ii) 질량유량을 구하기 위해서는, 입구에서 밀도를 찾아야만 한다. 유입 조건으로부터 이상기체법칙을 적용하면,

$$\rho_1 = \frac{P_1}{RT_1} = \frac{10}{0.287 \times 473} = 0.0737\ \text{kg/m}^3$$

따라서, 질량유량은

$$\dot{m} = \rho_1 A_1 V_1 = 0.0737\ \frac{\text{kg}}{\text{m}^3} \times (\pi \times 0.1^2)\ \text{m}^2 \times 160\ \frac{\text{m}}{\text{s}} = \underline{0.370\ \text{kg/s}}$$

iii) 출구직경을 구하기 위해, 연속방정식을 사용하면,

$$\rho_1 A_1 V_1 = \rho_2 A_2 V_2$$

Comment

C_p에는 언제나 ΔT = 10°C 또는 ΔT = 10 K처럼 단위와 무관하게 같은 온도차를 곱한다. 만약 K 또는 °C가 분모에 있다고 하더라도 중요하지 않다. 아래의 단위변환과정에서 살펴볼 수 있듯이 같은 단위도 여러 가지 형태로 사용될 수 있다.

$$\frac{\text{J}}{\text{kg}} = \frac{\text{N}\cdot\text{m}}{\text{N}\cdot\text{s}^2/\text{m}} = \text{m}^2/\text{s}^2$$

Unit: 이상기체 법칙에 관한 단위는 단위를 쓰는 것이 불필요할 정도로 매우 익숙해져야만 한다.

이때 출구에서 밀도가 필요하다. 출구 밀도는 이상기체 단열 준평형 유동의 가정에 의해 찾을 수 있다. 식 (3.44)와 $\rho = 1/v$을 사용하여,

$$\rho_2 = \rho_1\left(\frac{T_2}{T_1}\right)^{1/(k-1)} = 0.0737\left(\frac{485.6}{473}\right)^{2.5} = 0.0787\ \text{kg/m}^3$$

따라서, 단면적 $A = \pi d^2/4$로부터

$$d_2^2 = \frac{\rho_1 d_1^2 V_1}{\rho_2 V_2} = \frac{0.0737 \times 0.2^2 \times 160}{0.0787 \times 20} = 0.299\ \text{m}^2$$

$$\therefore d_2 = 0.547\ \text{m} \quad \text{or} \quad \underline{547\ \text{mm}}$$

Problem-solving hints: 다음의 단계는 보다 효율적으로 문제를 정의하고 푸는데 도움을 줄 것이다.

1) 해석하고자 하는 장치의 형태를 확인
2) 유체의 확인. 이상기체 법칙을 사용할 수 있는가? 또는 상태량 표가 필요한가?
3) 문제에서 주어진 정보를 확인

노즐을 통한 증기의 흐름 — 예제 4.15

그림 4.30에서와 같이 3 MPa, 300°C의 증기가 3 m/s의 속도로 노즐로 들어가고, 2 MPa, 300°C로 노즐을 빠져나온다. 유입구 단면적은 375 cm^{2}이고, 열은 증기의 단위질량당 40 kJ/kg이 노즐쪽으로 더해진다. 이때 i) 질량유량, ii) 출구속도, iii) 노즐의 출구면적을 계산하시오.

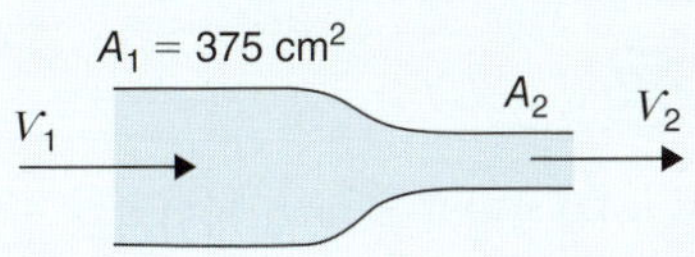

그림 4.30

Comment

증기가 이상기체로 취급되어 타당한 결과를 얻는 경우도 있긴 하지만 증기가 유체로 존재할 경우 증기표 역시도 사용가능하다. 또한 IRC 상태량 계산기도 사용할 수 있다.

풀이

조건:

	상태 1	**상태 2**
	$P_1 = 3$ MPa	$P_2 = 2$ MPa
	$T_1 = 300$°C	$T_2 = 300$°C
	$V_1 = 3$ m/s	
	$A_1 = 375\ \text{cm}^2 = 3.75 \times 10^{-2}\ \text{m}^2$	

표 C-3으로부터,

$$v_1 = 0.081\ \text{m}^3/\text{kg} \qquad v_2 = 0.125\ \text{m}^3/\text{kg}$$

$$h_1 = 2994\ \text{kJ/kg} \qquad h_2 = 3024\ \text{kJ/kg}$$

i) 노즐을 통한 질량유량은,

$$\dot{m} = \frac{A_1 V_1}{v_1} = \frac{3.75 \times 10^{-2}\text{m}^2 \times 3\ \text{m/s}}{0.081\ \text{m}^3/\text{kg}} = \underline{1.39\ \text{kg/s}}$$

ii) 식 (4.15)에서 단위질량 $\dot{m}$으로 나누면

(계속)

예제 4.15 (계속)

$$q = \frac{\dot{Q}}{\dot{m}} = \frac{V_2^2 - V_1^2}{2} + h_2 - h_1$$

$$40\ \mathrm{kJ/kg} = \frac{(V_2^2 - 3^2)\ \mathrm{m^2/s^2}}{2000} + (3024 - 2994)\ \mathrm{kJ/kg}$$

출구속도 V_2를 구하면, V_2 = 141 m/s.

iii) 노즐 출구에서 질량유량은 노즐 입구에서 질량유량과 같다.

$$\dot{m}_2 = \rho_2 A_2 V_2 = \frac{A_2 V_2}{v_2} = \frac{A_2 \times 141\ \mathrm{m/s}}{0.125\ \mathrm{m^3/kg}} = 1.39\ \mathrm{kg/s}$$

$$\therefore A_2 = 1.23 \times 10^{-3}\ \mathrm{m^2} = 12.3\ \mathrm{cm^2}$$

학습목표 확인 (4)

4.3 비정상유동

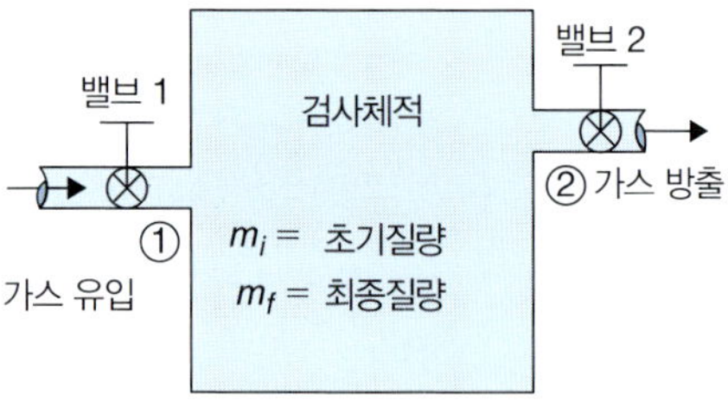

그림 4.31

검사체적내로 유입 또는 방출되는 비정상유동 기체

이번 절에서는 이상기체가 탱크에 채워지고 방출되는 비정상유동에 대해 알아보고자 한다. 시간에 따라 변하지 않는 정상유동은 4.2절에서 문제의 해결을 위해 가정하여 사용한 적이 있다. 이번 절에서는 질량보존과 에너지 방정식에서 주어진 항이 시간과 함께 변하는 유동(비정상유동)을 살펴볼 것이다. 풍선이나 타이어를 공기로 채우는 것, 여름 지하동굴에 저장해 둔 천연가스의 소모 등이 비정상 유동 문제의 대표적인 예이다.

그림 4.31에서와 같이, 관을 통해 검사체적으로 들어오고 나가는 유동이 $\dot{m}_2 \neq \dot{m}_1$라고 가정하면 식 (4.19)의 에너지 방정식은 불균일한 유동을 반영하기 위해서 다음과 같이 표현될 수 있다.

Recall:
$$E = m\left(\frac{V^2}{2} + gz + u\right)$$

$$\dot{Q} - \dot{W}_S = \dot{m}_2\left(h_2 + \frac{V_2^2}{2} + gz_2\right) - \dot{m}_1\left(h_1 + \frac{V_1^2}{2} + gz_1\right) + \frac{dE_{\mathrm{c.v.}}}{dt} \qquad (4.32)$$

여기서, $dE_{\mathrm{C.V.}}/dt$는 검사체적에 포함된 에너지의 시간변화율을 나타낸다. 만약, 운동에너지와 위치에너지의 변화가 의미없고, 축 일이 존재하지 않는다면, 에너지 방정식은 다음과 같이 간략화 될 것이다.

$$\dot{Q} = \dot{m}_2 h_2 - \dot{m}_1 h_1 + \frac{d(mu)_{\mathrm{c.v.}}}{dt} \qquad (4.33)$$

이제, 탱크가 채워지고 있는 상황을 고려해 보자. 즉, 그림 4.31에서 밸브 2는 닫히고 밸브 1이 열리게 된다면, 그림 4.32와 동일해진다. 따라서, 에너지 방정식은 다음과 같이 쓰여질 수도 있다.

$$\dot{Q} = \frac{d(mu)_{\text{c.v.}}}{dt} - \dot{m}_1 h_1 \qquad \text{(유체가 검사체적으로 흘러들어 갈 경우)} \tag{4.34}$$

만약 체적내의 초기 질량이 m_i이고, 최종 질량이 m_f라면, 시간 t_i에서 t_f까지 적분(dt를 곱하면)하면 다음과 같다.

$$Q = m_f u_f - m_i u_i - m_1 h_1 \tag{4.35}$$

만약, 관에서 작동유체가 일정한 상태를 유지하고 있다면 h_1은 적분되는 시간 동안 일정하다고 가정할 수 있고, 결과적으로 밸브를 통과한 엔탈피는 일정하게 유지된다.

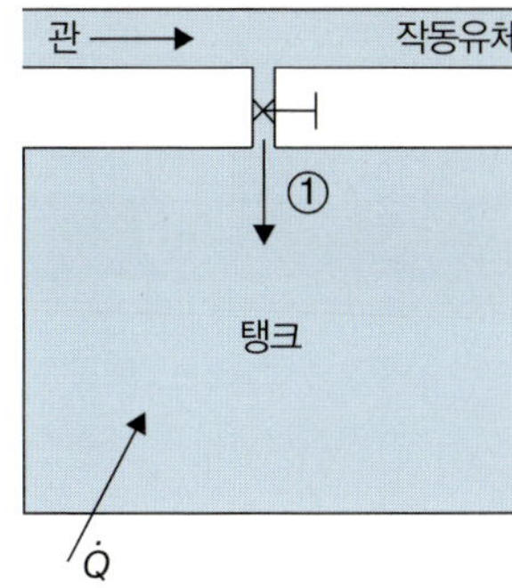

그림 4.32
탱크 채우기

이 부분에서는 질량보존이란 체적내의 최종 질량 m_f는 초기 질량 m_i에 유입되는 질량 m_1을 더한 것과 같다는 것을 의미한다. 즉,

$$m_f = m_i + m_1 \qquad \text{(유체가 검사체적으로 흘러들어 갈 경우)} \tag{4.36}$$

만약, 그림 4.31에서 밸브 1이 닫히고 밸브 2가 열린 검사체적은 그림 4.33과 같은 상황이고 이 검사체적으로부터 가스가 방출되고 있다면, 출구에서 가스의 엔탈피는 일정하다고 가정할 수 없다. 운동에너지와 위치에너지의 변화를 무시하고, 무시될 정도로 작은 열전달과 축 일이 없음을 가정하면, 에너지 방정식은 다음과 같은 형태가 된다.

> **$\dot{m}_1 h_1 dt$ 적분:**
> $$\int \left(\frac{dm_1}{dt} h_1\right) dt = h_1 \int dm_1 = h_1 m_1$$

$$0 = \dot{m}_2 h_2 + \frac{d(mu)_{\text{c.v.}}}{dt} \qquad \text{(유체가 검사체적을 빠져 나올 경우)} \tag{4.37}$$

질량보존은 검사체적내의 질량은 검사체적을 빠져나갈 때 질량이 감소함을 요구하며, 이는 다음과 같이 표현된다.

$$\frac{dm}{dt} = -\dot{m}_2 \tag{4.38}$$

만약 엔탈피 $h = u + Pv$로서 표현된다면, 위의 두 방정식은 다음과 같이 표현될 수 있다.

$$dm(u_2 + P_2 v_2) = d(mu)_{\text{c.v.}} \tag{4.39}$$

만약, 속도가 상대적으로 작다면, 면적 A_2부분에서 밸브 2 이전에 u_2, v_2와 P_2의 특성은 대략적으로 검사체적내의 u, v 그리고 P와 같다고 가정할 수 있다. 이 조건으로부터 식 (4.39)는 다음과 같이 간략하게 표현될 수 있다.

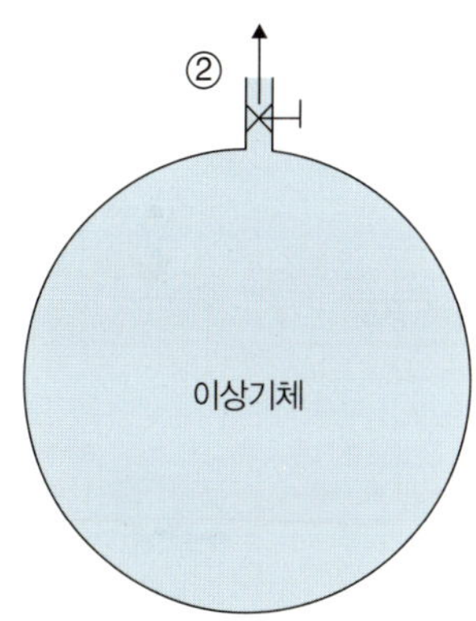

그림 4.33
방출되는 검사체적

$$(u + Pv)dm = udm + mdu \quad \text{or} \quad Pvdm = mdu \tag{4.40}$$

일정한 비열을 갖는 이상기체로 가정하여 $Pv = RT$와 $du = C_v dT$를 적용하면, 식 (4.40)은 다음과 같이 표현될 수 있다.

$$\frac{dm}{m} = \frac{C_v}{R}\frac{dT}{T} \tag{4.41}$$

초기상태에서 마지막 상태까지 적분하면,

$$\ln\frac{m_f}{m_i} = \frac{1}{k-1}\ln\frac{T_f}{T_i} \tag{4.42}$$

Comment

비열이 일정한 이상기체의 준평형 단열 과정을 위한 방정식 (3.45)는 일반적인 계의 해석에 적용될 수 있으며 또한 상태 1에서 상태 2로 진행되는 유동에서 열 손실이나 열 전달을 무시할 수 있는 경우에도 적용 가능하다.

여기서, 식 (2.35)는 C_v와 R을 서로 결합시키기 위해 사용되었다. 식 (4.42)는 준평형 단열 과정 식 (3.45)를 적용하여 다음과 같은 형태로 나타낼 수 있다.

$$\frac{m_f}{m_i} = \left(\frac{T_f}{T_i}\right)^{1/(k-1)} \quad \text{or} \quad \frac{m_f}{m_i} = \left(\frac{P_f}{P_i}\right)^{1/k} \tag{4.43}$$

비열이 일정하고 출구의 속도가 낮다는 가정들을 사용하여 위 식을 적용하면 계의 해석에 필요한 상태량을 계산하는데 도움이 되며, 최종 결론을 도출하는데 유용하게 사용될 수 있다.

예제 4.16 증기로 탱크 채우기

그림 4.34에서 보는 바와 같이, 30 m^{3}의 단단하고, 절연된 탱크에는 2 MPa, 400°C로 유지되는 증기라인이 부착되어 있다. 만일, 밸브를 열기 전에 탱크가 비워져 있다면, 압력이 2 MPa에 도달했을 때 탱크 안의 증기의 온도를 구하고, 탱크로 흐르는 증기의 질량을 구하시오.

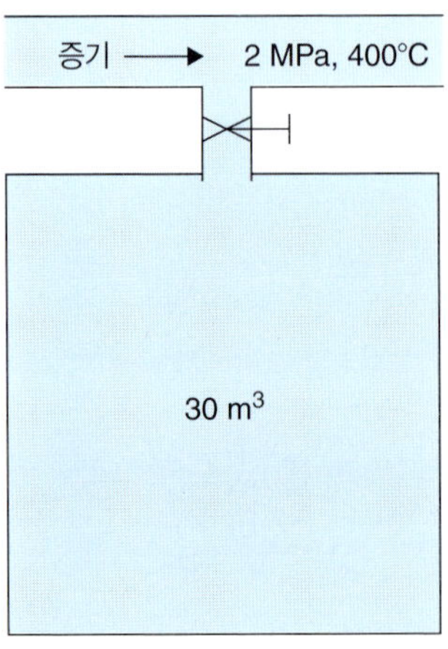

그림 4.34

풀이

비워져 있고($m_i = 0$) 단열된($Q = 0$) 탱크의 에너지 방정식은 다음과 같이 간략화 된다.

$$m_f u_f = m_1 h_1$$

그러나 질량보존은 탱크의 최종 질량은 유입되는 질량과 같아야만 한다. 즉 $m_f = m_1$이 요구되며, 위의 에너지 방정식은 놀라운 결과를 제공한다.

$$u_f = h_1 = 3250 \text{ kJ/kg}$$

충분한 시간 후, 최종 압력은 증기라인의 압력 2 MPa과 같아질 것이다. 따라서, $u_f = 3250$ kJ/kg 과 $P_f = 2$ MPa에서 표 C-3을 통해,

$$T_f = \underline{576°\text{C}}$$

온도는 증기라인에서보다 탱크에서 더 높다. "에너지"는 $h = u + Pv$에서 Pv 항 때문에 더 추가적인 열에너지로 변환되고, 이 때문에 온도가 높아진다.

탱크에서 증기의 질량은 표 C-3의 2000 kPa, 576°C의 정보를 이용하고 보간에 의해 (또는 IRC 상태량 계산기를 사용) 근사치를 구할 수 있다.

$$m_f = \frac{V}{v} = \frac{30 \text{ m}^3}{0.194 \text{ m}^3/\text{kg}} = \underline{155 \text{ kg}}$$

예제 4.17 탱크로부터 공기의 방출

공기를 포함한 30 m^{3}의 단단한 탱크는 2 MPa까지 가압되고, 결국 온도가 30°C까지 도달하도록 되어 있다. 그림 4.31에서, 밸브 1은 닫힘과 함께 밸브 2는 열려진다. 저속의 방출과 열전달을 무시

하는 것으로 가정하고, 압력이 200 kPa에 도달할 때 탱크내의 공기의 질량과 온도를 구하시오.

풀이

식 (4.43)을 사용하기 위해, 만약 초기 질량 m_i를 알게 된다면, 탱크 내 공기의 최종 질량을 찾을 수 있다.

$$m_i = \frac{P_i V}{RT_i} = \frac{2000 \times 30}{0.287 \times (30 + 273)} = 690 \text{ kg}$$

식 (4.43)을 이용하여

$$m_f = m_i \left(\frac{P_f}{P_i}\right)^{1/k} = 690 \left(\frac{200}{2000}\right)^{1/1.4} = \underline{133 \text{ kg}}$$

최종 온도 또한 식 (4.43)을 사용하여 찾을 수 있다.

$$\frac{m_f}{m_i} = \left(\frac{T_f}{T_i}\right)^{1/(k-1)} \quad \frac{133}{690} = \left(\frac{T_f}{303}\right)^{2.5} \quad \therefore T_f = 157 \text{ K} \;\; \text{또는} \;\; \underline{-116°\text{C}}$$

농부들이 비료 살포를 위해 큰 탱크를 가압하는데 사용되는 질소는, 만약 호스가 깨지면서 농부의 몸으로 뿌려진다면 매우 위험할 수 있다(위 예제 참조). 낮은 온도에 노출된 몸의 일부는 얼게 된다.

☑ 학습목표 확인 (5)

4.4 사이클에 결합된 장치들

4.2절에서 소개된 모든 장치들은 오늘날 전 세계에서 일반적인 사이클에서 사용된다. 냉장고, 발전소, 항공기 엔진, 대형 트럭 엔진, 등의 사이클도 이번 장에서 제시된 장치들에 근간을 두고 있다. 이 사이클들은 물리학과 또는 화학공학과에서 배우는 열역학에서는 주로 다루어지지 않고 기계공학과에서 주로 배우게 된다. 사실, 이 절에서 소개되는 3가지 기본 사이클의 자세한 해석은 나중에 심도있게 논의할 것이다. 적은 에너지를 사용하면서 효율을 높이기 위해 사이클을 수정할 수 있지만 이번 절에서는 단순한 기본 사이클에 국한하여 설명할 것이다.

4.4.1 랭킨 동력사이클

4.2절에서 소개된 장치는 동력을 생산하기 위해서 다양한 사이클에 결합될 수 있다. 원자력, 석탄 또는 쓰레기 소각 발전소에서 사용되는 기본 사이클은 *랭킨사이클*(Rankine cycle)로 그림 4.35에 나타내었다. 이 사이클은 4개의 이상적인 장치로 구성되어 있다.

랭킨사이클: 대부분의 발전소에서 동력을 발생시키기 위해 사용하는 기본 사이클

보일러: 열교환기의 일종으로 증기발생기라고도 부른다.

Comment

쓰레기 속에 함유된 에너지는 단위 무게당 석탄속에 함유된 에너지의 약 50%이다. 이것은 90% 이상을 요하는 다수의 쓰레기 매립장을 줄일 수 있다.

- *펌프*(pump)는 포화수를 높은 압력으로 압축시킨다.
- 높은 압력의 물을 과열증기로 만들기 위해 *보일러*(boiler)는 대개 석탄을 태워 열을 가하게 된다.
- 높은 압력, 높은 온도의 증기는 *터빈*(turbine)을 통과하고 동력을 생산한다.
- 터빈을 빠져나온 증기는 *응축기*(condenser)에서 포화수로 응축되고, 다시 펌프로 들어간다.

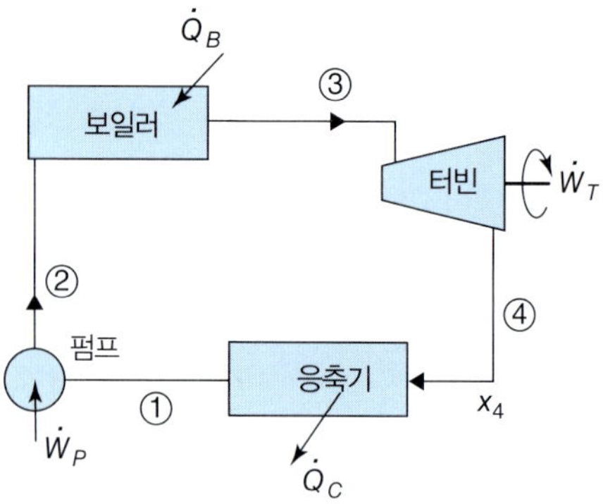

그림 4.35
랭킨사이클

랭킨사이클은 동력을 만들어내기 위해 사용되기 때문에, 사이클의 효율은 다음과 같이 정의된다.

$$\eta = \frac{\text{총 출력 동력}}{\text{입력 동력}} = \frac{\dot{W}_T - \dot{W}_P}{\dot{Q}_B} \tag{4.44}$$

이 사이클의 효율은 주로 30%정도이다. 즉, 보일러에서 물을 끓이기 위해 필요로 하는 30%의 에너지가 실제로 터빈으로부터 유용한 동력으로 변환된다. 나머지 70%의 에너지는 열전달량 $\dot{Q}_C$를 방출함으로써 응축기에 의해 버려진다. 계로써 사이클을 고려하려면, 제1법칙이 필요하다.

$$\dot{Q}_B = \dot{W}_T + \dot{Q}_C \tag{4.45}$$

Comment

발전소에서 버려지는 열은 도심과 대학캠퍼스에서 건물의 냉 · 난방에 사용될 수 있고, 그렇게 함으로써 발전소의 유효 효율을 60% 가량까지 증가시킬 수 있다.

방출되는 열 $\dot{Q}_C$ 중 일부는 대학건물, 도심지역 또는 큰 공장에서 난방과 냉방(흡수식 냉동법 사용; 10장에서 제시)에 활용될 수 있다. 이런 경우 입력동력양이 늘어나도 사이클 전체 효율은 식 (4.44)에 정의된 바와 같이 줄지 않고 유지될 수 있다. 방출된 열의 절반이 회수되는 경우 "효율"은 2배까지 증가할 수 있다.

랭킨사이클은 제8장에서 구체적으로 해석하고 논의해 볼 것이다. 또한 제8장에서 소개될 몇 가지 수정요소들은 실제 발전소의 사이클에서 효율을 높이는데 도움이 된다.

예제 4.18 간단한 랭킨사이클

랭킨사이클에서 펌프는 8 kg/s의 물을 유입시켜 압력을 20 kPa에서 4 MPa까지 끌어올린다. 그림 4.36에 나타낸 것처럼, 보일러는 500°C까지 온도를 높이고, 증기는 포화증기로써 터빈을 빠져나간다. 다음을 계산하시오.

i) 펌프에 요구되는 동력
ii) 보일러에 입력 에너지
iii) 터빈에 의해 생성된 동력
iv) 사이클 효율

구성장치들에서 발생한 손실은 무시한다.

풀이

i) 펌프를 작동시키기 위해 필요한 동력은 식 (4.21)로부터 다음과 같이 구할 수 있다.

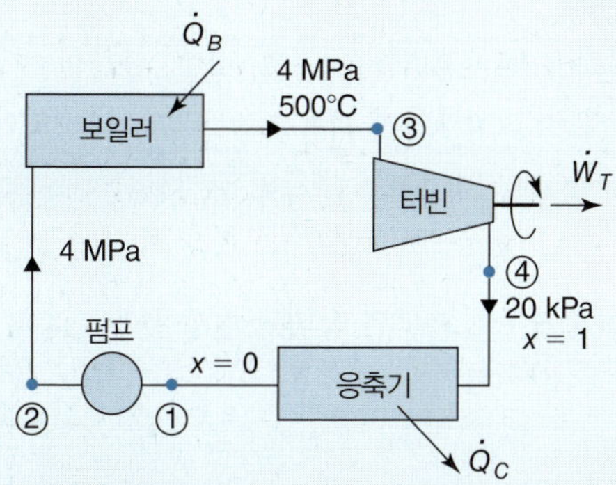

그림 4.36

$$\dot{W}_P = \dot{m}\frac{P_2 - P_1}{\rho} = 8\frac{\text{kg}}{\text{s}} \times \frac{(5000 - 20)\ \text{kN/m}^2}{1000\ \text{kg/m}^3} = \underline{40\ \text{kW}}$$

ii) 엔탈피 h_2는 보일러를 해석하기 위해 필요하다. 펌프를 통과할 때 엔탈피는 식 (4.20)에 서술된 에너지 방정식에 의해 다음과 같이 구할 수 있다.

$$\dot{W}_P = \dot{m}(h_2 - h_1)$$
$$40 = 8 \times (h_2 - 251.4) \qquad \therefore h_2 = 256.4\ \text{kJ/kg}$$

보일러를 통과할 때 에너지 방정식은 식 (4.28)에 의해 다음과 같이 쓸 수 있다.

$$\dot{Q}_B = \dot{m}(h_3 - h_2)$$
$$= 8 \times (3434 - 256.4) = 25\,420\ \text{kJ/s}$$

iii) 터빈은 다음과 같이 동력을 생성한다.

$$\dot{W}_T = -\dot{m}(h_4 - h_3)$$
$$= -8 \times (2538 - 3434) = \underline{7168\ \text{kW}}$$

iv) 사이클 효율은 다음과 같이 구할 수 있다.

$$\eta = \frac{\text{output}}{\text{input}} = \frac{\dot{W}_T - \dot{W}_P}{\dot{Q}_B} = \frac{7168 - 40}{25\,420} = 0.280 \quad \text{or} \quad \underline{28.0\%}$$

펌프 동력이 작아 무시할 수 있다면, 효율 계산에서도 무시할 수 있다. 실제로 보일러로 들어가는 엔탈피와 응축기를 빠져나온 엔탈피와 거의 같은 결과를 나타내며, $h_2 \cong 251.4$ kJ/kg이다. 그러므로, 보일러 열전달률과 효율은 다음과 같이 나타낼 수 있다.

$$\dot{Q}_B = \dot{m}(h_3 - h_2)$$
$$= 8 \times (3434 - 251.4) = 25\,460\ \text{kJ/s}$$

$$\eta = \frac{\dot{W}_T}{\dot{Q}_B} = \frac{7168}{25\,460} = 0.282 \quad \text{or} \quad \underline{28.2\%}$$

터빈에 의해 생성된 동력과 비교하였을 때 액체를 압축하기 위해 요구되는 에너지는 무시할 정도로 작다.

Remember: 응축기를 지난 뒤 작동유체의 압력은 일정하다고 가정하여, 펌프에서 입구 압력은 20 kPa이다.

Unit:
kN·m/s = kW

Observation: 펌프를 통과한 엔탈피 변화는 5 kJ/kg이고, h_2보다 2% 적다. 따라서 사이클 계산에서 중대한 영향을 미치지 않고 $h_2 = h_1$이라고 할 수 있다.

Note: 열전달률은 kJ/s을 사용하는 반면, 동력은 kW를 사용한다. 두 단위는 동등한 것으로, 모두 사용할 수 있다.

Comment

사이클 효율은 석탄의 연소에서 손실된 에너지 또는 터빈에서 기계적 에너지가 전기적 에너지로 변환되면서 손실된 에너지를 포함하지 않는다. 이러한 손실들은 "발전효율"에 포함되는 것이다.

4.4.2 냉동 사이클

냉동 사이클: 일정 공간을 난방하거나 냉방하기 위해서 사용되는 사이클

저온을 생성하기 위해 사용되는 장치들은 공조, 냉방, 난방의 기능을 수행하기 위해서 사이클로 결합될 수 있다. 이러한 3가지 작동모드들은 그림 4.37에 나타낸 것처럼 *냉동 사이클*(refrigeration cycle)을 적용되며, 4개의 장치로 구성된다.

- *압축기*(compressor)는 입력동력(구입 전력 $\dot{W}_{\text{Comp}}$)을 공급 받아 냉매를 더 높은 압력과 온도로 포화증기에서 과열된 상태로 변환한다. 압축기로부터 열전달은 특별한 언급이 없는 한 무시한다.
- *응축기*(condensor)는 과열 냉매를 포화액으로 응축시킨다.
- *스로틀*(throttle)은 냉매의 압력을 감소시키고, 결과적으로 온도를 감소시킨다.
- *증발기*(evaporator)는 냉매가 포화증기로써 방출되도록 하기 위해 주변으로부터 열을 가져온다.

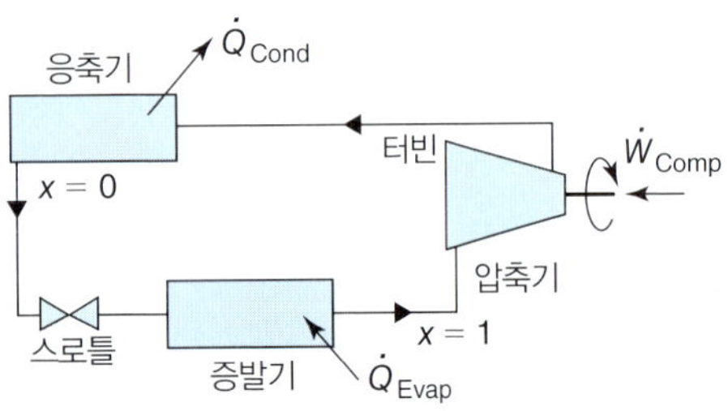

그림 4.37

냉동 사이클

만약, 냉동부하가 냉매로 전달된 열 $\dot{Q}_{\text{Evap}}$에 의해 특정 영역을 시원하게 하기 위해 필요한 에너지라면 장치 분류상 *냉동기*(refrigerator)라고 부르며, 냉동고, 에어컨 또는 냉장고가 이에 포함된다. 사이클의 성능은 냉동부하를 입력 에너지로 나눈 비를 의미하는 성능계수, COP에 의해 측정된다.

$$\text{COP}_R = \frac{\text{냉동부하}}{\text{입력 에너지}} = \frac{\dot{Q}_{\text{Evap}}}{\dot{W}_{\text{Comp}}} \tag{4.46}$$

만약, 검사면이 그림 4.37의 전체 사이클 주위에 설정된다면, 그림 4.38에서와 같이 "검정색" 상자 속에 4가지 모든 장치가 있는 배열이 나타날 것이며, 따라서 에너지보존은 다음과 같이 표현될 수 있다.

Comment

효율은 100%를 넘을 수 없지만, 성능계수 COP는 보통 100%를 초과하고 따라서 일반적으로 1보다 더 크다.

$$\dot{W}_{\text{Comp}} = \dot{Q}_{\text{Cond}} - \dot{Q}_{\text{Evap}} \tag{4.47}$$

따라서 성능계수 COP는 다음과 같이 나타낼 수 있다.

$$\text{COP}_R = \frac{\dot{Q}_{\text{Evap}}}{\dot{Q}_{\text{Cond}} - \dot{Q}_{\text{Evap}}} = \frac{1}{\dot{Q}_{\text{Cond}}/\dot{Q}_{\text{Evap}} - 1} \tag{4.48}$$

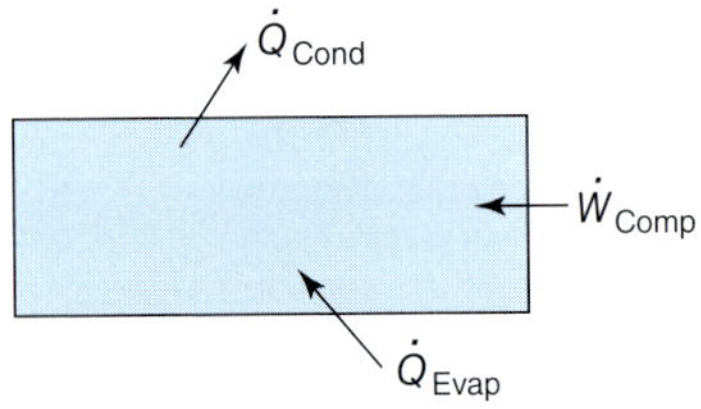

그림 4.38

그림 4.37의 장치로 구성된 계를 출입하는 에너지.

만약 냉동부하가 그림 4.37의 사이클부터 $\dot{Q}_{\text{Cond}}$를 사용해서 공간을 난방하는 것이라면, 장치 분류상 *히트펌프*(heat pump)라고 부른다. 히트펌프의 성능계수는 다음과 같이 표현할 수 있다.

$$\text{COP}_{HP} = \frac{\text{난방부하}}{\text{구매한 에너지(동력)}} = \frac{\dot{Q}_{\text{Cond}}}{\dot{W}_{\text{Comp}}} \tag{4.49}$$

또는 식 (4.47)을 사용하여

$$\mathrm{COP}_{HP} = \frac{\dot{Q}_{\mathrm{Cond}}}{\dot{Q}_{\mathrm{Cond}} - \dot{Q}_{\mathrm{Evap}}} = \frac{1}{1 - \dot{Q}_{\mathrm{Evap}}/\dot{Q}_{\mathrm{Cond}}} \tag{4.50}$$

식 (4.48)과 (4.50)을 비교하여 나타내면

$$\mathrm{COP}_{HP} = \mathrm{COP}_{R} + 1 \tag{4.51}$$

히트펌프는 여름에 냉방, 겨울에 난방을 제공하는 숙박시설에서 종종 사용된다. 히트펌프는 냉동부하와 난방부하가 상대적으로 같은 지역에 있는 가정에서 종종 선택한다.

Comment

냉동기는 공간을 냉방하고 히트펌프는 공간을 난방하는 데 사용된다. 숙박시설에서 주로 사용하는 것처럼 하나의 사이클이 냉동기와 히트펌프 두 가지로 활용될 수 있는 경우 일반적으로 히트펌프라 부른다. 히트펌프와 냉동기 둘 다 냉동 사이클을 활용한 것이다.

냉동 사이클 예제 4.19

주어진 냉동 사이클은 320 kPa에서 1000 kPa로 냉매-R134a를 압축하여 특정 공간을 시원하게 한다. 나머지 정보는 그림 4.39에 주어져 있다. 사이클을 지나는 R134a의 질량유속은 0.2 kg/s이다. 이때 i) 단열상태의 압축기 동력, ii) 냉동 톤수, iii) 성능계수 COP를 구하시오. 단, 어떠한 손실도 무시한다.

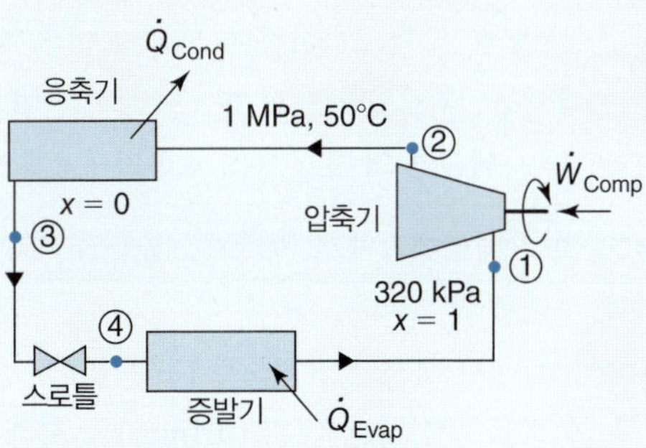

그림 4.39

풀이

i) 식 (4.22)를 사용하여 압축기 동력을 다음과 같이 구할 수 있다.

$$\begin{aligned}\dot{W}_{\mathrm{Comp}} &= \dot{m}(h_2 - h_1) \\ &= 0.2 \times (280.2 - 248.7) = 6.30\ \mathrm{kW}\ \text{또는}\ \underline{8.44\ \mathrm{hp}}\end{aligned}$$

여기서, $\dot{W}_{\mathrm{Comp}} = -\dot{W}_S$를 사용하였다.

ii) $\dot{Q}_{\mathrm{Evap}}$는 증발기를 통해 전달된다. 스로틀에서 엔탈피의 변화는 없고, 따라서 증발기 입구의 엔탈피와 응축기 출구에서의 엔탈피는 같다. 응축기를 통한 압력의 변화가 없기 때문에, 1 MPa, 건도 $x = 0$에서 $h_3 = h_4 = 105.3$ kJ/kg이다. 따라서, 증발기를 통한 에너지 방정식에서,

$$\begin{aligned}\dot{Q}_{\mathrm{Evap}} &= \dot{m}(h_1 - h_4) \\ &= 0.2 \times (248.7 - 105.3) = 28.68\ \mathrm{kJ/s}\ \text{또는}\ \underline{8.15\ \mathrm{tons}}\end{aligned}$$

(계속)

Note: 단위 마력당 0.746 kW 또는 단위 kW당 1.34 마력(hp)

엔탈피: 엔탈피 h_3은 표 D-2에서 1000 kPa일 때의 h_f를 찾는다.

예제 4.19 (계속)

Note: 1냉동톤은 3.52 kJ/s이다. 냉동톤은 냉동유닛의 크기를 표시하는데 사용되는 일반적인 척도이다.

iii) 성능계수 COP는 식 (4.46)에 의해 정의되며, 값은 다음과 같다.

$$\text{COP} = \frac{\dot{Q}_{\text{Evap}}}{\dot{W}_{\text{Comp}}} = \frac{28.68}{6.30} = \underline{4.55}$$

즉 냉방에 필요한 에너지는 입력한 동력의 4.55배임을 의미한다. 다양한 장치들을 통한 손실, 특히 압축기에서의 손실은 이 성능계수를 증가시킬 수 있다.

4.4.3 브레이튼사이클

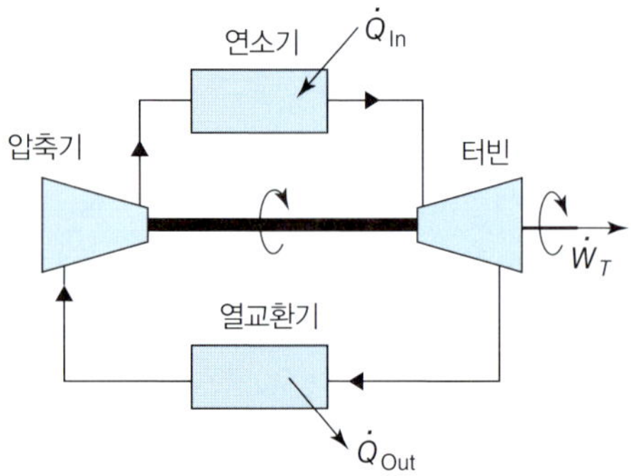

그림 4.40

브레이튼사이클

4.2절에서 소개된 장치들은 일반적으로 공기로 작동하는 *브레이튼사이클*(brayton cycle)에도 결합될 수 있으며, 그림 4.40은 브레이튼사이클을 보여주고 있다. 브레이튼사이클과는 달리 대형 트럭, 군용 탱크 또는 제트 엔진의 기관이 작동할 때, 작동유체인 공기는 사이클 아래에 있는 열교환기를 거치지 않고, 터빈으로부터 대기중으로 그냥 배출된다. 따라서 열교환기의 사이클 해석에 영향을 미치지 않고, 개방 또는 밀폐사이클 모두에서 일은 행해지지 않는다. 공급된 에너지 $\dot{Q}_{in}$는 일반적으로 연소기에서 천연가스에 의해 공급된다. 브레이튼사이클은 열 교환기를 포함하여 4개의 장치로 구성된다.

- 공기는 제트엔진에서 *압축기*(compressor)에 의해 출구 압력이 입구 압력의 약 30배 정도로 압축된다.
- 열은 *연소기*(combustor)에서 일정한 압력으로 가해진다.
- 고압, 고온의 공기는 동력을 생산하는 *터빈*(turbine)을 통해 지나간다. 이때 유동은 단열 준평형 과정으로 가정된다.
- 터빈을 빠져나간 공기는 정압 *열교환기*(heat exchanger)에서 다시 압축기로 들어가기 위해 냉각된다.

브레이튼사이클이 동력을 발생할 때, 사이클의 효율을 정의하면 다음과 같다.

$$\eta = \frac{\text{전체 출력동력}}{\text{입력 동력}} = \frac{\dot{W}_{\text{Out}}}{\dot{Q}_{\text{In}}} \tag{4.52}$$

전체 출력 동력은 다음과 같다.

$$\dot{W}_{\text{Out}} = \dot{W}_T - \dot{W}_C \tag{4.53}$$

그림 4.40에서 보는 바와 같이, 터빈은 압축기를 구동시켜야하기 때문에, 상당한 양의 동력이 필요하다. 사실, 브레이튼사이클의 터빈과 압축기가 경쟁력 있는 동력 생산원이 될만큼 사이클의 효율이 개선된 것[2]은 근래에 들어서다.

[2]터빈과 압축기에서 비효율성은 터보기계의 블레이드(날개) 주변에서 주로 기체의 유동과 손실에 관련이 있다. 터빈 내의 블레이드는 매우 복잡하고 높은 온도에서 원활히 작동하는데 한계가 있다.

간단한 브레이튼사이클 예제 4.20

2 kg/s의 공기는 그림 4.41의 브레이튼사이클의 압축기로 100 kPa, 20°C로 들어가고 600 kPa로 압축기를 빠져나오며, 연소기를 통해 배출되는 공기의 온도는 900°C이다. 이때 i) 연소기 입력 열, ii) 터빈 출구 온도, iii) 압축기에 의해 요구되는 동력과 터빈에 의해 만들어진 동력의 비, *역동력비*(back-work ratio, BWR), iv) 출력 동력 그리고 v) 사이클 효율을 구하시오. 단, 모든 장치는 이상적으로 작동된다고 가정한다.

역동력비: 압축기에서 소요된 동력과 터빈에서 생산된 동력의 비

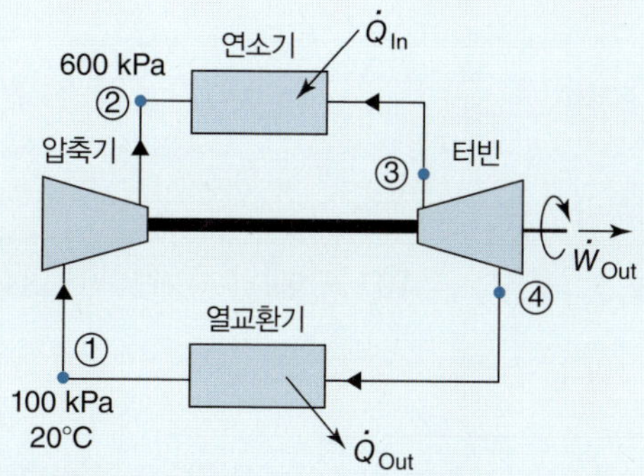

그림 4.41

풀이

i) 압축기를 나온 공기의 온도는 손실이 없는 준평형 단열 과정(식 3.45 참조)으로 가정하여 다음과 같이 구할 수 있다.

$$T_2 = T_1\left(\frac{P_2}{P_1}\right)^{(k-1)/k} = (20 + 273) \times 6^{0.2857} = 489\text{ K}$$

연소기(열교환기)에 의해 가해진 열은,

$$\dot{Q}_{In} = \dot{m}(h_3 - h_2) = \dot{m}C_p(T_3 - T_2)$$
$$= 2\frac{\text{kg}}{\text{s}} \times 1.0\frac{\text{kJ}}{\text{kg}\cdot\text{K}} \times (1173 - 489)\text{ K} = \underline{1368\text{ kJ/s}}$$

ii) 연소기를 통한 압력은 일정하다고 가정하면, 터빈 입구의 압력은 600 kPa이고, 터빈 출구의 압력은 100 kPa이다. 터빈을 통해 지나가는 공기는 손실이 없는 준평형 단열 과정을 거치므로, 출구 온도는

$$T_4 = T_3\left(\frac{P_4}{P_3}\right)^{k-1/k} = 1173 \times \left(\frac{100}{600}\right)^{0.2857} = 703\text{ K} \text{ 또는 } \underline{430°\text{C}}$$

iii) 압축기에서 필요한 동력과 터빈에 의해 만들어진 동력은 각각 다음과 같다.

(계속)

Comment

압축기 또는 터빈에서 준평형 과정은 실제 압축기에서 최소 출구온도를 제공하는 이상적인 과정이다. 제6장에서 소개되는 효율은 실제장치에서 손실을 계산할 것이다.

예제 4.20 (계속)

$$\dot{W}_C = \dot{m}(h_2 - h_1) = \dot{m}C_p(T_2 - T_1) = 2 \times 1.0 \times (489 - 293) = 392\text{ kW}$$

$$\dot{W}_T = \dot{m}(h_3 - h_4) = \dot{m}C_p(T_3 - T_4) = 2 \times 1.0 \times (1173 - 703) = 940\text{ kW}$$

Note: 압축기는 터빈에 의해 발생된 동력의 41.7%를 요구한다.

따라서, 역동력비는

$$\text{BWR} = \frac{\dot{W}_C}{\dot{W}_T} = \frac{392}{940} = \underline{0.417} \text{ 또는 } 41.7\%$$

iv) 사이클에 의해 생성된 동력

$$\dot{W}_{\text{Out}} = \dot{W}_T - \dot{W}_C = 940 - 392 = \underline{548\text{ kW}}$$

v) 사이클 효율은 다음과 같이 구할 수 있다.

$$\eta = \frac{\dot{W}_{\text{Out}}}{\dot{Q}_{\text{In}}} = \frac{548}{1368} = 0.400 \text{ 또는 } \underline{40\%}$$

본 예제에서 가정했던 것처럼, 압축기와 터빈을 통한 과정들은 손실이 있다. 실제 사이클의 효율은 손실을 고려하면 약 25%에서 30%까지 감소된다.

☑ 학습목표 확인 (6)

4.5 요약

이번 장에서는, 열역학 제1법칙이 검사체적에 적용되었다. 대부분의 문제들은 펌프, 터빈, 열교환기, 혼합실, 스로틀 그리고 노즐과 같은 다양한 장치에 질량보존과 에너지보존을 적용한 것이다. 유체가 변형이 없는 체적으로 유입 방출되는 경우 비정상유동으로 해석할 수 있다는 것도 살펴보았다. 또 이번 장에서 소개된 장치들이 결합되어 있는 랭킨사이클, 냉동 사이클 그리고 브레이튼사이클에 대해 설명하고 마무리 하였다. 다만 운동량 보존은 이 교재에서는 다루지 않았으므로 유체역학을 통해 학습하기 바란다.

이 장에서 정의된 용어를 살펴보면 다음과 같다.

브레이튼사이클: 압축기와 터빈에서 동력이 발생하는 것을 이용한 사이클
성능계수: COP, 냉동 사이클에서 냉동부하를 구입 전력으로 나눈 비
연속방정식: 검사체적에 응용된 질량보존을 대표하는 방정식

검사면: 검사체적 주위의 면
검사체적: 유체가 출입하는 체적
디퓨저: 흐르는 유체의 속도를 감소시키는 장치
효율: 사이클에 주어진 동력과 발생된 동력의 비
열교환기: 고온의 유체에서 저온의 유체로 에너지를 전달하기 위 해 사용하는 장치
노즐: 흐르는 유체의 속도를 증가시키는 장치
질량유량(질량유속): 밀도, 면적 그리고 단면에 수직한 속도의 곱
혼합실: 최소 두 개의 입구 유동과 한 개의 출구 유동 형태가 결합된 장치
펌프, 압축기, 송풍기: 유체의 압력을 증가시키는 장치
랭킨사이클: 대부분의 발전소에서 동력을 발생시키기 위해 사용하는 사이클
축 일: 하나의 회전축 당 검사체적 경계를 통과하는 일
스로틀장치: 갑작스런 압력 강하를 제공하는 단열장치
비정상유동: 검사체적 내에서 시간에 따라 변하는 유동
터빈: 회전하는 날개를 사용하여 유체로부터 에너지를 추출하는 일을 행하는 장치
체적유량(유량): 단면에 수직한 평균 속도와 면적의 곱

이 장에서 소개된 중요한 방정식을 요약해보면 다음과 같다:

성능: $\eta_{\text{engine}} \text{ or COP} = \dfrac{\text{냉/난방 부하}}{\text{구입 에너지}}$

질량유량(질량유속): $\dot{m} = \rho A V$

연속방정식: $\rho_1 A_1 V_1 = \rho_2 A_2 V_2$

체적유량(유량): $\dot{V} = AV$

에너지방정식($\Delta PE = 0$): $\dot{Q} - \dot{W}_S = \dot{m}\left[h_2 - h_1 + \dfrac{1}{2}\left(V_2^2 - V_1^2\right)\right]$

펌프에서 제1법칙: $\dot{Q} - \dot{W}_S = \dot{m}\left(\dfrac{P_2 - P_1}{\rho}\right)$

노즐 또는 디퓨저에서 제1법칙: $0 = \dfrac{V_2^2 - V_1^2}{2} + h_2 - h_1$

스로틀에서 제1법칙: $h_2 = h_1$

탱크 내 유입량: $Q = m_f u_f - m_i u_i - m_1 h_1$

탱크에서 방출량: $\dfrac{m_f}{m_i} = \left(\dfrac{T_f}{T_i}\right)^{1/(k-1)} = \left(\dfrac{P_f}{P_i}\right)^{1/k}$

냉동기 성능계수: $\text{COP}_R = \dfrac{\dot{Q}_{\text{Evap}}}{\dot{W}_{\text{Comp}}}$

히트펌프 성능계수: $\mathrm{COP}_{HP} = \dfrac{\dot{Q}_{\mathrm{Cond}}}{\dot{W}_{\mathrm{Comp}}}$

역동력비: $\mathrm{BWR} = \dfrac{\dot{W}_C}{\dot{W}_T}$

연습문제

4.1 Which of the following would not be analyzed using a control volume?

(A) Air being compressed and expanded in a piston-cylinder arrangement
(B) Air being compressed in a jet engine
(C) Air being released from a balloon
(D) Air being compressed by a bicycle pump

4.2 Select the control volume that could best be analyzed assuming a steady flow.

(A) Air being compressed by a bicycle pump
(B) Air being breathed into the lungs
(C) Air being released from a balloon
(D) Air flowing through the fans on a dirigible airship

4.3 When using the continuity equation as $A_1V_1 = A_2V_2$, select the assumption that is not appropriate for flow in a conduit:

(A) Steady flow
(B) Constant-diameter flow
(C) Uniform flow
(D) Each velocity component must be perpendicular to its respective area

4.4 Steam at 4 MPa and 400°C flows at 40 m/s in a constant-diameter pipe. Downstream where $P_2 = 2$ MPa and $T_2 = 260$°C, the velocity is nearest:

(A) 29 m/s
(B) 37 m/s
(C) 51 m/s
(D) 62 m/s

4.5 Water enters the 2-cm-diameter pipe of Fig. 4.42 at 20 m/s and exits between two parallel disks that are 2 mm apart. Determine the velocity V_2 of the water when $r = 10$ cm.

(A) 5 m/s
(B) 10 m/s
(C) 15 m/s
(D) 20 m/s

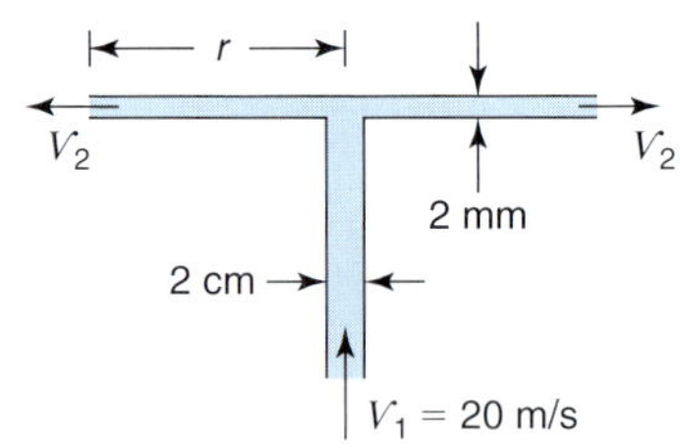

그림 4.42

4.6 The first law applied to a steady flow of water through an insulated pump, neglecting kinetic and potential energy changes and losses, is represented by which equation?

(A) $\dot{W}_P = \dot{m}(h_2 - h_1)$
(B) $-\dot{W}_P = \dot{m}(h_2 - h_1)$
(C) $\dot{W}_P = \dot{m}\Delta P/\rho$
(D) $-\dot{W}_P = \dot{m}\Delta P/\rho$

4.7 The diffuser of Fig. 4.43 decreases the velocity of air from 180 m/s to 20 m/s. Estimate the temperature change of the air in the insulated section.

(A) 10°C

(B) 16°C

(C) 24°C

(D) 32°C

그림 4.43

4.8 Air, with a velocity of 40 m/s, enters a relatively short constant-diameter pipe section at 40°C and 120 kPa and leaves at 200°C with a velocity of 44 m/s. The heat transferred to the air in the 10-cm-diameter pipe is nearest:

(A) 242 kJ/s

(B) 187 kJ/s

(C) 92 kJ/s

(D) 67 kJ/s

Note: At low speeds (less than about 100 m/s), air can be considered to be incompressible, as in the takeoff and landing of an airplane, or the air flow around a vehicle, or in a hurricane.

4.9 Refrigerant 134a enters a valve at 1.4 MPa as a saturated liquid and exits the valve at 120 kPa. The temperature immediately after the valve is nearest:

(A) −18°C

(B) −20°C

(C) −22°C

(D) −24°C

4.10 An insulated pump increases the pressure of water in a power plant from 10 kPa to 2 MPa. The minimum horsepower required for a mass flux of 2 kg/s is nearest:

(A) 5.3 hp

(B) 8.2 hp

(C) 12.6 hp

(D) 18.3 hp

4.11 Air flowing at 20 kg/min enters the insulated compressor of Fig. 4.44 at 100 kPa and 20°C and exits at 800 kPa. The minimum work rate required to compress the air, assuming constant specific heats, is nearest:

(A) 106 hp

(B) 92 hp

(C) 81 hp

(D) 67 hp

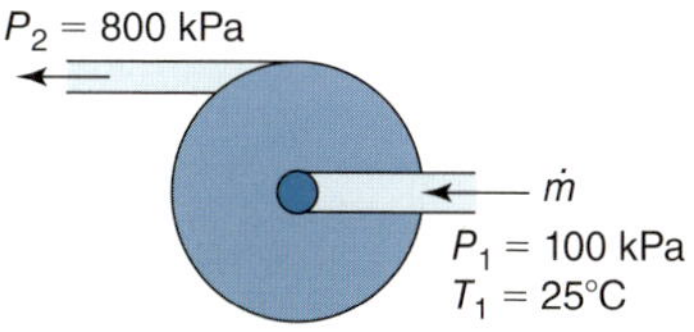

그림 4.44

4.12 Air at 600°C and 2 MPa flows into the turbine of Fig. 4.45 and exits at 100 kPa. For a mass flux of 1.2 kg/s, the maximum power output (assume an adiabatic, quasi-equilibrium process with constant specific heats) is nearest:

(A) 342 kW

(B) 398 kW

(C) 464 kW

(D) 602 kW

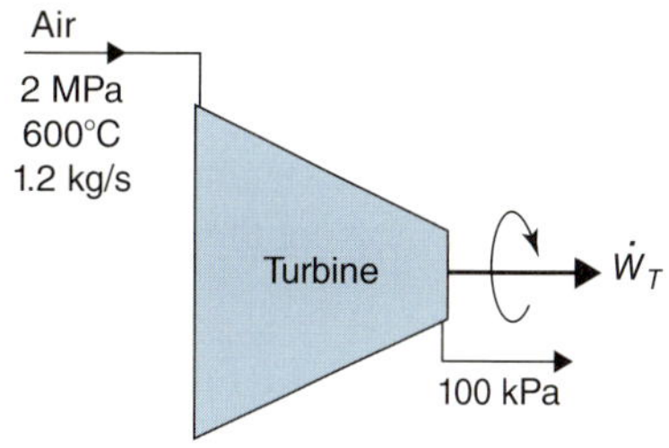

그림 4.45

4.13 Water at 90°C flows through a radiator with a mass flux of 0.2 kg/s and exits at 87°C. It heats 10 m^3/min of standard atmospheric air. If the heat that leaves the water enters the air, estimate the temperature increase of the air.

(A) 26.9°C

(B) 22.4°C

(C) 16.8°C

(D) 12.3°C

4.14 A Rankine cycle operates with a mass flux of 2 kg/s, as shown in Fig. 4.46. Determine the pump power requirement.

(A) 7.8 kW
(B) 5.6 kW
(C) 4.2 kW
(D) 3.9 kW

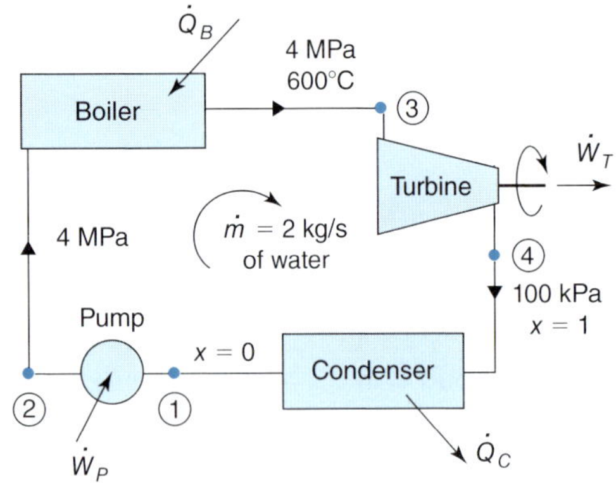

그림 4.46
문제 4.14-4.18

4.15 The energy requirement of the boiler of Fig. 4.46 is nearest:

(A) 6.5 MJ/s
(B) 5.2 MJ/s
(C) 4.8 MJ/s
(D) 3.6 MJ/s

4.16 The velocity of the steam in the 40-cm-diameter pipe exiting the boiler of Fig. 4.46 is nearest:

(A) 3.2 m/s
(B) 2.4 m/s
(C) 1.6 m/s
(D) 1.2 m/s

4.17 The power produced by the turbine of Fig. 4.46 is nearest:

(A) 4 MW
(B) 3 MW
(C) 2 MW
(D) 1 MW

4.18 The efficiency of the cycle of Fig. 4.46 is nearest:

(A) 41%
(B) 39%
(C) 35%
(D) 31%

4.19 A refrigeration cycle operates as shown in Fig. 4.47. If the refrigerant R134a mass flux is 0.5 kg/s, the adiabatic compressor power requirement is nearest:

(A) 19 kW
(B) 17 kW
(C) 14 kW
(D) 9 kW

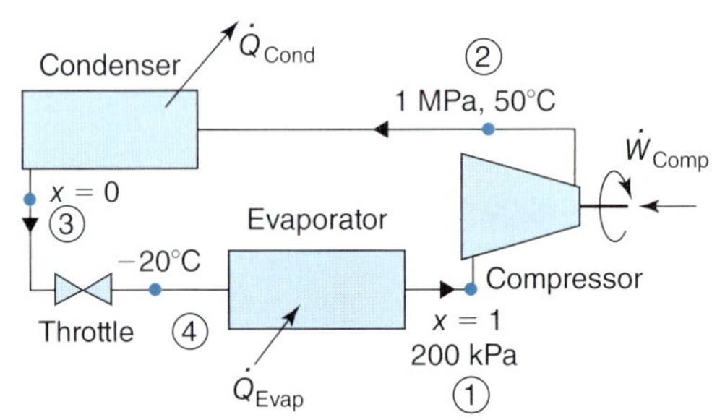

그림 4.47
문제 4.19-4.21

4.20 The cooling capacity of the cycle of Fig. 4.47 with $\dot{m}$ = 0.5 kg/s, is nearest:

(A) 99 kJ/s
(B) 82 kJ/s
(C) 68 kJ/s
(D) 56 kJ/s

4.21 The temperature drop across the throttle of Fig. 4.47 is nearest:

(A) 55°C
(B) 50°C
(C) 45°C
(D) 40°C

Conservation of Mass

4.22 Liquid water is supplied to a nozzle at a velocity of 2 m/s. The nozzle has an entrance diameter of 3 cm and an exit diameter of 1 cm. Determine i) the volumetric flow rate of the water, ii) the mass flow rate, and iii) the exit velocity of the water.

> **Remember:** Respond to all parts with i), ii), iii), etc.

4.23 A steam pipe must deliver 20 kg/s of steam at 1 MPa and 400°C to a processing facility. If the pipe has an inside diameter of *a*) 40 cm, *b*) 75 cm, and *c*) 1 m, calculate the average flow velocity of the steam.

> **Remember:** With lower-case italic letters, respond to only the assigned part(s) of the problem

4.24 Air at 100 kPa and 49°C and a flow velocity of 4.5 m/s enters a nozzle whose inlet area is 75 cm^2. Determine the mass flow rate and volume flow rate of the air.

4.25 Water enters a nozzle at 8 m/s and exits to the atmosphere, as shown in Fig. 4.48. Calculate the velocity V_2 of the water at the exit if *a*) $d_1 = 4$ cm, *b*) $d_1 = 6$ cm, and *c*) $d_1 = 8$ cm. Assume the water to be incompressible.

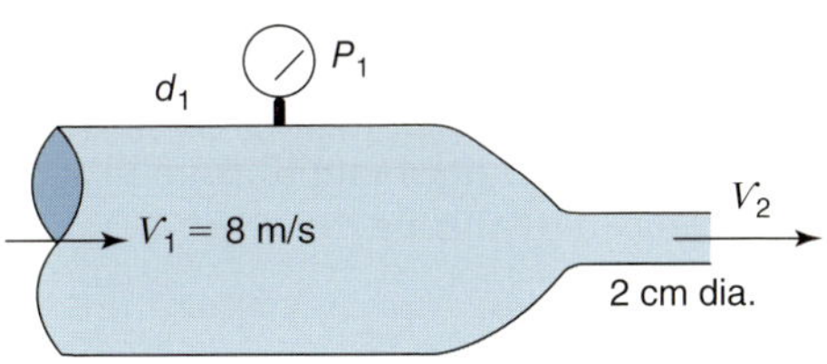

그림 4.48

4.26 Air enters a room at two inlets and leaves at one outlet, as shown in Fig. 4.49. Determine $\dot{V}_3$ for a steady-flow situation if the velocity V_2 is *a*) 10 m/s, *b*) 20 m/s, and *c*) 30 m/s. The temperature and pressure of the air at all locations are approximately 25°C and 90 kPa, respectively. The air can be assumed to be incompressible for low velocities (below about 100 m/s).

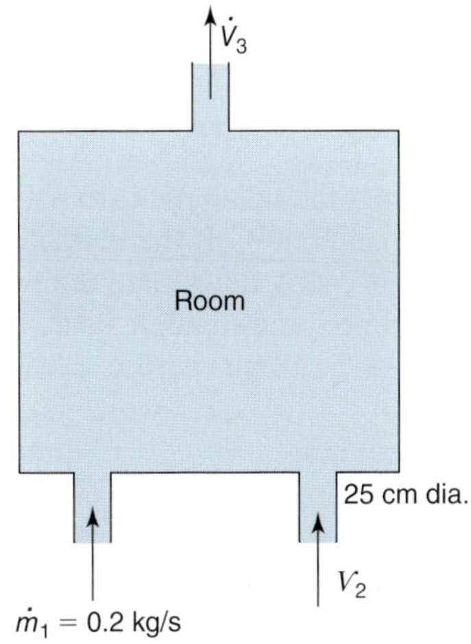

그림 4.49

The First Law

4.27 Air is flowing in a 10-cm-constant diameter pipe at 50 m/s. At section 1 the temperature and pressure are 60°C and 400 kPa, respectively. Heat is added to the air, and at section 2 downstream the temperature and pressure are measured to be 300°C and 380 kPa, respectively. Calculate the mass flux and the downstream velocity. Also, calculate the added heat transfer by i) neglecting the kinetic energy change, and ii) by including the kinetic energy change. Comment as to the importance of including the kinetic energy change. (Potential energy changes are ignored unless elevation changes are included.)

4.28 If water leaves the nozzle of

a) Problem 4.25*a*

b) Problem 4.25*b*

c) Problem 4.25*c*

and exits to the atmosphere at 0 kPa gage, estimate the gage pressure of the water upstream where $V_1 = 8$ m/s. Use the information given in Problem 4.25.

Turbines, Compressors, and Pumps

4.29 Steam enters the adiabatic turbine of Fig. 4.50 at 10 MPa and 600°C. If the mass flow rate of the steam is 2 kg/s, determine the power output of the turbine if the steam leaves at *a*) 20 kPa with $x = 0.9$, *b*) 10 kPa with $x = 1$, and *c*) at 20 kPa with $s_2 = s_1$ (use s, which is entropy, as given in the tables).

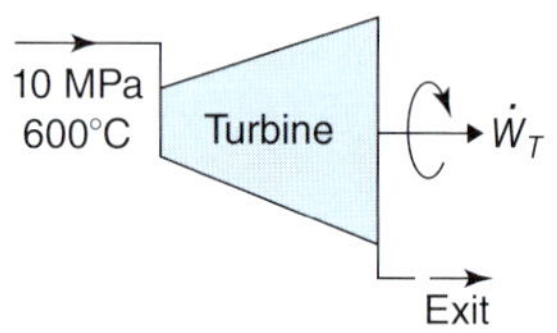

그림 4.50

4.30 Air is expanded in an adiabatic turbine from 1.5 MPa and 500°C to 120 kPa and 110°C. The volumetric flow rate of the air is 10 m^3/min at the inlet. Determine the power output of the turbine. Assume no losses (quasi-equilibrium) and constant specific heats.

> **Note:** Kinetic and potential energy changes are ignored when information to include them is not given. Also, assume an ideal gas with constant specific heats unless otherwise stated.

4.31 Steam enters an adiabatic turbine at 10 MPa, 500°C, and a flow velocity of 100 m/s through four 2-cm-diameter jets. It leaves the turbine at 30 kPa with a velocity of 20 m/s and a quality of 0.94. Determine the output power of the turbine. Calculate the error in the output power if the kinetic energy change is neglected. Should the kinetic energy change be included?

4.32 Steam enters an adiabatic turbine at 14 MPa, 550°C, with a flow velocity of 90 m/s through four 25 mm-diameter jets. It leaves at 70 kPa with a velocity of 12 m/s and a quality of 0.90. Determine the output power of the turbine. Calculate the error in the output power if the kinetic energy change is neglected. Should the kinetic energy change be included?

4.33 Air enters the adiabatic turbine of Fig. 4.51 at 300 kPa and 500°C and leaves the turbine at 100 kPa. If the power output of the turbine is 600 hp, determine the mass flow rate of the air through the turbine. Assume a quasi-equilibrium process with constant specific heats.

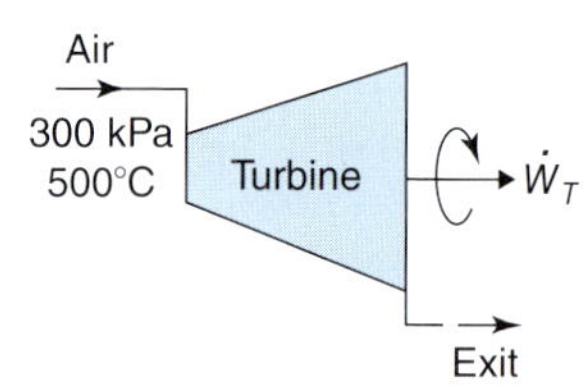

그림 4.51

4.34 Air with a velocity of 40 m/s enters an adiabatic turbine through a 4-cm-diameter pipe at 2 MPa and 400°C and expands to the exit maintained at 100 kPa. Determine the power produced if *a*) the air exits at 30°C and *b*) an adiabatic, quasi-equilibrium process is experienced by the air.

> **Note:** Assume an ideal gas with constant specific heats unless otherwise stated.

4.35 A small stream near a mountain cabin is dammed up to produce a head of 2 m of water at the inlet to a hydroturbine, as sketched in Fig. 4.52. A distance upstream the flow is estimated to be 4 m/s in the 1.2-m-wide, 4-cm-deep stream. Estimate the maximum power that could be delivered by the hydroturbine. (This is one of the few times, maybe the only time, in this text that the potential energy must be retained.)

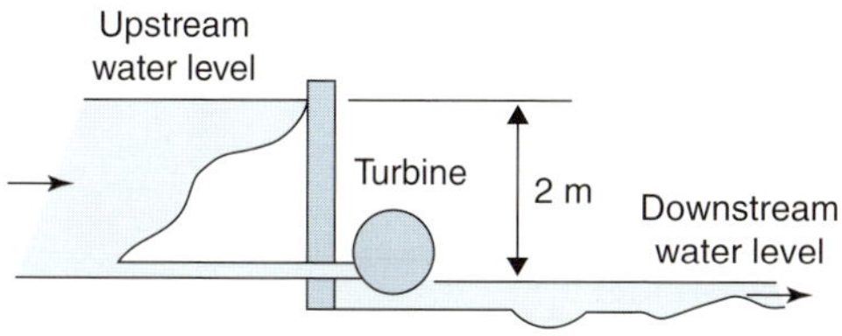

그림 4.52

4.36 Air is compressed from 100 kPa and 20°C to 800 kPa and 260°C. If the input power to the adiabatic compressor of Fig. 4.53 is 20 kW, determine the mass flow rate of air through the compressor.

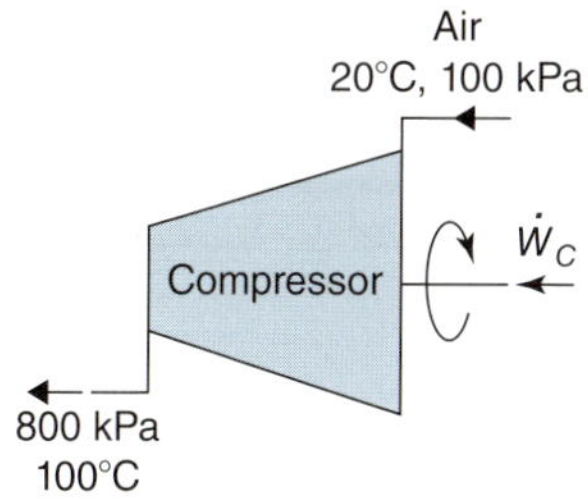

그림 4.53

4.37 Air is compressed from 100 kPa and 40°C. The input power to the adiabatic compressor is 20 kW. Determine the mass flow rate of air through the compressor assuming the air undergoes a quasi-equilibrium process to *a*) 400 kPa, *b*) 600 kPa, and *c*) 800 kPa.

Note: Continue to assume constant specific heats.

4.38 Air with a velocity of 40 m/s enters an adiabatic compressor through a 4-cm-diameter pipe at 100 kPa and 30°C and is compressed to 2000 kPa. Determine the power required if *a*) the air exits at 450°C and *b*) an adiabatic, quasi-equilibrium process is experienced by the air.

4.39 Refrigerant 134a enters the adiabatic compressor of Fig. 4.54 as a saturated vapor at 20°C. It leaves the compressor at 1 MPa and 50°C. If the mass flow rate of the refrigerant is 4 kg/s, determine the power input to the compressor.

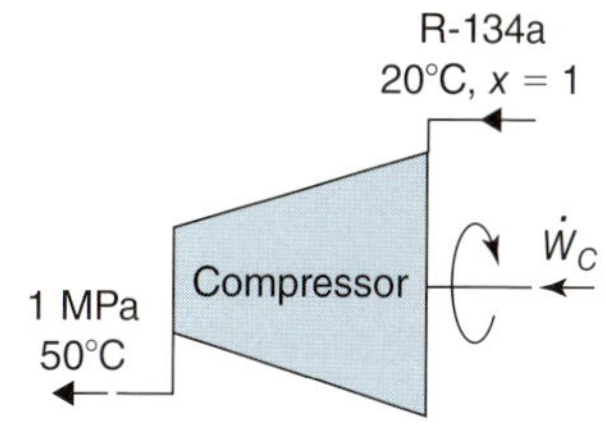

그림 4.54

4.40 Refrigerant 134a enters an adiabatic compressor as a saturated vapor at 20°C. It leaves the compressor at 1.1 Mpa and 50°C. If the mass flow rate of the refrigerant is 4.5 kg/s, determine the horsepower input to the compressor.

4.41 Ammonia is compressed from 120 kPa with $x = 1$ to a pressure of 1.2 MPa and a temperature of 100°C. For a mass flux of 3 kg/s, determine the power required to drive the adiabatic compressor.

4.42 A compressor requires 200 hp to compress 0.02 kg/s of steam from saturated vapor at 150°C to 2 MPa and 400°C. Determine the heat transfer rate from the compressor.

4.43 Liquid water is pumped from 100 kPa to 600 kPa at a flow rate of 1.2 m^3/s. Calculate the necessary input power to the pump.

4.44 The pump of Fig. 4.55 increases the pressure in the water from 0.1 MPa to 6 MPa. Estimate the horsepower required if the mass flux is 10 kg/min. The density of water is 1020 kg/m^3 (use $1/v = \rho$ at 16°C).

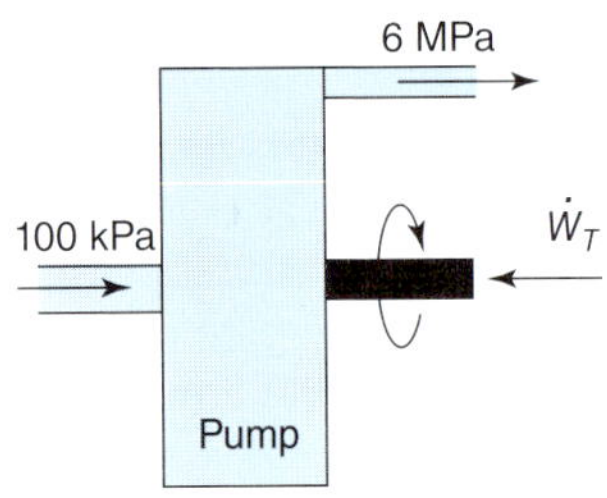

그림 4.55

4.45 The feedwater pump in a power plant increases the pressure of the water exiting the condenser from 10 kPa to 6 MPa. Estimate the horsepower requirement if 10 kg/s of water is flowing.

Throttling Devices

4.46 Water travels in the pipe of Fig. 4.56 as a saturated liquid at 1 MPa. The water is throttled through a valve to a pressure of 100 kPa. Determine the quality and the temperature of the steam exiting the throttle.

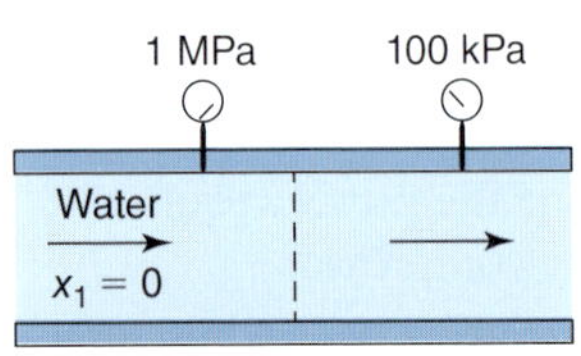

그림 4.56

4.47 A fluid is throttled from 1 MPa and 38°C to a pressure of 100 kPa. Determine the temperature of the fluid exiting the throttle if it is *a*) R134a, *b*) ammonia, and *c*) air.

4.48 R134a at 350 kPa and 4°C is throttled to a pressure of *a*) 140 kPa, *b*) 100 kPa, and *c*) 60 kPa. Determine the exit temperature and quality.

4.49 The valve of Fig. 4.57 throttles 90°C water from 8 MPa to 40 kPa. What are the temperature and enthalpy of the water downstream of the valve? The upstream and downstream areas are the same.

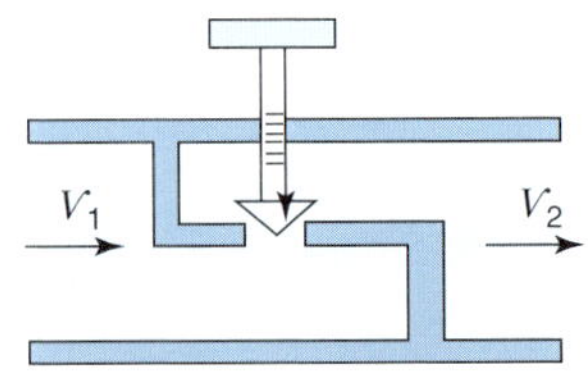

그림 4.57

4.50 Ammonia flowing at 0.01 m^3/s is throttled from 900 kPa and 20°C to a pressure of 125 kPa by passing the refrigerant through the bank of small-diameter tubes shown in Fig. 4.58 that cause a sudden pressure drop. Determine the temperature and flow rate $\dot{V}_2$ of the ammonia exiting the throttle.

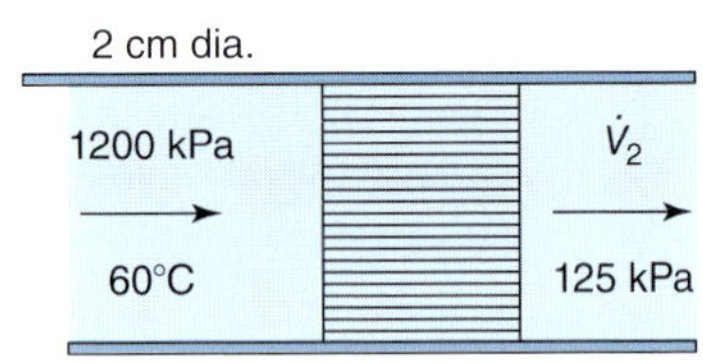

그림 4.58

Mixing Chambers

4.51 Water enters a mixing chamber at 200 kPa and 40°C with a flow rate of 50 kg/s. Another flow of water enters at 200 kPa and 20°C with a flow rate of 100 kg/s. Determine the exit temperature of the combined flow. The exit pressure is also 200 kPa.

4.52 Air enters the mixing chamber of Fig. 4.59 at 500 kPa and 107°C with a flow rate of 5 m³/s. Another flow of air enters at 500 kPa and 1027°C. If the combined flow exits the mixing chamber at 500 kPa and 627°C, determine the mass flow rate of the second input flow, and the velocity of the exiting mixture in the 80-cm-diameter pipe.

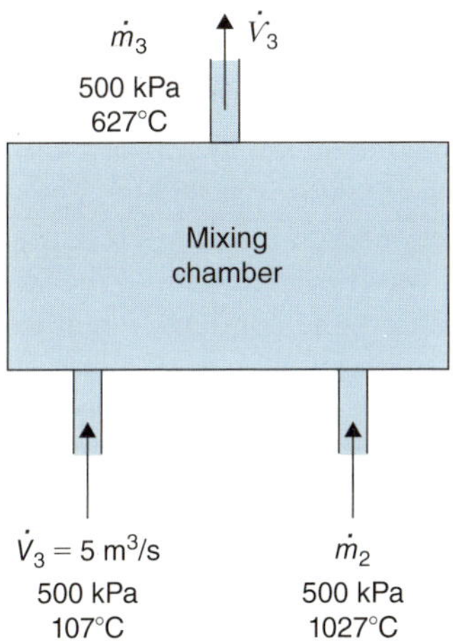

그림 4.59

4.53 Steam enters a mixing chamber at 6 MPa and 400°C. Water enters the mixing chamber at 6 MPa and 80°C. Determine the ratio of the mass flow rate of the steam to the mass flow rate of the water if the exit flow leaves at a temperature of *a*) 200°C, *b*) 250°C, and *c*) 300°C.

4.54 Water at 24°C and 1.4 MPa is heated by mixing it with superheated steam at 300°C and 1.4 MPa, as shown in Fig. 4.60. If the mass flow rate of each entering flow is the same, calculate the temperature of the exiting flow.

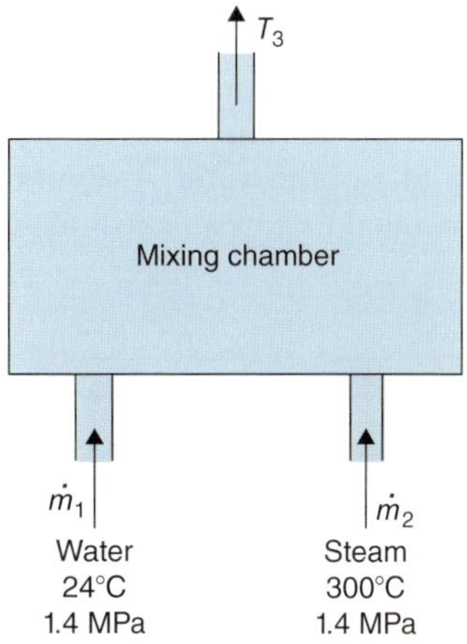

그림 4.60

4.55 The water entering the boiler of a power plant is preheated by mixing the saturated water exiting the condenser pump at 400 kPa with superheated steam at 400 kPa and 160°C. Determine the temperature of the water entering the boiler if the ratio of the mass flow rates of the saturated water and the superheated steam is *a*) 6, *b*) 8, and *c*) 10.

Heat Exchangers

4.56 Water is used to cool R134a in the condenser of Fig. 4.61. The refrigerant enters the counter flow heat exchanger at 800 kPa, 80°C and a mass flow rate of 2 kg/s. The refrigerant exits as a saturated liquid. Cooling water enters the condenser at 500 kPa and 18°C and leaves the condenser at 30°C. Determine the necessary mass flow rate of the water. A reminder: Each fluid is assumed to flow at constant pressure.

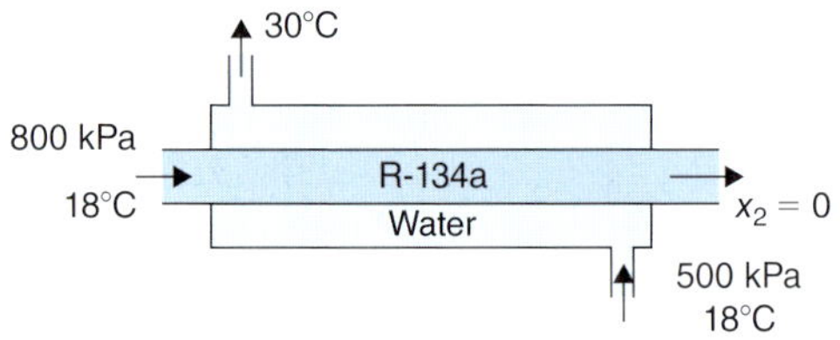

그림 4.61

4.57 Water enters the condenser (a heat exchanger) shown in Fig. 4.62 of a power plant at 20°C and leaves at 70°C. If the mass flux of the steam is 4 kg/s, determine the mass flux required for the water flow. The conditions of the steam are displayed in the figure.

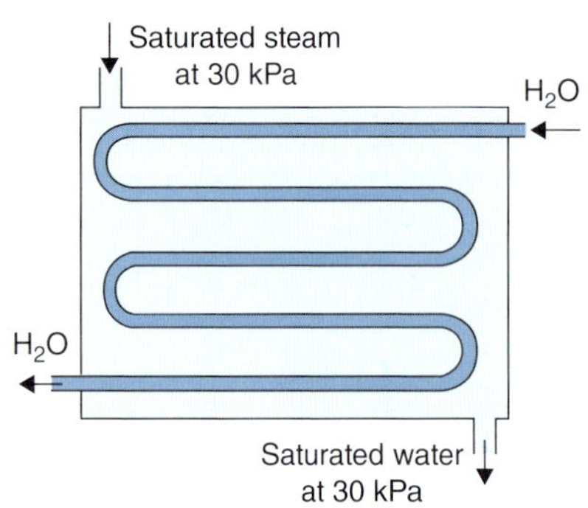

그림 4.62

4.58 Steam enters a heat exchanger at 5 MPa, and 500°C and leaves at 250°C. Cooling water enters the heat exchanger at 500 kPa, and 25°C and leaves at 80°C. Determine the ratio of the mass flow rate of steam to the mass flow rate of the cooling water.

4.59 In the sketch of a car radiator in Fig. 4.63, air is used to cool ethylene glycol (C_p = 2.5 kJ/kg·°C). Air at a flow rate of 1 m^3/s enters the radiator at T_1 = 20°C and leaves at T_2 = 100°C. The ethylene glycol enters the radiator at T_3 = 160°C with a mass flux of 2 kg/s. Determine the exit temperature T_4 of the ethylene glycol.

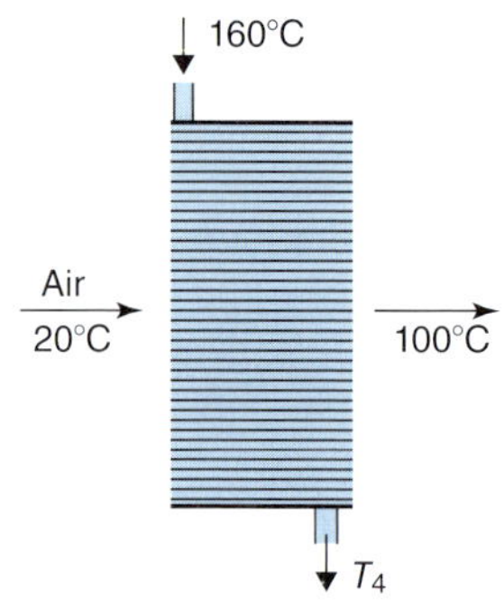

그림 4.63

4.60 Superheated steam at 100 kPa and 110°C enters a condenser at 80 kg/s. The steam leaves the condenser as a saturated liquid at 100 kPa. Liquid water is used to cool the steam. The water enters the condenser heat exchanger at 20°C with a flow rate of 4 m^3/s (it does not mix with the steam). Determine the exit temperature of the cooling water.

Nozzles and Diffusers

4.61 Air enters the diffuser of Fig. 4.64 at 15°C with a flow velocity of 200 m/s. The inlet diameter is 4 cm. If the air leaves the diffuser at 100 kPa and 30°C, determine the exit velocity and the exit diameter. Assume no separation of the air from the walls of the diffuser (guide vanes are often used to ensure no separation) and an adiabatic quasi-equilibrium process (see Eq. 3.45).

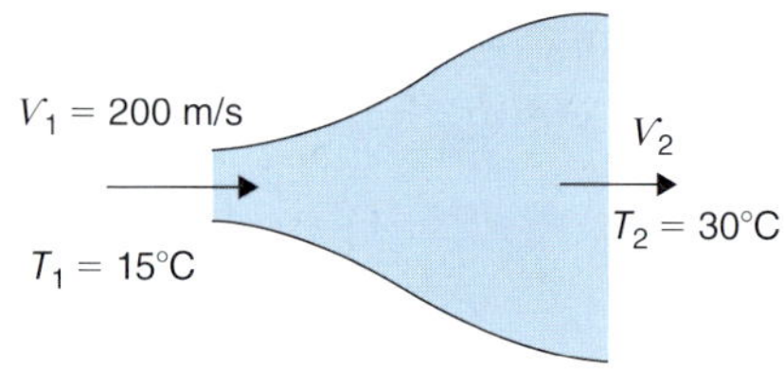

그림 4.64

4.62 Steam enters a nozzle at 4 MPa and 500°C at a velocity of 100 m/s and leaves the nozzle at 1 MPa and 250°C. The entrance area of the nozzle is 0.01 m^2. Determine the mass flow rate of steam through the nozzle, the exit velocity of the steam, and the exit diameter.

4.63 Steam enters a nozzle at 140 kPa and 200°C at a velocity of 60 m/s and leaves the nozzle at 100 kPa and 180°C. The entrance area of the nozzle is 90 cm^2. Determine the mass flow rate of steam through the nozzle and the exit velocity of the steam.

4.64 Air at 140 kPa and 100°C enters the nozzle of Fig. 4.65. It leaves at 100 kPa with a velocity of 400 m/s. Determine the ratio of the exit area to the inlet area. Assume an adiabatic quasi-equilibrium flow so that Eq. 3.45 applies.

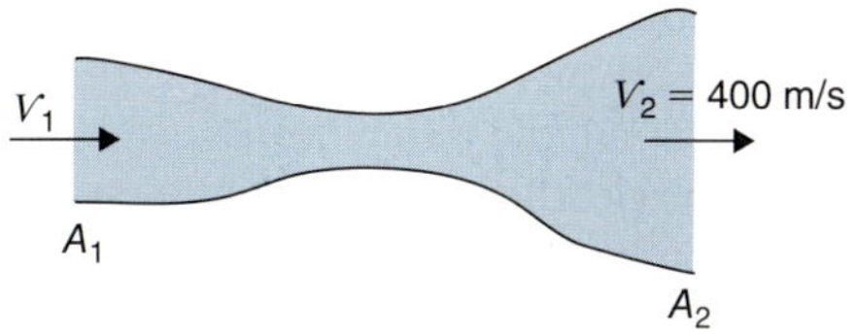

그림 4.65

4.65 Refrigerant 134a enters a diffuser at 800 kPa, a temperature of 50°C, and a flow velocity of 160 m/s. It leaves the diffuser at 1 MPa and 60°C. The inlet area of the diffuser is 0.006 m^2. Determine the mass flow rate of the refrigerant and the exit area.

4.66 Air enters an adiabatic diffuser at 500 kPa and 30°C with a velocity of 20 m/s. The diffuser has an inlet diameter of 8 cm. Air leaves the diffuser at 800 kPa and 80°C. If the exit diameter of the diffuser is 20 cm, determine:

i) the mass flow rate
ii) the exit velocity
iii) the exit volumetric flow rate
iv) the heat transfer to or from the diffuser

4.67 The air in a laboratory reservoir is maintained at 20°C. It flows out through a converging-diverging nozzle into the laboratory maintained at 100 kPa, through a shape like that sketched in Fig. 4.66. Estimate the maximum velocity at the exit assuming an adiabatic, quasi-equilibrium flow with constant specific heats and a reservoir pressure of *a*) 600 kPa, *b*) 800 kPa, and *c*) 1200 kPa.

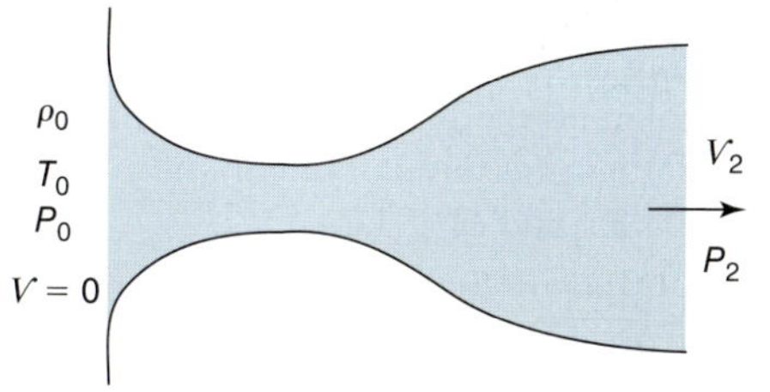

그림 4.66

Unsteady Flow

4.68 A valve separates the 10-m^3 insulated, evacuated tank of Fig. 4.67 from a pipe line that contains a gas at 2000 kPa and 300°C. The gas in the pipe is held at constant conditions after the valve is opened. Determine the final temperature and mass of the gas in the tank after the tank is completely filled if the gas in the pipe line is *a*) air, *b*) steam, and *c*) nitrogen.

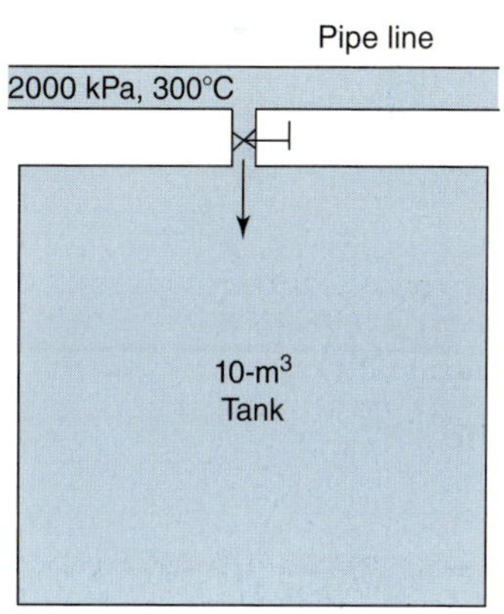

그림 4.67

4.69 The evacuated tank in Problem 4.68 is not insulated. After a long period of time, the temperature is measured to be 347°C. Determine the heat transfer from the tank if the gas in the pipe line is *a*) air, *b*) steam, and *c*) nitrogen.

4.70 An insulated 4-m^3 volume contains a vacuum of air at 20°C. A valve is opened and atmospheric air at 100 kPa and 25°C rushes into the volume. After the air has stopped flowing in, estimate the temperature in the volume and the mass of air that entered if the initial pressure in the volume is *a*) 0 kPa, *b*) 10 kPa, and *c*) 25 kPa.

4.71 An air line at 700 kPa and 20°C is used to fill the 0.044 m^3 tire of a vehicle that contains air at only 35 kPa(g) and 20°C. Assuming negligible heat transfer from the rigid tire during filling, estimate the temperature of the air in the tire when the pressure reaches 245 kPa (g). Also, estimate the added mass of air. Assume that the conditions in the air line remain constant and that P_{atm} = 105 kPa.

4.72 The insulated 4-m^3 pressurized rigid volume of Fig. 4.68 contains air at 20°C. A valve is opened, and air discharges to the atmosphere at 100 kPa and 25°C. After the air has stopped flowing and the valve is closed, estimate the temperature in the volume if the initial pressure P_i in the volume is *a*) 2 MPa, *b*) 1200 kPa, and *c*) 800 kPa.

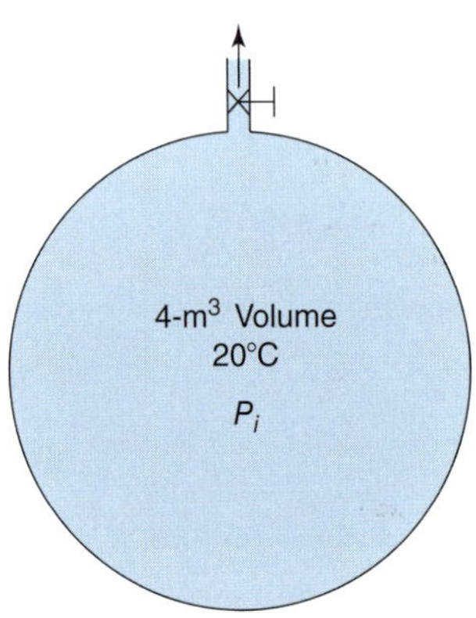

그림 4.68

4.73 After a long period of time, the volume of Problem 4.72 *a* will reach the temperature of the atmosphere. Estimate the final pressure in the volume if the initial pressure was *a*) 2 MPa, *b*) 1200 kPa, and *c*) 800 kPa.

4.74 A 3-m-diameter insulated spherical balloon contains air at 1.2 MPa and 20°C. A special valve allows the air to leave at a constant rate of 0.18 kg/s. Calculate the temperature and pressure after *a*) 8 minutes and *b*) 15 minutes. Estimate the time needed for the temperature to reach −30°C.

Cycles

4.75 The Rankine cycle of Fig. 4.69 operates between 20 kPa and 4 MPa with a maximum temperature of 400°C. For a mass flow rate of 10 kg/s, determine the adiabatic turbine power output, the pump horsepower required, and the cycle efficiency (the pump power is negligible in the efficiency calculation) if the quality at the turbine exit is *a*) 1.0, *b*) 0.92, and *c*) 0.85. The boiler and condenser are treated as heat exchangers.

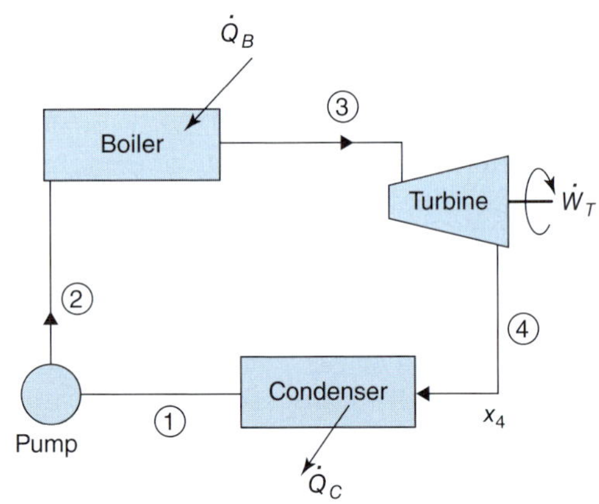

그림 4.69

4.76 The Rankine cycle of Fig. 4.69 operates between 14 kPa and 5.5 MPa with a maximum temperature of 400°C. For a mass flux of 9 kg/s, determine the adiabatic turbine horsepower output, the pump horsepower required, and the cycle efficiency if the quality at the turbine exit is *a*) 1.0, *b*) 0.92, and *c*) 0.85. The boiler and condenser are treated as heat exchangers.

4.77 The refrigeration cycle of Fig. 4.70 operates with R134a. It is powered by an input of 30 kW to the compressor. Determine the cooling rate and the COP. The inlet pressure to the compressor is *a*) 120 kPa, *b*) 140 kPa, and *c*) 180 kPa.

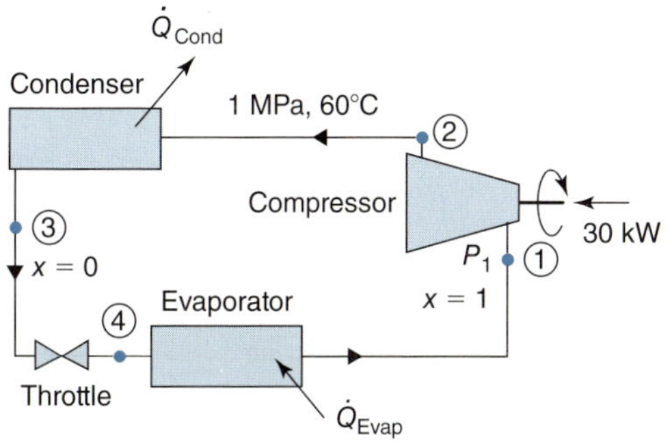

그림 4.70

4.78 The refrigeration cycle of Fig. 4.71 operates with ammonia. If it is powered by an input of 50 hp to the compressor, determine the cooling rate and the COP. The inlet pressure to the adiabatic compressor is *a*) 100 kPa, *b*) 200 kPa, and *c*) 300 kPa.

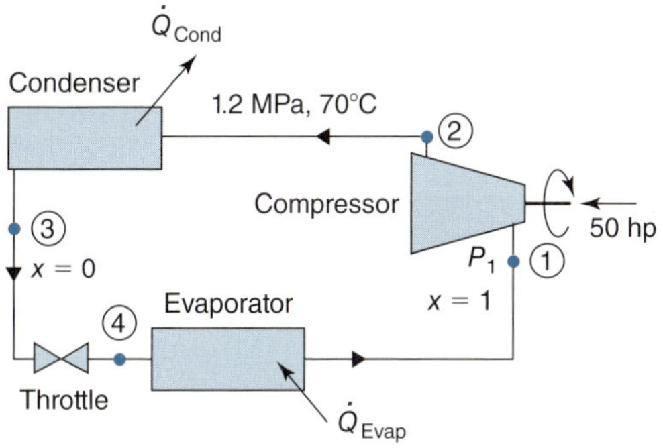

그림 4.71

4.79 Air at 3.8 kg/s enters the Brayton cycle of Fig. 4.72 (such a cycle could be used in a large truck engine). For a combustor outlet temperature of *a*) 650°C, *b*) 850°C, and *c*) 960°C, determine:

i) The power output
ii) The BWR (see Example 4.20)
iii) The heat rate emitted (add a fictitious heat exchanger between states 4 and 1 to emit the heat)
iv) The cycle efficiency

Assume an adiabatic quasi-equilibrium compressor and turbine.

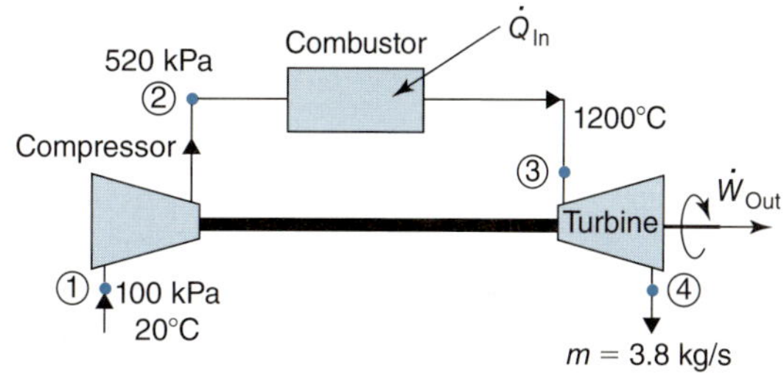

그림 4.72

4.80 Air at 3.6 kg/s enters the Brayton cycle of Fig. 4.73 (such a cycle could be used in a large truck engine). For a combustor outlet temperature of *a*) 750°C, *b*) 850°C, and *c*) 1000°C, determine:

i) The power output
ii) The BWR (see Example 4.20)
iii) The heat rate emitted (add a fictitious heat exchanger between states 4 and 1 to emit the heat)
iv) The cycle efficiency

Assume an adiabatic quasi-equilibrium compressor and turbine.

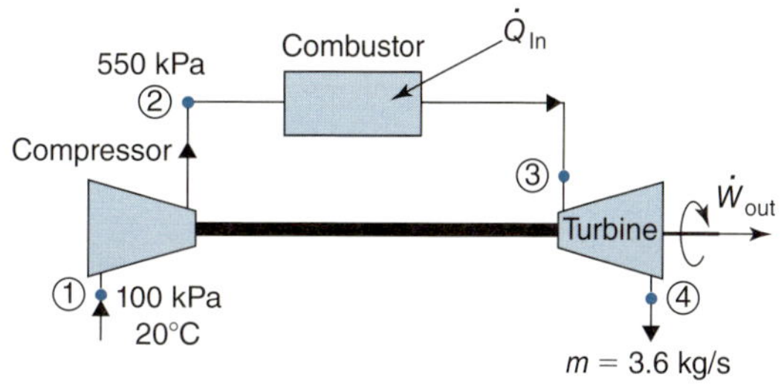

그림 4.73

CHAPTER

5

열역학 제2법칙

The Second Law of Thermodynamics

Outline

기호 설명

본 장에서 소개된 변수들은 다음과 같다.

Q_H	고온 저장소에서의 열전달	T_H	고온 저장소의 온도
Q_L	저온 저장소에서의 열전달	T_L	저온 저장소의 온도

학습목표

- ❑ 가역성과 비가역성의 개념
- ❑ 제2법칙의 표현
- ❑ 일반적 사이클의 성능변수
- ❑ 카르노 사이클의 성능변수

이 장에서는 열역학 제2법칙을 검토하고 이 법칙의 함축적 의미를 공부할 것이다. 문제해결을 위한 기본적인 방법인 열역학 제1법칙과는 다르게, 제2법칙은 열역학 과정과 사이클에서 무엇을 수행할 수 있는지가 아니라 무엇을 수행할 수 없는지에 대한 정보를 우리에게 알려준다. 또한 열역학 제2법칙은 장치와 사이클의 효율에 대한 매우 실질적인 한계, 또는 종종 놀라울 정도로 낮은 한계에 대한 정보를 제공한다.

제2법칙에 대한 많은 논의와 표현들이 이어져 왔다. 다음은 두 가지의 흥미로운 표현이다.

1. "고립계에서 엔트로피가 증가되는 경향은 열역학 제2법칙에 의해 표현된다. — 아마도 모든 인간 사상 중에 가장 비관적이고 비도덕적인 공식일 것이다." by Gregory Hill과 Kerry Thornley, *Principia Discordia* (1965).
2. "열역학 제2법칙이 논의되어왔던 만큼 이 법칙에 대한 많은 표현들이 존재한다." by Phiosopher/Physicist P.W. Bridgman (1941).

철학자들과는 다르게, 우리는 제2법칙의 기술적 표현을 만들 것이며, 이 표현은 제안된 열역학적 디자인을 결정짓는 데 도움이 될 뿐만 아니라 존재하는 장치와 사이클에 개선이 필요한지 아닌지를 결정하기 위해 사용될 수 있다.

5.1 열역학 제2법칙의 개념

저장소: 자체의 온도 변화 없이 열을 공급하거나 열을 흡수하는 물체

열역학에서, 장치는 종종 에너지원을 필요로 하며, 또한 에너지 처리를 위한 장소를 가져야 한다. 이러한 에너지원과 처리 장소는 *저장소*(reservoirs)로 표현된다. 열에너지 공급원은 열원(또는 열공급원, *heat source*)이라 하며, 열에너지를 처리하는 장소를 흡열원(또는 방열원, *heat sink*)이라 부른다. 이들은 일반적으로 그림 5.1에서와 같이 묘사된다. 저장소는 충분히 큰 물체여서 자체의 온도변화 없이 열을 공급하거나 흡수할 수 있다. 바다, 호수, 강 그리고 대기는 열이 배출되는 저장소와 같은 역할을 하는 가장 일반적인 흡열원이다. 저장소는 반드시 클 필요는 없다; 일정한 온도에서 열을 공급하는

용광로는 그림 5.1에 도시된 열원과 같은 역할의 저장소로 고려될 수 있다. 0°C를 유지하는 얼음이 담긴 용기는 흡열원이 될 수 있다. 저장소의 중요한 특성은 자체의 온도가 일정하다는 것이다. 공업요로 또는 발전소의 석탄불의 경우에, 저장소의 온도는 매우 높을 수 있다.

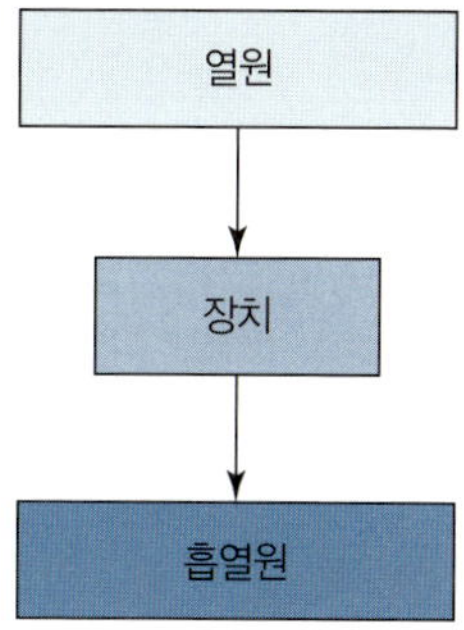

그림 5.1
열원과 흡열원

열원과 흡열원 사이에는 과정(process)이 발생한다. *가역과정*(reversible process)은 한번 과정을 거친 뒤에 주위나 시스템에 어떠한 변화 없이 반대방향으로 진행되거나 원래의 상태로 되돌아 갈 수 있다. 대부분의 계는 어떤 유형의 과정을 통해 초기의 상태로 되돌아 갈 수 있다. 그러나 실제 모든 과정들은 주위가 초기 과정동안 받았던 것 보다 더 많은 에너지의 공급을 요구할 것이다. 열 저장소를 사용하지 않은 가역과정의 예로 스프링을 예로 들 수 있다. 스프링이 늘어날 때는 주위가 일을 하도록 요구하지만, 스프링을 놓으면 원래의 형상으로 되돌아가면서 반드시 주위에 동일한 양의 일을 제공한다. 엔진 실린더 내에서 마찰이 없는 피스톤 압축 공기 또한 본질적으로 스프링과 같은 과정을 가지며 가역과정으로 고려될 것이다. 즉, 팽창과정 동안에 압축과정에서 요구되었던 에너지를 되돌려 준다.

가역과정: 이 과정은 계나 주위에 어떤 변화도 남기지 않고 정반대로 진행될 수 있고 원래의 상태로 되돌아 갈 수 있다. 준-평형과정은 주위에 영향을 주지 않는다.

열 저장소를 사용하는 모든 열역학적 과정들은 오직 한 방향으로만 변화를 허용하는 과정들의 물리적 측면 때문에 비가역과정이라 할 수 있다. 스프링과는 다르게, 열은 뜨거운 곳에서 차가운 곳으로 오직 한 방향으로만 흐른다. 비가역성을 유발하는 여러 가지 일반적 원인들은 다음과 같다.

1. **열전달**(heat transfer)—온도차이로 인한 열전달은 비가역이다. 열은 그림 5.2에서와 같이 자연적으로 더 뜨거운 영역에서 더 차가운 영역으로 흐른다. 그러나 더 차가운 영역 B에서 뜨거운 영역 A로는 결코 흐르지 않는다. 더 차가운 영역에서 뜨거운 영역으로 흐르기 위한 열전달의 유일한 방법은 냉동 사이클을 사용하는 것인데, 이러한 현상은 자연적으로 발생되지 않는다. 일반적인 냉장고와 같이 주위는 사이클을 작동시키기 위해 일을 제공해야 한다. 큰 온도 차이로 인한 열전달의 비가역성은 대부분의 열역학 과정들에서 상당한 손실을 가져오며, 특히 자동차 엔진과 발전소의 경우 이러한 현상이 발생된다.
2. **마찰**(fraction)—두 표면이 서로 반대로 맞비벼질 때, 한개 또는 두 표면 모두의 에너지 일부는 열에너지로 변하게 된다(그림 5.3 참조). 손을 따뜻하게 하기 위해 두 손바닥을 비비는 것은 좋은 예제라고 할 수 있다. 이 과정은 가역이 아니다. 따라서 열을 되돌린다 하더라도 두 표면의 온도는 원래의 위치로 돌아오지 않을 것이다.
3. **혼합**(mixing)—만약 소금과 후추 또는 그림 5.4에서와 같이 두가지 빨간색 물과 파

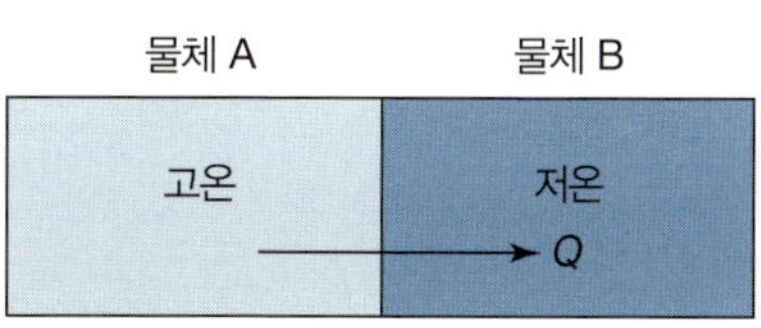

그림 5.2
열은 고온물체에서 저온 물체로 흐른다.

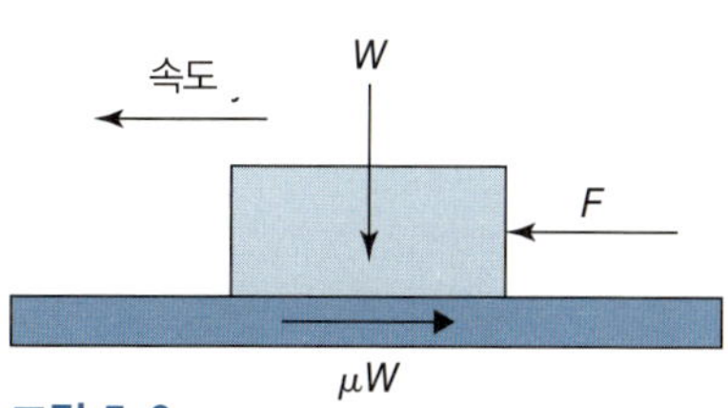

그림 5.3
두 표면 사이의 마찰

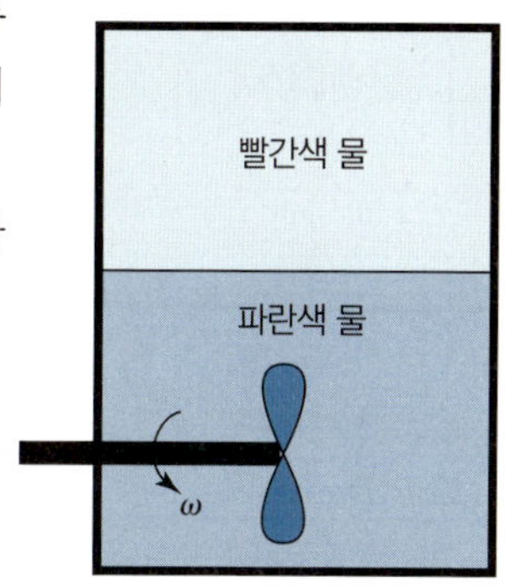

그림 5.4
용기 내에서 빨간색 물과 파란색 물의 혼합

란색 물을 함께 혼합하면, 차후에 다른 조취를 취하더라도 그들 스스로 원래의 성분으로 분리되지는 않을 것이다. 이러한 혼합과정은 비가역이다.

4. **불구속 팽창**(unrestrained expansion)—기체의 불구속 팽창은 가역적이지 않다. 만약 그림 5.5의 칸막이를 파열시키거나 또는 순간적으로 제거한다면, 기체는 고압영역에서 진공영역으로 갑자기 흐를 것이다. 주위로부터 공급된 에너지가 없다면 이 상태는 초기의 상태로 결코 돌아가지 않을 것이다.

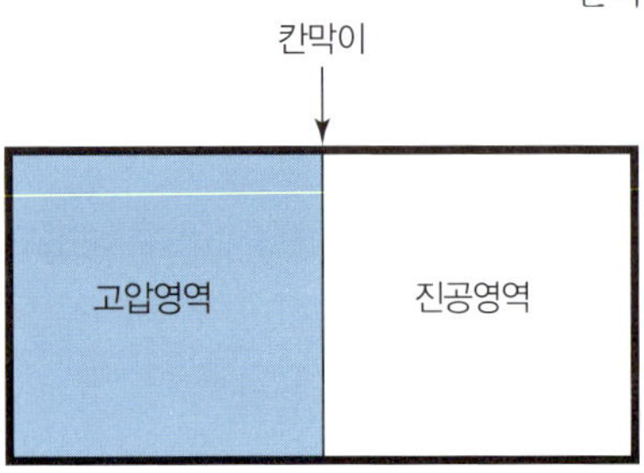

그림 5.5
칸막이가 파열되면, 기체는 갑자기 고압영역에서 진공영역으로 이동한다.

이들 4가지 물리적 현상들은 비가역과정을 발생시킨다. 이러한 결과에서 벗어나는 알려진 과정은 존재하지 않는다. 이들 4가지 현상에서 과정은 항상 특별한 '방향'으로만 일어난다. 예를 들어, 열은 외적인 영향이 없는 조건에서 뜨거운 곳에서 차가운 곳으로 흐르며 마찰은 물체를 특정한 방향으로 움직이는 것을 방해하며 반대방향으로 날개를 회전시킨다고 해서 혼합된 물을 원래상태로 돌아가지 않을 것이다. 또한 두 기체는 외부의 도움 없이는 분리되어있던 영역으로 되돌아가지 않을 것이다.

일부 과정 중에는 가역에 가까운 것도 있으며, 우리는 문제의 풀이를 위해서 이 과정들을 대부분 가역이라고 가정할 것이다. 엔진의 실린더 내에서 압축과 팽창과정은 마찰이 본질적으로 제거될 수 있기 때문에 그 대표적인 가정의 예가 될 수 있다. 제4장에서 기술된 터빈은 또한 거의 가역적으로 가정하여 설계할 수 있다. 하지만 모든 과정들은 본질적으로 비가역적이다. 특히 큰 온도 차이로 인한 열전달은 비가역적이라 할 수 있다. 일부 기발한 사업가가 투자자에게 아이디어를 팔기 위해 가역과정으로 작동하는 영구 운동장치와 같은 물건을 홍보할 수 있지만 실제로는 존재하지 않는다.

Comment
실제 가역과정은 존재하지 않는다.

☑ 학습목표 확인 (1)

5.2 열역학 제2법칙의 표현

이번 절에서는 열역학 제2법칙을 두가지 방식으로 표현해 볼 것이다. 열기관(heat engine)에 적용한 켈빈-플랑크(Kelvin-Planck)의 서술과 냉동시스템(refrigeration systems)에 적용한 클라우지우스(Clausius)의 서술이 그것이다. 두 가지 방식 모두 각자의 의견을 서술한 것이며, 다른 물리적 법칙들로부터 유래된 것은 아니다. 각 서술은 또한 과정이 일어나는 방향에 대하여 나타내고 있다.

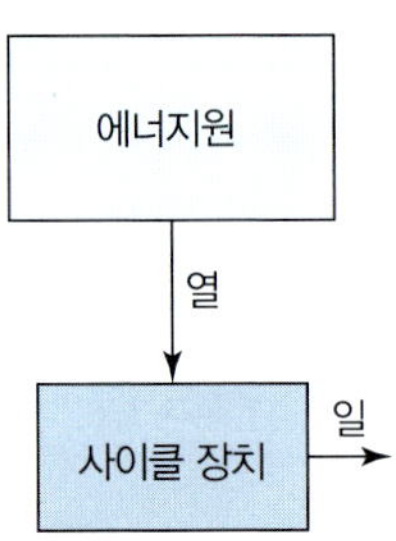

그림 5.6
사이클로 작동하는 불가능한 장치

5.2.1 켈빈-플랑크의 서술 – 열기관

열역학 제2법칙의 켈빈-플랑크의 서술은 다음과 같다(그림 5.6 참조):

> 단 하나의 열원으로부터 받은 에너지를 동등한 양만큼의 일로 변환하면서 사이클로 작동되는 장치를 만드는 것은 불가능하다.

사이클이 작동하는 동안 저장소로부터 열을 받아들이고 일을 공급하는 장치를 *열기관*이라 부른다. 열기관이 작동하는 동안, 열은 주위로 버려져야 한다.

열기관: 사이클로 작동하는 동안 저장소로부터 열을 받아들이고 일을 공급하는 장치

그림 5.7의 단순한 열기관의 작동을 생각해보자. 온도 T_H의 열원으로부터 엔진으로 열 Q_H가 전달되며, 일 W가 생성된다. 그리고 열 Q_L은 엔진에서 온도 T_L을 유지하는 흡열원으로 전달된다. 제2법칙의 켈빈-플랑크 서술은 흡열원으로 가는 열전달 Q_L은 절대 0이 될 수 없다는 것을 나타낸다. 일부 열은 엔진에서 방출되 버려지기 때문이다. 그 결과 일은 절대로 Q_H와 같을 수 없다. 엔진 주위의 경계에 적용된 열역학 제1법칙은 다음과 같이 표현될 수 있다.

$$Q_H - Q_L = W \tag{5.1}$$

열역학 제2법칙으로 실제로 배출되는 열 Q_L의 최소 크기를 결정할 수 있으며 이는 5.4절에서 확인할 것이다. 사실 Q_L은 가끔 아주 크게 될 수 있으며, 이는 발명가들이 열역학 제2법칙을 위반하는 엔진을 발명하려는 이유이다. 열기관은 8장과 9장에서 상세하게 분석할 것이다.

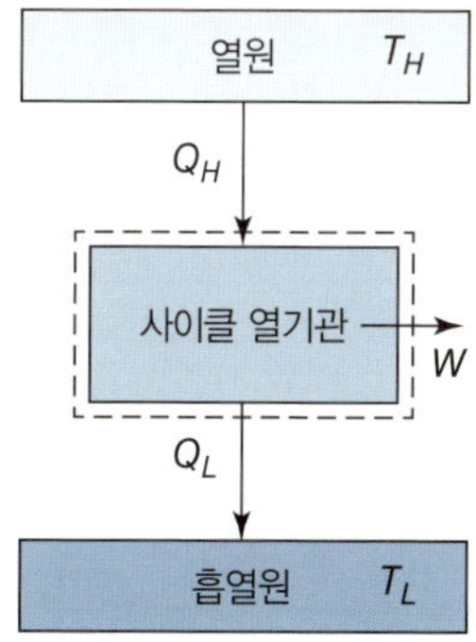

그림 5.7

열원으로부터 열을 받고 흡열원으로 열을 버리는 사이클 열기관

5.2.2 클라우지우스의 서술 – 냉동기

열역학 제2법칙의 클라우지우스 서술은 다음과 같다(그림 5.8 참조):

> 저온 저장소로부터 고온 저장소로 열을 전달시키면서 주위에 아무런 영향을 주지 않고 사이클로 작동하는 장치를 만드는 것은 불가능하다.

열은 자연적으로 차가운 영역에서 뜨거운 영역으로 흐르지 않는다. 실제로, 그 반대로 움직인다. 더 차가운 영역에서 뜨거운 영역으로 열을 움직이기 위해서는 주위로부터 일을 강제로 제공해야 한다. 이와 같이 작동하는 사이클을 *냉동 사이클*(refrigeration cycle)이라 부르며, 일반적으로 냉동기로 불리어지는 냉장고, 에어컨, 냉동고 그리고 히

냉동 사이클: 더 차가운 영역에서 뜨거운 영역으로 열을 이동시키는 사이클

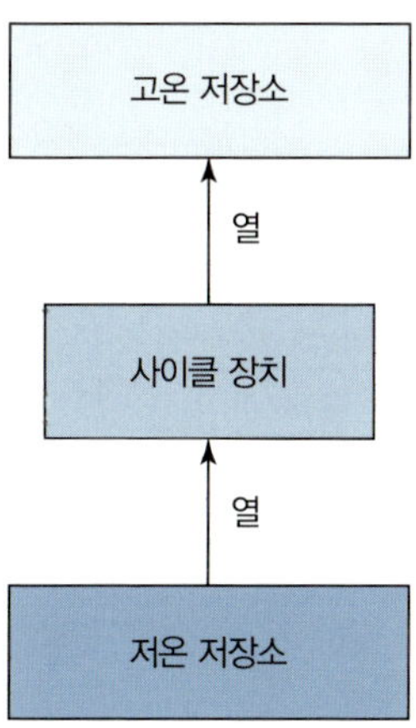

그림 5.8

불가능한 장치

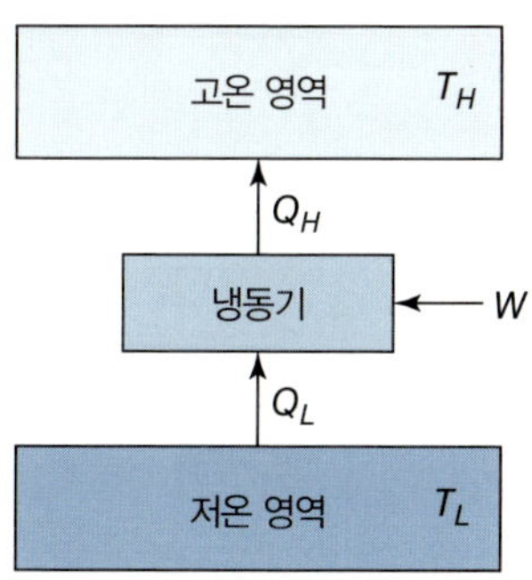

그림 5.9

냉동기는 저온 영역에서 고온 영역으로 열을 이동시키기 위해 일을 요구한다.

트펌프에 사용된다. 냉동기 작동에 필요한 에너지 요구조건은 그림 5.9에 제시되었다. 냉동기는 온도 T_L을 유지하는 저온 저장소로부터 열 Q_L을 제거하며, 온도 T_H를 유지하는 고온 저장소에 이 열을 배출한다. 냉동기를 작동시키기 위하여, 일 W가 주위로부터 계로 유입되어야 한다. 저온 영역은 냉동고가 될 수 있고, 고온 영역은 냉동고 뒷면이나 바닥의 뜨거운 코일이 될 수 있다.

열역학 제2법칙의 클라우지우스 서술은 추가적인 일 없이 저온 저장소에서 고온 저장소로 열이 이동하지 않을 것임을 설명해준다. 비전문가적인 표현으로 만약 당신이 여름에 에어컨을 작동시킬 돈을 소비하지 않는다면, 당신의 집을 시원하게 할 수 없다. 냉동 사이클에 적용된 제1법칙은

$$W = Q_H - Q_L \tag{5.2}$$

냉동 사이클은 단순히 열기관의 정반대이므로, 식 (5.2)는 식 (5.1)과 같다. 그 차이로서, 열기관은 구입된 열로부터 일을 생산하는 반면에, 냉동기는 구입한 일로 작동시킨다는 것이다. 냉동 사이클은 10장에서 상세하게 공부하게 될 것이다.

예제 5.1 클라우지우스와 켈빈-플랑크의 서술

열역학 제2법칙의 클라우지우스의 서술이 켈빈-플랑크의 서술과 동일함을 보여라.

풀이

두 서술이 동일함을 보이기 위해, 그림 5.10*a* 좌측의 냉동기를 생각해보자. 이 냉동기는 일의 공급 없이 저온 저장소로부터 고온 저장소로 열을 전달하기 때문에 열역학 제2법칙의 클

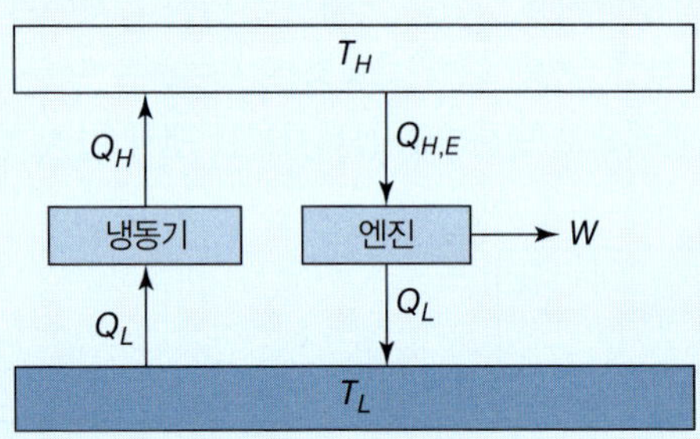

(*a*)

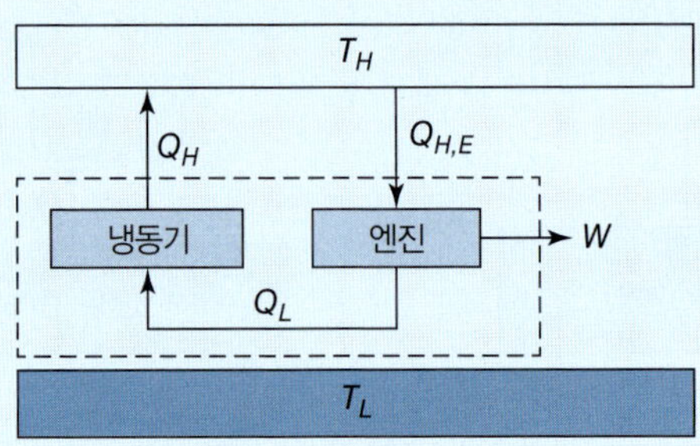

(*b*)

그림 5.10

라우지우스 서술을 위반하고 있다. 우측의 엔진은 열역학 제2법칙의 켈빈-플랑크 서술을 위반하지 않고 있으며, 냉동기에 의해 사용된 열 Q_L과 동일한 양을 버리고 있다.

이제, 그림 5.10*b*에서 보여지는 바와 같이 엔진과 냉동기 주위에 경계를 설정해보자. 이 그림에서 엔진에 의해 버려진 열은 냉동기에 공급하기 위해 사용되어진다. 냉동기에 적용된 제1법칙에 의해 $Q_L = Q_H$, 그리고 엔진에 적용된 열역학 제1법칙에 의해 $Q_{H,E} = Q_L + W$이기 때문에($Q_{H,E}$는 고온 저장소에서 엔진으로 전달되는 열이다.), 고온 저장소로에서 직접 "장치" 내부로($Q_{H,E} - Q_L$)의 순 열전달이 발생하게 된다. 이 장치는 점선으로 이루어진 경계 내부에 냉동기와 엔진으로 구성되어 있다. 이 순 열전달($Q_{H,E} - Q_L$)은 즉시 일 W로 변환된다. 사이클이 작동하는 장치에 의해 일로 직접 변환되는 열은 열역학 제2법칙의 켈빈-플랑크 서술의 위반이다. 이런 이유로, 클라우지우스 서술과 켈빈-플랑크 서술은 동일하다고 볼 수 있다.

☑ 학습목표 확인 (2)

5.3 사이클 성능변수

열역학 사이클의 성능변수는 다음과 같이 정의된다.

$$\text{성능변수(performance parameter)} = \frac{\text{출력}}{\text{에너지 입력}} \tag{5.3}$$

요구되는 입력은 에너지(열 또는 일)이며, 작동을 위해 사이클에 공급되어야 한다. 출력은 사이클에 의해 전달된 에너지이다. 열기관의 경우, 엔진에 의해 주위로 전달되는 일이고 에어컨의 경우에는 저온 영역으로부터 받아들여진 열이다. 히트펌프의 경우에는 고온 영역으로 전달되는 열이다. 다음 장에서 위 사이클들에 대한 성능변수를 해석하고 이들 사이클들이 어떤 조건에서 잘 작동하는지를 결정할 것이다.

Comment

일은 풍력, 수력 또는 태양열과 같은 그린에너지(green enery)를 사용하여 생성될 수 있지만, 일반적으로 요구되는 입력은 구입되어야 하는 에너지이다. 이들 대체 에너지원들은 상당한 관심을 받고 있지만, 아직까지는 구매해야 한다.

효율:

$$\eta = \frac{\text{출력}}{\text{요구되는 입력}}$$

5.3.1 열기관

열기관의 성능변수는 다음 식에 의해 정의되는 사이클 효율 η이다.

$$\eta = \frac{\text{출력}}{\text{요구되는 입력}} = \frac{W}{Q_H} \tag{5.4}$$

열기관이 일을 하도록 만들기 위해 필요한 요구되는 입력은 고온 저장소로부터의 열전달 Q_H이다. 엔진의 출력은 생산된 일 W이다. 열역학 제2법칙의 켈빈-플랑크의 서술은 저온 저장소에 버려진 열은 절대 0이 될 수 없음을 언급하고 있다. 만약 일에 대한 식 (5.1)의 좌변을 대입하면,

$$\eta = \frac{W}{Q_H} = \frac{Q_H - Q_L}{Q_H} = 1 - \frac{Q_L}{Q_H} \tag{5.5}$$

Comment

엔진 또는 발전소에 의해 버려진 열은 0이 될 수 없다. 버려진 열은 일반적으로 상당히 크다는 것을 5.4절에서 확인될 것이다.

Comment

대부분 엔진들의 최대 효율은 100%보다 훨씬 적다. 발전소는 약 40%의 효율을 갖으며, 자동차 엔진은 약 20%의 효율을 갖는다.

Q_L은 열역학 제2법칙에 의해 0이 될 수 없기 때문에, 엔진 효율은 항상 1보다 적어야 한다($\eta < 1$). 그 결과 열기관은 결코 100%의 효율을 갖을 수 없다. 실제로, 우리는 대부분의 열기관 효율은 100%보다 훨씬 작다는 것을 쉽게 발견할 수 있다. 100%에 가까운 효율을 갖는 제안된 엔진들은 당연히 열역학 제2법칙을 위반하는 것이다.

일률 $\dot{W}$와 열전달 $\dot{Q}_L$과 $\dot{Q}_H$ 또한 식 (5.5)에 사용될 수 있다는 것을 기억하자.

예제 5.2 열기관의 효율

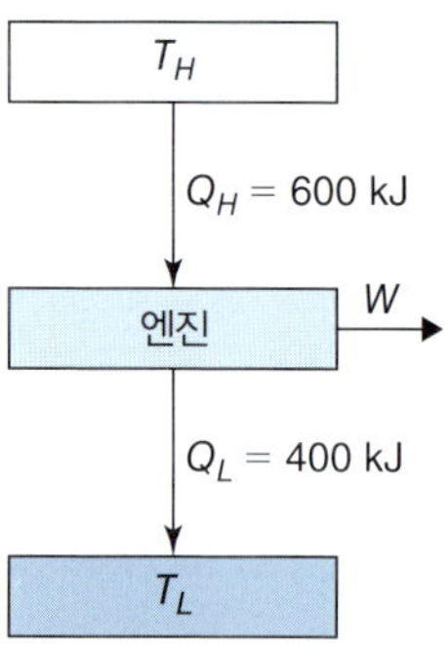

그림 5.11

그림 5.11의 열기관은 열원으로부터 열 600 kJ을 공급받고, 주위로 열 400 kJ을 배출한다. 다음을 계산하시오. i) 열기관에 의해 수행된 일, 계산 ii) 엔진효율

풀이

i) 엔진에 의해 수행된 일은 제1법칙의 적용에 의해 계산된다.

$$
\begin{aligned}
W &= Q_H - Q_L \\
&= 600\ \text{kJ} - 400\ \text{kJ} = \underline{200\ \text{kJ}}
\end{aligned}
$$

ii) 식 (5.5)를 이용하여 엔진의 효율을 계산할 수 있다.

$$\eta = \frac{W}{Q_H} = \frac{200\ \text{kJ}}{600\ \text{kJ}} = 0.333 \quad \text{또는} \quad 33.3\ \%$$

이 값은 일반적인 엔진의 효율을 나타낸다.

5.3.2 냉동 사이클

냉동기: 공간을 차갑게 하는 냉동 사이클.

냉동 사이클의 성능변수는 성능계수(coefficient of performance)라고 하거나, 간단하게 COP라 부른다. *냉동기*(refrigerator)는 공간을 냉각시키는 목적의 사이클이다. 성능계수는 다음과 같다.

$$\text{COP}_R = \frac{\text{출력}}{\text{요구되는 입력}} = \frac{Q_L}{W} \tag{5.6}$$

Note: 에어컨과 냉동고는 냉공기의 범주에 포함된다.

냉동기를 작동시키기 위해 요구되는 입력은 압축기에 공급되는 입력 W이다. 출력은 저온 영역, 예를 들어 냉동기 내부부터 제거된 열 Q_L이다. 압축기 일을 식 (5.2)에 대입함에 의해, 다음 식을 얻을 수 있다.

$$\text{COP}_R = \frac{Q_L}{W} = \frac{Q_L}{Q_H - Q_L} = \frac{1}{\dfrac{Q_H}{Q_L} - 1} \tag{5.7}$$

Comment

냉동기의 성능계수는 정의된 상한치를 갖지 않는다.

성능계수는 열기관의 효율에서와 같은 정의된 상한치를 갖지 않는다; 이 때문에 성능계수를 효율의 개념으로 표현하지 않는다. 만약 냉동기에 의해 요구되는 일이 0이라면, 이때 시스템의 COP_R은 이론적으로 무한대에 접근한다. 열역학 제2법칙을 냉동 사이클에 적용해보면 이 한계치가 무한대보다는 10에 가깝다는 것을 알 수 있다. 흡수 냉동기(제

10장에서 설명)가 사용되는 상업용 비행기 내부 또는 대학 캠퍼스 내에서와 같은 특정 상황에서 $COP_R < 1$이 허용될 수는 있지만, 냉동 사이클에서 $COP_R < 1$은 낮은 성능의 지표를 의미한다.

Q_L과 Q_H보다는 오히려 열전달율 $\dot{Q}_L$과 $\dot{Q}_H$가 COP의 식에서 더 자주 사용된다.

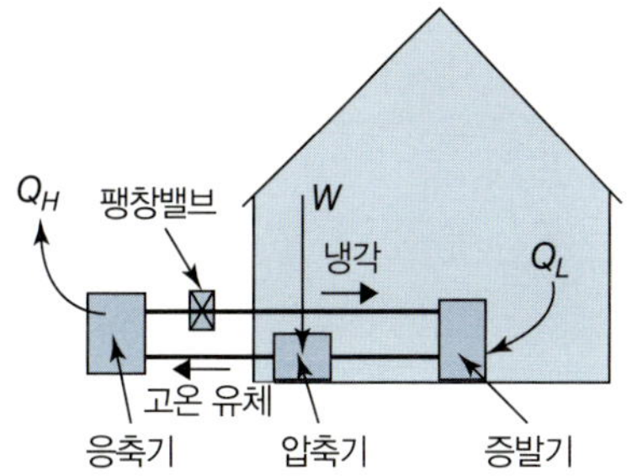

그림 5.12

에어컨의 기본 구성요소

그림 5.12는 건물이 중앙 에어컨 시스템의 기본적인 구성요소를 보여주고 있다. 압축기는 낮은 압력과 낮은 온도에서 냉동 사이클에서 사용되는 유체인 냉매를 받아들여서, 고온 과열증기가 될 때까지 압축한다. 냉매의 압력이 증가함에 따라 온도 또한 상승하게 되는데, 고온의 냉매가 압축기에서 배출될 때의 온도는 약 50°C이다. 고온 냉매는 파이프를 통해 배출되면서 열교환기, 응축기를 통과하게 된다. 이 과정에서 고압의 냉매는 외부 공기와 열을 교환하며, 이곳에서 포화상태의 액체로 응축된다. 이후 냉매는 밸브를 통과하며, 압력의 급격한 강하는 냉매의 온도를 급격하게 저감시킨다. 이 순간에 혼합물의 온도는 약 −30°C이다. 냉각된 냉매는 증발기를 통과하면서 집 내부의 공기와 열교환을 하게 된다. 최종 냉매는 다시 압축기로 되돌아간다. 이러한 사이클의 과정은 10장에서 상세히 공부하게 될 것이다.

Comment

단순한 밸브는 냉매의 온도감소와 동시에 압력을 갑자기 낮춘다.

*히트펌프*는 그림 5.13의 집의 예와 같이 건물을 가열시키기 위하여 냉동 사이클을 작동하는 장치이다. 압축기로부터 뜨거워진 냉매는 에어컨을 위해 집 내부에서 사용되는 열교환기로 방향을 바꾸어 흐르게 된다. 뜨거운 냉매와 집 내부의 공기사이에서 열교환이 이루어진다. 이후 냉매는 밸브를 통하게 되며, 이곳에서 압력은 감소되고 냉매는 매우 차갑게 된다. 다시 차가워진 냉매는 집 외부의 열교환기를 통하게 되며, 외부 대기로부터 열을 흡수한다. 이러한 원리는 냉매가 외부 공기보다 훨씬 차갑기 때문에 일어나게 된다. 따라서 히트펌프는 외부의 온도가 약 −7°C 보다 낮은 지역에서는 일반적으로 사용되지 않는다. 다시 냉매는 압축기로 되돌려 보내진다. 이 과정은 에어컨을 위해 사용되는 동일한 시스템에 고성능 밸브와 배관을 이용하여 가능하게 된다.

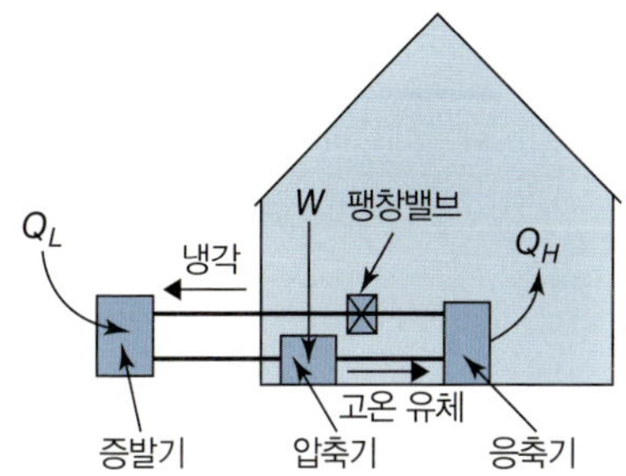

그림 5.13

히트펌프는 그림 5.12의 에어컨에 사용된 같은 냉매와 구성을 사용한다.

히트펌프의 성능 매개변수도 냉동기와 마찬가지로 성능계수라고 부른다. 이때 출력은 집으로 공급된 열 Q_H이며, 그 결과 히트펌프의 성능계수는

$$COP_{HP} = \frac{Q_H}{W} = \frac{Q_H}{Q_H - Q_L} = \frac{1}{1 - \dfrac{Q_L}{Q_H}} \tag{5.8}$$

히트펌프: 냉동사이클의 작동으로 공간을 가열시키는 장치

식 (5.8)과 식 (5.7)의 비교를 통해 다음을 알 수 있다.

$$COP_{HP} = COP_R + 1 \tag{5.9}$$

COP_{HP}에 대한 한계 또한 존재하지 않는다. 5.4절에서 COP가 매우 크지 않으며, 이상적인 히트펌프에서 일반적으로 10보다 작다는 것을 알게 될 것이다.

에어컨의 COP는 표기가 되었더라도 일상생활에서는 사용되지 않는다는 것을 기억할 필요가 있다. 제조사는 에너지 효율비(EER, energy efficiency ratio) Q_L/W을 표기하며, 종종 Q_L과 W 모두 다른 단위를 갖기도 한다.

예제 5.3 에어컨 성능

그림 5.14의 에어컨 개략도에서 압축기는 5 hp를 요구한다. 주위에 열 12 kJ/s를 배출한다. 다음을 계산하시오.

i) 냉각률(단위 tons)

ii) 에어컨의 성능

풀이

Note: 냉동톤(ton)은 냉동 사이클의 열전달률 측정을 위해 주로 사용되는 단위이다. 하루 동안 0°C에서 얼음 1톤을 녹이기 위해 필요한 열전달률이다.

i) 냉각률은 그림 5.9의 냉동기와 같이 에어컨에 제1법칙을 적용함에 의해 알 수 있다.

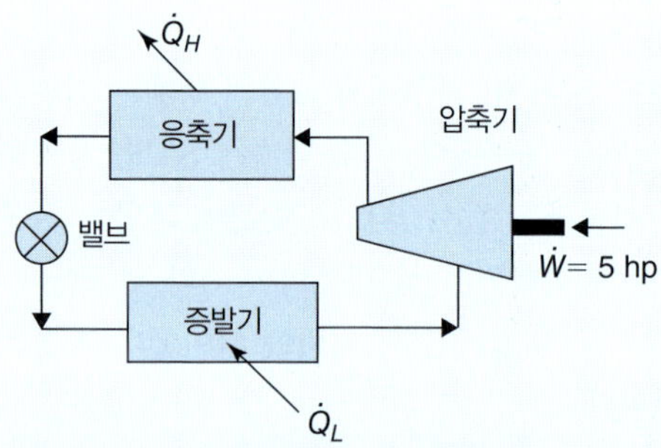

그림 5.14

$$\dot{Q}_L = \dot{Q}_H - \dot{W}$$

$$= \left(12\text{ kW} - 5\text{ hp} \times 0.746\frac{\text{kW}}{\text{hp}}\right) \times \frac{1}{3.517}\frac{\text{ton}}{\text{kW}} = \underline{2.35\text{ tons}}$$

ii) 식 (5.6)을 통해 성능계수의 계산이 가능하다.

Unit: 1냉동톤 = 3.517 kW

$$\text{COP}_R = \frac{\dot{Q}_L}{\dot{W}} = \frac{8.27\text{ kW}}{5 \times 0.746\text{ kW}} = \underline{2.22}$$

예제 5.4 히트펌프

냉동 사이클이 그림 5.14에서 보여지는 바와 같이 압축기에 의해 5 hp를 요구하는 히트펌프로써 작동하고 공간에 열 12 kJ/s를 공급한다. 다음을 계산하시오.

i) 열이 주위로부터 흡수되는 율

ii) 히트펌프의 성능

풀이

i) 주위로부터 열을 흡수하는 율은 구성요소로서 (그림 5.9의 냉동기와 같이) 히트펌프에 제1법칙을 적용함에 의해 계산될 수 있다.

$$\dot{Q}_L = \dot{Q}_H - \dot{W}$$
$$= 12\text{ kW} - 5\text{ hp} \times 0.746\frac{\text{kW}}{\text{hp}} = \underline{8.27\text{ kJ/s}}$$

에너지 방정식이 예제 5.3의 에어컨에 사용된 것과 동일한지 확인하시오.

ii) 식 (5.8)을 통해 성능계수의 계산이 가능하다.

$$\text{COP}_{HP} = \frac{\dot{Q}_H}{\dot{W}} = \frac{12\text{ kW}}{5 \times 0.746\text{ kW}} = \underline{3.22}$$

히트펌프의 성능계수 정의는 요구되는 출력이 $\dot{Q}_L$에서 $\dot{Q}_H$로 변경되었기 때문에 예제 5.3의 에어컨의 경우와 비교하면 변경되었다.

Observation: 예제 5.3과 5.4의 COPs는 식(5.9)를 만족시킨다.

☑ 학습목표 확인 (3)

5.4 카르노 사이클

이미 열기관의 효율은 정의되었다. 이제 마찰이 없고, 급격한 팽창이 없으며 유한의 온도 차이를 통한 열전달이 없는 준-평형과정(quasi-equilibrium processes)들에 의해 작동되는 엔진을 생각해보자. 사실 이러한 엔진은 존재하지 않지만, 가장 효율적인 엔진은 비가역성을 갖지 않아야 하기 때문에 이러한 정의를 내리는 것은 가능하다. 이러한 엔진을 *카르노 엔진*(carnot engine)이라 부른다. 그림 5.15의 4개 준-평형과정과 함께 피스톤-실린더 배열을 이용한 가상의 엔진을 생각해보자; 일정한 비열을 갖는 이상기체의 가정이 적용될 것이다. 과정들은 다음과 같다.

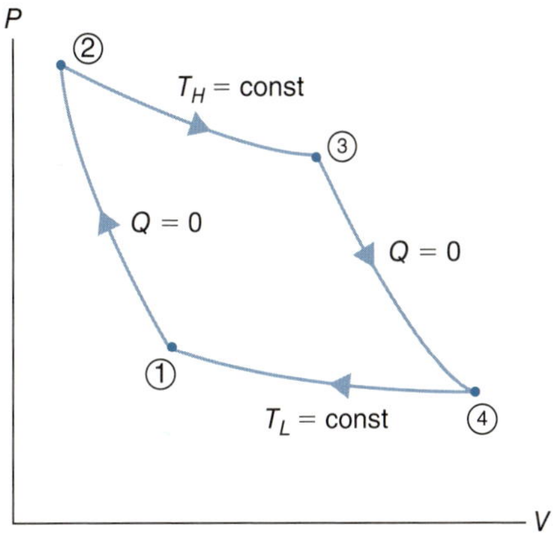

그림 5.15
카르노 사이클을 구성하는 과정들.

1 → 2: *단열압축*(adiabatic compression). 완전히 단열 처리된 실린더에서 피스톤은 저온 T_1에서 고온 T_2까지 기체를 압축한다.

2 → 3: *등온팽창*(isothermal expansion). 열은 고온의 $T_2 = T_3 = T_H$에서 고온의 저장소로부터 기체로 전달된다. 저장소의 온도는 기체 온도와 거의 유사한 값을 갖기 때문에 저장소와 기체 모두 T_H에 근접한다.

3 → 4: *단열팽창*(adiabatic expansion). 기체는 완전히 단열 처리된 실린더에서 고온 T_3에서 저온 T_4까지 팽창한다.

4 → 1: *등온압축*(isothermal compression). 열은 저온의 $T_4 = T_1 = T_L$에서 기체로부터 저온 저장소로 전달된다. 기체 온도는 저장소 온도와 거의 유사한 값을 갖기 때문에 기체와 저장소 모두 T_L에 근접한다.

카르노 엔진: 비가역성이 없이 사이클이 작동되는 이상적인 엔진. 임의의 작동유체와 함께 운전될 수 있으나, 단순한 방정식들의 적용을 위하여 이상기체의 가정이 적용됨.

이 카르노 엔진은 가역적이고 마찰이 없는 이상적인 과정들과 함께 작동한다. 따라서 추가적으로 개선될 수 없으며, 최대한으로 가능한 효율을 가져야 한다.

Note: 극미한 온도차이를 통해 발생된다고 가정된 두 열전달 과정들은 카르노 사이클이 실제 만들어 질 수 없는 가상의 사이클임을 의미한다. 매우 빨리 일어나는 열전달을 위해서는 큰 온도 차가 필요하다.

사이클을 구성하는 과정들은 3장에서 분석되었다. 상태 1에서 상태 2로의 과정과 상태 3에서 상태 4로의 과정은 $Q_{1\text{-}2} = Q_{3\text{-}4} = 0$인 단열과정들이다. 상태 2에서 상태 3까지의 등온과정은 3.5.3에서 분석되었다. 구체적으로 식 (3.35)와 식 (3.36)에 의해 열전달 $Q_{2\text{-}3} = Q_H$를 이상기체에 적용하면

$$Q_H = mRT_H \ln \frac{V_3}{V_2} \tag{5.10}$$

Comment

카르노 기체 사이클에 사용된 두 과정들은 단열과정과 등온 열전달 과정이다.

상태 4에서 상태 1까지의 등온과정에 대한 열전달 $Q_L = -Q_{4\text{-}1}$은 다음 식을 가져온다.

$$Q_L = mRT_L \ln \frac{V_4}{V_1} \tag{5.11}$$

열전달 Q_H와 Q_L은 양의 값으로 표현되며, 그 결과 사이클 효율의 식 (5.5)가 적용될 수 있다(상태 4에서 상태 1에서 열은 기체를 떠나기 때문에 $Q_{4\text{-}1}$는 음의 값임을 기억하자). 사이클 효율에 대한 식 (5.5)는 다음과 같이 표현될 수 있다.

Note: 일정한 비열을 갖는 이상기체의 가정이 적용되었다. 문제 5.32의 목적은 작동유체가 카로노 사이클의 효율에 영향을 주지 않는다는 것을 보여주기 위함이다. 따라서 아상기체는 작동유체로 적용될 수 있다.

$$\begin{aligned}\eta &= 1 - \frac{Q_L}{Q_H} = 1 - \frac{mRT_L \ln V_4/V_1}{mRT_H \ln V_3/V_2} \\ &= 1 - \frac{T_L}{T_H}\frac{\ln V_4/V_1}{\ln V_3/V_2}\end{aligned} \tag{5.12}$$

Comment

열전달 Q_H와 Q_L은 방정식들에서 양의 값으로 정의된다.

그러나 단열 준-평형과정동안, 식 (3.44)는 다음 관계식들을 제공하기 위해 사용된다.

$$\frac{T_2}{T_1} = \frac{T_H}{T_L} = \left(\frac{V_1}{V_2}\right)^{k-1} \qquad \frac{T_3}{T_4} = \frac{T_H}{T_L} = \left(\frac{V_4}{V_3}\right)^{k-1} \tag{5.13}$$

그 결과,

$$\frac{V_1}{V_2} = \frac{V_4}{V_3} \quad \text{or} \quad \frac{V_4}{V_1} = \frac{V_3}{V_2} \tag{5.14}$$

결론적으로, 식 (5.12)의 두 자연로그(ln) 항들은 상쇄되며, 카로노 사이클의 효율은 간단하게 다음과 같이 나타낼 수 있다.

$$\eta = 1 - \frac{T_L}{T_H} \tag{5.15}$$

Comment

이상적인 카르노 사이클에서 Q_L/Q_H의 비는 T_L/T_H로 대체된다.

식 (5.5)와 식 (5.15)를 비교해보자. Q_L/Q_H를 T_L/T_H로 대체하면, 결과적으로

$$\frac{Q_H}{Q_L} = \frac{T_H}{T_L} \tag{5.16}$$

이상적인 가역 사이클인 카르노 사이클의 효율은 단지 두 열 저장소의 절대온도에만 의존한다. 즉, 모든 가역 사이클에 적용될 수 있으며, 모두 같은 효율을 갖게 된다. 효율은 작동유체의 종류에 의존하지 않으며(문제 5.32의 결론), 같은 두 저장소 사이에서 작동하는 사이클에 대하여 카르노 사이클보다 더 큰 효율을 갖는 것은 불가능하다.

카르노 사이클은 사이클의 목적에 따라 냉동기 또는 히트펌프를 작동시킬 수 있는 역방향의 과정들도 가능하다. 만약 목적이 냉동이라면, 식 (5.7)에서 정의된 COP_R을 사용한다. T_H/T_L을 Q_H/Q_L로 대체하며, 냉동기에 대한 최대 가능한 COP는:

$$\text{COP}_R = \frac{1}{\dfrac{T_H}{T_L} - 1} = \frac{T_L}{T_H - T_L} \tag{5.17}$$

> **Comment**
> 만약 그림 5.15의 카르노 동력 사이클이 역방향으로 변환되면, 카르노 냉동사이클의 결과를 가져온다.

만약 난방이 목적이라면, 식 (5.8)에서 T_L/T_H를 Q_L/Q_H로 대체하라. 그 결과 히트펌프에 대한 최대 COP는 다음 식을 통해 얻을 수 있다.

$$\text{COP}_{HP} = \frac{1}{1 - \dfrac{T_L}{T_H}} = \frac{T_H}{T_H - T_L} \tag{5.18}$$

위에서 검토된 카르노 사이클은 실험실에서 독자적인 연구는 고사하고 절대적으로 만들어질 수 없는 가상의 사이클임은 명백한 사실이다. 그럼에도 불구하고 왜 그들은 이 카로노 사이클을 정의할까? 엔진이나 냉동기가 두 온도 저장소 사이에서 작동할 때 최대 가능한 성능을 아는 것은 중요하다. 만약 엔진이 30%의 효율을 갖고 두 온도 사이에서 작동하는 카르노 효율이 33%라면 엔진의 성능을 증가시키기 위하여 추가적으로 투자하는 것은 바람직하지 않을 것이다. 또한, 개발자가 60%의 효율로 작동하는 엔진을 제안하였고, 동일한 고온과 저온 사이에서 작동하는 카르노 엔진이 55%의 효율을 갖는다면, 이 엔진은 제안된 내용으로 작동되지 않을 것이다.

> **Comment**
> 모든 카르노 사이클들은 가상이다. 그러나 이들 카르노 사이클들은 실제 사이클의 한계치에 대한 정보를 제공할 수 있다.

예제 5.5 카르노 효율을 넘어설 수 있을까?

카르노 엔진의 효율은 더 이상 증가될 수 없음을 보여라.

풀이

카르노 엔진의 효율보다 높은 효율을 갖는 매우 정교한 엔진이 제안되었다. 그림 5.16에서와 같이, 엔진은 고온 저장소로부터 Q_H를 받아들이며, 카르노 냉동기는 이 저장소에 동일한 양의 열을 배출한다. 제안된 엔진은 냉동기보다 더 효율적이기 때문에, 엔진에 의해 생산된 일 W_E는 카르노 냉동기에 의해 요구되는 일 W보다 크다.

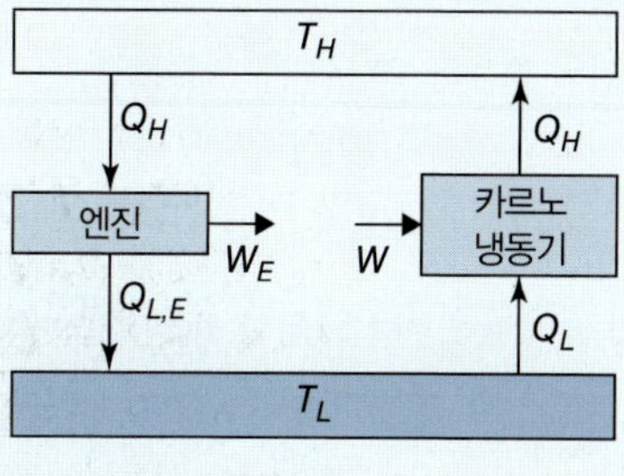

그림 5.16

(계속)

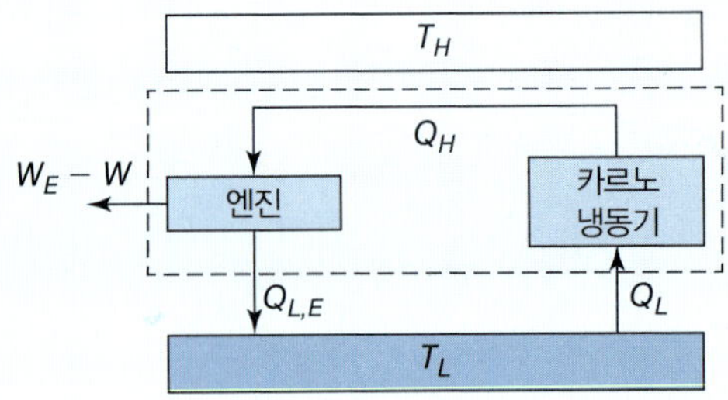

그림 5.17

여기서 그림 5.17의 점선 경계 내에서 확인되는 바와 같이, 단일 장치로서 작동되는 엔진과 냉동기를 생각해보자. $W_E > W$이기 때문에, 저온 저장소로부터 열 Q_L은 엔진에 의해 배출된 열 $Q_{L,E}$보다 크다. 결론적으로, 점선으로 경계된 내부의 단일 장치는 하나의 저장소로부터($Q_L - Q_{L,E}$)의 열을 받아들이고 ($W_E - W$)의 순 일을 생산한다; 이것은 열역학 제2법칙의 켈빈-플랑크의 서술을 위반하는 것이다. 따라서 카르노 효율보다 더 큰 효율을 갖는 사이클에서 작동되는 엔진은 없다는 결론을 얻을 수 있다.

Suggestion: $W > W_E$라 가정하고 제안된 엔진이 가능함을 보여라.

예제 5.6 엔진 효율

그림 5.18의 열기관은 600°C에서 열원으로부터 600 kJ의 열을 받으며, 10°C에서 주위로 300 kJ의 열을 배출한다. 다음을 계산하시오.

i) 열기관에 의해 수행된 일

ii) 실제 엔진 효율

iii) 최대 가능한 엔진 효율

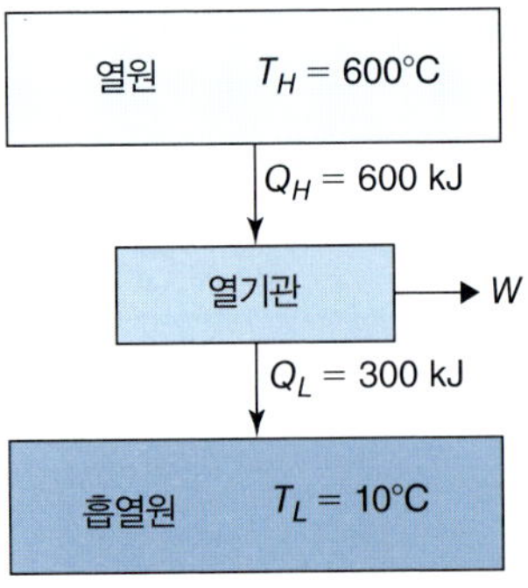

그림 5.18

풀이

두 저장소에서

$$Q_H = 600 \text{ kJ} \qquad T_H = 600°\text{C} = 873 \text{ K}$$
$$Q_L = 300 \text{ kJ} \qquad T_L = 10°\text{C} = 283 \text{ K}$$

i) 엔진에 의해 수행된 일은 제1법칙을 적용함에 의해 계산된다.

$$W = Q_H - Q_L$$
$$= 600 \text{ kJ} - 300 \text{ kJ} = \underline{300 \text{ kJ}}$$

ii) 식 (5.5)를 통해 실제 엔진의 효율의 계산이 가능하다. 즉,

$$\eta = \frac{W}{Q_H} = \frac{300 \text{ kJ}}{600 \text{ kJ}} = 0.5 \text{ or } \underline{50\%}$$

Observation: 온도의 차이를 이야기할 때 절대 또는 상대온도가 사용되는지는 중요하지 않다. 그러나 식 (5.17)의 분수의 분자나 또는 비율에서와 같이, 온도가 단독으로 사용될 때는, 항상 절대온도의 단위가 사용되어야 한다.

iii) 최대 가능한 효율인 카르노 효율은 식 (5.15)를 사용함에 의해

$$\eta_{\text{Carnot}} = 1 - \frac{T_L}{T_H}$$

$$= 1 - \frac{283\ \text{K}}{873\ \text{K}} = 0.676 \quad \text{or} \quad \underline{67.6\%}$$

실제 엔진 효율은 절대 카르노 효율보다 클 수 없다. 만약 더 크다면, 이는 열역학 제2법칙을 위배한 것으로 간주된다.

이 발명은 가능한가? 예제 5.7

그림 5.19에서와 같이, 어느 발명가가 50%의 엔진 효율을 갖으면서 317°C에서 바이오 연료를 연소시키는 자동차 엔진을 개발했다고 주장하고 있다. 만약 주위 공기의 온도가 17°C라면, 이 주장을 신뢰할 수 있는가?

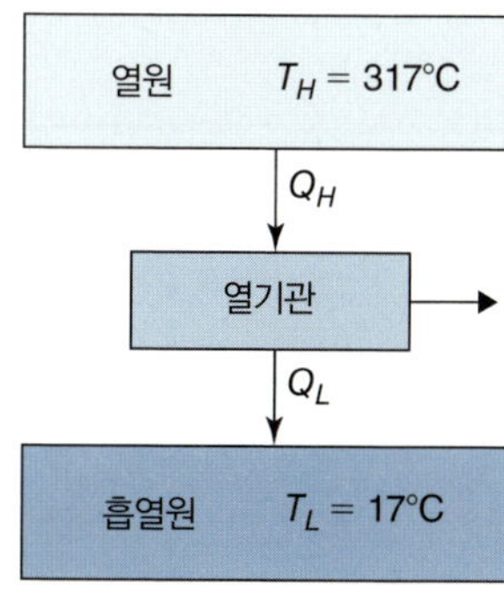

그림 5.19

풀이

이 엔진의 고온 및 저온의 경계치는

$$T_H = 317°\text{C} = 590\ \text{K} \qquad T_L = 17°\text{C} = 290\ \text{K}$$

식 (5.15)를 사용한 엔진의 카르노 효율은

$$\eta_{\text{Carnot}} = 1 - \frac{T_L}{T_H}$$

$$= 1 - \frac{290\ \text{K}}{590\ \text{K}} = 0.51 \quad \text{or} \quad 51\%$$

제2법칙에 따라 50%의 엔진 효율은 가능하지만 실제로는 이 효율을 얻을 수 없을 것이다. 유한한 온도 차이를 통한 열전달로 인해 실제 효율은 낮아질 것이다.

에어컨의 COP 예제 5.8

외부의 온도가 40°C일 때 에어컨은 23°C의 집 온도를 유지하고 있다. 그림 5.20에서와 같이, 만약 냉동 사이클이 집으로부터 8 kJ/s를 제거하고, 압축기가 냉매에 2 hp의 일을 한다고 가정할 때, 다음을 결정하시오.

i) 외부 환경으로 배출되는 열
ii) 에어컨의 실제 성능계수
iii) 이 에어컨의 최대 가능한 성능계수

풀이

주어진 정보는

$$T_L = 23°\text{C} = 296\ \text{K} \qquad T_H = 40°C = 313\ \text{K}$$

$$\dot{Q}_L = 8\ \text{kJ/s} \qquad \dot{W} = 2\ \text{hp} = 1.492\ \text{kW}$$

i) 제1법칙을 통해 고온 저장소로 배출되는 열을 계산할 수 있다.

(계속)

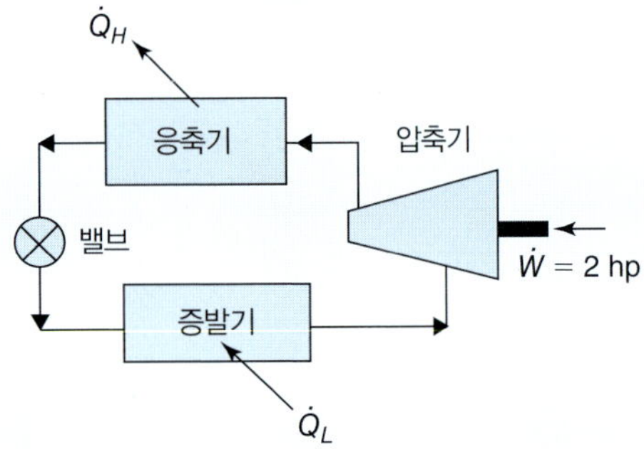

그림 5.20

$$\dot{Q}_H = \dot{W} + \dot{Q}_L$$
$$= 1.492 + 8 = \underline{9.49 \text{ kJ/s}}$$

ii) 이 에어컨의 실제 COP는, 식 (5.6)을 사용하면

$$\text{COP}_R = \frac{\dot{Q}_L}{\dot{W}} = \frac{8}{1.492} = \underline{5.36}$$

iii) 최대 가능한 COP인 카르노 COP를 얻기 위하여, 식 (5.17)을 사용하면

$$\text{COP}_{\text{max}} = \frac{T_L}{T_H - T_L} = \frac{296}{313 - 296} = \underline{17.41}$$

이 값은 실제 COP보다 크다.

☑ 학습목표 확인 (4)

5.5 요약

이번 장에서는 가역성과 비가역성의 개념과 함께 열역학 제2법칙이 소개되었다. 비가역성의 주요 원인으로는 마찰, 유한한 온도 차이를 통한 열전달, 혼합, 불구속 팽창을 들 수 있다. 이후 열역학 제2법칙에 대한 켈빈-플랑크와 클라우지우스의 서술에 대해 학습하였다. 사이클의 성능은 최대 효율이 가능하지만 특별한 주의가 요구되는 카르노 사이클을 통해 검토되었다. 구체적으로 온도의 항으로 표현된 4개의 과정들과 최대 효율을 갖는 이상기체 사이클을 통해 분석해 보았다. 이 장에서 정의된 용어를 살펴보면 다음과 같다.

카르노 사이클: 손실이 없는 이상적인 사이클. 엔진, 냉동기 또는 히트펌프에 적용될 수 있다.

클라우지우스 서술: 저온 저장소로부터 고온 저장소로 열을 전달시키면서 주위에 아무런 영향을 끼치지 않고 사이클로 작동하는 장치를 만드는 것은 불가능하다.

에너지 효율비: Q_L/W, Q_L은 Btu의 단위를 갖으며, W는 와트시(Wh)의 단위를 갖는다.

열기관: 열원으로부터 에너지를 받고 그 일부를 일로 변환하는 사이클

히트펌프: 공간을 가열시키기 위해 냉동 사이클을 작동시키는 장치

켈빈-플랑크 서술: 단 하나의 열원으로부터 받은 에너지를 동등한 양만큼의 일로 변환하면서 사이클로 작동되는 장치를 만드는 것은 불가능하다.

성능변수: 요구되는 입력과 장치 출력의 비

냉동 사이클: 차가운 영역에서 뜨거운 영역으로 열을 이동시키는 사이클

냉동기: 공간을 냉각시키기 위하여 냉동 사이클을 작동시키는 장치

저장소: 자체의 온도변화가 없이 열을 제공하거나 열을 흡수할 수 있는 몸체

가역과정: 계 또는 주위에 어떠한 변화도 남기지 않으면서 원래의 상태로 되돌아가거나 역방향으로 진행될 수 있는 과정. 가역과정은 실제로 존재하지 않는다.

계절별 에너지 효율: 냉방 운전(차가운 계절)동안 Btu를 Wh로 나눈 값.

이 장에서 소개된 중요한 방정식을 요약해보면 다음과 같다.

성능: $$\eta_{\text{엔진}} \text{ or COP} = \frac{\text{출력에너지}}{\text{요구되는 압력에너지}}$$

COP_R와 COP_{HP}의 관계: $$COP_{HP} = COP_R + 1$$

카르노 사이클에서 열과 온도 비의 관계: $$\frac{Q_H}{Q_L} = \frac{T_H}{T_L}$$

카르노 엔진의 효율: $$\eta = 1 - \frac{T_L}{T_H}$$

카르노 냉동기의 COP: $$COP_R = \frac{1}{T_H/T_L - 1}$$

카르노 히트펌프의 COP: $$COP_{HP} = \frac{1}{1 - T_L/T_H}$$

Comment

"카르노"는 "가역" 이라는 용어로 대체 가능하다.

연습문제

5.1 Which one of the following could not be considered a reservoir?

(A) The fire in a coal furnace in a house in the country
(B) A bathtub filled with ice water
(C) The combustion process in an automobile engine
(D) The water in a river

5.2 Which of the following processes could not be considered a reversible process?

(A) The process of a piston compressing the air in a cylinder
(B) Inflating a balloon
(C) The stretching of a rubber band
(D) The freezing of water into ice in a refrigerator

5.3 Which statement comes closest to being a Kelvin-Planck second-law statement?

(A) You can't get something for nothing.
(B) You can't convert heat completely into work transmitted by a rotating shaft.
(C) You can't use heat to cool a space.
(D) You can't move heat from a cold space to a hot space.

5.4 The heat engine of Fig. 5.21 operates between the two reservoirs shown, producing 100 kW of power and 50 kJ/s of rejected heat. The engine's efficiency is nearest:

(A) 33%
(B) 50%
(C) 67%
(D) 80%

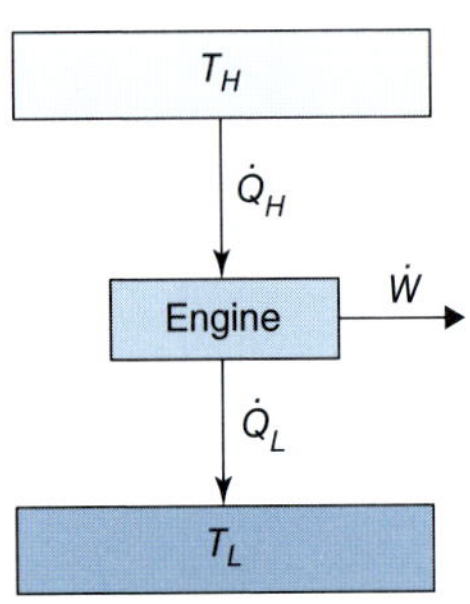

그림 5.21

5.5 A refrigerator requires 5 hp to provide 24 000 kJ/h of cooling. The COP of the refrigerator is nearest:

(A) 1.8
(B) 2.0
(C) 2.4
(D) 2.8

5.6 If the ideal heat engine of Fig. 5.22 rejects 50 kJ of heat, estimate the energy required to operate the engine.

(A) 110 kJ
(B) 100 kJ
(C) 90 kJ
(D) 80 kJ

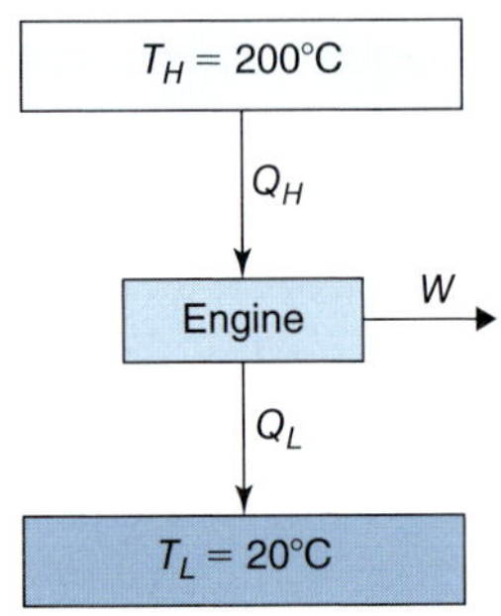

그림 5.22

5.7 An inventor proposes an engine that utilizes the boiling water of a hot spring and suggests it can operate with an efficiency of 22% in an area where a local stream has an average temperature of 12°C. Such a proposal is:

(A) Not possible
(B) Very likely possible
(C) Possible but improbable
(D) Possible many days of the year

5.8 A Carnot engine expands 0.2 kg of air at 40°C from 30 cm^3 to 300 cm^3 during the isothermal heat addition process in the gas cycle of Fig. 5.15. The heat required is nearest:

(A) 24 kJ
(B) 31 kJ
(C) 36 kJ
(D) 41 kJ

5.9 The heat pump of Fig. 5.23 requires 5 hp and rejects 17 kJ/s of heat to the high-temperature reservoir. The COP is nearest:

(A) 4.98
(B) 4.56
(C) 3.82
(D) 3.56

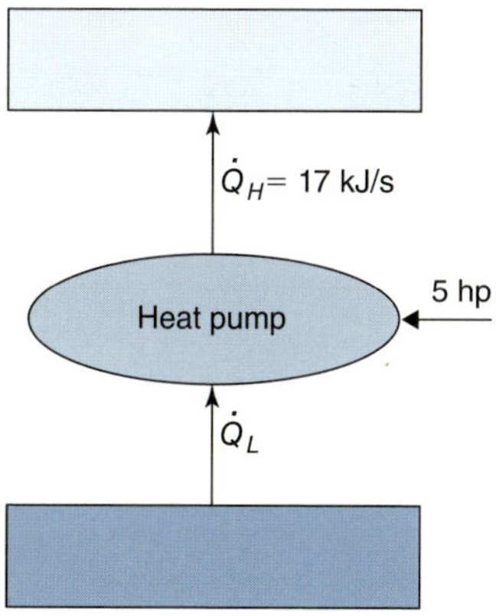

그림 5.23

5.10 If the high-temperature reservoir in Problem 5.9 is at 160°C, the low-temperature reservoir for a Carnot heat pump is at:

(A) 65°C
(B) 55°C
(C) 45°C
(D) 35°C

Statements of the Second Law

5.11 Show that a violation of the Kelvin-Planck statement of the second law implies a violation of the Clausius statement of the second law. This requires an argument similar to that used in Example 5.1.

The Heat Engine

5.12 A telemarketer advertises an emergency electric generator powered by a gasoline engine. The gasoline-powered engine supposedly produces 0.9 hp of mechanical power while the electric generator produces i) 600 W, ii) 800 W, and iii) 1000 W of electric power. Which of these generators are possible?

5.13 The heat engine of Fig. 5.24 accepts 30 kJ/s of heat from a high-temperature reservoir and produces *a*) 10 hp, *b*) 15 hp, and *c*) 20 hp. Determine the rejected heat and the efficiency of the engine.

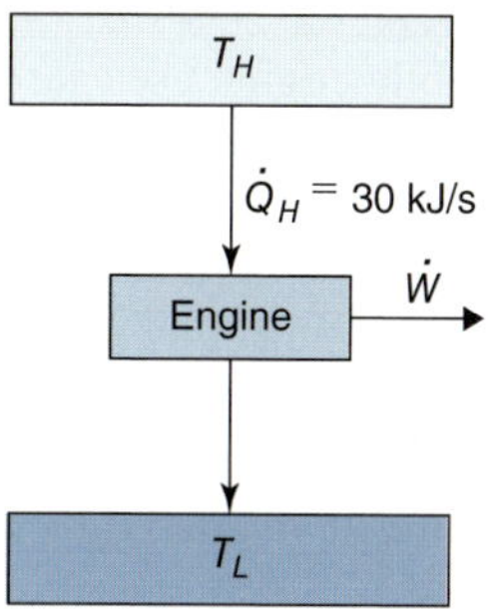

그림 5.24

5.14 A power plant produces 20 MW of power by burning trash and rejects 14×10^7 kJ each hour from a cooling tower. Calculate the efficiency of the power plant and the amount of heat supplied by the trash burner every hour.

5.15 A gas turbine engine is used to propel a ship. It has a thermodynamic efficiency of 0.75. How much heat must be supplied to this engine for it to produce *a*) 4000 hp, *b*) 3500 kW, and *c*) 260 MJ/min?

Remember: Parts with lower-case italic letters are separate problems and may be assigned separately.

5.16 An automobile engine produces 200 hp at an efficiency of 28%. What rate of heat transfer is required from the gasoline? How many kilograms of gasoline would be needed per hour if there are 50 MJ/kg of gasoline?

5.17 A power plant burns coal to deliver 80 MJ/s of heat to the steam. The plant turbines produce 15 000 hp. What is the rate of heat rejection from this plant, and what is its thermodynamic efficiency?

5.18 A heat engine is required to produce *a*) 120 hp, *b*) 70 kW, and *c*) 110 kW by accepting 150 kW from a heat source. How much heat is dumped to the low-temperature reservoir, and what is the efficiency of the engine?

5.19 An automobile engine uses gasoline at the rate of 0.03 m^3/hr. Gasoline has a density of 755 kg/m^3 and a heating value of 48 800 kJ/kg. If the engine has a thermodynamic efficiency of *a*) 30%, *b*) 25%, and *c*) 20%, what is the horsepower produced by the engine?

5.20 An automobile has a gas mileage of 12 km/liter when traveling at 90 km/h on a flat road with no head wind. Gas contains about 48 800 kJ/kg with a density of 755 kg/m^3. Estimate the efficiency of the engine if it produces *a*) 17 hp, *b*) 14 hp, and *c*) 12 hp under those conditions.

5.21 The engine of an automobile requires 20 hp to travel at 100 km/hr. If the engine's efficiency is 18%, determine the rate of fuel consumption, in L/km, assuming an energy content of 45 MJ/kg and a density of 720 kg/m^3.

5.22 A power plant burns 50 000 kg of coal each hour. Coal contains about 26 MJ/kg of energy. If the efficiency of the plant is 34%, estimate the heat transfer each day to the nearby river used to receive the rejected energy.

5.23 The power plant of Fig. 5.25 provides *a*) 200 GJ/hr, *b*) 3000 MJ/min, and *c*) 60 000 kJ/s from the boiler to the steam that flows through the plant. It rejects 120 GJ/hr to the environment, and the pump requires the power indicated. Calculate the horsepower output and the cycle efficiency. Is it necessary to include the pump power?

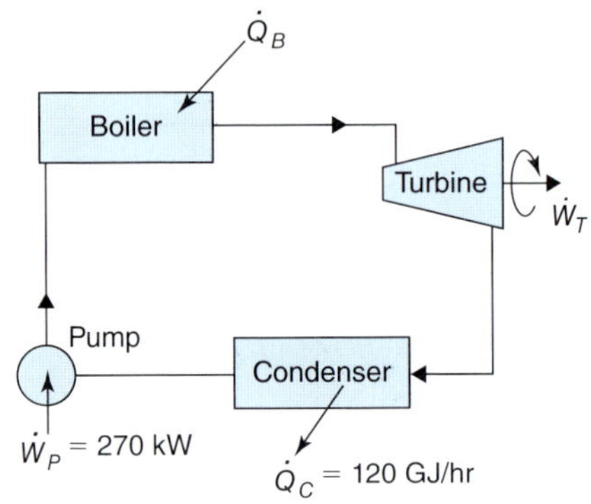

그림 5.25

The Refrigeration Cycle

5.24 A refrigerator is advertised that will remove 10 kW from the refrigerator while dumping 15 kW of heat into the kitchen. How much horsepower is the compressor using to run this system?

5.25 The refrigeration cycle of Fig. 5.26 is intended to cool a space by supplying *a*) 10 kJ/s, *b*) 15 kJ/s, and *c*) 20 kJ/s of cooling. Determine the rate of heat transfer that is rejected from the condenser and the performance of the cycle.

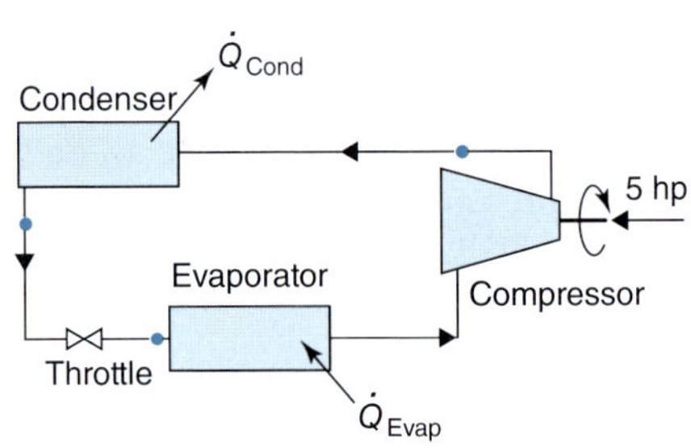

그림 5.26

5.26 The refrigeration cycle of Fig. 5.26, which requires 5 hp by the compressor, as shown, is intended to heat a space. It has a COP of 5 when operating in the heating mode. Determine the rate of heat transfer that is provided to the space being heated and the rate of heat transfer accepted by the evaporator.

5.27 The refrigeration cycle of Fig. 5.26 requires 5 hp by the compressor, as shown, and rejects 21 kJ/s by the condenser. Calculate the heat transfer rate to the evaporator and the COP if used as a heater.

5.28 An air conditioner removes 26 kW from a room. The compressor of Fig. 5.27 uses 7 hp to run the system. What is the rate of heat rejection to the outside environment? What is the coefficient of performance for this air conditioner?

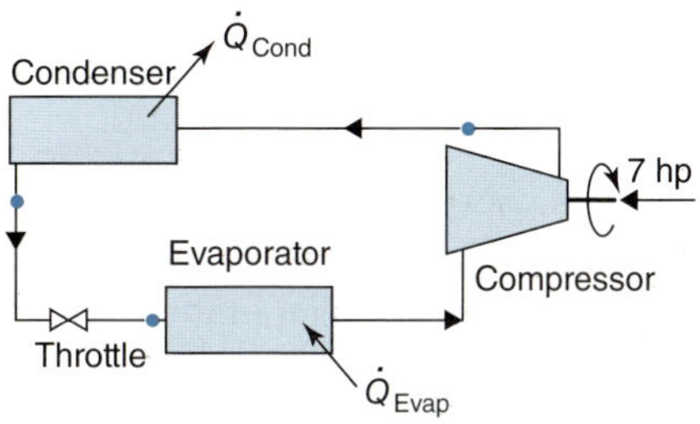

그림 5.27

5.29 Seven thousand kJ/hr of heat is removed from the inside of a refrigerator while transferring 9000 kJ/hr of heat into a kitchen. What is the coefficient of performance of this refrigerator?

5.30 An air-conditioning system transfers 100 kJ/s of heat from the condenser. How much horsepower must the compressor supply if the COP is *a*) 8, *b*) 6, and *c*) 4?

5.31 The compressor of the heat pump, shown in Fig. 5.28, with a COP of 8 requires 2 kW of power. How much heat is being supplied to the house each hour?

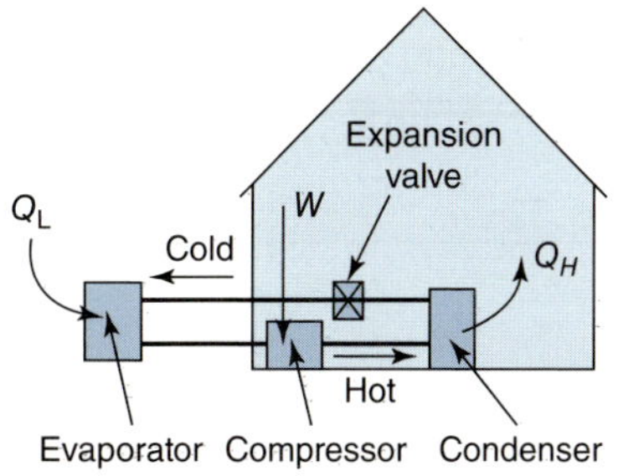

그림 5.28

The Carnot Cycle

5.32 Show that the working fluid used in a Carnot cycle does not influence the efficiency of the cycle. Use an argument similar to that used in Example 5.5.

5.33 A Carnot engine operates between a heat source at 300°C and a heat sink at i) 100°C, ii) 20°C, and iii) −30°C. What is the maximum possible efficiency of this engine for each heat sink?

5.34 Ocean Thermal Energy Conversion (OTEC) is an alternative energy system that uses the warm water at the surface of the ocean to operate a power plant, as sketched in Fig. 5.29. If the surface water at 27°C is used to supply energy to the plant and if water at 4°C deep in the ocean is used as the low-temperature reservoir, what will be the maximum possible efficiency of such a power plant?

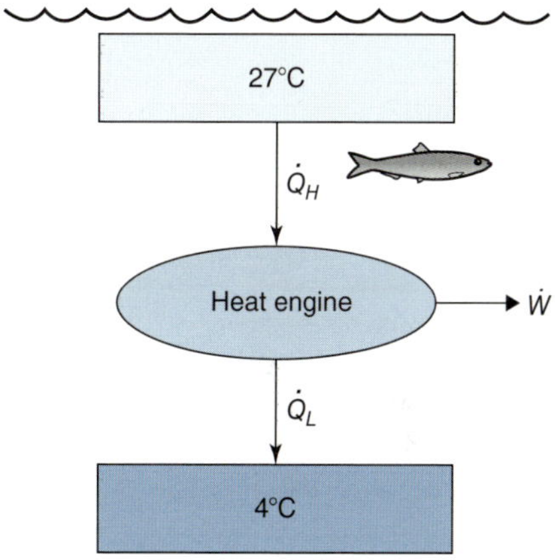

그림 5.29

5.35 Geothermal heat sources can be used to operate power plants to produce electricity. If a source of steam at 50°C is located near a river that has a water temperature of 5°C, what is the maximum efficiency possible for a power plant using these as the heat source and heat sink?

5.36 The Eddystone Power plant described at the start of Chapter 2 uses supercritical steam at 600°C. If the condenser of this power plant uses Delaware River water at 4°C as the heat sink for the plant, what is the maximum possible efficiency for this power plant?

5.37 An ideal heat engine produces 25 hp by transferring 60 kJ/s from a reservoir maintained at 380°C. What is the temperature of the heat sink?

5.38 A Carnot heat engine receives 1 MJ/s of heat from a source at 1000°C and rejects 0.4 MJ/s of heat to a sink of unknown temperature. Calculate the temperature of the heat sink and the efficiency of the engine.

5.39 An entrepreneur proposes a heat engine that presumably receives 100 kJ/s from a heat source at 147°C and produces 30 kW of power while rejecting heat to a heat sink at 37°C. Determine whether or not this engine can possibly work.

5.40 The heat engine of Fig. 5.30 operates between two reservoirs maintained at 240°C and 40°C, respectively. If 400 kJ/s is transferred from the high-temperature reservoir, determine the maximum horsepower that can be produced by the engine and the accompanying rate of heat transfer to the low-temperature reservoir.

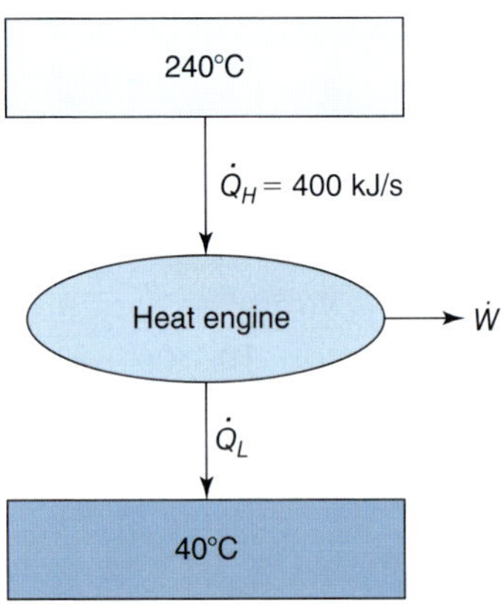

그림 5.30

5.41 A heat engine is proposed to operate between the two reservoirs shown in Fig. 5.31. It is proposed to produce 30 hp by transferring 4000 kJ/min from the high-temperature reservoir. Make an engineering analysis of the proposal.

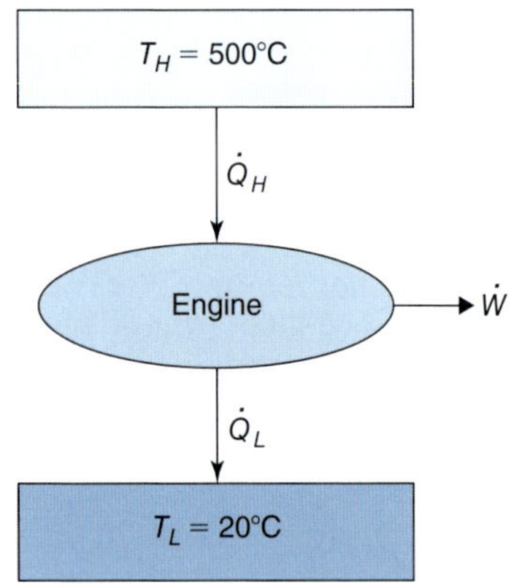

그림 5.31

5.42 An engineer at a utility company suggests that a hot spring can provide 3.4 kg/s to produce power. The average temperature of the spring is 93°C, and a 13°C stream can be used as a thermal sink. Estimate the maximum power that can be produced.

5.43 A Carnot engine undergoes the cycle of Fig. 5.32. The net work output is 200 kJ. Determine the required heat addition and T_H if the cycle efficiency is *a*) 50%, *b*) 60%, and *c*) 70%. Air is the working fluid.

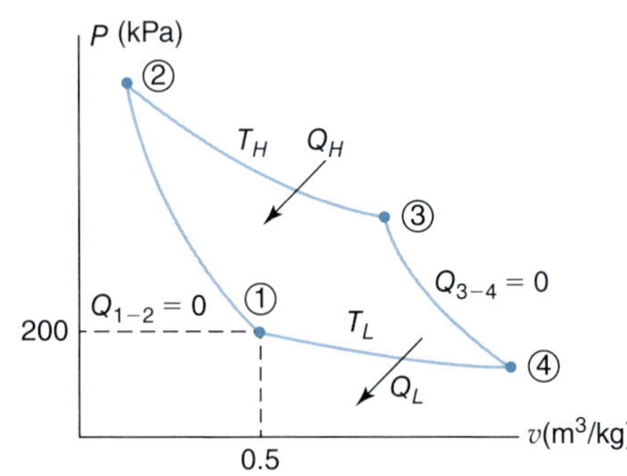

그림 5.32

5.44 An inventor proposes to extract 100°C water from a hot spring and use it to power a heat engine. The atmosphere is at 20°C. The proposed engine would operate with a flow rate of 150 kg/min and produce 50 hp, according to the inventor. Comment as to the feasibility of the proposal using calculated numbers.

5.45 The Carnot engine of Fig. 5.33 operates with an efficiency of 60% by rejecting energy to a heat sink maintained at *a*) 30°C, *b*) 20°C, and *c*) 10°C. If the rejected heat rate is 50 kJ/s, determine the power output, the heat rate from the heat source, and the temperature of the heat source.

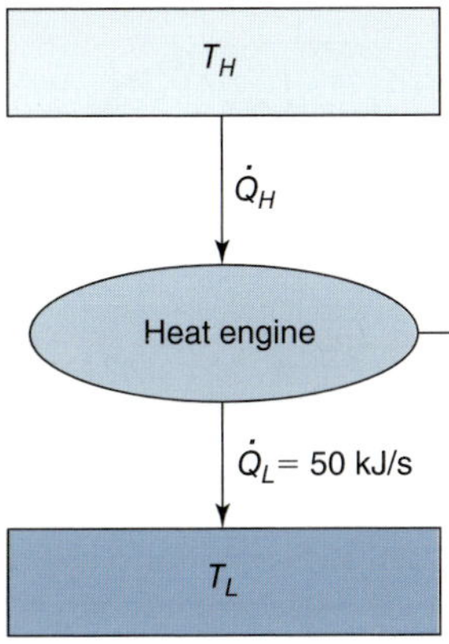

그림 5.33

5.46 A Carnot engine operates between two heat reservoirs with an efficiency of 75%. If a Carnot refrigerator operates between the same two reservoirs, calculate its COP.

5.47 Three reservoirs are at temperatures T_1, T_2, and T_3. A Carnot engine is positioned between T_1 and T_2, a second Carnot engine between T_2 and T_3, and a third Carnot engine between T_1 and T_3. Express the efficiency η_3 of the third Carnot engine in terms of the efficiencies η_1 and η_2 of the other two engines.

5.48 Two Carnot engines operate between the three reservoirs displayed in Fig. 5.34. The heat rejected by Engine 1 is the heat input to Engine 2. Determine the temperature T_2 that will make the efficiency of each engine the same.

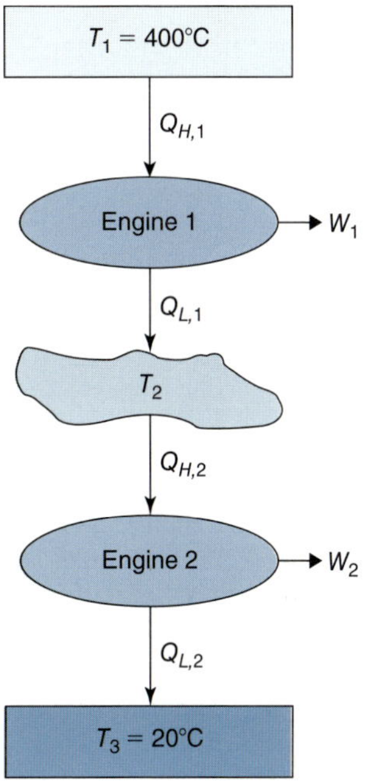

그림 5.34

5.49 The Carnot refrigeration cycle of Fig. 5.35 operates between two reservoirs maintained at 5°C and 23°C, respectively. If 400 kJ/s is transferred from the low-temperature reservoir, determine the horsepower required by the compressor and the rate of heat transfer to the high-temperature reservoir.

5.50 The Carnot refrigeration cycle of Fig. 5.35 is used as a heat pump to supply heat to the high-temperature reservoir. Determine the horsepower required by the compressor and the rate of heat transfer from the low-temperature reservoir if the heat supply rate is *a*) 200 kJ/s, *b*) 700 kJ/s, and *c*) 2000 kJ/s.

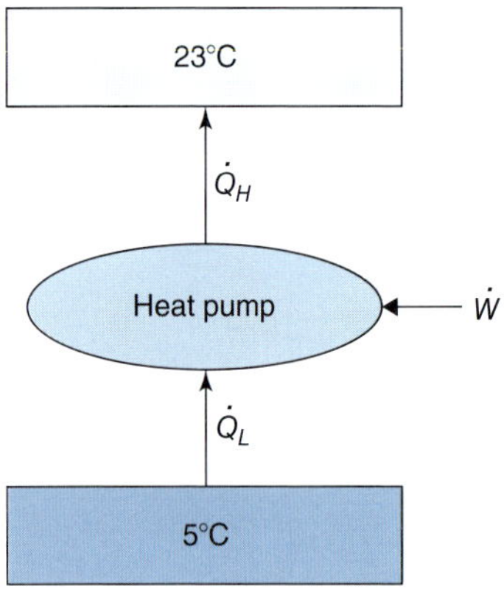

그림 5.35

5.51 A central air-conditioning system is used to maintain a temperature of 21°C inside a house when the temperature outside is 35°C. If the compressor for this system can deliver 8 hp to the air-conditioning system, what is the maximum rate in kJ/hr that heat can be removed from the house?

5.52 A central air-conditioning system is reversed to operate as a heat pump in the winter. If the inside temperature is maintained at 20°C when the outside temperature is −12°C and the house loses heat at a rate of 72,000 kJ/hr, what is the minimum power required to operate the compressor?

5.53 If the air outside a house has a temperature of 31°C and the indoor temperature is 19°C, what is the maximum cooling load, in kJ/hr, that the system can produce if the compressor can deliver 5 hp?

5.54 The heat pump of Fig. 5.36 is proposed to heat an oil rig positioned in the ocean where the surface water is at 28°C and the water at a reasonable depth is at 11°C. If 230 kW are desired, what minimum compressor horsepower would be required?

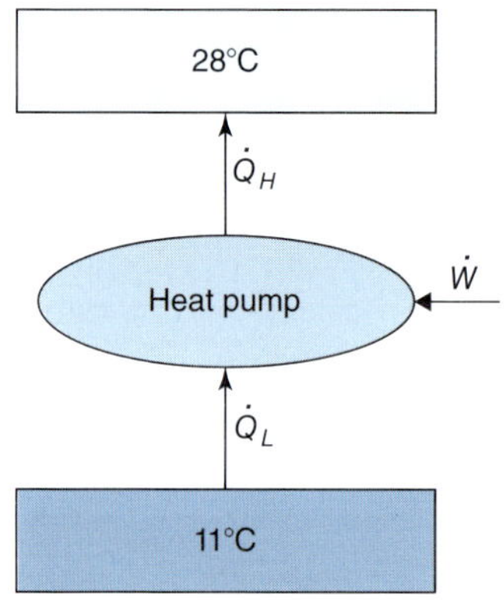

그림 5.36

5.55 An experiment is proposed to reduce the temperature of a specimen to nearly absolute zero. If its temperature is 10^{-5} K and it is desired to remove 0.02 J of energy from the specimen, what is the minimum work requirement if the laboratory at 18°C is the high-temperature reservoir?

CHAPTER

6

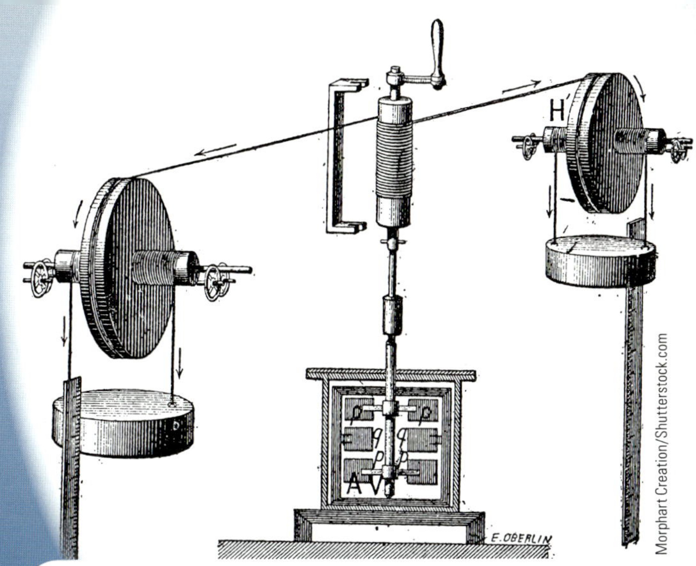

엔트로피

Entropy

Outline

기호 설명

본 장에서 소개된 변수들은 다음과 같다.

I	비가역성	s^{o}	엔트로피 함수
i	단위질량당 비가격성	T_0	정지상태(dead state)의 온도
P_r	상대압력	v_r	상대비체적
S	엔트로피	W_a	실제 일
S_{gen}	생성된 엔트로피	η_{II}	2법칙 효율
S_{surr}	주위의 엔트로피	Ψ	단위질량당 엑서지
$\dot{S}_{\text{prod}}$	엔트로피 생성	ΔS_{gen}	생성된 엔트로피의 변화
s	비엔트로피	ΔS_{net}	순엔트로피의 변화
$\bar{s}$	단위몰당 비엔트로피	ΔS_{univ}	엔트로피의 변화

학습목표

- ❑ 공학 사이클에서 클라우지우스 부등식을 이해한다.
- ❑ 엔트로피의 개념과 열역학에서 어떻게 사용되는지 이해할 수 있다.
- ❑ 열역학 과정들에서 엔트로피 변화를 평가할 수 있다.
- ❑ 일반적인 공학 장치에서 성능변수를 계산하기 위해 엔트로피를 적용할 수 있다.
- ❑ 2법칙 문제들을 해결하기 위하여 가용성과 엑서지를 활용할 수 있다.

5장에서 열역학 제2법칙에 의해 열기관과 냉동기 성능이 제한될 수 있음을 확인하였다. 이번 장에서 우리는 열역학 제2법칙을 정량화시키고 엔트로피라는 상태량을 이용하여 사이클을 해석해 볼 것이다. 즉, 계의 엔트로피 변화를 해석해 볼 것이며 이를 바탕으로 사이클의 성능을 분석해 볼 것이다.

엔트로피는 정의하기에 어려운 상태량이다. 에너지와 유사하게, 엔트로피의 영향은 관찰할 수 있으나, 압력 또는 온도와 같이 직접적으로 측정할 수 없는 상태량이다. 이번 장에서는 엔트로피를 정의할 것이며, 여러 물질에 대한 이 상태량과 관심 있는 여러 과정들에 대하여 엔트로피 변화를 계산할 것이다. 엔트로피는 열역학 제2법칙을 만족하는지 또는 위배하는지를 결정하는데 도움을 줄 것이다. 엔트로피는 또한 일반적인 엔진장치의 성능변수를 정의하기 위해 사용될 수 있다.

학습예제: 고효율 전동기

Hideki Kimura 교수의 지도 하에 Tokai University의 연구 그룹은 96%가 넘는 엔진 효율을 갖는 24-볼트 DC 모터를 개발하였다. 그림 6.1에 제시된 모터는 그림 6.2에서와 같은 전기자동차에 사용되기 위해 개발되었다. 이 모터는 에너지 손실원인에 대한 조사와 이 손실을 감소시키기 위한 개선 연구를 통해 개발되었다. 에너지 손실이 발생되는 2개의 주요 영역은 베어링 내의 마찰과 회전 중심부의 바람 마찰 저항이였다. 전기모터는 매우 효율적이다; 전기 에너지생산의 비효율성은 1950년대 이후 건설되어 약 33%의 효율을 갖는 발전소의 스팀 공정에서 쉽게 찾아볼 수 있다. 새로운 기술들이 효율을 향상시키고 있지만, 여러가지 규제들로 인해 발전소 효율이 크게 향상되지 않거나 오히려 감소하고 있다. 이 주제에 대하여 더 많은 정보를 위하여 '전기-발전 효율(Electricity-generating efficiency)'을 구글에서 검색해 보라.

그림 6.1
고효율 DC 모터 중심부

그림 6.2
최신식 전기 자동차

6.1 클라우지우스 부등식

엔트로피의 이해는 다음과 같이 표현되는 *클라우지우스 부등식*의 전개를 통해 시작된다.

$$\oint \frac{\delta Q}{T} \le 0 \tag{6.1}$$

> **클라우지우스 부등식:** $\oint \frac{\delta Q}{T} \le 0$

여기서 적분기호에 표기된 원은 한 사이클 동안의 적분(폐적분)을 의미한다. 독일 물리학자 J. Clausius(1822-1888)은 실험을 근거로 열전달이 한 사이클 동안 적분되어 이루어질 때, 절대온도 T에 대한 열전달량의 변화량 δQ의 비는 가역적 사이클에서는 보존되며, (모든 실제 사이클과 같은) 비가역적 사이클에서는 음의 값을 갖는다고 주장하였다.

클라우지우스 부등식은 *가역* 또는 비가역 사이클을 갖는 계에 적용될 수 있다. 예를 들어, 실린더 내의 공기는 피스톤과 실린더 벽면 사이의 무시될만한 마찰과 함께 피스톤에 의해 압축되거나, 피스톤과 실린더 벽면 사이의 과도한 마찰을 발생시키는 피스톤으로 인해 같은 거리만큼 압축될 수 있다. 이 두 경우에 공기와 계는 같은 과정을 겪게 된다. 마찰이 동반된 과정은 계와 공기에 대하여 준-평형과정[1]으로 고려될 수 있다. 그러나 계와 주위 모두를 고려했을 때는 *비가역*이다. 전체적으로 마찰은 과정을 비가역으로 만들게 된다. 일반적으로, 과정이 가역이라 언급될 때 계와 주위 모두 포함된다. 그러나 엔트로피에 관한 이번 논의에서는 클라우지우스 부등식에 적용되는 사이클을 계로 고려하게 된다. 만약 사이클 내의 모든 과정들이 준-평형상태 과정이라면, 'equal' 부호가 사용된다. 급격한 팽창, 내부 가열(저항기) 또는 혼합과 같이 계와 계 경계를 통한 열전

> **가역과정:** 계(시스템)와 주위는 비가역성을 갖지 않는다. 가역 사이클은 모두 가역과정을 갖는다.
>
> **비가역과정:** 계 또는 주위는 비가역성을 경험한다.

[1]일부 저자들은 이 과정을 내부적으로 가역적이라고 언급한다.

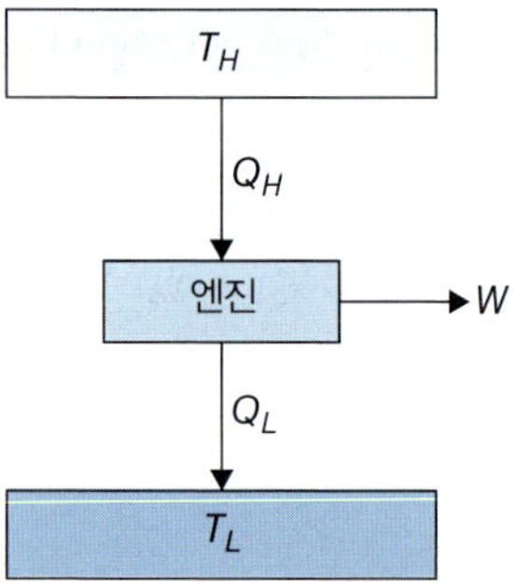

그림 6.3
열기관

Remember: 열기관의 제1 법칙은 다음과 같다. $Q_H - Q_L = W$.

달이 관여된다면, 이 과정은 비평형과정이며 사이클에 대하여 "less than" 부호가 사용된다.

클라우지우스 부등식이 사실임을 보이기 위하여, 하나의 사이클로 작동하는 그림 6.3의 열기관에서 $\oint \delta Q/T$를 생각해보자. T_H와 T_L은 각각의 열전달 과정동안 일정하기 때문에, 적분은 다음과 같이 표현된다.

$$\oint \frac{\delta Q}{T} = \frac{Q_H}{T_H} - \frac{Q_L}{T_L} \tag{6.2}$$

카르노 열기관에서 $Q_H/Q_L = T_H/T_L$ 또는 $Q_H/T_H = Q_L/T_L$가 됨을 확인하였기 때문에(식 5.16을 확인해라), 식 (6.2)의 적분은 0이 된다. 결론적으로 가역 사이클에서는

$$\oint \frac{\delta Q}{T} = 0 \qquad \text{(가역 사이클)} \tag{6.3}$$

이번에는 각각 같은 양의 에너지가 공급되는 같은 두 개의 저장소 사이에서 비가역 사이클로 작동되는 열기관을 생각해보자. 즉, $(Q_H)_{\text{rev}} = (Q_H)_{\text{irr}}$. $W_{\text{rev}} > W_{\text{irr}}$이기 때문에, 열역학 제1법칙은 $(Q_L)_{\text{rev}} < (Q_L)_{\text{irr}}$을 요구한다. 그 결과, 비가역 사이클에서는

$$\oint \frac{\delta Q}{T} = \frac{Q_H}{T_H} - \frac{Q_L}{T_L} < 0 \qquad \text{(비가역 사이클)} \tag{6.4}$$

결국 이 과정을 통해 클라우지우스 부등식을 증명할 수 있다.

식 (6.3)에서 사이클의 적분값이 0이기 때문에, 가역 과정에서 $\delta Q/T$는 완전 미분(exact differential)임을 의미하며, 다음 장에서 논의 대상이 될 것이다. 이것이 사실임을 보이기 위하여, 그림 6.4의 두 과정으로 구성된 사이클을 고려해보자. 상태 1과 2 사이에서 적분된 완전 미분 df는 $f_2 - f_1$이 된다. 이때, 사이클을 완성하기 위하여 상태 2와 1 사이의 적분이 이루어지면, 그 결과는 $f_1 - f_2$가 된다. 결과적으로 한 사이클의 적분은 두 값의 합으로서 0이 된다. 만약 일 δW (또는 열 δQ)과 같은 불완전 미분이 완전한 사이클 동안 적분된다면, 결과는 0이 아니라 사이클의 순 일(또는 순 열전달량)이 된다. 즉, 그림 6.4의 P-v 선도의 아래 면적이 된다. 따라서 $\delta Q/T$는 완전 미분이라 결론지을 수 있다.

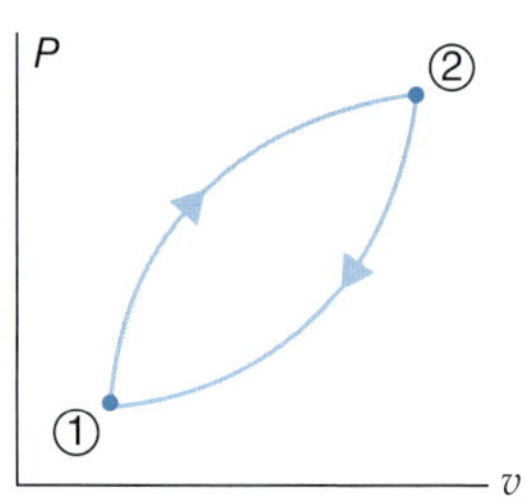

그림 6.4
두 과정으로 구성된 사이클

열기관 사이클과 냉동 사이클에서도 위 해석은 유효하다.

예제 6.1 클라우지우스 부등식이 사실인지 확인하라

화력발전소는 그림 6.5에서 보여지는 사이클과 그림 6.6의 P-v 선도와 같이 작동한다. 열전달은 단지 보일러와 응축기에서만 발생한다. (보일러와 응축기는 열교환기이며, 이들은 일정한 압력에서 작동한다고 가정한다.) 만약 네 개의 상태들에서 증기의 상태량들이 다음과 같다면, 이 사이클에서 클라우지우스 부등식이 사실인지를 확인하라.

상태 1: $P_1 = 10$ kPa, $x_1 = 0.01$ 상태 2: $P_2 = 800$ kPa, $x_2 = 0$
상태 3: $P_3 = 800$ kPa, $x_3 = 1$ 상태 4: $P_4 = 10$ kPa, $x_4 = 0.9$

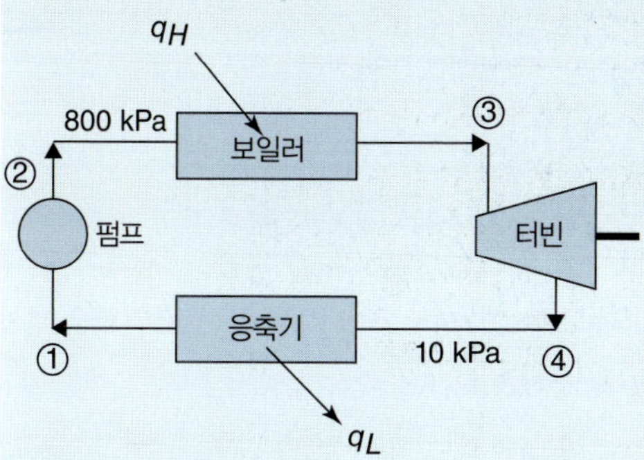

그림 6.5

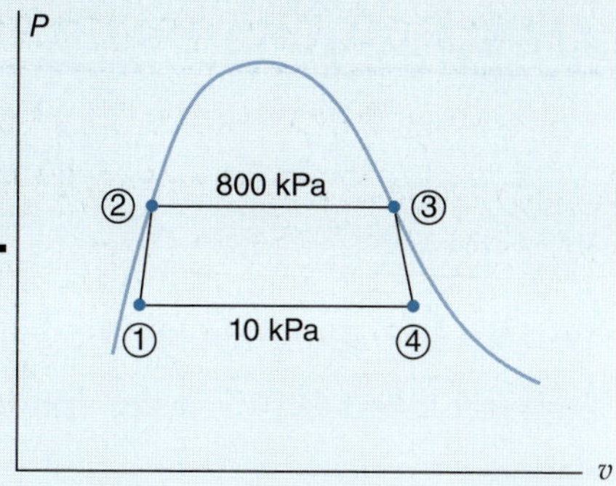

그림 6.6

풀이

엔탈피와 온도는 증기 표에서 찾을 수 있으며(IRC 상태량 계산기 또한 사용될 수 있다), 다음과 같이 정리 또는 계산될 수 있다:

$$h_1 = 216 \text{ kJ/kg} \qquad h_2 = 721 \text{ kJ/kg},$$

$$h_3 = 2770 \text{ kJ/kg}, T_3 = 170°\text{C} \qquad h_4 = 2340 \text{ kJ/kg}, T_4 = 45.8°\text{C}$$

에너지 식 (4.28)을 적용하면, 보일러 내의 비열전달량은

$$q_H = h_3 - h_2 = 2770 - 721 = 2049 \text{ kJ/kg}$$

응축기에 의해 방출된 열전달량은

$$q_L = h_4 - h_1 = 2340 - 216 = 2124 \text{ kJ/kg}$$

보일러 온도는 $T_H = 170°\text{C} = 443 \text{ K}$ 그리고 저온은 $T_L = 45.8°\text{C} = 318.8 \text{ K}$이다. 고온 및 저온은 일정하기 때문에, 클라우지우스 부등식의 검증을 위해 식 (6.3)이 적용될 수 있다:

$$\oint \frac{\delta q}{T} = \frac{q_H}{T_H} - \frac{q_L}{T_L} = \frac{2049}{443} - \frac{2124}{318.8} = \underline{-2.04 \text{ kJ/kg·K}}$$

사이클의 적분값은 0보다 적은 값임이 틀림없다. 만약 적분값이 0보다 크다면, 식 (6.1)에서 표현된 바와 같이 제2법칙을 위배하기 때문에 사이클은 불가능하다.

☑ 학습목표 확인 (1)

6.2 엔트로피

클라우지우스는 가역과정에 대하여 완전 미분으로서 $\delta Q/T$(그림 6.4에서 언급된 논의를 참고)를 발견하였다. 따라서 이 값은 계의 상태량 변화를 나타낸다. *엔트로피*(entropy)라 불리는 이 상태량은 물리적 계에 적용될 때 열역학 제2법칙의 표현으로서

엔트로피: $dS = \delta Q/T|_{rev}$로 정의되는 상태량. 다양한 정의들이 다른 전공분야에서 사용되고 있으나, 열역학에서 위의 정의만으로 충분하다.

사용될 것이다. 엔트로피는 1865년 클라우지우스에 의해 처음 제시되었으며, 미분의 형태로 다음과 같이 정의되었다.

$$dS = \left.\frac{\delta Q}{T}\right|_{\text{rev}} \tag{6.5}$$

등엔트로피 과정: 엔트로피 변화가 0인 과정. 모든 단열 과정들이 등엔트로피는 아니며, 모든 등엔트로피 과정들이 단열인 것도 아니다. 내부적으로 가역이라 가정되는 단열과정들이 등엔트로피이다.

여기서 하첨자는 계의 준-평형과정의 중요성을 강조한 것이며, 우리는 단순화를 위해 가역과정으로서 표기할 것이다. 엔트로피의 표준 기호는 S이다. 주어진 가역과정에서 엔트로피의 변화는 식 (6.5)를 적분하여 구할 수 있다.

$$S_2 - S_1 = \int_1^2 \left.\frac{\delta Q}{T}\right|_{\text{rev}} \tag{6.6}$$

엔트로피 변화 $\Delta S = S_2 - S_1$는 열이 계에 더해졌는지 또는 추출되었는지에 따라 양의 값 또는 음의 값이 될 수 있다. 단열 가역과정에서 (3.5.4절을 복습하라) 엔트로피 변화는 0이다. 만약 과정의 엔트로피 변화가 0이면 이를 *등엔트로피 과정*(isentropic process)이라고 한다. 모든 단열과정들은 등엔트로피 과정은 아니며, 단지 준-평형상태 과정이다. 비가역 단열과정에서 엔트로피 변화가 발생될 수 있다. 열은 비가역과정으로 방출될 수 있으며, 엔트로피 변화는 0이 되어 결과적으로 등엔트로피 과정이 될 수 있다.

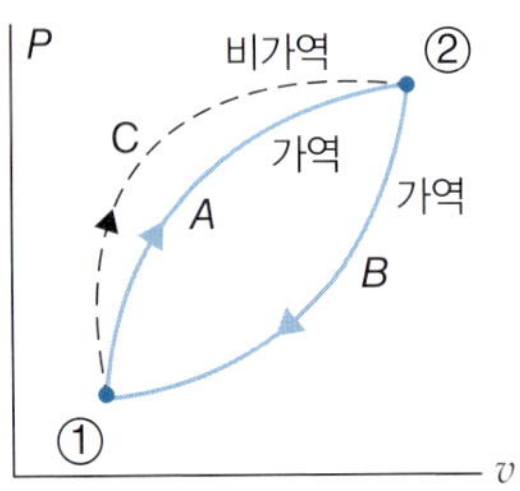

그림 6.7

상태 1에서 2까지 가역과정 A 또는 비가역과정 C로 구성되는 사이클과 상태 1로 다시 돌아오는 가역과정 B.

경로 A를 따라 가역적이거나 또는 경로 C를 따라 비가역적일 수 있는 상태 1에서 상태 2로의 과정으로 구성된 사이클로 이루어진 계를 생각해보자. 그림 6.7에서 보이는 바와 같이 되돌아오는 과정은 가역적 경로 B를 따르게 된다. 사이클에 대하여 식 (6.1)은 다음과 같이 표현될 수 있다.

$$\int_{\substack{1 \\ \text{along } A \\ \text{or } C}}^{2} \frac{\delta Q}{T} + \int_{\substack{2 \\ \text{along } B}}^{1} \frac{\delta Q}{T} \le 0 \tag{6.7}$$

가역적 경로 B에 따른 적분은 $S_1 - S_2$로서 식 (6.6)에 의해 정의되며, 그 결과 식 (6.7)은 다음과 같이 나타낼 수 있다.

$$\int_{\substack{1 \\ \text{along } A \\ \text{or } C}}^{2} \frac{\delta Q}{T} + S_1 - S_2 \le 0 \tag{6.8}$$

Note: $S_1 - S_2$로 인하여 음의 부호가 도입되었다. 극한이 적분상에서 전환될 때, 미적분에서 배웠던 바와 같이 음의 부호가 도입되어야 한다.

이 식은 동일한 형태로 다음과 같이 표현될 수 있다.

$$S_2 - S_1 \ge \int_1^2 \frac{\delta Q}{T} \tag{6.9}$$

이때 등식은 준-평형과정에 해당되며, 부등식은 비가역과정, 즉 임의의 실제 과정을 나타낸다. 식 (6.9)는 과정을 겪는 계에 대하여 제2법칙의 수학적 표현으로 고려할 수 있다.

식 (6.9)에 의해 표현된 엔트로피와 열전달량 사이의 관계를 고려할 때 다양한 결론들이 도출될 수 있다.

Comment

비가역성의 결과는 과정동안 엔트로피의 변화를 증가시키는 것이다.

1. 동일한 미소량의 열전달량 δQ와 온도 T를 갖는 두 개의 과정, 즉 미소한 엔트로피 변화가 $dS = \delta Q/T$인 가역과정과 $dS > \delta Q/T$인 비가역과정을 고려해보자. 비가역성의 결과는 과정동안 엔트로피의 변화를 증가시키는 것이다.
2. 주위와 상호작용이 없으며, 열전달이 없는 고립계를 생각해보자. 이때 식 (6.9)는 다음과 같이 표현될 수 있다.

$$\Delta S \geq 0 \tag{6.10}$$

제2법칙은 고립계의 엔트로피가 가역과정에서 일정하게 유지되거나 또는 실제 과정에서 증가되는 것을 요구한다.

3. 우주는 고립계이기 때문에, 우주의 엔트로피는 식 (6.10)에서와 같이 모든 실제 과정들에서 항상 증가하게 된다. 이는 임의의 과정들에 대하여 다음과 같이 표현될 수 있다.

$$\Delta S_{univ} = \Delta S_{sys} + \Delta S_{surr} \geq 0 \tag{6.11}$$

엔트로피 변화 ΔS_{univ}는 또한 순 엔트로피 증가 ΔS_{net} 또는 생성된 엔트로피 ΔS_{gen}로 표현된다. 이는 모든 실제 과정의 결과로서 엔트로피 증가를 나타내는 제2법칙의 다양한 해석을 의미한다.

Comment
모든 실제 과정들의 엔트로피는 고립계에서 증가한다.

제2법칙의 결과: 모든 실제 과정들은 우주에서 순엔트로피 증가를 가져오며, 다음과 같이 표현된다. $\Delta S_{univ} = \Delta S_{net} = \Delta S_{gen}$

Suggestion: S와 s를 쓸 때 주의하라. 명확한 차이가 있도록 S는 대문자로 그리고 s는 소문자로 표기하라.

단위질량당 엔트로피의 양으로써 정의되는 비엔트로피는 종종 간단히 엔트로피로 불리어진다; 표준 기호는 소문자 s이며, $s = S/m$으로 정의된다. 대문자 S와 소문자 s는 매우 비슷하게 보이기 때문에 자주 혼동되기도 한다. 특히 손으로 직접 문제를 푸는 동안에 이러한 실수가 발생한다. 엔트로피 S는 kJ/K의 단위를 갖는며, 비엔트로피 s는 kJ/kg·K의 단위를 갖는다.

엔트로피의 좀 더 정성적인 정의는 엔트로피가 물질 내의 무질서도의 양적 척도라는 것이다. 고체 내에서, 분자들은 단단한 결정구조로 결합되어 있다. 따라서 고체들은 매우 낮은 수준의 엔트로피를 갖고 있다. 고체 내의 분자들은 열이 가해지더라도 그 움직임이 제한적이기 때문이다. 절도온도 0에서 존재하는 고체는 0의 엔트로피를 갖는다. 액체 내에서, 분자들은 분자간의 힘으로 인해 자유롭게 움직일 수 있다. 결국 액체는 동일 온도에서 고체에 비해 더 높은 수준의 엔트로피를 갖는다. 기체의 경우, 비교적 높은 수준의 엔트로피를 갖기 때문에 분자들은 독립적이고 무작위로 움직인다.

Comment
엔트로피는 또한 물질 내의 무질서도의 양을 나타내는 척도로 고려된다.

Observation: 액체 또는 기체 내에서 엔트로피의 실제 값은 관심이 없기 때문에, 임의의 온도에서 엔트로피는 0의 값이 할당된다.

☑ 학습목표 확인 (2)

6.3 계에 대한 물질의 엔트로피 변화

6.3.1 기본 관계식

가역과정(비마찰, 급팽창, 전기저항 히터, 외차)동안 증가된 열전달량은 식 (6.4)에 의해 다음과 같이 엔트로피 변화량과 관련지을 수 있다.

$$\delta Q = TdS \tag{6.12}$$

또는

$$\delta q = Tds \tag{6.13}$$

적분되었을 때, 결과적으로

$$Q_{1-2} = \int_1^2 TdS \quad \text{or} \quad q_{1-2} = \int_1^2 Tds \tag{6.14}$$

Comment

두 상태 사이의 T-S 선도 내부의 면적은 가역과정 동안 이들 두 상태 사이에서 발생된 열전달량을 나타낸다. 완전한 사이클 동안 T-S 선도 내부의 면적은 가역과정들로 구성된 사이클의 $Q_{net} = W_{net}$을 나타낸다.

여기서, 두 상태 사이에서 T-S 선도에 의한 내부 면적은 가역과정동안 두 상태 사이에서 발생되는 열전달량을 의미한다. 일이 비가역과정동안 P-v선도 상에서 면적으로 표시되지 않는 것 처럼 과정이 비가역이라면, 이 면적은 열전달량을 나타내지 않는다. 결론적으로, 가역과정의 밀폐 사이클에서, T-S 선도에 의한 면적은 사이클 동안의 Q_{net}을 나타낸다. 제1법칙에 따르면(식 (3.21)을 확인하라), 이 면적은 W_{net}과 같다.

만약 그림 5.15의 카르노 사이클이 T-S 선도로 표현된다면, 그림 6.8에서와 같이 나타날 것이다. 직사각형의 면적은 $Q_{net} = W_{net}$를 나타낸다; T-S 선도상의 수직선인 단열과정은 매우 일반적이기 때문에, T-S 선도는 사이클 해석을 위해 자주 선택되는 선도이다.

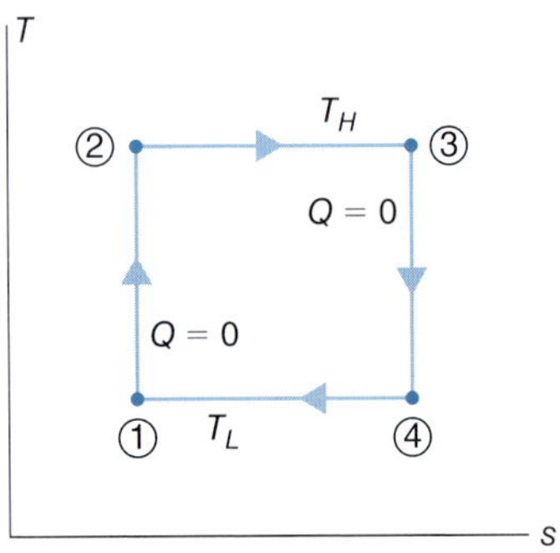

그림 6.8

카르노 사이클

과정동안에 엔트로피 변화에 대한 표현을 찾기 위해, 식 (3.23)과 같이 표현되는 제1법칙의 미분형태를 다시 상기해보자,

$$Tds = du + Pdv \tag{6.15}$$

여기서, $\delta q = Tds$(식 6.13)와 $\delta w = Pdv$(식 3.5)가 적용되었다. 엔탈피 $h = u + Pv$의 항으로 표현해보면, 식 (6.15)는 다음과 같이 나타낼 수 있다.

$$\begin{aligned} Tds &= du + d(Pv) - vdP \\ &= dh - vdP \end{aligned} \tag{6.16}$$

미적분: $d(Pv) = Pdv + vdP$ 그 결과 $Pdv = d(Pv) - vdP$

엔트로피는 단순 물질에 대하여 측정될 수 있는 일반적인 두 가지 상태량인 온도와 압력에 의존하는 상태량이라는 것을 명심해야 한다. 식 (6.15)와 (6.16)의 미분 관계식들은 상태량들을 간단하게 표현해 줄 수 있기 때문에 가역 또는 비가역 과정에서 사용될 수 있다.

Comment

엔트로피는 단순 물질에 대하여 두 개의 다른 상태량에 의존한다.

한 과정에 걸쳐 이루어지는 엔트로피의 변화는 제2법칙과 매우 밀접하게 연관되어 있기 때문에 종종 흥미롭다. 단열 가역과정에서 엔트로피 변화는 0이기 때문에 특별한 관심을 갖게 될 것이다; 즉, 이를 식 (6.6)에 의해 정의된 바와 같이 등엔트로피 과정이라 한다. 다음의 여러 세부 절에서, 엔트로피 변화와 계의 다양한 과정들이 연관되어 설명될 것이다.

6.3.2 정압(C_p) 및 정적(C_v) 비열이 일정한 이상기체의 엔트로피 변화

Comment

식 (6.15)와 (6.16)의 미분 관계식은 물성들과 관련이 있기 때문에 가역 또는 비가역과정에 사용될 수 있다.

일정한 비열들을 갖는 이상기체의 엔트로피 변화를 온도 및 비체적과 관련시키기 위하여, 식 (6.15)를 절대온도로 나누고 식 (2.22)와 이상기체법칙을 사용하면, 다음 식을 얻을 수 있다.

$$ds = \frac{du}{T} + \frac{Pdv}{T} = \frac{C_v dT}{T} + \frac{Rdv}{v} \tag{6.17}$$

일정한 비열 C_v를 가정하면, 이 식은 엔트로피 변화를 얻기 위해 한 과정동안 적분될 수 있다:

$$s_2 - s_1 = \int_{T_1}^{T_2} C_v \frac{dT}{T} + \int_{v_1}^{v_2} R \frac{dv}{v}$$

$$= C_v \ln \frac{T_2}{T_1} + R \ln \frac{v_2}{v_1} \tag{6.18}$$

만약 제1법칙이 식 (6.16)과 같이 엔탈피의 항으로 사용된다면, T로 나눈 후에 적분하고, 일정한 C_p의 가정과 함께, 엔탈피 변화는 다음과 같다.

$$s_2 - s_1 = \int_{T_1}^{T_2} C_p \frac{dT}{T} - \int_{P_1}^{P_2} R \frac{dP}{P}$$

$$= C_p \ln \frac{T_2}{T_1} - R \ln \frac{P_2}{P_1} \tag{6.19}$$

식 (6.18) 또는 식 (6.19)는 일정한 비열들을 갖는 이상기체의 엔트로피 변화를 찾기 위해 사용될 수 있다. 어떠한 형식이 사용될 것인가는 주어진 정보에 의존한다. 위의 관계식들은 이상기체의 물성을 관련시키는 단순한 식들이기 때문에 가역(준-평형) 또는 비가역 과정에도 사용될 수 있다는 것은 명심하여야 한다. 등엔트로피, 즉, $\Delta s = 0$인 과정에서, 식 (6.18), 식 (6.19) 그리고 이상기체법칙은 다음의 3가지의 관계식으로 요약될 수 있다.

Comment

이들 식을 사용하기 위해서는 이상기체의 비열은 일정하게 가정되어야 한다.

$$\frac{T_2}{T_1} = \left(\frac{v_1}{v_2}\right)^{k-1} \qquad \frac{T_2}{T_1} = \left(\frac{P_2}{P_1}\right)^{(k-1)/k} \qquad \frac{P_2}{P_1} = \left(\frac{v_1}{v_2}\right)^{k} \tag{6.20}$$

Note: $R/C_v = k - 1$

이들은 3.5.4절에서와 같은 가정들이 적용되었기 때문에 준-평형 단열과정에서 얻어졌던 식들과 같다. 이들 식들은 이상기체에 대하여 일정한 비열을 가정한 매우 일반적인 접근이기 때문에 이후의 학습에서 광범위하게 사용될 것이다. 만약 온도가 매우 높다면 상당한 오차를 가져올 수 있지만, 그 결과의 비교 또한 흥미로우며, 알지 못하는 물성들의 빠른 예측을 제공하기도 한다. 이후의 세부 절에서는 변화되는 비열을 갖는 이상기체에 대한 식들을 제시할 것이다.

이상기체의 엔트로피 변화 예제 6.2

600 kPa과 40°C에서 공기 10 kg이 그림 6.9의 단단한 용기 내에서 250°C까지 가열된다. 비열이 일정하다고 가정할 때, 이 과정동안 i) 열전달량, ii) 엔트로피 변화를 계산하라.

풀이

예제의 내용으로부터, 공기는 다음과 같은 상태량을 갖는다;

$$P_1 = 600\text{ kPa},\ T_1 = 40°\text{C} = 313\text{ K},\ T_2 = 250°\text{C} = 523\text{ K}$$

(계속)

예제 6.2 (계속)

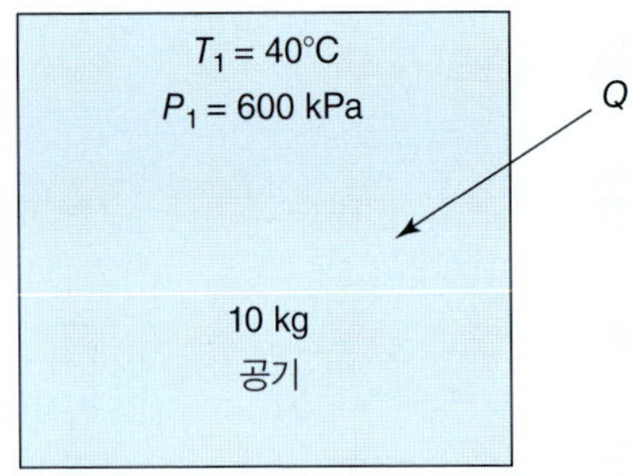

그림 6.9

i) 열전달량은 주어진 정보를 통해 계산될 수 있다. 열역학 제1법칙을 이용하여,

$$Q = m\Delta u = mC_v(T_2 - T_1)$$
$$= 10\text{ kg} \times 0.717\text{ kJ/kg·K} \times (250 - 40) = \underline{1506\text{ kJ}}$$

ii) 엔트로피 변화를 찾기 위하여, $v_2 = v_1$(용기가 단단함)이기 때문에, 식 (6.18)이 사용된다. 결과적으로 엔트로피 변화는

$$\Delta S = mC_v \ln\frac{T_2}{T_1} + mR\ln\frac{v_2}{v_1}$$
$$= 10\text{ kg}\left[(0.717\text{ kJ/kg·K})\ln\frac{523}{313} + 0.287\cancel{\ln 1}\right] = \underline{3.68\text{ kJ/K}}$$

Comment

질량이 주어졌기 때문에, ΔS를 얻을 수 있다. 만약 질량이 주어지지 않으며, 대신에 Δs가 얻어졌을 것이다.

부록 표 B-2를 통해 C_v = 0.717 kJ/kg·K 그리고 R = 0.287 kg/kg·K이 적용되었으며, ln 1 = 0임을 기억하자.

예제 6.3 이상기체의 등엔트로피 과정

100 kPa과 20°C의 공기가 실린더 내에서 1800 kPa의 압력까지 압축된다. 일정한 비열을 갖는 등엔트로피 과정을 가정할 때, i) 최종 온도, ii) 초기와 최종 비체적, 그리고 iii) 요구되는 일을 계산하라. 과정은 그림 6.10의 T-s와 P-v선도로 제시되었다.

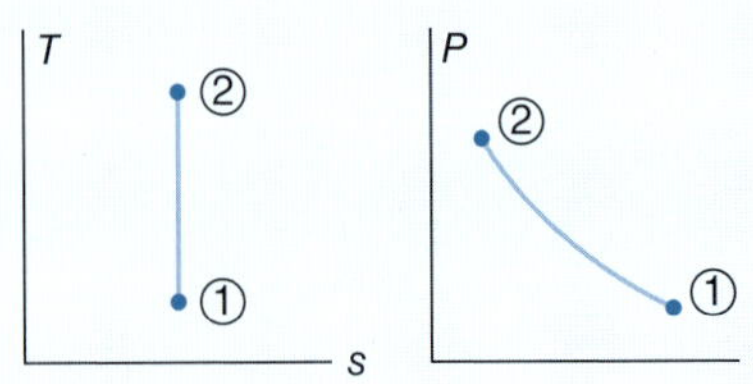

그림 6.10

풀이

예제의 내용으로부터, 공기는 다음과 같은 물성을 갖는다;

$$P_1 = 100 \text{ kPa}, \quad T_1 = 20°\text{C} = 293 \text{ K}, \quad P_2 = 1800 \text{ kPa}$$

i) 압축과정의 종료시점에서 온도는 식 (6.20)과 $k = 1.4$를 적용하여 다음과 같이 얻어질 수 있다.

$$T_2 = T_1\left(\frac{P_2}{P_1}\right)^{(k-1)/k} = 293\left(\frac{1800}{100}\right)^{0.4/1.4} = 669 \text{ K} \quad \text{or} \quad \underline{396°\text{C}}$$

ii) 초기 및 최종 비체적은 다음과 같이 계산된다.

$$v_1 = \frac{RT_1}{P_1} = \frac{0.287 \times 293}{100} = \underline{0.841 \text{ m}^3/\text{kg}}$$

$$v_2 = \frac{RT_2}{P_2} = \frac{0.287 \times 669}{1800} = \underline{0.1067 \text{ m}^3/\text{kg}}$$

iii) 일을 계산하기 위하여, 제1법칙이 사용된다. $Q = 0$이기 때문에,

$$-w = u_2 - u_1 = C_v(T_2 - T_1) = 0.717(396 - 20) = \underline{270 \text{ kJ/kg}}$$

표 B-2로부터 얻어진 $C_v = 0.717$ kJ/kg·K이 사용되었다. 시스템을 압축하기 위하여 일이 투입되었기 때문에 예측될 수 있듯이 일은 음의 값을 갖는다. 공기의 질량이나 체적이 모두 제시되지 않았기 때문에 단위질량당 일로 계산되었다.

6.3.3 고체, 액체 및 저장소의 엔트로피 변화

일반적으로 비열이 일정하다는 가정이 적용될 수 있는 고체 또는 액체에 대하여, 열역학 제1법칙, 식 (6.15)는 다음과 같은 형태로 표현된다.

$$ds = \frac{du}{T} \tag{6.21}$$

고체와 액체는 비압축성으로 가정될 수 있기 때문에, $dv = 0$이 된다. $du = CdT$라고 하고, 식 (6.21)은 적분을 통해 다음 식과 같이 나타낼 수 있다.

$$s_2 - s_1 = \int_{T_1}^{T_2} C \frac{dT}{T} = C \ln \frac{T_2}{T_1} \tag{6.22}$$

대부분의 고체와 액체의 경우, 비열 $C = C_p = C_v$로 일정하다. 따라서 적분은 쉽게 수행될 수 있다. 일부 고체와 액체는 주어진 온도 함수 $C(T)$를 사용하여 적분되어야 할 필요가 있을 수 있다. 표에서 비열 C는 대부분 C_p로 정리되어 있다.

저장소(일정한 온도를 갖는 에너지 공급원)를 구성하는 고체, 액체 또는 기체와 같은 물질의 엔트로피 변화는 종종 흥미를 갖게 된다. 저장소의 온도는 일정하기 때문에, 저장소의 엔트로피 변화는 다음과 같다.

$$\Delta S = \int \frac{\delta Q}{T} = \frac{1}{T}\int \delta Q = \frac{Q}{T} \tag{6.23}$$

아래 여러가지 예제에서 계의 엔트로피 변화에 대한 위 식들이 사용될 것이다.

예제 6.4 엔트로피 변화

그림 6.11의 2 m^3의 단단한 용기 내의 공기가 200°C와 400 kPa에서 100°C로 냉각된다. 주위의 온도는 20°C이다. 엔트로피 변화를 계산하라.

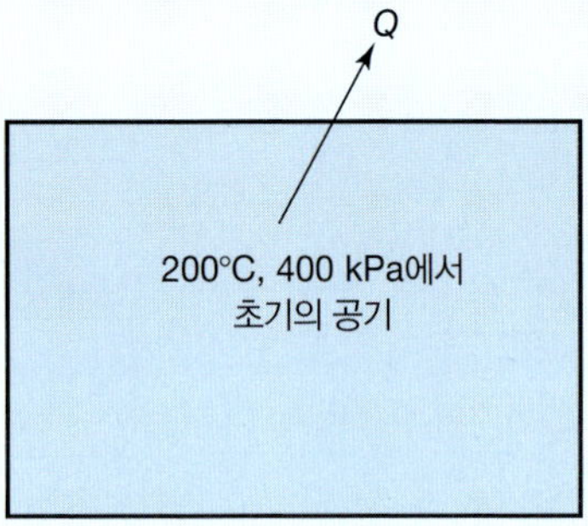

그림 6.11

풀이

용기 내의 공기 질량은

$$m = \frac{PV}{RT} = \frac{400 \times 2}{0.287 \times 473} = 5.893 \text{ kg}$$

식 (6.18)을 사용하면, 공기의 엔트로피 변화를 구할 수 있다.

$$\Delta S_{\text{air}} = mC_v \ln\frac{T_2}{T_1} + mR\ln\frac{v_2}{v_1}$$

$$= 5.893 \text{ kg} \times 0.717 \frac{\text{kJ}}{\text{kg}\cdot\text{K}} \times \ln\frac{373}{473} = -1.004 \text{ kJ/K}$$

용기가 단단하기 때문에, $v_2 = v_1$이 적용된다. 공기로부터의 열전달량은 열역학 제1법칙을 사용하여 구할 수 있다:

$$Q_{\text{air}} - W = \Delta U = mC_v(T_2 - T_1)$$

$$= 5.893 \text{ kg} \times 0.717 \frac{\text{kJ}}{\text{kg}\cdot\text{K}}(373 - 473) \text{ K} = -422.5 \text{ kJ}$$

열이 시스템을 떠나기 때문에 열전달량은 음의 값을 갖는다.

식 (6.23)을 적용하면, 열이 주위에 더해지기 때문에 20°C에서 주위(큰 저장소)의 엔트로피 변화는 양의 값을 갖고 다음과 같다.

$$\Delta S_{\text{surr}} = \frac{Q}{T} = \frac{422.5}{293} = 1.442 \text{ kJ/K}$$

이때 엔트로피 변화는 다음과 같다.

$$\Delta S_{\text{surr}} = \Delta S_{\text{air}} + \Delta S_{\text{surr}}$$
$$= -1.004 + 1.442 = \underline{0.438\ \text{kJ/K}}$$

순 엔트로피 변화는 제2법칙에 의해 요구되는 바와 같이 양의 값을 갖는다.

얼음과 물의 엔트로피 변화 예제 6.5

그림 6.12에서와 같이, -7°C의 얼음 2 kg과 16°C의 물 12 kg이 단열된 용기 내에 혼합되어 있다. i) 혼합물의 최종 온도와 ii) 엔트로피 변화를 계산하라.

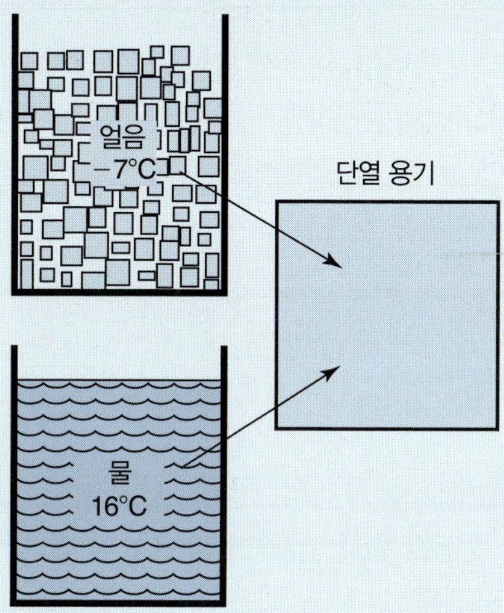

그림 6.12

풀이

i) 최종 온도를 결정하기 위하여 제1법칙이 혼합물에 적용된다. 만약 모든 얼음이 녹는다고 가정되고 그 결과 최종 온도가 0°C 이상이라면,

$$m_i\left[C_{p,i}(0 + 7) + \Delta h_i + C_{p,w}(T - 0)\right] = m_w C_{p,w}(16 - T)$$

이 식에서 T는 혼합물의 최종 온도이다. 하첨자 i는 얼음을, w는 물을 의미한다. C_p의 단위 kJ/kg·K을 사용하여 위 식에 이미 알고 있는 물리량을 대입하면, 다음과 같이 계산된다.

$$2\left[2.033 \times 7 + 330 + 4.177(T - 0)\right] = 12 \times 4.177 \times (16 - T)$$
$$\therefore T = \underline{1.93°\text{C}}$$

Comment

얼음 1 pound를 녹이기 위해서는 330 kJ이 요구된다.

물과 얼음의 C_p는 표 B-4에서 찾아볼 수 있다. 얼음의 잠열 Δh_i은 2.2.4절에 330 kJ/kg으로 제시되어 있다.

ii) 얼음과 물의 엔트로피 변화는 다음과 같이 계산된다.

$$\Delta S_{\text{net}} = m_i\left[C_{p,i}\ln\frac{273}{266} + (s_w - s_i) + C_{p,w}\ln\frac{274.93}{273}\right] + m_w C_{p,w}\ln\frac{274.93}{289}$$

(계속)

예제 6.5 (계속)

Unit: ΔS의 단위는 kg(kJ/kg·K) = kJ/K 로서, (mC_p)의 단위와 같다.

0°C 에서 포화된 물의 엔트로피는 표 C-1에서 얻어졌으며, 0°C에서 얼음의 엔트로피는 표 C-5에서 확인된다. 그 결과,

$$\Delta S_{\text{net}} = 2\left[2.033 \ln\frac{273}{266} + [0-(-1.221)] + 4.177 \ln\frac{274.93}{273}\right] + 12 \times 4.177 \ln\frac{274.93}{289}$$

$$= \underline{0.1051 \text{ kJ/kg·K}}$$

엔트로피의 변화량은 당연히 양의 값을 갖게 된다.

6.3.4 상변화 물질의 엔트로피 변화

순수 물질의 엔트로피는 내부에너지 및 엔탈피와 같은 방법으로 계산된다. 비엔트로피의 값들은 증기, R134a 그리고 암모니아에 대하여 부록의 표에 제시되어 있다. 2장에서 증기의 상태량을 계산할 때 이루어진 방법과 동일하게 수행하면 된다. 포화 혼합물의 비엔트로피는 다음 식을 사용하여 계산된다.

$$\begin{aligned} s &= s_f + x(s_g - s_f) \\ &= s_f + xs_{fg} \end{aligned} \tag{6.24}$$

Comment

포화된 물의 엔트로피는 임의적으로 0°C에서 0과 같다고 설정한다.

Comment

포화온도 표는 압축된 액체의 엔트로피를 계산하기 위해 사용될 수 있다.

0°C에서 포화된 물의 엔트로피는 (다른 물질은 다른 온도를 적용한다) u_f와 h_f에서와 같이 임의적으로 0으로 설정하자. 우리의 관심은 단지 이들 물성들의 변화에 있기 때문에 이러한 설정에는 큰 문제가 없다. 압축된 액체 물에 대해서는 표 C-4 또는 주어진 온도에서의 포화된 값이 사용될 수 있다. 과열 증기의 값들은 표 C-3에 제시되어 있다. R134a와 암모니아에 대해서는 비슷한 표들이 부록에 포함되어 있다. IRC 상태량 계산기 또한 사용될 수 있다.

T-s 선도는 종종 적용되며, 작동유체가 위에서 언급된 3가지 물질 중에 하나일 때 특히 자주 사용된다. 물의 경우에, *T-s* 선도는 비교적 대칭적이며 스케일을 조절하여 그리면 그림 6.13과 유사한다.

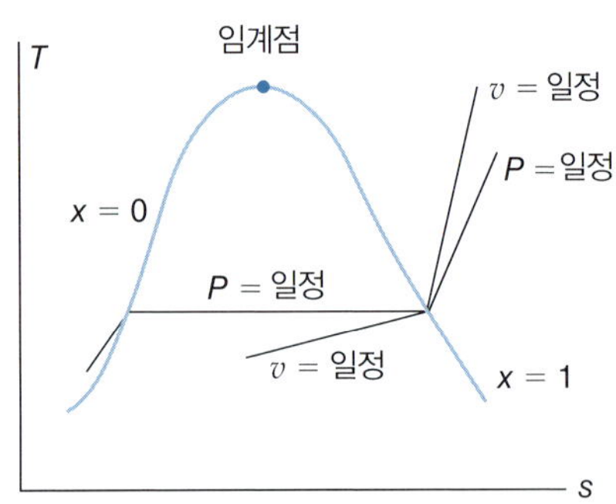

그림 6.13

증기의 *T–s* 선도

증기의 엔트로피 변화 예제 6.6

증기가 1400 kPa과 300°C에서 단단한 체적 내에 들어있다. 압력이 60 kPa이 될 때까지 열은 체적으로부터 전달되어진다. i) 엔트로피 변화 그리고 ii) 요구되는 열전달량을 계산하라. iii) 또한 *T-s* 선도 위에 과정을 스케치하라.

풀이

예제의 내용으로부터, 증기는 다음과 같은 상태량들을 갖고 있음을 알 수 있다.

$$P_1 = 1400\,\text{kPa}, \quad T_1 = 300°\text{C}, \quad P_2 = 60\,\text{kPa}$$

i) 단단한 체적이기 때문에 $v_1 = v_2$이다. 증기에 관한 표 C-3을 통해 $v_1 = 0.1823\ \text{m}^3/\text{kg}$임을 찾을 수 있다. 또한 표 C-2를 이용하여 건도(quality)의 계산이 가능하다.

$$v_2 = v_f + x_2(v_g - v_f)$$

$$0.1823 = 0.00103 + x_2(2.732 - 0.00103) \qquad \therefore x_2 = 0.0664$$

이때 상태 2에서 엔트로피는

$$s_2 = s_f + x_2 s_{fg} = 1.1455 + 0.0664 \times 6.387 = \underline{1.57\ \text{kJ/kg·K}}$$

ii) 열전달량은 다음 식으로 부터 계산될 수 있다.

$$q = u_2 - u_1$$

$$= [359.8 + 0.0664 \times (2489.6 - 359.8)] - 2785.2 = \underline{-2284\ \text{kJ/kg}}$$

음의 부호는 열이 체적 외부로 방출되는 것을 의미한다.

iii) 과정은 그림 6.14의 *T-s* 선도에 나타내었다. 비체적은 $0.1823\ \text{m}^3/\text{kg}$에서 고정되어 유지되어야 한다.

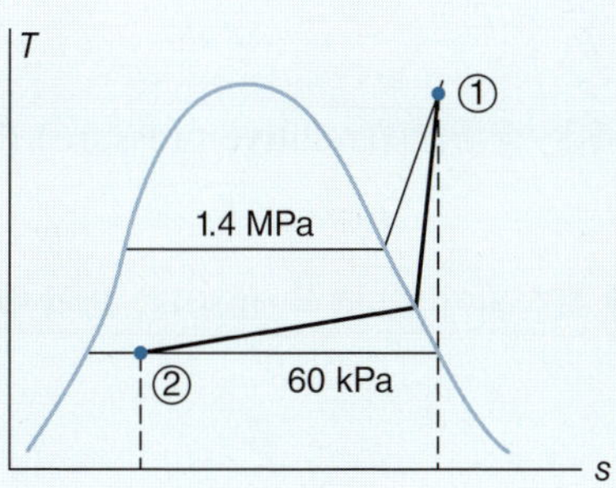

그림 6.14

6.3.5 변화되는 비열을 갖는 이상기체의 엔트로피 변화

만약 온도가 충분히 높다면, 일정한 비열의 가정은 상당한 오차를 가져올 것이다. 변화되는 비열을 설명하기 위하여, $dh = C_p dT$와 $v/T = R/P$를 사용하는 식 (6.16)으로 돌아가 보자:

$$ds = \frac{dh}{T} - \frac{vdP}{T} = \frac{C_p}{T}dT - \frac{R}{P}dP \tag{6.25}$$

R은 상수이며, $C_p = C_p(T)$임을 알고 이 식을 적분하자:

Note: C_p는 오직 온도에 만 의존한다.

$$s_2 - s_1 = \int_{T_1}^{T_2} C_p \frac{dT}{T} - R \ln \frac{P_2}{P_1} \tag{6.26}$$

위 적분식은 단지 온도의 함수이며, 부록 F의 기체 표에서 함수 s°를 이용하여 계산될 수 있다(일부 저자는 s°보다는 ϕ를 선호하기도 한다). s°는 다음과 같이 정의된다.

$$s_2^\circ - s_1^\circ = \int_{T_1}^{T_2} C_p \frac{dT}{T} \tag{6.27}$$

이 등식을 사용하면, 식 (6.26)은 다음과 같이 표현됨을 알 수 있다.

Comment

이 관계식은 변화되는 비열을 고려할 때 가장 자주 사용된다.

$$s_2 - s_1 = s_2^\circ - s_1^\circ - R \ln \frac{P_2}{P_1} \tag{6.28}$$

이 엔트로피 변화 상관식은 필요시에만 사용된다. 식 (6.18)과 (6.19)는 온도가 비교적 높을 때 정확하지 않을지라도 비교의 목적으로 자주 사용된다.

부록 F에 제시된 일부 기체의 경우에, 엔트로피 함수는 단위 몰을 기반으로 제시되어있으며, 그 결과 엔트로피 변화는 다음과 같은 형태로 표현된다.

$$\bar{s}_2 - \bar{s}_1 = \bar{s}_2^\circ - \bar{s}_1^\circ - R_u \ln \frac{P_2}{P_1} \tag{6.29}$$

등엔트로피 과정의 경우에, 만약 비열이 일정하지 않으면 식 (6.20)은 사용될 수 없다. 그러나, $\Delta s = 0$의 경우에 식 (6.28)이 사용될 수 있다.

$$\frac{P_2}{P_1} = e^{(s^\circ_2 - s^\circ_1)/R} = \frac{e^{s^\circ_2/R}}{e^{s^\circ_1/R}} = \frac{f(T_2)}{f(T_1)} \tag{6.30}$$

Observation: 상대압력 P_r은 2장의 환산압력과 같이 단위가 없는 무차원이다.

이 식은 다음과 같이 정의되는 *상대압력*(relative pressure) P_r과 함께 사용될 수 있다.

$$P_r = e^{s^\circ/R} \tag{6.31}$$

상대압력은 공기 표 F-1에 포함되어 있다. 식 (6.30)을 P_r의 항으로 표현하면 다음과 같이 나타낼 수 있다.

$$\frac{P_2}{P_1} = \frac{P_{r2}}{P_{r1}} \tag{6.32}$$

이상기체법칙을 통해 아래 관계식이 가능하다.

Comment

부록 F-1의 항목 P_r과 v_r은 비열이 변화되는 등엔트로피 과정을 위해 사용된다.

$$\frac{v_2}{v_1} = \frac{P_1}{P_2}\frac{T_2}{T_1} = \frac{T_2/P_{r2}}{T_1/P_{r1}} \tag{6.33}$$

위 식에서 아래와 같이 사용될 수 있는 상대비체적 v_r = 일정 × T/P_r을 가져올 수 있다.

$$\frac{v_2}{v_1} = \frac{v_{r2}}{v_{r1}} \tag{6.34}$$

상대비체적 또한 공기 표 F-1에 포함되어 있다.

예제 6.7 변화되는 비열을 갖는 엔트로피 변화

600 kPa과 40°C에서 공기 10 kg이 그림 6.15의 단단한 용기 내에서 250°C까지 가열된다. i) 열전달량 그리고 ii) 이 과정의 엔트로피 변화를 계산하라. 예제 6.2에서와 같이 비열이 일정하다고 가정되지 않는다.

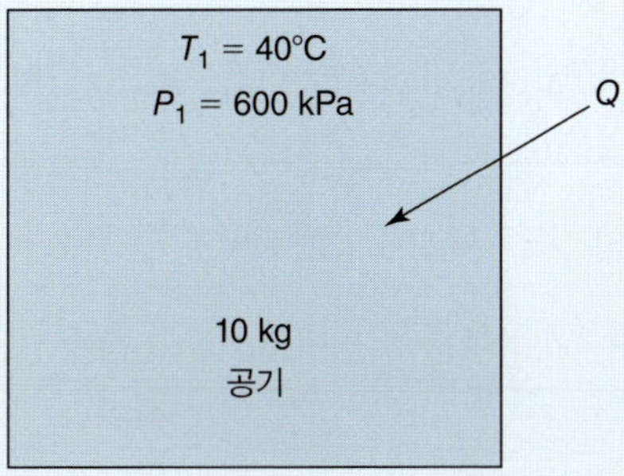

그림 6.15

풀이

예제의 내용으로부터, 공기가 다음과 같은 상태량들을 갖고 있음을 알 수 있다:

$$P_1 = 600\text{ kPa},\qquad T_1 = 40°\text{C} = 313\text{ K},\qquad T_2 = 250°\text{C} = 523\text{ K}$$

i) 주어진 정보로부터 열전달량은 직접 계산될 수 있다. 이상기체 표 F-1(또는 IRC 상태량 계산기)를 사용하면, 제1법칙을 통해,

$$\begin{aligned} Q &= m(u_2 - u_1) \\ &= 10\text{ kg} \times (377 - 223)\text{ kJ/kg} = \underline{1540\text{ kJ}} \end{aligned}$$

ii) 엔트로피 변화를 얻기 위해, 비열이 일정하다고 가정되지 않았기 때문에 식 (6.28)이 사용된다. 엔트로피 변화는

$$\begin{aligned} S_2 - S_1 &= m\left(s_2^\circ - s_1^\circ - R\ln\frac{P_2}{P_1}\right) \\ &= 10\text{ kg}\left(2.266 - 1.745 - 0.287\ln\frac{1003}{600}\right)\frac{\text{kJ}}{\text{kg}\cdot\text{K}} = \underline{3.74\text{ kJ/K}} \end{aligned}$$

Note: $P_2 = P_1T_2/T_1$ = 600 × 523/313 = 1003 kPa을 구하기 위해 이상기체법칙이 사용되었다.

IRC 상태량 계산기를 사용하면,

$$\begin{aligned} S_2 - S_1 &= m(s_2 - s_1) \\ &= 10(6.77 - 6.40) = \underline{3.70\text{ kJ/K}} \end{aligned}$$

상태 1과 2의 온도가 매우 높지 않기 때문에, 예제 6.2의 결과와 이 예제의 결과는 크게 다르지 않다. 만약 T_2가 1000°C라면, 오차는 더욱 커질 것이다.

예제 6.8 변화되는 비열을 갖는 등엔트로피 과정

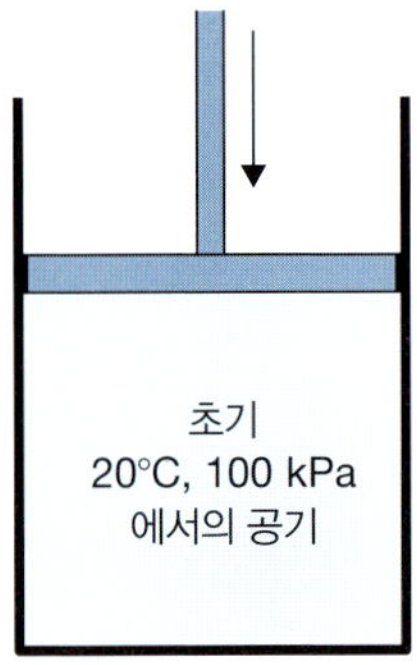

그림 6.16

100 kPa과 20°C에서 공기가 그림 6.16의 실린더 내에서 1800 kPa의 압력까지 압축된다. 변화되는 비열을 갖는 등엔트로피 과정을 가정할 때, i) 최종온도 그리고 ii) 요구되는 일을 계산해라.

풀이

예제의 내용으로부터, 공기가 다음과 같은 상태량들을 갖는다:

$$P_1 = 100\text{ kPa},\quad T_1 = 20°\text{C} = 293\text{ K},\quad P_2 = 1800\text{ kPa}$$

i) 압축과정의 시작단계에서 상대압력은 293 K에서 표 F-1에서 찾아 볼 수 있다.

$$P_{r1} = 0.3 \times (1.386 - 1.2311) + 1.2311 = 1.2776$$

상대압력 P_{r2}(식 6.28을 사용)는 다음과 같다.

$$P_{r2} = P_{r1}\frac{P_2}{P_1} = 1.2776 \times \frac{1800}{100} = 23.00$$

표 F-1은 $P_{r2} = 23.00$일 때의 온도를 찾기 위해 사용되었으며, 보감법에 의해

$$\frac{T_2 - 640}{660 - 640} = \frac{23.00 - 20.65}{23.13 - 20.65} \quad \therefore T_2 = 659\text{ K or } \underline{386°\text{C}}$$

ii) 일을 계산하기 위해, 제1법칙이 사용된다. $Q = 0$이고 표 F-1에서 확인된 비내부에너지를 이용하면, 일은

$$-w = u_2 - u_1 = 480 - 209 = \underline{271\text{ kJ/kg}}$$

일은 근본적으로 예제 6.2의 경우와 같다. 그러나 일정한 비열이 가정되었을 때의 압축과정 최종단계에서 온도는 10°C 더 낮다. 압력비가 더 높을수록 그 차이는 더 커지게 된다. 만약 온도가 500°C를 초과하는지에 따라, 그 오차는 중요하게 될 것이다.

6.4 검사체적에 대한 엔트로피 변화

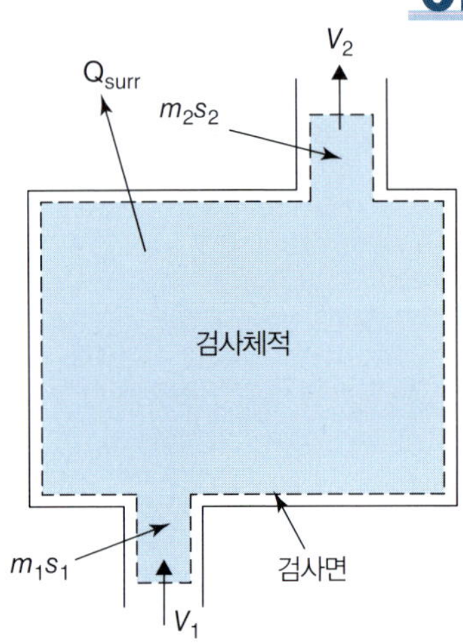

그림 6.17

입구와 출구를 갖는 일반적 검사체적

지금까지 우리는 물질이 질량이 고정된 계에 대한 엔트로피 변화를 검토하였다. 이번 절에서는 다양한 장치의 검사체적에서 출구와 입구 사이의 엔트로피 변화가 검토될 것이다. 제1법칙(식 4.11을 확인하라)으로부터 유도된 검사체적과 주위의 엔탈피 변화를 나타내는 식 (6.11)에 대한 열역학 제2법칙 표현은 다음과 같다.

$$\begin{pmatrix}\text{검사체적내}\\\text{엔트로피 변화}\end{pmatrix} + \begin{pmatrix}\text{방출되는}\\\text{엔트로피}\end{pmatrix} - \begin{pmatrix}\text{유입되는}\\\text{엔트로피}\end{pmatrix} + \begin{pmatrix}\text{주위의}\\\text{엔트로피 변화}\end{pmatrix} \geq 0 \tag{6.35}$$

그림 6.17에서와 같이 유체가 흘러 통과하는 1개의 입구와 출구를 각각 갖는 검사체적을 고려해보자. 검사체적 내의 질량은 시간에 따라 변할 수 있다. 유입되는 물질의 작은 질량 m_1과 작은 시간 간격 Δt 동안 검사체적을 떠나는 작은 질량 m_2를 설정하면 식 (6.35)에 의해 제시되는 열역학 제2법칙의 표현은 다음과 같이 나타낼 수 있다.

$$\Delta S_{\text{c.v.}} + m_2 s_2 - m_1 s_1 + \frac{Q_{\text{surr}}}{T_0} \geq 0 \tag{6.36}$$

이때 주위의 온도는 T_0이다. 대부분의 경우에서와 같이 주위가 검사체적보다 더 낮은 온도에 있다고 가정하였기 때문에, 열은 검사체적에서 주위로 흐른다고 가정된다. 추가된 입구와 출구는 식 (6.36)에 적절한 항을 가감함으로써 표현가능하다. 각 항을 Δt로 나누고 $\Delta t \to 0$의 극한을 취하면, 방정식은 다음의 형태를 갖는다.

$$\frac{dS_{\text{c.v.}}}{dt} + \dot{m}_2 s_2 - \dot{m}_1 s_1 + \frac{\dot{Q}_{\text{surr}}}{T_0} \geq 0 \tag{6.37}$$

Comment

만약 열이 주위로 더해진다면 식 (6.23)에 의해 언급된 바와 같이 주위의 엔트로피는 증가할 것이다.

등식은 이상유동(ideal flow)의 경우에 사용된다: 점성효과, 혼합, 박리유동 또는 충격파에 의해 손실이 없거나, 서로 다른 온도 차이로 검사면을 통해 열전달이 발생되지 않는 유동. 비가역 결과로 인하여, 유동이 제어체적을 통과할 때 어떤 손실이 존재하거나 또는 서로 다른 온도 차이로 인하여 제어표면에서 주위로의 열전달이 존재하게 되면, 부등식이 사용된다.

식 (6.37)을 엔트로피 생성항으로 표현해보자. 부호 ≥ 대신 엔트로피 생성을 고려해서 표현하면 다음과 같다.

Recall: 주위의 관점에서 양의 값은 주위로 열이 전달된다는 것을 나타내기 때문에 $\dot{Q}_{\text{surr}}$은 양의 값을 갖는다고 그림 6.17에서 가정되었다.

$$\dot{S}_{\text{prod}} = \frac{dS_{\text{c.v.}}}{dt} + \dot{m}_2 s_2 - \dot{m}_1 s_1 + \frac{\dot{Q}_{\text{surr}}}{T_0} \tag{6.38}$$

손실이나 주위로의 열전달이 없는 이상유동의 경우에, 엔트로피 생성은 0이 된다. 어떤 손실이나 서로 다른 온도 차이로 인한 주위로의 열전달은 엔트로피 생성을 가져올 것이다. 결론적으로, 손실을 동반하며 검사체적을 통과하는 유동은 엔트로피 생성을 유발시킨다.

대부분의 열역학 장치에서, 정상유동이 가정되며, 그 결과 검사체적 내에서 시간에 따른 변화는 일어나지 않는다. 1개의 입구 및 출구 존재하는 정상유동은 $\dot{m}_1 = \dot{m}_2 = \dot{m}$을 만족하며 식 (6.38)은 다음과 같이 표현된다.

$$\dot{m}(s_2 - s_1) + \frac{\dot{Q}_{\text{surr}}}{T_0} \geq 0 \qquad \text{정상유동} \tag{6.39}$$

단순화된 이 방정식으로부터 다음과 같은 사안들을 생각해 볼 수 있다.

1. 만약 검사체적이 단열이고, 손실이 무시될 수 있다면, 등엔트로피 유동결과를 가져오는 $s_2 = s_1$이다.
2. 만약 검사체적이 단열이고 입구와 출구 사이에 손실이 있다면, 이때 $s_2 - s_1 > 0$이며, 그 결과 $s_2 > s_1$. 예상된 바와 같이 엔트로피는 증가된다.
3. 만약 검사체적 내의 제어표현을 통해 열전달이 이루어지고 $\dot{Q}_{\text{surr}}$이 음의 값을 갖는 경우라면, 엔트로피는 입구에서부터 출구까지 증가하게 될 것이다.

Note: $\dot{Q} = -\dot{Q}_{\text{surr}}$

예제 6.9 동력 사이클에서 증기의 엔트로피 계산

Note: 물은 펌프에 의해 가입될 때, 임펠러에 의한 손실 때문에 약간 가열될 수 있다. 그러나 이때의 온도 변화는 무시될 수 있다.

그림 6.18에서 제시된 사이클의 각 장치를 통한 엔트로피 변화를 결정하라. 보일러와 응축기는 단순히 정압 열교환기이다. 다음의 상태량들을 사용하라.

상태 1: $P_1 = 10$ kPa, $x_1 = 0$ **상태 2:** $P_2 = 5$ MPa, $T_2 = 46°C$

상태 3: $P_3 = 5$ MPa, $T_3 = 500°C$ **상태 4:** $P_4 = 10$ kPa, $x_4 = 0.9$

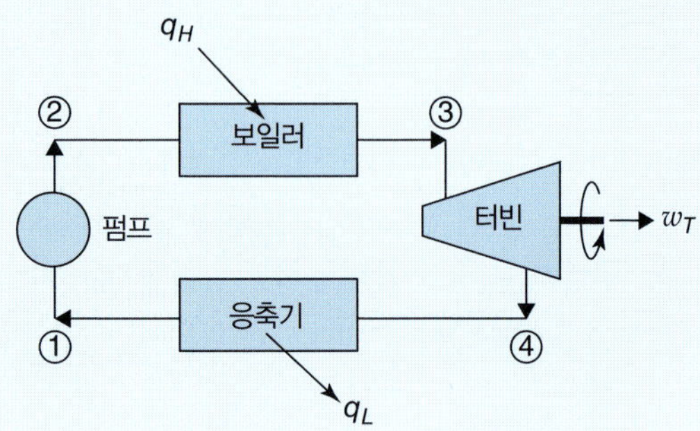

그림 6.18

풀이

상태 1은 포화 액체이며, 0.010 MPa에서 표 C-2로부터, $s_1 = 0.649$ kJ/kg·K 그리고 $T_1 = 45.8°C$이다. 상태 2에서, 46°C와 5 MPa에서 IRC 상태량 계산기를 사용하면 $s_2 = 0.650$ kJ/kg·K이다. 이때 펌프를 통한 엔트로피 증가는

$$s_2 - s_1 = 0.650 - 0.649 = \underline{0.001 \text{ kJ/kg·K}}$$

Comment

펌프는 무시될 수 있는 열전달과 손실을 갖기 때문에 펌프를 통한 이 엔트로피 변화는 반드시 0이 된다.

상태 3에서, 엔트로피는 표 C-3의 항목을 통해 직접 $s_3 = 6.976$ kJ/kg·K으로 확인된다. 결론적으로, 보일러를 통한 엔트로피 변화는

$$s_3 - s_2 = 6.976 - 0.650 = \underline{6.326 \text{ kJ/kg·K}}$$

Observation: 상당한 열이 물에 더해지면, 큰 엔트로피 증가를 가져온다.

상태 4는 10 kPa에서 건도(quality)가 고려되어야 하는 영역이다. 이 상태에서 비엔트로피는 건도 계산식을 통해 다음과 같이 얻어진다.

$$\begin{aligned} s_4 &= s_f + x_4(s_g - s_f) \\ &= 0.6491 + 0.90(8.151 - 0.6491) = 7.401 \text{ kJ/kg·K} \end{aligned}$$

이때 터빈을 통과하는 엔트로피 변화는

$$s_4 - s_3 = 7.401 - 6.976 = \underline{0.425 \text{ kJ/kg·K}}$$

이 엔트로피 변화는 열이 터빈으로부터 손실되었거나, 터빈을 통과할 때 손실이 있음을 제시한다. 만약 터빈이 단열, 즉, 열전달이 없다면, 엔트로피는 단지 날개 주위의 손실로 인하여 증가할 것이다.

마지막으로, 응축기를 통한 엔트로피 증가는

$$s_1 - s_4 = 0.649 - 7.401 = \underline{-6.752 \text{ kJ/kg·K}}$$

증기는 초기 상태로 돌아가기 때문에 사이클 주위의 엔트로피 변화는 0일 것으로 예상된다. 4개 장치의 모든 엔트로피 변화를 더해보면 다음과 같은 결과를 가져온다.

$$\Delta s_{\text{cycle}} = 0.001 + 6.326 + 0.425 - 6.752 = 0$$

결과는 반올림 오차로 인하여 양수나 음수의 작은 값이 될 수 있다.

엔트로피는 응축기로부터 보일러까지의 열전달로 인하여 증가하게 될 것이다. 주위의 엔트로피는 보일러로 인하여 감소하겠지만, 순 증가와 함께 응축기로 인하여 증가할 것이다.

Comment

엔트로피는 손실을 갖는 모든 유동에서 생성된다. 엔트로피는 많은 종류의 과정들 때문에 결코 감소될 수 없다.

예제 6.10 엔트로피 생성

그림 6.19에 제시된 바와 같이, 단열된 용기에 400°C의 과열증기 2 kg/s와 20°C의 냉각수 6 kg/s가 혼합된다. 이 정상유동에 대하여, 엔트로피 생성율을 결정하라. 모든 압력은 400 kPa이다.

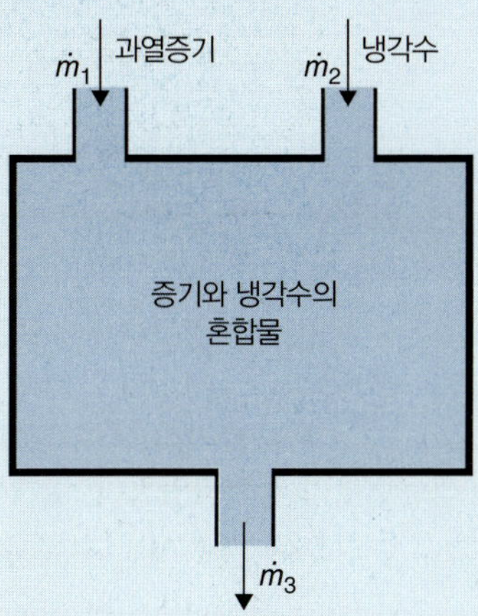

그림 6.19

풀이

출구 온도는 제1법칙을 적용함에 의해 계산될 수 있다. 우선, 질량보존법칙에 의해 용기에서 배출되는 질량유량은 $\dot{m}_1 + \dot{m}_2 = \dot{m}_3$ 또는 $2 + 6 = 8$ kg/s이다. $\dot{Q} = 0$과 $\dot{W}_s = 0$인 단열된 용기의 제1법칙을 통해 다음 식의 전개가 가능하다(예제 4.10을 참고하라).

$$\dot{m}_1 h_1 + \dot{m}_2 h_2 = \dot{m}_3 h_3$$

$$2 \times 3273 + 6 \times 84.8 = 8h_3 \qquad \therefore h_3 = 882 \text{ kJ/kg}$$

여기서

$$h_2 = u_2 + P_2 v_2 = 83.9 \frac{\text{kJ}}{\text{kg}} + 400 \frac{\text{kN}}{\text{m}^2} \times 0.00234 \frac{\text{m}^3}{\text{kg}} = 84.8 \text{ kJ/kg}$$

Unit: kN·m = kJ

이 식에서 h_2는 압축된 물의 엔탈피이다. 882 kJ/kg의 엔탈피는 0.4 MPa에서 h_f보다 크다 (표 C-2를 확인하라). 그 결과, 배출되는 혼합물의 건도는 다음과 같이 계산된다.

(계속)

예제 6.10 (계속)

$$882 = 604.7 + x_3(2133.8) \qquad \therefore x_3 = 0.130$$

식 (6.38)의 엔트로피 생성을 계산하기 위해서는 각 입구와 출구에서의 엔트로피가 필요하다. 즉, $s_1 = 7.8985$ kJ/kg·K, $s_2 = 0.2965$ kJ/kg 그리고 $s_3 = 1.777 + 0.13 \times 5.1197 = 2.4443$ kJ/kg·K이다. $\dot{Q}_{surr} = 0$와 정상유동에 대하여 $dS_{c.v.}/dt = 0$이기 때문에, 엔트로피 생성은 배출되는 엔트로피와 유입되는 엔트로피의 차이이다:

Unit: $\dot{S}_{prod}$항의 단위는 (kg/s)(kJ/kg·K) = kJ/K·s이다.

$$\dot{S}_{prod} = \dot{m}_3 s_3 - \dot{m}_1 s_1 - \dot{m}_2 s_2$$
$$= 8 \times 2.443 - 2 \times 7.8985 - 6 \times 0.2965 = \underline{1.97\ \text{kJ/K·s}}$$

엔트로피의 증가값은 제2법칙에서 요구된 바와 같이 양의 값이어야 한다. 모든 실제 과정은 항상 엔트로피를 생성한다. 비가역과정이 많을수록 더 많은 엔트로피가 생성된다. 혼합과정은 매우 비가역적이다.

☑ 학습목표 확인 (3)

6.5 등엔트로피 효율

5장에서는 다양한 사이클의 성능변수가 정의되었으며, 열기관의 효율과 냉동기, 에어컨 그리고 열펌프에 대한 성능계수가 다루어졌다. 이번 절에서는 각 장치들의 성능변수를 정의할 것이다.

6.5.1 등엔트로피 터빈 효율

터빈에 의해 생산되는 실제 일은 식 (4.20)을 사용하여 다음과 같이 확인될 수 있다.

Comment
축 일은 터빈 일이다.

$$-w_T = h_2 - h_1 \tag{6.40}$$

여기서, $w_T = w_s$이며, 상태 1은 입구, 상태 2는 출구를 의미한다. 터빈이 생산할 수 있는 최대의 일은 입구와 출구 사이의 단열 준-평형과정, 즉 등엔트로피 과정과 관련된다.

터빈에는 손실이 존재하지 않으며, 열교환의 형태로 터빈으로부터 방출되는 에너지도 없는 과정에서, 식 (6.40)은 최대 출력 일을 나타낸다. 상태 1에서부터 상태 2까지의 등엔트로피 과정을 적용하여 상태 2를 결정할 수 있음을 강조하기 위하여, 식 (6.40)을 다음과 같이 표기하였다.

Comment
등엔트로피 효율은 종종 단열 효율로도 불린다. 우리는 자주 "등엔트로피"와 "단열"이라는 용어를 생략하기도 한다. 그 결과 간단하게 터빈 효율로 표현된다.

$$w_{T,s} = h_1 - h_{2s} \tag{6.41}$$

여기서 h_{2s}는 등엔트로피 과정을 가정함에 의해 얻어지는 출구 엔탈피이다. 터빈의 등엔트로피 효율은 등엔트로피 최대 출력 일에 대한 실제 출력 일의 비로써 정의된다:

$$\eta_T = \frac{w_T}{w_{T,s}} = \frac{h_1 - h_2}{h_1 - h_{2s}} \tag{6.42}$$

이 용어는 또한 *단열효율*(adiabatic efficiency)로 불리어진다. 실제 일은 터빈으로부터의 열전달, 날개로부터의 박리유동에 의한 손실 그리고 마찰 때문에 최대 일보다 작게 된다.

터빈 효율 예제 6.11

증기가 5 MPa과 500°C에서 그림 6.20과 같은 터빈으로 들어간다. 증기는 10 kPa에서 포화증기로 배출된다. 이때 터빈의 등엔트로피 효율을 결정하라.

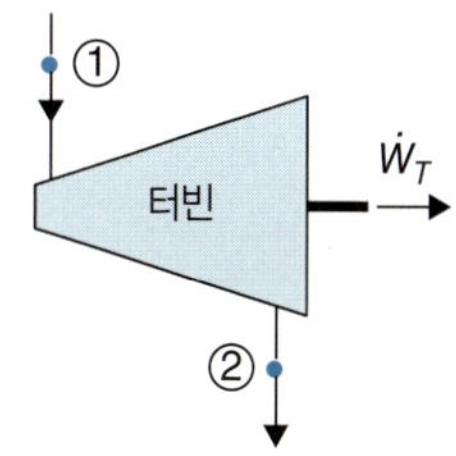

그림 6.20

풀이

그림 6.21의 T-s 선도에서 보이는 바와 같이, 증기는 상태 1에서 과열된 수증기로서 터빈으로 유입되며 상태 2에서 포화 수증기로 배출된다. 입구와 출구에서 엔탈피는 증기 표를 통해 다음과 같이 얻어진다.

$$h_1 = 3433.8 \text{ kJ/kg} \quad \text{and} \quad h_2 = 2584.6 \text{ kJ/kg}$$

이 터빈의 등엔트로피 효율을 결정하기 위하여, 그림 6.21의 T-s선도에서의 수직 실선에 의해 보이는 바와 같이 상태 1에서 상태 2로의 등엔트로피 과정을 통해 출구 조건을 찾아야 한다. 표 C-3을 통해 상태 1에서의 엔트로피는 $s_1 = 6.976$ kJ/kg·K이다. 이 값은 상태 $2s$에서의 엔트로피와 같아야 한다. 표 C-2로부터의 값을 사용하면, 상태 $2s$의 건도를 찾을 수 있고, 이때 h_{2s}는 다음과 같이 계산될 수 있다.

$$s_{2s} = 6.976 = s_f + x_{2s}s_{fg}$$

$$= 0.6491 + x_{2s} \times 7.5019 \quad \therefore x_{2s} = 0.8433$$

$$h_{2s} = h_f + x_{2s}h_{fg} = 191.8 + 0.8433 \times 2392.8 = 2210 \text{ kJ/kg}$$

> **Note:** IRC 상태량 계산기를 이용해도 h_{2s} = 2210 kJ/kg을 계산할 수 있다.

이것은 만약 터빈이 등엔트로피 과정을 갖는다면, 증기는 건도 1.0 대신에 0.8433으로 배출된다는 것을 의미한다. 등엔트로피 터빈은 증기의 더 많은 에너지 출력을 가져오며, 그 결과 터빈은 더 많은 일을 생산한다. 이 터빈의 등엔트로피 효율은 다음과 같이 계산된다.

> **Note:** 터빈 출구 근처에서 건도가 1.0보다 작게 설계되면, 날개에 물방울이 생기기 때문에 실제 건도는 1.0보다 크게 설계된다. 이러한 내용은 8장에서 검토될 것이다.

$$\eta_T = \frac{w_{\text{actual}}}{w_s} = \frac{h_1 - h_2}{h_1 - h_{2s}} = \frac{3434 - 2585}{3434 - 2210} = 0.694 \quad \text{or} \quad \underline{69.4\%}$$

여기서 w_s는 등엔트로피 일, 즉 최대의 터빈 일을 나타낸다.

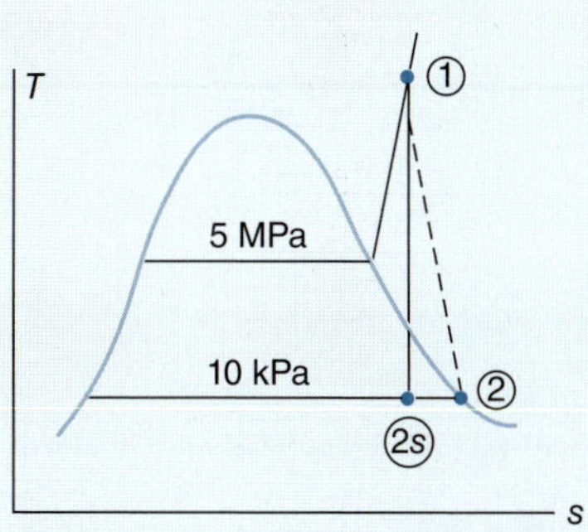

그림 6.21

> **Comment**
> 이 터빈의 경우, 터빈이 발생시킬 수 있는 약 31%의 잠재적 일이 비가역성으로 인해 손실된다.

6.5.2 등엔트로피 압축기 효율

Comment
터빈에서와 같이 종종 등엔트로피 용어가 생략되기도 한다. 압축기의 효율 또한 등엔트로피 과정으로 가정할 수 있다.

펌프나 압축기와 같이 동력을 사용하는 장치의 성능변수는 터빈과 같이 동력을 생산하는 장치의 성능변수와는 다르게 정의된다. 압축기는 작동유체 및 냉동 사이클에서의 수증기의 압력을 증가시키기 위해 입력 힘을 사용한다. 압축기는 좀 더 효율적이기 때문에, 같은 압력 증가를 발생시키기 위해 더 적은 힘이 요구된다. 압축기의 등엔트로피 효율은 다음과 같이 정의된다.

$$\eta_C = \frac{w_{C,s}}{w_C} = \frac{h_{2s} - h_1}{h_2 - h_1} \tag{6.43}$$

실제 일은 압축기로부터의 열전달과 날개로부터의 박리유동에 의한 손실 그리고 마찰로 인하여 최소 일보다 더 클 것이다.

예제 6.12 상태 1에서 압축기의 효율

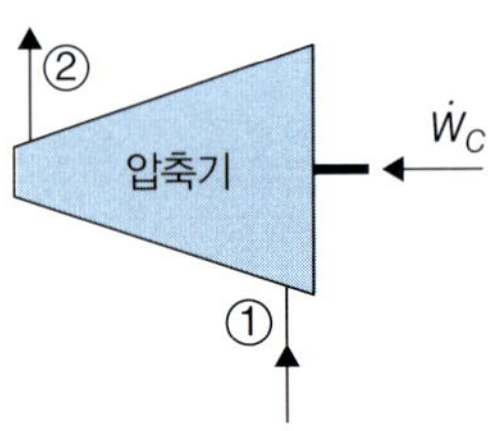

그림 6.22

냉매 134a는 0.2 MPa에서 포화 수증기로 그림 6.22의 압축기 내부로 흘러 들어가며, 0.6 MPa에서 과열 증기로 상태 2에서 압축기로부터 배출된다. 만약 압축기의 등엔트로피 효율이 0.85라면, 압축기를 운전하기 위해 요구되는 일을 결정하라.

풀이

이 과정의 T-s선도는 그림 6.23에 제시되었다. 상태량들은 표에서 찾거나 IRC 상태량 계산기를 이용하여 얻을 수 있다.

상태 1, 포화 수증기: $P_1 = 0.2$ MPa, $T_1 = -10.09$°C, $h_1 = 241.3$ kJ/kg, $s_1 = 0.9253$ kJ/kg·K.

상태 2, 과열 증기: $P_2 = 0.6$ MPa, $s_{2s} = s_1 = 0.9253$ kJ/kg·K, $h_{2s} = 263.5$ kJ/kg.

최소 일은 등엔트로피 과정과 관련된다. 즉,

$$w_s = h_{2s} - h_1 = 263.50 - 241.30 = 22.2 \text{ kJ/kg}$$

압축기에 의해 요구되는 실제 일을 계산하기 위하여, 식 (6.43)을 사용하면:

$$\eta_C = \frac{w_s}{w_C} \qquad 0.85 = \frac{22.2}{w_C} \qquad \therefore w_C = \underline{26.1 \text{ kJ/kg}}$$

단위질량당 일에 제공되는 질량유량을 곱함으로써 압축기에 의해 요구되는 동력을 얻을 수 있다.

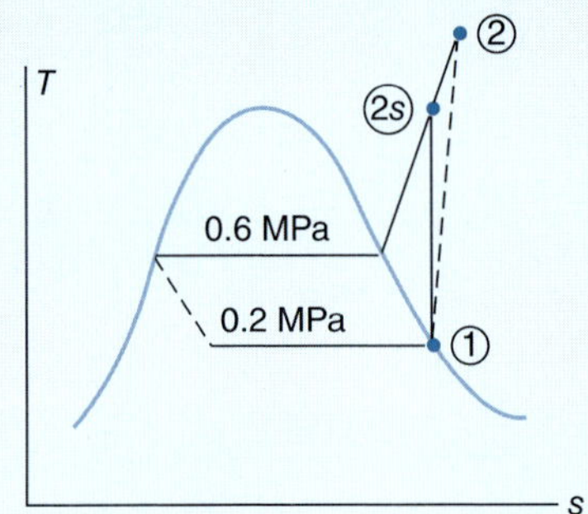

그림 6.23

6.5.3 펌프의 효율

펌프는 작동유체, 주로 액체의 압력을 증가시키기 위해 사용된다. 액체를 펌핑하는 펌프의 효율은 압축기에서 사용되었던 동일한 기본 관계식을 사용하여 정의된다. 즉,

$$\eta_P = \frac{\dot{W}_{P,s}}{\dot{W}_P} \tag{6.44}$$

최소 입력 일에는 열전달 및 손실이 없고 위치에너지와 운동에너지의 변화가 없다고 가정된다.

Note: 펌프는 또한 공기 펌프와 같이 기체의 압력을 증가시키기 위해 사용된다.

예제 6.13 펌프의 효율

그림 6.24와 같은 펌프는 0.75의 효율을 갖는다. 만약 물 8 kg/s의 압력이 120 kPa에서 1200 kPa로 증가한다면, 펌프에 의해 요구되는 마력을 결정하라.

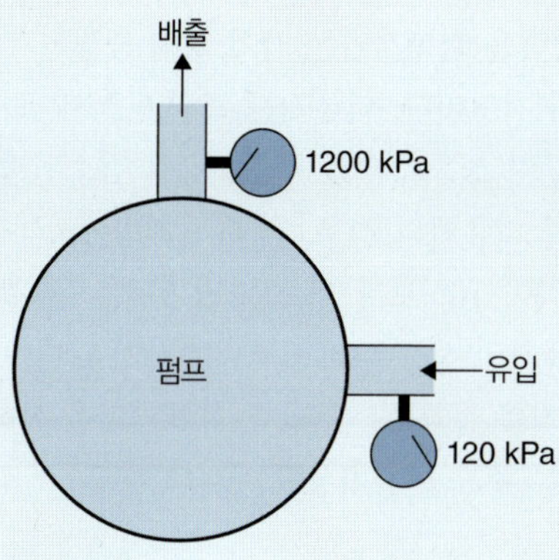

그림 6.24

풀이

압력을 120 kPa에서 1200 kPa로 증가시키기 위해 펌프에 의해 요구되는 최소 동력은 운동에너지와 위치 에너지의 변화와 같은 손실들을 무시함에 의해 얻어진다. 제1법칙(식 4.21을 확인하라)을 통해

$$\dot{W}_{P,s} = \dot{m}\left(\frac{P_2 - P_1}{\rho}\right)$$

$$= 8 \times \frac{1200 - 120}{1000} = 8.64\ \text{kW} \quad \text{or} \quad 11.6\ \text{hp}$$

Unit: $\frac{\text{kg}}{\text{s}}\frac{\text{kN/m}^2}{\text{kg/m}^3} = \frac{\text{kN}\cdot\text{m}}{\text{s}} = \text{kJ/s} = \text{kW}$

물의 밀도 ρ는 표준값 1000 kg/m^3이 사용되었다. 만약 펌프가 75%의 효율을 갖는다면, 더 많은 동력이 요구된다. 실제 요구되는 동력은 다음과 같다:

$$\eta_P = \frac{\dot{W}_{P,s}}{\dot{W}_P} \qquad 0.75 = \frac{11.6}{\dot{W}_P} \qquad \therefore \dot{W}_P = \underline{15.5\ \text{hp}}$$

6.5.4 노즐의 등엔트로피 효율

그림 6.25에 도시되어 있는 노즐은 액체 또는 아음속 기체 유동에 적용되는 수렴노즐이나 초음속 기체유동에 적용되는 발산노즐처럼 주로 높은 압력 에너지를 작동유체의 증가된 운동에너지로 변환하기 위해 사용된다. 노즐의 등엔트로피 효율은 입구와 출구 사이에 등엔트로피 가정을 통해 얻어지는 출구에서의 운동에너지와 출구에서의 실제 운동에너지의 비로서 정의된다. 그 결과 노즐의 효율은

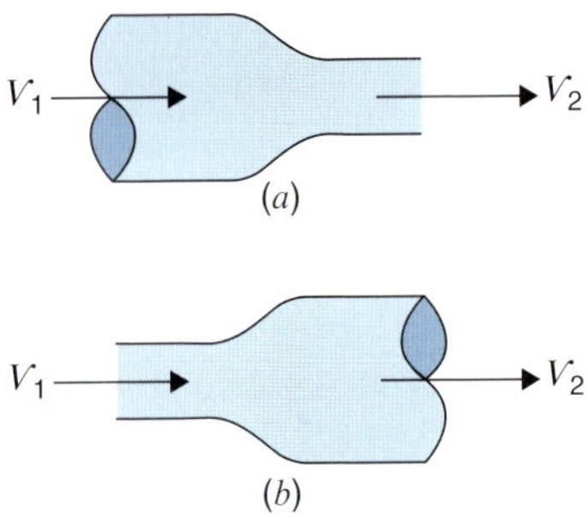

그림 6.25

a) 액체나 아음속 유동 그리고 b) 초음속 유동을 위한 노즐

$$\eta_N = \frac{V_2^2/2}{V_{2s}^2/2} = \frac{h_1 - h_2}{h_1 - h_{2s}} \tag{6.45}$$

여기서 노즐에 대한 제1법칙은 식 (4.31)에 의해 표현되었다. 입구와 출구에서 균일한 속도분포가 가정되었다; 만약 속도분포가 제시되지 않는다면 이러한 가정이 항상 적용된다. 이는 모든 난류 유동에 대하여 적절한 가정이라 할 수 있다.

반면에, 디퓨저(diffuser)는 디퓨저로 들어오는 운동에너지에 포함된 에너지를 압력에너지로 회복시키기 위해 적용된다. 디퓨저의 성능은 얼마나 효과적으로 디퓨저가 압력을 회복시키는 가에 의해 측정된다. 그 결과, 압력-회복계수는 디퓨저 효율의 척도이다. 디퓨저는 그림 6.26에 도시되어 있다. 그림 6.26*b*에 제시된 바와 같이 초음속 디퓨저는 실제로 감소된 면적을 갖는다.

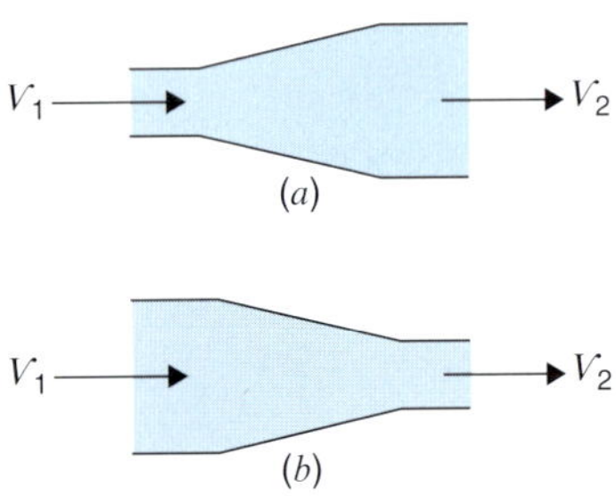

그림 6.26

a) 액체나 아음속 유동 및 b) 초음속 유동을 위한 디퓨저

그림 6.26*a*의 디퓨저의 경우, 벽면 경계층에서의 점성효과는 매우 두드러지며, 만약 발산각이 10° 보다 더 크다면 유체는 경계면에서 분리되는 경향이 있기 때문에, 디퓨저의 성능은 비교적 우수하지 않다.

노즐과 디퓨저를 통과하는 유동은 유체역학을 통해 자세히 학습하게 될 것이며 열역학에서는 주요 관심대상이 아니다.

예제 6.14 노즐의 효율

질소가 240 kPa과 400 K에서 10 m/s의 속도로 노즐 내부로 들어간다. 출구에서의 압력은 100 kPa이다. 만약 노즐의 단열 효율이 90%라면, 출구 유속을 결정하라. 비열은 일정하고 속도분포는 균일하다고 가정한다.

풀이

질소는 이상기체로 처리될 수 있다. 식 (6.20)과 $k = 1.4$를 사용하여 노즐을 통과하는 질소의 등엔트로피 과정으로부터 출구 온도를 구할 수 있다:

$$T_{2s} = T_1\left(\frac{P_2}{P_1}\right)^{\frac{k-1}{k}} = 400\left(\frac{100}{240}\right)^{\frac{1.4-1}{1.4}} = 400 \times \frac{1}{2.4^{0.2857}} = 311.5\ \text{K}$$

노즐의 효율이 주어졌기 때문에 출구 온도는 식 (6.45)를 사용하여 다음과 같이 얻어질 수 있다:

$$\eta_N = \frac{h_1 - h_2}{h_1 - h_{2s}} = \frac{\cancel{C_p}(T_1 - T_2)}{\cancel{C_p}(T_1 - T_{2s})}$$

$$0.9 = \frac{400 - T_2}{400 - 311.5} \qquad \therefore T_2 = 320\ \mathrm{K}$$

입구와 출구에서 속도분포가 균일하다고 가정되었을 때, 식 (4.31)의 형태를 갖는 제1법칙은 출구 유속을 결정하기 위해 사용되었다:

$$0 = \frac{V_2^2 - V_1^2}{2} + C_p(T_2 - T_1)$$

$$0 = \frac{V_2^2 - 10^2}{2}\frac{\mathrm{m}^2}{\mathrm{s}^2} + 1042\,\frac{\mathrm{N \cdot m}}{\mathrm{kg \cdot K}} \times (320 - 400)\ \mathrm{K}$$

$$\therefore V_2 = \underline{408\ \mathrm{m/s}}$$

Unit: 단위를 이해하기 위하여 뉴턴의 2법칙을 사용하라.

$$\frac{\mathrm{N \cdot m}}{\mathrm{kg}} = \frac{\mathrm{kg \cdot m}}{\mathrm{s}^2}\frac{\mathrm{m}}{\mathrm{kg}} = \frac{\mathrm{m}^2}{\mathrm{s}^2}$$

여기서 질소의 C_p는 표 B-2에서 확인할 수 있다.

이 조건은 초음속 유동($V > 300$ m/s)이기 때문에, 그림 6.26의 노즐은 초음속 유동을 제공할 수 있도록 그림 6.27과 유사하게 수렴-발산 노즐 형상이 결합되어야 한다. 이러한 형태의 노즐은 궤도 내에 위성을 진입시키기 위해 제작된 로켓에서 찾아 볼 수 있다.

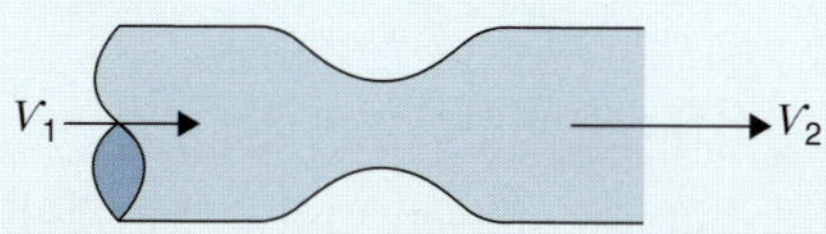

그림 6.27

☑ 학습목표 확인 (4)

6.6 엑서지(가용성)과 비가역성

계의 *엑서지*(exergy) 또는 *가용성*(availability)은 계가 주위와 평형이 되도록 하는 과정동안 가능한 최대일이다. 계가 주위와 평형에 도달한 이후에, 엑서지는 0이 되고 계는 *정지상태*(dead state)가 된다. 다시 말해, 일을 하기 위한 추가적인 열에너지, 운동에너지 또는 위치에너지가 없는 상태가 된다. 이 정지상태는 특정조건이 제시되지 않는 한 운동 또는 위치에너지가 없는 25°C와 100 kPa로 취급된다. 화학적, 전기적, 자기적(magnetic) 그리고 핵에너지가 포함될 수 있으나, 본 교재에서는 이들 에너지들을 다루지 않는다. 물체가 단지 운동에너지 그리고/또는 위치에너지만을 갖는다면, 엑서지는 운동 그리고/또는 위치에너지와 같다. 그 이유는 엑서지가 모든 운동에너지 그리고/또는 위치에너지를 유용한 일로 변환하는 실제 또는 가상의 과정을 통해 가져올 수 있는 최대의 일을 의미하기 때문이다.

엑서지: 계가 주위와 평형, 즉 정지상태(dead state)가 되는 과정 동안 최대 가능한 가역 일

정지상태(dead state): 계가 주위와 평형이 되는 상태로서 만약 특별한 언급이 없다면, 25°C와 100 kPa이 적용된다.

만약 최대 일이 터빈과 같은 장치에 의해 발생되거나 또는 최소 일이 압축기와 같은 장치에 의해 요구된다면, 과정은 가역과정이여야 한다. 이런 일은 *가역 일*

(reversible work) W_{rev}로 나타낸다. 가역 일을 공급하기 위하여, 다음과 같은 제한 사항들이 적용되어야 함을 명심하자.

- 서로 다른 온도 차이로 인한 열전달이 없음
- 마찰(friction)이 없음
- 비구속된(unstrained) 팽창이 없음
- 혼합(mixing)이 없음
- 난류(turbulence)가 없음
- 연소(combustion)가 없음

Comment

엑서지, 가용성 그리고 최대 가역 일은 모두 동의어이다.

만약 과정의 최종 상태가 주위 환경과 같은 즉, 정지상태이면, 가역 일과 엑서지는 같아진다. 엑서지[2]나 가용성을 나타내기 위해 사용되는 기호는 그리스 문자 psi ("프사이"로 발음)이다. 최대 가능한 가역 일은:

$$\Psi = W_{\text{rev, max}} \tag{6.46}$$

또는 단위질량당,

$$\psi = w_{\text{rev, max}} \tag{6.47}$$

엑서지는 일과 에너지의 단위와 동일한 단위를 가져야 한다.

제2법칙 효율: 실제 일 W_a와 초기상태와 정지상태 사이의 등엔트로피 과정에서 최대 가능한 일의 비

이제 *제2법칙 효율*(second-law efficiency)이 소개될 것이다. 이 효율은 초기 상태와 주위 사이에 이루어질 수 있는 최대 가능한 가역 일을 근거로 한다. 앞서 소개된 가역 일은 상태 1과 2 사이의 등엔트로피 과정을 근거로 하였다. 여기서 상태 2는 임의의 온도와 압력을 갖는다. 제2법칙 효율은 상태 1과 온도 T_0와 P_0에서의 주위, 즉 정지 상태 사이에 발생되는 등엔트로피 과정을 근거로 한다. 이 제2법칙 효율은 과정 동안에 이루어질 수 있는 최대 효율을 나타낸다. 제2법칙 효율 η_{II}는 실제 일 W_a를 (에너지를 생산하는) 장치 또는 사이클에 의해 가능한 최대 일로 나눈 값이다:

$$\eta_{II} = \frac{W_a}{W_{\text{rev, max}}} \quad \text{(터빈)} \tag{6.48}$$

일을 소비하는 장치(압축기) 또는 사이클(냉동기)의 경우, 제2법칙 효율은 다음과 같이 정의 된다.

$$\eta_{II} = \frac{W_{\text{rev, min}}}{W_a} \quad \text{(압축기)} \tag{6.49}$$

또는

$$\eta_{II} = \frac{\text{COP}_a}{\text{COP}_{\text{rev}}} \quad \text{(냉동기)} \tag{6.50}$$

만약 실제 일이 입구(압축기) 또는 출구(터빈), 즉 정지상태와 관련된 단열 가역과정을 포함한다면, 제2법칙 효율은 100%가 될 것이다.

[2]엑서지의 기호는 Ψ(psi)가 사용된다. 엑서지와 가용성은 동의어이기 때문에 이 기호는 가용성에 대해서도 자주 사용된다. 일부 교재에서는 엑서지와 가용성 사이에서 약간의 차이를 언급하기도 한다.

비가역성(irreversibility)이라 불리는 양은 과정이 얼마나 효율적인지를 나타내는 척도이다. 실제 일은 과정에 의해 생성된 가역 일에 비해 상대적으로 작어야 한다. 비가역성의 정의는 다음과 같다.

$$I = W_{\text{rev, max}} - W_a \tag{6.51}$$

또는, 단위질량당,

$$i = w_{\text{rev, max}} - w_a \tag{6.52}$$

가역성은 상한계(upper limit)를 갖고 있지 않지만, 제2법칙 효율은 절대 100%를 초과할 수 없기 때문에, 비가역성을 근거로 과정을 평가하기 보다는 제2법칙 효율을 이용하는 것이 보다 쉬울 수 있다.

최대 가역 일과 검사체적을 통해 설명될 수 있는 비가역성에 대한 표현을 찾아보자. 그림 6.28의 검사체적을 생각해보자. 주위가 정지상태인 온도 T_0는 검사체적의 온도보다 낮아야 하기 때문에, 열전달량은 검사체적을 떠나는 방향이다. 비정상유동으로 가정될 때 제1법칙(식 4.15를 확인하라)은 다음과 같이 표현될 수 있다.

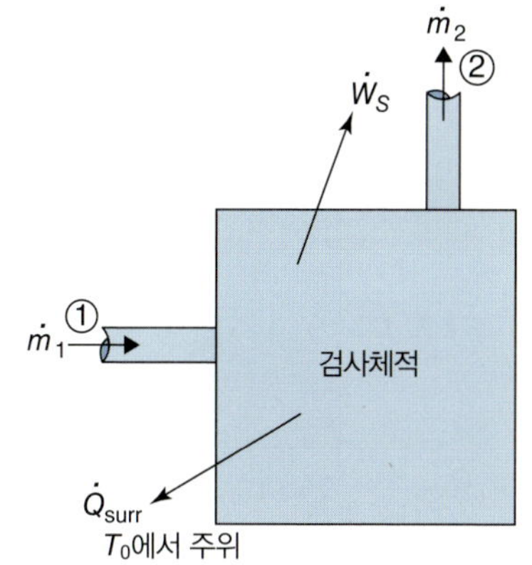

그림 6.28

최대 가역 일과 비가역성을 위해 사용된 제어체적

$$-\dot{Q}_{\text{surr}} - \dot{W}_S = \dot{m}_2\left(h_2 + \frac{V_2^2}{2} + gz_2\right) - \dot{m}_1\left(h_1 + \frac{V_1^2}{2} + gz_1\right) + \frac{dE_{\text{c.v.}}}{dt} \tag{6.53}$$

이 식에서 열은 검사체적을 떠난다고 가정되고, Q_{surr}이 양의 값을 갖는 것으로 고려되었기 때문에, 음의 부호가 열전달 항에 사용되었다. 식 (6.38)은 다음과 같이 표현될 수 있다.

비가역성: 과정이 얼마나 효율적인지를 나타내는 척도

$$\dot{Q}_{\text{surr}} = T_0\dot{m}_1 s_1 - T_0\dot{m}_2 s_2 + T_0\dot{S}_{\text{prod}} - T_0\frac{dS_{\text{c.v.}}}{dt} \tag{6.54}$$

이 표현을 식 (6.53)에 대입하면, 제1법칙은 다음과 같은 형태를 갖는다.

$$\begin{aligned}\dot{W}_S = {} & T_0\frac{dS_{\text{c.v.}}}{dt} - \dot{m}_2\left(h_2 + \frac{V_2^2}{2} + gz_2 - T_0 s_2\right) \\ & + \dot{m}_1\left(h_1 + \frac{V_1^2}{2} + gz_1 - T_0 s_1\right) - \frac{dE_{\text{c.v.}}}{dt} - T_0\dot{S}_{\text{prod}}\end{aligned} \tag{6.55}$$

열역학 기초과정에서 관심을 갖는 대부분의 문제들은 정상유동의 가정이 적용된다; 또한 운동 및 위치에너지의 변화가 무시된다(노즐 또는 디퓨저는 예외이다). 하나의 입구와 하나의 출구를 갖는 유동에서는 $\dot{m}_1 = \dot{m}_2 = \dot{m}$이기 때문에, 식 (6.55)는 다음과 같은 형태를 갖는다.

$$\dot{W}_S = \dot{m}\left[(h_1 - h_2) - T_0(s_1 - s_2)\right] - T_0\dot{S}_{\text{prod}} \tag{6.56}$$

이 식에서 $\dot{W}_S$는 축일을 나타낸다.

비가역성이 존재하지 않고 주위가 정지상태이기 때문에 만약 엔트로피 생성이 0이 되면, 과정 동안에 최대 가역 일이 발생된다. 비가역성이 없고 주위의 조건이 T_0과 P_0이면, 식 (5.56)은 최대 가역 일을 제공한다. 운동 및 위치에너지 변화가 없으며, $\dot{m}_1 = \dot{m}_2 = \dot{m}$을 가정하면, 최대 가역 일률은

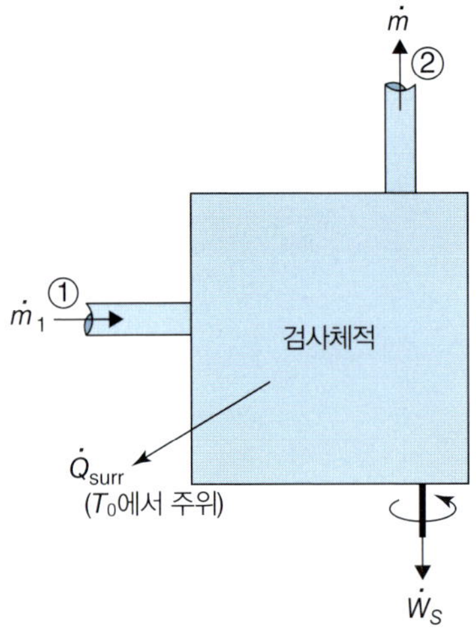

그림 6.29

하나의 입구와 하나의 출구를 갖는 정상유동 검사체적

$$\dot{W}_{rev,\,max} = \dot{m}[h_1 - h_2 - T_0(s_1 - s_2)] \tag{6.57}$$

또는 엑서지의 항으로, $\dot{W}_{rev,\,max}/\dot{m} = w_{rev,\,max}$를 적용하면,

$$\psi_1 - \psi_2 = w_{rev,\,max} = h_1 - h_2 - T_0(s_1 - s_2) \tag{6.58}$$

식 (6.53)을 이용한 같은 제한 사항들을 갖는 실제 일은

$$\dot{W}_a = (h_1 - h_2) + \dot{Q} \tag{6.59}$$

이 식에서 그림 6.28에서와 같이 $\dot{Q} = -\dot{Q}_{surr}$이다. 이때, 비가역성은

$$\dot{I} = \dot{m}T_0(s_2 - s_1) - \dot{Q} \tag{6.60}$$

상태 1의 위치에서 엑서지는 식 (6.57)을 참고하여 다음과 같이 나타낼 수 있다.

$$\psi_1 = h_1 - h_0 - T_0(s_1 - s_0) \tag{6.61}$$

만약 운동에너지와 위치에너지가 중요하다면, 단순히 식 (6.61)의 우변에 $V_1^2/2 + gz_1$을 더해라. 정지상태는 운동에너지와 위치에너지를 갖지 않는다고 가정되었기 때문에, $V_0^2/2 + gz_0 = 0$이다.

예제 6.15 증기의 엑서지

증기는 6 MPa과 600°C에서 2 kg/s의 질량유량으로 그림 6.30의 보일러에서 배출된다. 증기에 의해 이루어질 수 있는 최대 가능 일률을 결정하라; 즉, 증기의 엑서지율(exergy rate)을 결정하라. 이때 만약 출구 압력이 210 kPa이면, 등엔트로피 터빈이 생산할 수 있는 동력을 계산하라.

Note: 만약 노즐 또는 디퓨저가 해석된다면, 우변에 $V_1^2/2 + gz_1$를 더해라.

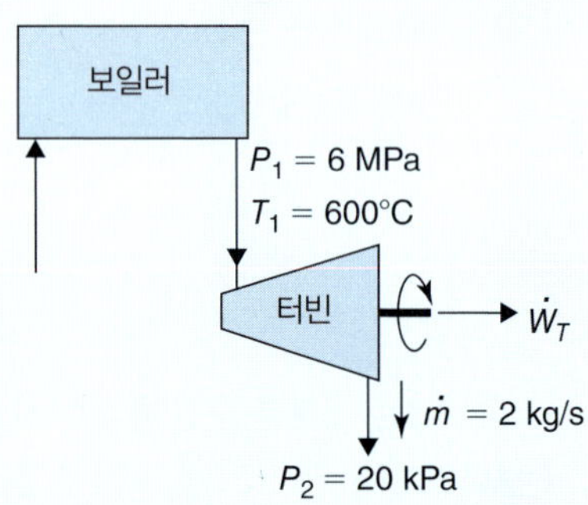

그림 6.30

풀이

정지상태가 25°C이고 100 kPa이라고 가정할 때, 보일러 출구에서의 상태량들은:

상태 1:	$P_1 = 6$ MPa,	$T_1 = 600$°C
	$h_1 = 3658$ kJ/kg,	$s_1 = 7.168$ kJ/kg·K
정지 상태 0:	$T_0 = 25$°C,	$P_0 = 100$ kPa (압축된 액체)
	$h_0 = 104.9$ kJ/kg,	$s_0 = 0.3672$ kJ/kg·K

Remember: 압축된 액체의 경우, 압력을 무시하고 표 C-1을 이용하여 온도를 사용하라.

터빈을 들어가기 직전인 보일러 출구에서 엑서지율을 결정하기 위하여 식 (6.61)을 사용하라:

$$\dot{\Psi} = \dot{W}_{\text{rev, max}} = \dot{m}[h_1 - h_0 - T_0(s_1 - s_0)]$$

$$= 2\,\frac{\text{kg}}{\text{s}}\left[(3658 - 104.9)\,\frac{\text{kJ}}{\text{kg}} - 298\text{ K} \times (7.168 - 0.3672)\,\frac{\text{kJ}}{\text{kg·K}}\right]$$

$$= \underline{3050\text{ kW}}$$

상태 2는 상태 1과 같은 엔트로피를 가질 것이다. 즉, s_2 = 7.17 kJ/kg·K. P_2 = 20 kPa이며, IRC 상태량 계산기는 h_2 = 2360 kJ/kg을 제공한다. 이때 등엔트로피 터빈은 다음을 생산한다.

$$\dot{W}_T = \dot{m}(h_1 - h_2) = 2\text{ kg/s} \times (3658 - 2360)\text{ kJ/kg} = \underline{2600\text{ kW}}$$

이 결과는 터빈 입구에서의 엑서지율보다 적다.

물질의 엑서지 — 예제 6.16

500 K과 400 kPa에서 N_2 2 kg 또는 O_2 2 kg 중에 어떤 물질이 더 많은 유용한 일을 할 수 있을까? 25°C와 100 kPa의 조건을 갖는 정지상태와 함께 운동 및 위치에너지의 변화는 무시할 수 있다고 가정하자.

풀이

식 (6.61)에서 주어진 엑서지는 다음과 같이 표현될 수 있다(식 6.28을 확인하라).

$$\Psi = W_{\text{rev, max}} = m[h_1 - h_0 + T_0(s_0 - s_1)]$$

$$= m\left[h_1 - h_0 + T_0\left(s_0^{\text{o}} - s_1^{\text{o}} - R\ln\frac{P_0}{P_1}\right)\right]$$

여기서 상태 2는 하첨자 "0"으로 표현된 정지상태이다. 질소 N_2의 경우, 다음과 같은 결과를 갖는다.

$$\Psi_{N_2} = 2\text{ kg}\left[\frac{14581 - 8669}{28} + 298\left(\frac{191.5 - 206.6}{28} - 0.297\ln\frac{100}{400}\right)\right]\frac{\text{kJ}}{\text{kg}}$$

$$= \underline{346\text{ kJ}}$$

산소 O_2의 경우, 최대 가능한 가역 일, 엑서지는

$$\Psi_{O_2} = m\left[h_1 - h_0 + T_0\left(s_0^{\text{o}} - s_1^{\text{o}} - R\ln\frac{P_0}{P_1}\right)\right]$$

$$= 2 \times \left[\frac{14770 - 8682}{32} + 298\left(\frac{205 - 221}{32} - 0.26\ln\frac{100}{400}\right)\right] = \underline{297\text{ kJ}}$$

만약 두 물질이 500 K과 400 kPa의 상태 1과 정지상태 사이에 있다면, 질소가 산소보다 더 많은 일을 생산할 수 있는 능력을 갖고 있다.

Note: 이상기체 표는 몰 단위의 엔탈피와 엔트로피를 제공한다. 그 결과, $h = \bar{h}/M$ and $s^{\text{o}} = \bar{s}^{\text{o}}/M$.

Unit:

$$\text{kg}\left[\frac{\text{kJ/kmol}}{\text{kg/kmol}} + \text{K}\frac{\text{kJ/kmol·K}}{\text{kg/kmol}}\right] = \text{kJ}$$

예제 6.17 터빈의 제2법칙 효율

증기는 4.5 kg/s의 질량유량으로 6 MPa과 550°C에서 그림 6.31의 단열 터빈으로 들어가며, 70 kPa에서 배출된다. 이때 등엔트로피 효율은 85%이다. i) 터빈의 출력, ii) 최대 가역 일률, iii) 비가역성률(rate of irreversibility), 그리고 iv) 제2법칙 효율을 결정하라. 정지상태의 온도는 T_0 = 20°C이며, 압력은 100 kPa이라 가정하라.

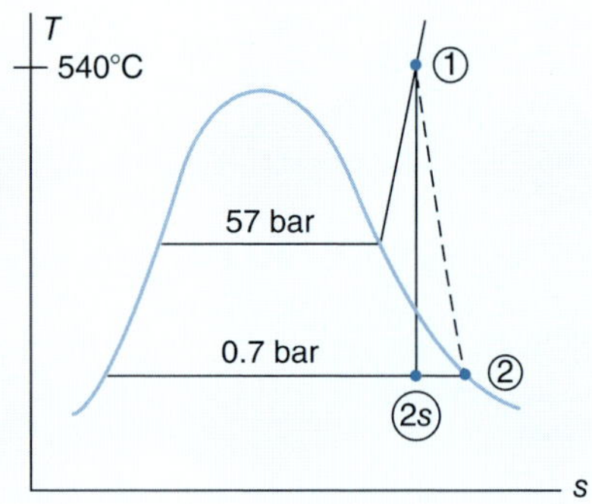

그림 6.31

풀이

터빈의 입구와 출구에서의 물성들은 IRC 상태량 계산기를 사용하면,

상태 1:	P_1 = 6 MPa,	T_1 = 550°C
	h_1 = 3540 kJ/kg,	s_1 = 7.03 kJ/kg·K
상태 2:	P_2 = 70 kPa,	s_{2_s} = 7.03 kJ/kg·K
	h_{2_s} = 2490 kJ/kg,	$T_{2_s} = T_{sat}$ = 89°C, x_{2_s} = 0.935

i) 터빈 효율은 등엔트로피 과정(식 6.42를 확인하라)을 기반으로 하기 때문에, 그 효율은

$$\dot{W}_T = \dot{m}\eta_T(h_1 - h_{2s})$$
$$= 4.5\,\frac{\text{kg}}{\text{s}} \times 0.85 \times (3540 - 2490)\,\frac{\text{kJ}}{\text{kg}}$$
$$= \underline{4017\ \text{kW}} \quad \text{or} \quad \underline{5380\ \text{hp}}$$

ii) 우선, 터빈의 출구 상태를 찾아보자. 식 (6.42)를 사용하면,

$$3540 - h_2 = 0.85 \times (3540 - 2490) \qquad \therefore h_2 = 2647\ \text{kJ/kg}$$

IRC 상태량 계산기를 사용하면, s_2 = 7.45 kJ/kg·K을 찾을 수 있다. 이때 최대 가역 동력은

$$\dot{W}_{\text{rev, max}} = \dot{m}[h_1 - h_2 - T_0(s_1 - s_2)]$$
$$= 4.5 \times [3540 - 2647 - 293(7.03 - 7.45)]$$
$$= \underline{4571\ \text{kW}} \quad \text{or} \quad \underline{6130\ \text{hp}}$$

Unit: 1 hp = 746 W = 0.746 kW

iii) 비가역성률은

$$\dot{I} = \dot{m}T_0(s_2 - s_1) - \cancel{\dot{Q}}$$
$$= 4.5\,\frac{\text{kg}}{\text{s}} \times 293\ \text{K}(7.45 - 7.03)\frac{\text{kJ}}{\text{kg·K}} = \underline{554\ \text{kW}}$$

또는 식 (6.51)이 사용될 수 있다.

$$\dot{I} = \dot{W}_{\text{rev, max}} - \dot{W}_T = 4571 - 4017 = \underline{554\text{ kW}}$$

iv) 제2법칙 효율은

$$\eta_{\text{II}} = \frac{W_T}{W_{\text{rev, max}}} = \frac{4017}{4571} = 0.879 \quad \text{or} \quad \underline{87.9\%}$$

제2법칙 효율은 등엔트로피 효율보다 약간 더 높다.

압축기를 통과할 때 엑서지의 변화 예제 6.18

R134a는 −20°C와 120 kPa에서 80°C 와 1.2 MPa로 압축된다. 그림 6.32의 압축기에서 입구 및 출구에서의 엑서지와 요구되는 최소 일을 결정하라. 정지상태의 조건은 25°C와 100 kPa이다.

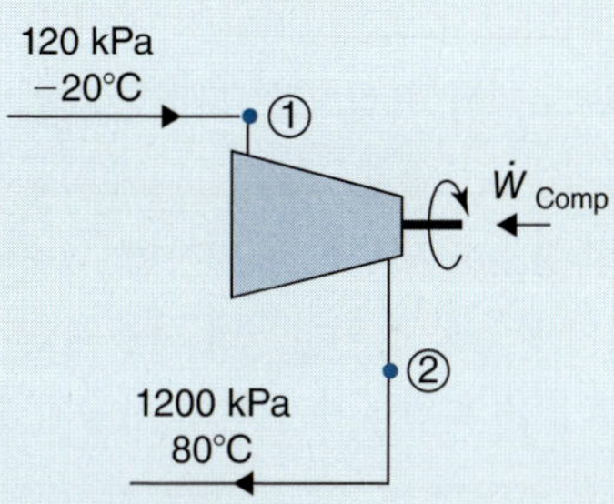

그림 6.32

풀이

압축기에 대한 입구 1과 출구 2에서의 물성과 정지상태에서의 물성은

상태 1:	$P_1 = 120\text{ kPa}$,	$T_1 = -20°\text{C}$
	$h_1 = 239\text{ kJ/kg}$,	$s_1 = 0.955\text{ kJ/kg·K}$
상태 2:	$P_2 = 1.2\text{ MPa}$,	$T_2 = 60°\text{C}$
	$h_2 = 311\text{ kJ/kg}$,	$s_2 = 1.02\text{ kJ/kg·K}$
정지 상태:	$P_0 = 100\text{ kPa}$,	$T_0 = 25°\text{C}$
	$h_0 = 276\text{ kJ/kg}$,	$s_0 = 1.11\text{ kJ/kg·K}$

입구와 출구에서의 엑서지는

$$\psi_1 = h_1 - h_0 - T_0(s_1 - s_0)$$

$$= (239 - 276)\frac{\text{kJ}}{\text{kg}} - 298\text{ K} \times (0.955 - 1.11)\frac{\text{kJ}}{\text{kg·K}} = \underline{9.2\text{ kJ/kg}}$$

$$\psi_2 = h_2 - h_0 - T_0(s_2 - s_0)$$

$$= (311 - 276)\frac{\text{kJ}}{\text{kg}} - 298\text{ K} \times (1.02 - 1.11)\frac{\text{kJ}}{\text{kg·K}} = \underline{61.8\text{ kJ/kg}}$$

(계속)

Note: 보통 때와 같이, 추가적인 정보가 제공되지 않았기 때문에 운동 및 위치에너지의 변화는 무시될 수 있다고 가정된다.

예제 6.18 (계속)

R134a를 압축하기 위해 요구되는 최소 일은

$$w_{min} = \psi_2 - \psi_1$$
$$= 61.8 - 9.2 = \underline{52.6\ \text{kJ/kg}}$$

☑ 학습목표 확인 (5)

6.7 요약

이번 장은 엔트로피 정의를 위해 사용되는 클라우지우스 부등식으로 시작되었다. 이때 엔트로피는 제2법칙이 만족되었는지 또는 위배되는지의 척도로써 사용되었다. 이러한 결정을 도출하기 위하여, 엔트로피를 관심 있는 다양한 물질에 적용하여 계산해 보았다. 이상기체, 증기, 고체 및 액체엔트로피를 계와 검사체적에 적용하여 계산하였다. 또한 다양한 장치들의 이상적인 과정들을 확인하기 위하여 사용되었으며, 각 장치들의 이상적 과정을 근거로 하여 그들의 효율을 정의하는데 사용되었다. 마지막으로, 물성 엑서지가 소개되었으며, 제2법칙 효율을 확인하기 위하여 사용되었다. 이번 장에서 소개된 용어들을 정리해 보면 다음과 같다:

T-S 선도 내의 면적: 가역과정을 갖는 완전한 사이클의 경우, 이 면적은 $Q_{net} = W_{net}$를 나타낸다.
클라우지우스 부등식: 수학적 관계식 $\oint \delta Q/T \le 0$이다.
정지 상태: 주위와 평형이 된 계의 상태.
엔트로피: 미분의 형태로 정의되는 물성: $dS = \delta Q/T|_{rev}$. 물질 내의 무질서도의 양을 나타내는 척도이다.
엑서지(또는 가용성): 계가 주위와 평형이 되는 과정 동안 최대 가능한 가역 일.
비가역성: 과정의 효율성을 나타내는 척도.
등엔트로피 과정: $\Delta s = 0$이 되는 단열 가역과정.
등엔트로피 효율: 실제 일과 등엔트로피 또는 최대 일의 비
가역 일: 주어진 두 상태 사이에서 공급될 수 있는 최대 일 또는 요구되는 최소 일
제2법칙 효율: 초기상태와 정지상태 사이에서 실제 일 W_a와 등엔트로피 일의 비
제2법칙: 고립계에서 모든 실제 과정의 엔트로피는 증가한다. 또는 모든 실제 과정은 우주에서 순 엔트로피 증가를 가져온다.

이 장에서 소개된 중요한 식을 요약해보면 다음과 같다.

엔트로피: $dS = \left.\dfrac{\delta Q}{T}\right|_{\text{rev}} \qquad S_2 - S_1 = \displaystyle\int_1^2 \left.\dfrac{\delta Q}{T}\right|_{\text{rev}}$

과정 동안 엔트로피 변화: $\Delta S_{\text{univ}} = \Delta S_{\text{sys}} + \Delta S_{\text{surr}} \geq 0$

이상기체의 엔트로피 변화, C_p = 일정:

$$s_2 - s_1 = C_v \ln \frac{T_2}{T_1} + R \ln \frac{v_2}{v_1} = C_p \ln \frac{T_2}{T_1} - R \ln \frac{P_2}{P_1}$$

이상기체의 등엔트로피 과정, C_p = 일정: $\dfrac{T_2}{T_1} = \left(\dfrac{v_1}{v_2}\right)^{k-1} = \left(\dfrac{P_2}{P_1}\right)^{(k-1)/k}$

이상기체의 엔트로피 변화 $C_p \neq$ 일정 (기체 표를 사용하라):

$$s_2 - s_1 = s_2^\circ - s_1^\circ - R \ln \frac{P_2}{P_1}$$

이상기체의 등엔트로피 과정 $C_p \neq$ 일정 (기체 표를 사용하라): $\dfrac{P_2}{P_1} = \dfrac{P_{r2}}{P_{r1}}$

고체 또는 액체의 엔트로피 변화: $s_2 - s_1 = C \ln \dfrac{T_2}{T_1}$

저장소의 엔트로피 변화: $\Delta S = \dfrac{Q}{T}$

장치를 통한 엔트로피 생성: $\dot{S}_{\text{prod}} = \dfrac{dS_{\text{c.v.}}}{dt} + \dot{m}_2 s_2 - \dot{m}_1 s_1 + \dfrac{\dot{Q}_{\text{surr}}}{T_0}$

터빈의 등엔트로피 효율: $\eta_T = \dfrac{w_T}{w_{T,\max}} = \dfrac{h_1 - h_2}{h_1 - h_{2s}}$

터빈의 제2법칙 효율: $\eta_{\text{II}} = \dfrac{W_a}{W_{\text{rev, max}}}$

엑서지: $\Psi = W_{\text{rev, max}} \qquad \psi = w_{\text{rev, max}}$

비가역성: $I = W_{\text{rev}} - W_a \qquad i = w_{\text{rev}} - w_a$

유동 내의 엑서지: $\psi = h - h_0 - T_0(s - s_0)$

연습문제

6.1 The Clausius inequality places which restriction on an actual cycle?

(A) The net heat transfer must be positive.

(B) The net heat transfer must be negative.

(C) The differential quantity $\delta Q/T$ integrated around a cycle must be negative.

(D) The differential quantity $\delta Q/T$ integrated around a cycle must be positive.

6.2 The Clausius inequality is applicable for only:

(A) Heat engines around a cycle

(B) All processes in the cycle of a heat engine

(C) All processes in heat engines and refrigerators

(D) All cycles involving heat engines and refrigerators

6.3 Assume ideal conditions for each component of the refrigeration cycle of Fig. 6.33 (with *T-s* diagram in Fig. 6.34) and find $\oint \delta q/T$. R134a is the refrigerant. (Remember, q_H is negative and q_L is positive.)

(A) −0.062 kJ/kg·K

(B) −0.085 kJ/kg·K

(C) −0.095 kJ/kg·K

(D) −0.16 kJ/kg·K

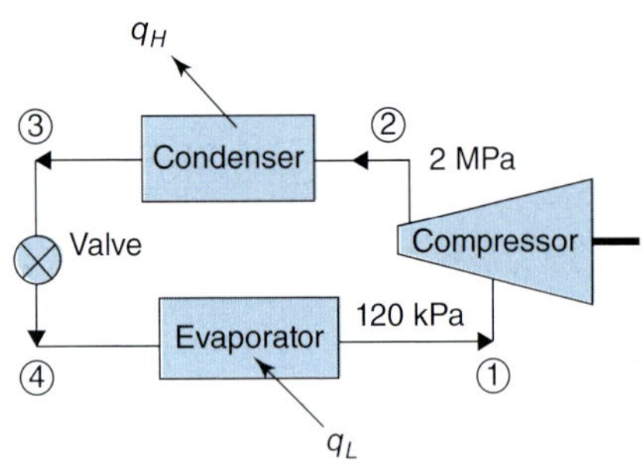

그림 6.33

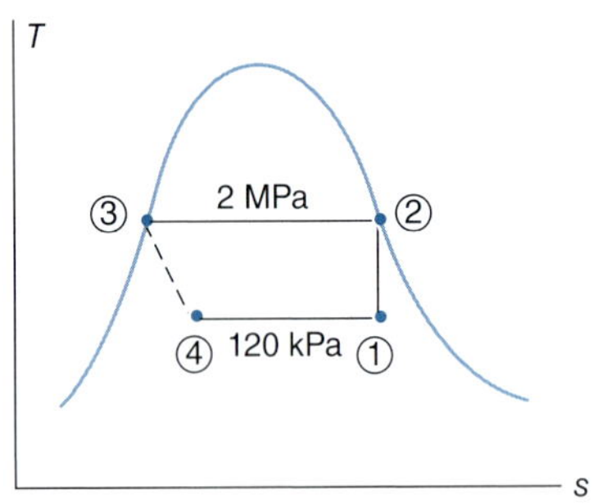

그림 6.34

6.4 Air is heated from 20°C to 800°C at constant pressure of 200 kPa in a cylinder with an initial volume of 4000 cm^3. The entropy change, assuming an ideal gas with constant specific heats, is nearest:

(A) 0.0123 kJ/K

(B) 0.0972 kJ/K

(C) 0.563 kJ/K

(D) 3.11 kJ/K

6.5 A piston compresses air in a cylinder from 20°C and 100 kPa to 2 MPa. The final temperature, assuming an ideal gas with constant specific heats, is approximately:

(A) 690°C

(B) 540°C

(C) 490°C

(D) 420°C

6.6 The 200°C heat reservoir of Fig. 6.35 gains 600 kJ of heat during a process. Its change in entropy is nearest:

(A) 0.863 kJ/K

(B) 1.02 kJ/K

(C) 1.27 kJ/K

(D) 1.59 kJ/K

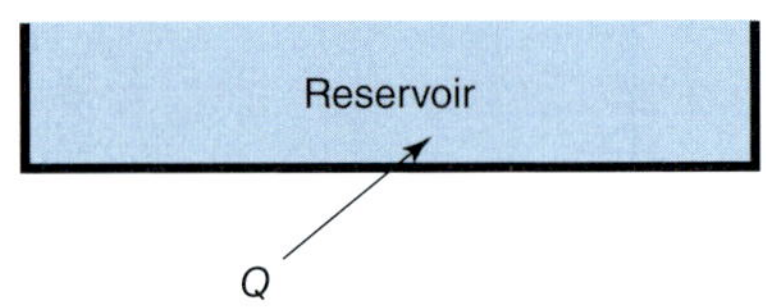

그림 6.35

6.7 The 20-kg slab of copper (C = 0.395 kJ/kg·K) in Fig. 6.36 is heated from 100°C to 200°C. Its entropy change is nearest

(A) 0.63 kJ/K

(B) 1.88 kJ/K

(C) 3.27 kJ/K

(D) 5.48 kJ/K

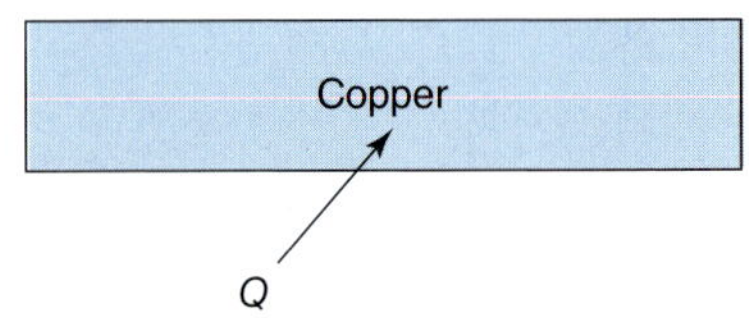

그림 6.36

6.8 The air in the constant-pressure cylinder of Fig. 6.37 is initially at 400°C and 120 kPa. It is cooled until its temperature is 40°C. The surroundings are at 20°C. The entropy generated during this process is nearest:

(A) 0.463 kJ/kg·K

(B) 0.591 kJ/kg·K

(C) 0.766 kJ/kg·K

(D) 1.229 kJ/kg·K

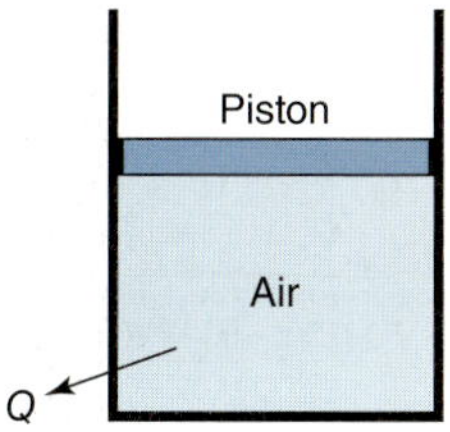

그림 6.37

6.9 Two kilograms of steam enter a turbine each second at 600°C and 4 MPa and leave as saturated vapor at 20 kPa while 100 kJ/s of heat leave the turbine. The surroundings are at 25°C. The entropy production is nearest:

(A) 1.42 kJ/K·s

(B) 1.08 kJ/K·s

(C) 0.63 kJ/K·s

(D) 0.34 kJ/K·s

6.10 Steam at 500°C and 4 MPa enters a turbine with an isentropic efficiency of 86%. The exit pressure is 100 kPa. The exiting temperature of the steam is nearest:

(A) 95°C

(B) 107°C

(C) 118°C

(D) 126°C

6.11 Saturated R134a at 120 kPa enters an adiabatic compressor with an efficiency of 80%. The exit pressure is 1.6 MPa, as shown in the *T-s* diagram of Fig. 6.38. The exiting temperature of the refrigerant from the compressor is nearest:

(A) 104°C

(B) 99°C

(C) 95°C

(D) 89°C

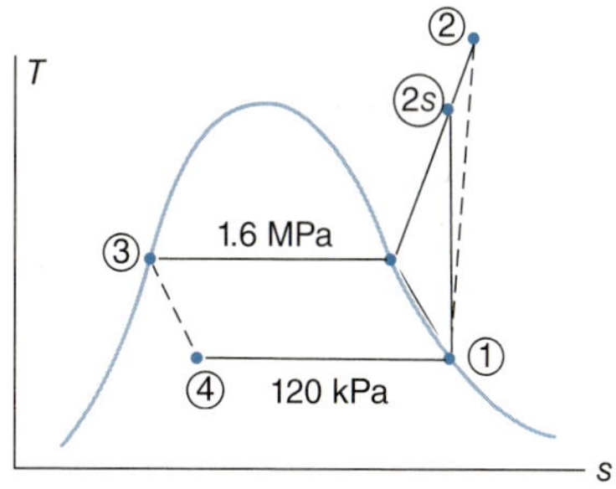

그림 6.38

Questions 6.12–6.15

Steam enters a turbine (see Figures 6.39 and 6.40) at 4 MPa and 500°C and leaves as saturated steam at 40 kPa. Assume standard conditions for the dead state.

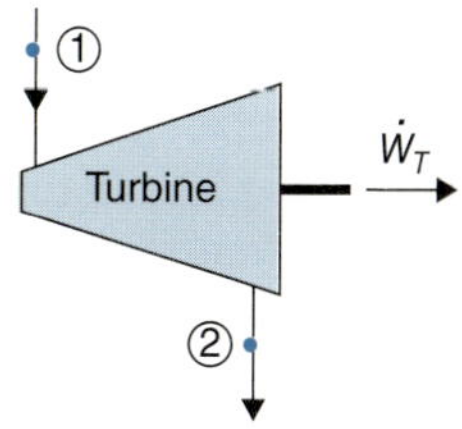

그림 6.39

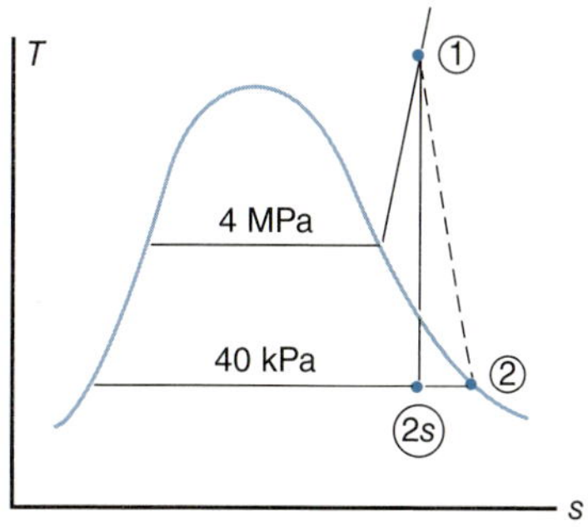

그림 6.40

6.12 The exergy of the steam at state 1 is nearest:

(A) 1340 kJ/kg
(B) 17900 kJ/kg
(C) 3030 kJ/kg
(D) 4400 kJ/kg

6.13 The second-law efficiency of the turbine is nearest:

(A) 68%
(B) 72%
(C) 78%
(D) 82%

6.14 The isentropic efficiency of the turbine is nearest:

(A) 80%
(B) 75%
(C) 70%
(D) 67%

6.15 The irreversibility of the process is nearest:

(A) 529 kJ/kg
(B) 389 kJ/kg
(C) 319 kJ/kg
(D) 229 kJ/kg

Inequality of Clausius

6.16 The *T*-*s* diagram of a Carnot refrigeration cycle utilizing R134a is shown in Fig. 6.41. Heat transfer takes place in the condenser and evaporator at constant temperature. Verify the Clausius inequality using $x_2 = 1$ and $x_3 = 0$.

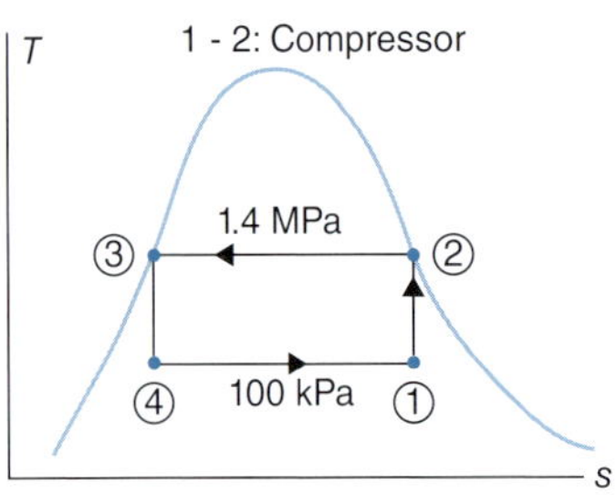

그림 6.41

6.17 The *T*-s diagram of a Carnot steam power cycle is shown in Fig. 6.42. Heat transfer takes place in the boiler and condenser only. Assume an isentropic turbine and pump. Determine the Clausius inequality numerical result for this cycle if $x_2 = 0$ and $x_3 = 1$ and P_B is *a*) 2 MPa, *b*) 4 MPa, and *c*) 6 MPa.

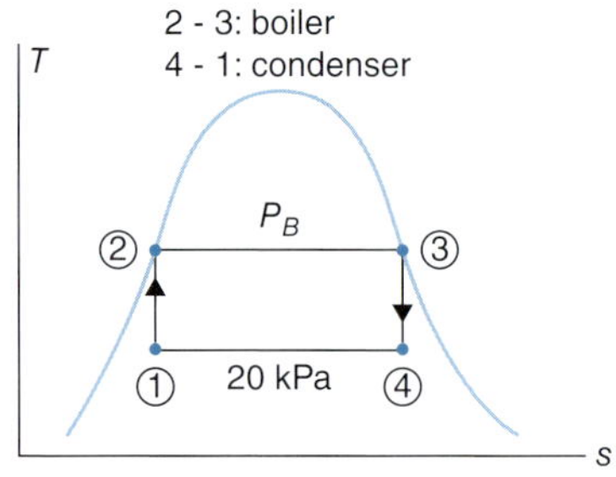

그림 6.42

Entropy Change in an Ideal Gas with Constant C_p and C_v

6.18 A piston moves in a cylinder at constant temperature while heat transfer occurs. If the pressure doubles, determine entropy change in the air assuming constant specific heats from Table B-2.

6.19 A piston moves in a cylinder at constant pressure while heat is added. If the volume doubles, determine entropy change in the air assuming constant specific heats from Table B-2.

6.20 Air at 200°C and 300 kPa is compressed to 400°C and 800 kPa. Calculate the change in entropy and the specific volume for this process. Assume constant specific heats from Table B-2.

6.21 Nitrogen at 3.5 MPa and 90°C is allowed to expand in an insulated control volume until the temperature is −1°C and the specific volume is increased by 90%. Calculate the change in entropy for this process. What is the final pressure? What work is required? Assume constant specific heats from Table B-2.

6.22 Four kilograms of an ideal gas are initially at 25°C and 150 kPa in the rigid container of Fig. 6.43. Heat is added until the pressure reaches 900 kPa. Determine the entropy change of gas if it is *a*) air, *b*) nitrogen, *c*) carbon dioxide, and *d*) hydrogen. Assume constant specific heats from Table B-6.

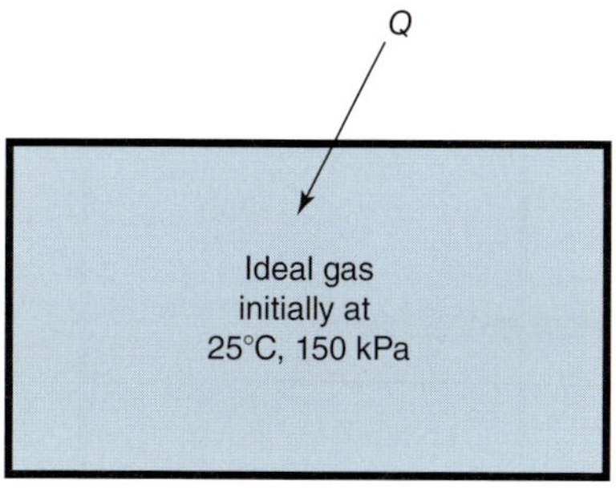

그림 6.43

Remember: Each part with a lower-case italic letter is a separate problem.

6.23 An ideal gas is initially at 120 kPa and 20°C when contained in a 5-m^3 volume. If it experiences an entropy increase of 4 kJ/K as the temperature is raised to 100°C, what is its final volume if the gas is *a*) air, *b*) nitrogen, *c*) carbon dioxide, and *d*) hydrogen? Assume constant specific heats from Table B-2.

6.24 The ideal gas *a*) air, *b*) nitrogen, *c*) carbon dioxide, or *d*) argon is compressed from 125°C and 100 kPa to 500 kPa in an isentropic process, as displayed in Fig. 6.44. Calculate the final temperature. How much work occurs during this process? Assume constant specific heats from Table B-2.

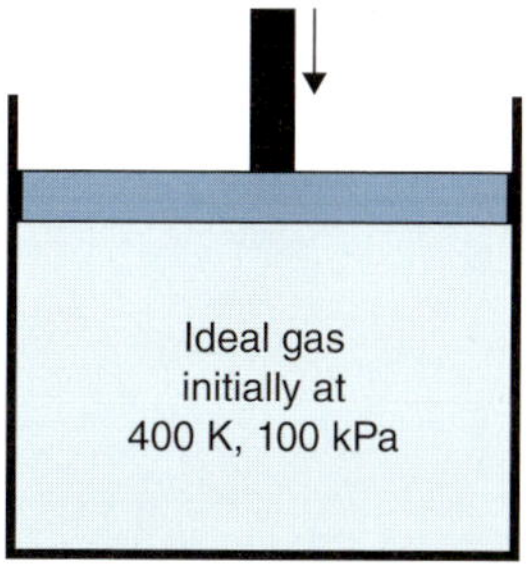

그림 6.44

6.25 The ideal gas *a*) air, *b*) nitrogen, *c*) carbon dioxide, or *d*) argon is allowed to triple its volume in an isentropic process. If the final temperature is −7°C, what is the initial temperature and what work is produced? Assume constant specific heats from Table B-2.

6.26 Two thousand kilojoules of heat are added to 10 kg of air contained in a rigid container. Calculate the final temperature and the entropy change of the air if the initial temperature and pressure are, respectively, *a*) 200°C and 200 kPa, *b*) 100°C and 400 kPa, and *c*) 400°C and 100 kPa. Assume constant specific heats from Table B-2.

6.27 The frictionless piston/cylinder arrangement of Fig. 6.45 contains 2 kg of nitrogen at 40°C and 200 kPa. If the pressure is held constant, calculate the final temperature and the entropy change if a paddle wheel inserted in the insulated cylinder adds *a*) 100 kJ of work, *b*) 200 kJ of work, and *c*) 400 kJ of work. Assume constant specific heats from Table B-2.

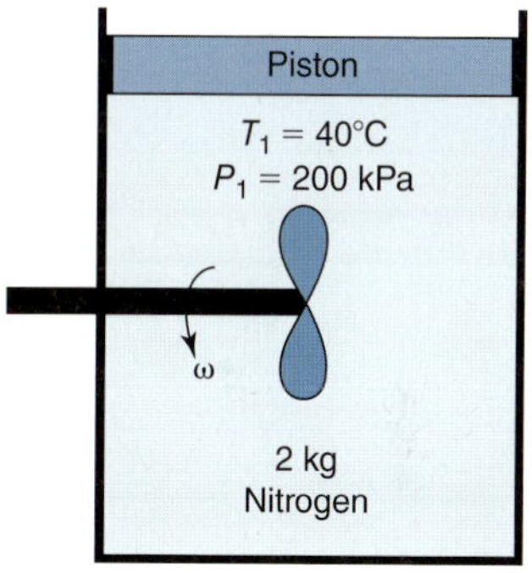

그림 6.45

6.28 Heat is added to a volume that contains 2 kg of air, initially at 80°C and 200 kPa. Determine the work, the heat transfer, and the entropy change if the temperature is held constant while the volume is expanded to *a*) 2 m^3, *b*) 3 m^3, and *c*) 4 m^3. Assume constant specific heats from Table B-2.

6.29 Air is compressed in an isentropic process from 20ºC and 100 kPa until the final volume is *a*) six times the initial volume, *b*) eight times the initial volume, and *c*) ten times the initial volume,. Calculate the final pressure and temperature assuming constant specific heats from Table B-2.

6.30 Four hundred kilojoules of heat are transferred to 2 kg of air in a piston/cylinder arrangement that is maintained at constant pressure. Calculate the final temperature and the entropy change if the initial temperature is *a*) 100°C, *b*) 200°C, and *c*) 400°C. Assume constant specific heats from Table B-2.

6.31 An electric heater provides 800 kJ of heat to nitrogen in a rigid 2-m^3 volume. If the initial temperature is 100°C, determine the entropy increase if the initial pressure is *a*) 100 kPa, *b*) 400 kPa, and *c*) 1000 kPa. Assume constant specific heats from Table B-2.

6.32 A frictionless piston compresses 0.2 kg of air in the insulated cylinder of Fig. 6.46 from the initial conditions shown. Estimate the final temperature and the work required if the final pressure is *a*) 800 kPa, *b*) 1400 kPa, and *c*) 2 MPa. Assume constant specific heats from Table B-2.

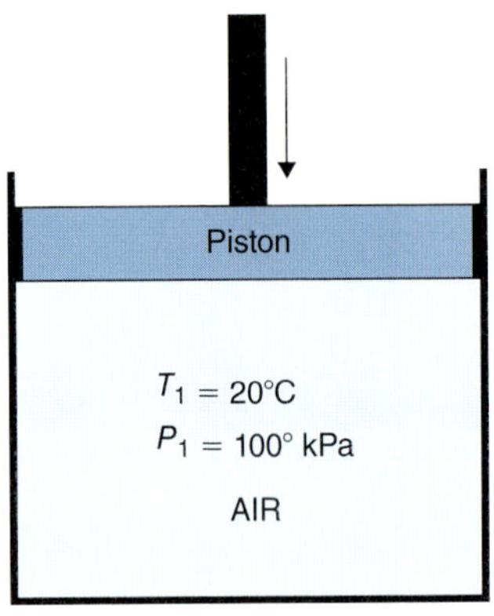

그림 6.46

6.33 The gases that closely resemble air after combustion in an automobile cylinder are expanded such that the volume increases by a factor of 8. If the initial pressure is 2 MPa, estimate the final temperature and the work produced if the initial temperature is *a*) 427°C, *b*) 590°C, and *c*) 760°C. Assume constant specific heats from Table B-2. Assume a frictionless process.

6.34 A torque of 50 N·m is required to rotate the paddle wheel shown in Fig. 6.47 at 60 rad/s. If it rotates for 2 minutes during which time 200 kJ of heat is transferred to the air from a reservoir, calculate the final temperature in this rigid volume and the entropy increase in the air. Assume constant specific heats from Table B-2.

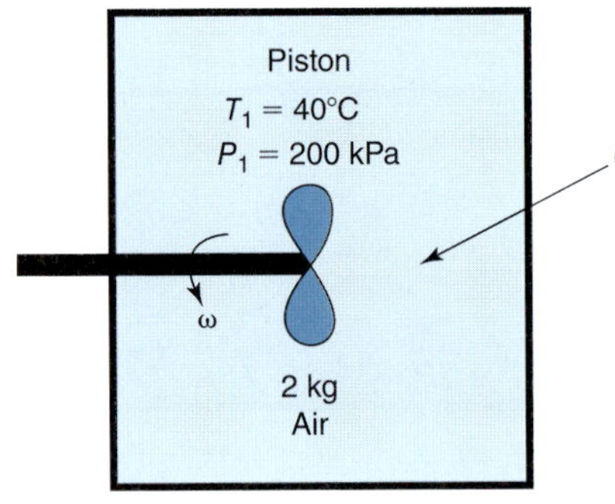

그림 6.47

6.35 Two kilograms of air at 40°C and 200 kPa are contained in half of the insulated volume shown in Fig. 6.48. The partition is suddenly ruptured, and the air fills the entire volume. Determine the final pressure and the entropy change for this process.

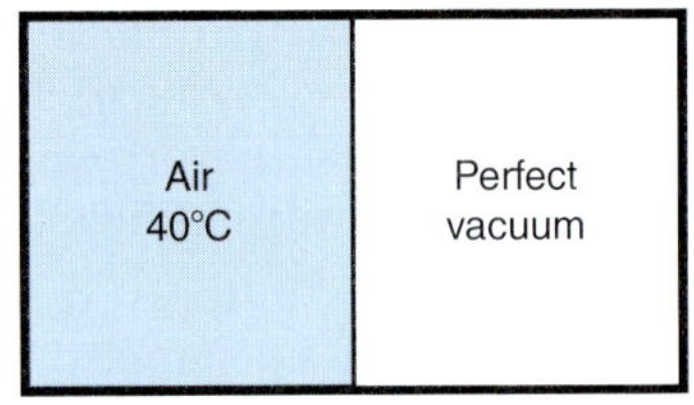

그림 6.48

Entropy Change of a Solid, a Liquid, and a Reservoir

6.36 The engine in Fig. 6.49 delivers 50 kJ by operating between two reservoirs at 900°C and 40°C. Its efficiency is 40%. Determine the entropy change of each reservoir.

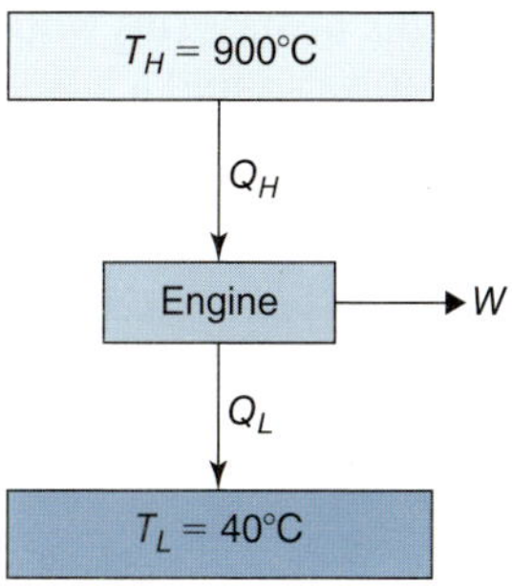

그림 6.49

6.37 A 4 kg copper slab at 93°C is brought into contact with a 10 kg aluminum slab at 16°C. Insulation allows the two slabs to arrive at the same temperature with no heat transfer to the surroundings. Determine the entropy generated by this process. Assume constant specific heats from Table B-4.

6.38 Two kilograms of ice at −10°C are mixed in the insulated container of Fig. 6.50 with 12 kg of water at 25°C. Estimate the final temperature of the mixture and the net entropy change.

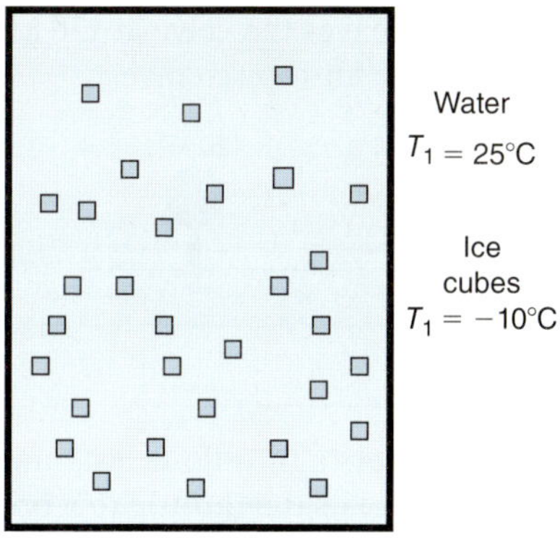

그림 6.50

6.39 Twenty kilograms of copper at 80°C are submerged in a container that holds water at 24°C. Two hundred kilojoules of heat is transferred from the water to the 25°C surroundings. Calculate the eventual temperature of the copper, the entropy change of the water plus the copper, and the entropy change of the universe if the mass of water is *a*) 6 kg, *b*) 10 kg, and *c*) 15 kg. Use average C_p values from Table B-4.

Entropy Change of a Phase-Change Substance

6.40 Steam at 4000 kPa and 400°C is allowed to cool to a saturated vapor at 4000 kPa. Calculate the ratio of the initial specific volume to the final specific volume and the change in specific entropy for this process.

6.41 Refrigerant 134a undergoes a process from 400 kPa and 400°C to a pressure of *a*) 400 kPa, *b*) 800 kPa, and *c*) 1200 kPa in a rigid container. Calculate the heat transfer and the change in specific entropy.

6.42 Ten kg of water at 100 kPa and 5°C are heated to *a*) 137°C, *b*) 160°C, and *c*) 260°C in a constant-pressure process. Calculate the change in entropy for this process.

6.43 Four kilograms of saturated steam are being condensed at a constant pressure of 120 kPa in the cylinder of Fig. 6.51 by transferring heat to the 25°C surroundings. Calculate the entropy generated by this process if *a*) $x_2 = 0.6$, *b*) $x_2 = 0.2$, and *c*) $T_2 = 40°C$.

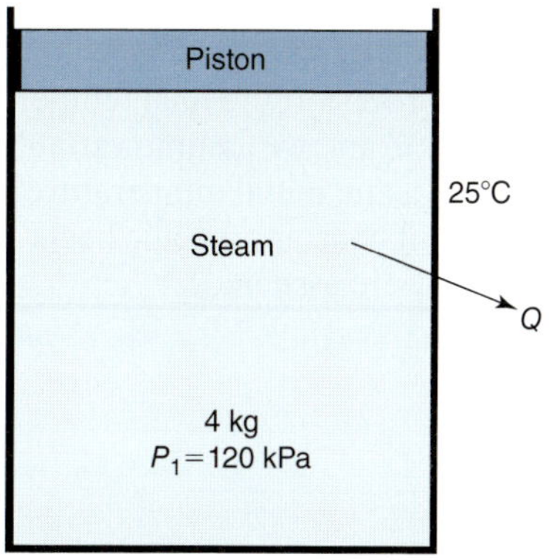

그림 6.51

6.44 Two kilograms of steam are contained in a 40-L rigid container originally at 120 kPa. If 2 MJ of heat are transferred from a 400°C reservoir, estimate the entropy generated.

6.45 Superheated steam is in a 0.3 m^3 rigid container at 1.4 MPa and 450°C. The container is cooled until the pressure reaches 140 kPa. Determine the necessary heat transfer and the entropy change of the universe if the heat is transferred to a 21°C atmosphere.

6.46 Steam at 200°C is compressed reversibly in an insulated cylinder from 100 kPa to *a*) 500 kPa, *b*) 800 kPa, and *c*) 1200 kPa. Calculate the final temperature and the work requirement.

6.47 Determine the work output when 4 kg of steam, contained in a 0.4-m^3 cylinder at 600°C and 8000 kPa, are expanded isentropically until the pressure is *a*) 1200 kPa, *b*) 800 kPa, and *c*) 400 kPa.

6.48 The temperature of 5 kg of water changes from 40°C to 400°C, while the pressure remains constant at 200 kPa. Calculate the required heat transfer and the entropy increase of the universe if the heat comes from a 600°C reservoir.

Entropy Change of an Ideal Gas with Variable Specific Heats

6.49 Air is compressed from 400 K and 100 kPa in an isentropic process. Assuming constant specific heats from Table B-2 and variable specific heats, calculate the final temperature if the final pressure is *a*) 500 kPa, *b*) 1000 kPa, and *c*) 2000 kPa.

6.50 Air is allowed to quadruple its volume in an isentropic process. If the final temperature of the air is 17°C and we assume variable specific heats, what is the initial temperature? What would it be if constant specific heats (from Table B-2) were assumed?

6.51 The farmer in Fig. 6.52 inserts nitrogen from a pressurized tank to fertilize a field. An isentropic process can be assumed as the gas leaves the tank. Estimate the temperature of the nitrogen at the point where it enters the soil if the pressure in the tank is *a*) 8 MPa and *b*) 14 MPa. Make any necessary assumptions and assume constant specific heats and then variable specific heats. (This would be the same temperature should a hose burst and the nitrogen spray across the farmer.)

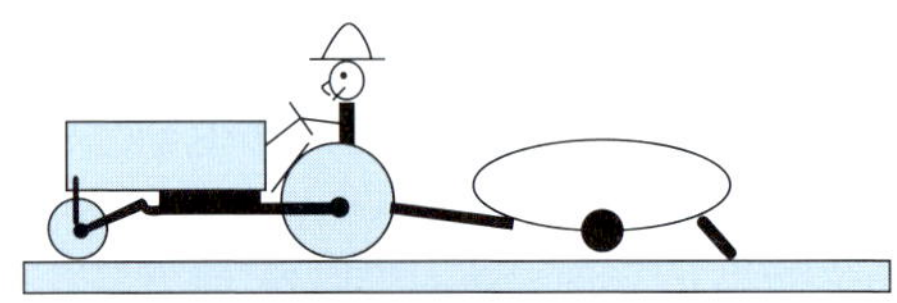

그림 6.52

6.52 Rework the following problems assuming variable specific heats:

a) Prob. 6.22(*a*) *b*) Prob. 6.22(*b*)
c) Prob. 6.23(*a*) *d*) Prob. 6.24(*a*)
e) Prob. 6.25(*a*) *f*) Prob. 6.26(*b*)
g) Prob. 6.27(*a*)

Entropy Changes for a Control Volume

6.53 R134a enters the valve of Fig. 6.53 at 1.2 MPa and $x = 0$. It leaves the valve at 120 kPa. Determine the entropy change.

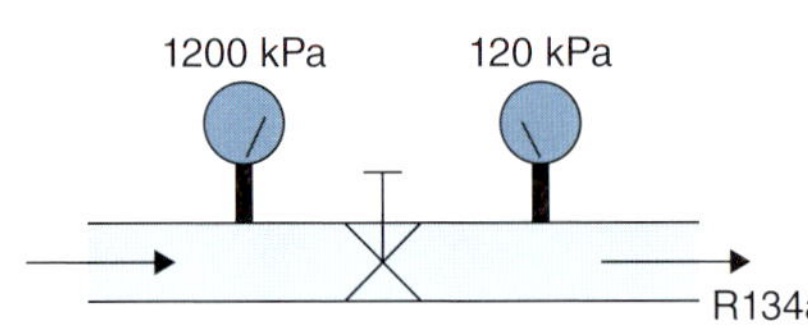

그림 6.53

6.54 Ammonia enters a throttle as a saturated liquid at 600 kPa. It exits the throttle to a pressure of 120 kPa. Calculate the exit temperature of the refrigerant and the change in specific entropy for this process. Use the tables.

6.55 Refrigerant 134a enters a heat exchanger at 0.9 MPa and a temperature of 70°C and leaves at the same pressure with a quality of 0.6. The mass flow rate is 10 kg/s. What are the heat transfer and rate of change of entropy for the refrigerant?

6.56 Water enters a boiler at 6 MPa and 60°C and leaves at 400°C. Calculate the rate of heat transfer if 2000 kg of water pass through the boiler each minute. What is the entropy generated if the heat that stokes the boiler comes from a flame maintained at 2000°C?

6.57 Steam at 20 kPa and a quality of 0.9 enters the condenser of Fig. 6.54 and leaves as saturated liquid. Calculate the heat transfer and entropy change. If the heat is transferred to a 10°C lake, what entropy is generated due to this process?

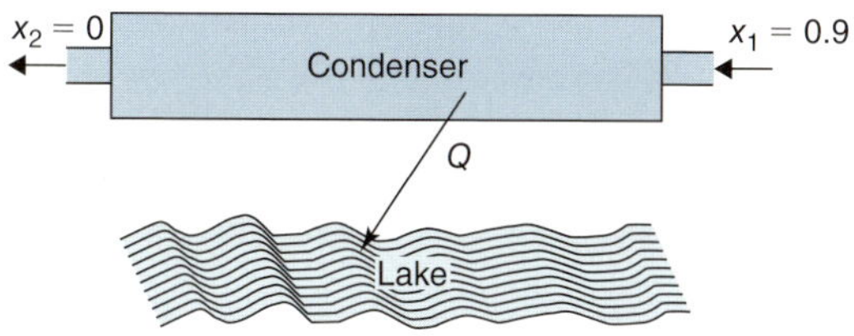

그림 6.54

6.58 Two kilograms of steam at 6 MPa and 600°C enter an insulated turbine each second. If the losses as the steam moves over the blades in the turbine are neglected, estimate the maximum horsepower output of the turbine if the exit pressure is 20 kPa.

6.59 Superheated steam enters an insulated turbine at 20 MPa and 600°C at a mass flow rate of 1000 kg/min. If the steam leaves the turbine at *a*) 10 kPa, *b*) 40 kPa, and *c*) 80 kPa as a saturated vapor, what are the power output and the rate of change of entropy of the steam?

6.60 Superheated steam flows into an insulated turbine at 4 MPa and 500°C. Calculate the maximum horsepower output if the exit pressure *a*) $P_2 = 10$ kPa, *b*) $P_2 = 60$ kPa, *c*) $T_2 = 50$°C, and *d*) $T_2 = 80$°C. The mass flux is 4000 kg per minute.

6.61 Saturated R134a vapor is compressed from 100 kPa using an insulated compressor. Determine the minimum horsepower needed to compress 1800 kg each hour if the compressor outlet pressure is *a*) 1.4 MPa, *b*) 2.0 MPa, and *c*) 3.0 MPa. Saturated liquid leaves the condenser.

6.62 Saturated ammonia at 120 kPa is compressed to 1200 kPa by the insulated compressor of Fig. 6.55. Neglect any losses and determine the horsepower requirement if 40 kg passes through the compressor each minute. What is the entropy change of the universe due to this compression process if the surroundings are at 20°C?

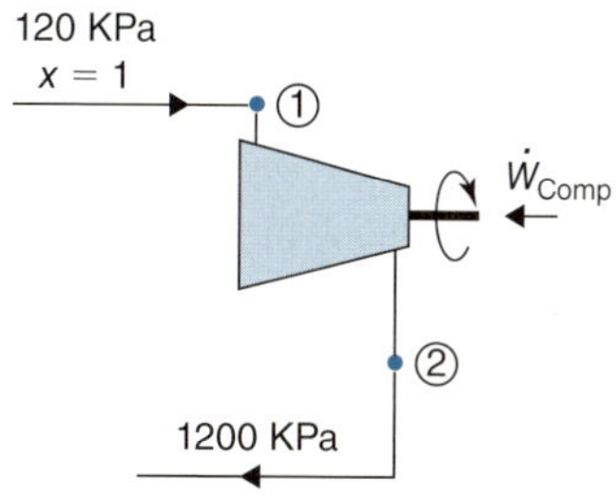

그림 6.55

6.63 Two kilograms per second of superheated steam leave a steam generator and enter a turbine at 6 MPa and 500°C. The turbine produces 2500 hp by expanding the steam to a pressure of 20 kPa with $x = 0.9$. Calculate the rate of entropy production by the turbine if the surroundings are at 25°C.

6.64 Seven thousand kilograms of superheated steam enter a turbine each hour at 7 MPa and 550°C and leave the turbine at 35 kPa as saturated vapor producing 2000 hp. Calculate the rate of entropy change in the steam and in the universe if the surroundings are at 20°C.

6.65 The insulated turbine in the Rankine cycle in Fig. 6.56, operating with water, produces 3000 kW of power. Determine the entropy change across each device.

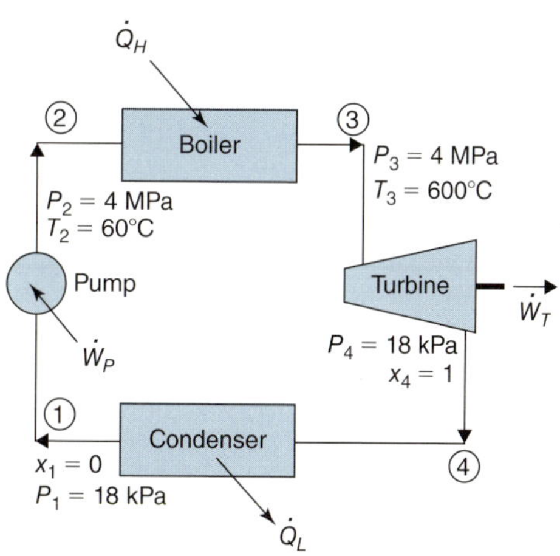

그림 6.56

6.66 Water at atmospheric pressure and 82°C enters a mixing chamber at a flow rate of 5 L/s. Cold water enters the mixing chamber at 4°C at a flow rate of 7.5 L/s. Calculate the temperature of the water leaving the mixing chamber and the rate of change of entropy for this insulated chamber.

6.67 The boiler in a power plant heats water to a temperature near 600°C before it enters the turbine. The water is preheated by mixing it with superheated steam extracted from the turbine before it enters the boiler, resulting in less fuel used by the boiler. The insulated preheater is shown in Fig. 6.57. Determine the entropy production if all pressures are at 600 kPa and

a) $\dot{m}_1 = 2$ kg/s of steam at 250°C
$\dot{m}_2 = 20$ kg/s of water at 45°C

b) $\dot{m}_1 = 2.4$ kg/s of steam at 200°C
$\dot{m}_2 = 24$ kg/s of water at 40°C

c) $\dot{m}_1 = 2.8$ kg/s of steam at 180°C
$\dot{m}_2 = 30$ kg/s of water at 50°C

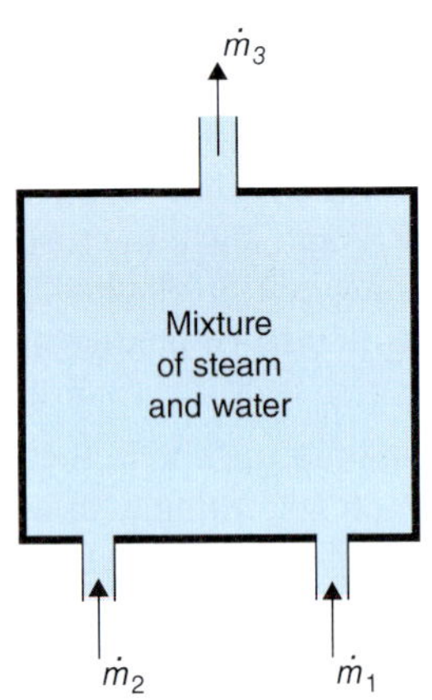

그림 6.57

Isentropic Efficiency

6.68 Steam at 600 kPa and 350°C enters an adiabatic turbine at a flow rate of 20 kg/s. It leaves the turbine at a pressure of 40 kPa as a saturated vapor. Calculate the power produced by this turbine and the isentropic efficiency of the turbine.

6.69 Air enters an adiabatic gas turbine at 600 kPa and 400°C. It leaves the turbine at atmospheric pressure and a temperature of 140°C. Calculate the specific work output and the isentropic efficiency of this turbine. Assume constant specific heats.

6.70 For the adiabatic steam turbine of Fig. 6.58, calculate the isentropic efficiency if *a*) $x_2 = 0.9$, *b*) $x_2 = 1.0$, *c*) $T_2 = 50$°C, and *d*) $T_2 = 60$°C.

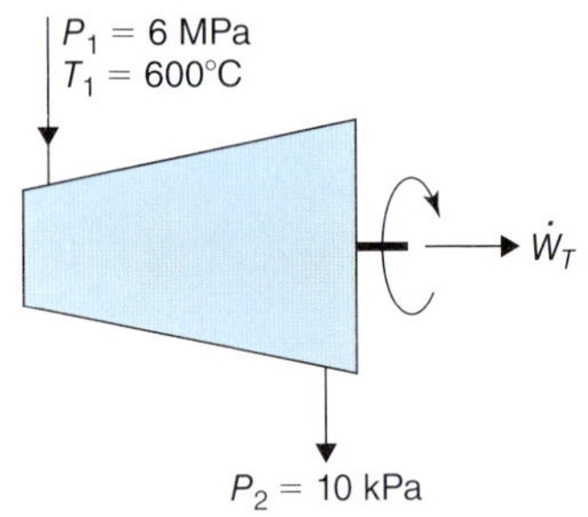

그림 6.58

6.71 An insulated steam turbine accepts 16 kg/s at 14 MPa and 550°C and discharges it at 14 kPa. Determine the power produced and the efficiency if the exit quality is *a*) $x_2 = 0.82$, *b*) $x_2 = 0.90$, and *c*) $x_2 = 1.0$.

6.72 An insulated steam turbine produces 8000 hp by accepting 30 000 kg of steam at 10 MPa each hour and discharging the steam at 20 kPa with a quality of 85%. Determine the inlet temperature and the turbine efficiency.

6.73 An air compressor has an isentropic efficiency of 0.88. If air at 100 kPa and 25°C and a mass flow rate of 20 000 kg/hr is compressed to 500 kPa, what work must be supplied to the compressor? Assume constant specific heats.

6.74 Saturated ammonia vapor is compressed as shown in Fig. 6.59. Calculate the horsepower input if the compressor's adiabatic efficiency is *a*) 80%, *b*) 90%, and *c*) 100%.

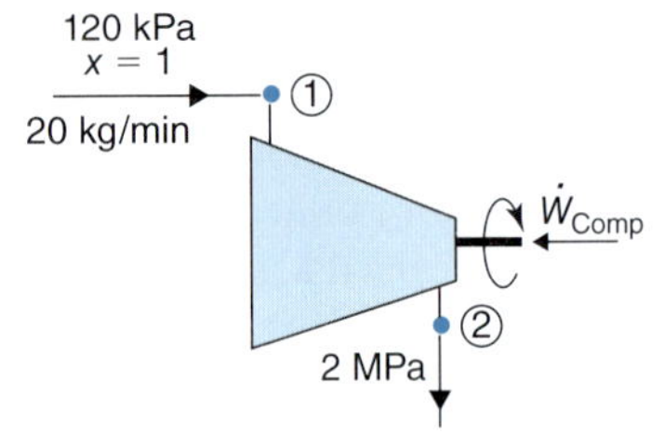

그림 6.59

6.75 Saturated R134a vapor is to be compressed from 140 kPa to 1.6 MPa in a compressor rated at 86% efficiency. Determine the horsepower requirement if the mass flow rate is 180 kg each hour.

6.76 Water enters a pump at 80 kPa and leaves the pump at 6 MPa. The mass flow rate through the pump is 90 kg/min. If the pump requires 15 hp, calculate the pump efficiency.

6.77 The pump of Fig. 6.60 is used in a power plant to increase the low pressure of saturated liquid water exiting a condenser to a high pressure entering a boiler. Estimate the efficiency of the pump if it accepts 2400 kg of water each minute at 10 kPa and discharges it at 8 MPa while consuming 4000 kWh of energy over a 10-hour period.

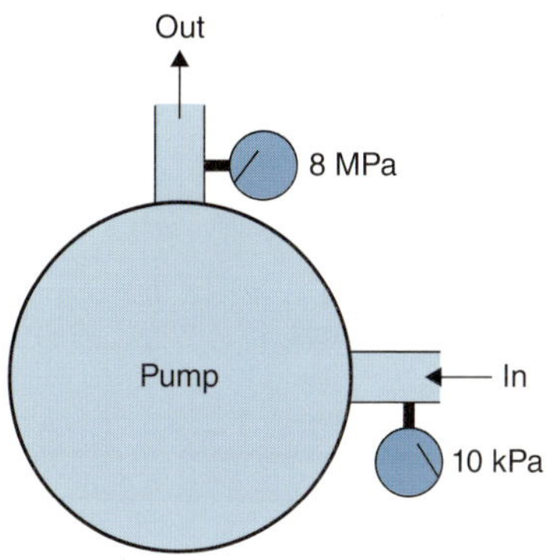

그림 6.60

6.78 Determine the horsepower requirement of a pump that increases the pressure of water from 20 kPa to 5 MPa if it is 88% efficient and pumps 340 000 gallons of water each day.

6.79 Air enters a nozzle at 20 m/s and 25°C with a pressure of 140 kPa. If the exit pressure is 100 kPa and the nozzle is 96% efficient, estimate the exiting velocity.

6.80 Air enters a nozzle at 106 m/s and 80°C with a pressure of 120 kPa. If the exit pressure is 100 kPa and the nozzle is 92% efficient, estimate the exiting velocity and temperature.

Exergy (Availability) and Irreversibility

6.81 A steam generator produces superheated steam at a rate of 140 kg/min, a temperature of 500°C, and a pressure of 5 MPa. What is the maximum amount of power that could be obtained using this steam? Use the standard dead state.

6.82 Steam enters a turbine at 10 MPa and 600°C and exits at 20 kPa with a quality of 95%. Determine the irreversibility of this process.

6.83 What is the exergy of air at 300°C and 600 kPa if the dead state is 20°C and 101 kPa? *a*) Assume constant specific heats and *b*) use Table F-1.

6.84 R134a enters a compressor at 200 kPa and −10°C at a flow rate of 2.5 kg/s, and leaves with a temperature of 150°C and a pressure of 1.2 MPa. What is the rate of change of exergy for this device?

CHAPTER

7

열역학 관계식

Thermodynamic Relations

$$ds = \left(\frac{\partial s}{\partial T}\right)_P dT + \left(\frac{\partial s}{\partial P}\right)_T dP$$

Outline

기호 설명

본 장에서 소개된 변수들은 다음과 같다.

a	헬름홀츠 함수
B	체적 탄성률
g	깁스 함수
M	일반 함수
N	일반 함수
T^*	별 상첨자는 이상기체법칙 $PV = mRT$가 적용되는 상태를 의미한다.
β	체적 팽창률
μ_J	줄-톰슨 계수

학습목표

- ❑ 열역학 상태량 사이의 관계를 알아보기 위하여 맥스웰 관계식을 사용할 수 있다.
- ❑ 클라페이론 식을 적용할 수 있다.
- ❑ 내부에너지, 엔탈피 그리고 엔트로피에 대한 일반적 관계식을 찾을 수 있다.
- ❑ 줄-톰슨 계수를 전개하고 활용할 수 있다.
- ❑ 열역학 상태량에 대한 실제기체 효과를 이해한다.

이 장에서 우리는 엔탈피, 내부에너지, 엔트로피 그리고 비열과 같이 측정하기 힘든 열역학 상태량을 측정하기 쉬운 온도, 압력, 질량 그리고 체적에 연계해 고려해 볼 것이다. 이전 장에서는 관심 있는 상태량을 결정하기 위해 주로 부록에 제시된 표를 사용하였다. 그렇다면 표에 정리된 상태량은 어떻게 결정되었을까? 이번 장에서는 다양한 장치에 적용되는 넓은 범위의 온도와 압력의 조건에서 열역학 상태량을 결정하기 위해 사용되는 관계식들에 대해 학습하게 될 것이다. 추가적으로 학습하게 될 관계식을 통해 이전 장에서 배운 것 보다 좀 더 정확한 상태량 계산이 가능하다는 것을 학습하게 될 것이다.

7.1 맥스웰 관계식

6장에서 비내부에너지와 비엔탈피에 대한 미분 관계식을 학습해 보았으며, 식 (6.15)와 (6.16)을 이용하여 다음과 같이 나타낼 수 있다.

$$du = Tds - Pdv \tag{7.1}$$

$$dh = Tds + vdP \tag{7.2}$$

이제 두 개의 독립적 상태량을 열역학적 계를 해석하기 위해 추가적으로 정의해보자. 즉, *헬름홀츠 함수*(Helmholtz function) a와 *깁스 함수*(Gibbs function) g:

$$a = u - Ts \tag{7.3}$$

$$g = h - Ts \tag{7.4}$$

위 식들을 미분 형태로 취하고, 식 (7.1)과 (7.2)에 결합하면 다음과 같다.

Comment

헬름홀츠와 깁스 함수는 다른 독립적 상태량의 항으로 정의된 독립적 상태량이며, 엔탈피와 유사한 형태로 활용된다. 두 함수는 모두 에너지의 단위를 갖고, 어떤 상황에서는 에너지를 나타내기도 한다.

$$da = -Pdv - sdT \tag{7.5}$$
$$dg = vdP - sdT \tag{7.6}$$

한편 두 변수 x와 y에 의존하는 함수 z의 미분은 다음과 같이 표현될 수 있다.

$$dz = \left(\frac{\partial z}{\partial x}\right)_y dx + \left(\frac{\partial z}{\partial y}\right)_x dy \tag{7.7}$$

여기서, 첫 번째 편미분 항의 하첨자 y는 z가 x에 대하여 미분될 때, 변수 y는 일정하게 유지됨을 의미한다; 두 번째 편미분 항에서 변수 x는 z가 y에 대하여 미분될 때, 변수 x는 일정하게 유지됨을 의미한다. 식 (7.7)은 다음과 같은 형태로 표현될 수 있다.

$$dz = Mdx + Ndy \tag{7.8}$$

여기서, $M = (\partial z/\partial x)_y$과 $N = (\partial z/\partial y)_x$이다. 함수 M과 N의 편미분은

$$\begin{aligned} \left(\frac{\partial M}{\partial y}\right)_x &= \frac{\partial}{\partial y}\left(\frac{\partial z}{\partial x}\right)_y = \frac{\partial^2 z}{\partial y \partial x} = \frac{\partial^2 z}{\partial x \partial y} \\ \left(\frac{\partial N}{\partial x}\right)_y &= \frac{\partial}{\partial x}\left(\frac{\partial z}{\partial y}\right)_x = \frac{\partial^2 z}{\partial x \partial y} = \frac{\partial^2 z}{\partial y \partial x} \end{aligned} \tag{7.9}$$

만약 x, y 그리고 z가 불연속점을 갖지 않거나 무한한 기울기를 갖지 않는 함수라면(완전미분 가능하다면), 점함수(point function)와 같이 미분의 순서 변경이 가능할 수 있다. 그 결과,

$$\left(\frac{\partial M}{\partial y}\right)_x = \left(\frac{\partial N}{\partial x}\right)_y \tag{7.10}$$

식 (7.1), (7.2), (7.5) 그리고 (7.6)에 위 관계식들을 적용하면, 4개의 맥스웰 관계식을 얻게 된다.

$$\left(\frac{\partial T}{\partial v}\right)_s = -\left(\frac{\partial P}{\partial s}\right)_v \tag{7.11}$$

$$\left(\frac{\partial T}{\partial P}\right)_s = \left(\frac{\partial v}{\partial s}\right)_P \tag{7.12}$$

$$\left(\frac{\partial P}{\partial T}\right)_v = \left(\frac{\partial s}{\partial v}\right)_T \tag{7.13}$$

$$\left(\frac{\partial v}{\partial T}\right)_P = -\left(\frac{\partial s}{\partial P}\right)_T \tag{7.14}$$

이들 4개의 관계식에서 측정할 수 있는 상태량 T, P 그리고 v[1]의 변화량을 알고 있다면, 측정하기 힘든 상태량인 엔트로피의 변화량을 계산할 수 있다. 이들은 열역학에 있어서 매우 중요한 관계식들이다; 이 관계식을 통해 부록의 증기 표에 정리되어 있는 엔트로피를 계산할 수 있다.

여러가지 다른 유용한 관계식들은 4개의 식 (7.1), (7.2), (7.5), (7.6)의 미분 형태로부터 얻어질 수 있으며, 식 (7.7)을 식 (7.1), (7.2), (7.5)와 (7.6)에 적용해 보면 다음에 정리된 관계식이 참임을 알 수 있다.

[1]체적과 질량을 측정할 수 있다면 이때 $v = V/m$이기 때문에, 비체적은 측정할 수 있는 것으로 생각해 볼 수 있다.

$$\left(\frac{\partial u}{\partial s}\right)_v = T \quad \text{and} \quad \left(\frac{\partial u}{\partial v}\right)_s = -P \tag{7.15}$$

$$\left(\frac{\partial h}{\partial s}\right)_P = T \quad \text{and} \quad \left(\frac{\partial h}{\partial P}\right)_s = v \tag{7.16}$$

$$\left(\frac{\partial a}{\partial v}\right)_T = -P \quad \text{and} \quad \left(\frac{\partial a}{\partial T}\right)_v = -s \tag{7.17}$$

$$\left(\frac{\partial g}{\partial P}\right)_T = v \quad \text{and} \quad \left(\frac{\partial g}{\partial T}\right)_P = -s \tag{7.18}$$

처음 두 개의 식 (7.15)와 (7.16)은 부록의 표 내에서 임의의 상태량을 관계시키기 위해 사용될 수 있다. 헬름홀츠와 깁스 함수는 일반적으로 상태량 표에 제시되지 않는다.

예제 7.1 맥스웰 관계식을 검증하라

과열된 증기가 500 kPa과 500°C에서 배출된다. 다음 두가지 방법을 사용하여 식 (7.14)가 사실인지를 증명하라. i) 표 C-3에 제시된 값, ii) IRC 상태량 계산기.

풀이

i) 온도와 압력이 일정하게 유지되기 때문에, 식 (7.14) 관계식을 적용한다. 다른 각각의 관계식에서, 만약 비체적 또는 엔트로피가 일정하다면, 이것은 온도와 압력이 포함된 표에서 오히려 어려운 일이 된다. 그림 7.1에서와 같이 비교적 큰 온도와 압력에 대해 미분식을 적용하여 근사하면,

$$\left(\frac{\partial v}{\partial T}\right)_P \cong \left.\frac{\Delta v}{\Delta T}\right|_{P=0.5\text{ MPa}} = \frac{0.8041 - 0.6173}{600 - 400} = 0.000934\text{ m}^3/\text{kg}\cdot\text{K}$$

$$-\left(\frac{\partial s}{\partial P}\right)_T \cong \left.\frac{\Delta s}{\Delta P}\right|_{T=500°\text{C}} = -\frac{8.0021 - 8.1913}{600 - 400} = 0.000946\text{ m}^3/\text{kg}\cdot\text{K}$$

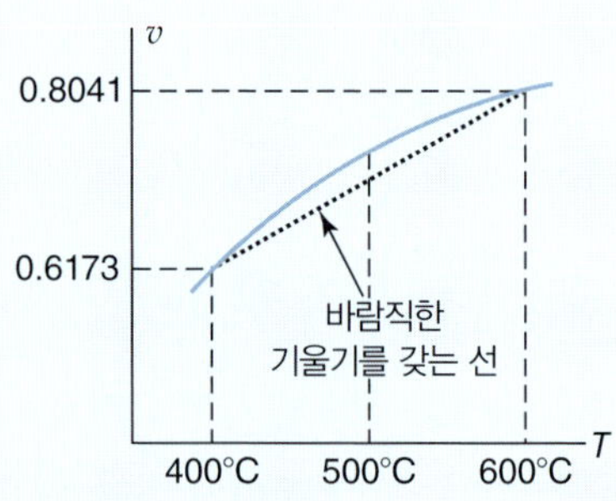

그림 7.1

식 (7.14)를 이용하여 계산한 결과가 서로 약 1%에의 오차 범위이내에서 잘 일치하고 있다.

ii) IRC 상태량 계산기를 이용할 경우, 중앙 차분이 되도록 500 kPa에서 600°C와 400°C를 선택하고 500°C에서 600 kPa과 400 kPa을 선택하라. 그 결과,

$$\left(\frac{\partial v}{\partial T}\right)_P \cong \left.\frac{\Delta v}{\Delta T}\right|_{P=0.5\,\text{MPa}} = \frac{0.804 - 0.617}{600 - 400} = \underline{0.000935\ \text{m}^3/\text{kg}\cdot\text{K}}$$

$$-\left(\frac{\partial s}{\partial P}\right)_T \cong -\left.\frac{\Delta s}{\Delta P}\right|_{T=500°\text{C}} = -\frac{8.00 - 8.19}{600 - 400} = \underline{0.00095\ \text{m}^3/\text{kg}\cdot\text{K}}$$

표 또는 IRC 상태량 계산기를 사용하여 계산한 근사값들은 거의 비슷하다. 이 계산결과는 $(\partial v/\partial T)P = -(\partial s/\partial P)_T$임을 증명할 수 있다.

식 (7.16)의 $(\partial h/\partial s)_P = T$를 검증하라 — 예제 7.2

500 kPa과 500°C에서의 증기를 사용하여 $(\partial h/\partial s)_P = T$가 사실인지를 검증하라.

풀이

주어진 관계식은 표 C-3의 값들을 사용하여 다음과 같이 근사시킬 수 있다.

$$\left(\frac{\partial h}{\partial s}\right)_P \cong \left.\frac{\Delta h}{\Delta s}\right|_{P=500\,\text{kPa}} = \frac{3701.7 - 3271.9}{8.3522 - 7.7938} = 770\ \text{K} \quad \text{or} \quad \underline{497°\text{C}}$$

여기서 온도는 400°C와 600°C를 사용하였다.

☑ 학습목표 확인 (1)

7.2 클라페이론 식

클라페이론 식은 맥스웰 관계식 중 하나로부터 유도할 수 있으며, 이 식은 측정할 수 있는 상태량인 P, T 그리고 v로부터 증발 엔탈피 h_{fg}를 결정하는데 사용된다. 클라페이론 식을 유도하기 위해 사용되는 맥스웰 관계식은 식 (7.13)이다:

$$\left(\frac{\partial P}{\partial T}\right)_v = \left(\frac{\partial s}{\partial v}\right)_T \tag{7.19}$$

그림 7.2에서 포화액이 포화증기로 증발하는 $T = T_0$에서의 등온과정(또는 $P = P_0$에서의 정압과정)을 고려해 보자. 액체로 존재하는 영역에서, 압력은 오직 온도에만 의존, 즉 $P = P(T)$이기 때문에, 편미분은 상미분으로 표현될 수 있다. 그 결과 식 (7.19)는 다음과 같이 나타낼 수 있다.

$$\left.\frac{dP}{dT}\right|_{v=v_0} = \left(\frac{\partial s}{\partial v}\right)_T = \left.\frac{\Delta s}{\Delta v}\right|_{T=T_0} = \frac{s_g - s_f}{v_g - v_f} = \frac{s_{fg}}{v_{fg}} \tag{7.20}$$

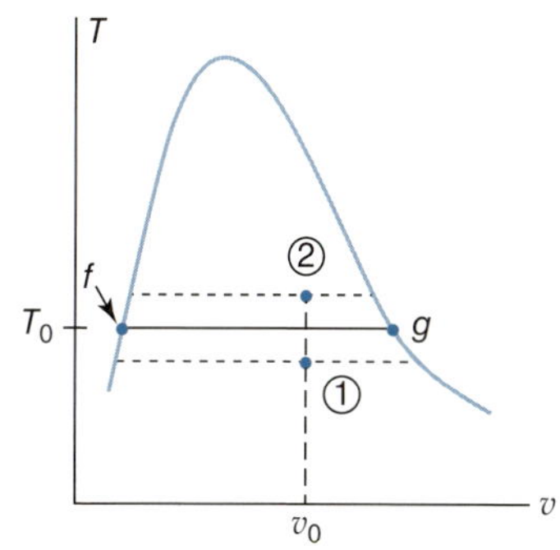

그림 7.2
상변화를 보여주는 T–v 선도

포화 액체 상태에서 포화 증기 상태까지 식 (7.2)를 적분하면, 다음과 같이 나타낼 수 있다.

$$\int_f^g dh = \int_f^g T_0 ds + \int_f^g v d\!\!\!/P \tag{7.21}$$

온도 T_0에서 압력은 상태 f에서 상태 g까지 일정하기 때문에, 압력에 대한 적분 항은 생략될 수 있다. 적분을 수행한 결과는

$$h_g - h_f = T_0(s_g - s_f) \quad \text{or} \quad h_{fg} = T_0 s_{fg} \tag{7.22}$$

식 (7.20)에 s_{fg}를 대입하면 *클라페이론 식*(Clapeyron equation)을 유도할 수 있다.

클라페이론 식: P, T 그리고 v의 항으로 h_{fg}를 계산할 수 있다. 예제 7.3을 확인하라.

$$\left.\frac{dP}{dT}\right|_{v=v_0} = \frac{h_{fg}}{T_0 v_{fg}} \tag{7.23}$$

이 식을 이용하면 P, T 그리고 v 값만을 사용하여 h_{fg}를 계산할 수 있다. 미분항 $dP/dT|_v$는 부록의 표 C-1 또는 C-2를 사용했던 방법과 동일하게 포화 액체와 증기 상태량이 정리된 표를 이용하면 근사값을 구할 수 있다.

증기가 이상기체로 처리될 수 있음을 보여주는 계산: 200 kPa에서,

$$v = RT/P = 0.908 \text{ m}^3/\text{kg}$$

이다.

이 값은 표 C-2로부터 얻어진 $v_g = 0.886 \text{ m}^3/\text{kg}$의 오차범위 2.5% 이내에 있으며, 허용될 수 있는 정확도이다.

비교적 낮은 압력의 경우에, 부록의 표에서 $v_g \gg v_f$임을 확인할 수 있다. 또한, 포화 증기를 이상기체로 취급할 수 있는 경우 압력이 비교적 낮다면 다음과 같이 근사할 수 있다.

$$v_{fg} \cong v_g = \frac{RT}{P} \tag{7.24}$$

식 (7.24)를 식 (7.23)에 적용하여 다시 표현하면 다음과 같다.

$$\left.\frac{dP}{dT}\right|_v = \frac{h_{fg}P}{RT^2} \tag{7.25}$$

하첨자 "0"은 필요하지 않기 때문에 (온도항에서) 생략되었다. 이 식은 비교적 압력이 낮을 때, 기화 또는 승화 (h_{fg} 대신에 h_{ig})와 같은 상변화 과정에서 적용될 수 있다.

식 (7.25)를 다음과 같이 표현하고

$$\left.\frac{dP}{P}\right|_{\text{sat}} = \left.\frac{h_{fg}\,dT}{R\,T^2}\right|_{\text{sat}} \tag{7.26}$$

상태 1과 2 사이에서 적분을 수행하면(그림 7.2를 확인하라) 그 결과 다음과 같이 나타낼 수 있다.

$$\ln\frac{P_2}{P_1} = \frac{h_{fg}}{R}\left(\frac{1}{T_1} - \frac{1}{T_2}\right) \tag{7.27}$$

여기서, h_{fg}는 상태 1과 2 사이의 평균값으로 일정하다고 가정한다. 식 (7.27)은 포화 상태량 표의 포화 온도 또는 포화 압력을 계산하기 위해 사용될 수 있다. 예제 7.4를 확인하라.

클라페이론 식을 적용하여 h_{fg} 구하기 예제 7.3

P, T 그리고 v의 상태량만이 제공되는 표가 존재한다고 가정하자. 클라페이론 식을 이용하여, 240°C에서 증기의 h_{fg}를 결정하고 s_{fg}를 계산하라.

풀이

엔탈피 h_{fg}는 식 (7.23)에 의해 P, T 그리고 v와 같은 상태량과 관련이 있다. 그림 7.2에 제시된 바와 같이, 상태 1과 상태 2에서의 상태량을 사용하면,

$$h_{fg} = T_0 v_{fg} \left.\frac{dP}{dT}\right|_v \cong T_0 v_{fg} \frac{P_2 - P_1}{T_2 - T_1}$$

$$= 513\ \text{K} \times (0.05977 - 0.001229)\ \frac{\text{m}^3}{\text{kg}} \frac{(3973 - 2795)\ \text{kN/m}^2}{(523 - 503)\ \text{K}}$$

$$= \underline{1769\ \text{kJ/kg}}$$

여기서 미분값을 결정하기 위해 중앙차분이 사용되었다. 이때 식 (7.22)는 엔트로피를 구하기 위해 사용될 수 있다.

$$s_{fg} = \frac{h_{fg}}{T_0} = \frac{1769}{240 + 273} = \underline{3.45\ \text{kJ/kg·K}}$$

이 값은 240°C에서 표 C-1로부터 얻어진 h_{fg} = 1766 kJ/kg 및 s_{fg} = 3.44 kJ/kg·K와 거의 같다. 이 값들은 표에서 제시된 값의 0.3% 범위 내에 있다.

포화 온도 계산 예제 7.4

표 C-2의 초기 압력은 4 kPa이였으나 1 kPa에서 포화 온도를 얻고 싶다고 가정하자. 식 (7.27)을 사용하여 1 kPa에서 물의 포화 온도를 근사적으로 구하라.

풀이

포화 수증기는 이상기체라고 가정하고, 식 (7.27)을 이용하여 해를 구하려면 4 kPa과 1 kPa 사이에서 평균 h_{fg}를 알고 있어야 한다. 표 C-2로부터 0.0025 MPa에서 h_{fg} = 2452 kJ/kg 임을 알 수 있으므로 식 (7.27)을 통해 다음의 계산이 가능하다.

$$\ln \frac{P_2}{P_1} = \frac{h_{fg}}{R}\left(\frac{1}{T_1} - \frac{1}{T_2}\right)$$

$$\ln \frac{1}{4} = \frac{2452\ \text{kJ/kg}}{0.462\ \text{kJ/kg·K}}\left(\frac{1}{302\ \text{K}} - \frac{1}{T_2}\right) \qquad \therefore T_2 = 280.1\ \text{K} \ \text{or} \ \underline{7.1°\text{C}}$$

이 값은 표 C-2에 제시된 7.0°C의 값에 매우 가깝다.

☑ 학습목표 확인 (2)

7.3 내부에너지, 엔탈피, 엔트로피 그리고 비열의 관계

이번 절에서는 비이상기체의 내부에너지, 엔탈피 그리고 엔트로피의 변화를 계산하기 위해서 사용할 수 있는 열역학 관계식을 유도할 것이다. 2.6절에서와 같이 기체의 내부에너지는 온도와 비체적의 함수, 즉 $u = (T, v)$라고 가정하자. 그러면 du를 다음과 같이 나타낼 수 있다:

$$du = \left(\frac{\partial u}{\partial T}\right)_v dT + \left(\frac{\partial u}{\partial v}\right)_T dv$$

$$= C_v dT + \left(\frac{\partial u}{\partial v}\right)_T dv \tag{7.28}$$

여기서 C_v의 정의는 식 (2.22)로부터 알 수 있다. 식 (7.1)의 열역학 제1법칙 미분 형태를 통해 얻어진 du와 열역학 상태량의 상관관계를 다음과 같이 표현할 수 있다.

$$du = Tds - Pdv \tag{7.29}$$

$s = s(T, v)$를 고려하면, 식 (7.29)는 다음과 같이 나타낼 수 있다.

$$du = T\left[\left(\frac{\partial s}{\partial T}\right)_v dT + \left(\frac{\partial s}{\partial v}\right)_T dv\right] - Pdv$$

$$= T\left(\frac{\partial s}{\partial T}\right)_v dT + \left[T\left(\frac{\partial s}{\partial v}\right)_T - P\right]dv \tag{7.30}$$

식 (7.28)과 (7.30)에서 du의 두 식은 서로 같고 dT와 dv의 계수들도 같다고 하면 다음과 같이 나타낼 수 있다.

$$C_v = T\left(\frac{\partial s}{\partial T}\right)_v \tag{7.31}$$

$$\left(\frac{\partial u}{\partial v}\right)_T = T\left(\frac{\partial s}{\partial v}\right)_T - P = T\left(\frac{\partial P}{\partial T}\right)_v - P \tag{7.32}$$

여기서 맥스웰 관계식 (7.13)이 사용되었다. 이제, 식 (7.30)에 식 (7.32)를 대입함으로써 du는 P, T, v와 C_v를 이용하여 다음과 같이 표현할 수 있다.

$$du = C_v dT + \left[T\left(\frac{\partial P}{\partial T}\right)_v - P\right]dv \tag{7.33}$$

만약 P, T 그리고 v의 관계를 나타낼 수 있는 상태방정식이 사용되고 C_v를 알고 있다면, 식 (7.33)은 이상기체법칙을 따르지 않는 기체들의 $u_2 - u_1$을 계산하기 위해 첫번째와 두번째 상태 사이에서 적분될 수 있다.

엔탈피에 대해서도 유사한 관계를 적용해 볼 수 있다. 2.6절에서와 같이 $h = h(T, P)$라고 하면 이때 dh는 다음과 같이 나타낼 수 있다.

$$dh = \left(\frac{\partial h}{\partial T}\right)_P dT + \left(\frac{\partial h}{\partial P}\right)_T dP$$

$$= C_p dT + \left(\frac{\partial h}{\partial P}\right)_T dP \qquad (7.34)$$

여기서 C_p의 정의는 식 (2.26)으로부터 알 수 있다. 식 (7.2)의 열역학 제1법칙 미분 형태를 통해 얻어진 dh와 열역학 상태량의 상관관계를 다음과 같이 표현할 수 있다.

$$dh = Tds + vdP \qquad (7.35)$$

$s = s(T, P)$를 고려하면, 식 (7.35)는 다음과 같이 나타낼 수 있다.

$$dh = T\left[\left(\frac{\partial s}{\partial T}\right)_P dT + \left(\frac{\partial s}{\partial P}\right)_T dP\right] + vdP$$

$$= T\left(\frac{\partial s}{\partial T}\right)_P dT + \left[T\left(\frac{\partial s}{\partial P}\right)_T + v\right]dP \qquad (7.36)$$

> **Note:** 만약 $s = s(T, P)$이면, 미분 ds는 다음과 같이 표현할 수 있다.
>
> $$ds = \left(\frac{\partial s}{\partial T}\right)_P dT + \left(\frac{\partial s}{\partial P}\right)_T dP$$

식 (7.34)와 (7.36)에서 dh의 두 식이 서로 같고 이들 두 식에서 dT와 dP의 계수도 같다고 하면 다음과 같이 나타낼 수 있다.

$$C_p = T\left(\frac{\partial s}{\partial T}\right)_P \qquad (7.37)$$

$$\left(\frac{\partial h}{\partial P}\right)_T = T\left(\frac{\partial s}{\partial P}\right)_T + v = T\left(\frac{\partial v}{\partial T}\right)_P + v \qquad (7.38)$$

여기서 맥스웰 관계식 (7.14)가 사용되었다. 식 (7.36)에 식 (7.38)을 대입하면 dh는 P, T, v와 C_p를 이용하여 다음과 같이 나타낼 수 있다.

$$dh = C_p dT + \left[v - T\left(\frac{\partial v}{\partial T}\right)_P\right]dP \qquad (7.39)$$

만약 P, T 그리고 v의 관계를 나타낼 수 있는 상태방정식이 사용되고 C_p를 알고 있다면, 식 (7.39)는 이상기체법칙을 따르지 않는 기체들의 $h_2 - h_1$을 계산하기 위해 첫번째와 두번째 상태 사이에서 적분될 수 있다. 이 풀이과정은 상당히 복잡하여, 7.5절에서 다시 다루기로 한다.

> **Comment**
>
> 예를 들어 반데르발스 상태방정식이 사용될 수 있다.

만약 Δu나 또는 Δh 중에서 하나를 알게 되면, 다른 하나는 다음 식을 통해 결정될 수 있기 때문에, 식 (7.33)과 식 (7.39)를 모두 적분할 필요는 없다.

$$\Delta h = \Delta u + P_2 v_2 - P_1 v_1 \qquad (7.40)$$

ds의 표현은 $s = s(T, v)$를 적용하여 얻을 수 있으며, 그 결과

$$ds = \left(\frac{\partial s}{\partial T}\right)_v dT + \left(\frac{\partial s}{\partial v}\right)_T dv$$

$$= \frac{C_v}{T} dT + \left(\frac{\partial P}{\partial T}\right)_v dv \qquad (7.41)$$

여기서 첫 번째 편미분 항을 위해 식 (7.31)이 사용되었으며, 두 번째 편미분 항을 위해 맥스웰 관계식 (7.13)이 사용되었다. 다른 방법으로써, ds의 표현은 $s = s(T, P)$를 고

려하여 다음과 같이 나타낼 수 있다.

$$ds = \left(\frac{\partial s}{\partial T}\right)_P dT + \left(\frac{\partial s}{\partial P}\right)_T dP$$
$$= \frac{C_p}{T}dT - \left(\frac{\partial v}{\partial T}\right)_P dP \tag{7.42}$$

여기서 식 (7.37)이 첫 번째 편미분 항을 위해 사용되었으며, 맥스웰 관계식 (7.14)는 두 번째 편미분 항을 위해 사용되었다. 높은 압력과 온도변화를 겪는 실제기체의 엔트피 변화량을 계산하기 위해서 ds와 관련된 식(7.41)과 (7.42)는 7.5절에 다시 다루기로 한다.

이제, C_p와 C_v가 P, v 그리고 T의 항으로 표현될 수 있다면, Δh와 Δs의 표현 식 (7.39)와 (7.42)는 측정가능한 상태량인 P, v 그리고 T의 항으로 나타낼 수 있을 것이다. 이를 위해, 식 (7.42)에 제시된 완전미분식을 고려해보자. 식 (7.8)을 참고하면,

$$M = \frac{C_p}{T} \quad \text{and} \quad N = -\left(\frac{\partial v}{\partial T}\right)_P \tag{7.43}$$

완전미분의 경우:
$ds = MdT + NdP$ 일 때
$\left(\frac{\partial M}{\partial P}\right)_T = \left(\frac{\partial N}{\partial T}\right)_P$

결과적으로,

$$\left[\frac{\partial}{\partial P}\left(\frac{C_p}{T}\right)\right]_T = -\left[\frac{\partial}{\partial T}\left(\frac{\partial v}{\partial T}\right)_P\right]_P \tag{7.44}$$

같은 방법으로 $\partial T/\partial P = 0$를 고려하면,

$$\left(\frac{\partial C_p}{\partial P}\right)_T = -T\left(\frac{\partial^2 v}{\partial T^2}\right)_P \tag{7.45}$$

식 (7.45)까지와 동일한 방법을 적용하되 식 (7.41)부터 시작하여 다시 전개하면 다음과 같은 관계식을 얻을 수 있다.

$$\left(\frac{\partial C_v}{\partial v}\right)_T = T\left(\frac{\partial^2 P}{\partial T^2}\right)_v \tag{7.46}$$

식 (7.41)과 식 (7.42)이 서로 같다라고 하면 다음과 같은 세번째 관계식을 얻을 수 있다.

$$\frac{C_p}{T}dT - \left(\frac{\partial v}{\partial T}\right)_P dP = \frac{C_v}{T}dT + \left(\frac{\partial P}{\partial T}\right)_v dv \tag{7.47}$$

미적분으로부터:
$\left(\frac{\partial p}{\partial T}\right)_v\left(\frac{\partial T}{\partial v}\right)_p\left(\frac{\partial v}{\partial P}\right)_T = -1$
그리고
$\left(\frac{\partial T}{\partial P}\right)_v = \frac{1}{(\partial P/\partial T)_v}$

재배열을 통해

$$dT = \frac{T}{C_p - C_v}\left(\frac{\partial v}{\partial T}\right)_P dP + \frac{T}{C_p - C_v}\left(\frac{\partial P}{\partial T}\right)_v dv \tag{7.48}$$

$T = T(P, v)$임을 기억하면, 즉, $dT = (\partial T/\partial P)_v dP + (\partial T/\partial v)_P dv$이므로

$$C_p - C_v = T\left(\frac{\partial P}{\partial T}\right)_v\left(\frac{\partial v}{\partial T}\right)_P$$
$$= -T\left(\frac{\partial P}{\partial v}\right)_T\left(\frac{\partial v}{\partial T}\right)_P^2 \tag{7.49}$$

T, P 그리고 v 사이의 주어진 관계에 대하여, du, dh 그리고 ds에 대한 표현들은 비이상기체의 $u_2 - u_1$, $h_2 - h_1$ 그리고 $s_2 - s_1$를 계산하기 위해 적분될 수 있고 이상기체에 대한 표현들은 2장에서 검토된 표현으로 단순화된다.

식 (7.49)는 다음에 제시된 4가지 중요한 결론을 도출하기 위하여 사용될 수 있다.

- 비압축성 물질에 대하여 (v = 일정) $C_p = C_v$
- $(\partial v/\partial T)$는 매우 작기 때문에, 액체 또는 고체에 대하여 $C_p \cong C_v$
- $T \to 0$ (절대온도 0)일 때 $C_p \to C_v$
- $(\partial v/\partial P)_T < 0$이므로 $C_p \geq C_v$

Note: 고체나 액체의 체적은 온도에 따라 크게 변화되지 않는다.

Note: 압력이 증가할 때 체적은 항상 감소한다.

마지막으로, 식 (7.49)에서 비열의 차이에 대한 두 번째 표현은 체적 탄성률[2] B와 체적 팽창률[3] β의 항으로 표현될 수 있다:

$$C_p - C_v = vTB\beta^2 \tag{7.50}$$

물질의 물성에 관한 핸드북에는 B와 β가 포함되어 있다.

정의:

$$B = -v\left(\frac{\partial P}{\partial v}\right)_T$$

$$\beta = \frac{1}{v}\left(\frac{\partial v}{\partial T}\right)_P$$

예제 7.5 반데르발스 상태방정식을 이용하여 공기 중 엔탈피와 엔트로피 변화 구하기

공기가 1000 kPa에서 8000 kPa로 가압될 때까지 27°C에서 등온과정을 유지한다. 반데르발스 상태방정식(식 2.17을 확인하라)을 이용하여 엔탈피와 엔트로피 변화를 계산하라. 비열 C_v는 오직 온도만의 함수라고 가정하자.

풀이

식 (7.39)은 반데르발스 상태방정식 $P = RT/(v - b) - a/v^2$에서 구할 수 없는 v의 명시적 형태를 포함하고 있기 때문에, h에 대하여 직접 적분하는 것은 매우 어려울 것이다. 결론적으로, 반데르발스 상태방정식은 P에 대한 명시적 형태를 포함하고 있기 때문에, u에 대하여 적분을 취하는 것이 훨씬 더 용이하다. 식 (7.33)을 적용하면,

$$u_2 - u_1 = \int_{T_1}^{T_2} C_v dT + \int_{v_1}^{v_2} \left[T\left(\frac{\partial P}{\partial T}\right)_v - P\right]dv$$

Suggestion: 식 (7.39)를 시도해봐라. Δh를 직접적으로 찾기 위해 이 방정식을 사용하는 것은 현명하지 않다는 것을 금방 알 수 있을 것이다.

첫 번째 적분 항은 $T_2 = T_1$이기 때문에 0이다. 두 번째 적분 항은 반데르발스 식 (2.17)을 이용하면 단순화시킬 수 있다.

$$u_2 - u_1 = \int_{v_1}^{v_2} \left[\frac{\cancel{RT}}{\cancel{v} - b} - \frac{\cancel{RT}}{\cancel{v} - b} + \frac{a}{v^2}\right]dv = 0.163\left(\frac{1}{v_1} - \frac{1}{v_2}\right)$$

Unit: A의 단위는 kPa·m^6/kg^{2}이다. 그러므로 (adv/v^2)의 단위는 kJ/kg이다.

a = 0.163은 표 B-10에서 확인가능하다. 만약 압력과 온도를 알고 있다면, v_1과 v_2의 값들은 반데르발스 식을 통해 얻어진다. 다만, 시행착오 과정이 요구된다.

(계속)

[2] B는 일정한 온도에서 압력변화에 따른 비체적의 변화 척도이다.
[3] β는 일정한 압력에서 온도변화에 따른 비체적의 변화 척도이다.

예제 7.5 (계속)

$$1000 = \frac{0.287 \times 300}{v_1 - 0.00127} - \frac{0.163}{v_1^2} \qquad \therefore v_1 = 0.0855\ \mathrm{m^3/kg}$$

$$8000 = \frac{0.287 \times 300}{v_2 - 0.00127} - \frac{0.163}{v_2^2} \qquad \therefore v_2 = 0.01032\ \mathrm{m^3/kg}$$

이때 내부에너지 변화와 최종 엔탈피 변화는

$$u_2 - u_1 = 0.163\left(\frac{1}{0.0855} - \frac{1}{0.01032}\right) = -13.9\ \mathrm{kJ/kg}$$

$$h_2 - h_1 = u_2 - u_1 + P_2v_2 - P_1v_1$$

$$= -13.9 + 8000 \times 0.01032 - 1000 \times 0.0855 = \underline{-16.8\ \mathrm{kJ/kg}}$$

엔트로피 변화는 식 (7.41)을 통해 얻어진다. Δu에서와 동일한 단계를 거쳐 다음과 같이 계산된다.

$$s_2 - s_1 = \cancel{\int_{T_1}^{T_2} \frac{C_v}{T}dT} + \int_{v_1}^{v_2}\left(\frac{\partial P}{\partial T}\right)_v dv = \int_{v_1}^{v_2} \frac{R}{v - b}dv = R\ln\frac{v_2 - b}{v_1 - b}$$

결과적으로,

$$s_2 - s_1 = 0.287\ln\frac{0.01032 - 0.00127}{0.0855 - 0.00127} = \underline{-0.640\ \mathrm{kJ/kg\cdot K}}$$

Unit: $s_2 - s_1$의 단위는 R과 같다.

이상기체의 경우, $s_2^o = s_1^o$이므로 엔트로피 변화는

$$s_2 - s_1 = \cancel{s_2^o - s_1^o} - R\ln\frac{P_2}{P_1}$$

$$= -0.287\ln\frac{8000}{1000} = -0.597\ \mathrm{kJ/kg\cdot K}$$

두 결과 사이에 약 6%의 오차가 존재한다.

만약 공기가 이상기체로 취급된다면, 이 등온과정에서 내부에너지 변화와 엔탈피 변화는 0이 될 것이다. 그 이유는 이상기체의 경우 $u = u(T)$와 $h = h(T)$이기 때문이다. $\Delta u = -13.9$ kJ/kg와 $\Delta h = -16.8$ kJ/kg의 변화는 7000 kPa의 큰 압력 변화에 대하여 비교적 작다.

Comment

이들 변화는 약 6°C의 작은 온도변화가 원인이지만, 이 결과를 바탕으로 높은 압력과 온도 차이에 대한 공기의 이상기체 가정은 충분히 받아들여 질 수 있다고 생각해 볼 수 있다.

예제 7.6 이상기체의 내부에너지

이전 장에서 가정되었던 바와 같이, 비열이 단지 온도에만 의존한다고 주어졌을 때, 이상기체의 내부에너지는 단지 온도만의 함수임을 보여라.

풀이

내부에너지는 식 (7.33)에 의해 다음과 같이 T, P 그리고 v와 연관되어 있다.

$$du = C_v dT + \left[T\left(\frac{\partial P}{\partial T}\right)_v - P\right]dv$$

이상기체의 경우, $Pv = RT$이므로, v = 일정하다고 하면,

$$T\left(\frac{\partial P}{\partial T}\right)_v = T\frac{R}{v} = P$$

그 결과, 큰 괄호 내부의 양은 0이 될 것이다. 따라서 비열 $C_v = C_v(T)$이다. (식 2.30을 확인하고 $C_v = C_p - R$임을 기억하자.) 결국 내부에너지가 단지 온도만의 함수라는 결론을 얻을 수 있다. 비열은 매우 높은 압력조건 하에서 크지 않지만 압력에 따라 변화한다.

고체의 엔트로피 변화 예제 7.7

구리의 사각 덩어리 100 kg은 온도가 일정하게 유지되는 동안 100 kPa에서 100 MPa의 압력 변화를 겪게 된다. 이 구리 덩어리의 엔트로피 변화를 결정하라. $\beta = 5 \times 10^{-5}\ \mathrm{K}^{-1}$와 $\rho = 8770\ \mathrm{kg/m^3}$이다.

풀이

미소 엔트로피 변화는 식 (7.42)에 의해 얻어지며, 체적 팽창률 β의 정의를 통해,

$$ds = \frac{C_P}{T}\cancel{dT} - \left(\frac{\partial v}{\partial T}\right)_P dP = -\beta v dP$$

일정한 v와 β를 가정하면, 적분을 통해

$$\begin{aligned}\Delta S &= -m\beta v(P_2 - P_1)\\ &= -100\ \mathrm{kg} \times (5 \times 10^{-5})\frac{1}{\mathrm{K}} \times \frac{1}{8770\ \mathrm{kg/m^3}}(100 - 0.1) \times 10^6\frac{\mathrm{N}}{\mathrm{m^2}}\\ &= \underline{-57.0\ \mathrm{J/K}}\end{aligned}$$

Remember: N·m = J

만약 구리를 비압축성이라고 가정한다면($dv = 0$ 그리고 이때 $\beta = 0$), 이 예제에서 $dT = 0$이기 때문에 식 (7.41)은 $\Delta S = 0$을 나타낼 것이다. 엔트로피 변화는 구리 체적의 작은 변화에 의해 발생된 것이다.

☑ 학습목표 확인 (3)

7.4 줄-톰슨 계수

오리피스 또는 밸브와 같은 스로틀(throttle)의 경우, 유체가 스로틀을 통과하여 흐를 때 엔탈피는 일정하게 유지된다. 식 (7.39)에 $dh = 0$이므로

$$0 = C_p dT + \left[v - T\left(\frac{\partial v}{\partial T}\right)_P\right]dP \tag{7.51}$$

이 식을 dP로 나누고 dT/dP에 대하여 풀면, 다음과 같은 식을 얻을 수 있다.

$$\left.\frac{dT}{dP}\right|_h = \frac{1}{C_P}\left[T\left(\frac{\partial v}{\partial T}\right)_P - v\right] \tag{7.52}$$

등엔탈피: 엔탈피가 일정한 과정으로 Isenthalpic 과정으로도 불린다.

줄-톰슨 계수(Joule-Thomson coefficient) μ_J는 엔탈피가 일정한 *등엔탈피*(isenthalpic) 과정에서 압력에 대한 온도 변화의 비로 정의된다. 즉,

$$\mu_J = \left.\frac{dT}{dP}\right|_h = \frac{1}{C_P}\left[T\left(\frac{\partial v}{\partial T}\right)_P - v\right] \tag{7.53}$$

이 계수는 다양한 냉매가 적용된 스로틀에서 온도 변화를 근사하기 위하여 사용될 수 있다.

이상기체의 경우, 엔탈피는 온도의 함수이며, 따라서 온도는 엔탈피의 함수이다. 식 (7.53)에 기술된 바와 같이 등엔탈피 과정에서, 이상기체의 경우 줄-톰슨계수가 0이므로 온도도 일정하게 유지된다. 비이상기체의 경우, 식 (7.53)을 사용하면 측정할 수 있는 상태량 T, P 그리고 v를 이용하여 C_p를 계산할 수 있다.

예제 7.8 줄-톰슨 계수

500 kPa과 $x = 0$(여기서 $h_f = 73.4$ kJ/kg)인 R134a의 줄-톰슨 계수를 예측하라. 이때 만약 압력이 1 MPa에서 100 kPa로 떨어지고 입구 온도가 39°C라면 그림 7.3의 스로틀로부터 출구 온도를 예측하라. IRC 상태량 계산기를 이용해서 계산해보시오.

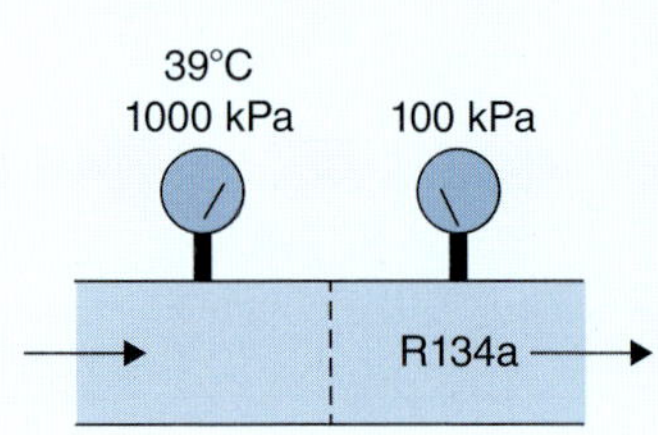

그림 7.3

Comment

IRC 상태량 계산기는 부록 D의 값들과 약간 다른 값을 제공 한다.

풀이

500 kPa과 400 kPa의 압력을 사용하여 전방차분하도록 한다. (냉매는 $x = 0$에서 스로틀로 들어간다. 따라서 더 압력이 낮은 쪽이 건도가 고려되어야 하는 영역이다.) 냉매가 스로틀을 통해 지나갈 때, 엔탈피는 73,400 J/kg으로 일정하게 유지된다. 73,400 J/kg과 500 kPa일 때 IRC 상태량 계산기를 사용하면 $T = 15.7$°C를 얻을 수 있다. $h = 73{,}400$ J/kg과 400 kPa일 때 $T = 8.93$°C를 얻게 된다. 줄-톰슨 계수의 정의를 적용하면, 다음과 같은 결과를 얻을 수 있다.

$$\mu_J \cong \left.\frac{\Delta T}{\Delta P}\right|_h = \left.\frac{T_2 - T_1}{P_2 - P_1}\right|_h = \frac{8.93 - 15.7}{400 - 500} = \underline{0.068°\text{C/kPa}}$$

유한차분(finite difference)을 사용할 경우 해의 정확도가 떨어지지만 이 문제에서는 적절한 수준의 해를 얻을 수 있다.

R134a가 스로틀을 통과할 때 압력은 감소하며, 이때, 온도도 상당히 감소하게 된다. 이것은 냉매의 본질적인 특징이다. 그래서 계산된 μ_J를 적용하면,

$$\mu_J = 0.068 = \frac{T_2 - T_1}{P_2 - P_1} = \frac{T_2 - 39}{100 - 1000} \qquad \therefore T_2 = \underline{-22°\text{C}}$$

엔탈피 h가 일정하게 유지되는 동안에 μ_J는 압력이 100 kPa에서 1000 kPa까지 증가함에 따라 상당히 크게 변하게 된다. 그 결과 계산된 출구의 온도는 정확하지 않을 수 있다. 그러나 μ_J는 500 kPa의 평균 압력에서 계산되었기 때문에 대략적인 예측결과를 제공할 수 있다. R134a가 우수한 냉매인 이유는 분명하다. 단순히 스로틀을 통과함으로써 온도가 약 60°C가 감소하기 때문이다. 만약 이상기체가 스로틀을 통과한다면, 엔탈피는 이상기체일 경우 온도에만 의존하기 때문에 온도는 변하지 않게 된다. 결론적으로 엔탈피가 일정하게 유지된다면, 이상기체의 온도는 일정하지만, 냉매의 온도는 그렇지 않다.

☑ 학습목표 확인 (4)

7.5 실제기체 효과

극한 조건들에서 기체는 항상 이상기체로 가정될 수 없다. 종종, 높은 압력과 결합된 낮은 온도는 비이상적인 기체 거동을 야기할 수 있다(문제 7.40(b)와 7.43(c)에서 명확하게 확인할 수 있음). 이번 절에서는 이러한 극한 조건들에서 문제의 해결에 필요한 식들을 다루게 된다.

상태량 T, P 그리고 v는 2장에서 Z-인자 또는 반데르발스 식과 같은 상태방정식을 사용하여 얻을 수 있었다. 상태방정식을 알 수 없는 비이상기체의 u, h 그리고 s의 미소 변화는 7.3절에서 전개된 관계식들을 사용하여 결정할 수 있었다. 이제 Δh, Δu 그리고 Δs를 계산하는 방법을 알아보자.

기체의 미소 엔탈피 변화에 대한 관계식은 식 (7.34)에 제시되어 있으며, 다음과 같이 표현될 수 있다.

$$dh = C_p dT + \left[v - T\left(\frac{\partial v}{\partial T}\right)_P\right]dP \tag{7.54}$$

이 식은 아래와 같이 엔탈피의 변화를 얻기 위해 상태 1에서 상태 2까지 적분될 수 있다.

$$h_2 - h_1 = \int_{T_1}^{T_2} C_p dT - \int_{P_1}^{P_2} \left[v - T\left(\frac{\partial v}{\partial T}\right)_P \right] dP \tag{7.55}$$

위 식은 직접 적분이 가능하지만 적분을 수행하는 것이 결코 쉽지 않다. 따라서 큰 어려움 없이 수행할 수 있는 적분법들을 앞 절에서 알아 보았다. 엔탈피의 변화는 상태 1과 2 사이의 경로에 독립적이기 때문에, 그림 7.4에서 점선을 따라 이동하는 서로 다른 경로를 선택할 수 있다. 이 대안 경로에는 이상기체법칙이 적용될 수 있도록 매우 낮은 압력조건을 만족하는 두 개의 새로운 상태가 포함되어 있다. 이 상태들은 1*과 2*로 표기되어 있으며, 이에 따라 $T_{1^*} = T_1$와 $T_{2^*} = T_2$를 만족하게 된다. 상태 1에서 2로 이동하기 위해서는 상태 1에서 1*, 다시 1*에서 2* 그리고 마지막으로 2*에서 2의 경로를 따라 이동해야 한다. 이때 엔탈피 변화는 다음과 같이 나타낼 수 있다.

$$h_2 - h_1 = (h_2 - h_2^*) + (h_2^* - h_1^*) + (h_1^* - h_1) \tag{7.56}$$

엔탈피 변화 $(h_2^* - h_1^*)$는 이상기체의 경우에 해당되며, 간단히 다음과 같이 표현할 수 있다.

$$h_2^* - h_1^* = \int_{T_1}^{T_2} C_p dT \tag{7.57}$$

그 이유는 이상기체의 경우에 식 (7.55)의 괄호 내의 값은 0이기 때문이다. 식 (7.57)에서 비열은 일정하다고 가정하거나 이상기체 표 F에 정리된 값을 사용한다.

엔탈피 변화는 각각 일정한 온도 T_1과 T_2에서 이루어진다. 일반적인 상태에서 이상기체 상태까지의 등온 엔탈피 변화(예를 들어, 그림 7.4에서 상태 2에서 상태 2*까지의 변화)는 식 (7.55)에 의해 다음과 같이 주어진다.

$$h - h^* = \int_{P^*}^{P} \left[v - T\left(\frac{\partial v}{\partial T}\right)_P \right] dP \tag{7.58}$$

식 (7.55)에서 T가 일정하면, 첫 번째 적분 항은 0이 되기 때문이다. 비이상기체의 거동을 설명하기 위하여, 식 (2.15)에 의해 정의된 압축 인자 Z와 환산 압력 $P_R = P/P_{cr}$ 그

Recall: 임계온도 T_{cr}과 압력 P_{cr}은 표 B-3에서 구할 수 있다.

Hint: $v = ZRT/P$를 적용하면,

$$T\frac{\partial v}{\partial T}\bigg|_P = \frac{RT^2}{P}\frac{\partial Z}{\partial T}\bigg|_P + \frac{TRZ}{P}$$

을 얻을 수 있다.

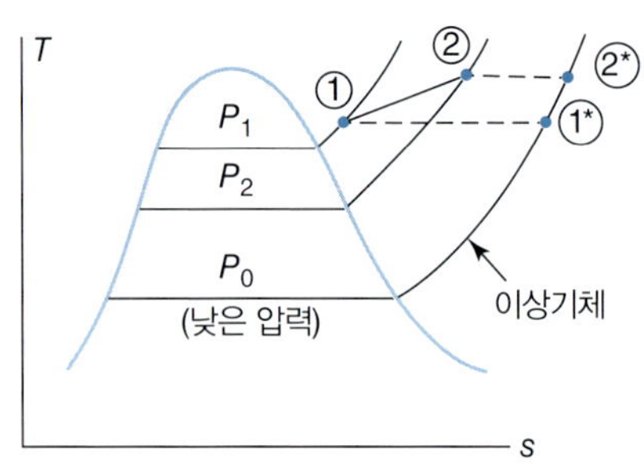

그림 7.4

상태 1에서 2로의 경로는 대안경로 1 → 1* → 2* → 2에 의해 변경되었다.

리고 환산 온도 $T_R = T/T_{cr}$ 적용해보자. 환산압력과 환산온도를 대입하고 양변을 정리하면 식(7.58)의 엔탈피 차이는 다음과 같이 나타낼 수 있다.

$$\frac{h - h^*}{T_{cr}} = RT_R^2 \int_{P_R^*}^{P_R} \left(\frac{\partial Z}{\partial T_R}\right)_P \frac{dP_R}{P_R} \tag{7.59}$$

양변을 몰 질량 M으로 나누면, 식 (7.59)는 다음과 같이 표현 된다.

$$\frac{\bar{h} - \bar{h}^*}{T_{cr}} = R_u T_R^2 \int_{P_R^*}^{P_R} \left(\frac{\partial Z}{\partial T_R}\right)_P \frac{dP_R}{P_R} \tag{7.60}$$

$(\bar{h}^* - \bar{h})/T_{cr}$는 *엔탈피 차*(enthalpy departure)이며 부록 I를 이용하여 구할 수 있다. 그림 I-1과 식 (7.56)을 이용하면, 실제기체의 엔탈피 차이를 얻을 수 있다. 예제를 통해 명확히 설명될 것이다.

내부에너지 변화는 다음과 같이 엔탈피 정의를 이용하여 구할 수 있다.

$$\begin{aligned} u_2 - u_1 &= h_2 - h_1 + P_2 v_2 - P_1 v_1 \\ &= h_2 - h_1 - R(Z_2 T_2 - Z_1 T_1) \end{aligned} \tag{7.61}$$

기체의 엔트로피 변화는 식 (7.42)를 적분함으로써 다음과 같이 나타낼 수 있다.

$$s_2 - s_1 = \int_{T_1}^{T_2} \frac{C_p}{T} dT - \int_{P_1}^{P_2} \left(\frac{\partial v}{\partial T}\right)_P dP \tag{7.62}$$

$\bar{s}^* - \bar{s}$는 *엔트로피 차*(entropy departure)이며, 부록 J에 제시되어 있다. 이때 상태 1과 상태 2 사이의 엔트로피 변화는 엔탈피 차와 유사한 방법으로 다음과 같이 나타낼 수 있다.

엔트로피 차: 충분히 낮은 압력에서 이상기체 엔트로피와 같은 온도에서의 엔트로피와의 차이

$$s_2 - s_1 = (s_2 - s_2^*) + (s_2^* - s_1^*) - (s_1 - s_1^*) \tag{7.63}$$

엔탈피 차이 계산과 비교할 때, 이 계산에는 한 가지 다른 점이 있다. 이상기체의 엔트로피 변화 $s_2^* - s_1^*$는 상태 1*과 2* 사이의 이상기체 차이를 의미하고 압력은 일정하지 않다. 다음의 예제를 통해 보다 명확히 이해해 보자.

실제기체의 상태량 변화 예제 7.9

이산화탄소는 320 K, 200 kPa의 상태 1에서 600 K, 8000 kPa의 상태 2 과정을 진행한다. 이때 엔탈피, 내부에너지 그리고 엔트로피의 변화를 예측하라. i) 이산화탄소는 이상기체라고 가정하고, 표 B-2에 제시된 일정한 비열값을 이용하여 계산하라. ii) 부록 F에 제시된 이상기체 표를 이용하여 계산하라. 그리고 iii) 이번 절에서 학습한 식을 이용하여 계산하라.

(계속)

예제 7.9 (계속)

풀이

i) 일정한 비열이 가정된 이상기체 방정식을 이용하면,

$$\Delta h = h_2 - h_1 = C_p \Delta T = 0.842 \times (600 - 320) = \underline{236\ \mathrm{kJ/kg}}$$

$$\Delta u = C_v \Delta T = 0.653 \times (600 - 320) = \underline{183\ \mathrm{kJ/kg}}$$

$$\Delta s = s_2 - s_1 = C_p \ln\frac{T_2}{T_1} - R \ln\frac{P_2}{P_1}$$

$$= 0.842 \ln\frac{600}{320} - 0.1889 \ln\frac{8000}{200} = \underline{-0.168\ \mathrm{kJ/kg{\cdot}K}}$$

ii) 변화되는 비열이 고려되는 이상기체 표 F-4를 통해 다음을 얻을 수 있다.

$$\Delta h = \frac{\overline{h}_2 - \overline{h}_1}{M} = \frac{22\,280 - 10\,186}{44} = \underline{275\ \mathrm{kJ/kg}}$$

$$\Delta u = \frac{\overline{u}_2 - \overline{u}_1}{M} = \frac{17\,291 - 7526}{44} = \underline{222\ \mathrm{kJ/kg}}$$

$$\Delta s = \frac{\overline{s}_2^{\mathrm{o}} - \overline{s}_1^{\mathrm{o}}}{44} - R \ln\frac{P_2}{P_1}$$

$$= \frac{243.2 - 216.4}{44} - 0.1889 \ln\frac{8000}{200} = \underline{-0.0877\ \mathrm{kJ/kg{\cdot}K}}$$

Remember: $\overline{h} = Mh$

iii) 부록의 그림 I-1의 엔탈피 차 도표를 이용하면,

$$P_{R1} = \frac{P_1}{P_{\mathrm{cr}}} = \frac{0.2}{7.39} = 0.027, \qquad T_{R1} = \frac{T_1}{T_{\mathrm{cr}}} = \frac{320}{304.2} = 1.05$$

$$P_{R2} = \frac{P_2}{P_{\mathrm{cr}}} = \frac{8}{7.39} = 1.08, \qquad T_{R2} = \frac{T_2}{T_{\mathrm{cr}}} = \frac{600}{304.2} = 1.97$$

도표에서 얻어진 값을 이용하여, 엔탈피 차를 구하면 다음과 같다.

$$\frac{\overline{h}_1^* - \overline{h}_1}{T_{\mathrm{cr}}} = 0.05 \quad \therefore h_1^* - h_1 = \frac{0.05 \times 304.2}{44} = 0.35\ \mathrm{kJ/kg}$$

$$\frac{\overline{h}_2^* - \overline{h}_2}{T_{\mathrm{cr}}} = 2.4 \quad \therefore h_2^* - h_2 = \frac{2.4 \times 304.2}{44} = 17\ \mathrm{kJ/kg}$$

Note: $(h_2^* - h_1^*)$와 $(s_2^* - s_1^*)$항은 이상기체에 대한 것이다. 따라서 예제풀이 ii)의 계산이 예제풀이 i)에 비해 더 정확하다.

상태 1과 상태 2 사이의 상태량 차이는 식 (7.56), (7.61) 그리고 (7.63)을 이용하여 다음과 같이 구할 수 있다.

$$h_2 - h_1 = (h_2 - h_2^*) + (h_2^* - h_1^*) - (h_1 - h_1^*)$$

$$= -17 + 275 + 0.35 = \underline{258\ \mathrm{kJ/kg}}$$

$$u_2 - u_1 = h_2 - h_1 - R(Z_2T_2 - Z_1T_1)$$
$$= 258 - 0.1889 \times (0.96 \times 600 - 0.99 \times 320) = \underline{209 \text{ kJ/kg}}$$
$$s_2 - s_1 = (s_2 - s_2^*) + (s_2^* - s_1^*) - (s_1 - s_1^*)$$
$$= -\frac{1}{44} - 0.0877 - \left(-\frac{1}{44}\right) = \underline{-0.0877 \text{ kJ/kg·K}}$$

여기서, 엔트로피 차 $(\bar{s} - \bar{s}^*) = M(s - s^*)$은 표 J-1을 사용하여 구할 수 있다. $u_2 - u_1$을 찾기 위해 사용된 Z 값들은 부록 H에서 찾아 볼 수 있다.

상태 2의 고압(약 10 MPa 이상)조건으로 인해 이상기체로 취급할 수 없다. 상태 2에서의 압력이 약 4 MPa보다 작다면, 일반적으로 이상기체 표 F를 이용하여 근사값을 구할 수 있다. 문제 7.40*a*를 확인하라.

Comment

높은 압력과 낮은 온도의 조합(즉, 8 MPa과 220 K)에서, 실제기체 효과는 특히 중요하다(문제7.40*b*를 확인하라).

☑ 학습목표 확인 (5)

7.6 요약

이번 장에서 측정될 수 있는 온도, 압력, 무게 그리고 체적과 같은 상태량과 다르게 측정될 수 없는 (엔탈피, 내부에너지, 엔트로피 그리고 비열) 열역학적 상태량들의 관계를 학습하였다. 앞 장에서는, 관심있는 상태량을 결정하기 위하여 부록의 표를 사용하였으나 이번 장에서는 다양한 장치들에서 접할 수 있는 넓은 범위의 온도와 압력에 대하여 이들 상태량들을 결정하기 위해 사용되는 열역학 관계식에 대해 학습하였다. 이 장에서 학습한 주요 용어들을 정리하면 다음과 같다.

클라페이론 식: 측정할 수 있는 상태량인 P, T 그리고 v로부터 증발 엔탈피 h_{fg}를 계산할 수 있는 식

엔탈피 차: 충분히 낮은 압력에서의 이상기체 엔탈피와 같은 온도에서의 엔탈피의 차이

엔트로피 차: 충분히 낮은 압력에서의 엔트로피와 같은 온도에서의 엔트로피의 차이

헬름홀츠와 깁스 함수: 이미 알고 있는 다른 물성의 항으로 정의된 물성들

줄-톰슨 계수: 일정한 엔탈피 과정에 대하여 온도와 관한 압력의 변화율

맥스웰 관계식: 엔트로피와 측정 가능한 물성들의 관계

이 장에서 소개된 중요한 방정식을 요약해보면 다음과 같다.

헬름홀츠 함수: $a = u - Ts$

깁스 함수: $g = h - Ts$

미분: $dz = \left(\frac{\partial z}{\partial x}\right)_y dx + \left(\frac{\partial z}{\partial y}\right)_x dy = Mdx + Ndy$

맥스웰 관계식:

$$\left(\frac{\partial T}{\partial v}\right)_s = -\left(\frac{\partial P}{\partial s}\right)_v \qquad \left(\frac{\partial T}{\partial P}\right)_s = \left(\frac{\partial v}{\partial s}\right)_P$$

$$\left(\frac{\partial P}{\partial T}\right)_v = \left(\frac{\partial s}{\partial v}\right)_T \qquad \left(\frac{\partial v}{\partial T}\right)_P = -\left(\frac{\partial s}{\partial P}\right)_T$$

추가 관계식:

$$\left(\frac{\partial u}{\partial s}\right)_v = T\left(\frac{\partial u}{\partial v}\right)_s = -P$$

$$\left(\frac{\partial h}{\partial s}\right)_P = T\left(\frac{\partial h}{\partial P}\right)_s = v$$

클라페이론 식: $\left.\frac{dP}{dT}\right|_{v=v_0} = \frac{h_{fg}}{T_0 v_{fg}}$

클라페이론-클라우지우스 식: $\left.\frac{dP}{dT}\right|_v = \frac{h_{fg}P}{RT^2}$

미분 내부에너지: $du = C_v dT + \left[T\left(\frac{\partial P}{\partial T}\right)_v - P\right]dv$

미분 엔탈피: $dh = C_p dT + \left[v - T\left(\frac{\partial v}{\partial T}\right)_P\right]dP$

미분 엔트로피: $ds = \frac{C_p}{T}dT - \left(\frac{\partial v}{\partial T}\right)_P dP$

줄-톰슨 계수: $\mu_J = \left.\frac{dT}{dP}\right|_h = \frac{1}{C_P}\left[T\left(\frac{\partial v}{\partial T}\right)_P - v\right]$

엔탈피 차: $\frac{h - h^*}{T_{cr}} = RT_R^2 \int_{P_R^*}^{P_R} \left(\frac{\partial Z}{\partial T_R}\right)_P \frac{dP_R}{P_R}$

실제기체 엔탈피 변화: $h_2 - h_1 = (h_2 - h_2^*) + (h_2^* - h_1^*) + (h_1^* - h_1)$

연습문제

7.1 Estimate the partial derivative $(\partial s/\partial P)_T$ of steam at 400°C and 2.5 MPa:

(A) -0.0003 m^3/kg·K

(B) -0.00025 m^3/kg·K

(C) -0.0002 m^3/kg·K

(D) -0.00015 m^3/kg·K

7.2 The change in the Helmholtz function at 400°C in steam as the pressure changes from 2500 kPa to 3500 kPa is nearest:

(A) 224 kJ/kg

(B) 154 kJ/kg

(C) 122 kJ/kg

(D) 108 kJ/k

7.3 Estimate the saturation temperature of R134a at 40 kPa using the Clapeyron equation and values from Table D-2:

(A) −44°C

(B) −46°C

(C) −48°C

(D) −50°C

7.4 Estimate the Joule–Thomson coefficients for ammonia at 1400 kPa and $h = 1570$ kJ/kg:

(A) 0.0190°C/kPa

(B) 0.0165°C/kPa

(C) 0.0145°C/kPa

(D) 0.0120°C/kPa

7.5 If the Joule–Thomson coefficient for a refrigerant at 1000 kPa is 0.08 °C/kPa, approximate the exiting temperature if the entering pressure and temperature are 2000 kPa and 60°C, respectively, and the exiting pressure is 120 kPa:

(A) −60°C

(B) −70°C

(C) −80°C

(D) −90°C

7.6 Estimate the change in the enthalpy of air if it is heated isothermally from 10°C and 100 kPa to 10 MPa:

(A) 21 kJ/kg

(B) 29 kJ/kg

(C) 41 kJ/kg

(D) 64 kJ/kg

7.7 The change in internal energy for the conditions of Problem 7.6 is nearest:

(A) 21 kJ/kg

(B) 19 kJ/kg

(C) 17 kJ/kg

(D) 15 kJ/kg

The Maxwell Relations Equations

7.8 Use the differential form for dv (see Eq. 7.7) assuming $v = RT/P$ and find the change in the specific volume Δv of air if the pressure and temperature change from 200 kPa and 100°C to 210 kPa and 120°C. Compare with Δv using the ideal-gas law directly.

7.9 Use the differential form for dP (see Eq. 7.7) assuming $P = RT/v$ and find the change in the pressure of air if the specific volume and temperature change from 0.5 m^3/kg and 80°C to 0.52 m^3/kg and 70°C. Compare with ΔP using the ideal-gas law directly.

7.10 Apply Eqs. 7.7 and 7.10 directly to Eqs. 7.1 and 7.2 and derive the relations of Eqs. 7.11 and 7.12.

7.11 Apply Eqs. 7.7 and 7.10 directly to Eqs. 7.5 and 7.6 and derive the relations of Eqs. 7.13 and 7.14.

7.12 Apply Eq. 7.7 directly to Eqs. 7.1 and 7.2 and derive the relations of Eqs. 7.15 and 7.16.

7.13 An ideal gas undergoes a process from state 1 to state 2. For the following data, approximate the change in specific entropy for this process using Eq. 7.13.

State	T (°C)	P (kPa)	v (m^3/kg)
1	200	100	0.8
2	180	150	0.2

7.14 An ideal gas undergoes a process from state 1 to state 2. For the data shown below, approximate the change in specific entropy for this process using Eq. 7.11.

State	T (°C)	P (kPa)	v (m^3/kg)
1	65	350	0.27
2	80	500	0.19

7.15 Verify Eq. 7.12, which is $(\partial T/\partial P)_s = (\partial v/\partial s)_P$, using the properties of steam at 1 MPa and 400°C.

7.16 R134a exists at 500 kPa and 100°C. Verify Eq. 7.14, which is $(\partial v/\partial T)_P = -(\partial s/\partial P)_T$, using *a*) the values in Table D-3 and *b*) the IRC Calculator.

7.17 Verify Eq. 7.14, which is $(\partial v/\partial T)_P = -(\partial s/\partial P)_T$, using the properties of R134a at 150°C and 1 MPa.

7.18 Verify, using ammonia at 200 kPa and 40°C, that $(\partial h/\partial s)_P = T$ is indeed true using the values in Table E-2.

7.19 Verify, using steam at 800 kPa and 400°C, that $(\partial h/\partial s)_P = T$ is indeed true using *a*) the values in Table C-3 and *b*) the IRC Calculator.

7.20 Verify, using steam at 6 MPa and 450°C, that $(\partial u/\partial s)_v = T$ is indeed true. Use the IRC Calculator.

The Clapeyron Equation

7.21 Show that saturated water vapor at 20 kPa can be treated as an ideal gas (compare $v = RT/P$ with v_g from Table C-2). Could saturated water vapor at 100 kPa be treated as an ideal gas?

7.22 Using the pressure, temperature, and specific volume found in Table C-1, determine h_{fg} for steam at 300°C using the Clapeyron equation. Also determine s_{fg}. Calculate the errors assuming the values obtained in Table C-1 are accurate.

7.23 Using the pressure, temperature, and specific volume found in Table D-1, determine h_{fg} for R134a at 16°C by applying the Clapeyron equation. Also determine s_{fg}. Calculate the errors assuming the values obtained in Table D-1 are accurate.

7.24 The saturation temperature of steam at a very low pressure is desired. Using the entries from Table C-2, estimate the saturation temperature at *a*) 400 Pa, *b*) 300 Pa, and *c*) 200 Pa.

Relationships for Δu, Δh, Δs, C_p and C_v

7.25 Determine an expression for the quantities in the brackets of Eqs. 7.33 and 7.39 for an ideal gas for which $Pv = RT$.

7.26 Assume an ideal gas with constant specific heats for which $Pv = RT$ and determine expressions for Δs using Eqs. 7.41 and 7.42.

7.27 Find the expression for the change in internal energy Δu for a gas obeying the equation of state $P = RT/(v - b) - a/v^2$ (the van der Waals equation) assuming constant specific heats.

7.28 Find the expression for the change in enthalpy Δh for a gas obeying the equation of state $P = RT/(v - b) - a/v^2$ (the van der Waals equation) assuming constant specific heats.

7.29 Find a relationship for $C_p - C_v$ for a gas for which the van der Waals equation of state $P = RT/(v - b) - a/v^2$ is applicable. Then let $a = b = 0$ and show that $C_p - C_v = R$.

7.30 Air undergoes an isothermal process at 100°C from 200 kPa to 6000 kPa. Calculate the enthalpy and entropy changes using the van der Waals equation of state $P = RT/(v - b) - a/v^2$. Assume that the specific heat C_v depends on temperature only. Then compare the results with those assuming constant specific heat with $C_p = 1.0$ kJ/kg·K.

7.31 A 50-kg block of aluminum experiences a pressure change from 100 kPa to 50 MPa, while the temperature increases from 50°C to 100°C. Estimate its change in entropy. Use $\beta = 7 \times 10^{-5}\ \text{K}^{-1}$, $C_p = 0.9$ kJ/kg·°C, and $\rho = 2700\ \text{kg/m}^3$. What is the contribution due to the pressure increase?

7.32 Estimate β and B for water at 10 MPa and 40°C and then find the difference $C_p - C_v$.

7.33 Estimate β and B for water at 7 MPa and 40°C and then find the difference $C_p - C_v$.

7.34 Estimate β and B for R134a at 800 kPa and 0°C and then find the difference $C_p - C_v$. Use the IRC Calculator.

The Joule–Thomson Coefficient

7.35 Estimate the Joule–Thomson coefficient for R134a at 350 kPa and $x = 0$. Then predict the exiting temperature from the valve of Fig. 7.5 if the entering pressure drops to 100 kPa from *a*) 400 kPa and 8°C, *b*) 600 kPa and 21°C, and *c*) 800 kPa and 31°C. Use the IRC Calculator.

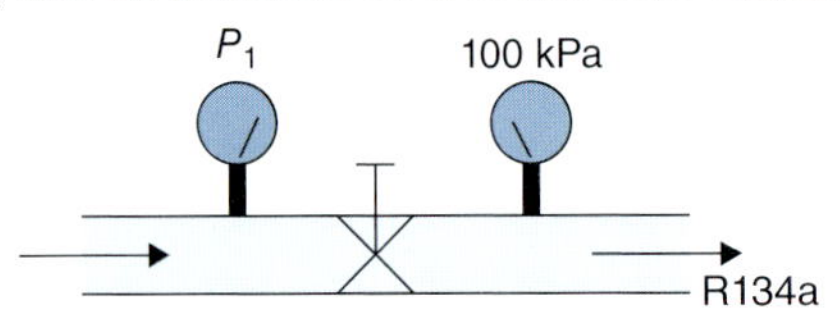

그림 7.5

7.36 Estimate the Joule–Thomson coefficient for R134a at 1000 kPa and $x = 0$; then predict the exiting temperature from a valve if the pressure drops to 100 kPa from 2000 kPa and the entrance temperature of 67°C. Use the IRC Calculator.

7.37 Estimate the Joule–Thomson coefficient for air entering the valve of Fig. 7.6 at 1200 kPa and 400°C and show that the temperature does not significantly change when the pressure drops to 100 kPa.

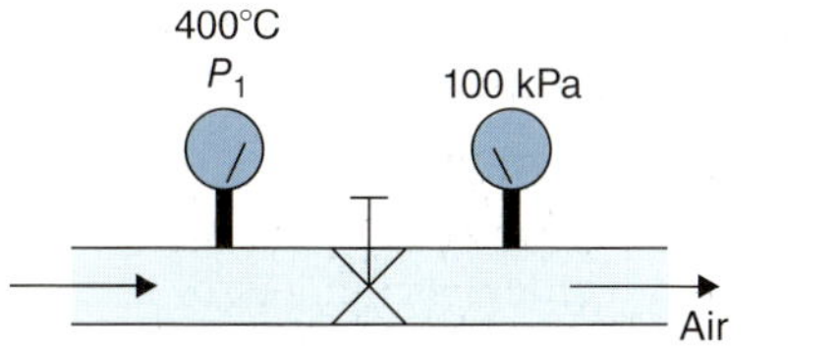

그림 7.6

7.38 Estimate the Joule–Thomson coefficient of steam at 4 MPa and 400°C, and then estimate the value for C_p at that state using Eq. 7.53. Compare with the value found by using $C_p = (\partial h/\partial T)_P$.

7.39 Estimate the Joule–Thomson coefficient of steam at 6 MPa and 450°C, and then estimate the value for C_p at that state using Eq. 7.53. Compare with the value found by using $C_p = (\partial h/\partial T)_P$.

Real-Gas Effects

7.40 Calculate the change in enthalpy of air using both the ideal-gas table and the enthalpy departure chart if its state changes from:

a) 260 K and 900 kPa to 820 K and 4 MPa

b) 360 K and 900 kPa to 220 K and 8 MPa

c) 300 K and 200 kPa to 600 K and 10 MPa

7.41 Calculate the change in enthalpy of carbon dioxide using both the ideal-gas table and the enthalpy departure chart if its state changes from:

a) 320 K and 800 Pa to 300 K and 6 MPa

b) 400 K and 2 MPa to 400 K and 12 MPa

c) 500 K and 400 kPa to 900 K and 10 MPa

7.42 Calculate the change in entropy of air using both the ideal-gas table and the entropy departure chart if its state changes from:

a) 17°C and 1.3 MPa to 617°C and 7 MPa

b) 60°C and 1.8 MPa to 1000°K and 20 MPa

c) 220 K and 700 kPa to 250 K and 28 MPa

7.43 Calculate the change in the entropy of nitrogen using both the ideal-gas table and the entropy departure chart if its state changes from:

a) 260 K and 900 kPa to 800 K and 4 MPa

b) 350 K and 1200 kPa to 700 K and 8 MPa

c) 500 K and 1800 kPa to 220 K and 10 MPa

7.44 Air undergoes a process from state 1 at 400 K and 200 kPa to state 2 at 900 K and 12 MPa. Estimate the change in enthalpy and entropy:

i) Assuming the air is an ideal gas with constant specific heats from Table B-2

ii) Assuming the air is an ideal-gas with constant specific heats interpolated from Table B-6 at 650 K

iii) Using the ideal-gas tables in Appendix F-1

iv) Using the equations of Section 7.5

v) Using the IRC Calculator

7.45 Air undergoes a process from state 1 at 220 K and 200 kPa to state 2 at 300 K and 10 MPa. Estimate the change in enthalpy and entropy:

i) Assuming the air is an ideal-gas with constant specific heats from Table B-2

ii) Using the ideal-gas tables in the Appendix

iii) Using the equations of Section 7.5

iv) Using the IRC Calculator

7.46 Nitrogen undergoes a process from state 1 at 220 K and 2 MPa to state 2 at 280 K and 20 MPa. Estimate the change in enthalpy and entropy:

Note: These extreme conditions are not indicative of typical problems but are meant to illustrate nonideal-gas behavior.

i) Assuming the nitrogen is an ideal gas with constant specific heats from Table B-2

ii) Assuming the nitrogen is an ideal gas with constant specific heats interpolated from Table B-6 at 250 K

iii) Using the ideal-gas tables in the Appendix

iv) Using the equations of Section 7.5

7.47 Carbon dioxide undergoes a process from state 1 at 360 K and 6 MPa to state 2 at 500 K and 20 MPa. Estimate the change in enthalpy, internal energy, and entropy:

i) Assuming the carbon dioxide is an ideal-gas with constant specific heats from Table B-2

ii) Using the ideal-gas tables in the Appendix

iii) Using the equations of Section 7.5

7.48 Determine the maximum power produced by the adiabatic turbine of Fig. 7.7 that accepts 4 kg/s of air at 10 MPa and 1100 K and exhausts the air to the atmosphere at 100 kPa. i) Use the ideal-gas table and ii) account for real-gas behavior.

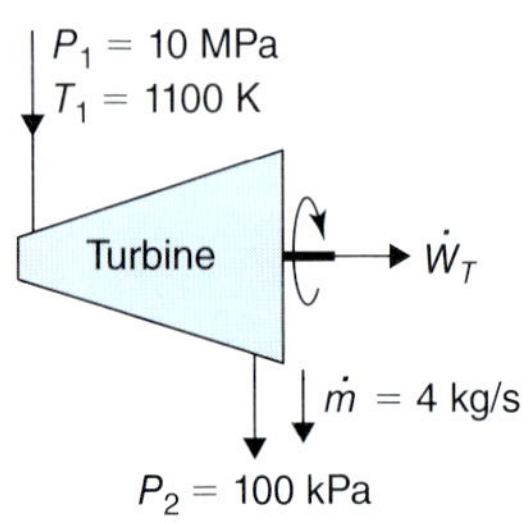

그림 7.7

7.49 Calculate the minimum power required to compress 2 kg/s of nitrogen from 100 kPa and 300 K to 8 MPa assuming an adiabatic process. i) Use the ideal-gas table and ii) account for real-gas behavior.

7.50 A rigid volume contains air at 300 K and 400 kPa. If the temperature is raised to 1200 K, determine the final pressure and the heat transfer i) assuming ideal-gas behavior and ii) accounting for real-gas effects.

7.51 Nitrogen enters a compressor at 27°C and 1.5 MPa and exits at 480 K and 15 MPa. If the mass flux is 2 kg/s, determine the enthalpy change, the entropy change, and the power required if the heat loss is 20 kJ/s.

7.52 Air is compressed isothermally from 140 kPa and 37°C to 8.5 MPa, as shown in Fig. 7.8. Calculate the enthalpy change, the entropy change, and the work required if the heat loss is 186 kJ/kg.

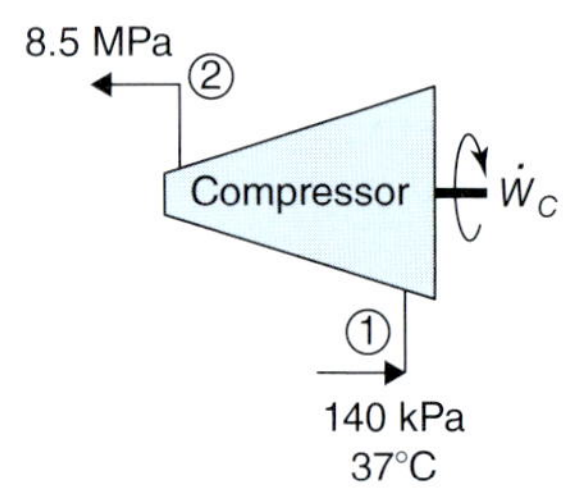

그림 7.8

Thermodynamics for Engineers

Part II

응용

Applications

Part I 에서는 열역학의 기본개념과 문제풀이 기법에 대해 학습하였다. Part II에서는 이러한 기본개념과 풀이기법을 기계공학 교과과정에서 자주 접하게 되는 동력 및 냉동사이클에 적용해 볼 것이다. 또 동력사이클과 공조해석의 기초가 되는 연소와 혼합물에 대해서도 학습하게 될 것이다.

CHAPTER

8

Meryll/Shutterstock.com

랭킨 발전 사이클

The Rankine Power Cycle

Outline

기호 설명

이 장에서는 변수 하나만 소개된다.

ε 이용률

학습목표

- ❑ 간단한 랭킨사이클을 해석할 수 있다.
- ❑ 재열 및 예열로의 랭킨사이클 수정이 가능하다.
- ❑ 열병합 발전의 효과를 이해한다.
- ❑ 발전소의 전체 효율을 결정할 수 있다.

이 장에서는 발전소에 대해서 알아볼 것이다. 발전소는 전통적으로 증기 랭킨사이클을 사용한다. 증기라는 용어는, 물과 같은 작동유체가 액체상태에서 기체상태로 상변화를 겪는 단계를 나타내기 위해서 사용된다. 상변화는 많은 양의 열을 물로부터, 또는 물로 전달하게 해준다. 이번 장에서는 작동유체가 물인 사이클에 대해 학습하는 반면 9장에서는 작동유체로 가스를 사용하는 사이클에 대해서 알아볼 것이다. 이번 장에서는 이전에 소개된 방정식과 상태량의 정의를 그대로 사용하게 되므로 새롭게 정의하게 될 방정식이나 상태량은 거의 없다. 기본적으로 앞서 학습한 내용들을 동력을 발생할 수 있는 증기 사이클에 적용해 볼 것이다.

학습예제: 냉각탑

어떤 발전소도 100%의 효율로 작동할 수 없다. 증기발생기에서 발생된 열 중 일부는 저온의 저장소로 방출되기 때문이다. 주요 에너지발전소에서 이러한 역할을 수행되는 장치는 응축기(Condenser)라고 불리는 열교환기이며, 바닷물, 호수 물 또는 강물 등을 이용하여 증기를 냉각시키는 데 사용된다. 물이 없는 경우 냉각탑은 열을 방출하는 방법으로 응축된 증기를 공기로 냉각한다. 대형 공조장치나 냉동시스템에서는 소형 냉각탑이 응축기의 역할을 하기도 한다.

Note: 냉각탑의 개략도는 그림 11.21을 참고하기 바란다.

냉각탑은 1900년대 초반부터 주요 발전소의 증기를 냉각하는데 사용되어 왔다. 건식 냉각탑에서 증기가 냉각탑의 내부의 관을 따라 내려간다. 이 때 차가운 공기는 냉각탑 내부 위쪽으로 이동하게 되고 증기관으로부터 열을 전달하게 된다. 반면 습식 또는 증발식 냉각탑에서는 유체는 냉각되어 아래로 흐른다. 다시 말하지만 공기는 냉각탑 내부에서 위쪽으로 이동하면서 대류 및 증발을 통해 유체를 냉각시킨다. 이 때 공기는 냉각탑 내부에서 자연대류나 팬에 의한 강제대류에 의해서 이동하게 된다. 이러한 냉각탑들은 원자력 발전소에서 자주 사용되고 있으며 반응로를 포함하지 않음에도 불구하고 원자력 발전소의 상징으로 인식되고 있다.

8.1 에너지 지속가능성

지속가능성의 개념은 천연자원을 사용하거나 그 영향을 받는 모든 계에 적용될 수 있다. 가용할 자원이 보충이 되지 않는 모든 계는 궁극적으로 지속가능하지 않다. 미래의 어느 시점에는 오늘날 계의 작동을 위해 필요한 자원들은 사라지게 될 것이다. 결국 오늘날 에너지를 생산하는 대부분의 계들은 지속가능하지 않다. 이러한 계는 언젠가 공급이 중단될 석탄, 석유와 같은 화석연료를 사용하기 때문이다. 지속가능한 에너지의 예로는 태양에너지, 지열에너지, 수력, 풍력에너지, 열에너지 그리고 바다의 조력을 들 수 있다.

Comment
보충될 수 없는 자원을 사용하는 계는 지속가능하지 않다.

지속가능성은 공학적 과정을 거쳐 생산된 부산물에도 영향을 미친다. 공학적 과정 중에서 발생된 부산물이 계가 작동하는 환경에 악영향을 미친다면 이것 역시도 지속가능하지 않다고 볼 수 있다. 이 대표적인 예는 전력을 생산하기 위해 화석 연료를 사용하는 것이다. 연소의 주요 부산물인 이산화탄소는 식물이 산소를 발생시킬 때 사용되지만, 숲의 감소로 인해 대기 중의 이산화탄소 축적이 증가할 수 있다. 이러한 현상은 생태계에 큰 영향을 줄 수 있는 지구 온난화를 발생시킬 수 있다.

Comment
환경을 파괴하는 과정의 부산물은 지속가능하지 않은 계를 만든다.

에너지의 지속가능성은 인류의 미래에 필수적이다. 에너지 없이는 경제도 없다. 물 자원과 식량의 지속가능성과 관련된 문제는 에너지의 가용성과 긴밀하게 연관되어 있다고 할 수 있다. 향후 수십 년 뒤의 엔지니어들의 주요 임무는 화석연료에 대한 우리의 에너지 의존성을 더 지속성이 높은 다른 대안의 에너지 변환 방법을 제시하는 것이다. 13장에서 이러한 대안에 대해서 살펴보게 될 것이다.

Conclusion: 에너지 지속가능성은 인류의 미래를 위해 필수적이다.

보일러(증기발생기): 연료로부터 발생된 열을 작동유체로 전달하기 위해 사용되는 열교환기

8.2 랭킨사이클

8.2.1 기본 구성 및 구성 요소

랭킨사이클은 주로 전력을 생산 하기 위해 사용된다. 랭킨사이클은 네 가지 주요 장치로 구성되어 있으며 다음 단락에서 상세하게 설명하도록 한다. *보일러*(boiler), 또는 *증기발생기*(steam generator)는 많은 양의 열을 작동유체인 물로 열을 전달하기 사용되는 열교환기이다. 그림 8.1에 간단한 보일러의 개략도를 도시하였다. 보일러에서 사용되는 열은 석탄, 연료유, 핵분열, 지열 열원, 심지어 쓰레기로부터 생산될 수 있다. 보일러의 기능은 과냉각된 물을 과열증기로 가열하는 것이다. 석탄 화력발전소에서 석탄은 높은 온도로 태울 수 있도록 분쇄되어 증기발생기 중앙으로 공급된다. 석탄의 연소온도는 분쇄된 석탄(미분탄)의 표적에 비례하여 높아진다. 분쇄된 석탄은 작은 사이즈의 입자를 형성시켜 표면적을 증가시킨다. 물은 증기발생기의 내부 표면을 감싸고 있는 파이프로 공급되며 물이 이 파이프를 통과할 때, 연소실의 중심에서 타고 있는 석탄의 열을 흡수한다.

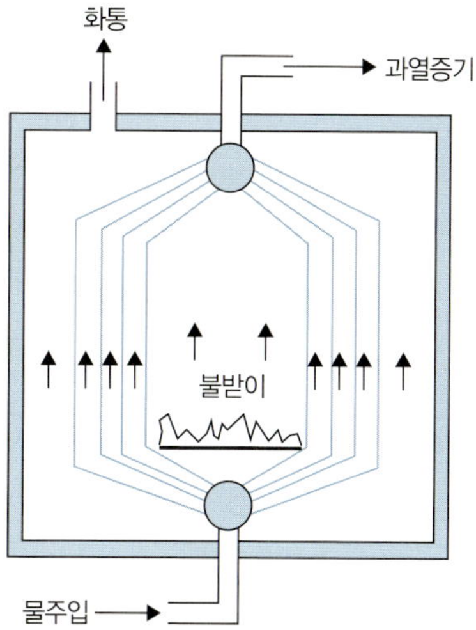

그림 8.1
보일러의 개략도

Comment

파운드당, 쓰레기는 석탄의 에너지 생성양의 50%를 포함하고 있다. 그러나 쓰레기를 태우는 것은 심각한 대기 오염문제를 동반하다. 구글에서 '쓰레기 에너지'를 검색해보고 무엇을 할 수 있을지 찾아보아라.

원자력 발전소에서 증기는 핵분열성이 있는 우라늄 또는 플루토늄의 뜨거운 봉 위로 흐르게 된다. 이러한 봉들은 연소하고 있는 석탄과 같이 뜨겁지 않으므로 원자로에서 생산된 증기의 온도는 석탄화력 발전소에서 생산되는 것보다 낮다. 그 결과, 열역학 제2법칙에 의해 원자력 발전소의 효율은 석탄화력 발전소의 효율보다 낮을 것이라고 예측해 볼 수 있다. 일반적인 석탄화력 발전소의 효율은 40%에서 42% 사이이다. 반면 원자력 발전소는 32% 정도의 사이클 효율을 갖고 있다. 보일러에서의 가열과정과 열교환기는 정압과정으로 가정한다.

발전소 설계 시 주요 관심사 중 하나는 발전소가 작동함으로써 환경에 미치는 영향이다. 발전소에 의해 생성된 *오염 물질*의 대부분은 보일러의 작동에서 비롯된다. 석탄화력 발전소의 가동으로 발생되는 주요 가스는 이산화탄소이다. 따라서 현재에는 이산화탄소를 제거할 수 있거나 산업적으로 이용할 수 있는 시설을 갖춘 발전소가 설계되고 있다. 또한 석탄을 원료로 하는 보일러는 황을 대기 중에 배출하는데, 이 양은 사용되는 석탄 연료의 종류에 따라 결정된다. 원자로는 연소생성물을 배출하지 않지만 이와 관련된 환경문제는 사용 후 핵연료 봉을 어떻게 폐기하느냐이다. 현재, 폐기된 핵연료봉은 원자로 입지에 저장된다. 폐 연료봉이 계속 축적되고 만약 저장시설이 잘 유지되지 않으면 심각한 위험을 초래할 수 있다. 2011년 일본의 후쿠시마 다이치 원자력 발전소는 이 문제에 대해 지속가능한 해결책의 필요성을 보여주는 명확한 예이다.

그림 8.2

증기터빈 로터의 블레이드

오염: 석탄을 연소시키는 보일러에서 공기를 오염시키는 대부분의 이산화탄소와 황이 배출된다.

증기터빈: 보일러에서 통과한 과열증기로 기계적 동력을 만드는 장치

증기터빈(steam turbine)은 과열증기를 이용하여 기계적인 동력을 생산하는 장치로 과열증기가 보일러를 통과하는 회전축을 통해 토크를 전달한다. 증기는 높은 온도, 높은 압력의 과열증기상태로 터빈을 통과하며 에너지 준위가 낮은 포화혼합물 형태의 증기로 터빈를 나가게 된다. 혼합물이 터빈을 나갈 때, 터빈의 블레이드에 손실을 주는 작은 물방울들을 최소화시키기 위해서는 0.90[1]보다 높은 건도를 유지하여야 한다. 증기터빈에서, 높은 압력의 증기도 로터의 블레이드에 영향을 줄 수 있다(그림 8.2). 터빈 축은 회전 동력은 공급하는 장치이며 통상 터빈에서 발생된 토크와 터빈 축의 회전속도의 곱으로 동력을 계산하게 된다. 생산된 동력은 전기발전기를 운전하는데 사용된다.

응축기: 터빈에서 배출된 증기를 응축하여 포화액으로 만드는 열교환기

터빈에서 배출되는 증기는 *응축기*라 불리는 열교환기를 지나게 된다. 응축기는 터빈을 통과한 증기로부터 열을 제거하여 포화액으로 응축시키며 포화액을 높은 압력으로 펌프로 보낼 수 있도록 돕는 역할을 하게 된다. 그림 8.3에 수냉 응축기가 도시되어 있다. 이상적으로는 강, 호수, 바다로부터 많은 양의 물을 공급받아 터빈을 빠져나오는 증기를 응축시킬 수 있다. 냉각탑에 물을 사용할 수 없거나 물이 없는 경우 공기가 증기를 응축시키기 위해 사용되기도 한다. 특별한 상황에서는 응축기[2]에 의해 방출된 많은 양의 열은 인접한 대학과 도시, 산업 단지의 건물을 냉방하거나 난방하는데 사용되기도 한다.

[1]해석과 설계를 위해 편이상 터빈에서 건도는 1.0이라고 가정하지만 실제 터빈을 지나는 혼합물의 건도는 1.0보다 작다.

[2]열 냉각은 10장에서 설명되는 흡수식 냉동기에 적용되는 과정을 사용한다.

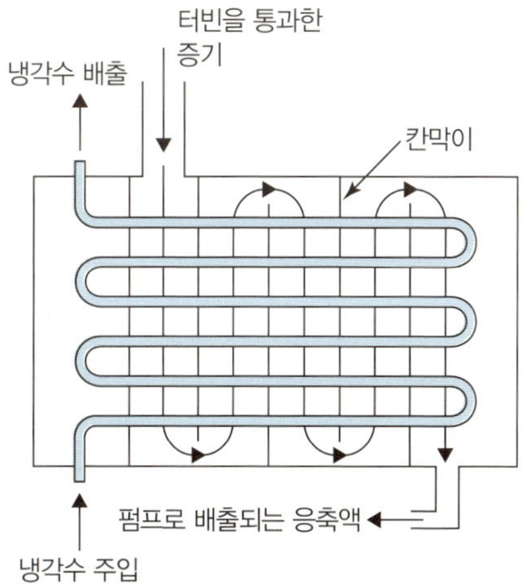

그림 8.3

증기가 주입되고 응축액이 빠져나가는 수냉식 응축기

응축기의 작동도 환경문제를 야기시킬 수 있다. 많은 양의 열이 대기에 방출되었을 때, 그것을 열 오염이라고 한다. 응축기로부터 나온 뜨거운 물이 강 또는 호수에 버려지면, 물의 생태에 영향을 미칠 수 있다. 많은 종류의 물고기들이 높은 온도에서 살지 못하고 발전소 주위의 지역으로부터 떠날 수 있고 반면에 다른 물고기들은 따뜻한 물로 모여들 수 있다.

몇몇 물새의 종류는 발전소 주변의 따뜻한 지역을 겨울의 안식처로 삼는 등 자연적이지 못한 현상이 일어날 수 있다. 또한, 냉각탑에서 증기가 배출되면 날씨가 추울 때 도로를 얼리거나 안개를 발생시킬 수 있고 심지어 의학적인 문제까지 발생시킬 수 있다. 응축기를 빠져나오는 응축액은 보통 저압으로 대기압 이하이다.

Comment

응축기에 의해 방출된 열은 건물을 가열시키고 냉각시키는데 사용될 수 있다.

터빈에서 요구되는 높은 압력을 확보하기 위해 그림 8.4에 도시된 대규모 *급수펌프*(feedwater pump)를 사용하여 물을 다시 보일러로 공급하며, 그럼으로써 사이클을 완성시킨다. 터빈에서 소요되는 동력에 비해 펌프에서 소요되는 동력의 크기는 매우 작기 때문에 동력사이클의 효율을 계산할 때 종종 무시하는 경우도 있다.

급수 펌프: 이 장치는 터빈에서 요구되는 고압을 생성하는데 사용된다.

Observation: 보일러와 응축기는 정압 열교환기이다.

간단한 랭킨사이클의 구성도와 T-s선도를 각각 그림 8.5와 그림 8.6에 도시하였다. 상태 1에서 물은 응축기를 지나 펌프로 들어가는 포화액으로 가정한다. 상태 2에서 물은 펌프를 지나 보일러로 들어가는 고압 액체상태이다.

상태 3에서 물은 보일러를 지나 터빈으로 들어가는 과열된 증기이다. 상태 4에서의 포화 혼합물, 또는 상태 4'에서의 과열증기는 터빈을 지나 응축기로 들어가게 된다.

랭킨사이클을 구성하는 장치에 대해서는 이미 4.4절에서 제시하였으며 기본 랭킨사이클은 4.4.1절에 소개되어 학습하였다. 이 장에서는 기본 랭킨사이클의 수정과 효율

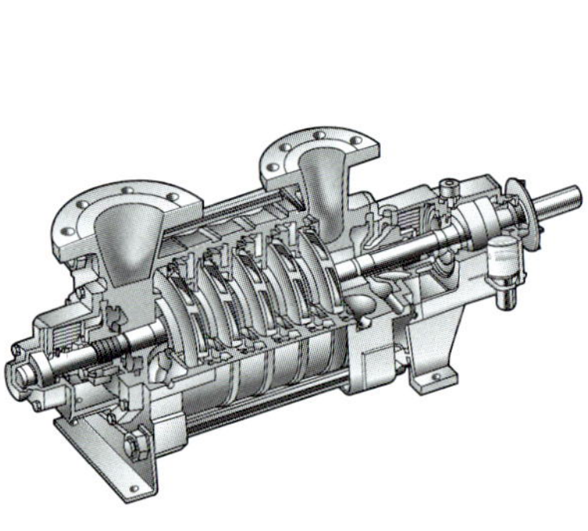

그림 8.4

급수펌프

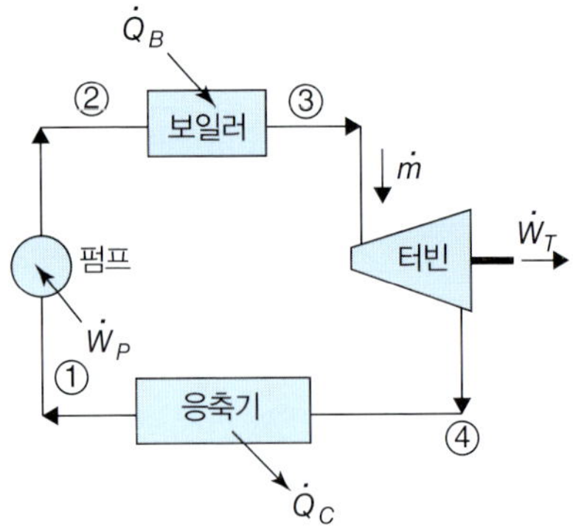

그림 8.5

펌프, 보일러, 터빈, 응축기로 구성된 단순 랭킨사이클

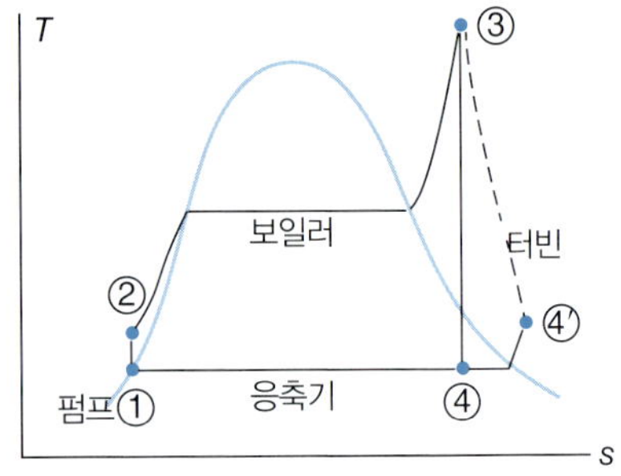

그림 8.6

단순 랭킨사이클의 T–s선도

이상 랭킨사이클: 구성 장치, 특히 터빈에서의 손실조차도 무시할 수 있는 경우로 이론 최대 사이클효율을 제공할 수 있다.

랭킨사이클 효율: 그림 8.5에서 처럼 4개의 장치로만 구성된 사이클을 고려할 때 정미일을 입력열로 나눈 값

에 대해서 보다 상세하게 분석해 볼 것이다. 만약 손실이 사이클을 구성하는 모든 장치와 연결된 파이프에서 무시해도 될 정도라고 가정할 수 있을 경우 이것을 *이상 랭킨사이클*(ideal Rankine cycle)이라고 할 수 있다. 이 사이클의 효율은 이론적으로 최대값을 갖게 된다. 그림 8.6의 점선으로 표시된 구간에서 처럼 터빈에서 발생되는 손실이 포함되는 경우 이상 랭킨사이클이라고 할 수 없다. 일반적으로 랭킨사이클에서는 터빈을 제외한 다른 장치에서의 손실은 터빈에 비해 작기 때문에 무시할 수 있다. 그림 8.5에서 처럼 4개의 장치로 구성된 *랭킨사이클의 효율*(Rankine cycle efficiency)은 정미일을 증기에 투입된 입력열로 나눈 값으로 정의된다. 정미일은 터빈에 의해서 제공되는 일에서 펌프에서 요구되는 일을 뺀 것이다. (펌프일이 상대적으로 작고, 터빈 동력의 1%보다 적으면 무시할 수 있다.) 입력열(입열 또는 입력 에너지)은 증기발생기에서 작동유체에 의해 전달된 열교환을 통해 발생된다. 사이클의 *열역학적 효율*은 간단하게 *사이클 효율*이라 하고 다음과 같이 나타낸다.

$$\eta_{\text{cycle}} = \frac{w_T - w_P}{q_B} = \frac{W_T - W_P}{Q_B} = \frac{\dot{W}_T - \dot{W}_P}{\dot{Q}_B} \tag{8.1}$$

W_T와 W_P는 터빈과 펌프의 일이고, Q_B는 보일러에 유입된 열(입력열)이다.

발전소 효율: 이러한 손실은 랭킨사이클의 효율 계산에 들어가지 않는다.

발전소 효율(plant efficiency)은 발전소 전체에서 발생된 에너지와 투입된 전체 연료의 에너지 비로 표현된다. 이 효율은 연소 챔버에서의 손실, 즉 연료가 열로 전환되고 열이 증기에 흡수되면서 발생하는 손실(약 10%), 그리고 터빈의 작동시 발전에 소요되는 손실(약 8%)을 포함한다. 또한, 전력의 약 6%는 발전소를 가동시키는데 필요한 보조 장치를 작동하는데 필요하다. 이러한 손실들은 일반적인 랭킨사이클의 효율계산에 포함되어 있지 않음을 명심해야 한다.

이상 랭킨사이클 예제 8.1

이상 랭킨사이클이 그림 8.7에서 나타낸 것처럼 4개의 장치로만 동작한다. 사이클을 분석하고 사이클 효율을 결정하시오. 증기의 질량유량은 25 kg/s이다. 모든 구성 장치에서의 손실을 무시할 수 있는 이상 사이클로 가정한다. 즉, 터빈, 펌프, 연결파이프에서의 손실은 고려하지 않는다.

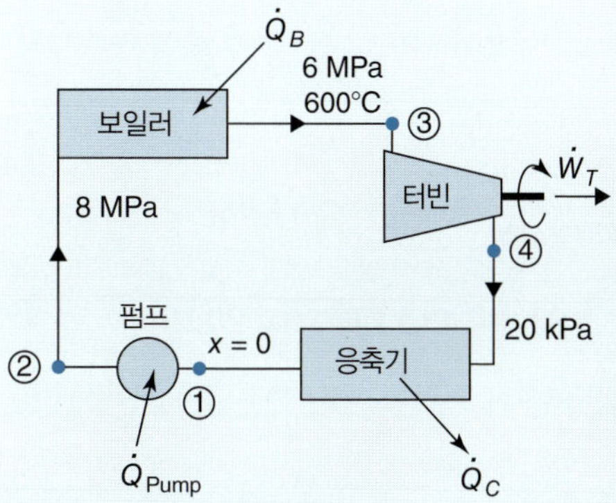

그림 8.7

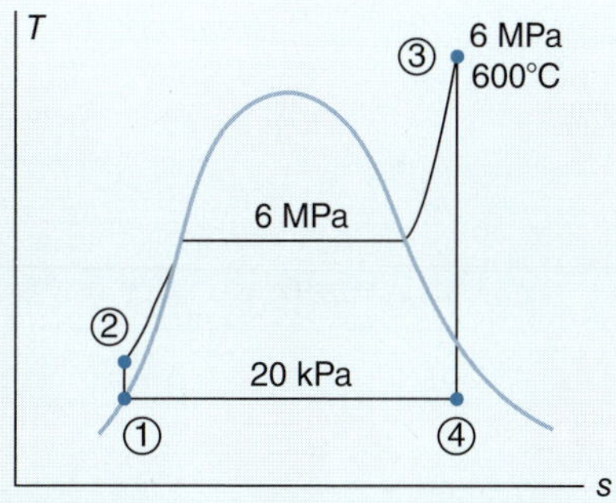

그림 8.8

상태 1: $P_1 = P_4,\ x_1 = 0$

상태 2: $P_2 = P_3$

상태 3: $T_3 = 600°\text{C},\ P_3 = 6\ \text{MPa}$

상태 4: $P_4 = 20\ \text{kPa}$

풀이

그림 8.8의 T-s선도를 사용하면 문제해결에 도움이 된다. 펌프를 지나 압축된 액체는 보일러에서 과열증기로 전환되어 통과한다. 이 때 터빈에는 6 MPa, 600°C의 과열증기가 통과하게 된다. 이상 사이클에서 상태 3에서 상태 4까지 등엔트로피 과정으로 가정하게 된다. 따라서 $S_4 = S_3$이다. 이 때 $P_4 = 20$ kPa로 유지된다. 6 MPa, 600°C에서의 표에서, $S_3 = 7.1677$ kJ/kg · K이므로 20 kPa에서 $s_4 < s_g = 7.9093$ kJ/kg · K이고, 다음과 같이 x_4를 찾을 수 있다.

$$s_3 = s_4 = s_f + xs_{fg}$$
$$7.1677 = 0.8319 + x_4 \times 7.0774 \qquad \therefore x_4 = 0.8952$$

표 C-2로부터 20 kPa에서의 S_f와 S_{fg}를 사용하면 상태 4의 엔탈피는 다음과 같다.

$$h_4 = (h_f + xh_{fg})_4 = 251.4 + 0.8952 \times 2358.3 = 2363\ \text{kJ/kg}$$

6 MPa과 600°C에서, 표 C-3을 이용하면 $h_3 = 3658.4$ kJ/kg를 찾을 수 있다. 그러므로 터빈의 출력은

$$w_T = h_3 - h_4 = 3658.4 - 2363 = 1295\ \text{kJ/kg}$$
$$\therefore \dot{W}_T = w_T \Delta h = 25\frac{\text{kg}}{\text{s}} \times 1295\frac{\text{kJ}}{\text{kg}} = \underline{32\ 400\ \text{kW}}$$

(계속)

예제 8.1 (계속)

응축기를 통과할 때 압력은 일정하게 유지되므로 건도가 0인 상태 1의 엔탈피는 0.02 MPa에서 표 C-2로부터 $h_1 = 251.4$ kJ/kg이다. 그러므로 응축기의 열교환은

$$q_C = h_4 - h_1 = 2363 - 251.4 = 2112 \text{ kJ/kg}$$
$$\therefore \dot{Q}_C = \dot{m}(h_4 - h_1) = 25 \times 2112 = \underline{52\,800 \text{ kJ/s}}$$

펌프는 x_1=0인 액체상태의 물을 흡입하고 그것을 6 MPa의 압력으로 압축시킨다. 요구되는 일은

$$w_P = \frac{P_2 - P_1}{\rho} = \frac{(6000 - 20) \text{ kN/m}^2}{1000 \text{ kg/m}^3} = 5.98 \text{ kJ/kg}$$

$$\therefore \dot{W}_P = \dot{m}(h_2 - h_1) = 25 \times 5.98 = 149.5 \text{ kW} \quad \text{or} \quad \underline{200 \text{ hp}}$$

Unit: 열전달률은 kJ/s로 표현된다. 반면에 일률은 kW이다. kJ/s = kW는 동일한 단위이다.

펌프를 지나 보일러를 통과할 때 엔탈피는 펌프에 열역학 제1법칙을 적용함으로써 알 수 있다:

$$w_P = h_2 - h_1. \qquad \therefore h_2 = w_P + h_1 = 6 + 251 = 257 \text{ kJ/kg}$$

증기발생기에서 요구되는 열교환은 그러므로

$$q_B = h_3 - h_2 = 3658.4 - 257 = 3401 \text{ kJ/kg}$$

따라서 열전달률은 다음과 같이 계산할 수 있다.

$$\dot{Q}_B = \dot{m}(h_3 - h_2) = 25 \times 3401 = \underline{85\,000 \text{ kJ/s}}$$

이 때 사이클의 효율을 다음과 같이 계산할 수 있다.

$$\eta_{\text{cycle}} = \frac{w_T - w_P}{q_B} = \frac{1295 - 5.98}{3401} = 0.379 \text{ 또는 } \underline{37.9\%}$$

Comment

고온(600℃)과 저온(60.1℃) 사이에 작동하는 카르노사이클은 62% 효율을 갖게 된다. 보일러 내부의 열전달과정은 큰 온도차로 인한 것이며 따라서 비가역적이라고 할 수 있다.

만약, 효율 계산에서, 펌프일을 무시할 수 있다면 q_B는 3658.4−251=3407 kJ/kg이다. (h_2=h_1) 그렇게 되면 효율은

$$\eta = \frac{w_T}{q_B} = \frac{1295}{3407} = 0.380 \text{ 또는 } \underline{38.0\%} \quad \text{(펌프 없이)}$$

랭킨사이클 효율 계산에서 펌프가 종종 무시되는 이유는 효율의 오차 범위가 0.3%보다 작기 때문이다.

나머지 입력에너지($q_B - w_T = q_C$)는 응축기에 의해 방출된다. 다시 말해서, 입력된 에너지의 62%는 응축기를 통해 손실된다. 따라서 응축기에서 버려지는 열을 대학 기숙사와 같은 건물에서 재활용할 수도 있다. 이 경우 재활용되는 열은 랭킨사이클의 효율에 영향을 미치지 않는다. 하지만 랭킨사이클의 효율은 다음 절에서 소개할 다양한 기법을 통해 향상시킬 수 있다.

일부 손실을 동반하는 랭킨사이클 예제 8.2

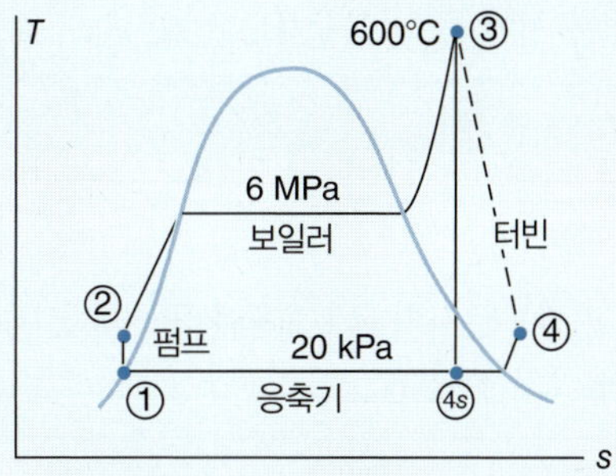

그림 8.9

예제 8.1에 제시된 상태량을 갖고 각각 85%의 터빈효율과 80%의 펌프효율을 갖는 실제 랭킨사이클이 있다. 터빈의 출구상태와 실제 랭킨사이클의 효율을 구하여라.

풀이

상태 3에서 터빈을 통과하는 증기는 표 C-3에 따라 3658 kJ/kg의 엔탈피와 7.1677 kJ/kg·K의 엔트로피를 갖게 된다. 예제 8.1에서는 그림 8.9의 상태 3과 상태 4사이의 과정을 등엔트로피 과정으로 가정하였다. 실제 과정은 상태 4의 점선으로 나타나고 그림에서 과열증기구간으로 추정해 볼 수 있다. 등엔트로피 과정은 예제 8.1에서 처럼 h_{4s}=52363 kJ/kg이고, 이상적인 터빈의 출력은 $w_{T,S}$=1295 kJ/kg이다. 실제 터빈의 출력 $w_{T,a}$은 이상터빈 출력의 85%이므로

$$w_{T,a} = \eta_T \times w_{T,s} = 0.85 \times 1295 = 1101 \text{ kJ/kg}$$

실제 사이클에 열역학 제1법칙을 적용하면

$$w_T = h_3 - h_4 = 3658.4 - h_4 = 1101 \qquad \therefore h_4 = 2557 \text{ kJ/kg}$$

IRC 상태량 계산기에 P_4=20 kPa과 h_4=2 557 000 J/kg을 입력하면

$$T_4 = \underline{60.1°\text{C}} \text{ and } x_4 = \underline{0.978}$$

따라서 상태 4는 건도가 1에 가까운 습증기 영역이다. 즉 터빈에서의 손실은 등엔트로피 과정에 비해 더 건조한 증기상태를 생성할 수 있으며 이는 터빈 날(블레이드)에 생성되는 액적을 줄이는 데 긍정적인 영향을 줄 수 있다.

실제 펌프에 투입된 일은 예제 8.1에서 주어진 값 $w_{p,s}$=5.98 kJ/kg을 효율로 나눈 값이므로

$$w_{P,a} = \frac{w_{P,s}}{\eta_P} = \frac{5.98}{0.80} = 7.48 \text{ kJ/kg}$$

(계속)

예제 8.2 (계속)

보일러에 가해지는 입력열은 예제 8.1과 동일하므로 사이클의 효율은 다음과 같이 계산될 수 있다.

$$\eta_{\text{cycle}} = \frac{w_T - w_P}{q_B} = \frac{1101 - 7.48}{3401} = 0.322 \quad \text{or} \quad \underline{32.2\%}$$

Comment
사이클의 효율을 계산할 때 펌프가 한 일은 무시할 수 있다.

85%의 사이클 효율을 가진 펌프는 사이클의 효율에 큰 영향을 미치지 않는다. 사이클 효율에 영향을 미치는 것은 터빈 효율 뿐이다.

8.2.2 랭킨사이클 효율 향상

설계를 하는 엔지니어들에게 랭킨사이클로 운전되는 발전소(power plant)의 효율을 향상시키는 방법에는 여러 가지가 있을 수 있다. 이상 랭킨사이클의 효율은 다음 세 가지 방법으로 향상 될 수 있다.

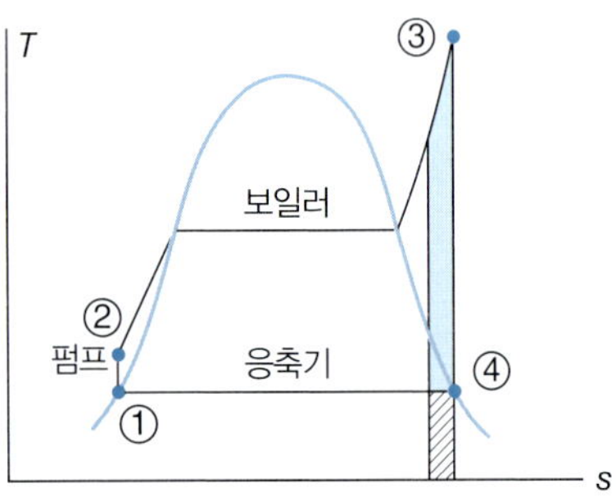

그림 8.10
이상 랭킨사이클에서 보일러 출구 온도를 증가시킬 때 영향

1. 증기발생기(steam generator)에서 배출되는 증기 온도의 상승을 통해 터빈의 출력 일을 증가시킨다[3](그림 8.10의 빗금 친 면적만큼). 또한 보일러 입열량도 증가시킨다(빗금 친 면적과 음영된 면적의 합). 5장의 카르노 열기관을 상기시켜 보면 식 (5.15)에 따라 효율은 열원의 온도가 증가함에 따라 증가한다. 고온의 과열증기의 사용은 효율을 향상시키나 터빈블레이드를 구성하는 금속의 특성에 따라 그 온도는 제한될 수 있다. 현재 장치에 사용된 금속소재가 견딜 수 있는 최고온도는 약 620도이다. 더 높은 온도를 사용하기 위해서는 세라믹 블레이드를 사용하거나 블레이드를 냉각해야 한다.
2. 응축기의 압력이 낮을수록, 터빈에서 방출되는 엔탈피도 낮아진다. 이는 터빈의 출력일(그림 8.11의 음영된 면적)을 증가시킴으로써 사이클 효율을 증가시킨다. 예제 8.2가 터빈의 출구압력이 대기압보다 훨씬 낮은 경우이다. 이 방법은 발전소 설계에서 일반적으로 사용되는 기술이다.

Comment
취성 세라믹 블레이드의 고장은 심각한 결과를 가져온다. 금속 블레드의 고장은 훨씬 더 수월한 문제이다.

3. 펌프 양단의 압력차를 높여서 증기발생기의 압력을 높인다. 이 방법을 통해 터빈 입구의 엔탈피를 높일 수 있다. 터빈일은 그림 8.12에서 음영으로 표시된 두 영역의 면적 차이만큼 증가한다. (터빈일은 *T-s* 선도 아래쪽의 면적, 즉 1-2-3-4 안쪽의 면적으로 계산할 수 있다.) 이 경우 보일러로의 열전달 요구량(입열량)도 동시에 증가하지만, 정미값이 증가하므로 사이클 효율은 증가한다. 22 MPa이 넘는 초임계 압력(임계점 압력보다 높은 압력)으로 작동하는 것이 일반적이다.

랭킨사이클을 수정하면 사이클 효율을 더 증가시킬 수 있으면 다음 절에서 자세히 알아볼 것이다.

[3]Remember: *T-s* 선도 아래에 있는 영역은 준평형과정의 열전달을 나타낸다. $w_T = q_B - q_C$(펌프 무시)이기 때문에 1-2-3-4 안의 면적은 일을 나타낸다.

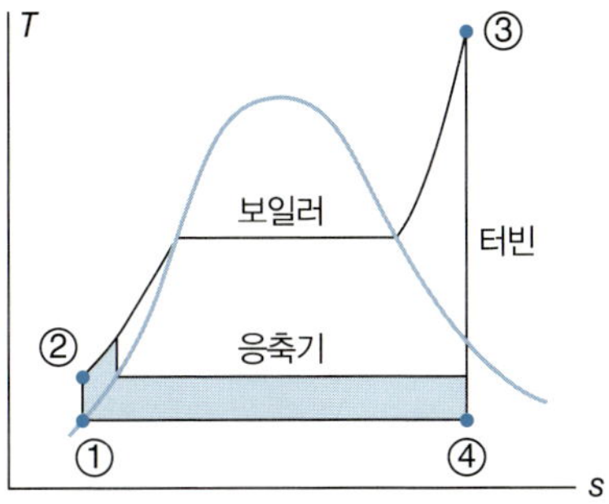

그림 8.11

이상 랭킨사이클에서 응축기의 압력을 감소시킬 때의 영향

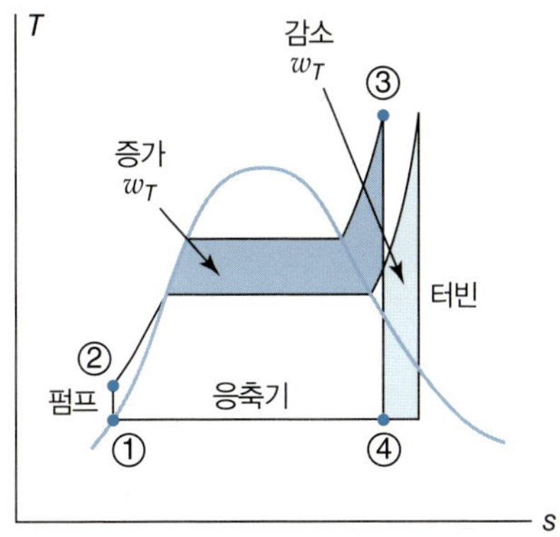

그림 8.12

이상 랭킨사이클에서 증기발생기의 압력을 증가시킬 때의 영향

예제 8.3 증가한 온도의 영향

예제 8.1의 이상 랭킨사이클에서, 그림 8.13에서 나타낸 것과 같이 증기발생기 출구온도를 700°C로 높였다. 다른 모든 조건들은 예제 8.1과 동일하다고 주어졌을 때 사이클의 효율을 구하여라. 손실은 무시한다.

상태 1: $P_1 = P_4,\ x_1 = 0$ **상태 2:** $P_2 = P_3$

상태 3: $T_3 = 700°C,\ P_3 = 6\ MPa$ **상태 4:** $P_4 = 20\ kPa$

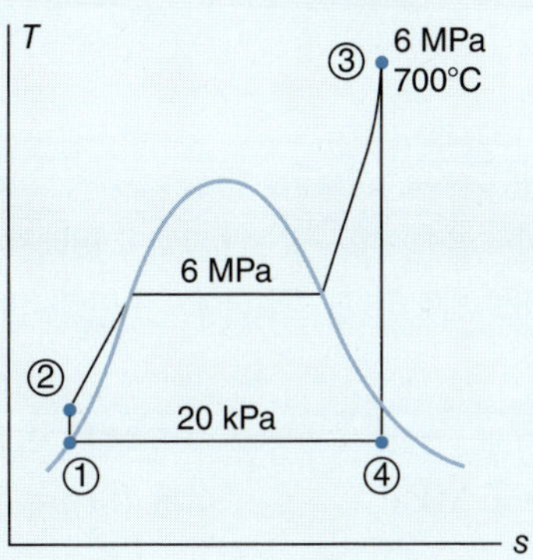

그림 8.13

풀이

세라믹 블레이드가 장착된 터빈으로 6 MPa, 700°C 상태의 과열된 증기가 들어간다; 증기는 상태 3에서 상태 4까지 등엔트로피 과정을 겪는다; 즉, $s_4 = s_3$. 증기표를 참고하면, $s_3 =$ 7.4234 kJ/kg · K,

(*계속*)

예제 8.3 (계속)

$$s_3 = s_4 = s_f + xs_{fg}$$
$$7.4234 = 0.8319 + x_4 \times 7.0774 \qquad \therefore x_4 = 0.9313$$

Note: 펌프의 일은 터빈의 일에 비하면 매우 작기 때문에 무시할 수 있다.

상태 4에서는 등엔트로피 터빈 출력 일을 계산하기 위해 엔탈피가 필요하다.

$$h_4 = (h_f + xh_{fg})_4 = 251.4 + 0.9313 \times 2358.3 = 2448 \text{ kJ/kg}$$

6 MPa, 700°C는 표 C-3에서 h_3 = 3894.2 kJ/kg임을 알 수 있다. 따라서 터빈의 출력 일은

$$w_T = h_3 - h_4 = 3894.2 - 2448 = 1446 \text{ kJ/kg}$$

펌프 일은 무시하고 0.02 MPa에 해당하는 상태량을 표 C-2를 이용하여 찾으면 $h_2 \cong h_1$ = 251 kJ/kg이고, 따라서 보일러의 요구에너지량을 알 수 있다.

$$q_B = h_3 - h_2 = 3894 - 251 = 3643 \text{ kJ/kg}$$

사이클 효율은 터빈의 출구 일을 증기발생기가 요구하는 에너지(입열량)로 나누면 된다.

$$\eta_{\text{cycle}} = \frac{w_T}{q_B} = \frac{1446}{3643} = 0.397 \text{ 또는 } \underline{39.7\%}$$

4%의 효율향상이 그리 크지 않은 양임에도 불구하고 에너지를 생산하는 회사에는 수많은 비용을 투자하고 있다. 사실 터빈블레이드를 구성하는 금속은 620°C 이상을 견디지 못하며 따라서 700°C의 증기를 받아들이는 터빈은 세라믹과 같은 특별한 재질로 만든 블레이드로 터빈의 첫번째 블레이드 열을 구성한다.

예제 8.4 감소된 응축기 압력의 영향

예제 8.1의 이상 랭킨사이클에서 응축기 입구압력만 그림 8.14에서 나타낸 바와 같이 10 kPa로 감소시켰다. 다른 모든 조건들은 예제 8.1과 동일하다고 주어졌을 때 사이클의 효율을 구하여라. 손실은 무시한다.

상태 1: $P_1 = P_4$, $x_1 = 0$ 상태 2: $P_2 = P_3$

상태 3: $T_3 = 600°\text{C}$, $P_3 = 6$ MPa 상태 4: $P_4 = 10$ kPa

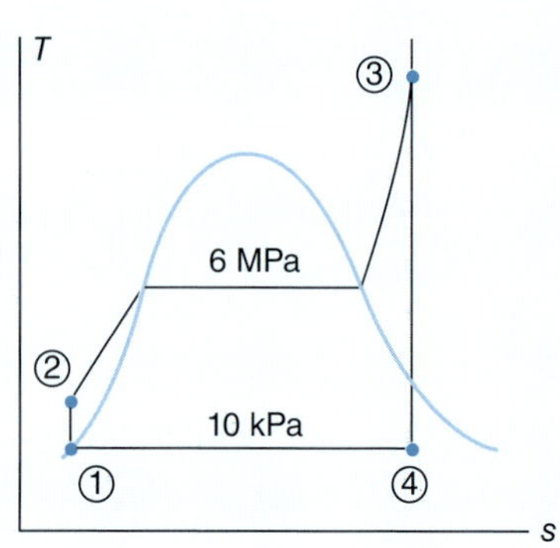

그림 8.14

풀이

터빈으로 6 MPa, 700°C 상태의 과열된 증기가 들어가고, 증기는 상태 3에서 상태 4로 등엔트로피 과정을 겪는다; 즉, $s_4 = s_3$이고, IRC 상태량 계산기를 이용하면 $s_3 = 7170$ J/kg·K을 얻을 수 있다. 이 엔트로피 값과 압력 10 kPa을 IRC 상태량 계산기에 입력하면 $h_4 =$ 2270000 J/kg(2270 kJ/kg)을 얻을 수 있다.

보일러로 들어가는 엔탈피는 $h_2 \cong h_1 = 192$ kJ/kg라고 가정하고 $x_1 = 0$, $P_1 = 10$ kPa이므로 6000 kPa, 600°C에서 보일러 출구 엔탈피는 $h_3 = 3660$ kJ/kg이다.

$$\eta = \frac{w_T}{q_B} = \frac{h_3 - h_4}{h_3 - h_2} = \frac{3660 - 2270}{3660 - 192} = 0.401 \text{ 또는 } \underline{40.1\%}$$

응축기 압력을 10 kPa 낮추면 효율은 5% 가량 즉, 38.0%에서 40.1% 증가한다. 그러나 터빈 출구의 건도가 0.869로 낮아져 부작용이 발생할 수 있다. (10 kPa과 $s_4 = s_3 =$ 7170 kJ/kg·K 조건을 IRC 상태량 계산기에 입력하여 계산)

Note: 터빈 출구측 증기 건도의 감소는 앞서 설명한 바와 같이 부작용을 일으킬 수 있다.

증가된 보일러 압력의 영향 예제 8.5

예제 8.1의 이상 랭킨사이클에서 그림 8.15에서 나타낸 바와 같이 보일러 입구압력을 16 MPa로 높인다. 다른 모든 조건들은 예제 8.1과 동일하다고 주어졌을 때 사이클의 효율을 구하여라. 손실은 무시한다.

상태 1: $P_1 = P_4,\ x_1 = 0$ **상태 2:** $P_2 = P_3$

상태 3: $T_3 = 600°\text{C},\ P_3 = 16$ MPa **상태 4:** $P_4 = 20$ kPa

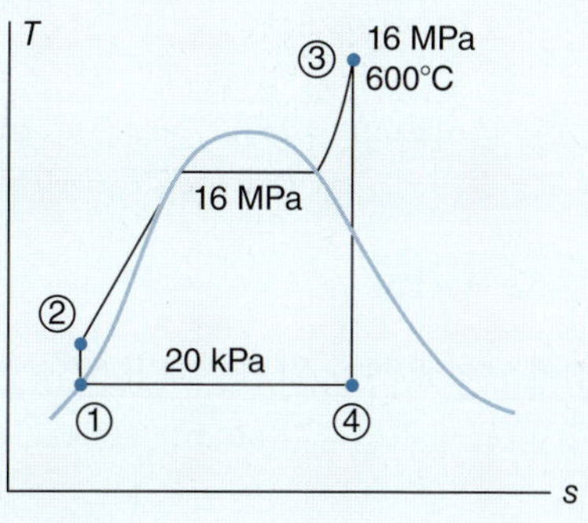

그림 8.15

풀이

터빈으로 16 MPa, 600°C 상태의 과열된 증기가 들어가고, 증기는 상태 3에서 상태 4로 등엔트로피 과정을 겪는다; 즉, $s_4 = s_3$이고, IRC 상태량 계산기를 이용하면 $s_3 = 6640$ J/kg·K을 얻을 수 있고, 이 엔트로피 값과 압력 10 kPa를 IRC 상태량 계산기에 입력하면 h_4 = 2190000 J/kg(2190 kJ/kg)을 얻을 수 있다.

(계속)

예제 8.5 (계속)

보일러로 들어가는 엔탈피는 $h_2 \cong h_1 = 251$ kJ/kg라고 가정하고 $x_1 = 0$, $P_1 = 20$ kPa이므로 16000 kPa, 600°C에서 보일러출구 엔탈피는 $h_3 = 3570$ kJ/kg이다.

$$\eta = \frac{w_T}{q_B} = \frac{h_3 - h_4}{h_3 - h_2} = \frac{3570 - 2190}{3570 - 251} = 0.416 \text{ 또는 } \underline{41.6\%}$$

Note: 터빈 출구의 건도가 낮은 편이지만 다음절에서 소개될 사이클 수정을 통해서 이 상황을 바로 잡을 수 있다.

효율은 약 9% 증가한다. 보일러에서의 높은 압력은 터빈 입구를 비롯하여 모든 파이프 구성하는 장치들의 강성을 요구하며, 이는 결과적으로 더 많은 건설비용을 초래한다. 또한, 터빈 출구의 건도가 0.821로 다소 낮다. 이는 다음 절에 소개되겠지만 기본 랭킨사이클의 수정을 통해서 터빈 출구에서 증기의 건도를 1.0보다 더 높게 만들 수 있다.

☑ 학습목표 확인 (1)

8.3 수정 랭킨사이클

이 절에서는 발전소의 효율을 향상시키기 위해 사용될 수 있는 장치 두 개를 소개할 것이다. 재열기와 급수가열기가 그것이다. 이 장치들은 공통적으로 발전소 설계에 사용된다. 이 장치를 사용하면 사이클의 효율을 높일 수 있으며, 특히 재열기를 사용함으로써 터빈에서 나오는 과도한 수분을 줄일 수 있다. 한 개나 두 개의 재가열기를 장착함으로써 터빈 출구의 증기는 대부분 터빈의 필요조건인 과열증기영역으로 진입할 수 있다.

8.3.1 이상 재열 랭킨사이클

재열 사이클은 그림 8.16에서 나타낸 바 같이 기본적인 랭킨사이클을 수정한 것이다. 그림 8.17은 *T-s* 선도를 나타낸다. 증기발생기(steam generator)에서 나온 과열증기는 터빈의 고압부분을 통과하고 다시 증기발생기로 회수된다. 열이 다시 한 번 증기에 가해지고, 응축기로 들어가기 전에 저압의 터빈으로 다시 유입된다. 터빈은 기본적인 랭킨사이클보다 더 많은 에너지를 생산하지만 이를 위해서는 증기발생기에 더 많은 열을 공급해야만 한다. 이상 재열 랭킨사이클의 설계 목표는 사이클의 효율을 특정한 값까지 증가시키는 것이다. 증가한 생산비용은 다년간 발전소의 운전을 통해 생산된 많은 양의 동력으로 상쇄가능하다. 또한 재열 과정은 터빈출구 근처(응축기 저압부분의 조건)의 수분을 감소시킨다.

일부 발전소는 두 개의 재열 사이클을 이용한다. 다음의 예제를 통해 재열 사이클의 해석을 살펴보도록 하자. 이 사이클에선 그림 8.16과 8.17에 나타낸 바와 같이 여섯 개의 상태가 존재한다.

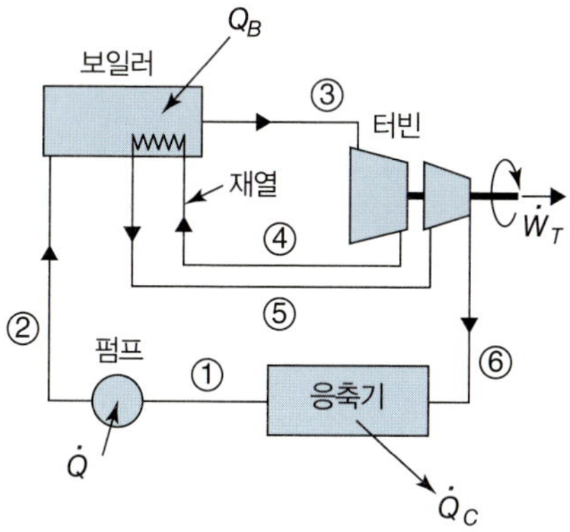

그림 8.16

재열 랭킨사이클

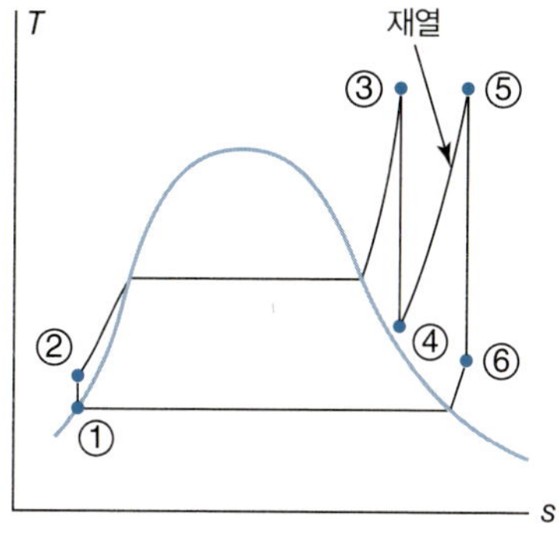

그림 8.17

이상 재열 랭킨사이클의 T–s 선도

재가열기의 효과 예제 8.6

예제 8.1에서의 이상 랭킨사이클은 그림 8.18에서 나타낸 바와 같이 1 MPa에 도달할 때, 고압터빈에서 보일러로 증기가 회수된다. 그 다음 600°C로 저압터빈으로 다시 유입된다. 1) 증기발생기에서 요구하는 열전달량 2) 응축기에서의 열전달량 3) 터빈에서 12 MW 생산하기 위해서 필요한 증기의 유속 4) 사이클의 효율을 구하시오. 효율 계산에서 펌프 일은 무시한다. 상태조건은 다음과 같다.

상태 1: $P_1 = 20\text{ kPa}, x_1 = 0$ **상태 2:** $P_2 = 6\text{ MPa}$

상태 3: $P_3 = 6\text{ MPa}, T_3 = 600°\text{C}$ **상태 4:** $P_4 = 1\text{ MPa}$

상태 5: $P_5 = 1\text{ MPa}, T_3 = 600°\text{C}$ **상태 6:** $P_6 = 20\text{ kPa}$

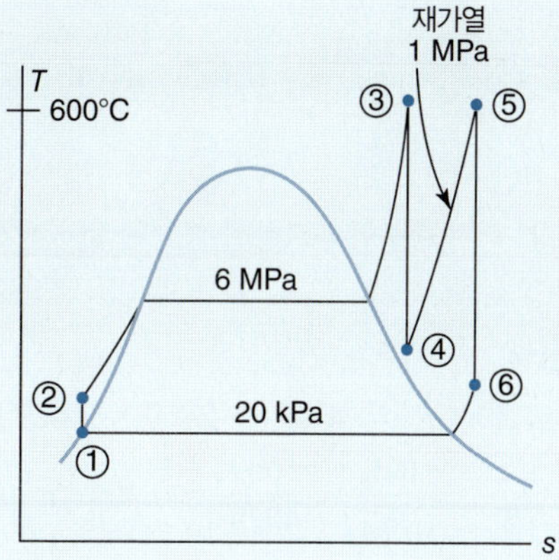

그림 8.18

풀이

계산을 하기 전에, 먼저 모든 상태에서의 엔탈피를 IRC 상태량 계산기를 이용하여 구한다.

(계속)

예제 8.6 (계속)

상태 1에서는 $x_1 = 0$, $P_1 = 20$ kPa이고 IRC 상태량 계산기를 이용하면 $h_1 = 251000$ J/kg $\cong h_2$.

터빈으로 6000 kPa, 600°C 상태의 과열된 증기가 들어가고, $h_3 = 366000$ J/kg(3660 kJ/kg), $s_3 = 7170$ J/kg·K.

증기는 상태 3에서 상태 4로 등엔트로피 과정을 겪는다; 즉, $s_4 = s_3 = 7170$ J/kg·K. 값 s_4를 이용하고 100 kPa를 이용하면 $h_4 = 308000$ J/kg(3080 kJ/kg)

상태 5는 1000 kPa, 600°C일 때 $h_5 = 370000$ J/kg(3770 kJ/kg)이고 $s_5 = 8030$ J/kg·K.

Note: 상태 6은 과열 영역이다. 터빈의 블레이드 상에서 응축은 발생하지 않는다.

상태 6은 $s_6 = s_5$ 그리고 $P_6 = 20$ kPa, $h_6 = 265000$ J/kg(2650 kJ/kg)이다.

i) 보일러가 요구하는 에너지는 고압부분과 재가열부분의 합이다.

$$\begin{aligned} q_B &= (h_3 - h_2) + (h_5 - h_4) \\ &= (3660 - 251) + (3700 - 3080) = \underline{4029 \text{ kJ/kg}} \end{aligned}$$

ii) 응축기에서의 열손실은

$$q_C = h_6 - h_1 = 2650 - 251 = \underline{2400 \text{ kJ/kg}}$$

iii) 터빈이 하는 일은 고압과 저압부분의 합이다.

$$\begin{aligned} w_T &= (h_3 - h_4) + (h_5 - h_6) \\ &= (3660 - 3080) + (3700 - 2650) = 1630 \text{ kJ/kg} \end{aligned}$$

동력이 주어지기 때문은 유속은 다음과 같이 구할 수 있다.

$$\dot{W}_T = \dot{m} \times w_T \qquad 12\,000 = \dot{m} \times 1630 \qquad \therefore \dot{m} = \underline{7.36 \text{ kg/s}}$$

iv) 이상 사이클의 효율은

$$\eta = \frac{w_T}{q_B} = \frac{1630}{4029} = 0.405 \quad \text{or} \quad \underline{40.5\%}$$

재열 설비의 추가로 인한 에너지 회수로 효율은 대략 7% 상승한다. 재열기는 매우 중요한 상태 6인 과열영역에서 터빈 출구의 과도한 수분을 완전히 제거한다. 열역학 제1법칙을 적용하면 보일러에서 요구되는 에너지와 응축기에서 필요한 열전달량을 계산한 뒤 위와 유사하게 효율을 구할 수 있다.

Comment

펌프일은 터빈 일에 비해 작기 때문에 효율 계산에서 무시할 수 있다.

$$w_T = q_B - q_C = 4029 - 2400 = 1629 \text{ kJ/kg}$$

$$\therefore \eta_{\text{cycle}} = \frac{w_T}{q_B} = \frac{1629}{4029} = 0.404 \text{ or } 40.4\%$$

8.3.2 이상 재생 랭킨사이클

발전소의 효율을 향상시키기 위해서 사용되는 또 다른 장치는 급수가열기이다. 그림 8.19에서 빗금 친 영역은 보일러에서 상태 2에서 포화온도까지 물을 가열시키기 위하여 필요한 에너지이다. 이 물은 고온고압의 터빈에서 추출된 증기로 예열되고, *개방형 급수가열기*(open feedwater heater)에서 응축기를 빠져 나온 응축액과 가열된 증기를 혼합함으로써 보일러에서 사용되는 에너지를 줄인다. 응축수와 추출된 증기는 반드시 같은 압력이어야 하기 때문에, 응축수펌프는 추출된 증기의 압력으로 응축수의 압력을 높이기 위해 필요하다. 그림 8.20은 *이상 재생 랭킨사이클*(regenerative Rankine cycle)을 보여준다. 보일러에서 절약된 열은 유입되는 증기량이 줄어들기 때문에 상쇄된다.

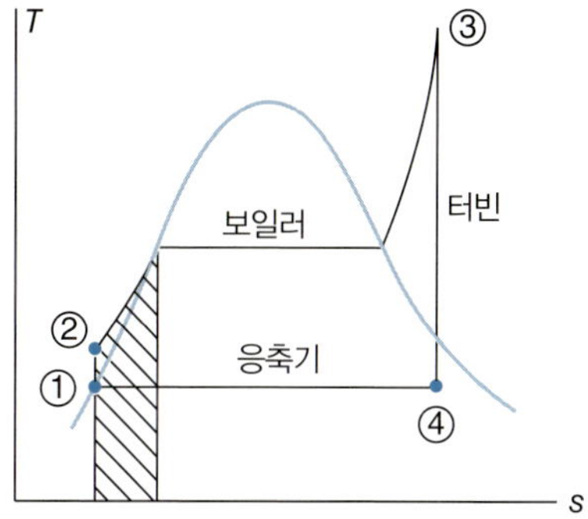

그림 8.19
빗금친 영역은 포화상태까지 물을 가열하기 위해 요구되는 열전달량을 나타낸다.

그림 8.21에 나타낸 바와 같이 개방형 급수가열기에선 터빈에서 나온 증기가 응축기에서 나온 응축수와 혼합된다. 예열된 급수는 그림 8.20의 상태 3에서 급수펌프로 공급된다. 개방형 급수가열기는 4.2.3절에서 학습한 일종의 혼합실이다. 가열기가 단열되어 있고 운동 및 위치 에너지를 무시할 수 있다면 질량과 에너지 보존식은 다음과 같이 나타낼 수 있다.

개방형 급수가열기: 과열증기와 액체물이 섞인 열교환기

재생 랭킨사이클: 급수가열기를 포함한 랭킨사이클

$$\dot{m}_2 + \dot{m}_6 = \dot{m}_3 \qquad \text{(mass)} \tag{8.2}$$

$$\dot{m}_2 h_2 + \dot{m}_6 h_6 = \dot{m}_3 h_3 \qquad \text{(energy)} \tag{8.3}$$

터빈에서 추출되는 질량플럭스는:

$$\dot{m}_6 = \dot{m}_3 \frac{h_3 - h_2}{h_6 - h_2} \tag{8.4}$$

Comment
각 가열기에서 추출된 압력은 일반적으로 포화온도는 동일한 간격이 되도록 선택된다.

그림 8.22의 *밀폐형 급수가열기*(closed feedwater heater)에서는, 4.2.4절의 열교환기에서 살펴본 것 처럼 2개의 유체는 섞이지 않고 나뉘어 흘러가게 된다. 밀폐형 가열기(closed heater)는 더 비싸지만, 응축수 펌프가 소형화될 수 있고 응축기의 압력으

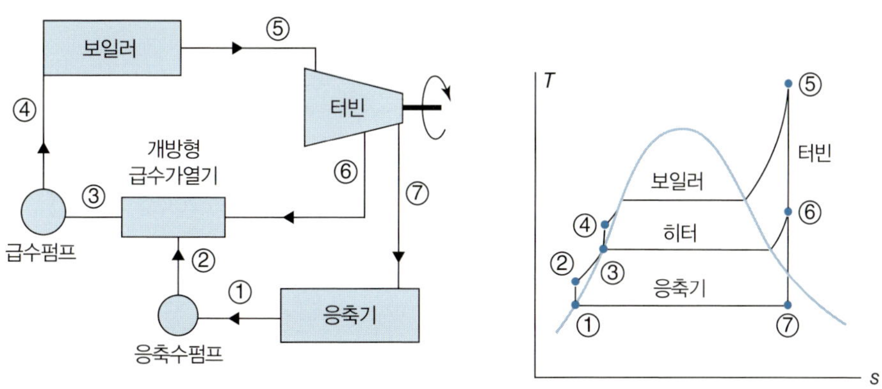

그림 8.20
개방형 급수가열기의 이상적인 재생 랭킨사이클.

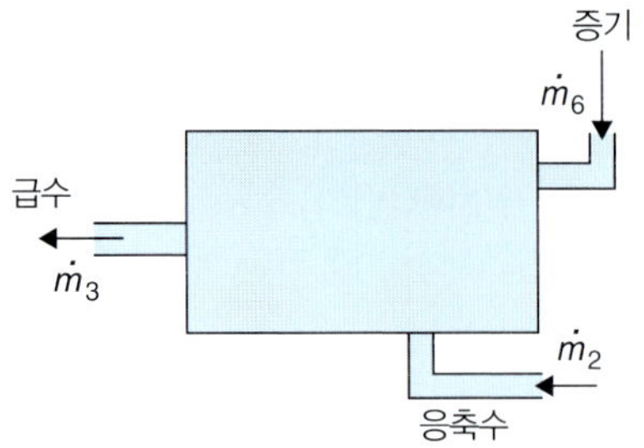

그림 8.21

개방형 급수가열기

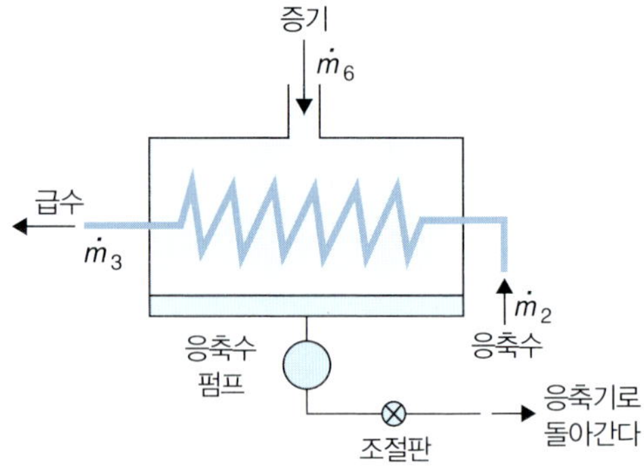

그림 8.22

밀폐형 급수가열기

로 감소시키는 교축 과정만 포함하면 된다. 펌프일을 무시할 수 있다면 밀폐형 히터에 대해서도 동일한 관계(식 8.4)를 적용할 수 있다. 따라서 이 절에서는 개방형 히터에 관한 예제와 관련된 문제를 중심으로 살펴볼 것이다.

터빈 블레이드의 후면에서 응결의 방지하기 위해 필요한 급수가열기들과 1~2개의 재가열기가 발전소에 사용될 수 있다. 일반적으로 가열기의 추출압력과 포화온도는 동일한 간격으로 설계한다. 추출된 증기가 가열기에 공급된 후 질량유량이 감소하면 터빈에서 생산되는 동력도 감소한다. 그러나 보일러에서 요구되는 에너지의 감소로 인해 사이클의 효율은 증가한다. 발전소는 일반적으로 오랜 시간동안 가동되기 때문에 효율을 조금만이라도 향상시키기 위해서는 상당한 비용이 소요된다. 그림 8.23에 가열기와 2개의 급수가열기를 갖춘 이상 랭킨사이클을 도시하였다. 급수가열기를 사용해서 응축기 입구의 건도를 향상시킬 수 없다. 따라서 재가열기는 포화증기 상태근처인 응축기 입구로 옮겨질 필요가 있다.

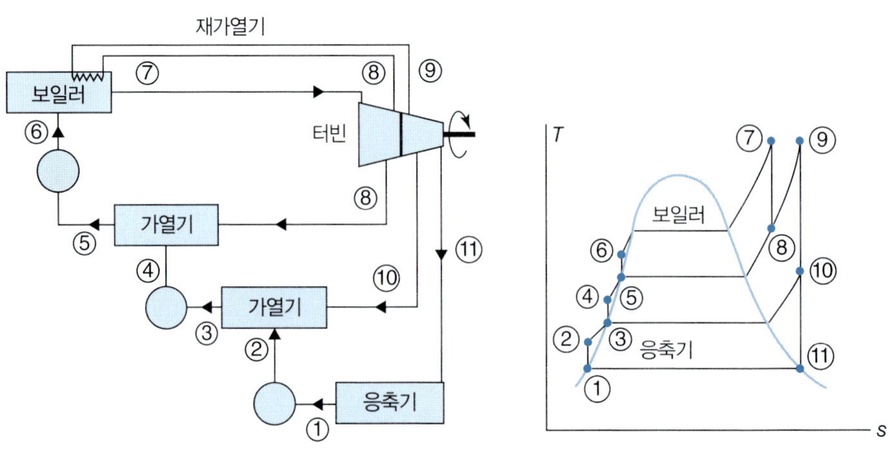

그림 8.23

재열기와 2개의 급수가열기를 갖춘 이상 랭킨사이클과 T–s 선도

급수가열기의 효율 예제 8.7

예제 8.1의 이상 랭킨사이클은 개방형 급수가열기가 그림 8.24의 *T-s* 선도와 같이 800 kPa의 압력으로 흐르는 증기를 유입할 수 있도록 변경되었다(최적의 성능유지를 위해 동일한 포화온도 간격으로 상승한다). 아래와 같이 제시된 상태에서 나머지 상태량은 예제 8.1과 동일할 때 사이클의 효율을 계산하여라. 손실은 없다고 가정한다.

상태 1: $P_1 = P_7,\ x_1 = 0$ 상태 2: $P_2 = 800$ kPa
상태 3: $P_3 = 800$ kPa, $x_3 = 0$ 상태 4: $P_4 = 6$ MPa
상태 5: $P_5 = 6$ MPa, $T_5 = 600°C$
상태 6: $P_6 = 800$ kPa 상태 7: $P_7 = 20$ kPa

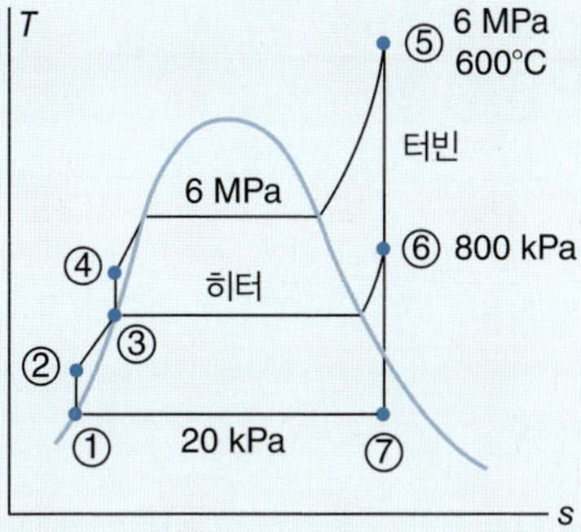

그림 8.24

풀이

우선, 각 상태의 엔탈피를 IRC 상태량 계산기를 이용하여 구한다.

상태 1: $P_1 = 20$ kPa, $x_1 = 0$: $h_1 = 251$ kJ/kg
상태 2: (펌프일을 무시할 때) $h_2 \cong h_1 = 251$ kJ/kg
상태 3: $P_3 = 800$ kPa, $x_3 = 0$: $h_3 = 721$ kJ/kg
상태 4: (펌프일을 무시할 때) $h_4 \cong h_3 = 721$ kJ/kg
상태 5: $P_5 = 6$ MPa, $T_5 = 600°C$: $h_5 = 3660$ kJ/kg
상태 6: $P_6 = 800$ kPa, $s_6 = s_5 = 7170$ J/kg·K: $h_6 = 3020$ kJ/kg
상태 7: $P_7 = 20$ kPa, $s_7 = s_5 = 7170$ J/kg·K: $h_7 = 2360$ kJ/kg

Note: 엔트로피의 단위는 kJ이 아니라 J를 사용한다.

상태 6에서의 증기의 질량유속은 주어지지 않았으므로, 계산을 통해 구하여야 한다. $\dot{m}_3 = 1$ kg/s이라 가정(왜냐하면 효율만이 관심사이고, 다른 값들은 별로 중요하지 않으므로, 또한 $\dot{m}_5 = 1$ kg/s로 간편하게 계산하기 위해서이다.) 방정식 (8.2)와 (8.3)에서는 $\dot{m}_2$와 $\dot{m}_6$ 값을 다음과 같이 주었다.

$$\left.\begin{aligned} \dot{m}_2 + \dot{m}_6 &= 1 \\ 251 \times \dot{m}_2 + 3020 \times \dot{m}_6 &= 721 \end{aligned}\right\} \quad \therefore \dot{m}_2 = 0.8303 \text{ kg/s},\ \dot{m}_6 = 0.1697 \text{ kg/s}$$

보일러 열 요구는, $\dot{m}_3 = \dot{m}_4 = \dot{m}_5$ 임을 고려하면,

(계속)

예제 8.7 (계속)

$$\dot{Q}_B = \dot{m}_5(h_5 - h_4) = 1 \times (3660 - 721) = 2940\ \text{kW}$$

가 된다.

터빈의 출력은,

$$\begin{aligned}\dot{W}_T &= \dot{m}_5(h_5 - h_6) + (\dot{m}_5 - \dot{m}_6)(h_6 - h_7)\\ &= 1 \times (3660 - 3020) + (1 - 0.1697)(3020 - 2360) = 1188\ \text{kW}\end{aligned}$$

이다.

이제 사이클의 효율을 계산해보면,

$$\eta = \frac{\dot{W}_T}{\dot{Q}_B} = \frac{1188}{2940} = 0.404 \text{ 또는 } \underline{40.4\%}$$

효율은 거의 10% 가까이 증가하였다. 하지만 터빈 출구측의 건도는 0.896으로 꽤 낮다. 기본 사이클의 수정을 통해 증기의 건도는 터빈 출구에서 1.0에 가깝도록 하여 과열증기영역에 진입시킬 수 있다(다음 절 참조).

Note: 화력발전소는 40% 전후의 효율을 가질 수 있다. 9.7절의 이상 브레이튼 사이클과 랭킨사이클을 복합한 설비는 60%의 효율을 달성할 수 있다.

8.3.3 복합 재열-재생 이상 랭킨사이클

현재 대부분의 발전소에서는, 재열기와 급수가열기가 사용된다. 재열기가 빠져나가는 증기가 과열영역으로 진입할 수 있도록 돕는 역할을 한다면 급수가열기는 연료가 연소되는 양이 최소가 되도록 한다. 두 장치가 동시에 사용될 경우 사이클의 효율이 50%를 초과할 수도 있다. 다음 예제는 두 개의 재열기와 두 개의 급수가열기를 사용한 문제를 다루고 있다. 어떤 발전소는 8개의 급수가열기를 갖추고 있기도 한다.

예제 8.8 두 개의 재열기와 두 개의 급수가열기로 이루어진 고압사이클

고압(30 MPa)의 이상 랭킨사이클이 아래에 나열된 *T-s* 선도에 도시되어 있는 바와 같이 두 개의 재열기와 두 개의 개방형 급수가열기를 갖도록 수정되었다. 상태 6 보일러에서의 질량유속은 10 kg/s이다. 터빈의 동력과 사이클의 효율을 결정하라. 손실은 없다고 가정한다. 각 상태는 다음과 같다;

상태 1: $P_1 = 10\ \text{kPa},\ x_1 = 0$ 　 상태 2: $P_2 = 600\ \text{kPa}$

상태 3: $P_3 = 600\ \text{kPa}, x_3 = 0$ 　 상태 4: $P_4 = 6\ \text{MPa}$

상태 5: $P_5 = 6\ \text{MPa}, x_5 = 0$ 　 상태 6: $P_6 = 30\ \text{MPa}$

상태 7: $P_7 = 30\ \text{MPa}, T_7 = 600°\text{C}$ 　 상태 8: $P_8 = 6\ \text{MPa}$

상태 9: $P_9 = 6\ \text{MPa}, T_9 = 600°\text{C}$ 　 상태 10: $P_{10} = 600\ \text{kPa}$

상태 11: $P_{11} = 600\ \text{kPa}, T_{11} = 400°\text{C}$ 　 상태 12: $P_{12} = 10\ \text{kPa}$

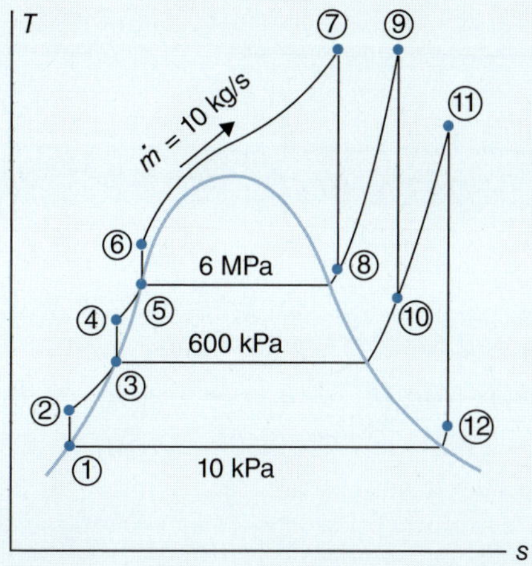

그림 8.25

풀이

우선, 엔탈피를 IRC 상태량 계산기를 이용하여 구한다. (모든 엔탈피의 단위는 kJ/kg이여야 한다.)

상태 1: $P_1 = 10\text{ kPa}, x_1 = 0$ $\quad \therefore h_1 = 192$

상태 2: $P_2 = 600\text{ kPa}$ $\quad \therefore h_2 \cong h_1 = 192$

상태 3: $P_3 = 600\text{ kPa}, x_3 = 0$ $\quad \therefore h_3 = 670$

상태 4: $P_4 = 6\text{ MPa}$ $\quad \therefore h_4 \cong h_3 = 670$

상태 5: $P_5 = 6\text{ MPa}, x_5 = 0$ $\quad \therefore h_5 = 1210$

상태 6: $P_6 = 30\text{ MPa}$ $\quad \therefore h_6 \cong h_5 = 1210$

상태 7: $P_7 = 30\text{ MPa}, T_7 = 600°\text{C}$ $\quad \therefore h_7 = 3450$

상태 8: $P_8 = 6\text{ MPa},\ s_8 = s_7 = 6240\text{ J/kg·K}$ $\quad \therefore h_8 = 2990$

상태 9: $P_9 = 6\text{ MPa}, T_9 = 600°\text{C}$ $\quad \therefore h_9 = 3660$

상태 10: $P_{10} = 600\text{ kPa},\ s_{10} = s_9 = 7170\text{ J/kg·K}$ $\quad \therefore h_{10} = 2950$

상태 11: $P_{11} = 600\text{ kPa}, T_{11} = 400°\text{C}$ $\quad \therefore h_{11} = 3270$

상태 12: $P_{12} = 10\text{ kPa},\ s_{12} = s_{11} = 7710\text{ J/kg·K}$ $\quad \therefore h_{12} = 2440$

상태 8과 10으로 유입되는 증기의 질량유속은 주어지지 않았으므로, 계산이 필요하다. 그림 8.21을 참조하여 출구를 상태 5로, 그리고 입구를 상태 4와 상태 8이 되도록 한다. $\dot{m}_5 = 10$ kg/s임을 이용하여

$$\left.\begin{aligned} \dot{m}_4 + \dot{m}_8 &= 10 \\ 670\dot{m}_4 + 2990\dot{m}_8 &= 10 \times 1210 \end{aligned}\right\} \quad \therefore \dot{m}_4 = 7.67\text{ kg/s},\ \dot{m}_8 = 2.33\text{ kg/s}$$

를 구할 수 있다.

2.33 kg/s로 상태 8의 터빈을 빠져나가기 때문에, 오직 7.67 kg/s만이 상태 9로 유입될 수 있다. 다시 그림 8.21을 참고하여 출구를 상태 3으로, 입구를 상태 2와 상태 10으로 설정한다. $\dot{m}_3 = 7.67$ kg/s(이것은 $\dot{m}_4$의 값과 같다.)임을 이용하여 질량과 에너지 보존을 나타내면 다음과 같다.

(계속)

예제 8.8 (계속)

$$\left.\begin{aligned} \dot{m}_2 + \dot{m}_{10} &= 7.67 \\ 192\dot{m}_2 + 2950\dot{m}_{10} &= 7.67 \times 670 \end{aligned}\right\} \quad \therefore \dot{m}_2 = 6.34\ \text{kg/s},\ \dot{m}_{10} = 1.33\ \text{kg/s}$$

터빈의 출력은,

$$\begin{aligned} \dot{m}_{11} &= \dot{m}_9 - \dot{m}_{10} = 7.67 - 1.33 = 6.34\ \text{kg/s}, \\ \dot{W}_T &= \dot{m}_7(h_7 - h_8) + \dot{m}_9(h_9 - h_{10}) + \dot{m}_{11}(h_{11} - h_{12}) \\ &= 10(3450 - 2990) + 7.67(3660 - 2950) + 6.34(3270 - 2440) \\ &= \underline{15\ 310\ \text{kW}} \end{aligned}$$

같으며
보일러 에너지 요구량은,

$$\begin{aligned} \dot{Q}_B &= \dot{m}_7(h_7 - h_6) + \dot{m}_9(h_9 - h_8) + \dot{m}_{11}(h_{11} - h_{10}) \\ &= 10(3450 - 1210) + 7.67(3660 - 2990) + 6.34(3270 - 2950) \\ &= 29\ 570\ \text{kW} \end{aligned}$$

이다.
이제 이상 사이클의 효율을 계산하면,

$$\eta = \frac{\dot{W}_T}{\dot{Q}_B} = \frac{15\ 310}{29\ 570} = 0.518 \text{ 또는 } \underline{51.8\%}$$

☑ 학습목표 확인 (2)

8.4 열병합(폐열) 발전 사이클

예제 8.2에서 볼 수 있듯이, 발전소에서 생성된 열의 2/3는 터빈을 통해 유용한 전력으로 변환이 되지 않고 응축기로부터 자연환경인 호수, 강, 바다 또는 대기중으로 냉각탑을 통해 버려진다. 열병합 발전의 기본적인 아이디어는 낭비되는 열을 유용하게 하는 것이다. 터빈으로부터 추출된 과열증기는 산업 공정에 사용될 수 있다. 응축기에서 방출되는 뜨거운 물은 건물이나 온실을 따뜻하게 하고, 도로위 또는 다리의 얼음을 녹이거나 흡수식 냉동법을 이용하여 건물을 냉방하는데 사용될 수 있다(10.3절 참조). 열병합 발전을 하기 위해, 발전소를 도시 근처나 대학 근처에 건설해야 한다. 대학 근처의 소형의 발전소는 대형 발전설비와는 경쟁할 수 없지만 응축기로부터 나온 열은 기숙사나 교실을 따뜻하게 하거나 차갑게 냉방시키기에, 효율이 충분하기 때문에 이런 소형 발전소는 비용적인 면에서 효과적이다. *열병합 사이클*(cogeneration cycle)은 보일러의 출력을 통해 하나 이상의 유용한 에너지 형태를 생산하는 동력사이클이다.

열병합 사이클: 보일러의 출력을 이용하여 실용적인 에너지를 더 생성할 수 있다.

열병합 사이클의 개략도는 그림 8.26에, *T-s* 선도는 그림 8.27에 각각 도시되어 있다. 증기 발전소는 터빈으로부터 기계적인 전력을 생산하지만, 터빈으로부터 나온 증기 또한 열을 요구하는 과정에 재사용될 수 있다. 만약 많은 양의 증기가 필요한 경우 그림 8.26의 점선으로 표시된 것처럼 터빈으로 들어가기 전에 주 증기라인으로부터 추출하여 사용할 수 있다. 스로틀밸브는 그때 공정 히터의 압력을 줄이기 위해 필요하다. 공정 히터와 급수가열 사이의 차이점(*T-s* 선도는 같은 것으로 한다)은 열이 공정 히터에 사용되기 위해 사이클에서 방출되지만 급수가열기에서는 사이클에서 방출되는 열은 없다.

열병합 사이클에 대한 성능매개변수로 *이용률*(utilization factor) ε를 이용하는데, 이것은 사용되는 에너지와 보일러로 들어가는 에너지의 비율이다. 사용되는 전체에너지는 터빈과 과정 진행중에 소모되는 열과 응축기에서 사용되는 열의 합이다(펌프를 작동시키기 위해 필요한 에너지는 무시한다. 원한다면, 포함할 수 있다). 이용률 ≪는 다음과 같이 표현할 수 있다.

이용률 ε: 보일러의 에너지 투입률과 에너지 사용률의 비율.

$$\varepsilon = \frac{\dot{W}_T + \dot{Q}_{PH} + \dot{Q}_{\text{Heat}}}{\dot{Q}_B} \tag{8.5}$$

열병합 발전은 환경친화적이며, 경제적으로 전력 생산을 하기 위한 합리적인 방안인 동시에 많은 비용을 절약할 수 있으며 또한 온실 가스 절감에도 도움이 된다. 하지만,

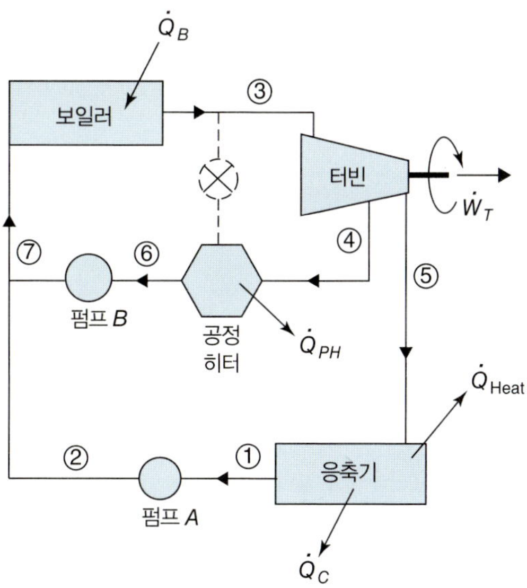

그림 8.26

열병합 발전 사이클

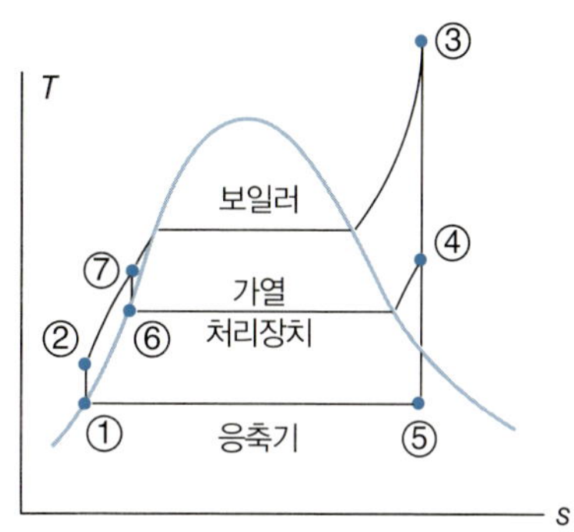

그림 8.27

이상적인 열병합 랭킨사이클의 T–s 선도

이 효과를 달성하기 위해서는, 발전소가 산업체 근처에 건설되거나 많은 열과 냉방을 필요로 하는 곳에 건설되어야 한다. 미국 에너지부는 2030년까지 미국의 열병합 발전용량이 20%가 되도록 목표를 잡고 있다.

예제 8.9 이상 열병합 발전 사이클

그림 8.28 *T-s* 선도에서 볼 수 있듯이 6.5 MPa과 400°C의 증기가 증기발생기에서 배출된다. 증기발전기에서의 질량유량은 13.6 kg/s 이다; 공정가열을 위하여 6.8 kg/s가 700 kPa인 상태 4의 터빈에서 소모되고(재가열은 하지 않는다) 건도가 0인 상태로 재유입된다. 증기는 35 kPa 압력으로 터빈에서 유출되며 응축기의 50%는 열 전달을 통해 건물을 냉/난방 하는데 이용된다. 응축수 펌프의 마력, 사이클의 효율, 이용률을 각각 구하여라. 단 손실은 없다고 가정한다. 각 상태들은 그림 8.28에 간략히 나타내었다.

상태 1: $P_1 = 35\ \text{kPa},\ x_1 = 0$
상태 2: $P_2 = 6.5\ \text{MPa}$
상태 3: $P_3 = 6.5\ \text{MPa},\ T_3 = 400°\text{C}$
상태 4: $P_4 = 700\ \text{kPa}$
상태 5: $P_5 = 35\ \text{kPa}$
상태 6: $P_6 = 700\ \text{kPa},\ x_1 = 0$
상태 7: $P_7 = 6.5\ \text{MPa}$

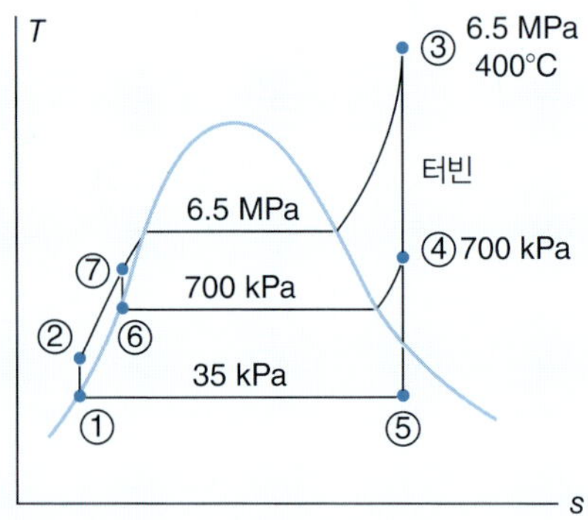

그림 8.28

풀이

우선, 엔탈피는 kJ/kg으로 나타내며, IRC 상태량 계산기를 이용하여 구한다.

상태 1:	$P_1 = 35\ \text{kPa}, x_1 = 0$	$\therefore h_1 = 300$
상태 2:	$P_2 = 6.5\ \text{MPa}$	$\therefore h_2 \cong h_1 = 300$
상태 3:	$P_3 = 6.5\ \text{MPa},\ T_3 = 400°\text{C}$	$\therefore h_3 = 3237$
상태 4:	$P_4 = 700\ \text{kPa}, s_4 = 6.62\ \text{kJ/kg·K}$	$\therefore h_4 = 2725$
상태 5:	$P_5 = 35\ \text{kPa}, s_5 = 6.62\ \text{kJ/kg·K}$	$\therefore h_5 = 2252$
상태 6:	$P_6 = 700\ \text{kPa}, x_1 = 0$	$\therefore h_6 = 696$
상태 7:	$P_7 = 6.5\ \text{MPa}$	$\therefore h_7 \cong h_6 = 696$

응축수 펌프의 마력 요구량은

$$\dot{W}_{CP} = \dot{m}_5 \frac{P_2 - P_1}{\rho}$$

$$= 6.8 \frac{\text{kg}}{\text{s}} \times \frac{(6500 - 35)\ \text{kPa}}{1000\ \text{kg/m}^3} = 43.96\ \text{kW} \text{ 또는 } \underline{58.9\ \text{hp}}$$

터빈의 출력은 계산하면

$$\dot{W}_T = \dot{m}_3(h_3 - h_4) + \dot{m}_5(h_4 - h_5)$$
$$= 13.6(3237 - 2725) + 6.8(2725 - 2252) = 10\,180\ \text{kW}$$

증기 발생기의 입열량은

$$\dot{Q}_B = \dot{m}_1(h_3 - h_1) + \dot{m}_6(h_3 - h_6)$$
$$= 6.8(3237 - 300) + 6.8(3237 - 696) = 37\,250\ \text{kW}$$

공정 히터에 의해 사용되는 열량은

$$\dot{Q}_{PH} = \dot{m}_6(h_4 - h_6) = 6.8(2725 - 696) = 13\,800\ \text{kW}$$

응축기가 방출하는 열량은

$$\dot{Q}_C = \dot{m}(h_5 - h_1) = 6.8(2252 - 300) = 13\,270\ \text{kW}$$

폐열의 반은 건물의 냉/난방에 사용된다.

$$\dot{Q}_{\text{Heat}} = \frac{\dot{Q}_C}{2} = \frac{13\,270}{2} = 6635\ \text{kW}$$

사이클 효율을 계산하면,

$$\eta = \frac{\dot{W}_T}{\dot{Q}_B} = \frac{10\,180}{37\,250} = 0.273 \text{ 또는 } 27.3\%$$

이용률은 이 사이클의 성능을 가늠해 볼 수 있는 척도이며 다음과 같다.

$$\varepsilon = \frac{\dot{W}_T + \dot{Q}_{PH} + \dot{Q}_{\text{Heat}}}{\dot{Q}_B} = \frac{10\,180 + 13\,800 + 6635}{37\,250} = 0.821 \text{ 또는 } 82.1\%$$

명백히, 열병합(폐열) 발전은 발전기 보일러에서 생산된 에너지를 보다 효과적으로 이용할 수 있도록 한다.

☑ 학습목표 확인 (3)

8.5 발전소에서의 손실

실세 증기 동력 사이클은 사이클을 구성하는 장치에서 발생하는 손실로 인해 랭킨사이클의 효율과는 괴리가 존재한다. 고온과 저온사이에서 작동하는 카르노사이클의 효율은 예제 8.1을 통해 학습해 보았던 것 처럼 이상 랭킨사이클의 효율인 38%보다 높다.

Comment

랭킨사이클 보일러의 효율은 카르노사이클 효율에 비해 보일러에서의 비가역적인 열전달로 인해서 훨씬 적다.

$$\eta_{\text{Carnot}} = 1 - \frac{T_L}{T_H} = 1 - \frac{333.1}{873} = 0.618 \text{ 또는 } 61.8\% \tag{8.6}$$

그렇다면 왜 이상 사이클과 카르노사이클의 효율은 실제 작동시 차이가 있는 것일까? 이 차이의 주된 원인은 랭킨사이클의 보일러에서 발생하는 열전달 때문이다. 열전달은 큰 온도차 때문에 발생한다. 석탄의 연소로 인해 발생된 가스의 온도는 파이프 라인을 흐르는 증기의 온도에 비해 훨씬 높을 것이다. 따라서 랭킨사이클이 아무리 이상적이라 하더라도 이런 온도차로 인한 비가역성를 갖게 된다. 결국 미소한 온도차에서 가역적인 열전달 현상이 일어나는 카르노사이클과는 달리 실제 랭킨사이클이나 일상생활에서 이와 같은 효율은 불가능하다. 그러므로 카르노사이클의 효율은 다른 어떤 랭킨사이클보다도 높다.

Note: 오늘날 터빈의 효율은 거의 90%에 근접한다.

실제 증기 사이클의 효율이 이상 랭킨사이클의 효율보다 낮은 이유는 대부분 터빈에서의 손실 때문이다. 이러한 손실의 주된 원인은 주로 터빈 블레이드 주위의 증기 흐름 때문이다. 예제 8.2에서 볼 수 있듯이, 터빈의 손실은 터빈 출구에서 더 건조한 증기를 발생시킬 수 있다. 즉 재열과 손실의 방법을 통해서 터빈 출구에서 방출되는 증기의 건도를 향상시키거나 과열증기영역으로 진입시키는 것은 터빈 운전에 있어 중요한 요소이다.

오늘날 터빈은 90%에 가까운 효율을 갖고 있다. 새로 제작된 긴 블레이드를 통해 터빈의 효율은 향상되었으며 컴퓨터를 이용한 유체역학과 향상된 측정 기술로 인해 터빈의 효율은 더욱 향상되었다.

모든 실제 증기 동력 사이클에서의 추가적인 손실은 각종 장치를 연결하는 파이프 내에서 발생한다. 이 손실들은 압력 강하가 원인으로 다양한 장치와 보일러 내 연결된 파이프 사이에서 나타난다. 압력 강하를 보상하기 위하여, 펌프를 사용하면 출구 압력은 간단하게 증가시킬 수 있지만 각 펌프를 구동하기 위해 추가 전력이 필요하다. 하지만, 펌프일은 효율 계산에서는 무시할 수 있을 만큼 작기 때문에 추가 전력은 사이클의 효율계산에서 별로 중요하지 않다.

Comment

보일러와 응축기에는 항상 비가역성이 존재하는데, 열손실이 본질적으로 비가역과정인 큰 온도차에서 발생하기 때문이다.

전체적인 발전 효율은 사이클 효율과는 다르다. 연료의 에너지를 증기의 에너지로 전달하는 과정에서 발생할 수 있는 손실을 고려해야 하기 때문이며, 이 효율은 약 90%이다. 그리고, 터빈의 회전축에서 발생된 기계동력을 전기동력으로 전환하는 과정의 효율은 약 92%이다. 또 전력을 필요로 하는 수많은 부속 장치의 작동에 발전소 전체 출력의 6%가 소요된다.

발전소의 효율 예제 8.10

예제 8.8의 복합사이클의 터빈은 효율이 87%이다. 펌프 토출 압력이 충분히 높다고 가정하자. 또한 입구쪽 온도는 0이며 포화액체 상태 밑으로 온도가 내려가지 않는다고 가정하자. 전체적인 발전소 효율을 이 단원에서 제시되는 방법을 사용하여 측정하라.

풀이

예제 8.8의 이상 결합 사이클은 0.518 이다. 0.87의 터빈 효율은 사이클의 효율을 낮출 수 있다.

$$\eta_{\text{combined cycle}} = \eta_{\text{ideal cycle}} \times \eta_{\text{turbine}} = 0.518 \times 0.87 = 0.45$$

이 절에서 기술된 추가적인 효율들을 포함하여, 전체적인 발전소 효율을 추정하면,

$$\begin{aligned}\eta_{\text{plant}} &= \eta_{\text{combined cycle}} \times \eta_{\text{combustion}} \times \eta_{\text{electrical}} \times \eta_{\text{auxiliaries}} \\ &= 0.45 \times 0.9 \times 0.92 \times 0.94 = 0.35 \quad \text{or} \quad \underline{35\%}\end{aligned}$$

만약, 응축기와 가열과정에서의 열 손실을 이용할 수 있다면, 이용률을 80%까지 높일 수 있고 연료에 포함된 에너지의 20%만이 손실로 이어진다.

☑ 학습목표 확인 (4)

8.6 요약

모든 증기 전력 발전소의 토대를 형성하는 기본적인 랭킨사이클들을 이 장에서 소개했다. 펌프와 터빈의 효율을 100%로 가정하는 이상 사이클에 대해서 먼저 학습해보고 주요 이상 사이클의 수정에 관해서도 학습해 보았다. 재열기와 급수가열기는 사이클의 효율을 증가시키는 데 큰 역할을 할 수 있다. 예제문제를 통해 사이클 효율을 증가시킬 수 있는 재열기와 급수가열기의 결합 방법 또한 살펴보았다.

랭킨사이클의 다양한 구성 요소에서 발생되는 손실에 대해서도 살펴보았고 고압 고온으로 배출되는 증기의 폐열을 회수할 수 있는 동력사이클의 이용률을 계산하는 법도 학습하였다.

이 장에서 학습한 주요 용어들을 정리하면 다음과 같다.

증기발생기(steam generator): 연료로부터 작동유체로 열을 전달하기 위해 사용하는 열교환기

열병합발전 사이클(Cogeneration cycle): 좀 더 유용한 에너지를 생산하기 위해 보일러의 출력을 이용하는 랭킨사이클

복합 랭킨사이클(Combined rankine cycle): 재열 및 재생 모두를 포함하는 랭킨사이클

응축수(Condensate): 응축기를 빠져나온 물

응축기(Condenser): 증기를 포화액체로 응축하는 열교환기

급수히터(Feedwater heater): 터빈의 과열증기가 보일러에 들어가기 전에 응축수를 예열하는데 사용되는 열교환기

급수펌프(Feedwater pump): 터빈 입구에서 요구되는 높은 압력을 생성하는 데 사용되는 장치

이상적인 랭킨사이클(Ideal Rankine cycle): 전혀 손실이 없기 때문에 사이클 효율의 상한을 제공

발전 효율(Plant efficiency): 플랜트의 출력 에너지를 연소된 연료의 입력 에너지로 나눈 것

랭킨사이클 효율(Rankine cycle efficiency): 사이클의 정미일 출력을 사이클 에너지 입력으로 나눈 것

재열 랭킨사이클(Reheat Rankine cycle): 터빈의 증기를 보일러에서 재가열하고 다시 터빈으로 돌아온다.

재생 랭킨사이클(Regenerative Rankine cycle): 터빈에서 과열증기가 보일러에 들어가기 전에 응축기에서 응축수를 예열하는 데 사용된다.

증기터빈(Steam turbine): 보일러에서 나온 과열증기로부터 기계적인 힘을 생성하는 장치

이 장에서 소개된 중요한 방정식을 요약해보면 다음과 같다.

사이클 효율: $$\eta_{\text{cycle}} = \frac{w_T - w_P}{q_B} = \frac{\dot{W}_T - \dot{W}_P}{\dot{Q}_B} \cong \frac{\dot{W}_T}{\dot{Q}_B}$$

보일러 열전달률: $$\dot{Q}_B = \dot{m}(h_{\text{in}} - h_{\text{out}})$$

터빈 동력: $$\dot{W}_T = \dot{m}(h_{\text{in}} - h_{\text{out}})$$

펌프 동력: $$\dot{W}_P = \dot{m}\frac{P_{\text{out}} - P_{\text{in}}}{\rho}$$

응축기 열 손실률: $$\dot{Q}_C = \dot{m}(h_{\text{in}} - h_{\text{out}})$$

이용률: $$\varepsilon = \frac{\dot{W}_T + \dot{Q}_{PH} + \dot{Q}_{\text{Heat}}}{\dot{Q}_B}$$

연습문제

8.1 The component that results in a relatively low Rankine cycle efficiency is:

(A) The condenser
(B) The turbine
(C) The boiler
(D) The pump

8.2 Regeneration allows:

(A) The condenser to accept steam at a lower quality
(B) The turbine energy to be restored
(C) The boiler water to be preheated
(D) The pump to pressurize the water before it enters the boiler

8.3 Cogeneration occurs when:

(A) The condenser's lost heat is utilized
(B) The turbine's large decrease in energy content is used for heating purposes
(C) The boiler's heat transfer is used for heating purposes rather than generating electricity
(D) The pump creates a larger pressure than needed by the turbine

Problems 8.4–8.12 will refer to the ideal Rankine cycle of Figures 8.29 and 8.30. The high and low pressures are 15 MPa and 10 kPa, respectively, and the high temperature is 600°C. The water mass flow rate is 8 kg/s.

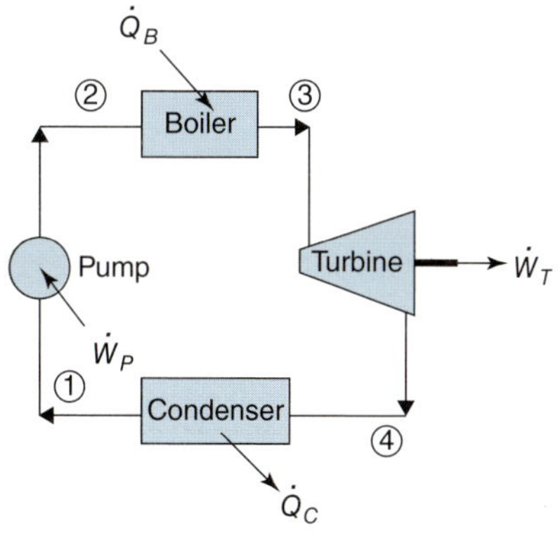

그림 8.29

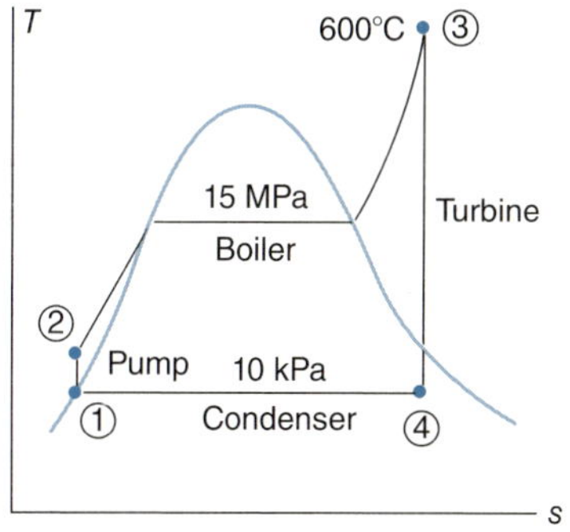

그림 8.30

8.4 The rate of heat transfer to the steam in the boiler is nearest:

(A) 20.6 MJ/s
(B) 27.1 MJ/s
(C) 31.9 MJ/s
(D) 43.2 MJ/s

8.5 The power produced by the turbine is nearest:

(A) 16 MW
(B) 14 MW
(C) 12 MW
(D) 10 MW

8.6 The rate of heat transfer from the condenser is nearest:

(A) 18.1 MJ/s
(B) 16.9 MJ/s
(C) 15.4 MJ/s
(D) 13.1 MJ/s

8.7 The horsepower required by the pump is nearest:

(A) 100 hp
(B) 120 hp
(C) 140 hp
(D) 160 hp

8.8 The Rankine cycle efficiency is nearest:

(A) 43%
(B) 40%
(C) 38%
(D) 35%

8.9 Water from a nearby river is used to carry away the condenser heat. If the water increases 12°C as it passes through the condenser, its mass flow rate should be nearest:

(A) 470 kg/s
(B) 420 kg/s
(C) 390 kg/s
(D) 310 kg/s

8.10 A reheater that extracts steam from the turbine at 1.0 MPa is added to the cycle of Fig. 8.29 and reheats it to 600°C at constant pressure. Such a device increases the cycle efficiency to:

(A) 51%
(B) 49%
(C) 47%
(D) 45%

8.11 If 50% of the heat from the condenser of Fig. 8.29 is used to heat buildings, the utilization factor ε of the cycle is nearest:

(A) 71%
(B) 67%
(C) 64%
(D) 61%

8.12 An open feedwater heater extracts steam from the turbine of Fig. 8.29 at 1.0 MPa and 200°C. Saturated liquid water leaves the heater. The mass flux of the extracted steam should be nearest:

(A) 2.1 kg/s
(B) 1.9 kg/s
(C) 1.7 kg/s
(D) 1.5 kg/s

Simple Rankine Cycles

8.13 An ideal Rankine power cycle is shown in Fig. 8.31. Steam leaves the steam generator at 4 MPa and 500°C with a mass flow rate of 8 kg/s. The steam leaves the turbine at 40 kPa. Sketch the cycle on a *T-s* diagram; then calculate:

i) The power output of the turbine
ii) The rate of heat loss from the condenser
iii) The pump horsepower requirement
iv) The rate of heat addition by the boiler
v) The cycle efficiency

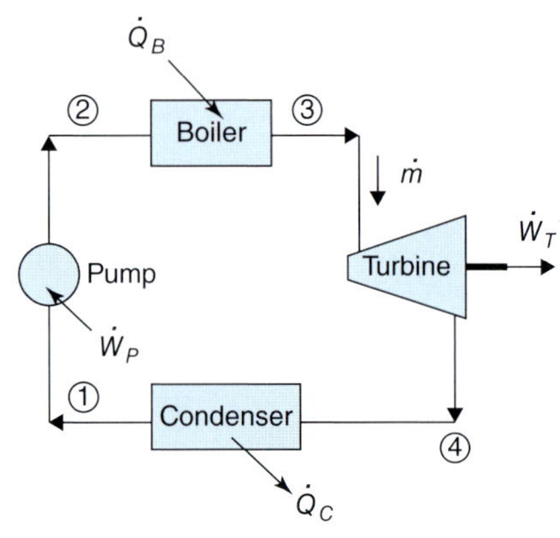

그림 8.31

8.14 Work Problem 8.13, retaining all quantities except with the following turbine exit pressure:

a) 50 kPa *b*) 30 kPa
c) 20 kPa *d*) 10 kPa

Comment

Near an actual turbine exit, $x_4 \geq 1$, so droplets do not form on the last rows of the turbine blades.

8.15 Work Problem 8.13, retaining all quantities except with the following turbine inlet conditions:

a) 4 MPa, 400°C *b*) 4 MPa, 600°C
c) 4 MPa, 700°C *d*) 4 MPa, 800°C

Comment

Metal turbine blades limit the entering temperature to just over 600°C; ceramic and cooled blades in the leading rows allow higher temperatures.

8.16 Work Problem 8.13, retaining all quantities except with the following turbine inlet conditions:

a) 6 MPa, 600°C *b*) 10 MPa, 600°C
c) 20 MPa, 600°C *d*) 30 MPa, 600°C

Comment

In some power plants, the maximum pressure exceeds the critical pressure of 22 MPa.

8.17 An ideal Rankine power cycle shown in Fig. 8.32 has a boiler that produces steam at 4 MPa and 500°C with a mass flux of 8 kg/s. The steam leaving the turbine has a pressure of 70 kPa. Sketch this cycle on a *T-s* diagram and then calculate:

i) The power output of the turbine
ii) The rate of heat loss from the condenser
iii) The pump horsepower requirement
iv) The rate of heat addition by the boiler
v) The cycle efficiency

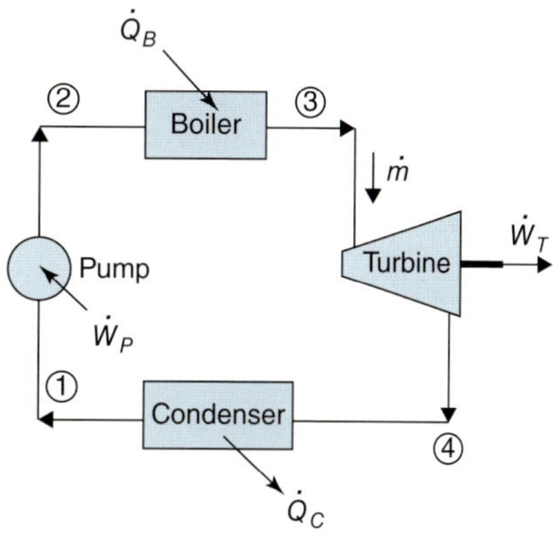

그림 8.32

8.18 Work Problem 8.17, retaining all quantities except with the following turbine exit pressure:

a) 60 kPa *b*) 55 kPa
c) 30 kPa *d*) 15 kPa

Comment

The quality near the turbine exit should be at least 1.0, so droplets do not form on the last rows of the turbine blades.

8.19 Work Problem 8.17, retaining all quantities except with the following turbine inlet conditions:

a) 4 MPa, 350°C *b*) 4 MPa, 500°C
c) 4 MPa, 600°C *d*) 4 MPa, 800°C

Comment

Metal turbine blades limit the entering temperature to just over 600°C; ceramic and cooled blades in the leading rows allow higher temperatures.

8.20 Work Problem 8.17, retaining all quantities except with the following turbine inlet conditions:

a) 6 MPa, 500°C *b*) 9 MPa, 500°C
c) 12 MPa, 500°C *d*) 30 MPa, 500°C

Comment

In some power plants, the maximum pressure exceeds the critical pressure of 22 MPa.

8.21 For Problem 8.13 assume that the turbine has an efficiency of 90% and the pump has an efficiency of 85%. Calculate the power output and efficiency of the cycle.

8.22 For turbine efficiencies of i) 0.82, ii) 0.84, iii) 0.86, and iv) 0.88 in Problem 8.13 with a pump efficiency of 80%, calculate the cycle efficiency. State your observation of the thermodynamic efficiency of the cycle as a function of the turbine efficiency.

8.23 A geothermal energy source is to be used in the operation of a Rankine power cycle using R134a as the working fluid. The R134a is to leave the heater at 400 kPa and 90°C and the ideal turbine at 14 kPa. Sketch a *T*-s diagram. For a mass flow rate of 2.2 kg/s, calculate:

i) The maximum power to be produced by the turbine
ii) The heat loss in the condenser
iii) The pump horsepower required
iv) The rate of heat addition to the R134a
v) The efficiency of the ideal cycle

Modified Rankine Cycles

8.24 An ideal Rankine power cycle with reheat is shown in Fig. 8.33. Steam leaves the boiler at 8 MPa and 700°C with a mass flux of 20 kg/s. It leaves the high-pressure turbine (HPT) at 1 MPa and is reheated to 700°C before being sent back to the low-pressure turbine (LPT). The steam then enters the condenser at 20 kPa. Cooling water carries away the heat from the condenser. Refer to the *T*-s diagram of Fig. 8.17 and calculate:

i) The heat transfer rate by the boiler from state 2 to state 3
ii) The heat transfer rate in the reheat process
iii) The total power output of the turbine
iv) The rate of heat loss from the condenser
v) The state of the steam leaving the turbine
vi) The pump horsepower
vii) The efficiency of the cycle
viii) The mass flux of cooling water as it passes through the condenser if a 40°C increase in the cooling water is allowed

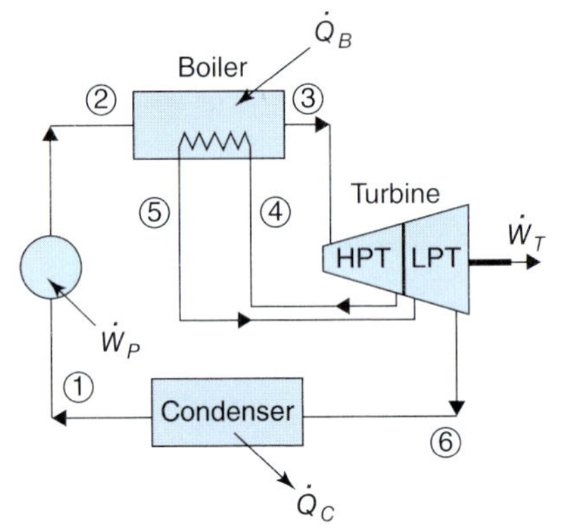

그림 8.33

Warning: The problems in this section can take a considerable amount of time to solve. Take time to organize your information so that it is easily available for the calculations required. Always check your work. Ask yourself "Does this make sense?" Use of the IRC Calculator will allow you to go to a party after you finish your homework!

8.25 Work Problem 8.24 with the following turbine reheat intercept pressure: *a*) 200 kPa and *b*) 600 kPa.

8.26 Work Problem 8.24 with a condenser pressure of *a*) 10 kPa and *b*) 5 kPa.

8.27 Determine the state (quality, or temperature if superheat) of the steam exiting the turbine of Problem 8.24 if the efficiency of both stages of the turbine is *a*) 92% and *b*) 86%.

8.28 In the ideal Rankine power cycle with reheat of Fig. 8.33, steam leaves the steam generator at 9 MPa and 600°C with a mass flow rate of 22 kg/s. It leaves the high-pressure turbine at 1 MPa and is reheated to 600°C at this pressure. The steam leaves the low-pressure turbine at 40 kPa. The condenser heat is carried away by cooling water. Refer to the *T-s* diagram of Fig. 8.17 and calculate:

i) The heat transfer rate by the boiler from state 2 to state 3
ii) The heat transfer rate in the reheat process
iii) The total power output of the turbine
iv) The rate of heat loss from the condenser
v) The state of the steam leaving the turbine
vi) The pump horsepower
vii) The efficiency of the cycle
viii) The mass flux of cooling water as it passes through the condenser if a 40°C increase in the cooling water is allowed

8.29 Work Problem 8.28 for the following turbine reheat intercept pressure: *a*) 200 kPa and *b*) 600 kPa.

8.30 An ideal Rankine cycle with two reheaters is shown in Fig. 8.34. Low pressure is 10 kPa, high pressure is 10 MPa, and the high temperature is 600°C. The first reheater heats 2 MPa steam to 500°C, and the second reheater heats 200 kPa steam to 400°C. For a mass flux of 20 kg/s, show the cycle on a *T-s* diagram and then determine:

i) The heat added during the first reheat process
ii) The heat added during the second reheat process
iii) The total heat added to the power cycle
iv) The work output of the turbine
v) The state of the steam leaving the turbine
vi) The pump horsepower
vii) The cycle efficiency

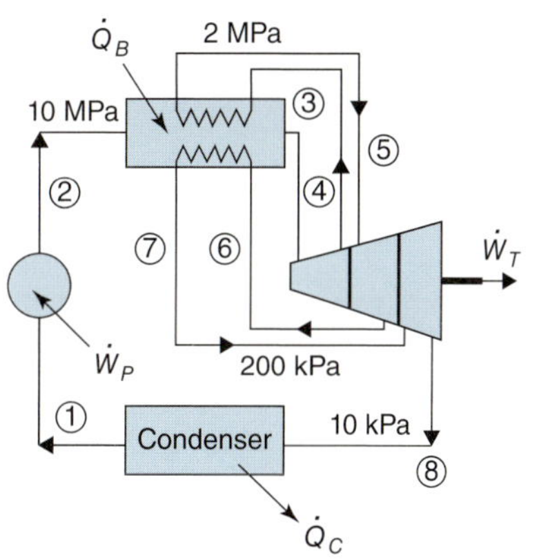

그림 8.34

8.31 An ideal regenerative Rankine cycle with an open feedwater heater is shown in Fig. 8.35. Steam leaves the boiler at 8 MPa and 600°C with a mass flow rate of 20 kg/s. It is extracted from the turbine at 1 MPa and sent to the open feedwater heater. The remaining steam leaves the turbine at 20 kPa. Assume the turbine and pumps are isentropic. Sketch this cycle on a *T-s* diagram and then determine:

i) The heat flow rate into the steam generator
ii) The mass flow rate diverted to the feedwater heater
iii) The net power output of the turbine
iv) The net power input to the pumps
v) The quality of the steam exiting the turbine
vi) The cycle efficiency

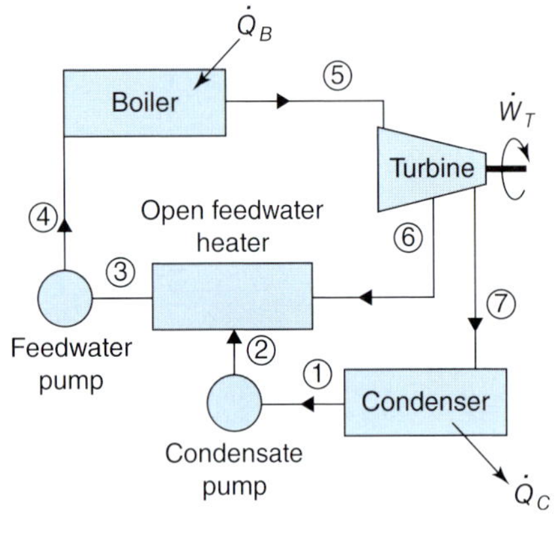

그림 8.35

Note: The pressures at states 2, 3, and 6 are all equal.

8.32 Work Problem 8.31, retaining all quantities except the feedwater heater pressure at state 6 is *a*) 1200 kPa and *b*) 800 kPa.

8.33 The regenerative Rankine cycle shown in Fig. 8.35 operates with a turbine efficiency of 90% and a mass flow rate of 22 kg/s. Steam leaves the steam generator at 9 MPa and 550°C. Steam is removed from the turbine at 1.2 MPa and sent to the open feedwater heater. The remaining steam leaves the turbine at 30 kPa. Sketch this cycle on a *T-s* diagram and calculate:

i) The heat flow rate into the steam generator
ii) The mass flow rate diverted to the feedwater heater
iii) The power output of the turbine
iv) The net power input to the pumps
v) The quality of the steam exiting the turbine
vi) The thermodynamic efficiency of the cycle

8.34 Work Problem 8.33, retaining all quantities except the preheater intercept pressure which at Section 6 is *a*) 1.4 MPa and *b*) 1.0 MPa.

8.35 An ideal regenerative Rankine cycle contains two open reheaters as shown in the *T-s* diagram of Fig. 8.36. Steam with a flow rate of 20 kg/s leaves the boiler at 8 MPa and 600°C. Steam is removed from the turbine at 2 MPa and at 400 kPa. The remaining steam leaves the turbine at 20 kPa. Calculate:

i) The heat flow rate into the boiler
ii) The mass flow rate diverted to each feedwater heater
iii) The power output of the turbine
iv) The quality of the steam exiting the turbine
v) The net power input to the three pumps
vi) The heat loss from the condenser
vii) The thermodynamic efficiency of the cycle

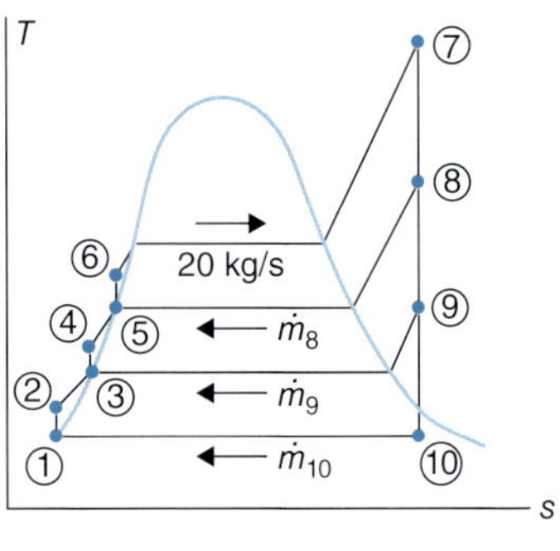

그림 8.36

8.36 Figure 8.37 shows an ideal Rankine power cycle with regeneration and reheat. Steam leaves the boiler at 8 MPa and 600°C with a mass flow rate of 20 kg/s. Some steam is removed from the high-pressure turbine at 500 kPa and sent to an open feedwater heater. The remaining steam flow leaves the high-pressure turbine at 200 kPa, where it is reheated to 500°C and sent to the low-pressure turbine. The steam then leaves the low-pressure turbine at 20 kPa. Sketch this cycle on a *T-s* diagram and determine:

i) The steam flux extracted to go to the feedwater heater
ii) The total heat addition by the boiler
iii) The power output of the turbine
iv) The quality, or temperature, of the steam leaving the turbine
v) The heat loss from the condenser
vi) The total horsepower of the two pumps
vii) The thermodynamic efficiency of the cycle

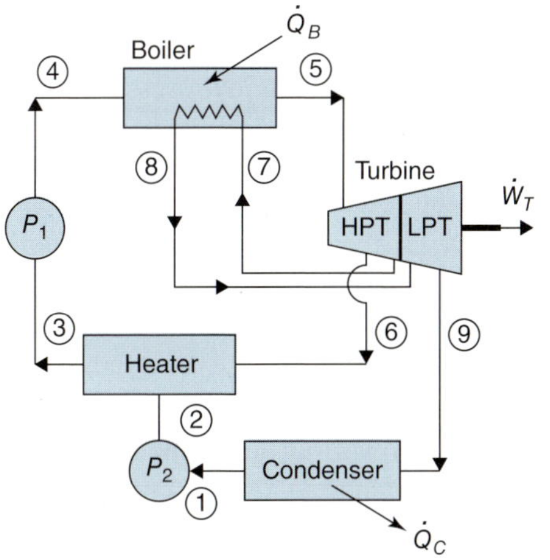

그림 8.37

8.37 For the ideal power cycle shown in Fig. 8.37, assume the steam leaving the boiler at state 5 is at 8 MPa and 550°C with a mass flux of 20 kg/s. Steam is removed at state 6 at 2 MPa and sent to an open feedwater heater. The remaining steam leaves the high-pressure turbine at state 7 at 1.4 MPa and is reheated to 500°C. This steam is sent back to the low-pressure turbine and leaves this turbine at 30 kPa. Plot this cycle on a *T-s* diagram and determine:

i) The steam flux extracted to go to the feedwater heater
ii) The total heat addition by the boiler
iii) The power output of the turbine
iv) The quality, or temperature, of the steam leaving the turbine
v) The heat loss from the condenser
vi) The total horsepower of the two pumps
vii) The thermodynamic efficiency of the cycle

8.38 For the power cycle described in Problem 8.37, determine the cycle efficiency if the pressure at state 6 is 4 MPa and at state 7 it is 0.8 MPa.

8.39 An ideal regenerative Rankine power cycle is shown in Fig. 8.38. Steam leaves the boiler at 15 MPa and 600°C with a mass flow rate of 10 kg/s. Steam is removed from the turbine at 1.6 MPa and directed to a closed feedwater heater. The remaining steam leaves the turbine at 10 kPa. Sketch the cycle on a *T-s* diagram and calculate:

i) The heat flow rate into the steam generator
ii) The mass flow rate diverted to the feedwater heater
iii) The net power output of the turbine
iv) The cycle efficiency

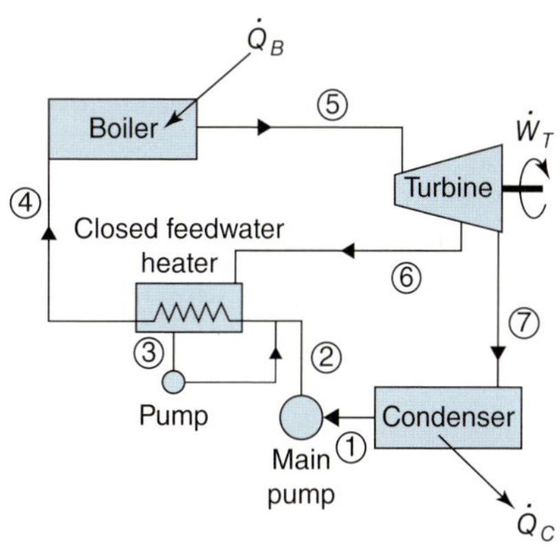

그림 8.38

8.40 Repeat Problem 8.39 for a turbine efficiency of 85%.

8.41 For the ideal regenerative Rankine cycle shown in Fig. 8.38, steam leaves the steam generator at 15 MPa and 500°C, with a mass flux of 12 kg/s. Steam at 3 MPa is removed from the turbine and directed to a closed feedwater heater. The remaining steam leaves the turbine at 30 kPa. Sketch the cycle on a *T-s* diagram and determine:

i) The heat flow rate into the steam generator
ii) The mass flow rate diverted to the feedwater heater.
iii) The net power output of the turbine
iv) The cycle efficiency

8.42 The *T-s* diagram of an ideal Rankine power cycle with two reheat cycles and two open feedwater heaters is shown in Fig. 8.39. Steam leaves the boiler at state 7 at 15 MPa and 600°C. Steam at 4 MPa leaves the high-pressure turbine at state 8; some of the steam preheats water in feedwater heater #1 from state 4 to state 5, while the remainder is reheated to 500°C at state 9. Steam at 600 kPa is extracted from the low-pressure turbine at state 10; some of that steam preheats water in feedwater heater #2 from state 2 to state 3, while the remainder is reheated to 400°C at state 11. Steam at 10 kPa leaves the low-pressure turbine at state 12. For a mass flux $\dot{m}$ = 20 kg/s through the boiler, calculate:

i) The steam flow rate diverted to each feedwater heater
ii) The power output of the turbine
iii) The total heat addition by the steam generator
iv) The quality of the steam exiting the turbine
v) The heat loss from the condenser
vi) The total pump horsepower
vii) The thermodynamic efficiency of the cycle

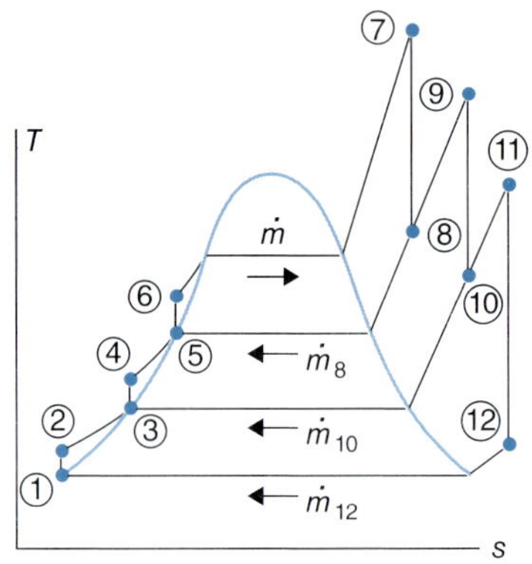

그림 8.39

8.43 Repeat Problem 8.42, retaining all quantities except that each reheater reheats the steam back to 600°C, that is, $T_9 = T_{11}$ = 600°C.

8.44 The *T-s* diagram of an ideal Rankine power cycle with two reheat cycles and two open feedwater heaters is shown in Fig. 8.39. Steam leaves the boiler at state 7 at 20 MPa and 600°C. Steam at 3 MPa leaves the high-pressure turbine at state 8; some of the steam preheats water in feedwater heater #1 from state 4 to state 5, while the remainder is reheated to 500°C at state 9. Steam at 600 kPa is extracted from the low-pressure turbine at state 10; some of that steam preheats water in feedwater heater #2 from state 2 to state 3, while the remainder is reheated to 400°C at state 11. Steam at 20 kPa leaves the low-pressure turbine at state 12. For a mass flux $\dot{m}$ = 20 kg/s through the boiler, calculate:

i) The steam flow rate diverted to each feedwater heater
ii) The power output of the turbine
iii) The total heat addition by the steam generator
iv) The temperature of the steam exiting the turbine
v) The heat loss from the condenser
vi) The total pump horsepower
vii) The thermodynamic efficiency of the cycle

Cogeneration Cycles

8.45 Steam is produced in the ideal cogeneration cycle, shown in Fig. 8.40, at 8 MPa and 600°C at a mass flow rate of 20 kg/s. Thirty percent of the steam is extracted from the turbine at 800 kPa and diverted to a process heater. This steam leaves the process heater at 800 kPa as a saturated liquid. The remaining steam leaves the turbine at 30 kPa, but 20% of the condenser heat transfer is used for heating and cooling buildings. Sketch this process on a *T-s* diagram and calculate:

i) The rate of heat input to the boiler
ii) The power output of the turbine
iii) The rate of heat removal from the process heater
iv) The heat rate used to heat and cool
v) The utilization factor for the cycle

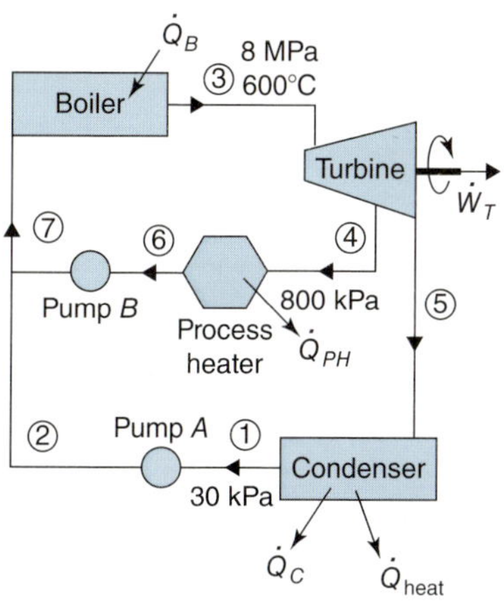

그림 8.40

8.46 Steam leaves the boiler of the ideal cogeneration cycle shown in Fig. 8.41 at 4 MPa and 500°C. Forty percent of the steam flow is extracted from the turbine by a process heater at 2 MPa. The remaining 60% leaves the turbine at 20 kPa. Assume the turbine and pumps to have 100% efficiencies. Sketch this process on a *T-s* diagram and calculate:

i) The specific heat addition in the steam generator
ii) The net specific pwork output of the turbine
iii) The specific heat removal in the process heater
iv) The specific heat removal in the condenser
v) The utilization factor for the cycle

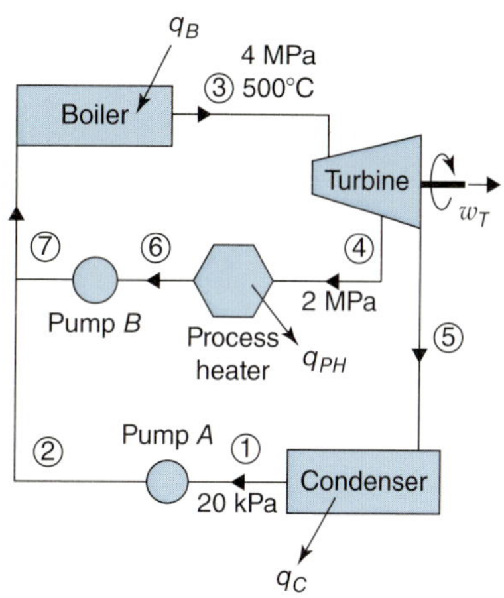

그림 8.41

8.47 Rework Problem 8.46 assuming that the total steam mass flow rate is 25 kg/s and that the steam is reheated back to 500°C at 2 MPa. The specific quantities will change to rates.

8.48 For the ideal cogeneration cycle shown in Fig. 8.42, steam leaves the boiler at 6 MPa and 600°C with a mass flux of 40 kg/s. The valve is equipped with a pressure regulator that removes 20% of the steam flow and sends it to the process heater at 800 kPa. The remaining 80% of the steam travels to the turbine where 30% of this flow is removed from the turbine at 800 kPa and is also sent to the process heater. The remaining steam is reheated back to 600°C at 800 kPa. Fifty percent of the steam that leaves the turbine at 50 kPa is used for heating and cooling buildings. Sketch this process on a *T-s* diagram and determine:

i) The rate of heat addition in the steam generator
ii) The power output of the turbine
iii) The rate of heat removal in the process heater
iv) The heat rate used to heat and cool
v) The utilization factor for the cycle

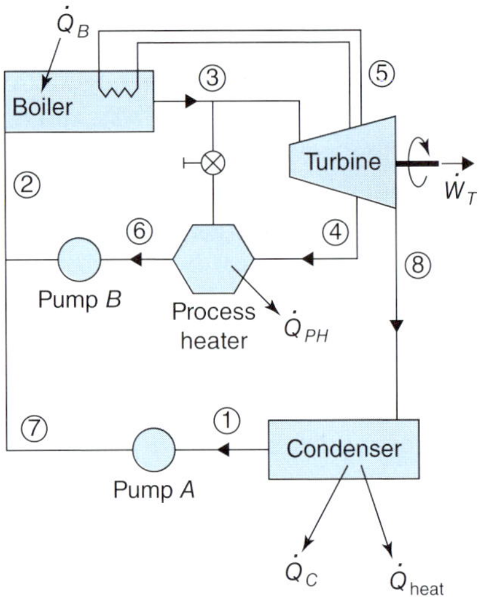

그림 8.42

CHAPTER

9

가스 발전 사이클

Gas Power Cycles

Gas Power Cycle - Jet Propulsion Technology, A Case Study

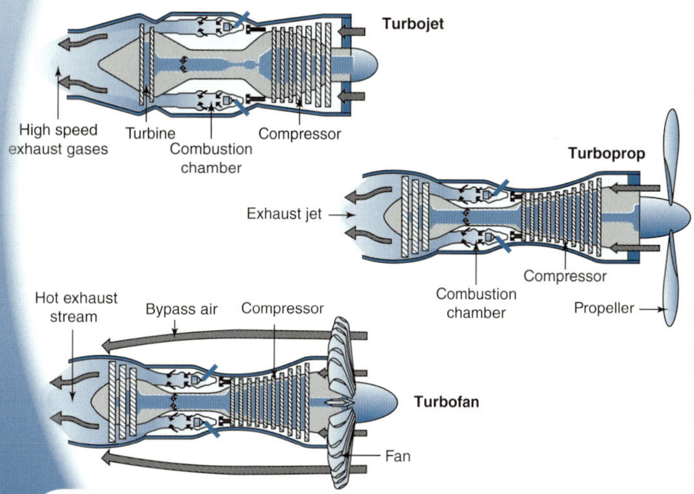

Based on a Microsoft Illustration

Outline

기호 설명

본 장에서 소개된 변수들은 다음과 같다.

BDC	하사점	r_p	압력비
BWR	역동력비	MEP	평균 유효압력
r	압축비	TDC	상사점
r_c	차단비		

학습목표

- ❑ 가스 발전 사이클을 설명할 수 있다.
- ❑ 오토사이클을 해석할 수 있다.
- ❑ 디젤사이클을 해석할 수 있다.
- ❑ 듀얼, 스털링, 에릭슨 사이클을 해석할 수 있다.
- ❑ 브레이튼사이클을 해석할 수 있다.
- ❑ 브레이튼과 랭킨 사이클을 병합할 수 있다.

학습예제: 가변 압축비 엔진

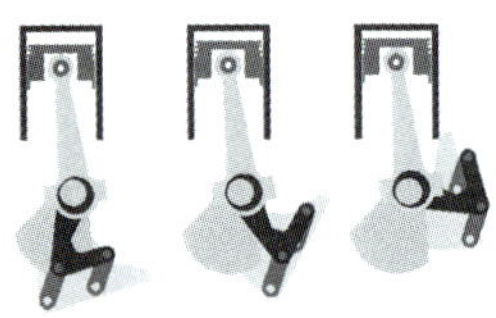

그림 9.1

압축비를 변화시키기 위해 사용된 4절링크(four-bar linkage)

자동차 엔진의 압축비는 실린더 내 공기의 최소 체적에 대한 실린더 중 내부의 공기에 의해 점유된 최대 체적의 비이다. 가스 엔진의 경우 일반적으로 8이고 디젤엔진의 경우 18 정도이다. 엔진의 효율은 압축비의 직접적인 함수이다. 자동차는 오르막주행 또는 고속구동과 같은 상이한 동작조건 하에서 잘 작동할 수 있도록 자동차 엔진의 압축비를 변경하는 것이 바람직 할 것이다. 최초 실용적인 가변압축비엔진은 2000년 사브(Saab)에 의해 개발되었다. 이 엔진은 한쪽 측면에 힌지식 결합 스플릿엔진 블록을 가지고 있다. 엔진 블록의 두 반쪽이 서로 멀리 떨어져 회전할 때, 압축비는 작아진다. 유압 구동기(hydraulic actuator)가 블록을 이동시키는 데 사용된다. 폴코리나(Paul Corina)는 블록 슬라이드의 두 반쪽이 각각에 상호작용하는 가변압축비엔진을 개발하였다. 이것은 보다 나은 엔진 블록의 밀봉과 모든 움직이는 부품의 정렬이 가능하게 하였다. 가장 높은 비율로 압축비를 변화시키기 위해 사용되는 4절링크(four-bar linkage)를 그림 9.1에 나타냈다. 이러한 엔진들은 엔진의 배치요구에 따라 엔진성능 변화를 허용하여 엔진 설계에서 상당한 발전을 가져다 주었다.

이 장에서 우리는 작동유체로, 이상기체, 흔히 공기를 사용하는 동력사이클에 대해서 공부할 것이다. 이러한 이유로 이 사이클을 *가스 동력 사이클*(gas power engine)이라 부른다. 이러한 엔진은 상변화로 인한 다량의 열전달 이득을 볼 수 없다. 대신에, 가스로 작동하는 엔진이 동력을 생성하기 위해 공기를 대량으로 이용한다. 이 장을 공부하는 데 있어 가장 중요한 엔진은 연료가 엔진 내에서 연소하는 *내연 기관*(internal combustion engine)이다. 마지막 장에서 소개된 랭킨 발전 사이클에서 작동하는 기관들은 동력을 생산하는 연소반응이 터빈 외부에서 발생하기 때문에 *외연기관*(external combustion engine)이다. 외연기관의 다른 대표적인 예는 증기 기관차이다. 나무나 석탄이 증기를 만드는 데 사용된 화로에서 연소가 일어난다. 증기는 증기내부 열에너지를 기계적 에너지로 변환하는 왕복 피스톤 장치에 전달된다.

이 장에서 해석될 발전 사이클은 작동유체가 원래의 상태와 위치로 돌아오지 않는 *개방 사이클*(open cycle)로 주어지게 된다. 개방 사이클의 좋은 예는 자동차 엔진이다. 대기 조건에서 공기가 엔진으로 유입하고 고온의 연소 생성물이 엔진에서 배출된다.

가스 동력 사이클: 작동유체를 이상기체로 사용하는 동력 사이클.

내연기관: 연료가 엔진 내부에서 태워진다.

외연기관: 연료의 연소가 동력을 발생하는 장치 밖에서 이루어진다.

개방 사이클: 작동유체가 원래의 상태와 위치로 돌아오지 않는다.

9.1 공기 표준 해석

이 장에서 해석 될 엔진들은 작동유체로 공기를 사용한다. 대기로부터의 공기는 압축 이전에 엔진에 들어가고 자동차, 트럭, 기관차, 및 탱크의 엔진에서 발생하는 것과 같이, 기계적인 힘이 생성된 직후에 엔진으로부터 바로 배출된다. 이러한 개방 사이클 내 빠른 공정의 연속은 *공기 표준 해석*(air-standard analysis)에서 사용되는 일련의 가정들에 의해 단순화 될 것이다. 가정은 다음과 같다.

Comment

사이클 프로세스를 해석 할 때 공기와 혼합된 소량의 연료는 무시될 수 있다. 연료는 단순히 연소 과정에 열을 도입한다.

1. 작동유체는 공기이고 이상기체로 취급한다.
2. 사이클의 압축 및 팽창과정은 등엔트로피 과정인 단열 및 가역적인 것으로 가정한다.
3. 엔진 내 연소과정은 연소를 통해 발생되는 열은 단순히 외부에 전달되는 열과 동일하다는 가정을 바탕으로 모델링된다. 이때 과정은 분석될 엔진의 타입에 의존한다: 가스 엔진, 디젤엔진, 또는 가스 터빈엔진.
4. 배출구에서 열방출은 단순히 주위로 열을 전달하는 과정으로 가정하며 사이클을 마칠 때 아무런 일을 수행하지 않고 공기가 초기 상태로 돌아오는 과정을 가정하게 된다.

공기 표준 가정에 또 다른 가정으로 *냉공기 표준*(cold-air standard) 가정을 들 수 있다. 표 B-2에 정리되어 있는 27°C에서 일정한 비열은 사이클 전반에 걸쳐 모든 과정에 대해 유효하다.

이런 가정을 사용하면 이상기체 표 사용할 때나 실제 기체의 영향을 고려할 때보다 해석을 훨씬 단순하게 해준다. 비록 이런 가정을 사용하면 약간의 오차를 야기할 수 있지만 실제 사이클의 효율이나 동력을 계산할 때 신속한 추정이 가능하게 해준다. 이 장에서 소개하는 사이클은 3장과 4장에 소개된 과정과 장치를 사용하게 될 것이다.

공기 표준 가정:

1. 공기는 이상기체이다.
2. 압축 및 동력과정은 등엔트로피이다.
3. 열전달 과정으로 연소반응을 대체한다.
4. 배출은 일을 하지 않으면서 열을 전달하는 과정이다.

냉공기 표준: 표 B-2에 정리되어 있는 것처럼 비열이 일정하다고 가정하는 공기 표준 해석에 추가된다.

예제 9.1 공기 표준 해석

그림 9.2의 가상 사이클의 세 가지 과정은 준평형(quasi equilibrium) 과정으로 가정한다. 상태 1에서 상태 2로 압축 행정의 시작 부분에서 공기의 압력과 온도는 100 kPa과 25°C이다. 4 : 1의 체적비의 피스톤-실린더로 가정한다.

i) 최대 온도 및 압력
ii) 정미 열전달
iii) 정미일
iv) 사이클의 열효율

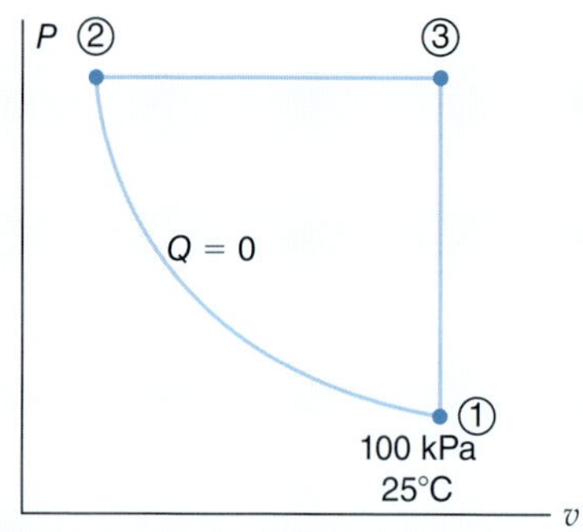

그림 9.2

풀이

피스톤-실린더 장치에서 공기는 실린더에 포함되며 하나의 계로 처리한다. 그래서 다양한 과정에서 적용되는 제1법칙을 적용할 수 있다.

i) 상태 1에서 $P_1 = 100$ kPa $T_1 = 25°C = 298$ K. 압축 행정은 식 (3.44)와 식 (3.46)을 사용한 등엔트로피과정(준평형 단열과정)이다. 이 때 $k = 1.4$를 사용하면 상태 2에서의 온도와 상태 2에서 사이클의 최대압력을 계산할 수 있다.

$$T_2 = T_1\left(\frac{v_1}{v_2}\right)^{k-1} = 298 \times 4^{0.4} = 519 \text{ K}$$

$$P_2 = P_1\left(\frac{v_1}{v_2}\right)^{k} = 100 \times 4^{1.4} = \underline{696 \text{ kPa}} = P_3$$

과정 중 최고 온도는 상태 3에서 발생한다. 정압과정과 이상기체 관계식을 사용하면,

$$T_3 = T_2\frac{v_3}{v_2} = 519 \times 4 = 2075 \text{ K} \quad \text{or} \quad \underline{1800°\text{C}}$$

ii) 정압과정의 열전달은

$$q_{2\text{-}3} = \Delta h = C_p(T_3 - T_2)$$
$$= 1.0 \times (2075 - 519) = 1556 \text{ kJ/kg}$$

정적과정의 열전달(일이 0)은

$$q_{3\text{-}1} = \Delta u = C_v(T_1 - T_3)$$
$$= 0.717 \times (298 - 2075) = -1274 \text{ kJ/kg}$$

정미 열전달은

$$q_{\text{net}} = q_{2\text{-}3} + q_{3\text{-}1}$$
$$= 1556 - 1275 = \underline{282 \text{ kJ/kg}}$$

ii) 일은 처음 두 과정에서 일어나고, 정미일은 다음과 같이 계산된다:

$$w_{1\text{-}2} = -\Delta u = -C_v(T_2 - T_1) = -0.717 \times (519 - 298)$$
$$= -158 \text{ kJ/kg}$$

$$w_{2\text{-}3} = P(v_3 - v_2) = 696\left(\frac{0.287 \times 2075}{696} - \frac{0.287 \times 519}{696}\right)$$
$$= 447 \text{ kJ/kg}$$

$$\therefore w_{\text{net}} = w_{1\text{-}2} + w_{2\text{-}3} + \cancel{w_{3\text{-}1}} = -158 + 447 = \underline{289 \text{ kJ/kg}}$$

iv) $q_{\text{in}} = q_{2\text{-}3}$과 $q_{\text{out}} = q_{1\text{-}3}$을 가정하면, 열효율은,

$$\eta = \frac{w_{\text{net}}}{q_{\text{in}}} = \frac{289}{1556} = 0.186 \text{ 또는 } \underline{18.6\%}$$

상기(reminder)는 준평형과정과 가역과정의 차이를 강조하기 위해서이다. 상기 준평형 과정에서 작동유체인 공기는 온도가 천천히 변하는 과정으로 인해 열전달을 겪게 된다. 상태 2에서 상태 3으로 열전달 과정이 일어나기 위해 고온 저장소(reservoir)는 2075 K 또는 그 이상이어야 할 것이다. 이러한 과정은 큰 온도 차이를 거치므로 매우 비가역적이다. 고온과 저온사이의 카르노 기관의 92%의 효율은 가역적인 모든 과정을 필요로 한다.

Note: 이상기체법칙 $v = RT/P$가 사용되었다.

Comment

사이클을 위한 제1법칙은 $w_{\text{net}} = q_{\text{net}}$(식 3.21 참조). w_{net}과 q_{net} 사이의 작은 차이는 중요하지 않다.

9.2 왕복동 엔진의 용어

많은 용어와 기호들이 실린더 내 피스톤 왕복을 하는 내연 기관을 설명할 때 사용된다. 다음은 몇 가지 기본적인 정의이다. 그림 9.3을 참조해라.

상사점(TDC): 최소 부피를 제공하는 실린더 내 피스톤의 위치.

하사점(BDC): 최대 부피를 제공하는 실린더 내 피스톤의 위치.

내경(Bore): 실린더의 내경으로 피스톤의 외경으로 가정.

행정(Stroke): 하사점에서 상사점까지 피스톤의 이동거리.

배기량(Displacement): 행정×피스톤의 단면적과 동일한 값

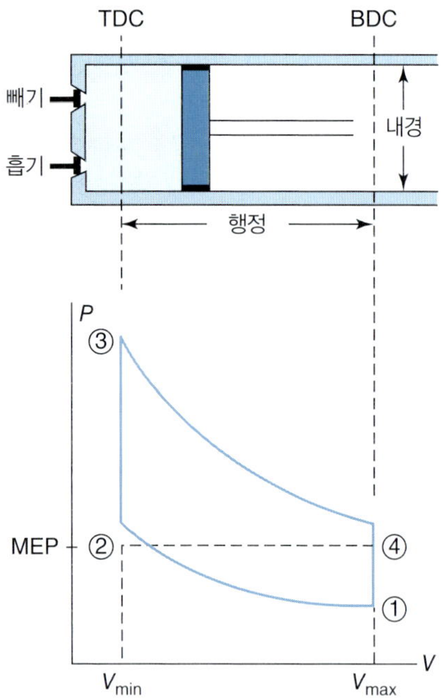

그림 9.3

피스톤-엔진 용어

$$\text{배기량} = \text{행정} \times \pi \frac{\text{내경}^2}{4} \tag{9.1}$$

총배기량은 배기량에다 엔진실린더의 수를 곱한 값이다. 총배기량은 종종 특정 엔진의 동력 레벨을 설명하기 위해 사용된다.

틈새 부피(Clearance volume): 실린더 헤드와 피스톤이 상사점에 있을 때 피스톤의 상부 사이의 체적.

압축비(Compression ratio): 실린더 내의 최대 부피(BDC에서의 피스톤)에 대한 실린더의 최소 부피용적(TDC에서 피스톤)의 비. 더 높은 압축비에서 더 큰 엔진 출력을 생성한다. 압축비 r은

$$r = \frac{V_{\text{TDC}}}{V_{\text{BDC}}} = \frac{V_{\max}}{V_{\min}} = \frac{v_1}{v_2} \tag{9.2}$$

흡기밸브(Intake valve): 공기 또는 공기-연료 혼합물이 실린더로 주입되는 밸브.

배기밸브(Exhaust valve): 연소 생성물이 실린더 밖으로 배출되는 밸브.

불꽃점화(Spark ignition): 점화 플러그가 공기-연료 혼합물을 점화할 때 발생.

압축점화(Compression ignition): 압축 행정 동안 고온이 공기-연료 혼합물을 점화할 때 발생.

Comment

같은 배기량일 때, 평균 유효압이 높을수록 엔진의 성능이 뛰어나게 된다.

Unit:

$$\frac{\text{kN} \cdot \text{m}}{\text{m}^3} = \frac{\text{kN}}{\text{m}^2} = \text{kPa}$$

평균 유효압력(Mean effective pressure, MEP): 한 사이클 동안 수행된 정미일의 비율. MEP가 동력 행정 동안 피스톤에 작용하면, 실제 행정 중에 동일한 일을 생성할 것이다. 즉, 그림 9.3에서 점선으로 둘러싸인 MEP 아래의 사각형 영역은 실선으로 둘러싸인 P-V선도 아래의 면적과 같다. MEP는 동일 배기량을 가진 엔진과 비교해서 엔진의 유효성의 비로 사용된다: 더 높은 MEP는 더 나은 성능을 나타낸다. MEP(kPa 또는 psia)는 다음과 같이 표현될 수 있다.

$$\text{MEP} = \frac{W_{\text{cycle}}}{V_{\max} - V_{\min}} = \frac{w_{\text{cycle}}}{v_1 - v_2} \tag{9.3}$$

예제 9.2 왕복동 엔진의 용어

그림 9.4에 실린더와 피스톤의 치수를 나타내었다. 한 사이클에 대한 일은 400 J이다. 배기량, 틈새 부피, 압축비, 및 MEP(평균 유효압력)를 결정하라.

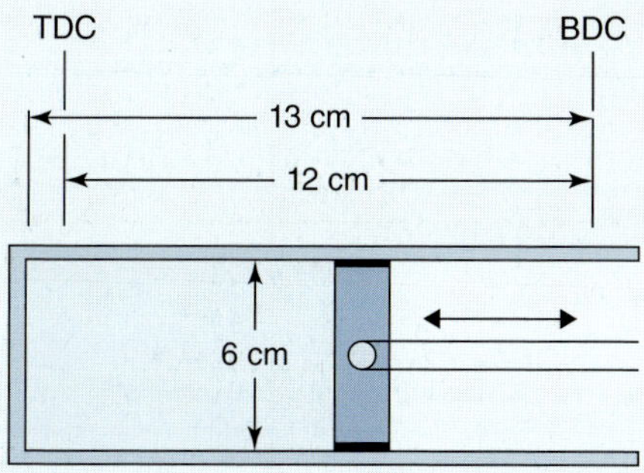

그림 9.4

풀이

배기량은 피스톤이 하사점에서 상사점으로 이동하면서 생성되는 부피이다.

$$\text{배기량} = \text{행정} \times \pi R^2 = 12 \times \pi \times 3^2 = \underline{339.3\ \text{cm}^3}$$

틈새 부피는 피스톤이 상사점에 있을 때 실린더 내의 체적이다:

$$\text{틈새 부피} = \pi R^2 t = \pi \times 3^2 \times 1 = \underline{28.3\ \text{cm}^3}$$

엔진 파라미터로서 매우 중요한 값인 압축비는 다음과 같다.

$$r = \frac{V_{max}}{V_{min}} = \frac{\pi 3^2 \times 13}{\pi 3^2 \times 1} = \underline{13}$$

$W_{cycle} = 0.400$ kJ일 때, MEP는,

$$\text{MEP} = \frac{W_{cycle}}{V_{max} - V_{min}} = \frac{0.400\ \text{kN}\cdot\text{m}}{\pi \times 0.03^2 \times (0.13 - 0.01)\ \text{m}^3} = \underline{1180\ \text{kPa}}$$

☑ **학습목표 확인** (1)

9.3 오토사이클(Otto Cycle)

9.3.1 4행정 오토사이클

4행정 오토사이클 엔진은 니콜라우스 오토에 의해 최초로 개발되었고, 1876년 처음 테스트되었다. 스파크 점화 엔진은 대부분 가솔린 엔진에서 사용되고 있다. 특히 가솔린 엔진은 130년 이상 사용되어 오고 있어 광범위한 개선이 이루어지고 있다. 광범위하게 이 엔진을 사용되고 있는 이유는 신뢰성이 높기 때문이다. 이 엔진은 어떤 날씨 조건에서도 넓은 온도 범위에서 사용가능하다. 또 가솔린 엔진은 작은 크기에도 불구하고 상당한 양의 출력을 낼 수 있다.

그림 9.3은 피스톤-실린더 장치를 갖춘 오토사이클로 작동하는 엔진의 실린더에서 일어나는 다섯 단계의 열역학 과정: 흡입, 압축, 연소, 팽창, 배기를 나타낸다. 그러나 두

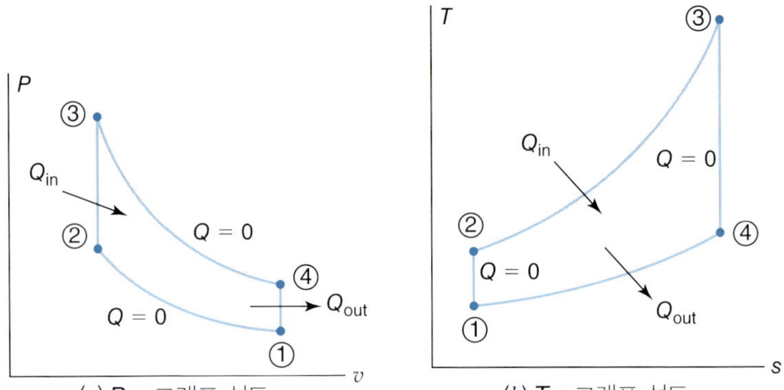

(a) P-v 그래프 선도 (b) T-s 그래프 선도

그림 9.5

이상 오토사이클

Approximation: 극도로 짧은 시간에서 연료는 연소하고, 그러므로 이상적인 사이클에서 피스톤은 움직이지 않는다.

Note: 상태 4에서 상태 1로의 정적과정은 열을 방출하면서 사이클을 완성하지만 일은 하지 않는다.

4행정: 압축, 동력, 배기, 흡입

가지 과정(배기, 흡입)을 분석해보면, 그림 9.5a와 b의 P-v와 T-s 선도에서 볼 수 있는 바와 같이 상태 4에서 상태 1로 하나의 과정으로 결합된다. 오토사이클의 과정은 일반적으로 압축 행정부터 시작되며, 다음과 같이 요약될 수 있다.

과정 1, 압축 행정(등엔트로피): 밸브들이 닫히게 되고, BDC에서 TDC로 피스톤이 이동하면서 상태 1에서 상태 2로 공기를 압축한다. 이와 같은 등엔트로피 과정 동안 압력과 온도 모두 증가하게 된다.

과정 2, 연소(정적): 피스톤은 상사점에 있고, 이때 공기는 최소부피로 압축되어있다. 연료 분사중인 경우, 피스톤이 상태 2에 도달할 때 까지 실린더 내에 연료가 분사된다. 상태 3까지 압력과 온도가 동시에 상승하는 순간적인 정적과정에서 열량 Q를 제공하면 스파크 플러그 점화하고 혼합기가 연소한다. 열량 Q가 공기에 추가될 때, 피스톤은 움직이지 않는다.

과정 3, 동력 행정(등엔트로피): 고압의 공기(연소생성물)가 피스톤을 상태 3의 TDC에서 상태 4의 BDC가 되도록 힘을 가하면 압력과 온도가 감소하는 등엔트로피 과정이 된다.

과정 4, 배기와 흡기(정적): 이 과정은 가상의 과정으로 배기 행정과 흡기 행정을 대체한다. 크랭크샤프트의 완전한 회전은 피스톤을 BDC에서 TDC로 움직여 고온배기가스에 힘을 가해서 배출시키고(에너지는 실린더에서 빠져나간다) TDC에서 BDC로 움직일 때 새로운 공기가 흡입된다. 어떠한 일도 이루어지지 않지만 사이클을 상태 1로 되돌리는데 열전달이 필요하다. 그러므로 정적 준평형과정이 다음 3가지 목적을 만족할 수 있다. 일을 필요로 하지 않고, 열을 방출시키며 상태 4에서 상태 1로 사이클을 완성시킨다.

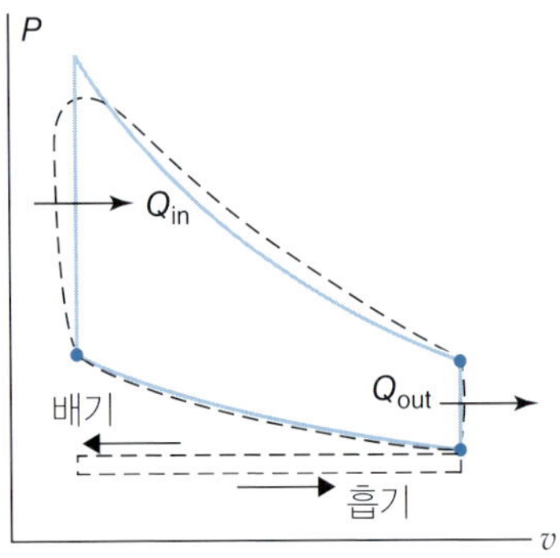

그림 9.6

점선은 실제 P–v 선도를, 실선은 이상 오토사이클을 나타낸다.

그림 9.6은 실제 오토사이클의 P-v 선도이다. 연소 과정은 실제로 정적과정으로 진행되지 않는다. 이것은 피스톤이 끊임없이 움직이기 때문이다. 흡입과 배기 과정은 적은 양의 피스톤 일을 요구한다. 압축과 동력 행정은 등엔트로피에 가깝지만 피스톤과 실린더 사이의 적은 양의 마찰과 기관 본체로의 작은 열전달(피스톤의 빠른 왕복운동 속도를 고려하면 열전달이 일어날 수 있는 시간은 짧다.)에 따라 다르다. 하지만 이상 사이클은 실제 사이클을 모사하고 근사시키는

데 좋은 툴을 제공해 줄 수 있다.

9.3.2 오토사이클 해석

왕복 피스톤 엔진의 해석은 계에 대하여 열역학 제1법칙을 적용하여 이루어진다. 흡기 밸브가 닫히면 공기는 완전히 실린더 내에 포함된다. 이것은 공기의 에너지를 내부에너지로 표현할 수 있다는 것을 의미한다. 여기서 사이클 해석을 위해 사용되는 상태의 개수는 그림 9.5를 참조하여라. 사이클의 열역학적 효율은 정미일과 연소하는 동안 발생하는 열전달의 비이다.

$$\eta = \frac{w_{\text{net}}}{q_{\text{in}}} = 1 - \frac{q_{\text{out}}}{q_{\text{in}}} \tag{9.4}$$

Note: 다음을 이용한다. $w_{\text{net}} = q_{\text{in}} - q_{\text{out}}$.

상태 2에서 상태 3으로, 상태 4에서 상태 1의 두 개의 열전달 과정은 정적조건에서 행하므로 일은 발생하지 않는다. 두 열 전달(식 3.26을 참조)은 정적비열 C_v를 이용하여 계산할 수 있고

$$\begin{aligned} q_{\text{in}} &= u_3 - u_2 = C_v(T_3 - T_2) \\ q_{\text{out}} &= u_4 - u_2 = C_v(T_4 - T_1) \end{aligned} \tag{9.5}$$

이 식을 이용하여 식 (9.4)를 다음과 같이 나타낼 수 있다.

$$\eta_{\text{Otto}} = 1 - \frac{T_4 - T_1}{T_3 - T_2} \tag{9.6}$$

온도차 비에서 T_2 및 T_1을 뽑아내서 정리하면 효율은 다음과 같이 나타낼 수 있다.

$$\eta_{\text{Otto}} = 1 \quad \frac{T_1\left(\dfrac{T_4}{T_1} - 1\right)}{T_2\left(\dfrac{T_3}{T_2} - 1\right)} \tag{9.7}$$

2개의 단열 과정에 대해 온도비를 식 (3.44)에서 사용된 체적비로 표현하면,

$$\frac{T_2}{T_1} = \left(\frac{v_1}{v_2}\right)^{k-1} \qquad \frac{T_3}{T_4} = \left(\frac{v_4}{v_3}\right)^{k-1} \tag{9.8}$$

여기서, $v_1 = v_4$, $v_2 = v_3$를 이용해 다시 식을 정리하면,

$$\frac{T_2}{T_1}\cdot\frac{T_4}{T_3} = \left(\frac{v_1}{v_2}\right)^{k-1}\left(\frac{v_3}{v_4}\right)^{k-1} = \left(\frac{v_1}{v_2}\cdot\frac{v_3}{v_4}\right)^{k-1} = 1 \qquad \therefore \frac{T_4}{T_1} = \frac{T_3}{T_2} \tag{9.9}$$

결과적으로, 식 (9.7)의 괄호 안에 있는 식은 같고, 오토사이클의 열효율은 다음과 같이 표현된다.

$$\eta_{\text{Otto}} = 1 - \frac{T_1}{T_2} = 1 - \left(\frac{v_2}{v_1}\right)^{k-1} = 1 - \frac{1}{r^{k-1}} \tag{9.10}$$

Remember: 공기에 대한
$R = 0.287$ kJ/kg · K
$C_v = 0.717$ kJ/kg · K
$C_p = 1.0$ kJ/kg · K

$v_1/v_2 = r$이라 할 때, r은 압축비이다.

예제 9.3 오토사이클

그림 9.7에 나타낸 오토사이클로의 유입 열량은 1000 kJ/kg이다. 압축비는 8이다. 압축 행정의 시작점에서 공기의 압력과 온도는 100 kPa, 158°C이다.

Note: 일정 비열로 가정한 것은 큰 오차를 발생시킬 수 있다.

i) 최대 온도 및 압력

ii) 사이클의 열효율

iii) 정미일

iv) 평균 유효압력

먼저, 이 예제를 일정한 비열의 이상기체라고 가정하고 부록의 공기 표를 이용하여 풀어라.

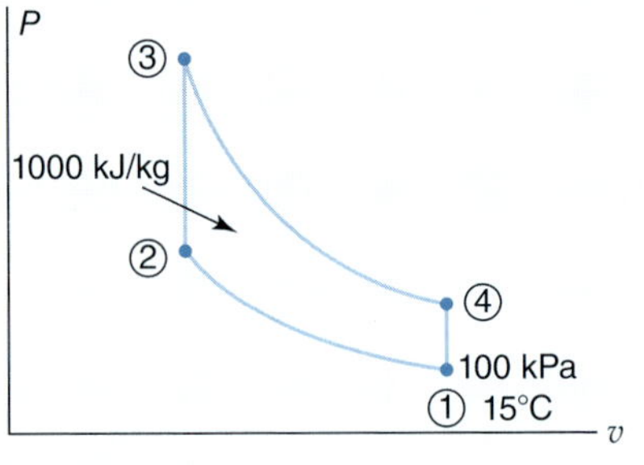

그림 9.7

첫 번째 풀이

i) 상태 1에서 $P_1 = 100$ kPa이고 $T_1 = 15°C = 288$ K. 압축 행정은 식 (3.44)와 (3.46)에서 제시된 단열과정이다.

$$T_2 = T_1\left(\frac{v_1}{v_2}\right)^{k-1} = 288 \times 8^{0.4} = 661.7\ \text{K}$$

$$P_2 = P_1\left(\frac{v_1}{v_2}\right)^{k} = 100 \times 8^{1.4} = 1838\ \text{kPa}$$

연소 과정은 열이 전달되는 현상으로 모사될 수 있다. 정적과정 동안은 아무 일도 행해지지 않으므로 제1법칙에 의해 T_3는 다음과 같이 결정할 수 있다.

$$q_{2\text{-}3} = u_3 - u_2 = C_v(T_3 - T_2)$$

$$1000 = 0.717(T_3 - 661.7) \qquad \therefore T_3 = 2056\ \text{K 또는 } \underline{1783°\text{C}}$$

정적과정에 대한 이상기체 법칙으로부터

$$P_3 = P_2\left(\frac{T_3}{T_2}\right) = 1838\left(\frac{2056}{661.7}\right) = \underline{5711\ \text{kPa}}$$

Remember: 이 방정식에서 온도와 압력은 절대값이어야 한다.

상태 3에서의 압력과 온도는 사이클의 최대값이다.

ii) 식 (9.10)과 주어진 압축비를 이용하면, 사이클의 열효율을 계산할 수 있다.

$$\eta_{\text{Otto}} = 1 - \frac{1}{r^{k-1}} = 1 - \frac{1}{8^{0.4}} = 0.565 \text{ 또는 } \underline{56.5\%}$$

iii) 사이클의 정미일은 사이클의 열효율과 입열량으로 계산할 수 있다.

$$w_{\text{net}} = \eta_{\text{Otto}} \times q_{\text{in}} = 0.565 \times 1000 = \underline{565 \text{ kJ/kg}}$$

iv) MEP(평균 유효압력)는 체적과 일을 이용하여 계산할 수 있다.

$$v_1 = \frac{RT_1}{P_1} = \frac{0.287 \times 288}{100} = 0.8266 \text{ m}^3/\text{kg}$$

$$v_2 = \frac{v_1}{r} = \frac{0.8266}{8} = 0.1033 \text{ m}^3/\text{kg}$$

따라서 MEP는,

$$\text{MEP} = \frac{w_{\text{cycle}}}{v_1 - v_2} = \frac{565 \text{ kN·m/kg}}{(0.8266 - 0.1033) \text{ m}^3/\text{kg}} = \underline{781 \text{ kPa}}$$

두 번째 풀이

i) 부록의 표 F-1을 이용한다. $T_1 = 288$ K에서 내부에너지는 $u_1 = 206$ kJ/kg 및 $v_{r1} = 688$로 보간된다. 상태 1에서 상태 2까지 단열 과정 식 (6.34)은,

$$v_{r2} = v_{r1} \times \frac{v_2}{v_1} = 688 \times \frac{1}{8} = 86$$

$v_{r2} = 86$에서 공기 표를 이용하면 $T_2 = 648$ K, $u_2 = 472$ kJ/kg로 보간할 수 있다. 상태 2에서 상태 3까지 제1법칙은

$$q_{2\text{-}3} = u_3 - u_2 \qquad 1000 - u_3 - 472 \qquad \therefore u_3 = 1472 \text{ kJ/kg}$$

$u_3 = 1472$ kJ/kg에서 보간법을 이용하면 $T_3 = 1784$ K 또는 1511℃ 그리고 $v_{r3} = 4.07$. $v_1/v_3 = v_1/v_2 = r$을 이용하면

$$P_3 = P_1 \times \frac{v_1}{v_3} \times \frac{T_3}{T_1} = 100 \times 8 \times \frac{1784}{288} = \underline{4956 \text{ kPa}}$$

ii) 및 iii) 효율을 계산하기 전에 표 F-1의 비열이 일정하지 않기 때문에 정미일을 찾아야 한다. 그러므로 식(9.10)은 사용할 수 없다. 상태 3에서 상태 4로의 단열 과정을 이용하면

$$v_{r4} = v_{r3} \times \frac{v_4}{v_3} = v_{r3} \times r = 4.07 \times 8 = 32.56$$

$v_{r4} = 32.56$에 대해 보간법을 적용해 보면 $T_4 = 917$ K, $u_4 = 689$ kJ/kg. 따라서 일과 효율은 다음과 같이 계산될 수 있다.

$$w_{\text{net}} = (u_3 - u_4) - (u_2 - u_1)$$
$$= (1472 - 689) - (472 - 206) = \underline{517 \text{ kJ/kg}}$$

(계속)

Note: 이상기체 표를 사용하는 것은 냉공기 해석보다 더 정확한 결과를 얻을 수 있지만, 이 방법도 역시 실제 기체의 효과를 고려하면 상당한 오차를 포함하고 있다.

예제 9.3 (계속)

$$\eta = \frac{w_{\text{net}}}{q_{\text{in}}} = \frac{517}{1000} = 0.517 \quad \text{or} \quad \underline{51.7\%}$$

이 효율을 냉공기라고 가정하여 얻은 56.5 %와 비교해보기 바란다.

iv) 첫 번째 풀이과정으로부터 $v_1 = 0.827\ \text{m}^3/\text{kg}$ 및 $v_2 = 0.103\ \text{m}^3/\text{kg}$이므로

$$\text{MEP} = \frac{w_{\text{cycle}}}{v_1 - v_2} = \frac{517\ \text{kN}\cdot\text{m/kg}}{(0.827 - 0.103)\ \text{m}^3/\text{kg}} = \underline{714\ \text{kPa}}$$

정미일, 효율, MEP에서 냉공기의 가정은 약 10%의 오차를 초래한다는 것을 알 수 있다. 꽤 상당한 오차이지만, 냉공기 해석은 사이클의 성능을 비교하고 사이클의 수정에 대한 영향을 알아보기에 적합한 공학적 툴(tool)이기도 하다.

9.3.3 2행정 오토사이클 엔진

4행정 피스톤 대신 2행정 피스톤을 이용하여 오토사이클 엔진이 운전될 수 있도록 개조할 수 있다. 이 방법을 통해 크기에 비해 엔진의 출력을 증가시킬 수 있다. 4행정 엔진에서 사용되던 흡기 및 배기 밸브는 제거된 대신, 공기유입 및 배출 포트가 실린더 벽에 만들어지고, 그림 9.8에 나타낸 바와 같이 피스톤 운동에 의해 열리고 닫힌다. 공기-연료 혼합물이 압축되고, 피스톤이 TDC 접근할 때 착화가 되며 동력 행정은 시작된다.

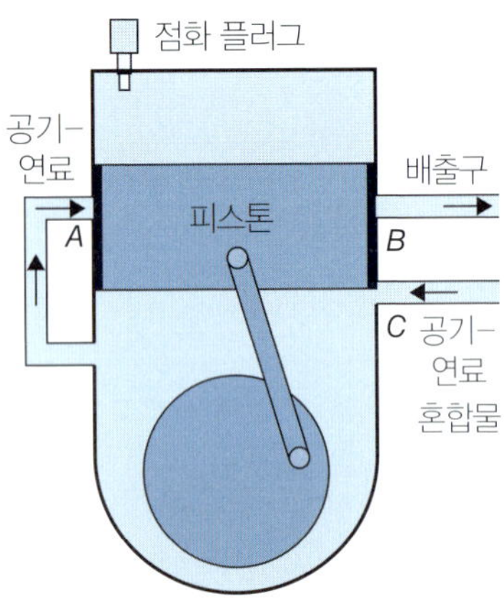

그림 9.8
2행정 실린더

동력 행정에서 피스톤이 하향 이동하면 배기 포트 B가 노출된다. 동력 행정의 마지막 동안에 실린더로부터 연소 생성물이 나온다. 이로 인해 피스톤에 가해지는 힘이 감소되어도 생성되는 일의 총량이 줄어들 수 있다. 출구 포트 B를 통과하는 배기가스에 힘을 가하면 공기-연료 혼합물이 실린더로 들어가는 동안 피스톤 운동을 통해 포트 A를 개방하게 된다. 이 과정 동안 일부 연료는 배기 포트를 통해 빠져나간다. 피스톤이 BDC에 도달하면 다시 압축 행정을 준비하고 흡기 및 배기 포트는 피스톤이 BDC 위를 통과한 후 피스톤에 의해 닫히게 된다. 공기-연료 혼합물이 압축되면, 동력 행정이 뒤따른다. 압축된 공기-연료 혼합물이 피스톤C 밑쪽으로 들어가게 되면 압축 행정 동안 피스톤은 위쪽으로 이동한다.

흡기 및 배기 과정의 복잡성 때문에 P-v의 T-s 선도에서 2행정 오토사이클의 엔진작동의 총 효율은 4행정 엔진작동의 효율에 비해 상당히 적다. 2행정 엔진은 크기에 비해 더 높은 동력을 얻을 수 있어 잔디 깎는 기계, 체인 톱, 스쿠터와 같은 장치에 이용되는 소규모 엔진에는 이상적이다.

Comment

오토사이클에서 행하여진 4행정과 2행정 P–v와 T–s선도는 동일하다. 이것은 실제 엔진의 작동과는 다르다.

2행정 엔진에는 윤활유와 연료가 혼합되어 압축 행정 동안 윤활이 발생한다. 냉공기 표준 해석에 따라 2행정 엔진은 예제 9.3에서 나타낸 4행정 엔진의 해석과 동일한 방식으로 수행된다.

카르노사이클(Carnot cycle)은 고온과 저온의 열 저장기 사이에서 가장 효율적인 사이클이다. 다음의 예제 9.2를 통해 같은 고온과 저온사이에서 작동하는 카르노사이클의 효율과 오토사이클의 효율을 비교해보자.

카르노사이클 예제 9.4

예제 9.3의 오토사이클과 같은 온도 범위에서 작동하고 동일한 1000 kJ/kg의 열을 흡입하는 그림 9.9의 카르노사이클의 출력과 효율을 계산하여라.

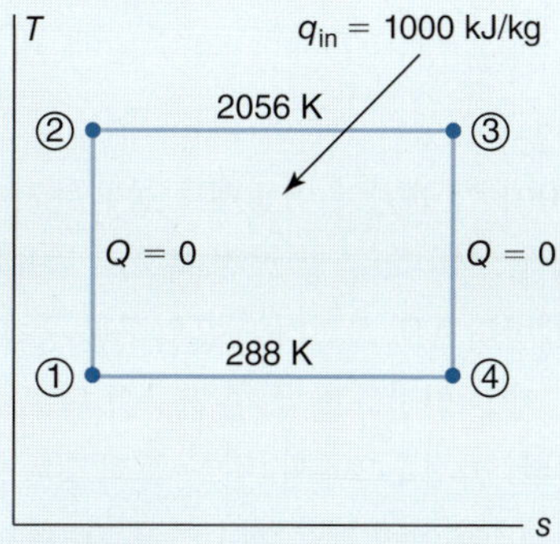

그림 9.9

풀이

효율이 주어진 경우, 일을 알 수 있다. 즉, 고온 및 저온이 주어지면 카르노사이클의 효율을 알 수 있다. 예제 9.3으로 부터 T_1 = 288 K, T_3 = 2056 K이다. 식 (5.15)를 참조하면, 고온과 저온 사이의 가능한 최대 가능 효율(카르노사이클의 효율)은

$$\eta_{Carnot} = 1 - \frac{T_L}{T_H} = 1 - \frac{288}{2056} = 0.860 \text{ 또는 } \underline{86\%}$$

이것을 51.7%인 이상적인 오토사이클의 효율과 비교해보자. 오토사이클의 효율은 40%로 가능한 최대의 효율을 밑돌고 있다. 이는 큰 온도차이로 이내 열전달이 발생하기 때문이다.

효율은 정미일 출력과 입열량의 비율로 나타낼 수 있다. 따라서 정미일은 다음과 같이 계산될 수 있다.

$$\eta_{Carnot} = \frac{w_{net}}{q_{in}} = \frac{w_{net}}{1000} = 0.86 \qquad \therefore w_{net} = \underline{86 \text{ kJ/kg}}$$

오토사이클은 카르노사이클과 비교했을 때 매우 효율적인 열역학적 사이클이 아니다. 큰 온도 차이를 발생시키며 열을 전달하는 과정이 주 원인이다.

9.3.4 Wankel(방켈) 엔진

Wankel 또는 회전 엔진은 오토사이클에서 동작하지만, 연소된 연료로부터 에너지를 추출하기 위해 다른 기술을 사용한다. 왕복동 피스톤 대신 회전 메커니즘을 사용한다. 엔진은 1929년에 Felix Wankel이 처음으로 특허를 취득했다. 많은 자동차 제조사는 1950~60년대에 Wankel 엔진을 개발했다. 일본의 마츠다사는 1964년에 최초로

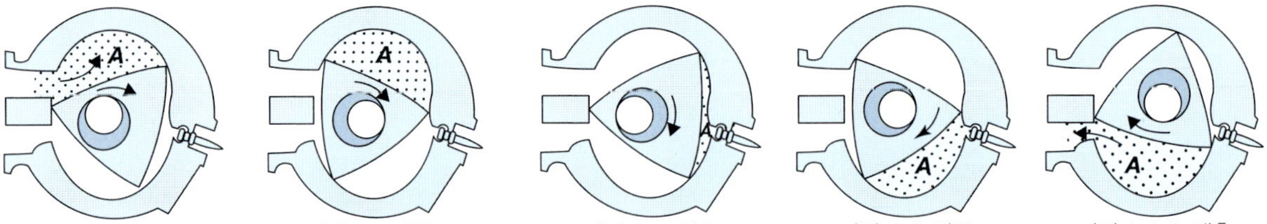

그림 9.10
방켈엔진의 작동과정

Wankel 엔진을 상용 차량에 도입했다. 이 회사는 픽업트럭을 위한 로터리 엔진을 여전히 생산하고 있다. 그림 9.10에 이 엔진이 어떻게 작동하는지에 대해 나타내었다.

"피스톤"은 삼각형 모양을 가지며, 중앙 엔진 축으로 궤도운동하며 회전한다. 제1 과정인 0-1에서, 피스톤이 시계방향으로 회전하고 흡입구를 통해 엔진 내부로 공기-연료 혼합물을 흡입한다. 피스톤이 계속 회전하면서, 흡입구를 닫고, 엔트로피 과정 1-2에서 공기-연료 혼합물을 압축시킨다. 과정 2-3에서, 점화 플러그는 연료를 점화하고 열은 정적 상태에서 공기로 전달된다. 피스톤이 회전을 계속하면 고압의 연소생성물이 오프셋 피스톤(offset piston)을 밀어내고, 그것을 강제로 회전시킨다. 이것은 등엔트로피 동력 행정이다. 과정 4-1-0에서, 피스톤이 배기구를 지나면 배기구는 열린다. 뿐만 아니라 피스톤의 회전이 연소생성물을 배기 포트로 밀어내고 나서 공기-연료 혼합물이 들어간다.

Wankel 엔진에서 사용하는 사이클을 구성하는 과정은 등엔트로피 압축, 정적 연소, 등엔트로피 팽창 및 정적에서의 배기 흡기이다. 이것은 오토사이클과 동일한 과정이므로 사이클 해석은 오토사이클과 동일하다.

3-4 동력 행정 동안 다른 공기가 압축되고 있다. 피스톤의 매 완전한 회전을 위해 세 번의 동력 행정이 발생한다. 이런 이유로 Wankel 엔진은 항e공 추진과 같이 고출력과 크기의 적용에 이상적이다.

☑ 학습목표 확인 (2)

9.4 디젤사이클

디젤사이클 엔진은 1890년대에 루돌프 디젤에 의해 개발되었다. 디젤은 카르노사이클 엔진 효율에 근접하는 내연기관을 개발하려고 시도했다. 그는 의문스러운 상황에서 사망했다. 일부에선 그의 엔진이 기대만큼 작동하지 않았기 때문에 그가 자살한 것이라는 말이 있었다.

디젤엔진은 원래 고정 증기기관(stationary steam engine)을 대체하기 위해 개발되었으나 지금은 잠수함, 선박, 기관차, 트럭, 중장비 및 발전기 등에 사용된다. 디젤엔진은 자동차뿐만 아니라 on road와 off road용의 큰 교통수단에도 사용되고 있다. 유럽의 경우 신차 판매의 약 50%가 디젤이다. 가솔린의 높은 연료비용과 디젤기관의 적은 연료소모량 때문이다. 약 110,000마력에 도달하는 초대형 디젤은 대형 선박을 추진하는 데 사용된다.

압축점화: 점화는 고온의 체적 내부로 연료가 분사될 때 발생한다. 점화 플러그는 필요하지 않다.

디젤사이클은 왕복 피스톤-실린더 운동을 이용한다는 점에서 오토사이클과 매우 유사하다. 오토사이클과 디젤사이클 사이의 2가지 큰 차이점이 있다. 디젤사이클에 있어서 연소과정은 일정 부피가 아닌 일정 압력에서 발생한다; 연료가 상사점에 분사되고 동력 행정 동안 연소가 발생한다. 디젤엔진은 연료 점화 시 점화 플러그가 필요 없다는 점에서 압축점화엔진(compression ignition engine)이다. 디젤사이클은 오토사이클보다 압축비가 높다. 압축비가 높으면 TDC의 공기의 온도와 압력이 매우 높으며, 온도가 너무 높아 주입된 연료가 즉각적으로 점화된다.

이상적인 4행정 디젤사이클 과정을 그림 9.11*a*와 9.11*b*에 나타냈다. 과정 1-2는 압축 행정이고, 등엔트로피 과정이다. 흡입밸브가 상태 1에서 닫히고, 공기는 고온 고압으로 압축된다(그림 9.11*a*의 오토사이클 보다 더). 정압과정 2-3동안 연료는 실린더에 계속적으로 주입되고, 실린더로 주입된 연료는 공기의 높은 온도 때문에 즉각적으로 점화한다. 피스톤은 상태 2에서 동력 행정을 시작하고, 연료주입은 상태 3에서 멈춘다: 등엔트로피 과정인 3-4에서는 동력 행정을 계속한다. 정적과정 4-1은 오토사이클에서와 같이 배기 행정과 흡입 행정을 진행한다: 피스톤은 일을 하지 않으나 실린더로부터 열은 계속 전달된다. 디젤사이클과 오토사이클의 가장 큰 차이점은 연소과정이다: 디젤사이클에서는 정압과정이고 오토사이클에서는 정적과정이다.

디젤엔진의 압축비는 오토사이클의 압축비보다 훨씬 크다. 오토사이클 엔진의 압축비는 약 12 이상이다. 반면에 디젤엔진의 압축비는 약 22 정도이다. 결과적으로 디젤엔진은 오토사이클 엔진과는 다른 연료들을 사용한다. 만약에 가솔린과 같은 휘발성 연료

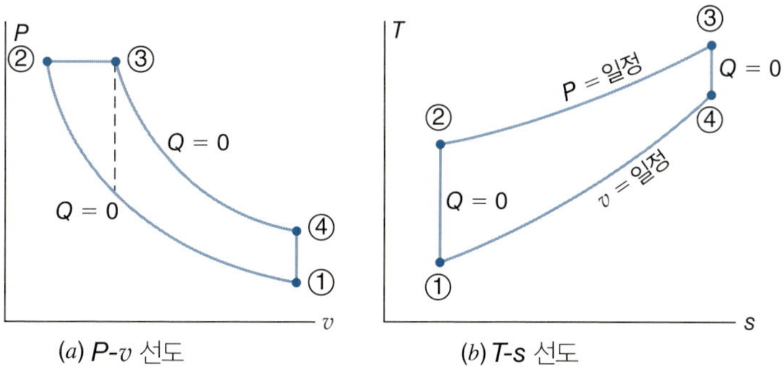

그림 9.11
이상 디젤사이클

가 디젤엔진에서 사용된다면 피스톤이 상사점에 도달하기 전에 자연 발화 될 것이다. 이것은 *엔진 노크*(engine knock)라 하는 현상을 일으키는데 이것은 화염이 피스톤 면을 치면서 발생하는 소리이다. 디젤 연료는 가솔린 연료 보다 단위질량당 작은 에너지를 생산한다. 그러나 디젤사이클은 오토사이클에 비해 더 효율적인데, 그 이유는 디젤사이클의 높은 압축비로 인해 50% 정도 향상된 연비(fuel mileage)를 갖기 때문이다.

엔진 노크: 전면 피스톤을 타격하는 화염면의 소리

Comment

디젤사이클은 고압 운전 조건으로 인해 볼트와 연결봉에 큰 응력을 견디기 위해 훨씬 더 크고 견고한 구성품들을 요구한다. GM은 가솔린 엔진에서 디젤엔진으로 변화하면서 높은 응력에 대한 충분한 대응을 하지 못해 엔진 고장과 엔진 생산 중단 등의 문제점을 초래했다.

지금부터 냉공기 표준으로 일정한 비열을 가진 이상기체라 가정하고 디젤사이클을 해석해 보도록 하자. 정압 연소 과정(2-3) 동안에 열이 유입되며 준평형 열 유입 과정으로 가정할 때 유입열에 대한 식은 다음과 같다.

$$q_{in} = C_p(T_3 - T_2) \tag{9.11}$$

일정한 체적 흡기/배기 과정(4-1) 동안에 열방출이 이루어지며 식은 다음과 같다.

$$q_{out} = C_v(T_4 - T_1) \tag{9.12}$$

이상 디젤사이클의 열효율은 다음과 같이 나타낸다.

$$\begin{aligned}\eta_{diesel} &= \frac{w_{net}}{q_{in}} = 1 - \frac{q_{out}}{q_{in}} = 1 - \frac{C_v(T_4 - T_1)}{C_p(T_3 - T_2)} \\ &= 1 - \frac{(T_4 - T_1)}{k(T_3 - T_2)}\end{aligned} \tag{9.13}$$

Comment

일정한 비열은 사이클 간에 빠른 비교를 할 수 있게 해주는 수식을 제공한다. 온도와 압력이 꽤 높기 때문에, 냉공기 표준 가정하에 해석을 실시하는 오토사이클에서 계산오차가 커질 수 밖에 없다.

오토사이클에서와 마찬가지로 예제 9.13의 오른쪽에 있는 식의 분자로부터 T_1을 빼고, 분모로부터 T_2를 빼서 정리하면, 식 (9.14)가 된다.

$$\eta_{diesel} = 1 - \frac{T_1\left(\frac{T_4}{T_1} - 1\right)}{kT_2\left(\frac{T_3}{T_2} - 1\right)} \tag{9.14}$$

등엔트로피 압축과 동력 행정은 오토사이클에서와 같이 식 (9.15)로 나타낼 수 있다.

$$\frac{T_1}{T_2} = \left(\frac{v_2}{v_1}\right)^{k-1} = \frac{1}{r^{k-1}} \tag{9.15}$$

$$\frac{T_4}{T_3} = \left(\frac{v_3}{v_4}\right)^{k-1} \tag{9.16}$$

여기서 정압과정 동안, $v_4 = v_1$(참고 그림 9.11)이고, $T_3/T_2 = v_3/v_2$이므로 식 (9.17)로 다시 정리할 수 있다.

$$\begin{aligned}\frac{T_4}{T_1} &= \frac{T_4}{T_3} \times \frac{T_3}{T_2} \times \frac{T_2}{T_1} = \left(\frac{v_3}{v_1}\right)^{k-1}\left(\frac{v_3}{v_2}\right)\left(\frac{v_1}{v_2}\right)^{k-1} \\ &= \left(\frac{v_3}{v_2}\right)\left(\frac{v_3}{v_2}\right)^{k-1} = \left(\frac{v_3}{v_2}\right)^{k}\end{aligned} \tag{9.17}$$

v_3/v_2의 비는 연소 과정 초기의 부피에 대한 연소 과정 말기에서의 부피의 비이다. 오토 사이클에서는, 이 비의 값이 1이다. 디젤사이클에서는, 이 숫자가 v_3가 v_2보다 크므로 1보다 클 것이다. 이 v_3/v_2의 비는 r_c *차단비*(cutoff ratio)라 한다. 다시 차단비는 이상기체의 정압과정을 고려하여 다음과 같이 나타낼 수 있다.

차단비: 연소과정 초기의 부피에 대한 연소과정 말기에서의 부피의 비

$$r_c = \frac{v_3}{v_2} = \frac{T_3}{T_2} \tag{9.18}$$

일반적으로 이 값은 약 2이다. 식 (9.15) (9.17) 및 (9.18)을 이용해 사이클의 효율은 식 (9.19)로 표현할 수 있다.

$$\eta_{\text{diesel}} = 1 - \frac{1}{k} \times \frac{T_1}{T_2}\left(\frac{\dfrac{T_4}{T_1} - 1}{\dfrac{T_3}{T_2} - 1}\right) = 1 - \frac{1}{r^{k-1}} \times \frac{r_c^k - 1}{k(r_c - 1)} \tag{9.19}$$

식 (9.19)로부터 이상적 디젤사이클의 효율은 두 개의 파라미터 함수인 것을 알 수 있다. 즉, 엔진의 압축비인 r과 차단비인 r_c의 함수이다. 엔진의 압축비가 증가할수록, 오토사이클의 효율과 마찬가지로 효율은 증가하게 된다. 반면에 차단비가 증가함에 따라 디젤사이클의 효율은 감소한다.

디젤엔진도 9.3.3절에서 설명한 2행정 오토사이클처럼 작동하는 2행정 엔진으로 제작될 수 있다. 작은 2행정 디젤엔진들은 비행기의 모델로 사용되고 그림 9.12와 같이 큰 용량의 2행정 디젤엔진은 큰 선박의 동력원으로 사용된다.

Courtesy of Wärtsilä

그림 9.12

일본의 Aioi 산업에서 108 920마력으로 제작된 2행정 디젤엔진(컨테이너 선박의 동력으로 사용)

예제 9.5 디젤사이클

디젤사이클의 압축비가 18이고 차단비가 2이다. 압력 행정 시작점에서의 공기의 압력과 온도는 그림 9.13에서 나타낸 것과 같이 100 kPa, 15°C일 때, 다음을 계산하시오.

i) 공기의 최고 온도와 압력
ii) 열효율
iii) 필요한 입열량과 정미일
iv) 평균 유효압력

이 예제와 예제 9.3의 주요 차이점은 압축비의 차이이다.

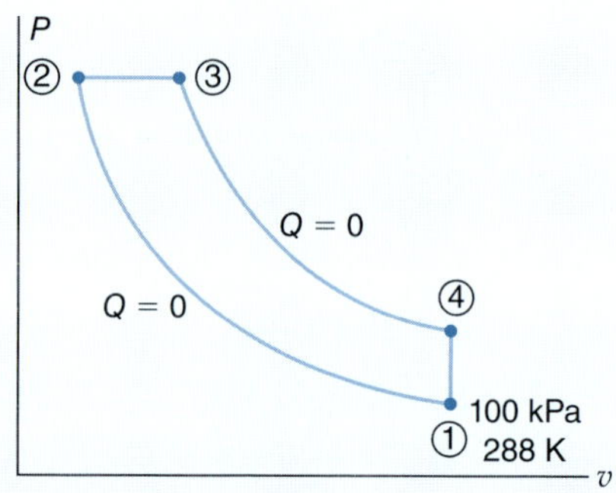

그림 9.13

풀이

i) 상태 1에서 P_1 = 100 kPa이고 T_1 = 15°C = 288 K이다. 압축 행정은 식 (3.44)와 식 (3.46)이 사용가능한 등엔트로피 과정이다.

$$T_2 = T_1\left(\frac{v_1}{v_2}\right)^{k-1} = 288 \times 18^{0.4} = 915.2\ \text{K}$$

$$P_2 = P_1\left(\frac{v_1}{v_2}\right)^{k} = 100 \times 18^{1.4} = 5720\ \text{kPa}$$

그 다음 과정은 정압 상태에 열 공급이 일어나는 연소 과정으로 $P_3 = P_2 = \underline{5720\ \text{kPa}}$이다. 차단비 2는 아래의 식으로 구해진다.

$$\frac{\not{P}_3 v_3}{T_3} = \frac{\not{P}_2 v_2}{T_2} \qquad \frac{T_3}{T_2} = \frac{v_3}{v_2} = 2$$

$$\therefore T_3 = 2T_2 = 2 \times 915 = 1830\ \text{K} \quad \text{or} \quad \underline{1557°\text{C}}$$

ii) 사이클의 열효율은 주어진 압축비와 차단비를 사용하여 식 (9.19)로 계산하면,

Note: r_c=3일 때, η_{diesel}=58.9%.

$$\eta_{\text{diesel}} = 1 - \frac{1}{r^{k-1}} \times \frac{r_c^k - 1}{k(r_c - 1)}$$

$$= 1 - \frac{1}{18^{0.4}} \times \frac{2^{1.4} - 1}{1.4 \times (2 - 1)} = 0.632 \ \text{or} \ \underline{63.2\%}$$

iii) 정압과정에서의 필요한 공급 열량(식 3.31 참조)은 아래와 같이 나타낼 수 있다.

$$q_{in} = h_3 - h_2 = C_p(T_3 - T_2)$$

$$= 1.0\frac{kJ}{kg \cdot K} \times (1830 - 915.2)\ K = \underline{915\ kJ/kg}$$

사이클의 정미일은 이 사이클의 입 열량 및 열효율을 이용하여 다음과 같이 나타낼 수 있다.

$$w_{net} = \eta_{diesel} \times q_{in} = 0.632 \times 915 = \underline{578\ kJ/kg}$$

디젤사이클은 오토사이클에 비해 더 적은 입 열량으로 더 많은 일을 한다. 증가된 효율은 더 커진 압축비에 의한 것이다.

iv) MEP(평균 유효압력)은 정미일에 대한 부피 차이의 비이다. 상사점과 하사점에서의 비체적은 아래의 식처럼 나타낼 수 있다.

$$v_1 = \frac{RT_1}{P_1} = \frac{0.287 \times 288}{100} = 0.8266\ m^3/kg$$

$$v_2 = \frac{v_1}{r} = \frac{0.8266}{18} = 0.0459\ m^3/kg$$

평균 유효압력은 식 (9.3)을 사용하여 아래와 같이 나타낼 수 있다.

$$MEP = \frac{w_{cycle}}{v_1 - v_2} = \frac{578\ kN \cdot m/kg}{(0.8266 - 0.0459)\ m^3/kg} = \underline{740\ kPa}$$

☑ 학습목표 확인 (3)

9.5 기타 가스 발전 사이클

이 절에서는 적용에 제한은 있지만 엔진 개발에 있어 중요한 세 가지의 엔진 사이클에 대해 학습해 볼 것이다. 실제 존재하는 엔진에 사용되지 않는 사이클에 활용되는 과정들은 적어도 엔진 개발을 위한 자료로서 제공될 수 있다.

9.5.1 듀얼 사이클

듀얼 사이클은 오토사이클과 디젤사이클의 혼합 형태이다. 연소과정은 그림 9.14와 그림 9.15에서 나타낸 것과 같이 두 과정으로 나뉘어진다. 연소의 처음 부분에서는 오토사이클과 같이 정적 상태에서 이루어진다. 그 다음 연소과정에서는 디젤사이클과 같은 정압 상태에서 이루어진다. 듀얼 사이클은 그림 9.6에서 나타낸 오토사이클의 실제 곡선을 고려할 때 오토사이클의 연소과정의 모델로서 꽤 현실적인 사이클이다. 듀얼 사이클의 해석은 정압 연소과정과 더불어 오토사이클과 동일한 방식으로 이루어진다.

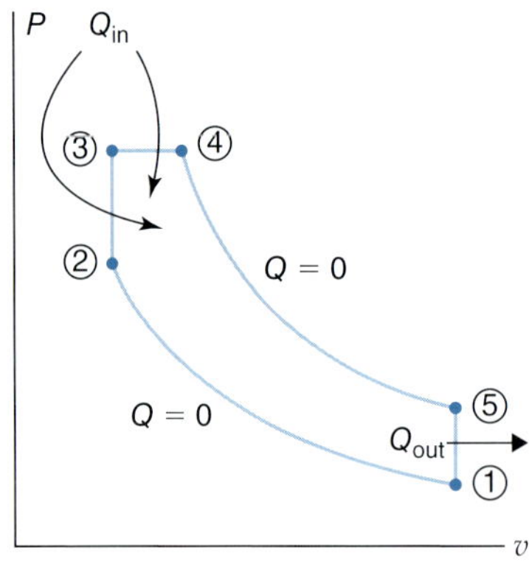

그림 9.14
이상 듀얼 사이클의 $P-v$ 선도

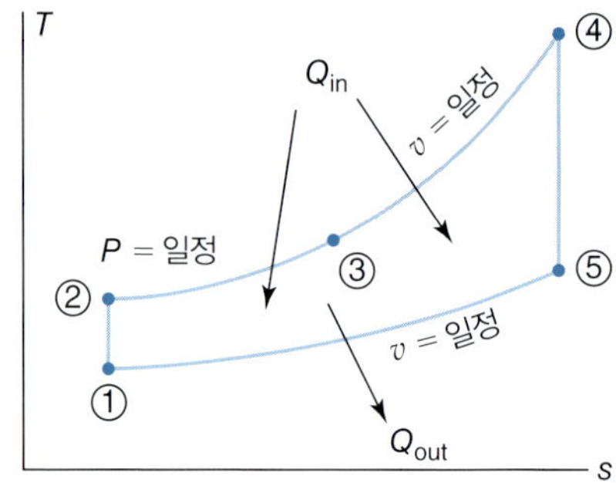

그림 9.15
이상 듀얼 사이클의 $T-s$ 선도

냉공기의 표준을 사용하여 열 공급 및 방출에 대한 식을 나타내면 식 (9.20) 및 식 (9.21)과 같이 표현할 수 있다.

$$\begin{aligned} q_{in} &= (u_3 - u_2) + (h_4 - h_3) \\ &= C_v(T_3 - T_2) + C_p(T_4 - T_3) \end{aligned} \tag{9.20}$$

$$q_{out} = C_v(T_5 - T_1) \tag{9.21}$$

사이클의 열역학적 효율은 식 (9.22)와 같다.

$$\eta_{dual} = 1 - \frac{q_{out}}{q_{in}} = 1 - \frac{T_5 - T_1}{T_3 - T_2 + k(T_4 - T_3)} \tag{9.22}$$

압력비: 그림 9.14에서 P_3/P_2의 비. 이것은 낮은 압력과 높은 압력의 비가 아니다.

압력비(pressure ratio) r_P는 $r_P = P_3/P_2$와 같이 정의된다. 이 식을 이용해 다시 정의하면,

$$\eta_{dual} = 1 - \frac{1}{r^{k-1}} \times \frac{r_p r_c^k - 1}{r_p - 1 + k r_p(r_c - 1)} \tag{9.23}$$

만약 $r_c = r_p = 1$이라면, 오토사이클 효율의 결과이고, $r_p = 1$이라면 디젤사이클의 효율의 결과이다. 가능한 높은 압축비로 인해 듀얼 사이클의 효율은 오토사이클의 효율보다 클 것이다. 그러나 압축비 r이 주어진다면, 오토사이클은 가장 높은 효율을 갖게 될 것이다.

예제 9.6 듀얼 사이클

듀얼 사이클의 압축비가 18이고 차단비가 2, 압력비가 1.5이다. 압축 행정 시작점에서 압력과 온도는 그림 9.16에 나타낸 바와 같이 100 kPa, 200°C이다. 다음을 계산하라.

i) 사이클의 열효율
ii) 필요한 입열량과 정미일
iii) 평균 유효압력

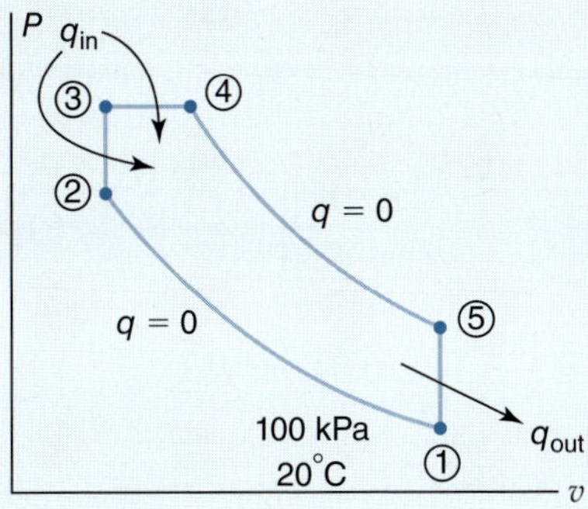

그림 9.16

풀이

i) r, r_c, r_p가 주어져 있으므로, 듀얼 사이클의 열효율은 아래식과 같이 나타낼 수 있다.

$$\eta_{dual} = 1 - \frac{1}{r^{k-1}} \times \frac{r_p r_c^k - 1}{r_p - 1 + kr_p(r_c - 1)}$$

$$= 1 - \frac{1}{18^{0.4}} \times \frac{1.5 \times 2^{1.4} - 1}{1.5 - 1 + 1.4 \times 1.5(2 - 1)}$$

$$= 0.642 \text{ 또는 } \underline{64.2\%}$$

> **Note:** 이 효율성은 디젤사이클의 63.2%와 비교했을 때 같은 압축비를 가진다.

ii) 공급 열량을 구하기 위해 T_2, T_3 및 T_4가 필요하다. 각각의 온도들은 아래와 같이 나타낼 수 있다.

$$T_2 = T_1\left(\frac{v_1}{v_2}\right)^{k-1} = 293 \times 18^{0.4} = 931 \text{ K}$$

$$T_3 = T_2\frac{P_3}{P_2} = 931 \times 1.5 = 1396 \text{ K}$$

$$T_4 = T_3\frac{v_4}{v_3} = 1396 \times 2 = 2792 \text{ K}$$

그러므로 공급열량은 $C_v = 0.717$과 $C_p = 1.0$을 이용하여 아래와 같이 나타낼 수 있다.

$$q_{in} = C_v(T_3 - T_2) + C_p(T_4 - T_3)$$
$$= 0.717 \times (1396 - 931) + 1.0 \times (2792 - 1396)$$
$$= \underline{1740 \text{ kJ/kg}}$$

따라서 정미일은 다음과 같다.

$$w_{net} = \eta_{dual} \times q_{in}$$
$$= 0.642 \times 1740 = \underline{1120 \text{ kJ/kg}}$$

iii) 평균 유효압력은 정미일에 대한 배기량의 비이다. 식 (9.3)을 참조하기 바란다. 여기서 상사점과 하사점에서의 비체적은 다음과 같다.

(계속)

예제 9.6 (계속)

$$v_1 = \frac{RT_1}{P_1} = \frac{0.287\,\frac{\text{kJ}}{\text{kg}\cdot\text{K}} \times 293\ \text{K}}{100\ \text{kPa}} = 0.841\ \text{m}^3/\text{kg}$$

$$v_2 = \frac{v_1}{r} = \frac{0.841}{18} = 0.047\ \text{m}^3/\text{kg}$$

식 (9.3)을 이용하면 평균 유효압력은 다음과 같다.

$$\text{MEP} = \frac{w_{\text{cycle}}}{v_1 - v_2}$$

$$= \frac{1120\ \text{kJ/kg}}{(0.841 - 0.047)\ \text{m}^3/\text{kg}} = 1400\ \text{kPa} \quad \text{or} \quad \underline{1.4\ \text{MPa}}$$

9.5.2 스털링(Stirling) 사이클과 에릭슨(Ericsson) 사이클

스털링과 에릭슨 사이클은 이상적인 사이클 내에서 가역적이다는 가정을 한 과정들로 구성되어 있다. 각각의 이상적 사이클은 완전히 가역적이기 때문에 각 사이클은 카르노 사이클의 효율을 가질 수 있다. 마찰과 열전달의 비가역성으로 인한 손실이 작고 유한한 온도차를 줄일 수 있다면, 카르노사이클의 효율에 도달할 것이다. 스털링엔진은 연구용으로 만들어져 테스트 되었을 뿐 실용적인 사용은 없었다. 그림 9.17은 스털링과 에릭슨 사이클의 구성 요소들을 나타낸다. 스털링 엔진은 전형적으로 피스톤을 사용하는 구조이지만, 그림 9.17은 정상유체 장치를 사용한 사이클을 나타내고 있다.

재생기: 한 유체를 다른 유체로 열을 전달하는 열교환기

재생기(regenerator)는 터빈을 나온 공기에서 압축기에서 나온 공기로 열을 전달해주는 열교환기이다. 공기는 온도 T_4에서 이상적인 재생기를 통하여 들어가고 T_1으로 나간다. 외곽선에서 공기는 $T_2 = T_1$일 때 들어가고, $T_3 = T_4$ 일 때 나간다. 재생기 안쪽 각 지점의 온도는 라인의 온도와 본질적으로 같다고 가정하기 때문에 열교환기는 온도차가 아주 적고 그에 따라 가역적이 된다. 실제 재생기에서 온도는 각각의 위치에서 같지 않을 수도 있으므로, 열교환기는 비가역적일 수 있지만 가역성에 도달할 수도 있다.

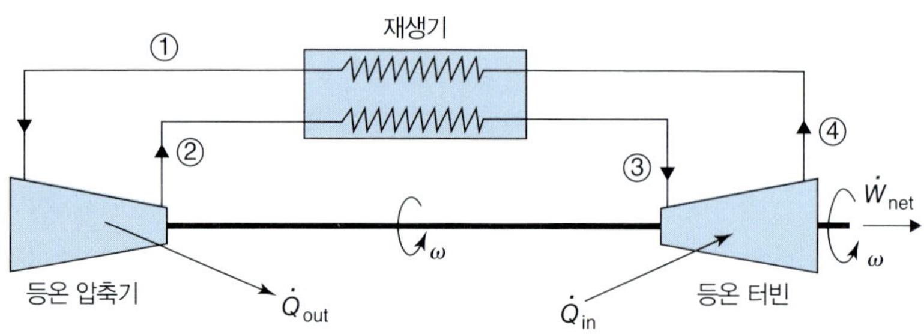

그림 9.17

스털링 및 에릭슨 사이클의 구성

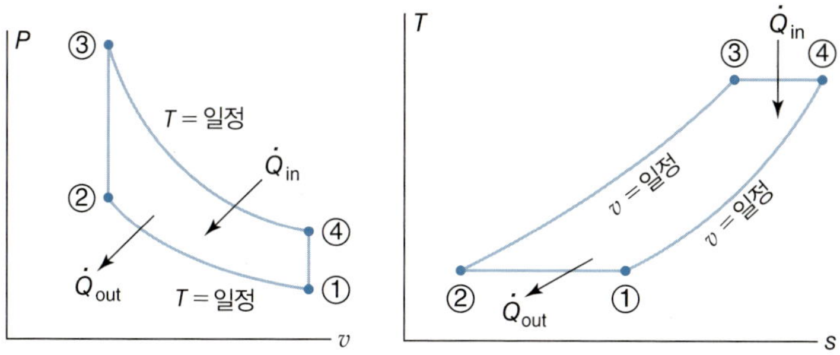

그림 9.18

이상적인 스털링엔진의 $P-v$, $T-s$선도

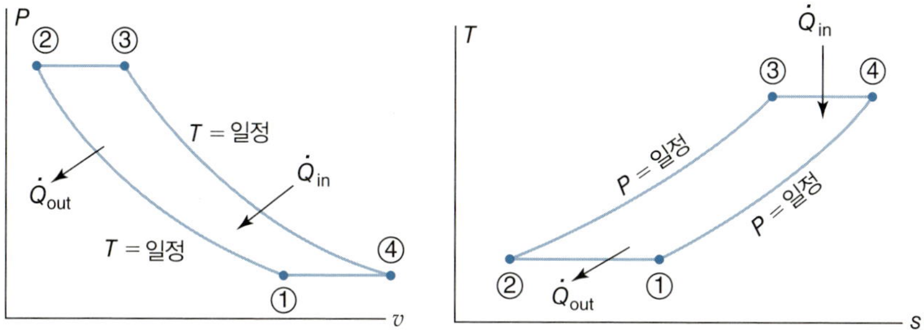

그림 9.19

에릭슨엔진의 $P-v$, $T-s$선도

두 사이클의 P-v, T-s선도는 그림 9.18과 그림 9.19에 가각 도시되어 있다. 표준 조건의 공기가 상태 1에서 과정을 시작한다. 등온 압축과정 1-2를 거치면서 공기의 압력은 증가한다. 공기의 온도는 재생기를 지나가는 과정 2-3에서 증가한다. 과정 2-3은 스털링 엔진에서는 정적과정이고 에릭슨사이클에서는 정압과정이다. 공기는 그 다음 열이 외부로부터 더해지는 곳, 즉 등온과정 3-4에서 터빈을 지나고 일을 완성된다. (순일은 터빈에서 생산된 일에서 압축기를 작동하기 위해 필요한 일 뺀 값이다.) 공기는 상태 1에서의 온도보다 더 높은 온도에서 터빈을 나가므로 열에너지는 터빈으로 들어가자마자 공기로 전달된다. 재생기는 매우 효율적인 사이클이 되게 한다.

Note: 등온과정 동안 열을 더하면 가역성에 접근할 수 있다.

등온 압축기에서 요구되는 일과 등온 터빈에서 공급되는 일의 표현은 제1법칙과 식 (6.18)을 적용해서 나타낼 수 있다.

$$q - w = \Delta h = C_p \Delta T = 0$$

$$\therefore w = q = T\Delta s = T\left(C_v \ln \frac{T_2}{T_1} + R \ln \frac{v_2}{v_1} \right)$$

$$= TR \ln \frac{v_2}{v_1} \qquad (9.24)$$

Comment

이상적인 스털링 혹은 에릭슨 사이클로 작동되는 엔진의 경우 가장 효율이 좋은 카르노 사이클 엔진과 같은 효율을 낸다.

이상 사이클에서 열전달은 무한히 작은 온도 차이에서 전달된다는 것과 다른 과정들은 가역과정이라는 가정 때문에, 두 사이클의 열효율은 카르노사이클에 의해 주어진다.

$$\eta = 1 - \frac{T_L}{T_H} \tag{9.25}$$

이러한 사이클에 의해 작동되는 엔진의 가장 큰 문제는 두 개의 등온 열전달 과정이다. 가역 열전달의 발생을 위하여 열이 지나가는 두 표면의 온도차는 극소이어야만 한다. 작은 온도차는 가역과정에 도달할 수 있겠지만, 높은 회전수에서 엔진에 대한 열전달 시간은 매우 길어질 것이다. 이러한 중요 문제들에도 불구하고, 스털링 엔진에 대하여 몇몇 연구가 이루어지고 있다. 인터넷 구글을 통해 실제로 작동하는 엔진들을 확인할 수 있다. 그러나 이들의 제한된 성공 때문에 큰 관심을 끌지 못하고 있다.

예제 9.7 스털링과 에릭슨 사이클

그림 9.20에서 나타낸 스털링 엔진과 에릭슨 사이클의 압축비는 12이고, 저온은 90°C, 고온은 650°C이고 저압은 170 kPa이다. 질량유량이 0.9 kg/s일 때, 각 사이클의 효율과 동력 출력, 열 공급률을 정의하라.

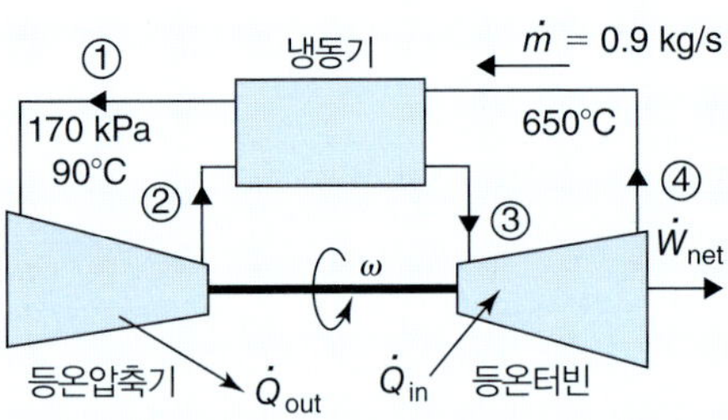

그림 9.20

풀이

각 이상적인 사이클의 효율은 식 (9.25)에 의해서

$$\eta = 1 - \frac{T_L}{T_H} = 1 - \frac{363}{923} = 0.607 \text{ 또는 } \underline{60.7\%}$$

Note: 압축비는 비체적의 비율이다.

스털링사이클: 이상 스털링사이클의 일은 식 (9.24)에 의해

$$\begin{aligned} w_{\text{net}} &= w_{1\text{-}2} + w_{3\text{-}4} \\ &= RT_1 \ln\frac{v_2}{v_1} + RT_3 \ln\frac{v_4}{v_3} \\ &= 0.287 \times 363 \ln\frac{1}{12} + 0.287 \times 923 \ln 12 = 399.4 \text{ kJ/kg} \end{aligned}$$

$$\therefore \dot{W}_{\text{net}} = \dot{m}w_{\text{net}} = \frac{0.9 \text{ kg/s} \times 399.4 \text{ kJ/kg}}{0.746 \text{ kw/hp}} = \underline{482 \text{ hp}}$$

스털링 사이클을 위한 입열량의 비는 효율을 이용해 얻어진다.

$$\eta = \frac{\dot{W}_{net}}{\dot{Q}_{in}} = \frac{482 \times 0.746}{\dot{Q}_{in}} = 0.607$$

$$\therefore \dot{Q}_{in} = \underline{592 \text{ kJ/s}}$$

에릭슨사이클: 이상적인 에릭슨사이클의 효율은 이상적인 스털링사이클과 카르노사이클의 효율의 60.2%와 같다. 4개의 과정과 연관되어 있는 일은

$$w_{net} = w_{1\text{-}2} + w_{2\text{-}3} + w_{3\text{-}4} + w_{4\text{-}1}$$

$$= RT_1 \ln \frac{v_2}{v_1} + P_2(v_3 - v_2) + RT_3 \ln \frac{v_4}{v_3} + P_1(v_1 - v_4)$$

Unit: 이상기체법칙이 영국 단위로 표기되어 있다. 단위에 문제가 있다면 예제 9.6을 확인하라.

P_2, v_1, v_2, v_3,와 v_4의 값은 다음과 같이 구할 수 있다.

이상기체법칙: $$v_1 = \frac{RT_1}{P_1} = \frac{0.287 \times 363}{170} = 0.613 \text{ m}^3/\text{kg}$$

4 → 1, 압력 = 일정: $$\therefore \frac{T_4}{v_4} = \frac{T_1}{v_1}$$

$$\frac{923}{v_4} = \frac{363}{0.613} \quad \therefore v_4 = 1.56 \text{ m}^3/\text{kg}$$

압축비 = 12: $$\therefore v_2 = \frac{v_1}{12} = \frac{0.613}{12} = 0.0511 \text{ m}^3/\text{kg}$$

2 → 3, 압력 = 일정: $$\therefore P_3 = P_2 = \frac{RT_2}{v_2}$$

$$= \frac{0.287 \times 323}{0.0511} = 1814 \text{ kPa}$$

3 → 4, $T_3 = T_4$: $$v_3 = \frac{RT_3}{P_3} = \frac{0.287 \times 923}{1814} = 0.146 \text{ m}^3/\text{kg}$$

Note: 상태 1에서 2까지의 일은 압축기의 일이다. 이것은 ln(1/12)가 음수이기 때문에 음의 값을 갖는다.

위의 식에 대입하면, 일은

$$w_{net} = 0.287 \times 363 \ln \frac{1}{12} + 1814(0.146 - 0.0511)$$

$$+ 0.287 \times 923 \ln 12 + 170(0.613 - 1.56) = 410.5 \text{ kJ/kg}$$

또는 $$\dot{W}_{net} = \dot{m}w_{net} = 0.9 \frac{\text{kg}}{\text{s}} \times \frac{410.5 \text{ kJ/kg}}{0.746 \text{ hp/kW}} = \underline{495 \text{ hp}}$$

Remember: 746 W = 1 hp

$$\therefore \dot{Q}_{in} = \frac{495 \times 0.746}{0.607} = \underline{608 \text{ kJ/s}}$$

☑ 학습목표 확인 (4)

9.6 브레이튼사이클(Brayton Cycle)

가스터빈: 브레이튼사이클에 의해 구동된다.

브레이튼사이클은 1872년 George Brayton에 의해 고안된 피스톤엔진으로서 첫 특허권을 얻었고, 1920년대 압축기와 터빈을 이용하여 브레이튼사이클로 엔진을 구동하였다. 압축기와 터빈의 효율이 그다지 높지 않았기 때문에, 한참 동안 중요 산업현장에서 그리 인기를 끌지 못했다. 요즘 *가스터빈*(gas turbine)은 상업용 그리고 군용 항공기에 사용될 뿐만아니라 발전소, 탱크, 선박, 대형트럭 그리고 심지어 오토바이에도 사용된다. 피스톤엔진에 비해 단점은 높은 비용, 저속에서의 비효율성, 상대적으로 긴 시동시간 및 변속에 둔하다는 점이다. 그러나 중량비에 대한 동력은 매우 매력적이다.

브레이튼사이클로 구동되는 가스터빈은 내연기관이다. 연속흐름엔진이라는 점에서 오토사이클이나 디젤엔진과는 다르다. 피스톤엔진과는 달리 그림 9.21과 같이 엔진 안의 공기나 연소 부산물 등이 연속적으로 흐른다. 공기 압축은 로터리 압축기에 의해 행하여진다. 연소는 별도의 연소실에서 발생하므로, 다양한 종류의 연료를 연소할 수 있다. 고온 고압의 연소 부산물이 가스터빈 안으로 흐르고 힘을 만들어낸다. 4장에 명시되어 있는 것처럼 브레이튼사이클을 분석하기 위해, 검사체적(압축기, 터빈, 열교환기)에 적용된 열역학 제1법칙을 사용한다. 가스터빈의 해석을 위한 다이어그램은 그림 9.22에 도시되어 있다. 상부 열교환기는 연료의 연소 시에 발생할 수 있는 에너지 입력을 담당하고, 하부 열교환기는 연소 생성물과 관련된 열을 방출하며 일은 하지 않는다.

Note: 다양한 연료를 연소할 수 있기 때문에, 'green'엔진으로 고려될 수 있다.

터빈의 필수 기능은 압축기를 구동하는 것이다. 1940년대가 되어서야 터빈은 압축기를 구동할만한 충분한 동력을 만들어 낼 수 있었고 피스톤 엔진과 견줄 만큼 추가적인 동력을 만들어 낼 수 있었다. 효율성이 증가됨으로써 가스터빈엔진은 다양한 적용이 가능하게 되었다. 아마도 오늘날 상업용 항공기의 동력을 발생시키는데 가스터빈엔진이 가장 많이 적용되고 있으며 이 엔진은 9.6.3절에서 자세하게 다루어질 것이다.

이제 이상적인 브레이튼사이클을 분석해보자. 그림 9.23에 있는 P-v 선도 및 T-s 선도는 모두 열 입력과 열 방출과정이 정압과정 중 이루어지며 열교환으로 달성된다. 브레이튼사이클의 열효율은 C_p가 일정하다고 가정하면,

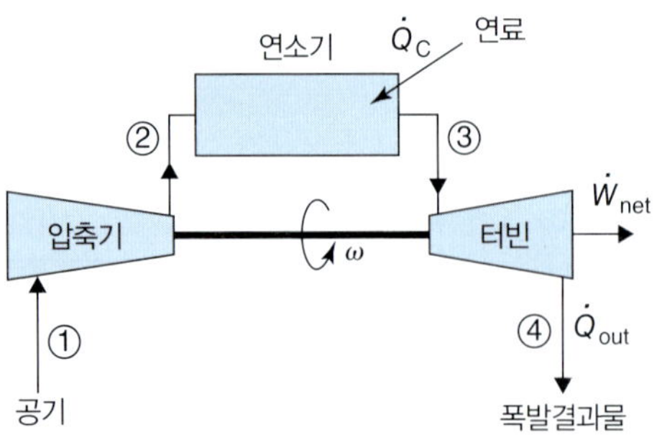

그림 9.21
개방 사이클 가스터빈

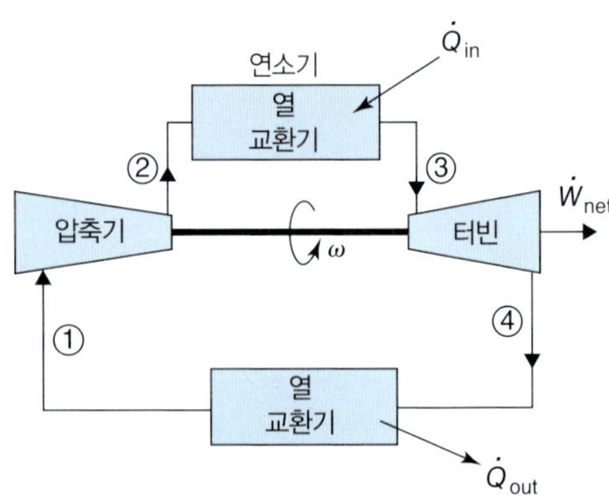

그림 9.22
밀폐 사이클 가스터빈

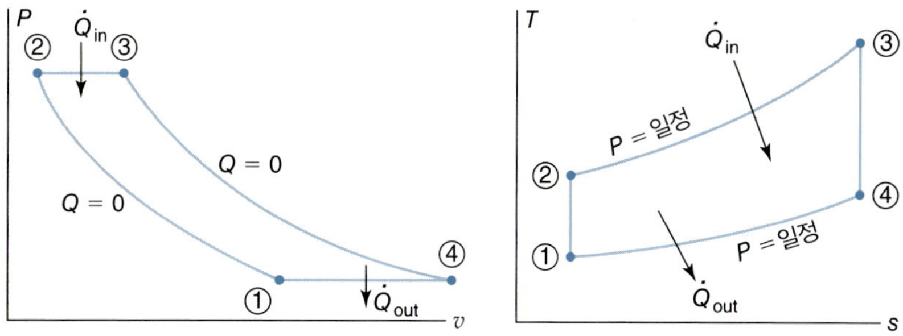

그림 9.23

이상 브레이튼사이클의 $P-v$와 $T-s$ 선도

$$\eta = 1 - \frac{\dot{Q}_{out}}{\dot{Q}_{in}} = 1 - \frac{\dot{m}\,C_p(T_4 - T_1)}{\dot{m}\,C_p(T_3 - T_2)} = 1 - \frac{T_4 - T_1}{T_3 - T_2}$$

$$= 1 - \frac{T_1\left(\frac{T_4}{T_1} - 1\right)}{T_2\left(\frac{T_3}{T_2} - 1\right)} \tag{9.26}$$

정압 열교환기에 $P_3 = P_2$이고 $P_4 = P_1$이므로

$$\frac{P_3}{P_4} = \frac{P_2}{P_1} \tag{9.27}$$

압축기 및 터빈 과정은 이상적인 브레이튼사이클의 등엔트로피 과정으로 이상화된다. 식(3.45)를 이용하면 다음과 같다.

$$\frac{P_2}{P_1} = \left(\frac{T_2}{T_1}\right)^{\frac{k}{k-1}} \text{ 그리고 } \frac{P_3}{P_4} = \left(\frac{T_3}{T_4}\right)^{\frac{k}{k-1}} \tag{9.28}$$

식 (9.27)과 (9.28)을 이용하면

$$\frac{T_2}{T_1} = \frac{T_3}{T_4} \text{ 또는 } \frac{T_4}{T_1} = \frac{T_3}{T_2} \tag{9.29}$$

열효율 방정식은 단순한 형태가 된다.

$$\eta_{\text{Brayton}} = 1 - \frac{T_1}{T_2} \tag{9.30}$$

압력의 관점에서, 효율은

$$\eta_{\text{Brayton}} = 1 - \left(\frac{P_1}{P_2}\right)^{(k-1)/k} \tag{9.31}$$

압력비 r_p: 브레이튼사이클에서 고압에 저압으로 가는 비율이다. 그림 9.23의 $P-v$선도 참고.

역동력비(BWR): 터빈에 의해 생성 된 전체 일 중 압축기를 구동하는 데 필요한 일의 비율. 역동력은 효율처럼 백분율로 표현된다.

여기서 입력 압력 P_1에 대한 압축기에서 배출 압력 P_2의 비율은 *압력비* r_p이다. 이 압력비의 관점에서 효율은

$$\eta_{\text{Brayton}} = 1 - r_p^{(1-k)/k} \tag{9.32}$$

물론, 효율은 열공급량에 대한 순일의 비이다.

가스터빈 사이클에서 가장 중요한 개념은 *역동력비*(back-work ratio, *BWR*)이다. 이는 터빈에 의해 생성되는 전체 일에 대한 압축기를 구동하는 데 필요한 일의 비율이다. 1940년대까지, 압축기 구동을 위해 너무 많은 터빈 동력이 필요하였지만 압축기와 터빈의 효율상승과 함께 보다 나은 블레이드의 디자인과 터빈 입구측 온도 (보다 나은 내열 재료) 덕분에 가스터빈엔진은 다양한 방면에서 적용이 가능하게 되었다.

예제 9.8 이상적인 브레이튼사이클

공기는 그림 9.24의 가스터빈의 압축기로 300 K 및 100 kPa로 들어가서 700 kPa로 압축된다. 연소기는 온도를 1000 K까지 상승시킨다. i) 열효율, ii) 순일, iii) BWR, iv) 입열을 구하라. 일정한 비열과 함께 이상적인 과정이라 가정한다.

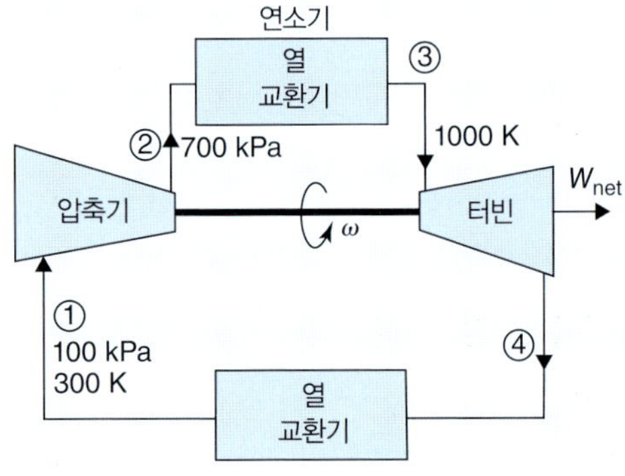

그림 9.24

풀이

가스터빈엔진은 연속 흐름 장치이며, 엔진을 통한 공기의 질량유량이 제시되어 있지 않기 때문에, 이 문제는 특정 특성 관점에서 해결 될 것이다.

i) 이상적인 사이클의 열역학적 효율은 식 (9.32)를 이용하면 다음과 같다.

$$\eta = 1 - r_p^{(1-k)/k} = 1 - \left(\frac{700}{100}\right)^{-0.4/1.4} = 0.426 \text{ 또는 } \underline{42.6\%}$$

Note: 냉공기 표준을 가정한다.

T_2가 알려져 있기 않기 때문에 식 (9.30)은 사용되지 않는다.

ii) 상태 2와 4에서 온도는

$$T_2 = T_1\left(\frac{P_2}{P_1}\right)^{k-1/k} = 300 \times 7^{0.2857} = 523 \text{ K}$$

$$T_4 = T_3\left(\frac{P_4}{P_3}\right)^{k-1/k} = 1000 \times \left(\frac{1}{7}\right)^{0.2857} = 574 \text{ K}$$

그 뒤, 정미일은

$$\begin{aligned} w_{\text{net}} &= w_{\text{turb}} - w_{\text{comp}} = (h_3 - h_4) - (h_2 - h_1) \\ &= C_p(T_3 - T_4) - C_p(T_2 - T_1) \\ &= 1.0 \times (1000 - 574 - 523 + 300) \\ &= 426 - 223 = \underline{203\ \text{kJ/kg}} \end{aligned}$$

iii) 위의 방정식에서 $w_{\text{turb}} = 426$ kJ/kg이고, $w_{\text{comp}} = 223$ kJ/kg이므로 BWR은

$$\text{BWR} = \frac{w_{\text{comp}}}{w_{\text{turb}}} = \frac{223}{426} = 0.523 \quad \text{or} \quad \underline{52.3\%}$$

터빈에 의해 생산된 일의 절반 이상이 이상적 사이클에서 압축기를 구동하는 데 필요하다.

iv) 연소기에 의해 얻어지는 열은 다음과 같다.

$$q_{\text{in}} = C_p(T_3 - T_2) = 1.0 \times (1000 - 523) = \underline{477\ \text{kJ/kg}}$$

터빈과 압축기의 손실 예제 9.9

이 예제는 브레이튼사이클의 효율성에 대한 압축기와 터빈의 효율의 영향에 관한 것이다. 예제 9.8의 단열압축기의 효율이 85%, 터빈의 효율이 89%라고 가정하고 다시 문제를 풀어보자. 공기는 가스터빈의 압축기로 300 K 및 100 kPa로 들어가서 700 kPa로 압축된다. 연소기는 온도를 1000 K까지 상승시킨다. i) 순일, ii) BWR, iii) 입열, iv) 열효율이라고 정의한다. 비열은 일정하다고 가정한다.

풀이

i) 예제 9.8의 압축기에 요구되는 엔트로피의 일은 223 kJ/kg이다. 압축기의 효율은 실제 입열과 구분되며 등엔트로피상의 입열이다.

$$w_{\text{comp},a} = \frac{w_{\text{comp},s}}{\eta_{\text{comp}}} = \frac{223}{0.85} = 262\ \text{kJ/kg}$$

예제 9.8의 터빈에서 생성된 엔트로피 일은 426 kJ/kg이다. 터빈에서 효율은 실제 일 출력을 등엔트로피상의 일 출력으로 나누어 구한다. 따라서 실제 생산된 일은

$$w_{\text{turb},a} = \eta_{\text{turb}} \times w_{\text{turb},s} = 0.87 \times 426 = 371\ \text{kJ/kg}$$

순일은 거의 50% 감소된다.

$$w_{\text{net},a} = w_{\text{turb},a} - w_{\text{comp},a} = 371 - 262 = \underline{109\ \text{kJ/kg}}$$

ii) BWR은 35% 만큼 현저하게 증가한다.

$$\text{BWR} = \frac{w_{\text{comp},a}}{w_{\text{turb},a}} = \frac{262}{371} = 0.706 \quad \text{또는} \quad \underline{70.6\%}$$

(계속)

예제 9.9 (계속)

실제 사이클에서 터빈에 의해 생성된 일의 거의 3/4이 압축기를 구동하는데 필요하다는 것을 알 수 있다.

iii), iv) 효율을 얻기 위해 입열을 계산할 수 있다. 단열 압축기에서 그 출구 온도(T_2)를 찾으면

$$w_{\text{comp},a} = h_2 - h_1 = C_p(T_2 - T_1)$$

$$262 = 1.0 \times (T_2 - 300) \quad \therefore T_2 = 562\ \text{K}$$

입열과 효율은

$$q_{\text{in}} = C_p(T_3 - T_2) = 1.0 \times (1000 - 562) = \underline{438\ \text{kJ/kg}}$$

$$\eta = \frac{w_{\text{net}}}{q_{\text{in}}} = \frac{109}{438} = 0.249 \text{ 또는 } \underline{24.9\%}$$

Note: 열효율을 종종 열역학적 효율 또는 단순히 효율이라고 부른다.

사이클 효율은 거의 40% 감소하였다. 이것은 가스터빈엔진이 비교적 최근에서야 동력원으로 사용된 명백한 이유다. 사이클 효율이 높이기 위해서는 압축기와 터빈의 효율은 80%를 넘어야 한다.

9.6.1 재생 브레이튼사이클

재생기: 연소 전에 공기를 예열하는 열교환기.

재생 브레이튼사이클: 연소기로 들어가기 전에 공기가 예열된다.

터빈으로부터의 배기가스가 연소실로 들어가기 전에 *재생기*를 사용하여 공기를 예열하는데 사용될 수 있다. 터빈을 통과한 가스가 압축기를 통과한 공기의 온도보다 높을 경우, 재생기는 크게 사이클의 열효율을 향상시킨다. *재생 브레이튼사이클*은 그림 9.25에 도시되어 있고, 이상적인 사이클의 T-s 선도는 그림 9.26이며 $T_2 < T_5$라고 가정한다.

그림 9.26의 T-s 선도에서 열교환기가 상태 6 및 상태 1 사이에 배치된 경우 사이클은 밀폐형으로 그려질 수 있다. 이는 다음 해석에 아무런 영향을 미치지 않는다.

재생기는 가스간의 열교환기다. 가역재생을 위해 $T_3 = T_5$, $T_2 = T_6$ 및 재생기 내

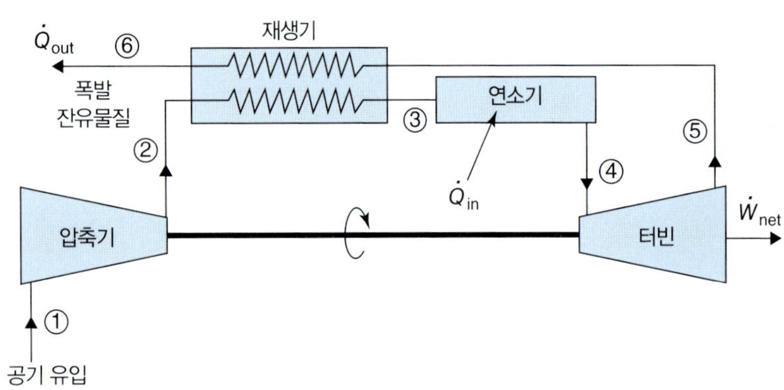

그림 9.25
개방형 재생 브레이튼사이클

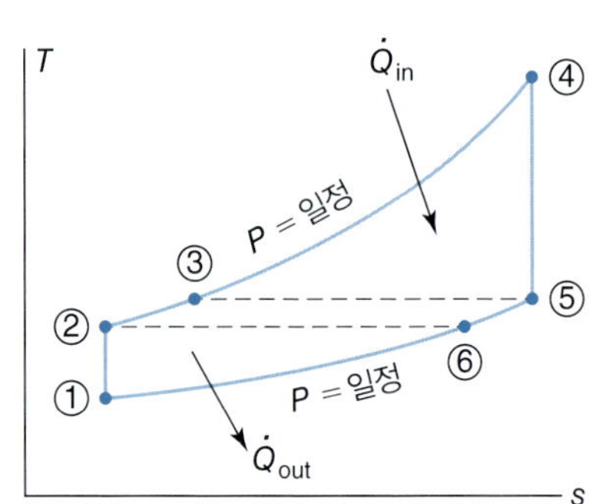

그림 9.26
밀폐형 이상적인 재생 브레이튼사이클의 T-s 선도

부의 두 유체 사이에만 미소한 온도 차이가 있어야 한다. 이제 이상적인 재생 브레이튼 사이클의 효율을 계산해보자.

> **Note:** 따로 요구사항이 없다면, 일정 비열을 가정하는 냉공기 표준이 사용된다.

검사체적(control volume)에 적용된 제1법칙은 연소기, 터빈 작업, 압축기 작동에 의해 제공된 열을 결정할 수 있게 한다.

$$\begin{aligned} q_{\text{in}} &= h_4 - h_3 = C_p(T_4 - T_3) \\ w_{\text{turb}} &= h_4 - h_5 = C_p(T_4 - T_5) \\ w_{\text{comp}} &= h_2 - h_1 = C_p(T_2 - T_1) \end{aligned} \tag{9.33}$$

사이클에 의해 제공된 일은

$$w_{\text{net}} = w_{\text{turb}} - w_{\text{comp}} = C_p(T_4 - T_5 - T_2 + T_1) \tag{9.34}$$

이상적인 재생기는 $T_5 = T_3$이므로, $q_{\text{in}} = w_{\text{turb}}$라는 다소 흥미로운 결과를 식 (9.33)에서 확인할 수 있다. 사이클 효율은 다음과 같다.

$$\begin{aligned} \eta &= \frac{w_{\text{net}}}{q_{\text{in}}} = \frac{w_{\text{turb}} - w_{\text{comp}}}{w_{turb}} = 1 - \frac{w_{\text{comp}}}{w_{\text{turb}}} \\ &= 1 - \frac{T_2 - T_1}{T_4 - T_5} = 1 - \frac{T_1}{T_4} \times \frac{\dfrac{T_2}{T_1} - 1}{1 - \dfrac{T_5}{T_4}} \end{aligned} \tag{9.35}$$

이상적인 열교환기에서는 어떠한 압력 강하도 없다라고 가정하기 때문에 연소기 측 $P_2 = P_3 = P_4$와 배기 측 $P_1 = P_5 = P_6$임을 명심하자. 압축기와 터빈에 걸친 각 엔트로피 과정에 따라

$$\frac{T_2}{T_1} = \left(\frac{P_2}{P_1}\right)^{(k-1)/k} \quad \text{and} \quad \frac{T_5}{T_4} = \left(\frac{P_5}{P_4}\right)^{(k-1)/k} = \left(\frac{P_1}{P_2}\right)^{(k-1)/k} \tag{9.36}$$

$P_2/P_1 = r_p$이고 식 (9.35)를 따르면 다음과 같이 표현된다.

$$\eta = 1 - \frac{T_1}{T_4} r_p^{(k-1)/k} \qquad \text{(이상적인 재생 브레이튼사이클)} \tag{9.37}$$

식 (9.37)의 표현은 식 (9.32)에서 주어진 이상적인 브레이튼사이클의 효율과는 반대로, 압력비 r_p가 증가함으로써 효율이 감소한다는 점에서 다소 흥미로운 일이다. 그림 9.27을 보면 이러한 사실을 쉽게 이해할 수 있다. 그림 9.26에서 $T_2 = T_5$와 같은 조건이라면 두 사이클의 효율에서 압력비는 같다는 것을 알 수 있다. $T_2 > T_5$라면 재생기에 실제로 부정적인 영향을 미칠 것이다. $T_1/T_4 = 0.25$라면 효율이 동일한 곳에서 압력비는 11.32일 것이다.

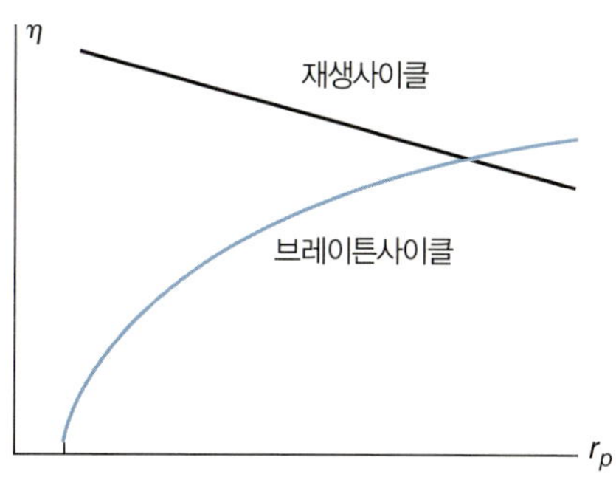

그림 9.27
이상적인 브레이튼사이클에서의 r_p의 효과와 이상적인 재생 브레이튼사이클

다음의 예는 재생기의 효과를 평가할 수 있도록 하기 위하여 예제 9.8의 이상적인 브레이튼사이클에 재생기를 포함한 것이다.

예제 9.10 이상 재생 브레이트사이클

예제 9.8에서와 같이 공기는 가스터빈의 압축기로 300 K 및 100 kPa로 들어가서 700 Kpa로 압축된다. 연소기는 온도를 1000 K까지 상승시킨다. 그림 9.28과 같이 사이클에 재생기가 추가된다. 일정 비열과 함께 이상적인 과정을 가정하고, 이 때의 열효율과 BWR을 계산하시오.

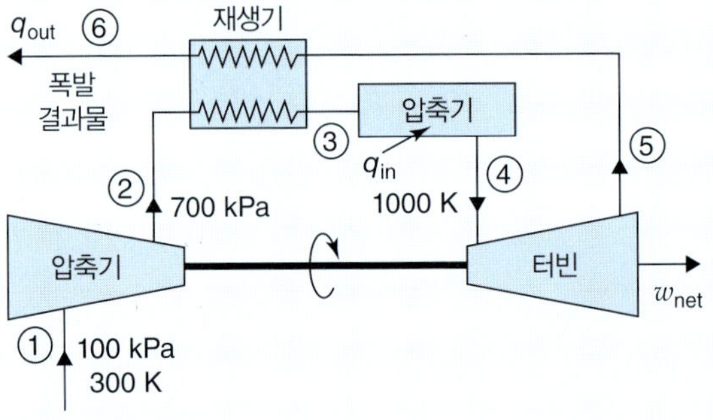

그림 9.28

풀이

이상 재생 브레이트사이클의 T-s 선도에 두 가지 상태가 추가된다는 점을 제외하면 이상적인 브레이트사이클의 T-s 선도와 같다. 최고온도와 최저 온도는 영향을 미치지 않는다. 재생사이클의 효율은

$$\eta = 1 - \frac{T_1}{T_4} r_p^{(k-1)/k}$$

$$= 1 - \frac{300}{1000} \times 7^{0.2857} = 0.477 \text{ 또는 } \underline{47.7\%}$$

예제 9.8의 사이클 효율과 비교하였을 때 사이클 효율이 약 12% 증가함을 보여준다.

BWR을 구하기 위해, 온도는 반드시 알아야 한다. 상태 2와 5의 온도는

$$T_2 = T_1\left(\frac{P_2}{P_1}\right)^{k-1/k} = 300 \times 7^{0.2857} = 523 \text{ K}$$

$$T_5 = T_4\left(\frac{P_5}{P_4}\right)^{k-1/k} = 1000 \times \left(\frac{1}{7}\right)^{0.2857} = 574 \text{ K}$$

그러므로, 터빈과 압축기의 일은

$$w_{turb} = (h_4 - h_5) = C_p(T_4 - T_5)$$

$$= 1.0 \times (1000 - 574) = 426 \text{ kJ/kg}$$

$$w_{comp} = (h_2 - h_1) = C_p(T_2 - T_1)$$

$$= 1.0 \times (523 - 300) = 223 \text{ kJ/kg}$$

결국 이상적인 재생 브레이트사이클에서의 BWR은

$$\text{BWR} = \frac{w_{comp}}{w_{turb}} = \frac{223}{426} = 0.523 \text{ 또는 } \underline{52.3\%}$$

재생기는 효율을 증가시켰지만 BWR에는 아무런 영향을 미치지 않는다. 재생기의 효과는 연소기로의 에너지 입력을 감소하기 위함이다.

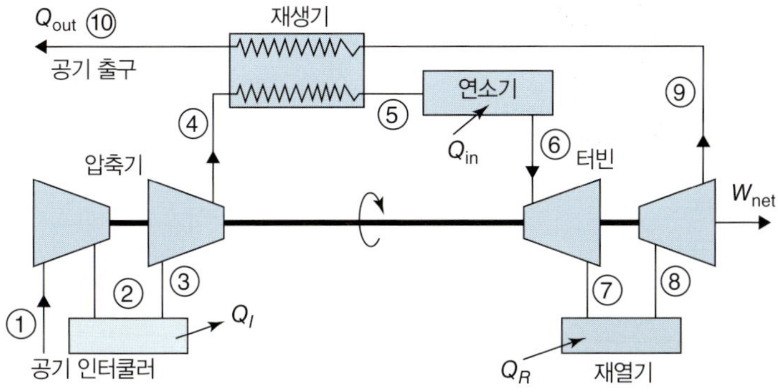

그림 9.29

중간 냉각 및 재열과 재생 브레이튼사이클

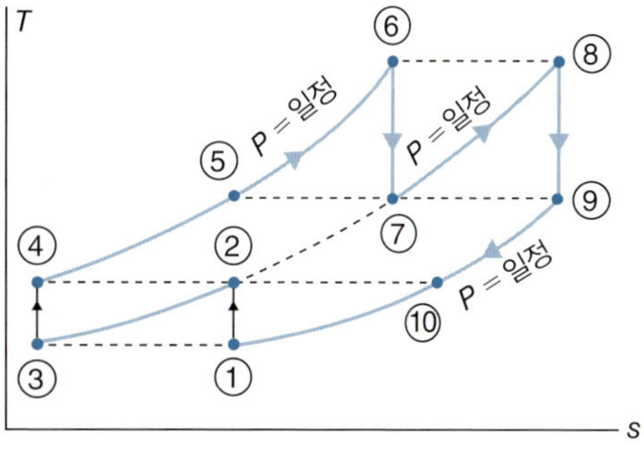

그림 9.30

브레이튼사이클의 *T*–*s* 선도 그림 9.28

9.6.2 재생, 중간 냉각 및 재가열과 브레이튼사이클

재생기와 함께 브레이튼사이클의 효율을 증가시키기 위해 사용될 수 있는 장치는 인터쿨러와 재열기이다. *인터쿨러*(intercooler)는 각 단 사이에 위치하여 두 단에서 압축이 일어나도록 할 수 있다. 이 방법을 통해 압축일과 압축기 출구에서의 온도를 감소시킨다. 이를 통해 사이클의 최대온도를 조절할 수 있다. 또한, *재열기*(reheater)는 터빈이 2개의 단에서 동력을 생산할 수 있도록 하여 터빈의 출력을 증가시킨다. 이상적인 사이클에서 추기된 인터쿨러와 재열기에서의 압력은

인터쿨러: 압축일을 줄이기 위해 쓰는 장치

재열기: 터빈 작업 출력을 증가시키기 위해 사용되는 장치.

$$\frac{P_2}{P_1} = \frac{P_4}{P_3} \quad \text{그리고} \quad \frac{P_6}{P_7} = \frac{P_8}{P_9} \tag{9.38}$$

그림 9.29와 9.30을 참조하면 $P_6 = P_5 = P_4$ 및 $P_9 = P_{10} = P_1$ 때문에 열교환기를 거쳐 어떠한 압력 강하가 없는 이상적 사이클로 가정할 수 있다. 그림 9.30을 보면 $T_4 = T_2 = T_{10}$ 및 $T_5 = T_7 = T_9$이며 특히 고압 터빈 온도 T_6과 T_8은 동일하다. 결국 중간 냉각 및 재열은 브레이튼사이클에서 재생기가 사용되는 경우에만 효과적이다. 또 사이클 안에 재생기가 없으면, 중간 냉각 및 재열은 실제로 이상적인 사이클 효율을 감소시킬 것이다.

중간 냉각 및 재열을 하는 이상 재생 브레이튼사이클 예제 9.11

예제 9.10의 재생 브레이튼사이클에 중간 냉각기 및 재열기를 삽입하고, 이상적인 구성 요소 및 일정 비열을 가정할 때 이 사이클의 효율을 계산하라. 공기는 300 K와 100 kPa로 압축기에 들어간다; 이것은 700 kPa의 최대 압력으로 압축된다. 그림 9.31에 나타내는 바와 같이 최대 사이클 온도는 1000 K이다.

(*계속*)

예제 9.11 (계속)

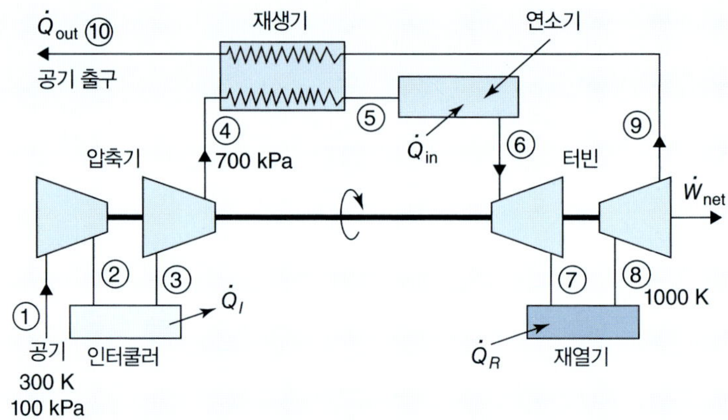

그림 9.31

풀이

$P_2 = P_3$일 때, 식 (9.38)을 이용하여 중간 압축기 압력은 다음과 같음을 알 수 있다.

$$P_2^2 = P_1 P_4 = 100 \times 700 \quad \therefore P_2 = 265\text{ kPa}$$

등엔트로피 압축기,

$$T_2 = T_1\left(\frac{P_2}{P_1}\right)^{(k-1)/k} = 300 \times \left(\frac{265}{100}\right)^{0.2857} = 396\text{ K}$$

등엔트로피 터빈으로 가정하고, $T_6 = 1000$ K 최대온도로부터, 재열기 입구 온도는,

$$T_7 = T_6\left(\frac{P_7}{P_6}\right)^{(k-1)/k} = 1000 \times \left(\frac{265}{700}\right)^{0.2857} = 758\text{ K}$$

모든 온도들이 다 계산되었으며 이 값들을 이용하여 열효율을 구하면,

$$\eta = \frac{w_{\text{net}}}{q_{\text{in,total}}} = \frac{w_{\text{turb}} - w_{\text{comp}}}{q_{\text{in}} + q_R}$$

$$= \frac{(T_8 - T_9) + (T_6 - T_7) - (T_4 - T_3) - (T_2 - T_1)}{(T_6 - T_5) + (T_8 - T_7)}$$

$$= \frac{242 + 242 - 96 - 96}{242 + 242} = 0.603 \text{ 또는 } \underline{60.3\%}$$

이상 재생 브레이튼사이클보다 효율이 26% 증가하였고 이상 브레이튼사이클에 비해 41% 증가하였다. 이 값은 손실을 고려하고 이상기체 표를 이용한다면 다소 변경될 수 있다. (예를 들면, 비열이 일정하지 않은 것으로 가정할 때).

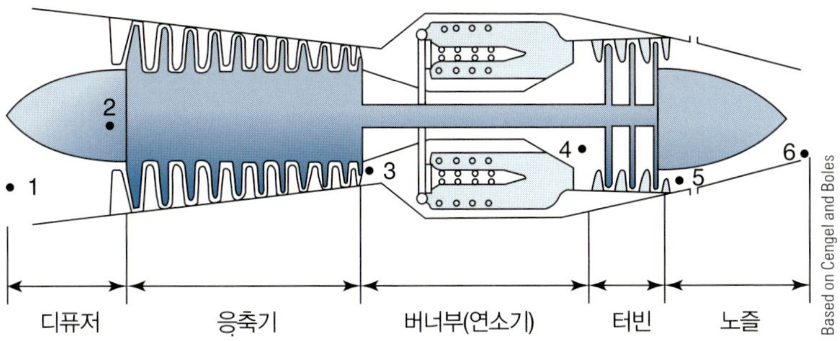

그림 9.32

터보제트 엔진의 개략도

9.6.3 터보제트 엔진

브레이튼사이클로 작동하는 가스터빈은 주로 항공기 추진에 많이 사용되고 있다. 터보팬 및 터보제트 엔진은 가스터빈이 중량에 비교적 큰 힘을 발생시킬 수 있기 때문에 대형 상업용 항공기와 군용 제트기를 위해 처음으로 개발되었다. 터보팬 엔진은 음속 이하의 속도로 주로 비행하는 항공기 설계에 사용되고 터보제트 엔진은 초음속 속도로 비행하는 항공기 설계에 사용된다; 그러나 동시에 두 속도 범위에서 비행할 수도 있다. 터보제트 엔진의 기본 구성도는 그림 9.32에 도시되어 있다. 디퓨저[1]는 상태 1로부터 상태 2로 유입 공기 흐름을 감속한다. 압축기는 연료가 공기에 주입되는 버너부(연소기) 안으로 상태 3에 가압 공기를 보내고; 연료는 일정한 압력에서 점화한다. 연소 생성물은 상태 4에서 버너를 빠져나가고, 상태 5로 가스터빈을 통과하여, 항공기 추진에 필요한 추력을 제공하는 상태 6에서 초음속 분기 노즐을 통해 가속한다. 터빈의 주요 기능은 압축기를 구동하는 데 필요한 동력을 생산하는 것이다. 터빈은 항공기 보조 동력을 생산하는 데 사용된다. 터보제트 엔진의 주요 목적은 분기 노즐에 의해 만들어진 추력을 제공하는 것이다.

터보프롭 엔진은 프로펠러를 구동하기 위해 터빈 동력을 이용한다. 이 엔진은 작은 통근 비행기에 주로 사용된다.

위에서 설명한 터보제트 엔진을 통과 할 때의 공기의 해석은 압축기와 터빈 뿐만 아니라 디퓨저와 노즐을 통과해서 흐르는 공기도 포함하고 이는 공기 역학 과정의 주제이기도 하다.

☑ 학습목표 확인 (5)

[1]초음속 유동에서 디퓨저의 단면적은 감소하며 노즐의 단면적은 증가한다.

9.7 복합 브레이튼 – 랭킨 사이클

브레이튼사이클로 작동하는 가스터빈에서 배출된 고온 배기가스는 랭킨 사이클로 작동하는 발전소의 열원으로서 이용될 수 있다. 이 *복합 사이클 발전소*는 열병합 발전의 훌륭한 예이다. 오히려 가스터빈 엔진에서 배기가스를 폐기하기보다, 그림 9.33에서 보는 바와 같이 배기가스를 보일러에 다시 진입시켜 발생한 증기를 통해 추가적인 동력을 생성하는데 사용될 수 있다. 이 시스템을 구성하는 핵심 요소는 가스 터빈에서 발생된 연소생성물로부터 펌프에서 나온 물에 열을 전달하기 위해 사용되는 열교환기(랭킨 사이클용 보일러)이다. 그림 9.34는 T-s 선도를 나타낸다.

예제에서는 이상 복합 브레이튼-랭킨 발전 사이클에 대해서 살펴볼 것이다.

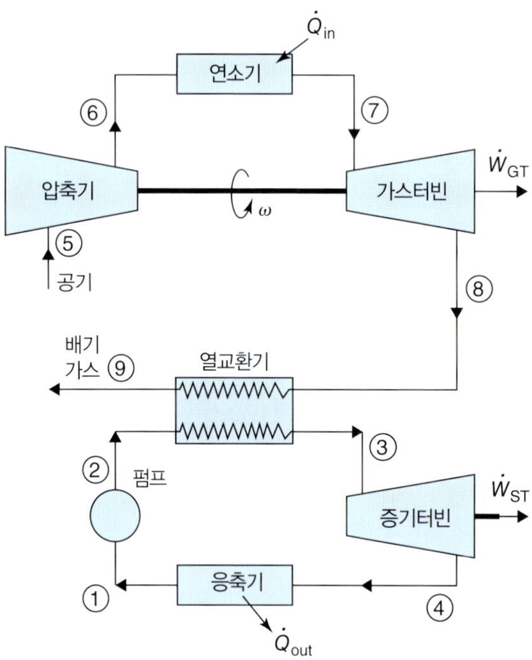

그림 9.33

복합 브레이튼–랭킨 사이클

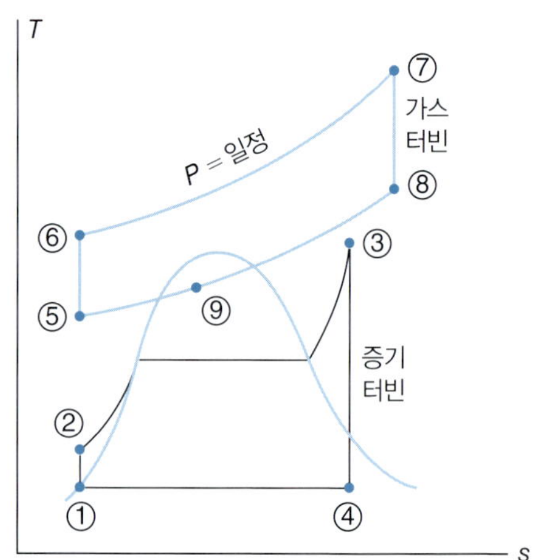

그림 9.34

이상 복합 브레이튼–랭킨 사이클의 T–s 선도

예제 9.12 이상 복합 브레이튼–랭킨 사이클

공기는 300 K 및 100 kPa로 그림 9.35의 브레이튼사이클의 압축기로 들어간다. 이 때 600 kPa로 압축된다. 1200 K로 연소기를 빠져나온다. 배기가스는 350 K에서 열교환기를 빠져나간다. 랭킨사이클에서의 압력은 20 kPa에서 4 MPa까지 펌프에 의해 상승된다. 열교환기는 400°C 증기를 증기터빈에 공급한다. 증기터빈의 출력이 20 MW인 경우 복합 사이클의 효율을 결정하라.

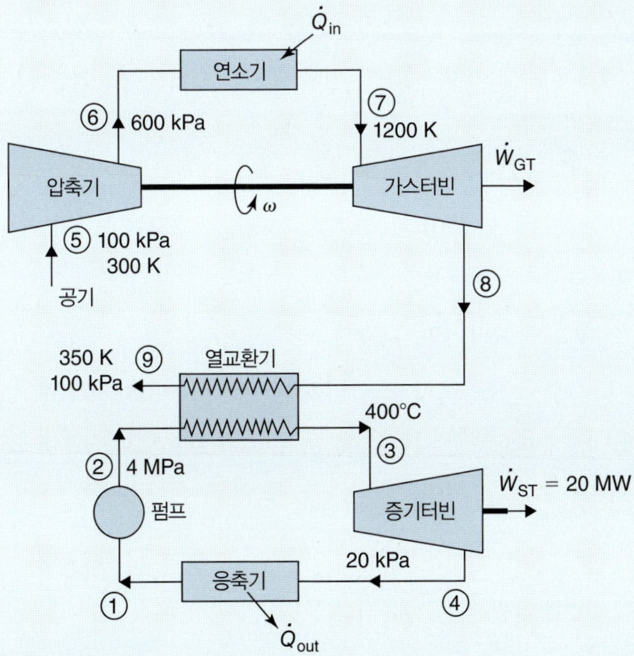

그림 9.35

풀이

통상적으로 펌프일은 랭킨사이클의 해석에서 무시된다. 각 상태에 해당하는 번호는 그림 9.34와 그림 9.35를 참조하기 바란다. 펌프 출구에서의 엔탈피 $H_2 \cong H_1$ = 251 kJ/kg. 증기터빈 입구에서 H_3 = 3210 kJ/kg 및 S_3 = 6.77 kJ/kg · K. 등엔트로피 터빈은 상태 4의 특성은 $S_3 = S_4$ 및 P_4 = 20 kPa을 이용하여 결정할 수 있게 한다. 여기서 X_4 = 0.839에서 H_4 = 2230 kJ/kg임을 알 수 있다. 증기터빈을 통과하는 질량유량은 특정된 동력 출력을 이용하여 계산된다:

Note: IRC 상태량 계산기가 사용됨

$$\dot{W}_{ST} = \dot{m}_S(h_3 - h_4)$$

$$20000 = \dot{m}_S(3210 - 2230) \quad \therefore \dot{m}_S = 20.4 \text{ kg/s}$$

지금부터 브레이튼사이클에 초점을 맞추면, 압축기의 출구에서의 온도는

$$T_6 = T_5\left(\frac{P_6}{P_5}\right)^{(k-1)/k} = 300 \times \left(\frac{600}{100}\right)^{0.2857} = 501 \text{ K}$$

가스터빈 출구 온도와 열교환기(증기보일러) 입구 온도는

$$T_8 = T_7\left(\frac{P_8}{P_7}\right)^{(k-1)/k} = 1200 \times \left(\frac{100}{600}\right)^{0.2857} = 719 \text{ K}$$

(계속)

예제 9.12 (계속)

브레이튼사이클에서 공기로부터 전달되는 열은 랭킨사이클에서 물을 과열하는데 사용된다. 이것은 다음과 같이 표현된다:

$$\dot{m}_a C_p (T_8 - T_9) = \dot{m}_s (h_3 - h_2)$$

$$\dot{m}_a \times 1.0 \times (719 - 350) = 20.4 \times (3210 - 251) \quad \therefore \dot{m}_a = 164\ \text{kg/s}$$

가스터빈의 출력은 다음과 같다.

$$\dot{W}_{GT} = \dot{m}_a C_p (T_7 - T_8)$$
$$= 164 \times 1.0 \times (1200 - 719) = 78\,900\ \text{kW}$$

가스 압축기의 작동에 필요한 출력은 다음과 같다.

$$\dot{W}_{\text{comp}} = \dot{m}_a C_p (T_6 - T_5)$$
$$= 164 \times 1.0 \times (501 - 300) = 32\,900\ \text{kW}$$

연소기는 아래 값만큼 열량을 공급해야 한다.

$$\dot{Q}_{\text{in}} = \dot{m}_a C_p (T_7 - T_6)$$
$$= 164 \times 1.0 \times (1200 - 501) = 114\,600\ \text{kJ/s}$$

위에서 계산된 값들을 이용하면 복합 사이클 효율은 다음과 같이 결정될 수 있다.

$$\eta = \frac{\dot{W}_{\text{net}}}{\dot{Q}_{\text{in}}} = \frac{\dot{W}_{ST} + \dot{W}_{GT} - \dot{W}_{\text{comp}}}{\dot{Q}_{\text{in}}}$$
$$= \frac{20\,000 + 78\,900 - 32\,900}{114\,600} = 0.576 \quad \text{or} \quad \underline{57.6\%}$$

이 효율을 예제 9.8에서 계산된 42.6%의 브레이튼사이클의 효율과 예제 8.1의 38%의 랭킨사이클의 효율과 비교해보자. 다른 압력비와 고온으로 인해 직접적인 비교는 어렵지만, 57.6%의 효율은 브레이튼사이클 및 랭킨사이클 각각의 효율보다 훨씬 높다. 재열기, 재생기 및 인터쿨러가 추가된다면 효율은 57.6% 보다 훨씬 증가할 것이다.

☑ 학습목표 확인 (6)

9.8 요약

이번 장에서 가장 중요한 세 가지 기본 사이클은 오토사이클, 디젤사이클과 브레이튼사이클이었다. 작동유체로서, 가스, 보통 공기를 사용하여 동력을 생산하는 엔진은 세 가지 기본사이클 중 하나를 사용하여 일정하게 동작한다. 이상 사이클에는 등엔트로피 과정이 압축 및 팽창의 해석을 위해 적용되었다. 듀얼 사이클은 디젤사이클을 수정한 것이며 스털링과 에릭슨 사이클도 소개되었다. 브레이튼사이클에서 압축기와 터빈에서 증가된 손실에 대해 살펴보았고 이를 보완하기 위해 브레이튼사이클에 재생기, 인터쿨러 및 재열기를 포함시켜 효율 해석을 수행하였다. 마지막으로, 상대적으로 높은 효율을 가진 복합 브레이튼-랭킨 사이클에 대해서도 학습해 보았다.

이 장에서 학습한 주요 용어들을 정리하면 다음과 같다.

공기 표준 해석: 공기는 이상기체이고 압축 및 동력과정은 등엔트로피. 열전달 과정은 연소를 대체하고, 배기는 열전달 과정

역동력비(BWR): 터빈에 의해 생산된 전체일에 대한 압축기 구동을 위해 필요한 일의 비

하사점: 실린더 체적이 최대인 피스톤의 위치

내경(bore): 피스톤의 직경 또는 실린더 내부지름

틈새 부피: 피스톤이 상사점에 있을 때 실린더 헤드와 피스톤의 상부 사이의 체적

냉기 표준: 공기는 사이클 전반에 걸쳐 일정한 비열을 가진 표준 조건에서 사이클을 해석

압축점화: 압축 후의 고온 공기-연료 혼합물을 점화

압축비: 실린더 안의 최소 체적에 대한 최대 체적의 비율

차단비: 연소 개시의 용적에 대한 연소 끝의 용적 비율

배기량: 체적은 행정에 피스톤의 단면적을 곱한 것

엔진 노크: 다가오는 피스톤을 치는 화염면의 소리

배기 밸브: 연소 생성물이 실린더로 빠져나가는 밸브

흡기 밸브: 공기 또는 공기-연료 혼합물이 실린더로 들어가는 밸브

인터쿨러: 압축기 출구에서 압축 일과 온도를 감소시키는 장치

평균 유효압력: 사이클의 체적 변화에 대해 사이클 동안에 수행된 순일 비

재생 브레이튼사이클: 연소기에 들어가기 전에 공기를 예열

재생기: 다른 유체에서 한 유체로 열을 전달하는 열교환기; 대부분은 공기를 예열

재열기: 터빈의 출력을 증가 시키기 위한 장치

불꽃점화: 불꽃 플러그는 공기-연료 혼합물을 점화

행정: 피스톤의 이동 전체 직선거리

스로우(throw): 크랭크샤프트 스로우는 토크를 생성하는 모멘트 암

상사점: 실린더의 체적이 최소인 피스톤의 위치

이 장에서 소개된 중요한 방정식을 요약해보면 다음과 같다.

압축비: $r = \frac{V_{max}}{V_{min}}$

평균 유효압력: $\text{MEP} = \frac{w_{cycle}}{v_{max} - v_{min}}$

오토사이클 효율: $\eta_{Otto} = 1 - r^{1-k}$

디젤사이클 효율: $\eta_{diesel} = 1 - r^{1-k} \times \frac{r_c^k - 1}{k(r_c - 1)}$

듀얼 사이클 효율: $\eta_{dual} = 1 - r^{1-k} \times \frac{r_p r_c^k - 1}{r_p - 1 + kr_p(r_c - 1)}$

브레이튼사이클 효율: $\eta_{Brayton} = 1 - r_p^{(1-k)/k}$

역동력비: $\text{BWR} = \frac{W_{Comp}}{W_{Turb}}$

재생 브레이튼사이클 효율: $\eta = 1 - \frac{T_1}{T_4} r_p^{(k-1)/k}$

복합 사이클 효율: $\eta = \frac{\dot{W}_{ST} + \dot{W}_{GT} - \dot{W}_{Comp}}{\dot{Q}_{in}}$

연습문제

Problems 9.1–9.3 refer to Fig. 9.36. Assume air with constant specific heats.

9.1 The ideal Otto cycle operates with a compression ratio of 8 and inlet conditions of 20°C and 100 kPa. The high temperature is 1200°C. The work output of the cycle is nearest:

(A) 325 kJ/kg

(B) 350 kJ/kg

(C) 400 kJ/kg

(D) 425 kJ/kg

9.2 The MEP of the Otto cycle of Problem 9.1 is nearest:

(A) 370 kPa

(B) 410 kPa

(C) 440 kPa

(C) 475 kPa

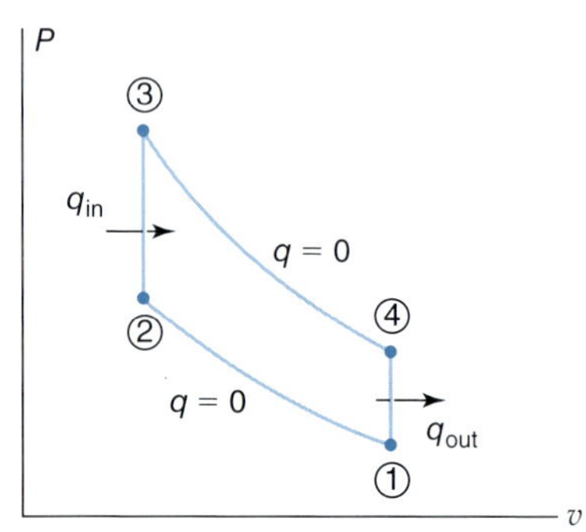

그림 9.36

9.3 The efficiency of the Otto cycle of Problem 9.1 is nearest:

(A) 37%
(B) 42%
(C) 51%
(D) 56%

Problems 9.4–9.6 refer to Fig. 9.37. Assume air with constant specific heats.

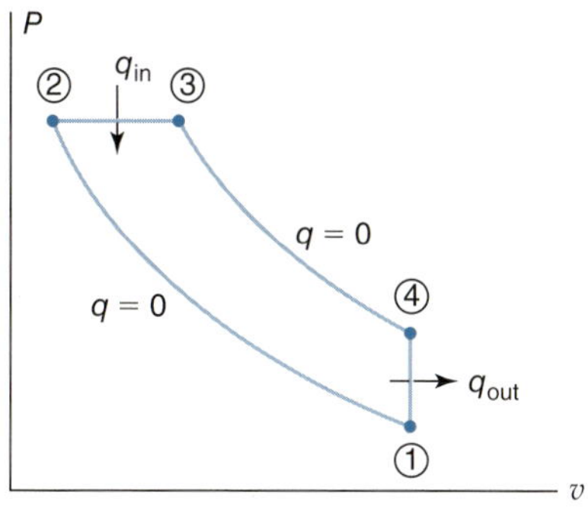

그림 9.37

9.4 The ideal diesel cycle operates with a compression ratio of 20 and inlet conditions of 20°C and 100 kPa. If the cutoff ratio is 2, the high temperature in the cycle is nearest:

(A) 1710°C
(B) 1670°C
(C) 1580°C
(D) 1430°C

9.5 The work output of the diesel cycle of Problem 9.4 is nearest:

(A) 560 kJ/kg
(B) 490 kJ/kg
(C) 450 kJ/kg
(D) 420 kJ/kg

9.6 The efficiency of the diesel cycle of Problem 9.4 is nearest:

(A) 41%
(B) 50%
(C) 56%
(D) 65%

Problems 9.7–9.10 refer to Fig. 9.38. Assume air with constant specific heats and an adiabatic compressor.

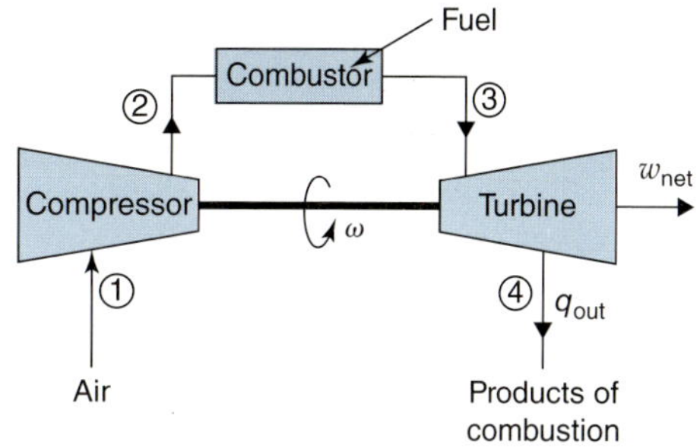

그림 9.38

9.7 The ideal Brayton cycle operates with a pressure ratio of 6 and inlet conditions of 20°C and 100 kPa. The high temperature is 1800°C. The heat input to the cycle is nearest :

(A) 1210 kJ/kg
(B) 1380 kJ/kg
(C) 1420 kJ/kg
(D) 1580 kJ/kg

9.8 The efficiency of the Brayton cycle of Problem 9.7 is nearest:

(A) 40%
(B) 45%
(C) 50%
(D) 55%

9.9 If both the compressor and the turbine of Problem 9.7 are 80% efficient, the cycle efficiency reduces to:

(A) 27%
(B) 31%
(C) 35%
(D) 39%

9.10 If an ideal regenerator is added to the ideal Brayton cycle of Problem 9.7, the efficiency of the regenerative Brayton cycle is nearest:

(A) 45%
(B) 50%
(C) 55%
(D) 60%

Air-Standard Analysis

9.11 A piston-cylinder arrangement operates on an air-standard cycle composed of the following four processes:

(1–2) An isentropic-compression process that compresses air from 100 kPa and 20°C to a pressure of 800 kPa

(2–3) A constant-volume combustion process that increases the pressure to 6.4 MPa and the temperature to 1800°C

(3–4) An isentropic process that reduces the pressure to 800 kPa

(4–1) A constant-volume process that reduces the pressure back to 100 kPa to complete the cycle

Sketch the cycle on *P-v* and *T-s* diagrams. Using the ideal-gas relationships developed in Chapter 3 assuming constant specific heats, calculate the work output and heat input for this cycle. What is its efficiency?

9.12 A piston-cylinder arrangement operates on an air-standard cycle composed of the following four processes:

(1–2) An isentropic-compression process that takes air from 100 kPa and 10°C to a pressure of 2.1 MPa

(2–3) A constant-pressure combustion process that occurs at 2.1 MPa and increases the temperature to 1650°C

(3–4) An isentropic process that reduces the pressure to 700 kPa

(4–1) A constant-volume process that further reduces the pressure to 100 kPa to complete the cycle

Sketch the cycle on *P-v* and *T-s* diagrams. Using the ideal-gas relationships developed in Chapter 3 assuming constant specific heats, calculate the net work output and heat input for this cycle. What is its efficiency?

Note: If neither the volume nor the mass is given, specific quantities are calculated.

Reciprocating Engine Terminology

9.13 An engine cylinder has a diameter of 6 cm. The piston has a clearance of 5 mm and a stroke of 14 cm. Calculate the compression ratio for this cylinder. What is the engine displacement if this is an eight-cylinder engine?

9.14 An engine cylinder has a diameter of 100 mm. The piston has a clearance of 15 mm and a stroke of 150 mm. Calculate the compression ratio for this cylinder. What is the engine displacement if this is a six-cylinder engine?

Constant specific heats: When constant specific heats are assumed, they are found in Table *B-2*, unless otherwise specified.

The Otto Cycle

9.15 The Otto cycle of Fig. 9.39 has a compression ratio of 8 and a maximum temperature of 2000°C. What is the efficiency of this cycle? Determine the heat transfer in and the net work of the cycle if the air enters the cylinder at *a*) 25°C, *b*) 120°C, and *c*) 200°C. Assume the cold air-standard applies.

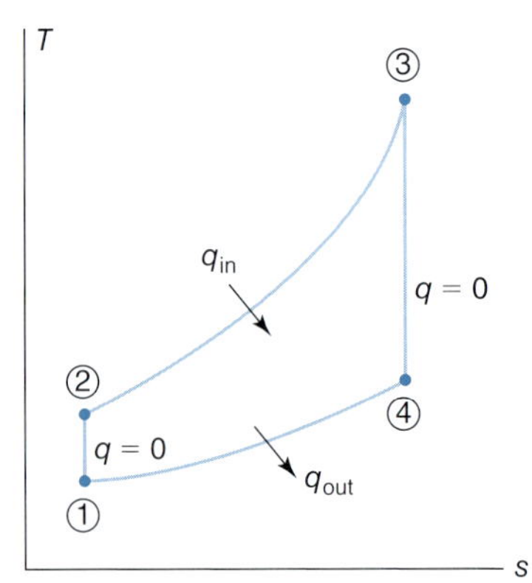

그림 9.39

9.16 An Otto cycle has an efficiency of 70% and a maximum temperature of 1900 K. What is the compression ratio of this cycle? Determine the heat transfer in and the net work of the cycle if the air enters the cylinder at *a*) 290 K, *b*) 340 K, and *c*) 390 K. Assume the cold air-standard applies.

9.17 Heat is added to the air in an Otto cycle in the amount of 1200 kJ/kg. The compression ratio for this engine is 10. Air enters the cycle at 100 kPa and 20°C. Determine, using a cold air-standard analysis,

i) The temperature and pressure of the air at the end of the combustion process
ii) The cycle efficiency
iii) The net work output
iv) The mean effective pressure

> **Remember:** All parts of problems with i), ii), iii), etc., are to be worked.

> **Comment**
> The combustion products are assumed to have the properties of air, a reasonable assumption.

9.18 Rework Problem 9.17 except that the compression ratio is *a*) 6 and *b*) 8.

9.19 Using the air tables in Appendix F-1, find the net work, the efficiency, and the MEP for the cycle of *a*) Problem 9.17 and *b*) Problem 9.18*a*.

> **Remember:** Parts with lower-case italic letters are separate problems.

9.20 Heat is added to the air in an Otto cycle in the amount of 1160 kJ/kg. The compression ratio for this engine is 10. Air enters the cycle at 100 kPa and 290 K. Determine, using a cold-air analysis,

i) The temperature and pressure at the end of the combustion process
ii) The thermal efficiency of the cycle
iii) The work output of the cycle in kJ
iv) The mean effective pressure

9.21 Rework Problem 9.20 except that the compression ratio is *a*) 6 and *b*) 8.

9.22 Using the air tables in Appendix F-1, determine the work, the efficiency, and the MEP for the cycle of *a*) Problem 9.20 and *b*) Problem 9.21*a*.

The Diesel Cycle

9.23 The diesel cycle of Fig. 9.40 has a compression ratio of 16. Calculate the thermal efficiency of the cycle for cutoff ratios of 2, 2.5, and 3.0.

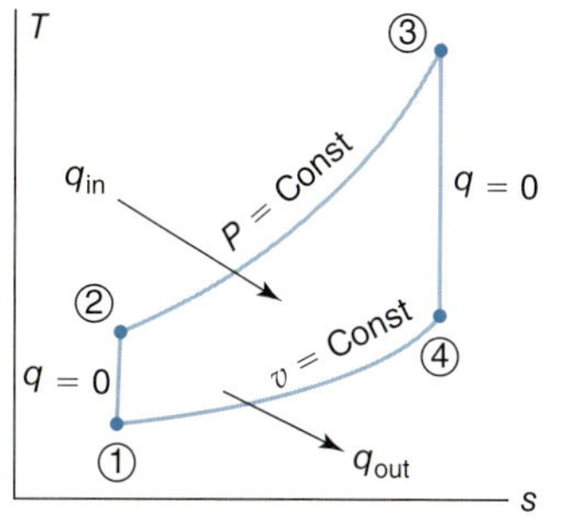

그림 9.40

9.24 A diesel cycle is designed to have a thermal efficiency of 70%. What must the compression ratio be if the cutoff ratio is 2 and 3?

9.25 Heat is added in the amount of 800 kJ/kg of air to a diesel cycle with a compression ratio of 19 and a cutoff ratio of 1.8. Air enters the engine at 100 kPa and 27°C. Determine, using a cold-air analysis:

i) The temperature and pressure of the products of combustion at the end of the combustion process
ii) The thermal efficiency of the engine
iii) The specific work output of the cycle
iv) The mean effective pressure

9.26 Rework Problem 9.25 except that the compression ratio and cutoff ratio are, respectively, *a*) 16 and 2 and *b*) 20 and 1.75.

9.27 Using the air tables in Appendix F-1, determine the maximum cycle temperature, the net work, the efficiency, and the MEP for the cycle of *a*) Problem 9.25, and *b*) Problem 9.26a.

9.28 Heat is added in the amount of 700 kJ/kg of air to a diesel cycle, with a compression ratio of 22 and a cutoff ratio of 2. Air enters the engine at 100 kPa and 300 K. Determine, using a cold-air analysis:

i) The temperature and pressure of the products of combustion at the end of the combustion process
ii) The specific work output of the cycle
iii) The mean effective pressure

9.29 Using the air tables in Appendix F-1, calculate the maximum temperature, the net work, the cycle efficiency, and the MEP for the cycle described in Problem 9.28.

Other Gas Power Cycles

9.30 Derive the expression for the efficiency of the ideal dual cycle given by Eq. 9.23.

9.31 The dual cycle of Fig. 9.41 has a compression ratio of 20, a cutoff ratio of 3, and a pressure ratio of 2. Calculate its thermal efficiency, the heat input, and the net work output if the inlet conditions are 100 kPa and 10°C. Assume a cold-air analysis.

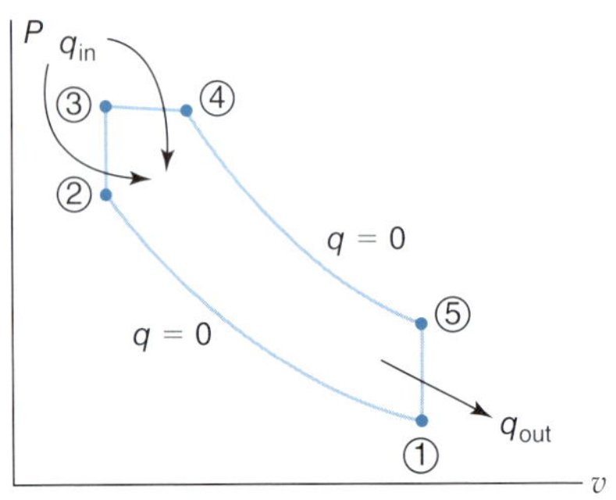

그림 9.41

9.32 Air enters a dual cycle at 100 kPa and 20°C. Using a cold-air analysis, determine the thermal efficiency, the required specific heat input, and the net work output of this engine if:

a) $r = 18, r_c = 2$, and $r_p = 2$

b) $r = 20, r_c = 2$, and $r_p = 2$

c) $r = 18, r_c = 1.8$, and $r_p = 2.2$

9.33 An air-standard Stirling cycle shown in Fig. 9.42 operates with a minimum pressure of 75 kPa, a compression ratio of 15, and a high temperature of 1000°C. The heat is rejected at 40°C. Using constant specific heats for air, calculate i) the net work produced, ii) the heat addition, and iii) the heat rejection.

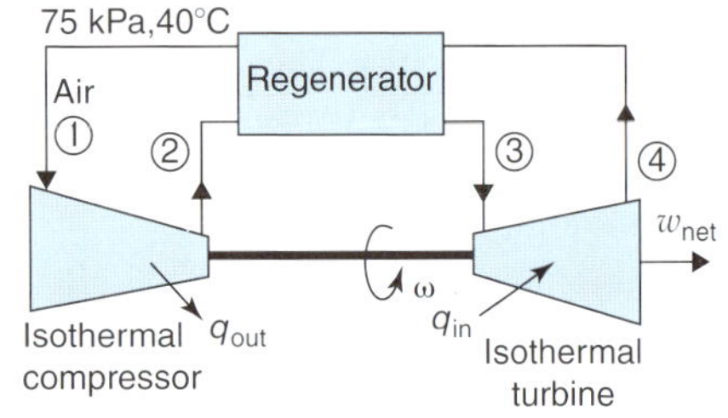

그림 9.42

9.34 The P-v diagram of an air-standard Ericsson cycle, shown in Fig. 9.43, operates with a minimum pressure of 60 kPa and a maximum pressure of 780 kPa. Heat is rejected at a constant temperature of 400°C, and heat is added at 1200°C. Using constant specific heats for air, calculate i) the thermal efficiency of the cycle, ii) the net work, iii) the heat addition, and iv) the heat rejection.

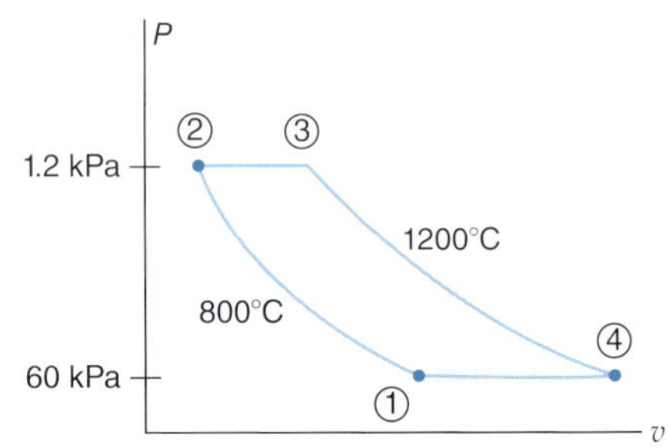

그림 9.43

The Brayton Cycle

9.35 Calculate the thermal efficiency of an ideal Brayton cycle operating with air if the pressure ratio is i) 6, ii) 8, and iii) 10.

9.36 What pressure ratio is needed for an ideal Brayton cycle operating with air to have an efficiency of i) 50%, ii) 60%, and iii) 70%?

9.37 Air enters the gas turbine cycle of Fig. 9.44 at 25°C and 100 kPa with a flow rate of 1.2 kg/s. It is compressed so that the temperature at state 2 is 400°C. The temperature entering the turbine is 1400°C. Assuming constant specific heats for the air and ideal conditions in all components, calculate:

i) The thermal efficiency

ii) The heat added in the combustor

iii) The net power produced by the cycle

iv) The back-work ratio

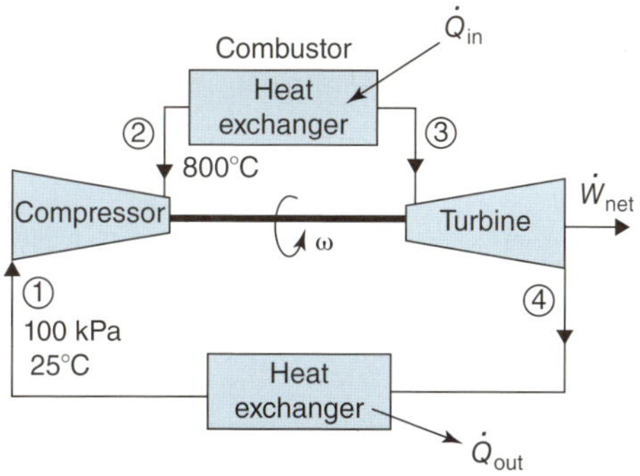

그림 9.44

9.38 Rework Problem 9.37 except that the compressor exit temperature is *a*) 600°C and *b*) 800°C.

9.39 Determine the thermal efficiency of the Brayton cycle of Problem 9.37 if the efficiency of the compressor and the efficiency of the turbine are both *a*) 85%, *b*) 80%, and *c*) 70%. Maintain the same temperatures.

Remember: The specific heats are found in Table B-2.

9.40 Assume that the efficiencies of the compressor and turbine of the ideal Brayton cycle shown in Fig. 9.45 are the same. What efficiency would cause the net work output to be zero for a high temperature of 1000°C?

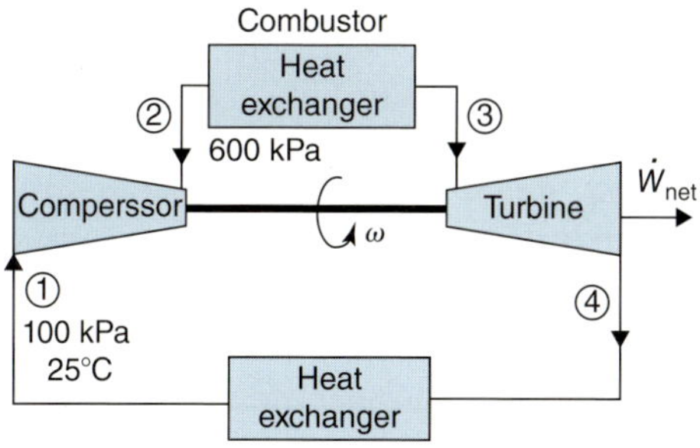

그림 9.45

9.41 Air enters a gas turbine cycle at 265 K and 100 kPa. It is compressed to 700 kPa. The high temperature is 1250 K. Assuming constant specific heats for the air and ideal conditions in all components, calculate:

i) The thermal efficiency

ii) The heat added in the combustor

iii) The work produced by the turbine

iv) The back-work ratio

9.42 For the cycle of Problem 9.41, find the cycle thermal efficiency if the compressor and turbine have respective isentropic efficiencies of *a*) 85% and 80%, and *b*) 80% and 75%. Determine the percentage decrease in the thermal efficiency of the cycle from that of the ideal cycle.

9.43 Air enters the ideal regenerative Brayton cycle of Fig. 9.46 at 25°C and 100 kPa. The compressor raises the pressure to 500 kPa. The products of combustion leave the combustion chamber at 1200°C. Assuming constant specific heats and an air mass flow rate of 6 kg/s and an ideal cycle, calculate:

i) The cycle efficiency

ii) The power produced by the turbine

iii) The power used by the compressor

iv) The back-work ratio

v) The rate of heat exchange in the regenerator

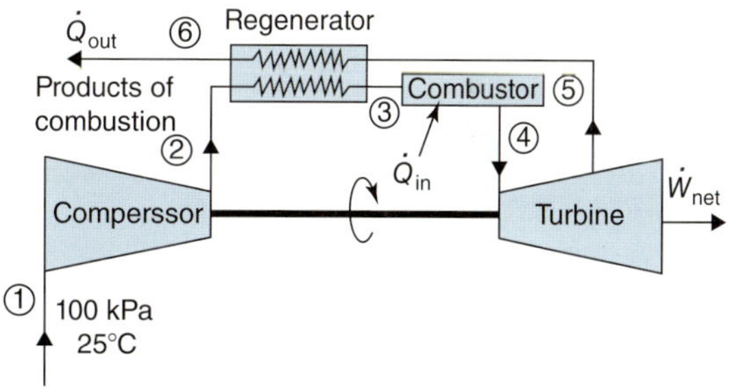

그림 9.46

9.44 Rework Problem 9.43 except that the pressure ratio and maximum temperature are, respectively, *a*) 4 and 1200°C, *b*) 5 and 1400°C, and *c*) 6 and 1600°C.

9.45 For the cycle of Problem 9.43, find the cycle thermal efficiency using respective turbine and compressor efficiencies of *a*) 92% and 85%, *b*) 87% and 80%, and *c*) 83% and 75%.

9.46 Air enters the regenerative Brayton cycle of Fig. 9.47 cycle at 100 kPa and 265 K. The pressure ratio is 4 and the maximum temperature is 1250 K. Assuming an ideal cycle with constant specific heats, calculate the cycle efficiency and the back-work ratio. Compare with the results of Problem 9.41 if that problem was previously assigned.

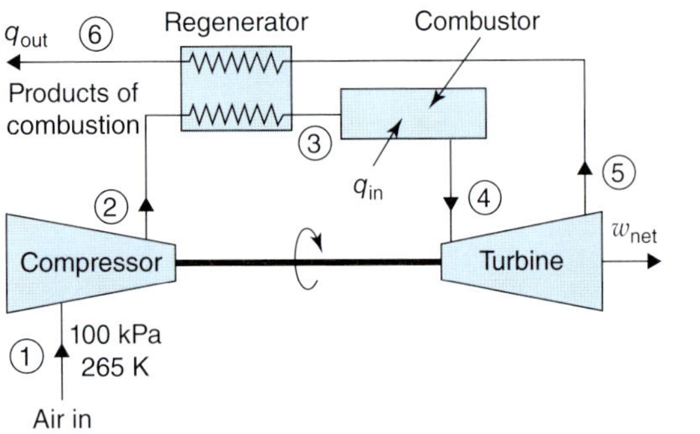

그림 9.47

9.47 Repeat Problem 9.46 using turbine and compressor efficiencies of 0.85 and 75%, respectively.

9.48 Insert two intercoolers in the regenerative ideal Brayton cycles of *a*) Problem 9.43, *b*) Problem 9.44b, and *c*) Problem 9.44c. Calculate the cycle efficiency assuming ideal components and constant specific heats. Refer to Figs. 9.28 and 9.29.

The Combined Brayton–Rankine Cycle

9.49 The *T-s* diagram of a combined ideal Brayton–Rankine cycle is shown in Fig. 9.48. Air enters the isentropic compressor at 10°C and 100 kPa at state 5, with a mass flux of 8 kg/s. The pressure ratio for the compressor is 5. The combustor heats the air to 950°C. The air leaves the gas turbine and enters the "boiler" of an ideal Rankine cycle that operates between 10 kPa and 4 MPa. The air leaves the boiler at 325°C, and the steam leaves the boiler at 400°C. Assuming constant specific heats for the air, calculate:

i) The net power output of the ideal-gas turbine

ii) The efficiency of the ideal-gas turbine cycle

iii) The mass flux of the steam

iv) The power output of the ideal Rankine cycle

v) The efficiency of the ideal Rankine cycle

vi) The combined cycle efficiency

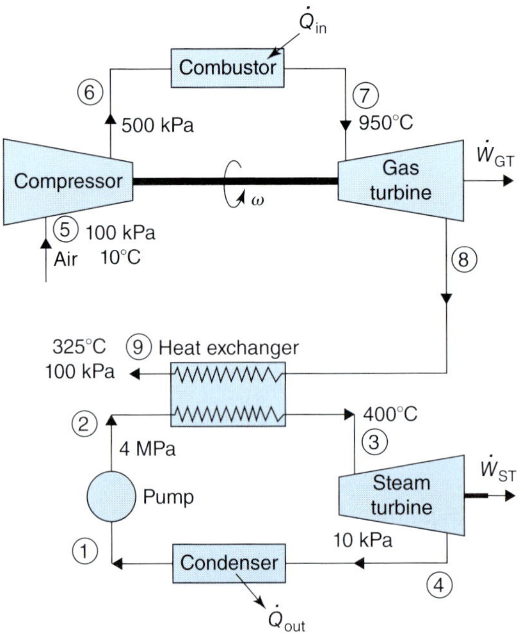

그림 9.48

9.50 The basic layout of a combined Brayton–Rankine cycle is shown in Fig. 9.49. Air enters the isentropic compressor at 10°C and 100 kPa, with a mass flux of 30 kg/s. The pressure ratio for this compressor is 6. The exhaust gases leave the combustion chamber and enter the isentropic gas turbine at 900°C. The ideal Rankine cycle operates between 40 kPa and 4 MPa. Steam at 4 kg/s enters the isentropic steam turbine at 400°C. Assuming constant specific heats for the air, calculate:

i) The net work output of the ideal-gas turbine engine

ii) The efficiency of the ideal-gas turbine cycle

iii) The heat exchanged in the heat exchanger

iv) The work output of the ideal Rankine cycle

v) The efficiency of the ideal Rankine cycle

vi) The combined cycle efficiency

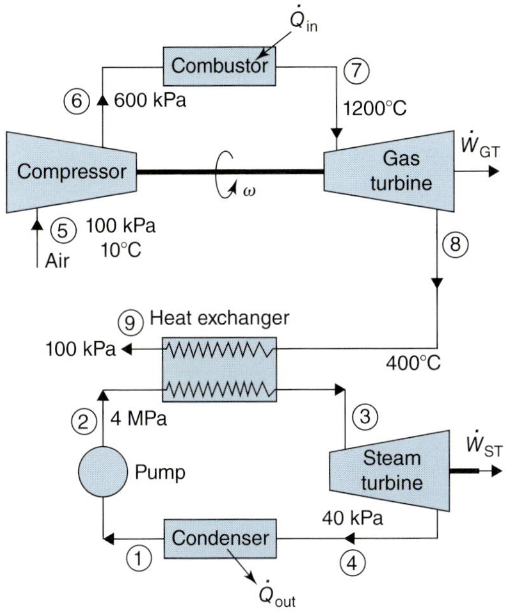

그림 9.49

9.51 Repeat Problem 9.50 with the only changes being the maximum gas temperature and the maximum steam temperature, which are, respectively, *a*) 1000°C and 450°C and *b*) 1400°C and 500°C.

9.52 Repeat Problem 9.50 with the following information:

a) A gas compressor efficiency of 80%, a gas turbine efficiency of 86%, a steam turbine efficiency of 90%

b) A gas compressor efficiency of 82%, a gas turbine efficiency of 88%, a steam turbine efficiency of 92%

Ignore the water pump power, as usual.

9.53 Air enters the ideal Brayton–Rankine combined cycle of Fig. 9.50 at 300 K and an atmospheric pressure of 100 kPa. The compressor pressure ratio is 6. Exhaust leaves the gas turbine at 1380 K and leaves the heat exchanger at 580 K. The mass flux of air through the Brayton cycle is 16 kg/s. Steam leaves the Rankine side of the heat exchanger at 6 MPa and 500°C and the steam turbine at 30 kPa. Assuming constant specific heats for the air, calculate:

i) The net horsepower produced by the gas turbine

ii) The mass flux of the steam through the Rankine cycle

iii) The horsepower produced by the steam turbine

iv) The combined cycle efficiency

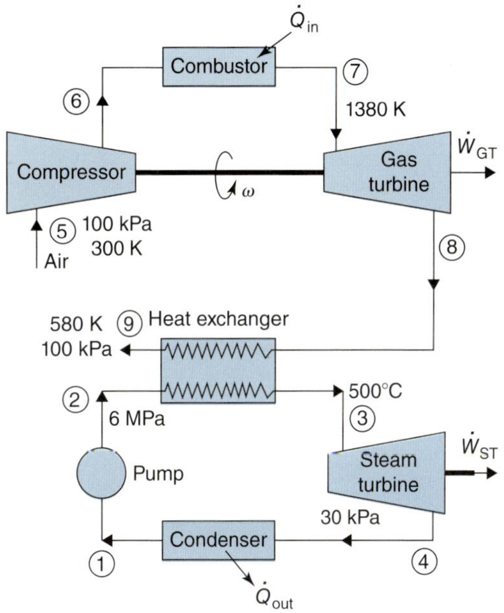

그림 9.50

9.54 Repeat Problem 9.53 except change the maximum gas temperature and the maximum steam temperature, respectively, to *a*) 1000°C and 400°C and *b*) 1200°C and 550°C.

CHAPTER

10

Hinode JAXA/NASA

냉동 사이클

Refrigeration Cycles

Outline

기호 설명

이 장에는 새로운 용어가 없음.

학습목표

- 냉동 사이클에 사용되는 기본 사이클 및 구성 요소 이해
- 냉동 시스템 분석
- 캐스케이드 냉동 시스템 분석
- 흡수식 냉동 소개
- 가스 냉동 분석

학습예제: 증발 냉각기

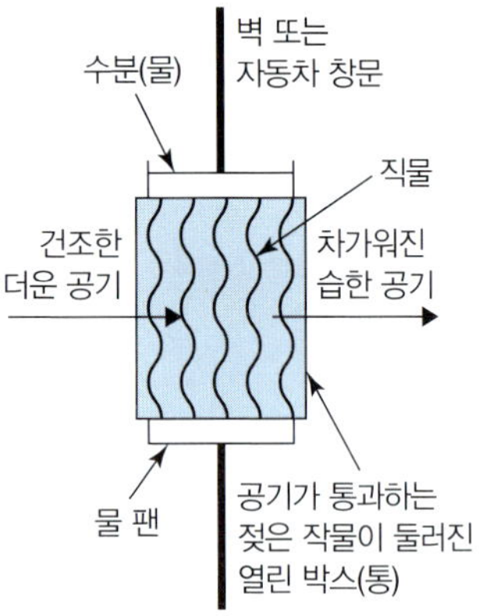

그림 10.1

증발 냉각기. 물은 직물 층 아래로 흐른다.

제3세계 국가와 외딴 지역에서의 중대한 문제는 전기로 냉장고를 가동하지 않고 어떻게 냉각할 것인가이다. 한 가지 해법으로 그림 10.1의 증발 냉각기가 있다. 이 냉각기는 직물로 둘러싼 오래된 형태의 나무 통으로서 수십년 동안 사용해 왔다. 소량의 물은 나무 몸체를 통과해 통 내부로 스며들고, 통 바깥쪽의 직물에 의해 흡수된다. 흡수된 물은 천천히 증발되고, 이때 발생하는 기화열은 통을 냉각시킨다. 현재 이 아이디어는, 음식이나 의약품을 보관하는 내부 방수 컨테이너에 사용되고 있으며, 외부 컨테이너는 다공성 재질로 이루어져 있다. 내 · 외부 컨테이너 사이의 공간은 물을 흡수할 수 있는 섬유 또는 모래와 같은 재료로 채워져 있다. 이 경우, 태양열에 의해 외부 컨테이너가 가열되고, 충전재로 열이 전달된다. 충전재로부터 증발된 물은 외부 컨테이너를 통과한다. 장치로부터 제거된 기화열은 내부 컨테이너를 약 6°C로 유지시킨다.

10.1 증발 압력 냉동 사이클

10.1.1 냉동 사이클 용어

증발 압력 냉동 사이클은 역 랭킨 사이클과 유사하다. 응용은 작업 유체인 냉매의 상변화 특성을 이용하여, 큰 용량의 열을 교환한다. 그림 10.2와 같이 네 가지 요소로 구성된 냉동 사이클에 의해 냉장고, 에어컨, 냉동장치, 그리고 히트펌프가 작동된다. 그림 10.3에는 일반적인 냉장고의 구성 요소를 나타낸 것이다.

Comment

냉장고, 에어컨, 냉동기, 히트펌프는 냉동사이클로 작동된다.

1. 압축기는 냉매의 압력을 높이기 위해 사용된다.
2. 응축기는 냉매로부터 열을 제거하는 열교환기로서, 외부로 냉매 열을 내보내는 일반적인 냉매-공기 열교환기이다. 가정의 중앙 공기조화 시스템에서 집 밖의 큰 장치가 이것이다.
3. 스로틀(Throttle)은 냉매의 압력과 온도를 감소시켜 급격히 냉각시키기 위해 사용된다. 이것은 일반적으로 고정 스로틀을 사용하지만, 가변 스로틀 밸브가 사용되기도 한다.
4. 마지막으로, 공간으로 열을 전달하는 또 다른 열교환기인 증발기는 냉매에 의해 냉각되어지며, 사이클이 완료된다. 냉장고나 냉동장치에서, 이 열교환기는 내부로부터 열이 전달되도록 내부 벽 안에 설치된다.

압축과정은 이상 등엔트로피 과정이다. 이에 따라 이 과정은 압축기로부터 완료되며, 압축기 블레이드에는 결로가 되어서는 안 되기 때문에 냉매의 유입과 출입은 기체상태이어야 한다. 응축기와 증발기는 모두 등압 과정으로 운전하는 열교환기이다. 스로틀은 등엔트로피 과정이다. 그림 10.4는 이상 냉동 사이클의 *T-s* 선도이다.

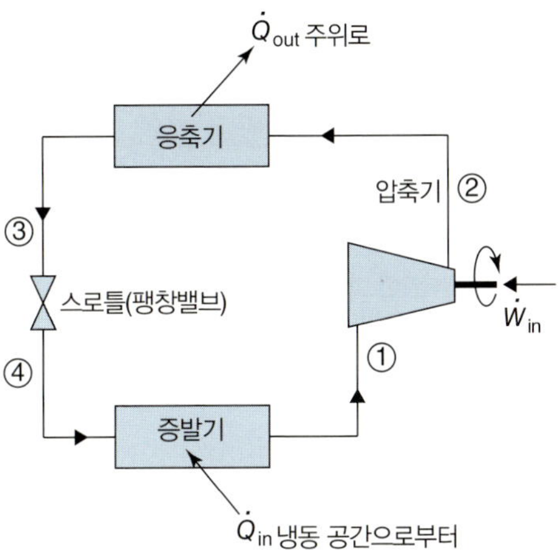

그림 10.2

기본 냉동 사이클

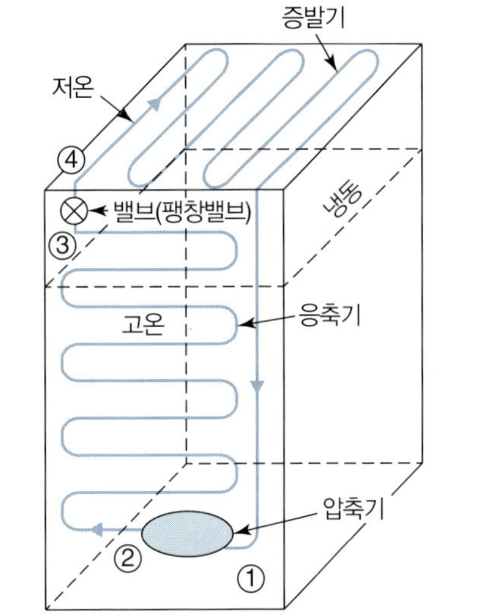

그림 10.3

일반적인 냉장고의 개략도(고온 코일은 냉장고의 뒷부분에 있다)

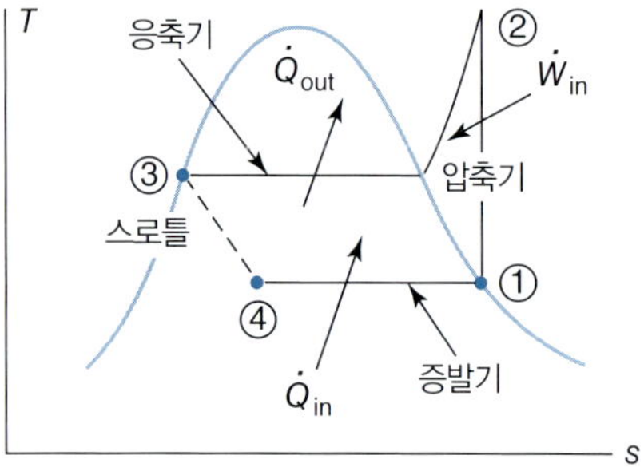

그림 10.4
이상 냉동 사이클의 *T*–*s* 선도

Comment
이상 냉동 사이클에서 냉매는 압축기에서 증기 상태가 되어지고(x = 1) 응축기를 지날 때는 액체 상태(x = 0)가 되어진다.

Comment
냉매가 스로틀을 통과하며 온도가 크게 낮아지는 동안 엔트로피는 일정하게 유지된다.

Comment
증발기는 냉장고에서 원하는 효과를 수행한다.

이상 냉동 사이클의 그림 10.2와 10.4에서 상태 1의 압축기 유입 냉매는 포화증기(x = 1)이고, 상태 2로 압축되어지는 등엔트로피 과정이다. 압축기는 전기 모터에 의해 구동되어지며, 사이클 성능의 정의에서 구해진 에너지로 계산한다.

상태 2에서 냉매는 압축기에서 과열 증기로 빠져나와 응축기로 들어간다. 상태 2로부터 상태 3까지 응축기 내의 냉매 온도는 방열되는 주위보다 충분히 높아야 한다. 냉장고의 경우, 냉매는 주방의 공기 온도보다 더 높아야 하며, 응축기는 냉장고 뒷면에 코일로 구성된다. 공기 조화 장치인 경우, 냉매가 실외 공기보다 더 높은 온도이어야 한다.

이상 사이클의 상태 3에서 응축기로부터 빠져나간 냉매는 액체 상태(x = 0)가 된다. 왜냐하면 이상 사이클에서 응축기의 상태 3의 압력은 상태 2의 압력과 같은 열교환기이기 때문이다. 응축기에서 과열증기 상태의 냉매는 냉각되어 액체 상태로 상변화가 이루어진다.

상태 3에서 상태 4까지, 냉매는 스로틀 밸브 또는 모세관(매우 작은 지름 관)을 통해 강요된다. 이때 압력과 온도는 크게 떨어지고, 4.4.2절에서 설명한 바와 같이 엔탈피가 일정하게 유지되면서 냉매의 일부는 기화된다. 상태 4는 액체와 증기 혼합물이다. 냉매의 종류는 스로틀을 통한 온도 강하를 결정한다.

냉매는 공간의 열을 흡수하여 냉각시키고, 냉매의 온도는 냉각시킬 공간의 온도보다 더 낮아야 한다. 이상 사이클에서 냉매는 증기상태(x=1)로 상태 1의 압축기로 다시 들어가며, 사이클이 완료된다.

☑ 학습목표 확인 (1)

10.1.2 이상 냉동 사이클

성능계수(COP): 냉동시스템의 성능 측정치, COP는 대부분 1보다 크며 효율이라 하지 않지만 이것은 같은 의미를 갖는다.

냉매 표의 사용은 냉동 사이클에서의 상변화 과정이 발생하기 때문에, 이것의 분석을 위해 필요하다. IRC 상태량 계산기는 현재 사용되는 암모니아 및 R134a와 몇몇 추가적인 냉매에 사용될 수 있다. R134a는 예제와 연습문제에서 광범위하게 선택되어 사용하는 냉매이며, 암모니아와 R134a의 표는 책의 부록에 포함되어 있다.

냉동 사이클의 *성능계수*는 COP(coefficient of performance)라고 한다. (이것은 식 4.46에 나타나 있다.) 냉장고나 공기 조화기의 원하는 출력은 증발기에 의해 저온이 유지된 영역으로부터 제거된 열 $\dot{Q}_{in}$이다. 이 열전달을 냉동부하라고 한다. 사이클을 통한 냉매의 강제 유입에 필요한 압축기의 입력 동력은 $\dot{W}_{in}$이다. COP는 효율이라고 하지는 않으나 이와 동일한 의미를 갖고 대부분 1보다 크다. 냉장고 또는 공기 조화기의 COP는 다음과 같다.

$$\text{COP}_R = \frac{\text{냉동효과}}{\text{입력에너지}} = \frac{\dot{Q}_{\text{in}}}{\dot{W}_{\text{in}}} \tag{10.1}$$

다음 예제는 냉동 사이클을 해석하는데 필요한 계산을 나타낸 것이다.

이상 냉동 사이클 예제 10.1

그림 10.5와 같이 이상 냉동 사이클에서 냉매인 R134a가 압축기에 120 kPa의 증기 상태로 유입되고 응축기에 900 kPa로 유입되고 있다. 냉매의 질량유량이 0.15 kg/s인 이상 냉동 사이클의 최저온도, 냉동부하, 필요 압축기 마력, 그리고 성능계수를 구하라.

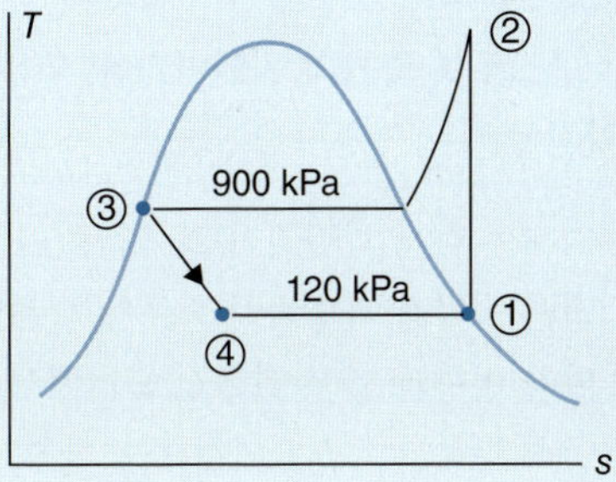

그림 10.5

풀이

IRC 상태량 계산기는 냉매의 특성을 얻기 위해 사용된다. 만약, 특정 이유로 사용될 수 없는 경우에는 부록 D가 사용될 수 있다. 네 가지 상태에서 필요한 특성은 다음과 같다. 엔탈피는 이 검사체적에 대한 주요 특성이다.

상태 1 (증기상태): $P_1 = P_4 = 120\ \text{kPa}, x = 1,$
$h_1 = 237\ \text{kJ/kg}, s_1 = 0.948\ \text{kJ/kg·K}$

상태 2 (과열증기): $P_2 = 900\ \text{kPa}, s_2 = 0.948\ \text{kJ/kg·K},$
$h_2 = 279\ \text{kJ/kg}$

상태 3 (액체상태): $P_3 = P_2 = 900\ \text{kPa}, x_3 = 0,$
$h_3 = 102\ \text{kJ/kg}, T_3 = 35.5°\text{C}$

상태 4 (냉동영역): $P_4 = P_1 = 120\ \text{kPa}, T_2 = \underline{-22.3°\text{C}},$
$h_4 = h_3 = 102\ \text{kJ/kg}$

위의 엔탈피들을 사용하여, 우리는 구하고자 하는 값을 결정할 수 있다. 응축기의 열전달률은 다음과 같다.

$$\dot{Q}_{\text{out}} = \dot{m}(h_2 - h_3)$$
$$= 0.15\ \text{kg/s} \times (279 - 102)\ \text{kJ/kg} = 26.6\ \text{kJ/s}$$

증발기에 의한 냉동부하는 다음과 같다.

$$\dot{Q}_{\text{in}} = \dot{m}(h_1 - h_4) = 0.15(237 - 102) = \underline{20.2\ \text{kJ/s}}$$

압축기 일량은 다음과 같다.

$$\dot{W}_{\text{in}} = \dot{m}(h_2 - h_1) = 0.15 \times (279 - 237) = 6.3\ \text{kW} \quad \text{or} \quad \underline{8.4\ \text{hp}}$$

이상 냉동 사이클의 성능계수는 다음과 같다.

$$\text{COP}_R = \frac{\dot{Q}_{\text{in}}}{\dot{W}_{\text{in}}} = \frac{20.2}{6.3} = \underline{3.2}$$

Remark: IRC 상태량 계산기는 부록 D보다 조금은 다른 값을 제공한다.

Comment

온도는 대체적으로 스로틀을 지난 후 35.5°C에서 −22.3°C까지 떨어지며, 냉매의 필수 특성이다.

Note: 응축기 열교환기를 지나온 냉매의 열전달 상태는 음수(−)이지만, 정수로 나타낸다.

Note: IRC 상태량 계산기는 표에서 찾은 대여섯 자리보다 합리적인 세 개의 유효 자릿수를 사용한다. 한 자리를 뺀 두 자릿수가 남는다.

10.1.3 실제 냉동 사이클

실제 냉동 사이클은 몇 가지 조건에 의해 이상 사이클에서 벗어나게 된다. 몇 가시 차이는 의도적이지만 피할 수는 없다. 냉매는 압축기에 $x > 1$로 유입되는데, 이것은 압축기의 블레이드에 결로되는 것을 방지하기 위한 것으로 실제 사이클은 약간의 과열된 냉매가 유입되도록 설계된다. 또한, 최적의 운전 조건으로 압축된 액체가 스로틀로 유입되는데, 그림 10.4에서 상태 3은 압축된 액체 영역에서 몇 가지로 설계된다. 압축기에서 손실은 엔트로피 증가의 원인이지만, 열 손실은 엔트로피 감소의 원인이다. 이상 사이클과의 차이점은:

- 냉매는 약간 과열되어 압축기로 유입된다.
- 냉매는 약간 과냉되어 스로틀로 유입된다.
- 마찰 영향과 열 손실은 압축기에서 일어난다.
- 압력 강하는 구성요소를 연결한 파이프에서의 마찰 때문이다.
- 열전달은 연결 파이프에서 일어난다.
- 압력 강하는 응축기와 증발기 내의 코일에서 일어난다.

Comment

충분한 열은 압축기를 통한 엔트로피 감소의 원인이 될 수 있다.

8가지 상태인 실제 사이클의 구성요소는 그림. 10.6과 같다. 그림 10.7의 T-s 선도는 구성요소 사이의 짧은 파이프에서의 손실을 무시한 4가지 실제 상태를 나타내고 있다. 예제는 실제 사이클에 대한 것이다.

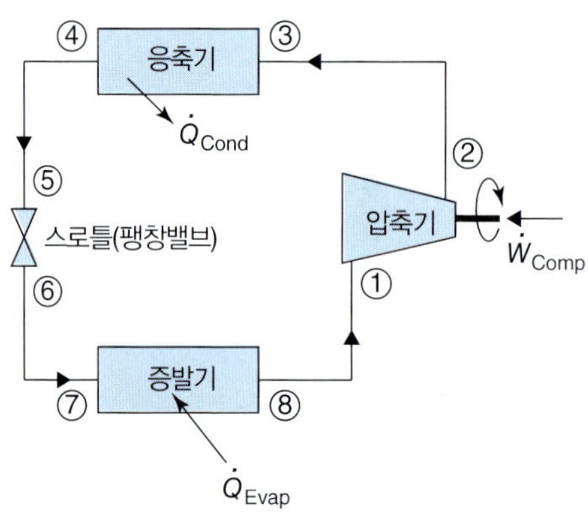

그림 10.6

실제 냉동 사이클

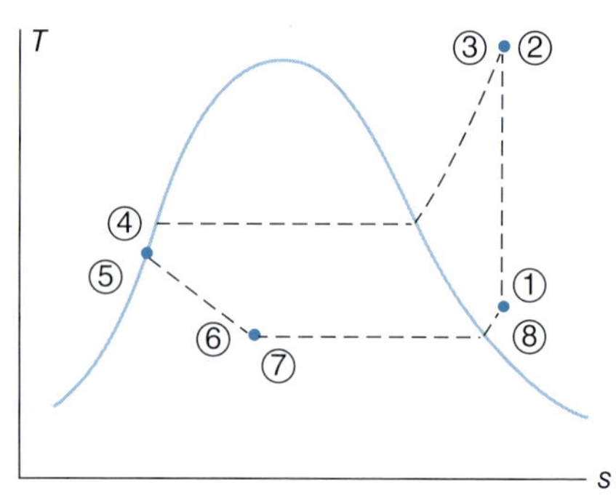

그림 10.7

구성요소 사이를 짧은 파이프로 연결한 실제 냉동 사이클의 T–s 선도

예제 10.2 실제 냉동 사이클

Comment

구성요소 사이의 파이프(관)는 짧은 것으로 가정하여, 구성요소사이의 손실은 주어진 정보에서 무시되기 때문에 단지 네 개의 상태만이 필요할 것이다.

이상 냉동사이클에 대한 예제 10.1의 실제 영향에 따른 운전 :

- 냉매는 120 kPa과 −18°C 상태로 증발기를 나와 압축기로 들어간다.
- 냉매는 920 kPa과 52°C 상태로 압축기를 나와 응축기로 들어간다.
- 냉매는 900 kPa과 34°C 상태로 응축기를 나와 스로틀로 들어간다.

• 냉매는 −14°C와 125 kPa 상태로 증발기로 들어간다.

이 냉동사이클의 냉매가 0.15 kg/s의 질량유량을 가질 때, 최저온도, 냉각부하 및 성능계수를 정의하라.

풀이

냉매의 상태량을 구하기 위해 IRC 상태량 계산기를 사용하게 되며, 만약 부록 D를 사용하게 되면 복잡한 보간법이 필요하다. 그림 10.6과 10.7의 여러 상태들을 확인하기 위해 필요한 중요 상태량은 다음과 같다.

상태 8과 1 (압축기 입구): $P_1 = P_8 = 120\ \text{kPa}$,
$T_1 = -18°\text{C}$, so $h_1 = 240\ \text{kJ/kg}$

상태 2와 3 (응축기 입구): $P_2 = P_3 = 920\ \text{kPa}$,
$T_2 = 52°\text{C}$, so $h_2 = 286\ \text{kJ/kg}$

상태 4와 5 (스로틀 입구): $P_4 = P_5 = 900\ \text{kPa}$,
$T_4 = 34°\text{C}$, so $h_4 = 99.4\ \text{kJ/kg}$

상태 6과 7 (증발기 입구): $P_6 = P_7 = 125\ \text{kPa}$,
$T_6 = -21.4°\text{C}$, so $h_6 = 99.4\ \text{kJ/kg}$

증발기 입구에서 −21.4°C로 사이클의 최저온도이다. 증발기를 통과한 냉매는 −18°C로 약간 증가된다.

위의 엔탈피를 사용하여, 필요한 추가 상태량을 결정할 수 있고 냉각부하는 다음과 같다.

$$\dot{Q}_{\text{evap}} = \dot{m}(h_1 - h_6) = 0.15(240 - 99.4) = \underline{21.1\ \text{kJ/s}}$$

여기서 실제로 냉방부하가 증가한다는 다소 흥미로운 결과를 인지해야 한다. COP를 찾기 위해서는 입력일을 알아야 한다. 압축기 동력은 다음과 같다.

$$\dot{W}_{\text{in}} = \dot{m}(h_2 - h_1) = 0.15 \times (286 - 240) = 6.9\ \text{kW}$$

증가된 압축기 동력 조건 때문에 이 실제 사이클의 성능계수는 다음과 같이 약 4%정도 감소된다.

$$\text{COP}_R = \frac{\dot{Q}_{\text{evap}}}{\dot{W}_{\text{in}}} = \frac{21.1}{6.9} = \underline{3.06}$$

Comment

만약 압축기의 효율이 85%라고 가정하면 COP는 더 크게 감소한다.

10.1.4 히트펌프

히트펌프: 냉동시스템의 응축기가 내부에 위치하여 공간을 가열한다.

히트펌프(Heat pump)는 응축기에서 버려지는 열로 공간을 따뜻하게 난방을 하고 증발기는 외부에 응축기는 내부에 위치하게 된다. 모텔(Motel) 등에서 흔히 이 시스템을 사용하는데 실내가 너무 더울 때는 냉방을 하고, 추울 때는 난방을 할 수 있는 시스템이다. 공기조화장치(air conditioner)에서 응축기였던 열교환기는 증발기가 되고, 밸브는 열교환기와 스로틀을 통해 냉매의 순환을 제어하게 된다.

Comment

히트펌프 응축기에서 원하는 효과를 수행한다.

히트펌프는 외부온도가 약 40°C 이상으로 상승하거나 약 −7°C 이하로 떨어지지 않는 일반적으로 미국 중서부와 같은 온대 지역에 적합하다. 이 시스템은 고온 및 저온의 극한의 온도에서는 불리하다. 전기 히터의 운전비용이 높기 때문에, 일부 시스템은

Comment

히트펌프는 주로 너무 춥거나 너무 덥지 않은 곳에서 사용된다. 이것을 북부지역에서 사용한다면, 난방은 전기저항 히터를 사용해야 하는데 비용이 너무 비싸다.

훨씬 경제적인 천연가스 히터를 보조열원으로 사용한다. 단지 공기 조화기만 필요한 더운 기후 지역(예를 들어, 플로리다와 애리조나)은 임시로 가열할 수 있는 전기 저항 히터가 필요하다.

히트펌프의 COP는 다음과 같이 나타낼 수 있다.

$$\mathrm{COP}_{HP} = \frac{\text{원하는 효과}}{\text{입력된 에너지}} = \frac{\dot{Q}_{\mathrm{out}}}{\dot{W}_{\mathrm{in}}}$$

$\dot{Q}_{\mathrm{in}} = y$라 할 때, 냉동기의 COP와의 관계는 다음과 같다.

$$\mathrm{COP}_R = \frac{\dot{Q}_{\mathrm{in}}}{\dot{W}_{\mathrm{in}}} = \frac{\dot{Q}_{\mathrm{in}}}{\dot{Q}_{\mathrm{out}} - \dot{Q}_{\mathrm{in}}} = \frac{1}{\dfrac{\dot{Q}_{\mathrm{out}}}{\dot{Q}_{\mathrm{in}}} - 1} = \frac{1}{y - 1} \tag{10.2}$$

$$\mathrm{COP}_{HP} = \frac{\dot{Q}_{\mathrm{out}}}{\dot{W}_{\mathrm{in}}} = \frac{\dot{Q}_{\mathrm{out}}}{\dot{Q}_{\mathrm{out}} - \dot{Q}_{\mathrm{in}}} = \frac{1}{1 - \dfrac{\dot{Q}_{\mathrm{in}}}{\dot{Q}_{\mathrm{out}}}} = \frac{y}{y - 1} \tag{10.3}$$

$$\therefore \mathrm{COP}_{HP} = \mathrm{COP}_R + 1$$

예제 10.3 히트펌프

그림 10.8은 R134a 냉매로 운전하는 냉동 사이클이다. 냉매의 질량유량은 0.3 kg/s이다. 압축기는 20 kW의 전력을 사용한다. 이 시스템으로 냉방과 난방 운전을 할 때 성능계수를 구하라.

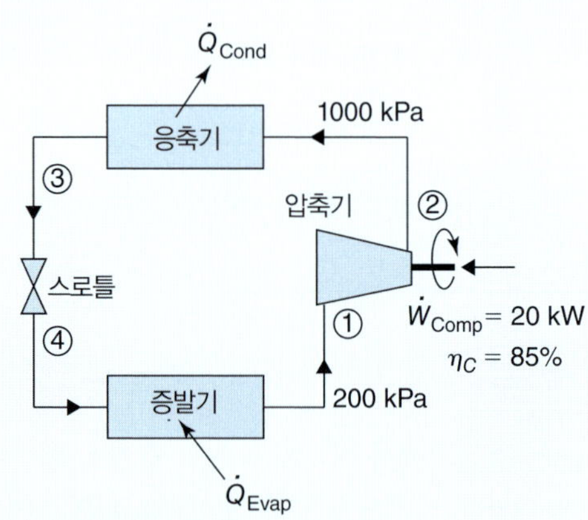

그림 10.8

이상 냉동 사이클의 $T-s$ 선도

풀이

4가지 상태에서의 상태량은 다음과 같다.

상태 1: $P_1 = 200\text{ kPa}, x_1 = 1$: $h_1 = h_g = 244\text{ kJ/kg}, T_1 = -10.1°\text{C}$
상태 2: $P_2 = 1000\text{ kPa}$
상태 3: $P_3 = 1000\text{ kPa}, x_3 = 0$: $h_3 = 107\text{ kJ/kg}$
상태 4: $P_4 = 200\text{ kPa}$: $h_4 = h_3 = 107\text{ kJ/kg}$

압축기에 입력된 전력에 따른 엔탈피 출력량은 다음과 같다.

$$\dot{W}_{comp} = \frac{\dot{m}(h_2 - h_1)}{\eta_{comp}} \qquad 20 = \frac{0.3 \times (h_2 - 244)}{0.85} \qquad \therefore h_2 = 301\text{ kJ/kg}$$

응축기와 증발기의 열전달률은 위의 엔탈피에 의해 각각 다음과 같다.

$$\dot{Q}_{cond} = \dot{m}(h_2 - h_3)$$
$$= 0.3 \times (301 - 107) = 58\text{ kJ/s}$$

$$\dot{Q}_{evap} = \dot{m}(h_1 - h_4)$$
$$= 0.3(244 - 107) = 41.1\text{ kJ/s}$$

냉매에 전달된 에너지는 다음과 같다.

$$\dot{W}_{in} = \eta \dot{W}_{comp} = 0.85 \times 20 = 17\text{ kJ/s}$$

냉방운전을 할 때의 COP는 다음과 같다.

$$\text{COP}_R = \frac{\dot{Q}_{evap}}{\dot{W}_{in}} = \frac{41.1}{17} = \underline{2.4}$$

난방운전을 할 때의 COP는 다음과 같다.

$$\text{COP}_{HP} = \frac{\dot{Q}_{cond}}{\dot{W}_{in}} = \frac{58}{17} = \underline{3.4}$$

Comment

압축기 효율이 85%이기 때문에, 입력동력 20 kJ/s 중에서 17 kJ/s가 실제 냉매에 전달된다.

10.1.5 냉매

냉매(refrigerant)는 냉동 사이클에서 작업유체이며, 사이클은 공간을 냉각(예, 공기 조화기) 또는 가열(히트펌프)할 때 사용된다. 냉매는 압력이 급격히 감소하는 스로틀을 지날 때 실제로 크게 온도 저하가 발생한다. 2.3절에서는 냉매들의 특성들을 소개하고 있으며, 4.2.2에는 스로틀이 설명되었다.

냉동의 초기에는, 암모니아, 이산화황 및 이산화탄소와 같은 주요 화학물질을 사용하였다. 암모니아는 오늘날에도 여전히 냉동시스템에 사용되고 있지만, 독성이 매우 강해 프레온 냉매로 대체되었다. R12와 R22 냉매는 다양한 브랜드의 이름으로 수십 년간 사용되었다. 1970년대, 프레온 냉매가 자연 환경에서 오존층에 악영향을 미친다고 결론지었다. 이러한 결론은, 친환경적인 냉매 개발의 자극제가 되었다. 냉매 R134a는 냉동과 공기조화 시스템에서 프레온을 대체하기 위해 개발되었으며, 1990년대 초기부터 현

냉매: 냉동사이클의 작업유체이다. 스로틀을 통과할 때 큰 온도강하가 일어나게 된다.

Comment

대기 중에 배출된 프레온(Freon : fluorocarbon)은 오존층에 손상을 준다.

$\text{COP}_{HP} = \text{COP}_R + 1$

재까지 냉매로 사용하고 있다. R134a는 오존층에 주는 영향이 미비하다. 냉매 HFO-1234yf는 연소성이 낮기 때문에 자동차의 공기조화장치에서 R134a의 대체냉매로 제안되었다. 그러나 HFO-1234yf에 대한 전문가들의 의견은, 수익률이 낮고 비싼 비용 때문에 사용을 반대하고 있다. (인터넷 의견을 참조바람)

Comment
HFO-1234yf는 R12를 대체한 R134a를 대체할 수 있다.

공기조화 및 냉동 시스템에서의 냉매 사용은 생태계 파괴와 지구 온난화의 원인이 될 수 있다. 전통적으로, 냉매는 시스템이 작동할 때 대기로 배출된다. 배출된 프레온(Freon ; fluorocarbon)은 일사광선으로부터 식물을 보호하는 오존층에 손상을 줄 수 있다고 결론지었다. 이 문제를 해결하기 위해 두가지의 해결책이 제시되었다. 먼저, 냉매는 이제 법률로 정하여 냉동 및 공기조화 시스템에서 사용 후 수집되어 폐기되어야 하고 두 번째로는 HFO-1234yf 등과 같은 환경 친화적이고 환경파괴에 영향이 적은 냉매로 전환하는 것이다.

☑ 학습목표 확인 (2)

10.2 캐스케이드 냉동 시스템

그림 10.2의 단순 냉동 시스템은 대부분에서 응용하기에 적합하다. 대규모 공기조화 또는 냉동 산업은 단순 시스템이 필요하지만, 대형 고압축비의 압축기에 너무 많은 부하가 걸리게 된다. 큰 냉각 요구에 따른 대용량 압축기의 효율은 동력에 비해 상대적으로 낮다. 하나의 대안적인 구성은 캐스케이드 냉동 시스템(Cascade Refrigeration System)이며, 캐스케이드 냉동기(Cascade Refrigeration)는 실제로 두 개 이상의 별도 냉동 사이클이 직렬로 작동한다. 그림 10.9는 2단 캐스케이드 시스템의 구성을 나타내고 있다. 3단 캐스케이드 시스템은 다른 사이클이 아래에 추가된다. 2단 시스템의 사이클은 #1 사이클의 응축기와 #2 사이클의 증발기로 되어 있는 열교환기에 의해 연결되어 있다. 두 시스템의 흐름이 섞이지 않기 때문에, 질량유량과 냉매의 종류에도 차이가 있을 수 있다. 더욱이 다중 압축기는 입력된 감소한 일의 값이 허용 조건 이하에서도 작동할 수 있을뿐만 아니라, 캐스케이드 시스템의 또 다른 장점은 #1 사이클의 증발기에서 더 낮은 온도를 얻을 수 있다는 것이다. 만약 매우 낮은 온도가 필요한 경우에는 여러 단계가 필요할 수 있다. 그림. 10.10에 나타낸바와 같이 증가된 냉동 또한 캐스케이드 시스템으로 존재한다. 일정 저온의 단일 단계 시스템은 압축기에서 나온 상태 9와 스로틀에서 나온 상태 10의 결과이다.

Comment
동일한 의미를 갖는 캐스케이드 사이클 또는 캐스케이드 시스템을 참고하자.

Comment
캐스케이드 시스템은 액체 질소 생성에 필요한 저온에 도달할 수 있다.

Note: 냉매는 각각의 사이클이 다른 경우, 두 개의 서로 다른 *T-s* 선도가 필요하다.

중압(intermediate pressure) P_I의 최적의 값은 다음과 같다.

$$P_I = \sqrt{P_H P_L} \tag{10.4}$$

여기에서 P_H와 P_L은 그림 10.10에서 고압과 저압을 나타낸다. 모든 사이클의 냉매는 같은 것으로 가정한다.

두 사이클에서 질량유량 사이의 관계를 결정하기 위해, 열교환기에 열역학 제1법칙을 적용하면 다음과 같다.

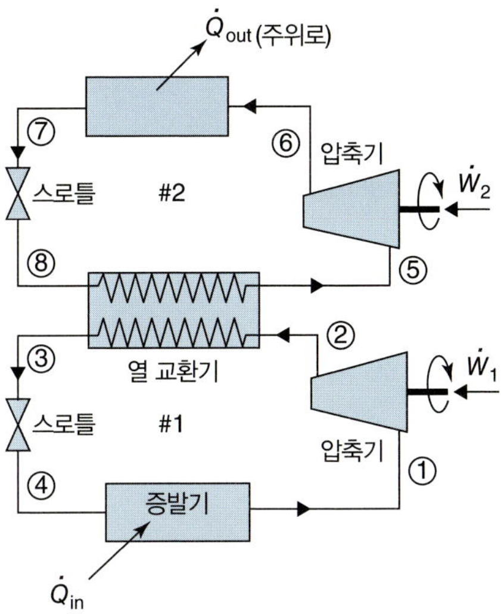

그림 10.9

2단 냉동 시스템

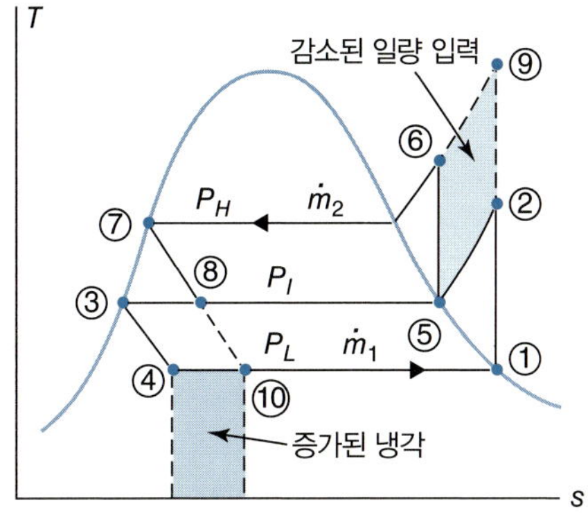

그림 10.10

이상 2단 사이클의 $T-s$ 선도, 음영구역은 단일 시스템의 냉각 작업에 비해 감소한 일량과 증가한 냉동량을 나타낸다

$$\dot{m}_1(h_2 - h_3) = \dot{m}_2(h_5 - h_8) \tag{10.5}$$

여기에서 $\dot{m}_1$은 저압 #1 사이클의 질량유량이고, $\dot{m}_2$는 고압 #2 사이클의 질량유량이다. 질량유속의 비는 다음과 같다.

$$\frac{\dot{m}_2}{\dot{m}_1} = \frac{h_2 - h_3}{h_5 - h_8} \tag{10.6}$$

> **Comment**
>
> 미국 냉동량은 일반적으로 ton으로 측정되었다. 이것은 1일당 1톤 얼음의 냉각효과가 고려된 것이다. 현재는 1 ton = 3.52 kW로 정의한다.

일반적으로, 필요 냉동으로 결정한 저압 질량유량 $\dot{m}_1$은 #1 사이클로부터 알 수 있다. 냉동톤 X가 필요하다면 SI 단위로 다음과 같다.

$$3.52X = \dot{m}_1(h_1 - h_4) \tag{10.7}$$

이 식은 #1 사이클로부터 결정된 질량유량으로 구할 수 있다.

전반적인 성능계수는 입력된 압축기의 전체 일로 나눈 $\dot{Q}_{in}$에 의해서 결정된다.

2단 캐스케이드 냉동 시스템 — 예제 10.4

2단 시스템으로 대체되어 고압 840 kPa과 저압 140 kPa 사이에서 작동하는 이상 냉동 사이클이 있다. 냉매(R134a)의 질량유량이 0.07 kg/s일 때 냉방부하와 COP를 구하라.

풀이 (사용되는 표는 약간 다른 값을 가질 수 있다.)

먼저, 중간 압력을 구하여야 한다.

$$P_I = \sqrt{P_H P_L} = \sqrt{140 \times 840} = 343 \text{ kPa}$$

표가 사용되었다면, 350 kPa의 근사치이다. 그림 10.9에서 확인된 여러 상태에서 주요 상태량은 다음과 같다.

(계속)

예제 10.4 (계속)

Unit: 1 ton = 3.52 kW

상태 1: $P_1 = 140$ kPa, $x_1 = 1$, $h_1 = 240$ kJ/kg, $s_1 = 0.95$ kJ/kg·K
상태 2: $P_2 = 343$ kPa, $s_2 = 0.95$ kJ/kg·K, $h_2 = 258.5$ kJ/kg
상태 3: $P_3 = 343$ kPa, $x_3 = 0$, $h_3 = 57.3$ kJ/kg
상태 4: $P_4 = 140$ kPa, $h_4 = 57.3$ kJ/kg, $T_4 = -19°C$
상태 5: $P_5 = 343$ kPa, $x_5 = 1$, $h_5 = 253.8$ kJ/kg, $s_5 = 0.93$ kJ/kg·K
상태 6: $P_6 = 840$ kPa, $s_6 = 0.93$ kJ/kg·K, $h_6 = 272.5$ kJ/kg
상태 7: $P_7 = 840$ kPa, $x_7 = 0$, $h_7 = 97.4$ kJ/kg
상태 8: $P_8 = 343$ kPa, $h_8 = 97.4$ kJ/kg

위 엔탈피를 사용하여, 우리는 주요 값들을 구할 수 있다. 냉방부하는 다음과 같다.

$$\dot{Q}_{\text{in}} = \dot{m}(h_1 - h_4) = 0.07(240 - 57.3) = \underline{12.8\text{ kW}} \quad \text{or} \quad 3.63\text{ tons}$$

이것은 1단 사이클과 비교해서 31%가 증가한 냉방부하이다.

COP는 압축기 동력을 알아야 하며, 각 사이클에 필요한 동력의 합이다. 질량유량은 식 (10.6)으로부터 다음과 같다.

$$\dot{m}_2 = \dot{m}_1 \times \frac{h_2 - h_3}{h_5 - h_8} = 0.07 \times \frac{258.5 - 57.3}{253.8 - 97.4} = 0.09\text{ kg/s}$$

압축기 동력은 다음과 같이 계산되어진다.

$$\dot{W}_{\text{in}} = \dot{m}_1(h_2 - h_1) + \dot{m}_2(h_6 - h_5)$$
$$= 0.07 \times (258.5 - 240) + 0.09 \times (272.5 - 253.8) = 2.98\text{ kW}$$

COP는 다음과 같다.

$$\text{COP}_R = \frac{\dot{Q}_{\text{in}}}{\dot{W}_{\text{in}}} = \frac{12.8}{2.98} = \underline{4.3}$$

이것은 이상 1단 시스템의 3.82와 비교하여 13%가 증가한 것이다.

이 예제는 위 압축기에서 동일한 압력 차이에 대해 압축기 동력이 감소하고 냉방부하가 증가한 2단 시스템을 설명한 것이다. 이는 의도하지 않았지만 다단 시스템을 사용하여 저온을 얻을 수 있다. 본 장의 마지막에 연습문제에서 다루어질 것이다.

☑ 학습목표 확인 (3)

10.3 흡수식 냉동

흡수식 냉동(Absorption refrigeration)의 동력으로는 열을 사용한다. 발전소의 응축기나 태양열 집열기에서 얻어지는 비교적 저렴한 열원을 사용함으로서 압축식 냉동의 매력적인 대안이 될 수 있다. 흡수식 냉동장치의 열원온도가 높을수록 더 효율적이다. 펌프는 일부 시스템에서 사용되기 때문에 전기가 필요하지만 압축기를 작동시키는 동력에 비해 적다. 그래서 산속 먼 오두막에서는 개울의 작은 댐으로부터 얻어진 전기와 프로판 통으로 공기조화장치나 냉장고 또는 두 장치 모두를 운전할 수 있다. 또는, 대학 캠퍼스의 발전소로부터 무료 열(free heat)로 교내의 모든 건물을 냉방할 수 있어 압축기 구동을 위해 전력을 사용하는 경우에 비해 큰 비용절감 효과를 볼 수 있다.

흡수식 냉동: 이 냉동시스템은 시스템 동력으로 열을 이용한다. 프로판(propane)으로 운전하는 냉장고는 이 시스템을 사용한다.

그림 10.11은 흡수식 냉동시스템을 나타내고 있다. 이러한 시스템에서 사용되는 가장 일반적인 냉매는 암모니아이다. 암모니아는 발생기(generator)에서 물과의 혼합물 상태로 존재한다. 열 $\dot{Q}_G$는 예를 들어, 천연가스 열원이 없다면 비교적 저렴한 열원을 사용하여 발생기에 공급하게 된다. 암모니아는 과열증기로 가열되고 압축기와 같은 기능을 수행하는 발생기에서 물로부터 분리된다. 물은 흡수기로부터 직접 배출된다. 종래의 냉동과 같은 방식으로 암모니아는 응축기와 스로틀을 통해 흐르고 냉각열 $\dot{Q}_E$를 제공한다. 냉매는 흡수기 안으로 흐르게 되면서 열이 제거된다. 흡수기 안에서 암모니아는 물과 재결합한다. 혼합물은 다시 발생기로 보내진다.

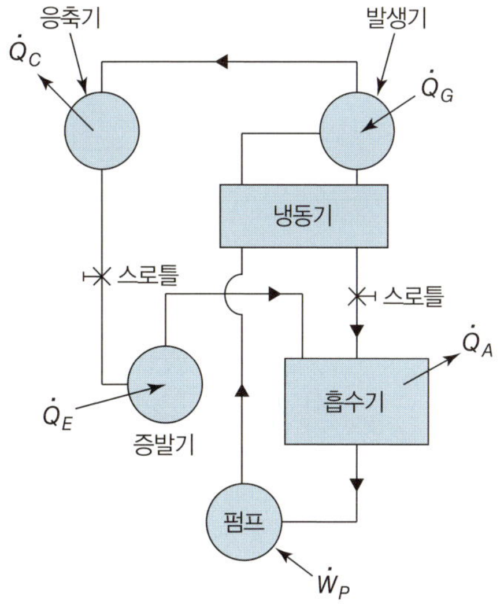

그림 10.11
흡수식 냉동 시스템

그러나 요즘엔 암모니아의 독성 때문에, 리튬 브로마이드-물 조합으로 자주 사용된다.

흡수식 냉동은 일반적으로 압축기를 작동하기에 충분한 전기를 사용할 수 없는 경우에 냉동을 제공하기 위한 캠핑시설에서 사용된다. 흡수식 냉동 시스템에서 대체 열원은 발전소의 폐열, 태양에너지, 지열에너지를 사용할 수 있다. 흡수식 냉동은 낮은 전기 에너지 요구량 때문에 지속 가능한 에너지 장치로서 큰 잠재력을 가지고 있다. 자세한 문제는 이 책에 포함되지 않았다. 이 주제는 흡수식 냉동장치에 대해 독자에게 소개하기 위해 다루어진 것이다.

☑ 학습목표 확인 (4)

10.4 공기 냉동 사이클

전력을 사용하여 압축 공기의 공급이 가능하다면 공기 냉동시스템이 사용될 수 있다. 이 적용의 가장 일반적인 예는 항공기에서 사용되는 개방사이클(opencycle) 공기 조화 시스템이다. 그림 10.12에 나타낸 바와 같이 공기 냉동 시스템은 기본적으로 역 브레이튼 사이클(brayton cycle)이다. 고속으로 이동하는 비행기는 고압의 엔진으로부터 공기

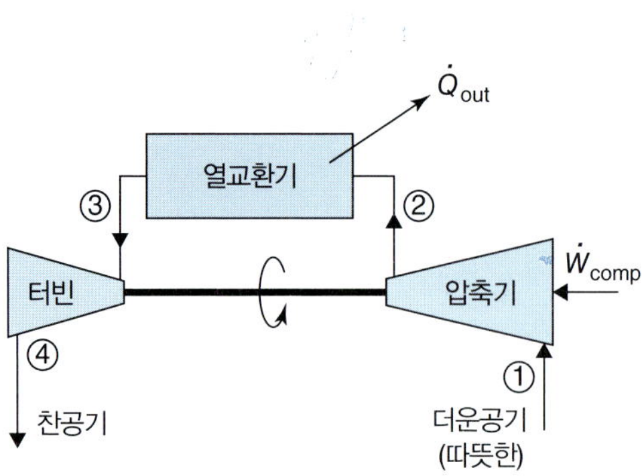

그림 10.12

개방형 공기-냉동 사이클

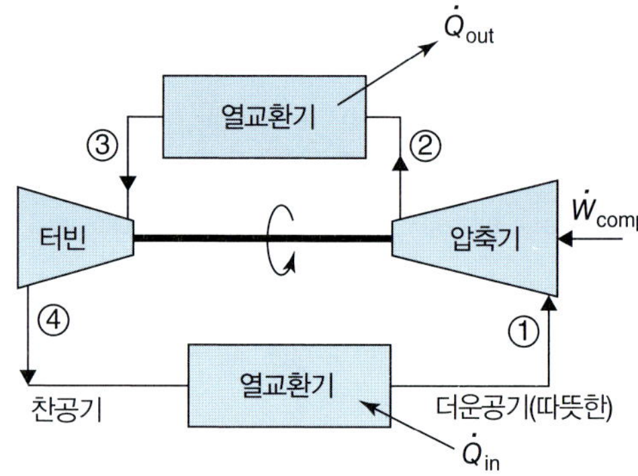

그림 10.13

밀폐형 공기-냉동 사이클

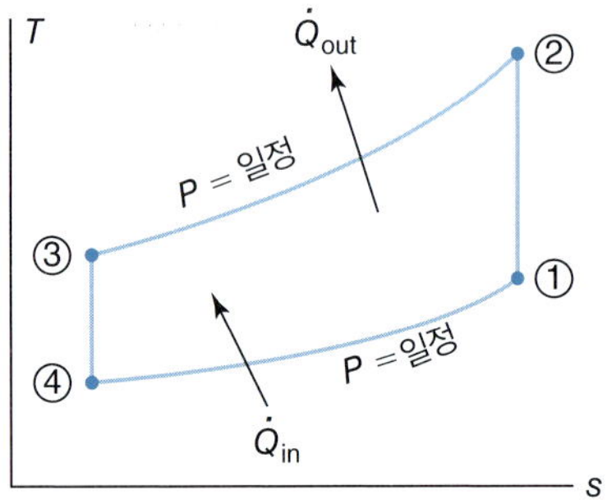

그림 10.14

이상 공기-냉동 사이클의 T-s 선도

를 추출할 수 있고 이 흐름을 압축기 내로 보낼 수 있다. 압축기를 나온 공기는 고온 고압 상태이다. 열은 고온 열교환기에서 공기로부터 제거되고, 냉각 공기는 터빈을 통해흐르게 된다. 터빈은 공기 온도를 낮추고 압축기 동력을 공급하는 역할을 한다. 터빈으로부터 냉각 공기는 비행기 기내로 들어가게 된다. 그림 10.13의 밀폐형 사이클은 밀폐된 공간으로부터 열을 추출하는 저온 열교환기를 포함하고 있다. 그림 10.14는 이에 대한 이상 사이클을 나타낸 것이다.

만약 우리가 그림 10.13에 나타낸 공기 조화 시스템을 고려한다면, 냉각부하는 상태 4와 1 사이의 열교환기로 입력되는 열이다. 이것은 다음과 같이 나타낼 수 있다.

$$\dot{Q}_{in} = \dot{m}(h_1 - h_4) \tag{10.8}$$

여기에서 $\dot{m}$은 공기의 질량유량이다. 압축기의 엔트로피와 터빈의 일률은 다음과 같다.

$$\dot{W}_{comp} = \dot{m}(h_2 - h_1) \tag{10.9}$$

$$\dot{W}_{turb} = \dot{m}(h_3 - h_4) \tag{10.10}$$

터빈에서 나온 저온이기 때문에, 비열은 일반적으로 일정하게 유지되지 않는다. 그렇기에 이상기체 표를 사용하거나, 또는 IRC 상태량 계산기로 계산할 수 있다. 공기 냉동 시스템의 경우, 성능은 압축기의 압축비의 증가에 따라 감소한다. 예제는 터빈출구에서 나타날 수 있는 저온에 대해 설명한 것이다.

예제 10.5 이상기체 냉동 사이클

항공기 제트 엔진[1]의 공기가 0.54m^3/s의 유속일 때 공기조화장치로부터 85kPa과 −7°C로 전환된다. 압축기의 압축비는 3이다. 터빈의 입구온도는 38°C이다. 냉방부하, 입력 일량, 그리고 이상 사이클일 때 성능계수를 구하라.

[1]상업용 항공기의 일반적인 비행 고도에서의 외부 온도는 약 −46°C이다.

풀이

공기는 비열이 일정한 이상기체이며, 상태량은 IRC 상태량 계산기나 부록 F-1의 공기표로부터 구할 수 있다. IRC 상태량 계산기에 의한 상태량은 다음과 같다.

상태 1: $P_1 = 85$ kPa, $T_1 = -7°C$
$h_1 = 268$ kJ/kg, $s_1 = 6.83$ kJ/kg·K
상태 2: $P_2 = 3P_1 = 255$ kPa, $s_2 = s_1 = 6.83$ kJ/kg·K
$h_2 = 372$ kJ/kg
상태 3: $P_3 = P_2 = 255$ kPa, $T_3 = 38°C$
$h_3 = 312$ kJ/kg, $s_3 = 6.66$ kJ/kg·K
상태 4: $P_4 = 85$ kPa, $s_4 = s_3 = 6.66$ kJ/kg·K
$h_4 = 230$ kJ/kg, $T_4 = -43.3°C$

질량 유속은 $\rho_1 = 1.113 \text{kg/m}^3$에 의해 다음과 같다.
(IRC 상태량 계산기 또는 $\rho_1 = P_1/RT_1 = 85/0.287 \times 266$으로부터)

$$\dot{m} = \rho_1(AV)_1 = 1.113 \frac{\text{kg}}{\text{m}^3} \times 0.54 \frac{\text{m}^3}{\text{s}} = 0.6 \text{ kg/s}$$

Comment

유속 0.54 ㎥/s는 일정하지 않고 질량 유속은 일정하다.

냉각부하는 다음과 같이 계산되어질 수 있다.

$$\dot{Q}_{\text{in}} = \dot{m}(h_1 - h_4)$$
$$= 0.6 \text{ kg/s} \times (268 - 230) \text{ kJ/kg} = \underline{22.7 \text{ kW}}$$

단위 시간당 일량은 다음과 같다.

$$\dot{W}_{\text{net}} = \dot{W}_{\text{comp}} - \dot{W}_{\text{turb}}$$
$$= \dot{m}(h_2 - h_1) - \dot{m}(h_3 - h_4)$$
$$= 0.6 \times [(372 - 268) - (312 - 230)] = \underline{13.2 \text{ kW}}$$

COP는 다음과 같다.

$$\text{COP} = \frac{\dot{Q}_{\text{in}}}{\dot{W}_{\text{net}}} = \frac{22.7}{13.2} = \underline{1.72}$$

상태 4에서는 -43.3°C의 저온을 나타낸다. 낮은 터빈 출구 온도는 공기 냉동 사이클의 주요 특징이다. 비교적 낮은 COP는 공기 사이클과 비교할 수 있는 증기 사이클보다 훨씬 더 많은 에너지 투입이 필요하다는 것을 의미한다. 그렇기 때문에 이것은 항공기 같은 특별한 상황에서 사용된다.

☑ 학습목표 확인 (5)

10.5 요약

이 장에서는 냉장고, 히트펌프와 공기조화장치를 포함한 냉동시스템의 열역학 사이클에 대해 설명하였다. 또한 극저온 운전이 가능한 캐스케이드 시스템에 대해서도 설명이 되었다. 열에너지와 냉매로서 암모니아를 사용하여 운전하는 흡수식 냉동 시스템은 대학 캠퍼스뿐만 아니라 천연가스로 운전하는 냉장고에도 사용된다. 마지막으로, 상용 항공기에서 공기를 이용하는 것과 같이 공기로 운전하는 시스템에 대해서도 분석하였다.

이 장에서 정의된 용어를 살펴보면 다음과 같다.

흡수식 냉동(Absorption refrigeration): 흡수식 냉동시스템은 동력 에너지원으로 열을 사용한다.

캐스케이드 냉동(Cascade refrigeration): 장치에서 작동하는 2단 이상의 냉동사이클.

성능계수(Coefficient of performance): 냉동시스템의 성능 측정값, 입력 전력에 대한 필요 출력 비.

압축기(Compressor): 냉매의 압력을 높이기 위해 사용하는 장치.

응축기(Conderser): 냉매가 포화액체가 될 때까지 열을 제거하는 열교환기.

냉동부하(Cooling load): 냉각할 공간으로의 열전달량.

증발기(Evaporator): 냉각되는 공간(volume)으로 열을 전달하는 열교환기.

증기 냉동(Gas refrigeration): 역 브래이튼 사이클(A reverse brayton cycle).

냉매(Refrigerant): 냉동사이클에서 사용하는 작업유체

스로틀(Throttle): 냉매의 온도를 낮추기 위해 압력을 급격히 감소시킬 때 사용되는 장치.

냉동 톤: 3.52 kW와 같은 냉동의 측정단위.

이 장에서 소개된 중요한 방정식을 요약해보면 다음과 같다:

냉장고(냉동고, refrigerator)의 성능계수: $$\text{COP}_R = \frac{\dot{Q}_{\text{in}}}{\dot{W}_{\text{in}}}$$

히트펌프(heat pump)의 성능계수: $$\text{COP}_{HP} = \frac{\dot{Q}_{\text{out}}}{\dot{W}_{\text{in}}}$$

중간 캐스케이드 압력 (Intermediate cascade pressure): $$P_I = \sqrt{P_H P_L}$$

연습문제

10.1 The device that is responsible for cooling a space with an air conditioner is the:

(A) Evaporator
(B) Regenerator
(C) Condenser
(D) Absorber

10.2 The device that is responsible for heating a space with a heat pump is the:

(A) Evaporator
(B) Regenerator
(C) Condenser
(D) Absorber

10.3 The *T-s* diagram in Fig. 10.15 indicates an ideal refrigeration cycle operating between 120 kPa and 1200 kPa. If R134a is the refrigerant, the compression work is nearest:

(A) 42 kJ/kg
(B) 47 kJ/kg
(C) 56 kJ/kg
(D) 67 kJ/kg

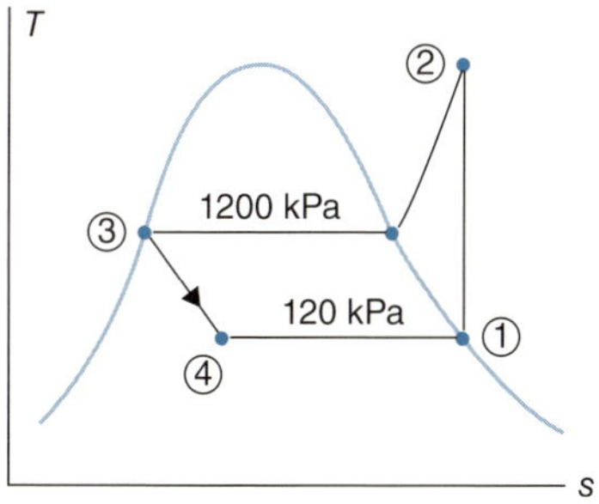

그림 10.15

10.4 The cooling load of the refrigeration cycle of Problem 10.3 is nearest:

(A) 118 kJ/kg
(B) 98 kJ/kg
(C) 83 kJ/kg
(D) 67 kJ/kg

10.5 If the cycle of Problem 10.3 were used to heat a space, the heating load would be nearest:

(A) 120 kJ/kg
(B) 139 kJ/kg
(C) 146 kJ/kg
(D) 165 kJ/kg

10.6 The compressor of the cycle of Problem 10.3 is 85% efficient, and if that is the only loss considered, the percentage drop in the COP_R would be nearest:

(A) 8%
(B) 11%
(C) 13%
(D) 15%

10.7 The ideal gas air-conditioning cycle, shown in Fig. 10.16, operates with air as the refrigerant. The compressor inlets air at 80 kPa and 0°C and operates with a pressure ratio of 7. If the temperature of the air entering the turbine is 100°C, the lowest temperature in the cycle is nearest:

(A) −38°C
(B) −46°C
(C) −59°C
(D) −67°C

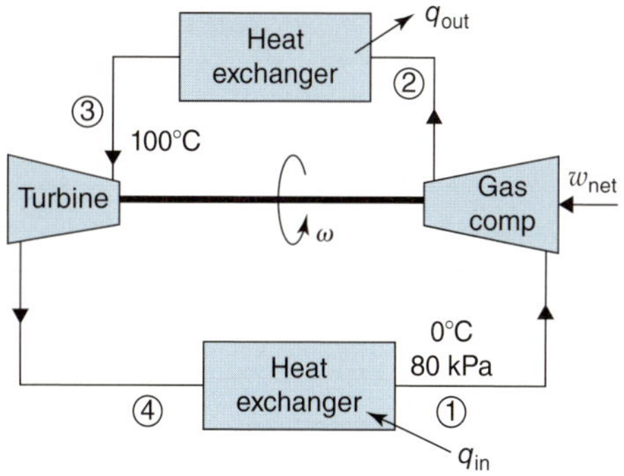

그림 10.16

10.8 The cooling load for the gas air-conditioning cycle of Problem 10.7 is nearest:

(A) 59 kJ/kg

(B) 66 kJ/kg

(C) 77 kJ/kg

(D) 83 kJ/kg

10.9 The COP of the gas air-conditioning cycle of Problem 10.7 is nearest:

(A) 0.29

(B) 1.05

(C) 1.34

(D) 1.98

The Basic Vapor Refrigeration Cycle

10.10 An ideal refrigeration cycle uses R134a as the working fluid. The refrigerant enters the compressor at state 1, shown in Fig. 10.17, at 200 kPa as a saturated vapor. It leaves the condenser as a saturated liquid at 1 MPa. Calculate:

i) The work input to the compressor
ii) The cooling load from the evaporator
iii) The heat rejection from the condenser
iv) The coefficient of performance for the system
v) The Carnot coefficient of performance

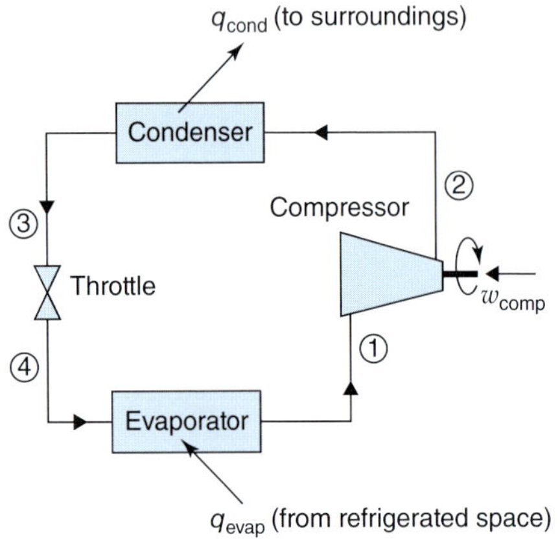

그림 10.17

10.11 An ideal refrigeration cycle uses ammonia as the working fluid. The refrigerant enters the compressor at 120 kPa and the throttle at 1200 kPa. If it produces 12 tons of refrigeration, calculate:

i) The power input to the compressor
ii) The heat rejection from the condenser
iii) The coefficient of performance for the system
iv) The volume rate of flow entering the compressor

10.12 An ideal refrigeration cycle uses R134a as the working fluid. The refrigerant leaves the evaporator at −24°C and enters the throttle at 45°C. If it produces 40 kJ/s of heating, calculate:

i) The power input to the compressor
ii) The heat input to the evaporator
iii) The coefficient of performance for the heat pump
iv) The volume rate of flow entering the compressor

10.13 An ideal refrigeration cycle, using R134a as the working fluid, operates between saturation temperatures of −20°C and 50°C. If the compressor requires 10 hp, calculate:

i) The mass flow rate
ii) The heat input to the evaporator
iii) The coefficient of performance for a cooling system

10.14 An ideal refrigeration cycle uses R134a as the working fluid. The known properties are:

State 1: 160 kPa **State 3:** 60°C

If the mass flux is 0.8 kg/s, calculate:

i) The lowest temperature in the cycle
ii) The horsepower input to the compressor
iii) The cooling load
iv) The coefficient of performance for the system

10.15 An ideal air-conditioning system uses R134a as the refrigerant. The compressor has an inlet pressure of 140 kPa and an exit pressure of 1.6 MPa with a mass flow rate of 0.27 kg/s. Refer to Fig. 10.17 and determine:

i) The lowest cycle temperature
ii) The highest cycle temperature
iii) The cooling load from the evaporator
iv) The heat rejection from the condenser
v) The compressor horsepower
vi) The coefficient of performance for the system

10.16 The compressor in an ideal refrigeration cycle using R134a has an inlet pressure of 120 kPa. Referring to Fig. 10.4, state 1 has a quality of 1.0 and state 4 has a quality of 0.4. For a cooling load of 8 kJ/s, calculate:

i) The necessary mass flow rate of refrigerant
ii) The power input to the compressor
iii) The coefficient of performance for this system

10.17 The ideal air-conditioning system in Problem 10.16 is operated as a heat pump. Determine the heating load and the coefficient of performance.

10.18 An air conditioner using R134a as the refrigerant has a compressor exit temperature of 70°C and an exit pressure of 1.4 MPa. The refrigerant enters the compressor at 140 kPa and −18°C. The condenser cools the refrigerant to 50°C and 1.3 MPa. For a cooling load of 15 kJ/s, determine:

i) The mass flow rate
ii) The isentropic efficiency of the compressor
iii) The power input to the compressor
iv) The rate of heat rejection by the condenser
v) The coefficient of performance for this system

10.19 A large refrigeration system uses ammonia as the refrigerant. The compressor, with an isentropic efficiency of 90%, requires 150 kW. The ammonia enters the compressor at 120 kPa as a saturated vapor and leaves the compressor at 800 kPa. It leaves the condenser very close to the saturated liquid state. If the cooling load is 600 kJ/s, determine:

i) The mass flow rate of ammonia
ii) The rate of heat rejection by the condenser
iii) The coefficient of performance for this system

10.20 The refrigeration cycle shown in Fig. 10.18 used R134a as the working fluid. The following data were measured at each state:

State 1: 120 kPa, $x_1 = 1.0$
State 2: 1200 kPa, 60°C
State 3: 1190 kPa, 58°C
State 4: 1170 kPa, 44°C
State 5: 1160 kPa, 43°C
State 6: 130 kPa
State 7: 128 kPa, $x_7 = 0.42$
State 8: 122 kPa, $x_8 = 0.95$

Assuming an adiabatic compressor, determine the compressor efficiency and the coefficient of performance of a refrigerator.

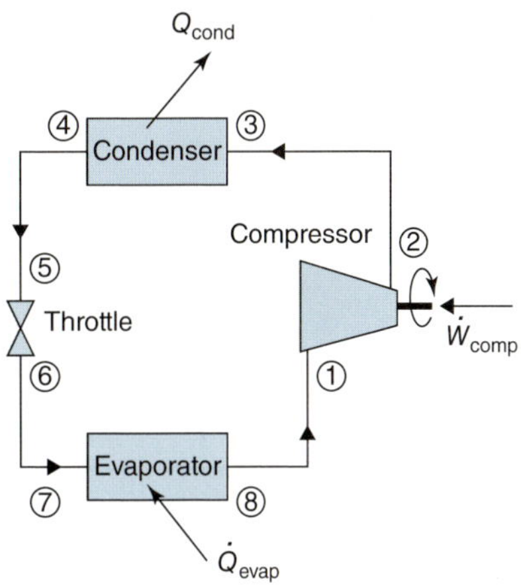

그림 10.18

Cascade Refrigeration Systems

10.21 A two-stage, ideal cascade refrigeration system shown in Fig. 10.19 and Fig. 10.20 uses R134a as the working fluid in both cycles. The mass flow rate through the first stage is 8 kg/min. The known properties are:

State 1: 120 kPa

State 7: 40°C

Determine:

i) The cooling load
ii) The mass flow rate in system #2
iii) The net compressor power required
iv) The overall coefficient of performance

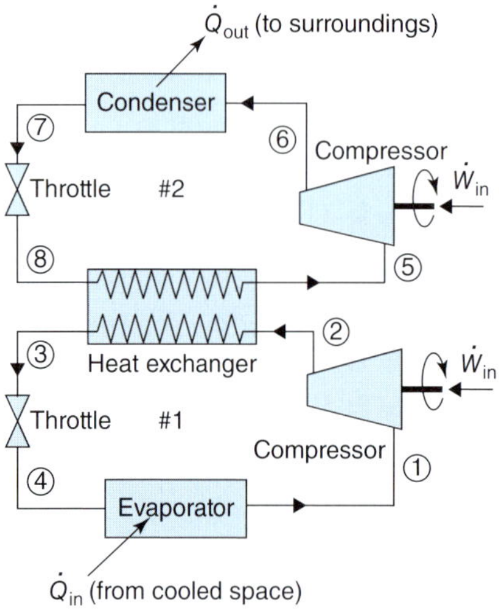

그림 10.19

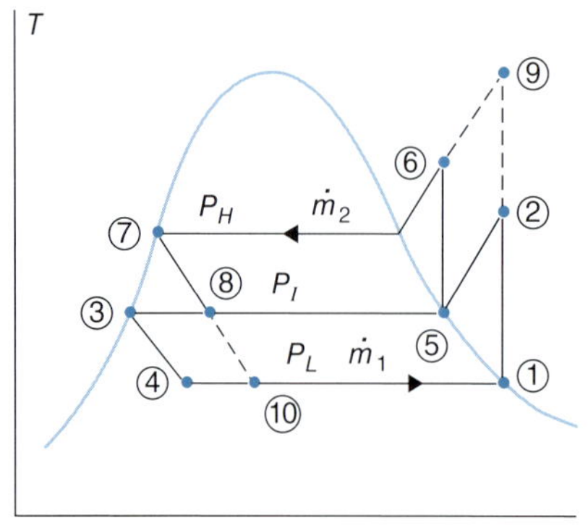

그림 10.20

10.22 Replace the two-stage system of Problem 10.21 with an ideal single-stage system that produces the same cooling load. Determine the minimum cycle temperature, the mass flow rate of the R134a, the compressor horsepower, and the COP. Compare with the results of Problem 10.21 and state your observations.

10.23 A two-stage, ideal cascade refrigeration system shown in Fig. 10.19 uses R134a as the working fluid in both cycles and replaces the ideal single-stage cycle of Problem 10.14. The mass flow rate through the first stage is 0.8 kg/s. The known properties are:

State 1: 160 kPa

State 7: 60°C

Determine:

i) The cooling load
ii) The mass flow rate in system #2
iii) The net compressor power
iv) The coefficient of performance
v) The percentage increase in the COP and the percentage decrease in compressor power compared with that of Problem 10.14

10.24 Replace the two-stage system of Problem 10.23 with an ideal single-stage cycle that uses R134a and produces the same cooling load. Determine the maximum cycle temperature, the mass flow rate of the R134a, the compressor horsepower, and the COP.

10.25 An ideal two-stage cascade refrigeration system shown in Fig. 10.19 uses 0.8 kg/s of R134a as the working fluid in the first cycle and ammonia as the working fluid in the second cycle. Use Eq. 10.4 for the intermediate pressure. The known properties are:

State 1: R134a at 160 kPa

State 7: Ammonia at 60°C

Determine:

i) The cooling load
ii) The mass flow rate of the ammonia
iii) The total compressor horsepower
iv) The coefficient of performance for this system

10.26 An ideal three-stage cascade system uses R134a in all three cycles with a low pressure of 100 kPa and a high pressure of 1000 kPa and with intermediate pressures of 200 kPa and 600 kPa. The mass flux in the low-pressure cycle is 0.8 kg/s. Sketch the cycle on a *T-s* diagram and determine:

i) The cooling load
ii) The mass flux in each cycle
iii) The total compressor power
iv) The COP of this cascade system
v) Also, for a single-stage cycle between the same high and low pressures, find the compressor power and the COP for the same cooling load.

Gas Refrigeration Systems

10.27 Carbon dioxide is used in the ideal-gas refrigeration system of Fig. 10.21. The gas enters the compressor at 150 kPa and −15°C. The gas leaves the compressor at 1.2 MPa. The CO_2 enters the turbine at 40°C. Calculate the temperature at state 4 and the coefficient of performance for this system. Assume constant specific heats and ideal components.

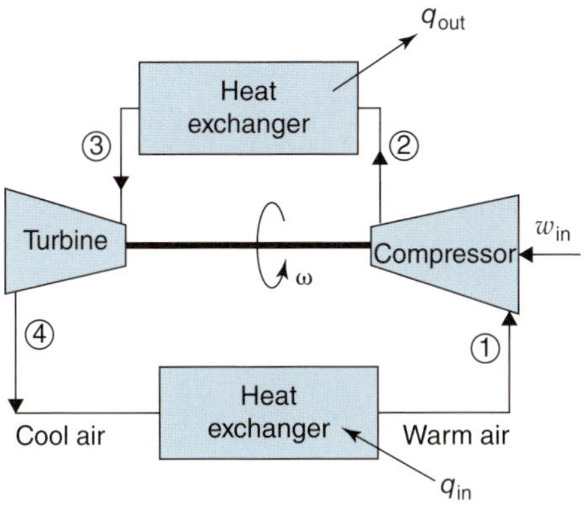

그림 10.21

10.28 Air from a jet engine intake is diverted to an ideal-gas air-conditioning system at 100 kPa and −20°C, as shown in Fig. 10.21. The air leaves the compressor at 600 kPa. The air enters the turbine at 25°C. Assuming constant specific heats and ideal components, calculate the low-cycle temperature and the cycle COP. For a cabin cooling load of 3000 kJ/min, calculate the necessary mass flow rate of air.

10.29 Air enters an ideal reverse Brayton cycle air conditioner at 100 kPa and 2°C with a mass flux of 1.8 kg/s. The compressor has a pressure ratio of 4. The temperature at the inlet of the turbine is 38°C. Assuming constant specific heats and ideal components, calculate:

i) The low-cycle temperature
ii) The power requirement of the cycle
iii) The rate of heat flow from the heat exchanger
iv) The coefficient of performance for this system

CHAPTER

11

기체 혼합물과 습공기

Mixtures and Psychrometrics

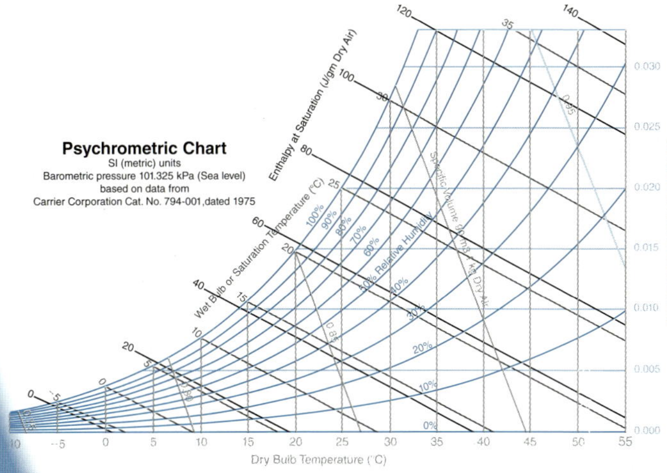

Outline

기호 설명

본 장에서 소개된 변수들은 다음과 같다.

kg_a	공기의 질량	P_i	성분 i의 분압
kg_v	수증기의 질량	R_u	일반기체상수
kg_w	수분의 질량	P_v	수증기의 분압
m_g	포화공기일 때 수증기의 질량	T_{db}	건구온도
m_v	공기에 포함된 수증기의 질량	T_{dp}	이슬점 온도
M_i	물질의 몰질량	T_{wb}	습구온도
M_i	물질 성분 i의 몰질량	x_i	성분의 질량 분율
N	혼합물의 몰수	y_i	몰 분율
N_i	성분 i의 몰수	ϕ	상대습도
P_a	건공기의 분압	ω	비습도 또는 습도

학습목표

- 기체 혼합물과 기체-증기 혼합물에서 사용되는 용어 및 정의를 숙지한다.
- 기체와 기체-증기 혼합물에 대한 열역학 제1법칙 문제를 해결할 수 있다.
- 현장의 습공기에 대한 용어 및 정의를 숙지한다.
- 습공기 선도(psychrometric chart)를 사용하여 공기-수증기 문제를 해결할 수 있다.
- 공기의 조건을 포함한 문제를 해결할 수 있다.

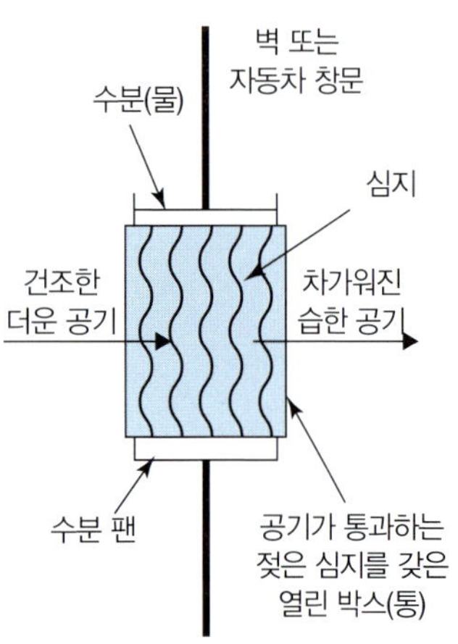

그림 3.1
단순 증발 냉각기

학습예제: 증발 냉각기

우리는 지난 장에서 증발 냉동과 공기조화 시스템에 대해서 공부하였다. 증발 냉각기(swamp cooler)는 비싼 에너지를 소비하는 공기조화장치 없이 냉각 공기를 사용할 수 있는 기술이다. 이 장치의 기술적 용어는 *증발 냉각기*(*evaporative cooler*)이다. 이것 역시 *증발 냉각기*(*swamp cooler*)라고 부른다. 이것은 비교적 습도가 낮을 때 잘 작동한다. 보통 팬에 의한 공기 흐름으로 물분무가 분사되거나 심지로부터 수분이 증발한다. 수분이 저습 공기에서 증발할 때나 액체에서 증기로 변할 때 열을 흡수하고, 그 결과 공기는 습도가 증가함에 따라 냉각된다. "swamp cooler"이란 명칭은 증발되는 수분과 관련된 의미로부터 도래한 것이다. 그림. 11.1에 나타낸 것과 같이 증발 냉각기는 실내로 찬 공기가 흐르도록 주택이나 자동차 창문에 장착할 수 있다.

11.1 기체 혼합물

본문에서 지금까지 주요 물질은 하나의 화학 성분으로 이루어진 순수물질로 간주되어왔다. 우리가 기체 혼합물로 알고 있는 공기가 사용된 경우에도, 이는 보통의 특성을 갖는 순수한 물질로 간주되었다. 이 장에서, 기체들은 둘 이상의 화학 물질의 혼합물로 고려될 것이다. 공기 중에 존재하는 수증기는 우리의 학습에서 주요 초점이 될 것이다.

11.1.1 정의와 용어

혼합물(mixture)은 두 가지 이상의 구성 요소로 이루어져 있다. 이 장에서, 각 구성 요소는 숫자 하첨자로 표시되었다. 예를 들어, 질소, 산소, 아르곤(argon) 및 이산화탄소로 이루어진 공기를 고려한다면 혼합기체의 총 질량 m은 다음과 같다.

$$m = m_1 + m_2 + m_3 + m_4 = \sum_i^4 m_i \tag{11.1}$$

이 식에서, 질소(m_1), 산소(m_2), 아르곤(m_3), 이산화탄소(m_4)로 정의하였다. 각 물질의 *몰수* N_i는 다음 식에 의해 정의된다.

$$N_i = \frac{m_i}{M_i} \tag{11.2}$$

여기서 M_i는 부록의 표 B-2에서 찾을 수 있는 *몰질량*(*molar mass*)이다. 몰질량은 SI 단위로 kg/kmol이고, 영국 단위로 lbm/lbmol 이다. 물질의 분자량 1 kmol은 같은 킬로그램 질량(kg)을 갖으며, 물질의 분자량 1 lbmol은 같은 파운드 질량을 가지므로, 산소의 몰질량 M = 32 kg/kmol이다.

혼합물의 총 몰수는 모든 물질의 몰수의 합으로서, 다음 식과 같이 정의된다.

$$N = \sum_i^n N_i \tag{11.3}$$

여기서 n은 혼합물을 이루고 있는 물질의 수이다. 각 물질의 *질량 분율*(mass fraction) x_i는 다음과 같이 정의된다.

$$x_i = \frac{m_i}{m} \tag{11.4}$$

몰 분율(mole fraction) y_i는 총 몰수에 대한 물질 몰수의 비로서 다음과 같이 정의된다.

$$y_i = \frac{N_i}{N} \tag{11.5}$$

다음 식은 x_i와 y_i의 분율 특성을 만족한다.

혼합물 : 두 가지 이상의 고유 구성 성분을 포함하고 있는 물질.

몰: 물질의 양을 나타내는 측정 단위.

여기에 몰의 진짜 모습이 있다.

Remember:

$$\sum_i^n N_i = N_1 + N_2 + \cdots + N_n$$

질량 분율: 전체 질량에 대한 성분 질량의 비.

몰 분율: 전체 몰량에 대한 성분 몰량의 비. 이것은 체적 또는 질량의 비를 나타내는 것은 아니다.

Note: 혼합물의 $\overline{M}$ 또는 M_{avg} 의 바는 평균을 나타내기 위해 사용되지만, 표기는 그 의미가 분명하기 때문에 불필요하다. 공기는 기체들의 혼합물로서, 표 B-2와 B-3으로부터 M = 28.97 kg/kmol 을 사용한다.

$$\sum_{i}^{n} x_i = 1 \text{ 그리고 } \sum_{i}^{n} y_i = 1 \tag{11.6}$$

공기의 각 혼합물에 대한 평균 분자량은 다음과 같다.

$$M = \frac{m}{N} = \frac{1}{N}\sum_{i}^{n} m_i = \sum_{i}^{n} y_i M_i \tag{11.7}$$

질량과 몰 분율의 관계는 다음 식과 같다.

$$x_i = \frac{m_i}{m} = \frac{N_i M_i}{NM} = y_i \frac{M_i}{M} \tag{11.8}$$

질량 분석 → 질량 지정

몰 분석 → 몰 지정

체적 분석 → 체적 지정(이상기체의 몰랄 분석과 동일)

혼합물의 조성은 각 성분의 질량에 바탕을 둔 *질량 분석*(gravimetric analysis)과 각 성분 몰수에 바탕을 둔 *몰 분석*(molar analysis), 각 성분의 체적에 바탕을 둔 *체적 분석*(volumetric analysis)에 의해서 설명할 수 있다. 이 장에서는, 이상기체들만 분석되었으며, 이상기체의 몰 분석과 체적 분석은 동일하다. 분석의 유형은 각 예제와 연습문제로 제시되었다.

예제 11.1 공기의 주요 구성 성분

Comment

공기는 달리 명시하지 않는 한 수증기를 포함하지 않는 것으로 가정한다. 공기 중의 수증기, 심지어 습공기는 그 양이 너무 작기 때문에, 이 절과 이전 장에서 중요한 양에 대해서는 미미한 영향을 준다. 이것은 다음 절에서 고려될 것이다.

아래와 같이 4가지 주요 성분의 몰분율이라면 공기의 평균 몰질량을 계산하라.

성분	몰분율 y_i	몰질량(kg/kmol)
질소(N_2)	0.7808	28
산소(O_2)	0.2095	32
아르곤	0.0093	40
이산화탄소(CO_2)	0.0004	44

그리고 10 kg의 혼합물에 대한 4가지 각 성분의 질량을 계산하라.

풀이

식 (11.7)과 몰분율로부터 공기에 대한 평균 몰질량은 다음과 같다.

$$\begin{aligned} M_{\text{air}} &= 0.7808 \times 28 + 0.2095 \times 32 + 0.0093 \times 40 + 0.0004 \times 44 \\ &= \underline{28.96 \text{ kg/kmol}} \end{aligned}$$

만약 공기가 질소 79%와 산소 21%로 구성되어 있다면, 이에 대한 평균 몰질량은 다음과 같다.

$$M_{\text{air}} = 0.79 \times 28 + 0.21 \times 32 = \underline{28.8 \text{ kg/kmol}}$$

표 B-2의 값 28.97은 28.8과 1%의 차이를 나타낸다.

아르곤과 이산화탄소는 공기 혼합물에서 크게 차지하지 않는다. 그러나 이산화탄소는 다른 방법에서는 중요한 역할을 하며, 이 예제에서는 무시되었던 소량의 수증기도 마찬가지이다.

이어서, 각각의 성분의 질량을 결정하기 위해 질량에 기초하여 공기 혼합물을 분석하자. 질량분율은 다음 식으로부터 계산된다.

$$x_i = y_i \frac{M_i}{M}$$

그것들은 예시에서 몰분율과 함께 다음 표에 나열되어 있다. 예를 들면 질소의 질량분율은 다음과 같다.

$$x_1 = y_1 \frac{M_1}{M} = 0.7808 \times \frac{28}{28.96} = 0.755$$

성분	몰분율 y_i	질량분율 x_i
질소(N_2)	0.7808	0.755
산소(O_2)	0.2095	0.231
아르곤	0.0093	0.0128
이산화탄소(CO_2)	0.0004	0.0006

공기 중의 질소의 질량은 다음과 같다.

$$m_1 = x_1 m = 0.755 \times 10 = 7.55 \text{ kg}$$

다른 성분의 질량은 다음과 같다. 10 kg의 공기는 7.55 kg의 질소, 2.31 kg의 산소, 0.128 kg의 아르곤과 0.006 kg의 이산화탄소를 포함하고 있다.

Comment
공기는 허용 가능한 정확도로 질소와 산소만으로도 모델링 될 수 있다.

☑ 학습목표 확인 (1)

11.1.2 Amagt와 Dalton의 법칙

이상기체 혼합물에 더 구체적으로 분석해보자. 이들을 분석하는 두 법칙은 Amagat 법칙과 Dalton 법칙이다. *Amagat 법칙*은 혼합물에 따라 각 성분들이 독립적으로 동일 압력과 온도를 가지고 있는 것으로 간주한다. 혼합물의 총체적은 그림 11.2와 같이 성분의 체적의 합이다. 본 설명에서 사용될 *Dalton 법칙*은, 그림 11.3에서 보는바와 같이 혼합물은 각 성분이 차지하는 동일 체적과 동일 온도 상태로 존재한다. 혼합물의 총 압력 P는 다음식과 같이 성분들의 *부분압*(partial pressure) P_i의 합이다.

부분압: 총 압력은 부분압들의 합이다.

$$P = \sum_i P_i \tag{11.9}$$

성분의 부분압은 이상기체 법칙(식 2.14)에 의해 다음 식과 같이 정의된다.

Recall: R_u =8.314 kJ/kmol· K

$$P_i = \frac{N_i R_u T}{V} \tag{11.10}$$

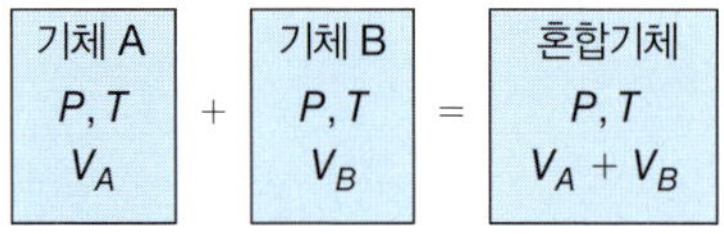

그림 11.2

Amagat 법칙: 혼합물의 각 성분은 동일한 압력과 온도이다.

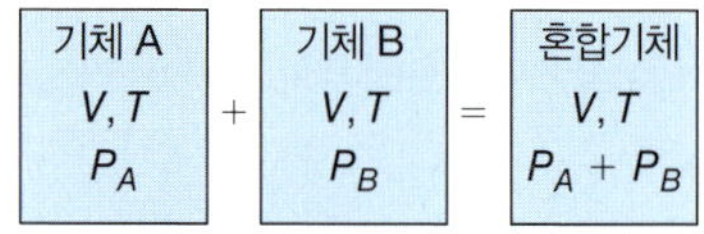

그림 11.3

Dalton 법칙: 혼합물의 각 성분은 동일한 체적과 온도를 차지하고 있다.

이 식에서 N_i는 기체 i의 몰수, R_u(8.314 kJ/kmol · K)는 일반가스상수, T는 혼합물의 절대온도, V는 혼합물의 체적이다. 혼합물 전체의 이상기체 법칙은 다음과 같다.

$$P = \frac{NR_uT}{V} \tag{11.11}$$

Note: Dalton 법칙에 의해 체적뿐만 아니라 온도는 모든 구성 성분에 대해 동일하다.

위 두 식의 비를 몰분율 y_i로 나타낼 수 있다.

$$\frac{P_i}{P} = \frac{N_i}{N} = y_i \tag{11.12}$$

기체 혼합물의 특성은 전형적으로 몰을 기준으로 결정된다. 이상기체 혼합물의 내부에너지, 엔탈피, 그리고 엔트로피는 각 성분의 몰분율과 단위 몰당 값에 기초하여 계산될 수 있다. 몇 가지 일반기체의 몰 특성은 부록 표 F-2~F-5에 제시되어있다. 이상기체로서 수증기의 상태량은 부록 F-6에 나타내었다. 기체 혼합물의 평균 상태량은 다음과 같다.

Unit: kJ/kmol and kJ/kg

$$\bar{u} = \sum_i y_i \bar{u}_i \qquad u = \sum_i x_i u_i \qquad C_v = \sum_i x_i C_{v,i} \tag{11.13}$$

Unit: kJ/kmol and kJ/kg

$$\bar{h} = \sum_i y_i \bar{h}_i \qquad h = \sum_i x_i h_i \qquad C_p = \sum_i x_i C_{p,i} \tag{11.14}$$

Unit: kJ/kmol · K and kJ/kg · K

$$\bar{s} = \sum_i y_i \bar{s}_i \qquad s = \sum_i x_i s_i \tag{11.15}$$

여기에서, $\bar{u}$, $\bar{h}$와 $\bar{s}$는 단위 몰당의 상태량이다. 단위 몰당 내부에너지와 단위 몰당 엔탈피의 SI 단위는 kJ/kmol이다. 단위 몰당 엔트로피의 SI 단위는 kJ/kmol · K이다.

몰 상태량과 질량계 상태량(m_i)의 관계는 다음과 같다.

$$\bar{u}_i = M_i u_i \qquad \bar{h}_i = M_i h_i \qquad \bar{s}_i = M_i s_i \qquad \bar{C}_{p,i} = M_i C_{p,i} \tag{11.16}$$

예제 11.2 부분압

단단한 탱크에 산소 6 kg과 질소 4 kg이 800 kPa, 60°C 상태로 채워져 있다. 그림 11.4에 보는바와 같이 혼합물의 각 성분에 대한 부분압과 기체상수를 계산하라.

풀이

부분압은 식 (11.12)에 의해 몰분율과 관련되어 있다. 각 기체의 몰수를 알고 있다면, 몰분율을 알 수 있다. 각 성분의 몰수는 다음과 같다.

$$\left.\begin{aligned} N_{O_2} &= \frac{m_1}{M_1} = \frac{6\text{ kg}}{32\text{ kg/kmol}} = 0.1875 \\ N_{N_2} &= \frac{m_2}{M_2} = \frac{4\text{ kg}}{28\text{ kg/kmol}} = 0.1429 \end{aligned}\right\} \quad \therefore N = N_{O_2} + N_{N_2} = 0.330\text{ kmol}$$

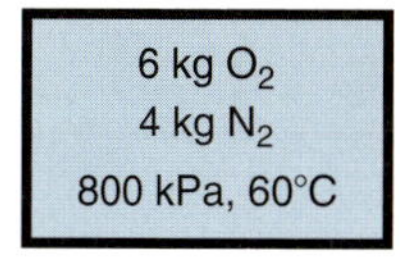

그림 11.4

Note: Dalton's 법칙은 이 문제에서만 사용된다.

몰분율은 다음과 같다.

$$y_1 = \frac{0.1875\text{ kmol}}{0.330\text{ kmol}} = 0.568 \qquad y_2 = \frac{0.1429}{0.330} = 0.433$$

식 (11.2)에 의해 부분압은 다음과 같다.

$$\begin{aligned} P_{O_2} &= P_1 = y_1 P = 0.568 \times 800 = \underline{454\text{ kPa}} \\ P_{N_2} &= P_2 = y_2 P = 0.433 \times 800 = \underline{346\text{ kPa}} \end{aligned}$$

몰질량은 다음과 같다.

$$M = y_1 M_1 + y_2 M_2 = 0.568 \times 32 + 0.433 \times 28 = 30.3\text{ kg/kmol}$$

혼합물의 기체상수는 다음과 같다.

$$R = \frac{R_u}{M} = \frac{8.314}{30.3} = \underline{0.274\text{ kJ/kg}\cdot\text{K}}$$

이것은 산소와 질소 혼합물의 기체상수이다.

혼합물의 상태량 예제 11.3

질소 5 kg과 이산화탄소 8 kg을 포함하고 있는 혼합기체가 300 kPa과 300 K으로 그림 11.5와 같이 있을 때, 다음을 구하라:

i) 각 성분의 질량분율
ii) 각 성분의 몰분율
iii) 일정한 압력에서 혼합물의 온도를 340 K까지 올리는데 필요한 열량
iv) iii) 과정동안 혼합물의 엔트로피 변화

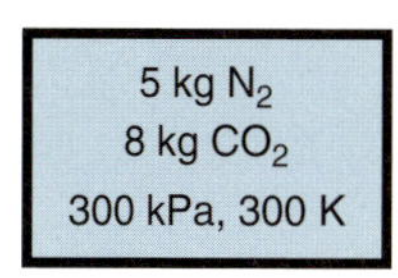

그림 11.5

풀이

$$m_1 = 5\text{ kg}, \qquad m_2 = 8\text{ kg} \qquad \therefore m = 13\text{ kg}$$

$$\text{i)}\ x_1 = \frac{m_1}{m} = \frac{5}{13} = \underline{0.385} \qquad x_2 = \frac{m_2}{m} = \frac{8}{13} = \underline{0.615}$$

(계속)

예제 11.3 (계속)

> **Note:** 질량분율에서 사용된 $C_{p,i}$ 은 질량을 바탕으로 알 수 있다. 만약 $\bar{C}_{p,i}$을 알고 있다면, 몰분율에 사용될 수 있다.

ii) $$N_1 = \frac{m_1}{M_1} = \frac{5\ \text{kg}}{28\ \text{kg/kmol}} = 0.179\ \text{kmol}$$

$$N_2 = \frac{m_2}{M_2} = \frac{8}{44} = 0.182\ \text{kmol}$$

$$N = N_1 + N_2 = 0.179 + 0.182 = 0.361\ \text{kmol}$$

$$y_1 = \frac{0.179}{0.361} = \underline{0.496} \qquad y_2 = \frac{0.182}{0.361} = \underline{0.504}$$

iii) 열역학 제1법칙(P = 일정): $Q = \Delta H = mC_p\Delta T$에 의해서

$$C_p = \sum x_i C_{p,i}$$

$$C_p = x_1 \cdot C_{p_1} + x_2 \cdot C_{p_2}$$

$$= 0.385 \times 1.04 + 0.615 \times 0.86 = 0.929\ \text{kJ/kg·K}$$

$$\therefore Q = mC_p\Delta T = 13 \times 0.929(340 - 300) = \underline{483\ \text{kJ}}$$

iv) 식 (6.19)로부터, 일정압력 과정동안에 이상기체의 엔트로피 변화는 iii)의 C_p에 의해 다음과 같다.

> **Remember:** 온도는 절대 온도이다.

$$\Delta S = m\left(C_p \ln\frac{T_2}{T_1} - R\ln\frac{P_2}{P_1}\right) = mC_p\ln\frac{T_2}{T_1}$$

$$= 13 \times 0.929 \times \ln\frac{340}{300} = \underline{1.511\ \text{kJ/kg·K}}$$

예제 11.4 터빈을 지나는 혼합물의 흐름

아래의 몰분율 표와 같은 기체 혼합물이 그림 11.6의 터빈으로 1200 kPa과 600 K 상태일 때 체적유량 1.2 m^3/s로 들어간다. 혼합물은 터빈에서 300 K 상태로 나온다. 터빈에서 생산된 전력을 구하라.

기체	몰분율 y_i
이산화탄소	0.20
산소	0.02
질소	0.78

풀이

먼저, 혼합물의 평균 몰질량은 계산하면 다음과 같다

$$M = \sum_i y_i M_i = 0.2 \times 44 + 0.02 \times 32 + 0.78 \times 28 = 31.3\ \text{kg/kmol}$$

다음으로, 혼합물의 질량유량은 식 (4.14)에 의해 다음과 같이 구할 수 있다.

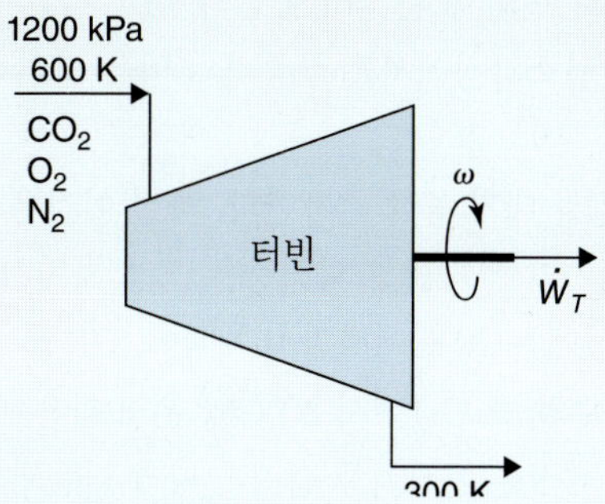

그림 11.6

$$\dot{m} = \frac{\dot{V}}{v} = \dot{V} \cdot \frac{P_1}{(R_u/M)T_1}$$
$$= 1.2\,\frac{\mathrm{m}^3}{\mathrm{s}} \times \left(\frac{1200 \times 31.3}{8.314 \times 600}\right)\frac{\mathrm{kg}}{\mathrm{m}^3} = 9.04\ \mathrm{kg/s}$$

표 F-2, F-3과 F-4의 몰엔탈피에 의해 출력량을 계산할 수 있다. 식 (11.14)에 다음과 같이 구할 수 있다.

$$\dot{W} = \frac{\dot{m}}{M}\sum_i y_i\left[\bar{h}_i(600) - \bar{h}_i(300)\right]$$
$$= \frac{9.04\,\frac{\mathrm{kg}}{\mathrm{s}}}{31.3\,\frac{\mathrm{kg}}{\mathrm{kmol}}}\Big[(0.2)(22\,280 - 9431) + (0.02)(17\,929 - 8736)$$
$$+ (0.78)(17\,563 - 8723)\Big]\frac{\mathrm{kJ}}{\mathrm{kmol}}$$
$$= \left(0.289\,\frac{\mathrm{kmol}}{\mathrm{s}}\right)\left(9649\,\frac{\mathrm{kJ}}{\mathrm{kmol}}\right) = \underline{2790\ \mathrm{kW}}$$

Unit: 비체적 v는 이상기체 법칙 $v = RT/P$에 의해 구할 수 있고, 단위는 $\mathrm{m^3/kg}$ 이다.

Unit: 부록의 이상기체 표로부터 몰엔탈피 $\bar{h}$ [kJ/kmol]를 알 수 있고, 그래서 몰분율이 필요하다.

☑ 학습목표 확인 (2)

11.2 공기-증기 혼합물과 습공기

이 절에서는 두 주요 혼합물인 건공기와 수증기(water vapor)에 대해서 설명할 것이다. 수증기를 포함하고 있지 않은 공기를 *건공기*(dry air)라 한다. 주택 및 상업용 건물의 공기 조절(conditioning)과 연소의 해석에 관련된 문제를 분석할 때에는 수증기를 포함하고 있는 *대기*(atmospheric air)에 대해서 평가하여야 한다. 앞선 장의 연습문제에서 고려된 공기는 건공기로 여겼지만, 대기 중의 상당히 적은 양의 수증기는 열전달,

건공기: 수증기를 포함하고 있지 않은 공기.

대기: 건공기와 습증기를 포함하고 있는 공기.

엔트로피 변화, 내부에너지 변화 또는 과정동안의 주요 다른 상태량에 큰 영향을 주지 않는다. 그러나 건물이나 연소과정에서는 수증기의 양을 고려해주어야 한다. 연소는 12장에서 생각해볼 것이다.

Note: 공기 중의 수증기는 각각 저온과 근 대기압에서 이상기체로 가정한다.

수증기는 과열 기체로서 대기 중에 존재한다. 사실 이것은 이상기체로 모델화 할 수 있으며, 제공된 압력은 대기압에 가깝고 과열량은 크게 차지하지 않는다. 예를 들어, 표 C-1에 표시한 수증기의 상태는 20°C에서의 비체적이 57.8 m^3/kg이지만, 표 B-2로부터 수증기(steam)의 기체상수와 표 C-1에서 20°C의 온도 다음에 표시된 수증기의 부분압을 이용하면, 수증기의 비체적은 이상기체 법칙에 따라 다음과 같다.

$$v = RT/P = 0.462 \times 293/2.338 = 57.9 \text{ m}^3/\text{kg}$$

Observation: 대기는 두 이상기체인 건공기와 수증기의 혼합물로 여긴다.

결과적으로, 대기는 두 이상기체(건공기와 수증기)의 혼합물로 간주할 수 있다. Dalton 법칙에 의해 혼합물의 압력 P는 다음과 같다.

$$P = P_a + P_v \tag{11.17}$$

Note: h_g는 난방과 공기 조화 community에 의해 0°C에서 0(zero)이다. 즉, 표 C-1과 C-2에 나열된 h_g 값은 매우 다르다. 그것의 주요 엔탈피 변화로서 0-데이텀(datum)은 중요하지 않다.

여기서 P_a는 건공기의 부분압이고 P_v는 증기의 부분압으로서 이상기체 혼합물의 압력은 두 성분의 합이다. 위의 예에서 증기의 부분압은 20°C 물의 포화압력이며 표 C-1으로부터 P_v = 2.338 kPa이다. 따라서 P_{atm} = 100 kPa이라면, 건공기의 부분압은 대기에서 P_a = 100 − 2.338 = 97.66 kPa이다.

수증기(이상기체일 때)의 엔탈피와 내부에너지가 온도에만 의존한다면 다음과 같다.

$$h_v(T) = h_g(T) \qquad u_v(T) = u_g(T) \tag{11.18}$$

대기에서 증기를 이상기체로 가정할 수 있는 온도범위는 약 0°C부터 50°C까지이다.

난방, 환기 및 공기 조화(HVAC)의 분야에서 중요한 요소는 어떻게 우리의 가정과 사업장에서 쾌적한 습도 수준을 유지하냐는 것이다. 대기에서 너무 많은 수분은 발한작용(perspiration)에 의해 발열(lose heat)을 어렵게 하여 불쾌해질 수 있다. 너무 적은 수분은 우리의 피부조직과 호흡체계를 자극하게 된다. 이 장의 나머지는 HVAC에 대한 구체적인 분석에 대한 것이다.

11.2.1 용어와 정의

Remember: 대기의 수증기는 약 50°C까지를 이상기체로 본다.

습공기: 공기-수증기 혼합물의 연구.

습도비: 공기의 단위질량당 수증기의 질량. 이것의 단위는 [kgvapor/kgdry-air]이다.

공기-수증기 혼합물의 연구를 *습공기*(psychrometry)라 부른다. 공기에서 수증기의 양을 지정하는 두 가지 기본 수량이 있다. 비습도(specific humidity) ω 또는 *습도비*(humidity ratio)는 건공기의 질량당 수증기의 질량으로서, 다음 식에 의해 정의된다.

$$\omega = \frac{m_{\text{vapor}}}{m_{\text{air}}} \tag{11.19}$$

이것은 우리가 잘 알고 있는 습도의 정의가 아니다. 날씨 채널에서 발표하는 습도는 상대습도(relative humidity)로 아래에 정의하였다. 습도비는 공기 질량에 대한 수분의 비율로 정의되기 때문에 엔지니어들에게는 더 유용하다. 습도비는 공학 계산을 위해 필요하다.

상대습도 ϕ는 동일 온도에서 공기가 완전히 포화될 때까지 필요한 수증기의 질량 m_g에 대한 공기에 실제 포함된 수증기의 질량 m_v의 비율이다. 상대습도는 다음과 같이 정의된다.

Comment

"습도"라는 용어는 상대습도를 의미한다.

$$\phi = \frac{m_v}{m_g} \tag{11.20}$$

수증기를 포함하지 않은 건공기에 대한 상대습도는 습도비에 따라 0이다. 습공기에 들어 있는 수증기는 포화상태에 있으며, 상대습도는 1 또는 100% 상태이다.

Note: 질량 m_g는 최대 수증기량이라 할 수 있다. 수증기의 양이 이 값을 초과한 경우, 아침에(in Michigan) 또는 얼음물이 담긴 컵 외부에 맺힌 이슬처럼 이것은 응축한다.

해석에 따라서, 습도비는 상대습도와 관련되어진다. 이를 통해서, 수증기의 두 m_v와 m_g는 이상기체로 취급된다. 따라서 상대습도는 다음 식에 의해 부분압의 비율과 관련된 것이다.

$$\phi = \frac{m_v}{m_g} = \frac{P_v V/RT}{P_g V/RT} = \frac{P_v}{P_g} \tag{11.21}$$

공기가 약간의 수증기를 포함하고 포화되었을 때의 체적과 온도는 동일한 두 조건으로 가정한다.

Comment

수증기(steam)의 기체상수는 부록 B-2에 주어졌다. 우리는 지금까지 부록 C에서 찾을 수 있는 기체상수를 자주 사용하지 않았다.

습도비는 다음과 같은 형태를 취한다.

$$\omega = \frac{m_v}{m_a} = \frac{P_v V/R_v T}{P_a V/R_a T} = \frac{R_a P_v}{R_v P_a} = 0.622\frac{P_v}{P_a} \tag{11.22}$$

여기에서 $R_a/R_v = 0.622$이다. 식 (11.21)과 (11.22)를 연계하여 두 함수로 나타내면 다음과 같다.

$$\phi = \frac{\omega P}{(0.622 + \omega)P_g} \quad \text{or} \quad \omega = \frac{0.622\phi P_g}{P - \phi P_g} \tag{11.23}$$

Comment

습도비는 계산에서 상대습도보다 더 자주 사용된다.

식 (11.17)에 의해 압력 P는 P_v와 P_a의 합이다.

수증기의 응축 예제 11.5

그림. 11.7에서처럼, 100 kPa, 25°C와 상대습도 75%인 공기가 물방울이 나타나기 시작할 때까지 등온 압축되고 있다. 공기 중에서 수분 양의 변화가 없다는 가정 하에서 최종상태의 압력을 구하라.

풀이

물의 상태:

상태 1: $P_1 = 100\ \text{kPa},\ T_1 = 25°\text{C},\ \phi_1 = 0.75$
상태 2: $T_2 = T_1 = 25°\text{C},\ x_2 = 1,\ P_v = P_g = 3.17\ \text{kPa}$

100 kPa의 초기압력은 공기의 부분압 P_a와 수증기의 부분압 P_v의 합과 같은 총 압력이다. 표 C-1으로부터, 25°C일 때 수분의 포화압력은 3.17 kPa이다. 식 (11.21)에 의해 상태 1에서 수증기의 부분압은 다음과 같다.

(계속)

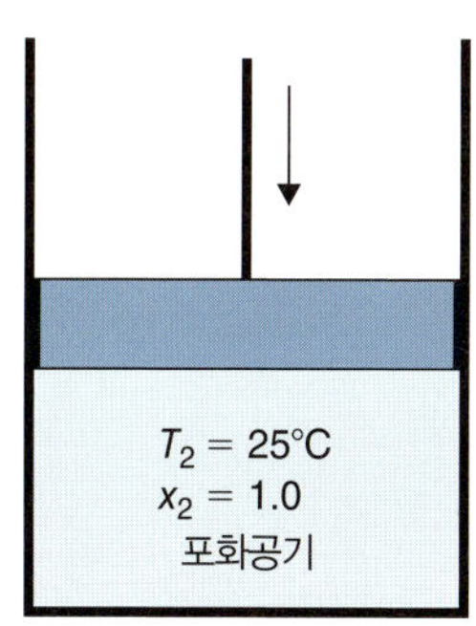

그림 11.7

예제 11.5 (계속)

$$P_v = \phi_1 \times P_g = 0.75 \times 3.17\ \text{kPa} = 2.38\ \text{kPa}$$

식 (11.23)에 의해 습도비는 다음과 같다.

$$\omega_1 = \frac{0.622\phi_1 P_g}{P - \phi_1 P_g} = \frac{0.622 \times 0.75 \times 3.17}{100 - 0.75 \times 3.17} = 0.0152\ \text{kg}_v/\text{kg}_a$$

여기에서 우리는 수증기의 질량(kg_v)과 건공기의 질량(kg_a)을 사용할 것이다.

Comment

우리는 $kg_{vapor}/kg_{dry-air}$라고 쓰기보다는 kg_v/kg_a라고 쓸 것이다.

상태 2에서, 공기 중에서 변화되지 않고 유지된 증기의 양으로부터 습도비는 $\omega_2 = \omega_1 = 0.0152\ kg_v/kg_a$이다.

25℃일 때 $\phi_2 = 1$로부터 $P_{v,2} = P_{g2} = 3.17$ kPa과 식 (11.22)에 의해서 $P_{v,2}$를 구할 수 있고, 최종상태의 압력 P_2는 다음과 같다.

$$P_{a,2} = \frac{0.622 \times P_{v,2}}{\omega} = \frac{0.622 \times 3.17\ \text{kPa}}{0.0152} = 129.7\ \text{kPa}$$

$$\therefore P_2 = P_{v,2} + P_{a,2} = 3.17 + 129.7 = \underline{132.9\ \text{kPa}}$$

예제 11.6 옷의 건조

산업용 건조 공정에서, 수분함량이 질량의 80%인 젖은 직물은 질량유량 0.5 kg/s으로 공기 건조기에 들어가고, 수분함량이 10%로 건조기를 나온다. 공기는 상대습도가 20%이고 80°C로 건조기에 들어가고, 상대습도가 70%인 60°C의 공기로 나온다. 그림 11.8의 개략도를 참고하여, 이 건조과정을 달성하기 위해 필요한 공기의 질량유량을 결정하라. 증기는 이상기체로 가정한다.

질량의 보존:

직물: $\dot{m}_{f,\text{in}} = \dot{m}_{f,\text{out}}$

수분: $\dot{m}_{w,\text{in}} = \dot{m}_{w,\text{out}}$

공기: $\dot{m}_{air,\text{in}} = \dot{m}_{air,\text{out}}$

풀이

건조기로 들어가는 옷 :

$$\dot{m}_{\text{in}} = 0.5\ \text{kg/s} \qquad \text{젖은 옷}$$

$$\dot{m}_{w,\text{in}} = 0.8 \times 0.5 = 0.4\ \text{kg/s} \qquad \text{직물의 수분}$$

$$\therefore \dot{m}_{f,\text{in}} = 0.1\ \text{kg/s} \qquad \text{직물}$$

유입 공기 : $T_{a,in} = 80°C$이고 $\phi_{in} = 0.2$이다. 따라서 $P_g = 50\ kP_a$이다. 습도비는 식 (11.23)에 의해 다음과 같다.

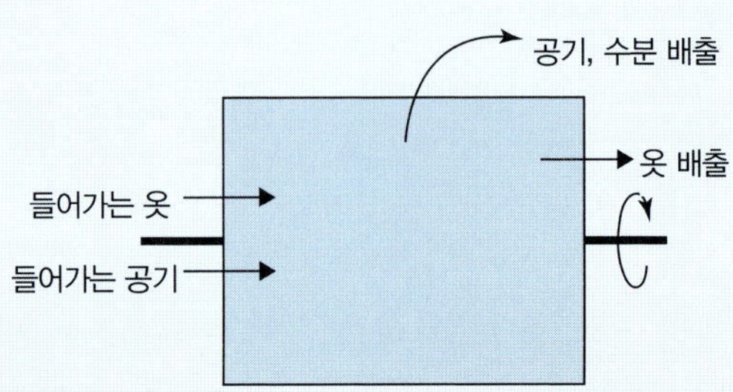

그림 11.8

$$\omega_{in} = \frac{0.622\phi P_g}{P - \phi P_g} = \frac{0.622 \times 0.2 \times 50}{101.3 - 0.2 \times 50} = 0.068 \frac{kg_v}{kg_a}$$

건조기를 나오는 직물과 공기:

$$\dot{m}_{f,out} = \dot{m}_{f,in} = 0.1 \text{ kg/s}$$

$$T_{air,out} = 60°C \quad \text{and} \quad \phi = 0.7 \quad \therefore P_g = 20 \text{ kPa}$$

건조기를 나온 공기의 습도비는 다음과 같다.

$$\omega_{out} = \frac{0.622\phi P_g}{P - \phi P_g} = \frac{0.622 \times 0.7 \times 20}{101.3 - 0.7 \times 20} = 0.094 \frac{kg_v}{kg_a}$$

직물에서 나온 수분에 대해서, 총 질량의 10%는 수분이다. 따라서 오직 직물에 대해서, $(\dot{m}_w)_{out}$으로부터 수분의 질량 평형은 다음과 같다.

$$(\dot{m}_w)_{out} = 0.1[(\dot{m}_w)_{out} + (\dot{m}_f)_{out}] = 0.1[(\dot{m}_w)_{out} + 0.1 \text{ kg/s}]$$

$$\therefore \dot{m}_{w,out} = 0.011 \text{ kg/s (직물)}$$

공기와 직물에서 수분의 전체질량은 보존되어야 하므로 다음과 같다.

$$0.4 + 0.068 \times \dot{m}_{air,in} = 0.011 + 0.094 \times \dot{m}_{air,out}$$

$\dot{m}_{air,in} = \dot{m}_{air,in}$로부터, 공기의 질량유량은 다음과 같다.

$$\dot{m}_{air} = 14.9 \text{ kg/s}$$

Note: kg_v = 수증기의 질량, kg_a = 공기의 질량

11.2.2 단열 포화 온도

상대습도 측정기를 *습도계*라고 부른다. 전자 습도계는 응축온도를 이용하거나 전기용량 또는 저항변화를 측정하여 습도변화를 측정한다. 습도계는 상대습도의 정확한 측정치를 제공하는 것은 아니다. 어떤 공학설계 상황에서는 습도비를 알기 위한 실제 값이 필요하다. 습도비 ω와 상대습도 ϕ는 그림 11.9에 나타낸 장치(단열포화 장치)와 그림 11.10에 나타낸 T-s 선도로부터 정확한 값을 알 수 있다. 장치는 출구에서의 상대습도가 100% 또는 100% 가까이 있는지 확인 할 수 있을 만큼 충분히 길어야한다. T-s 선도에서 습도 증가와 온도 감소에 따라 수증기의 부분압이 증가하는 것을 나타내고 있다.

이러한 분석의 목적은 측정 가능한 특성으로부터 습도비 ω_1에 대한 식을 알기 위한 것이다. 장치는 열전달 발생이 없도록 차단되어 있고, 그림 11.10에서 상태 2에 표시된 것과 같이 공기가 포화되었기 때문에 각각 "단열", "포화"라고 할 수 있다. 때문에 출구 온도는 단열 포화 온도(adiabatic saturation temperature)이다.

이와 같은 정상유동 과정동안 엔탈피 균형을 두 입구와 하나의 출구를 제어체적에 적용하면 열역학 제1법칙의 형태는 다음과 같다.

Comment

"습도"라는 용어가 사용될 때마다, 항상 상대습도 ϕ를 의미하며, 결코 습도비 ω는 아니다.

Note: 습도의 정확한 측정은 매우 어렵다.

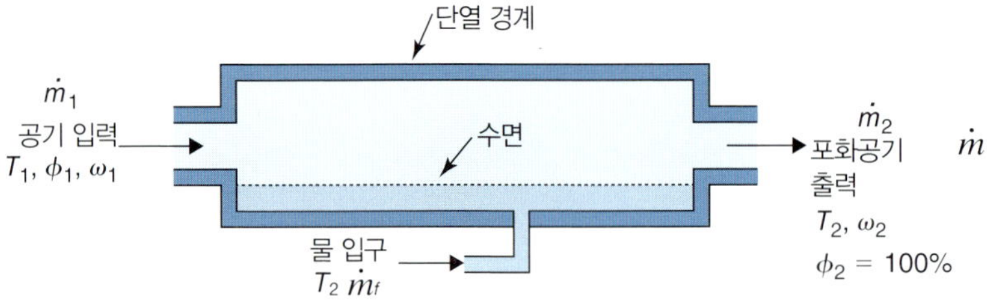

그림 11.9

습도비를 정의하기 위해 이 장치를 사용한다.

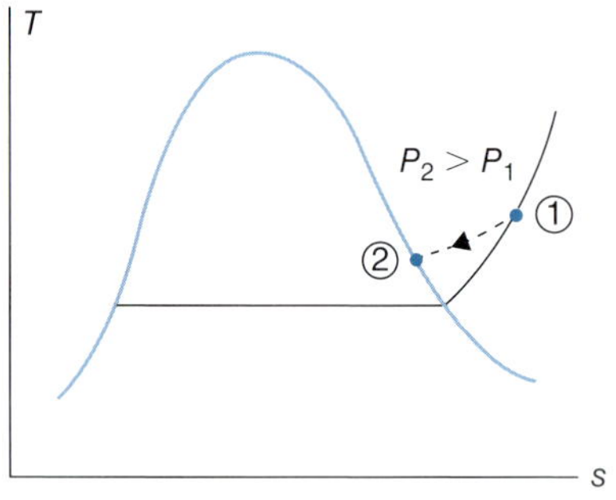

그림 11.10

그림 11.9의 T–s 선도. P_1과 P_2는 수증기의 부분압이다..

$$\dot{m}_{v1}h_{v1} + \dot{m}_{a1}h_{a1} + \dot{m}_f h_{f2} = \dot{m}_{v2}h_{v2} + \dot{m}_{a2}h_{a2} \tag{11.24}$$

여기서 보충수의 온도가 출구온도와 동일하다고 가정하면, h_{f2}는 엔탈피로 사용된다. 질량균형은 공기와 증기 모두 다음과 같다.

> **Note:** Q=0, W=0인 정상유동일 때, 운동에너지와 위치에너지 변화를 무시한다면 엔탈피는 일정하다.

$$\dot{m}_{a1} = \dot{m}_{a2} = \dot{m}_a \quad \text{and} \quad \dot{m}_{v1} + \dot{m}_f = \dot{m}_{v2} \tag{11.25}$$

$\omega = mv/m_a$ 정의는 식 (11.25)의 두 번째 식에 의해서 다음과 같이 된다.

$$\dot{m}_f = \dot{m}_a(\omega_2 - \omega_1) \tag{11.26}$$

ϕ_2 = 1.0으로부터 식 (11.23)을 이용하여 습도비 ω_2을 계산할 수 있으며, 다음과 같다.

> **Note:** 상태 1은 포화 증기 곡선에 매우 근접해 있기 때문에 $h_{v1} \cong h_{g1}$이다.

$$\omega_2 = 0.622\frac{P_{g2}}{P - P_{g2}} \tag{11.27}$$

아래 식 (11.25)와 (11.26)을 식 (11.24)에 대입하고, 수식과 함께 $h_v \cong h_g$을 사용하면, 입구 습도비 식은 다음과 같이 정의된다.

$$\omega_1 = \frac{\omega_2 h_{fg2} + C_p(T_2 - T_1)}{h_{g1} - h_{f2}} \tag{11.28}$$

> **Note:** 허용 가능한 정확도를 측정될 수 있기 때문에, 계산된 습도 ω_1은 매우 정확하다.

우리는 건공기 성분과 $h_{fg2} = h_{g2} - h_{f2}$에 대한 $h_{a2} - h_{a1} = C_p(T_2 - T_1)$을 사용할 수 있다.

대기에 대한 습도비 식은 측정 가능한 상태량 T_1 , T_2와 P, 식 (11.27)로부터 계산된 ω_2와 부록 C에서 찾은 나머지 특성에 의한 것이다. 우리는 이 절의 식들을 적용하기 전에 몇 가지 용어가 정의되어야 한다. 예제 11.7은 이 절의 식들이 적용된다.

☑ 학습목표 확인 (3)

11.2.3 습공기

습공기(psychrometrics)는 기체-증기 혼합물로서 간주되는 공기의 물리적 특성을 알아내는 것을 수반하여 공학적 문제에 대한 분석을 묘사하는데 사용되는 용어이다. 이것을 건습구(싸이크로미트리; psychrometry)라 한다. 많은 관심이 집중되어 있는 상대습도는 그림 11.9의 복잡한 장치나 부정확한 습도계를 사용하는 것보다, 두 온도계를 이용하는 건습구 *습도계*(psychrometer)를 이용하면 충분히 정확하게 측정할 수 있다. 습도를 결정하기 위한 허용 기술은 슬링 건습구 습도계(*슬링 습도계*; sling psychrometer)라는 장치를 사용한다. 이 장치는 그림 11.11에 나타낸 것과 같이 두 온도계를 다소 좁은 기판 (narrow board)에 병렬로 장착하여, 핸들의 베어링에 부착하였다. 사용자는 장치의 핸들을 붙잡고 원형으로 흔든다. 온도계 중 하나는 대기에 노출 시켜 대기온도를 측정하는데, 이것을 건습구 습도계에서 *건구온도*(dry-bulb temperature) T_{db}라 한다. 다른 온도계의 벌브(bulb)는 물에 적신 면-심지(cloth-wicking) 재질로 싸여 있다. 이 벌브로 측정된 온도는 심지로부터 증발하는 수분의 온도이다. 이 포화온도를 *습구온도*(wet-bulb temperature) T_{wb}라 한다. 이것은 그림 11.9의 단열 포화 온도 T_2와 거의 같다.

> **습도계:** 습도를 측정하는 장치. 이 장치는 그림 11.9보다 훨씬 간단하지만 정확하지 않다.

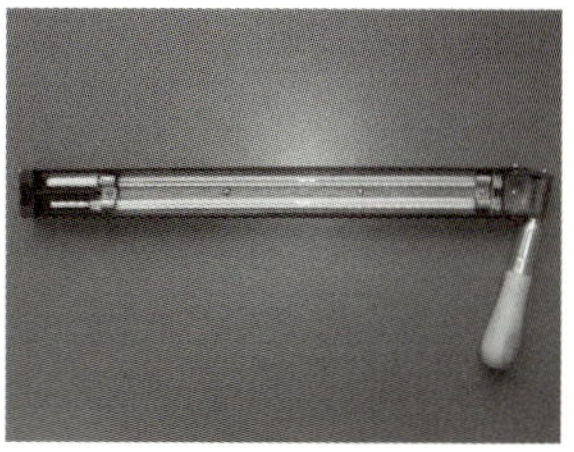

그림 11.11
슬링 건습구 습도계(슬링 건습계)를 사용하여 습도를 측정한다.

슬링 건습구 습도계의 작동을 설명하기 전에, 건습구(싸이크로미트리; psychrometry)의 학습에서 정의되었던 세 번째 온도는 대기압에서 수분이 응축되기 시작하는 *이슬점 온도*(dew point temperature) T_{dp}이다. 이슬점의 효과에 대한 좋은 예는 빙수 유리그릇에서 관찰할 수 있다. 유리그릇의 외측이 기존 대기 조건에서 이슬점 미만이라면 유리의 바깥 표면에는 물이 응축될 것이다. 유리그릇이 계속 건조하다면, 유리의 외부 온도는 이슬점 이상이다. 단열된 유리그릇은 일반적으로 이슬점 이상의 바깥 표면을 유지한다.

슬링 건습구 습도계의 작동 순서는 먼저 습구온도계의 심을 젖게 한다. 이어서 건습구 습도계는 약 30초 동안 원운동을 한다. 건구와 습구 온도를 읽고, *습공기 선도*(psychrometric chart)를 이용하여 상대습도를 결정한다. 부록 표 G-1에 나타낸 습공기 선도의 SI 버전은 Carrier Corporation에서 개발하였다. 이 선도는 혼란스럽게 나타나 있지만 일부는 설명함으로서 읽을 수 있게 된다. 이에 대해서는 그림 11.12가 도움이 될 것이다. 건구온도 T_{db}는 가로축에, 오른쪽 세로축에는 습도비 ω(수분량: kg_{vapor}/kg_{air})가 그려진다. 습구온도 T_{wb}는 왼쪽에서 오른쪽까지 아래로 기울어진 직선으로 그려져 있다. 이슬점 온도 T_{dp}는 굵게 왼쪽으로 굽은 선 위의 습구온도 값과 동일한 수평선상의 값이다. 상대습도는 선도의 왼쪽 하단부터 오른쪽 상단까지 확장 곡선 상에 그려져 있다. 상태 A는 두 가지 상태량을 알면 찾을 수 있다. 예를 들어, T_{db}와 T_{wb}는 건습구 습도계에 의해 알 수 있다. 다른 상태량은 선도에서 읽는다. 부록 G는 100 kPa 용 선도라는 것이 강조되어야 한다. 고도에 따라 대기압은 100 kPa과 크게 다르므로, 그 고도에 대한 선도를 사용해야 한다.

> **건구온도 T_{db}:** 일반 온도계로 측정된 공기의 온도
>
> **습구온도 T_{wb}:** 공기 흐름에서 젖은 물질에 의해 도달된 온도, 거의 단열포화온도와 동일
>
> **이슬점 온도 T_{dp}:** 대기 중의 수증기가 응축을 시작하는 온도
>
> **습공기 선도:** 특정한 대기압에서 건구 온도, 습구 온도, 이슬점 온도, 습도, 비습도, 엔탈피에 관한 차트.

10%부터 90%까지 습도 곡선은 부록 G의 선도 위에 그려진다. 가장 위로 굽은 선은 표시되지 않지만, 100% 상대습도 선으로 표시된다. 혼합물의 비엔탈피는 습구온도 선에 평행하게 기울어진 선 위에 그려진다. 이것은 건공기의 비엔탈피로서 단위는 kJ/kg이다. 건공기의 비체적은 비엔탈비 선보다 다소 가파르게 기울어진 선으로 그려지지만 우리 학습에는 가끔만 사용될 것이다.

Warning : 부록 G의 습공기 선도는 100 kPa에 대한 것이다. 이것은 일반적인 고도에 사용할 수 있지만, 다른 고도에서는 그 고도에 대한 선도를 사용해야 한다.

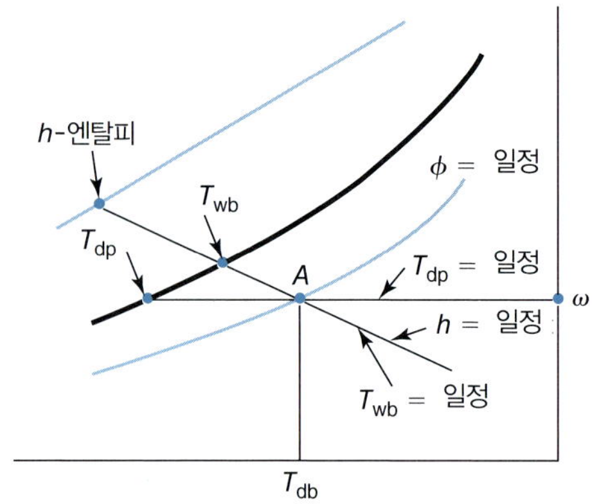

그림 11.12

습공기 선도

예제 11.7 ω와 ϕ의 결정

각 30°C와 25°C인 대기에서 슬링 건습계를 사용하여 건구온도와 습구온도를 측정하였다. 100 kPa의 대기압일 때, 습도비, 상대습도 및 그림 11.9에 들어갈 비엔탈피를 구하라.

풀이

들어갈 때와 빠져나갈 때의 상태:

상태 1 : $T_1 = 30°\text{C},\ h_{g1} = 2556\ \text{kJ/kg}$
상태 2 : $T_2 = 25°\text{C},\ h_{f2} = 105\ \text{kJ/kg},\ h_{fg2} = 2442\ \text{kJ/kg}$

그림 11.9로부터 빠져나갈 때의 온도는 $\phi_2 = 1.0$으로 습구온도일 것이다. 표 C-1에서 특성을 찾을 수 있다. 빠져나갈 때의 습도비는, 표 C-1로부터 $P_{g2} = 3.169$ kPa에 의해 다음과 같다.

$$\omega_2 = 0.622\frac{P_{g2}}{P - P_{g2}} = 0.622 \times \frac{3.169}{100 - 3.169} = 0.0204\ \frac{\text{kg}_v}{\text{kg}_a}$$

습도비는 다음과 같이 계산할 수 있다.

$$\omega_1 = \frac{\omega_2 h_{fg2} + C_p(T_2 - T_1)}{h_{g1} - h_{f2}}$$
$$= \frac{0.0204 \times 2442 + 1.0 \times (25 - 30)}{2556 - 105} = \underline{0.0183\ \text{kg}_v/\text{kg}_a}$$

상대습도는 다음과 같다.

$$\omega_1 = 0.622\frac{P_{v1}}{P_{a1}} \quad 0.0183 = 0.622\frac{P_{v1}}{100 - P_{v1}}$$

$$\therefore P_{v1} = 2.86\ \text{kPa and } \phi_1 = \frac{P_{v1}}{P_{g1}} = \frac{2.86}{4.246} = 0.673 \text{ or } \underline{67.3\%}$$

여기에서 P_{g1}은 30°C일 때 표 C-1에서 찾을 수 있다.

건공기와 수증기의 이성(two-component) 혼합물이 들어갈 때의 비엔탈피는 다음과 같다.

$$h_1 = h_{a1} + h_{v1} \cong C_p T_1 + \omega_1 h_{g1}$$

$$= 1.0 \times 30 \frac{\text{kJ}}{\text{kg}_a} + 0.0183 \frac{\text{kg}_v}{\text{kg}_a} \times 2556 \frac{\text{kJ}}{\text{kg}_v} = \underline{76.8 \text{ kJ/kg}_a}$$

Comment

온도는 $h_2 - h_1$의 차이기 때문에 허용할 수 있는 습공기 선도에서 섭씨로도 사용할 수 있다는 것이 중요하다.

예제 11.8

예제 11.7의 결과 검토

그림 11.13에 보이는 바와 같이, 각 30°C와 25°C 대기에서 측정한 건구온도와 습구온도를 사용하여 예제 11.7의 결과를 습공기 선도를 사용해 검토하라. 위 예제의 상태 1의 습도비, 상대습도 및 비엔탈피를 구하라.

Comment

습공기 선도는 공학적인 계산을 위해 충분히 빠른 결과를 제공한다.

풀이

T_{db}=30°C와 T_{wb}=25°C일 때 제공된 특성에 따른 부록 그림 G-1의 습공기 선도는 다음과 같다.

$$\omega_1 = \underline{0.018 \text{ kg}_v/\text{kg}_a}, \quad \phi_1 = \underline{67\%}, \quad \text{and} \quad h_1 = \underline{76.5 \text{ kJ/kg}_a}$$

분명히, 선도를 이용하여 식을 푸는 것보다 훨씬 용이하고, 상당히 정확하다. 이는 단지 1.6%의 ω_1, 0.4%의 ϕ_1와 h_1의 오차가 있을 뿐이다. 가장 자주 사용하는 특성은 부록 G의 비교적 작은 선도에서도 충분히 정확하지만, 큰 선도 또한 증가의 정확성도 인정할 수 있다.

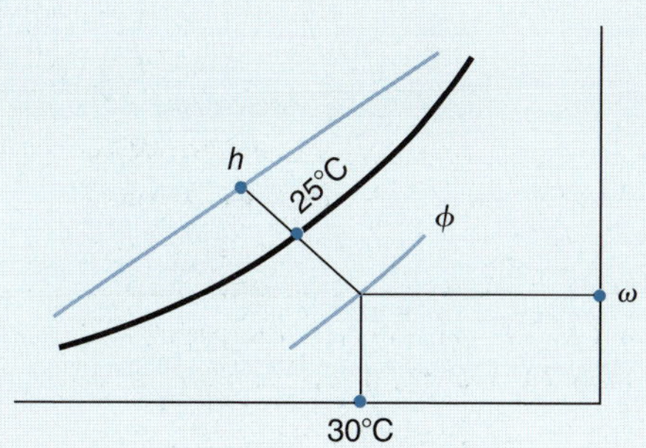

그림 11.13

예제 11.9 공기조화 장치에 의해 제거된 수증기

Note: 105 kPa의 압력은 100 kPa에 가깝기 때문에, 습공기 선도는 충분히 정확한 특성을 제공한다.

그림 11.14의 대형 상업용 공기조화 장치는 대기에서 5 kg/s으로 작동 한다. 공기는 105 kPa의 압력으로 들어오며, 이 때 건구 온도는 35°C, 습구온도는 30°C이다. 공기조화 장치에 의해 공기는 건구온도 20°C, 습구온도 10°C 그리고 압력은 100 kPa의 상태로 빠져 나간다. 한 시간 동안 제거된 수분의 양은 얼마인가? L/hr의 단위로 변환하여 답하라.

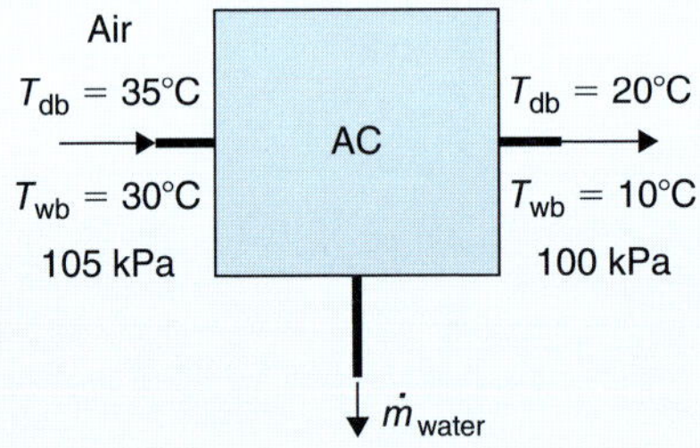

그림 11.14

풀이

공기조화 장치에서의 입구와 출구의 공기에 대해서 그림 G-1의 습공기 선도로부터 상대습도와 습도비를 정의할 수 있다.

입구 공기: T_{db} = 35°C와 T_{wb} = 30°C일 때, 습공기 선도로부터 ϕ_{in} = 0.70과 ω_{in} = 0.0253 kg_v/kg_a이다.
출구 공기: T_{db} = 35°C와 T_{wb} = 30°C일 때, 습공기 선도로부터 ϕ = 0.26과 ω_{out} = 0.0036 kg_v/kg_a이다.

공기조화 장치에 들어가는 대기의 질량 유속은 다음과 같다.

$$\dot{m}_a + \dot{m}_v = 5\ \text{kg/s}$$

식 (11.19)에 의해서, 건공기의 질량 유속을 다음과 같이 구할 수 있다.

$$\dot{m}_a + \omega\dot{m}_a = \dot{m}_{\text{in}}$$

$$\dot{m}_a + 0.0253\dot{m}_a = 5\ \text{kg}_a/\text{s} \qquad \therefore \dot{m}_a = 4.88\ \text{kg}_a/\text{s}$$

공기조화 장치에 들어가는 수증기의 질량 유속은 다음과 같다.

$$\dot{m}_{v,\text{in}} = 5 - 4.88 = 0.12\ \text{kg}_v/\text{s}$$

건공기의 질량 유속은 일정하기 때문에, 공기조화 장치를 빠져나갈 때 역시 4.88 kg_a/s이다. 이것은 공기조화 장치를 지나 나온 수증기의 질량 유속에도 적용할 수 있다.

$$\dot{m}_{v,\text{out}} = \omega_{\text{out}}\dot{m}_a = 0.0036 \times 4.88 = 0.0176\ \text{kg}_v/\text{s}$$

수증기의 질량보존을 적용하면 다음과 같은 결론을 얻을 수 있다.

$$\dot{m}_{\text{water}} = \dot{m}_{v,\text{in}} - \dot{m}_{v,\text{out}}$$
$$= 0.12 - 0.0176 = 0.102 \text{ kg}_v/\text{s} \quad \text{or} \quad \underline{370 \text{ kg}_v/\text{hr}}$$

☑ 학습목표 확인 (4)

11.3 공기조화 과정

사람들이 편안하게 거주하거나 일을 하는 공간의 공기는 "*쾌감대*(comfort zone)"를 유지해야 한다. 쾌감대는 일 년(여름에 온도가 겨울에 비해 다소 높음) 중 시간에 따라 그리고 사람의 활동도에 따라 크거나 작을 수 있다. 적절한 쾌감대는 그림 11.15에 나타낸 습공기 선의 점선 안쪽이다. *공기조화 과정*(air-conditioning process)의 목적은 쾌감대 밖의 불쾌한 상태에서 쾌감대 안의 쾌적한 상태로 공기가 이동하는 것이다. 가장 값비싼 것은, 플로리다 상황처럼 상태 F와 같이 높은 습도, 높은 온도 조건으로부터 수분을 감소시키는 상태 I의 쾌감대로 이동하는 것이다. 더 저렴한 이동은, 애리조나 상황처럼 건조하고 더운 조건에서 수분을 더하는 상태 J부터 상태 K까지이다. 다음과 같이 일반적인 이동을 요약할 수 있다.

> **쾌감대:** 사람이 쾌적하게 느끼는 기온 습도 풍속의 범위

> **공기조화 과정:** 불편한 상태의 공기를 쾌감대로 이동시키는 과정.

- **난방**(heating) — 공기가 매우 차가울 때: 열이 가하여 상태 A부터 상태 C까지 이동 됨. 수분을 제거하지 않아도 습도가 감소한다는 것을 인지해야 한다.
- **냉방**(cooling) — 공기가 매우 더울 때: 열이 제거되어 상태 B부터 상태 C까지 이동 됨. 습도가 증가하며, 수분은 더해지지 않는다는 것을 인지해야 한다.
- **난방과 가습**(humidifying) — 공기가 매우 차갑고 습도가 매우 낮을 때: 열을 가하여 상태 D부터 상태 E까지 이동하고, 수분을 더하여 상태 C로 이동 됨. 수분은 쾌감대로 들어갈 때까지 더해야 한다는 것을 인지해야 한다.
- **냉방과 제습**(dehumidifying) — 공기가 매우 덥고 매우 습할 때: 먼저 상태 F부터 상태 G까지 공기를 냉각한다. 그런 다음 공기를 냉각 상태 H에 도달 할 때까지 수분을 제거하는 것을 계속한다. 끝으로 상태 I에서 쾌감대까지 공기를 가열한다. 이것은 올랜도와 플로리다와 같은 매우 습한 지역에서는 일반적이다.
- **증발 냉각** — 공기가 매우 덥고 습도가 매우 낮을 때: 수분은 상태 J부터 상태 K까지 공기가 이동하는 동안 더하여진다. 쾌감대 상태로 도달하지 못 하면, 열이 더하여질 수 있다. 이것은 피닉스와 애리조나처럼 매우 건조한 지역에서 사용하는 증발 냉각기(swamp cooler)이다. 고온 건조 공기를 냉각할 때 수분을 더하지 않은 경우에는 쾌감대로 들어갈 수 없다는 것을 인지해야 한다.

> **현열:** 수분량의 변화 없이 온도만 변하는 상태 D부터 상태 E까지이며, 이것은 $Q = mC_p\Delta T$로 나타낸다.

> **Note:** 질량과 에너지 식은 질량 유속의 비 $\dot{m}_{a,L}/\dot{m}_{a,I}$와 같은 거리의 비 d_{I-M}/d_{L-M}로 나타낼 수 있다.

> **잠열냉각:** 수분은 제거되지만 온도는 그대로일 때이다. 제습기는 습기를 제거하고, 상태를 쾌감대 이상의 쾌감대로 직접 이동할 수 있다. 이 과정은 표시되지 않았다.

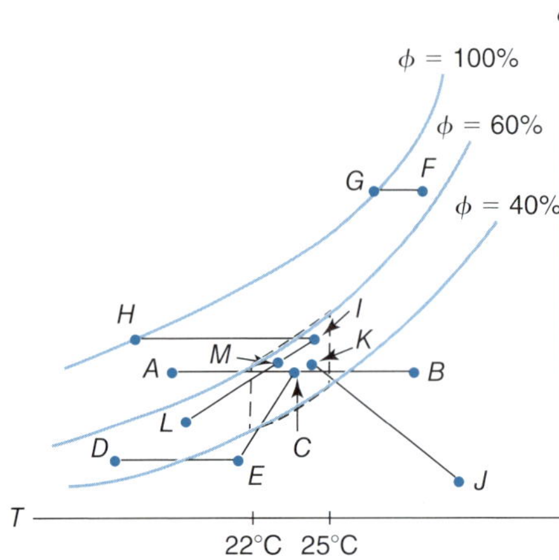

그림 11.15

공기조화 과정

- **내외 공기 혼합** — 내부 공기는 매우 따뜻하고 외부 공기가 매우 차가울 때: 외부로부터의 상태 L에서 너무 습한 공기 흐름은 내부로부터의 상태 I에서 내부 공기 흐름과 섞이게 되며, 상태 M은 최종 상태를 나타낸다. 주로 상태 M은 쾌감대에 있으므로 공기조화가 전혀 필요하지 않다. 에너지와 공기 흐름의 질량 균형은 상태 L과 I를 잇는 직선상에 놓인 상태 M으로 알 수 있다. 몇 가지 예제로 앞선 과정에 대해 예를 들어 설명할 것이다. 추가 식은 필요하지 않다.

예제 11.10 난방

그림 11.16에 나타낸 것과 같이, 8°C, 80% 습도의 바깥 공기를 22°C로 가열하였다. 질량 유속이 2 kg$_a$/s일 때, 필요 열전달률과 종료 상대습도를 추정하라.

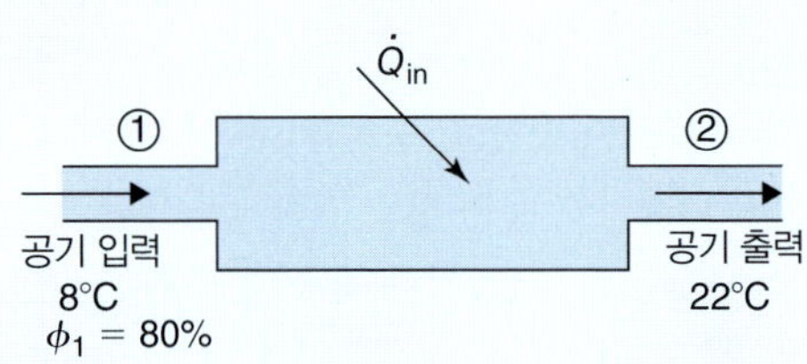

그림 11.16

풀이

열역학 제1법칙에 의해 열전달률은 다음과 같다.

$$\dot{Q}_{in} = \dot{m}(h_2 - h_1) = 2(36 - 21) = \underline{30\ \mathrm{kJ/s}}$$

여기에서 엔탈피는 그림 G-1의 습공기 선도에서 찾을 수 있다. 과정은 선도에서 A-C 경로를 따른다. 선도로부터 상대습도는 다음과 같다.

$$\phi_{out} = \underline{33\%}$$

공기의 온도가 증가할 때 습도의 감소를 관찰하여야 한다. 겨울철 집의 공기가 가열되었을 때, 가습이 불가능하다면, 건공기는 건강, 건조 가구의 목제 이음부 및 악기, 벽의 균열부 등의 문제를 야기할 수 있다.

예제 11.11 난방과 가습

그림 11.17에 보는 바와 같이, 10°C와 20% 습도인 바깥 공기가 22°C까지 가열되고 50% 습도까지 가습되었다. 바깥 공기의 질량 유속이 2 kg_a/s일 때, 필요 열전달률과 한 시간 동안의 수분 추가량을 구하라. 매우 적은 양의 추가 수분은 열역학 제1법칙에 영향을 주지 않는다고 가정한다.

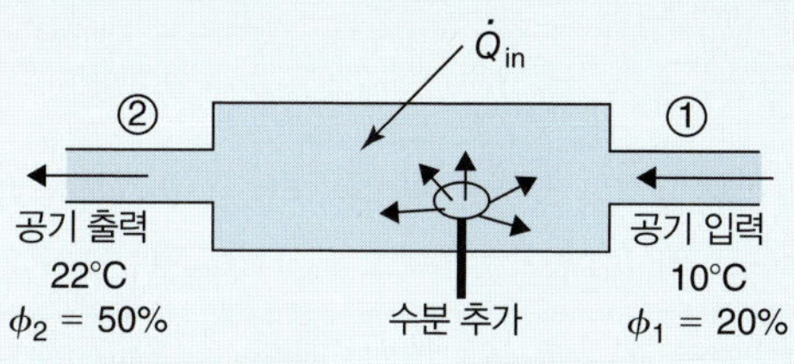

그림 11.17

풀이

그림 11.15에서 과정은 D-E-C 경로를 따른다. 열전달률은 다음과 같다.

$$\dot{Q}_{in} = \dot{m}(h_2 - h_1) = 2(43 - 15) = \underline{56 \text{ kJ/s}}$$

여기에서 h_1은 습공기 선도에서 추정하였다.

추가해야 할 수분의 양은 공기의 질량 유속에 습도비의 차이를 곱하여 구할 수 있다. 추가할 수분의 양은 다음과 같다.

$$\dot{m}_{water} = \dot{m}_a(\omega_2 - \omega_1)$$

$$= 2\frac{\text{kg}_a}{\text{s}} \times (0.0082 - 0.0016)\frac{\text{kg}_v}{\text{kg}_a} = 0.0132 \text{ kg}_v/\text{s}$$

$$\text{or} \quad \underline{48 \text{ kg}_v/\text{hr}}$$

예제 11.12 증발 냉각

37°C와 습도 10%의 건공기가 24°C에 도달할 때까지 그림 11.18의 물에 젖은 심지를 통과하고 있다. 심지를 통과 후 종료 습도와 시간 당 수분의 최소량을 추정하라. 단, 공기 유량은 900 kg_a/hr이다

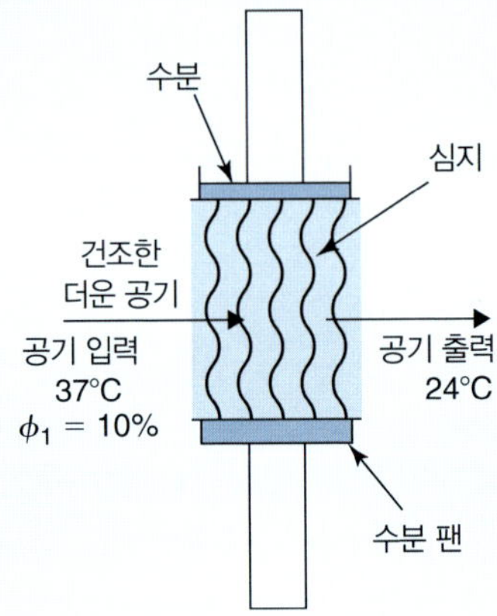

그림 11.18

풀이

공기는 그림 11.15에서 J-K 경로를 따른다. 장치를 통한 공기 유동에 따라 어떤 열도 추가되거나 제거되지 않는다. 열역학 제1법칙으로부터, 엔탈피는 일정하게 유지된다. 습공기 선도에서, $h_2 = h_1 = 48$ kJ/kg_a 선(T = 37°C와 ϕ = 10%의 교차)을 따라 24°C에서 수직선까지 증가된다. 선도로부터 습도를 읽으면 다음과 같다.

$$\phi = \underline{50\%}$$

공기에 흡수된 수분의 양은 다음과 같다.

$$\begin{aligned}\dot{m}_{\text{water}} &= \dot{m}_a(\omega_2 - \omega_1) \\ &= 900\,\frac{\text{kg}_a}{\text{hr}} \times (0.0093 - 0.0039)\,\frac{\text{kg}_w}{\text{kg}_a} \\ &= \underline{4.9\ \text{kg}_w/\text{hr}}\end{aligned}$$

더위와 습공기의 조절 예제 11.13

그림 11.19에서 보는 바와 같이, 공기의 온도와 습공기가 33°C, 80%에서 22°C, 50%로 조절되었다. 공기의 질량 유속이 2 kg_a/s일 때, 출력측 열전달률, 시간당 제거된 수분의 양과 필요 열전달률을 추정하라. 그림 11.15에서 이 과정은 *F-G-H-I* 경로를 따른다.

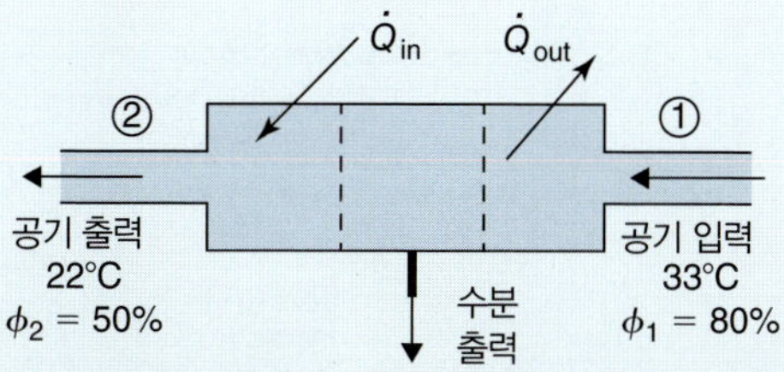

그림 11.19

풀이

고온 다습한 공기를 조절하는 첫 번째 단계는 공기 중의 수분을 제거하는 것이다. 공기가 상태 F로부터 이슬점까지 냉각될 때, 상태 G에 도달하여 상태 H가 유지될 수 있도록 열이 제거되어야 한다. 초당 제거된 열의 양은 다음과 같다.

$$\dot{Q}_{out} = \dot{m}_a(h_F - h_H) = 2\frac{kg_a}{s} \times (99 - 32)\frac{kJ}{kg_a} = \underline{134\ kJ/s}$$

시간 당 제거된 수분의 양은 다음과 같다.

$$\begin{aligned}\dot{m}_{water} &= \dot{m}_a(\omega_G - \omega_H)\\ &= 2\frac{kg_a}{s} \times (0.0258 - 0.0082)\frac{kg_v}{kg_a} = 0.0352\ kg_v/s\\ &\quad \text{or}\quad \underline{127\ kg_v/hr}\end{aligned}$$

가열 후 원하는 상태의 공기로 조절해야 하는데, 이는 다음과 같다.

$$\dot{Q}_{in} = \dot{m}_a(h_I - h_H) = 2\frac{kg_a}{s} \times (43 - 32)\frac{kJ}{kg_a} = \underline{22\ kJ/s}$$

예제 11.14 공기흐름의 혼합

10°C, 습도 20%의 냉각공기가 30°C, 습도 65%인 천장 부근에서 외부 공기와 만나 혼합된다. 질량유량은 그림 11.20에서 보는 바와 같다. 온도, 상대습도 및 상태 3일 때 마지막 흐름의 체적 유량을 추정하라. 과정은 100 kPa일 때 일어나는 것으로 가정하라.

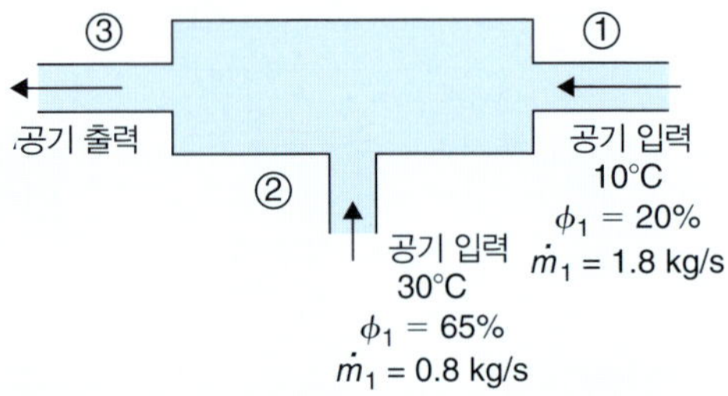

그림 11.20

풀이

열역학 제1법칙과 질량 보존 식은 일정 압력이 발생하는 공기의 두 흐름이 단열 혼합되는 상태 3을 나타내는데 사용될 수 있다. 상태 3은 습공기 선도에서 상태 1과 2가 연결된 선 위에 존재한다. 이 과정은 상태 L(상태 1)과 I(상태 2)의 혼합에 의해 나타나며, 그림 11.15에서 선도 위에 그려진 상태 M(상태 3)에 대한 결과이다. 식은 또한 $d_{2\text{-}3} / d_{1\text{-}3}$ 거리의 비와 질량 유량의 비 $\dot{m}_{a1} / \dot{m}_{a2}$와 같게 표시된다.

상태 1과 2로부터 그림 11.20에서 주어지며, 상태 3은 습공기 선도에서 물리적 측정 거리에 위치될 수 있다. 이에 대한 결과는 다음과 같다.

$$\frac{d_{2\text{-}3}}{d_{1\text{-}3}} = \frac{\dot{m}_1}{\dot{m}_2} = \frac{1.8}{0.8} = 2.25$$

그림 G-1에서 측정된 거리는 81 mm이므로, 다음과 같다.

$$\left.\begin{aligned} d_{2\text{-}3} &= 2.25 d_{1\text{-}3} \\ d_{2\text{-}3} + d_{1\text{-}3} &= 81 \end{aligned}\right\} \qquad \therefore d_{2\text{-}3} = 56\ \text{mm} \quad \text{and} \quad d_{1\text{-}3} = 25\ \text{mm}$$

상태 3은 상태 1과 상태 2를 이은 직선에 의해 선도 위에서 찾으면, 상태 1에서 상태 3까지 거리는 25 mm이다. 상태 3의 $T=\underline{16.3°\text{C}}$와 $\phi=\underline{57\%}$를 구할 수 있다.

식 (4.14)를 이용하여, 체적 유량을 구할 수 있다. $\dot{m}_{a3} = 0.8+1.8 = 2.6$ kg/s에 의해 체적 유량은 다음과 같다.

$$\dot{V} = \dot{m}_{a3} v_{a3} = 2.2 \times 0.83 = \underline{2.16\ \text{m}^3/\text{s}}$$

여기에서 v_{a3}은 습공기 선도로부터 추정된 것이다.

냉각탑 예제 11.15

랭킨 동력 사이클에서 응축기에 의해 제거되는 열(그림 8.5의 $\dot{Q}_C$)은 주로 응축기가 냉각탑에서 분사되는 뜨거운 물에 의해 이루어진다(그림 11.21). 냉각기 물은 사이클이 완성되도록 응축기에서 열교환기로 되돌아온다. 보충수가 없다는 가정하에, 상태 1일 때 냉각탑 내의 공기 질량유속과 상태 4일 때 냉각탑에서 물의 질량유속을 계산하라. 필요한 특성은 그림에 표시하였다.

Comment

냉각탑은 증발 냉각의 개념을 사용한다. 공기에 혼합된 수분은 공기가 쉽게 냉각될 수 있도록 돕는다. 따뜻한 물과 차가운 물 사이에 엔탈피 교환도 있다.

풀이

냉각탑 내외에 유동하고 있는 물과 공기를 포함한 에너지 균형은 그림 11.22에 나타난바와 같이 축일 또는 열전달이 없고 운동 및 위치 에너지의 변화를 무시할 때, 다음과 같이 나타낼 수 있다.

$$\dot{E}_{in} = \dot{E}_{out}$$

$$\dot{m}_{a1}h_1 + \dot{m}_{w3}h_3 = \dot{m}_{w4}h_4 + \dot{m}_{a2}h_2$$

Comment

왜냐하면 수분은 상태 1의 유입 구에서보다 상태 2의 냉각탑의 꼭대기를 통해 더 이탈하기 때문에, 상태 4에서 빠져나가는 물의 질량 유량은 상태 3에서 들어가는 질량 유량보다 적다.

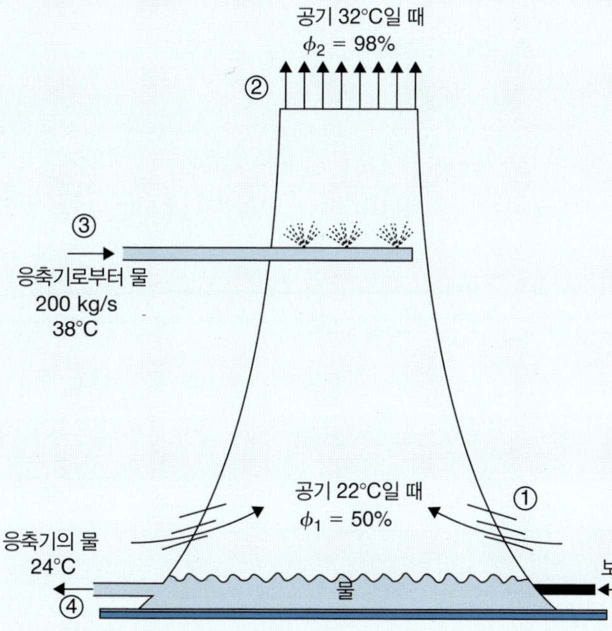

그림 11.21

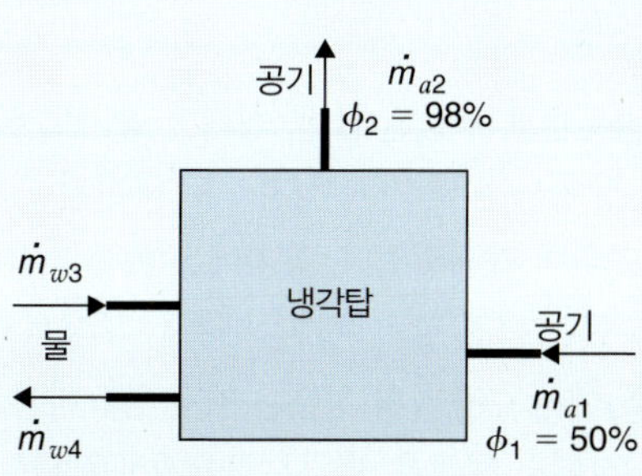

그림 11.22

(계속)

예제 11.15 (계속)

Note: 우리가 사용하는 kg_a는 건공기의 질량을 의미한다.

입 · 출구에서 물의 질량유속에 따라, 건공기의 질량유속은 건공기 출구의 질량유속과 같다. 이에 대한 질량 보존 식은 다음과 같다.

$$\dot{m}_{a1} = \dot{m}_{a2} = \dot{m}_a \qquad \text{건공기에 대한}$$
$$\dot{m}_{w3} = \dot{m}_{w4} + (\omega_2 - \omega_1)\dot{m}_a \qquad \text{수분에 대한}$$

습공기 선도와 증기표로부터 다음을 찾을 수 있다.

$$h_1 = 44\ \text{kJ/kg}_a \qquad \omega_1 = 0.0084\ \text{kg}_v/\text{kg}_a$$
$$h_2 = 110\ \text{kJ/kg}_a \qquad \omega_2 = 0.0305\ \text{kg}_v/\text{kg}_a$$

$$h_3 = h_{f@38°C} = 160\ \text{kJ/kg}_a$$
$$h_4 = h_{f@24°C} = 101\ \text{kJ/kg}_a$$

에너지 식에 위의 수를 대입하고, $\dot{m}_{w4} \cong \dot{m}_{w3}$이라 가정하면 다음과 같이 구할 수 있다.

$$\dot{m}_a = \frac{\dot{m}_{w4}(h_4 - h_3)}{h_1 - h_2 + h_3(\omega_2 - \omega_1)}$$

$$= \frac{200\ \text{kg}_a/\text{s} \times (101 - 160)\ \text{kJ/kg}_a}{[44 - 110 + 160(0.0305 - 0.0084)]\ \text{kJ/kg}_a} = \underline{189\ \text{kg}_a/\text{s}}$$

상태 4에서 냉각탑에서 빠져나간 물의 수정 질량 유속은 다음과 같이 알 수 있다.

$$\dot{m}_{w4} = \dot{m}_{w3} - (\omega_2 - \omega_1)\dot{m}_a$$
$$= 200 - (0.0305 - 0.0084) \times 189 = 196\ \text{kg}_w/\text{s}$$

응축기에 다시 물을 같은 질량으로 보내려면, 4 kg_w/s의 보충수가 필요하다.

☑ 학습목표 확인 (5)

11.4 요약

이 장 전까지는 몇 가지 성분들로 구성된 물질, 심지어 공기도 하나의 성분으로 이루어진 것으로 간주되었다. 이번 장에서는 몇 가지 성분으로 구성된 기체에 대한 해석은 공기에 포함된 수증기에 초점을 맞추어 제시되었다. 공기에는 매우 적은 양의 수증기가 포함되어 있기 때문에, 어떤 결과가 있던 이전 장의 문제들에서는 무시될 수 있었다. 그러나 공기조화 과정(또는 제12장 연소)에서 수증기의 성분은 매우 중요하기 때문에, 공학적 계산에서 꼭 고려되어야 한다. 이번 장에서 해석과 식들은 공학계산을 위한 기초라 할 수 있다.

Note: 우리가 사용하는 kg_w는 물의 질량을 의미한다.

다음 추가사항은 이 장에서 소개되었거나 강조되었던 것이다.

단열 포화 온도(Adiabatic saturation temperature): 단열 포화된 후 대기의 온도
Amagat 법칙(Amagat law): 혼합물의 각 성분은 동일 압력 및 온도 상태이다.
대기(Atmospheric air): 수증기가 포함된 공기
쾌감대(Comfort zone): 적절하게 쾌적함을 허용하는 온도와 습도 범위
Dalton 법칙(Dalton law): 혼합물의 각 성분은 동일 체적 및 온도 상태이다.
이슬점(Dew point): 대기에서 수증기가 응축을 시작하는 온도
건공기(Dry air): 수증기가 없는 공기
건구온도(Dry-bulb temperature): 일반적인 온도계에 의해 측정된 대기 온도
습도(Humidity ratio): 공기의 단위질량에 포함된 수증기 양
습도계(Hygrometer): 상대습도를 측정하는 장치
질량 분율(Mass fraction): 전체 질량에 대한 성분의 질량비율
혼합물(Mixture): 두 개 이상의 고유 구성 성분을 포함하는 물질
몰질량(Molar mass): 물질의 1 kmol은 킬로그램 질량과 같은 몰질량을 갖는다.
몰(Mole): 물질의 양을 표시하는 측정 단위
몰 분율(Mole fraction): 전체 몰에 대한 성분의 몰 비율
부분압(Partial pressures): 부분압의 합은 총 압력이다.
건습구 습도계(psychrometer): 상대습도를 측정하는 장치
습공기(Psychrometrics): 기체-증기 혼합물로서 공기를 고려할 때 사용되는 용어
상대습도(Relative humidity): 동일한 온도에서 포화 수증기량에 대한 증기의 질량 비율
습구온도(Wet-bulb temperature): 공기 흐름에서 젖은 재질에 의해 도달한 온도, 대략 단열 포화 온도.

성분의 몰수: $$N_i = \frac{m_i}{M_i}$$

질량 분율: $$x_i = \frac{m_i}{m}$$

몰 분율: $$y_i = \frac{N_i}{N}$$

분율 특성: $$\sum_i^n x_i = 1 \qquad \sum_i^n y_i = 1$$

평균 분자량: $$M = \sum_i^n y_i M_i$$

분율 관계: $$x_i = y_i \frac{M_i}{M}$$

부분압: $$P = \sum_i^n P_i$$

분압:	$\frac{P_i}{P} = y_i$
혼합물 상태량:	$\bar{h} = \sum_i^n y_i \bar{h}_i, \quad h = \sum_i^n y_i h_i$
몰 상태량:	$\bar{h}_i = M_i h_i \quad \bar{C}_{p,i} = M_i C_{p,i}$
총 압(력):	$P = P_a + P_v$
습도비:	$\omega = \frac{m_{vapor}}{m_{air}} = 0.622 \frac{P_v}{P_a}$
상대습도:	$\phi = \frac{m_v}{m_g} = \frac{P_v}{P_g}$
습도 관계:	$\phi = \frac{\omega P}{(0.622 + \omega) P_g} \qquad \omega = \frac{0.622 \phi P_g}{P - \phi P_g}$
습도비:	$\omega_1 = \frac{\omega_2 h_{fg2} + C_p(T_2 - T_1)}{h_{g1} - h_{f2}}$

연습문제

11.1 A gas is composed of N_2, O_2, and CO_2. The mole fractions are $y_{N_2} = 0.6$, $y_{O_2} = 0.3$, and $y_{CO_2} = 0.1$. Its molar mass is nearest:

(A) 29.6

(B) 30.8

(C) 33.5

(D) 35.1

11.2 The mass of oxygen in 5 kg of the gas described in Problem 11.1 is nearest:

(A) 1.35 kg

(B) 1.42 kg

(C) 1.56 kg

(D) 1.68 kg

11.3 A tank at 400 kPa and 25°C contains 10 kg of nitrogen and 5 kg of oxygen. The partial pressure of the nitrogen is nearest:

(A) 251 kPa

(B) 266 kPa

(C) 278 kPa

(D) 291 kPa

11.4 In what nation would there least likely be dew on the grass in a summer morning?

(A) France

(B) South Africa

(C) England

(D) Morocco

11.5 A glass of soda-pop with ice in it is sitting on the table of Figure 11.23. What would you expect if the humidity is 40%, the outside of the glass is at 15°C, and the temperature in the room is 22°C? You are near sea level.

(A) Moisture would collect on the glass.

(B) The glass would remain dry.

(C) Additional information is needed.

(D) If I drink the soda-pop, then moisture would form.

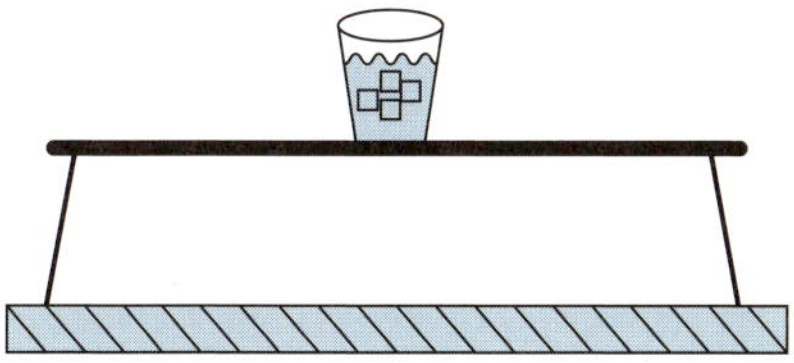

그림 11.23

> **Remember:** "Humidity" refers to "relative humidity."

11.6 The dry-bulb and wet-bulb temperatures are measured in atmospheric air to be 25°C and 20°C, respectively. If the atmospheric pressure is 100 kPa, the humidity ratio is nearest:

(A) 0.0129 kg vapor/kg dry air
(B) 0.0128 kg vapor/kg dry air
(C) 0.0127 kg vapor/kg dry air
(D) 0.0126 kg vapor/kg dry air

> **Hint:** The equations are needed to obtain the desired accuracy.

11.7 Outside air at 5°C and 80% humidity is heated to 22°C. The humidity of the heated air is nearest:

(A) 27%
(B) 31%
(C) 35%
(D) 38%

> **Notes:** The psychrometric chart provides results that are sufficiently accurate. Pressure is assumed to be 100 kPa if not stated otherwise.

11.8 Dry air at 44°C and 10% humidity is cooled by the swamp cooler of Fig. 11.24. The lowest possible temperature at the exit of the swamp cooler is nearest:

(A) 34°C
(B) 29°C
(C) 25°C
(D) 21°C

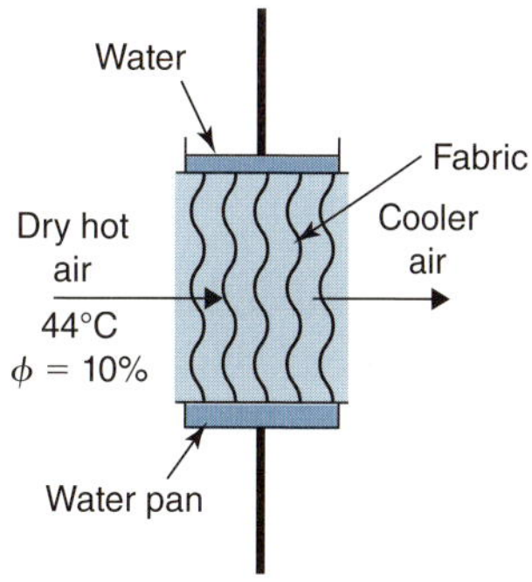

그림 11.24

11.9 A flow rate of 40 m^3/s of outside air at 10°C and 40% humidity is mixed with 20 m^3/s of inside air from near the ceiling of an industrial plant at 36°C and 70% humidity. The temperature of the mixed air stream is nearest:

(A) 16°C
(B) 18°C
(C) 21°C
(D) 23°C

11.10 A classroom measures 30 m by 10 m and is 3 m in height. If the temperature is 20°C and the humidity is 60%, the amount of water in the air is nearest:

(A) 6.9 kg
(B) 7.1 kg
(C) 8.7 kg
(D) 9.4 kg

11.11 The temperature is 20°C and the humidity is 80% in a classroom that measures 30 m by 10 m by 3 m in height. If the temperature is reduced to 10°C with an airconditioner, the amount of water that will condense out is nearest:

(A) 5 kg
(B) 4 kg
(C) 3 kg
(D) 2 kg

Gas Mixtures

11.12 For which of the following conditions can water vapor be treated as an ideal gas? i) 30°C and 4 kPa, ii) 200°C and 120 kPa, and iii) 600°C and 2000 kPa. Use the IRC Calculator. Comment as to the suggestion that water vapor can be treated as an ideal gas.

Work all parts of problems identified by i), ii), iii), iv), etc.

11.13 A mixture of 4 kg of water vapor and 96 kg of dry air exists at 100 kPa and 25°C in a 10-m^3 volume. Determine the molar mass of the mixture and the volume occupied by the vapor. This represents very humid air. Would a golf ball travel further if the air were significantly less humid?

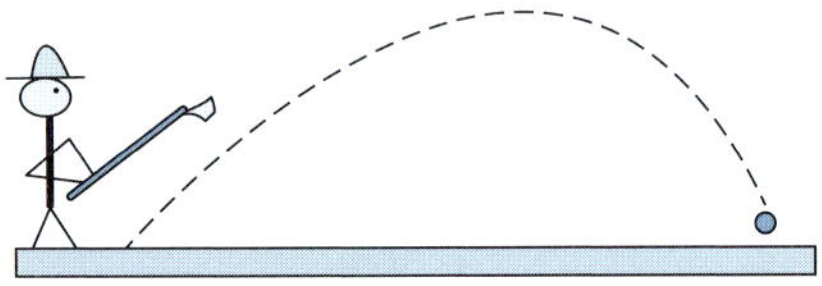

Hint: The drag on the ball is directly proportional to the air density.

11.14 Calculate the mole fraction of each component and the gas constant of the mixture for each of the following mixtures:

a) 4 kg N_2, 1 kg O_2, 3 kg CO_2
b) 4 kg N_2, 1 kg CH_4, 3 kg NH_3
c) 5 kg air, 3 kg CO_2
d) 3 kmol CH_4, 4 kmol N_2, 3 kmol NH_3
e) 5 kmol air, 3 kmol CO_2

Remember: This isn't multiple choice anymore. Each part is a different problem!

11.15 Calculate the mass fraction and mole fraction of each component and the gas constant of the mixture for each of the following mixtures:

a) 2 kg N_2, 3 kg O_2, 5 kg CO_2
b) 3 kmol CH_4, 4 kmol N_2, 3 kmol NH_3
c) 5 kmol air, 3 kmol CO_2
d) 4 kg CH_4, 1 kg N_2, 3 kg NH_3
e) 5 kg air, 3 kg CO_2

11.16 An analysis of a mixture of gases indicates 50% N_2, 40% O_2, and 10% CO_2 at 120 kPa and 40°C. Determine the mixture's gas constant and how many kilograms would be contained in 4 m^3 if the analysis is *a*) gravimetric, and *b*) molar.

11.17 Atmospheric air is assumed to be composed of two ideal gases: dry air and water vapor. If 100 kg of humid atmospheric air contains 97 kg of dry air and 3 kg of water vapor (an extremely moist condition), determine its molar mass. Comment as to the wisdom of assuming atmospheric air to be dry air, as was done in the first 10 chapters.

11.18 Mars has the following molar composition per mole of its atmosphere:

Carbon dioxide	0.955
Nitrogen	0.027
Argon	0.016
Oxygen	0.002

Calculate the mass fraction of each component and the molar mass of the Martian atmosphere.

11.19 A tank contains 50 kg of nitrogen and 50 kg of carbon dioxide. Calculate the mole fraction of each component and the molecular mass of the mixture. What is the gas constant for this mixture?

11.20 The average air pressure on Mars is 600 Pa. For the composition described in Problem 11.18, determine the partial pressure of each constituent.

11.21 If the tank in Problem 11.19 has a volume of 40 m^3 and the contents are at 20°C, calculate the total pressure in the tank. What are the partial pressures of the nitrogen and carbon dioxide?

11.22 A gas mixture of 4 kg of oxygen and 6 kg of carbon dioxide are contained in the cylinder of Fig. 11.25 at a pressure of 420 kPa. Calculate:

i) The mass fraction of each component
ii) The mole fraction of each component
iii) The gas constant for this mixture
iv) The amount of heat needed to raise the mixture temperature from 26°C to 48°C at constant pressure

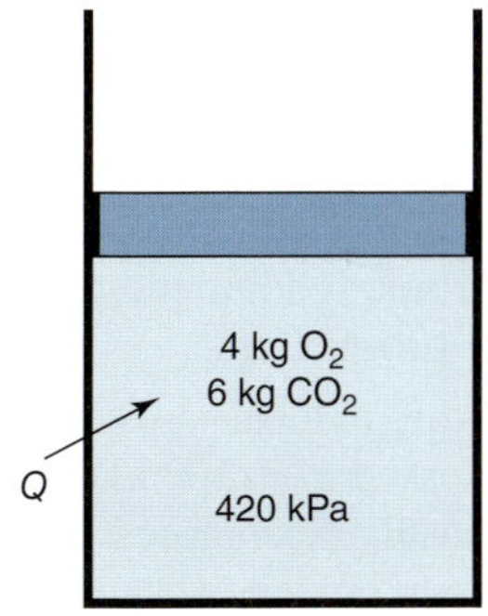

그림 11.25

Comment

The specific heats are assumed constant unless otherwise stated.

11.23 A gas mixture of 4 kg of O_2, 6 kg of N_2, and 8 kg of CO_2 is contained at a pressure of 120 kPa and 20°C in a rigid container. Calculate:

i) The mass fraction of each component
ii) The mole fraction of each component
iii) The gas constant for this mixture
iv) The amount of heat needed to raise the mixture temperature from 20°C to 100°C

11.24 The partial pressures in a mixture of N_2 and O_2 are 40 kPa and 60 kPa, respectively. If the temperature is 30°C, find the volume of 10 kg of the mixture. How much heat would be required to raise the temperature to 100°C if the volume is held constant? The initial state is shown in Fig. 11.26.

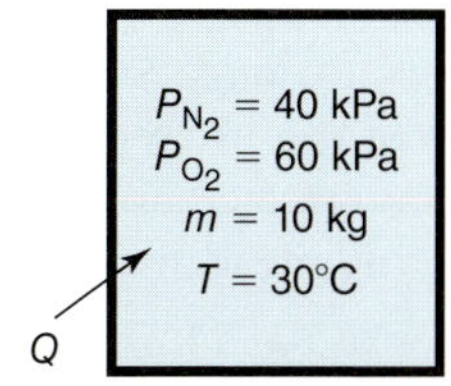

그림 11.26

11.25 A mixture contains 4 moles of N_2 and 6 moles of O_2. If the temperature is 30°C, find the volume of the mixture if the pressure is 200 kPa. How much heat would be needed to raise the temperature to 100°C at constant pressure?

11.26 A gas mixture of 4 moles of O_2, 6 moles of N_2, and 8 moles of CO_2 are contained at 26°C. Calculate:

i) The mole fraction of each component
ii) The mass fraction of each component
iii) The gas constant for this mixture
iv) The amount of heat needed to raise the mixture temperature to 94°C at constant pressure

11.27 Show that the water vapor in atmospheric air does not significantly influence the change in enthalpy if air with water vapor undergoes a temperature change from 20°C to 400°C at constant pressure. Consider atmospheric air to be composed of 22.5% oxygen, 76% nitrogen, and 1.5% water vapor (all by mass). Compare the results to air with C_p = 1.0 kJ/kg·K and R = 0.287 kJ/kg·K. Calculate the error in Δh if the water vapor is ignored.

Note: The 1.5% water vapor represents 100% humidity.

11.28 A molar analysis of a mixture of ideal gases contained in an 8-m^3 rigid volume at 40°C shows 60% N_2, 30% O_2, and 10% H_2. Determine the pressure of the 10-kg mixture and the heat transfer needed to raise the temperature to 400°C.

11.29 A gravimetric analysis of a mixture of ideal gases contained at 40°C and 200 kPa shows 40% N_2, 35% O_2, and 25% CO_2. Determine the volume of the 10-kg mixture and the work required to increase the temperature to 350°C. The volume is insulated.

11.30 The cylinder of Fig. 11.27 contains a 4-kg mixture of ideal gases at 40°C and 200 kPa, with a molar analysis of 30% N_2, 15% O_2, and 55% H_2. It undergoes a constant-pressure expansion until the volume doubles. Determine the heat transfer and the entropy change.

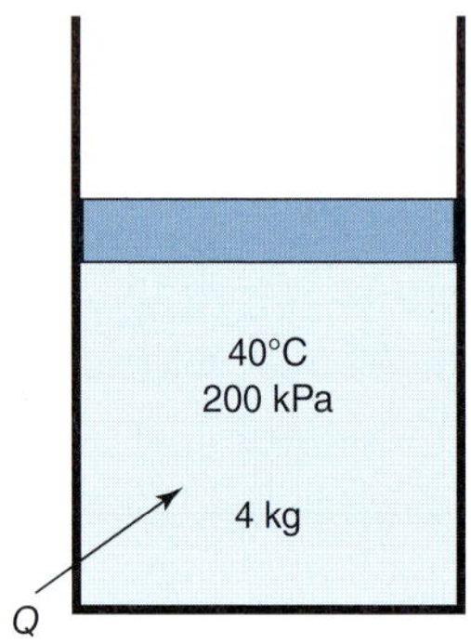

그림 11.27

11.31 A cylinder contains a 10-kg mixture of ideal gases at 27°C and 280 kPa with a molar analysis of 40% N_2, 25% O_2, and 35% H_2. It undergoes a constant-pressure expansion until the volume doubles to 1.6 m^3. Determine the heat transfer and the entropy change.

11.32 A mixture of gases at 40°C and 400 kPa is contained in a cylinder with an initial volume of 0.2 m^3. The mixture contains 2 kg of CO_2 and 4 kg of air. The pressure is reduced during an isothermal expansion to 100 kPa. Determine the heat transfer and the entropy change for that process.

11.33 The insulated rigid mixing chamber of Fig. 11.28 accepts a 4 kg/min flow of O_2 at 120 kPa and 40°C in one inlet and a 6 kg/min flow of N_2 at 120 kPa and 120°C. Estimate the temperature of the exiting mixed flow, which exits at 120 kPa.

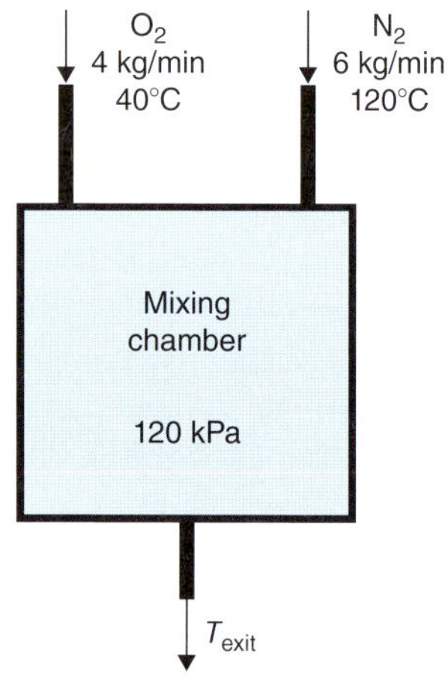

그림 11.28

11.34 An ideal-gas turbine receives a gas mixture which is 70% CO_2, 20% O_2, and 10% N_2 by mass at 600 kPa and 250°C. The volume flow rate of the entering mixture is 1.5 m^3/s. This mixture exits the turbine at 20°C. If the turbine is adiabatic, calculate the rate of power production.

11.35 A mixture of ideal gases flowing at 50 kg/min is compressed from 100 kPa and 20°C to 600 kPa in an insulated compressor. Determine the minimum horsepower requirement if the gravimetric analysis of the mixture is:

a) 80% N_2 and 20% O_2

b) 20% N_2 and 80% O_2

c) 60% N_2, 30% O_2, and 10% CO_2

d) 40% N_2, 30% O_2, and 30% CO_2

11.36 A mixture of 40% N_2 and 60% O_2 by mass enters the insulated nozzle of Fig. 11.29 at 180°C and 200 kPa with a velocity of 20 m/s. If it exits the nozzle at 60°C, determine the exiting pressure and velocity.

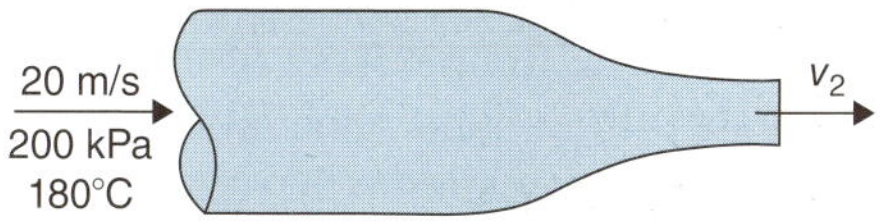

그림 11.29

11.37 A mixture of 60% N_2 and 40% O_2 by mass enters an insulated nozzle at 90°C and 200 kPa with a velocity of 3 m/s. If it exits the nozzle at 27°C, determine the exiting pressure and velocity.

Air–Vapor Mixtures and Psychrometry

11.38 Calculate the relative humidity, the humidity ratio, and the partial pressure of the dry air if, for the atmospheric air:

a) $T_{db} = 20°C, T_{dp} = 15°C, P_{atm} = 100$ kPa

b) $T_{db} = 30°C, T_{dp} = 20°C, P_{atm} = 104$ kPa

11.39 Calculate the relative humidity, the humidity ratio, and the partial pressure of the dry air if, for the atmospheric air:

a) $T_{db} = 32°C, T_{dp} = 16°C, P_{atm} = 101.3$ kPa

b) $T_{db} = 21°C, T_{dp} = 16°C, P_{atm} = 101.3$ kPa

11.40 Determine the humidity ratio and the partial pressure of the dry air if, for the atmospheric air:

a) $T_{db} = 20°C, P_{atm} = 100$ kPa, and $\phi = 50\%$

b) $T_{db} = 40°C, P_{atm} = 105$ kPa, and $\phi = 20\%$

11.41 Determine the humidity ratio and the partial pressure of the dry air if, for the atmospheric air:

a) $T_{db} = 15°C, P_{atm} = 101$ kPa, and $\phi = 60\%$

b) $T_{db} = 50°C, P_{atm} = 99$ kPa, and $\phi = 15\%$

11.42 Determine the relative humidity and the partial pressure of the dry air if, for the atmospheric air:

a) $T_{db} = 20°C, P_{atm} = 95$ kPa, and $\omega = 0.01\ kg_v/kg_a$

b) $T_{db} = 40°C, P_{atm} = 98$ kPa, and $\omega = 0.02\ kg_v/kg_a$

11.43 Determine the relative humidity and the partial pressure of the dry air if, for the atmospheric air:

a) $T_{db} = 15°C, P_{atm} = 98$ kPa, and $\omega = 0.01\ kg_v/kg_a$

b) $T_{db} = 35°C, P_{atm} = 97$ kPa, and $\omega = 0.02\ kg_v/kg_a$

> **Note:** If the atmospheric pressure is not given, we assume it to be the standard atmospheric pressure of 100 kPa.

11.44 Determine the dew-point temperature of atmospheric air if:

a) $T_{db} = 40°C, P_{atm} = 100$ kPa, and $\phi = 30\%$

b) $T_{db} = 20°C, P_{atm} = 100$ kPa, and $\phi = 60\%$

11.45 Determine the dew-point temperature of atmospheric air if:

a) $T_{db} = 15°C, P_{atm} = 100$ kPa, and $\phi = 70\%$

b) $T_{db} = 32°C, P_{atm} = 100$ kPa, and $\phi = 40\%$

11.46 Air at 20°C and 60% relative humidity enters a heater and exits at 70°C. Calculate the exiting relative humidity assuming a constant pressure of 100 kPa through the heater.

11.47 Air at 100 kPa and 21°C has a relative humidity of 70%. The air is cooled in a constant-pressure process until the water begins to condense. Determine the final temperature of this mixture.

11.48 The air outside is at 20°C. Calculate the humidity ratio and the surface temperature at which water begins to condense for a humidity of *a*) 50%, *b*) 65%, and *c*) 90%.

11.49 Verify that Eq. 11.28 follows from the preceding equations.

11.50 A psychrometer is used to measure a dry-bulb temperature of 22°C and a wet-bulb temperature of 15°C in a 95 kPa atmosphere. Determine the relative humidity and the humidity ratio for this air. What is the specific enthalpy of this air? Do not use the psychrometric chart.

The Psychrometric Chart

11.51 Rework the following problems using the psychrometric chart where helpful:

a) Problem 11.38*a* *b*) Problem 11.38*b*
c) Problem 11.40*a* *d*) Problem 11.42*a*
e) Problem 11.42*b* *f*) Problem 11.50

11.52 Rework the following problems using the psychrometric chart where helpful:

a) Problem 11.39*a* *b*) Problem 11.39*b*
c) Problem 11.41*a* *d*) Problem 11.43*a*
e) Problem 11.43*b* *f*) Problem 11.45*a*

11.53 Use the psychrometric chart to determine the dew point and humidity ratio for air at atmospheric pressure, a temperature of 18°C, and a relative humidity of i) 50%, ii) 70%, and iii) 90%.

11.54 Use the psychrometric chart to provide the missing entries in the following table.

Table 11.1

	T_{db}	T_{wb}	ϕ	ω	T_{dp}	h
a)	20°C		60%			
b)	40°C			0.02		
c)		25°C	60%			
d)	30°C				20°C	

11.55 Two engineering students wanted to determine the humidity in their dorm room. They decided to fill several glasses with tap water and add a little ice to the first glass, a little more to the second glass, and the most to the last of six glasses, as shown in Fig. 11.30. The temperature of the water in each glass, after some time had passed, was measured with a simple thermometer, which read 22°C in the room and 19°C, 17°C, 15°C, 12.5°C, 10°C, and 7°C in the respective glasses. They noticed that moisture was collecting on the outside of each of the last four glasses. Approximate the humidity.

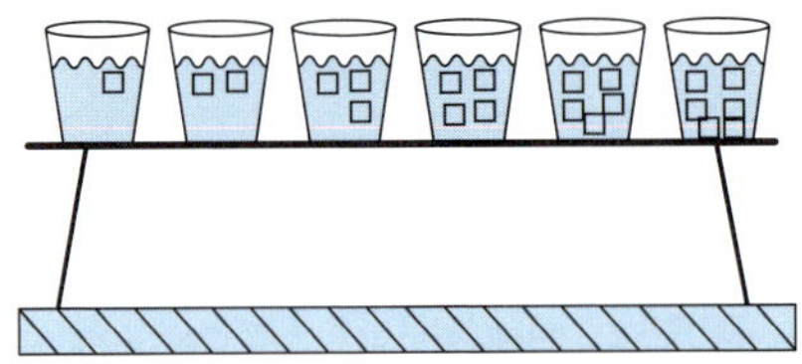

그림 11.30

11.56 Twenty kilograms of air at 30°C and a humidity of 90% enter a window air-conditioning unit each minute, illustrated in Fig. 11.31. The air leaves the air conditioner at 18°C with a humidity of 40%. What is the change in the humidity ratio for this process? What mass of water is removed from this system each hour? Use the psychrometric chart.

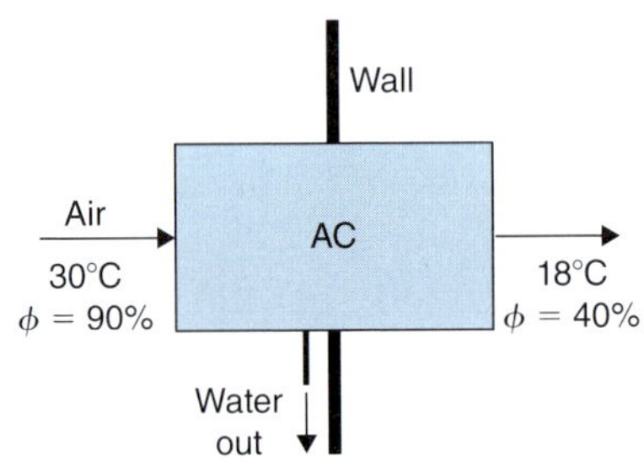

그림 11.31

11.57 For the data given in Problem 11.56, calculate the rate of change in enthalpy of the air traveling through the air conditioner. Use the psychrometric chart.

11.58 Moist air at 20°C and 100 kPa flows into a dehumidifier at a mass flow rate of 75 kg/min, as shown in Fig. 11.32. If the air is completely dehumidified, how much water will drain from the dehumidifier per hour if the inlet relative humidity is *a*) 50%, *b*) 70%, and *c*) 90%? Use the psychrometric chart.

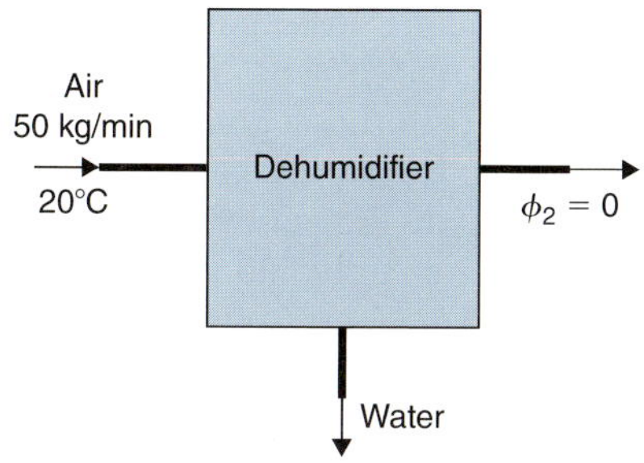

그림 11.32

11.59 Air with a mass flux of 2 kg/s enters a humidifier at 100 kPa and 20°C with a wet-bulb temperature of 15°C. It leaves the humidifier at 100 kPa and 18°C with a wet-bulb temperature of 17°C. What is the humidity ratio at each of these states? How much water is being added per hour? Use the psychrometric chart.

11.60 Dry air flows in an insulated duct at 21°C and 100 kPa at a flow rate of 2.7 m^3/min. Superheated steam with a mass flux of 9 kg/hr is injected into the air flow so that the downstream humidity is 40%. What is the temperature of the downstream moist air? Use the psychrometric chart.

11.61 A 100-m^3 room contains air at 100 kPa and 20°C. What is the mass fraction and the mole fraction of water in the room if the relative humidity is *a*) 40%, *b*) 60%, and *c*) 90%? Use the psychrometric chart.

> **Comment**
>
> The pressure is assumed to be 100 kPa unless otherwise stated.

Air-Conditioning Processes (use the psychrometric chart)

11.62 An air-conditioning system reduces the temperature of the air in a basement area from 27°C to 20°C. No significant amount of moisture is removed from the basement air. If the initial humidity in the basement is 60%, estimate the humidity after the temperature is lowered.

11.63 Air in a typical house (see Fig. 11.33) is completely exchanged with outside air about every two hours unless care is taken to seal cracks. If the outside air is at 0°C with 60% humidity and the inside air is maintained at 22°C, estimate the humidity of the inside air if no humidifier is operating and other moisture inputs are ignored.

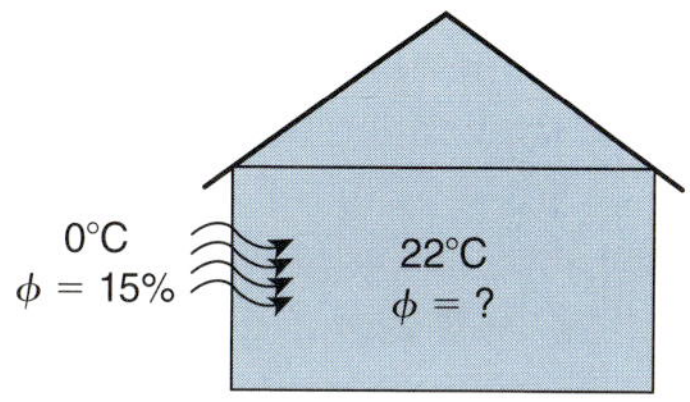

그림 11.33

11.64 Air in a typical house is completely exchanged with outside air about every two hours unless care is taken to seal cracks. If the outside air is at −7°C with 80% humidity and the inside air is maintained at 22°C, estimate the humidity of the inside air if no humidifier is operating and other moisture inputs are ignored.

11.65 One type of ultrasonic humidifier uses a vibrating piezoelectric crystal actuator to produce tiny water droplets in the air. If 9 kg/min of air at 21°C enters the humidifier with a relative humidity of 20% and leaves at the same temperature with a relative humidity of 60%, how much water is being added each hour?

11.66 A large air-conditioning unit processes 5 kg/s of air. The air enters with a dry-bulb temperature of 35°C and a wet-bulb temperature of 25°C. How much condensate is being removed each hour if the conditioned air leaves the unit with respective dry-bulb and a wet-bulb temperatures of *a*) 20°C and 10°C, *b*) 23°C and 12°C, and *c*) 22°C and 8°C?

11.67 Forty kilograms per minute of air at 10°C and a relative humidity of *a*) 30%, *b*) 50%, and *c*) 80% pass through a heater and are heated to 30°C. How much heat must be added to accomplish this? What is the relative humidity of the air leaving this heater?

11.68 Air leaves the research lab at a university at the rate of 100 m^3/min. The same volume rate of outside air at 5°C and 65% humidity enters and is heated to the exiting temperature of 25°C. Water vapor is added to the heated air, resulting in an exiting humidity of 60%. Determine the heat transfer rate and mass flux of water vapor required.

11.69 Air at 15°C and a relative humidity of 70% enters a mixing chamber at a flow rate of 80 m^3/min. Another flow of air at 40°C and a relative humidity of 30% enters at a flow rate of *a*) 40 m^3/min, *b*) 60 m^3/min, and *c*) 80 m^3/min. Calculate the temperature, relative humidity, and mass flow rate of the air exiting the mixing chamber. Assume 100 kPa throughout.

11.70 Air at 27°C and a relative humidity of 60% enters the mixing chamber of Fig. 11.34 at a flow rate of 54 m^3/min. Another flow of air at −1°C and a relative humidity of 30% enters at a flow rate of 27 m^3/min. Calculate the temperature, relative humidity, and mass flow rate of the air exiting the mixing chamber. Assume total pressure in the mixing chamber as 100 kPa throughout.

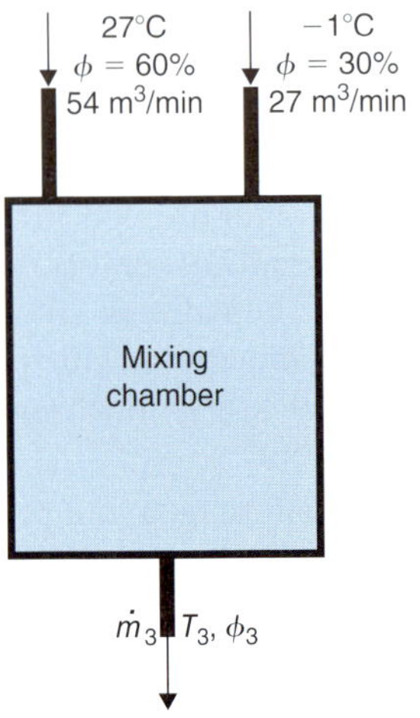

그림 11.34

11.71 A conditioner takes in 40 m^3/min of air at 20°C and a relative humidity of 75%. The air is cooled 12°C and 60% of the moisture is removed. The air is then heated back to 20°C. What is the relative humidity of the exiting air, and what heat rate is required?

11.72 Two hundred cubic meter per minute of air at 37°C with a relative humidity of 15% enter the evaporative cooler of Fig. 11.35. Water at 4°C enters the cooler and is completely evaporated. The air leaves the humidifier at 21°C. Calculate the mass flow rate of water entering the dehumidifier and the relative humidity of the air exiting the device.

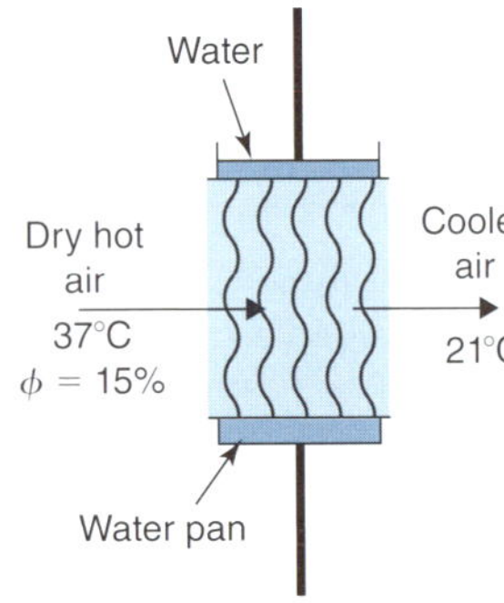

그림 11.35

11.73 The cooling tower of Fig. 11.36 receives 45°C water from the condenser of a power plant. The water is cooled to 25°C by atmospheric air that enters at 22°C and 60% humidity. Saturated air exits the top of the cooling tower at 30°C. Estimate the volume flow rate of air into the cooling tower and mass flux of the makeup water if the mass flow rate of the condenser water is *a*) 50 kg/s, *b*) 75 kg/s, and *c*) 100 kg/s.

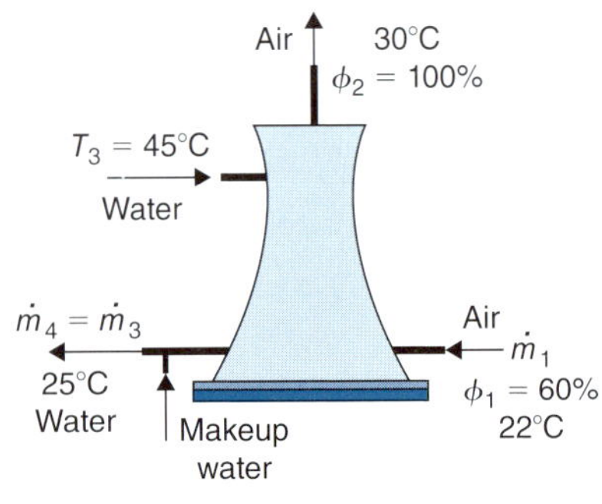

그림 11.36

CHAPTER

12

Hinode JAXA/NASA

연소
Combustion

Outline

기호 설명

본 장에서 소개된 변수들은 다음과 같다.

AF	공기-연료비	HHV	고위 발열량
FA	연료-공기비	K_p	평형 상수
G, g	깁스 함수	LHV	저위 발열량
$\overline{H}_P, H_P$	물질의 엔탈피	$\overline{U}_P, U_P$	물질 내부에너지
$\overline{H}_R, H_R$	반응물의 엔탈피	$\overline{U}_R, U_R$	반응물 내부에너지
$\overline{h}^o$	기준상태 엔탈피	ν	화학량론 계수
$\overline{h}_f^o$	생성 엔탈피	ϕ	당량비
$\overline{h}_{fg}$	증발 엔탈피		

학습목표

- 연소 화학 방정식에서 미정계수를 구할 수 있다.
- 연소 반응에서 얼마나 많은 열이 생성되는지 결정할 수 있다.
- 단열 화염 온도를 계산할 수 있다.
- 연소 과정에서 고온 해리 반응 영향을 예측할 수 있다.

학습예제: 커먼 레일 연료 분사 장치

디젤 엔진의 큰 결점 중 하나는 매연이 발생한다는 것이다. 기존의 디젤 엔진에 사용되는 연료 분사 장치는 엔진 자체로 구동되는 캠에 의해 작동한다. 캠의 구동에 의해 엔진에 분사된 연료의 압력은 엔진 회전 속도에 비례하며, 높은 압력으로 인해 다량의 매연이 발생한다. 최근에는 매연을 크게 줄이도록 고안된 장치들이 개발되고 있다. 커먼 레일 연료 분사 시스템은 하나의 연료라인을 통해 연료를 각각의 인젝터로 분사하며 이를 위해 고압의 펌프를 사용한다. 그 결과 엔진속도에 상관없이 분사된 연료는 거의 완전연소를 하게 되며 매연 배출도 거의 하지 않게 되었다.

12.1 서론

연소(combustion)는 연료의 매우 빠른 화학적 산화반응이다. 연소현상을 통해 발전소나 내연기관은 에너지를 생산한다. 이 장에서는 화학적 반응을 공식화하고 연료가 연소될 때 제공되는 열을 결정하게 될 것이다. 대부분의 연료는 고체, 액체, 기체로 존재하는 탄화수소 연료이다. 예를 들어, 석탄, 가솔린, 프로판이 대표적이지만, 우리는 주로 액체 및 기체연료에 대해 학습하게 될 것이다. 식 (12.1)에 나타낸 바와 같이 연료는 고온 연소 생성물을 생성하기 위해 산소와 반응하여 연소한다.

연소: 연료의 급격히 빠른 화학적 산화반응

$$\text{연료} + \text{산화제} = \text{연소 생성물} \;\nearrow\; \text{에너지} \tag{12.1}$$

산화제는 절단 토치에 사용되는 순수 산소 또는 엔진에 주입되는 공기를 예로 들 수 있다. 11장에서 공기는 주로 질소와 산소의 혼합물로 여길 것인데, 건조한 공기는 79%의 질소(N_2), 21%의 산소(O_2)로 구성된 것으로 간주할 것이다. 따라서, 건조한 공기를 사용할 때, 연소 과정에 사용된 산소의 몰수와 반응된 질소의 몰수는 0.79/0.21 = 3.76이다. 공기의 질소는 연소반응 중 열을 흡수함으로써 연소 온도를 감소시킨다. 따라서 순수 산소와 연소하는 연료는 훨씬 더 높은 연소 온도를 생성할 수 있으며 이 때문에 순수 산소 연소 반응이 일어날 경우 화염으로부터 일정한 거리를 유지하는 것이 바람직하다.

공기: 연소 반응시 소모된 산소 몰수에 대응해서 필요한 질소의 몰수는 3.76몰이다.(특별한 언급이 없는 한 공기는 건공기로 취급한다.) 공기중의 수분은 연소에 영향을 주며 자세한 사항은 예제 12.4를 참고하라.

일반적으로 우리가 관심을 갖는 연료는 주로 수소와 탄소가 결합된 유기화합물인 탄화수소 연료이다. 표 12.1에 일반적인 탄화수소계열 연료가 정리되어 있다. 가솔린과 디젤 연료는 편의상 각각 C_8H_{18} 및 $C_{12}H_{26}$로 가정한다. 몇몇 탄화수소 연료들은 이들 연료의 혼합물이다. 예를 들자면 메탄, 에탄, 프로판의 혼합물이 천연가스이다. 바이오 연료는 식물성 기름과 동물성 지방과 같은 물질에서 생성된 알코올계 화합물이다. 이 연료들은 바이오 디젤 연료를 생산하는데 사용된다. 식물성 바이오 연료의 주성분은 에탄올(C_2H_5OH)이다.

석탄: 다양한 형태의 복잡한 화학식으로 표현될 수 있지만 대부분 탄소(C)로 구성되어 있다고 가정한다.

표 12.1 일반적 탄화수소연료들

메탄	CH_4
벤젠	C_6H_6
아세틸렌	C_2H_2
옥탄	C_8H_{18} (가솔린)
프로판	C_3H_8
도데칸	$C_{12}H_{26}$ (디젤)
에탄	C_2H_6
석탄	C (대부분)

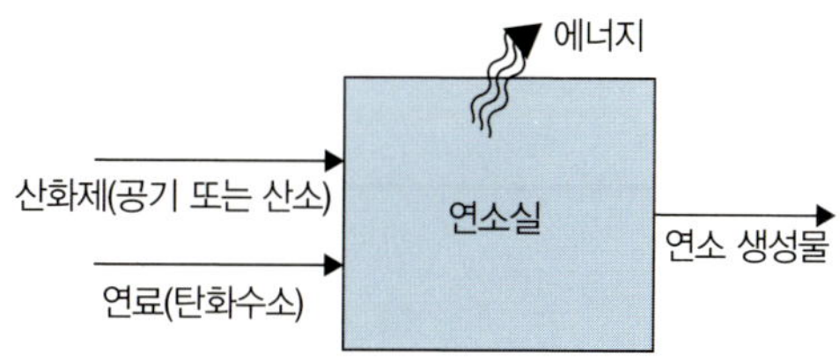

그림 12.1
연소실

화학량론적 반응: 모든 연료를 연소시키기 위해 필요한 산화제의 양을 고려하기 위해서 필요하다.

반응물: 화학반응식에서 일반적으로 왼쪽에 존재하는 원소

연소 생성물: 화학반응식에서 일반적으로 오른쪽에 존재하는 원소

12.2 연소 반응

연소 과정의 화학 반응식을 수립하는 첫 번째 단계는 모든 연료를 연소시키기 위한 충분한 산화제가 있다는 가정하에서 화학방정식을 결정하는 것이다. 이를 *화학량론적 반응*(stoichiometric reaction)이라고 한다.

이러한 과정의 한 예로서, 건공기 속 프로판의 화학량론적 연소를 생각해보자. 화학반응식에서 좌변인 *반응물*(reactants)은 프로판(C_3H_8)과 공기($O_2 + 3.76N_2$)이고, 우변인 *연소 생성물*(products of combustion)은 CO_2, H_2O, N_2 이다. 화학반응식은 미정계수 A, B, C, D를 이용하여 나타낼 수 있는데 다음과 같다.

$$C_3H_8 + A(O_2 + 3.76N_2) \Rightarrow BCO_2 + CH_2O + DN_2 \tag{12.2}$$

Note: 화합물 C_3H_8은 3개의 탄소원자와 8개의 수소원자를 포함하고 있다. 이것은 1몰을 나타낸다.

화학반응식에서 반응물과 생성물 각 원소의 원자 질량이 같도록 미정계수 A, B, C, D를 결정할 수 있다.

$$\begin{array}{lll} \textbf{C:} & 3 = B & \therefore B = 3 \\ \textbf{H:} & 8 = 2C & \therefore C = 4 \\ \textbf{O:} & 2A = 2B + C & \therefore A = 5 \\ \textbf{N:} & 3.76A = D & \therefore D = 18.8 \end{array} \tag{12.3}$$

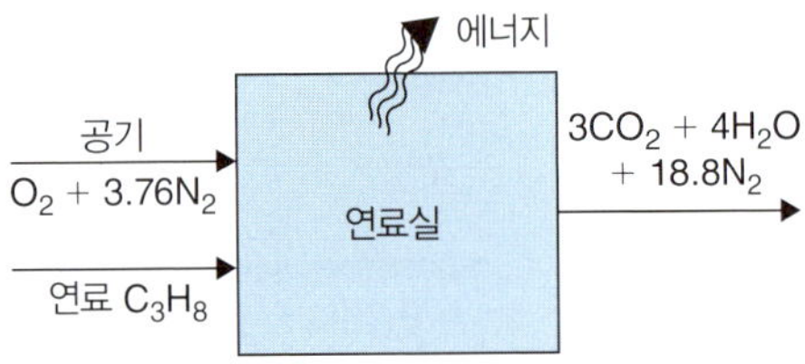

그림 12.2

화학량론적 반응

식 (12.2)에 명시된 반응을 그림 12.2와 같이 표현할 수 있다. (방출된 에너지는 다음 절에서 다루게 될 것이다.) 따라서 위 식은 최종적으로 다음과 같이 나타낼 수 있다.

$$C_3H_8 + 5(O_2 + 3.76N_2) \Rightarrow 3CO_2 + 4H_2O + 18.8N_2 \tag{12.4}$$

완전연소: 탄소는 CO_2로, 수소는 H_2O로 연소되는 것

식 (12.4)으로 표현된 연소반응식은 *완전연소*(complete combustion)의 한 예이다. 완전연소란 탄소는 CO_2로 연소되고, 수소는[1] H_2O로 연소되는 것이다. 만일 공기가 사용되었다면 질소는 반응하지 않는 것으로 가정하기 때문에 각 방정식의 각 변에 간단하게 18.8몰로 나타낸다. 반응물이 CO, C, H_2, HO를 포함한다면 불완전 연소가 발생한 것이다.

균형은 원자의 질량에만 적용된다. 즉 화학종의 몰수를 살펴보면 좌변은 24.8몰이고, 우변은 25.8몰로 서로 다르다는 것을 알 수 있다. 부피를 나타내는 몰의 숫자는 화학방정식에서 무조건 보존되는 것은 아니다.[2]

습공기라고 명시되어 있지 않다면 건공기는 일반적으로 반응물로 간주된다. 반응물에 작은 비율의 함수율(moisture contents)이 포함되어 있다면 양변의 에너지 균형에 상당한 영향을 미칠 수 있다. 예제를 통해 반응방정식에서의 함수율의 영향을 살펴볼 것이고, 함수율의 문제는 다음 절에서 다룰 것이다.

연료를 화학량론적 반응에서 요구되는 것보다 많거나 적게 태울 지를 결정하

[1] 황은 SO_2로 변환된다.

[2] 간단한 반응식 $2H_2 + O_2 \rightarrow 2H_2O$ 왼쪽에 3몰 오른쪽에 2몰이 존재함을 명심하자.

기 위해서 필요한 개념이 *화학량론적 공기량*(stoichiometric air) 또는 *이론 공기량*(theoretical air)이다. 반응에서 필요한 공기보다 많은 양이 사용되었을 때, 연소과정에서 사용되지 않는 산소는 반응물로 존재하게 된다. 사용되지 않은 산소는 엔진의 배기행정(排氣行程)을 통해 배출된다. 화학량론적 공기보다 많은 공기가 사용되었을 때 엔진은 *희박 운전*(running lean)을 한다고 말할 수 있다.

이론 공기량: 화학량론적 반응을 만족하는 공기량

희박 운전: 화학량론적 반응에 필요한 공기보다 더 사용될 때.

화학량론적 연소를 위해 요구되는 공기보다 더 많은 양이 존재할 때, *이론 공기량 백분율*(percent theoretical air) 또는 *과잉 공기량 백분율*(percent excess air)로 다음과 같이 표현 가능하다.

$$\text{이론 공기량 \%} = 100\ \% + \text{과잉 공기량 \%} \tag{12.5}$$

일반적으로 공기와 연료 혼합물은 연소실에서 균일하게 섞이지 않고 초과된 공기는 완전 연소에 도움이 된다.

화학량론적 공기보다 적은 공기가 사용된다면, 산소가 적어 연료와 CO를 전부 산화시키지 못하고 탄소형태의 연소 생성물을 남기게 된다. 반대로 산소가 부족하여 연료가 산화되지 않고 남아 있는 경우 엔진은 *과농 운전*(rich running)을 한다고 말할 수 있다. 오토 사이클 엔진은 엔진이 과농상태로 운전될 때 조금 더 부드럽게 작동하는 경향이 있다. 그러나 탄화수소를 공기 중으로 배출하여 환경에 악영향을 미칠 수 있다. 배출된 탄화수소 가스는 발전소에서 발전소, 자동차 등에서 배출된 황성분과 결합하여 대기 중에 황산을 생성시킬 수 있다. 미국의 경우 몇몇 주에서는 법으로 주유소에서 주유 중 가솔린 가스가 공기 중으로 날아가는 것을 방지하고 주유 탱크로 돌아갈 수 있도록 가솔린 노즐을 보유해야 한다고 규정하고 있다.

과농 운전: 산소가 부족하여 모든 연료를 태우지(산화시키지) 못 할 경우

공기-연료비(air-fuel ratio, AF)는 사용된 연료 질량에 대한 사용된 공기의 질량의 비로 정의된다. 몰수가 질량의 비로 정의된다는 것을 명심해야 한다. *연료-공기비*(FA)는 사용된 공기의 질량에 대한 사용된 연료의 비이다.

공기-연료비 (AF): 연료 질량에 대한 공기의 질량비

연료-공기비 (FA): 공기 질량에 대한 연료 질량의 비

$$AF = \frac{\text{공기의 질량}}{\text{연료의 질량}} \qquad FA = \frac{\text{연료의 질량}}{\text{공기의 질량}} = \frac{1}{AF} \tag{12.6}$$

당량비: 실제 공연비를 화학량론적 공연비로 나눈 값

당량비 ϕ(상대습도 기호와 혼동하지 말 것)는 화학량론적 공연비를 실제 공연비로 나눈 값으로 정의된다.

$$\phi = \frac{AF_{\text{stoichiometric}}}{AF_{\text{actual}}} = \frac{FA_{\text{actual}}}{FA_{\text{stoichiometric}}} \tag{12.7}$$

$\phi = 1$ 화학량론적 또는 완전 연소

$\phi < 1$ 희박 운전

$\phi > 1$ 과농 운전

만일 당량비가 1이라면, 반응은 화학론적 공기량을 만족하는 경우이다. 당량비가 1보다 작으면 엔진은 희박 운전을 하고 1보다 크다면 엔진은 과농 운전을 하는 경우이다.

연료의 연소반응으로 발생된 연소 생성물들 중 중요한 것이 물(H_2O)이다. 연소과정을 통해 발생되는 막대한 열로 인해 물은 수증기의 형태를 띠고 있다. 하지만, 굴뚝과

Comment

산성 응축물이 배관이나 연돌에 손상을 입히지 않게 하기 위해서 연소 후 생성물이 배출될 때 이슬점 이상의 온도를 유지하는 것이 중요하다.

배기관을 빠져나오는 동안 냉각되며 특히 이슬점(dew point) 아래로 온도가 떨어지는 경우 응축될 수 있어 산과 결화된 응축액은 다른 장치의 부식을 일으킬 수 있다. 그러므로 수증기가 배출되는 동안 이슬점 이상의 온도로 유지하는 것이 매우 중요하다.

예제 12.1 천연가스의 화학양론적 연소

천연가스는 체적비율로 70%의 메탄, 15%의 에탄 및 15%의 프로판이다. 그림 12.3에 제시된 공기 내 천연가스의 화학량론적 연소 반응을 위한 화학 반응식을 세우시오.

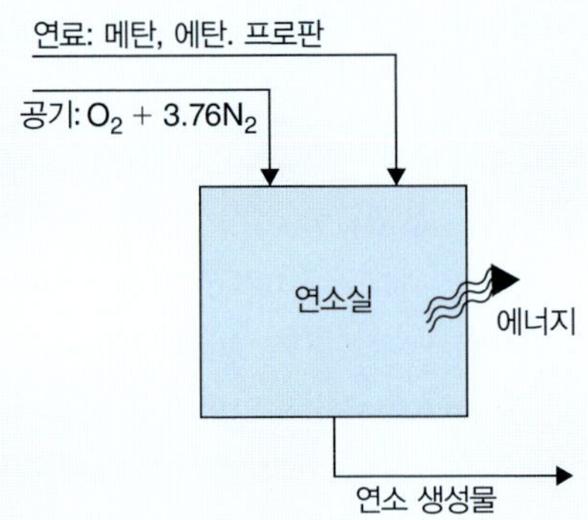

그림 12.3

풀이

첫 번째 단계는 천연가스의 화합물에 대한 화학량론적 연소반응식을 결정하는 것이다.

$$\begin{aligned}
\textbf{Methane:}\quad & CH_4 + 2(O_2 + 3.76N_2) \Rightarrow CO_2 + 2H_2O + 7.52N_2 \\
\textbf{Ethane:}\quad & C_2H_6 + 3.5(O_2 + 3.76N_2) \Rightarrow 2CO_2 + 3H_2O + 13.16N_2 \\
\textbf{Propane:}\quad & C_3H_8 + 5(O_2 + 3.76N_2) \Rightarrow 3CO_2 + 4H_2O + 18.8N_2
\end{aligned}$$

다음은 천연가스의 구성가스들의 퍼센트를 곱하고, 서로 더한다. 즉

$$\text{가스} = 0.15\,[\text{프로판}] + 0.15\,[\text{에탄올}] + 0.70\,[\text{메탄}]$$

1몰의 프로판에 대한 연소반응식은,

$$\begin{aligned}
& 0.15C_3H_8 + 0.15C_2H_6 + 0.7CH_4 + 2.675(O_2 + 3.76N_2) \\
& \qquad \Rightarrow 1.45CO_2 + 2.45H_2O + 10.06N_2
\end{aligned}$$

과잉 공기 연소 예제 12.2

프로판이 20% 과잉 공기와 연소한다. i) 공연비, ii) 생성물 내 수증기의 부피 비율 및 iii) 이슬 온도를 결정하라. 단, 완전연소 즉, CO는 생성물에 존재하지 않는다고 가정한다.

풀이

화학량론적 반응은 식 (12.4)를 이용하면

$$C_3H_8 + 5(O_2 + 3.76N_2) \Rightarrow 3CO_2 + 4H_2O + 18.8N_2$$

20%의 과잉 공기를 고려하기 위해 5에 1.2를 곱한다. 따라서 연소반응식은,

$$C_3H_8 + 1.2 \times 5(O_2 + 3.76N_2) \Rightarrow A\,CO_2 + B\,H_2O + C\,N_2 + D\,O_2$$

미정계수를 결정해 보면 다음과 같다.

$$\begin{array}{lrl} \textbf{C:} & 3 = A & \therefore A = 3 \\ \textbf{H:} & 8 = 2B & \therefore B = 4 \\ \textbf{N:} & 6 \times 3.75 \times 2 = 2C & \therefore C = 22.56 \\ \textbf{O:} & 6 \times 2 = 2A + B + 2D & \therefore D = 1 \end{array}$$

그림 12.4에 개략적으로 도시된 연소반응은 다음과 같이 나타낼 수 있다.

$$C_3H_8 + 6(O_2 + 3.76N_2) \Rightarrow 3CO_2 + 4H_2O + 22.56N_2 + O_2$$

i) 공기-연료비는

$$AF = \frac{\text{공기질량}}{\text{연료질량}} = \frac{6 \times 4.76 \times 29}{1 \times (36 + 8)}$$

$$= \frac{(6 \times 4.76)\ \text{kmol}_{air} \times 29\ \text{kg}_{air}/\text{kmol}_{air}}{1\ \text{kmol}_{fuel} \times (36 + 8)\ \text{kg}_{fuel}/\text{kmol}_{fuel}} = \underline{18.82\ \text{kg}_{air}/\text{kg}_{fuel}}$$

ii) 부피 비율은 몰수의 비와 동일하므로,

$$\%\ \text{물} = \frac{\text{물의 몰}}{\text{생성물의 몰}} \times 100 = \frac{4}{30.56} \times 100 = \underline{13.1\%}$$

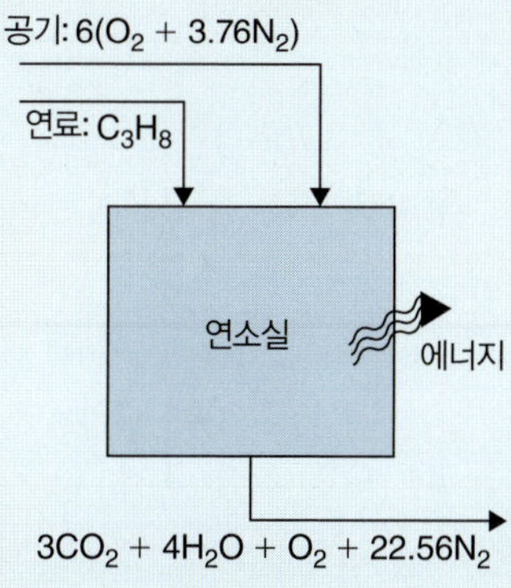

그림 12.4

(계속)

예제 12.2 (계속)

iii) 수증기의 부분압력 P_v는 (식 11.12에서 나타낸 바와 같이) 생성물의 몰분율을 이용하면 계산할 수 있다.

Comment

별 다른 언급이 없는 한, 대기압은 100 kPa로 가정한다.

$$P_v = y_{vapor} P_{atm} = \frac{4}{30.56} \times 100 = 13.1 \text{ kPa}$$

이슬점의 온도는 표 C-2의 값을 이용하여 보간법을 적용하거나 IRC 상태량 계산기를 이용하면 구할 수 있다.

$$T_{dp} = \underline{51.2°C}$$

생성물의 온도(예를 들면 자동차의 파이프를 통과한 사용된 온도)가 T_{dp}보다 낮아 발생된 수증기는 산(acids) 성분과 함께 응축되어 배출될 수 있다.

예제 12.3 이론 공기량보다 적은 연소반응

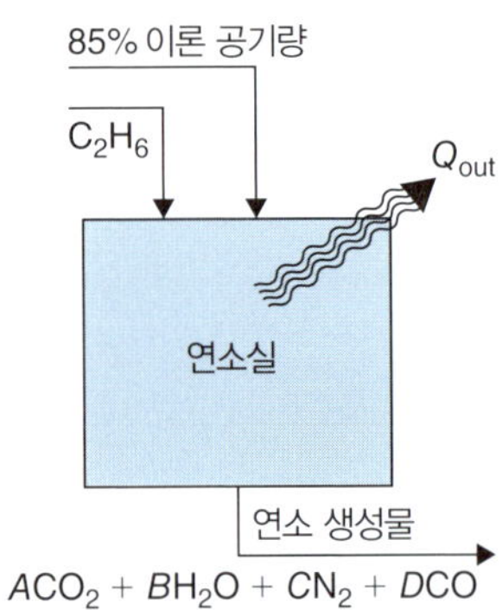

그림 12.5

그림 12.5에서 나타낸 바와 같이 에탄이 85% 이론 공기량으로 연소한다. 공기-연료비와 생성물에 들어있는 일산화탄소의 질량 %를 구하여라. CO는 생성물에서 산소의 부족으로 인해 생성물 내 추가된 혼합물로 가정한다.

풀이

화학량론적 반응은 예제 12.1에 나타나 있고, 85% 이론 공기량을 적용하면 연소반응식은

$$C_2H_6 + 0.85 \times 3.5(O_2 + 3.76N_2) \Rightarrow A\,CO_2 + B\,H_2O + C\,N_2 + D\,CO$$

원자의 균형을 맞추면 각각의 미정계수는 다음과 같다.

$$\begin{aligned}
&\textbf{H:} & 6 &= 2B & &\therefore B = 3\\
&\textbf{N:} & 0.85 \times 3.5 \times 3.76 \times 2 &= 2C & &\therefore C = 11.2\\
&\textbf{C:} & 2 &= A + D & &\\
&\textbf{O:} & 5.95 &= 2A + B + D & &\therefore A = 0.95,\quad D = 1.05
\end{aligned}$$

결국 최종 연소반응식은 다음과 같다.

$$C_2H_6 + 0.85 \times 3.5(O_2 + 3.76N_2) \Rightarrow 0.95\,CO_2 + 3\,H_2O + 11.2\,N_2 + 1.05\,CO$$

CO의 질량 퍼센트는 다음과 같이 계산된다.

$$\%\text{ 질량에 의한 CO} = \frac{1.05 \times 28}{0.95 \times 44 + 3 \times 18 + 11.2 \times 28 + 1.05 \times 28} \times 100 = \underline{6.70\%}$$

공기-연료비는

$$AF = \frac{\text{공기질량}}{\text{연료질량}} = \frac{0.85 \times 3.5 \times 4.76 \times 29}{1 \times 30} = 13.7\ \text{kg}_{air}/\text{kg}_{fuel}$$

습공기가 포함된 연소반응 예제 12.4

그림 12.6의 연소기에서 비습도(specific humidity)가 0.01인 공기가 40% 과잉 공기 상태로 프로판과 연소한다. 이 때 연소반응식을 결정하고 이슬점을 계산하시오. 단 압력은 100 kPa로 가정한다.

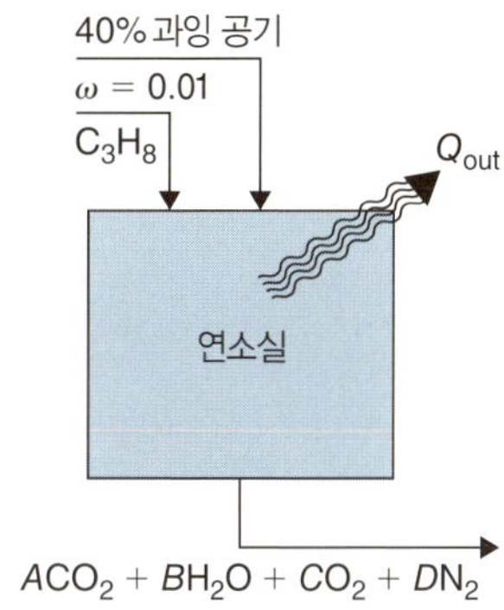

그림 12.6

풀이

식 (12.4)에서 제시된 건공기에 대한 화학량론적 연소반응식을 사용하면

$$C_3H_8 + 5(O_2 + 3.76N_2) \Rightarrow 3CO_2 + 4H_2O + 18.8N_2$$

40%의 과잉 공기를 사용하므로 5에 1.4를 곱한다. 그러면 건공기의 연소반응식은 다음과 같이 나타낼 수 있다.

$$C_3H_8 + 1.4 \times 5(O_2 + 3.76N_2) \Rightarrow 3CO_2 + 4H_2O + 2O_2 + 26.32N_2$$

프로판의 1몰이 연소하면서, 2몰의 산소가 반응하지 않고 남았으며 질소 26.32몰이 반응하지 않았다.

비습도는 11장에서 정의된 바와 같이 공기의 질량을 공기에 포함된 물의 질량으로 나눈 값이다. 분석하기 위하여 몰비가 필요하며, 물의 몰질량은 18 kg/kmol이고, 공기의 몰질량은 29 kg/kmol이다.

Comment

습기가 공기 내에 존재할 때, 통상 이것을 무시한 상태에서 건공기를 가정하고 반응식을 세운다. 그리고나서 질소와 같이 습기에 대한 해석을 고려해주면 된다. 습기의 영향은 반응식에서 질소와 같이 해당 항(물)을 단순히 더해 주면 되지만 연소실에서 주위로의 열전달 현상은 습기로 인해 크게 영향을 받는다.

$$\overline{\omega} = \omega\left(\frac{M_{air}}{M_{water}}\right) = 0.01\left(\frac{29}{18}\right) = 0.0161\,\frac{\text{물의 몰}}{\text{공기의 몰}}$$

여기서 기호 위의 바(bar)는 몰 값을 나타낸다. 공기와 함께 반응하는 물의 몰수는 다음과 같이 계산된다.

$$\begin{aligned} N_{water} &= \overline{\omega} N_{air} \\ &= 0.0161 \times 1.4 \times 5 \times (4.76) = 0.536 \text{ mol of water} \end{aligned}$$

그림 12.7은 습공기의 연소를 위한 완전한 화학방정식을 나타내고 다음과 같이 표현될 수 있다.

$$\begin{aligned} &C_3H_8 + 7(O_2 + 3.76N_2) + 0.536H_2O \\ &\Rightarrow 3CO_2 + 4.536H_2O + 2O_2 + 26.32N_2 \end{aligned}$$

공기에 있는 수증기의 영향은 질소처럼 반응식에 단순히 더해주면 된다. 이 때 수증기의 이슬점은 부분압력을 결정하면 알 수 있다. (식 11.12 참조)

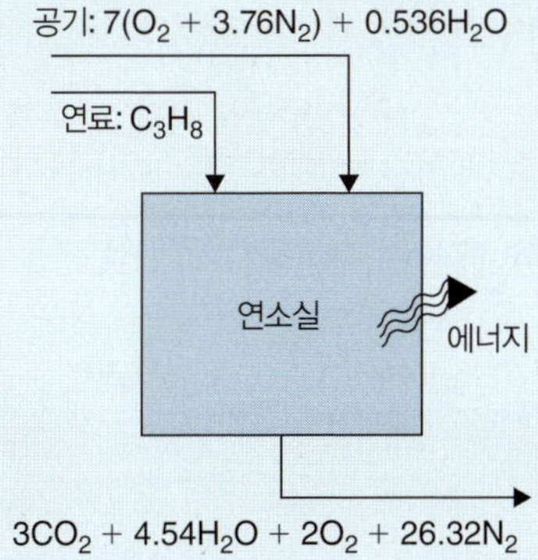

그림 12.7

(계속)

예제 12.4 (계속)

$$P_v = y_{H_2O}P_{atm} = \frac{4.54}{35.86} \times 100 = 12.7 \text{ kPa}$$

표 C-2와 IRC 상태량 계산기를 사용하면, 이슬점을 찾을 수 있다.

$$T_{dp} = \underline{51°C}$$

연소 생성물의 온도가 51°C까지 떨어진다면 응축이 발생할 것이다.

예제 12.5 연소 생성물로부터 *AF*를 결정하기.

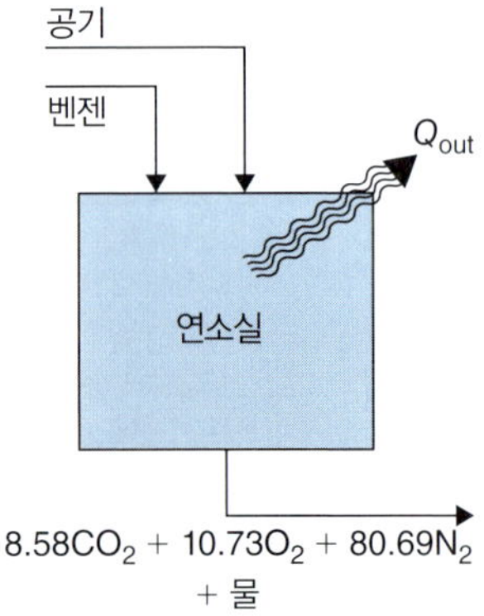

그림 12.8

벤젠은 건공기와 연소되고, 부피의 분석을 통해 연소의 건조한 상태의 연소 생성물이 측정된다. (습도는 측정되지 않는다.) 연소 생성물이 각각 80.69%의 N_2, 8.58%의 CO_2, 그리고 10.73%의 O_2를 포함하고 있다. 각 기체의 몰수는 그림 12.8에 제시된 바와 같을 때 공기-연료비와 과잉 공기 백분율을 결정하여라.

풀이

연료의 연소를 통해 100몰의 건조한 연소 생성물이 발생된다고 가정하면 연소반응식은 다음과 같이 나타낼 수 있다.

$$AC_6H_6 + B(O_2 + 3.76N_2) \Rightarrow 8.58CO_2 + CH_2O + 10.73O_2 + 80.69N_2$$

여기서 연료와 공기 그리고 물의 몰수는 주어지지 않았다. 연소 생성물에 물이 포함되어 있지만 몰수는 결정되지 않은 상태이고 각 원소의 미정계수는 다음과 같이 결정될 수 있다.

C:	$6A = 8.58$	$\therefore A = 1.43$
N:	$3.76B = 80.69$	$\therefore B = 21.46$
H:	$6A = 2C$	$\therefore C = 4.29$
O:	$2B = 17.16 + C + 21.46$	$42.92 = 42.91$

몰 질량: $M_{fuel} = 6 \times 12 + 6 \times 1 = 78$ kg/kmol

모든 반응식의 항을 A로 나누면, 다음과 같은 반응식을 얻게 된다.

$$C_6H_6 + 15(O_2 + 3.76N_2) \Rightarrow 6CO_2 + 3H_2O + 7.5O_2 + 56.43N_2$$

공기-연료비는 다음 식을 이용하여 계산할 수 있다.

$$AF = \frac{\text{공기질량}}{\text{연료질량}} = \frac{15 \times 4.76 \times 29}{1 \times (6 \times 12 + 6 \times 1)} = 26.55 \text{ kg}_{air}/\text{kg}_{fuel}$$

화학량론적 공기량을 만족하는 반응식은 다음과 같다.

$$C_6H_6 + 7.5(O_2 + 3.76N_2) \Rightarrow 6CO_2 + 3H_2O + 28.2N_2$$

따라서 위 식을 이용하면 15/7.5 = 2이고, 200%의 이론공기 백분율을 계산해 낼 수 있다. 따라서 과잉 공기 백분율은 12.5를 참고하면

$$\text{과잉 공기 백분율} = 200 - 100 = \underline{100\%}$$

☑ 학습목표 확인 (1)

12.3 생성 엔탈피와 연소 엔탈피

12.2절에서는 화학 반응만을 고려하였고, 특정한 반응에 의해서 방출되는 열량을 예측해보지 않았다. 이번 절에서는 특정반응에 의해 방출되는 열에 대하여 살펴볼 것이다.

그림 12.9에서 도시된 바와 같이 연소반응에서 발생되는 열량 Q_{out}은 열역학 제1법칙을 적용함으로써 결정할 수 있다.

$$Q_{out} = \overline{H}_R - \overline{H}_P \tag{12.8}$$

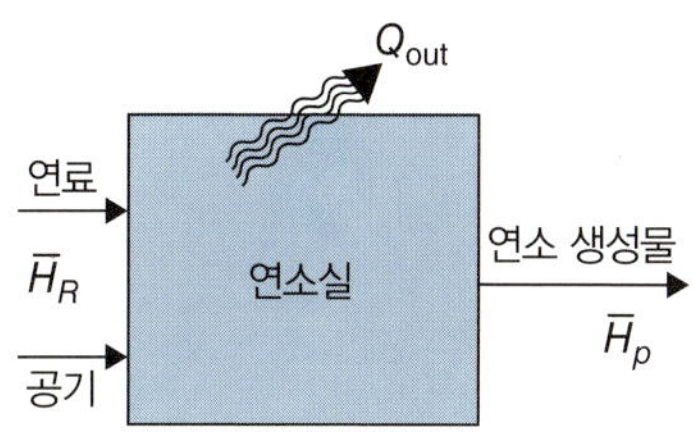

그림 12.9
연소실

각각의 기호 $\overline{H}_R$은 반응물, $\overline{H}_P$는 생성물의 엔탈피이고 몰 값을 기준으로 한다. 예제 12.8에서 풀어 볼 로켓노즐과 같은 특별한 경우를 제외하고는 연소실에 걸치기 때문에 운동에너지와 위치에너지의 변화는 중요하지 않다. 또한, 아무런 일도 행해지지 않는다고 가정한다. 그러므로 연소실에서 방출된 열을 알기 위해서 $\overline{H}_R$와 $\overline{H}_P$는 반드시 결정되어야 한다. 엔탈피를 결정하기 위해서는 기준 상태가 설정되어 있어야 한다. 일반적으로 기준상태는 대기압, 25°C를 기준으로 하며, 윗첨자 "∘"를 이용하여 나타낸다. 한 예로, $\overline{h}^\circ_1$는 입구에서 기준상태의 물질의 기본 몰 엔탈피를 표현한 것이다.

식 (12.8)를 적용해보기 위해서 수소와 산소의 정압연소를 고려해서 다음과 같이 표현해 보자.

Comment

각 화합물 뒤의 "*l*"는 액체 상태를 의미하고 "*g*"는 기체 상태를 의미한다

$$2H_2 + O_2 \Rightarrow 2H_2O(\ell) \tag{12.9}$$

입구와 출구의 상태는 기준상태 섭씨 25°C와 1 atm의 압력을 유지하고 있어야 한다. 출구의 온도가 25°C가 되기 위해서는 그림 12.10에 나타나 있는 것처럼 연소과정 중 발생한 열전달은 생성된 액체 $H_2O(l)$[3]에 대하여 −285,830 kJ이 되어야 한다. 반응물 H_2와 O_2는 표준상태에서 그 상태 그대로 존재하기 때문에 안정적이며, 따라서 25°C와 1 atm에서 이 두 원소를 형성하는데 에너지가 필요하지 않다. 이 때 H_2와 O_2의 반응으로 인해 주어진 열은 *생성 엔탈피*(enthalpy of formation)라 한다. 표 B-7에 정리되어 있는 바와 같이 H_2를 위한 생성 엔탈피는 기준 상태에서 안정적이기 때문에 0이다. 하지만 수소 원자(H)의 생성 엔탈피는 +218,000 kJ/kmol이다. H_2를 수소 원자로 쪼

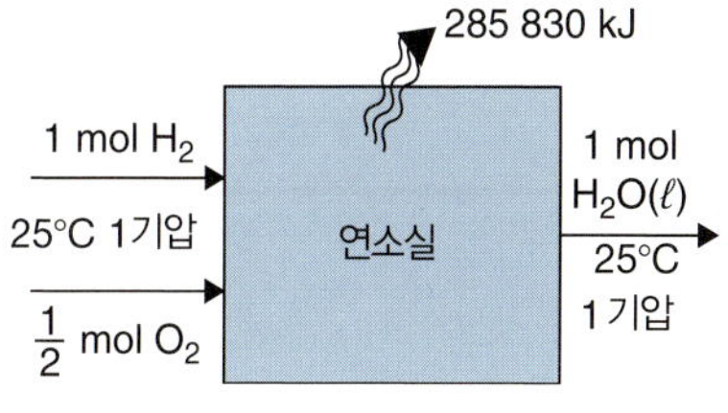

그림 12.10
수소와 산소의 연소

[3]마이너스 부호는 부호협약 때문이다: 검사체적을 떠나는 열이동은 음수이다.

생성 엔탈피: 안정적인 원소로부터 화합물을 생성할 때 필요한 에너지

발열 반응: 열을 방출하는 반응으로 물이 형성되는 반응이 대표적인 예이다.

흡열 반응: 화학 반응 시 열을 흡수하는 경우.

개기 위해서 에너지를 사용해야 하기 때문이다. 표 B-7를 살펴보면 일부 화합물의 생성 엔탈피는 음의 값을 가지고(*발열반응*), 일부는 양의 값을 가진다(*흡열반응*).

특수한 화합물이나 원소의 생성 엔탈피는 두 엔탈피의 합으로 표현될 수 있다. 자연적으로 존재하는 질소, 수소, 산소, 탄소등의 생성 엔탈피는 앞서 설명한 것 같이 0이다. 반면 기준 상태에서 안정적인 원소로 구성된 화합물을 생성시키기 위해 필요한 에너지, 즉 생성 엔탈피는 엔탈피의 합으로 설명할 수 있다. 예를 들어, 127°C에서의 질소의 엔탈피는 표 F-2에서 298 K와 400 K에서의 값을 이용하여 $\bar{h}_{N_2} = \bar{h}^{\circ}_{N_2} + \Delta\bar{h}_{N_2} = 0 + 11640 - 8669 = 2971$ kJ/mol로 결정할 수 있다. 표 F-2에서 F-6에는 모두 몰 기준으로 SI단위에서 일반적인 가스의 생성 엔탈피와 엔탈피가 정리되어 있다.

Comment

화합물은 두 개 이상의 요소로 구성된다. H_2는 O_2와 N_2와 같이 오직 수소로만 이루어졌기 때문에 원소이다.

가령, 프로판의 생성 엔탈피를 구하고 싶다면, 표 B-7에서 $\bar{h}^{\circ}_f = -103\,850$k/kmol임을 알 수 있다. 이 에너지는 3개의 탄소원자와 8개의 수소원자들이 25°C, 대기압 상태에서 결합하는데 필요한 에너지이다.

만약 700 K(427°C)에서 이산화탄소의 몰 엔탈피를 구하고 싶다면, 표 F-4에서 생성 엔탈피와 298 K에서 700 K까지의 엔탈피의 변화량이 더해져야 한다.

Comment

질소 엔탈피의 변화의 근사치: $\Delta\bar{h}_{N_2} = \bar{C}_p\Delta T = (1.042 \times 28)(400 - 298) = 2976$ kJ/kmol은 0.2% 미만의 오차를 보여준다. 만약 온도 차가 더 크다면 오차는 더 커질 것이다.

$$\begin{aligned}\bar{h}_{700\,\mathrm{K}} &= \bar{h}^{\circ}_f + \bar{h} - \bar{h}_0 \qquad (CO_2) \\ &= -393\,520 + 27\,125 - 6601 = -372\,996\ \mathrm{kJ/kmol}\end{aligned} \tag{12.10}$$

생성 엔탈피는 화합물을 만드는데 요구되는 에너지이다. 화합물이 일정한 온도와 대기압에서 화학량론적 연소를 겪게 될 때 방출되는 에너지는 *연소 엔탈피*이다. 그림 12.10에서 열전달은 −285830 kJ/kmol의 25°C, 대기압 상태에서 산소와 수소의 연소 반응에 대한 에너지이다. 표 B-8에서 이 값은 *고위 발열량*(higher heating value, HHV)으로 표시되어 있고, 이는 25°C의 액체형태의 물이 연소 생성물에 포함되어 있기 때문이다. 만약 물이 기체형태로 연소 생성물에 포함되어 있을 경우 *저위 발열량*(lower heating value, LHV)으로 표시될 것이다. 물이 증기인 것을 확실하게 하기 위해서 저위 발열량(LHV)을 사용할 경우 출구온도를 150°C 정도로 설정한다. 하지만 보통의 경우 출구온도는 150°C의 균일한 온도가 아니기 때문에 대부분 고위 발열량(HHV)을 사용한다. 여러 가지 화합물과 연료들의 연소 엔탈피(HHVs)들도 부록 표 B-8에 정리되어 있다.

연소 엔탈피: 화합물이 일정한 온도 및 대기압에서 화학량론적으로 연소할 때 방출되는 에너지.

고위 발열량(HHV): 연소 생성물의 물이 액체인 경우

저위 발열량(LHV): 연소 생성물의 물이 기체인 경우

식 (12.8)의 열역학 제1법칙을 적용하면 반응물 및 생성물을 구성하는 구성 요소의 수를 정할 수 있다. 운동에너지와 위치에너지의 변화를 무시하고, 축의 일, 정상유동이 고려된 검사체적에 대한 열역학 제1법칙을 적용하면,

$$\begin{aligned}Q &= \bar{H}_P - \bar{H}_R \\ &= \sum_{\text{prod}} N_i(\bar{h}^{\circ}_f + \bar{h} - \bar{h}^{\circ})_i - \sum_{\text{react}} N_i(\bar{h}^{\circ}_f + \bar{h} - \bar{h}^{\circ})_i\end{aligned} \tag{12.11}$$

Note: HHV와 LHV는 확증적인 열 전달자이다. 그러므로 그들은 부정적인 연소 엔탈피이다.

N_i은 연소 생성물과 반응물로 존재하는 물질을 모두 더한 물질 i의 몰수를 나타낸다. 만약 축의 일이나 운동에너지의 변화가 0이 아니라면, 연소 제트 터빈같이, 적절한 항을

방정식에 포함해야 한다.

만약 검사체적이 그림 12.11의 봄베열량계와 같이 입구나 출구가 없다면, 열역학 제1법칙은

$$Q = U_P - U_R$$
$$= \sum_{\text{prod}} N_i(\bar{h}_f^o + \bar{h} - \bar{h}^o - Pv)_i - \sum_{\text{react}} N_i(\bar{h}_f^o + \bar{h} - \bar{h}^o - Pv)_i \qquad (12.12)$$

그림 12.11
봄베열량계

다만 위 식에서는 부록의 표에 엔탈피만 주어져 있기 때문에 내부에너지, u 대신 엔탈피 $h=u+Pv$를 사용하였다. 기체의 부피에 비해 고체 또는 액체의 부피는 매우 작기 때문에 기체에 대해서만 Pv 항을 사용하도록 한다. 이상기체로 가정하고 체적이 변하지 않는다면, 식 (12.12)은 다음과 같이 표현할 수 있다.

Note: 축일이 없고 정상유동상태인 검사체적에 대한 열역학 제1법칙 (식 12.12)

$$Q = \sum_{\text{prod}} N_i(\bar{h}_f^o + \bar{h} - \bar{h}^o - R_uT)_i - \sum_{\text{react}} N_i(\bar{h}_f^o + \bar{h} - \bar{h}^o - R_uT)_i \qquad (12.13)$$

Recall: $u = h - Pv$

위의 세 가지 방정식에서, 이상기체는 부록 F에 제시된 표를 사용하여 $\bar{h} - \bar{h}^o$를 찾기 위해 가정되었다. 따라서 증기의 경우 부록의 증기표를 사용하면 되고, 고체나 액체는 $\bar{h} - \bar{h}^o = \bar{C}_p\Delta T$를 이용하여 계산할 수 있다.

Note: 봄베열량계와 같이 계의 체적이 변하지 않는 계에 대한 열역학 제1법칙 (식 12.13)

예제 12.6 CO_2 생성 엔탈피

탄소 1몰과 산소(O_2) 1몰이 25°C와 1기압의 연소실로 들어가면 연소가 일어나고 출구에서 25°C와 1기압을 형성하는 CO_2가 생긴다. CO_2의 생성 엔탈피는 얼마인가? 그림 12.12에 제시된 정상유동 연소실을 가정한다.

Note: 2몰이 들어가 1몰이 생성된다.

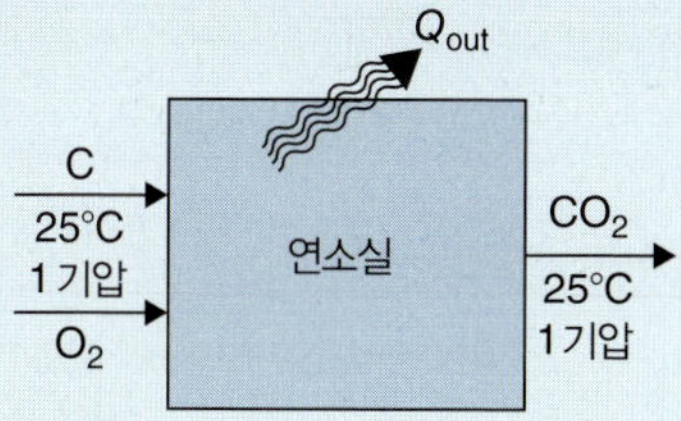

그림 12.12

풀이

연소는 다음 반응으로 일어난다

$$C + O_2 \Rightarrow CO_2$$

정상유동 연소실은 검사체적을 통과해서 흐르는 유동으로 볼 수 있다. 표 F-4 값을 적용한 뒤 식 (12.11)을 다시 정리하면

(계속)

예제 12.6 (계속)

$$Q = \sum_{\text{prod}} N_i(\bar{h}_f^\circ + \bar{h} - \bar{h}^\circ)_i - \sum_{\text{react}} N_i(\bar{h}_f^\circ + \bar{h} - \bar{h}^\circ)_i$$

$$= [1 \times (\bar{h}_f^\circ + \bar{h}_{25^\circ C} - \bar{h}^\circ)_{CO_2}]_{\text{prod}}$$

$$-[1 \times (\bar{h}_f^\circ + \bar{h} - \bar{h}^\circ)_C + 1 \times (\bar{h}_f^\circ + \bar{h} - \bar{h}^\circ)_{O_2}]_{\text{react}}$$

$$= 1 \times (-393\,520 + 9364 - 9364) - 0 - 0 = -393\,520 \text{ kJ}$$

−393 500 kJ/kmol의 열전달은 화합물이 생성될 때 방출되는 열이기 때문이며, 따라서 이 값이 CO_2의 생성 엔탈피이다. 열전달은 음의 값을 갖기 때문에 검사체적으로 주위로 방출되는 것을 의미한다.

예제 12.7 액체 프로판의 연소 엔탈피

표 B-7의 생성 엔탈피를 사용하여, 액체 프로판의 연소 엔탈피를 결정할 수 있다. 그림 12.13에 제시된 바와 같이 반응물과 생성물들은 모두 25°C와 1기압이다.

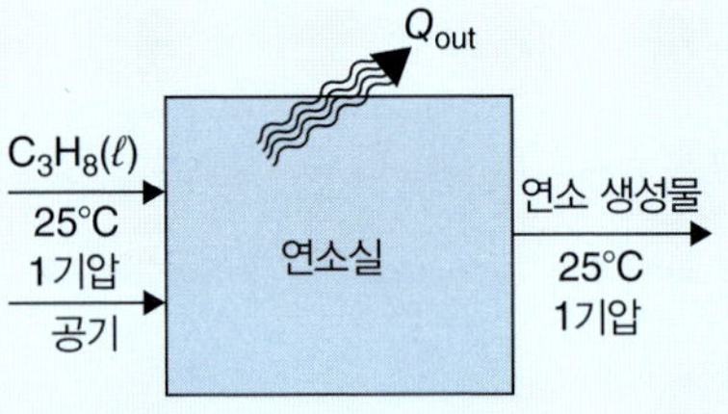

그림 12.13

Comment

공기의 $\bar{h}_f^\circ$는 산소와 질소로 이루어지기 때문에 0이다.

Comment

저위 발열량(LHV)은 −241 820(증기)의 경우 −258 830(액체)보다 적은 값이다.

풀이

먼저, 반응식을 결정한다. 반응식은 아래와 같다.

$$C_3H_8(l) + 5(O_2 + 3.76N_2) \Rightarrow 3CO_2 + 4H_2O(\ell) + 18.8N_2$$

물은 25°C와 1기압의 상태이기 때문에 반드시 액체상태로 있어야 한다. 연소실은 정상유동의 검사체적으로 가정할 수 있다. 따라서 식 (12.11)은 다음과 같이 나타낼 수 있다.

$$Q = \sum_{\text{prod}} N_i(\bar{h}_f^\circ + \bar{h} - \bar{h}^\circ)_i - \sum_{\text{react}} N_i(\bar{h}_f^\circ + \bar{h} - \bar{h}^\circ)_i$$

$$= [N\bar{h}_f^\circ]_{CO_2} + [N\bar{h}_f^\circ]_{H_2O} - [N\bar{h}_f^\circ]_{C_3H_8(l)} - [N\bar{h}_f^\circ]_{O_2} - [N\bar{h}_f^\circ]_{N_2}$$

$$= 3 \times (-393\,520) + 4 \times (-285\,830) - 1 \times (-103\,850)$$

$$= -2\,220\,000 \text{ kJ/kmol of } C_3H_8(g)$$

$C_3H_8(\ell)$의 연소 엔탈피 $\bar{h}_c$는 다음과 같이 나타난다.

$$\bar{h}_c = -Q_{out} = \underline{-2\,220\,000 \text{ kJ/kmol}}$$

물은 액체형태이기 때문에 HHV(고위 발열량)이다.

Note: 프로판 가스의 $\bar{h}_c$는 $\bar{h}_{fg}$ = 15 060 kJ/kmol를 포함하지 않는다. 그러므로 저위 발열량(LHV)은 −2 205 000 kJ/kmol이다.

예제 12.8 제트엔진의 연소

출구의 연소 생성물의 운동에너지에 비해 공기의 운동에너지는 무시할 수 있고 액체 옥탄이 25°C, 1기압 하에서 단열된 엔진에 주입된다. 그림 12.14에 제시된 바와 같이 연소 생성물은 900 K, 1기압으로 배출된다. 축의 일이 없다고 가정할 때 연소 생성물의 속도를 계산하여라. 화학량론적 연소가 진행된다고 가정한다.

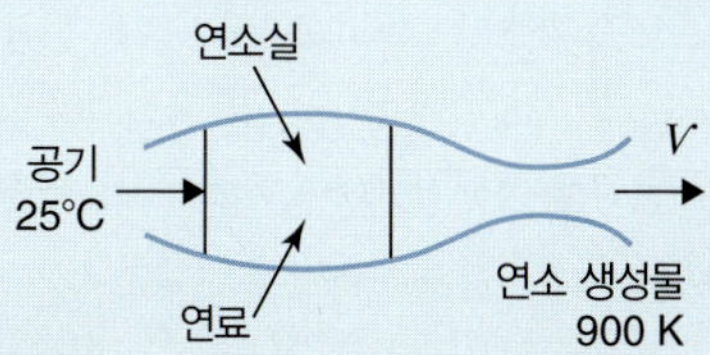

그림 12.14

풀이

화학량론적 연소반응이 진행되므로,

$$C_8H_{18}(\ell) + 12.5(O_2 + 3.76N_2) \Rightarrow 8CO_2 + 9H_2O + 47N_2$$

연소 생성물의 온도가 900 K이기 때문에 물은 명백하게 증기의 형태이다. 단열($Q = 0$)된 연소실은 정상유동의 검사체적으로 가정할 수 있고 따라서 식 (12.8)은 다음과 같이 나타낼 수 있다.

$$0 = H_P + m_P\frac{V^2}{2} - H_R$$

$m_P V^2/2$은 한 몰당 발생하는 연소 생성물의 운동에너지이다. 연료 몰당 발생하는 연소 생성물의 질량은

$$m_p = 8 \times 44 + 9 \times 18 + 47 \times 28 = 1830 \text{ kg/kmol fuel}$$

이다. 이제 H_P를 찾아보자.

$$\begin{aligned} H_P &= H_{CO_2} + H_{H_2O} + H_{N_2} \\ &= 8(-393\,520 + 37\,405 - 9364) + 9(-241\,810 + 31\,828 - 9904) \\ &\quad + 47(0 + 26\,890 - 8669) = -4\,046\,000 \text{ kJ/kmol fuel} \end{aligned}$$

H_R은 다음과 같다.

$$\begin{aligned} H_R &= H_{C_8H_{18}(\ell)} + H_{O_2} + H_{N_2} \\ &= 1(-249\,910) + 0 + 0 = -249\,910 \text{ kJ/kmol fuel} \end{aligned}$$

(계속)

액체 옥탄 생성 엔탈피:

$\bar{h}^\circ_f$ = −208 450 − 41 460 = −249 910 kJ/kmol

예제 12.8 (계속)

식 (12.8)의 열역학 제1법칙을 이용하여 이제 속도를 찾을 수 있다.

$$V^2 = \frac{2}{m_P}(H_R - H_P)$$

$$= \frac{2}{1830\ \text{kg/kmol}}(-249910 + 4046000)\frac{\text{kJ}}{\text{kmol}} \times 1000\frac{\text{J}}{\text{kJ}}$$

$$= 4.149 \times 10^6\ \text{m}^2/\text{s}^2 \qquad \therefore V = \underline{2040\ \text{m/s}}$$

Unit:

$$\frac{\text{J}}{\text{kg}} = \frac{\text{N}\cdot\text{m}}{\text{N}\cdot\text{s}^2/\text{m}} = \frac{\text{m}^2}{\text{s}^2}$$

예제 12.9 과잉 공기 연소

0.04 kg/min으로 유동하는 프로판 가스가 그림 12.15와 같은 정상유동 연소실에서 40% 과잉 공기로 연소된다. 이때 연료와 공기는 25°C와 1기압으로 유입되며 공기의 상대습도는 70%이다. 연소실로부터의 연소 생성물이 출구를 통해 800 K, 1 atm으로 배출될 때, 연소실로부터의 외부로의 열전달률을 구하여라. 800 K과 1기압을 가진다고 가정한다.

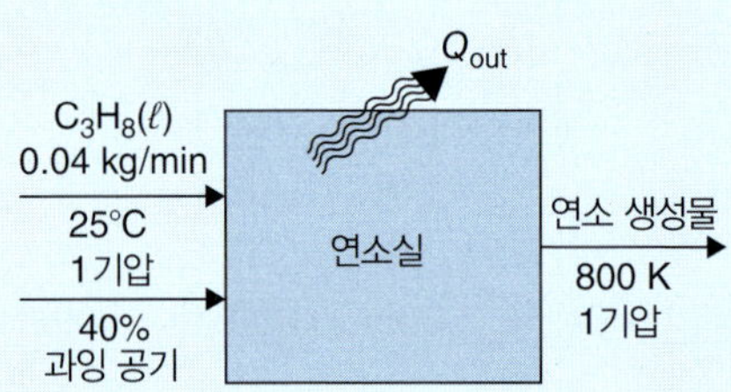

그림 12.15

풀이

화학양론적 연소 반응은 다음과 같다.

$$C_3H_8 + 5(O_2 + 3.76N_2) \Rightarrow 3CO_2 + 4H_2O(g) + 18.8N_2$$

40% 과잉 공기를 고려하여 공기의 몰수에 1.4를 곱하면

$$C_3H_8 + 7(O_2 + 3.76N_2) \Rightarrow 3CO_2 + 4H_2O + 2O_2 + 26.32N_2$$

연소실내로 들어오는 공기의 질량유량을 찾기 위해 먼저 AF를 구하면

$$AF = \frac{\text{공기질량}}{\text{연료질량}} = \frac{7 \times 4.76 \times 29\ \text{kg}_{\text{air}}}{1 \times 44\ \text{kg}_{\text{fuel}}} = 21.96\ \text{kg air/kg fuel}$$

최종적으로 공기의 질량유량은 연료의 질량유량으로부터 구할 수 있다.

Recall: 특별히 명시되지 않는 한 건조공기가 사용된다. 공기 중의 수분은 분명히 이 문제의 결과에 영향을 미칠 것이다.

$$\dot{m}_{air} = AF \times \dot{m}_{fuel}$$
$$= 21.96 \frac{kg_{air}}{kg_{fuel}} \times 0.04 \frac{kg_{fuel}}{min} = \underline{0.878\ kg_{air}/min}$$

부록 G에 있는 습구선도를 이용하면 25°C의 공기와 70%의 상대습도의 경우 습도비가 0.014이다. 따라서 연소실에 들어가는 물의 질량유량은 다음과 같이 계산할 수 있다.

$$\dot{m}_{water} = \dot{m}_{air} \times \omega \times \frac{M_{water}}{M_{air}}$$
$$= 0.878 \times 0.014 \times \frac{18}{29} = 0.012 \frac{kg_{vapor}}{min}$$

그리고

$$\frac{N_{water}}{N_{air}} = \omega \times \frac{M_{air}}{M_{water}} = 0.014 \times \frac{29}{18} = 0.0226$$

이다.

연소반응식은 이제 공기의 수분 함량을 포함해서 다시 나타낼 수 있다.

$$C_3H_8 + 7(O_2 + 3.76N_2) + (7 \times 4.76 \times 0.0226)H_2O$$
$$\Rightarrow 3CO_2 + 4.75H_2O + 2O_2 + 26.32N_2$$

식 (12.8)의 열역학 제1법칙을 연소실에 적용해 보면,

$$Q = H_P - H_R$$
$$= \{3(-393\,520 + 32\,179 - 9364) + 4.75(-241\,810 + 27\,896 - 9904)$$
$$+ 2(0 + 24\,523 - 8682) + 26.32(0 + 23\,714 - 8669)\}$$
$$- \{-103\,850 + 0.753(-241\,810 + 9904)\} = -1\,470\,000\ kJ/kmol\ fuel$$

$$\text{or} \quad Q_{out} = \frac{1\,470\,000\ kJ/kmol}{44\ kg/kmol} = 33\,400\ kJ/kg_{fuel}$$

연소실로부터의 열전달률은 다음과 같다.

$$\dot{Q}_{out} = 33\,400 \frac{kJ}{kg_{fuel}} \times 0.04 \frac{kg_{fuel}}{min} \times \frac{1}{60} \frac{min}{s} = \underline{22.3\ kJ/s}$$

> **Note:** 공기 중의 수증기의 질량은 매우 작기 때문에 무시한다.

강체 봄베 내부에서의 연소 예제 12.10

그림 12.16의 강체 봄베 내부에는 프로판이 25°C와 100 kPa의 압력으로 저정되어 있다. 화학양론적 연소반응이 순식간에 발생한다고 가정하자. 봄베의 연소반응 후 최종 온도는 1727°C로 측정되었다. 연소 생성물의 최종 압력과 봄베로부터 발생된 열전달을 구하시오.

(계속)

예제 12.10 (계속)

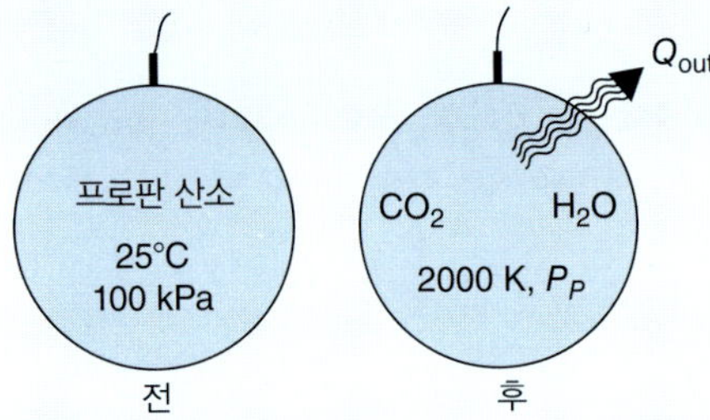

그림 12.16

풀이

화학량론적 연소반응식은 다음과 같다.

$$C_3H_8 + 5O_2 \Rightarrow 3CO_2 + 4H_2O$$

최종 압력은 이상 기체 법칙을 이용하여 구할 수 있다.

$$\left.\begin{aligned} P_R V_R &= N_R R_u T_R \\ P_P V_P &= N_P R_u T_P \end{aligned}\right\} \quad \frac{P_R \cancel{V_R}}{P_P \cancel{V_P}} = \frac{N_R \cancel{R_u} T_R}{N_P \cancel{R_u} T_P}$$

$$\frac{100}{P_P} = \frac{6 \times 298}{7 \times 2000} \qquad \therefore P_P = \underline{783 \text{ kPa}}$$

열전달은 식 (12.13)에 제시된 열역학 제1법칙을 적용함으로써 구할 수 있다. 부록의 이상기체표에서 $T_P = 2000°C$를 사용해서 열역학 제1법칙을 적용해 보면,

$$\begin{aligned} Q &= \sum_{\text{prod}} N_i(\bar{h}_f^\circ + \bar{h} - \bar{h}^\circ - R_u T)_i - \sum_{\text{react}} N_i(\bar{h}_f^\circ + \bar{h} - \bar{h}^\circ - R_u T)_i \\ &= \{3(-393\,520 + 100\,804 - 9364 - 8.314 \times 2000) \\ &\quad + 4(-241\,810 + 82\,593 - 9904 - 8.314 \times 2000)\} \\ &\quad - \{1(-103\,850 - 8.314 \times 298) + 5(0 - 8.314 \times 298)\} \\ &= -1\,580\,000 \text{ kJ/kmol fuel} \end{aligned}$$

따라서 봄베로부터의 열전달은 다음과 같다.

$$Q_{\text{out}} = -Q = \frac{1\,580\,000 \text{ kJ/kmol}}{44 \text{ kg/kmol}} = \underline{35\,920 \text{ kJ/kg fuel}}$$

☑ 학습목표 확인 (2)

12.4 화염 온도(Flame Temperature)

단열 화염 온도: 단열된 연소실의 정압 연소 후 온도

연소과정에서 발생된 열이 연소 생성물로 모두 전달되고 연소실의 정압유동에 대해 운동에너지와 위치에너지를 무시할 수 있을 때 연소 생성물의 온도를 *단열 화염 온도*라고 한다. 단열 화염 온도를 결정하기 위해서 $Q=0$인 검사체적에 열역학 제1법칙을 적용할 수 있다. 결국 식 (12.8)은 더 간단히 표현될 수 있다.

$$H_R = H_P \tag{12.14}$$

반응물의 총 엔탈피는 사용된 연료와 산화제의 정보로부터 결정될 수 있다. 반응물의 엔탈피와 연소 생성물의 엔탈피를 일치시키기 위해 연소 생성물의 정확한 온도를 찾을 때까지 반복적으로 시행착오를 거쳐야 한다.

단열 화염 온도는 단열된 연소기에서 연료와 이론 공기량이 혼합될 때 최대값을 갖게 된다. 단열 화염 온도는 연료-공기혼합물에 과잉 공기를 공급하면 낮아진다. 공기의 첨가로 인해 식 (12.14)에 제시된 열역학 제1법칙은 영향 받지 않지만, 연소 생성물의 온도는 연소기로부터 열이 주위로 전달되면서 특정 화염 온도로 낮아질 수 있다. 유사한 예를 예제 12.9를 통해 이미 살펴보았다. 일정량의 열이 전달되었지만 온도가 미정상태인 경우 아래 예제에서와 같이 시행착오를 반복해 가면서 계산할 수 있다.

최대 단열 화염 온도 — 예제 12.11

그림 12.17에 제시되어 있는 것 처럼, 액체 옥탄(가솔린)이 화학론적 공기량으로 연소하고 25°C와 100 kPa의 상태로 연소실에 유입된다. 운동에너지와 위치에너지의 변화를 무시할 수 있고 축일이 없을 때 연소 후 출구에서의 온도를 결정하여라.

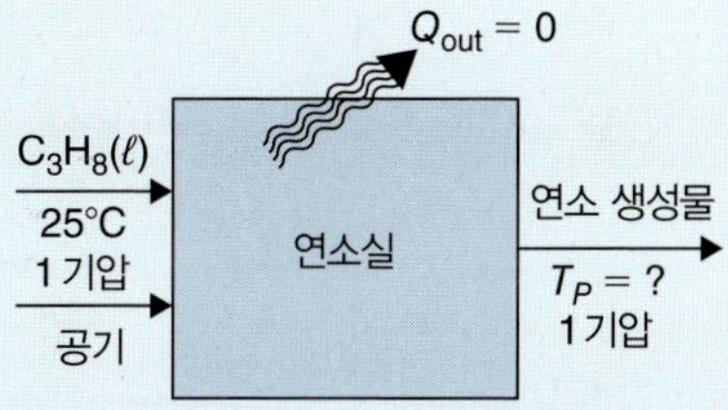

그림 12.17

Comment

특별히 언급하지 않는 한 건조 공기라고 가정한다.

풀이

첫 번째 단계는 옥탄(C_8H_{18})의 화학양론적 연소반응식을 결정하는 것이다.

$$C_8H_{18}(\ell) + 12.5(O_2 + 3.76N_2) \Rightarrow 8CO_2 + 9H_2O + 47N_2$$

1몰의 가솔린(옥탄)은 8몰의 이산화탄소와 9몰의 물을 생성한다. 47몰의 질소를 가열되면서 연소 생성물의 배출온도 T_p에 영향을 끼친다.

(계속)

예제 12.11 (계속)

Observation: 2200 K에서는 우측항이 너무 낮다. 2600 K에서는 우측항이 너무 높다. 따라서 원하는 온도는 두 값(우측항 값)사이에 존재한다.

이제 반응물의 몰 엔탈피를 결정해보자. 표 B-7에서 액체 옥탄의 생성 엔탈피는 $-208\,450 - 41\,460 = -249\,910$ kJ/kmol임을 알 수 있다. 산소와 질소는 298 K에서 두 반응물의 생성 엔탈피는 $\bar{h}_f^\circ + (\bar{h} - \bar{h}^\circ) = 0$이다. 따라서, 반응물의 총 몰 엔탈피는 다음과 같다.

$$\bar{h}_R = \bar{h}^\circ_{f,C_8H_{18}} = -249\,910 \text{ kJ/kmol}$$

다음으로 미지의 최종 온도 T_P를 결정하는데 필요한 연소 생성물의 세 원소의 $\bar{h}_P$를 살펴보자.

$$CO_2: \quad \bar{h}_{CO_2} = \bar{h}_f^\circ + \bar{h}_{CO_2} - \bar{h}_{298\text{ K}} = -393\,520 + \bar{h}_{CO_2} - 9364$$

$$H_2O: \quad \bar{h}_{H_2O} = \bar{h}_f^\circ + \bar{h}_{H_2O} - \bar{h}_{298\text{ K}} = -241\,810 + \bar{h}_{H_2O} - 9904$$

$$N_2: \quad \bar{h}_{N_2} = \bar{h}_f^\circ + \bar{h}_{N_2} - \bar{h}_{298\text{ K}} = \bar{h}_{N_2} - 8669$$

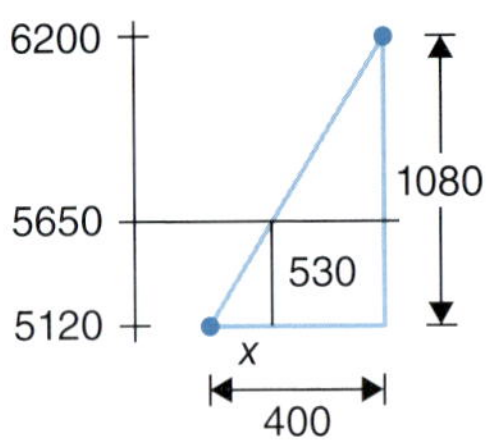

그림 12.18

$\bar{h}_R = \bar{h}_P$을 이용하면 즉 25°C의 연료와 공기에 포함한 에너지는 반드시 T_P의 연소 생성물이 포함한 에너지와 같다라는 것을 의미하는 열역학 제1법칙으로 설명할 수 있으며, 식 (12.14)를 다음과 같이 다시 쓸 수 있다.

$$5\,650\,000 = 8\bar{h}_{CO_2} + 9\bar{h}_{H_2O} + 47\bar{h}_{N_2}$$

이 접근 방법의 목적은 위 식을 통해 T_P를 찾는 것이다. 이 접근방법은 시행착오의 과정이 필요하다. 이제 T_P와 방정식을 확인해 가면서 답을 유추해보자. 첫 번째 시도로 얻어지는 값은 물론 원하는 값과는 거리가 멀겠지만, 아래와 같이 두세번 반복하다 보면 원하는 값을 찾을 수 있다.

2200 K: $5\,650\,000 \overset{?}{=} 8 \times 112\,900 + 9 \times 92\,900 + 47 \times 72\,000 = 5\,120\,000$

2600 K: $5\,650\,000 \overset{?}{=} 8 \times 137\,400 + 9 \times 114\,300 + 47 \times 86\,600 = 6\,200\,000$

최종 온도는 2200 K과 2600 K 사이에 있으며 보간법으로 유추해 볼 수 있다. (그림 12.18 참조)

$$T_P = \frac{5650 - 5120}{6200 - 5120}(2600 - 2200) + 2200 = \underline{2400\text{ K}}$$

화학양론적 공기가 사용되기 때문에 최대 단열 화염의 온도이다.

예제 12.12 과잉 공기 조건에서의 단열 화염 온도

예제 12.11의 액체상태의 옥탄은 단열 처리가 된 연소실에서 동일한 입구조건과 동일한 가정하에서 300%의 과잉 공기와 함께 완전 연소를 한다. 그림 12.19의 가스실에서 배출되는 배기가스의 온도를 구하여라. 낮아진 가스의 온도는 엔진 금속 부품의 손상을 줄이는데 도움이 될 수 있다.

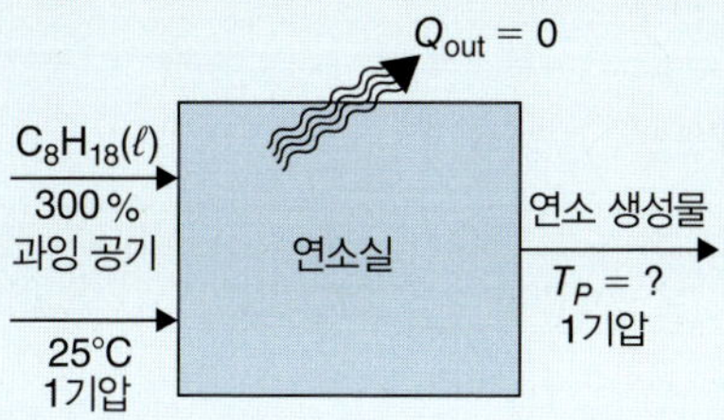

그림 12.19

풀이

공기 중에서 옥탄(C_3H_8) 연소에 대한 화학 반응식은

$$C_8H_{18}(\ell) + 12.5(O_2 + 3.76N_2) \Rightarrow 8CO_2 + 9H_2O + 47N_2$$

이다.

과잉 공기의 정의로부터, 300%의 이론 공기는 연소실로 들어간다. 과잉 공기를 고려한 연소반응식은

$$C_8H_{18} + 37.5(O_2 + 3.76N_2) \Rightarrow 8CO_2 + 9H_2O + 25O_2 + 141N_2$$

Note: 과잉 공기가 300%일 때, 공기의 몰수는 3배가 된다.(그림 12.5 참조)

연소 생성물에서 잉여 산소가 존재하는 것을 볼 수 있다. 이제 반응물의 몰의 엔탈피를 결정해 보자. 표 B-7로부터, 액체상태의 옥탄의 생성 엔탈피는 −208 450 − 41 460 = −249 910 kJ/kmol이다. 산소와 질소의 온도는 298 K이고 이 두 반응물에 대해서 $\bar{h}_f^o + (\bar{h} - \bar{h}^o) = 0$이다. 따라서 반응물의 전체 몰의 엔탈피는

Comment

완전 연소이므로 생성 물질에 CO를 포함하고 있지 않다.

$$\bar{h}_R = \bar{h}^o_{f,C_8H_{18}} = -249\,910 \text{ kJ/kmol fuel}$$

다음으로, 각 연소 생성물의 최종온도에 해당하는 엔탈피는

$$CO_2{:}\quad \bar{h}_{CO_2} = \bar{h}_f^o + \bar{h}_{CO_2} - \bar{h}_{298\,K} = -393\,520 + \bar{h}_{CO_2} - 9364$$

$$H_2O{:}\quad \bar{h}_{H_2O} = \bar{h}_f^o + \bar{h}_{H_2O} - \bar{h}_{298\,K} = -241\,810 + \bar{h}_{H_2O} - 9904$$

$$O_2{:}\quad \bar{h}_{O_2} = \bar{h}_f^o + \bar{h}_{O_2} - \bar{h}_{298\,K} = \bar{h}_{O_2} - 8682$$

$$N_2{:}\quad \bar{h}_{N_2} = \bar{h}_f^o + \bar{h}_{N_2} - \bar{h}_{298\,K} = \bar{h}_{N_2} - 8669$$

4개 항의 합이 $\bar{h}_R$이다. $\bar{h}_R = \bar{h}_P$을 사용하여, 위의 식들을 예제 12.11에서 수행했던 것과 동일하게 식 (12.14)와 결합시킬 수 있다.

$$6\,673\,000 = 8\bar{h}_{CO_2} + 9\bar{h}_{H_2O} + 50\bar{h}_{O_2} + 141\bar{h}_{N_2}$$

(계속)

예제 12.12 (계속)

예제 12.11과 동일하게 시행착오를 거쳐 온도를 예측해 볼 수 있다.

1200 K: $6\,673\,000 \stackrel{?}{=} 8 \times 53\,800 + 9 \times 43\,400 + 50 \times 38\,400 + 141 \times 36\,800 = 7\,930\,000$

1000 K: $6\,673\,000 \stackrel{?}{=} 8 \times 42\,800 + 9 \times 35\,900 + 50 \times 31\,400 + 141 \times 30\,100 = 6\,480\,000$

생성물의 온도가 1200 K보다 1000 K에 근접하므로 다음과 같이 보간법으로 유추해 볼 수 있다.

$$T_P = \frac{6673 - 6480}{7930 - 6480}(1200 - 1000) + 1000 = \underline{1030\ \text{K}}$$

출구 온도는 많이 감소되는데, 이유는 과잉 공기가 자주 사용되었기 때문이다.

예제 12.13 열전달을 수반한 화염 온도

프로판 가스가 그림 12.20에 제시된 바와 같이 정상 유동상태로 25°C 온도와 대기압에서 100% 이론 공기량으로 반응한다. 이 때 연소실로부터 20 MJ/kg 열손실이 존재한다면 화염 온도는 얼마일까? 축의 일, 운동에너지와 위치에너지의 변화는 무시한다.

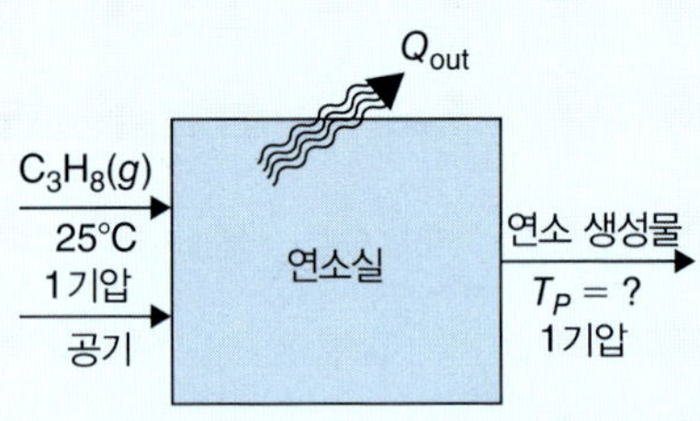

그림 12.20

풀이

공기 중 프로판(C_3H_8)의 연소반응식은

$$C_3H_8 + 5(O_2 + 3.76N_2) \Rightarrow 3CO_2 + 4H_2O + 18.8N_2$$

이다.

1몰의 프로판 가스 연소를 통해 3몰의 이산화탄소와 4몰의 물을 생성시킨다. 불활성기체인 질소가 출구온도에 도달하기 위해서 에너지(열)가 필요하다.

표 B-7로부터, 프로판 가스 생성 엔탈피는 −103850 kJ/kmol이다. 산소와 질소의 엔탈피는 298 K의 조건에서 $\bar{h}_f^o + (\bar{h} - \bar{h}^o) = 0$ 이다. 따라서 반응물의 전체 몰 엔탈피는

Note: 열전달 $\bar{q}$는 연소기로부터 주위로 방출되는 방향이므로 음의 값을 갖는다.

$$\bar{h}_R = \bar{h}^{\circ}_{f,C_3H_8} = -103\,850 \text{ kJ/kmol}$$

이다.

최종 온도에서 각각의 생성물의 엔탈피는 다음과 같이 계산될 수 있다.

$$CO_2: \ \bar{h}_{CO_2} = \bar{h}^{\circ}_f + \bar{h}_{CO_2} - \bar{h}_{298\,K} = -393\,520 + \bar{h}_{CO_2} - 9364$$

$$H_2O: \ \bar{h}_{H_2O} = \bar{h}^{\circ}_f + \bar{h}_{H_2O} - \bar{h}_{298\,K} = -241\,810 + \bar{h}_{H_2O} - 9904$$

$$N_2: \ \bar{h}_{N_2} = \bar{h}^{\circ}_f + \bar{h}_{N_2} - \bar{h}_{298\,K} = \bar{h}_{N_2} - 8669$$

$\bar{q} = \bar{h}_P - \bar{h}_R$이고, 이때 열전달 $\bar{q} = -20000 \times 44 = -880000$ kJ/kmol이므로,

$$1\,400\,000 = 3\bar{h}_{CO_2} + 4\bar{h}_{H_2O} + 18.8\bar{h}_{N_2}$$

앞서 살펴본 방법으로 T_P를 찾아보려면 몇 번의 시행착오를 거쳐야 한다.

1400 K: $1\,400\,000 \overset{?}{=} 3 \times 65\,300 + 4 \times 45\,700 + 18.8 \times 43\,600 = 1\,200\,000$

1800 K: $1\,400\,000 \overset{?}{=} 3 \times 88\,800 + 4 \times 60\,400 + 18.8 \times 57\,700 = 1\,600\,000$

연소 생성물의 온도 T_P는 1400 K과 1800 K의 중간이고 1600 K에 가깝다..

☑ 학습목표 확인 (3)

12.5 평형 반응

이 장에서 탄화수소 연료의 화학론적 연소 반응을 통해 만들어진 생성물은 이산화탄소와 물이라는 것을 학습해 보았다. 그렇다면 자동차 배기가스의 오염물질은 어디에서 발생되는 것일까?

매우 높은 온도에서는 다른 반응들이 연소과정동안 일어날 수 있다. 이러한 반응들은 명백히 앞서 우리가 학습한 반응과 다르며, 양쪽 방향으로 모두 일어날 수 있다. 이 평형 반응에서, 화합물은 높은 온도에서 더 작은 화합물이나 원자로 분해될 것이다. 동시에 분해된 작은 화합물은 원래의 화합물로 다시 결합될 수 있다. 일반적으로 분해과정과 재결합과정은 동시에 일어난다. 다양한 화합물들의 상대적인 양은 물질의 온도에 비례한다. 이러한 평형 반응들을 표현하기 위해서 제7장에 정의된 Gibbs 함수를 사용할 수 있다.

$$G = H - TS \tag{12.15}$$

이 방정식의 미분 형태는

$$dG = dH - TdS - SdT \tag{12.16}$$

제6장으로부터 다음과 같은 식을 유도할 수 있다.

$$TdS = dH - VdP \tag{12.17}$$

이 두 방정식을 결합하여 다음과 같이 표현할 수 있다.

$$dG = VdP - SdT \tag{12.18}$$

평형 상태에서 압력과 온도가 모두 일정하다고 가정하면 식 (12.18)은 다음과 같이 정리될 수 있다.

$$dG = 0 \text{ 그래서 } G = \text{ 일정} \tag{12.19}$$

평형 반응은 Gibbs 함수가 일정할 때 일어나는 과정으로 다음과 같이 표현할 수 있다.

$$\text{반응물} \Leftrightarrow \text{생성물} \tag{12.20}$$

평형 반응에 대해 식 (12.19)는 Gibbs 함수의 보존을 나타낸다.

$$\sum \nu_R g_R = \sum \nu_P g_P \tag{12.21}$$

여기서 ν(그리스 문자 nu)는 화학량론 계수를 나타낸다. 구체적인 Gibbs 함수 g는 식 (12.15)를 적용하면 상태량으로부터 계산할 수 있다.

$$g = h - Ts \tag{12.22}$$

만약 평형 반응이 화학물질 A와 B가 화학물질 C와 D를 생성하는 동안 일어난다면, 그 역반응도 동시에 일어날 것이다. 이 때 C와 D는 화학물질 A와 B를 재생성할 수 있다. Gibbs 함수가 일정하게 유지되는 과정은 다음과 같이 나타낼 수 있다.

$$\nu_A A + \nu_B B \Leftrightarrow \nu_C C + \nu_D D \tag{12.23}$$

$$\nu_A g_A + \nu_B g_B = \nu_C g_C + \nu_D g_D \tag{12.24}$$

양방향 화살표는 반응이 양방향으로 일어날 수 있음을 나타낸다.

등온과정에 대해서 식 (12.16)은 다음과 같이 간소화될 수 있다.

$$\begin{aligned} dG &= VdP - SdT \\ &= VdP \end{aligned} \tag{12.25}$$

이상 기체 법칙, $PV = NR_uT$을 적용하면 체적 V를 식 (12.25)에 대입할 수 있고 압력의 항으로 Gibbs 함수의 미분을 다음과 같이 정의할 수 있다.

$$dG = NR_uT\frac{dP}{P} \tag{12.26}$$

이 식을 몰수 N으로 나누면 Gibbs 함수의 미분식은 다음과 같이도 표현될 수 있다.

$$d\bar{g} = R_u T \frac{dP}{P} \tag{12.27}$$

기준압력과 임의의 상한계 P까지 이 식을 적분해 보면

$$\int_{\text{ref}}^{\bar{g}} d\bar{g} = R_u T \int_{1\,\text{atm}}^{p} \frac{dP}{P} \tag{12.28}$$

적분결과는 1기압에서 몰 Gibbs 함수 기준으로 압력 P에서 몰 Gibbs 함수에 대한 표현이다.

$$\bar{g}_p = \bar{g}_{\text{ref}} + R_u T \ln P \tag{12.29}$$

평형 반응 $A+B \Leftrightarrow C+D$ 에 대하여, 위의 결과를 적용하면 다음과 같이 나타낼 수 있다.

$$\begin{aligned}
\nu_A \bar{g}_A &= \nu_A \bar{g}_{A_{\text{ref},A}} + \nu_A R_u T \ln P_A \\
\nu_B \bar{g}_B &= \nu_B \bar{g}_{B_{\text{ref},B}} + \nu_B R_u T \ln P_B \\
\nu_C \bar{g}_C &= \nu_C \bar{g}_{C_{\text{ref},C}} + \nu_C R_u T \ln P_C \\
\nu_D \bar{g}_D &= \nu_D \bar{g}_{D_{\text{ref},D}} + \nu_D R_u T \ln P_D
\end{aligned} \tag{12.30}$$

이 평형 반응식에서 P_A, P_B, P_C, P_D 들은 식 (12.28)에서 요구된 것과 같이 대기상태에 존재하는 구성성분 A, B, C 그리고 D의 부분 압력이며, 전체 압력은 다음과 같다.

$$P = P_A + P_B + P_C + P_D \tag{12.31}$$

식 (12.30)을 식 (12.24)로 치환하면 다음은 반응식을 얻을 수 있다.

$$\nu_C \bar{g}_{\text{ref}_C} + \nu_D \bar{g}_{\text{ref}_D} - \nu_A \bar{g}_{\text{ref}_A} - \nu_B \bar{g}_{\text{ref}_B} = R_u T \ln \left[\frac{P_A^{\nu_A} P_B^{\nu_B}}{P_C^{\nu_C} P_D^{\nu_D}} \right] \tag{12.32}$$

반응 가스들의 평형 구성을 결정짓기 위해 사용된 무차원 수인 *평형 상수* K_P는 다음과 같이 정의된다.

평형 상수: 반응 가스의 평형 조성을 결정하는데 사용되는 무차원 수.

$$K_P = \frac{P_C^{\nu_C} P_D^{\nu_D}}{P_A^{\nu_A} P_B^{\nu_B}} \tag{12.33}$$

식 (12.32)를 다시 다음과 같이 정리할 수 있다.

$$\ln K_P = \frac{\nu_A \bar{g}_{ref_A} + \nu_B \bar{g}_{\text{ref}_B} - \nu_C \bar{g}_{\text{ref}_C} - \nu_D \bar{g}_{\text{ref}_D}}{R_u T} \tag{12.34}$$

Note:

$\ln (K_P)^{-1} = -\ln K_P$

부록에 있는 표 B-9는 가스의 절대온도의 함수로 다양한 평형 반응들에 대하여 평형 상수의 자연 로그값을 정리해 놓은 것이다.

예제 12.14 연소 생성물의 평형 조성

체적기준으로 50% 이산화탄소와 50% 산소의 혼합물이 정상 유동상태에서 3000 K까지 가열되고 압력이 1 atm로 유지된다. 연소 생성물의 평형 조성을 결정하여라.

풀이

이산화탄소와 산소가 반응을 시작하고 이산화탄소의 일부는 일산화탄소와 산소로 분해된다. 이 때 반응식은

$$CO_2 + O_2 \Rightarrow a\,CO_2 + b\,O_2 + c\,CO$$

탄소 개수를 맞추기 위해서는 $1 = a + c$를 만족해야 한다. 비슷하게 산소에 대해서도 $4 = 2a + 2b + c$를 만족해야 한다. 따라서 분해반응은 다음과 같이 나타낼 수 있다.

$$CO_2 \Leftrightarrow CO + \frac{1}{2}O_2$$

3000 K에서의 분해 반응에 대한 평형 상수의 자연 로그는 표 B-9를 통해서 구할 수 있다.

$$\ln K_P = -1.111 \qquad \therefore K_P = e^{-1.111} = 0.329$$

각 구성성분의 부분 압력은 다음과 같이 나타낼 수 있다.

$$P_{O_2} = \frac{b}{a+b+c}P \qquad P_{CO_2} = \frac{a}{a+b+c}P \qquad P_{CO} = \frac{c}{a+b+c}P$$

K_P에 대한 방정식은 식 (12.33)을 사용하여 부분 압력으로 다시 나타낼 수 있다.

$$K_P = \frac{P_{CO}P_{O_2}^{1/2}}{P_{CO_2}} = 0.329$$

$$K_P = \frac{\dfrac{c}{a+b+c}P\left(\dfrac{b}{a+b+c}P\right)^{1/2}}{\dfrac{a}{a+b+c}P} = \frac{c}{a}\left(\frac{b}{a+b+c}P\right)^{1/2} = 0.329$$

화학적 균형을 맞추어 미정계수를 결정하면 다음과 같다.

$$a = 1 - c \text{ 그리고 } b = \frac{4 - 2a - c}{2} = \frac{4 - 2(1 - c) - c}{2} = \frac{2 + c}{2}$$

여기서 미정계수 c는 바로 구할 수 없으며 여러 번의 시행착오를 거쳐 구할 수 있다.

$$K_P = \frac{c}{a}\left(\frac{b}{a+b+c}P\right)^{1/2} = 0.329 = \frac{c}{1-c}\left[\frac{2-c}{4-c}\right]^{1/2}$$

$$c = 0.328 \qquad a = 1 - c = 0.672 \qquad b = \frac{2+c}{2} = 1.164$$

전체 반응식은 다음과 같이 쓸 수 있다.

$$CO_2 + O_2 \Leftrightarrow 0.672\,CO_2 + 1.164\,O_2 + 0.328\,CO$$

☑ 학습목표 확인 (4)

12.6 요약

이 장에서, 연소가 일어날 때의 화학적 반응과 방출된 에너지에 대해 학습해 보았다. 연소과정에서 발생하는 화학반응과 에너지는 실제로 엔지니어들에게 있어서 중요한 관심이기 때문이다. 이전 장에서는 혼합물이 생긴다면, 그것은 과정 내 균일하고, 각각의 구성원소들은 또 다른 원소들과 반응하지 않는다고 가정하였다. 이번 장에서는 정상상태 유동에서 압력이 일정한 경우 반응에 대해서 주로 살펴보았으며 일부 정적과정에서도 학습해 보았다. 특히 이 장에서는 등온과정이나 등엔트로피과정의 해석의 대상이 아니었다. 마지막으로 연소 반응 동안에 일어나는 평형 반응에 대해서도 학습해 보았다.

이 장에서 정의된 용어를 살펴보면 다음과 같다.

단열 화염 온도: 단열 처리가 된 연소실로부터의 연소 후의 온도.

공연비: 공기와 연료의 비.

연소: 연료의 급격히 빠른 화학적 산화반응.

완전 연소: 탄소가 CO_2로 되고 수소는 H_2O로 연소되는 것.

흡열 반응: 반응하기 위해서 열을 필요로 하는 반응.

연소 엔탈피: 화합물이 일정한 온도 및 대기압에서 화학량론적인 연소를 진행할 때 방출하는 에너지.

생성 엔탈피: 안정적인 원소들로부터 화학물을 만들기 위해 방출되거나 요구되는 에너지.

공기비: 실제 공기-연료비로 나누어진 화학량론적인 공기를 사용한 공기/연료의 비.

발열 반응: 반응할 때 열을 방출하는 반응.

화염 온도: 단열되지 않은 연소실 뒤의 온도.

연료-공기비: 공기의 질량에 대한 연료의 질량의 비.
고위 발열량: 연소 후, 생성물에서 물이 액체 상태로 있을 경우.
저위 발열량: 연소 후, 생성물에서 물이 기체 상태로 있을 경우.
연소 생성물: 일반적으로 반응 방정식의 오른쪽에 있는 원소.
반응물: 일반적으로 반응 방정식의 왼쪽에 있는 원소.
희박 상태: 더 많은 공기가 화학량론적인 반응에 필요한 것보다 더 많이 사용되었을 경우.
농후 상태: 모든 연료를 태우기 위해 공기가 불충분한 경우.
화학량론 계수: 화학량론적인 반응에서 사용되어지는 계수.
화학량론적인 반응: 모든 연료를 연소시키기 위해 실제로 충분한 산화제의 양을 고려하는 반응.
이론 공기량: 화학량론적인 반응을 만족하는 충분한 양의 공기.

이 장에서 소개된 중요한 방정식을 요약해보면 다음과 같다

단순한 화학 방정식: $CH_4 + 2(O_2 + 3.76N_2) \Rightarrow CO_2 + 2H_2O + 7.52N_2$

공기-연료비: $AF = \dfrac{\text{공기질량}}{\text{연료질량}}$

연료-공기비: $FA = \dfrac{\text{연료질량}}{\text{공기질량}}$

공기비: $\phi = \dfrac{AF_{\text{stoichiometric}}}{AF_{\text{actual}}}$

방출열 (제1법칙): $Q \equiv \overline{H}_P - \overline{H}_R$

평형 상수: $K_P = \dfrac{P_C^{\nu_C} P_D^{\nu_D}}{P_A^{\nu_A} P_B^{\nu_B}}$

연습문제

(Combustion problems are not usually on the FE Exam.)

12.1 Which of the following is always present after combustion of a hydrocarbon fuel?

(A) H_2O and CO_2
(B) H_2O and N_2
(C) N_2 and CO_2
(D) H_2O, N_2, and CO_2

12.2 Benzene (C_6H_6) is burned with stoichiometric air. The number of nitrogen moles in the products of combustion for each mole of fuel is:

(A) 5.64
(B) 11.28
(C) 16.92
(D) 28.2

12.3 The air–fuel ratio in the reaction

$$CH_4 + 2(O_2 + 3.76N_2) \Rightarrow CO_2 + 2H_2O + 7.52N_2$$

is nearest:

(A) 2.0
(B) 3.6
(C) 17.3
(D) 23.2

12.4 Propane (C_3H_8) is burned with 200% excess air, resulting in complete combustion. The number of moles of oxygen in the products of combustion is:

(A) 5
(B) 10
(C) 20
(D) 30

Note: Dry air is always assumed unless otherwise noted.

12.5 Octane (C_8H_{18}) is burned with 80% stoichiometric air, resulting in incomplete combustion with CO and 4 moles of unburned carbon being the only additional components in the products. The number of moles of CO_2 in the products of combustion is:

(A) 2.2
(B) 2.8
(C) 3.4
(D) 3.6

12.6 The following reaction equation represents complete combustion of a fuel. Calculate the percent excess air.

$$C_2H_6 + 6.5(O_2 + 3.76N_2) \Rightarrow 2CO_2 + 3H_2O + 3O_2 + 24.44N_2$$

(A) 56%
(B) 86%
(C) 136%
(D) 176%

12.7 One mole of hydrogen and dry air enter a combustion chamber at 25°C and 1 atm and leave at 800 K. Calculate the heat transfer from the chamber for stoichiometric air.

(A) 200 MJ
(B) 150 MJ
(C) 100 MJ
(D) 50 MJ

12.8 Hydrogen and theoretical dry air combust in an insulated combustion chamber. The adiabatic flame temperature is nearest:

(A) 1200 K
(B) 1600 K
(C) 2000 K
(D) 2400 K

Chemical Equations for Combustion

12.9 Develop the stoichiometric equation for the combustion in air of *a*) methane, *b*) benzene, *c*) octane, *d*) propane, and *e*) ethane.

Remember: Each part with a lower-case italic letter is a separate problem.

12.10 Develop the chemical equation for the combustion in 50% excess air of *a*) methane, *b*) benzene, *c*) octane, *d*) propane, and *e*) ethane. Assume complete combustion.

Note: Dry air is always assumed unless otherwise noted.

12.11 Develop the chemical equation for the combustion with 90% theoretical air of *a*) methane, *b*) benzene, *c*) octane, *d*) propane, and *e*) ethane. Assume that CO is the only additional compound in the products due to the lack of sufficient oxygen.

12.12 Develop the stoichiometric equation for the burning in air of:

a) one mole of propane and one mole of methane

b) one mole of methane and one mole of octane

c) one mole of octane and one mole of dodecane

d) one mole of methane, one mole of propane, and one mole of benzene

12.13 A fuel mixture of 20% ethane, 50% methane, and 30% propane, by volume, undergoes stoichiometric combustion. If the fuel enters the combustion chamber of Fig. 12.21 at 4 kg/hr, determine the volume flow rate of air required if the air is at 24°C and 100 kPa.

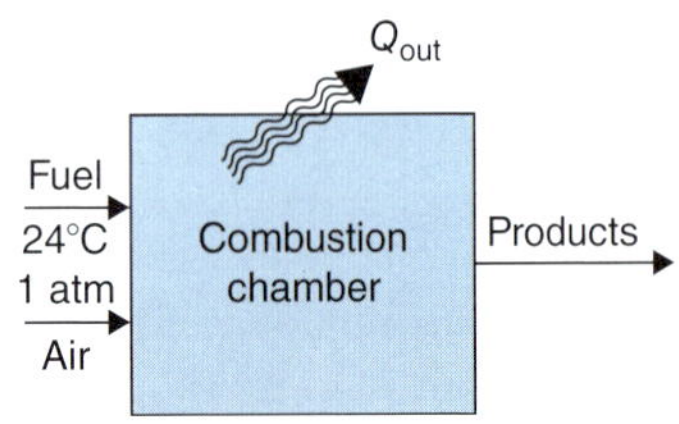

그림 12.21

Remember: Assume standard atmospheric pressure unless otherwise stated. A combustion chamber is a heat exchanger, so the pressure is assumed constant throughout except in a control volume that may include a nozzle. A rigid volume is also an obvious exception.

12.14 Develop the chemical equation for burning a 50/50 (by volume) mixture of benzene and propane with 90% theoretical air. Calculate the air-fuel ratio, the volume percentage of CO_2 in the products, and the dew-point temperature of the products. Assume that CO is the only additional compound in the products.

12.15 Air enters a combustion chamber at 30°C with volume flow rate of 25 m^3/min. Determine the mass flux of fuel for stoichiometric combustion if the fuel is *a*) methane, *b*) benzene, *c*) octane, *d*) propane, and *e*) ethane.

12.16 Develop the chemical equation for the stoichiometric combustion of acetylene with pure oxygen. Calculate the oxygen-fuel ratio, the volume percentage of CO_2 in the products, and the dew-point temperature of the products.

12.17 Calculate the air-fuel ratio for the stoichiometric combustion of dodecane with 10% excess air, as shown in Fig. 12.22. Also determine the volume percentage of CO_2 in the products, and the dew-point temperature of the products.

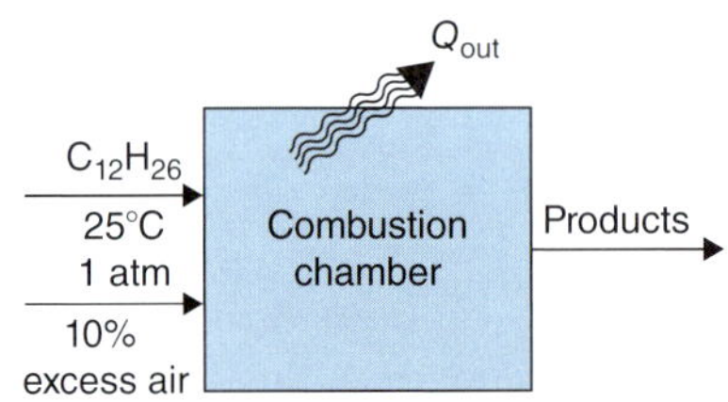

그림 12.22

12.18 Calculate the air-fuel ratio for the combustion of kerosene (assumed to be $C_{12}H_{26}$) with 200% excess air in a gas turbine engine. Also, determine the volume percentage of CO_2 in the products, and the dew-point temperature of the products.

12.19 A fuel is composed, by volume, of 70% CH_4, 12% H_2, 8% O_2, and 10% CO_2. If complete combustion occurs with 75% humidity air at 20°C, determine the dew point of the products.

12.20 Methane is combusted with dry air, as displayed in Fig. 12.23. A dry volumetric analysis of the products indicates 6.2% CO_2, 9.9 % O_2, and 83.9% N_2. Estimate the air-fuel ratio and the percentage of theoretical air.

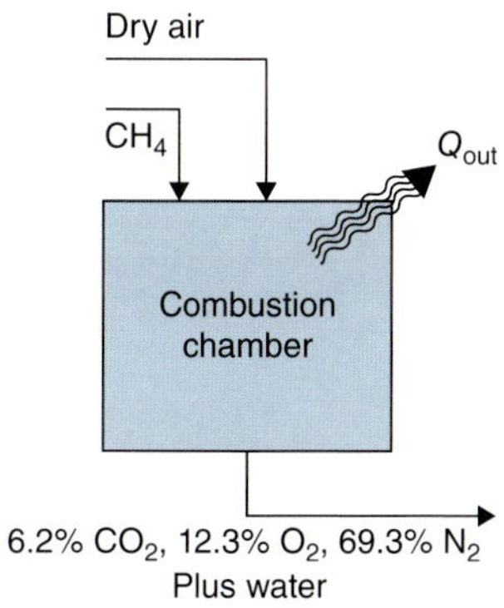

그림 12.23

12.21 Octane and dry air enter a combustion chamber. A dry volumetric analysis of the products indicates 10.6% CO_2, 5.8% O_2, and 83.6% N_2. Determine the air–fuel ratio, the percentage of theoretical air, and the dew point of the products.

12.22 An unknown hydrocarbon fuel is burned with dry air and a volumetric analysis is performed on the products. It is found that the dry products contain approximately 83.4% N_2, 8.3% CO_2, and 8.3% O_2. Determine the probable composition of the hydrocarbon fuel (whole number atoms). Assume initially that one mole of the fuel is burned to produce 100 moles of dry products.

12.23 A hydrocarbon fuel C_aH_b is burned with dry air. Determine the composition of the fuel combusted (whole number atoms) and the percent theoretical air if a dry volumetric analysis of the products indicates

a) 10.37% CO_2, 5.93% O_2, and 83.7% N_2

b) 9.97 % CO_2, 6.64% O_2, and 83.4% N_2

c) 11.14% CO_2, 5.02% O_2, and 83.84% N_2

Assume initially that one mole of the fuel is burned to produce 100 moles of dry products.

12.24 A producer gas, possibly created from coal, is composed of 3.5% CH_4, 4.5% CO_2, 27% CO, 14% H_2, and 51% N_2. If complete combustion occurs in the combustion chamber of Fig. 12.24 with *a*) 120% theoretical air, *b*) 150% theoretical air, and *c*) 200% theoretical air, determine the air–fuel ratio and the dew-point temperature.

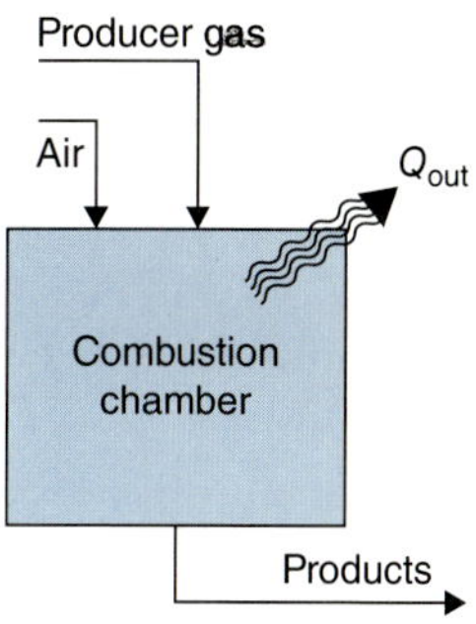

그림 12.24

Enthalpy of Formation and Enthalpy of Combustion

12.25 Fuel and air enter the combustion chamber of Fig. 12.25 at 25°C, and the products exit at the same temperature. Determine the enthalpy of combustion if the fuel is *a*) $CH_4(g)$, *b*) $C_3H_8(g)$, *c*) $C_8H_{18}(\ell)$, and *d*) $C_{12}H_{26}(\ell)$. Compare with the values listed in Table B-8.

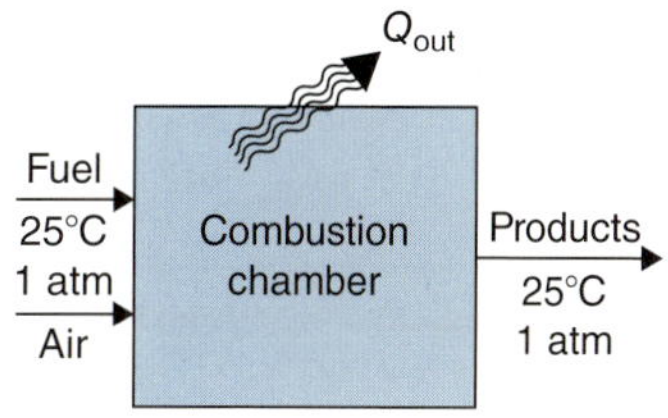

그림 12.25

Comment

Temperatures at the inlet and the exit are important when calculating heat transfer. Standard atmospheric pressure will be assumed unless otherwise stated (as in a nozzle) throughout the combustion chamber.

Assumption: The air is assumed to be dry air unless otherwise stated.

12.26 A fuel is burned with 100% theoretical air. Both the fuel and air are at 25°C. The products of combustion exit the combustion process at 1200 K. Determine the heat transfer from the combustion chamber if the fuel is one mole of *a*) $CH_4(g)$, *b*) $C_3H_8(g)$, *c*) $C_8H_{18}(\ell)$, and *d*) $C_{12}H_{26}(\ell)$.

12.27 Liquid octane and 40% excess air enter a combustion chamber at 25°C, and the products exit at 827°C. What is the rate of heat transfer from the chamber if the flow rate of fuel is 4 kg/min and the relative humidity is *a*) 0%, *b*) 50%, *c*) 70%, and *d*) 85%? Assume complete combustion.

12.28 A fuel enters the combustion chamber of Fig. 12.26 at 25°C and is completely burned with 180% theoretical air possessing 60% relative humidity. The products of combustion leave the combustor at 200°C. Determine the rate of heat transfer for one mole of fuel if the fuel is *a*) $CH_4(g)$, *b*) $C_3H_8(g)$, *c*) $C_8H_{18}(\ell)$, *d*) $C_{12}H_{26}(g)$, and *e*) $H_2(g)$.

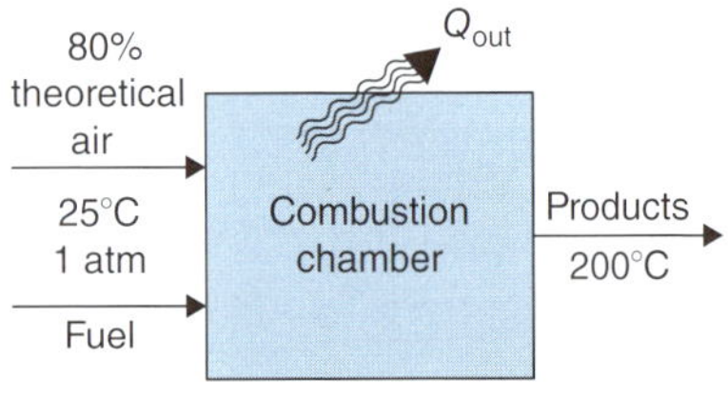

그림 12.26

12.29 Ten pounds of powdered coal burns with 100% excess dry air each second. The reactants enter the combustion chamber at 25°C. The products of combustion leave the combustion chamber at 500°C. Calculate the rate of heat transfer per hour from the walls of the combustion chamber. Assume the coal to be 100% carbon (the better coal is about 90% carbon, so this represents an upper limit).

12.30 In a jet engine, liquid $C_{12}H_{26}$ at 25°C is added to air at 25°C in the insulated engine of Fig. 12.27. If the fuel is completely burned with 100% excess air and the products of combustion leave the nozzle at 1000 K, estimate the velocity of the products leaving the nozzle.

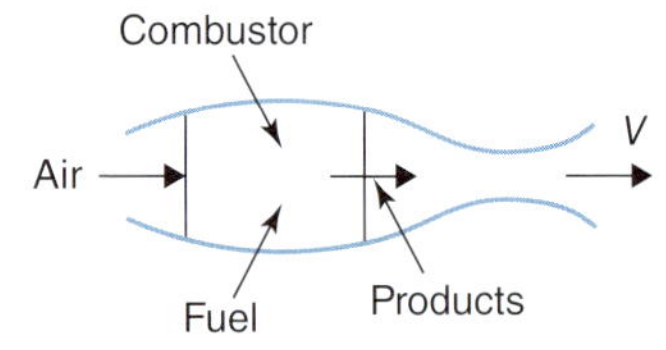

그림 12.27

12.31 In a jet engine, liquid $C_{12}H_{26}$ at 25°C is added to air at 25°C in the insulated engine of Fig. 12.27 and burned. If the fuel is burned with 80% excess air and the products of combustion leave the nozzle at 1100 K, estimate the velocity of the products leaving the nozzle.

12.32 A rigid volume contains 0.1 kg of fuel and stoichiometric oxygen at 25°C and 100 kPa. Ignition occurs and the fuel undergoes complete combustion, resulting in a final temperature of 1000 K. Determine the heat transfer from the volume if the fuel is *a*) $CH_4(g)$, *b*) $C_3H_8(g)$, *c*) $C_8H_{18}(\ell)$, and *d*) $H_2(g)$.

12.33 The insulated, rigid 1-m^3 volume in Fig. 12.28 contains 0.1 kg of fuel and 120% theoretical air at 25°C and 100 kPa. Ignition occurs and the fuel undergoes complete combustion. Determine the final pressure and temperature if the fuel is *a*) $CH_4(g)$, *b*) $C_3H_8(g)$, and *c*) $C_8H_{18}(\ell)$.

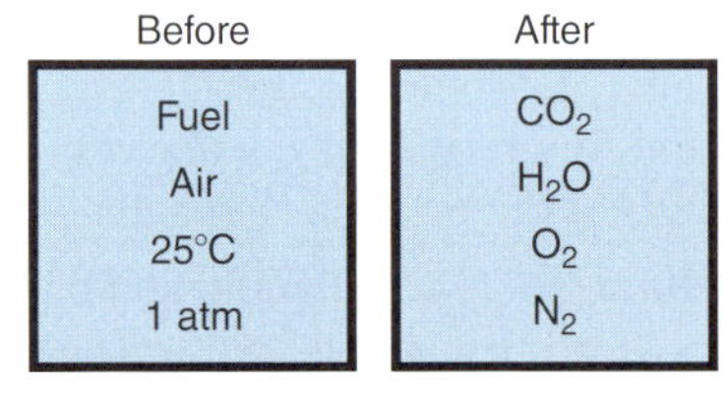

그림 12.28

12.34 An insulated, rigid volume contains 0.4 kg of fuel that is 20% methane, 30% propane, and 50% butane. Stoichiometric air and the fuel are at 25°C and 100 kPa. Ignition occurs, and the fuel undergoes complete combustion with a final temperature of 660 K. Determine the final pressure, the volume, and the heat transfer.

Flame Temperature

12.35 Compute the adiabatic flame temperature for burning acetylene in theoretical air, both at 25°C. If burned in pure oxygen, estimate the temperature that could be expected.

> **Assumptions:** Kinetic and potential energy changes are negligible unless otherwise stated.

12.36 Propane mixes with air, both initially at 1 atm and 25°C, and undergoes complete combustion in the steady-flow insulated combustor of Fig. 12.29. Calculate the adiabatic flame temperature for *a*) theoretical air, *b*) 50% excess air, and *c*) 200% theoretical air.

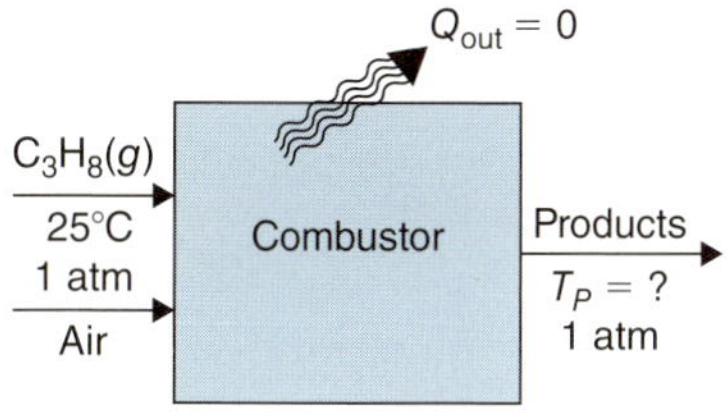

그림 12.29

12.37 Stoichiometric air mixes with a fuel both of which are at 25°C and 100 kPa. Calculate the adiabatic flame temperature if the fuel is gaseous *a*) hydrogen, *b*) propane, and *c*) methane.

12.38 Gaseous octane mixes with air, both entering at 1 atm and 25°C, and undergoes complete combustion in a steady-flow insulated combustion chamber. Calculate the adiabatic flame temperature for *a*) theoretical air, *b*) 50% excess air, and *c*) 200% theoretical air.

12.39 Propane mixes with air, both entering at 1 atm and 25°C, and undergoes complete combustion in a steady-flow insulated combustion chamber. Calculate the adiabatic flame temperature for *a*) theoretical air, *b*) 50% excess air, and *c*) 200% theoretical air.

12.40 A 50/50 (by volume) mixture of ethane and methane is burned with 150% theoretical air, all gases at 25°C, as shown in Fig. 12.30. Calculate the adiabatic flame temperature.

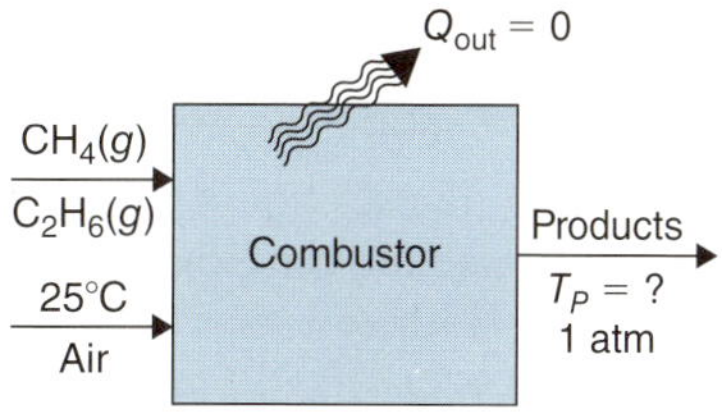

그림 12.30

12.41 Liquid kerosene (essentially dodecane) is burned in air at 25°C and 50% relative humidity with an air–fuel ratio of 20. Calculate the adiabatic flame temperature.

12.42 Propane is burned with 100% excess dry air at 25°C, but only 75% of the fuel is burned in the reaction. Determine the adiabatic flame temperature for this reaction.

12.43 A mole of liquid octane at 1 atm and 25°C is burned in an insulated rigid container. Find the final temperature, pressure, and volume if the reaction is supplied with *a*) 100%, *b*) 120%, and *c*) 200% theoretical air. This could be referred to as the constant-volume adiabatic flame temperature.

12.44 Gaseous propane and theoretical air both at 25°C undergo combustion in a steady-flow process. Determine the flame temperature if heat transfer of *a*) 800 MJ/kmol of fuel, *b*) 1200 MJ/kmol of fuel, and *c*) 1600 MJ/kmol of fuel leaves the combustor of Fig. 12.31.

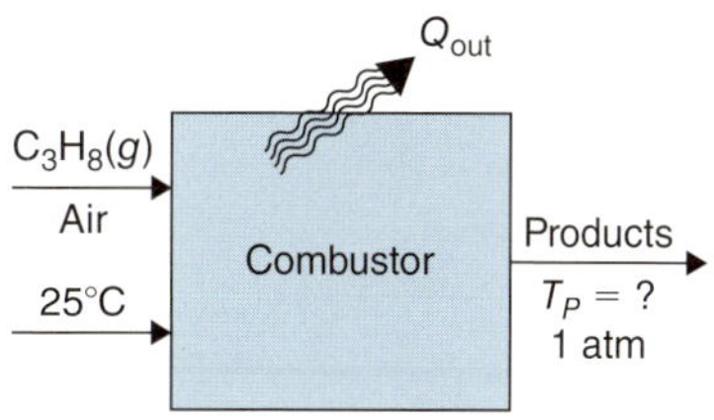

그림 12.31

12.45 The liquid octane in a gas turbine is burned with 400% excess air that enters the combustion chamber at 7°C. The products of combustion leave the constant-pressure combustion chamber at 707°C. The fuel flow rate is 0.5 kg/s. Calculate the heat flow rate from the combustion chamber.

12.46 A rocket engine uses liquid hydrazine (N_2H_4) as a fuel and pure oxygen at 25°C as the oxidizer. Hydrazine has an enthalpy of formation of −50 410 kJ/kmol. The oxygen is supplied to the engine with an oxygen–fuel ratio of 3. The heat loss from the combustor is 200 kJ/kg of N_2H_4 burned. Calculate the flame temperature just before the nozzle assuming a constant-pressure combustion chamber.

Equilibrium Reactions

12.47 Oxygen exists at 500 kPa and 3000 K. In this state, a dissociation reaction occurs forming single oxygen atoms. Determine the partial pressure of the diatomic (O_2) and monatomic (O) oxygen.

12.48 For the dissociation reaction of water separating into hydrogen (H_2) and hydroxyl (OH) ions, plot the partial pressure of the hydrogen as a function of temperature for the temperature range of 1000 K to 5000 K.

12.49 One mole of water and one mole of CO_2 are placed in a reactor at 3000 K and a total pressure of 400 kPa. The water dissociates into hydrogen and oxygen, and the carbon dioxide dissociates into carbon monoxide and oxygen. Determine the partial pressures of the H_2O, the CO_2, the O_2, and the CO.

Part III

현시대의 주제

Contemporary Topics

국가의 목적인 에너지 지속성에 도움을 줄 여러 대체 에너지원들은 13장에서 제시될 것이다. 14장에서는 생물들의 열역학에 대해 간단히 소개한다. 이 두 장의 목적이 세부적인 계산을 필요로 하는 수식과 예제, 문제를 다루는 것에 있지 않다. 큰 잠재력을 가지고 있지 않지만 함께 더해지면 지속가능한 에너지 생산에 중요한 의미를 갖는 에너지원들에 대한 설명을 하는데 그 목적이 있다.

CHAPTER

13

대체 에너지 전환

Alternative Energy Conversion

Outline

학습목표

- ❑ 에너지가 생산되는 여러 방법들을 이해한다.
- ❑ 발전소 설계의 환경적 사회학적 영향에 대한 이해를 돕는다.
- ❑ 전기 생산에 관련된 경제적 요인에 대한 이해를 돕는다.

이러한 학습목표는 이 장 전체를 통해 제공될 것이다. 이 장은 식과 해결된 예제들의 세부적인 부분을 제공하는데 있는 것이 아니라 정보를 제공하는데 목적이 있을 뿐이다.

학습예제: 열유도 자성

미네소타 대학은 가열할 때 반대상으로 변형되는 다중 가성 합금을 개발하였다. 상변화 동안 합금은 비자성에서 강력한 자석을 띄게 된다. 만약 가열된 합금이 세라믹자석 옆에 놓여지면 이 합금의 자기장 변화가 자석의 자기장 변화에 큰 변화를 일으킨다. 만약 이 장치가 전선코일로 감싸지면 중심의 자기장 변화는 코일에 전류를 유도할 것이다. 이 장치는 전통적인 발전소를 직접 열로 전기를 생산하는 것으로 바꿀 수 있는 잠재력을 가졌다. 랭킨사이클은 더 이상 필요하지 않을 수도 있다.

13.1 바이오연료

연료들은 8장에서 언급한 발전소들에 필요한 에너지를 제공하곤 했다. 그리고 9장에서 언급된 엔진들에 전력을 공급한 연료들은 주로 화석연료들이다. 화석연료에는 석탄, 석유제품(가솔린, 디젤연료, 천연가스)을 포함하고 있다. 화석연료는 수십억년동안 죽은 생물로 이루어진 연료이다. 그러나 공급량은 유한하다. 우리나 계속해서 새로운 석탄, 기름, 천연가스 층을 발견하다. 비록 새로운 발견들이 그 시간을 연장시킬 수는 있지만 언젠가는 멈출 것이다. 화석연료는 앞으로 수백년안에 지속불가능한 연료원으로 생각된다.

바이오연료: 살아있는 유기체(식용식물, 식용 불가능 식물, 동물 배설물 및 조류)로 만든 연료).

바이오연료(biofuels)은 최근에 살아있던 생물에서 만들어진다. 이 생물들은 식물에서 동물의 부산물, 조류에 이르기까지 다양하다. 바이오연료의 연료원은 네가지로 분류될 수 있다: 식용식물, 식용 불가능 식물, 동물 배설물, 조류. 바이오연료는 화석연료의 지속가능한 대체원이다. 다음이 바이오연료를 사용하는데 안전과 경제학 측면에서 고려해야 할 점이다.

1. 바이오연료는 화석연료를 대체할 만한 규모로 생산될 수 있을까? 2011년에 사용중인 연료의 2% 미만이 바이오연료이었다.
2. 바이오연료는 식물, 동물, 조류가 재생가능하다는 점에서 지속가능하다. 그러나

바이오연료를 개발하는데 환경적, 사회경제적 영향은 무엇일까? 바이오연료 대량생산과 사용은 어떻게 환경에 영향을 미칠까? 식물에서 바이오연료 생산은 곧 가난한 사람들이 그들이 필요로 하는 식량을 얻지 못할 것이라는 의미일까?

3. 화석연료의 생산 비용과 비교해 바이오연료 대량생산 비용은 어떠한가?

4. 줄어드는 화석연료 공급량을 대체하기에 시기적절하게 기술이 개발될 것인가?

바이오연료는 온실가스를 만들어내는 유일한 대체에너지원이다.

13.1.1 에탄올

에탄올은 수년간 가솔린의 첨가제로 사용되어져 왔다. 내연기관이 순수 에탄올로 달릴 수 있도록 만들어질 수 있다. Model-T Ford가 1908년까지 순수 에탄올로 운행되었다. 하이브리드 전기 자동차에서 사용될 에탄올 엔진을 개발하는 두가지 계획이 있다. 세계 몇몇 도시들은 대중교통수단에 전력을 공급하기 위해 에탄올을 사용한다.

에탄올(Ethanol, CH_3CH_2OH)은 농산물에서 만들어진다. 이것은 식용식물에서 만들어질 수 있다. 또한 식용 불가능한 식물에서도 만들어질 수 있다. 식물에서 에탄올을 만드는 세가지 기술은 다음과 같다.

에탄올: 농수산물로부터 생성된 연료.

발효: 식물의 당분을 미생물에 의해 에탄올로 변환시키는 과정.

증류: 바이오매스로부터 에탄올과 물을 분리.

탈수: 증류된 바이오매스가 더해지는 화학적인 과정.

- 당의 *발효*(fermentation)는 미생물이 식물 당분을 에탄올로 바꾸는 과정이다. 이 과정은 단지 사탕수수로만 사용된다. 사탕수수는 열대지방에서 쉽게 재배된다.
- *증류*(distillation)는 생물자원(biomass)에서 에탄올과 물을 분리하는 것이다. 이 기화과정은 물의 95% 정도를 제거할 것이다. 다른 5%는 만약 에탄올이 가솔린과 섞여 있다면 다른 처치를 통해 제거되어야 한다.
- *탈수*(dehydration), 또는 공비 증류(azeotropic distillation)는 벤젠이나 사이클로헥산(cyclohexane)이 증류된 생물자원에 첨가되는 과정이다. 이러한 화학물질들은 물을 증류탑의 상단부로 물을 끌어올리고 순수 에탄올은 바닥에 남겨놓는다.

공기중에 에탄올 연소 화학반응 방정식은 아래와 같다.

$$CH_3CH_2OH + 3(O_2 + 3.76N_2) \Rightarrow 2CO_2 + 3H_2O + 11.3N_2 \qquad (13.1)$$

가솔린-에탄올 혼합 연료를 사용하는데 주요한 문제는 에탄올이 증발시키기 어렵다는 것이다. 이 문제는 11°C 이하 온도에서 자동차 엔진에 시동 걸기가 어렵게 만든다. 에탄올은 가솔린보다 35% 낮은 발열량을 가지고 있다. 그래서 에탄올 혼합물을 사용할 때 연료 소비가 증가한다. 가솔린-에탄올 혼합물을 사용하는 엔진은 더 높은 압축비나 과급기(터보차저; turbocharger)를 사용하여 향상시킬 수 있다.

13.1.2 바이오디젤

바이오디젤(Biodiesel) 연료는 식물성 기름 혹은 동물성 지방에서 전부 또는 부분적으로 만들어진다. 사용된 식물성 기름은 바이오디젤 연료로 종종 처리된다. 대부분의 디젤 엔진은 석유디젤(petrodiesel) 연료와 바이오디젤 연료 혼합물로 작동될 수 있다. 몇몇 회사들은(폭스바겐) 순수 바이오디젤 연료로 작동할 수 있는 디젤-사이클 엔진을 개발

바이오디젤: 식물성 오일 또는 동물의 배설물을 기반으로 한 디젤연료.

B60: 60% 바이오디젤과 40% 석유디젤

해왔다. 40% 석유디젤과 60% 바이오디젤 연료는 B60이라 불린다. 반면 B100은 순수 바이오디젤 연료이다.

바이오디젤 생성 실험

식물성 기름을 바이오디젤 연료로 변환시킬 때는 여러 방법이 사용될 수 있다. 몇몇 기술들은 개인적 사용을 위한 소규모 생산에서 좋은 반면에 몇몇 기술들은 대량 생산에 더 적합하다. 아래 설명은 사용된 식물성 기름에 있는 중성지방(triglycerides)을 메틸 에스테르(methyl ester, 바이오디젤 연료)와 글리세롤(glycerol)로 과정에 대한 것이다. 이 에스테르는 사용가능한 바이오디젤 연료이다. 글리세롤은 비누를 만드는데 사용될 수 있다. 여기에서 설명된 과정은 어떠한 실험실에서도 수행할 수 있는 에스테르화(esterification) 과정이다. 이 과정은 소량의 연료를 생산하기 위한 배치공정을 운영하는데 필요 과정에 대한 통찰력을 제공해 줄 수 있으며 대규모 산업용 바이오디젤 공장을 운영하는데 필요한 장치들을 결정할 수 있도록 도움을 줄 수 있다.

1. 장비

과정은 간단하고 몇가지 실험 장비만이 필요하다. 그림 13.1은 사용된 혹은 순수 식용유로부터 바이오연료를 만드는데 필요한 실험도구를 보여준다. 가열판(hot plate)과 교반기는 이 과정에서 사용되는 화학물질에 열을 가할 때 필요하다. 만약 반응물들의 온도가 65°C로 유지된다면 카놀라 오일(canola oil)은 한 시간 내에 바이오연료로 전환되어질 수 있다. 전력측정기는 그 과정에 사용된 에너지를 측정한다. 실험실 플라스크는 반응물질들을 담고 있고 열전대(thermocouple)는 반응물질의 온도를 모니터한다.

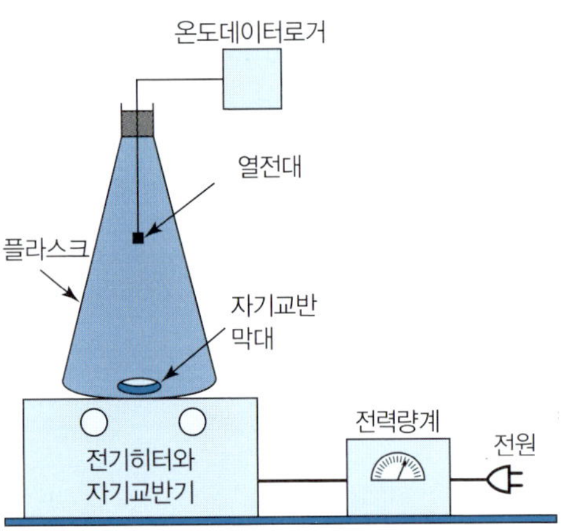

그림 13.1
바이오디젤 생성 기구.

2. 과정

과정은 55 mL의 메탄올과 200 g의 식용유를 사용한다. 사용된 카놀라 오일은 입자들을 제거하기 위해 여과가 필요할 수도 있다. 그 과정은 모든 카놀라 오일이 반응하도록 하기 위해서는 화학량론적인 반응에 필요한 양의 2배의 메탄올을 사용한다. 메탄올은 반응 후에 제거된다. 2 g의 NaOH는 반응속도를 향상시키고 바이오연료 산출량을 늘리기 위해 촉매제로 사용된다. 촉매제는 카놀라 오일에 넣기 전에 메탄올과 섞인다. 화학반응을 설명하는 바이오연료 반응에서와 같이 식용유에 있는 지방산은 메탄올과 반응하여 바이오디젤 메틸 에스테르와 글리세롤을 형성한다.

$$1 \text{ triglyceride} + 3 \text{ methanol} \Rightarrow 1 \text{ glycerol} + 3 \text{ methyl esters} \quad (13.2)$$

카놀라 오일과 메탄올-수산화나트륨(methanol-sodium hydroxide) 혼합물은 플라스크에 담아 놓는다. 플라스크의 윗부분은 덮개가 끼워져 있다. 열전대는 덮개를 통해 반응물질에 설치되어 있다. 교반기는 450 rpm으로 작동되고 전력측정기는 교반기에 의해 얼마나 많은 에너지가 사용되고 있는지 측정한다. 교반기는 이 과정 동안 연속해서 작동한다. 전기 히터는 반응물질을 65°C까지 올리기 위해 사용된다. 이 전이과정 동안 사용된 에너지양을 결정하기 위해 반응물질의 온도는 전력측정값과 함께 기록되어야 한다. 이 과정은 5분에서 10분 정도가 소요되며, 65°C에 이를 때 전기 히터는 반응물질이 과열되는 것을 막기 위해 줄여야 한다. 그림 13.2는 시간에 따른 전형적인 온도와 전력 값을 보여준다. 한 시간이 지난 후 전기 히터와 교반기가 작동을 멈춘다. 플라스크에서 교반 막대를 제거하고 메틸 에스테르와 글리세롤이 분리되도록 한다. 이 과정은 얼마나 많은 분리가 필요하냐에 따라 두 시간에서 며칠이 걸릴 수 있다. 플라스크 내에 안정적으로 유지된 생성물을 분리하기 위한 디캔팅 과정(decanting process)을 거치게 된다. 글리세롤은 더 높은 밀도를 가지고 있어서 바이오연료가 위쪽으로 떠오르는 동안 플라스크 바닥으로 가라앉는다.

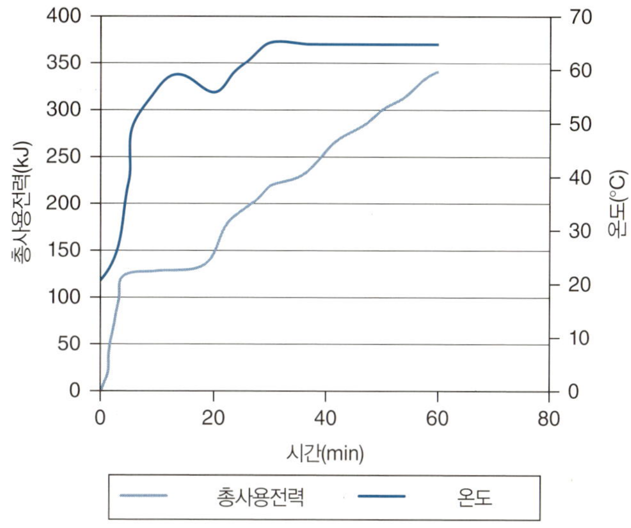

그림 13.2
시간에 따른 전력 사용과 온도.

3. 연료 분리와 세척

디캔팅 과정이 끝날 때 바이오연료와 글리세롤은 조심스럽게 분리하고 무게를 잰다. 화학물질과 오염물질 제거를 위해 세척되어야 한다. 세척은 분리된 생성물에 물을 넣고 흔들거나 공기를 주입함으로서 이루어진다. 그 물을 가라앉히고 생성물로부터 분리한다. 그 물은 폐수이고 오염되었으므로 그에 맞게 처리되어야 한다.

4. 바이오연료 테스트

생산된 연료는 봄베(bomb) 열량계를 사용하거나 디젤엔진에 동력계(dynamometer)로 전력을 공급해봄으로서 테스트할 수 있다. 그 바이오연료는 도데칸(dodecane, 석유디젤(petrodisel fuel))과 유사한 발열량을 가져야 한다. 전력계 수치가 그 바이오연료를 처리하는데 사용된 전력을 알려줄 것이다. 만약 각 방응물질의 질량은 비열과 65°C와 주위 실내온도의 차, 과정을 완료하는데 필요한 이론적 에너지를 곱하여 구할 수 있다. 대부분의 열손실은 플라스크의 외부표면이나 전기 히터의 노출된 표면에서 발생한다. 실제 생산된 에너지와 그 공정을 운영하는데 필요한 에너지의 비로 그 공정의 효율을 정의한다.

이 에스테르화 공정은 시간이 많이 걸리며 사용되는 몇몇 화학물질이 비싸다. 이 공정의 장점은 특수가공장비나 장치가 필요하지 않다는 것이다. 결과물로 나온 연료는 디젤연료와 섞을 수도 있고 그 자체로도 사용할 수 있다.

바이오연료의 발열량은 석유기반 디젤연료와 잘 비교될 수 있다. 일반적인 디젤엔진에 직접적으로 사용될 수 있다. 디젤 혼합물과 바이오연료는 낮은 온도에서도 잘 작동한다. 가스 크로마토그래프(chromatograph; 색층 분석도, 혼합물을 개별 구성 성분으로 분리해줌)는 바이오연료의 화학적 성분을 결정하는데 사용된다. 그림 13.3은 두 개의 가스 크로마토그래프를 비교하고 있는 그림이다. 위의 그래프는 상업용 디젤연료의 화학적 성분분포이고 아래쪽 그래프는 순수 바이오디젤 연료의 화학적 성분분포이다.

표 13.1 바이오디젤 혼합물의 특성

혼합물	% 디젤발열량	어는점 (°C)
디젤	100	−10
B20	99	−16
B40	99	−10
B60	94	−3
B80	85	−1
B100	84	4

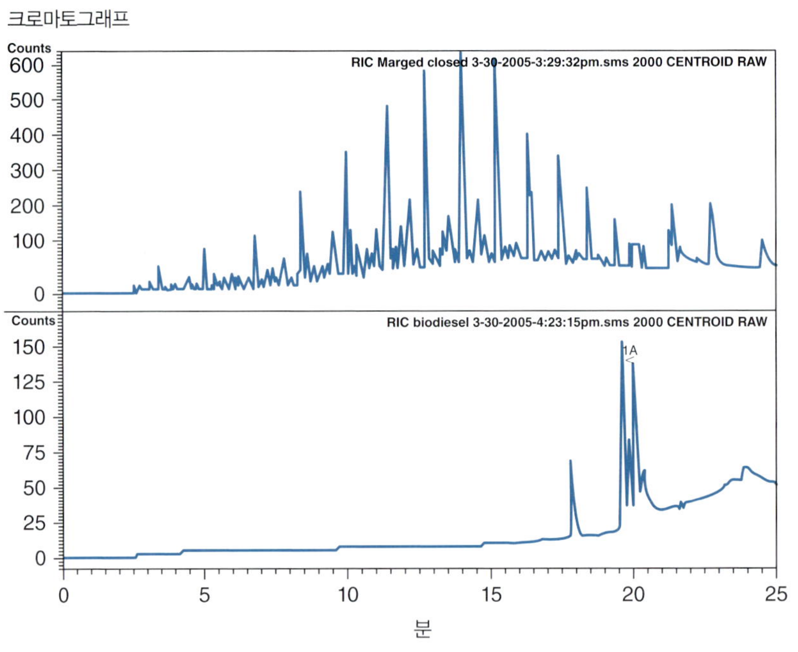

그림 13.3

디젤(위)과 바이오연료에 대한 가스 크로마토그래프.

그림과 같이, 명확하게 바이오연료는 유해한 배기가스 생산이 거의 없는 훨씬 순수한 연료임을 알 수 있다.

바이오연료는 동물의 배설물이나 지방으로도 만들 수 있다. 하지만 식물에서 만드는 것보다 훨씬 비용이 많이 든다.

13.1.3 조류 연료(Algae fuel)

조류 연료: 조류로부터 생성된 연료, 주로 바이오디젤.

다양한 종류의 조류(algae)도 식물을 바이오디젤 연료로 변환시키는 것과 같은 기술을 이용하여 바이오연료로 가공될 수 있다. 조류를 사용할 경우의 장점은 식물 바이오연료와 비교하였을 때 단위면적당 10배에서 100배의 에너지양이 만들어질 수 있다는 점이다. 조류는 야외 연못이나 폐쇄된 용기에서도 자랄 수 있다. 야외 연못의 조류농장은 만들고 운영하는데 비용이 많이 들지 않는다. 그렇지만 쉽게 바이러스나 박테리아에 오염된다. 야외 연못은 수온이나 pH 변화에 취약하다. 폐쇄된 용기는 이런 모든 위험요소를 제거할 수 있지만 건설 및 유지비용이 비싸다. 경제적인 폐쇄 용기 개발에 대한 상당한 연구가 진행 중이다. 조류는 다양한 형식의 연료로 만들어질 수 있다. 가장 일반적인 것이 바이오디젤 연료이다. 그 외에도 조류는 바이오부탄올(biobutanol), 바이오에탄(biomethane), 바이오가솔린(biogasoline)으로 만들어질 수 있다.

13.2 태양에너지

13.2.1 태양광 전지

태양에너지는 직접 전기에너지로 변환할 수도 있고, 또는 태양 복사열을 에너지원으로 사용할 수 있다. *태양광 전지*(Photovoltaic cells)는 태양으로부터의 광자를 이용하여 전자를 방출하는 통전 반도체 재료에 의해서 직류 전기를 생성한다. p-n 반도체 접합은 전자가 풍부한 양성의 물질과 전자 "holes"이 풍부한 음성의 반도체로 구성되어 있다. 광자로부터의 에너지는 p형 반도체의 전자에너지 레벨을 상승시키고 n형 반도체로 이동하며 전류를 생성한다. 현재 태양광 전지 제조에 사용되는 반도체 재료는 단결정 실리콘, 다결정 실리콘, 카드뮴 텔루라이드(카드뮴 전지), 구리 인듐 갈륨 셀렌화물/황화물 등이 있다.

태양광 전지: 태양의 광자에 의해서 직류 전기를 만들 수 있는 전지.

태양광 전지는 교통경고신호, 펌프, 계산기, 주차료 징수기, 외부조명 등의 소규모에 적용하여 사용할 수 있다. 대규모 태양광 발전소가 캐나다와 유럽에 지어져 50 MW에서 90 MW를 생산하고 있다. 그림 13.4는 72 MW의 독일 Lieberose Photovoltaic Park이다. 가장 효율적인 대량생산된 태양광 전지판은 140 W/m^{2}의 전력을 제공한다.

태양광 전지의 장점:

1. 태양광 전지에 의한 태양발전은 오염이 없다.
2. 지구표면의 태양 복사가 충분하고 지속가능하다.
3. 태양광 전지는 유지비가 거의 없이 몇 년 동안은 작동될 수 있다.
4. 태양광 전지에 의해 생성된 직류는 공공 고압 송전망을 이용할 수 있는 교류로 전환될 수 있다.

ICHAEL URBAN/Staff/AFP/ Getty Images

그림 13.4
700,000개 패널을 갖은 독일에 Lieberose Photovoltaic Park.

태양광 전지의 단점:

1. 태양광 전지는 생산비용이 비싸다. 저렴한 태양광 전지를 만들기 위한 많은 연구개발이 진행 중이다.
2. 태양광 전지는 태양 빛이 비추고 있을 때만 작동하기 때문에, 야간 전력을 위한 전기 저장장치가 필요하다.
3. 태양광 전지 제조에서는 유독 물질이 사용된다.

태양광 전지는 위성에서 효과적으로 사용되고 있다. 우주공간은 대기, 날씨, 밤의 영향이 없기 때문에, 효율적인 대규모 태양광 발전소를 지을 수 있다. 문제는 전기를 지구표면으로 전송하는 것이다. 다음 세대 기술자들은 그 문제를 해결할 수 있을 것이다.

빛에 민감한 염료가 유연한 태양광 전지를 만드는데 사용될 수 있다. 루테늄 금속유기 염료(Ruthenium metalorganic)는 빛을 흡수하는 물질로 사용된다. 염료에서 자유롭게 된 전자는 이산화티타늄(titanium-dioxide) 층으로 옮겨져 전기회로를 완성한다. 이 태양광 전지의 주요 문제는 염료가 시간이 경과하면서 열과 자외선에 노출되어 변색한다는 것이다. 유기 고분자와 같은 유기 중합체가 8% 정도 효율성을 가진 얇은 필름의 태양광 전지를 만드는데 사용되어졌다. 염료 기반의 전지와 중합체 태양광 전지는 저렴하고 실리콘 태양광 전지보다 제조하는데 독성이 덜하다.

13.2.2 강제대류 태양열 난방

강제대류 태양열 난방: 열원으로 태양 복사열이 직접 이용된다.

태양 복사열은 직접적으로 열원으로 사용될 수 있다. 태양열 온수 난방기는 많은 가정에 설치하여 온수를 사용하고 있다. 이 시스템은 그림 13.5와 같이 집열기, 펌프, 컨트롤 시스템, 온수저장 탱크로 구성되어 있다. 집열기는 세 개의 층으로 구성된 납작한 패널이다. 제일 위 층은 유리이며 태양 복사열이 두 번째 층으로 통과되도록 한다. 두 번째 층은 복사열 잘 흡수할 수 있도록 검게 도색된 금속 패널이 있다. 유리와 흡수패널 사이의 정체 공기는 일부 대류 열손실을 차단한다. 집열기의 바닥 층은 수로 이다. 펌프는 물을 집열기로 통과시켜 물탱크로 들어가게 한다. 흡수패널 아래를 지나는 물은 뜨거워지고 물탱크에 저장된다.

태양빛이 비추는 동안 가열된 물은 24시간 동안 집이 필요로 하는 만큼 충분해야한다. 예비 에너지는 태양빛이 없는 시간에 필요하다. 컨트롤 박스는 집열기와 물탱크의 온도를 모니터하고 이 정보를 펌프운전에 이용한다. 어떤 경우, 물의 자연대류를 이용하면 펌프를 제외할 수도 있다. 저온 환경에서는, 이중 유체 시스템을 사용할 수 있다. 에틸렌글리콜(부동액; ethylene glycol)을 순환시켜 열을 흡수할 수 있도록 집열기를 통과시킬 수 있다. 가열된 에틸렌글리콜은 물탱크에 있는 열교환기를 통과하여 물을 가열한다.

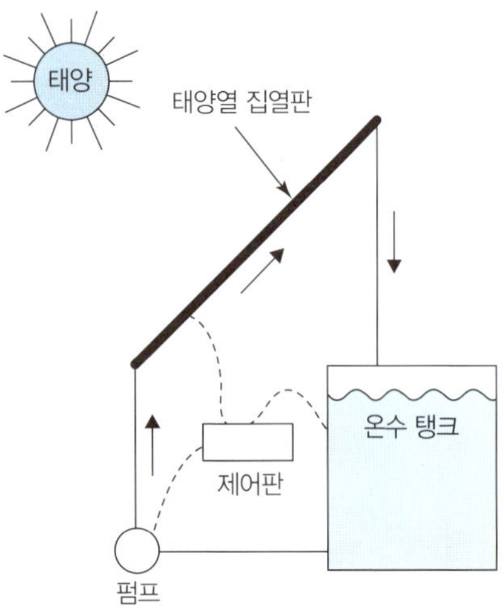

그림 13.5
주택 태양열 온수 시스템.

많은 요소들은 태양열 온수 난방기의 비용 효율성에 영향을 미친다. 기후, 집열기의 형식, 설치비용, 지역의 전기비용이 태양열 난방의 적절성에 영향을 준다.

그림 13.6의 Solar City Tower는 2016년 올림픽을 위해 제안된 것이다. Zurich에 있는 건축디자인 스튜디오 RAFAA에서 예상한 개념도이다. 이 태양열 설계는 2009년에 대회용으로 만들어졌다. 이 이미지는 건설되었을 경우 디자이너의 예상도이다. 그러나 그 프로젝트는 하나의 제안일 뿐이고 105 m의 탑을 실제 건축할 수는 없다. 그 건물은 오직 태양에너지에 의해서만 운영될 것이다. 태양에너지는 Rio의 일부분일 뿐만 아니라 올림픽 경기가 열리는 도시 모든 곳에 에너지를 제공하도록 되어있다. 낮 동안 바다로부터 물을 끌어올리고 밤에는 저장된 위치 에너지를 이용해 터빈을 돌려 에너지를 생산한다.

태양열 발전은 거울을 사용하여 랭킨사이클 발전 시스템(Rankine cycle power system)을 운전할 수 있는 열을 모을 수 있다. 그림 13.7처럼 대규모 태양열 농장은 방향을 바꿀 수 있는 거울 배열을 사용하여 많은 양의 태양 복사열이 보일러가 있는 타워에 집중되도록 한다. 이때 큰 문제는 각 거울을 보일러에 향하도록 방향을 조절하는 것에 있다. 스페인에 건설된 태양열 농장은 20 MW까지 생산할 수 있다.

Courtesy of Rafael Schmidt Architekten

그림 13.6

리오 2016 올림픽 게임을 위해 제안된 Solar City Tower
(자세한 내용은 "Rio's solar tower"에 대한 인터넷 검색을 이용하기 바람).

© Kevin Burke/Corbis

그림 13.7

태양열 발전소.

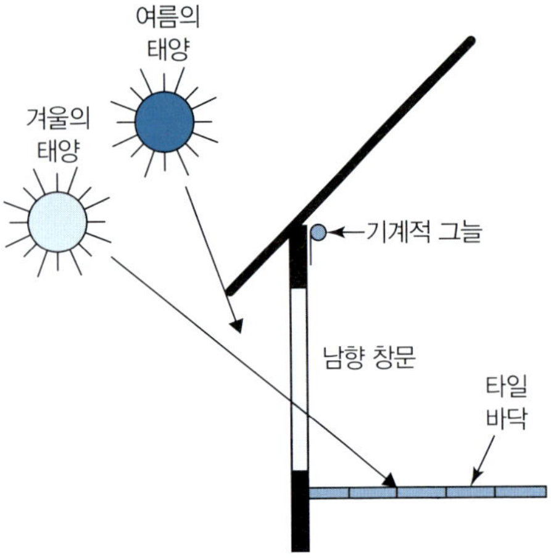

그림 13.8

태양열 벽의 구성도.

13.2.3 자연대류 태양열 난방

자연대류 태양열 난방(*passive solar heating*)은 물이나 공기를 강제로 이동시키지 않고 자연대류에 의해 물을 데우거나 집안을 데우는데 태양 복사열을 사용한다. 주택 난방을 위해 태양열에 노출시키는 여러 건축기술들이 있다. 이 설계들은 건설비와 유지비가 저렴할 수 있다. 자연대류 태양열 난방 설계에서는 어떠한 기계적 전기적 장치 없이, 겨울에는 태양에너지를 열 형태로 창문, 벽 및 바닥에 저장하고, 여름에는 태양열을 차단한다. 겨울밤에는 큰 남향 창에 단열 커튼을 설치하여 열을 유지시킨다. (이것은 수동으로 작동시킬 수 있고, 작은 모터를 사용하기도 한다.) 그림 13.8에서 돌출부가 여름에는 타일바닥을 그늘지도록, 겨울 중에는 태양에 노출되도록 적절하게 설치할 수 있다.

13.3 연료 전지

연료 전지: 화학반응에 의해 전력을 생성하는 직접 에너지 변환 장치.

연료 전지(fuel cells)는 전력 생성을 위한 화학반응을 이용하는 직접 에너지 변환 장치이다. 이러한 반응에서는 연료가 산화제와 반응하여 전기를 직접 만들어낸다. 배터리와는 달리 연료 전지는 장치 안에 연료를 저장하지 않는다. 대신에 연료와 산화제가 계속해서 외부원로부터 연료 전지 안으로 흘러들어간다. 연료 전지는 일반적으로 세 부분으로 나뉘는데, 음극(anode; 음으로 하전 되는 전극), 양극(cathode; 양으로 하전 되는 전극) 및 두 전극 사이의 전하 전송을 가능하게 하는 전해질을 포함하고 있다.

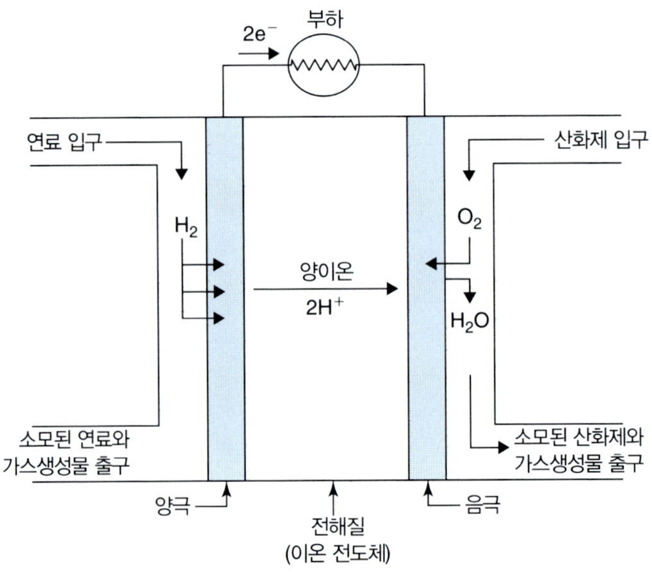

그림 13.9

연료 전지 개략도.

전형적인 연료 전지 작동은 그림 13.9와 같다. 수소 연료가 외부 탱크로부터 들어와 양극으로 들어간다. 그 동안 산화제는 외부원에서 음극으로 들어온다. 산화제는 보통 주변 공기의 산소이다. 양극에서는 수소가 백금(platinum)의 촉매작용으로 양전하를 띤 수소 이온과 자유 전자를 형성한다. 전자는 전기 부하로 직류에 의해 전도되고, 수소 이온은 전해질 층을 통해 이송된다. 수소 이온은 니켈의 촉매작용을 이용하여 산소 이온과 음극에서 물을 형성한다. 수소 연료 전지(hydrogen fuel cell)는 오염이 없고 전기와 물만을 생성하기 때문에, 연료 전지 연구는 대중교통에 초점을 맞추고 있다.

Paul Kane/Stringer/Getty Images News/Getty Images

그림 13.10

수소 연료 전지 버스.

우주에서의 활용은 매우 매력적이다. 왜냐하면 연료 전지는 전기와 우주인들이 마실 수 있는 물을 제공하기 때문이다. 오늘날 연료 전지는 몇몇 버스와 우주선에서 이용되고 있다. 그림 13.10은 연료 전지로 전력을 공급하는 버스이다. 그림 13.11은 자동차에 적용할 수 있는 연료 전지를 나타낸 것이다. 수소 탱크가 차량 뒤쪽에 설치되고 연료 전지는 앞 좌석 아래에 설치된다. 전기모터는 자동차에 동력을 공급하는데 사용된다.

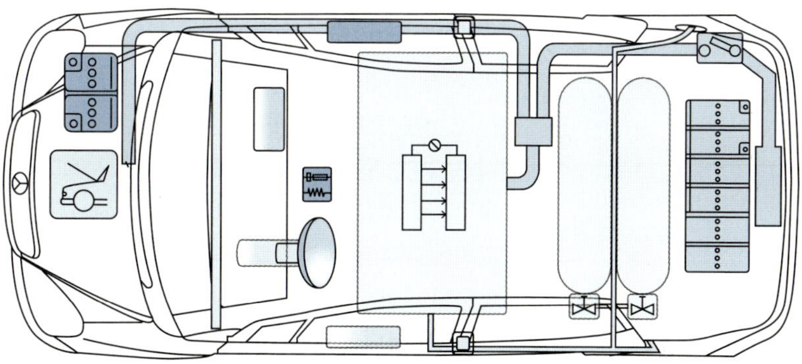

그림 13.11

자동차의 수소 연료 시스템 개략도.

연료 전지는 비-탄화수소(non hydrocarbon)를 연료로 사용하기 때문에, 청정에너지원이라 할 수 있다. 그러나 가장 최근의 수소생산기술은 메탄의 증기를 재생하는 것이다. 그렇지만 전기분해와 같은 다른 수소생산방법은 탄화수소가 없는 에너지원이 가능하게 해준다.

일반적으로 연료 전지는 스택(stack)에 들어가고, 여기에는 몇 개의 연료 전지가 전기적으로 직렬 연결되어 있다. 그림 13.11에서 각각의 연료 전지는 양극과 음극, 전해액뿐만 아니라, 분리 판을 포함하고 있다. 분리 판은 기체 차단과 전지 사이의 직렬 전기 접속을 할 수 있게 한다. 이러한 스택의 구성은 연료 전지의 평면 또는 동심 튜브형으로 구성할 수 있다. 연료 전지 스택의 배열은 납작한 연료 전지나 동심원의 관으로 된 연료 전지로 이루어질 수도 있다. 튜브형 연료 전지는 일반적으로 고체 산화물 연료 전지와 같은 고온 연료 전지에 사용된다.

많은 연료 전지 형식이 사용 가능하며, 전해액의 형식에 따라 다음과 같이 나눌 수 있다.

- 고분자 전해질 연료 전지(PEFC; Polymer electrolyte fuel cell)
- 알칼리 연료 전지(AFC; Alkaline fuel cell)
- 인산형 연료 전지(PAFC; Phosphoric acid fuel cell)
- 용융 탄산염 연료 전지(MCFC; Molten carbonate fuel cell)
- 고체 산화물 연료 전지(SOFC; Solid oxide fuel cell)

연료 전지는 5000시간의 제한된 생명력을 가지고 있다. 효율성은 작동하는 환경에 따라 30~50%로 다양하다. 여기에는 수소연료를 안전하게 저장할 수 있는가라는 문제가 있으며, 이 문제에 대해서 이미 연구 중에 있다. 수소를 우리의 주된 자동차 연료로 가솔린을 대체할 만큼 대량으로 공급할 수 있는가의 문제가 있다. 현재 수소는 증기 메탄 재생(steam methane re-forming)에 의해 생산되고 있다. 수소는 만약 충분한 전기 공급이 가능하다면 전기분해에 의해 생산될 수도 있다. 연료 전지의 생산비용을 줄이는 연구도 진행 중에 있다. 한 가지 대안으로 양극 촉매로서 백금을 사용하지 않는 연구가 있다.

13.4 열전 발전기

열전 발전기: 열을 직접 전기로 변환시키는 장치.

열전 발전기(Thermoelectric generator)는 열을 직접적으로 전기로 변환시키는 장치이다. 열전대와 같은 원리로 작동하지만 훨씬 큰 규모이다. 두 개의 반도체 물질을 이용한다. n형 반도체는 초과 전자를 가지고 있으며, p형 반도체는 초과 전자 "holes"을 가지고 있다. 두 반도체가 그림 13.12에서 보는 것처럼 전도체 물질에 의해 결합된다. 고온 열원으로부터 열 집전장치(hot shoe)로 들어가고 반도체를 통해 전도되어진다. 열 집전장치는 높은 열전도율과 높은 전기 전도율을 가지고 있다. 전자는 n형 반도체에서 방출되어, p형 반도체로 통과해 전류를 만들어낸다. 저온 집전장치(cold shoe)는 전기적 열적 전도성을 띠며 전기 부하에 직류를 통과시킨다. 열전 발전기는 유동하는 부분이 없는 고체상태의 장치이다. 유일하게 만들어지는 오염물질은 열원에 의해 생성된다. 열전대는 가능한 밀리볼트를 만들어내는 반면 열전 발전기는 몇 볼트를 만들어낸다. 열전 발전기에 의해 생성 된 전압은 반도체에 걸쳐 온도차를 발생하는 전압에 관한 volts/kelvin 단위와 *지벡 계수*(seeback coefficient) S의 함수이다. 열전 발전기는 5~10% 범위의 효율을 갖는다. 열전 발전기는 주로 인공위성의 전력공급에 사용된다. 방사성 동

지벡 계수: 반도체에 걸쳐 온도차를 발생하는 전압과의 관계.

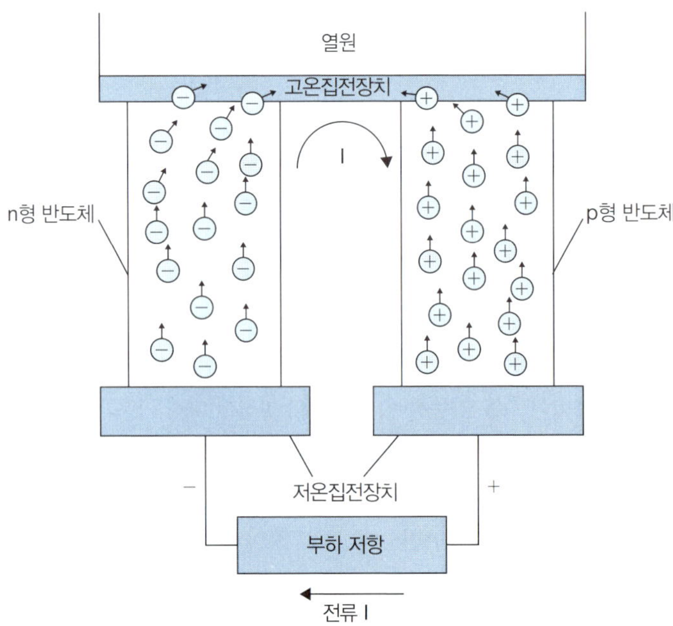

그림 13.12
열전 발전기의 구성.

위 원소(radioisotope)가 발전기에 전원을 공급하는데 장기 열원으로 사용된다. 이러한 열전 발전기 "배터리"는 최대 10년 동안 유지보수 없이 유용한 전력을 공급할 수 있다. 열전 발전기는 또한 지열원과 같은 열을 안정적으로 공급되는 곳에 전력을 공급할 수 있는 잠재력을 가졌다.

13.5 지열에너지

지열에너지(Geothermal energy)는 지구에 저장된 에너지에서 얻어진다. 지구의 중심은 거의 무한대의 열원으로 가장 높은 곳은 약 5500°C에 이른다. 28~55 km 깊이에 이르면 온도는 200°C에서 1000°C에 이른다. 불행히도 우리는 단지 10 km 깊이를 뚫을 수 있는 능력뿐이다. 지구 표면에 존재하는 균열은 고온 증기의 지열원이 표면까지 침투할 수 있게 한다. 이런 곳은 대개 화산활동 지역에서 발견된다. 이 지열원에서 나오는 증기는 두 가지 기술 중 하나를 이용해 전기를 만드는데 사용될 수 있다. *건증기 설비*(dry steam plant)에서는, 150°C 이상의 고압 증기가 랭킨사이클 발전설비를 작동시키는데 사용된다. 습증기 설비(flash steam plant)에서는 그림 13.13과 같이 180°C 이상의 증기가 습증기 탱크를 통과하는데, 이때 저압탱크를 통과하게 함으로써 액체상태의 물과 증기를 분리한다. 액체상태 물은 습증기 탱크로부터 빠져나가고 건증기는 랭킨사이클 발전설비에 에너지를 제공하는데 사용된다. 지열 발전은 무료 에너지원이라는 장점이 있다.

지열에너지: 지구에 저장된 내부 에너지로부터 얻어진 에너지.

건증기 설비: 고압 증기로 랭킨사이클 발전설비에 직접 에너지 공급.

지열 전기는 환경적 오염이 전혀 없는 것이 아니다. 어떤 지열-증기 열원 또한 유독가스를 내뿜는다. 지열원에서 나오는 이산화탄소와 같은 가스분출량은 석탄을 사용하는 발전소의 이산화탄소 생산량에 비하면 적다. 아이슬란드(Iceland), 북대서양에 있는 화산섬은 전기의 30%를 지열 발전에서 그리고 70%를 수력발전을 통해 얻는다.

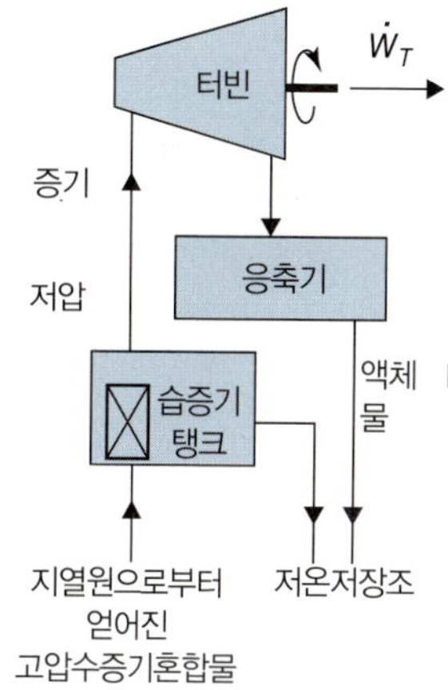

그림 13.13
습증기 지열 발전설비.

13.6 풍력에너지

바람은 지속가능한 또 다른 에너지원으로서, 지구에서 받는 태양에너지의 2.5%를 차지한다. 풍차는 고대부터 물을 끌어올리거나 곡식을 빻는데 사용되어져 왔다. 그림 13.14는 16세기에 사용되었던 미코노스(Mykonos) 풍차를 보여주고 있다.
풍력 터빈에 의해 생산 가능한 최대 전력은 공기의 밀도 ρ, 바람과 접촉하는 블레이드(blade)의 면적, 그리고 풍속과의 관계에 의해서 다음과 같다.

$$\dot{W}_{\text{turbine}} = \frac{1}{2}\rho A V^3 \tag{13.3}$$

수치해석에 따르면 최대 풍력 터빈의 효율이 60%까지 가능하지만 아마도 50% 정도가 얻어질 것이다. 특히 터빈을 가동하기 위한 풍력 터빈의 최대 효율은 특정 풍속, 낮은 효율을 갖는 모든 다른 속도에서 평가된다.

그림 13.15에서처럼 풍력 터빈의 날개 수는 풍차의 효율에 영향을 줄 수 있다. 두 개의 날개 또는 세 개의 날개가 더 높은 효율을 보여준다. 주로 전력 생산 풍력 터빈들은 두 개 또는 세 개의 날개를 가지고 있다.

그림 13.14

Mykonos의 풍차.

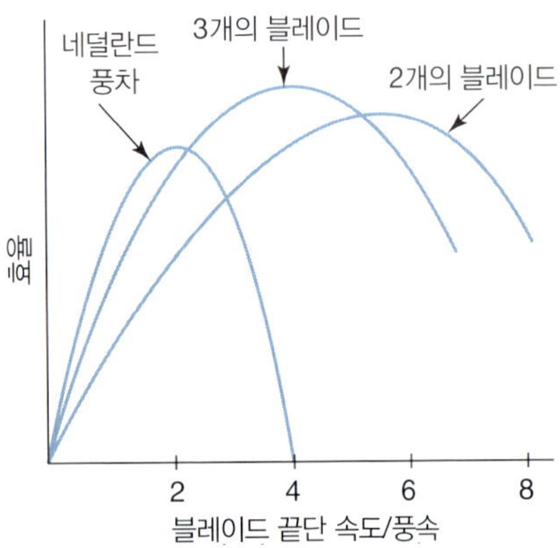

그림 13.15

풍력 터빈 블레이드의 성능 곡선.

풍력 발전 설비는 연료를 사용하지 않지만, 건설비용이 많이 들고 정기적으로 유지보수 되어야 한다. 풍력 터빈의 주요 부정적인 부산물은 "붕"과 같은 블레이드에서 만들어지는 소음이다. 또한 상당한 면적이 필요하고, 어떤 사람들은 거슬리게 느끼기도 한다. 해상 풍력 터빈 발전소 건설에 상당한 관심을 갖는다. 해안가 바람은 더 상시적이고 소음과 상관이 없다. 예상치 못한 부작용은 풍력 발전소의 가동중지이다. 일부 풍력 발전소는 포기되었고, 토지 소유자와 거주자들은 강제로 회사가 수백만 달러를 들여 상황을 해결하도록 하는 명백한 상황청구권을 가지고 있지 못하기도 하다.

13.7 해양 및 수력전기 에너지

13.7.1 파력 에너지

파력: 파도의 운동에너지로부터 직·간접적으로 얻어진 동력.

파도의 움직임이 전력 생성에 사용될 수 있다. *파력*(Wave power)은 1890년부터 사용되어오고 있기는 하지만 널리 수용되지 못 했다. 포르투갈의 Agucadoura Wave Park는 2.2 MW의 전력 생산에 대한 실험적 시도로 2008년에 운영되기 시작하였다. Agucadora 시설은 펠라미스(Pelamis) 기계라는 일련의 장치를 사용한다. 이들의 구성은 실린더 모양의 탱크들이 끝과 끝이 연속적으로 연결되어 부분적으로 물속에 잠겨있다. 파도가 일렬로 늘어선 펠라미스 장치들을 지날 때 파도의 상승이 각 실린더를 연속으로 들어 올리게 된다. 펠라미스 장치들은 유압실린더에 연결되어있는데, 이는 발전기를 운전하는 장치들의 상대적인 움직임을 이용한다. 이 유압 모터의 출력은 전력을 생산하는데 사용된다. 그림 13.16은 펠라미스 장치들을 이용한 파력 에너지 시설의 개념도이다. 새로운 세대의 펠라미스 장치는 2010년 스코틀랜드에서 테스트를 시작하였다.

그림 13.16

파력 에너지 시설.

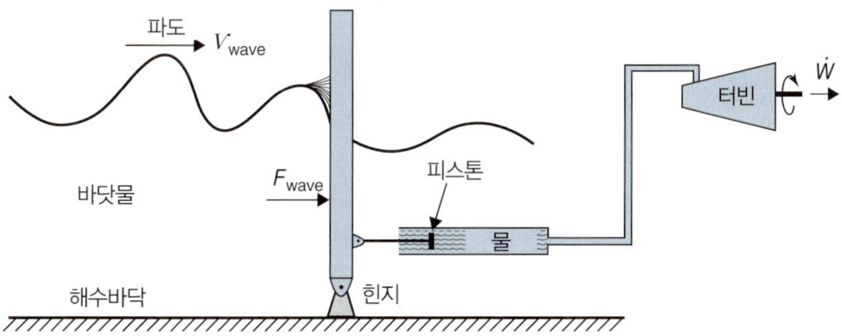

그림 13.17

파력 에너지 발전기.

파력의 또 다른 응용은 그림 13.7에 나타낸 것과 같이, 수력발전소를 통해 물이 이동할 때 들어오는 파도를 이용하는 것이다. 파도가 벽을 미는 형태이다. 벽의 움직임은 피스톤을 밀어 유압라인을 통해 수력발전 변환 설비로 들어가는 물을 이동시킨다. 이동하는 물은 발전기를 구동하는 수력 터빈(water turbine)을 통해 흐르게 된다. 이러한 형태의 전력 생성은 파도의 강도와 빈도에 따라 전력 생산이 간헐적이라는 점에서 일반적인 수력발전소와 다르다.

13.7.2 해양 온도차 발전

바닷물의 온도는 깊이에 따라 다르다. 태양열에 의해 가열된 표면 근처가 가장 높고 깊이에 따라 감소한다. 그림 13.18은 중간 위도에서 해수의 온도가 깊이에 따라 어떻게 낮아지는지를 나타내고 있다. 표면층은 대략 100 m까지 동일한 온도를 가지고 있다. 이 층은 태양에 의해 따뜻해지고 파도가 물을 섞음으로써 온도가 동일하게 유지된다. 표층 아

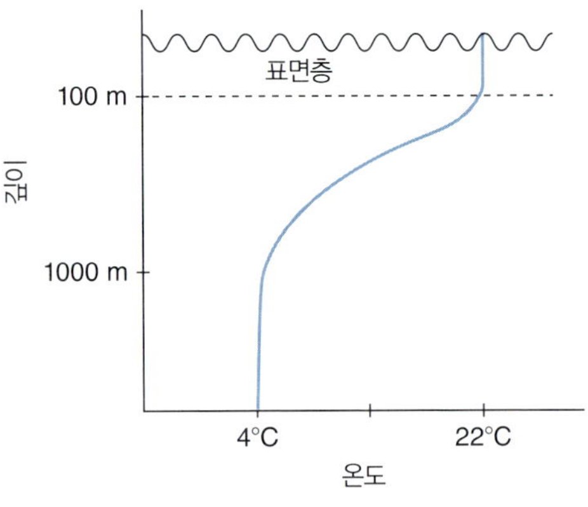

그림 13.18

깊이에 따른 해수 온도.

래는 수온약층으로 수온이 꾸준히 감소한다. 1000 m 이하의 수온은 안정화 되고, 표층과 심층의 온도차는 약 18°C 정도이다. 이 온도차를 이용하여 랭킨 발전 사이클 운전이 가능해진다.

해양 온도차 발전(Ocean Thermal Energy Conversion; OTEC)의 구성은 그림 13.19와 같다. 가열 표면으로부터 끌어온 물에 의해 일반적으로 암모니아인 작동유체가 기화된다. 냉매가 증기 대신 사용되는데 그 이유는 냉매가 낮은 온도에서 기화되기 때문이다. 이 유체는 터빈 발전기 장치를 구동하여 전기를 생산하고 응축기에서 심층수에 의해 냉각된다. 최대 6%의 효율성을 지닌 이 OTEC 설비는, 도시나 산업시설에 공급하기 위한 필요한 전력을 대량 생산할 수 있을 것이다. 이러한 설비를 건설하는 세 가지 방법은 다음과 같다.

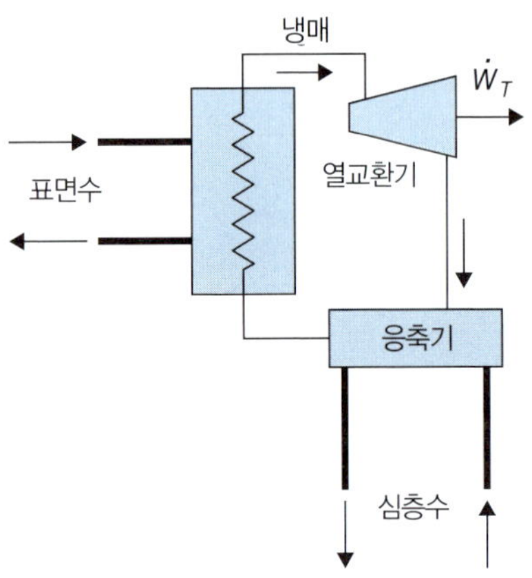

그림 13.19

해양 온도차 발전설비.

1. 육지 기반 설비는 온수와 냉수를 해양으로부터 육상의 발전소로 끌어 올린다. 많은 물을 먼 거리로 이동시키는 것으로서, 회의적인 방법이다.
2. 해안가 기반 설비는 긴 해안가를 따라 대륙붕의 바닷물에 세울 수 있다. 이것은 물이 이동되어야 하는 거리는 줄여주지만 파도와 폭풍우로부터 견뎌내야 한다.
3. 부유 설비는 바닷물에 뜨는 플랫폼 위에 설치된다. 이 개념은 플랫폼이 전기 생산에 더 좋은 수온이 있는 장소로 이동 가능하기 때문에 상당한 장점을 가지고 있다. 주된 문제는 플랫폼과 발전소 건설에 드는 비용이다.

자본 경비가 OTEC 발전소 건설에 있어 중요한 문제이다. 일단 건설되면 에너지 비용은 없다. 일반적으로 해수에서 장치를 작동하는데 생기는 문제들이 또한 고려되어야 한다. OTEC은 에너지원이 없는 일본과 같은 나라에 대체 에너지로 제공할 만하다. 통행권이나 영토권과 같은 정치학적인 문제들이 부유 설비를 위해 해결되어야 한다.

예제 13.1 해양 온도차 발전설비

OTEC 설비는 22°C의 해양 수면과 4°C의 심해층 사이에서 운영된다. 이 설비의 최대 가능 효율을 구하라.

풀이

열기관의 최대 가능 효율은 두 열 저장소의 온도 사이에 운영되는 카르노 기관의 효율이다. 5장에서 카르노 효율은 다음과 같이 주어졌다.

$$\eta = 1 - \frac{T_L}{T_H}$$

이 문제에서 T_H = 22°C = 295K과 T_L = 4°C = 277K이므로, 열설비의 최대 가능 효율은 다음과 같다.

$$\eta = 1 - \frac{T_L}{T_H} = 1 - \frac{277}{295} = 0.061 \quad \text{or} \quad \underline{6.1\%}$$

실제 설비는 3% 이하의 효율을 갖는다.

13.7.3 수력발전

수력발전(Hydroelectric power)은 낙하하는 물이나 흐르는 물에 의해서 만들어진다. 이러한 발전소는 100,000 MW에서 킬로와트(kW)에 이르기까지 규모에 따라 다양하다. 수력발전은 물의 꾸준한 흐름에 달려있다. 강물은 쉽게 접근 가능하지만, 유속이 계절과 강우량에 따라 매우 다양하다. 대부분의 발전소는 물 공급 문제를 피하고 충분한 물을 저장하기 위해 저수 시스템을 이용한다. 아래에 5가지 방법이 제시되고 있다.

수력: 낙하 또는 흐르는 물로부터 생성된 동력.

1. **댐:** 강을 가로질러 만드는 댐은 수력발전소에 공급하기 충분한 저수지를 만들어낸다. 댐은 또한 발전소시설을 갖추고 있다. 물은 저수지에서 나와 터빈을 통과하고 강 아래로 흘러간다.
2. **양수:** 이 기술은 다른 높이에 위치한 저수지 사이의 물을 이동시킨다. 야간에 전력 수요량이 적을 때, 그림 13.20에 Lake Michigan(미시간 호수)과 인공저수지처럼 물은 낮은 위치의 저수지에서 높은 위치의 저수지로 뿜어 올린다. 높은 위치의 물은 수요가 많을 때 펌프나 터빈을 통과해 전기를 생산한다.
3. **강의 흐름:** 이 기술은 소규모 전력 생산에 사용된다. 터빈은 직접적으로 강이나 수로에 설치된다.

Comment

발전 설비는 작동과 멈춤이 어렵기 때문에, 오프 시간에 에너지를 저장하는 것이 바람직하다.

Courtesy of Consumers Energy

그림 13.20

Michigan의 Ludington 부근, 842 에이커 규모의 Consumer Energy 양수발전소: 270억 갤런을 저장할 수 있으며, 전력피크 수요시간에 1.9 MW의 전기를 생산할 수 있다.

4. **조력발전:** 이 방법은 발전소의 물 흐름을 공급하기 위해 매일 조석(밀물과 썰물) 작용을 이용한다.
5. **지하수로:** 이 방법은 폭포나 산 호수 같은 다른 고도에 존재하는 두 개의 물 공급 장치를 사용한다. 물 공급을 위해 고지대 수원으로부터 발전소까지 지하수로를 설치한다.

수력발전은 발전소를 운영하는데 필요한 물이 있느냐에 달려있다. 아마존 강을 가지고 있는 브라질은 나라의 전기 85%를 수력발전에서 생산하고 있다. 세계 총 전기 생산의 19%를 수력발전이 차지하고 있으며 미국은 7% 정도를 차지하고 있다.

수력 터빈의 두 가지 유형으로 전기를 생산한다. 반동 터빈(reaction turbine)은 물 흐름에 따른 압력차에 의해 작동하고, 임펄스 터빈(impulse turbine)은 물의 운동에너지를 터빈 축에 의해 기계에너지로 전환시킨다. 임펄스 터빈은 반동터빈과 달리 물을 담도록 밀봉할 필요가 없다.

수력발전의 이용은 다음 3가지 장점이 있다.

> **Comment**
> Oregon에 Marmot Dam, 22 MW의 발전용량으로 인해 주로 연어의 이동이 멈추었다.

1. 연료 연소가 없고 오염이 없음
2. 자연에서 물이 제공됨
3. 낮은 운영 및 유지 비용

많은 댐의 해체를 이끌 수 있는 수력발전의 단점도 있다.

> **Comment**
> 여러 대형 댐의 영향으로, 컬럼비아 강에 어업은 심각을 넘어 2만개 이상의 직업을 잃게 되었다.
> 참고 http://www.pcffa.org/fn-oct97.htm

1. 많은 자본 건설 비용
2. 유동적인 물 공급
3. 물고기 서식지와 이동 경로의 변화
4. 지역 인구와 동식물의 이동

아스완 댐(Aswan Dam)이 남 이집트 나일 강에 건설되었을 때, 댐 공간을 마련하기 위해 누미디아(Numidia) 저지대의 많은 수의 사람들이 이주해야 했다. 전력공급은 관개와 물고기잡이 뿐만 아니라 이집트에 매우 이득이 되었다. 또한 Fertile Delta 지역과 같이 홍수를 예방하는데 도움을 주었다. 그러나 몇몇 고고학 유적지가 피해를 입었고 많은 유적들이 옮겨져야 했다. 저수지 표면의 증발로 인해 바다로 흘러가는 물의 양이 감소하면서 Fertile Delta 지역의 비옥한 농업 면적이 심각하게 줄어들고 있다. 또한 지중해 해수면 상승에도 영향을 주고 있으며 Fertile Delta는 시간이 갈수록 더욱 심각한 문제를 겪고 있다. 그래서 엔지니어는 얻어질 것과 잃을 것에 대해 신중히 고려해야 한다.

13.8 삼투압 발전

삼투압 발전은 염수해와 담수간의 화학적 전위차를 이용하여 전기 전력 또는 유체 동력을 만들어 내는 방법이다. 이러한 발전소가 들어갈 만한 최적의 장소는 강물과 바다가 만나는 지역이다. 네덜란드와 같은 지역은 계속해서 농지를 홍수로부터 보호하기 위해 담수를 북해(North Sea)로 내보냈기 때문에 이러한 전기를 생산할 만한 훌륭한 전위차를 가지고 있다.

삼투압을 이용해 전기를 생산하는 많은 기술들이 있지만, 그 중 가장 일반적인 두 가지 방법은 역전기투석(RED; reverse electrodialysis)과 압력지연삼투(PRO; pressure-retarded osmosis)이다. 역전기투석은 본질적으로 염수 배터리이다. 담수와 해수 사이의 이온 농도의 차이는 전위 또는 전압을 생성시킨다. 연료 전지와 같이 전력을 생성할 수 있도록 양극과 음극의 많은 막이 적층되어 있다. 이 형태의 에너지 생성은 막의 제곱미터당 1 W의 전력을 생산할 수 있다. 250 kW의 발전소는 선적 컨테이너 사이즈정도이다. 이 기술은 아직 초기 단계이며, 환경 영향 연구는 지역 생태계에 대한 영향을 결정하기 위해 필요하다.

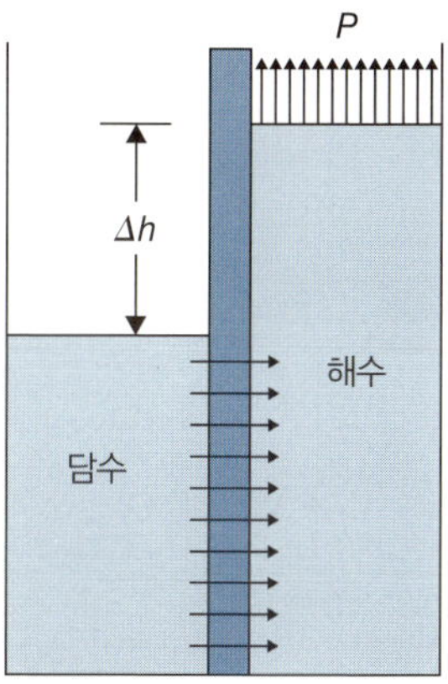

그림 13.21
압력-지연 삼투압 시스템.

압력 지연 삼투압은 물리적으로 물을 이동시켜 해수와 담수 사이의 염분의 차이를 이용한다. 반투막은 해수와 강물을 분리한다. 이 막은 그림 13.21에 나타낸 바와 같이, 물이 염수 영역으로 이동할 수 있도록 작은 개구를 설치한다. 막은 반대 방향으로 이동하는 해수에 불 투과성이다. 물은 막을 통해 이동하는 해수의 수위를 증가시켜 해수 간의 화학 퍼텐셜에 의해 구동된다. 이 시스템은 바닷물을 200 m 이상 높이로 올릴 수 있는 퍼텐셜을 가지고 있다. 해수 수위가 증가하게 되면 수로를 따라 전력을 생성시키기 위한 수력 터빈(water turbine)을 통과하게 된다. 실험적 삼투압 발전소는 네덜란드와 노르웨이에 건설되었다. 해수와 담수 지역의 생태계는 매우 다르다. 삼투압 발전소에 의한 염분의 변화는 모든 생태계에 유해한 영향을 미칠 수 있다. 이들 장치에 사용되는 막의 수명에 대한 우려도 있다.

13.9 요약

이 전 장에서 우리는 가연성 물질에서 오는 에너지를 생각해보았다. 특히 앞으로 몇 세기 안에 바닥날 탄화수소에 대해 생각해보았다. 이번 장에서는 자연에서 지속적으로 공급되는 다양한 에너지원에 대해 살펴보았다. 이 에너지원으로 상당한 양의 전기를 만드는데 드는 비용이 문제이다. 그러나 시간이 지나 탄화수소의 공급량이 줄어들어 비용이 증가하게 되면 대체에너지원 개발이 미국과 세계의 에너지 공급에 점점 더 많은 기여를 할 것이다. 재생이 가능한 에너지, 즉 자연원에서 오는 에너지(햇빛, 바람, 비, 조류, 지열 등)는 전 지구 에너지 소비의 16% 정도를 차지하며, 10% 정도는 전통적으로 주로 난방에 쓰이는 바이오매스(biomass)와 수력이 3.4%이다. 소수력(small hydro), 바이오매스, 풍력, 태양, 지열, 바이오연료가 대략 3%를 차지하며 급격하게 증가하고 있다. 신재생에너지들은 전 지구 전기 생산에 19% 정도를 기여하고 있으며, 이 중 16% 정도가 대규모 수력발전소에서 생산된 것이다.

이 장에서 정의된 용어를 살펴보면 다음과 같다.

강제대류 태양열 난방: 열원으로 태양 복사열이 직접 이용

조류(algae) 연료: 조류로부터 생성된 연료, 주로 바이오디젤

바이오디젤: 식물성 오일이나 동물의 지방으로 만들어진 디젤 연료

바이오연료: 최근까지 살아있던 생물(식용식물, 식용 불가능 식물, 동물 배설물, 조류)로 만든 연료

탈수(dehydration): 증류된 바이매스(biomass)에 벤젠이 첨가되는 과정
증류: 바이오매스로부터 에탄올과 물을 분리
건증기 설비(dry steam plant): 고압 증기로 랭킨사이클 발전설비에 직접 에너지 공급
에탄올: 농산물로부터 생성된 에너지
발효: 미생물에 의해 식물의 당분을 에탄올로 변환하는 방법
연료 전지: 화학반응에 의해 전력을 생성하는 직접 에너지 변환 장치
지열 에너지: 지구에 저장된 내부 에너지부터 얻어진 에너지
수력: 낙하 또는 흐르는 물로부터 생성된 동력
해양 열에너지: 따뜻한 표면층과 차가운 심수층 사이의 온도 차이를 이용하여 생성한 에너지
자연대류 태양열 난방: 태양 복사열을 오직 중력에 의해 순환시켜 공간 난방에 이용
태양광 전지: 태양의 광자에 의해서 직류 전기를 만들 수 있는 전지
지벡 계수(Seebeck coefficient): 반도체에 걸쳐 온도차를 발생하는 전압과의 관계.
열전 발전기: 열을 직접 전기로 변환시키는 장치
파력: 파도의 운동에너지로부터 직 · 간접적으로 얻어진 동력
습증기 설비: 습식 증발기를 통과한 증기가 랭킨사이클 발전설비의 동력

이 장에서 소개된 중요한 방정식을 요약해보면 다음과 같다:

최대 풍력 발전: $\dot{W}_{\text{turbine}} = \frac{1}{2}\rho A V^3$

연습문제

13.1 Estimate a typical student's personal carbon footprint using the EPA Individual Carbon Footprint Calculator at: www.epa.gov/climatechange/emissions/ind_calculator2.html State your assumptions.

13.2 Use the Carbon Footprint Calculator from the previous problem to propose ways to reduce a student's carbon emissions. Which ways do you anticipate being most effective?

13.3 Use the business Carbon Footprint Calculator at: www.carbonfootprint.com/calculator1.html to estimate the carbon emissions from your university.

13.4 Which of the alternative energy sources described in this chapter have a carbon footprint?

13.5 Which of the alternative energy sources described in this chapter are dependent on weather conditions? What percentage of a nation's energy production do you think could be on weather-dependent conditions? (Argue your case based on scientific reasoning.)

Biofuels

13.6 One of the major by-products of the biodiesel conversion process is glycerol. Develop a list of five commercial uses for this substance.

13.7 Develop a list of inedible crops of vegetable matter that can be used to create biofuel. From what part of the world do these crops come?

13.8 Follow the steps outlined in Section 13.1.2 and actually perform the biofuel production process using both waste cooking oil and fresh cooking oil and compare the resulting fuels. What is the difference in the economics of using waste oil as opposed to fresh oil?

Solar Energy

13.9 Perform an online search of the commercial production of photovoltaic solar cells and develop a list of the toxic materials produced in this process.

13.10 Perform an online search of commercially available photovoltaic solar cells and select a system that would provide the power needs for a typical 180 m^2 home in your location. Develop a cost estimate for installing this system.

13.11 Design a solar hot-water heating system in your location that would replace a 750 liters conventional water heater. Estimate the cost of such a system.

Fuel Cells

13.12 Design a system that would use 110-V AC power to produce enough hydrogen to power a personal automobile. Estimate the cost of such a system to purchase and install.

13.13 Perform an online search to determine how hydrogen fuel tanks in automobiles are developed to ensure safety in the event of an accident.

13.14 Perform an online search and develop a list of models and prices for electric vehicles that are commercially available today.

Thermoelectric Generators

13.15 Develop a list of satellites that use radioactive thermoelectric generators.

13.16 Develop a list of commercially available systems that use a thermoelectric process for cooling and refrigeration.

Geothermal Energy

13.17 Develop a list of the regions on each continent where geothermal energy is readily available.

13.18 Perform an online search to determine if geothermal energy poses any health or environmental risks.

Wind Energy

13.19 How could an array of wind turbines affect the local ecology?

13.20 Develop a list of the wind energy facilities in your state.

13.21 A hilltop has a steady wind velocity of 30 kmph. What percent increase in power would result from using 3-m-radius turbine blades rather than 1.8-m-radius blades?

Ocean and Hydroelectric Energy

13.22 Develop a list of places on each continent that have the potential to produce hydroelectric power on a commercial scale.

13.23 How could ocean wave energy affect offshore ecology? Consider both positive and negative aspects.

13.24 Where is the largest reverse electrodialysis power plant in the world? How much power does it produce?

13.25 Where is the largest pressure-retarded osmosis plant in the world? How much power does it produce?

CHAPTER

14

Hinode JAXA/NASA

살아있는 유기체의 열역학

Thermodynamics of Living Organisms

Outline

기호 설명

본 장에서 소개될 변수들은 다음과 같다:

c	빛의 속도: 299.8×10^6 m/s	v	빛 주파수: 405~790THz
h	플랑크 상수: 6.626×10^{-34} J·s		

학습목표

- ❑ 식물이 에너지를 사용하는 구조에 익숙해진다.
- ❑ 동물이 에너지를 사용하는 구조를 이해한다.
- ❑ 식품의 에너지 및 영양 값에 익숙해진다.
- ❑ 열량 문제를 해결할 수 있다.
- ❑ 근육이 동물에서 작동하는 방법을 이해한다.
- ❑ 생물의 에너지 생산 및 체온 조절 법을 연구한다.

학습예제: The Bionic Ankle

보철(Prosthetics) 분야는 최근 몇 년 동안 위대한 업적을 이루었다. 제어 로봇 팔과 손의 개발은 절단 장애인의 삶의 질에 상당한 영향을 미쳤다. 보철 디자인에서, 기계 전자공학과 생명 공학의 새로운 분야는 매우 혁신적인 해결책을 생산하기 위해 결합했다. 보다 최근의 발전 중 하나는 로봇 제어 발목이다. 보철 이전 설계에서 발목 구조는 탄소 복합 재료로 이루어지는 단순 캔틸레버 빔을 사용하여 모델링되었다. 이 기법은 걷거나 달릴 때의 많은 측면에서 시뮬레이션된 발목을 제공하였지만, 제어가 원활하게 이루어지지 않았다. 연구자들은 움직임 뿐만 아니라 발목의 추력 하중도 제공할 수 있는 능력을 가진 동적 로봇의 발목을 개발했다.

그림 14.1

MIT에서 개발한 로봇 발목

생체 공학 분야는 지난 10년 동안 빠르게 성장했다. 생체 공학은 공학에서 개발된 문제 해결 기술을 이용하여 생체학적 문제의 해결책을 찾았다. 또한 이 분야는 모든 전통적인 공학 분야에서 관련된 내용들을 발견할 수 있다. 전기 엔지니어들은 간단한 혈압 미터기에서 고해상도 CAT 스캔 기술 범위까지 계측 가능한 전자 측정 장치를 개발하고, 토목 기사는 물 공급과 환경 자원 관리 분야에서 근무한다. 화학 엔지니어는 생체학적 문제를 해결하기 위해 나노 기술을 사용한다. 기계공학자들은 골무구조등 생물학의 구조적 측면과 호흡기 순환기 등의 열유동 두 분야 모두를 연구한다. 그림 14.1은 MIT의 biomechatronics 연구소에서 개발한 로봇 발목을 보여준 것이다. 이 장치는 걸음걸이를 보다 유연하게 하고 다리의 피로를 감소시키기 위해 모터 제어 스프링을 사용한다.

14.1 식물들의 에너지 변환

식물과 조류는 *광합성*에 의해 햇빛을 사용 가능한 에너지로 변환한다. 햇빛, 물 및 이산화탄소가 식물에 의해 흡수되고, 당 및 산소가 생성되는데, 다음과 같이 표시된다.

광합성: 식물과 조류가 햇빛을 사용가능한 에너지로 변환하는 과정.

$$CO_2 + H_2O + \text{ 햇빛 } \Rightarrow CH_2O + O_2 \quad (14.1)$$

위의 반응은 순방향으로만 일어나게 된다. 세 개의 입력 중 어느 성분이 존재하지 않는 경우, 과정은 일어나지 않는다. *엽록소*(Chlorophyll)라는 색소는 햇빛을 흡수하고, 광자(Photon)는 당을 형성하기 위해 엽록소 분자로부터 느슨한 전자를 끊고 이산화탄소가 물과 반응하게 한다. 예를 들면, 이 과정은 그림 14.2에 표시된 바와 같이 복잡한 식물의 잎 단면에서 발생한다. 당 생산 속도는 주위 온도, 이산화탄소의 정도 및 사용할 수 있는 빛의 양에 관한 함수이다. 광합성 반응은 온도 및 햇빛 복사열의 양에 따라 증가하지만, 높은 방사선 수준에서는 정체기에 도달한다.

엽록소: 햇빛을 흡수하는 색소

Note: CH_2O는 탄수화물이다.

광합성 반응은 두 단계로 이루어진다. 첫 번째 단계에서, 빛에 의존하는 반응은 아데노신 삼인산(adenosine triphosphate, ATP) 및 니코틴 아데닌 다이뉴클레오타이드 인산(nicotine adenine dinucleotide phosphate, NADPH)이라고 칭하는 에너지 저장 분자를 만들기 위해 햇빛의 에너지를 사용한다. 두 번째 단계에서는 또 다른 광 의존적 반응은 이산화탄소와 반응하여 당을 생성하고 저장하기 위해 이 에너지저장 분자를 사용한다.

광합성 과정을 하는 생물은 35억년 이상 동안 존재해왔다고 한다. 고등 생명체가 등장하기 전에 지구 대기의 이산화탄소 농도는 매우 짙었고, 수소는 산소를 대신해 광합성 반응 과정중의 전자를 생성하기 위해 사용되었다. 약 30억 년 전에 지구상에 산소 생성균이 나타났고, 대기는 산소가 더욱 풍부한 환경으로 바뀌기 시작했다. 이는 더 발전된 단세포 생물이 생존할 수 있게 해주었을 것이다. 시간이 지나면서 대기 중의 이산화

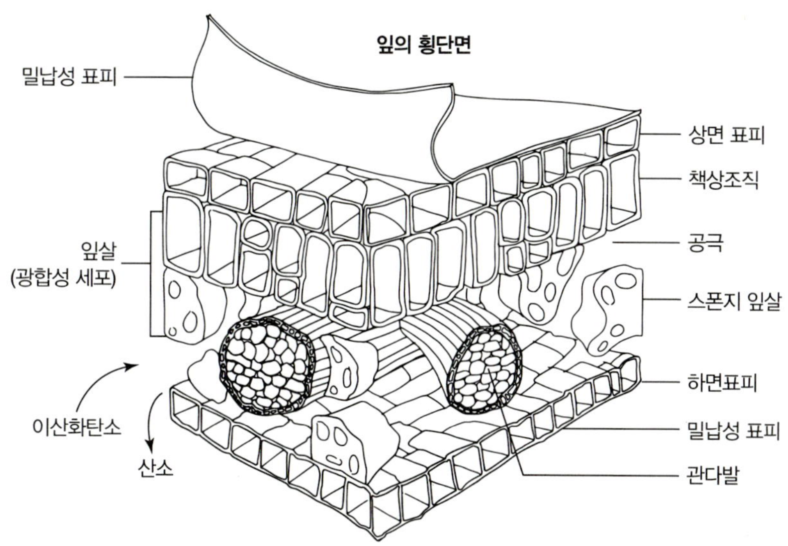

그림 14.2

잎의 횡단면

Comment

광합성은 화학 반응이 일어나는 동안 질량을 전달하고 에너지를 변환한다.

탄소와 산소의 상대 농도는 안정되었다.

광합성은 흡열(에너지 흡수) 과정이다. 광자 형태의 빛 에너지는 이산화탄소가 탄수화물로 변환하는데 사용되는 화학 에너지로 변환된다. 이산화탄소와 빛은 대기로부터 잎의 세포막으로 공급되는 반면에 물은 식물의 뿌리와 줄기를 통해 공급된다. 따라서, 광합성은 물질 전달, 에너지 전환, 및 화학 반응의 복잡한 과정이다.

광합성의 열역학은 햇빛이 엽록소내 색소에서 전자를 잃게 되는 과정을 알아낼 때 사용된다. 빛은 입자와 파동 모두의 특성을 보여준다. 빛 입자(광자)는 분리된 에너지량을 운반한다. 또한 빛은 별개의 주파수가 있을 것이라는 점에서 파동과 같은 역할을 한다. 광자에 포함된 에너지량은 다음과 같이 주어진다.

$$E = h\nu \tag{14.2}$$

ν는 nu라 읽고, λ은 lambda로 읽는다

여기서 플랑크 상수 $h = 6.626 \times 10^{-34}$ J·s이고, 빛 주파수 ν는 cycles/s (hertz)의 단위를 가진다. 빛의 주파수는 빛의 λ(m/cycle)와 관련이 있다.

$$\nu = \frac{c}{\lambda} \tag{14.3}$$

빛의 속도 c는 299 792 458 m/s이다. 엽록소에서 빛에 반응하는 형광체는 그들이 반응하는 빛의 파장에 따라 구분될 수 있다. 가시광선은 보라색 빛 400 nm에서 붉은 빛 700 nm까지 다양한 파장을 가지고 있다. 따라서, 형광체 P680은 적색 파장의 광을 흡수하고 전자를 거부한다. 식물들은 흡수 이후 초록색을 갖고 적색 파장의 입사광을 사용하는 경향이 있다.

예제 14.1 광자에 의해 추가되는 에너지

680 nm의 파장의 빛이 잎에 입사된다. 각 광자는 얼마나 많은 에너지를 엽록소 분자에 추가하는가?

풀이

이 빛의 주파수는 식 (14.3)을 이용하여 계산할 수 있다.

$$\nu = \frac{c}{\lambda} = \frac{2.998 \times 10^8 \text{ m/s}}{680 \times 10^{-9} \text{ m/cycle}} = 4.409 \times 10^{14} \text{cycles/s}$$

광자의 에너지 수준은 식 (14.2)를 이용하여 계산할 수 있다.

$$E = h\nu = 6.626 \times 10^{-34} \frac{\text{J}\cdot\text{s}}{\text{cycle}} \times 4.409 \times 10^{14} \frac{\text{cycles}}{\text{s}} = \underline{2.92 \times 10^{-19} \text{ J}}$$

일부 책에서는 이 식에서 "cycle"을 제외한다. 왜냐하면 무차원값이기 때문이다. 그러나 파장이 m/cycle로 나타내어지므로 식의 보다 나은 이해를 위해서는 나타내는게 좋다.

☑ 학습목표 확인 (1)

14.2 동물들의 에너지 변환

동물의 생명 유지 과정은 거의 광합성과 정반대이다. 동물들에게서 산소는 호흡계에서 취해지고, 음식은 소화계로 취해진다. 음식은 소화계에서 화학 반응으로 인해 순환계로 흡수되어 몸 전체에 공급할 수 있는 연료의 형태로 변형되어 처리된다. 공기는 호흡계로 취해지고 그 중 산소는 순환계로 흡수된다. 가공된 음식과 산소는 온도를 유지시키고 일을 하는데 필요한 에너지를 생산하는 발열(에너지를 방출하는)반응에서 결합된다.

음식의 소화는 여러 기관을 통해 이루어진다. 설탕은 입에서 소화되기 시작하고, 나머지는 식도를 통해 위로 이동한다. 위는 세 가지 기능을 제공한다. 첫째, 소화하기 쉽게 바뀐 음식을 저장한다. 둘째, 그 음식을 액체와 음식을 가공하는데 쓰일 효소들과 섞이게 한다. 셋째, 음식을 영양소들로 분해해주는 과정이 일어나게 하는 장의 체계를 통해 음식들을 이동한다. 몇몇 복잡한 반응들은 소장에서 일어난다.

전분과 설탕과 같은 탄수화물들은 입에서 섞이는 효소들에 의해 분해된다. 그것들은 주로 소장에서 포도당으로 변환되고, 에너지로 쓰이거나 혹은 포도당을 운반하는 피에 흡수되어 나중에 사용하기 위해 간에 저장된다. 단백질은 혈류에 흡수되고 세포를 만들어내기 위해 몸 전체에서 사용되는 아미노산을 만들어내는 소장의 효소에 의해 분해된다. 지방은 담즙을 이용해 작은 입자로 녹여진다. 소장액과 이자액의 효소들은 혈류에 흡수되어 큰 지방 분자들을 더 작게 부순다. 피는 이 분자들이 저장되어 있는 몸의 다른 부분들로 지방을 운반한다. 염분은 소비되어 온 물에서 녹여지면서 소장에 흡수된다. 약간의 섬유질들은 효소와 과정들에 의해 분해되고 용해되지 않은 섬유질들은 간단히 소화계를 통해 통과된다.

소화계에서 핵심 역할은 산화에 의해 음식을 이용가능한 에너지의 형태로 전환시킨 것이다. 음식으로부터 얼마만큼의 에너지가 얻어질 수 있는지 산화 에너지 혹은 발열량을 알아내는 실험적인 방법인 *열량측정법*(calorimetry)에 의해 결정할 수 있다. 그림 14.3은 고체와 액체의 연료들로부터 얻어지는 에너지(칼로리)를 결정하는데 사용되어지는 장치인 봄베열량계이다. 바깥쪽 용기는 허용할 수 있는 양의 열이 기계로부터 변환되도록 해주는 'Dewar flask'이다. 안쪽 용기는 큰 항온 수조이다. 사용된 물의 양은 정확하게 측정된다. 수조에는 휘젓는 프로펠러와 정밀 온도계가 걸려있다. 그 교반기는 섭씨온도의 십분의 일까지 측정된 균일 온도를 유지시키기 위해 물을 휘젓는다.

> **열량측정법:** 산소의 에너지나 열량을 측정하는 실험적 방법

또한 수조에는 산화반응을 위해 두껍고 스테인리스강으로 만들어진 봉인된 봄베(bomb)가 걸려 있다. 산화될 물질은 정확히 봄베의 중앙에 걸려 있는 컵에서 놓여져 무게가 측정된다. 한 쪽 퓨즈선(보통 니크롬이라고 칭하는 니켈 합성물질)은 고체의 연료에 부착되거나 액체 연료에 살짝 담가진다. 그 선은 연료를 점화시키는데 사용되는 전력 공급을 위해 봄베의 윗 표면을 통해 흐르는 전기적인 납에 부착된다. 사용된 니크롬선은 그 과정에서 파괴된 다른 선의 증발에너지를 알기 위하여 정확하게 무게가 측정된다. 봄베의 뚜껑은 잘 잠겨져 있고 순수한 산소와 함께 채워진다. 이것은 연료와 시료의 전체량이 완전히 산화되게 하기 위해서다.

장치가 갖추어지면 교반기(stirrer)를 작동시키고 전기를 퓨즈선에 연결한다. 전선

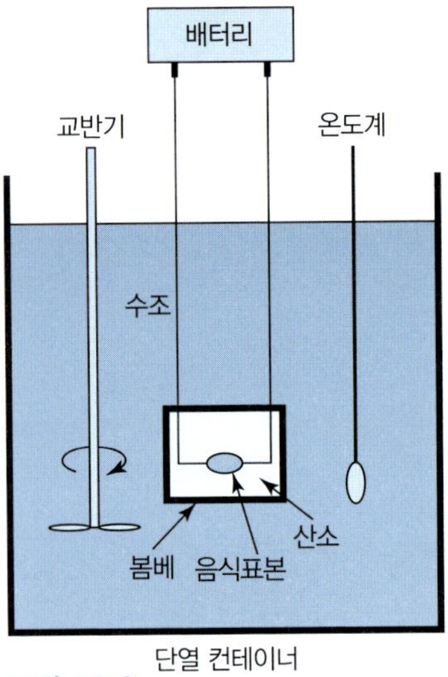

그림 14.3
봄베열량계

이 점화되면 봄베 내의 연료와 시료는 순수 산소 환경에서 연소되어 완전히 산화된다. 방출된 에너지는 봄베 케이스와 수조에 의해 흡수된다. 수조의 온도는 반응으로부터 시스템에 의해 흡수되는 에너지량이 계산되는 최대 온도에 이르기까지 증가되는 것을 확인할 수 있다. 연소의 가스상 생성물은 봄베로부터 배출되고, 이것을 조심히 개방한다. 남아 있는 퓨즈선은 얼마나 많이 증발되었는가를 알기 위해 모은 뒤 무게를 측정한다. 계산은 수조와 봄베에 주어진 열량이 얼마인지 알기 위함과 퓨즈선을 증발기 사용을 위해 사용된 에너지를 결정하기 위한 것이다. 방출된 전체 에너지는 열량(heating value, HV)을 획득하기 위해 시료 질량으로 나누어진다. 열량의 적절한 단위는 calories per gram (cal/g) 또는 joules per gram(J/g)이다. 1 cal는 4.814 J이다.

예제 14.2 봄베열량계

봄베열량계는 14 g의 칼로리를 태운다. 수조는 21.24°C에서 초기에 2.08 kg의 물을 담고 있다. 스테인리스강 봄베는 2.95 kg이다. 스테인리스강의 열용량은 461 J/kg·°C이다. 0.072 g의 니크롬선은 봄베에 조립된다. 봄베는 산소로 채워져 있고, 수조안에 잠겨지고 퓨즈선은 착화된다. 수조 온도는 26.14°C의 최대온도까지 올라가는 것이 관찰된다. 봄베와 수조가 차가워지면 봄베는 제거된다. 연소의 가압된 생성물들은 봄베로부터 빠져나가게 된다. 그리고 분해된다. 남은 니크롬 퓨즈선은 모아져 무게가 측정되고, 0.051 g의 선이 남았다. 니크롬선은 5858 J/g의 연소열을 가진다. 가솔린의 열량을 계산하여라.

풀이

퓨즈선에 의해 생산된 열은

$$HV_{wire} = (0.092 - 0.051) \times 5858\ \mathrm{J/g} = 240.18\ \mathrm{J} = 0.240\ \mathrm{kJ}$$

이 온도범위에 있는 물은 부록 B-4에서 알 수 있듯이 4.177 kJ/kg°C의 비열을 가진다. 물에 의해 흡수된 열량은

$$Q_{water} = mC_p\Delta T$$
$$= 2.08\ \mathrm{kg} \times 4.177\ \mathrm{kJ/kg\cdot°C} \times (26.14°\mathrm{C} - 21.24°\mathrm{C}) = 42.6\ \mathrm{kJ}$$

봄베에 의해 흡수된 열량은,

$$Q_{bomb} = mC_p\Delta T$$
$$= 2.96\ \mathrm{kg} \times 0.461\ \mathrm{kJ/kg\cdot°C} \times (26.14°\mathrm{C} - 21.24°\mathrm{C}) = 6.69\ \mathrm{kJ}$$

이 반응에서 방출된 총열은 총합이다.

$$Q = 0.240\ \mathrm{kJ} + 42.6\ \mathrm{kJ} + 6.69\ \mathrm{kJ} = 49.5\ \mathrm{kJ}$$

가솔린의 열량은 연료의 질량에 의해 나누어진 연소과정에 의해 방출되는 열량이다.

Comment
사용 된 숫자의 정확성을 위해 세개의 유효숫자가 쓰였다.

Comment
부록 B-4에서 알 수 있듯이 4.177 KJ/kg°C의 비열을 가진다.

$$HV = \frac{49.5\ \text{kJ}}{0.014\ \text{kg}} = \underline{\text{가솔린의 3530 kJ/kg}}$$

가솔린의 알려진 열량은 약 3530 kJ/kg이다. 열량은 연료의 옥탄 비에 따라 다양할 것이다. 그리고 어떻든지 연소 반응에서 생산된 물은 증기 또는 액상 물로 응축된다.

적절한 절차를 잘 따르고 구성성분들의 무게가 신중하게 잘 재어진다면, 봄베열량계는 표 14.1에 나열된 것처럼 음식의 열량에 대하여 훌륭한 결과들을 산출할 것이다.

표 14.1 일반 음식의 영양표

음식	조리방법	HV (kJ/kg)	% 지방	% 탄수화물	% 단백질
아몬드	덩어리	24.4	53	21	21
사과주스	통조림	1.9	0	12	0
살구	날것	2	0	11	0.01
아보카도	California	26	11	7	4
바나나		3.9	0.8	24	2
쇠고기 스테이크	Sirloin—Broiled	11.8	18	0	27
블루베리	날것	2.3	0.7	14	0.7
브로콜리	날것	1.1	0.7	5	3
버터	Salted	3.3	79	0	0
캐찹		4.4	0.4	25	2
치킨	Roasted Breast	6.8	3	0	31
계란	날것	1.5	0	0	12
가자미	Baked	5.9	7	0	19
다진 소고기	Fried	12.1	21	0	24
이탈리아 빵		11.9	0	56	9
마카롱	Tender	4.6	1	23	4
마쉬멜로		13.3	0	81	4
우유	Whole	2.2	3	5	3
우유	Skim	1.5	0	5	3
굴	날것	2.8	2	3	8
땅콩버터		24.8	50	19	31
팝콘	Air Popped	15.7	0	75	13
감자	Baked w.Skin	4.6	0	25	2.5
건포도		12.6	1	79	3
백미	Instant	4.6	0	24	2
소금		0	0	0	0
설탕	Granulated	16.1	0	100	0
칠면조	Roasted	6.6	4	0	29

음식 칼로리: 1g의 물을 1°C 올리기 위해 필요한 에너지의 양

열량은 음식이 완벽하게 산화될 때 단위질량당 방출되는 에너지의 양이다. 열량은 음식의 그램당 줄(joules)의 단위로 주어진다. 또한 표에 나열된 것들은 지방, 탄수화물, 단백질의 질량에 의한 백분율이다. 음식의 유형 뿐만 아니라 영양적 가치를 결정하는 준비 방식이다. 볶거나 구워지는 고기는 훨씬 더 적은 지방을 가질 것이다. 음식 에너지의 전통적인 단위는 *음식 칼로리*(food calorie) 혹은 킬로그램 칼로리이다. 1 kcal(1킬로그램 칼로리)는 4.184 kJ과 같다.

☑ 학습목표 확인 (2)

14.3 생물학적 일의 생성

근육 조직은 수축과 휴식에 의해 움직임을 만든다. 인체의 중량의 약 40%는 세 가지 기본 유형으로 구성된 근육이다. 심근은 심장 근육의 수축과 방출을 제어하고 인간의 몸 전체에 혈액을 펌핑하는 역할을 한다. 평활근 조직은 소화 기관 등의 시스템에서 동작을 생성하기 위해 이용된다. 이 근육은 소화 기관을 따라 음식을 이동한다. 골격근은 몸체 움직임을 생성하기 위해 골격 시스템에 부착된다.

근육 운동은 두가지 근섬유 유형의 상대적인 운동에 의해 야기된다. 미오신 섬유는 액틴 섬유에 평행하게 연결되어 있다. 화학 공정이 있는 미오신 섬유는 액토미오신 매개 아데노신 삼인산(ATP) 가수분해라고 불리는 액틴 섬유를 따라 자신을 당긴다. ATP는 광합성에서 화학에너지를 빛에너지로 변환시키는 것과 동일한 유기 화합물인데, 이것은 유기 에너지 변환기 역할을 한다. 이 복잡한 반응에서, 미오신 섬유는 약 6 nm(6×10^{-9}m)에 의해 부착된 액틴 섬유의 베이스를 재배치한다. 대량 근육 운동은 하나의 근육이 이러한 수십억 반응을 통해 달성된다. 근육은 사실상 많은 작은 모터의 조합이며 각각은 액틴과 미오신 섬유로 구성된다. 액틴과 미오신 섬유의 상대 운동은 근육의 "선형"모터와 같은 움직임을 초래한다. 근육의 두 번째 분획으로 수축되고, 섬유는 원래의 위치로 복귀하도록 방출된다. 우리는 전기 모터, 자동차 엔진과 같은 회전 장치의 모터라고 생각하곤 한다. 근육은 피스톤과 유사한 왕복 운동을 생산하는 선형 액추에이터(linear actuators)와 같은 더 많은 기능을 수행한다.

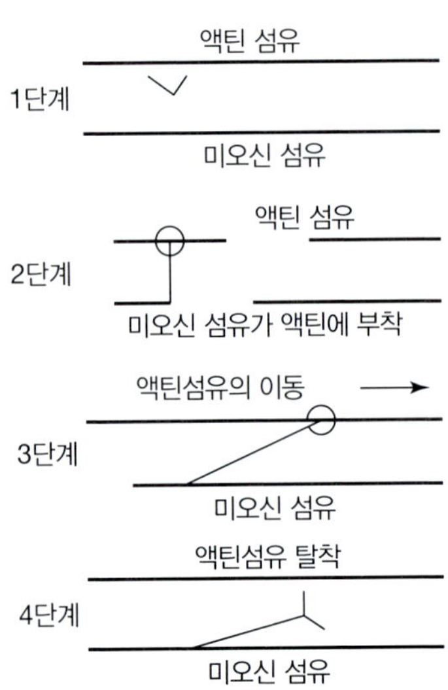

그림 14.4
근육 섬유 활동

근육 운동의 열역학은 액토미오신 매개 ATP의 가수분해반응에 기반을 두고 있다. 이 과정은 4단계로 제8장에 서술한 랭킨 재생 사이클만큼 많은 주기적인 동력 사이클이다.

1단계: 미오신 섬유는 그림 14.4에 나타낸 바와 같이, 액틴 섬유에 부착하기 위한 위치에 있다. 미오신 섬유는 ATP의 분할에 의해 자유롭게 이동할 수 있다. ATP는 느슨한 하나 인산염분자 상태가 되게 하고 아데노신 2인산(ADP)과 무기 인산 P_i로 몰래 잠입한다.

2단계: 미오신 섬유는 액틴 섬유에 부착된다. 액틴 섬유는 미오신 복합체와 결

합한다. P_i는 액틴 섬유와 미오신 섬유 사이의 유대를 강화하는 1단계에서 행동을 방출한다. 이러한 결합은 나중에 근육이 이완을 할 수 있도록 방출된 경우 가역 과정이어야 한다.

3단계: 미오신 섬유는 액틴 섬유를 움직인다. 2단계의 혼합 과정의 생성물은 대체된다. 방출된 P_i는 액틴 섬유를 이동시키는 힘으로 변환되고 에너지 방출을 야기한다.

4단계: 미오신 섬유는 액틴 섬유의 보류를 해제한다. ATP가 결합하고, 액토미오신의 해리가 발생한다. ADP는 액토미오신 복합체가 실패하고 섬유 사이의 결합을 해제하는 ATP에 의해 대체된다.

☑ 학습목표 확인 (3)과 (4)

14.4 생물학적 시스템에서 온도 조절

살아있는 유기체는 최소 0℃에서 최고 42℃의 온도 범위에서 살고 있다. 생명체는 냉동보존(cryopreservation) 기술 없이 0℃ 아래에서는 살 수 없다. 왜냐하면 몸 내의 수분이 얼기 때문이다. 42℃ 이상에서 단백질은 단백질의 구조를 바꾸는 변성과정을 거친다. 살아 있는 생물체에서 용인할 수 있는 온도를 유지하는 주체는 몸 안에 에너지 생산율과 몸의 열손실률과 함께 신체 외부로부터 열 섭취율을 균형을 맞춤으로써 이루어지는 *체온조절*(thermoregulation)이라고 불린다. *신진대사*(metabolism)는 신체에서 에너지를 생산하는 모든 화학적 반응을 일컫는다. 소화계와 같은 몇몇 생물의 계들은 에너지를 생산한다. 다른 것들은 일의 형태로 에너지를 생산한다. 살아있는 생물들은 몸의 열을 얻고 제거하기 위해 넓고 다양한 과정들을 사용한다.

상대적으로 변함없이 체온을 유지시키는 생물들은 *온혈동물*(homeothermic)이라고 하고, 반대로, 다양하게 변할 수 있는 체온을 가진 생물들은 *변온동물*(poikilothermic)이라고 부른다.

> **체온조절:** 체내에서 생산된 열과 방출되는 열, 그리고 외부로부터 받는 열 사이의 균형을 조절한다.
>
> **신진대사:** 신체에서 에너지를 생산해내는 모든 화학적 반응
>
> **온혈동물:** 상대적으로 변함없이 체온을 유지하는 동물
>
> **변온동물:** 변화하는 체온을 가진 동물

14.4.1 흡열 유기체

온도 조절의 중요한 수단으로서 그들의 내부의 열을 이용하는 유기체를 *흡열 유기체*(endothermic organisms)라고 한다. 포유류들은 이러한 분류로 나뉜다. 흡열 유기체에서 생명을 유지시키는데 필요로 하는 최소 에너지 생산율을 *기초대사율*(basal metabolic rate)이라고 부른다. 이는 유기체들이 휴식에 있고 그것의 온도가 측정될 때 일어나는 소화 작용이 없다는 것을 가정한다. 유기체의 기초대사율은 숨쉬기를 돕고 피를 순환시키고 신경계를 지원할 전기적 활동을 유지시키는데 필요한 에너지를 말한다. 유기체의 대사율은 신체 활동, 음식 섭취, 신체 성장, 재생산, 그리고 열 생산에 의해 영향을 받는데, 대사율은 잘 때 가장 낮다. 이는 비필수 근육들이 작동하지 않기 때문이다. 극단의 운동을 하는 동안 대사율은 기초 신진대사율의 10~20배이다.

> **흡열 유기체:** 체온조절의 주요수단으로 내부생성열을 사용하는 유기체
>
> **기초대사율:** 삶을 유지하게위한 에너지 생산의 최소비율

흡열 유기체들에게서 열손실은 피부에서 주위 대기로의 대류와 증발에 의해 발생

털세움: 포유동물과 조류가 열손실을 줄일 수 있는 방법.

저체온증: 사람의 체온이 35°C이하로 떨어진 상태.

고체온증: 사람의 체온이 38°C 이상으로 올라간 상태.

한다. 만일 당신의 피부 온도가 당신 주변에 있는 대기 온도보다 높다면 당신은 피부의 표면으로부터 이동하는 대류열에 의해 열을 잃게 된다. 흡열 유기체들은 자신을 따뜻한 물에 담금으로서 열을 얻거나 차가운 물에 담금으로서 열을 잃을 수 있다. 포유류와 새들은 털 혹은 깃털들을 세워 피부 근처에서 추가적인 단열을 만들기 위해 *털세움*(piloerection)이라고 일컬어지는 과정에 의해 추운 날씨에서 열손실을 줄일 수 있다. 인간은 많은 털들을 가지고 있지 않기 때문에 우리는 이 현상을 "소름"으로 알고 있다. 만일 사람의 피부온도가 대기 온도보다 더 낮아진다면, 사람은 피부의 표면으로부터 증발하는 땀으로 인해 열을 잃는다. 그 단계 변화는 거대한 양의 열을 방출한다. 황소 개구리들은 피부로부터 비밀스러운 점액에 의해 이와 같은 효과를 가진다.

만일 신체의 냉각속도나 가열속도가 일정한 체온 유지에 부적합하다면, 체온의 변화로 심각한 결과가 올 것이다. 표 14.2는 증가하거나 감소하는 체온의 육체적 효과를 작성한 것이다. *저체온증*(Hypothermia)은 인간의 체온이 35°C보다 낮을 때 일어나고, *고체온증*(hyperthermia)은 인간의 체온이 38°C에 이르거나 더 높아질 때 일어난다.

14.4.2 외온성 유기체

외온성 유기체: 유기체가 몸의 외부 열원으로부터 열을 흡수하는 것

외온성(냉혈) 유기체(ectothermic organism)는 몸에 외부적인 열원으로부터 열을 받는다. 도마뱀들은 주위 공기로부터의 대류, 따뜻한 바위 또는 자갈에 누움으로 인한 전도나 직접적인 태양광의 복사에 의해 에너지를 흡수할 것이다. 물고기는 주위의 물로부터 열에너지를 흡수한다. 물고기는 물 온도가 안정적인 환경에서 살고 있기 때문에 외온성 유기체의 경향이 있다. 물고기와 도마뱀들 둘 다 냉혈 유기체들이다. 그들의 온도는 매우 다양하고 외부 열을 받아들이기 때문에 대사율은 매우 낮다. 외온성 유기체의 체온은 대개 환경적 온도의 기능일 것이다. 추운 날씨에 체온은 낮아질 것이고 그러므로 신체 활동을 줄이게 된다. 반면에 따뜻한 날씨는 온도를 증가시킬 것이고 신체 활동을 늘릴 것이다. 냉혈 유기체들은 신체 환경을 바꿈에 의해 체온을 조절한다. 도마뱀들은 따

표 14.2 체온변화의 물리적인 효과(영향)

체온	증상
44°C	사망
43°C	뇌 손상 및 사망 가능성 급증
41°C	졸도, 탈수, 구토, 두통, 또는 현기증
38°C	땀과 불쾌한 감정
37°C	정상 체온
36°C	오한
34°C	심한떨림, 사지운동의 손실, 피부색상 변경
33°C	혼란, 졸음, 느린 심장 박동, 얕은 호흡
31°C	심장 리듬의 변화의 손실
26°C	사망

뜻하고 햇볕이 드는 바위에 앉고 그들이 뜨겁다고 느낄 때 그늘진 곳으로 이동한다. 물고기는 개인적인 필요에 의존하여 더 따뜻하거나 더 차가운 물로 이동한다. 벌들과 다른 곤충들은 비행할 때 쓰는 근육들을 사용함으로써 비행의 기대감으로 그들의 체온을 올릴 수 있다.

그림 14.5
연꽃

14.4.3 식물들의 온도 조절

몇몇 식물들은 *열발생*(thermogenesis)이라고 불리는 과정에 의해 주위의 온도보다 높게 자신의 온도를 올리는 능력을 가진다. 이는 서리로부터의 저항을 가지게 한다. 열발생은 세포의 순환과정에서 화학적 반응의 일부분으로, 열에너지의 발달이다. 그림 14.5에서 나타낸 동남아시아 토종인 신성한 로투스 식물은 주위 온도보다 20°C 높게 유지할 수 있다. 식물에게서 열은 뿌리에 저장된 녹말들을 분해함으로써 발생된다.

14.5 요약

이 장에서는 식물과 조류들이 광합성의 작용을 통해 태양으로부터 생산될 수 있는 에너지에 대해서 설명하였다. 그리고 다른 동물과 인간들에 의해 섭취된 음식들로부터 발생되는 에너지에 대해 알아보았다. 마지막으로 생물학적인 시스템내에서의 온도 조절에 따라 동물과 인간의 몸 속에 있는 근육조직에 의해 요구되는 에너지에 대해 학습해 보았다.

이 장에서 정의된 용어를 살펴보면 다음과 같다.

열량측정법: 산화 에너지 혹은 열량을 결정하는 실험적인 방법
엽록소: 햇빛을 흡수하는 색소
외온성: 외부 열원으로부터 얻어지는 에너지
외온성 유기체: 외부적인 열원으로부터 몸이 발열되는 유기체
흡열성: 내부에서 생산되는 에너지
흡열 유기체: 열의 내부 발생을 사용하는 유기체
온혈동물(항온동물): 변함없는 체온을 가진 생물
신진대사: 몸에서 에너지를 생산하는 화학적 반응
광합성: 태양광을 이용해 식물과 조류를 이용 가능한 에너지로 바꾸는 과정
변온동물: 다양한 체온을 가진 생물
열발생: 살아있는 유기체 내에서 열의 생산
체온조절: 체온을 조절하는 과정

이 장에서 소개된 중요한 방정식을 요약해보면 다음과 같다.

광자에너지:	$E = h\nu$
빛 주파수:	$\nu = c/\lambda$

연습문제

Energy Conversion in Plants

14.1 Plot the energy of a photon as a function of the wavelength of light for the range of visible wavelengths.

14.2 If a plant could be engineered that would convert gamma rays ($\lambda = 0.01$ nm) into chemical energy, what would be the percent increase in energy over plants that use light with a wavelength of 660 nm?

14.3 Using Eq. 14.1, determine how many grams of sugar are produced if one kilogram of carbon dioxide is used in the photosynthesis process. How much water is needed?

Energy Conversion in Animals

14.4 For the bomb calorimeter described in Example 14.2, determine the maximum temperature the bomb would achieve if 20 g of apple juice and 0.005 g of fuse wire were burned.

14.5 For one day, record what types of food you ate and roughly how much of each type you consumed. Calculate your energy intake for that day in joules and in food calories.

14.6 Design a menu that will achieve the following caloric intake:

a) 1000 calories per day for a diet

b) 1500 calories per day for a smaller person

c) 2000 calories per day for a larger person

d) 6000 calories per day for a Tour-de-France bike rider

14.7 Compare the daily caloric intake for breakfast, lunch, and dinner at a university dining hall to the typical meals you would eat at home. Which diet has a higher fat content? Carbohydrate content?

14.8 Develop a daily diet that would reduce your amount of fat intake.

14.9 A very popular diet encourages people to eat a high-protein diet. Develop a daily high-protein diet and compare it to your normal daily diet. Did you increase or decrease the fat and carbohydrate intake?

The Generation of Biological Work

14.10 Most joint actions are the combination of one or more muscles tightening and other muscles relaxing at the same time. Describe the action of three human joints that act in this manner.

14.11 Give one example of smooth muscle tissue in the human body and describe how it functions.

14.12 Perform an online search and report on what happens to cardiac muscle tissue during a heart attack.

Temperature Regulation in Biological Systems

14.13 If the ambient temperature is 38°C, estimate the heat transferred from your body by the evaporation of 5 g of sweat.

14.14 List three types of fish that live in cold water and three types of fish that live in warm water.

14.15 List three plants that have the ability to regulate their temperatures.

14.16 During the first expeditions to the Antarctic, explorers found out that short, stocky men had a much better survival rate than tall athletic men. Why is this?

14.17 List five ways to cool the human body in case of overheating. What is the best method in an industrial plant?

14.18 Find an online Basic Metabolic Rate calculator and use it to determine your BMR.

14.19 Using the BMR calculator from Problem 14.18, determine the percent drop in your BMR if you lost 10 pounds on a diet.

부록

A 단위환산인자

Length	Force	Mass	Velocity
1 cm = 0.3937 in	1 lbf = 0.4448×10^6 dyne	1 oz = 28.35 g	1 mph = 1.467 ft/s
1 m = 3.281 ft	1 dyne = 2.248×10^{-6} lbf	1 lbm = 0.4536 kg	1 mph = 0.8684 knot
1 km = 0.6214 mi	1 kip = 1000 lbf	1 slug = 32.17 lbm	1 ft/s = 0.3048 m/s
1 in = 2.54 cm	1 N = 0.2248 lbf	1 slug = 14.59 kg	1 km/h = 0.2778 m/s
1 ft = 0.3048 m	1 N = 10^5 dyne	1 kg = 2.205 lbm	1 knot = 1.688 ft/s
1 mi = 1.609 km			
1 mi = 5280 ft			
1 mi = 1760 yd			

Work and Heat	Power	Pressure	Volume
1 J = 10^7 ergs	1 hp = 550 ft-lbf/s	1 psi = 2.036 in Hg	1 ft^3 = 7.481 gal (U.S.)
1 ft-lbf = 1.356 J	1 hp = 2545 Btu/hr	1 psi = 27.7 in H_2O	1 ft^3 = 0.02832 m^3
1 Cal = 3.088 ft-lbf	1 hp = 0.7455 kW	1 atm = 29.92 in Hg	1 gal (U.S.) = 231 in^3
1 Cal = 0.003968 Btu	1 W = 1 J/s	1 atm = 33.93 ft H_2O	1 gal (Brit.) = 1.2 gal (U.S.)
1 Btu = 1055 J	1 W = 10^7 dyne·cm/s	1 atm = 101.3 kPa	1 L = 10^{-3} m^3
1 Btu = 0.2930 W·hr	1 W = 3.412 Btu/hr	1 atm = 1.0133 bar	1 L = 0.03531 ft^3
1 Btu = 778 ft-lbf	1 kW = 1.341 hp	1 atm = 14.7 psi	1 L = 0.2642 gal
1 kWh = 3412 Btu	1 ton = 12,000 Btu/hr	1 in Hg = 0.4912 psi	1 m^3 = 264.2 gal
1 therm = 10^5 Btu	1 ton = 3.517 kW	1 ft H_2O = 0.4331 psi	1 m^3 = 35.31 ft^3
1 quad = 10^{15} Btu	1 W = 0.7375 ft-lbf/s	1 psi = 6.895 kPa	1 ft^3 = 28.32 L
		1 kPa = 0.145 psi	1 in^3 = 16.387 cm^3
		1 Torr = 1 mm Hg	

B 물질의 물성치(상태량)

Table B-I Properties of the U.S. Standard Atmosphere

$P_0 = 101.3$ kPa $\rho_0 = 1.225$ kg/m^3

Altitude m	Temperature °C	Pressure P/P_0	Density ρ/ρ_0
0	15.2	1.000	1.000
1 000	9.7	0.8870	0.9075
2 000	2.2	0.7846	0.8217
3 000	−4.3	0.6920	0.7423
4 000	−10.8	0.6085	0.6689
5 000	−17.3	0.5334	0.6012
6 000	−23.8	0.4660	0.5389
7 000	−30.3	0.4057	0.4817
8 000	−36.8	0.3519	0.4292
10 000	−49.7	0.2615	0.3376
12 000	−56.3	0.1915	0.2546
14 000	−56.3	0.1399	0.1860
16 000	−56.3	0.1022	0.1359
18 000	−56.3	0.07466	0.09930
20 000	−56.3	0.05457	0.07258
30 000	−46.5	0.01181	0.01503
40 000	−26.6	0.2834×10^{-2}	0.3262×10^{-2}
50 000	−2.3	0.7874×10^{-3}	0.8383×10^{-3}
60 000	−17.2	0.2217×10^{-3}	0.2497×10^{-3}
70 000	−53.3	0.5448×10^{-4}	0.7146×10^{-4}

Table B-2 Properties of Various Ideal Gases (at 25°C)

Gas	Chemical Formula	Molar Mass	R		C_p		C_v		k
			kJ/kg·K	ft-lbf/lbm-°R	kJ/kg·K	Btu/lbm-°R	kJ/kg·K	Btu/lbm-°R	
Air	–	28.97	0.2870	53.34	1.003	0.240	0.717	0.171	1.400
Argon	Ar	39.95	0.2081	38.68	0.520	0.1253	0.312	0.0756	1.667
Butane	C_4H_{10}	58.12	0.1430	26.58	1.716	0.415	1.573	0.381	1.091
Carbon dioxide	CO_2	44.01	0.1889	35.10	0.842	0.203	0.653	0.158	1.289
Carbon monoxide	CO	28.01	0.2968	55.16	1.041	0.249	0.744	0.178	1.400
Ethane	C_2H_6	30.07	0.2765	51.38	1.766	0.427	1.490	0.361	1.186
Ethylene	C_2H_4	28.05	0.2964	55.07	1.548	0.411	1.252	0.340	1.237
Helium	He	4.00	2.0770	386.0	5.198	1.25	3.116	0.753	1.667
Hydrogen	H_2	2.02	4.1242	766.4	14.209	3.43	10.085	2.44	1.409
Methane	CH_4	16.04	0.5184	96.35	2.254	0.532	1.735	0.403	1.299
Neon	Ne	20.18	0.4120	76.55	1.020	0.246	0.618	0.1477	1.667
Nitrogen	N_2	28.01	0.2968	55.15	1.042	0.248	0.745	0.177	1.400
Octane	C_8H_{18}	114.23	0.0728	13.53	1.711	0.409	1.638	0.392	1.044
Oxygen	O_2	32.00	0.2598	48.28	0.922	0.219	0.662	0.157	1.393
Propane	C_3H_8	44.10	0.1886	35.04	1.679	0.407	1.491	0.362	1.126
Steam	H_2O	18.02	0.4615	85.76	1.872	0.445	1.411	0.33.5	1.327

Note: C_p, C_v, and k are at 298 K. Also, kJ/kg·K is the same as kJ/kg·°C.

Based on data from G. J. Van Wylen and R. E. Sonntag, Fundamentals of Classical Thermodynamics, Wiley, New York, 1976.

Table B-3 Critical-Point Constants

Substance	Formula	Molar Mass	Temperature		Pressure		Volume		Z_{cr}
			K	°R	MPa	psia	m^3/kmol	ft^3/lbmol	
Air	–	28.97	133	239	3.77	547	0.0883	1.41	0.30
Ammonia	NH_4	17.03	405.6	729.8	11.28	1636	0.0724	1.16	0.243
Argon	Ar	39.94	151	272	4.86	705	0.0749	1.20	0.290
Benzene	C_6H_6	78.11	562	1012	4.92	714	0.2603	4.17	0.274
Butane	C_4H_{10}	58.12	425.2	765.2	3.80	551	0.2547	4.08	0.274
Carbon dioxide	CO_2	44.01	304.2	547.5	7.39	1070	0.0943	1.51	0.275
Carbon monoxide	CO	28.01	133	240	3.50	507	0.0930	1.49	0.294
Carbon tetrachloride	CC_{14}	153.84	556.4	1001.5	4.56	661	0.2759	4.42	0.272
Ethane	C_2H_6	30.07	305.5	549.8	4.88	708	0.148	2.37	0.284
Ethylene	C_2H_4	28.05	282.4	508.3	5.12	742	0.1242	1.99	0.271
Helium	He	4.00	5.3	9.5	0.23	33.2	0.0578	0.926	0.302
Hydrogen	H_2	2.02	33.3	59.9	1.30	188	0.0649	1.04	0.304
Methane	CH_4	16.04	191.1	343.9	4.64	673	0.0993	1.59	0.290
Neon	Ne	20.18	44.5	80.1	2.73	395	0.0417	0.668	0.308
Nitrogen	N_2	28.02	126.2	227.1	3.39	492	0.0899	1.44	0.291
Oxygen	O_2	32.00	154.8	278.6	5.08	736	0.078	1.25	0.308
Propane	C_6H_6	44.09	370.0	665.9	4.26	617	0.1998	3.20	0.277
Propylene	C_3H_6	42.08	365.0	656.9	4.62	670	0.1810	2.90	0.276
R134a	CF_3CH_2F	102.03	374.3	613.7	4.07	596	0.2478	2.96	0.324
Sulfur dioxide	SO_2	64.06	430.7	775.2	7.88	1143	0.1217	1.95	0.269
Water	H_2O	18.02	647.4	1165.3	22.1	3204	0.0568	0.90	0.233

Based on data from K. A. Kobe and R. E. Lynn, Jr., Chem. Rev., 52: 117–236 (1953).

Table B-4 Specific Heats and Densities of Liquids and Solids

C_p kJ/kg·°C ρ kg/m^3

Liquids

Substance	State	C_p	Density ρ	Substance	State	C_p	Density ρ
Water	1 atm, 25°C	4.177	1000	Glycerin	1 atm, 10°C	2.32	1261
Ammonia	1 atm, −20°C	4.52	665				
	1 atm, 25°C	4.80	602	Mercury	1 atm, 10°C	0.138	13 600
R-134a	1 atm, −50°C	1.23	1440				
	1 atm, 25°C	1.42	1210	Propane	1 atm, 0°C	2.41	529
Benzene	1 atm, 15°C	1.80	879	Ethyl Alcohol	1 atm, 25°C	2.43	789

Solids

Substance	T °C	C_p	Density ρ	Substance	T °C	C_p	Density ρ
Ice	−20	2.033	920	Lead	0	0.124	11 310
	0	2.10	917				
Aluminum	−100	0.699	2700				
	0	0.870	2700	Copper	−100	0.328	8940
	100	0.941	2700		0	0.381	8940
Iron	20	0.448	7800		100	0.393	8940
Silver	20	0.233	10 500				

Based on data from Kenneth Wark, Thermodynamics, 3rd ed., McGraw-Hill, New York, 1981.

Table B-5 Ideal-Gas Specific Heat of Several Common Gases as a Cubic Function of Temperature

$\bar{C}_p = a + bT + cT^2 + dT^3$ with T in K and $\bar{C}_p$ in kJ/kmol·K

Gas	a	b	c	d
Air	28.11	0.001967	0.4802×10^{-5}	-1.966×10^{-9}
N_2	28.9	−0.001571	0.8081×10^{-5}	-2.873×10^{-9}
O_2	25.48	0.0152	-0.7155×10^{-5}	1.312×10^{-9}
H_2	29.11	−0.001916	0.4003×10^{-5}	-0.8704×10^{-9}
CO	28.16	0.001675	0.5372×10^{-5}	-2.222×10^{-9}
NO	29.34	−0.0009395	0.9747×10^{-5}	-4.187×10^{-9}
H_2O	32.24	0.001923	1.055×10^{-5}	-3.595×10^{-9}
CO_2	22.26	0.05981	-3.501×10^{-5}	7.469×10^{-9}
NO_2	22.9	0.05715	-3.52×10^{-5}	7.87×10^{-9}

Based on data from G. J. Van Wylen and R. E. Sonntag, Fundamentals of Classical Thermodynamics, Wiley, New York, 1976.

Table B-6 Ideal-Gas Specific Heats of Several Common Gases at Different Temperatures

Temperature, K	c_p	c_v	k	c_p	c_v	k	c_p	c_v	k
	kJ/kg·K			kJ/kg·K			kJ/kg·K		
	Air			Carbon dioxide, CO_2			Carbon monoxide, CO		
250	1.003	0.716	1.401	0.791	0.602	1.314	1.039	0.743	1.400
300	1.005	0.718	1.400	0.846	0.657	1.288	1.040	0.744	1.399
350	1.008	0.721	1.398	0.895	0.706	1.268	1.043	0.746	1.398
400	1.013	0.726	1.395	0.939	0.750	1.252	1.047	0.751	1.395
450	1.020	0.733	1.391	0.978	0.790	1.239	1.054	0.757	1.392
500	1.029	0.742	1.387	1.014	0.825	1.229	1.063	0.767	1.387
550	1.040	0.753	1.381	1.046	0.857	1.220	1.075	0.778	1.382
600	1.051	0.764	1.376	1.075	0.886	1.213	1.087	0.790	1.376
650	1.063	0.776	1.370	1.102	0.913	1.207	1.100	0.803	1.370
700	1.075	0.788	1.364	1.126	0.937	1.202	1.113	0.816	1.364
750	1.087	0.800	1.359	1.148	0.959	1.197	1.126	0.829	1.358
800	1.099	0.812	1.354	1.169	0.980	1.193	1.139	0.842	1.353
900	1.121	0.834	1.344	1.204	1.015	1.186	1.163	0.866	1.343
1000	1.142	0.855	1.336	1.234	1.045	1.181	1.185	0.888	1.335
Temperature, K	Hydrogen, H_2			Nitrogen, N_2			Oxygen, O_2		
250	14.051	9.927	1.416	1.039	0.742	1.400	0.913	0.653	1.398
300	14.307	10.183	1.405	1.039	0.743	1.400	0.918	0.658	1.395
350	14.427	10.302	1.400	1.041	0.744	1,399	0.928	0.668	1.389
400	14.476	10.352	1.398	1.044	0.747	1.397	0.941	0.681	1.382
450	14.501	10.377	1.398	1.049	0.752	1.395	0.956	0.696	1.373
500	14.513	10.389	1.397	1.056	0.759	1.391	0.972	0.712	1.365
550	14.530	10.405	1.396	1.065	0.768	1.387	0.988	0.728	1.358
600	14.546	10.422	1.396	1.075	0.778	1.382	1.003	0.743	1.350
650	14.571	10.447	1.395	1.086	0.789	1.376	1.017	0.758	1.343
700	14.604	10.480	1.394	1.098	0.801	1.371	1.031	0.771	1.337
750	14.645	10.521	1.392	1.110	0.813	1.365	1.043	0.783	1.332
800	14.695	10.570	1.390	1.121	0.825	1.360	1.054	0.794	1.327
900	14.822	10.698	1.385	1.145	0.849	1.349	1.074	0.814	1.319
1000	14.983	10.859	1.380	1.167	0.870	1.341	1.090	0.830	1.313

Based on data from Kenneth Wark, Thermodynamics, 4th ed. (New York: McGraw-Hill, 1983), p. 783, Table A-4M. Originally published in Tables of Thermal Properties of Gases, NBS Circular 564, 1955.

Table B-7 Enthalpy of Formation and Enthalpy of Vaporization

25°C (77°F), 1 atm

Substance	Formula	$\bar{h}_f^\circ$ kJ/kmol	$\bar{h}_{fg}$ kJ/kmol	$\bar{h}_f^\circ$ Btu/lbmol	$\bar{h}_{fg}$ Btu/lbmol
Carbon	$C(s)$	0		0	
Hydrogen	$H_2(g)$	0		0	
Nitrogen	$N_2(g)$	0		0	
Oxygen	$O_2(g)$	0		0	
Carbon monoxide	$CO(g)$	−110 500		−47,540	
Carbon dioxide	$CO_2(g)$	−393 500		−169,300	
Water	$H_2O(g)$	−241 800		−104,000	
Water	$H_2O(\ell)$	−285 800	44 010	−123,000	
Hydrogen peroxide	$H_2O_2(g)$	−136 300	61 090	−58,640	26,260
Ammonia	$NH_3(g)$	−46 190		−19,750	
Oxygen	$O(g)$	249 200		107,200	
Hydrogen	$H(g)$	218 000		93,780	
Nitrogen	$N(g)$	472 700		203,300	
Hydroxyl	$OH(g)$	39 040		16,790	
Methane	$CH_4(g)$	−74 850		−32,210	
Acetylene (Ethyne)	$C_2H_2(g)$	226 700		97,540	
Ethylene (Ethene)	$C_2H_4(g)$	52 280		22,490	
Ethane	$C_2H_6(g)$	−84 680		−36,420	
Propylene (Propene)	$C_3H_6(g)$	20 410		8,790	
Propane	$C_3H_8(g)$	−103 800	15 060	−44,680	6,480
n-Butane	$C_4H_{10}(g)$	−126 200	21 060	−54,270	9,060
n-Pentane	$C_5H_{12}(g)$	−146 400	31 410	−62,980	11,360
n-Octane	$C_8H_{18}(g)$	−208 400	41 460	−89,680	17,840
n-dodecane	$C_{12}H_{26}(\ell)$	−291 000	44 000	−125,200	18,900
Benzene	$C_5H_6(g)$	82 930	33 830	35,680	14,550
Methyl alcohol	$CH_3OH(g)$	−200 900	37 900	−86,540	16,090
Ethyl alcohol	$C_2H_5OH(g)$	−235 300	42 340	−101,200	18,220

Based on data from JANAF Thermochemical Tables, NSRDS-NBS-37, 1971; Selected Values of Chemical Thermodynamic Properties, NBS Technical Note 270-3, 1963; and API Res. Project 44, Carnegie Institute of Technology, Pittsburg, 1953.

Table B-8 Enthalpy of Combustion and Enthalpy of Vaporization

25°C (77°F), 1 atm

Substance	Formula	HHV, kJ/kmol	$\bar{h}_{fg}$, kJ/kmol	HHV, Btu/lbmol	$\bar{h}_{fg}$, Btu/lbmol
Hydrogen	$H_2(g)$	285 800		123,000	
Carbon	C(s)	393 500		169,300	
Carbon monoxide	CO(g)	283 000		121,800	
Methane	$CH_4(g)$	890 400		383,000	
Acetylene	$C_2H_2(g)$	1 300 000		559,000	
Ethylene	$C_2H_4(g)$	1 411 000		607,000	
Ethane	$C_2H_6(g)$	1 560 000		671,000	
Propylene	$C_3H_6(g)$	2 058 000		885,600	
Propane	$C_3H_8(g)$	2 220 000	15 060	955,000	6,480
n-Butane	$C_4H_{10}(g)$	2 877 000	21 060	1,238,000	9,060
n-Pentane	$C_5H_{12}(g)$	3 536 000	26 410	1,521,000	11,360
n-Hexane	$C_6H_{14}(g)$	4 195 000	31 530	1,805,000	13,560
n-Heptane	$C_7H_{16}(g)$	4 854 000	36 520	2,090,000	15,710
n-Octane	$C_8H_{18}(g)$	5 512 000	41 460	2,370,000	17,840
n-dodecane	$C_{12}H_{26}(\ell)$	8 126 000	44 000	3,370,000	18,900
Benzene	$C_6H_6(g)$	3 302 000	33 830	1,420,000	14,550
Toluene	$C_7H_8(g)$	3 948 900	39 920	1,700,000	17,180
Methyl alcohol	$CH_3OH(g)$	764 500	37 900	328,700	16,090
Ethyl alcohol	$C_2H_5OH(g)$	1 409 000	42 340	606,200	18,220

Note: Water appears as a liquid in the products of combustion.

Based on data from Kenneth Wark, Thermodynamics, 3rd ed. McGraw-Hill, New York, 1981, Table A 23M.

Table B-9 Natural Logarithms of the Equilibrium Constant K_p

The equilibrium constant K_p for the reaction $\nu_A A + \nu_B B \Leftrightarrow \nu_C C + \nu_D D$ is defined as $K_p = \frac{P_C^{\nu_C} P_D^{\nu_D}}{P_A^{\nu_A} P_B^{\nu_B}}$

Temp., K	$H_2 \Leftrightarrow 2H$	$O_2 \Leftrightarrow 2O$	$N_2 \Leftrightarrow 2N$	$H_2O \Leftrightarrow H_2 + ½O_2$	$H_2O \Leftrightarrow ½H_2 + HO$	$CO_2 \Leftrightarrow CO + ½O_2$	$½N_2 + ½O_2 \Leftrightarrow NO$
298	−164.005	−186.975	−367.480	−92.208	−106.208	−103.762	−35.052
500	−92.827	−105.630	−213.373	−52.691	−60.281	−57.616	−20.295
1000	−39.803	−45.150	−99.127	−23.163	−26.034	−23.529	−9.388
1200	−30.874	−35,605	−80.611	−18.182	−20.283	−17.871	−7.569
1400	−24.463	−27.742	−66.329	−14.609	−16.099	−13.842	−6.270
1600	−19.637	−22.285	−56.055	−11.921	−13.066	−10.830	−5.294
1800	−15.866	−18.030	−48.051	−9.826	−10.657	−8.497	−4.536
2000	−12.840	−14.622	−41.645	−8.145	−8.728	−6.635	−3.931
2200	−10.353	−11.827	−36.391	−6.768	−7.148	−5.120	−3.433
2406	−8.276	−9.497	−32,011	−5.619	−5.832	−3.860	−3.019
2600	−6.517	−7.521	−28.304	−4.648	−4.719	−2.801	−2.671
2800	−5.002	−5.826	−25.117	−3.812	−3.763	−1.894	−2.372
3000	−3.685	−4357	−22.359	−3.086	−2.937	−1.111	−2.114
3200	−2.534	−3.072	−19.937	−2.451	−2.212	−0.429	−1.888
3400	−1.516	−1.935	−17.800	−1.891	−1.576	0.169	−1.690
3600	−0.609	−0.926	−15.898	−1.392	−1.088	0.701	−1.513
3800	0.202	−0.019	−14.199	−0.945	−0.501	1.176	−1.356
4000	0.934	0.796	−12.660	−0.542	−0.044	1.599	−1.216
4500	2.486	2.513	−9.414	0.312	0.920	2.490	−0.921
5000	3.725	3.895	−6.807	0.996	1.689	3.197	−0.686
5500	4.743	5.023	−4.665	1.560	2.318	3.771	−0.497
6000	5.590	5.963	−2.865	2.032	2.843	4.245	−0.341

Based on data from Gordon J. Van Wylen and Richard E. Sonntag, Fundamentals of Classical Thermodynamics, English/SI Version 3rd ed, (New York: John Wiley & Sons, 1986), p 723, Table A.14. Based on thermodynamic data given in JANAF, Thermochemical Tables (Midland, MI: Thermal Research Laboratory, The Dow Chemical Company, 1971).

Table B-10 Constants for the van der Waals Equation of State

	a, Pa·m^6/kg^2	b, m^3/kg	a, lbf-ft^4/lbm^2	b, ft^3/lbm
Air	163.0	0.00127	870	0.0202
Ammonia	1468	0.00220	7850	0.0351
Carbon dioxide	188.3	0.000972	1010	0.0156
Carbon monoxide	188.0	0.00141	1010	0.0227
Freon 12	71.8	0.000803	394	0.0132
Helium	214	0.00587	1190	0.0959
Hydrogen	6083	0.0132	32,800	0.212
Methane	888	0.00266	4780	0.0427
Nitrogen	174.7	0.00138	934	0.0221
Oxygen	134.4	0.000993	720	0.0159
Propane	481	0.00204	2580	0.0328
Water	1703	0.00169	9130	0.0271

C 증기표

Table C-1 Properties of Saturated H_2O—Temperature Table

T °C	P MPa	v m³/kg		u kJ/kg		h kJ/kg			s kJ/kg·K		
		v_f	v_g	u_f	u_g	h_f	h_{fg}	h_g	s_f	s_{fg}	s_g
0.01	00.000611	0.001000	206.1	0.0	2375.3	0.0	2501.3	2501.3	0.0000	9.1571	9.1571
2	0.0007056	0.001000	179.9	8.4	2378.1	8.4	2496.6	2505.0	0.0305	9.0738	9.1043
5	0.0008721	0.001000	147.1	21.0	2382.2	21.0	2489.5	2510.5	0.0761	8.9505	9.0266
10	0.001228	0.001000	106.4	42.0	2389.2	42.0	2477.7	2519.7	0.1510	8.7506	8.9016
15	0.001705	0.001001	77.93	63.0	2396.0	63.0	2465.9	2528.9	0.2244	8.5578	8.8.7822
20	0.002338	0.001002	57.79	83.9	2402.9	83.9	2454.2	2538.1	0.2965	8.3715	8.6680
25	0.003169	0.001003	43.36	104.9	2409.8	104.9	2442.3	2547.2	0.3672	8.1916	8.5588
30	0.004246	0.001004	32.90	125.8	2416.6	125.8	2430.4	2556.2	0.4367	8.0174	8.4541
35	0.005628	0.001006	25.22	146.7	2423.4	146.7	2418.6	2565.3	0.5051	7.8488	8.3539
40	0.007383	0.001008	19.52	167.5	2430.1	167.5	2406.8	2574.3	0.5723	7.6855	8.2578
45	0.009593	0.001010	15.26	188.4	2436.8	188.4	2394.8	2583.2	0.6385	7.5271	8.1656
50	0.01235	0.001012	12.03	209.3	2443.5	209.3	2382.8	2592.1	0.7036	7.3735	8.0771
55	0.01576	0.001015	9.569	230.2	2450.1	230.2	2370.7	2600.9	0.7678	7.2243	7.9921
60	0.01994	0.001017	7.671	251.1	2456.6	251.1	2358.5	2609.6	0.8310	7.0794	7.9104
65	0.02503	0.001020	6.197	272.0	2463.1	293.0	2333.8	2626.8	0.9549	6.8012	7.7561
70	0.03119	0.001023	5.042	292.9	2469.5	293.0	2333.8	2626.8	0.9549	6.8012	7.7561
75	0.03858	0.001026	4.131	313.9	2475.9	313.9	2321.4	2635.3	1.0155	6.6678	7.6833
80	0.04739	0.001029	3.407	334.8	2482.2	334.9	2308.8	2643.7	1.0754	6.5376	7.6130
85	0.05783	0.001032	2.828	355.8	2488.4	355.9	2296.0	2651.9	1.1344	6.4109	7.5453
90	0.07013	0.001036	2.361	376.8	2494.5	376.9	2283.2	2660.1	1.1927	6.2872	7.4799
95	0.08455	0.001040	1.982	397.9	2500.6	397.9	2270.2	2668.1	1.2503	6.1664	7.4167
100	0.1013	0.001044	1.673	418.9	2506.5	419.0	2257.0	2676.0	1.3071	6.0486	7.3557
110	0.1433	0.001052	1.210	461.1	2518.1	461.3	2230.2	2691.5	1.4188	5.8207	7.2395
120	0.1985	0.001060	0.8919	503.5	2529.2	503.7	2202.6	2706.3	1.5280	5.6024	7.1304
130	0.2701	0.001070	0.6685	546.0	2539.9	546.3	2174.2	2720.5	1.6348	5.3929	7.0277
140	0.3613	0.001080	0.5089	588.7	2550.0	589.1	2144.8	2733.9	1.7395	5.1912	6.9307
150	0.4758	0.001090	0.3928	631.7	2559.5	632.2	2114.2	2746.4	1.8422	4.9965	6.8387
160	0.6178	0.001102	0.3071	674.9	2568.4	675.5	2082.6	2758.1	1.9431	4.8079	6.7510
170	0.7916	0.001114	0.2428	718.3	2576.5	719.2	2049.5	2768.7	2.0423	4.6249	6.6672
180	1.002	0.001127	0.1941	762.1	2583.7	763.2	2015.0	2778.2	2.1400	4.4466	6.5866
190	1.254	0.001141	0.1565	806.2	2590.0	807.5	1978.8	2786.4	2.2363	4.2724	6.5087
200	1.554	0.001156	0.1274	850.6	2595.3	852.4	1940.8	2793.2	2.3313	4.1018	6.4331
210	1.906	0.001173	0.1044	895.5	2599.4	897.7	1900.8	2798.5	2.4253	3.9340	6.3593
220	2.318	0.001190	0.08620	940.9	2602.4	943.6	1858.5	2802.1	2.5183	3.7686	6.2869

Based on data from Keenan, Keyes, Hill, and Moore, Steam Tables, Wiley, New York, 1969; G. J. Van Wylen and R. E. Sonntag, Fundamentals of Classical Thermodynamics, Wiley, New York, 1973.

(Continued)

Table C-1 *(Continued)*

T °C	P MPa	v m³/kg		u kJ/kg		h kJ/kg			s kJ/kg·K		
		v_f	v_g	u_f	u_g	h_f	h_{fg}	h_g	s_f	s_{fg}	s_g
230	2.795	0.001209	0.07159	986.7	2603.9	990.1	1813.9	2804.0	2.6105	3.6050	6.2155
240	3.344	0.001229	0.05977	1033.2	2604.0	1037.3	1766.5	2803.8	2.7021	3.4425	6.1446
250	3.973	0.001251	0.05013	1080.4	2602.4	1085.3	1716.2	2801.5	2.7933	3.2805	6.0738
260	4.688	0.001276	0.04221	1128.4	2599.0	1134.4	1662.5	2796.9	2.8844	3.1184	6.0028
270	5.498	0.001302	0.03565	1177.3	2593.7	1184.5	1605.2	2789.7	2.9757	2.9553	5.9310
280	6.411	0.001332	0.03017	1227.4	2586.1	1236.0	1543.6	2779.6	3.0674	2.7905	5.8579
290	7.436	0.001366	0.02557	1278.9	2576.0	1289.0	1477.2	2766.2	3.1600	2.6230	5.7830
300	8.580	0.001404	0.02168	1332.0	2563.0	1344.0	1405.0	2749.0	3.2540	2.4513	5.7053
310	9.856	0.001447	0.01835	1387.0	2546.4	1401.3	1326.0	2727.3	3.3500	2.2739	5.6239
320	11.27	0.001499	0.01549	1444.6	2525.5	1461.4	1238.7	2700.1	3.4487	2.0883	5.5370
330	12.84	0.001561	0.01300	1505.2	2499.0	1525.3	1140.6	2665.9	3.5514	1.8911	5.4425
340	14.59	0.001638	0.01080	1570.3	2464.6	1594.2	1027.9	2622.1	3.6601	1.6765	5.3366
350	16.51	0.001740	0.008815	1641.8	2418.5	1670.6	893.4	2564.0	3.7784	1.4338	5.2122
360	18.65	0.001892	0.006947	1725.2	2351.6	1760.5	720.7	2481.2	3.9154	1.1382	5.0536
370	21.03	0.002213	0.004931	1844.0	2229.0	1890.5	442.2	2332.7	4.1114	0.6876	4.7990
374.14	22.088	0.003155	0.003155	2029.6	2029.6	2099.3	0.0	2099.3	4.4305	0.0000	4.4305

Table C-2 Properties of Saturated H_2O—Pressure Table

		v m³/kg		u kJ/kg		h kJ/kg			s kJ/kg·K		
P MPa	T °C	v_f	v_g	u_f	u_g	h_f	h_{fg}	h_g	s_f	s_{fg}	s_g
0.0006	0.01	0.001000	206.1	0.0	2375.3	0.0	2501.3	2501.3	0.0000	9.1571	9.1571
0.0008	3.8	0.001000	159.7	15.8	2380.5	15.8	2492.5	2508.3	0.0575	9.0007	9.0582
0.001	7.0	0.001000	129.2	29.3	2385.0	29.3	2484.9	2514.2	0.1059	8.8706	8.9765
0.0012	9.7	0.001000	108.7	40.6	2388.7	40.6	2478.5	2519.1	0.1460	8.7639	8.9099
0.0014	12.0	0.001001	93.92	50.3	2391.9	50.3	2473.1	2523.4	0.1802	8.6736	8.8538
0.0016	14.0	0.001001	82.76	58.9	2394.7	58.9	2468.2	2527.1	0.2101	8.5952	8.8053
0.002	17.5	0.001001	67.00	73.5	2399.5	73.5	2460.0	2533.5	0.2606	8.4639	8.7245
0.003	24.1	0.001003	45.67	101.0	2408.5	101.0	2444.5	2545.5	0.3544	8.2240	8.5784
0.004	29.0	0.001004	34.80	121.4	2415.2	121.4	2433.0	2554.4	0.4225	8.0529	8.4754
0.006	36.2	0.001006	23.74	151.5	2424.9	151.5	2415.9	2567.4	0.5208	7.8104	8.3312
0.008	41.5	0.001008	18.10	173.9	2432.1	173.9	2403.1	257,7.0	0.5924	7.6371	8.2295
0.01	45.8	0.001010	14.67	191.8	2437.9	191.8	2392.8	2584.6	0.6491	7.5019	8.1510
0.012	49.4	0.001012	12.36	206.9	2442.7	206.9	2384.1	2591.0	0.6961	7.3910	8.0871
0.014	52.6	0.001013	10.69	220.0	2446.9	220.0	2376.6	2596.6	0.7365	7.2968	8.0333
0.016	55.3	0.001015	9.433	231.5	2450.5	231.5	2369.9	2601.4	0.7719	7.2149	7.9868
0.018	57.8	0.001016	8.445	241.9	2453.8	241.9	2363.9	2605.8	0.8034	7.1425	7.9459
0.02	60.1	0.001017	7.649	251.4	2456.7	251.4	2358.3	2609.7	0.8319	7.0774	7.9093
0.03	69.1	0.001022	5.229	289.2	2468.4	289.2	2336.1	2625.3	0.9439	6.8256	7.7695
0.04	75.9	0.001026	3.993	317.5	2477.0	317.6	2319.1	2636.7	1.0260	6.6449	7.6709
0.06	85.9	0.001033	2.732	359.8	2489.6	359.8	2293.7	2653.5	1.1455	6.3873	7.5328
0.08	93.5	0.001039	2.087	391.6	2498.8	391.6	2274.1	2665.7	1.2331	6.2023	7.4354
0.1	99.6	0.001043	1.694	417.3	2506.1	417.4	2258.1	2675.5	1.3029	6.0573	7.3602
0.12	104.8	0.001047	1.428	439.2	2512.1	439.3	2244.2	2683.5	1.3611	5.9378	7.2980
0.14	109.3	0.001051	1.237	458.2	2517.3	458.4	2232.0	2690.4	1.4112	5.8360	7.2472
0.16	113.3	0.001054	1.091	475.2	2521.8	475.3	2221.2	2696.5	1.4553	5.7472	7.2025
0.18	116.9	0.001058	0.9775	490.5	2525.9	490.7	2211.1	2701.8	1.4948	5.6683	7.1631
0.2	120.2	0.001061	0.8857	504.5	2529.5	504.7	2201.9	2706.6	1.5305	5.5975	7.1280
0.3	133.5	0.001073	0.6058	561.1	2543.6	561.5	2163.8	2725.3	1.6722	5.3205	6.9927
0.4	143.6	0.001084	0.4625	604.3	2553.6	604.7	2133.8	2738.5	1.7770	5.1197	6.8967
0.6	158.9	0.001101	0.3157	669.9	2567.4	670.6	2086.2	2756.8	1.9316	4.8293	6.7609
0.8	170.4	0.001115	0.2404	720.2	2576.8	721.1	2048.0	2769.1	2.0466	4.6170	6.6636
1	179.9	0.001127	0.1944	761.7	2583.6	762.8	2015.3	2778.1	2.1391	4.4482	6.5873
1.2	188.0	0.001139	0.1633	797.3	2588.8	798.6	1986.2	2784.8	.2170	4.3072	6.5242
1.4	195.1	0.001149	0.1408	828.7	2592.8	830.3	1959.7	2790.0	2.2847	4.1854	6.4701
1.6	201.4	0.001159	0.1238	856.9	2596.0	858.8	1935.2	2794.0	2.3446	4.0780	6.4226
2	212.4	0.001177	0.09963	906.4	2600.3	908.8	1890.7	2799.5	2.4478	3.8939	6.3417
4	250.4	0.001252	0.04978	1082.3	2602.3	1087.3	1714.1	2801.4	2.7970	3.2739	6.0709
6	275.6	0.001319	0.03244	1205.4	2589.7	1213.3	1571.0	2784.3	3.0273	2.8627	5.8900
8	295.1	0.001384	0.02352	1305.6	2569.8	1316.6	1441.4	2758.0	3.2075	2.5365	5.7440
10	311.1	0.001452	0.01803	1393.0	2544.4	1407.6	1317.1	2724.7	3.3603	2.2546	5.6149
12	324.8	0.001527	0.01426	1472.9	2513.7	1491.3	1193.6	2684.9	3.4970	1.9963	5.4933
14	336.8	0.001611	0.01149	1548.6	2476.8	1571.1	1066.5	2637.6	3.6240	1.7486	5.3726
16	347.4	0.001711	0.00931	1622.7	2431.8	1650.0	930.7	2580.7	3.7468	1.4996	5.2464
18	357.1	0.001840	0.00749	1698.9	2374.4	1732.0	777.2	2509.2	3.8722	1.2332	5.1054
20	365.8	0.002036	0.00583	1785.6	2293.2	1826.3	583.7	2410.0	4.0146	0.9135	4.9281
22.09	374.14	0.00316	0.00316	2029.6	2029.6	2099.3	0.0	2099.3	4.4305	0.0	4.4305

Table C-3 Superheated Steam

T °C	v m³/kg	u kJ/kg	h kJ/kg	s kJ/kg·K	v m³/kg	u kJ/kg	h kJ/kg	s kJ/kg·K	v m³/kg	u kJ/kg	h kJ/kg	s kJ/kg·K
	P = 0.010 MPa (45.81°C)				P = 0.050 MPa (81.33°C)				P = 0.10 MPa (99.63°C)			
Sat.	14.674	2437.9	2584.7	8.1502	3.240	2483.9	2645.9	7.5939	1.6940	2506.1	2675.5	7.3594
50	14.869	2443.9	2592.6	8.1749								
100	17.196	2515.5	2687.5	8.4479	3.418	2511.6	2682.5	7.6947	1.6958	2506.7	2676.2	7.3614
150	19.512	2587.9	2783.0	8.6882	3.889	2585.6	2780.1	7.9401	1.9364	2582.8	2776.4	7.6134
200	21.825	2661.3	2879.5	8.9038	4.356	2659.9	2877.7	8.1580	2.172	2658.1	2875.3	7.8343
250	24.136	2736.0	2977.3	9.1002	4.820	2735.0	2976.0	8.3556	2.406	2733.7	2974.3	8.0333
300	26.445	2812.1	3076.5	9.2813	5.284	2811.3	3075.5	8.5373	2.639	2810.4	3074.3	8.2158
400	31.063	2968.9	3279.6	9.6077	6.209	2968.5	3278.9	8.8642	3.103	2967.9	3278.2	8.5435
500	35.679	3132.3	3489.1	9.8978	7.134	3132.0	3488.7	9.1546	3.565	3131.6	3483.1	8.8342
600	40.295	3302.5	3705.4	10.1608	8.057	3302.2	3705.1	9.4178	4.028	3301.9	3704.7	9.0976
700	44.911	3479.6	3928.7	10.4028	8.981	3479.4	3928.5	9.6599	4.490	3479.2	3928.2	9.3398
800	49.526	3663.8	4159.0	10.6281	9.904	3663.6	4158.9	9.8852	4.952	3663.5	4158.6	9.5652
900	54.141	3855.0	4396.4	10.8396	10.828	3854.9	4396.3	10.0967	5.414	3854.8	4396.1	9.7767
1000	58.757	4053.0	4640.6	11.0393	11.751	4052.9	4640.5	10.2964	5.875	4052.8	4640.3	9.9764
1100	63.372	4257.5	4891.2	11.2287	12.674	4257.4	4891.1	10.4859	6.337	4257.3	4891.0	10.1659
1200	67.987	4467.9	5147.8	11.4091	13.597	4467.8	5147.7	10.6662	6.799	4467.7	5147.6	10.3463
1300	72.602	4683.7	5409.7	11.5811	14.521	4683.6	5409.6	10.8382	7.260	4683.5	5409.5	10.5183
	P = 0.20 MPa (120.23°C)				P = 0.30 MPa (133.55°C)				P = 0.40 MPa (143.63°C)			
Sat.	.8857	2529.5	2706.7	7.1272	.6058	2543.6	2725.3	6.9919	.4625	2553.6	2738.6	6.8959
150	.9596	2576.9	2768.8	7.2795	.6339	2570.8	2761.0	7.0778	.4708	2564.5	2752.8	6.9299
200	1.0803	2654.4	2870.5	7.5066	.7163	2650.7	2865.6	7.3115	.5342	2646.8	2860.5.	7.1706
250	1.1988	2731.2	2971.0	7.7086	.7964	2728.7	2967.6	7.5166	.5951	2726.1	2964.2	7.3789
300	1.3162	2808.6	3071.8	7.8926	.8753	2806.7	3069.3	7.7022	.6548	2804.8	3066.8	7.5662
400	1.5493	2966.7	3276.6	8.2218	1.0315	2965.6	3275.6	8.0330	.7726	2964.4	3273.4	7.8985
500	1.7814	3130.8	3487.1	8.5133	1.1867	3130.0	3486.0	8.3251	.8893	3129.2	3484.9	8.1913
600	2.013	3301.4	3704.0	8.7770	1.3414	3300.8	3703.2	8.5892	1.0055	3300.2	3702.4	8.4558
700	2.244	3478.8	3927.6	9.0194	1.4957	3478.4	3927.1	8.8319	1.1215	3477.9	3926.5	8.6987
800	2.475	3663.1	4158.2	9.2449	1.6499	3662.9	4157.8	9.0576	1.2372	3662.4	4157.3	8.9244
900	2.706	3854.5	4395.8	9.4566	1.8041	3854.2	4395.4	9.2692	1.3529	3853.9	4395.1	9.1362
1000	2.937	4052.5	4640.0	9.6563	1.9581	4052.3	4639.7	9.4690	1.4685	4052.0	4639.4	9.3360
1100	3.168	4257.0	4890.7	9.8458	2.1121	4256.5	4890.4	9.6585	1.5840	4256.5	4890.2	9.5256
1200	3.399	4467.5	5147.3	10.0262	2.2661	4467.2	5147.1	9.8389	1.6996	4467.0	5146.8	9.7060
1300	3.630	4683.2	5409.3	10.1982	2.4201	4683.0	5409.0	10.0110	1.8151	4682.8	5408.8	9.8780

Based on data from Keenan, Keyes, Hill, and Moore, Steam Tables, Wiley, New York, 1969; G. J. Van Wylen and R. E. Sonntag, Fundamentals of Classical Thermodynamics, Wiley, New York, 1973.

	P = 0.50 MPa (151.86°C)				P = 0.60 MPa (158.85°C)				P = 0.80 MPa (170.43°C)			
Sat.	.3749	2561.2	2748.7	6.8213	.3157	2567.4	2756.8	6.7600	.2404	2576.8	2769.1	6.6628
200	.4249	2642.9	2855.4	7.0592	.3520	2638.9	2850.1	6.9665	.2608	2630.6	2839.3	6.8158
250	.4744	2723.5	2960.7	7.2709	.3938	2720.9	2957.2	7.1816	.2931	2715.5	2950.0	7.0384
300	.5226	2802.9	3064.2	7.4599	.4344	2801.0	3061.6	7.3724	.3241	2797.2	3056.5	7.2328
350	.5701	2882.6	3167.7	7.6329	.4742	2881.2	3165.7	7.5464	.3544	2878.2	3161.7	7.4089
400	.6173	2963.2	3271.9	7.7938	.5137	2962.1	3270.3	7.7079	.3843	2959.7	3267.1	7.5716
500	.7109	3128.4	3483.9	8.0873	.5920	3127.6	3482.8	8.0021	.4433	3126.0	3480.6	7.8673
600	.8041	3299.6	3701.7	8.3522	.6697	3299.1	3700.9	8.2674	.5018	3297.9	3699.4	8.1333
700	.8969	3477.5	3925.9	8.5952	.7472	3477.0	3925.3	8.5107	.5601	3476.2	3924.2	8.3770
800	.9896	3662.1	4156.9	8.8211	.8245	3661.8	4156.5	8.7367	.6181	3661.1	4155.6	8.6033
900	1.0822	3853.6	4394.7	9.0329	.9017	3853.4	4394.4	8.9486	.6761	3852.8	4393.7	8.8153
1000	1.1747	4051.8	4639.1	9.2328	.9788	4051.5	4638.8	9.1485	.7340	4051.0	4638.2	9.0153
1100	1.2672	4256.3	4889.9	9.4224	1.0559	4256.1	4889.6	9.3381	.7919	4255.6	4889.1	9.2050
1200	1.3596	4466.8	5146.6	9.6029	1.1330	4466.5	5146.3	9.5185	.8497	4466.1	5145.9	9.3855
1300	1.4521	4682.5	5408.6	9.7749	1.2101	4682.3	5408.3	9.6906	.9076	4681.8	5407.9	9.5575
	P = 1.00 MPa (179.91°C)				P = 1.20 MPa (187.99°C)				P = 1.40 MPa (195.07°C)			
Sat.	.194 44	2583.6	2778.1	6.5865	.163 33	2588.8	2784.8	6.5233	.140 84	2592.8	2790.0	6.4693
200	.2060	2621.9	2827.9	6.6940	.169 30	2612.8	2815.9	6.5898	.143 02	2603.1	2803.3	6.4975
250	.2327	2709.9	2942.6	6.9247	.192 34	2704.2	2935.0	6.8294	.163 50	2698.3	2927.2	6.7467
300	.2579	2793.2	3051.2	7.1229	.2138	2789.2	3045.8	7.0317	.182 28	2785.2	3040.4	6.9534
350	.2825	2875.2	3157.7	7.3011	.2345	2872.2	3153.6	7.2121	.2003	2869.2	3149.5	7.1360
400	.3066	2957.3	3263.9	7.4651	.2548	2954.9	3260.7	7.3774	.2178	2952.5	3257.5	7.3026
500	.3541	3124.4	3478.5	7.7622	.2946	3122.8	3476.3	7.6759	.2521	3321.1	3474.1	7.6027
600	.4011	3296.8	3697.9	8.0290	.3339	3295.6	3696.3	7.9435	.2860	3294.4	3694.8	7.8710
700	.4478	3475.3	3923.1	8.2731	.3729	3474.4	3922.0	8.1881	.3195	3473.6	3920.8	8.1160
800	.4943	3660.4	4154.7	8.4996	.4118	3659.7	4153.8	8.4148	.3528	3659.0	4153.0	8.8431
900	.5407	3852.2	4392.9	8.7118	.4505	3851.6	4392.2	8.6272	.3861	3851.1	4391.5	8.5556
1000	.5871	4050.5	4637.6	8.9119	.4892	4050.0	4637.0	8.8274	.4192	4049.5	4636.4	8.7559
1100	.6335	4255.1	4888.6	9.1017	.5278	4254.6	4888.0	9.0172	.4524	4254.1	4887.5	8.9457
1200	.6798	4465.6	5145.4	9.2822	.5665	4465.1	5144.9	9.1977	.4855	4464.7	5144.4	9.1262
1300	.7261	4681.3	5407.4	9.4543	.6051	4680.9	5407.0	9.3698	.5186	4680.4	5406.5	9.2984

(Continued)

Table C-3 (*Continued*)

T °C	v m³/kg	u kJ/kg	h kJ/kg	s kJ/kg·K	v m³/kg	u kJ/kg	h kJ/kg	s kJ/kg·K	v m³/kg	u kJ/kg	h kJ/kg	s kJ/kg·K
	P = 1.60 MPa (201.41°C)				P = 1.80 MPa (207.15°C)				P = 2.0 MPa (212.42°C)			
Sat.	.123 80	2596.0	2794.0	6.4218	.11042	2598.4	2797.1	6.3794	.099 63	2600.3	2799.5	6.3409
225	.13287	2644.7	2857.3	6.5518	.13673	2636.6	2846.7	6.4808	.103 77	2628.3	2835.8	6.4147
250	.141 84	2692.3	2919.2	6.6732	.12497	2686.0	2911.0	6.6066	.11144	2679.6	2902.5	6.5453
300	.15862	2781.1	3034.8	6.8844	.14021	2776.9	3029.2	6.8226	.125 47	2772.6	3023.5	6.7664
350	.17456	2866.1	3145.4	7.0694	.15457	2863.0	3141.2	7.0100	.13857	2859.8	3137.0	6.9563
400	.19005	2950.1	3254.2	7.2374	.16847	2947.7	3250.9	7.1794	.151 20	2945.2	3247.6	7.1271
500	.2203	3119.5	3472.0	7.5390	.19550	3117.9	3469.8	7.4825	.175 68	3116.2	3467.6	7.4317
600	.2500	3293.3	3693.2	7.8080	.2220	3292.1	3691.7	7.7523	.19960	3290.9	3690.1	7.7024
700	.2794	3472.7	3919.7	8.0535	.2482	3471.8	3918.5	7.9983	.2232	3470.9	3917.4	7.9487
800	.3086	3658.3	4152.1	8.2808	.2742	3657.6	4151.2	8.2258	.2467	3657.0	4150.3	8.1765
900	.3377	3850.5	4390.8	8.4935	.3001	3849.9	4390.1	8.4386	.2700	3849.3	4389.4	8.3895
1000	.5668	4049.0	4635.8	8.6938	.3260	4048.5	4635.2	8.6391	.2933	4048.0	4634.6	8.5901
1100	.3958	4253.7	4887.0	8.8837	.3518	4253.2	4886.4	8.8290	.3166	4252.7	4885.9	8.7800
1200	.4248	4464.2	5143.9	9.0643	.3776	4463.7	5143.4	9.0096	.3398	4463.3	5142.9	8.9607
1300	.4538	4679.9	5406.0	9.2364	.4034	4679.5	5405.6	9.1818	.3631	4679.0	5405.1	9.1329
	P = 2.50 MPa (233.99°C)				P = 3.00 MPa (233.90°C)				P = 3.50 MPa (242.60°C)			
Sat.	.079 98	2603.1	2803.1	6.2575	.066 68	2604.1	2804.2	6.1869	.05707	2603.7	2803.4	6.1253
225	.080 27	2605.6	2806.3	6.2639								
250	.087 00	2662.6	2880.1	6.4085	.070 58	2644.0	2855.8	6.2872	.058 72	2623.7	2829.2	6.1749
300	.098 90	2761.6	3008.8	6.6438	.081 14	2750.1	2993.5	6.5390	.068 42	2738.0	2977.5	6.4461
350	.109 76	2851.9	3126.3	6.8403	.090 53	2843.7	3115.3	6.7428	.076 78	2835.3	3104,0	6.6579
400	.120 10	2939.1	3239.3	7.0148	.099 36	2932.8	3230.9	6.9212	.084 53	2926.4	3222.3	6.8405
450	.130 14	3025.5	3350.8	7.1746	.107 87	3020.4	3344.0	7.0834	.091 96	3015.3	3337.2	7.0052
500	.13998	3112.1	3462.1	7.3234	.11619	3108.0	3456.5	7.2338	.099 18	3103.0	3450.9	7.1572
600	.15930	3288.0	3686.3	7.5960	.13243	3285.0	3682.3	7.5085	.11324	3282.1	3678.4	7.4339
700	.17832	3468.7	3914.5	7.8435	.14838	3466.5	3911.7	7.7571	.12699	3464.3	3908.8	7.6837
800	.197 16	3655.3	4148.2	8.0720	.164 14	3653.5	4145.9	7.9862	.14056	3651.8	4143.7	7.9134
900	.215 90	3847.9	4387.6	8.2853	.179 80	3846.5	4385.9	8.1999	.15402	3845.0	4384.1	8.1276
1000	.2346	4046.7	4633.1	8.4861	.195 41	4045.4	4631.6	8.4009	.167 43	4044.1	4630.1	8.3288
1100	.2532	4251.5	4884.6	8.6762	.21098	4250.3	4883.3	8.5912	.18080	4249.2	4881.9	8.5192
1200	.2718	4462.1	5141.7	8.8569	.226 52	4460.9	5140.5	8.7720	.194 15	4459.8	5139.3	8.7000
1300	.2905	4677.8	5404.0	9.0291	.242 06	4676.6	5402.8	8.9442	.207 49	4675.5	5401.7	8.8723

	P = 4.0 MPa (250.40°C)				P = 4.5 MPa (257.49°C)				P = 5.0 MPa (263.99°C)			
Sat.	.04978	2602.3	2801.4	6.0701	.04406	2600.1	2798.3	6.0198	.03944	2597.1	2794.3	5.9734
275	.054 57	2667.9	2886.2	6.2285	.04730	2650.3	2863.2	6.1401	.04141	2631.3	2838.3	6.0544
300	.058 84	2725.3	2960.7	6.3615	.051 35	2712.0	2943.1	6.2828	.04532	2698.0	2924.5	6.2084
350	.06645	2826.7	3092.5	6.5821	.05840	2817.8	3080.6	6.5131	.051 94	2808.7	3068.4	6.4493
400	.073 41	2919.9	3213.6	6.7690	.06475	2913.3	3204.7	6.7047	.057 81	2906.6	3195.7	6.6459
450	.080 02	3010.2	3330.3	6.9363	.070 74	3005.0	3323.3	6.8746	.06330	2999.7	3316.2	6.8186
500	.086 43	3099.5	3445.3	7.0901	.07651	3095.3	3439.6	7.0301	.06857	3091.0	3433.8	6.9759
600	.09885	3279.1	3674.4	7.3688	.087 65	3276.0	3670.5	7.3110	.078 69	3273.0	3666.5	7.2589
700	.11095	3462.1	3905.9	7.6198	.09847	3459.9	3903.0	7.5631	.088 49	3457.6	3900.1	7.5122
800	.122 87	3650.0	4141.5	7.8502	.10911	3648.3	4139.3	7.7942	.09811	3646.6	4137.1	7.7440
900	.13469	3843.6	4382.3	8.0647	.11965	3842.2	4380.6	8.0091	.10762	3840.7	4378.8	7.9593
1000	.14645	4042.9	4628.7	8.2662	.130 13	4041.6	4627.2	8.2108	.11707	4040.4	4625.7	8.1612
1100	.158 17	4248.0	4880.6	8.4567	.140 56	4246.8	4879.3	8.4015	.12648	4245.6	4878.0	8.3520
1200	.169 87	4458.6	5138.1	8.6376	.150 98	4457.5	5136.9	8.5825	.135 87	4456.3	5135.7	8.5331
1300	.181 56	4674.3	5400.5	8.8100	.161 39	4673.1	5399.4	8.7549	.14526	4672.0	5398.2	8.7055
	P = 6.0 MPa (275.64°C)				P = 7.0 MPa (285.88°C)				P = 8.0 MPa (295.06°C)			
Sat.	.03244	2589.7	2784.3	5.8892	.027 37	2580.5	2772.1	5.8133	.023 52	2569.8	2758.0	5.7432
300	.036 16	2667.2	2884.2	6.0674	.029 47	2632.2	2838.4	3.9305	.024 26	2590.9	2785.0	5.7906
350	.04223	2789.6	3043.0	6.3335	.035 24	2769.4	3016.0	6.2283	.029 95	2747.7	2987.3	6.1301
400	.04739	2892.9	3177.2	6.5408	.039 93	2878.6	3158.1	6.4478	.034 32	2863.8	3138.3	6.3634
450	.052 14	2988.9	3301.8	6.7193	.04416	2978.0	3287.1	6.6327	.038 17	2966.7	3272.0	6.5551
500	.056 65	3082.2	3422.2	6.8803	.04814	3073.4	3410.3	6.7975	.04175	3064.3	3398.3	6.7240
550	.06101	3174.6	3540.6	7.0288	.051 95	3167.2	3530.9	6.9486	.04516	3159.8	3521.0	6.8778
600	.06525	3266.9	3658.4	7.1677	.055 65	3260.7	3650.3	7.0894	.04845	3254.4	3642.0	7.0206
700	.073 52	3453.1	3894.2	7.4234	.06283	3448.5	3888.3	7.3476	.054 81	3443.9	3882.4	7.2812
800	.081 60	3643.1	4132.7	7.6566	.06981	3639.5	4128.2	7.5822	.06097	3636.0	4123.8	7.5173
900	.089 58	3837.8	4375.3	7.8727	.076 69	3835.0	4371.8	7.7991	.06702	3832.1	4368.3	7.7351
1000	.09749	4037.8	4622.7	8.0751	.083 50	4035.3	4619.8	8.0020	.073 01	4032.8	4616.9	7.9384
1100	.105 36	4243.3	4875.4	8.2661	.09027	4240.9	4872.8	8.1933	.078 96	4238.6	4870.3	8.1300
1200	.11321	4454.0	5133.3	8.4474	.097 03	4451.7	5130.9	8.3747	.084 89	4449.5	5128.5	8.3115
1300	.121 06	4669.6	5396.0	8.6199	.10377	4667.3	5393.7	8.5473	.09080	4665.0	5391.5	8.4842

(Continued)

Table C-3 (Continued)

T °C	v m³/kg	u kJ/kg	h kJ/kg	s kJ/kg·K	v m³/kg	u kJ/kg	h kJ/kg	s kJ/kg·K	v m³/kg	u kJ/kg	h kJ/kg	s kJ/kg·K
	P = 9.0 MPa (303.40°C)				P = 10.0 MPa (311.06°C)				P = 12.5 MPa (327.89°C)			
Sat.	.020 48	2557.8	2742.1	5.6772	.018026	2544.4	2724.7	5.6141	.013 495	2505.1	2673.8	5.4624
325	.023 27	2646.6	2856.0	5.8712	.019 861	2610.4	2809.1	5.7568				
350	.025 80	2724.4	2956.6	6.0361	.022 42	2699.4	2923.4	5.9443	.016 126	2624.6	2826.2	5.7118
406	.029 93	2848.4	3117.8	6.2854	.026 41	2832.4	3096.5	6.2120	.02000	2789.3	3039.3	6.0417
450	.033 50	2955.2	3256.6	6.4844	.029 75	2943.4	3240.9	6.4190	.022 99	2912.5	3199.8	6.2719
500	.03677	3055.2	3336.1	6.6576	.032 79	3045.8	3373.7	6.5966	.02560	3021.7	3341.8	6.4618
550	.03987	3152.2	3511.0	6.8142	.03564	3144.6	3500.9	6.7561	.028 01	3125.0	3475.2	6.6290
600	.04285	3248.1	3633.7	6.9589	.038 37	3241.7	3625.3	6.9029	.030 29	3225.4	3604.0	6.7810
650	.04574	3343.6	3755.3	7.0943	.04101	3338.2	3748.2	7.0398	.032 48	3324.4	3730.4	6.9218
700	.04857	3439.3	3876.5	7.2221	.04358	3434.7	3870.5	7.1687	.034 60	3422.9	3855.3	7.0536
800	.054 09	3632.5	4119.3	7.4596	.04859	3628.9	4114.8	7.4077	.038 69	3620.0	4103.6	7.2965
900	.05950	3829.2	4364.3	7.6783	.053 49	3826.3	4361.2	7.6272	.042 67	3819.1	4352.5	7.5182
1000	.06485	4030.3	4614.0	7.8821	.058 32	4027.8	4611.0	7.8315	.04658	4021.6	4603.8	7.7237
1100	.07016	4236.3	4867.7	8.0740	.06312	4234.0	4865.1	8.0237	.050 45	4228.2	4858.8	7.9165
1200	.07544	4447.2	5126.2	8.2556	.06789	4444.9	5123.8	8.2055	.054 30	4439.3	5118.0	8.0987
1300	.08072	4662.7	5389.2	8.4284	.072 65	4460.5	5387.0	8.3783	.058 13	4654.8	5381.4	8.2717
	P = 15.0 MPa (342.24°C)				P = 17.5 MPa (354.75°C)				P = 20.0 MPa (365.81°C)			
Sat.	.010 337	2455.5	2610.5	5.3098	.0079 20	2390.2	2528.8	5.1419	.005 834	2293.0	2409.7	4.9269
350	.011470	2520.4	2692.4	5.4421								
400	.015 649	2740.7	2975.5	5.8811	.012 447	2685.0	2902.9	5.7213	.009 942	2619.3	2818.1	5.5540
450	.018 445	2879.5	3156.2	6.1404	.015 174	2844.2	3109.7	6.0184	.012 695	2806.2	3060.1	5.9017
500	.020 80	2996.6	3308.6	6.3443	.017 358	2970.3	3274.1	6.2383	.014 768	2942.9	3238.2	6.1401
550	.022 93	3104.7	3448.6	6.5199	.019 288	3083.9	3421.4	6.4230	.016 555	3062.4	3393.5	6.3348
600	.024 91	3208.6	3582.3	6.6776	.02106	3191.5	3560.2	6.5866	.018 178	3174.0	3537.6	6.5048
650	.026 80	3310.3	3712.3	6.8224	.022 74	3296.0	3693.9	6.7357	.019 693	3281.4	3675.3	6.6582
700	.028 61	3410.9	3840.1	6.9572	.024 34	3398.7	3824.6	6.8736	.021 13	3386.4	3809.0	6.7993
800	.032 10	3610.9	4092.4	7.2040	.027 38	3601.8	4081.1	7.1244	.023 85	3592.7	4069.7	7.0544
900	.035 46	3811.9	4343.8	7.4279	.030 31	3804.7	4335.1	7.3507	.026 45	3797.5	4326.4	7.2830
1000	.038 75	4015.4	4596.6	7.6348	.033 16	4009.3	4589.5	7.5589	.028 97	4003.1	4582.5	7.4925
1100	.04200	4222.6	4852.6	7.8283	.035 97	4216.9	4846.4	7.7531	.031 45	4211.3	4840.2	7.6874
1200	.04523	4433.8	5112.3	8.0108	.038 76	4428.3	5106.6	7.9360	.033 91	4422.8	5101.0	7.8707
1300	.04845	4649.1	5376.0	8.1840	.041 54	4643.5	5370.5	8.1093	.036 36	4638.0	5365.1	8.0442

	P = 25.0 MPa				P = 30.0 MPa				P = 40.0 MPa			
375	.001 9731	1798.7	1848.0	4.0320	.001 789	1737.8	1791.5	3.9305	.001 640 7	1677.1	1742.8	3.8290
400	.006 004	2430.1	2580.2	5.1418	.002 790	2067.4	2151.1	4.4728	.001 907 7	1854.6	1930.9	4.1135
425	.007 881	2609.2	2806.3	5.4723	.005 303	2455.1	2614.2	5.1504	.002 532	2096.9	2198.1	4.5029
450	.009 162	2720.7	2949.7	5.6744	.006 735	2619.3	2821.4	5.4424	.003 693	2365.1	2512.8	4.9459
500	.011 123	2884.3	3162.4	5.9592	.008 678	2820.7	3081.1	5.7905	.005 622	2678.4	2903.3	5.4700
550	.012 724	3017.5	3335.6	6.1765	.010 168	2970.3	3275.4	6.0342	.006 984	2869.7	3149.1	5.7785
600	.014 137	3137.9	3491.4	6.3602	.011446	3100.5	3443.9	6.2331	.008 094	3022.6	3346.4	6.0114
650	.015 433	3251.6	3637.4	6.5229	.012 596	3221.0	3598.9	6.4058	.009 063	3158.0	3520.6	6.2054
700	.016 646	3361.3	3777.5	6.6707	.013 661	3335.8	3745.6	6.5606	.009 941	3283.6	3681.2	6.3750
800	.018 912	3574.3	4047.1	6.9345	.015 623	3555.5	4024.2	6.8332	.011523	3517.8	3978.7	6.6662
900	.021 045	3783.0	4309.1	7.1680	.017 448	3768.5	4291.9	7.0718	.012 962	3739.4	4257.9	6.9150
1000	.023 10	3990.9	4568.5	7.3802	.019 196	3978.8	4554.7	7.2867	.014 324	3954.6	4527.6	7.1356
1100	.025 12	4200.2	4828.2	7.5765	.020 903	4189.2	4816.3	7.4845	.015 642	4167.4	4793.1	7.3364
1200	.027 11	4412.0	5089.9	7.7605	.022 589	4401.3	5079.0	7.6692	.016 940	4380.1	5057.7	7.5224
1300	.029 10	4626.9	5354.4	7.9342	.024 266	4616.0	5344.0	7.8432	.018 229	4594.3	5323.5	7.6969

Table C-4 Compressed Liquid

T °C	v m³/kg	u kJ/kg	h kJ/kg	s kJ/kg·K	v m³/kg	u kJ/kg	h kJ/kg	s kJ/kg·K	v m³/kg	u kJ/kg	h kJ/kg	s kJ/kg·K
	P = 5 MPa (264.0°C)				P = 10 MPa (311.1°C)				P = 15 MPa (342.4°C)			
0	0.000 998	0.04	5.04	0.0001	0.000 995	0.09	10.04	0.0002	0.000 993	0.15	15.05	0.0004
20	0.001 000	83.65	88.65	0.296	0.000 997	83.36	93.33	0.2945	0.000 995	83.06	97.99	0.2934
40	0.001 006	167.0	172.0	0.570	0.001 003	166.4	176.4	0.5686	0.001 001	165.8	180.78	0.5666
60	0.001 015	250.2	255.3	0.828	0.001 013	249.4	259.5	0.8258	0.001 010	248.5	263.67	0.8232
80	0.001 027	333.7	338.8	1.072	0.001 024	332.6	342.8	1.0688	0.001 022	331.5	346.81	1.0656
100	0.001 041	417.5	422.7	1.303	0.001 038	416.1	426.5	1.2992	0.001 036	414.7	430.28	1.2955
120	0.001 058	501.8	507.1	1.523	0.001 055	500.1	510.6	1.5189	0.001 052	498.4	514.19	1.5145
140	0.001 077	586.8	592.2	1.734	0.001 074	584.7	595.4	1.7292	0.001 071	582.7	598.72	1.7242
160	0.001 099	672.6	678.1	1.938	0.001 095	670.1	681.1	1.9317	0.001 092	667.7	684.09	1.9260
180	0.001 124	759.6	765.2	2.134	0.001 120	756.6	767.8	2.1275	0.001 116	753.8	770.50	2.1210
200	0.001 153	848.1	853.9	2.326	0.001 148	844.5	856.0	2.3178	0.001 143	841.0	858.2	2.3104
	P = 20 MPa (365.8°C)				P = 30 MPa				P = 50 MPa			
0	0.000 990	0.19	20.01	0.0004	0.000 986	0.25	29.82	0.0001	0.000 977	0.20	49.03	0.0014
20	0.000 993	82.77	102.6	0.2923	0.000 989	82.17	111.8	0.2899	0.000 980	81.00	130.02	0.2848
40	0.000 999	165.2	185.2	0.5646	0.000 995	164.0	193.9	0.5607	0.000 987	161.9	211.21	0.5527
60	0.001 008	247.7	267.8	0.8206	0.001 004	246.1	276.2	0.8154	0.000 996	243.0	292.79	0.8052
80	0.001 020	330.4	350.8	1.0624	0.001 016	328.3	358.8	1.0561	0.001 007	324.3	374.70	1.0440
100	0.001 034	413.4	434.1	1.2917	0.001 029	410.8	441.7	1.2844	0.001 020	405.9	456.89	1.2703
120	0.001 050	496.8	517.8	1.5102	0.001 044	493.6	524.9	1.5018	0.001 035	487.6	539.39	1.4857
140	0.001 068	580.7	602.0	1.7193	0.001 062	576.9	608.8	1.7098	0.001 052	569.8	622.35	1.6915
160	0.001 088	665.4	687.1	1.9204	0.001 082	660.8	693.3	1.9096	0.001 070	652.4	705.92	1.8891
180	0.001 112	751.0	773.2	2.1147	0.001 105	745.6	778.7	2.1024	0.001 091	735.7	790.25	2.0794
200	0.001 139	837.7	860.5	2.3031	0.001 130	831.4	865.3	2.2893	0.001 115	819.7	875.5	2.2634

Table C-5 Saturated Solid–Vapor

		v m³/kg		u kJ/kg			h kJ/kg			s kJ/kg·K		
T °C	P kPa	Sat. Solid $v_i \times 10^3$	Sat. Vapor v_g	Sat. Solid u_i	Subl. u_{ig}	Sat. Vapor u_g	Sat. Solid h_i	Subl. h_{ig}	Sat. Vapor h_g	Sat. Solid s_i	Subl. s_{ig}	Sat. Vapor s_g
0.01		1.091	206.1	−333.4	2709	2375	−333.4	2835	2501	−1.221	10.378	9.156
0	0.611	1.091	206.3	−333.4	2709	2375	−333.4	2835	2501	−1.221	10.378	9.157
−2	0.518	1.090	241.7	−337.6	2710	2373	−337.6	2835	2498	−1.237	10.456	9.219
−4	0.438	1.090	283.8	−341.8	2712	2370	−341.8	2836	2494	−1.253	10.536	9.283
−6	0.369	1.090	334.2	−345.9	2713	2367	−345.9	2836	2490	−1.268	10.616	9.348
−8	0.611	1.089	394.4	−350.0	2714	2364	−350.0	2837	2487	−1.284	10.698	9.414
−10	0.260	1.089	466.7	−354.1	2716	2361	−354.1	3837	2483	−1.299	10.781	9.481
−12	0.218	1.089	553.7	−358.1	2717	2359	−358.1	2837	2479	−1.315	10.865	9.550
−14	0.182	1.088	658.8	−362.2	2718	2356	−362.2	2838	2476	−1.331	10.950	9.619
−16	0.151	1.088	786.0	−366.1	2719	2353	−366.1	2838	2472	−1.346	11.036	9.690
−20	0.104	1.087	1129	−374.0	2722	2348	−374.0	2838	2464	−1.377	11.212	9.835
−24	0.070	1.087	1640	−381.8	2724	2342	−381.8	2839	2457	−1.408	11.394	9.985
−28	0.047	1.086	2414	−389.4	2726	2336	−389.4	2839	2450	−1.439	11.580	10.141

Based on data from Keenan, Keyes, Hill, and Moore, Steam Tables, Wiley, New York, 1969; G. J. Van Wylen and R. E. Sonntag, Fundamentals of Classical Thermodynamics, Wiley, New York, 1973.

D R134a 상태량

Table D-I Saturated R134a—Temperature Table

Temp °C	Pressure kPa	Specific Volume m³/kg: Sat. Liquid $v_f \times 10^3$	Sat. Vapor v_g	Internal Energy kJ/kg: Sat. Liquid u_f	Sat. Vapor u_g	Enthalpy kJ/kg: Sat. Liquid h_f	Evap. h_{fg}	Sat. Vapor h_g	Entropy kJ/kg·K: Sat. Liquid s_f	Sat. Vapor s_g
−40	51.64	0.7055	0.3569	−0.04	204.45	0.00	222.88	222.88	0.0000	0.9560
−36	63.32	0.7113	0.2947	4.68	206.73	4.73	220.67	225.40	0.02001	0.9506
−32	77.04	0.7172	0.2451	9.47	209.01	9.52	218.37	227.90	0.0401	0.9456
−28	93.05	0.7233	0.2052	14.31	211.29	14.37	216.01	230.38	0.0600	0.9411
−26	101.99	0.7265	0.1882	16.75	212.43	16.82	214.80	231.62	0.0699	0.9390
−24	111.60	0.7296	0.1728	19.21	213.57	19.29	213.57	232.85	0.0798	0.9370
−22	121.92	0.7328	0.1590	21.68	214.70	21.77	212.32	234.08	0.0897	0.9351
−20	132.99	0.7361	0.1464	24.17	215.84	24.26	211.05	235.31	0.0996	0.9332
−18	144.83	0.7395	0.1350	26.67	216.97	26.77	209.76	236.53	0.1094	0.9315
−16	157.48	0.7428	0.1247	29.18	218.10	29.30	208.45	237.74	0.1192	0.9298
−12	185.40	0.7498	0.1068	34.25	220.36	34.39	205.77	240.15	0.1388	0.9267
−8	217.04	0.7569	0.0919	39.38	222.60	39.54	203.00	242.54	0.1583	0.9239
−4	252.74	0.7644	0.0794	44.56	224.84	44.75	200.15	244.90	0,1777	0.9213
0	292.82	0.7721	0.0689	49.79	227.06	50.02	197.21	247.23	0.1970	0.9190
4	337.65	0.7801	0.0600	55.08	229.27	55.35	194.19	249.53	0.2162	0.9169
8	387.56	0.7884	0.0525	60.43	231.46	60.73	191.07	251.80	0.2354	0.9150
12	442.94	0.7971	0.0460	65.83	233.63	66.18	187.85	254.03	0.2545	0.9132
16	504.16	0.8062	0.0405	71.29	235.78	71.69	184.52	256.22	0.2735	0.9116
20	571.60	0.8157	0.0358	76.80	237.91	77.26	181.09	258.36	0.2924	0.9102
24	645.66	0.8257	0.0317	82.37	240.01	82.90	177.55	260.45	0.3113	0.9089
26	685.30	0.8309	0.0298	85.18	241.05	85.75	175.73	261.48	0.3208	0.9082
28	726.75	0.8362	0.0281	88.00	242.08	88.61	173.89	262.50	0.3302	0.9076
30	770.06	0.8417	0.0265	90.84	243.10	91.49	172.00	263.50	0.3396	0.9070
32	815.28	0.8473	0.0250	93.70	244.12	94.39	170.09	264.48	0.3490	0.9064
34	862.47	0.8530	0.0236	96.58	245.12	97.31	168.14	265.45	0.3584	0.9058
36	911.68	0.8590	0.0223	99.47	246.11	100.25	166.15	266.40	0.3678	0.9053
38	962.98	0.8651	0.0210	102.38	247.09	103.21	164.12	267.33	0.3772	0.9047
40	1016.4	0.8714	0.0199	105.30	248.06	106.19	162.05	268.24	0.3866	0.9041
42	1072.0	0.8780	0.0188	108.25	249.02	109.19	159.94	269.14	0.3960	0.9035
44	1129.9	0.8847	0.0177	111.22	249.96	112.22	157.79	270.01	0.4054	0.9030

(Continued)

Table D-1 through D-3 are based on equations from D. P. Wilson and R. S. Basu, "Thermodynamic Properties of a New Stratospherically Safe Working Fluid–Refrigerant 134a," ASHRAE Trans., Vol. 94, Pt. 2, 1988, pp. 2095–2118.

Table D-I *(Continued)*

Temp °C	Pressure kPa	Specific Volume m³/kg Sat. Liquid $v_f \times 10^3$	Sat. Vapor v_g	Internal Energy kJ/kg Sat. Liquid u_f	Sat. Vapor u_g	Enthalpy kJ/kg Sat. Liquid h_f	Evap. h_{fg}	Sat. Vapor h_g	Entropy kJ/kg·K Sat. Liquid s_f	Sat. Vapor s_g
48	1252.6	0.8989	0.0159	117.22	251.79	118.35	153.33	271.68	0.4243	0.9017
52	1385.1	0.9142	0.0142	123.31	253.55	124.58	148.66	273.24	0.4432	0.9004
56	1527.8	0.9308	0.0127	129.51	255.23	130.93	143.75	274.68	0.4622	0.8990
60	1681.3	0.9488	0.0114	135.82	256.81	137.42	138.57	275.99	0.4814	0.8973
70	2116.2	1.0027	0.0086	152.22	260.15	154.34	124.08	278.43	0.5302	0.8918
80	2632.4	1.0766	0.0064	169.88	262.14	172.71	106.41	279.12	0.5814	0.8827
90	3243.5	1.1949	0.0046	189.82	261.34	193.69	82.63	276.32	0.6380	0.8655,
100	3974.2	1.5443	0.0027	218.60	248.49	224.74	34.40	259.13	0.7196	0.8117

Table D-2 Saturated R134a—Pressure Table

		Specific Volume m^3/kg		Internal Energy kJ/kg		Enthalpy kJ/kg			Entropy kJ/kg·K	
Pressure kPa	Temp. °C	Sat. Liquid $v_f \times 10^3$	Sat. Vapor v_g	Sat. Liquid u_f	Sat. Vapor u_g	Sat. Liquid h_f	Evap. h_{fg}	Sat. Vapor h_g	Sat. Liquid s_f	Sat. Vapor s_g
60	−37.07	0.7097	0.3100	3.14	206.12	3.46	221.27	224.72	0.0147	0.9520
80	−31.21	0.7184	0.2366	10.41	209.46	10.47	217.92	228.39	0.0440	0.9447
100	−26.43	0.7258	0.1917	16.22	212.1.8	16.29	215.06	231.35	0.0678	0.9395
120	−22.36	0.7323	0.1614	21.23	214.50	21.32	212.54	233.86	0.0879	0.9354
140	−18.80	0.7381	0.1395	25.66	216.52	25.77	210.27	236.04	0.1055	0.9322
160	−15.62	0.7435	0.1229	29.66	218.32	29.78	208.19	237.97	0.1211	0.9295
180	−12.73	0.7485	0.1098	33.31	219.94	33.45	206.26	239.71	0.1352	0.9273
200	−10.09	0.7532	0.0993	36.69	221.43	36.84	204.46	241.30	0.1481	0.9253
240	−5.37	0.7618	0.0834	42.77	224.07	42.95	201.14	244.09	0.1710	0.9222
280	−1.23	0.7697	0.0719	48.18	226.38	48.39	198.13	246.52	0.1911	0.9197
320	2.48	0.7770	0.0632	53.06	228.43	53.31	195.35	248.66	0.2089	0.9177
360	5.84	0.7839	0.0564	57.54	230.28	57.82	192.76	250.58	0.2251	0.9160
400	8.93	0.7904	0.0509	61.69	231.97	62.00	190.32	252.32	0.2399	0.9145
500	15.74	0.8056	0.0409	70.93	235.64	71.33	184.74	256.07	0.2723	0.9117
600	21.58	0.8196	0.0341	78.99	238.74	79.48	179.71	259.19	0.2999	0.9097
700	26.72	0.8328	0.0292	86.19	241.42	86.78	175.07	261.85	0.3242	0.9080
800	31.33	0.8454	0.0255	92.75	243.78	93.42	170.73	264.15	0.3459	0.9066
900	35.53	0.8576	0.0226	98.79	245.88	99.56	166.62	266.18	0.3656	0.9054
1000	39.39	0.8695	0.0202	104.42	247.77	105.29	162.68	267.97	0.3838	0.9043
1200	46.32	0.8928	0.0166	114.69	251.03	115.76	155.23	270.99	0.4164	0.9023
1400	52.43	0.9159	0.0140	123.98	253.74	125.26	148.14	273.40	0.4453	0.9003
1600	57.92	0.9392	0.0121	132.52	256.00	134.02	141.31	275.33	0.4714	0.8982
1800	62.91	0.9631	0.0105	140.49	257.88	142.22	134.60	276.83	0.4954	0.8959
2000	67.49	0.9878	0.0093	148.02	259.41	149.99	127.95	277.94	0.5178	0.8934
2500	77.59	1.0562	0.0069	165.48	261.84	168.12	111.06	279.17	0.5687	0.8854
3000	86.22	1.1416	0.0053	181.88	262.16	185.30	92.71	278.01	0.6156	0.8735

Table D-1 through D-3 are based on equations from D. P. Wilson and R. S. Basu, "Thermodynamic Properties of a New Stratospherically Safe Working Fluid—Refrigerant 134a," ASHRAE Trans., Vol. 94, Pt. 2, 1988, pp. 2095–2118.

Table D-3 Superheated R134a

T, °C	v m³/kg	u kJ/kg	h kJ/kg	s kJ/kg·K	v m³/kg	u kJ/kg	h kJ/kg	s kJ/kg·K
	P = 0.06 MPa (−37.07°C)				P = 0.10 MPa (−26.43°C)			
Sat.	0.31003	206.12	224.72	0.9520	0.19170	212.18	231.35	0.9395
−20	0.33536	217.86	237.98	1.0062	0.19770	216.77	236.54	0.9602
−10	0.34992	224.97	245.96	1.0371	0.20686	224.01	244.70	0.9918
0	0.36433	232.24	254.10	1.0675	0.21587	231.41	252.99	1.0227
10	0.37861	239.69	262.41	1.0973	0.22473	238.96	261.43	1.0531
20	0.39279	247.32	270.89	1.1267	0.23349	246.67	270.02	1.0829
30	0.40688	255.12	279.53	1.1557	0.24216	254.54	278.76	1.1122
40	0.42091	263.10	288.35	1.1844	0.25076	262.58	287.66	1.1411
50	0.43487	271.25	297.34	1.2126	0.25930.	270.79	296.72	1.1696
60	0.44879	279.58	306.51	1.2405	0.26779	279.16	305.94	1.1977
70	0.46266	288.08	315.84	1.2681	0.27623	287.70	315.32	1.2254
80	0.47650	296.75	325.34	1.2954	0.28464	296.40	324.87	1.2528
90	0.49031	305.58	335.00	1.3224	0.29302	305.27	334.57	1.2799
	P = 0.14 MPa (−18.80°C)				P = 0.18 MPa (−12.73°C)			
Sat.	0.13945	216.52	236.04	0.9322	0.10983	219.94	239.71	0.9273
−10	0.14519	223.03	243.40	0.9606	0.11135	222.02	242.06	0.9362
0	0.15219	230.55	251.86	0.9922	0.11678	229.67	250.69	0.9684
10	0.15875	238.21	260.43	1.0230	0.12207	237.44	259.41	0.9998
20	0.16520	246.01	269.13	1.0532	0.12723	245.33	268.23	1.0304
30	0.17155	253.96	277.97	1.0828	0.13230	253.36	277.17	1.0604
40	0.17783	262.06	286.96	1.1120	0.13730	261.53	286.24	1.0898
50	0.18404	270.32	296.09	1.1407	0.14222	269.85	295.45	1.1187
60	0.19020	278.74	305.37	1.1690	0.14710	278.31	304.79	1.1472
70	0.19633	287.32	314.80	1.1969	0.15193	286.93	314.28	1.1753
80	0.20241	296.06	324.39	1.2244	0.15672	295.71	323.92	1.2030
90	0.20846	304.95	334.14	1.2516	0.16148	304.63	333.70	1.2303
100	0.21449	314.01	344.04	1.2785	0.16622	313.72	343.63	1.2573
	P = 0.20 MPa (−10.09°C)				P = 0.24 MPa (−5.37°C)			
Sat.	0.09933	221.43	241.30	0.9253	0.08343	224.07	244.09	0.9222
−10	0.09938	221.50	241.38	0.9256				
0	0.10438	229.23	250.10	0.9582	0.08574	228.31	248.89	0.9399
10	0.10922	237.05	258.89	0.9898	0.08993	236.26	257.84	0.9721
20	0.11394	244.99	267.78	1.0206	0.09399	244.30	266.85	1.0034
30	0.11856	253.06	276.77	1.0508	0.09794	252.45	275.95	1.0339
40	0.12311	261.26	285.88	1.0804	0.10181	260.72	285.16	1.0637
50	0.12758	269.61	295.12	1.1094	0.10562	269.12	294.47	1.0930
60	0.13201	278.10	304.50	1.1380	0.10937	277.67	303.91	1.1218
70	0.13639	286.74	314.02	1.1661	0.11307	286.35	313.49	1.1501
80	0.14073	295.53	323.68	1.1939	0.11674	295.18	323.19	1.1780
90	0.14504	304.47	333.48	1.2212	0.12037	304.15	333.04	1.2055
100	0.14932	313.57	343.43	1.2483	0.12398	313.27	343.03	1.2326

Table D-1 through D-3 are based on equations from D. P. Wilson and R. S. Basu, "Thermodynamic Properties of a New Stratospherically Safe Working Fluid—Refrigerant 134a," ASHRAE Trans., Vol. 94, Pt. 2, 1988, pp. 2095–2118.

Table D-3 (Continued)

T, °C	v m³/kg	u kJ/kg	h kJ/kg	s kJ/kg·K	v m³/kg	u kJ/kg	h kJ/kg	s kJ/kg·K
	P = 0.28 MPa (−1.23°C)				P = 0.32 MPa (2.48°C)			
Sat.	0.07193	226.38	246.52	0.9197	0.06322	228.43	248.66	0.917
0	0.07240	227.37	247.64	0.9238				
10	0.07613	235.44	256.76	0.9566	0.06576	234.61	255.65	0.942
20	0.07972	243.59	265.91	0.9883	0.06901	242.87	264.95	0.974
30	0.08320	251.83	275.12	1.0192	0.07214	251.19	274.28	1.006
40	0.08660	260.17	284.42	1.0494	0.07518	259.61	283.67	1.036
50	0.08992	268.64	293.81	1.0789	0.07815	268.14	293.15	1.066
60	0.09319	277.23	303.32	1.1079	0.08106	276.79	302.72	1.095
70	0.09641	285.96	312.95	1.1364	0.08392	285.56	312.41	1.124
80	0.09960	294.82	322.71	1.1644	0.08674	294.46	322.22	1.152
90	0.10275	303.83	332.60	1.1920	0.08953	303.50	332.15	1.180
100	0.10587	312.98	342.62	1.2193	0.09229	312.68	342.21	1.207
110	0.10897	322.27	352.78	1.2461	0.09503	322.00	352.40	1.234
120	0.11205	331.71	363.08	1.2727	0.09774	331.45	362.73	1.261
	P = 0.40 MPa (8.93°C)				P = 0.50 MPa (15.74°C)			
Sat.	0.05089	231.97	252.32	0.9145	0.04086	235.64	256.07	0.911
10	0.05119	232.87	253.35	0.9182				
20	0.05397	241.37	262.96	0.9515	0.04188	239.40	260.34	0.926
30	0.05662	249.89	272.54	0.9837	0.04416	248.20	270.28	0.959
40	0.05917	258.47	282.14	1.0148	0.04633	256.99	280.16	0.991
50	0.06164	267.13	291.79	1.0452	0.04842	265.83	290.04	1.022
60	0.06405	275.89	301.51	1.0748	0.05043	274.73	299.95	1.053
70	0.06641	284.75	311.32	1.1038	0.05240	283.72	309.92	1.082
80	0.06873	293.73	321.23	1.1322	0.05432	292.80	319.96	1.111
90	0.07102	302.84	331.25	1.1602	0.05620	302.00	330.10	1.139
100	0.07327	312.07	341.38	1.1878	0.05805	311.31	340.33	1.167
110	0.07550	321.44	351.64	1.2149	0.05988	320.74	350.68	1.194
120	0.07771	330.94	362.03	1.2417	0.06168	330.30	361.14	1.221
130	0.07991	340.58	372.54	1.2681	0.06347	339.98	371.72	1.248
140	0.08208	350.35	383.18	1.2941	0.06524	349.79	382.42	1.274
	P = 0.60 MPa (21.58°C)				P = 0.70 MPa (26.72°C)			
Sat.	0.03408	238.74	259.19	0.9097	0.02918	241.42	261.85	0.9080
30	0.03581	246.41	267.89	0.9388	0.02979	244.51	265.37	0.9197
40	0.03774	255.45	278.09	0.9719	0.03157	253.83	275.93	0.9539
50	0.03958	264.48	288.23	1.0037	0.03324	263.08	286.35	0.9867
60	0.04134	273.54	298.35	1.0346	0.03482	272.31	296.69	1.0182
70	0.04304	282.66	308.48	1.0645	0.03634	281.57	307.01	1.0487
80	0.04469	291.86	318.67	1.0938	0.03781	290.88	317.35	1.0784
90	0.04631	301.14	328.93	1.1225	0.03924	300.27	327.74	1.1074
100	0.04790	310.53	339.27	1.1505	0.04064	309.74	338.19	1.1358
110	0.04946	320.03	349.70	1.1781	0.04201	319.31	348.71	1.1637
120	0.05099	329.64	360.24	1.2053	0.04335	328.98	359.33	1.1910
130	0.05251	339.38	370.88	1.2320	0.04468	338.76	370.04	1.2179
140	0.05402	349.23	381.64	1.2584	0.04599	348.66	380.86	1.2444
150	0.05550	359.21	392.52	1.2844	0.04729	358.68	391.79	1.2706
160	0.05698	369.32	403.51	1.3100	0.04857	368.82	402.82	1.2963

(Continued)

Table D-3 *(Continued)*

T, °C	*v* m³/kg	*u* kJ/kg	*h* kJ/kg	*s* kJ/kg·K	*v* m³/kg	*u* kJ/kg	*h* kJ/kg	*s* kJ/kg·K
	P = 0.80 MPa (31.33°C)				*P* = 0.90 MPa (35.53°C)			
Sat.	0.02547	243.78	264.15	0.9066	0.02255	245.88	266.18	0.9054
40	0.02691	252.13	273.66	0.9374	0.02325	250.32	271.25	0.9217
50	0.02846	261.62	284.39	0.9711	0.02472	260.09	282.34	0.9566
60	0.02992	271.04	294.98	1.0034	0.02609	269.72	293.21	0.9897
70	0.03131	280.45	305.50	1.0345	0.02738	279.30	303.94	1.0214
80	0.03264	289.89	316.00	1.0647	0.02861	288.87	314.62	1.0521
90	0.03393	299.37	326.52	1.0940	0.02980	298.46	325.28	1.0819
100	0.03519	308.93	337.08	1.1227	0.03095	308.11	335.96	1.1109
110	0.03642	318.57	347.71	1.1508	0.03207	317.82	346.68	1.1392
120	0.03762	328.31	358.40	1.1784	0.03316	327.62	357.47	1.1670
130	0.03881	338.14	369.19	1.2055	0.03423	337.52	368.33	1.1943
140	0.03997	348.09	380.07	1.2321	0.03529	347.51	379.27	1.2211
150	0.04113	358.15	391.05	1.2584	0.03633	357.61	390.31	1.2475
160	0.04227	368.32	402.14	1.2843	0.03736	367.82	401.44	1.2735
170	0.04340	378.61	413.33	1.3098	0.03838	378.14	412.68	1.2992
180	0.04452	389.02	424.63	1.3351	0.03939	388.57	424.02	1.3245
	P = 1.00 MPa (39.39°C)				*P* = 1.20 MPa (46.32°C)			
Sat.	0.02020	247.77	267.97	0.9043	0.01663	251.03	270.99	0.9023
40	0.02029	248.39	268.68	0.9066				
50	0.02171	258.48	280.19	0.9428	0.01712	254.98	275.52	0.9164
60	0.02301	268.35	291.36	0.9768	0.01835	265.42	287.44	0.9527
70	0.02423	278.11	302.34	1.0093	0.01947	275.59	298.96	0.9868
80	0.02538	287.82	313.20	1.0405	0.02051	285.62	310.24	1.0192
90	0.02649	297.53	324.01	1.0707	0.02150	295.59	321.39	1.0503
100	0.02755	307.27	334.82	1.1000	0.02244	305.54	332.47	1.0804
110	0.02858	317.06	345.65	1.1286	0,02335	315.50	343.52	1.1096
120	0.02959	326.93	356.52	1.1567	0.02423	325.51	354.58	1.1381
130	0.03058	336.88	367.46	1.1841	0.02508	335.58	365.68	1.1660
140	0.03154	346.92	378.46	1.2111	0.02592	345.73	376.83	1.1933
150	0.03250	357.06	389.56	1.2376	0.02674	355.95	388.04	1.2201
160	0.03344	367.31	400.74	1.2638	0.02754	366.27	399.33	1.2465
170	0.03436	377.66	412.02	1.2895	0.02834	376.69	41070	1.2724
180	0.03528	388.12	423.40	1.3149	0.02912	387.21	422.16	1.2980

Table D-3 *(Continued)*

T, °C	v m³/kg	u kJ/kg	h kJ/kg	s kJ/kg·K	v m³/kg	u kJ/kg	h kJ/kg	s kJ/kg·K
	P = 1.40 MPa (52.43°C)				P = 1.60 MPa (57.92°C)			
Sat.	0.01405	253.74	273.40	0.9003	0.01208	256.00	275.33	0.8982
60	0.01495	262.17	283.10	0.9297	0.01233	258.48	278.20	0.9069
70	0.01603	272.87	295.31	0.9658	0.01340	269.89	291.33	0.9457
80	0.01701	283.29	307.10	0.9997	0.01435	280.78	303.74	0.9813
90	0.01792	293.55	318.63	1.0319	0.01521	291.39	315.72	1.0148
100	0.01878	303.73	330.02	1.0628	0.01601	301.84	327.46	1.0467
110	0.01960	313.88	341.32	1.0927	0.01677	312.20	339.04	1.0773
120	0.02039	324.05	352.59	1.1218	0.01750	322.53	350.53	1.1069
130	0.02115	334.25	363.86	1.1501	0.01820	332.87	361.99	1.1357
140	0.02189	344.50	375.15	1.1777	0.01887	343.24	373.44	1.1638
150	0.02262	354.82	386.49	1.2048	0.01953	353.66	384.91	1.1912
160	0.02333	365.22	397.89	1.2315	0.02017	364.15	396.43	1.2181
170	0.02403	375.71	409.36	1.2576	0.02080	374.71	407.99	1.2445
180	0.02472	386.29	420.90	1.2834	0.02142	385.35	419.62	1.2704
190	0.02541	396.96	432.53	1.3088	0.02203	396.08	431.33	1.2960
200	0.02608	407.73	444.24	1.3338	0.02263	406.90	443.11	1.3212

E 암모니아 상태량

Table E-I Saturated Ammonia

T, °C	P, kPa	Specific volume m^3/kg		Enthalpy kJ/kg			Entropy kJ/kg·K		
		v_f	v_g	h_f	h_{fg}	h_g	s_f	s_{fg}	s_g
−50	40.88	0.001424	2.6254	−44.3	1416.7	1372.4	−0.1942	6.3502	6.1561
−46	51.55	0.001434	2.1140	−26.6	1405.8	1379.2	−0.1156	6.1902	6,0746
−44	57.69	0.001439	1.9032	−17.8	1400.3	1382.5	−0.0768	6.1120	6.0352
−42	64.42	0.001444	1.7170	−8.9	1394.7	1385.8	−0.0382	6.0349	5.9967
−40	71.77	0.001449	1.5521	0.0	1389.0	1389.0	0.0000	5.9589	5.9589
−38	79.80	0.001454	1.4085	8.9	1383.3	1392.2	0.0380	5.8840	5.9220
−36	88.54	0.001460	1.2757	17.8	1377.6	1395.4	0.0757	5.8101	5.8858
−34	98.05	0.001465	1.1597	26.8	1371.8	1398.5	0.1132	5.7372	5.8504
−32	108.37	0.001470	1.0562	35.7	1365.9	1401.6	0.1504	5.6652	5:8156
−30	119.55	0.001476	0.9635	44.7	1360.0	1404.6	0.1873	5.5942	5.7815
−28	131.64	0.001481	0.8805	53.6	1354.0	1407.6	0.2240	5.5241	5.7481
−26	144.70	0.001487	0.8059	62.6	1347.9	1410.5	0.2605	5.4548	5.7153
−24	158.78	0.001492	0.7388	71.6	1341.8	1413.4	0.2967	5.3864	5.6831
−22	173.93	0.001498	0.6783	80.7	1335.6	1416.2	0.3327	5.3188	5.6515
−20	190.22	0.001504	0.6237	89.7	1329.3	1419.0	0.3684	5.2520	5.6205
−18	207.71	0.001510	0.5743	98.8	1322.9	1421.7	0.4040	5.1860	5.5900
−16	226.45	0.001515	0.5296	107.8	1316.5	1424.4	0.4393	5.1207	5.5600
−14	246.51	0.001521	0.4889	116.9	1310.0	1427.0	0.4744	5.0561	5.5305
−12	267.95	0.001528	0.4520	126.0	1303.5	1429.5	0.5093	4.9922	5.5015
−10	290.85	0.001534	0.4185	135.2	1296.8	1432.0	0.5440	4.9290	5.4730
−8	315.25	0.001540	0.3878	144.3	1290.1	1434.4	0.5785	4.8664	5.4449
−6	341.25	0.001546	0.3599	153.5	1283.3	1436.8	0.6128	4.8045	5.4173
−4	368.90	0.001553	0.3343	162.7	1276.4	1439.1	0.6469	4.7432	5.3901
−2	398.27	0.001559	0.3109	171.9	1269.4	1441.3	0.6808	4.6825	5.3633
0	429.44	0.001566	0.2895	181.1	1262.4	1443.5	0.7145	4.6223	5.3369
2	462.49	0.001573	0.2698	190.4	1255.2	1445.6	0.7481	4.5627	5.3108
4	497.49	0.001580	0.2517	199.6	1248.0	1447.6	0.7815	4.5037	5.2852
6	534.51	0.001587	0.2351	208.9	1240.6	1449.6	0.8148	4.4451	5.2599
8	573.64	0.001594	0.2198	218.3	1233.2	1451.5	0.8479	4.3871	5.2350
10	614.95	0.001601	0.2056	227.6	1225.7	1453.3	0.8808	4.3295	5.2104
12	658.52	0.001608	0.1926	237.0	1218.1	1455.1	0.9136	4.2725	5.1861
14	704.44	0.001616	0.1805	246.4	1210.4	1456.8	0.9463	4.2159	5.1621
16	752.79	0.001623	0.1693	255.9	1202.6	1458.5	0.9788	4.1597	5.1385
18	803.66	0.001631	0.1590	265.4	1194.7	1460.0	1.0112	4.1039	5.1151
20	857.12	0.001639	0.1494	274.9	1186.7	1461.5	1.0434	4.0486	5.0920

Based on data from National Bureau of Standards Circular No. 142, Tables of Thermodynamic Properties of Ammonia

(Continued)

Table E-I *(Continued)*

		Specific volume m³/kg		Enthalpy kJ/kg			Entropy kJ/kg·K		
T, °C	P, kPa	v_f	v_g	h_f	h_{fg}	h_g	s_f	s_{fg}	s_g
22	913.27	0.001647	0.1405	284.4	1178.5	1462.9	1.0755	3.9937	5.0692
24	972.19	0.001655	0.1322	294.0	1170.3	1464.3	1.1075	3.9392	5.0467
26	1033.97	0.001663	0.1245	303.6	1162.0	1465.6	1.1394	3.8850	5.0244
28	1098.71	0.001671	0.1173	313.2	1153.6	1466.8	1.1711	3.8312	5.0023
30	1166.49	0.001680	0.1106	322.9	1145.0	1467.9	1.2028	3.7777	4.9805
32	1237.41	0.001689	0.1044	332.6	1136.4	1469.0	1.2343	3.7246	4.9589
34	1311.55	0.001698	0.0986	342.3	1127.6	1469.9	1.2656	3.6718	4.9374
36	1389.03	0.001707	0.0931	352.1	1118.7	1470.8	1.2969	3.6192	4.9161
38	1469.92	0.001716	0.0880	361.9	1109.7	1471.5	1.3281	3.5669	4.8950
40	1554.33	0.001726	0.0833	371.7	1100.5	1472.2	1.3591	3.5148	4.8740
42	1642.35	0.001735	0.0788	381.6	1091.2	1472.8	1.3901	3.4630	4.8530
44	1734.09	0.001745	0.0746	391.5	1081.7	1473.2	1.4209	3.4112	4.8322
46	1829.65	0.001756	0.0707	401.5	1072.0	1473.5	1.4518	3.3595	4.8113
48	1929.13	0.001766	0.0669	411.5	1062.2	1473.7	1.4826	3.3079	4.7905
50	2032.62	0.001777	0.0635	421.7	1052.0	1473.7	1.5135	3.2561	4.7696

Table E-2 Superheated Ammonia

P, kPa (T_{sat}, °C)		−20	−10	0	10	20	30	40	50	60	70	80	100
		Temperature, °C											
50	v	2.4474	2.5481	2.6482	2.7479	2.8473	2.9464	3.0453	3.1441	3.2427	3.3413	3.4397	
	h	1435.8	1457.0	1478.1	1499.2	1520.4	1541.7	1563.0	1584.5	1606.1	1627.8	1649.7	
(−46.54)	s	6.3256	6.4077	6.4865	6.5625	6.6360	6.7073	6.7766	6.8441	6.9099	6.9743	7.0372	
75	v	1.6233	1.6915	1.7591	1.8263	1.8932	1.9597	2.0261	2.0923	2.1584	2.2244	2.2903	
	h	1433.0	1454.7	1476.1	1497.5	1518.9	1540.3	1561.8	1583.4	1605.1	1626.9	1648.9	
(−39.18)	s	6.1190	6.2028	6.2828	6.3597	6.4339	6.5058	6.5756	6.6434	6.7096	6.7742	6.8373	
100	v	1.2110	1.2631	1.3145	1.3654	1.4160	1.4664	1.5165	1.5664	1.6163	1.6659	1.7155	1.8145
	h	1430.1	1452.2	1474.1	1495.7	1517.3	1538.9	1560.5	1582.2	1604.1	1626.0	1648.0	1692.6
(−33.61)	s	5.9695	6.0552	6.1366	6.2144	6.2894	6.3618	6.4321	6.5003	6.5668	6.6316	6.6950	6.8177
125	v	0.9635	1.0059	1.0476	1.0889	1.1297	1.1703	1.2107	1.2509	1.2909	1.3309	1.3707	1.4501
	h	1427.2	1449.8	1472.0	1493.9	1515.7	1537.5	1559.3	1581.1	1603.0	1625.0	1647.2	1691.8
(−29.08)	s	5.8512	5.9389	6.0217	6.1006	6.1763	6.2494	6.3201	6.3887	6.4555	6.5206	6.5842	6.7072
150	v	0.7984	0.8344	0.8697	0.9045	0.9388	0.9729	1.0068	1.0405	1.0740	1.1074	1.1408	1.2072
	h	1424.1	1447.3	1469.8	1492.1	1514.1	1536.1	1558.0	1580.0	1602.0	1624.1	1646.3	1691.1
(−25.23)	s	5.7526	5.8424	5.9266	6.0066	6.0831	6.1568	6.2280	6.2970	6.3641	6.4295	6.4933	6.6167
200	v		0.6199	0.6471	0.6738	0.7001	0.7261	0.7519	0.7774	0.8029	0.8282	0.8533	0.9035
	h		1442.0	1465.5	1488.4	1510.9	1533.2	1555.5	1577.7	1599.9	1622.2	1644.6	1689.6
(−18.86)	s		5.6863	5.7737	5.8559	5.9342	6.0091	6.0813	6.1512	6.2189	6.2849	6.3491	6.4732
250	v		0.4910	0.5135	0.5354	0.5568	0.5780	0.5989	0.6196	0.6401	0.6605	0.6809	0.7212
	h		1436.6	1461.0	1484.5	1507.6	1530.3	1552.9	1575.4	1597.8	1620.3	1642.8	1688.2
(−13.67)	s		5.5609	5.6517	5.7365	5.8165	5.8928	5.9661	6.0368	6.1052	6.1717	6.2365	6.3613
300	v			0.4243	0.4430	0.4613	0.4792	0.4968	0.5143	0.5316	0.5488	0.5658	0.5997
	h			1456.3	1480.6	1504.2	1527.4	1550.3	1573.0	1595.7	1618.4	1641.1	1686.7
(−9.23)	s			5.5493	5.6366	5.7186	5.7963	5.8707	5.9423	6.0114	6.0785	6.1437	6.2693
350	v			0.3605	0.3770	0.3929	0.4086	0.4239	0.4391	0.4541	0.4689	0.4837	0.5129
	h			1451.5	1476.5	1500.7	1524.4	1547.6	1570.7	1593.6	1616.5	1639.3	1685.2
(−5.35)	s			5.4600	5.5502	5.6342	5.7135	5.7890	5.8615	5.9314	5.9990	6.0647	6.1910
400	v			0.3125	0.3274	0.3417	0.3556	0.3692	0.3826	0.3959	0.4090	0.4220	0.4478
	h			1446.5	1472.4	1497.2	1521.3	1544.9	1568.3	1591.5	1614.5	1637.6	1683.7
(−1.89)	s			5.3803	5.4735	5.5597	5.6405	5.7173	5.7907	5.8613	5.9296	5.9957	6.1228
450	v			0.2752	0.2887	0.3017	0.3143	0.3266	0.3387	0.3506	0.3624	0.3740	0.3971
	h			1441.3	1468.1	1493.6	1518.2	1542.2	1565.9	1589.3	1612.6	1635.8	1682.2
(1.26)	s			5.3078	5.4042	5.4926	5.5752	5.6532	5.7275	5.7989	5.8678	5.9345	6.0623

(Continued)

Table E-2 *(Continued)*

P, kPa (T_{sat}, °C)		Temperature, °C 20	30	40	50	60	70	80	100	120	140	160	180
500	v	0.2698	0.2813	0.2926	0.3036	0.3144	0.3251	0.3357	0.3565	0.3771	0.3975		
(4.14)	h	1489.9	1515.0	1539.5	1563.4	1587.1	1610.6	1634.0	1680.7	1727.5	1774.7		
	s	5.4314	5.5157	5.5950	5.6704	5.7425	5.8120	5.8793	6.0079	6.1301	6.2472		
600	v	0.2217	0.2317	0.2414	0.2508	0.2600	0.2691	0.2781	0.2957	0.3130	0.3302		
(9.29)	h	1482.4	1508.6	1533.8	1558.5	1582.7	1606.6	1630.4	1677.7	1724.9	1772.4		
	s	5.3222	5.4102	5.4923	5.5697	5.6436	5.7144	5.7826	5.9129	6.0363	6.1541		
700	v	0.1874	0.1963	0.2048	0.2131	0.2212	0.2291	0.2369	0.2522	0.2672	0.2821		
(13.81)	h	1474.5	1501.9	1528.1	1553.4	1578.2	1602.6	1626.8	1674.6	1722.4	1770.2		
	s	5.2259	5.3179	5.4029	5.4826	5.5582	5.6303	5.6997	5.8316	5.9562	6.0749		
800	v	0.1615	0.1696	0.1773	0.1848	0.1920	0.1991	0.2060	0.2196	0.2329	0.2459	0.2589	
(17.86)	h	1466.3	1495.0	1522.2	1548.3	1573.7	1598.6	1623.1	1671.6	1719.8	1768.0	1816.4	
	s	5.1387	5.2351	5.3232	5.4053	5.4827	5.5562	5.6268	5.7603	5.8861	6.0057	6.1202	
900	v		0.1488	0.1559	0.1627	0.1693	0.1757	0.1820	0.1942	0.2061	0.2178	0.2294	
(21.54)	h		1488.0	1516.2	1543.0	1569.1	1594.4	1619.4	1668.5	1717.1	1765.7	1814.4	
	s		5.1593	5.2508	5.3354	5.4147	5.4897	5.5614	5.6968	5.8237	5.9442	6.0594	
1000	v		0.1321	0.1388	0.1450	0.1511	0.1570	0.1627	0.1739	0.1847	0.1954	0.2058	0.2162
(24.91)	h		1480.6	1510.0	1537.7	1564.4	1590.3	1615.6	1665.4	1714.5	1763.4	1812.4	1861.7
	s		5.0889	5.1840	5.2713	5.3525	5.4292	5.5021	5.6392	5.7674	5.8888	6.0047	6.1159
1200	v			0.1129	0.1185	0.1238	0.1289	0.1338	0.1434	0.1526	0.1616	0.1705	0.1792
(30.96)	h			1497.1	1526.6	1554.7	1581.7	1608.0	1659.2	1709.2	1758.9	1808.5	1858.2
	s			5.0629	5.1560	5.2416	5.3215	5.3970	5.5379	5.6687	5.7919	5.9091	6.0214
1400	v			0.0944	0.0995	0.1042	0.1088	0.1132	0.1216	0.1297	0.1376	0.1452	0.1528
(36.28)	h			1483.4	1515.1	1544.7	1573.0	1600.2	1652.8	1703.9	1754.3	1804.5	1854.7
	s			4.9534	5.0530	5.1434	5.2270	5.3053	5.4501	5.5836	5.7087	5.8273	5.9406
1600	v				0.0851	0.0895	0.0937	0.0977	0.1053	0.1125	0.1195	0.1263	0.1330
(41.05)	h				1502.9	1534.4	1564.0	1592.3	1646.4	1698.5	1749.7	1800.5	1851.2
	s				4.9584	5.0543	5.1419	5.2232	5.3722	5.5084	5.6355	5.7555	5.8699
1800	v				0.0739	0.0781	0.0820	0.0856	0.0926	0.0992	0.1055	0.1116	0.1177
(45.39)	h				1490.0	1523.5	1554.6	1584.1	1639.8	1693.1	1745.1	1796.5	1847.7
	s				4.8693	4.9715	5.0635	5.1482	5.3018	5.4409	5.5699	5.6914	5.8069
2000	v				0.0648	0.0688	0.0725	0.0760	0.0824	0.0885	0.0943	0.0999	0.1054
(49.38)	h				1476.1	1512.0	1544.9	1575.6	1633.2	1687.6	1740.4	1792.4	1844.1
	s				4.7834	4.8930	4.9902	5.0786	5.2371	5.3793	5.5104	5.6333	5.7499

F 이상기체표

Table F-I Properties of Air

T K	h kJ/kg	P_r	u kJ/kg	v_r	s° kJ/kg·K	T K	h kJ/kg	P_r	u kJ/kg	v_r	s° kJ/kg·K
200	199.97	0.3363	142.56	1707	1.29559	780	800.03	43.35	576.12	51.64	2.69013
220	219.97	0.4690	156.82	1346	1.39105	820	843.98	52.49	608.59	44.84	2.74504
240	240.02	0.6355	171.13	1084	1.47824	860	888.27	63.09	641.40	39.12	2.79783
260	260.09	0.8405	185.45	887.8	1.55848	900	932.93	75.29	674.58	34.31	2.84856
280	280.13	1.0889	199.75	738.0	1.63279	940	977.92	89.28	708.08	30.22	2.89748
290	290.16	1.2311	206.91	676.1	1.66802	980	1023.25	105.2	741.98	26.73	2.94468
300	300.19	1.3860	214.07	621.2	1.70203	1020	1068.89	123.4	776.10	23.72	2.99034
310	310.24	1.5546	221.25	572.3	1.73498	1060	1114.86	143.9	810.62	21.14	3.03449
320	320.29	1.7375	228.43	528.6	1.76690	1100	1161.07	167.1	845.33	18.896	3.07732
340	340.42	2.149	242.82	454.1	1.82790	1140	1207.57	193.1	880.35	16.946	3.11883
360	360.58	2.626	257.24	393.4	1.88543	1180	1254.34	222.2	915.57	15.241	3.15916
380	380.77	3.176	271.69	343.4	1.94001	1220	1301.31	254.7	951.09	13.747	3.19834
400	400.98	3.806	286.16	301.6	1.99194	1260	1348.55	290.8	986.90	12.435	3.23638
420	421.26	4.522	300.69	266.6	2.04142	1300	1395.97	330.9	1022.82	11.275	3.27345
440	441.61	5.332	315.30	236.8	2.08870	1340	1443.60	375.3	1058.94	10.247	3.30959
460	462.02	6.245	329.97	211.4	2.13407	1380	1491.44	424.2	1095.26	9.337	3.34474
480	482.49	7.268	344.70	189.5	2.17760	1420	1539.44	478.0	1131.77	8.526	3.37901
500	503.02	8.411	359.49	170.6	2.21952	1460	1587.63	537.1	1168.49	7.801	3.41247
520	523.63	9.684	374.36	154.1	2.25997	1500	1635.97	601.9	1205.41	7.152	3.44516
540	544.35	11.10	389.34	139.7	2.29906	1540	1684.51	672.8	1242.43	6.569	3.47712
560	565.17	12.66	404.42	127.0	2.33685	1580	1733.17	750.0	1279.65	6.046	3.50829
580	586.04	14.38	419.55	115.7	2.37348	1620	1782.00	834.1	1316.96	5.574	3.53879
600	607.02	16.28	434.78	105.8	2.40902	1660	1830.96	925.6	1354.48	5.147	3.56867
620	628.07	18.36	450.09	96.92	2.44356	1700	1880.1	1025	1392.7	4.761	3.5979
640	649.22	20.65	465.05	88.99	2.47716	1800	2003.3	1310	1487.2	3.944	3.6684
660	670.47	23.13	481.01	81.89	2.50985	1900	2127.4	1655	1582.6	3.295	3.73541
680	691.82	25.85	496.62	75.50	2.54175	2000	2252.1	2068	1678.7	2.776	3.7994
700	713.27	28.80	512.33	69.76	2.57277	2100	2377.4	2559	1775.3	2.356	3.8605
720	734.82	32.02	528.14	64.53	2.60319	2200	2503.2	3138	1872.4	2.012	3.9191
740	756.44	35.50	544.02	59.82	2.63280						

Based on data from J. H. Keenan and J. Kaye, Gas Tables, Wiley, New York, 1945.

Table F-2 Molar Properties of Nitrogen, N_2

$\bar{h}_f^\circ = 0$ kJ/kmol

T K	h kJ/kmol	u kJ/kmol	s° kJ/kmol·K	T K	h kJ/kmol	u kJ/kmol	s° kJ/kmol·K
0	0	0	0	1000	30 129	21 815	228.057
220	6391	4562	182.639	1020	30 784	22 304	228.706
240	6975	4979	185.180	1040	31 442	22 795	229.344
260	7558	5396	187.514	1060	32 101	23 288	229.973
280	8141	5813	189.673	1080	32 762	23 782	230.591
298	8669	6190	191.502	1100	33 426	24 280	231.199
300	8723	6229	191.682	1120	34 092	24 780	231.799
320	9306	6645	193.562	1140	34 760	25 282	232.391
340	9888	7061	195.328	1160	35 430	25 786	232.973
360	10 471	7478	196.995	1180	36 104	26 291	233.549
380	11 055	7895	198.572	1200	36 777	26 799	234.115
400	11 640	8314	200.071	1240	38 129	27 819	235.223
420	12 225	8733	201.499	1260	38 807	28 331	235.766
440	12 811	9153	202.863	1280	39 488	28 845	236.302
460	13 399	9574	204.170	1300	40 170	29 361	236.831
480	13 988	9997	205.424	1320	40 853	29 878	237.353
500	14 581	10 423	206.630	1340	41.539	30 398	237.867
520	15 172	10 848	207.792	1360	42 227	30 919	238.376
540	15 766	11 277	208.914	1380	42 915	31 441	238.878
560	16 363	11 707	209.999	1400	43 605	31 964	239.375
580	16 962	12 139	211.049	1440	44 988	33 014	240.350
600	17 563	12 574	212.066	1480	46 377	34 071	241.301
620	18 166	13 011	213.055	1520	47 771	35 133	242.228
640	18 772	13 450	214.018	1560	49 168	36 197	243.137
660	19 380	13 892	214.954	1600	50 571	37 268	244.028
680	19 991	14 337	215.866	1700	54 099	39 965	246.166
700	20 604	14 784	216.756	1800	57 651	42 685	248.195
720	21 220	15 234	217.624	1900	61 220	45 423	250.128
740	21 839	15 686	218.472	2000	64 810	48 181	251.969
760	22 460	16 141	219.301	2100	68 417	50 957	253.726
780	23 085	16 599	220.113	2200	72 040	53 749	255.412
800	23 714	17 061	220.907	2300	75 676	56 553	257.02
820	24 342	17 524	221.684	2400	79 320	59 366	258.580
840	24 974	17 990	222.447	2500	82 981	62 195	260.073
860	25 610	18 459	223.194	2600	86 650	65 033	261.512
880	26 248	18 931	223.927	2700	90 328	67 880	262.902
900	26 890	19 407	224.647	2800	94 014	70 734	264.241
920	27 532	19 883	225.353	2900	97 705	73 593	265.538
940	28 178	20 362	226.047	3000	101 407	76 464	266.793
960	28 826	20 844	226.728	3100	105 115	79 341	268.007
980	29 476	21 328	227.398	3200	108 830	82 224	269.186

Based on data from JANAF Thermochemical Tables, NSRDS-NBS-37, 1971

Table F-3 Molar Properties of Oxygen, O_2

$\bar{h}_f^\circ = 0$ kJ/kmol

T K	*h* kJ/kmol	*u* kJ/kmol	*s*° kJ/kmol·K	*T* K	*h* kJ/kmol	*u* kJ/kmol	*s*° kJ/kmol·K
0	0	0	0	1020	32088	23607	244.164
220	6404	4575	196.171	1040	32789	24142	244.844
240	6984	4989	198.696	1060	33490	24677	245.513
260	7566	5405	201.027	1080	34194	25214	246.171
280	8150	5822	203.191	1100	34899	25753	246.818
298	8682	6203	205.033	1120	35606	26294	247.454
300	8736	6242	205.213	1140	36314	26836	248.081
320	9325	6664	207.112	1160	37023	27379	248.698
340	9916	7090	208.904	1180	37734	27923	249.307
360	10511	7518	210.604	1200	38447	28469	249.906
380	11109	7949	212.222	1220	39162	29018	250.497
400	11711	8384	213.765	1240	39877	29568	251.079
420	12314	8822	215.241	1260	40594	30118	251.653
440	12923	9264	216.656	1280	41312	30670	252.219
460	13535	9710	218.016	1300	42033	31224	252.776
480	14151	10160	219.326	1320	42753	31778	253.325
500	14770	10614	220.589	1340	43475	32334	253.868
520	15395	11071	221.812	1360	44198	32891	254.404
540	16022	11533	222.997	1380	44923	33449	254.932
560	16654	11998	224.146	1400	45648	34008	255.454
580	17290	12467	225.262	1440	47102	35129	256.475
600	17929	12940	226.346	1480	48561	36256	257.474
620	18572	13417	227.400	1520	50024	37387	258.450
640	19219	13898	228.429	1540	50756	37952	258.928
660	19870	14383	229.430	1560	51490	38520	259.402
680	20524	14871	230.405	1600	52961	39658	260.333
700	21184	15364	231.358	1700	56652	42517	262.571
720	21845	15859	232.291	1800	60371	45405	264.701
740	22510	16357	233.201	1900	64116	48319	266.722
760	23178	16859	234.091	2000	67881	51253	268.655
780	23850	17364	234.960	2100	71668	54208	270.504
800	24523	17872	235.810	2200	75484	57192	272.278
820	25199	18382	236.644	2300	79316	60193	273.981
840	25877	18893	237.462	2400	83174	63219	275.625
860	26559	19408	238.264	2500	87057	66271	277.207
880	27242	19925	239.051	2600	90956	69339	278.738
900	27928	20445	239.823	2700	94881	72433	280.219
920	28616	20967	240.580	2800	98826	75546	281.654
940	29306	21491	241.323	2900	102793	78682	283.048
960	29999	22017	242.052	3000	106780	81837	284.399
980	30692	22544	242.768	3100	110784	85009	285.713
1000	31389	23075	243.471	3200	114809	88203	286.989

Based on data from JANAF Thermochemical Tables, NSRDS-NBS-37, 1971

Table F-4 Molar Properties of Carbon Dioxide, CO_2

$\overline{h}_f^\circ = -393\ 520$ kJ/kmol

T K	*h* kJ/kmol	*u* kJ/kmol	*s*° kJ/kmol·K	*T* K	*h* kJ/kmol	*u* kJ/kmol	*s*° kJ/kmol·K
0	0	0	0	1020	43859	35378	270.293
220	6601	4772	202.966	1040	44953	36306	271.354
240	7280	5285	205.920	1060	46051	37238	272.400
260	7979	5817	208.717	1080	47153	38174	273.430
280	8697	6369	211.376	1100	48258	39112	274.445
298	9364	6885	213.685	1120	49369	40057	275.444
300	9431	6939	213.915	1140	50484	41006	276.430
320	10186	7526	216.351	1160	51602	41957	277.403
340	10959	8131	218.694	1180	52724	42913	278.361
360	11748	8752	220.948	1200	53848	43871	279.307
380	12552	9392	223.122	1220	54977	44834	280.238
400	13372	10046	225.225	1240	56108	45799	281.158
420	14206	10714	227.258	1260	57244	46768	282.066
440	15054	11393	229.230	1280	58381	47739	282.962
460	15916	12091	231.144	1300	59522	48713	283.847
480	16791	12800	233.004	1320	60666	49691	284.722
500	17678	13521	234.814	1340	61813	50672	285.586
520	18576	14253	236.575	1360	62963	51656	286.439
540	19485	14996	238.292	1380	64116	52643	287.283
560	20407	15751	239.962	1400	65271	53631	288.106
580	21337	16515	241.602	1440	67586	55614	289.743
600	22280	17291	243.199	1480	69911	57606	291.333
620	23231	18076	244.758	1520	72246	59609	292.888
640	24190	18869	246.282	1560	74590	61620	294.411
660	25160	19672	247.773	1600	76944	63741	295.901
680	26138	20484	249.233	1700	82856	68721	299.482
700	27125	21305	250.663	1800	88806	73840	302.884
720	28121	22134	252.065	1900	94793	78996	306.122
740	29124	22972	253.439	2000	100804	84185	309.210
760	30135	23817	254.787	2100	106864	89404	312.160
780	31154	24669	256.110	2200	112939	94648	314.988
800	32179	25527	257.408	2300	119035	99912	317.695
820	33212	26394	258.682	2400	125152	105197	320.302
840	34251	27267	259.934	2500	131290	110504	322.308
860	35296	28125	261.164	2600	137449	115832	325.222
880	36347	29031	262.371	2700	143620	121172	327.549
900	37405	29922	263.559	2800	149808	126528	329.800
920	38467	30818	264.728	2900	156009	131898	331.975
940	39535	31719	265.877	3000	162226	137283	334.084
960	40607	32625	267.007	3100	168456	142681	336.126
980	41685	33537	268.119	3200	174695	148089	338.109
1000	42769	34455	269.215				

Based on data from JANAF Thermochemical Tables, NSRDS-NBS-37, 1971

Table F-5 Molar Properties of Carbon Monoxide, CO

$\bar{h}_f^\circ = -110\ 530$ kJ/kmol

T K	*h* kJ/kmol	*u* kJ/kmol	*s*° kJ/kg·K	*T* K	*h* kJ/kmol	*u* kJ/kmol	*s*° kJ/kg·K
0	0	0	0	1040	31 688	23 041	235.728
220-	6391	4562	188.683	1060	32 357	23 544	236.364
240	6975	4979	191.221	1080	33 029	24 049	236.992
260	7558	5396	193.554	1100	33 702	24 557	237.609
280	8140	5812	195.713	1120	34 377	25 065	238.217
300	8723	6229	197.723	1140	35 054	25 575	238.817
320	9306	6645	199.603	1160	35 733	26 088	239.407
340	9889	7062	201.371	1180	36 406	26 602	239.989
360	10 473	7480	203.040	1200	37 095	27 118	240.663
380	11 058	7899	204.622	1220	37 780	27 637	241.128
400	11 644	8319	206.125	1240	38 466	28 426	241.686
420	12 232	8740	207.549	1260	39 154	28 678	242.236
440	12 821	9163	208.929	1280	39 844	29 201	242.780
460	13 412	9587	210.243	1300	40 534	29 725	243.316
480	14 005	10 014	211.504	1320	41 226	30 251	243.844
500	14 600	10 443	212.719	1340	41 919	30 778	244.366
520	15 197	10 874	213.890	1360	42 613	31 306	244.880
540	15 797	11 307	215.020	1380	43 309	31 836	245.388
560	16 399	11 743	216.115	1400	44 007	32 367	245.889
580	17 003	12 181	217.175	1440	45 408	33 434	246.876
600	17 611	12 622	218.204	1480	46 813	34 508	247.839
620	18 221	13 066	219.205	1520	48 222	35 584	248.778
640	18 833	13 512	220.179	1560	49 635	36 665	249.695
660	19 449	13 962	221.127	1600	51 053	37 750	250.592
680	20 068	14 414	222.052	1700	54 609	40 474	252.751
700	20 690	14 870	222.953	1800	58 191	43 225	254.797
720	21 315	15 328	223.833	1900	61 794	45 997	256.743
740	21 943	15 789	224.692	2000	65 408	48 780	258.600
760	22 573	16 255	225.533	2100	69 044	51 584	260.370
780	23 208	16 723	226.357	2200	72 688	54 396	262.065
800	23 844	17 193	227.162	2300	76 345	57 222	263.692
820	24 483	17 665	227.952	2400	80 015	60 060	265.253
840	25 124	18 140	228.724	2500	83 692	62 906	266.755
860	25 768	18 617	229.482	2600	87 383	65 766	268.202
880	26 415	19 099	230.227	2700	91 077	68 628	269.596
900	27 066	19 583	230.957	2800	94 784	71 504	270.943
920	27 719	20 070	231.674	2900	98 495	74 383	272.249
940	28 375	20 559	232.379	3000	102 210	77 267	273.508
960	29 033	21 051	233.072	3100	105 939	80 164	274.730
980	29 693	21 545	233.752	3150	107 802	81 612	275.326
1000	30 355	22 041	234.421	3200	109 667	83 061	275.914
1020	31 020	22 540	235.079				

Based on data from JANAF Thermochemical Tables, NSRDS-NBS-37, 1971

Table F-6 Molar properties of hydrogen, H_2

$\bar{h}_f^\circ = 0$ kJ/kmol

T K	$\bar{h}$ kJ/kmol	$\bar{u}$ kJ/kmol	$\bar{s}^\circ$ kJ/kmol·K	T K	$\bar{h}$ kJ/kmol	$\bar{u}$ kJ/kmol	$\bar{s}^\circ$ kJ/kmol·K
0	0	0	0	1440	42 808	30 835	177.410
260	7370	5209	126.636	1480	44 091	31 786	178.291
270	7657	5412	127.719	1520	45 384	32 746	179.153
280	7945	5617	128.765	1560	46 683	33 713	179.995
290	8233	5822	129.775	1600	47 990	34 687	180.820
298	8468	5989	130.574	1640	49 303	35 668	181.632
300	8522	6027	130.754	1680	50 622	36 654	182.428
320	9100	6440	132.621	1720	51 947	37 646	183.208
340	9680	6853	134.378	1760	53 279	38 645	183.973
360	10 262	7268	136.039	1800	54 618	39 652	184.724
380	10 843	7684	137.612	1840	55 962	40 663	185.463
400	11 426	8100	139.106	1880	57 311	41 680	186.190
420	12 010	8518	140.529	1920	58 668	42 705	186.904
440	12 594	8936	141.888	1960	60 031	43 735	187.607
460	13 179	9355	143.187	2000	61 400	44 771	188.297
480	13 764	9773	144.432	2050	63 119	46 074	189.148
500	14 350	10 193	145.628	2100	64 847	47 386	189.979
520	14 935	10 611	146.775	2150	66 584	48 708	190.796
560	16 107	11 451	148.945	2200	68 328	50 037	191.598
600	17 280	12 291	150.968	2250	70 080	51 373	192.385
640	18 453	13 133	152.863	2300	71 839	52 716	193.159
680	19 630	13 976	154.645	2350	73 608	54 069	193.921
720	20 807	14 821	156.328	2400	75 383	55 429	194.669
760	21 988	15 669	157.923	2450	77 168	56 798	195.403
800	23 171	16 520	159.440	2500	78 960	58 175	196.125
840	24 359	17 375	160.891	2550	80 755	59 554	196.837
880	25 551	18 235	162.277	2600	82 558	60 941	197.539
920	26 747	19 098	163.607	2650	84 368	62 335	198.229
960	27 948	19 966	164.884	2700	86 186	63 737	198.907
1000	29 154	20 839	166.114	2750	88 008	65 144	199.575
1040	30 364	21 717	167.300	2800	89 838	66 558	200.234
1080	31 580	22 601	168.449	2850	91 671	67 976	200.885
1120	32 802	23 490	169.560	2900	93 512	69 401	201.527
1160	34 028	24 384	170.636	2950	95 358	70 831	202.157
1200	35 262	25 284	171.682	3000	97 211	72 268	202.778
1240	36 502	26 192	172.698	3050	99 065	73 707	203.391
1280	37 749	27 106	173.687	3100	100 926	75 152	203.995
1320	39 002	28 027	174.652	3150	102 793	76 604	204.592
1360	40 263	28 955	175.593	3200	104 667	78 061	205.181
1400	41 530	29 889	176.510	3250	106 545	79 523	205.765

Table F-7 Molar Properties of Water, H_2O

$\bar{h}_f^\circ = -241\ 810$ kJ/kmol

T K	$\bar{h}$ kJ/kmol	$\bar{u}$ kJ/kmol	$\bar{s}^\circ$ kJ/kmol·K	T K	$\bar{h}$ kJ/kmol	$\bar{u}$ kJ/kmol	$\bar{s}^\circ$ kJ/kmol·K
0	0	0	0	1020	36 709	28 228	233.415
220	7295	5466	178.576	1040	37 542	28 895	234.223
240	7961	5965	181.471	1060	38 380	29 567	235.020
260	8627	6466	184.139	1080	39 223	30 243	235.806
280	9296	6968	186.616	1100	40 071	30 925	236.584
298	9904	7425	188.720	1120	40 923	31 611	237.352
300	9966	7472	188.928	1140	41 780	32 301	238.110
320	10 639	7978	191.098	1160	42 642	32 997	238.859
340	11 314	8487	193.144	1180	43 509	33 698	239.600
360	11 992	8998	195.081	1200	44 380	34 403	240.333
380	12 672	9513	196.920	1220	45 256	35 112	241.057
400	13 356	10 030	198.673	1240	46 137	35 827	241.773
420	14 043	10 551	200.350	1260	47 022	36 546	242.482
440	14 734	11 075	201.955	1280	47 912	37 270	243.183
460	15 428	11 603	203.497	1300	48 807	38 000	243.877
480	16 126	12 135	204.982	1320	49 707	38 732	244.564
500′	16 828	12 671	206.413	1340	50 612	39 470	245.243
520	17 534	13 211	207.799	1360	51 521	40 213	245.915
540	18 245	13 755	209.139	1400	53 351	41 711	247.241
560	18 959	14 303	210.440	1440	55 198	43 226	248.543
580	19 678	14 856	211.702	1480	57 062	44 756	249.820
600	20 402	15 413	212.920	1520	58 942	46 304	251.074
620	21 130	15 975	214.122	1560	60 838	47 868	252.305
640	21 862	16 541	215.285	1600	62 748	49 445	253.513
660	22 600	17 112	216.419	1700	67 589	53 455	256.450
680	23 342	17 688	217.527	1800	72 513	57 547	259.262
700	24 088	18 268	218.610	1900	77 517	61 720	261.969
720	24 840	18 854	219.668	2000	82 593	65 965	264.571
740	25 597	19 444	220.707	2100	87 735	70 275	267.081
760	26 358	20 039	221.720	2200	92 940	74 649	269.500
780	27 125	20 639	222.717	2300	98 199	79 076	271.839
800	27 896	21 245	223.693	2400	103 508	83 553	274.098
820	28 672	21 855	224.651	2500	108 868	88 082	276.286
840	29 454	22 470	225.592	2600	114 273	92 656	278.407
860	30 240	23 090	226.517	2700	119 717	97 269	280.462
880	31 032	23 715	227.426	2800	125 198	101 917	282.453
900	31 828	24 345	228.321	2900	130 717	106 605	284.390
920	32 629	24 980	229.202	3000	136 264	111 321	286.273
940	33 436	25 621	230.070	3100	141 846	116 072	288.102
960	34 247	26 265	230.924	3150	144 648	118 458	288.9
980	35 061	26 913	231.767	3200	147 457	120 851	289.884
1000	35 882	27 568	232.597	3250	150 250	123 250	290.7

Based on data from JANAF Thermochemical Tables, NSRDS-NBS-37, 1971

G 습공기 선도

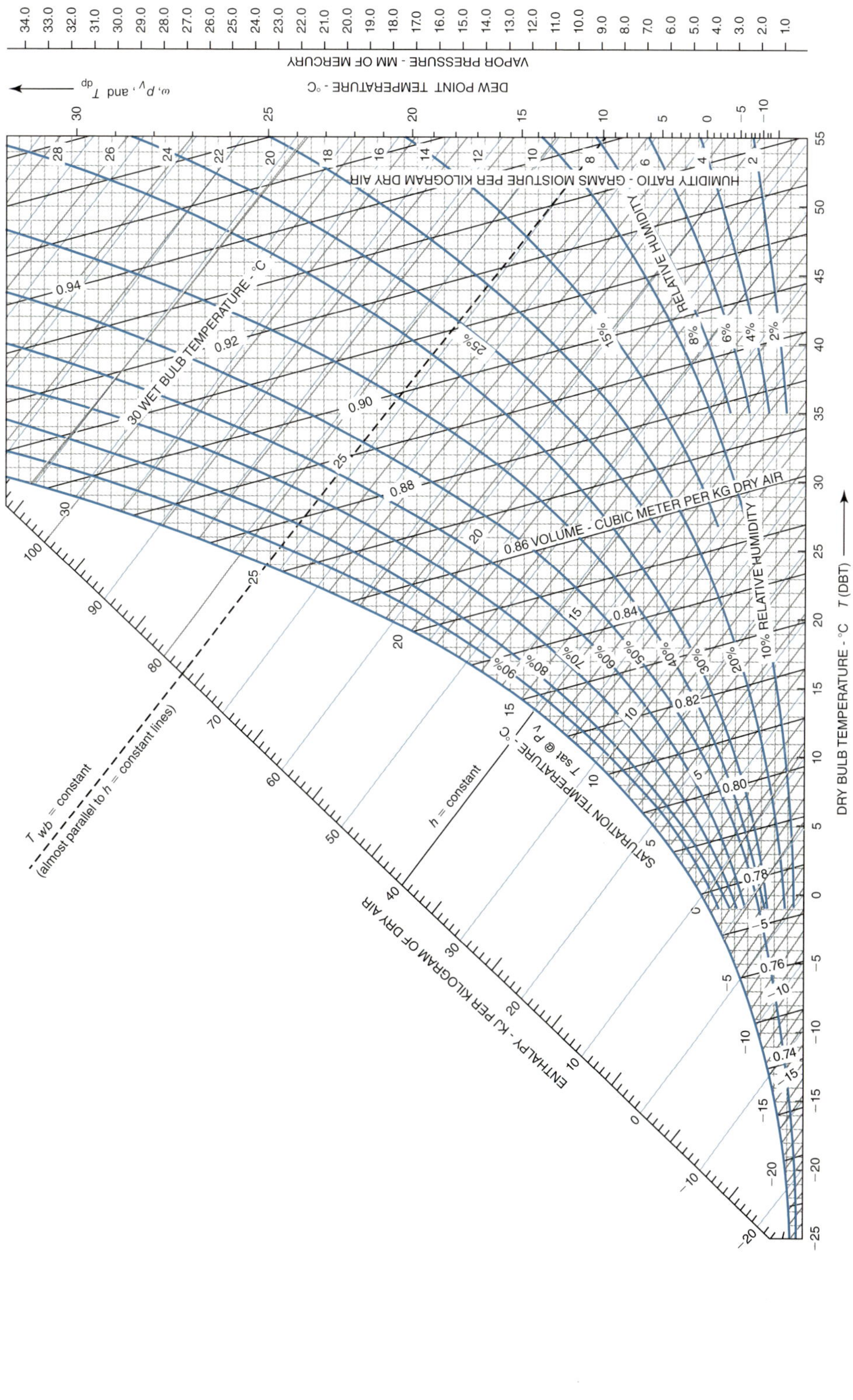

Figure G-1 Psychrometric chart, P = 1 atm, SI units.

H 압축성인자 선도

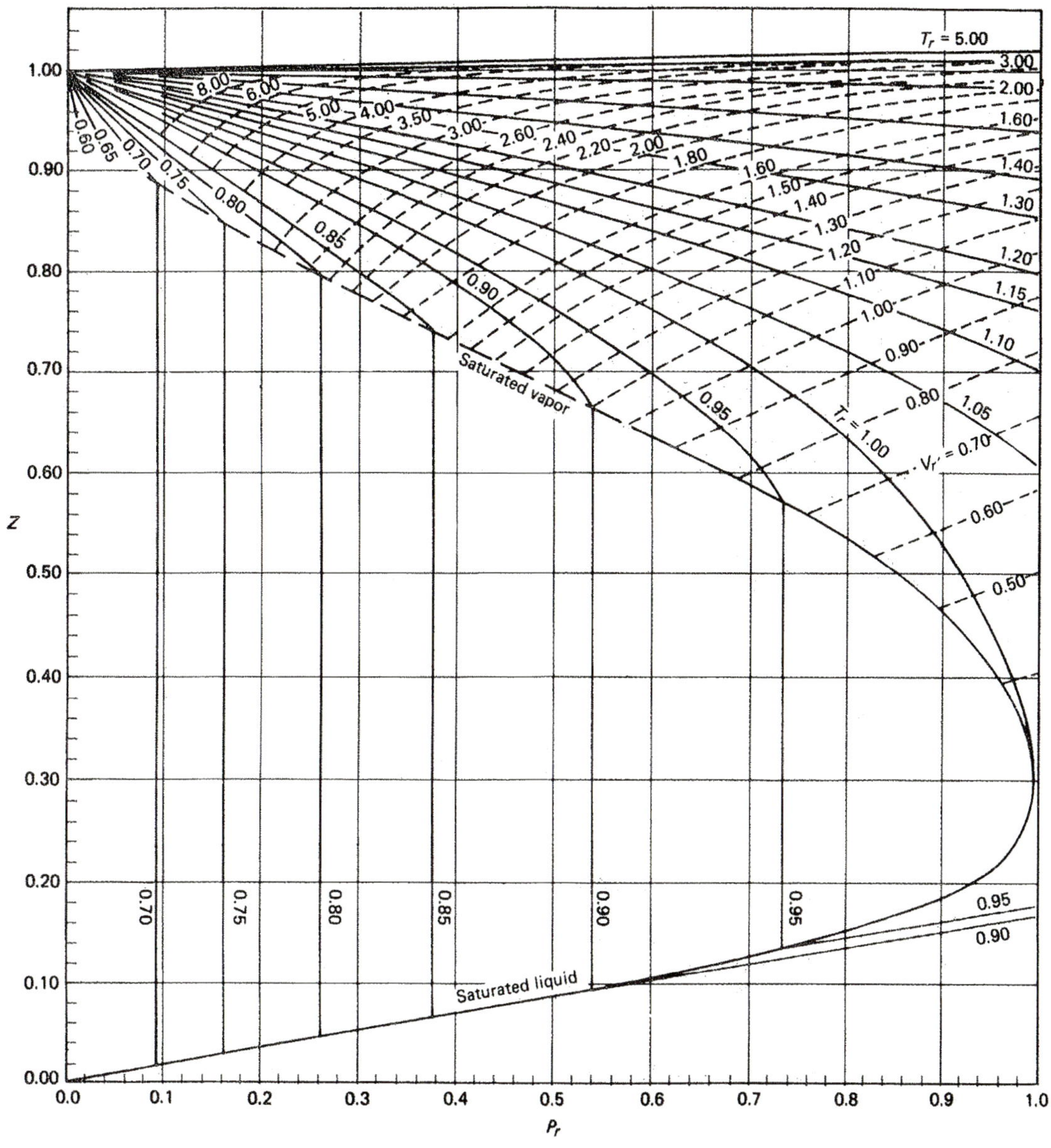

Figure H-1

Compressibility chart, low pressures.

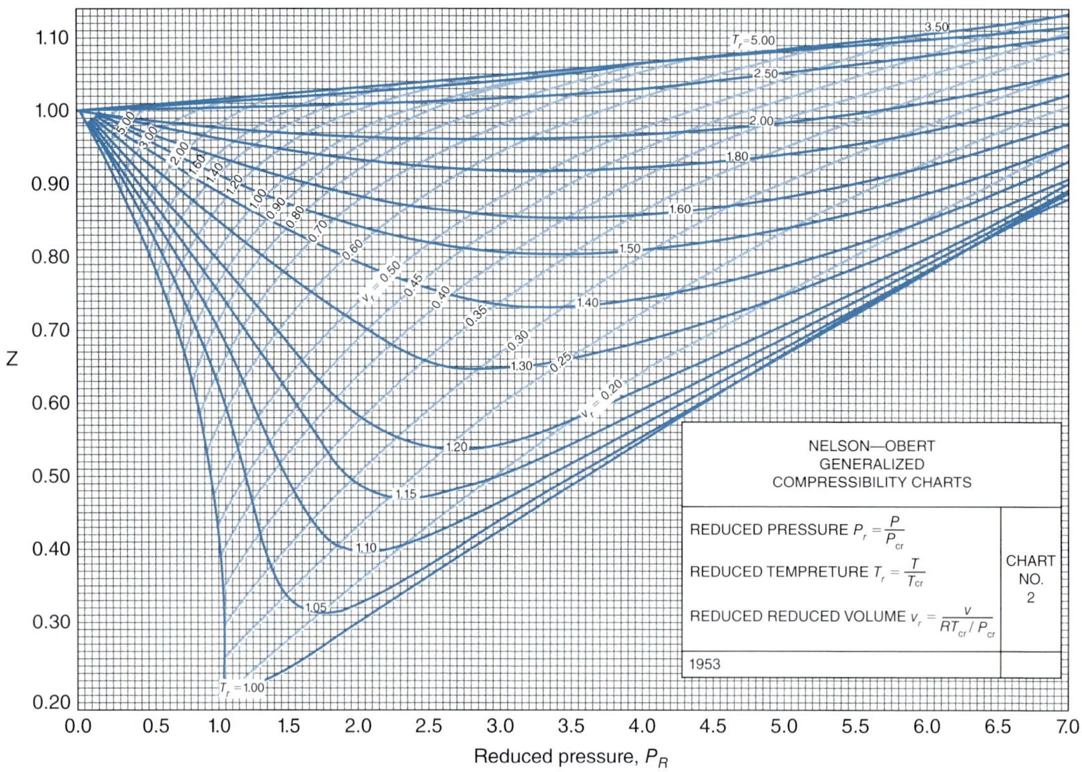

Based on V. M. Faires, Problems on Thermodynamics, Macmillan, New York, 1962. Data from L. C. Nelson and E. P. Obert, Generalized Compressibility Charts, Chem. Eng. 61: 203 (1954)

Figure H-2

Compressibility chart, high pressures.

I 엔탈피차(이탈) 선도

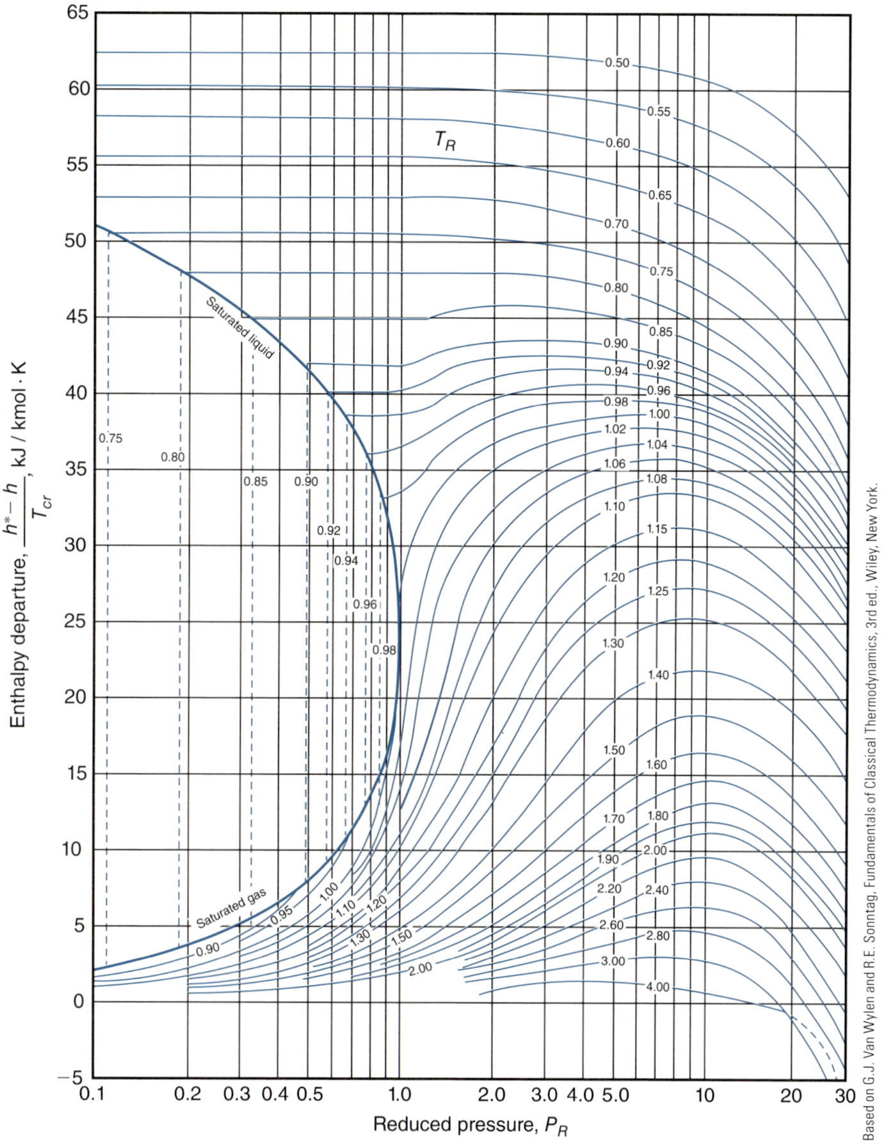

Figure I-1

Enthalpy departure chart, SI units.

J 엔트로피차(이탈) 선도

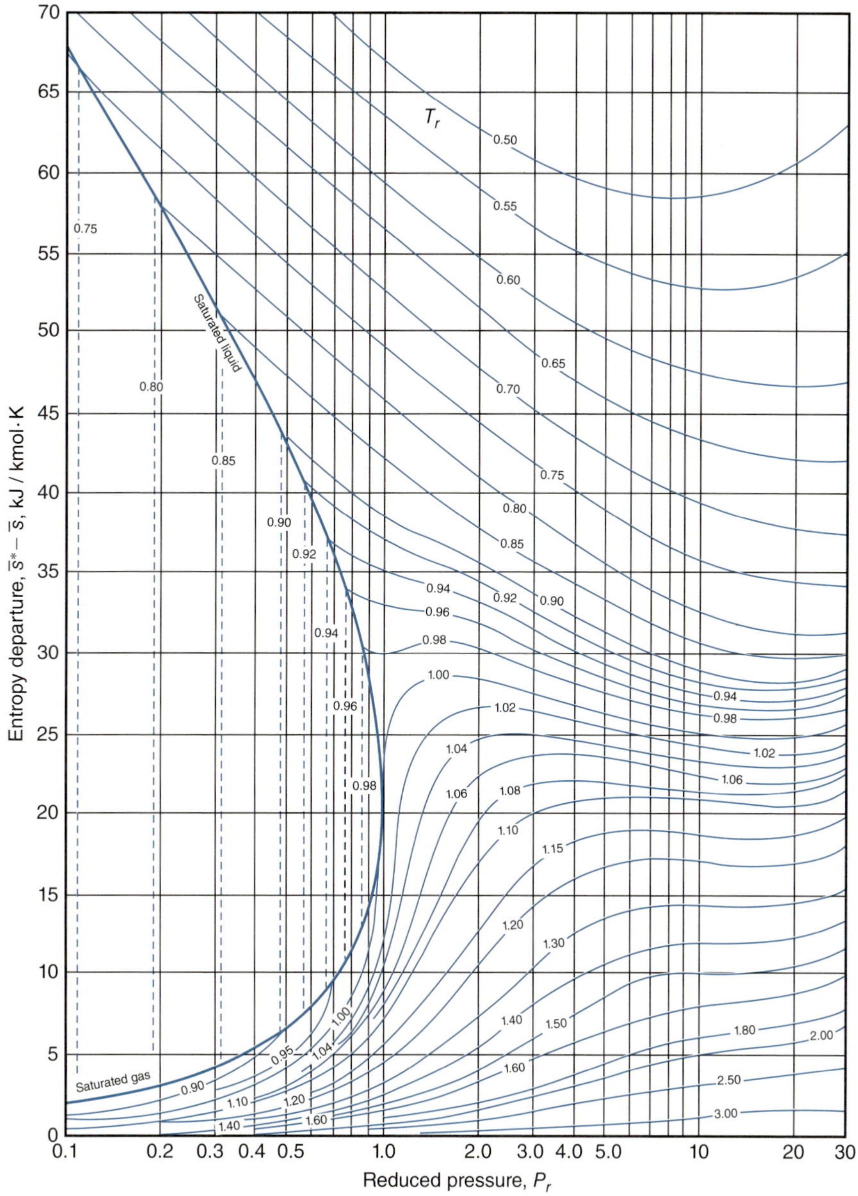

Based on G.J. Van Wylen and R.E. Sonntag, Fundamentals of Classical Thermodynamics, 3rd ed., Wiley, New York.

Figure J-1

Entropy departure chart, SI units.

연습문제 정답

Chapter 1

1.1 **B**
1.2 **C**
1.3 **D**
1.4 **B**
1.5 **C**
1.6 **D**
1.7 **B**
1.8 **D**
1.9 **A**
1.10 **A**
1.11 **D**
1.12 **C**
1.13 **A**
1.14 **C**
1.15 **B**
1.16 **B**
1.20 True
1.26 i) A system, ii) a control volume, iii) a system, iv) a system.
1.28 0.02 mm
1.30 40 kg
1.32 Volume is extensive
1.34 Ice is lighter than water at 0°C
1.36 *b*) 0.5 m^3/kg, 4 kg, 39.2 N
1.36 *d*) 102 kg, 51 kg/m^3, 0.0196 m^3/kg
1.37 *b*) 0.2985 m^3/kg, 1.81 kg, 17.75 N
1.37 *d*) 204 kg, 0.00265 m^3/kg, 377.8 kg/m^3
1.38 0.25 kg/m^3, 0.00025, 2 kg, 19.62 N
1.40 Only (ii) is a quasi-equilibrium process
1.42 307 kPa, 296 kPa, 260 kPa
1.44 13 m
1.46 2.45 kPa gage, 0.724 in. Hg
1.48 *a*) 73.4 kPa or 0.734 bar
1.52 −270°C
1.54 310 K
1.56 *b*) 32 mm
1.58 65 MJ

Chapter 2

2.1 **D**
2.2 **B**
2.3 **B**
2.4 **A**
2.5 **A**
2.6 **D**
2.7 **A**
2.8 **C**
2.9 **A**
2.10 **B**
2.11 **A**
2.12 **C**
2.13 **A**
2.14 **B**
2.15 **B**
2.16 **D**
2.17 **A**
2.18 *b*) 1554 kPa
2.19 *b*) 120.2°C
2.20 2880 m
2.21 *b*) 79.2°C
2.22 0.41

2.24 0.0042 m^3, 3.543 m^3
2.26 *b*) 7.528 m^3, 120.2°C
2.28 *b*) 180°C
2.31 *b*) 118.5 kg
2.32 0.005 m^3, 6.015 m^3
2.33 *b*) 1.24%
2.34 *b*) 45.8%
2.36 0.000306 m^3, 0.000308 m^3
2.38 0.0064 m^3
2.40 *b*) 1554 kPa
2.42 *b*) 0.008 m^3
2.42 *d*) 0.7849 m^3
2.43 *b*) 652°C
2.44 424 kPa
2.48 3294 kJ/kg, 3290 kJ/kg, 3290 kJ/kg
2.49 *b*) 10 600 kJ
2.50 *b*) 0.073 m^3/kg, 900 kJ/kg
2.51 *b*) 999 kg/m^3, 11 500 kJ, 12 800 kJ
2.52 *a*) 4174 kJ
2.53 *b*) 2518 kJ/kg, 2694 kJ/kg
2.54 4580 kJ
2.56 *b*) Saturated mixture, 0.288%
2.58 24.38 MJ
2.60 225 kJ/kg
2.62 0.0184 kg, 0.636 m
2.64 28.8 kg
2.66 Helium
2.68 ii) 2410 kPa, 12.5 kg/m^3, 1230 N
iv) 0.05 m^3/kg, 1337 kPa, 1960 N
2.70 0.241 kg/m^3
2.72 $\rho_{\text{dry air}} = 1.61\rho_{\text{humid}}$
2.74 *b*) 662 kPa
2.74 *d*) 664 kPa
2.76 0.923 m^3/kg, 0.921 m^3/kg, 0.92 m^3/kg, 0.923 m^3/kg
2.78 225 kJ/kg, 213 kJ/kg, 210 kJ/kg
2.79 *b*) 370 kJ/kg, 513 kJ/kg
2.80 *b*) 4040 kJ, 5595 kJ
2.80 *d*) 4080 kJ, 5640 kJ
2.82 *b*) 2.20 kJ/kg·°C
2.83 *b*) 2.151 kJ/kg·°C
2.84 12 720 kJ, 12 720 kJ
2.86 *b*) 5820 kJ

Chapter 3

3.1 **C**
3.2 **D**
3.3 **B**
3.4 **B**
3.5 **C**
3.6 **C**
3.7 **B**
3.8 **A**
3.9 **B**
3.10 **A**
3.11 **C**
3.12 **A**
3.13 **D**
3.14 **A**
3.15 **C**
3.16 **B**
3.18 405 J
3.20 8002 kg, 392.5 kJ
3.22 197.7 J
3.24 *b*) −43.84 kJ
3.26 −31.9 kJ
3.28 3125 kJ
3.30 −0.125 J
3.32 −0.1125 kJ
3.34 739 J
3.36 320 J, 76.4 rpm
3.38 135 kW/m^2
3.40 994 kW
3.42 160 W/m^2, 173.6 W/m^2
3.46 32°C, no work
3.48 25 MW
3.50 $Q_{1\text{-}2} = -200$ kJ, $W_{3\text{-}4} = 400$ kJ,
$Q_{4\text{-}1} = -600$ kJ, $Q_{2\text{-}3} = 1000$ kJ
3.52 *b*) 0.23 kg melts so 0°C
3.54 *b*) 54.5°C

3.56 153°C
3.58 3.776 m^3, 77.4°C, 666 kPa
3.60 *a*) 120 kPa, 0.00877 kg, 104.8°C, 1100 kPa, 188 J
3.61 *b*) 4.9 cm
3.62 96.9 MJ
3.63 *b*) −17 600 kJ, −4180 kJ
3.64 *b*) 1193 K, 154 kJ, 537 kJ
3.66 *b*) −6480 kJ, −1030 kJ
3.68 42.9°C
3.70 *b*) –2450 kJ
3.72 3.46 kJ, 22.7 kJ
3.74 669°C
3.76 *a*) 0.731, 0, 1130 kJ/kg
3.78 *a*) 630°C
3.80 −30.7 kJ
3.82 400°C, −54.5 kJ
3.83 *b*) −2.27 kJ
3.84 *b*) 0.350 m^3/kg, −86.5 kJ/kg
3.85 *b*) −365 kJ/kg, 1 kJ/kg
3.86 151°C, 78.7 kJ
3.87 *b*) 3750 kJ, −5310 kJ
3.88 *b*) 200 kPa, 0.339 m^3/kg, 0.483 m^3/kg, 200 kJ, 57.6 kJ, 57 kJ
3.89 *b*) 134.6 kJ, 0.13 kJ
3.90 *b*) 1148 kJ, 0, −294 kJ, 854 kJ
3.91 *b*) 0, 148 kJ, −113 kJ, 35 kJ
3.92 *b*) 73 kJ, 182 kJ, −208 kJ, 47 kJ
3.93 *b*) 550 kJ, 550 kJ

Chapter 4

4.1 **A**
4.2 **D**
4.3 **B**
4.4 **D**
4.5 **A**
4.6 **C**
4.7 **B**
4.8 **D**
4.9 **C**
4.10 **A**
4.11 **A**
4.12 **D**
4.13 **D**
4.14 **A**
4.15 **A**
4.16 **C**
4.17 **C**
4.18 **D**
4.19 **A**
4.20 **A**
4.21 **B**
4.22 0.00141 m^3/s, 1.41 kg/s, 17.8 m/s
4.24 0365 kg/s, 0.0337 m^3/s
4.26 *b*) 1.172 m^3/s
4.28 *b*) 2560 kPa gage
4.29 *b*) 2090 kW
4.30 447 kW
4.32 9642 hp
4.34 *b*) 201 kW
4.36 0.0833 kW
4.37 *b*) 0.0957 kW
4.38 *b*) 23.7 kW
4.40 117 hp
4.42 −139 kJ/s
4.44 1.2 hp
4.46 15.3%, 99.6°C
4.47 *b*) 12.3°C
4.48 *b*) 18.1%
4.50 −29°C, 0.946 m^3/s
4.52 27.3 kg/s, 51.6 m/s
4.53 *b*) 0.359
4.54 195°C
4.55 *b*) 143.6°C
4.56 8.85 kg/s
4.58 0.098
4.60 30.9°C
4.62 1008 m/s, 11.57 kg/s, 5.83 cm
4.64 0.963
4.66 0.578 kg/s, 2.33 m/s, 18.4 m^3/s, 28.8 kJ/s
4.67 *b*) 512 m/s

4.68 *b*) 445°C, 61.7 kg
4.69 *b*) −33.6 MJ
4.70 *b*) 127°C, 3.48 kg
4.72 *b*) −129°C
4.73 *b*) 203.5 kPa
4.74 *b*) 133 kPa, −117°C, 7.1 min
4.75 *b*) 7940 kW, 53.4 hp, 26.8%
4.76 *a*) 7106 hp, 66.2 hp, 20.0%
4.77 *b*) 70.8 kJ/s, 2.36
4.78 *b*) 255 kW, 6.83
4.79 *a*) 935 kW, 41.7%, 1550 kJ/s, 37.6%
4.80 *b*) 1206 hp, 42.5%, 1435 kW, 38.5%

Chapter 5

5.1 **C**
5.2 **D**
5.3 **B**
5.4 **C**
5.5 **A**
5.6 **D**
5.7 **C**
5.8 **D**
5.9 **B**
5.10 **A**
5.12 671 W, only (i)
5.13 *b*) 9.89 kJ/s, 67%
5.14 34%, 212 GJ
5.15 *b*) 4440 kW
5.16 957 kJ/s, 68.9 kg/hr
5.18 *b*) 80 kW, 46.6%
5.19 *b*) 103 hp
5.20 *b*) 13.6%
5.22 20.6×10^6 MJ/day
5.23 *b*) 22 700 hp
5.24 6.70 hp
5.25 *b*) 16.7 kJ/s, 2.24
5.26 33.5 kJ/s, 26.8 kJ/s
5.28 33.22 kW, 5.36
5.30 *b*) 19.1 hp
5.34 7.66%
5.36 68.3%
5.38 60%, 236°C
5.40 209 hp
5.42 336 hp
5.44 Impossible
5.45 *b*) 125 kJ/s, 75 kW, 460°C
5.46 0.333
5.48 171°C
5.50 *b*) 57.2 hp, 657 kJ/s
5.52 2.93 hp
5.54 17.4 hp

Chapter 6

6.1 **C**
6.2 **D**
6.3 **B**
6.4 **A**
6.5 **D**
6.6 **C**
6.7 **B**
6.8 **A**
6.9 **A**
6.10 **B**
6.11 **D**
6.12 **A**
6.13 **D**
6.14 **A**
6.15 **A**
6.16 Zero
6.18 −0.200 kJ/kg·K
6.20 0.0711 kJ/kg·K, -0.211 m^3/kg
6.22 *b*) 1.56 kJ/kg·K
6.22 *d*) 19.5 kJ/kg·K
6.23 *c*) 15.3 m^3
6.24 *b*) 357°C, −173 kJ/kg
6.24 *d*) 485°C, −112 kJ/kg
6.25 *b*) 139.8°C, 109.4 kJ/kg
6.26 *b*) 379°C, 3.98 kJ/K
6.27 *b*) 136°C, 0.557 kJ/kg
6.28 *b*) 220 kJ, 220 kJ, 0.623 kJ/kg·K
6.29 *b*) 1838 kPa, 400°C

6.30 *b*) 400°C, 1.18 kJ/K
6.31 *b*) 249°C, 1.81 kJ/K
6.32 *b*) 350°C, −47.3 kJ
6.33 *b*) 102.6°C, 349.5 kJ/kg
6.34 431°C, 1.16 kJ/K
6.36 −0.1066 kJ/K, 0.2396 kJ/K
6.38 9.77°C, 0.170 kJ/K
6.39 *b*) 28.7°C, 0.102 kJ/K
6.40 1.475, 0.6981 kJ/kg·K
6.41 *b*) −488 kJ/kg, −1.19 kJ/kg
6.42 *b*) 75.84 kJ/K
6.43 *b*) 0.346 kJ/K
6.44 1.49 kJ/K
6.46 *b*) 487°C, −446 kJ/kg
6.47 *b*) 4510 kJ
6.48 15.55 MJ, 20.4 kJ/K
6.50 225°C, 232°C, 3.1%
6.52 *b*) 1.49 kJ/kg·K
6.52 *d*) 350°C, −167 kJ/kg
6.52 *f*) 369°C, 4.04 kJ/K
6.54 −30°C, 0.057 kJ/kg·K
6.56 97.5 MJ/s, 147.4 kJ/K·s
6.58 3480 hp
6.59 *b*) 15 MW, 8 kJ/K·s
6.60 *b*) 84 400 hp
6.60 *d*) 88 100 hp
6.61 *b*) 41 hp
6.62 331 hp, 0 kJ/K·s
6.64 2.36 kJ/K·s
6.66 0.37 kJ/K·s
6.67 *b*) 3.5 kJ/K
6.68 10.58 MW, 92.3%
6.70 *b*) 77.4%
6.70 *d*) 77.5%
6.71 *b*) 23 600 hp, 81.9%
6.72 567°C, 98.9%
6.74 *b*) 503 kJ/kg
6.76 79.4%
6.78 113 hp
6.80 208 m/s, 64°C
6.82 194 kJ/kg
6.83 *b*) 237 kJ/kg
6.84 197 hp

Chapter 7

7.1 C
7.2 D
7.3 C
7.4 B
7.5 D
7.6 A
7.7 A
7.8 0.0260 m^3/kg, 0.00184 m^3/kg
7.14 −0.8 kJ/kg·K
7.18 40.1°C
7.19 *a*) 397°C
7.20 400°C
7.22 1406 kJ/kg, 2.453 kJ/kg·K, 0.071%, 0.081%
7.24 *b*) −92°C
7.26 $C_v \ln\frac{T_2}{T_1} + R\ln\frac{v_2}{v_1}, C_p \ln\frac{T_2}{T_1} - R\ln\frac{P_2}{P_1}$
7.28 $C_v(T_2 - T_1) + a\left(\frac{1}{v_1} - \frac{1}{v_2}\right) + P_2v_2 - P_1v_1$
7.30 −11.4 kJ/kg, −1.0 kJ/kg·K, −0.976 kJ/kg·K
7.32 $3.86 \times 10^{-4}\,K^{-1}$, 2.33 GPa, 0.109 kJ/kg·K
7.34 $0.26 \times 10^{-4}\,K^{-1}$, 230 MPa, 3.3×10^{-5} kJ/kg·K
7.35 *b*) −25°C
7.36 0.041 °C/kPa, −11°C
7.38 0.0075 °C/kPa, 2.39 kJ/kg·K, 2.38 kJ/kg·K
7.40 *b*) −141 kJ/kg, −173 kJ/kg
7.41 *b*) 0, −48.3 kJ/kg
7.42 *b*) 0.4765 kJ/kg·K, 0.476 kJ/kg·K
7.43 *b*) 0.173 kJ/kg·K, 0.173 kJ/kg·K,
7.44 i) 500 kJ/kg, −0.364 kJ/kg·K
7.46 i) 62.5 kJ/kg, −0.433 kJ/kg·K
7.48 i) 3380 kW
7.50 i) 1600 kPa
7.52 −8.22 kJ/kg, −1.216 kJ/kg·K, 177.8 kJ/kg

Chapter 8

8.1 **C**

8.2 **C**

8.3 **A**

8.4 **B**

8.5 **C**

8.6 **C**

8.7 **D**

8.8 **A**

8.9 **D**

8.10 **B**

8.11 **A**

8.12 **C**

8.14 *b*) 8440 kW, 16.8 MJ/s, 42.6 hp, 25.2 MJ/s, 33.5%

8.14 *d*) 9560 kW, 16.5 MJ/s, 42.8 hp, 26 MJ/s, 36.8%

8.15 *b*) 9150 kW, 17.7 MJ/s, 42.5 hp, 26.8 MJ/s, 34.1%

8.16 *b*) 10 MW, 16.4 MJ/s, 107 hp, 26.4 MJ/s, 37.9%

8.18 *b*) 10 400 hp, 17 000 kJ/s, 42.3 hp, 24 800 kJ/s, 31.3%

8.19 *b*) 11 260 hp, 17 940 Btu/s, 42.14 hp, 26 340 kJ/s, 31.9%

8.20 *b*) 11 050 hp, 15 860 kJ/s, 95.7 hp, 24 100 kJ/s, 34.2%

8.22 26.6%, 27.3% 28.0%, 28.6%

8.24 72.6 MJ/s, 15.7 MJ/s, 38.5 kW, 49.8 MJ/s, 130°C, 214 hp, 43.6%, 298 kg/s

8.25 *b*) 72.6 MJ/s, 18.3 MJ/s, 38.9 kW, 52 MJ/s, 182°C, 214 hp, 42.8%, 311 kg/s

8.26 *b*) 74.9 MJ/s, 15.7 MJ/s, 42.9 kW, 47.6 MJ/s, 98.5%, 214 hp, 47.4%, 285 kg/s

8.27 *b*) 216°C

8.28 72 860 kJ/s, 16 280 kJ/s, 35 200 kJ/s, 53 950 kJ/s, 147°C, 264 hp, 39.5%, 322 kg/s

8.29 *b*) 72 860 kJ/s, 18 700 kJ/s, 35 200 kJ/s, 56 360 kJ/s, 202°C, 264 hp, 38.4%, 336 kg/s

8.30 68.7 MJ/s, 7360 kJ/s, 84.8 kW, 36.4 MJ/s, 58.2°C, 161 hp, 42.9%

8.32 *b*) 58.4 MJ/s, 3.5 kg/s, 24.4 kW, 210 hp, 87.5%, 41.8%

8.34 *b*) 60 400 kJ/s, 3.92 kg/s, 29 800 hp, 259 hp, 90.4%, 36.8%

8.36 3.01 kg/s, 74.1 MJ/s, 30 MW, 185°C, 44.2 MJ/s, 212 hp, 40.5%

8.38 5.34 kg/s, 57 500 kJ/s, 30 530 hp, super, 34 760 kJ/s. 185 hp, 39.6%

8.40 27.2 MJ/s, 2.36 kg/s, 11.1 MW, 40.8%

8.42 2.93 kg/s, 29.1 MW, 59.9 MJ/s, 94.1%, 30.8 MJ/s, 383 hp, 48.6%

8.44 2.94 kg/s and 2.40 kg/s, 39 280 hp, 63 150 kJ/s, 69°C, 33 880 kJ/s, 524 hp, 46.4%

8.46 2936 kJ/kg, 758 kJ/kg, 925 kJ/kg, 1253 kJ/kg, 57.3%

8.48 141.2 MJ/s, 39 MW, 45.6 MJ/s, 28.3 MJ/s, 80%

Chapter 9

9.1 **A**

9.2 **C**

9.3 **D**

9.4 **B**

9.5 **C**

9.6 **D**

9.7 **D**

9.8 **A**

9.9 **A**

9.10 **D**

9.12 448.6 kJ/kg, 1253 kJ/kg, 35.8%

9.14 11, 1177 cm^3

9.15 *b*) 56.5%, 982.4 kJ/kg, 555 kJ/kg

9.16 *b*) 20.3, 764 kJ/kg, 535 kJ/kg

9.18 *a*) 2001°C and 4100 kPa, 51.2%, 614 kJ/kg, 876 kPa

9.19 *b*) 553 kJ/kg, 46.1%, 731 kPa

9.20 2073°C, 8090 kPa, 60.2%, 698 kJ/kg, 932 kPa

9.21 *b*) 2011°C, 6303 kPa, 56.5%, 655 kJ/kg, 899 kPa

9.22 *b*) 534 kJ/kg, 46.0%, 7760 kPa

9.24 30.1, 39.5

9.26 *b*) 1521°C and 6627 kPa, 65.8%, 527 kJ/kg, 644 kPa

9.27 *b*) 436 kJ/kg, 54.5%, 540 kPa

9.28 1450°C and 7574 kPa, 66.0%, 462 kJ/kg, 566 kPa

9.32 *b*) 66.0%, 2640 kJ/kg, 1740 kJ/kg
9.34 54.3%, 589 kJ/kg, 1080 kJ/kg, 491 kJ/kg
9.36 11.3, 24.7, 67.6
9.38 *b*) 72.2%, 5720 kJ/s, 520 kW, 64.1%
9.39 *b*) 28.7%, 12.6%
9.40 63.4 %
9.42 *b*) 20.7%, 5.14%
9.44 *b*) 71.8%, 3700 kW, 1040 kW, 28.2%, 3500 kJ/s
9.45 *b*) 56.7%
9.46 68.5%, 31.6%
9.48 *b*) 77.6%
9.50 12 MW, 40%, 11.56 MJ/s, 3560 kW, 30.8%, 51.8%
9.51 *b*) 14.4 MW, 40%, 12.5 MJ/s, 4080 kW, 32.6%, 51.4 %
9.52 *b*) 8660 kW, 30.1%, 11.6 MJ/s, 3275 kW, 2\8.3%, 41.4%
9.54 *b*) 9291 hp, 1.744 kg/s, 2737 hp, 51.8%

Chapter 10

10.1 **A**
10.2 **C**
10.3 **B**
10.4 **A**
10.5 **D**
10.6 **D**
10.7 **C**
10.8 **A**
10.9 **C**
10.10 33 kJ/kg, 136 kJ/kg, 169 kJ/kg, 4.12, 5.06
10.12 11.6 kW, 238.4 kJ/s, 3.45, 0.0412 m^3/s
10.14 −15.6°C, 52 hp, 81.6 kJ/s, 2.1
10.16 0.062 kg/s, 2.79 kW, 2.86
10.18 126 kg/s, 84.2%, 9.6 hp, 22.1 kJ/s, 2.0
10.20 91%, 2.13
10.22 11.1 kg/min, −22.3°C, 11.1 hp, 2.87
10.24 69°C, 1.30 kg/s, 85 hp, 2.1
10.26 156 kJ/s, 1.03 kg/s and 1.23 kg/s, 77 hp, 2.7, 1.26 kg/s, 83 hp, 2.5
10.28 −94°C, 1.48, 0.676 kg/s

Chapter 11

11.1 **B**
11.2 **C**
11.3 **B**
11.4 **D**
11.5 **B**
11.6 **B**
11.7 **A**
11.8 **D**
11.9 **B**
11.10 **D**
11.11 **B**
11.13 28.3 kg/kmol, 0.294 kJ/kg·K
11.14 *b*) 0.5, 0.125, 0.375, 0.590, 0.129, 0.281, 0.398 kJ/kg·K
11.14 *d*) 0.3, 0.4, 0.3, 0.227, 0.531, 0.242, 0.394 kJ/kg·K
11.15 *b*) 0.3, 0.4, 0.3, 0.227, 0.531, 0.242, 0.394 kJ/kg·K
11.15 *d*) 0.5, 0.125, 0.375, 0.541, 0.077, 0.382, 0.481 kJ/kg·K
11.16 *b*) 0.266 kJ/kg·K, 5.77 kg
11.18 0.9664, 0.0139, 0.0147, 0.0015, 43.48 kg/km
11.20 573 kPa, 16.2 kPa, 9.6 kPa. 1.2 kPa
11.22 0.4, 0.6, 0.478, 0.522, 0.217 kJ/kg·K, 191 kJ
11.24 8.27 m^3, 484 kJ
11.26 0.222, 0.333, 0.444, 128 kg, 168 kg, 352 kg, 0.231 kJ/kg·K, 39.97 kJ
11.28 122 kPa, 3930 kJ
11.30 2530 kJ, 5.6 kJ/K
11.32 661 kJ, 0.352 kJ/K
11.34 1630 kW
11.35 *b*) 152 kW
11.35 *d*) 143 kW
11.36 67.6 kPa, 482 m/s
11.38 *a*) 72.9%, 98.3 kPa, 0.0108 kg_v/kg_a
11.39 *b*) 73.1%, 99.48 kPa, 0.0112 kg_v/kg_a
11.40 *b*) 96.31 kPa, 0.0238 kg_v/kg_a
11.41 *b*) 97.14 kPa, 0.00117 kg_v/kg_a
11.42 *b*) 94.9 kPa, 41.4%
11.43 *b*) 93.0 kPa, 53.1%, 52.9%

11.44 *b*) 12.0°C
11.45 *b*) 16.7°C
11.46 4.5%
11.48 *b*) 13.2°C, 0.0096 kg_v/kg_a
11.50 0.00852 kg_v/kg_a, 48.4%, 43.6 kJ/kg
11.51 *b*) 56%, 0.0147 kg_v/kg_a, 101.7 kPa
11.51 *d*) 69%, 93.4 kPa
11.51 *f*) 48%, 0.0079 kg_v/kg_a, 42 kJ/kg_a
11.52 *b*) 70%, 0.011 kg_v/kg_a, 99.48 kPa
11.52 *d*) 90%, 96.46 kPa
11.52 *f*) 10°C
11.54 *b*) 28.4°C, 44%, 24.8°C, 92 kJ/kg_a
11.56 0.0194 kg_v/kg_a, 23.3 kg_v/hr
11.58 *b*) 50.4 kg_v/hr, 23 kg/hr
11.60 58°C
11.61 *b*) 0.991, 0.0086, 0.986, 0.014
11.62 92%
11.64 10%
11.66 *b*) 205 kg_v/hr
11.67 *b*) 13.3 kJ/s, 15%
11.68 87 kJ/s, 0.017 kg_v/s
11.69 *b*) 25.4°C, 50%, 160 kg/min
11.70 17°C, 73%, 98 kg/min
11.72 80%, 1.6 kg/min
11.73 *b*) 130 kg_a/s, 2.2 kg_w/s

Chapter 12

12.1 **A**
12.2 **D**
12.3 **C**
12.4 **B**
12.5 **B**
12.6 **B**
12.7 **A**
12.8 **D**
12.9 *b*) $C_6H_6 + 7.5(O_2 + 3.76N_2) \Rightarrow 6CO_2 + 3H_2O + 28.2N_2$
12.9 *d*) $C_3H_8 + 5(O_2 + 3.76N_2) \Rightarrow 3CO_2 + 4H_2O + 18.8N_2$
12.10 *b*) $C_6H_6 + 11.25(O_2 + 3.76N_2) \Rightarrow 6CO_2 + 3H_2O + 3.75O_2 + 42.3N_2$
12.10 *d*) $C_3H_8 + 7.5(O_2 + 3.76N_2) \Rightarrow 3CO_2 + 4H_2O + 2.5O_2 + 28.2N_2$
12.11 *b*) $C_6H_6 + 6.75(O_2 + 3.76N_2) \Rightarrow 4.5CO_2 + 3H_2O + 1.5CO + 25.38N_2$
12.11 *d*) $C_3H_8 + 4.5(O_2 + 3.76N_2) \Rightarrow 2CO_2 + 4H_2O + CO + 16.92N_2$
12.12 *b*) $CH_4 + C_8H_{18} + 14.5(O_2 + 3.76N_2) \Rightarrow 9CO_2 + 11H_2O + 54.52N_2$
12.12 *d*) $CH_4 + C_3H_8 + C_6H_6 + 14.5(O_2 + 3.76N_2) \Rightarrow 10CO_2 + 9H_2O + 54.52N_2$
12.14 12.73 kg_{air}/kg_{fuel}, 11.15%, 49°C
12.15 *b*) 2.95 kg_{fuel}/min
12.15 *d*) 1.83kg_{fuel}/min
12.16 3.077 kg_{oxygen}/kg_{fuel}, 66.7%, 72°C
12.18 62.8 kg_{air}/kg_{fuel}, 4.43%, 32°C
12.20 31.0 kg_{air}/kg_{fuel}, 180%
12.22 C_6H_{16}
12.23 *b*) C_9H_{20}
12.24 *b*) 2.31 kg_{air}/kg_{fuel}, 40.5°C
12.25 *b*) −2220 MJ/kmol
12.25 *d*) −8100 MJ/kmol
12.26 *b*) −1245 MJ
12.26 *d*) −4596 MJ
12.27 *b*) 1520 kJ/s
12.27 *d*) 1500 kJ/s
12.28 *b*) −964 MJ/kmol
12.28 *d*) −2945 MJ/kmol
12.29 2720 MJ/hr
12.30 1140 m/s
12.32 *b*) 4280 kJ
12.32 *d*) 11 020 kJ
12.33 *b*) 900 kPa
12.34 −16 450 kJ, 230.5 kPa, 632 m^3
12.36 *b*) 1500°C
12.37 *b*) 2100°C
12.38 *b*) 1580°C
12.39 *b*) 1560°C
12.40 1530°C
12.42 1130°C
12.43 *b*) 1850°C, 746 kPa, 1880 m^3
12.44 *b*) 940°C
12.46 1020°C

찾아보기

O

P

Q

R

S

T

V

W

Z

기타

• **박설현**
조선대학교 공학사
Drexel University 공학박사
현) 조선대학교 기계시스템 · 미래자동차공학부 교수

• **황철홍**
인하대학교 공학사
인하대학교 공학박사
현) 대전대학교 소방방재공학과 교수

• **최재혁**
한국해양대학교 공학사
Hokkaido University 공학박사
현) 한국해양대학교 기관시스템공학부 교수

• **김창오**
조선대학교 공학사
조선대학교 공학박사
현) 전남도립대학교 조선기계과 초빙교수

열역학 Thermodynamics for Engineers 정가 32,000원

인 쇄 2015년 9월 1일 초판 1쇄
발 행 2015년 9월 10일 초판 1쇄
저 자 Kenneth A. Kroos · Merle C. Potter
역 자 박설현 · 황철홍 · 최재혁 · 김창오
발행인 정우용
발행처 도서출판 동화기술
경기도 파주시 광인사길 201(문발동, 파주출판도시)
Tel (031)955-4211~6 donghwae@kornet.net
Fax (031)955-4217 www.donghwapub.co.kr
(등록) 1977년 12월 19일/9-16호

ISBN 978-89-425-9015-5

CONVERSIONS BETWEEN U.S. CUSTOMARY UNITS AND SI UNITS

U.S. Customary unit		Times conversion factor		Equals SI unit	
		Accurate	Practical		
Acceleration (linear)					
foot per second squared	ft/s^2	0.3048*	0.305	meter per second squared	m/s^2
inch per second squared	$in./s^2$	0.0254*	0.0254	meter per second squared	m/s^2
Area					
circular mil	cmil	0.0005067	0.0005	square millimeter	mm^2
square foot	ft^2	0.09290304*	0.0929	square meter	m^2
square inch	$in.^2$	645.16*	645	square millimeter	mm^2
Density (mass)					
slug per cubic foot	$slug/ft^3$	515.379	515	kilogram per cubic meter	kg/m^3
Density (weight)					
pound per cubic foot	lb/ft^3	157.087	157	newton per cubic meter	N/m^3
pound per cubic inch	$lb/in.^3$	271.447	271	kilonewton per cubic meter	kN/m^3
Energy; work					
foot-pound	ft-lb	1.35582	1.36	joule (N·m)	J
inch-pound	in.-lb	0.112985	0.113	joule	J
kilowatt-hour	kWh	3.6*	3.6	megajoule	MJ
British thermal unit	Btu	1055.06	1055	joule	J
Force					
pound	lb	4.44822	4.45	newton ($kg \cdot m/s^2$)	N
kip (1000 pounds)	k	4.44822	4.45	kilonewton	kN
Force per unit length					
pound per foot	lb/ft	14.5939	14.6	newton per meter	N/m
pound per inch	lb/in.	175.127	175	newton per meter	N/m
kip per foot	k/ft	14.5939	14.6	kilonewton per meter	kN/m
kip per inch	k/in.	175.127	175	kilonewton per meter	kN/m
Length					
foot	ft	0.3048*	0.305	meter	m
inch	in.	25.4*	25.4	millimeter	mm
mile	mi	1.609344*	1.61	kilometer	km
Mass					
slug	$lb\text{-}s^2/ft$	14.5939	14.6	kilogram	kg
Moment of a force; torque					
pound-foot	lb-ft	1.35582	1.36	newton meter	N·m
pound-inch	lb-in.	0.112985	0.113	newton meter	N·m
kip-foot	k-ft	1.35582	1.36	kilonewton meter	kN·m
kip-inch	k-in.	0.112985	0.113	kilonewton meter	kN·m

CONVERSIONS BETWEEN U.S. CUSTOMARY UNITS AND SI UNITS (Continued)

U.S. Customary unit		Times conversion factor		Equals SI unit	
		Accurate	Practical		
Moment of inertia (area)					
inch to fourth power	in.^{4}	416,231	416,000	millimeter to fourth power	mm^4
inch to fourth power	in.^{4}	0.416231×10^{-6}	0.416×10^{-6}	meter to fourth power	m^4
Moment of inertia (mass)					
slug foot squared	slug-ft^2	1.35582	1.36	kilogram meter squared	kg·m^2
Power					
foot-pound per second	ft-lb/s	1.35582	1.36	watt (J/s or N·m/s)	W
foot-pound per minute	ft-lb/min	0.0225970	0.0226	watt	W
horsepower (550 ft-lb/s)	hp	745.701	746	watt	W
Pressure; stress					
pound per square foot	psf	47.8803	47.9	pascal (N/m^2)	Pa
pound per square inch	psi	6894.76	6890	pascal	Pa
kip per square foot	ksf	47.8803	47.9	kilopascal	kPa
kip per square inch	ksi	6.89476	6.89	megapascal	MPa
Section modulus					
inch to third power	in.^{3}	16,387.1	16,400	millimeter to third power	mm^3
inch to third power	in.^{3}	16.3871×10^{-6}	16.4×10^{-6}	meter to third power	m^3
Velocity (linear)					
foot per second	ft/s	0.3048*	0.305	meter per second	m/s
inch per second	in./s	0.0254*	0.0254	meter per second	m/s
mile per hour	mph	0.44704*	0.447	meter per second	m/s
mile per hour	mph	1.609344*	1.61	kilometer per hour	km/h
Volume					
cubic foot	ft^3	0.0283168	0.0283	cubic meter	m^3
cubic inch	in.^{3}	16.3871×10^{-6}	16.4×10^{-6}	cubic meter	m^3
cubic inch	in.^{3}	16.3871	16.4	cubic centimeter (cc)	cm^3
gallon (231 in.^{3})	gal.	3.78541	3.79	liter	L
gallon (231 in.^{3})	gal.	0.00378541	0.00379	cubic meter	m^3

*An asterisk denotes an *exact* conversion factor

***Note:* To convert from SI units to USCS units, *divide* by the conversion factor**

Temperature Conversion Formulas

$$T(°C) = \frac{5}{9}[T(°F) - 32] = T(K) - 273.15$$

$$T(K) = \frac{5}{9}[T(°F) - 32] + 273.15 = T(°C) + 273.15$$

$$T(°F) = \frac{9}{5}T(°C) + 32 = \frac{9}{5}T(K) - 459.67$$